T0200137

Scheffer/Schachtschabel
Lehrbuch der Bodenkunde

Hans-Peter Blume · Gerhard W. Brümmer
Rainer Horn · Ellen Kandeler
Ingrid Kögel-Knabner · Ruben Kretzschmar
Karl Stahr · Berndt-Michael Wilke

Scheffer/Schachtschabel
Lehrbuch der Bodenkunde

16. Auflage

Mit Beiträgen von Sören Thiele-Bruhn, Gerhard Welp
und Rolf Tippkötter

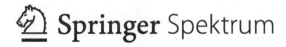 Springer Spektrum

Professor Dr. Dr. h.c. **Hans-Peter Blume,** Institut für Pflanzenernährung und Bodenkunde der Christian-Albrechts-Universität zu Kiel
Professor Dr. **Gerhard W. Brümmer,** INRES – Bodenwissenschaften, Rheinische Friedrich-Wilhelms-Universität Bonn
Professor Dr. **Rainer Horn,** Institut für Pflanzenernährung und Bodenkunde der Christian-Albrechts-Universität zu Kiel
Professor Dr. **Ellen Kandeler,** Institut für Bodenkunde und Standortslehre der Universität Hohenheim
Professor Dr. **Ingrid Kögel-Knabner,** Lehrstuhl für Bodenkunde der Technischen Universität München
Professor Dr. **Ruben Kretzschmar,** Institut für Biogeochemie und Schadstoffdynamik der ETH Zürich
Professor Dr. **Karl Stahr,** Institut für Bodenkunde und Standortslehre der Universität Hohenheim
Professor Dr. Dr. **Berndt-Michael Wilke,** Institut für Ökologie der Technischen Universität Berlin
Professor Dr. **Sören Thiele-Bruhn,** Fachbereich VI, Fach Bodenkunde, Universität Trier
Priv.-Doz. Dr. **Gerhard Welp,** INRES – Bodenwissenschaften, Rheinische Friedrich-Wilhelms-Universität Bonn
Professor Dr. **Rolf Tippkötter,** Institut für Bodenkunde, Universität Bremen

Die 1. bis 14. Auflage des Lehrbuchs der Bodenkunde sind von 1937 bis 1998 im Ferdinand Enke Verlag, Stuttgart erschienen, zunächst als Teil der Schriftenreihe „Sammlung chemischer und chemisch-technischer Vorträge" (Herausgeber R. Pummerer) unter dem Titel „Agrikulturchemie, Teil a: Boden" (Bearbeiter F. Scheffer). Ab der 5. Aufl. hieß es „Lehrbuch der Bodenkunde", ab der 9. Auflage „Scheffer/Schachtschabel Lehrbuch der Bodenkunde". Die verschiedenen Auflagen wurden unter starker Ausweitung des Textumfangs von den nachstehend Genannten bearbeitet:
1. und 2. Auflage 1937 bis 1944: F. Scheffer
3. bis 8. Auflage 1952 bis 1970: F. Scheffer und P. Schachtschabel
9. und 10. Auflage 1976 bis 1979: P. Schachtschabel, H.-P. Blume, K. H. Hartge und U. Schwertmann
11. Auflage 1982: analog 9./10. Auflage unter Mitarbeit von G. W. Brümmer und M. Renger
12. und 13. Auflage 1989 bis 1992: P. Schachtschabel, H.-P. Blume, G. W. Brümmer, K. H. Hartge, und U. Schwertmann unter Mitarbeit von W. R. Fischer, M. Renger und O. Strebel
14. Auflage 1998: analog 12./13. Auflage unter Mitarbeit von K. Auerswald, L. Beyer, W. R. Fischer, I. Kögel-Knabner, M. Renger und O. Strebel
15. Auflage 2002: (Spektrum Akademischer Verlag) Hans-Peter Blume, Gerhard W. Brümmer, Udo Schwertmann, Rainer Horn, Ingrid Kögel-Knabner, Karl Stahr, Karl Auerswald, Lothar Beyer, Anton Hartmann, Norbert Litz, Andreas Scheinost, Helge Stanjek, Gerhard Welp, Berndt-Michael Wilke

ISBN 978-3-662-49959-7   ISBN 978-3-662-49960-3 (eBook)
DOI 10.1007/978-3-662-49960-3

Die Deutsche Nationalbibliothek verzeichnet diese Publikation in der Deutschen Nationalbibliografie; detaillierte bibliografische Daten sind im Internet über http://dnb.d-nb.de abrufbar.

Springer Spektrum

Planung: Merlet Behncke-Braunbeck

Titelfotografie: links Podsol, rechts Schwarzerde (beide Fotos: R. Tippkötter, Bremen)

Gedruckt auf säurefreiem und chlorfrei gebleichtem Papier

Springer Spektrum ist Teil von Springer Nature
Die eingetragene Gesellschaft ist Springer-Verlag GmbH Berlin Heidelberg

Vorwort zur 16. Auflage und kurzer historischer Abriss

Der **Scheffer/Schachtschabel** gilt als das Standardwerk bodenkundlichen Wissens sowohl für Studierende der Agrar-, Forst- und Naturwissenschaften im deutschen Sprachraum als auch für alle mit der Bodenkunde befassten Wissenschaftler und Anwender.

Die 1. Auflage erschien 1937, verfasst von dem Agrikulturchemiker Friedrich (WILHELM) SCHEFFER unter dem Titel „Agrikulturchemie, Teil A: Boden" und enthielt auf 112 Seiten eine Bewertung von Böden nach deren Fähigkeit, Pflanzen zu erzeugen, wobei die Eigenschaften des Bodens, welche ihn zu einer hohen Leistung befähigen, im Vordergrund des Interesses standen.

Diese 1. Auflage behandelte somit nur einen Teil dessen, was bereits damals unter „Bodenkunde" verstanden wurde, denn in „Teil B: Pflanzenernährung" wurde von SCHEFFER der Wasser-, Luft-, Wärme- und Nährstoffhaushalt von Böden als Grundlage der Pflanzenproduktion ausführlich behandelt. Ab der 2. Auflage von Teil A Boden (1944) wurden die Huminstoffe als Ergebnis mikrobieller Umsetzung, die Tonminerale auf der Basis der Röntgenographie und die Bodentypen einschließlich ihrer Genese ausführlicher beschrieben.

In der 1952 erschienenen, auf 240 Seiten erweiterten 3. Auflage wurde das „Lehrbuch der Agrikulturchemie und Bodenkunde, 1. Teil Bodenkunde" nunmehr gemeinsam von SCHEFFER und PAUL SCHACHTSCHABEL herausgegeben (Abb. 1) und in der Folge in nahezu regelmäßigen Abständen von 4 bis 6 Jahren überarbeitet.

Ab der 9. Auflage (1976) erhielt das Werk schließlich seinen Namen „Scheffer/Schachtschabel: Lehrbuch der Bodenkunde", der für alle folgenden Auflagen als „Markenzeichen" erhalten geblieben ist und auch in Zukunft bleiben soll. Neuere Informationen wurden von nun an durch ein Autorenteam zusammengestellt, das sich entsprechend den fachlichen Erfordernissen erweitert oder entwickelt hat. In den letzten 3 Jahrzehnten haben dies besonders die Autoren: BLUME, BRÜMMER, HARTGE, SCHACHTSCHABEL und SCHWERTMANN gewährleistet. Eine umfassendere Beschreibung der Entwicklung des „Scheffer/Schachtschabel" ist in BLUME et al. (2007)* nachzulesen.

Mit der über die letzten Auflagen stets steigenden Seitenzahl hatte sich auch der Inhalt des „Scheffer/Schachtschabel" so weit differenziert, dass auf Wunsch der Verlages und der Autoren für die 16. Auflage eine Neukonzeption erforderlich wurde. Hierbei stand eine Komprimierung der Erkenntnisse auf das Wesentliche im Vordergrund, um dem Lehrbuchcharakter wieder mehr gerecht zu werden und trotzdem die Vollständigkeit des jeweiligen Stoffes zu erhalten.

Abb. 1. Prof. Dr. Dr. h. c. F. SCHEFFER (links) und Prof. Dr. Dr. h. c. P. SCHACHTSCHABEL (rechts) während der Internationalen Bodenkundetagung 1960 in Madison/ USA.

Im Vergleich zur 15. Auflage wurden das Kapitel 4 „Bodenorganismen und ihr Lebensraum" durch Frau Prof. Dr. E. KANDELER und das Kapitel 5 „Chemische Eigenschaften und Prozesse" durch Prof. Dr. R. KRETZSCHMAR völlig neu bearbeitet, während alle weiteren Kapitel durch Einbeziehung des gegenwärtigen Forschungsstandes aktualisiert wurden. So wurden in Kapitel 6 „Physikalische Eigenschaften und Prozesse" neuere Erkenntnisse der Bodengefügeentwicklung und der Bodenmechanik sowie des Wasserhaushalts dargestellt ebenso wie der Abschnitt „Bodenfarbe" überarbeitet wurde. In Kapitel 7 „Bodenentwicklung und Bodensystematik" werden die deutsche Bodensystematik in ihrer Fassung von 2005 sowie die internationale Bodenklassifikation (WRB) in ihrer Fassung von 2006 incl. des ersten Updates von 2007 behandelt. Ein weiterer Abschnitt widmet sich den fossilen Böden. Es werden nunmehr 30 repräsentative Bodenprofile auf 3 Farbtafeln geboten, außerdem ein tiefgründiger farbiger Bodeneinschnitt auf dem Planeten Mars. Kapitel 8 „Bodenverbreitung" wurde neu strukturiert, während Kapitel 9: „Böden als Pflanzenstandorte" vollständig neu strukturiert und um die physikalischen Standorteigenschaften der Böden (Kap. 9.1 bis 9.4) erweitert wurde. Die Abschnitte zur „Nährstoffversorgung der Pflanzen" (9.5) und zu den „Hauptnährelementen" (9.6) wurden zum größten Teil neu geschrieben; die Abschnitte 9.7 („Spurennährelemente") und 9.8 („Nützliche Elemente") wurden überarbeitet. Kapitel 10 widmet sich der „Gefährdung der Bodenfunktionen" durch stoffliche und nichtstoffliche Belastungen, mögliche Sanierungsmaßnahmen und Methoden zur Bewertung stofflicher Bodenbelastungen. Die Bedeutung und die grundlegenden gesetzlichen und stofflichen Belange des Bodenschutzes werden in Kapitel 11 „Bodenbewertung und Bodenschutz" ausführlich behandelt.

In fast allen Kapiteln wurde auf methodische Details verzichtet, da dafür andere Lehr- und Praktikumsbücher vorhanden sind; außerdem wurde die Literatur entschlackt, da der Zugang zu moderner weiterführender Literatur den an der Bodenkunde Interessierten heute auf einfache Weise möglich ist. Die Autoren teilten sich die Bearbeitung der Kapitel folgendermaßen:

1 BRÜMMER mit BLUME
2 STAHR
3 KÖGEL-KNABNER
4 KANDELER
5 KRETZSCHMAR
6 HORN mit TIPPKÖTTER (6.3)
7 BLUME

8 STAHR
9 BRÜMMER mit HORN (9.1 bis 9.4)
10 WILKE mit HORN (10.7), THIELE-BRUHN (10.3) und WELP (10.2.6)
11 STAHR

Bei der Erstellung der 16. Auflage haben zahlreiche Mitarbeiter/innen, Kollegen und Kolleginnen in vielfältiger Weise mitgearbeitet; ohne ihre Hilfe wäre die Fertigstellung des Buches in der vorliegenden Form nicht möglich gewesen. Ihnen allen sei herzlich gedankt. Namentlich erwähnen möchten wir Prof. Dr. J. BACHMANN, Dr. R. BARITZ, Dr. ISO CHRISTL, Prof. Dr. W. FOISSNER, Prof. T. FRIEDEL, Dr. T. GAISER, Dr. J. GAUER, Dr. S. HAASE, B. HEILBRONNER, Dr. A KÖLBL, Prof. Dr. B. LUDWIG, Dr. M. VON LÜTZOW, Dr. S. MARHAN, Dr. W. MARKGRAF, Dr. S. PETH, Dr. L. PHILIPPOT, Dr. C. POLL, Prof. Dr. L. RUESS, Dr. D. STASCH, Dr. A. VOEGELIN, Dr. J. WIEDERHOLD und Dr. M. ZAREI.

Der Redakteurin Frau Dr. J. LORENZEN-PETH danken wir für didaktische Verbesserungen und kritische Durchsicht, und dem Verlag, insbesondere Herrn Dr. C. IVEN, für vertrauensvolle und geduldige Zusammenarbeit.

Bodenkundliches Wissen geht nicht nur den Bodenkundler an, sondern wird auch benötigt von Landwirten, Forstwirten, Gärtnern, Landespflegern und Landschaftsplanern, Ökologen, Kulturtechnikern, Hydrologen, Gewässerkundlern, Geographen, Geologen, Mineralogen, Chemikern, Biologen und Archäologen. Das gilt gleichermaßen für alle, die mit Problemen des Naturschutzes, des Umweltschutzes und Umweltrechtes, sowie mit der Bodensanierung im politischen, administrativen, normierenden und unternehmerischen Bereich befasst sind. In all diesen Gebieten ist der Scheffer/ Schachtschabel als Quelle bodenkundlichen Wissens unentbehrlich geworden. Das trifft vor allem auch für die Lernenden und für den wissenschaftlichen Nachwuchs zu. Möge die neue Auflage in diesem Sinne geneigte Leser finden und ihnen ein nützlicher Begleiter sein.

Im Herbst 2009
Die Verfasser

---

* BLUME, H.-P., K. H. HARTGE & U. SCHWERTMANN (2007): Die Bedeutung des Ferdinand Enke Verlages für die Verbreitung bodenkundlichen Wissens. Kap. 4 in: H.-P. BLUME & K. STAHR (Hrsg.): Zur Geschichte der Bodenkunde. – Hohenheimer Bodenkundl. Hefte, 83.

Inhalt

1 Einleitung: Böden – die Haut der Erde

Böden sind der belebte Teil der obersten Erdkruste. Sie besitzen eine Mächtigkeit von wenigen Zentimetern bis zu mehreren Zehner Metern bei einer Dicke der Erdkruste von meist 5…40 km. Die Erdkruste ist wiederum Teil der im Mittel ca. 100 km dicken Lithosphäre, die sich aus den tektonischen Platten mit den Kontinenten zusammensetzt. Die gesamte Strecke von der Erdoberfläche bis zum Erdmittelpunkt beträgt 6.370 km. Bei diesen Größenverhältnissen wird deutlich, dass Böden die dünne und verletzliche Haut der Erde bilden, die besonderer Aufmerksamkeit bedarf.

Die **Bodenkunde** (Bodenwissenschaft) oder **Pedologie** ist die Wissenschaft von den Eigenschaften und Funktionen sowie der Entwicklung und Verbreitung von Böden. Sie befasst sich mit den Möglichkeiten der Nutzung von Böden und mit den Gefahren, die mit ihrer Fehlnutzung durch den Menschen zusammenhängen sowie mit der Vermeidung und der Behebung von Bodenbelastungen.

1.1 Böden als Naturkörper in Ökosystemen

Böden sind auf dem Festland (terrestrisch), im Übergangsbereich zwischen Wasser und Land (semiterrestrisch) und unter Wasser (subhydrisch) entstanden. Die terrestrischen und semiterrestrischen Böden sind nach unten durch festes oder lockeres Gestein, nach oben (meist) durch eine Vegetationsdecke und den Übergang zur Atmosphäre begrenzt, während sie zur Seite gleitend in benachbarte Böden übergehen. Sie bestehen aus **Mineralen** unterschiedlicher Art und Größe (Kap. 2) sowie aus **organischer Substanz**, dem Humus (Kap. 3). Minerale und Humus sind in bestimmter Weise im Raum angeordnet und bilden miteinander das **Bodengefüge** mit einem charakteristischen Hohlraumsystem. Dieses besteht aus Poren unterschiedlicher Größe und Form, die mit der **Bodenlösung**, d.h. mit Wasser und gelösten Stoffen, und der **Bodenluft** gefüllt sind. Zwischen der festen, flüssigen und gasförmigen Phase bestehen dabei zahlreiche chemische und physikalische Wechselwirkungen (Kap. 5, 6).

Böden sind grundsätzlich belebt. Ihre Hohlräume enthalten eine Vielzahl von **Bodenorganismen**; darunter können mehr als 10 Millionen z. T. noch unbekannter Mikroorganismen pro Gramm fruchtbaren Bodens sein und diesen zusammen mit anderen Organismen in einen hoch aktiven Reaktor verwandeln. Parallel dazu lockern, mischen und aggregieren vor allem die größeren Bodentiere ihren Lebensraum (Kap. 4).

Böden sind Naturkörper unterschiedlichen Alters, die je nach Art des Ausgangsgesteins und Reliefs unter einem bestimmten Klima und damit einer bestimmten streuliefernden Vegetation mit charakteristischen Lebensgemeinschaften (Biozönosen) durch bodenbildende Prozesse entstanden sind. Damit ist die Entstehung der Böden an die Entwicklung des Lebens auf der Erde gebunden, worauf bereits der Bodenkundler W. L. Kubiena 1948 hingewiesen hat. Im Präkambrium, als sich erste Bakterien und Algen im Meer entwickelten, entstanden zunächst nur subhydrische Böden. Mit der Entwicklung erster Landpflanzen vor 430 Millionen Jahren im Silur wurden dann auch semiterrestrische und schließlich terrestrische Böden gebildet. Der russische Bodenkundler W. W. Dokučaev erkannte Ende des 19. Jh. Böden als eigenständige Naturkörper. Der Schweizer Bodenkundler H. Jenny (1941) definierte Böden (B) dann als Funktion ihrer **genetischen Faktoren**: Ausgangsgestein (G), Klima (K), Organismen (O), Relief (R) und Zeit (Z). In den letzten 5 000 Jahren der Erdgeschichte wurden Böden außerdem in bis heute zunehmendem Maße vom Menschen (M) durch unterschiedliche Formen der Bodennutzung geprägt (Kap. 7):

$$B = f(G, K, O, R, M) \cdot Z$$

Die genetischen Faktoren lösen in ihrem komplexen Zusammenspiel bodenbildende Prozesse aus, die unterteilt werden in **Umwandlungs**- und **Umlagerungsprozesse** (Transformation und Translokation). Zu ersteren gehören vor allem Gesteinsverwitterung und Mineralumwandlung, Verlehmung und Verbraunung, sowie Zersetzung organischer Substanz und Humifizierung. Umlagerungsprozesse werden durch perkolierendes und aszendierendes Bodenwasser ausgelöst, z. B. Entsalzung und Versalzung, Entkalkung und Carbonatisierung, Tonverlagerung oder Podsolierung. Die Umwandlungs- und Umlagerungsprozesse führen in Abhängigkeit von ihrer Intensität und Dauer zu charakteristischen Bodeneigenschaften wie z. B. den für die verschiedenen Böden typischen Bodenhorizonten, die oben streuähnlich sind, nach unten gesteinsähnlicher werden. Damit ergibt sich insgesamt die folgende Kausalkette der Pedogenese:

Genetische Faktoren → bodenbildende Prozesse → Bodenmerkmale

In umgekehrter Reihenfolge gelesen, erlauben die heutigen Merkmale der Böden Rückschlüsse auf die abgelaufenen Prozesse sowie die sie bestimmenden genetischen Faktoren und tragen damit zu einer Rekonstruktion der Landschaftsgeschichte bei (Kap. 7). Mit Hilfe der Kausalkette der Pedogenese sind auch Prognosen zur zukünftigen Boden- und Landschaftsentwicklung möglich. So können bei Veränderung eines genetischen Faktors, wie z. B. des Klimas als Folge einer globalen Erwärmung, Prognosen zu den sich in verschiedenen Regionen der Erde ändernden pedogenen Prozessen und damit auch zu den zukünftigen Eigenschaften der Böden und deren sich ändernden Nutzungsmöglichkeiten gemacht werden.

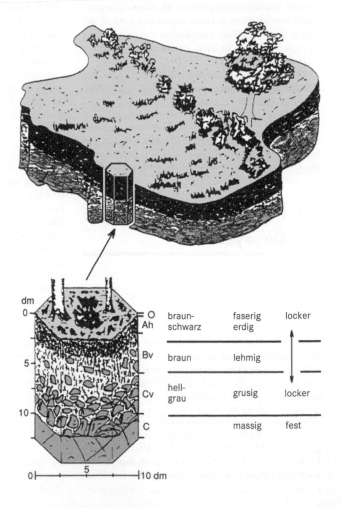

Abb. 1–1 Typischer Boden als Naturkörper. Dieser lockere Boden (Braunerde) hat sich aus einem Festgestein (Granit), das als C-Horizont bezeichnet wird, entwickelt. Durch Verwitterung ist das Gestein in Bruchstücke (Steine) und seine Minerale (Quarz, Feldspäte, Glimmer) zerfallen, die zusammen mit neu gebildeten Mineralen (Tonminerale, Eisenoxide u. a.) als Partikel unterschiedlicher Größe (Steine, Sand, Schluff, Ton) die anorganische Festsubstanz bilden. Beim Zerfall des Gesteins entstanden Hohlräume: Die groben Poren sind meist mit Luft gefüllt, die feineren mit Wasser. Durch die Tonmineralbildung wurden A- und B-Horizont lehmig und durch Eisenoxide braun gefärbt. Abgestorbene Pflanzenreste wurden durch die Bodenflora und -fauna zum geringen Teil in braune bis schwarze Huminstoffe umgewandelt und mit mineralischen Substanzen zum letztendlich braunschwarz gefärbten A-Horizont vermischt, über dem sich eine organische Auflage (O-Horizont) befindet.

Die Gesamtheit der Böden bildet die **Bodendecke** oder **Pedosphäre** (pedon, griech. Boden), die sich im Überschneidungsbereich von Atmosphäre, Lithosphäre und Hydrosphäre gemeinsam mit der Biosphäre entwickelt hat (Kap. 8). Die **Ökosphäre** (Abb. 1–2) umfasst die Gesamtheit aller Ökosysteme und schließt damit auch die Pedosphäre ein. In einer **Landschaft** als einem charakteristischen Ausschnitt der Ökosphäre sind ähnliche und verschiedene Böden miteinander vergesellschaftet (Abb. 1–1 oben). Die Böden einer Landschaft sind dabei miteinander durch Energie-, Wasser- und Stoffflüsse verknüpft (Abb. 1–2). So werden den Senkenböden einer Landschaft mit dem Oberflächenabfluss und dem Sickerwasser gelöste Verwitterungsprodukte zugeführt, die den Böden der benachbarten Kuppen entstammen; häufig werden Hangböden auch durch den Oberflächenabfluss erodiert und benachbarte Senkenböden mit deren Erosionsmassen überdeckt. Die im Sickerwasser gelösten und bis in größere Bodentiefe verlagerten Stoffe gelangen in das Grundwasser und werden mit dem Tiefenabfluss in die Senken transportiert. Durch Oberflächen-, Zwischen- und Tiefenabfluss findet damit ein Stofftransport von den Kuppen in die Senken

und schließlich in die eine Landschaft entwässernden Oberflächengewässer statt. Damit beeinflussen Böden in Abhängigkeit von ihrem Stoffbestand – einschließlich anthropogener oder natürlicher Schadstoffbelastungen – die Zusammensetzung und Qualität des Grundwassers und Abflusswassers. Letzteres beeinflusst wiederum die Lebensgemeinschaften der Oberflächengewässer in den verschiedenen Landschaften. Damit bestehen enge stoffliche Verknüpfungen sowohl zwischen den Böden einer **Catena** (lat. Kette) von der Kuppe bis zur Senke als auch zwischen den Böden einer Landschaft und deren Grund- und Oberflächengewässern.

Böden sind (meistens) von Pflanzen bewachsen und durchwurzelt (Abb. 1–2) sowie von Tieren und Mikroorganismen besiedelt; sie sind damit Teil eines **Ökosystems**. Zusammen mit der bodennahen Luftschicht bilden sie den Lebensraum (= Biotop) der Lebensgemeinschaft aus Pflanzen, Tieren und Mikroorganismen (= Biozönose). Zwischen Biotop und Biozönose bestehen dementsprechend enge Wechselbeziehungen wie auch zwischen den oberirdischen und unterirdischen Lebensgemeinschaften.

Der Boden bietet den Pflanzen als **Wurzelraum** Verankerung und versorgt sie mit **Wasser, Sauer-**

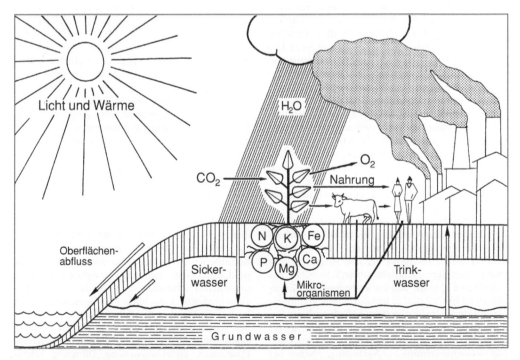

Abb. 1–2 Stellung und Funktionen von Böden in der Ökosphäre (Erklärungen im Text) (nach BRÜMMER 1978, 1985)

stoff und **Nährstoffen** (Kap. 9). Letzteres gilt auch für Bodentiere und Mikroorganismen. Die Versorgung wird dabei vor allem durch den jeweiligen Vorrat und die Verfügbarkeit von Wasser, Sauerstoff und Nährstoffen im Wurzelraum bestimmt.

1.2 Funktionen von Böden in der Ökosphäre

In Abb. 1–2 sind Stellung und Funktionen der Böden in der Ökosphäre dargestellt (Kap. 10). Die Ökosphäre umfasst den Bereich an der Erdoberfläche, der von Lebewesen besiedelt ist und durch vielfältige miteinander verknüpfte Kreisläufe von Energie, Luft und Wasser sowie anorganischen und organischen Stoffen gekennzeichnet wird. Innerhalb der Ökosphäre stellen Böden die Basis dar, auf der menschliches und tierisches Leben existiert. Sie bilden den Standort, in dem die höheren Pflanzen wurzeln und unter Ausnutzung der Sonnenenergie aus dem Kohlendioxid der Atmosphäre, aus dem mit den Niederschlägen in den Boden gelangenden Wasser und aus den Nährstoffen des Bodens unter Abgabe von Sauerstoff Biomasse aufbauen. Diese steht dann Mensch und Tier als Nahrung zur Verfügung. Gleichzeitig liefern vor allem Pflanzen dem Boden organische Abfälle und damit Streu. Die Streu dient den Bodentieren und Mikroorganismen als Nahrung. Diese veratmen den größten Teil der anfallenden organischen Substanz und transformieren sie wieder zu CO_2. Mit dem Absterben aller Lebewesen unterliegen deren organische Körpersubstanzen einer solchen Zersetzung und Transformation im Boden, durch die die gebundenen Nährstoffe mineralisiert und erneut in den Stoffkreislauf der Biosphäre überführt werden. Diese natürlichen Funktionen der Böden werden im Bundesbodenschutzgesetz von 1998 als **Lebensraumfunktionen** bezeichnet (Kap. 10, 11).

Darüber hinaus üben Böden für das Leben auf der Erde entscheidende **Regelungsfunktionen** aus. Sie sind wirkungsvolle Speicher-, Filter-, Puffer- und Transformationssysteme, die Wasser, gelöste und suspendierte Nährstoffe sowie Schadstoffe aus natürlichen Quellen und aus anthropogenen Emissionen zu binden und zu transformieren vermögen. Das Niederschlagswasser steht deshalb nach der Bodenpassage bei intakten Böden in der Regel als gefiltertes sauberes Grundwasser für eine Trink- und Nutzwassergewinnung zur Verfügung. Ebenso beeinflussen Böden und Sedimente in starkem Maße

den Wasserhaushalt einer Landschaft. Sie wirken dabei mit ihrer Wasserspeicherkapazität als Regulatoren des Landschaftswasserhaushalts (Abb. 1–2). Von besonderer Bedeutung ist außerdem die Speicherfunktion der Böden für das in Form seiner Gase: CO_2 und CH_4 klimarelevante Element Kohlenstoff, das als Humus in Mineralböden und besonders in Mooren gespeichert, oder in Form der gelösten Kohlensäure-Anionen durch die bei der Verwitterung und Bodenbildung freigesetzten Calcium-Ionen als Carbonat ausgefällt werden kann. Regelungs- und Lebensraumfunktionen werden im Bundesbodenschutzgesetz als natürliche Bodenfunktionen bezeichnet.

Die **Nutzungsfunktionen** der Böden umfassen ihre Eignung für eine land- und forstwirtschaftliche Nutzung. Sie werden außerdem zur Abfalllagerung, als Baugrund sowie als Rohstofflieferanten für Ton, Sand, Kies, Kalk, Ziegellehm u. a. genutzt. Böden bilden damit die Flächen für Siedlung, Wirtschaft und Verkehr, aber auch die Grünflächen, die Menschen Erholung spenden, ihnen Freizeitaktivitäten ermöglichen und damit ihrer Gesundheit dienen. Als Basis und Teilsphäre der Ökosysteme prägen Böden zusammen mit Relief, Gestein und Klima sowie der sich in Abhängigkeit von diesen primären Faktoren entwickelnden Biozönose und den jeweiligen anthropogenen Einflüssen den Charakter einer Landschaft. Damit stellen Böden **erdgeschichtliche Urkunden** dar und sind mit ihren jeweiligen Bodenmerkmalen ein Spiegelbild und Archiv der Natur- und Kulturgeschichte einer Landschaft.

Die in den verschiedenen Böden qualitativ und quantitativ unterschiedlich ausgeprägten Bodenfunktionen bestimmen die Nutzungseigenschaften der Böden und damit deren **Nutzungspotenziale**. Das Leben auf der Erde ist an die vielfältigen Funktionen der Böden sowie deren Nutzung und Erhaltung gebunden (Kap. 10, 11).

Neben **Naturböden** treten die von Menschen geprägten **Kulturböden** auf. Die Fähigkeit von Natur- und Kulturböden, den Pflanzen als Standort zu dienen, bezeichnet man als **Bodenfruchtbarkeit**. Sie werden nach dieser Fähigkeit bewertet (Kap. 11). Kulturböden dienen vor allem der Nahrungsmittelproduktion, aber auch der Erzeugung von Futter, organischen Rohstoffen und nachwachsenden Energieträgern. Die tatsächliche **Ertragsleistung** eines Bodens als Standort für Kulturpflanzen wird – neben seiner Bodenfruchtbarkeit – außerdem durch zahlreiche nicht bodeneigene Faktoren wie Klima, Pflanzenart, Bodenbearbeitung, Düngung, Schädlingsbefall usw. beeinflusst. Mit Hilfe von Bodeninformationssystemen, die für die Länder der Bundesrepublik wie auch für andere Staaten entwickelt wurden, können detaillierte Informationen über Eigenschaften und Zustand sowie Nutzungsmöglichkeiten und Ertragsleistung der Böden gewonnen werden.

1.3 Böden als offene und schützenswerte Systeme

Energie und Stoffe vollziehen Kreisläufe in Ökosystemen, die aber meist nicht vollständig geschlossen sind, da Ökosysteme und mit ihnen auch Böden offene Systeme darstellen. Böden unterliegen damit der Zu- und Abfuhr von Stoffen sowohl natürlicher als auch anthropogener Herkunft und stehen dadurch stofflich in enger Beziehung zu anderen Kompartimenten von Ökosystemen. Je nach den Eigenschaften der Böden und Stoffe kann ein Stofftransfer von den Böden in die Nahrungskette, in das Grundwasser, in die Oberflächengewässer und in die Atmosphäre (z. B. von CO_2 und CH_4) erfolgen. Die unter humiden Klimabedingungen stattfindende Perkolation der Böden mit Sickerwasser bewirkt eine Verlagerung und Auswaschung bodeneigener Substanzen. Im Verlauf von Jahrhunderten bis Jahrmillionen findet hierdurch in natürlicher Weise eine Versauerung, Nährstoffverarmung und Degradierung der Böden statt. Unter ariden Bedingungen kann es dagegen u. a. durch Regen, Stäube oder aszendierendes Grundwasser zum Eintrag von Salzen und Kalk und damit zu Salz- und Kalkanreicherungen in Böden kommen.

Neben dem Austrag natürlicher Stoffe unter humiden Bedingungen ist dieser Prozess auch bei Stoffen anthropogener Herkunft von großer Bedeutung. Allgemein gilt, dass die meisten der vom Menschen produzierten und verarbeiteten Stoffe früher oder später über verschiedene Transport- und Dispersionsvorgänge auf die Böden oder in die Gewässer gelangen. Infolge der Filter-, Puffer- und Speicherfunktionen der Böden findet dabei sehr oft eine **Akkumulation von potentiell toxischen Stoffen** wie z. B. Schwermetallen und persistenten organischen Schadstoffen in Land-, Grundwasser- und Unterwasserböden statt. Im Gegensatz zu Luft und Wasser können belastete Böden dabei häufig nicht oder nur mit sehr hohen Kosten wieder gereinigt werden.

Auch die landwirtschaftliche Nutzung von Böden kann zu deren Belastung führen. So fördert insbesondere ackerbauliche Nutzung die **Erosion** durch Wasser oder Wind und das Befahren mit schweren Maschinen ihre **Verdichtung**. Die vor allem in Trockengebieten praktizierte Bewässerung kann zur **Versalzung** der Böden führen, eine Überweidung von Flächen im Grenzbereich zu Wüsten zur **Desertifikation**. Da den zur Biomasseerzeugung genutzten Böden mit der Abfuhr der Ernteprodukte (z. B. Getreide, Gemüse, Milch, Fleisch, Holz, Kraftstoffe) Nährelemente entzogen werden, müssen die Böden gedüngt werden, um eine **Degradierung** zu vermeiden. Mit einer Bodendegradierung geht dabei in der Regel eine Abnahme der **Bodenbiodiversität** einher. Wird zu wenig gedüngt (wie heute in vielen Entwicklungsländern), so sinkt die Bodenfruchtbarkeit und auch Gefügezerstörung sowie Erosion gefährden die landwirtschaftliche Produktion. Wird jedoch zuviel gedüngt, können Belastungen von Grundwasser und Oberflächengewässern sowie der Luft auftreten, wenn das Puffervermögen der Böden überschritten wird.

Aufgrund der genannten Lebensraum-, Regelungs- und Nutzungsfunktionen gehören Böden – neben Wasser und Luft – zu den kostbarsten und damit schützenswürdigsten Gütern der Menschheit. Dies ist bereits in der Bodencharta des Europarates von 1972 ausdrücklich festgehalten. Zudem ist **Boden ein nicht vermehrbares Gut**. Für die Ernährung der derzeitigen Weltbevölkerung von ca. 6,7 Milliarden Menschen stehen dabei ca. 0,22 ha Landwirtschaftsfläche pro Person zur Verfügung. Bei einem Bevölkerungswachstum bis 2050 auf ca. 9 Milliarden Menschen sind die Ernteerträge bei der optimistischen Annahme einer konstant bleibenden Bodenfläche insgesamt um ca. 35% zu steigern, um eine der heutigen Situation vergleichbare Nahrungsmittelversorgung der Bevölkerung zu erreichen. Dies ist eine bisher ungelöste Aufgabe. Zum Schutz der Böden wurde deshalb 1996 die *UN-Konvention zur Bekämpfung der Desertifikation (CCD)* verabschiedet. In Deutschland sind seit 1998 die Funktionen der Böden geschützt. Das *Gesetz zum Schutz vor schädlichen Bodenveränderungen und zur Sanierung von Altlasten* bezieht sich sowohl auf die natürlichen als auch auf die Nutzungs- und Archivfunktionen unserer Böden (Kap. 11). Schädliche Bodenveränderungen sind gemäß Gesetz zu vermeiden und, wenn diese bereits vorliegen, zu beheben, um damit eine intakte Basis für unseren Lebensraum zu erhalten und eine nachhaltige Bodennutzung zu ermöglichen. Die dafür erforderlichen Untersuchungsmethoden sind weitgehend international genormt. Auch das 2000 gegründete *Boden-Bündnis europäischer Städte und Gemein-*

1

den (ELSA: European Land and Soil Alliance) setzt sich u. a. für einen aktiven Bodenschutz in den Städten und Gemeinden ein. Von der EU-Kommission wird eine Übersicht über die Böden Europas und deren Gefährdung gegeben und seit 2006 eine *Bodenschutzstrategie* mit einer *Bodenrahmenrichtlinie* für Europa entwickelt.

1.4 Literatur

Weiterführende Sammelliteratur

Bundesbodenschutzgesetz, BBodSchG (1998): Gesetz zum Schutz des Bodens. BGBl. I, G 5702, Nr. 16 v. 24.3.98, S. 502…510.

BLUME, H.-P. (Hrsg., 2007): Handbuch des Bodenschutzes – Bodenökologie und -belastung – Vorbeugende und abwehrende Schutzmaßnahmen. 3. Aufl., Wiley-VCH, Weinheim und Ecomed, Landsberg.

BLUME, H.-P., B. DELLER, R. LESCHBER, A. PAETZ, S. SCHMIDT & B.-M. WILKE (Red., 2000 ff): Handbuch der Bodenuntersuchungen. Beuth, Berlin und Wiley-VCH, Weinheim.

BLUME, H.-P., P. FELIX-HENNINGSEN, W.R. FISCHER, H.-G. FREDE, R. HORN & K. STAHR (Hrsg., 1996 ff): Handbuch der Bodenkunde; Ecomed, Landsberg, seit 2007 Wiley-VCH, Weinheim.

SUMNER, M. E. (Hrsg.) (2000): Handbook of Soil Science. CRC, Boca Raton.

Weiterführende Spezialliteratur

BRÜMMER, G.W. (1978): Funktion des Bodens im Stoffhaushalt der Ökosphäre. In: G. OLSCHOWY (Hrsg.): Natur- und Umweltschutz in der Bundesrepublik Deutschland, S. 111…124. P. Parey, Hamburg.

BRÜMMER, G.W. (1985): Funktionen der Böden in der Ökosphäre und Überlegungen zum Bodenschutz. Forschungen zur Raumentwicklung 14, 1…12. Bundesforschungsanstalt für Raumkunde u. Raumordnung, Bonn.

EUROPEAN SOIL BUREAU NETWORK (2005): Soil Atlas of Europe. European Commission, Luxembourg.

JENNY, H. (1941): Factors of Soil Formation. McGraw-Hill, New York.

KUBIENA, W. L. (1948): Entwicklungslehre des Bodens. Springer, Wien.

LAL, R. (2007): Anthropogenic influences on world soils and implications to global food security. Advances in Agronomy 93, 69…93.

ROSENKRANZ, D., G. BACHMANN, W. KÖNIG & G. EINSELE (Hrsg.) (1988 ff): Bodenschutz – Ergänzbares Handbuch der Maßnahmen und Empfehlungen für Schutz, Pflege und Sanierung von Böden, Landschaft und Grundwasser. E. Schmidt, Berlin.

SCHROEDER (1984): Bodenkunde in Stichworten. F. Hirt, Unterägeri, Schweiz. Neu: 6. Auflage: W. Blum (2007), Borntraeger, Stuttgart.

SPECIAL SECTION (2004): Soils – the final frontier. Science 304, 1613…1637.

WISSENSCHAFTLICHER BEIRAT DER BUNDESREGIERUNG (1994): Welt im Wandel – die Gefährdung der Böden. Economica, Bonn.

2 Anorganische Komponenten der Böden – Minerale und Gesteine

2.1 Der Kreislauf der Gesteine

Die Stellung der Böden im Stoffkreislauf der Lithosphäre (Abb. 2.1–1) zeigt, dass an der Gesteinsbildung, der Lithogenese, eine große Zahl von Prozessen in Form eines Kreislaufs beteiligt sind. Beim Abkühlen glutflüssigen Magmas entstehen am Beginn der Lithogenese Gesteine durch Kristallisation aus der Schmelze. Sie unterliegen weiteren vielfältigen Veränderungen durch die Prozesse Verwitterung, Abtragung, Transport, Ablagerung, Diagenese, Metamorphose und Anatexis, die sich zu einem Kreislauf zusammenschließen. In diesem Kreislauf sind die Böden eine bedeutsame Station. Sie sind einerseits das Ergebnis der Gesteinsumwandlung in

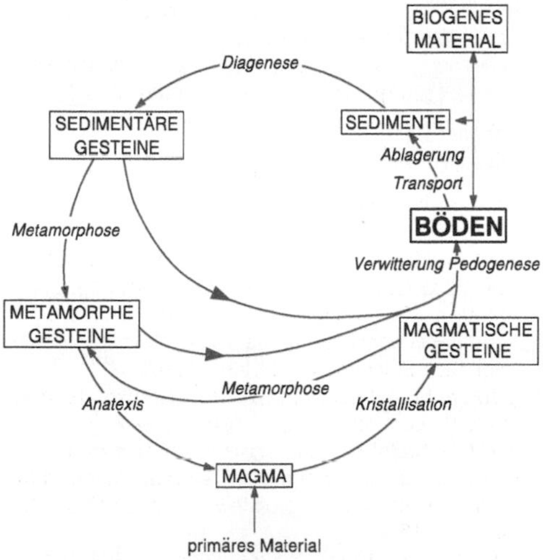

Abb. 2.1–1 Die Stellung der Böden im Kreislauf der Lithosphäre

Kontakt mit Atmosphäre und Biosphäre (Pedogenese) und liefern andererseits Material für die Bildung neuer Gesteine. Daher sind Böden nicht ohne Gesteinskenntnis zu verstehen und zu klassifizieren, ebenso wenig aber auch viele Gesteine nicht ohne Kenntnis der Böden (Kittrick 1985).

2.2 Minerale

2.2.1 Allgemeines

Die homogenen Bestandteile der Gesteine sind die Minerale. Diese sind natürliche, überwiegend anorganische und chemisch einheitliche Verbindungen, deren elementare Bausteine in definierter, regelmäßig-periodischer Weise angeordnet sind; sie sind kristallisiert. Die kleinste geometrische Einheit dieser Kristalle, die sowohl den Chemismus als auch alle Symmetrie-Eigenschaften eines Minerals vollständig besitzt, nennt man **Elementarzelle** (Ramdohr und Strunz 1978).

Die Häufigkeit der Elemente lässt sich aus dem mittleren Chemismus der Erdkruste ableiten (Tab. 2.2–1): Die Hälfte der Masse entfällt auf den Sauerstoff, ein Viertel auf Silicium und der Rest wird nahezu vollständig durch die Kationen des Al, Fe, Mg, Ca, Na und K abgedeckt.

Aus der Dominanz des O-Ions und seines großen Durchmessers (Tabelle 2.2–2) geht hervor, dass die meisten Minerale aus mehr oder weniger dicht gepackten O^{2-}-Ionen bestehen, deren negative Ladungen durch die meist viel kleineren Kationen in den Zwickeln der O-Packung neutralisiert werden. Dabei haben die kleineren Kationen wie Si^{4+} vier O^{2-}-Ionen (Liganden) als nächste Nachbarn (Koordinationszahl = 4), die etwas größeren Kationen wie Al^{3+} sechs ($Kz = 6$) und besonders große wie

2

K^+ auch acht oder zwölf O^{2-}-Ionen. Als Liganden treten außer O^{2-} das ebenso große Hydroxyl-Anion OH^-- und das S^{2-}-Anion auf. Die unterschiedliche Größe der Ionen hat zur Folge, dass deren Volumenanteile an der Lithosphäre deutlich von den Gewichtsanteilen abweichen: Tabelle 2.2–1 zeigt, dass Sauerstoff 88 % des Volumens einnimmt, während wichtige Kationen wie die vergleichbar großen K^+-, Ca^{2+}- und Na^+-Ionen nur 1 bis 3 Volumenprozente beitragen.

Die mittlere chemische Zusammensetzung der Lithosphäre zeigt weiterhin, dass Verbindungen aus O und Si, d. h. Salze der Kieselsäure und das reine Oxid SiO_2 vorherrschen. Entsprechend der Kationenhäufigkeit sind die ersten acht Minerale Al-, Fe-, Mg-, Ca-, Na- und K-Silicate (Tab. 2.2–1). Dies gilt auch für die meisten Böden, die die Silicate nicht nur vom Gestein ererben, sondern in denen sich auch bodeneigene (pedogene) Silicate bilden.

Tab. 2.2–1 Mittlerer Chemismus, Mineral- und Gesteinsbestand der Erdkruste (Masse $2,85 \cdot 10^{19}$ t).

Chemismus Oxide	Masse-%[a]	Elemente	Masse-%	Vol.-%	Mineralbestand	Vol.-%	Gesteinsbestand[b]	Vol.-%
SiO_2	57,6	52,5	O	47,0	88,2	Plagioklase	39	Basalte, Gabbros u.a. basische Magmatite	42,6
Al_2O_3	15,3	10,5	Si	26,9	0,32	Quarz	12	Gneise	21,4
Fe_2O_3	2,5	} 4,0	Al	8,1	0,55	K-Feldspäte	12	Granodiorite, Diorite und Syenite	11,6
FeO	4,3		Fe^{3+}	1,8	0,32	Pyroxene	11		
MgO	3,9	3,3	Fe^{2+}	3,3	1,08	Glimmer	5	Granite	10,4
CaO	7,0	11,1	Ca	5,0	3,42	Amphibole	5	kristalline Schiefer	5,1
Na_2O	2,9	2,8	Mg	2,3	0,60	Tonminerale	4,6	Tone, Tonschiefer	4,2
K_2O	2,3	4,6	Na	2,1	1,55	Olivine	3	Carbonatgesteine	2,0
TiO_2	0,8	–	K	1,9	3,49	Calcit, Dolomit	2,0	Sande, Sandsteine	1,7
CO_2	1,4	–				Magnetit	1,5	Marmor	0,9
H_2O	1,4	–				andere Minerale	4,9		
MnO	0,16	–							
P_2O_5	0,22	–							

[a] Die 2. Spalte gibt die mittlere Zusammensetzung oberflächennaher Gesteine an (HUDSON, 1995).
[b] Die Vormacht basischer Gesteine beruht auf der flächenmäßigen Vormacht der ozeanischen Kruste.

Tab. 2.2–2 Effektive Radien verschiedener Ionen (pm) in Kristallen bezogen auf die Koordinationszahl IV oder VI.

$^{VI}Na^+$	102	$^{IV}Al^{3+}$	39	^{IV}C	15	P^{5+}	38
$^{VI}K^+$	138	$^{VI}Al^{3+}$	53,5	^{IV}Si	26	O^{2-}	140
$^{VI}NH_4^+$	147	$^{VI}Fe^{2+}$	78,0	$^{IV}Ti^{4+}$	42	OH^-	137
$^{VI}Mg^{2+}$	72	$^{VI}Fe^{3+}$	64,5			S^{6+}	30
$^{VI}Ca^{2+}$	100	$^{VI}Mn^{2+}$	83			S^{2-}	182
		$^{VI}Mn^{4+}$	53			Cl^-	153

2.2.2 Struktur der Silicate

Die Bedingungen, unter denen **primäre** Silicate aus einer Schmelze kristallisieren, unterscheiden sich hinsichtlich Temperatur, Druck, Sauerstoff- und Wasserangebot grundlegend von den Milieubedingungen in Böden, in denen das Kristallwachstum der **sekundären** Minerale meist stark gehemmt ist. **Lithogene** Minerale – aus Gesteinen stammende Minerale – unterscheiden sich deshalb von **pedogenen** – in Böden gebildeten Minerale – Mineralen nicht nur in der Teilchengröße, sondern auch in anderen Eigenschaften wie z. B. dem Sorptionsvermögen. Beide Gruppen werden deshalb separat besprochen (Dixon und Weed, 1989).

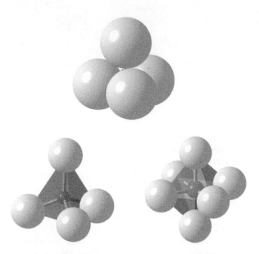

Abb. 2.2–1 Kugelmodelle eines Tetraeders (oben) und eines Oktaeders (rechts) in Kombination mit einer Polyederdarstellung (links) zur Verdeutlichung der Koordination um das zentrale Ion (Koordinationspolyeder). Nur die obere Darstellung ist maßstäblich, in den beiden anderen Abbildungen wurden die Ionen zwecks besserer Anschaulichkeit verkleinert.

Die Struktur der Silicate macht deren Vielfalt und Eigenschaften, z. B. ihre Verwitterbarkeit, besser verständlich. Der Grundbaustein des SiO_2 und der Silicate ist ein Tetraeder, in dem das kleine vierwertige Si-Atom von vier großen Sauerstoffionen eingeschlossen wird (Abb. 2.2–1 oben). Hierdurch entsteht eine dichte Sauerstoffpackung, die den Raum erfüllt und lediglich in den Lücken Kationen aufnimmt. Verbindet man die Mittelpunkte der O^{2-}-Ionen miteinander, so entsteht ein Tetraeder (Vierflächner) aus vier gleich großen Dreiecken (Abb. 2.2–1). Jeder SiO_4-Tetraeder hat vier negative Ladungen und ist über Sauerstoffbrücken mit weiteren SiO_4-Tetraedern vernetzt. Art und Ausmaß der unterschiedlichen Vernetzung führt zu den verschiedenen Silicatstrukturen: **Gerüstsilicate** liegen vor, wenn die Tetraeder nach allen drei Richtungen des Raumes, also vollständig vernetzt sind. Typen der unvollständigen Tetraedervernetzung sind die **Blatt-**, **Schicht-** oder **Phyllosilicate** mit flächenhafter Vernetzung sowie die **Band-** und **Kettensilicate** mit eindimensionaler Vernetzung. Fehlt die Vernetzung vollständig, so spricht man von **Inselsilicaten**. Die Tetraeder-Grundeinheiten dieser Strukturtypen sind die Gerüst-SiO_2^0, Blatt-$Si_2O_5^{2-}$, Band-$Si_4O_{11}^{6-}$, Ketten-SiO_3^{2-} und die Inselform SiO_4^{4-}, gekennzeichnet durch ansteigende O/Si-Verhältnisse von 2,0, 2,5, 2,75, 3,0 und 4,0 und zunehmenden Bedarf an Kationen zur räumlichen Verknüpfung der Tetraedereinheiten (Abb. 2.2–2).

Hieran beteiligen sich vor allem K^+, Na^+, Al^{3+}, Fe^{2+}, Fe^{3+}, Mg^{2+} und Ca^{2+}, die im Verein mit den Vernetzungsvarianten die chemische Vielfalt der Silicate hervorrufen. Sowohl Struktur als auch Chemismus wirken sich deutlich auf die Verwitterbarkeit der verschiedenen Silicate aus (s. Kap. 2.4).

Abb. 2.2–2 Verknüpfungsarten der Silicate: Kette (links), Band (Mitte) und Schichtstruktur (rechts)

2

Tab. 2.2–3 Chemismus (Masse-%) wichtiger Minerale magmatischer und metamorpher Entstehung

	Olivine	Pyroxene[a]	Amphibole[b]	Muskovite	Biotite	K–Feldspäte	Plagioklase
SiO_2	38...47	47...53	39...54	39...53	33...45	63...66	43,5...69
TiO_2	–	<4,4	–	< 3,9	<10	–	–
Al_2O_3	–	1...7	–	20...46	9...32	19...21	19...36
Fe_2O_3	–	0,4...7,6	0,2...23	<8,3	0,1...21	< 0,5	–
FeO	8...12	4...21	< 9	–	3...28	–	–
MnO	–	–	–	< 2,3	–	–	–
MgO	38...47	10...18	3...25	< 2,4	0,3...28	–	–
CaO	–	13...22	10...14	<4,5	–	–	<19,5
Na_2O	–	–	0,5...2,3	<5,2	–	0,8...8,4	<12
K_2O	–	–	<1,7	7,3...13,9	6...11	3...16	–
H_2O	–	–	0,2...2,7	2...7	0,9...5	–	–

[a] Augite, [b] gemeine Hornblende

Eine weitere Variante der Silicate entsteht dadurch, dass statt des Si^{4+} auch das um ca. 50 % größere Al^{3+} (Tab. 2.2–2) das Tetraederzentrum besetzen kann, ohne dass die ‚Morphe' der Struktur sich dadurch ändert (daher **isomorpher Ersatz**). Es ändern sich aber die Ladungsverhältnisse: Die relativ zum Si^{4+} fehlende Ladung des Al^{3+} wird dadurch kompensiert, dass zusätzliche Kationen, z. B. K^+, Na^+ oder Ca^{2+} in die Struktur aufgenommen werden.

Die Silicate sind mit 80 Vol.-% (einschließlich Quarz > 90 %) die häufigsten Minerale der Magmatite. Sie sind auch die wesentlichen Ausgangsprodukte für diejenigen Minerale, die durch Verwitterung und damit bei der Pedogenese neu entstehen. Variationsbereiche der chemischen Zusammensetzung der vorherrschenden magmatischen Silicate schwanken stark (Tab. 2.2–3). Die Bereiche zeigen, dass Silicate oft nicht der Idealformel entsprechen. Die Ursache liegt hauptsächlich im isomorphen Ersatz.

2.2.3 Primäre (lithogene, pyrogene) Silicate

2.2.3.1 Feldspäte

Die Feldspäte sind helle oder schwach gefärbte Na-K-Ca-Al-Silicate mit guter Spaltbarkeit und der Härte 6. Sie gehören zu den Gerüstsilicaten,

bestehen also aus einem dreidimensionalen Tetraederverband. In den Tetraedern ist $^1/_4$ (Alkalifeldspäte) oder $^1/_2$ (Anorthit) der Tetraederzentren durch Al^{3+} besetzt. Zum Ladungsausgleich sind die relativ großen K^+-, Na^+- oder Ca^{2+}-Ionen in die Lücken der Silicatstruktur eingebaut (Abb. 2.2–3).

Die wichtigsten Feldspattypen sind der **Orthoklas** (Kalifeldspat, $KAlSi_3O_8$), **Albit** (Natriumfeldspat, $NaAlSi_3O_8$) und **Anorthit** (Calciumfeldspat, $CaAl_2Si_2O_8$). In Gesteinen kommen diese reinen Typen nur sehr selten vor. So enthalten die Kalifeldspäte meist Na (z. B. Sanidin, Anorthoklas, Mikroklin); sie werden dann zusammen mit dem Albit als Alkalifeldspäte bezeichnet, deren K_2O-Gehalte zwischen 2,5 und 14,7 % liegen. Zwischen Albit und Anorthit besteht die lückenlose Mischungsreihe der **Plagioklase** (Ca-Na-Feldspäte), in der sich Na und Ca wegen ihres ähnlichen Ionenradius (Na 102 pm; Ca 100 pm) – im Gegensatz zu Na und K (138 pm) – gegenseitig vollständig ersetzen können. Mit sinkendem Albit- und steigendem Anorthit-Anteil steigen daher Ca- und Al-Gehalt, während Na- und Si-Gehalt sinken. Daraus erklärt sich die Variation der chemischen Zusammensetzung der Plagioklase (Tab. 2.2–3). In basischen Magmatiten können außer Ca-reichen Plagioklasen auch die Si-ärmeren **Feldspatvertreter** (Foide) Nephelin ($NaAlSiO_4$) und Leucit ($KAlSi_2O_6$) auftreten, die ebenfalls Gerüstsilicate sind.

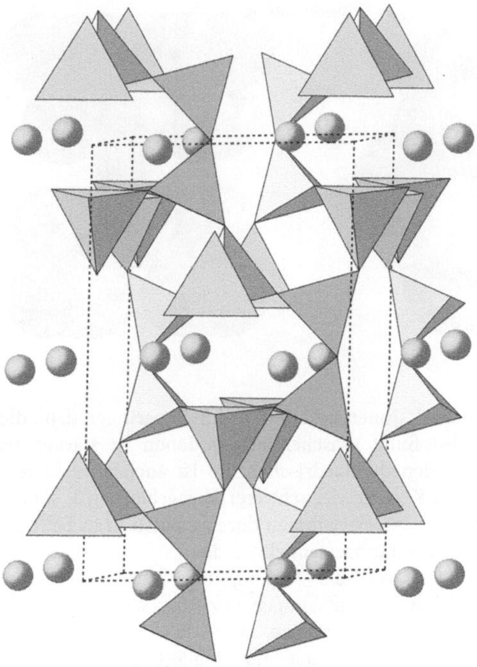

2

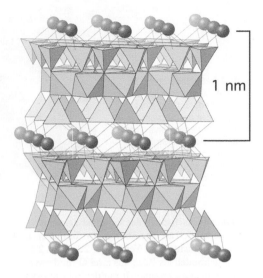

Abb. 2.2–4 Modell einer Glimmerstruktur. Die Kugeln sind K⁺-Ionen. Die Dicke einer Elementarschicht ist gekennzeichnet.

Abb. 2.2–3 Tetraedermodell eines Albits. Die Kugeln sind die Na-Ionen, die Tetraeder beherbergen Si^{4+} und Al^{3+} im Verhältnis 3:1. Die gestrichelten Linien umschließen die Elementarzelle.

2.2.3.2 Glimmer und Chlorite

Die Glimmer sind blättchenförmig ausgebildete K-Mg-Fe-Al-Silicate mit sehr guter Spaltbarkeit, die auf dem schichtförmigen Aufbau der Struktur beruht (Schicht-, Blatt- oder Phyllosilicate). Die häufigsten Glimmer sind der helle **Muskovit** und der dunkel gefärbte **Biotit**. Muskovit ist vorwiegend metamorpher, aber auch magmatischer (nur in Tiefengesteinen) und sedimentärer Entstehung. Biotit entsteht meist magmatisch und ist umso dunkler, je höher sein Fe-Gehalt ist. Der K-Gehalt beider Minerale liegt zwischen 6 und 14 % K_2O.

In der blättchenförmigen Struktur der Glimmer sind die SiO_4-Tetraeder mit jeweils drei (von 4) in einer Ebene liegenden O^{2-}-Ionen, d. h. in der Fläche, miteinander vernetzt (Abb. 2.2–2 und Abb. 2.2–4). Das vierte, nicht mit Nachbar-Tetraedern vernetzte O^{2-}-Ion verknüpft die Tetraederschicht mit der Oktaederschicht, in der Al^{3+}-, Mg^{2+}- oder Fe^{2+}-Ionen sechsfach koordiniert sind. Auf diese Ok-taederschicht folgt wieder eine Tetraederschicht, allerdings um 180° gedreht, sodass die Sauerstoffi-onen an den Spitzen ebenfalls zur Oktaederschicht weisen. Von den sechs oktaedrisch koordinierten Sauerstoffionen der Oktaederschicht binden zwei zu den beiden Tetraederschichten und zwei bilden mit H⁺ Hydroxylionen (OH⁻). Die verbleibenden zwei Sauerstoffionen verknüpfen die Oktaeder über gemeinsame Kanten zu Schichten, weshalb man bei Glimmern auch von 2:1- oder **Dreischichtminera-len** spricht (Abb. 2.2–4).

Zu einer Formeleinheit gehören drei Oktaeder-zentren, deren zentrale Kationen zusammen sechs negative Ladungen auszugleichen haben. Im **diok-taedrischen** Muskovit sind zwei der drei Zentren mit Al^{3+} besetzt, im **trioktaedrischen** Biotit hinge-gen sind alle drei besetzt mit variablen Anteilen an Fe^{2+} und Mg^{2+}. Daraus ergibt sich für Muskovit die idealisierte Formel $KAl_2(Si_3Al)O_{10}(OH)_2$, für Biotit entsprechend $K(Mg,Fe^{2+})_3(Si_3Al)O_{10}(OH)_2$.

Die Verknüpfung der dreischichtigen Baueinheit senkrecht zu den Schichtebenen erfolgt bei Glimmern durch Kaliumionen, die in die zentralen Lücken der 6er-O-Ringe der äußeren Sauerstoffschicht der Tet-raeder (s. Abb. 2.2–5) eintauchen und so die Silicat-schichten zusammenhalten (= **Zwischenschichtkati-onen**). Da beidseitig jeweils 6 Sauerstoffionen einer Tetraederschicht zur Bindung beitragen, hat das K⁺ mit seinen O^{2-}-Ionen die Koordinationszahl 12.

2

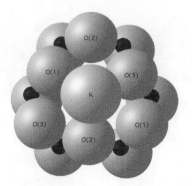

Abb. 2.2–5 Maßstabgerechte Kugelmodelle der Tetraederschicht eines Glimmers in der Aufsicht (links) und der Seitenansicht (rechts). Die Sauerstoffe und das Kalium sind beschriftet, die kleinen schwarzen Kugeln sind die Si^{4+}-Ionen.

Die Silicatschichten der Glimmer zeigen sich im Polyedermodell als eine Abfolge von Tetraeder- und Oktaederschichten im Verhältnis 2:1 (Abb. 2.2–4), im Kugelmodell als Paket aus zwei O- und zwei (O, OH)-Schichten. Zusammen mit der Schicht der K^+-Ionen zwischen den Silicatschichten bilden diese die Elementarschicht mit 1 nm Dicke. Das eigentliche Kristallblättchen besteht aus einer mehr oder weniger großen Zahl solcher Elementarschichten.

Über das Vorhandensein oder Fehlen von Zwischenschicht-Kationen entscheidet die so genannte Schichtladung ξ: Bei Glimmern wird je eines der vier Si^{4+}-Ionen durch Al^{3+} ersetzt. Die fehlende positive Ladung wird folglich durch ein Zwischenschicht-K^+ kompensiert. Die Schichtladung kann allerdings über weite Bereiche variieren (s. Kap. 2.2.4).

Der starke Zusammenhalt der Silicatschichten bei Glimmern resultiert aber nicht nur aus der hohen Schichtladung, sondern auch daraus, dass das K^+-Ion nur wenig größer ist als die Lücke im Zentrum der Sauerstoff-Sechserringe und daher in diese Lücke eintaucht (Abb. 2.2–5). Überdies ist K^+ relativ leicht polarisierbar, sodass seine positive Ladung unter dem Einfluss der negativen Überschussladung leicht verschoben und die Bindung dadurch verstärkt werden kann.

Die Stärke des Zusammenhalts der Schichten ist bei trioktaedrischem Biotit geringer als bei dioktaedrischem Muskovit, die Verfügbarkeit der K^+-Ionen für die Pflanzen daher bei Biotit höher als bei Muskovit. Erklärungsmöglichkeiten sind: (a) in trioktaedrischen Mineralen ist die K–O-Bindung etwas länger und damit schwächer als bei dioktaedrischen Mineralen, (b) bei den trioktaedrischen Dreischichtmineralen steht der Vektor der OH-Bindung annähernd senkrecht zur Schichtebene, während er bei den dioktaedrischen Mineralen einen Winkel von ~74° bildet. Infolgedessen ist bei den trioktaedrischen Glimmern der Abstand zwischen

den H^+-Ionen und den K^+-Ionen geringer, d. h., die Abstoßung zwischen beiden Ionen ist stärker als bei den dioktaedrischen. So ist auch zu erklären, dass K^+ sehr viel schwerer abgegeben wird, sobald die Fe^{2+}–OH-Gruppen durch Oxidation in Fe^{3+}–O-Gruppen umgewandelt werden.

Die vertikale Verknüpfung kann auch ohne Zwischenschichtkationen nur über VAN DER WAALSSCHE Kräfte erfolgen, wie dies bei Pyrophyllit ($Al_2Si_4O_{10}(OH)_2$) oder Talk ($Mg_3Si_4O_{10}(OH)_2$) der Fall ist. Der Schichtabstand liegt dann bei 0,9 nm. Dass die Bindungsstärke zwischen den Silicatschichten vor allem von der Ladung pro Fläche abhängt, zeigt folgende Reihung der Ritzhärte H: Talk ($\xi = 0$, $H = 1$), Smectit-Vermiculit-Gruppe ($\xi = 0,3...0,9$, $H \sim 1^{1}/_{2}$), Muskovit ($\xi = 1$, $H = 2...2^{1}/_{2}$), Margarit ($\xi = 2$, $H = 4$).

Zu den Phyllosilicaten gehören auch die meist grün gefärbten, Mg-Fe(II)-reichen **Chlorite** (gr. *chlorós* = grün), die wie Glimmer aus trioktaedrischen 2:1-Schichten bestehen, zwischen denen aber im Gegensatz zu den Glimmern nicht K^+, sondern eine eigenständige, überwiegend trioktaedrische Hydroxidschicht mit der Summenformel (Mg^{2+},Fe^{2+},Fe^{3+},Al)$_3$(OH)$_6$ eingelagert ist (Abb. 2.2–6). Die Substitution von M^{2+} durch M^{3+} in beiden Hydroxidschichten erzeugt eine positive Ladung, die die negative Ladung der tetraedrischen Schichten kompensiert. Letztere stammt von der teilweisen Substitution des Si^{4+} durch Al^{3+} (Bailey 1991). Da sich beide oktaedrisch koordinierten Schichten strukturell und chemisch ähnlich sind, lässt sich die Gruppe der Chlorite in der allgemeinen Formel zusammenfassen:

$$(M^{2+}_{6-x-3y} M^{3+}_{x+2y} \square_y)(Si_{4-x} M_x^{3+}) O_{10}(OH)_8$$
mit $M^{2+} = Mg^{2+}$, Fe^{3+} und $M^{3+} = Fe^{3+}$, Al^{3+}.

$\square$ steht für eine Leerstelle, d. h. eine nicht besetzte Position in der Struktur. Neben der rein elektrosta-

2

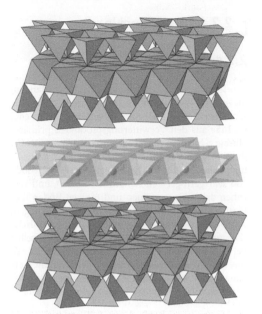

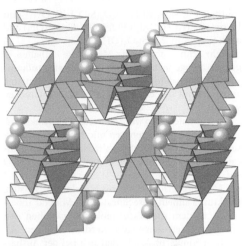

Abb. 2.2–7 Polyedermodell der Pyroxen-Struktur (Diopsid) mit kettenartiger Verknüpfung der SiO_4-Tetraeder. Die Oktaeder enthalten Mg^{2+}, die Kugeln sind das Ca^{2+}.

Abb. 2.2–6 Polyedermodell der Chloritstruktur. Die hellen Oktaeder mit angedeutetem Kation stellen die Hydroxid-Zwischenschicht dar.

tischen Anziehung bestehen H-Brückenbindungen zwischen den OH-Gruppen der Hydroxidschicht und den O^{2-}-Ionen der beiden benachbarten Tetraederschichten.

2.2.3.3 Pyroxene, Amphibole und Olivine

Im Gegensatz zu den Gerüst- und Schichtsilicaten bauen sich die meist dunklen **Pyroxene** und **Amphibole** aus parallel angeordneten Tetraederketten (Abb. 2.2–7 und Abb. 2.2–2) bzw. -bändern (Ketten- und Bandsilicate) auf. In den Tetraederzentren ist ein Teil der Si^{4+}-Ionen wiederum durch Al^{3+}-Ionen ersetzt. Die zum Ladungsausgleich eingebauten Kationen, vor allem Ca^{2+}, Mg^{2+} und Fe^{2+} verbinden die Ketten und Bänder. Da diese Bindung schwächer ist als die Si–O- und Al–O-Bindungen innerhalb der Ketten und Bänder, sind sie parallel zu den Ketten und Bändern spaltbar und verwittern auch parallel zu ihnen.

Zu den Pyroxenen gehören vor allem der **Augit** $(Ca,Mg,Fe,Al,Ti)_2(Si,Al)_2O_6$ und die Minerale Enstatit, Hypersthen und Diopsid, zu den Amphibolen die **Hornblende** $(Ca_2(Mg,Fe,Al)_5(Si,Al)_8O_{22}(OH)_2)$ und

– vorwiegend in metamorphen Gesteinen – der Aktinolith. Hornblende enthält im Mittel mehr Al und weniger Ca als Augit. Die grünschwarze bis schwarze Farbe dieser Minerale ist, analog zu Biotit, dadurch bedingt, dass sie sowohl Fe^{2+} als auch Fe^{3+} enthalten (in Tabelle 2.2–3 als FeO bzw. Fe_2O_3 angegeben).

In basischen Magmatiten tritt häufig das olivgrüne Inselsilicat **Olivin**, $(Mg,Fe^{2+})_2SiO_4$, auf. Die Olivine bilden wie die Plagioklase eine vollständige isomorphe Mischungsreihe mit den Endgliedern Forsterit (Mg_2SiO_4) und Fayalit (Fe_2SiO_4). Die SiO_4-Tetraeder sind nicht über gemeinsame O^{2-}-Ionen, sondern ausschließlich über Mg^{2+}- und Fe^{2+}-Ionen verbunden. Isomorpher Ersatz durch Al^{3+} tritt nicht auf. Die Olivine verwittern leicht unter Bildung von Serpentin.

2.2.3.4 Seltene Silicate

In fast allen Magmatiten sind geringe Anteile einiger Silicate enthalten, die zu den so genannten **Schwermineralen** gehören, d. h. Minerale mit einer Dichte $> 2,9\,g\,cm^{-3}$. Hierzu zählen Titanit $(CaTiSiO_4)$, Zirkon $(ZrSiO_4)$ und Turmalin (idealisiert $MA_3X_6[(OH)_4|(BO_3)_3|Si_6O_{18}]$ mit M = Na, Ca; A = Mg, Fe, Li, Al, B; X = Al, Mg, Fe). Turmalin ist ein wichtiger Borlieferant für die Pflanzen.

Charakteristische Silicate metamorpher Entstehung sind: Granat, $(Ca,Mg,Fe^{2+},Mn)_3(Al,Fe^{3+},Cr^{3+})_2$ $(SiO_4)_3$, Andalusit und Sillimanit, Al_2OSiO_4, Stau-

2

rolith, $(Fe^{2+}, Mg)_2(Al, Fe^{3+})_9O_6(SiO_4)_4(O_9OH_2)$ und Epidot, $Ca_2(Al, Fe^{2+})Al_2[O/OH/SiO_4/Si_2O_7](OH)$ und auch Serpentin, $Mg_3Si_2O_5(OH)_4$.

Sehr schnell abgekühlte Magmatite enthalten in großer Menge nicht kristallisierte Silicate, **vulkanische Gläser**, deren chemische Zusammensetzung entsprechend der des Magmas in weiten Grenzen variiert.

In Baumaterialien wie Beton treten als Reaktionsprodukte von Klinkerphasen mit dem Anmachwasser schlecht kristallisierte, hydratisierte Calciumsilicate mit der Zusammensetzung $mCaO \cdot SiO_2 \cdot nH_2O$ auf, in denen m je nach Wasserzugabe $\sim 1{,}5...2$ ist. Morphologisch bilden sie Nadeln und Leisten, strukturell ähneln diese Silicate dem Mineral Tobermorit, in dem die Wassermoleküle zwischen den Silicatschichten eingelagert werden. Aus den Al-haltigen Klinkerphasen bilden sich bei der Aushärtung des Zements Tetracalciumaluminat-Hydrate, in Gegenwart von Sulfat auch analoge Sulfate wie Ettringit, $Ca_6Al_2[(OH)_4SO_4)]_3 \cdot 24\,H_2O$.

2.2.4 Tonminerale

2.2.4.1 Allgemeine Eigenschaften

Als Tonminerale werden hier Minerale verstanden, die in der Tonfraktion ($< 2\,\mu m$) vorkommen. Wesentlicher Bestandteil vieler Böden und Sedimente sind die aus den Verwitterungsprodukten primärer Silicate gebildeten (meist silicatischen) Tonminerale, die in Magmatiten und Metamorphiten fehlen. Strukturell sind sie den Phyllosilicaten verwandt, jedoch von sehr geringer Teilchengröße ($< 2\,\mu m$), und verleihen daher Tongesteinen und tonigen Böden ihre Plastizität, ihre Quellfähigkeit und ihr Vermögen, Ionen und Moleküle zu sorbieren. Ihre chemische Zusammensetzung und ihre Ladung können selbst bei dem gleichen Mineraltyp variieren (Tab. 2.2–4). Ihre unstöchiometrische, chemische Zusammensetzung kommt in den Summenformeln zum Ausdruck (siehe Tab. 2.2–5). Sie sind von „geringer" Kristalli-

Tab. 2.2–4 Variationsbereiche der chemischen Zusammensetzung wichtiger Tonmineralgruppen (in Masse-%).

Tonmineral	SiO_2	Al_2O_3	Fe_2O_3	TiO_2	CaO	MgO	K_2O	Na_2O
Kaolinite	45...47	38...40	0... 0,2	0...0,3	0	0	0	0
Smectite	42...55	0...28	0...30	0...0,5	0...3	0... 2,5	0...0,5	0...3
Vermiculite	33...45	7...18	3...12	0...0,6	0...2	20...28	0...2	0...0,4
Illite	50...56	18...31	2... 5	0...0,8	0...2	1... 4	4...7	0...1
Chlorite	22...35	15...48	0... 4	0...0,2	0...2	0...34	0...1	0...1

Tab. 2.2–5 Beispiele für Strukturformeln verbreiteter Tonminerale (X = austauschbare Kationen in Äquivalenten, K = Zwischenschicht-Kalium, n = wechselnde Anteile an H_2O, diokt. = dioktaedrisch, triokt. = trioktaedrisch).

Tonmineral	Zwischen-schicht-besetzung	Zentralkationen Oktaederschicht	Zentralkationen Tetraederschicht	Anionen und Wasser
Kaolinit	$X_{0,04}$	$(Al_{1,91}Fe^{3+}_{0,04}Ti_{0,04})$	$(Al_{0,05}Si_{1,95})$	$O_5(OH)_4$
Halloysit	$X_{0,04}$	$(Al_{1,96})$	$(Al_{0,05}Si_{1,95})$	$O_5(OH)_4 \times 2H_2O$
Illit (diokt.)	$K_{0,64}X_{0,10}$	$(Al_{1,46}Fe^{3+}_{0,21}Fe^{2+}_{0,08}Mg_{0,28})$	$(Al_{0,45}Si_{3,55})$	$O_{10}(OH)_2$
Glaukonit	$K_{0,72}X_{0,06}$	$(Al_{0,48}Fe^{3+}_{0,96}Fe^{2+}_{0,17}Mg_{0,41})_{2,05}$	$(Al_{0,26}Si_{3,74})$	$O_{10}(OH)_2$
Vermiculit (triokt.)	$X_{0,71}$	$(Al_{0,14}Fe^{3+}_{0,34}Fe^{2+}_{0,09}Mg_{2,40})$	$(Al_{1,13}Si_{2,87})$	$O_{10}(OH)_2$
Montmorillonit (diokt.)	$X_{0,39}$	$(Al_{1,50}Fe^{3+}_{0,12}Fe^{2+}_{0,01}Mg_{0,38})$	$(Al_{0,05}Si_{3,95})$	$O_{10}(OH)_2 \times nH_2O$
Palygorskit	–	$(Al_{0,34}Fe^{3+}_{0,06}Mg_{0,60})_4$	Si_4	$O_{10}(OH)_2(H_2O)_8$

nität, die zusammen mit der Schichtladung die Ursache für die hohe Reaktionsfähigkeit der Tonminerale in Böden ist. Alle diese Eigenschaften sind dem Bildungsmilieu an der Erdoberfläche zuzuschreiben: niedrige Temperaturen, niedriger Druck sowie „unreine" und in der Zusammensetzung schwankende Verwitterungslösungen (BRINDLEY & BROWN 1984, JASMUND & LAGALY 1993).

2.2.4.2 Kristallstruktur und Einteilung

Neben den strukturellen Gemeinsamkeiten mit den Glimmern treten bei den Tonmineralen folgende Besonderheiten auf (Newman 1987).

1. Wie bei den Glimmern sind die Grundbausteine der Tonminerale SiO_4-Tetraeder und Oktaederschichten. Bei den Oktaederschichten werden dioktaedrische (Al, Muskowittyp) und trioktraedrische (Mg, Fe, Biotittyp) unterschieden.
2. Die Ladung ist sehr unterschiedlich und kann von fast 0 bis > 1 reichen. Die tetraedrische Ladung ist stets negativ, die oktaedrische kann negativ oder positiv sein. Die Gesamtladung ist dann von ca. 0,2 bis 1,0.
3. Bei den Tonmineralen können Zwischenschichten zwischen den Silikatschichten auftreten. Diese können aus Ionen (K), hydratisierten Ionen ($Mg \cdot H_2O$) oder Oktaederschichten bestehen.

4. Bei den plättchenförmigen Tonmineralen mit „endlosen" Silikatschichten unterscheidet man Zweischicht oder 1:1 Dreischicht oder 2:1 und Vierschicht 2:1:1. Bei Letzterem tritt als Zwischenschicht eine Oktaederschicht auf. Sind die Schichtpakete ungeladen, so werden sie über Wasserstoffbrücken, Dipolwechselwirkungen oder VAN-DER-WAALS-Kräfte verbunden.
5. Ein besonderer Typ sind Bandsilikate, bei denen fünf oder acht Oktaeder ein Band bilden, das dann über Si–O–Si-Brücken mit anderen Bändern verknüpft ist und so röhrenförmige Strukturen ausbildet (Palygorskit und Sepiolith).
6. Bei sehr schneller Anlieferung von Si und Al aus der Verwitterungslösung können sich Tonminerale bilden, die aus einer einzigen Tetraeder-Oktaeder-Doppelschicht bestehen. Diese Doppelschichten sind dann zu Hohlkugeln (Allophan) oder Röhren (Imogolit) gebogen.

Nach der Ausprägung dieser Eigenschaften werden die Tonminerale eingeteilt (Tab. 2.2–6).

2.2.4.3 Kaolinit und Halloysit

Diese beiden Tonmineralgruppen sind als nahezu reine Al-Silicate die häufigsten dioktaedrischen Zweischichtminerale, $Al_2Si_2O_5(OH)_4$, während tri-

Tab. 2.2–6 Einteilung der wichtigsten Tonminerale

Strukturtyp	Beispiel	Höhe der negativen Schichtladung pro Formeleinheit	Besetzung des Zwischenschichtraums
1:1- oder Zweischicht-Minerale	Kaolinit	0	–
	Halloysit	0	H_2O
	Serpentin	0	–
2:1- oder Dreischicht-Minerale	Illit	>0,6	K
	Vermiculit	0,6...0,9	austauschbare Kationen
	Smectit	0,2..0,6	austauschbare Kationen
	Chlorit	variabel	Hydroxid-Schicht
pyribolähnlich	Palygorskit	0	–
variabel	Allophan	?	–
	Imogolit	?	–
	Hisingerit	?	–

oktaedrischer Serpentin, $Mg_3Si_2O_5(OH)_4$, seltener auftritt.

In Kaolinit und Halloysit wird jede Silicatschicht auf der Tetraederseite von O^{2-}-, auf der Oktaederseite von OH^--Ionen begrenzt (Abb. 2.2–8). Die Silicatschichten werden im Kaolinit durch Wasserstoffbrücken $OH-O$ zwischen den OH^--Ionen der Oktaeder und den O^{2-}-Ionen der Tetraeder in der benachbarten Silicatschicht zusammengehalten. Die Oktaederzentren sind durch Al^{3+}, die Tetraederzentren durch Si^{4+} besetzt. Der Schichtabstand beträgt 0,7 nm. In Halloysit ist dagegen eine H_2O-Lage zwischen den Silicatschichten eingelagert; sein Schichtabstand ist daher um die Dicke einer H_2O-Lage (0,28 nm) größer und beträgt 1,0 nm. Beim Erhitzen, z. T. aber auch schon bei Lufttrocknung verliert Halloysit das Zwischen-schichtwasser und kontrahiert auf 0,7 nm zu Meta-halloysit. Die Höhe des isomorphen Ersatzes von Si durch Al in den Tetraedern und damit die Ladung der Silicatschichten sind bei Kaolinit und Halloysit sehr gering. In den Oktaedern ist meist ein wenig Al^{3+} durch Fe^{3+} ersetzt (s. Formeln in Tabelle 2.2–5).

Kaolinit bildet meist sechseckige µm-große Blättchen, Halloysit bildet Röhrchen, aufgerollte Blättchen (Abb. 2.2–9) oder Hohlkugeln. Pedogene Kaolinitkristalle sind häufig kleiner (einige Zehntel µm) (Abb. 2.2–9a) und Fe-reicher als die vieler Kaolinlagerstätten. Mit steigendem Fe-Einbau sinken Kristallgröße und Kristallordnung (beide zusammengefasst zu **Kristallinität**). Kaolinit als Hauptbestandteil der Kaoline wird zur Herstellung hochwertiger Keramik und als Füllstoff verwendet.

2.2.4.4 Illite und Glaukonite

Illite zeigen die engste Verwandtschaft zu den Glimmern. Sie sind wie diese Dreischichtminerale, ihre negative Schichtladung ist mit 0,6...0,9 pro Formeleinheit jedoch geringer als die der Glimmer (1,0) und kommt außer durch Si-Al-Ersatz in den Tetraedern durch Ersatz von Al^{3+} durch Mg^{2+} und Fe^{2+} in den Oktaedern zustande. Entsprechend der geringeren Schichtladung ist der K-Gehalt der Illite mit 4...6 Masse-% niedriger als der der Glimmer. Wie bei den Glimmern werden die Silicatschichten durch K auf ca. 1 nm Abstand zusammengehalten. In Böden bilden sich Illite durch physikalische Verwitterung aus Glimmern. Während der Diagenese von Sedimenten bilden sich Illite vorwiegend aus Smectiten durch Rekristallisation und Einbau von Kalium zwischen die Schichten. Bei unvollständi-

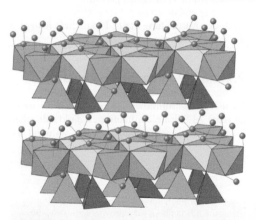

Abb. 2.2–8 Polyedermodell eines Zweischicht-Silicats (Kaolinit). Die Kugeln symbolisieren H^+-Ionen.

Abb. 2.2–9 a) Pseudohexagonale Umrisse von Kaolinitmineralen (San Juanito, Chihuahua, Mexiko) **b)** Halloysit und Kaolinit aus der Granitverwitterung, (Podsol, Bärhalde, Cv-Horizont) (Aufn. M. ZAREI).

gem Umbau ist ein Teil der Schichten innerhalb eines Kristalls noch smectitisch und damit aufweitbar. Wegen dieser chemischen Heterogenität gilt Illit nicht als definiertes Mineral i. e. S. Unter dem Elektronenmikroskop erscheinen Illite als unregelmäßig begrenzte Blättchen. Ihre Kristalle bestehen häufig nur aus 100...300 Silicatschichten, sind also ca. 0,1...0,3 µm dick.

Mit den Illiten verwandt sind die grün gefärbten Glaukonite. Sie sind in marinen Sedimenten verbreitet und unterscheiden sich von Illiten durch einen höheren Fe-Gehalt in den Oktaederschichten. Auch die Glaukonite enthalten meist K-verarmte, teilweise aufgeweitete Schichten.

2.2.4.5 Vermiculite und Smectite

Vermiculite und Smectite sind aufweitbare Dreischichtminerale, deren negative Schichtladung durch verschiedene austauschbare Kationen im Schichtzwischenraum kompensiert wird (Abb. 2.2–10). Definitionsgemäß trennt man die beiden Minerale durch die Ladungshöhe: Solche mit einer Ladung von 0,6...0,9 pro Formeleinheit werden zu den Vermiculiten, solche mit 0,2...0,6 zu den Smectiten gezählt. Vermiculite kontrahieren bei Zugabe von Kalium wegen ihrer hohen Ladung auf einen Schichtabstand von 1 nm, werden also zu Illiten und tragen daher zur sog. **K-Fixierung** von Böden bei (Kap. 5), Smectite dagegen nicht.

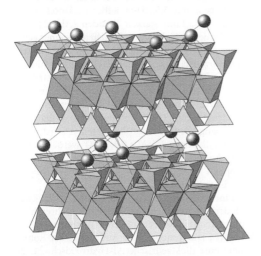

Abb. 2.2–10 Polyedermodell eines Smectits. Die (nicht maßstabgerechten) Kugeln zwischen den Silicatschichten sind die austauschbaren Kationen.

Vermiculite entstehen meist aus Biotiten durch **Oxidation** von oktaedrischem Fe^{2+} zu Fe^{3+}. Durch den Anstieg der positiven Ladung verringert sich die negative Schichtladung, das Mineral weitet auf und K wird aus dem Zwischenschichtraum abgegeben. Vermiculite unterscheiden sich auch im Ort des isomorphen Ersatzes und in der chemischen Zusammensetzung von den Smectiten. Bei Erhitzung blättern Vermiculite bis zum Vielfachen ihres ursprünglichen Volumens auf und werden in diesem Zustand als Isolier- und Verpackungsmaterial verwendet.

Smectite lagern wegen ihrer geringeren Schichtladung mehr Wasser ein und weiten daher stärker auf als Vermiculite. Die Höhe der Aufweitung ist von der Höhe der Schichtladung und der Art der Zwischenschichtkationen abhängig. Ein mit Ca^{2+} oder Mg^{2+} gesättigter Smectit lagert stufenweise bis zu vier ~ 0,28 nm dicke Wasserschichten ein, sodass sein Schichtabstand bis auf ca. 2 nm steigt. Smectitreiche Sedimente und Böden, wie Vertisole (Kap. 8), quellen und schrumpfen daher bei wechselndem Wassergehalt stark. Die Quellung kann in Sedimenten Rutschungen auslösen und in Böden zu Gefügezerfall führen. Die verschiedenen Smectite unterscheiden sich voneinander durch die Höhe der Schichtladung, den Anteil tetraedrischer und oktaedrischer Ladung und die chemische Zusammensetzung. Mg^{2+}-reiche Formen mit vorwiegend oktaedrischer Ladung heißen Montmorillonit, Al^{3+}-reiche mit vorwiegend tetraedrischer Ladung Beidellit und Fe^{3+}-reiche Nontronit. Reine Lagerstätten-Smectite sind meist montmorillonitisch, während Smectite aus Böden meist höhere Fe- und niedrigere Mg-Gehalte haben. Ihre Ladung liegt bei 0,3...0,4 pro Formeleinheit und ist zu 40...80 % tetraedrisch lokalisiert. Sie sind also Fe-reiche, beidellitische Smectite. Unter dem Elektronenmikroskop erscheinen Smectite als sehr dünne und daher biegsame und häufig gefaltete oder randlich aufgerollte Blättchen, die unregelmäßig begrenzt und von vielen Strukturfehlern durchsetzt sind.

Smectite sind die Hauptminerale der wirtschaftlich bedeutsamen Bentonite, die z. B. in Niederbayern und in Wyoming und Mississippi vorkommen und vielseitige technische Verwendung finden (z. B. als Adsorbenten, Bindemittel bei Gießereisanden, Zusatz zur Spülung bei Tiefbohrungen).

2.2.4.6 Pedogene Chlorite

Die Bodenchlorite (sekundäre Chlorite) ähneln insofern den ‚primären‘ Chloriten aus Gesteinen (Kap. 2.2.3.2), als sie wie diese zwischen den 2:1-Silicatschichten eine mehr oder weniger vollständi-

2

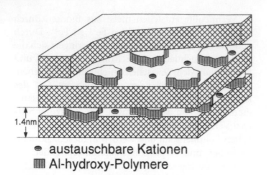

1.4 nm

● austauschbare Kationen
▨ Al-hydroxy-Polymere

Abb. 2.2–11 Schema eines pedogenen Chlorits.

ge Hydroxidschicht enthalten (Abb. 2.2–6) und ihr Schichtabstand deshalb bei 1,4 nm liegt. Ihre dioktaedrischen Silicatschichten sind vermiculitischer oder smectitischer Natur und ihr Schichtzwischenraum ist im Gegensatz zu den primären Chloriten der Gesteine inselartig mit Al-Hydroxidlagen besetzt (daher auch Al-Chlorit genannt) (Abb. 2.2–11). Die Al-Hydroxide sind wie Gibbsit (2.2.6.2) aufgebaut.

Durch die Einlagerung der inselartigen Al-Hydroxy-Polymere verändern sich die Eigenschaften der ehemals aufweitbaren Dreischichtminerale: Sie verlieren ihre Aufweitbarkeit und ihre Kontrahierbarkeit bei K-Zufuhr. Hierzu genügen bereits geringe Mengen an Al-Hydroxy-Polymeren (ca. $^{1}/_{6}$ der möglichen Zwischenschichtplätze). Die Kationen-Austauschkapazität sinkt mit steigender Einlagerung.

Durch Behandlung mit NaOH, NaF oder Na-Citrat (100 °C) können die Al-Hydroxy-Polymere gelöst und die oben geschilderten Veränderungen rückgängig gemacht werden. Ähnliches bewirkt eine Kalkung, falls die Tonteilchen nicht zu groß und der Chloritisierungsgrad nicht zu hoch ist. Durch die pH-Erhöhung werden die positiven Ladungen der polymeren Al-Hydroxykationen neutralisiert (OH/Al = 3; Schichtladung = 0), können daher nicht mehr von den negativ geladenen Silicatschichten gebunden werden und verlassen den Zwischenschichtraum.

Pedogene Chlorite treten naturgemäß nur in sauren Böden auf, weil nur in diesen genügend Al freigesetzt wird. Die günstigsten Bedingungen für die Einlagerung sind ein pH-Bereich von 4...5 und ein nicht zu hoher Gehalt an organischer Substanz, da diese das Al komplex bindet und so die Einlagerung verhindert. Bei noch tieferem pH hydroxyliert das Al auch zwischen den Silicatschichten nicht mehr, es bilden sich keine Al-Hydroxy-Polymere

mehr, die Böden können „dechloritisiert" werden (Podsolierung).

2.2.4.7 Palygorskit und Sepiolit

Die beiden Mg-reichen, trioktaedrischen Tonminerale Palygorskit und Sepiolit bestehen aus 2:1-Silicatschichtbändern, die um eine Schichtdicke senkrecht zur Schichtebene gegeneinander versetzt sind. Beide Minerale unterscheiden sich lediglich durch die Breite der Bänder (Palygorskit 5 Oktaeder, Sepiolit 8 Oktaeder pro Band). Diese Bandstruktur kommt äußerlich in der Faserform der Kristalle zum Ausdruck. Zwischen den Bändern liegen Kanäle, die mit H_2O-Molekülen gefüllt sind. Die Oktaeder sind vorwiegend mit Mg besetzt, z. T. jedoch auch mit Al, Fe und Ti. Der negative Ladungsüberschuss ist gering. Beide Minerale bilden sich im alkalischen Bereich und/oder in salzhaltigen Böden. Man findet sie deshalb hauptsächlich in Böden der Halbwüsten (Kap. 8).

2.2.4.8 Allophan, Imogolit und Hisingerit

Allophane sind wasserreiche, sekundäre Aluminiumsilicate mit einem Si/Al-Molverhältnis von 0,5... 1,0, z. T. bis 4, die vor allem bei der Verwitterung (Kap. 8) vulkanischer Gläser (Kap. 2.4.2) in feuchten Klimaten entstehen. Sie bestehen aus winzigen Hohlkugeln mit 3,5...5 nm äußerem Durchmesser und ca. 0,7...1 nm starken Wänden (Abb. 2.2–12). Die Wände der Hohlkugeln bestehen aus einer gebogenen Al–O–OH-Oktaederschicht, an deren Innenseite unvollständige Si–O–OH-Tetraederschichten über O-Brücken gebunden sind. Die Kristallordnung erstreckt sich im Gegensatz zu den anderen Tonmineralen nur über den Bereich der sehr kleinen Hohlkugeln (Nahordnung), sodass die Allophane lange Zeit als amorph angesehen wurden. Al-reiche Allophane (Si/Al = 0,3...0,4) werden wegen ihrer Ähnlichkeit mit Imogolit als Proto-Imogolit-Allophan bezeichnet. Der sehr seltene Hisingerit enthält statt AlFe in der Oktaederschicht.

Eine eindimensionale Fernordnung besitzt dagegen der Imogolit, denn er besteht aus mehreren µm langen, feinsten Röhren mit 1 nm innerem und 2 nm äußerem Durchmesser. Die Außenseite der Röhren bildet eine dioktaedrische Al-Hydroxidschicht, die nach innen über O-Brücken mit einer unvollständigen Schicht aus Si–O$_3$OH-Tetraedern verknüpft ist. Die äußere Oberfläche der Röhren wird daher

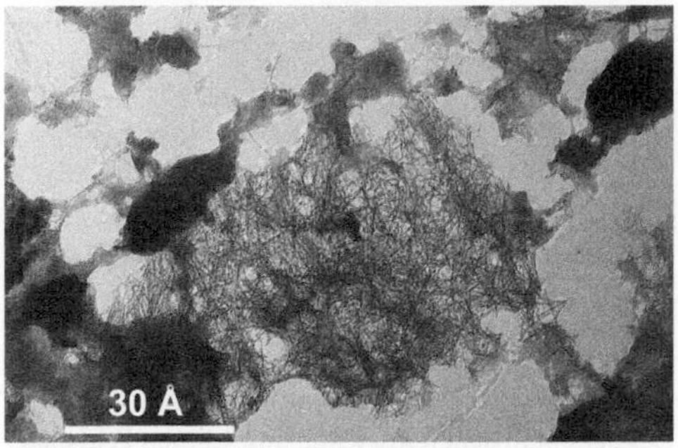

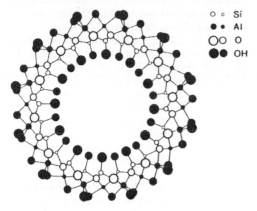

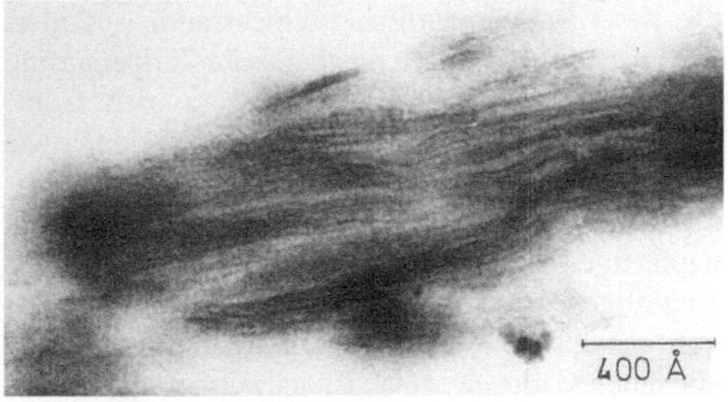

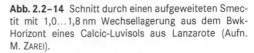

Abb. 2.2–14 Schnitt durch einen aufgeweiteten Smectit mit 1,0...1,8 nm Wechsellagerung aus dem Bwk-Horizont eines Calcic-Luvisols aus Lanzarote (Aufn. M. ZAREI).

Abb. 2.2–12 Fadenartige Strukturen von Imogolit, Bw-Horizont eines Andosols in Island (Aufn. M. ZAREI).

o o   Si
● ●   Al
OO   O
●●   OH

Abb. 2.2–13 Struktur des Imogolits: Querschnitt durch eine Imogolitröhre. Die jeweils kleineren Bausteine liegen etwas unterhalb, die größeren oberhalb der Zeichenebene.

durch Al–OH-Gruppen, die innere durch Si–OH-Gruppen gebildet (Abb. 2.2–13). Hieraus ergibt sich die Strukturformel zu $(HO)_3 Al_2O_3SiOH$, entsprechend der Abfolge von außen nach innen, und ein Si/Al-Verhältnis von ca. 0,5.

2.2.4.9 Wechsellagerungsminerale

Die Tonmineralkristalle der Böden haben häufig verschiedene Elementarschichten, die in regelmäßiger oder unregelmäßiger Weise aufeinander folgen (Abb. 2.2–14). Solche Minerale nennt man Wechsellagerungsminerale. Bei unregelmäßigen Wechsellagerungen, die in Böden häufiger auftreten als

regelmäßige, können die relativen Anteile der Elementarschichten in einem weiten Bereich schwanken. Hierzu gehören solche zwischen Chlorit und Vermiculit oder zwischen Illit und Smectit, die meist durch partielle Verwitterung von Chlorit bzw. Illit entstehen. Auch zwischen Kaolinit und Smectit kommen Wechsellagerungen vor. Die selteneren, regelmäßigen Wechsellagerungen – z. B. im Verhältnis 1:1 – bilden sich bei der Umwandlung von Biotit zu Vermiculit (Hydrobiotit) bzw. von Chlorit zu Smectit (Corrensit) durch Verlust des Zwischenschicht-K oder der Hydroxidschicht in jeder zweiten Elementarschicht. Es können sich jedoch auch bereits bei der Bildung der Tonminerale aus der Lösung Silicatschichten unterschiedlicher Ladung zu einem Kristall mit Wechsellagerung zusammenfügen.

Die Eigenschaften der Wechsellagerungsminerale ergeben sich aus der Art und dem Anteil der Komponenten. Generell sind die Wechsellagerungsminerale aber Übergänge, die reaktiver sind als reine Tonminerale.

2.2.5 Bildung und Umwandlung der Tonminerale

2.2.5.1 Veränderung der Zwischenschicht-Besetzung

Unter den Schichtsilicaten sind die Glimmer Muskovit und Biotit sowie die primären Chlorite für die Tonmineralbildung am wichtigsten (Niederbudde 1996). Das Charakteristische dieser Umwandlungen ist, dass die Silicatschichten selbst – wenn auch nicht unverändert – erhalten bleiben, während

2

die Besetzung im Zwischenschichtraum verändert wird. Unterstützt durch mechanische Zerkleinerung werden vom Rand her K^+-Ionen aus den Glimmern herausgelöst und durch andere Kationen wie Ca^{2+} und Mg^{2+} ersetzt, die als hydratisierte Zwischenschichtkationen nicht wie das K^+-Ion in die napfartigen Vertiefungen der O-Sechserringe hineingezogen werden, sondern gegen andere Kationen austauschbar bleiben. Am Rand der Kristalle entstehen dadurch zunächst teilweise aufgeweitete, bei stärkerem K-Verlust vollkommen aufgeweitete Schichten (Abb. 2.2–15).

Die Aufweitung wird dadurch erleichtert oder erst ermöglicht, dass die negative Schichtladung abnimmt. Bei den Fe^{2+}-haltigen Glimmern (Biotit) ist dies eine Folge der Oxidation von Fe^{2+} zu Fe^{3+}, d. h. durch Zunahme an positiver Ladung. Die Abnahme der negativen Ladung ist i. d. R. jedoch geringer als das Ausmaß der $Fe^{2+} \rightarrow Fe^{3+}$-Oxidation, weil sich Fe^{2+}–OH-Gruppen z. T. durch H^+-Abgabe in Fe^{3+}–O-Gruppen umwandeln, also nicht nur die positive, sondern auch die negative Ladung ansteigt und/oder ein Teil des oktaedrischen Fe^{3+} und Mg^{2+} ausgestoßen (Fe) oder austauschbar gebunden (Mg) wird. Bei den dioktaedrischen Glimmern nimmt die negative Ladung wahrscheinlich durch O→OH-Umwandlung ab.

Am Ende dieses Prozesses steht dann ein vollkommen K-freies und aufgeweitetes Tonmineral, das je nach Ladungshöhe ein Vermiculit oder Smectit ist. In analoger Weise wandeln sich primäre Chlorite in Vermiculit oder Smectit um, indem ihre (Mg,Fe,Al)-Hydroxidschicht durch Protonierung herausgelöst wird.

Die Umwandlung der Glimmer in aufweitbare Dreischichtminerale verläuft im Boden umso rascher, je tiefer der pH-Wert und je weiter die K-Konzentration der Bodenlösung absinkt; die Gleichgewichtslösung beträgt beim Biotit $10...15$ mg K l^{-1},

beim Muskovit ca. $0,01$ mg K l^{-1}. Dies zeigt, dass Biotit viel leichter verwittert ist als Muskovit. Pflanzenwurzeln und K-fixierende Tonminerale können die K-Konzentration so stark absenken, dass Biotit in relativ kurzer Zeit in Vermiculit übergeht (NAHON 1991).

2.2.5.2 Neubildung aus Zerfallsprodukten von Silicaten

Bei der chemischen Verwitterung können Feldspäte, Pyroxene, Amphibole, Olivine aber auch Schichtsilicate in ihre ionaren Einzelbestandteile zerfallen. Die Neubildungen können entweder innerhalb (Pseudomorphose) oder in unmittelbarer Nähe des Ausgangsminerals, aber auch nach Verfrachtung der Verwitterungsprodukte in anderen Böden oder in Gewässern (Flüsse, Seen, Meere) entstehen.

Enger räumlicher Kontakt zwischen verwitterndem und neu gebildetem Mineral lässt erkennen, dass strukturverwandte Teile übernommen werden können. Ein solcher Vorgang ist bei Feldspäten als Gerüstsilicaten unwahrscheinlich, weil bei deren Umwandlung, z. B. zu Kaolinit, tetraedrisches Al in oktaedrisches übergehen und hierdurch der (Si, Al)-Tetraederverband aufgelöst werden muss; die strukturelle Verwandtschaft ist also, im Gegensatz zu den primären Phyllosilicaten (Glimmer, Chlorite), gering.

Welche Tonminerale sich unter gegebenen Bedingungen bilden, lässt sich aus dem pH und der Zusammensetzung der Lösung sowie den Löslichkeitsprodukten der einzelnen Minerale mithilfe von Stabilitätsdiagrammen (Abb. 2.4–3) ableiten. Sie lassen erwarten, dass sich im neutralen bis schwach alkalischen Milieu und hoher Konzentration an Si und Mg Smectit, bei höherer K-Konzentration Illit, im sauren Bereich bei mäßiger Si-Konzentration

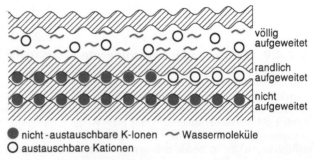

Abb. 2.2–15 Schema eines Glimmers mit einer nicht aufgeweiteten, einer randlich aufgeweiteten und einer durchgehend aufgeweiteten vermiculitischen oder smectitischen Schicht.

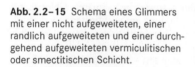

völlig aufgeweitet

randlich aufgeweitet

nicht aufgeweitet

● nicht-austauschbare K-Ionen   ～ Wassermoleküle
○ austauschbare Kationen

Kaolinit und bei sehr geringer Si-Konzentration ($< 10^{-5}$ mol l^{-1}) kein Silicat mehr, sondern nur noch Gibbsit bildet. Smectit und Gibbsit schließen sich demnach gegenseitig aus. Dies stimmt mit Beobachtungen in der Natur häufig überein (s. Kap. 2.4.4). Bei der Tonmineralneubildung wird Fe meist in separater Form als Oxid ausgeschieden, da diese sehr schwer löslich sind.

2.2.5.3 Tonmineralumwandlung

Die bei der Verwitterung vom Gestein zum Boden entstandenen oder aus ihm stammenden Tonminerale können sich weiter umwandeln, weil sich bei fortschreitender Verwitterung die Bedingungen gerichtet ändern. So nimmt z. B. in Böden humider Gebiete der Versauerungsgrad mit der Zeit zu. Dies hat zur Folge, dass aus verschiedenen Mineralen Aluminium freigesetzt und zwischen die Schichten aufgeweiteter Dreischichtminerale eingelagert werden kann und diese so zu pedogenen Chloriten werden. Enthält das Ausgangsgestein neben Biotit Vermiculite, so können diese aus dem entkalisierenden Biotit K$^+$ aufnehmen und zu Illiten werden (**Illitisierung**). Bei lang anhaltender tropischer Verwitterung sinkt die Si-Konzentration so stark ab, dass der zunächst gebildete Smectit, wie aus dem Stabilitätsdiagramm (Abb. 2.4-3) ablesbar ist, in Kaolinit, im Extremfall sogar in Gibbsit übergeht (**Desilifizierung**, Kap. 8). Allophan und Imogolit wandeln sich im Laufe der Zeit in die besser kristallisierten Minerale Kaolinit und Halloysit um. In Abbildung 2.2-16 sind die beschriebenen Bildungs- und Umbildungspfade von Tonmineralen zusammengefasst.

2.2.6 Oxide und Hydroxide

Minerale dieser Gruppe können sowohl primärer wie sekundärer Entstehung sein. Das häufigste Oxid in Gesteinen und Böden ist der Quarz. Dagegen sind die Oxide und Hydroxide des Al, Fe und Mn sowie ein Teil der Oxide des Si und Ti überwiegend charakteristische Verwitterungsneubildungen, also sekundärer Entstehung und daher in den meisten Böden und Sedimenten enthalten. Die Metalle sind in primären Mineralen überwiegend in Silicaten gebunden und werden bei der Verwitterung durch Hydrolyse und Protolyse freigesetzt (Stanjek 1997 und 1998, Waychunas 1991). Dabei werden ihre Silicat-(SiO$_4$) Liganden gegen O- und OH-Liganden ersetzt (M = Metall):

$$]-M-O- Si -+ H_2O \rightarrow]-M-OH +HO- Si-O$$
$$(Gl. 1)$$

Die Affinität zu den neuen Liganden steigt mit steigender Ladung und sinkender Größe des Metallkations. Oxidieren Metalle bei der Freisetzung aus silicatischer Bindung, wie z. B. Fe^{2+} und Mn^{2+}, verstärkt sich ihre Neigung zur Oxidbildung, während sich diejenige zur Bildung von Tonmineralen abschwächt. Die Liste der Oxidminerale, die in Gesteinen und Böden vorkommen, spiegelt eine große Vielfalt wider (Tab. 2.2-7).

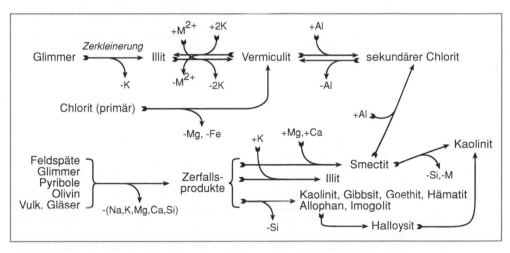

Abb. 2.2–16 Bildungs- und Umbildungspfade der Tonminerale (M = Metallkation)

2

Tab. 2.2–7 Die Oxid-, Oxihydroxid- und Hydroxidminerale von Si, Al, Fe, Mn und Ti in Gesteinen und Böden.

Element	Name	Formel	Farbe
Si	[Quarz][a]	SiO_2	farblos
	Opal	$SiO_2 \cdot n\,H_2O$	farblos
	[Cristobalit]	SiO_2	farblos
Al	Gibbsit	$\gamma\text{-Al(OH)}_3$	farblos
	(Böhmit)[b]	$\gamma\text{-AlOOH}$	farblos
	(Diaspor)	$\alpha\text{-AlOOH}$	farblos
	(Korund)	$\alpha\text{-Al}_2O_3$	farblos
Fe	Goethit	$\alpha\text{-FeOOH}$	gelbbraun (7,3…1,6Y)
	Lepidokrokit	$\gamma\text{-FeOOH}$	orange (4,9YR…7,9YR)
	Hämatit	$\alpha\text{-Fe}_2O_3$	rot (3,5R…4,1YR)
	Maghemit	$\gamma\text{-Fe}_2O_3$	braunrot (6,2YR…9,4YR)
	[Magnetit]	Fe_3O_4	schwarz
	Ferrihydrit	$5\,Fe_2O_3 \cdot 9\,H_2O$	rotbraun (2,8YR…9,2YR)
	{Schwertmannit}[c]	$Fe_8O_8(OH)_6SO_4$	orange (6,2YR…0,3Y)
Mn	Vernadit	$\gamma\text{-MnO}_2 \cdot n\,H_2O$	schwarzbraun
	Birnessit[d]	$(Mn_2^{3+}Mn_7^{4+})O_{18} \cdot R\,(H_2O)_n$	schwarzbraun
	Lithiophorit[e]	$[Al_2Li(OH)_6]\,[Mn_5^{4+}Mn^{3+}O_{12}]$	schwarzbraun
	(Pyrolusit)	MnO_2	schwarzbraun
Ti	Anatas	TiO_2	hellschwarz
	[Rutil]	TiO_2	
Fe + Ti	[Ilmenit]	$FeTiO_3$	schwarz ?
	Pseudorutil	$Fe_{2-x}Ti_3O_{9-x}(OH)_{3x}$	

[a] [ ] meist nur lithogen; [b] ( ) in Böden selten; [c] { } häufiger in Bergbauhalden; [d] das Zwischenschichtkation R (= Na, K, Ca) ist umgeben von Wassermolekülen; [e] in Böden ist Li/Al < 0,5

2.2.6.1 Siliciumoxide

Das weitaus wichtigste Si-Oxid in der Erdkruste ist der **Quarz** (SiO_2). Er ist zum größeren Teil magmatischer und metamorpher Entstehung (primärer Quarz), zum kleineren Teil in Böden entstanden. Mit 12 Vol.-% ist er am Aufbau der Lithosphäre beteiligt (Tab. 2.2–1). Er hat eine Dichte von 2,65 g cm^{-3}, einen muscheligen Bruch und ist meist farblos bis weiß. Quarz besteht ausschließlich aus SiO_4-Tetraedern, die vollständig zu einer Gerüststruktur vernetzt sind. Auf jedes Si^{4+}-Ion kommen daher 4 halbe O^{2-}-Ionen; dies ergibt die Formel SiO_2. Die Gerüststruktur trägt wesentlich zur hohen Härte (Ritzhärte 7 auf der Mohs-Skala von 1 bis 10) und Verwitterungsresistenz bei, sodass Quarz bei der Verwitterung und bei Transportprozessen angereichert wird (Headnay et. al 1994, Dixon und Weed 1989).

Als zweite SiO_2-Modifikation findet sich in vulkanischen Gesteinen und deren Böden **Cristobalit**.

Der in Böden und Sedimenten häufig auftretende **Opal**, $SiO_2 \cdot n H_2O$, ist ein Gemisch von amorphem SiO_2, schlecht kristallisiertem Cristobalit und **Tridymit**, einer weiteren SiO_2-Modifikation. Der H_2O-Gehalt des Opals beträgt je nach Alterungsgrad meist 4…9 %, seine Dichte 2,1…2,2 g cm^{-3}.

In den Tropen und Subtropen kann aus der Verwitterung stammendes Si als Quarz oder Opal in Senkenböden angereichert werden. Si-Verhärtungen werden **Silcrete** genannt (Kap. 8). In vielen anderen Böden ist Opal biogenen Ursprungs. Oberböden enthalten bis zu mehrere Prozent Opal, der mannigfaltig geformt ist. Dieser sog. **Bio-Opal** entstammt entweder dem Stützgewebe von Pflanzen (Phytolithe), vor allem von Gräsern, oder den Nadeln von Kieselschwämmen. Getreidestroh enthält 1…1,5 % und Gräser ~ 5 Masse-% SiO_2. Die pflanzenspezifische Form der Bio-Opalteilchen (z. B. Leisten oder Spieße) gibt oft Hinweise auf die Entstehungsgeschichte der Böden.

Von dem bei der Verwitterung freiwerdenden Si wird der größte Teil zur Bildung sekundärer Silicate verwendet. Nur ein kleiner Teil fällt als pedogenes Si-Oxid aus. Es entsteht aus dem gelösten Si, das als Orthokieselsäure H_4SiO_4 (auch als $Si(OH)_4$ formuliert) in der Lösung vorliegt. Bei höherer Konzentration und im pH-Bereich von 5...7 neigt die Kieselsäure zur Polymerisation und ihre Löslichkeit nimmt ab. Schließlich bildet sich ein wasserreiches, amorphes Si-Oxid, das über Opal langsam zu mehr oder weniger gut geordnetem Cristobalit, Tridymit oder Quarz wird. Dabei nimmt die Löslichkeit von ca. 60 auf 1,4...3,3 (Quarz) $mg\,Si\,l^{-1}$ ab. Die Löslichkeit des Bio-Opals liegt bei 2...9 $mg\,Si\,l^{-1}$. Die Polymerisation kann durch Adsorption des Si an andere Minerale, z. B. Fe- und Al-Oxide, verhindert werden. Die Löslichkeit der Si-Oxide ist im Bereich von pH 2...8 annähernd unabhängig vom pH. Ab pH 8...9 depolymerisieren sie jedoch zu Silicat-Anionen und die Löslichkeit steigt.

Die Si-Konzentration der Bodenlösung liegt meist zwischen der Löslichkeit des amorphen SiO_2 und des Quarzes. Dessen Bildung ist daher thermodynamisch zwar möglich, jedoch kinetisch wegen der hohen Kristallisationsenergie gehemmt. Quarz als Neubildung wurde deshalb in Böden nur selten nachgewiesen.

2.2.6.2 Aluminiumoxide

Unter den kristallisierten Al-Hydroxiden, die in Böden auftreten, herrscht **Gibbsit** ($Al(OH)_3$) bei weitem vor. In ihm bilden die Al^{3+}-Ionen mit sechs OH^--Ionen Oktaeder, die über gemeinsame OH^--Ionen zu Schichten verbunden sind, in denen $^2/_3$ der Oktaederzentren mit Al besetzt sind. Die Kristalle bestehen aus Stapeln solcher Al–OH-Oktaederschichten und bilden häufig sechseckige Täfelchen oder Stengel von Ton- oder Schluffgröße (Abb. 2.2–17).

Außerdem entstehen bei der Verwitterung zwei AlOOH-Formen, der **Diaspor** und der **Böhmit**, die vor allem in Bauxiten (Aluminiumerz) vorkommen und die gleiche Kristallstruktur (Isotypie) besitzen wie die beiden Fe-Oxide Goethit bzw. Lepidokrokit (s. Kap. 2.2.6.3).

Korund (Al_2O_3) ist meist lithogener Entstehung, und wurde auch in tropischen Böden, vermutlich bei Bränden, gebildet.

Gibbsit bildet sich durch langsame Hydrolyse des bei der Verwitterung von Al-haltigen Silicaten (Feldspäte, Glimmer, Tonminerale u. a.) freigesetzten Al; jedoch nur dann, wenn, wie in manchen

Abb. 2.2–17 Gibbsitkristalle auf einem Quarz (Ferralsol in Nordthailand, Aufnahme M. ZAREI).

Böden der Tropen, die Si-Konzentration durch starke Desilifizierung unter 0,5 $mg\,Si\,l^{-1}$ absinkt und daher nicht mehr zur Tonmineralbildung ausreicht (Abb. 2.4–4). Hierbei können z. B. Plagioklase direkt in Gibbsit umgewandelt werden. In analoger Weise entsteht Gibbsit bei fortschreitender Desilifizierung aus Tonmineralen.

In sauren Böden des gemäßigt-humiden Klimas bildet sich aus dem freigesetzten Al kein Gibbsit, denn offenbar scheint die Bildung von Al-Silicaten (Tonmineralen) oder Al-Sulfaten, von Hydroxy-Al-Polymeren im Schichtzwischenraum aufweitbarer Dreischichttonminerale, von Al-Komplexen mit Huminstoffen oder von amorphem Al-Hydroxid bevorzugt zu sein. Aus der Zusammensetzung von Bodenlösungen und den Löslichkeiten dieser Verbindungen ist häufig auf amorphes Al-Hydroxid oder auf Al-Hydroxy-Sulfate (z. B. Alunit, $KAl_3(SO_4)_2(OH)_6$ oder Jurbanit, $AlSO_4(OH)\cdot 5\,H_2O$) geschlossen worden; eine direkte Identifizierung dieser Verbindungen gelang bisher nicht.

Aus dem Löslichkeitsprodukt $K_{sp} = a_{Al}\cdot a_{OH}$ (a = Aktivität) des Gibbsits (ca. 10^{-34}) ergibt sich bei einem pH-Wert von 5 eine Al-Konzentration von nur ca. 3 $mg\,Al\,l^{-1}$. Die amorphe Form ist um 1 bis 2 Größenordnungen löslicher ($K_{sp} \sim 10^{-32}$). Da die Löslichkeit jedoch mit sinkendem pH um drei Zehnerpotenzen pro pH-Einheit ansteigt, ist Gibbsit im stark sauren Bereich nicht mehr stabil.

2.2.6.3 Eisenoxide

Der größte Teil des Eisens aus den Mineralen wird bei der Verwitterung in Fe(III)-Oxiden und nicht, wie beim Al, in Tonmineralen gebunden. Da das Eisen in den primären Mineralen (Biotit, Amphi-

2

bol, Pyroxen, Olivin, Magnetit) meist zweiwertig ist, wird es vom Sauerstoff der Atmosphäre in Gegenwart von Wasser oxidiert und aus silicatischer Bindung freigesetzt. Das Fe^{3+} hydrolysiert schon am Ort der Verwitterung zu Fe(III)-Oxiden (s. Gl. 7 in Kap. 2.4.2.3), die die Böden gleichmäßig braun oder rot färben (Cornell und Schwertmann 1996). Das Verhältnis von oxidischem zu Gesamteisen (korrigiert um die Fe-Oxide im Gestein) ist daher ein Maß für den Verwitterungsgrad der Böden. Es liegt bei 0,2–0,3 in jungen Böden aus pleistozänen Sedimenten und bei 0,8–0,9 in alten Böden der humiden Tropen. Als sehr stabile Verwitterungsprodukte (s. Kap. 2.4.4) bleiben die Fe-Hydroxide im Boden erhalten, solange aerobe Verhältnisse herrschen. Unter anaeroben Bedingungen werden sie bei der mikrobiellen Oxidation von Biomasse (vereinfacht zu CH_2O) reduziert, d. h. sie dienen als Elektronenakzeptor (Kap. 4.). Dabei werden sie gelöst:

$$4\ FeOOH + CH_2O + 8H^+ \rightarrow 4\ Fe^{2+} + CO_2 + 7\ H_2O$$
$$(Gl.\ 2)$$

Das Fe^{2+} wandert entlang eines Redoxgradienten im cm- bis km-Maßstab, bis es aerobe Bereiche erreicht, wo es erneut oxidiert und als Fe(III)-Oxid ausgefällt wird. Hierdurch entstehen lokale, z. T. verhärtete Fe-Oxidanreicherungen in Form von Flecken, Konkretionen und Horizonten (**Ferricrete**, Kap. 8.2.6.2).

Der Gehalt an Fe-Oxiden liegt in Böden, in denen die Fe-Oxide gleichmäßig verteilt sind, meist im Bereich von 0,2…20 %; er hängt insbesondere von der Körnung (Sand < Ton), vom Ausgangsgestein und vom Stadium der Pedogenese ab. In Anreicherungszonen, wie Rostflecken, Konkretionen und Ferricreten kann er bis auf 80…90 % ansteigen.

Die Bedeutung der Eisenoxide für den Stoffhaushalt von Böden und Landschaften liegt einerseits darin, dass sie bei ihrer Entstehung Spurenelemente einbauen können wie z. B. Chrom und Vanadium, zum anderen binden sie Anionen wie Phosphat, Arsenat, Chromat, Selenit, aber auch Schwermetalle fest an ihre Oberfläche und verringern deren Mobilität in Böden (s. Kap. 5 und 9).

a) Formen und Eigenschaften

Die beiden häufigsten Fe(III)-Oxide der Böden und Gesteine (Tab. 2.2–7) sind der meist nadelförmig ausgebildete **Goethit** (α-FeOOH) und der in sechseckigen Blättchen kristallisierende **Hämatit** (α-Fe_2O_3). Weniger häufig, aber keineswegs selten, sind **Lepidokrokit** (γ-FeOOH), der meist stark gelappte oder gezähnte Blättchen oder Leisten bildet, **Maghemit**, die ferrimagnetische Form des Fe_2O_3, und der sehr schlecht kristallisierte, wasserhaltige **Ferrihydrit** (früher: amorphes Fe(III)-Hydroxid), der meist als Aggregate aus nur 2–5 nm großen Kriställchen vorliegt. In vielen Gesteinen kommen geringe Mengen an lithogenem **Magnetit** (Fe_3O_4) vor, der relativ schwer verwittert. Außerdem existieren blaugrün gefärbte Fe(II,III)-Hydroxide, die sog. Grünen Roste, die unter anaeroben Bedingungen entstehen und zur blaugrünen Farbe von Gr-Horizonten in Gleyen beitragen können.

Der einzige Strukturbaustein der häufigsten Fe(III)-Oxide ist ein Oktaeder, in dem das zentrale Fe^{3+} von sechs O^{2-}- oder von drei O^{2-}- und drei OH^--Ionen umgeben ist. Die einzelnen Minerale unterscheiden sich lediglich darin, wie die Oktaeder räumlich verknüpft sind (Abb. 2.2–18). Grundmotiv der Hämatitstruktur sind zwei FeO_6-Oktaeder, die drei Sauerstoff-Ionen gemeinsam haben. Diese Doppeloktaeder sind über Kanten (d. h. je zwei gemeinsame O^{2-}-Ionen) dreidimensional miteinander verknüpft. Im Goethit sind $FeO_3(OH)_3$-Oktaeder über Kanten zu Doppelketten und diese über Oktaederecken (d. h. über ein gemeinsames O^{2-}-Ion

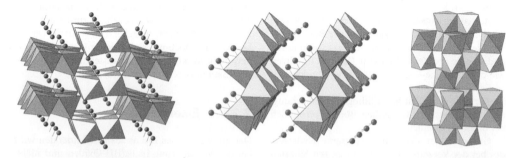

Abb. 2.2–18 Oktaedermodelle von Goethit (links), Lepidokrokit (Mitte) und Hämatit (rechts). Die kleineren Kugeln sind H^+-Ionen.

und H$^+$-Brücken) verknüpft. In Lepidokrokit bilden die Doppelketten über Oktaederkanten Zick-Zack-Schichten, die durch H$^+$-Brücken zusammengehalten werden. In bodenbürtigen Goethiten und Hämatiten ist sehr häufig ein Teil der Fe^{3+}-Ionen durch Al^{3+}-Ionen isomorph ersetzt (bei Goethit bis zu $^1/_3$, bei Hämatit bis zu $^1/_6$ des Fe^{3+}). Da die Al^{3+}-Ionen kleiner sind als die Fe^{3+}-Ionen (Tabelle 2.2–2), ist auch die Elementarzelle der Al-substituierten Fe(III)-Oxide etwas kleiner als die der reinen Minerale.

Alle Fe(III)-Oxide sind sehr schwer lösliche Verbindungen. Die Löslichkeitsprodukte $a_{Fe^{3+}} \cdot (a_{OH})^3$ des Goethits und Hämatits liegen bei $10^{-42} \ldots 10^{-44}$, des Lepidokrokits bei etwa 10^{-40} und die des Ferrihydrits bei $10^{-37} \ldots 10^{-39}$. Charakteristisch für die Fe-Oxide der Böden ist, dass sie wegen ihrer sehr niedrigen Löslichkeit und wegen kristallisationsbehindernder Substanzen in der Bodenlösung nur sehr kleine Kristalle (Nanoteilchen) bilden (Goethit und Hämatit 10…100 nm, Ferrihydrit 2…5 nm). Sie haben daher eine sehr große spezifische Oberfläche (50…200 $m^2 g^{-1}$) und können auch bei geringen Gehalten deutlich zur Gesamtoberfläche der Bodensubstanz beitragen.

b) Vorkommen und Bildung

Die Mineralform und die Eigenschaften der Eisenoxide zeigen in vielfältiger Weise die Bedingungen der Pedogenese an. Wegen seiner hohen Stabilität ist **Goethit** in Böden aller Klimabereiche verbreitet und damit das häufigste pedogene Fe-Oxid. In Abwesenheit von Hämatit gibt er den Böden die typisch gelb- bis rostbraune Farbe. Die Bildungsbedingungen der Fe-Oxide in Böden können sowohl aus Geländebeobachtungen als auch aus Syntheseversuchen im Labor erschlossen werden. Als Ausgangsform des Eisens kommen sowohl Fe^{2+} als auch Fe^{3+} in Betracht, die beide nicht als nackte Ionen vorliegen, sondern zunächst mit sechs Wassermolekülen umgeben sind. In einem ersten Schritt dissoziiert eines dieser Wassermoleküle ein Proton ab und verringert somit die Ladung der gelösten Spezies. Diesen (reversiblen) Reaktionsschritt, der sowohl bei Fe^{2+} als auch bei Fe^{3+} abläuft, nennt man **Hydrolyse**:

$$[Fe(OH_2)_6]^{3+} + H_2O \Leftrightarrow [Fe(OH_2)_5OH]^{2+} + H_3O^+ \quad \text{(Gl. 3)}$$

Die jetzt niedriger geladenen Monomere dimerisieren gemäß:

$$2 [Fe(OH_2)_5OH]^{2+} \Leftrightarrow Fe_2[(OH_2)_5OH]_2^{4+} \quad \text{(Gl. 4)}$$

und polymerisieren dann unter Bildung von –Fe–OH–Fe– und –Fe–O–Fe–Bindungen zu kristallinen Eisenoxiden:

$$nFe_2[(OH_2)_5OH]_2^{4+} + 4n\ H_2O \Leftrightarrow 2n\ FeOOH + 4\ n\ H_3O^+ \quad \text{(Gl. 5)}$$

Welches Oxid dabei entsteht, hängt u. a. von der Rate ab, mit der die niedermolekularen Bausteine angeliefert werden, und ob die Kristallisation durch Lösungsbestandteile gestört wird. Bei schneller Anlieferung und/oder starker Störung bildet sich der schlechtkristalline **Ferrihydrit**, z. B. bei schneller Oxidation Fe^{2+}-haltiger Wässer oder bei Gegenwart organischer Verbindungen wie in B-Horizonten von Podsolen. Auch die Oxidation des Fe^{2+} durch chemolithotrophe Bakterien (z. B. Spezies der Gattungen *Leptothrix, Crenothrix* oder *Gallionella*) führt häufig zu Ferrihydrit, der die abgestorbenen Zellen völlig überkrusten kann oder schleimartig auftritt. Ferrihydrit kommt in Seeerzen, Raseneisensteinen und in B-Horizonten von Podsolen vor. Generell kann Ferrihydrit als junges Fe-Oxid bezeichnet werden; in älteren, stärker entwickelten Böden fehlt er.

Als bakterielles Oxidationsprodukt des Pyrits tritt in sulfatsauren Grubenwässern und Böden (*acid sulfate soils*) der orange-farbene **Schwertmannit**, Fe$_8$O$_8$(OH)$_6$SO$_4$, auf. Er ist strukturell mit Akaganeit, β-FeOOH, verwandt, enthält aber statt Chlorid vermutlich Sulfat im Tunnel.

Wird das Fe mit geringer Rate angeliefert, wie z. B. bei der Verwitterung Fe^{2+}-haltiger (mafischer) Silicate, so entsteht der besser kristalline Goethit. Bei der Oxidation des Fe^{2+} wird Goethit durch Carbonat-Ionen gefördert. Da es alle Übergänge des Bildungsmilieus in Böden gibt, sind Ferrihydrit und Goethit im gemäßigten Klima häufig vergesellschaftet; dies auch deswegen, weil Ferrihydrit als weniger stabiles Oxid sich im Laufe der Zeit über die Lösung in Goethit umwandelt. Dies wird durch am Ferrihydrit sorbierte Stoffe wie Silicat und organische Moleküle verzögert.

Hämatit kommt weit verbreitet und eng vergesellschaftet mit Goethit in Böden der Tropen und Subtropen vor, die ihm ihre rote Farbe verdanken (s. Tab. 2.2–7). Syntheseversuche unter bodennahen Bedingungen zeigen, dass sich Ferrihydrit in zwei parallelen Reaktionen zu Hämatit und zu Goethit umwandelt. Isotopenversuche ergaben ferner, dass beide Reaktionen über die Lösung ablaufen, Wasser also notwendig ist. Hämatit wird gegenüber Goethit durch geringere Wassergehalte und höhere Temperatur gefördert. Die Goethit-Bildung hingegen wird gefördert mit steigender Entfernung vom Löslichkeitsminimum des Ferrihydrits, das im neutralen Bereich (pH 6–8) liegt und mit dem Ladungsnullpunkt zusammenfällt.

Wegen ihrer hohen Stabilität wandeln sich Goethit und Hämatit in Böden nicht direkt durch De- bzw. Rehydroxylierung ineinander um. Hämatit entsteht also nicht aus Goethit durch Wasserabgabe (von Bränden abgesehen), Goethit auch nicht durch Wasseraufnahme von Hämatit. Dagegen spricht nicht die Beobachtung, dass sich rote, hämatithaltige Böden der Tropen von oben her in gelbbraune Böden umwandeln (Xanthisierung), denn unter heute feuchteren Bedingungen wird Hämatit durch Reduktion oder Komplexierung unter Mitwirkung von Mikroorganismen und organischer Substanz bevorzugt gelöst und Goethit bleibt zurück.

Lepidokrokit entsteht vorwiegend durch langsame Oxidation von Fe^{2+} bei geringer Carbonat-Ionenkonzentration. Er ist gegenüber Goethit zwar metastabil, wandelt sich aber nur sehr langsam in diesen um, sodass er über längere Zeiten beständig ist. Er tritt vor allem in tonigen, carbonatfreien, staunassen Böden in Form orangener Flecken oder Bänder auf (Kap. 7).

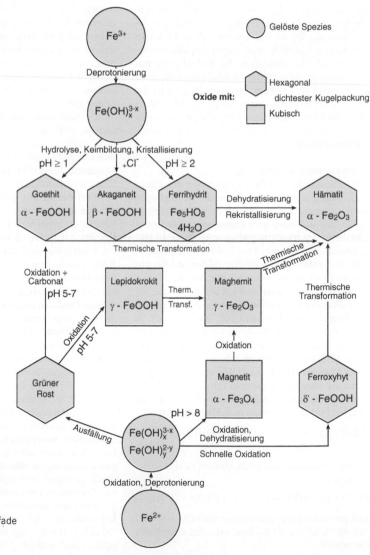

Abb. 2.2–19
Bildungs- und Umbildungspfade
der Eisenoxidminerale
(nach U. Schwertmann).

Bakteriell gebildeter **Magnetit** ist in grundwasserbeeinflussten Böden gefunden worden. **Maghemit** entsteht entweder durch die Oxidation von lithogenem Magnetit vor allem basischer Eruptivgesteine oder durch Hitzeeinwirkung (Brände) auf andere Fe(III)-Oxide in Gegenwart von organischen Stoffen. Auf Brandwirkung deutet die Vergesellschaftung mit Holzkohle und Korund hin. Maghemit ist vor allem in den Böden der Tropen und Subtropen fein verteilt oder in Konkretionen weit verbreitet, da hier Brände häufig sind. In der Abbildung 2.2–19 sind die geschilderten Entstehungs- und Umwandlungspfade der verschiedenen Eisenoxide skizziert.

Die Fe-Oxide spiegeln somit in vielfältiger Weise die Bedingungen der Pedogenese wider. Besonders gilt dies für das Goethit-Hämatit-Verhältnis in Böden. So sind die Böden der gemäßigten und kühlen Klimate meist hämatitfrei, während viele (sub)tropische Böden neben Goethit auch Hämatit enthalten. Boden-Hydrosequenzen dieser Gebiete enthalten umso weniger Hämatit, je feuchter sie sind. Sie sind gleichzeitig Toposequenzen, in denen die höher gelegenen, trockeneren Böden rot, die tiefer gelegenen, feuchten dagegen gelb sind. Auch innerhalb der Profile selbst findet man häufig gelbe Oberböden über roten Unterböden, ein Zeichen dafür, dass sich im humosen Oberboden solcher Böden kein Hämatit bildet oder hält. Lepidokrokit zeigt in Böden der gemäßigten Zone meistens ein reduzierendes, $CaCO_3$-freies Milieu an, Ferrihydrit die Anwesenheit von Kristallisationsverzögerern (s. oben) oder schnelle Oxidation des Fe^{2+} in reduktomorphen Böden.

Auch das Ausmaß der Fe-Substitution durch Al hängt mit dem Milieu der Pedogenese zusammen. In sauren, stark verwitterten Böden (z. B. Ferralsolen) ist die Al-Substitution des Goethits meist hoch (bis zu $^1/_3$ des Fe), in neutralen oder reduzierenden Böden dagegen meist deutlich tiefer ($< ^1/_6$). Auch die räumliche Nähe zu einer Al-Quelle (z. B. Tonminerale) spielt eine Rolle. Schließlich spiegelt auch die Kristallinität das pedogene Milieu wider. So enthalten humose Böden des kühl-feuchten Klimas eher schlecht kristallisierten, mit Ferrihydrit vergesellschafteten Goethit, humusfreie, stark desilifizierte, oxidreiche Böden der Tropen dagegen eher gut kristallisierten Goethit.

2.2.6.4 Titanoxide

Gesteine enthalten Ti in Silicaten und Oxiden; unter Letzteren überwiegen **Rutil** (TiO_2), **Ilmenit** (FeTiO_3) und **Titanomagnetit** ($\approx Fe_{2,4}Ti_{0,6}O_4$). Das bei der Verwitterung freigesetzte Ti entstammt primären, leicht verwitterbaren Silicaten (Biotit, Pyribole), während sich die schwer verwitterbaren Oxide in Böden relativ anreichern. Titan wird bei der Verwitterung nicht nur untergeordnet in Tonminerale eingebaut, sondern überwiegend als **Anatas** (TiO_2) ausgefällt, in dem das Ti z. T. durch Fe^{3+} ersetzt ist. Anatas lässt sich auch bei Raumtemperatur synthetisieren. Bei der Verwitterung von Ilmenit entsteht ein Fe-Ti-Oxid variabler Zusammensetzung, das **Pseudorutil** genannt wird. Titanomagnetite verwittern (oxidieren) zu Titanomaghemiten.

Der Ti-Gehalt in stark verwitterten Böden kann bis über 1 %, in manchen tropischen Böden auf Ti-reichen Gesteinen sogar bis über 10 % ansteigen, während er in jungen Böden des gemäßigten Klimaraums meist nur bei 0,1–0,6 % liegt.

2.2.6.5 Manganoxide

Bei der Verwitterung Mn-haltiger Silicate (z. B. Biotite, Pyribole), wird das Mn^{2+} unter aeroben Bedingungen überwiegend als schwarzbraunes bis schwarz gefärbtes, schwerlösliches Mn(IV)-Oxid gefällt. Mn-Oxide treten in Böden, wie die Fe(III)-Oxide, in Flecken, Teilchenüberzügen (Mangans), Konkretionen und Krusten auf.

Mineralogie und Chemismus der Mn-Oxide (Tab. 2.2–7) sind vielfältiger als die der Al- und Fe-Oxide, weil sie neben vierwertigem Mn auch Mn^{3+} und Mn^{2+} enthalten können und zum Ladungsausgleich Kationen wie Li, Na, K, Ca, Ba, Al und Fe in die Struktur aufnehmen. Die Mn-Oxide sind daher, ähnlich wie die Tonminerale, häufig nicht stöchiometrisch zusammengesetzt.

Von den Oxiden wurden bisher nur wenige in Böden sicher identifiziert. Sie gehören den aus MnO_6-Oktaederschichten bestehenden **Phyllomanganaten** an, deren Schichtabstand 0,7 oder 1,0 nm beträgt. Das 0,7 nm-Mineral mit einer H_2O-Schicht heißt **Birnessit**, die durch Einlagerung einer zweiten H_2O-Schicht auf 1 nm aufgeweitete Form **Buserit**. Die Substitution von Mn^{4+} durch Mn^{3+} und Mn^{2+} erzeugt in den MnO_6-Schichten negative Ladung, die durch Kationen wie Na^+, K^+, Mg^{2+} und Ca^{2+} zwischen den Schichten kompensiert wird. Im **Lithiophorit** ist zwischen den MnO_2-Schichten eine Li-Al-Hydroxidschicht eingelagert. Schlecht kristallisierte Formen des Schichttyps werden **Vernadit** (∂-MnO_2) genannt.

Seltener treten in Böden die sog. **Tunnelmanganate** auf, in denen die MnO_6-Oktaederketten Tunnel verschiedener Größe bilden, die austauschbare Kationen und Wasser aufnehmen. Hierzu gehören die MnO_2-Formen **Todorokit**, der K-haltige **Kryptomelan**, der Ba-haltige **Hollandit** und der in Böden seltene **Pyrolusit**.

Die Mn-Oxide haben wie die Fe-Oxide eine geringe Löslichkeit, können aber wie diese mikrobiell reduziert und damit gelöst werden. Da Mn(IV)-Oxide leichter reduzierbar sind als Fe(III)-Oxide (Kap. 4.3) und Mn^{2+} nur unter Mithilfe von Bakterien reoxidiert wird, ist Mangan im reduzierenden Milieu mobiler. Manganoxide kommen daher in Böden eher als separate Anreicherungen und weniger vergesellschaftet mit Eisenoxiden vor. Die Manganoxide besitzen eine hohe Affinität zu vielen Schwermetallen, insbesondere zu Co, Ni, Pb und Zn und reichern diese an.

2.2.7 Carbonate, Sulfate, Sulfide und Phosphate

Das häufigste Carbonat ist $CaCO_3$, das als **Calcit** (Kalkspat), seltener als **Aragonit** auftritt. Verbreitet sind auch Carbonate mit mehreren Kationen, wie **Dolomit** $(CaMg(CO_3)_2$, 13,1 % Mg) und **Ankerit**, $CaFe(CO_3)_2$, der meist auch Mg und Mn enthält. Calcit und Dolomit sind die Hauptminerale der Carbonatgesteine Kalkstein und Dolomit (Alaily 1996, 1998 und 2000).

In Böden werden Calcit und Dolomit meist vom Gestein ererbt. Im unteren Teil von Böden des gemäßigt humiden Bereiches bildet sich Calcit aus gelöstem $Ca(HCO_3)_2$, das aus den oberen Profilteilen ausgewaschen wurde. Er kleidet Poren aus oder tritt, wie häufig in Böden aus Löss, als Kalkkonkretion (Lösskindl) auf. Calcitische Ausfällungen aus $CaCO_3$-reichem Grundwasser nennt man Wiesen-, Alm- oder Auenkalke. In semiariden Gebieten bilden sich Kalkkrusten, sog. Calcretes, aus. Dolomitbildung (Dolocretes) ist bisher in Böden nur vereinzelt beobachtet worden. **Siderit** (Eisenspat, $FeCO_3$) entsteht sowohl in Sedimenten als auch in Böden unter vorwiegend anaeroben Verhältnissen, z. B. in Niedermooren und in Vergesellschaftung mit Goethit im Raseneisenstein.

Anhydrit $(CaSO_4)$ und **Gips** $(CaSO_4 \cdot 2\,H_2O$, Härte 2) sind die Hauptbestandteile der Gipsgesteine. Gips kommt in geringer Menge in vielen Sedimenten und Böden, insbesondere der Trockengebiete, vor. Er bildet sich darüber hinaus als Oxidationsprodukt von Sulfiden.

Als Oxidationsprodukt von Sulfiden findet man z. B. in sulfatsauren Böden außer Gips bei pH 2–3 ein K-Fe-Hydroxisulfat, den hellgelben **Jarosit**, $KFe_3(OH)_6(SO_4)_2$.

Seltener ist das Vorkommen von **Baryt** $(BaSO_4)$. Andere Salze, vor allem lösliche Sulfate und Chloride, in geringerem Ausmaß auch Nitrate und Borate des Na, K und Mg sind in marinen und kontinentalen Ablagerungen teilweise in großer Menge (Salzlagerstätten), aber auch in Böden der Trockengebiete anzutreffen.

Unter den Sulfiden sind die beiden Formen des Eisendisulfids (FeS_2) **Pyrit** und **Markasit** die häufigsten Vertreter. Feinkörniges und daher schwarzes FeS_2 ist in tonigen Sedimenten, die sich unter anaeroben Verhältnissen gebildet haben, aber auch in reduzierten Böden weit verbreitet und färbt sie dunkel. Eisenmonosulfid variabler Zusammensetzung $(Fe_{1-x}S)$ und geringer Kristallinität ist meist eine junge Bildung in anaeroben Sedimenten und Böden und möglicherweise die instabile Vorstufe des Pyrits $(FeS + S \rightarrow FeS_2)$. In Sedimenten und auch Böden können Sulfide wie **Greigit** (Fe_3S_4) auch direkt von Bakterien gebildet werden. Besonders groß ist die Vielfalt der Schwermetallsulfide (z. B. die des Cu, Pb, Zn etc.).

Das wichtigste Phosphatmineral, aus dem der Nährstoff Phosphat primär in Pedo- und Biosphäre gelangt, ist **Apatit**, $Ca_5(PO_4)_3(OH,F,CO_3)$. Er ist sowohl magmatischer als auch pedogener Entstehung. Ein weiteres, häufig pedogenes Fe(II)-Phosphat, z. B. in Niedermooren, ist **Vivianit**, $Fe_3(PO_4)_2 \cdot 8\,H_2O$, der an der Luft oberflächlich oxidiert und leuchtend blau wird.

2.3 Gesteine

Gesteine sind feste oder lockere, natürliche Mineralgemenge der festen Erdkruste. Ihr Mineralbestand muss über eine gewisse räumliche, geologisch bedeutsame, Erstreckung gleichförmig sein. Das übergeordnete Einteilungskriterium der Gesteine ist ihre Genese. Die drei Hauptentstehungsarten sind: Erstarrung einer Gesteinsschmelze (Magmatismus), Sedimentation im Meer oder auf dem Festland (Sedimentation) und Umwandlung unter Druck- und Hitzeeinwirkung (Metamorphose). Klassifizierungen auf tieferen Niveaus und Bezeichnungen der Gesteinsarten erfolgen nach dem Mineralbestand (z. B. Glimmerschiefer), dem Chemismus (z. B. saure, intermediäre, basische Magmatite), der Textur und Struktur (z. B. grobkörniger/feinkörniger Granit), dem Bildungsort (z. B. Plutonite, Vulkanite), dem Fossilgehalt (z. B. Bryozoenkalk) und der Typlokalität (Adamellit, Tonalit) (Wedepohl 1969, Wimmenauer 1985).

2.3.1 Magmatite

Die Magmatite bilden sich durch Erstarrung glutflüssigen Magmas entweder in der Tiefe der Erdkruste (Plutonite oder Tiefengesteine) oder an der Erdoberfläche (Vulkanite oder Ergussgesteine). In beiden Gruppen werden die Gesteine nach ihrem chemischen SiO_2-Gehalt in saure, intermediäre, basische und ultrabasische Magmatite unterteilt. Die Bezeichnung „sauer" oder „basisch" bezieht sich auf den Gehalt von Kieselsäure. Vom SiO_2-Gehalt hängt im Wesentlichen der Mineralbestand ab, durch den die verschiedenen Magmatite definiert werden. In Abbildung 2.3–1 ist dies für die wichtigsten Vertreter der Plutonite (obere Reihe) und Vulkanite (untere Reihe) gezeigt, in Tabelle 2.3–1 ist ihr Chemismus zusammengestellt. In den Si-reichen, ‚sauren' Gesteinen herrschen Quarz, Alkalifeldspäte, Na-reiche Plagioklase und Glimmer, in den Si-

Tab. 2.3–1 Mittlerer Chemismus (Gew.-%, n. NOCKOLDS in WEDEPOHL, 1969) und Mineralbestand (Vol.-%, n. WEDEPOHL, 1969 und WIMMENAUER, 1985) verbreiteter Magmatite

	Plutonite				Vulkanite		
	Granite	Grano-diorite	Gabbros	Peridotite	Rhyolithe	Andesite	Tholeit-Basalte
SiO_2	72,8	66,9	48,4	45,5	73,7	54,2	50,8
TiO_2	0,37	0,57	1,3	0,81	0,22	1,3	2,0
Al_2O_3	13,9	15,7	16,8	4,0	13,5	17,2	14,1
Fe_2O_3	0,86	1,3	2,6	2,51	1,3	3,5	2,9
FeO	1,7	2,6	7,9	9,8	0,75	5,5	9,0
MnO	0,06	0,07	0,18	0,21	0,03	0,15	0,18
MgO	0,52	1,6	8,1	34,0	0,32	4,4	6,3
CaO	1,3	3,6	11,1	3,5	1,1	7,9	10,4
Na_2O	3,1	3,8	2,3	0,56	3,0	3,7	2,2
K_2O	5,5	3,1	0,56	0,25	5,4	1,1	0,82
H_2O	0,53	0,65	0,64	0,76	0,78	0,86	0,91
P_2O_5	0,18	0,21	0,24	0,05	0,07	0,28	0,23
Quarz	27	21	–	–	30	5	–
K-Feldspat	35	15	–	–	40	11	–
Plagioklas	30	46	56	–	25	55	40
Biotit	5	3	–	–	2	–	–
Amphibole	1	13	1	–	2	15	–
Pyroxene	–	–	32	26	–	10	40
Olivin	–	–	++[a]	70	–	–	5
Magnetit & Ilmenit	+	+	2	3	+	2	6
Apatit	+	+	+	+	+	++	+

+ und ++ bedeuten Gehalte im Promille- und Prozentbereich

2

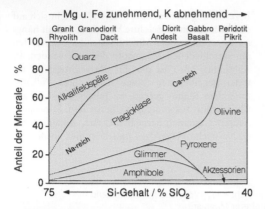

Abb. 2.3–1 Die verbreitetsten Magmatite und ihr Mineralbestand (nach E. MURAD).

armen ‚basischen' Gesteinen Ca-reiche Plagioklase und dunkle, Fe-haltige Pyroxene, Amphibole und Olivine vor. Die sauren Magmatite sind daher meist hell, die basischen dunkel (Carmichel et al. 1974).

Entsprechend dem Mineralbestand variiert der Chemismus der Magmatite. Wie aus Tabelle 2.3–1 hervorgeht, steigen der Ca-, Mg-, Fe-, Mn- und zunächst auch der P-Gehalt an, wenn der Si-Gehalt abnimmt, während der K-Gehalt sinkt. Die einander entsprechenden Tiefen- und Ergussgesteine stimmen weitgehend in ihrer chemischen Zusammensetzung überein, unterscheiden sich jedoch deutlich in ihrer Struktur (Abb. 2.3–1). In den Plutoniten führt die langsame Abkühlung zu relativ grobkörnigen Mineralen (z. B. bei Graniten; von lat. *granum* = Körnchen), während bei der raschen Abkühlung der Vulkanite eine glasige oder feinkristalline Grundmasse entsteht, in die einzelne, gröbere Kristalle (Einsprenglinge) eingebettet sein können, die sich als frühe Ausscheidungen aus dem flüssigen Magma gebildet haben (z. B. porphyrische Struktur).

An den Gesteinen der Erdkruste (Masse ~ 2,85 · 10^{19} t) sind unter den Magmatiten die Granite und Granodiorite zu 22 Vol.-%, die Basalte und Gabbros zu etwa 43 Vol.-% beteiligt. Der Rest entfällt auf Sedimente und Metamorphite (Tab. 2.3–1). An der Erdoberfläche sind die Magmatite jedoch nur in geringem Umfang vertreten und häufig auf Gebirgslagen beschränkt (Abb. 2.3–2). Im Böhmischen Massiv mit seinen Randgebirgen (Riesengebirge, Erzgebirge, Fichtelgebirge, Bayerischer Wald und Böhmerwald), im Schwarzwald und im Harz treten verbreitet Granite auf, während zusammen-

hängende Basaltmassen nur im Gebiet des Vogelsberges und der Rhön sowie in Böhmen zu finden sind. Größere Gebiete saurer Magmatite liegen in Skandinavien, den Zentralalpen, Karpaten, in China, Kanada, Westafrika und der pazifischen Küstenkordillere Nord- und Südamerikas. Terrestrische Basalte (‚Plateaubasalte') und Andesite sowie ihre glasreichen Äquivalente kommen großflächig z. B. in Ostafrika, Mittelindien, Ostasien (China, Japan, Indonesien), Südbrasilien (Paraná-Becken) und wiederum in der Küstenkordillere Nord- und Südamerikas vor. Basische Plutonite (Gabbro, Norit) sind in Deutschland aus dem Odenwald und Harz bekannt, weit größere Vorkommen liegen in Grönland, Skandinavien, Russland, Kanada und Afrika (Südafrika, Zimbabwe).

2.3.2 Sedimente und Sedimentite

2.3.2.1 Allgemeines

Auf dem Festland sind die Gesteine dem ‚Wetter' ausgesetzt, sie verwittern. Dabei entstehen, wie in Kap. 2.4 erläutert, feste und gelöste Zersetzungsprodukte und neue Minerale, die im Verein mit den Umwandlungsprodukten der Vegetation die Böden bilden (Abb. 2.1–1). Feste und gelöste Produkte werden durch Eis, Wasser, Wind und Schwerkraft abgetragen oder ausgewaschen und an anderen, meist tiefer liegenden Orten (Täler, Seen und Meere) abgelagert oder ausgeschieden (sedimentiert); es bilden sich **unverfestigte** Sedimente. Diese bestehen aus mehr oder weniger unveränderten (Detritus) sowie aus neugebildeten Mineralen (Füchtbauer 1988 und Tucker 1996).

Die Entstehung der Sedimente basiert also auf der Prozesssequenz Verwitterung → Abtragung → Transport → Ablagerung und geht häufig von der Bodenbildung aus (Abb. 2.1–1). Im Laufe der Erdgeschichte variierte diese Prozesssequenz, z. B. infolge von Klimaänderungen, Meeresspiegelschwankungen oder Vergletscherungen. Dies hatte zur Folge, dass Perioden der Bodenbildung auf stabilen Landoberflächen bei verwitterungs- und vegetationsfreundlichem Klima und solche der Bodenzerstörung und Sedimentbildung bei vegetationsfeindlichem Klima einander abwechselten.

Bestehen die Sedimente vorwiegend aus mechanisch transportiertem, weitgehend unverändertem Gesteinsmaterial, so spricht man von **klastischen**

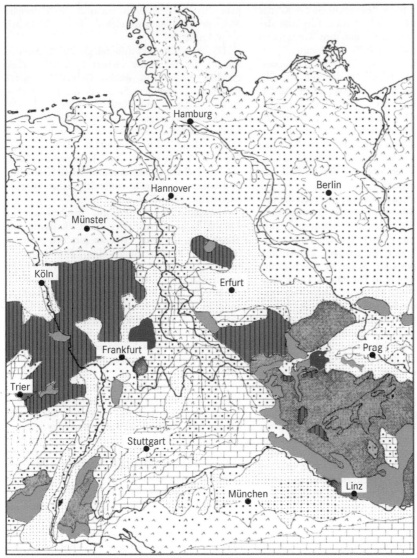

Sedimente			Magmatite	Metamorphite
locker:		verfestigt:	Granit u. ä.	Gneis u. ä.
Ton		Schieferton	Basalt u. ä.	Schiefer u. ä.
Sand u. Kies		Sandstein		
Mergel u. Lehm		Mergel- u. Tonstein		
Löss		Kalkstein		

Abb. 2.3-2 Verbreitung von Magmatiten, Metamorphiten und Sedimenten in Mitteleuropa (bearb. E. SCHLICHTING).

2

Sedimenten. Je nach der Beweglichkeit der Körner im Transportmittel (Wind, Wasser, Eis) und der Länge des Transportweges sind ihre Korngrößen gemischt, d. h. unsortiert (z. B. in Moränen) oder relativ einheitlich, d. h. sortiert (z. B. in Flugsanden). Verdanken die Sedimente dagegen ihre Mineralzusammensetzung vorwiegend einer Ausfällung aus der Lösung oder biologischen Vorgängen (Biomineralisation), so nennt man sie **chemische** bzw. **biogene** Sedimente. Kennzeichnen lassen sich die Sedimente weiterhin durch das Transportmittel (z. B. Eis: glazigen; Wind: äolisch) und den Ablagerungsort (Festland: terrestrisch; Fluss: fluviatil; See: lakustrin; Meer: marin).

Bei den klastischen Sedimenten werden die verschieden großen Körner je nach der Transportkraft des Transportmittels nach dem Gewicht und damit vorwiegend nach ihrer Größe sortiert. Feinkörnige Sedimente bilden sich bei geringer, grobkörnige bei hoher Transportkraft. Schneller Wechsel der Transportkraft, wie z. B. in Flusstälern, Flussdeltas, Becken und Küsten lassen daher Wechsellagerungen zwischen Tonen, Schluffen, Sanden und Kiesen entstehen. Solche Wechsellagerungen findet man z. B. im voralpinen Molassebecken, das die Erosionsmassen der sich bildenden Alpen und der umgebenden Festländer bei wechselndem Ablagerungsmilieu (teils marin, teils fluviatil und lakustrin) aufnahm.

Alle Sedimentgesteine werden zunächst in lockerer Lagerung abgesetzt, können aber im Laufe der Zeit durch Verkittung und/oder Auflast überlagernder Sedimente durch den Vorgang der **Diagenese** zu **Sedimentiten** verfestigt werden. Die Verkittung bewirken Tone, Ca-Mg-Carbonate sowie Si- und Fe-Oxide, die aus entsprechend zusammengesetzten wässrigen Lösungen im Porenraum ausfallen. Die Auflast presst zunehmend Wasser aus den Sedimenten, lagert sie dichter und regelt blättchenförmige Minerale parallel ein. Diese Prozesse erhöhen sowohl die Kontaktfläche zwischen den Mineralkörnern als auch die Festigkeit des Gesteins. In der Regel findet man mit zunehmendem geologischen Alter mehr und mehr verfestigte Sedimentite; quartäre Sedimentgesteine sind daher vorwiegend (Locker-)Sedimente, meso- und paläozoische Ablagerungen dagegen Sedimentite. Diese können ihrerseits wieder verwittern, abgetragen und verfrachtet werden (Abb. 2.1–1), sodass ein Sediment u. U. einem mehrmaligen Kreislauf von Verwitterung, Transport und erneuter Ablagerung unterliegt (s. Kap. 2.1). Erkennbar sind Sedimente meist daran, dass sie geschichtet sind, typische Minerale des sedimentären Milieus wie Tonminerale und Carbo-

nate sowie Fossilien enthalten und stabile primäre Minerale in ihnen angereichert sind (z. B. Quarz, Schwerminerale).

Die chemische und mineralogische Zusammensetzung der Sedimente variiert auch bei solchen gleichen Namens in weiten Grenzen. Generell nimmt mit steigendem Si-Gehalt der Quarzgehalt zu und derjenige an Silicaten ab (Tab. 2.3–2). Höhere K-Gehalte zeugen meist von Gesteinen mit höheren Gehalten an Kalifeldspäten, Glimmern oder Illiten (Grauwacken, Tongesteine, Löss), höhere Mg-Gehalte von chlorit- und tonmineral- (Grauwacken, Tonsteine) oder dolomitreichen (Dolomite) und höhere Ca-Gehalte von calcitreichen (Carbonatgesteine, Löss) Gesteinen.

Sedimente und Sedimentite machen nur ca. 8 % der Erdkruste aus, etwa die Hälfte davon sind Tongesteine, der Rest etwa zu gleichen Anteilen Sand- und Carbonatgesteine (Tab. 2.2–1). Sedimente und Sedimentite bedecken jedoch etwa 75 % der Erdoberfläche und sind daher sehr bedeutsam für die Böden. Die mittlere chemische Zusammensetzung der oberflächennahen Gesteine unterscheidet sich daher z. T. deutlich von jener der Erdkruste (Tab. 2.2–1). Die (verfestigten) Sedimentite bilden meist gebirgige Landschaften, während Ebenen und Täler vorwiegend mit lockeren Sedimenten gefüllt sind.

Die Verbreitung der einzelnen Sedimentarten ist i. d. R. kleinräumiger als die der Magmatite und Metamorphite, sodass im Folgenden nur wenige großflächige Vorkommen benannt werden.

2.3.2.2 Grobkörnige Sedimente (Psephite)

Zu den grobkörnigen (> 2 mm) Sedimenten gehören Schutt (eckige Komponenten) und Schotter (gerundete Komponenten). Die im Schutt überwiegenden Korngrößen > 2 mm nennt man Grus, die im Schotter entsprechend Kies. Schutt und Schotter zeugen von hoher Transportkraft und finden sich im Gebirge nahe dem Abtragungsort und in den Tälern, wo sie vorwiegend glazifluviatil sind. Schutt wird zu Breccie, Schotter zu Konglomerat (z. B. Nagelfluh) verfestigt. Sedimente, bei denen sehr grobe Komponenten in feinkörniger Grundmasse auftreten, zeigen besondere Ablagerungsbedingungen an. So entstehen Bombentuffe, wenn Lava in Vulkanasche fällt oder Suevit, wenn geschmolzene Fladen in Trümmerschutt fallen oder bei Schlammströmen in Seen oder Randmeere wie bei Grauwacken oder Flysch.

Tab. 2.3–2 Mittlerer Chemismus (Gew.-%) und Mineralbestand (Vol.-%) von Sedimenten (aus WEDEPOHL[1]).

	Sand-steine[5]	Grau-wacken	Tonsteine	Carbonat-gesteine	Flugsand[1]	Löss[1]	Geschiebe-mergel[1]
SiO_2	70,0	66,7	58,9	8,2	96,8	72,8	64,2
TiO_2	0,58	0,6	0,78	n.b.[6]	n.b.	0,77	0,48
Al_2O_3	8,2	13,5	16,7	2,2	1,3	8,6	6,3
Fe_2O_3	2,5	1,6	2,8	1,0	0,2	2,4	n.b.
FeO	1,5	3,5	3,7	0,68	n.b.	n.b.	3,2
MnO	0,06	0,1	0,09	0,07	n.b.	n.b.	0,06
MgO	1,9	2,1	2,6	7,7	0,1	0,85	1,0
CaO	4,3	2,5	2,2	40,5	0,1	5,1	9,7
Na_2O	0,58	2,9	1,6	n.b.	n.b.	n.b.	0,7
K_2O	2,1	2,0	3,6	n.b.	1,1	2,6	2,1
H_2O	3,0	2,4	5,0	n.b.	~$0,5^3$	n.b.	$2,4^3$
P_2O_5	0,1	0,2	0,16	0,07	n.b.	n.b.	0,11
CO_2	3,9	1,2	1,3	35,5	n.b.	3,4	7,7
Quarz	82	37	20	–	85	40...45[4]	38
K-Feldspäte	5	28	10...15	12	13	10...15	16
Glimmer[2]	8	29	45...55	12	2	20	22,5
Chlorit	–	29	14	–	–	1	2
Kaolinit	–	29	14	–	–	2	–
Calcit	3	3	3	53	–	10...15	17,5
Dolomit	3	3	3	35	–	–	4
Sulfide	0,07	–	0,8	0,3	–	–	0,7

[1] Einzelanalysen von E. SCHLICHTING und H.P. BLUME (Flugsand, Geschiebemergel) bzw. D. SCHROEDER (Löss)
[2] Einschließlich Dreischicht-Tonminerale
[3] Einschließlich organischer Substanz
[4] Werte für mitteldeutschen Löss
[5] Der Chemismus bezieht sich auf Sandsteine im weiteren Sinne, der Mineralbestand auf solche im engeren Sinne
[6] nicht bestimmt

2.3.2.3 Sande und Sandsteine (Psammite)

Sande und Sandsteine sind Sedimente bzw. Sedimentite mit mehr als 50 % der Kornfraktion Sand (0,063...2 mm). Die zweithäufigste Komponente kann dem Namen hinzugefügt werden (z. B. silti-ger Sandstein mit 25...50 % Silt). **Sande** sind meist küstennahe oder festländische, känozoische Ablagerungen des Wassers, z. B. des Schmelzwassers der Gletscher, sowie des Windes (Flugsande, Dünensande). Unterschiedliche Anteile von Fein-, Mittel- und Grobsand kennzeichnen die Korngrößenverteilungen der verschiedenen Sande.

2

Sandsteine treten in allen geologischen Perioden auf. Die Sandsteine i. e. S. enthalten > 75 % Quarz. Verbreitet sind durch Hämatit rot gefärbte Sandsteine des Paläo- und Mesozoikums (,Buntsandstein').

Grauwacken sind dunkelgraue Sandsteine, die Glimmer und Chlorite enthalten und reich an Gesteinbruchstücken sind, während **Arkosen** Kaolinit enthalten und feldspatreich sind.

2.3.2.4 Schluffe und Schluffsteine (Silte), Tone und Tonsteine (Pelite)

In den Schluffsedimenten dominiert die Kornfraktion 2...63 µm. Das bekannteste und bodenkundlich weltweit sehr bedeutende Schluffsediment ist der **Löss** (s. Kap. 2.3.2.6). Schluffreiche Sedimente entstehen auch in Seen bei hoher Sedimentzufuhr.

Tone sind Sedimente mit hohen Gehalten der Kornfraktion < 2 µm. In ihnen dominieren die meist blättchenförmigen Tonminerale; sie verleihen den Tonen die Plastizität. **Schluffsedimente** sind dagegen nicht plastisch. Außer Tonmineralen treten in beiden Typen Quarz, Feldspäte und Glimmer, aber auch Calcit, Pyrit, Fe-Oxide u. a. Minerale auf. Tone werden meistens unter ruhigen Sedimentationsbedingungen bei geringer Transportkraft des Wassers gebildet.

Bei der Diagenese der Tone und Schluffe wird Wasser ausgepresst und die blättchenförmigen Tonteilchen werden dicht und parallel zueinander gelagert, sodass sie zu Tonsteinen und Schluffsteinen werden. Dabei geht die Plastizität mehr und mehr verloren. Ton- und Schluffsteine finden sich verbreitet in der süddeutschen Schichtstufenlandschaft, Tonsteine im Rheinischen Schiefergebirge beiderseits des Mittelrheins.

Tonsteine werden bei geringer Verfestigung meist leicht erodiert und bilden daher Verebnungen. Aus Tongesteinen entstehen naturgemäß tonige Böden (Pelosole).

2.3.2.5 Carbonatgesteine und Mergel

Carbonatgesteine sind Gesteine mit > 5 % Ca- und Ca-Mg-Carbonaten, vorwiegend als Calcit und Dolomit. Sie lassen sich nach dem Carbonatgehalt unterteilen in **Kalkgesteine** mit > 75 % und **Mergel** mit 25...75 % Carbonat. Übergänge bestehen zu den Ton- und Sandsteinen. Carbonatgesteine enthalten meist einige Prozent Mg, die vorwiegend auf Beimengungen von Dolomit zurückgehen. Beträgt der Dolomitgehalt > 50 % (Mg-Gehalt > 6,6 %), spricht man von Dolomiten. Die meisten Carbonatgesteine bildeten sich biogen im Meer, sodass ihr Fossilgehalt häufig hoch ist. Sie treten als ungeschichtete Massenkalke (z. B. ,Riffkalke') und als dickbankige bis dünnlamellierte Kalksteine auf.

Bei der Bodenbildung aus Carbonatgesteinen werden die Carbonate gelöst und weggeführt. Der nichtcarbonatische Lösungsrückstand (vorwiegend Schichtsilikate und Quarz) bildet den Mineralbestand dieser Böden (z. B. Rendzina, Terra fusca).

2.3.2.6 Quartäre Sedimente

Sehr bedeutsam für die Böden sind Lockersedimente, die während und nach der quartären Vereisung entstanden sind. Sie werden hier gesondert nach ihrer Genese behandelt, obwohl man sie auch in das obige Schema einordnen könnte.

a) Löss, Sande, Auensedimente und Schlicke
Während der quartären Vereisung wurde aus den periglazialen, vegetationsarmen Schmelzwasser- und Frostschuttablagerungen, Tundren und arktischen Trockengebieten ein schluffreiches Material ausgeweht, das sich bei einsetzendem Regen, nachlassendem Wind oder im Windschatten von Hügeln ablagerte: der **Löss**. Rezent wird Schluff v. a. aus Wärmewüsten (z. B. Sahara) ausgeweht. Der pleistozäne Lössgürtel erstreckt sich von Frankreich über den Nordrand der mitteleuropäischen Mittelgebirge in die Ukraine und nach Mittelasien. Weitere größere Lössgebiete liegen in Nordamerika und in Argentinien. Die Lössmächtigkeit variiert in Deutschland von wenigen Dezimetern bis zu 140 m, kann aber, z. B. in China, bis mehrere 100 m erreichen. Ein dünner Löss-Schleier (4...6 dm) überzieht in Mitteleuropa jedoch auch weite Teile höherer Lagen bis etwa 600 m über NN.

Löss ist meist carbonathaltig, gelblich gefärbt und hat ein ausgeprägtes Korngrößenmaximum zwischen 10 und 60 µm Durchmesser; sein Tongehalt beträgt in Mitteleuropa 10...25 %, der Schluffgehalt 65...80 %, der Sandgehalt 10...15 % (vorwiegend Fein- und Mittelsand). Im Mineralbestand mitteldeutscher Lösse (Tab. 2.3–2) überwiegt unter den Tonmineralen Illit; süddeutsche Lösse enthalten dagegen höhere Anteile an Smectit. Der Carbonatgehalt von süddeutschen Lössen beträgt bis zu 35 %, da er hier aus carbonatreichen Ablagerungen ausgeblasen wurde; in Mitteldeutschland liegt er meist bei 5...20 %. Eine grobkörnige Abart des Lösses ist der **Sandlöss** (früher Flottsand genannt), der in einigen Gebieten Nord- und Süddeutschlands inselartig vorkommt.

Unter den humiden Klimabedingungen der Nacheiszeit setzte Bodenbildung ein. Dabei wurden die Carbonate des Lösses in Mitteleuropa bis zu Tiefen von etwa 0,8…1,5 m ausgewaschen (Entkalkung) und der hellgelbe Löss durch Eisenoxid- und Tonbildung in gelbbraunen Lösslehm umgewandelt (Verbraunung). Es entwickelten sich Böden mit hoher natürlicher Fruchtbarkeit, z. B. Schwarzerden und Parabraunerden.

Außer dem Löss wurden in vegetationsfreien oder -armen Gebieten auch Sande verweht, sog. **Flugsande**, die als Decken oder Hügelsysteme (Dünen) weltweit verbreitet sind. Sie sind besonders an Küsten- und Talrändern zu finden und wurden hier im Holozän meist durch Pflanzen besiedelt und in die Bodenbildung einbezogen. In Wüsten nehmen Flugsande große Flächen ein (z. B. Sahara 28 %, Arabien 26 %, Australien 31 %). Kornmaxima der Flugsande liegen bei 0,2…0,6 mm; meist sind sie quarzreich, in ariden Gebieten auch calcit- oder gipsreich.

In Flusstälern, Flussdelten und an den Küsten lagern sich weltweit Lockersedimente ab, deren Korngrößenspektrum je nach den Strömungsverhältnissen zwischen Kies und Ton variieren kann. Die Sedimente der Flusstäler nennt man **Auensedimente** (Auenlehm), die der Küsten Schlick und Sand des **Watt** (Kap. 7 und 8). Als **Kolluvium** bezeichnet man junge Sedimente wechselnder Körnung, die sich am Hangfuß bilden, wenn Böden an Hängen unter Ackernutzung genommen werden und dadurch verstärkt erodieren (s. a. Kap. 7).

b) Glazigene Sedimente
Die Gletscher hinterließen nach dem Abschmelzen im ehemaligen Gletscherbereich Moränen und Seebecken, im Gletschervorfeld Flussterrassen und Sander. Das Material der **Moränen** ist meist schlecht sortiert, enthält große Gesteinsblöcke, die sog. Geschiebe und wird daher – je nach Körnung und Carbonatgehalt – Geschiebemergel, -lehm oder -sand genannt. Die einstigen Gletscherränder wurden von wallförmigen, oft sandig-kiesigen Endmoränen markiert, deren schotterähnliche Sedimente besser sortiert sind als die der Grundmoränen, weil das Feinmaterial während des Abschmelzens durch Schmelzwasser ausgespült wurde. Die im Gletschervorfeld entstandenen fluvioglazigenen Kiese der Flussterrassen, Sande der Schmelzwassergebiete sowie Beckenschluffe und -tone in den abflusslosen Becken sind ebenfalls besser sortiert als das Moränenmaterial.

Glazigene Sedimente bedecken große Gebiete der pleistozänen arktischen Vereisung im Nordteil der gesamten Nordhalbkugel und der Gebirgsvereisung in und vor den Hochgebirgen (Alpen, Himalaya, Kordilleren u. a.).

c) Fließerden und Frosterden
Fließerden sind Lockersedimente, die sich in Hanglagen (> 2°) auf gefrorenem Untergrund als wassergesättigter Brei bewegen. Sie entstehen bei Jahresmitteltemperaturen um −2 °C in Permafrostgebieten. In Mitteleuropa entstanden sie während des Pleistozäns und liegen heute in den meisten Mittelgebirgen als eine 1…4 m mächtige, aus mehreren Lagen bestehende Decke über verschiedenen Locker- oder Festgesteinen. Fließerden sind an hangparallel eingeregelten Steinen, Fließstrukturen und oft blättrigem Gefüge zu erkennen. Sie zeigen häufig eine regelmäßige Abfolge in Basis-, Haupt-, Ober- und Decklage. Körnung und Mineralbestand der Fließerden werden von den Ausgangsgesteinen bestimmt und können daher beträchtlich variieren. Häufig sind Fließerden schluffreich, weil dünne Lössdecken mit Frostschutt des Liegenden transportiert und vermischt wurden. Steinreiche Fließerden werden als Solifluktionsschutt bezeichnet. Frosterden entstehen im ebenen Gelände durch von Frostwechsel ausgelöste Kryoturbation.

2.3.3 Metamorphite

Magmatische und sedimentäre Gesteine können durch hohen Druck, hohe Temperatur und Durchbewegung so stark verändert werden (Metamorphose), dass aus ihnen z. T. völlig andersartige Gesteine entstehen, die man Metamorphite nennt. Metamorphite aus Magmatiten erhalten den Namenszusatz **Ortho-** (z. B. Orthogneis), solche aus Sediment(it)en entsprechend **Para-**. Sie können je nach Ausgangsgestein und dem Grad der Metamorphose sehr unterschiedliche chemische, vor allem aber mineralogische Eigenschaften haben. Höhere Drucke und/ oder Temperaturen entstehen entweder durch hohe Auflasten mächtiger Gesteinspakete oder bei der Gebirgsbildung (Regionalmetamorphose). Außerdem können sich Gesteine beim Kontakt zu heißen Magmen umwandeln (Kontaktmetamorphose).

Die Metamorphose beginnt bei etwa 200 °C und – außer bei der Kontaktmetamorphose – 200 MPa (entspricht einer Tiefenlage von 7 km) und reicht bis etwa 600…700 °C und 1…2 GPa (entsprechend 35…70 km Tiefe). Typisch für die Metamorphose ist dabei die Umwandlung eines aus dem Ausgangsgestein vorgegebenen Mineralinventars zu einer den

2

Druck- und Temperaturverhältnissen angepassten, neuen Mineralvergesellschaftung. Sie verändert die Gesteine sehr viel tiefgreifender als die Diagenese (Kap. 2.3.2.1), denn Minerale werden eingeregelt, vergröbert und umgewandelt. Der Chemismus der Gesteine verändert sich kaum, es sei denn durch Migration von Porenlösungen (Metasomatose).

Die Einregelung der Minerale, d. h. die parallele Ausrichtung der blättchen- oder stengelförmigen Minerale senkrecht zur Hauptrichtung des Druckes, führt zur Schieferung, dem charakteristischen Merkmal vieler Metamorphite. Die Lage der Schieferungsflächen in den Paragesteinen ist meist nicht mit der Lage der Schichtflächen der Ausgangssedimente identisch. Gröbere Calcitkristalle (,Zuckerkörnigkeit') entstehen z. B. bei der Metamorphose von Carbonatgesteinen zu Marmor. An typischen neuen Mineralen treten Glimmer (Sericit), Epidot, Chlorit, Serpentin, Talk, Granat, Disthen, Staurolith, Andalusit und Sillimanit auf.

Weit verbreitete Metamorphite sind die **Gneise**, die aus Granit (Orthogneis) oder verschiedenen Si-reichen Sedimenten (Paragneis) entstanden und ca. 20 % der Erdkruste ausmachen (Tab. 2.2–1). Mineralogisch sind sie häufig den Graniten oder Dioriten ähnlich (> 20 % Feldspäte), von diesen aber daran zu unterscheiden, dass vor allem die Glimmerblättchen parallel angeordnet sind. Verbreitet sind auch die meist aus Tonen, Tonsteinen und Grauwacken hervorgegangenen **Phyllite** und **Glimmerschiefer** (< 20 % Feldspäte). Während bei den Tonsteinen die Glimmer noch kaum hervortreten, sind sie bei den Phylliten bereits als feine Schuppen und bei den Glimmerschiefern in Form größerer Kristalle deutlich erkennbar. Aus Si-armen Magmatiten (z. B. Basalt) gehen **Grünschiefer**, **Amphibolite** und **Eklogite** hervor. Hochreine Kalksteine werden zu **Marmor**, Mergel wandeln sich je nach Metamorphosegrad in Glimmerschiefer mit sehr variablem Mineralbestand um. **Quarzite** gehen durch Metamorphose aus quarzreichen Sanden und Sandsteinen hervor. Bei der Kontaktmetamorphose silicatischer Gesteine entstehen sehr feinkörnige, massige **Hornfelse**. Unter sehr starken Metamorphosebedingungen kommt es erst zur teilweisen (Anatexis) und schließlich zur völligen Aufschmelzung der Gesteine.

Ihre größte Verbreitung haben Metamorphite weltweit in den alten Festlandskernen (Kratone), die später durch Erosion freigelegt oder von jüngeren Gesteinen bedeckt worden sind (Grundgebirge oder Basement). Sie bilden große Gebiete in Skandinavien und Kanada, wo sie häufig von quartären Sedimenten bedeckt sind. In den Tropen und Subtropen (West- und Zentralafrika, Brasilien, West-australien, Indien) treten Metamorphite flächig auf. Jüngere Metamorphite finden sich in den alpidisch gefalteten Gebirgen (Alpen, Himalaya, Anden u. a.). In Mitteleuropa findet man Metamorphite z. B. im Schwarzwald, in den Vogesen, der Bayerisch-Böhmischen Masse, dem Rheinischen Massiv, dem Harz und den Zentralalpen.

2.3.4 Anthropogene Substrate

Der Mensch lagert vor allem in städtisch-industriellen Verdichtungsräumen natürlich entstandenes Boden- oder Gesteinsmaterial um oder trägt technogenes Substrat auf. Aus solchen anthropogenen Substraten oder auch Substratgemischen entwickeln sich ebenfalls Böden.

Bei umgelagerten, natürlichen Substraten handelt es sich meist um Bodenabtrag von Planierungen und um Bodenaushub von Baumaßnahmen (Gebäude, Straßenbanketten und -einschnitte, Schienenwegeinschnitte, Kanäle), die teils flächig verteilt, teils zu Wällen, Dämmen oder Hügeln aufgetragen wurden. Großflächige Halden, die z. T. später besiedelt wurden, entstanden bei der Gewinnung von Bodenschätzen wie Kohle und Erzen. Eine sehr spezielle Form natürlichen Substrats stellt gebrochenes magmatisches Gestein als Gleisschotter von Bahnanlagen dar, dessen Schotterfugen eingewehte Stäube (Bodenmaterial, Emissionen) und früher auch Ruß vom Dampflokbetrieb enthalten können; er dient Wildpflanzen als schwer durchwurzelbarer und trockener Standort. Der Auftrag kann auf Schüttung oder Spülung zurückgehen. Beides führt zur Schichtung: In der Regel lagert Geschüttetes lockerer als Gespültes, kann beim Planieren aber verdichtet worden sein.

Die umgelagerten Substrate werden nach der Körnung gegliedert, da diese die ökologischen Eigenschaften der daraus entwickelten Böden wesentlich prägt.

Die meisten Halden der Kohlegewinnung (z. B. Ruhrgebiet, sächsische, britische und amerikanische Kohlereviere) enthalten Pyrit. Dieser wird in wenigen Jahren unter Mitwirkung von Bakterien (z. B. *Thiobacillus ferrooxidans*) zu Fe(III)-Oxiden und Schwefelsäure oxidiert (Kap. 8.2.6.5). Je nach pH-Wert entstehen Jarosit, Schwertmannit, Ferrihydrit oder Goethit.

Zur Römerzeit und im Mittelalter wurden Siedlungswarften schon häufig mit Oberbodenmaterial oder Grassoden abgedeckt. Die zur Zeit gültige Bauordnung schreibt vor, dass der ,Mutterboden' gesondert abgetragen und nach Beendigung der

2

Baumaßnahmen oberflächig wieder aufgetragen werden muss.

Als künstliche, **technogene Substrate** werden Aufträge aus Materialien bezeichnet, die vom Menschen geschaffen oder stark verändert wurden, wie Ziegel, Mörtel, Beton, Schlacke, Müll, Klärschlamm oder Asche. Kennzeichnend für diese Substrate ist nicht nur die Variabilität der beteiligten Festphasen – Minerale sind per definitionem natürlicher Entstehung –, sondern auch eine ausgeprägte Heterogenität in der Zusammensetzung und den Schadstoffen. Diese Substrate unterscheiden sich deshalb in ihren Eigenschaften stark und bedingen sehr unterschiedliche Böden (Kap. 8.7.4).

Bauschutt ist gewöhnlich ein Gemenge aus Ziegel- und Mörtelschutt mit 20…75 % porösen Steinen, 5…10 % Kalk und wechselnden Anteilen an Gips. Mittelalterlicher Ziegelschutt kann auch völlig carbonatfrei sein. Als Nebenbestandteile treten Asche, Kohle, Beton, Gips, Metalle, Glas- und Porzellanscherben, Leder und Knochen auf.

Aschen treten als feinkörnige Flugaschen oder gröberkörnige Kesselaschen von Kohlekraftwerken oder auch Müllverbrennungsanlagen auf. Sie reagieren in der Regel stark alkalisch (pH-Werte 8…12). Aschen aus der Kohleverbrennung sind carbonatarm (< 0,5 %), jene der Müllverbrennung carbonatreich (> 10 %). Sie wurden flächig oder als Halden verkippt, Flugasche aber auch großflächig aufgespült.

Schlacken sind als Hochofenschlacken (mit Stückschlacke, Hüttenbims und Hüttensand) oder Stahlwerksschlacken grobkörnig, porös, kalkhaltig und reagieren stark alkalisch (pH-Werte 9…12), Gaswerkschlacken reagieren dagegen sehr sauer. Sie treten als Halden oder als Baustoffe des Hoch-, Tief- und Verkehrswegebaus auf.

Müll untergliedert man in Hausmüll, Sperrmüll, Gewerbemüll, Straßenkehricht und Sondermüll der Industrie. Hausmüll enthält Materialien wie Asche, Metalle, Glas- und Keramikscherben, Gummi, Pappe, Leder, Knochen, Kunststoffe, Holz und anderes. Vegetabilien sollten sich seit Einführung der Mülltrennung hauptsächlich im Biomüll befinden, der dadurch eiweißreich und damit von Mikroorganismen leicht kompostierbar wird. Müll ist fein- bis grobkörnig und reagiert alkalisch. Sein Kalkgehalt schwankt (vor allem in Abhängigkeit vom Bauschuttanteil) stark. Müll wurde früher breitflächig entsorgt oder zum Verfüllen von Hohlformen (z. B. Kiesgruben) benutzt und wird heute in Form verdichteter, geordneter Deponien gelagert oder in Müllverbrennungsanlagen verbrannt (thermisch verwertet); die anfallenden Schlacken und Aschen werden deponiert.

Klärschlämme sind Rückstände der Abwasserreinigung. Frischschlämme der mechanischen Reinigung sind inhomogen, Faulschlämme hingegen feinkörnig und homogen. Klärschlämme sind reich an mikrobiell leicht abbaubarer organischer Substanz, enthalten aber je nach Art der Konditionierung auch höhere Gehalte an Carbonaten und Metallsulfiden. Sie reagieren stark alkalisch und werden i. d. R. als Spülgut deponiert, sofern sie nicht als Bodenverbesserungsmittel ackerbaulich genutzt werden (s. a. Kap. 7.4).

Industrieschlämme entstammen der Abwasserreinigung von Gewerbe und Industrie. Über 100 verschiedene Schlämme haben je nach Branche sehr unterschiedliche Eigenschaften: Schlämme der metallverarbeitenden Industrie sind gewöhnlich metallreich und carbonatarm; Teer- und Ölschlämme sowie Lack- und Farbschlämme enthalten die verschiedensten organischen Stoffe, Kalkschlämme sind carbonatreich; Papierpulpen stellen ein Gemisch von Cellulose, Kalk und Kaolinton dar, Schlämme der Rauchgasentschwefelung sind gipsreich; Schlämme aus Brauereien, Brennereien, Molkereien und der Lebensmittelindustrie sind reich an mikrobiell leicht abbaubarer organischer Substanz, enthalten Betonit oder Kiesegur.

2.4 Verwitterung

Minerale in magmatischen und metamorphen Gesteinen entstanden unter völlig anderen physikochemischen Bedingungen, wie sie in Böden, dem unmittelbaren Kontakt zwischen Lithosphäre, Atmosphäre, Hydrosphäre und Biosphäre, vorherrschen. Folglich verwittern in Böden die Ausgangsgesteine und deren Minerale. Die Verwitterung ist neben der Humifizierung der wichtigste stoffverändernde Prozess der Bodenbildung; er umfasst eine Vielfalt physikalischer, chemischer und biotischer Prozesse.

2.4.1 Physikalische Verwitterung

Die physikalische Verwitterung bewirkt den Zerfall der Gesteine und Minerale in kleinere Teilchen, ohne dass die Minerale dabei chemisch verändert werden. Sie kommt vor allem durch Temperatur-, Eis- und Salzsprengung, durch Wurzeldruck, Druckentlastung sowie durch gegenseitige mechanische Beanspruchung der Gesteine zustande.

2

Wenn feste Gesteine durch Abtragung allmählich von überlagernden Gesteins- oder Eismassen befreit werden, nimmt der Auflastdruck ab und sie dehnen sich infolge der **Druckentlastung** aus. Hierdurch entstehen Klüfte und Spalten, an denen weitere Kräfte der physikalischen Verwitterung angreifen können.

Von diesen Kräften wirkt sich die **Temperatursprengung** umso stärker aus, je größer der Temperaturschwankungsbereich und die Geschwindigkeit der Temperaturänderung sind. Extreme Werte werden z. B. im Hochgebirge und in subtropischen und tropischen Wüsten erreicht. So wurden in Wüsten bei Jahresmitteltemperaturen von $> 17\,°C$ Tagesschwankungen von $30…50\,°C$ gemessen. Temperaturen auf Steinoberflächen von z. T. bis $84\,°C$ sanken durch Regen in kurzer Zeit auf $20…30\,°C$ ab. Da die Wärmeleitfähigkeit von Gesteinen gering ist, werden ihre äußeren und inneren Bereiche durch die raschen Temperaturwechsel unterschiedlich erwärmt oder abgekühlt. Sie expandieren oder kontrahieren daher unterschiedlich und es können Druckunterschiede bis zu $50\,MPa$ entstehen. Dies führt zu oberflächenparallelen Rissen, aber auch zu Sprüngen quer durch größere Gesteinsblöcke (Kernsprünge). Gesteinsschuppen platzen von der Oberfläche ab und Gesteinsblöcke zerfallen in scharfkantigen Blockschutt. Beschleunigt wird dieser Vorgang durch unterschiedliche Farbe und Ausdehnungskoeffizienten von aneinander grenzenden Mineralkörnern. Granit zerfällt leichter als Basalt, weil er ein gröberes Gefüge hat und aus hellen und dunklen Mineralen besteht.

Noch wirksamer als die Sprengwirkung durch Temperaturunterschiede kann die **Eissprengung** (Kryoklastik) sein. Sie ist in der Eigenschaft des Wassers begründet, beim Gefrieren sein Volumen um ca. $10\,\%$ zu erhöhen. Eis vermag deshalb in Gesteinsspalten und -rissen eine erhebliche Sprengwirkung zu entfalten. Besonders anfällig dafür sind klüftige Gesteine und Minerale mit guter Spaltbarkeit wie Glimmer und Feldspäte. Die Sprengwirkung, die mit fallender Temperatur bis $-22\,°C$ einen Druck von $210\,MPa$ erreichen kann, entfaltet sich nur dann maximal, wenn sich das Eis nicht in luftgefüllte Hohlräume ausdehnen kann, wenn sich also Risse oder Poren während des Abkühlens durch einen festhaftenden Eispfropfen verschließen. Die Wirkung der Eissprengung steigt folglich mit der Größe des Kluft- und Porenvolumens, dem Grad ihrer Sättigung mit Wasser und vor allem der Häufigkeit von Frost-Auftau-Zyklen. Durch Eissprengung entstehen aus festen Gesteinen Schutt, Grus, Sand, Schluff und sogar Grobton. Sie ist besonders in solchen Klimagebieten wirksam, in denen Gefrieren und Tauen häufig abwechseln (z. B. Periglazialgebiete; s. a. Kap. 8.2.1.1).

In ähnlicher Weise wie Eissprengung wirkt die **Salzsprengung**. In ariden Gebieten (Wärme- und Kältewüsten) werden gelöste Stoffe nicht ausgewaschen, sondern beim Verdunsten des Wassers im Boden und in den äußeren Gesteinspartien angereichert. Kristallisieren Salze aus übersättigten Salzlösungen aus, können erhebliche Drücke dann entstehen, wenn die Summe der Volumina der gesättigten Lösung und der ausgeschiedenen Kristalle größer ist als das Volumen der übersättigten Ausgangslösung. Das Volumen kann auch durch Hydratbildung zunehmen, z. B. wenn Anhydrit, $CaSO_4$, in Gips, $CaSO_4 \cdot 2\,H_2O$, übergeht. Dabei können Drücke von mehreren Zehnern MPa auftreten. Analog zur Eissprengung wird die Salzsprengung durch häufigen Wechsel von Austrocknung und Durchfeuchtung gefördert.

Mechanische Verwitterung in Gesteinen kann auch durch Quellungs- und Schrumpfungsvorgänge von Schichtsilikaten erfolgen. Die Hydratation von Kationen im Zwischenschichtraum solcher Silikate erfolgt in Stufen, in denen z. B. in Smectiten bis zu vier Schichten von Wassermolekülen eingelagert werden (**intrakristalline Quellung**). Der Quelldruck, der bei der Einlagerung der ersten Wasserschicht entsteht, beträgt $\sim 400\,MPa$, der der zweiten und der dritten beträgt ~ 110 bzw. $\sim 27\,MPa$. Gelangen Tongesteine, in denen Schichtsilikate dehydratisiert vorliegen, durch Erosion an die Oberfläche, wird die Auflast geringer als die Quelldrücke und die Schichtsilikate lagern unter Volumenzunahme Wasserschichten ein.

Weitergehende Aufweitung erfolgt durch **osmotische Quellung**, bei der Wasser zwischen Tonteilchen diffundiert und die relativ zur Außenlösung höhere Ionenkonzentration in der sie umgebenden diffusen Doppelschicht verdünnt. Die Drücke der osmotischen Quellung sind mit etwa $2\,MPa$ aber wesentlich geringer.

Auch Pflanzenwurzeln können in Risse und Spalten eindringen und durch ihr Dickenwachstum die Gesteine auseinander drücken. Hierbei treten Drücke von max. $1–1,5\,MPa$ auf.

Die durch physikalische Verwitterung gebildeten Gesteinsbruchstücke werden beim Transport durch Eis, Wasser oder Wind gegeneinander gerieben und geschlagen. Diese mechanische Beanspruchung rundet die Gesteinsbruchstücke ab und erzeugt Feinmaterial, und zwar umso schneller und mehr, je weicher und leichter zerteilbar die einzelnen Mineralkörner sind. Feldspäte, Glimmer und Pyribole werden daher schneller zerkleinert als Quarz. In einem Bach mit 0,2 % Gefälle müsste z. B. ein 20 cm großer Granit-Brocken ca. 11 km, ein ebenso großer Gneis und ein Glimmerschiefer 5–6 km und ein weicher Sandstein sogar nur 1,5 km weit transportiert werden, um auf 2 cm zerkleinert zu werden.

In vegetationsarmen Gebieten kann der mit dem Wind transportierte Sand zur physikalischen Verwitterung fester Gesteine beitragen (**Abrasion**).

Die Bedeutung der physikalischen Verwitterung für die Bodenbildung ist in den feuchten tropischen und subtropischen Gebieten vermutlich gering; dort herrscht chemische Verwitterung vor. In den ehemaligen Glazialgebieten der Nordhalbkugel erzeugte sie dagegen aus festen Gesteinen große Mengen Feinmaterial (s. Kap. 2.3.2.6), aus dem sich dann – mit größerer Geschwindigkeit als aus Festgesteinen – die Böden bildeten.

2.4.2 Chemische Verwitterung

Unter chemischer Verwitterung fasst man diejenigen heterogenen, d. h. zwischen Lösung und Festkörper ablaufenden chemischen Reaktionen zusammen, durch die Minerale – im Gegensatz zur physikalischen Verwitterung – in ihrem Chemismus verändert oder vollständig gelöst werden. Da sie an der Oberfläche des Minerals angreift, nimmt ihre Wirkung mit abnehmender Korngröße der Minerale zu. Insofern ist die physikalische Verwitterung ein Wegbereiter der chemischen.

Das wichtigste Agens der chemischen Verwitterung ist neben dem Sauerstoff das Wasser, das die Minerale löst oder hydrolytisch spaltet. Die Wirkung des Wassers wird durch anorganische (H_2CO_3) und organische Säuren sowie durch steigende Temperatur (Ausnahme: schwer lösliche Carbonate) verstärkt. Die chemische Verwitterung erfasst neben leichter löslichen auch schwer lösliche Minerale, vor allem die Silicate. Sie zerlegt sie in ihre Bausteine, aus denen sich neue Minerale bilden, und zwar entweder am Ort der Verwitterung, also in der Bodendecke (pedogene Minerale), oder nach Transport der gelösten Verwitterungsprodukte in Senken, Seen und Meere.

Viele dieser neu gebildeten Minerale unterscheiden sich von den Ausgangsmineralen magmatischer und metamorpher Entstehung dadurch, dass sie feinkörniger, schlechter kristallisiert, oxidiert und/oder reicher an OH-Gruppen und Wasser sind. Auf diese Weise spiegeln sie die spezifischen Bedingungen der Mineralbildung an der Erdoberfläche wider.

2.4.2.1 Auflösung durch Hydratation

Unter Auflösung wird der Übergang eines Minerals in die wässrige Verwitterungslösung verstanden, ohne dass eine chemische Reaktion im engeren Sinne stattfindet. Die Triebkraft der Auflösung ist das Bestreben der Ionen an der Mineraloberfläche, sich in Gegenwart von Wasser mit H_2O-Molekülen zu umgeben, d. h. zu hydratisieren und dadurch zu dissoziieren. Die Bindung dieser H_2O-Moleküle an die Ionen des Minerals ist also stärker als die der Ionen innerhalb des Kristalls solcher Minerale. Entsprechend wird bei der Hydratation Energie freigesetzt (Hydratationsenergie, s. Tab. 5.5–3).

Auf diese Weise verwittern (lösen sich) die meisten Alkali- und Erdalkalichloride, -sulfate und -nitrate, deren Löslichkeit mit einigen hundert $g\,l^{-1}$ sehr hoch ist (Tab. 2.4–1). Als leichtlösliche Salze bezeichnet man solche, die löslicher sind als Gips. Die Lösungsverwitterung ist bei der Bodenbildung aus Salz- und Gipsgesteinen und bei salzhaltigen Böden von Bedeutung (Kap. 8). Salze wie NaCl und Gips, die im humiden Bereich durch Meerwasser, Bewässerung, Düngung und Streusalz in die Böden gelangen, werden rasch ausgewaschen.

Tab. 2.4–1 Löslichkeit von Salzen, die auch als Minerale vorkommen, in Wasser bei 20 °C.

Salz	Mineralname	Löslichkeit/gl^{-1}
$CaSO_4 \cdot 2\,H_2O$	Gips	2,4
Na_2SO_4	Thenardit	48
$NaHCO_3$	Nahcolit	69
$Na_2SO_4 \cdot 10\,H_2O$	Mirabilit	110
$MgCl_2 \cdot 6\,H_2O$	Bischofit	167
$Na_2CO_3 \cdot 10\,H_2O$	Natrit (Soda)	216
KNO_3	Nitrokalit (Kalisalpeter)	315
KCl	Sylvin	344
$MgSO_4 \cdot 7\,H_2O$	Epsomit	356
$NaCl$	Halit	359
$CaCl_2$	Hydrophilit	745
$NaNO_3$	Nitronatrit (Chilesalpeter)	921
$Ca(NO_3)_2 \cdot 4H_2O$	Nitrocalcit	1212

2

2.4.2.2 Hydrolyse und Protolyse

Reagieren die Bestandteile der Minerale chemisch mit den H^+- und OH^--Ionen des dissoziierten Wassers, so spricht man von Hydrolyse. Hydrolytisch zersetzt werden vor allem Verbindungen, die aus einer schwachen Säure und/oder schwachen Base bestehen, also z. B. Carbonate und Silicate. Damit ist der größte Teil der gesteinsbildenden Minerale betroffen.

In Böden des humiden Klimaraums ist die Reaktion mit den H^+-Ionen der Lösung die eigentliche Triebkraft dieser Verwitterungsart. Hierbei werden Sauerstoff-Brückenbindungen zwischen Metallen M (Fe, Al, Ca, Mg, K, Na u. a.) und Si (Silicate), C (Carbonate) oder P (Phosphate) gesprengt, die Si–O–M, C–O–M und P–O–M–Gruppen zu –Si–OH (Silanol), –C–OH (Hydrogencarbonat) bzw. –P–OH (Hydrogenphosphat) protoniert und die Metalle freigesetzt:

$$-Si–O–M + H^+ = -Si–OH + M^+ \qquad (1)$$

$$-C–O–M + H^+ = -C–OH^- + M^{++} \qquad (2)$$

$$-P–O–M + H^+ = -P–OH^- + M^{++} \qquad (3)$$

Aus den Gleichungen 1 bis 3 folgt, dass sich das Gleichgewicht mit steigender H^+-Konzentration (sinkendem pH) der Lösung zur rechten Seite verschiebt; saure Lösungen sind also verwitterungswirksamer als neutrale.

Diese Verwitterungsvorgänge werden zunächst am Beispiel der Carbonate beschrieben. Schwerlöslicher Dolomit wird durch Kohlensäure zu leichtlöslichen Hydrogencarbonaten des Ca^{2+} und Mg^{2+} zersetzt:

$$CaMg(CO_3)_2 + 2\ H_2CO_3 = Ca(HCO_3)_2 + \\ Mg(HCO_3)_2 \qquad (4)$$

Die Konzentration an Kohlensäure in der Verwitterungslösung steigt gemäß $CO_2(g) + H_2O = H_2CO_3$ (g = gasförmig) mit dem CO_2-Partialdruck der mit ihr im Gleichgewicht stehenden Luft. Daher nimmt in gleicher Richtung auch die Löslichkeit der Carbonate zu (Tab. 2.4–2).

Im Gegensatz zu vielen anderen verwitterungsfähigen Mineralen fällt die Löslichkeit der Carbonate mit zunehmender Temperatur, weil in gleicher Richtung die Löslichkeit des CO_2 in Wasser abnimmt. So beträgt bei einem CO_2-Partialdruck von 0,03 kPa die Löslichkeit des Calcits bei 25 °C 49 mg, bei 15 °C 60 mg und bei 0 °C 84 mg $CaCO_3\ l^{-1}$. Dennoch gehen Carbonate in einem warmen Boden meist stärker in Lösung als in einem kühlen, weil der CO_2-Partialdruck der Bodenluft wegen der intensiveren biologischen Aktivität höher ist. Die Car-

Tab. 2.4–2 Löslichkeit von $CaCO_3$ in Wasser in Abhängigkeit vom CO_2-Partialdruck bei 25°C.

CO_2-Partialdruck / kPa	Löslichkeit / mg $CaCO_3\ l^{-1}$
0,031[a]	49
0,33	117
1,6	201
4,3	287
10	390

[a] entspricht mittlerem Partialdruck der Luft

bonatverwitterung führt zum Abbau von Carbonatgesteinen und zur Entkalkung carbonathaltiger Böden aus Löss und Geschiebemergel und anderen carbonathaltigen Gesteinen.

Die Hydrolyse der Silicate wird am Beispiel eines Feldspats erläutert. Abbildung 2.4–1 zeigt Feldspatkristalle unterschiedlichen Verwitterungsgrades aus einem Boden. Die Löcher in der Oberfläche und ihre regelmäßige Form deuten darauf hin, dass sich der Feldspat bei der Verwitterung ohne Bevorzugung einzelner Komponenten (z. B. Ca^{2+}), d. h. **kongruent** auflöst und sich die Geometrie der Herauslösung der Komponenten an der Kristallstruktur (hier Gerüststruktur) orientiert. Das gleiche gilt für die Verwitterung einer Hornblende, die daher andere, ihrer Bandstruktur entsprechende Verwitterungsformen zeigt.

Als feste Produkte der hydrolytischen Spaltung der Kalifeldspäte bilden sich aus den ionaren und molekularen Zersetzungsprodukten Tonminerale wie Kaolinit (Gl. 5)

$$2\ KAlSi_3O_8 + 2\ CO_2 + 11\ H_2O \rightarrow 2\ K^+ \\ + 2\ HCO_3^- + 4\ H_4SiO_4 + Al_2Si_2O_5(OH)_4 \qquad (5)$$

oder – unter Einbau des freigesetzten Kaliums – Illit (Abb. 2.4–2).

Gleichung 5 ist ein Beispiel für eine **inkongruente** Lösungsreaktion, denn die Aktivitäten der gelösten Spezies werden durch eine neugebildete Festphase (hier Kaolinit) kontrolliert und verändert und entsprechen somit nicht mehr dem Chemismus des Ausgangsminerals. Die Formulierung der Gleichung sagt jedoch nichts aus über die Mechanismen der Auflösung auf atomarer Ebene. In einem ersten Schritt werden zunächst die K^+-Ionen an der Oberfläche des frischen Feldspats durch H^+-Ionen ersetzt und gehen in Lösung. Erfolgt diese Reaktion in reinem Wasser, so bildet sich formal KOH, das man an

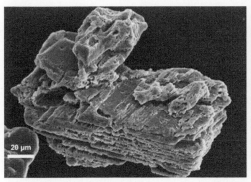

Abb. 2.4–1 Strukturorientierte Lösungsmuster von Mineralkörnern aus einem Boden; Kali-Feldspat (links) und Plagioklas (rechts) mit fortgeschrittener Verwitterung (Aufnahme M. ZAREI).

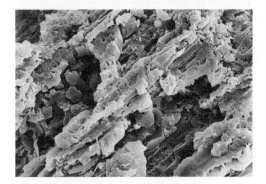

Abb. 2.4–2 Bei der Verwitterung neu gebildete Kaolinite in Lösungskavernen eines Kaliumfeldspats (Bildbreite 56 μm; REM-Aufnahme von M. ZAREI).

der alkalischen Reaktion einer Aufschlämmung von Feldspatpulver in Wasser erkennen kann:

$$\equiv Si-O-Al\equiv + H_2O \rightarrow \equiv Si-O-Al\equiv + K^+ + OH^-$$
$$\mid \qquad\qquad\qquad H$$
$$K \qquad\qquad\qquad\qquad\qquad (6)$$

Die Protonenanlagerung zerstört die Si–O–Al-Bindung und führt zur vollständigen Auflösung des Feldspats unter Freisetzung gelöster Ionen, aus denen sich sekundäre (Ton-)Minerale neu bilden, wenn deren Löslichkeitsprodukte überschritten werden. Auch Si–O–Si-Bindungen müssen aufgebrochen werden. Die Stabilität der Si–O–Si-Bindung ist dabei von der Art der strukturell benachbarten Metallionen abhängig. Sie ist umso höher, je stärker seine Neigung zu kovalenter Bindung ist; die Bindung wird daher in der Reihenfolge K < Na < Ca < Mg < Al stabiler. Reine

Al-Silikate wie Andalusit findet man deshalb detritisch in manchen Sandsteinen unverändert.

Die neugebildeten Minerale können sich an der Oberfläche der Feldspäte abscheiden oder unter Auflösung des Feldspats dessen Volumen ausfüllen und seine einstige Gestalt annehmen (**Pseudomorphose**), wie dies bei Kaolinit und Gibbsit häufig vorkommt.

Die für Kalifeldspäte geschilderte Umwandlung kann mehr oder weniger modifiziert auch auf andere Silicate wie Plagioklase, Pyribole und Olivine übertragen werden. Eine Besonderheit der blättchenförmigen Phyllosilicate (Glimmer, Chlorit) ist, dass sie im ersten Verwitterungsschritt nur die eingelagerten Bestandteile zwischen den Elementarschichten verlieren (z. B. K^+ bei den Glimmern), sodass der Schichtzusammenhalt zwar geschwächt wird, die Schichtstruktur als Ganzes jedoch zunächst erhalten bleibt (vgl. Kap. 2.2.5).

2.4.2.3 Oxidation und Komplexierung

Viele Minerale wie Biotit, Pyribole und Olivin enthalten Fe und Mn in der reduzierten, zweiwertigen Form. Sie werden daher im O_2-haltigen Verwitterungsmilieu, d. h. im Kontakt mit der Atmosphäre, oxidiert. Dabei werden die Bindungen im Mineral gesprengt, das oxidierte Fe und Mn freigelegt und hydrolytisch zu Oxiden und Hydroxiden umgesetzt. Für Silicate ergibt sich folgende Grundreaktion (mit] als Festphase):

$$]-Fe^{2+}-O-Si-[+ {}^1/_2\, O_2 + 2\, H^+ \rightarrow$$
$$]-Fe^{3+}-OH +]-Si-OH \qquad\qquad (7)$$

Die Oxidation des Eisens kann auch innerhalb der Mineralstruktur erfolgen, sodass die positive Ladung zunimmt. Zum Ladungsausgleich können andere Kationen, z. B. K^+ bei Biotit, die Struktur verlassen oder OH-Gruppen in O-Gruppen umgewandelt werden. Bei der Verwitterung von Biotit wird außer K^+ auch Fe^{2+} freigesetzt und als Fe(III)-Oxid ausgefällt. Der Biotit verliert hierdurch seine schwarze Farbe und wird gebleicht. Auch die Protolyse ist an der oxidativen Verwitterung der Fe(II)-Silicate beteiligt, wie folgende Verwitterungsreaktion eines Pyroxens zeigt:

$$4\ CaFeSi_2O_6 + O_2 + 8\ H_2CO_3 + 14\ H_2O \rightarrow$$
$$4\ FeOOH + 4\ Ca(HCO_3)_2 + 8\ H_4SiO_4 \qquad (8)$$

Die Oxidation des Magnetits, Fe_3O_4, führt zu Maghemit oder zu Hämatit (Gl 9), die des Titanomagnetits entsprechend zu Titanomaghemit oder Titanohämatit:

$$4\ Fe_3O_4 + O_2 \rightarrow 6\ Fe_2O_3 \qquad (9)$$

Oxidationsvorgänge in Mineralen fördern daher den weiteren Zerfall. Der oxidativ-hydrolytischen Verwitterung unterliegen außer Fe(II)-Silicaten auch Siderit ($FeCO_3$) und andere Fe(II)-Minerale. Da die gebildeten Fe(III)-Oxide auffallend braun, gelb oder rot gefärbt sind, ist die Verwitterung der meisten Gesteine von einer entsprechenden Färbung begleitet (z. B. Verbraunung).

Bei Eisensulfiden wie FeS und FeS_2 (Pyrit) werden außer Fe^{2+} auch die Sulfidionen oxidiert. Diese Oxidation führt zu Goethit (FeOOH) und Schwefelsäure (H_2SO_4):

$$4\ FeS_2 + 15\ O_2 + 10\ H_2O \rightarrow$$
$$4\ FeOOH + 8\ H_2SO_4 \qquad (10)$$

Sinken die pH-Werte dabei unter 3, kann das Fe^{2+} nur noch bakteriell durch *Thiobacillus ferrooxidans* oxidiert werden. Ferner hydrolysiert bei diesen tiefen pH-Werten das Fe^{3+}-Ion nicht mehr vollständig ($OH/Fe^{3+} < 3$) und es bilden sich statt der Fe(III)-Oxide Fe(III)-Hydroxysulfate wie Schwertmannit oder Jarosit, dessen Kalium der Verwitterung K-haltiger Minerale entstammt. Sinkt die Sulfatkonzentration oder verändert sich der pH-Wert, hydrolysiert Schwertmannit zu Goethit:

$$Fe_8O_8(OH)_6SO_4 + 2\ H_2O \rightarrow 8\ FeOOH + H_2SO_4 \quad (11)$$

Je nach dem Protonen-Pufferungsvermögen begleitender Minerale sinken die pH-Werte in pyrithaltigen, oxidierenden Abraumhalden oder in Marschen u. U. soweit ab, dass sie das Pflanzenwachstum deutlich erschweren. Die toxische Wirkung tiefer pH-Werte wird durch die Freisetzung von Al^{3+} aus Silicaten noch erhöht. Einer Haldenvergiftung kann entweder durch Kalkung oder besser durch Abdeckung (Luftabschluss) zur Verhinderung der Oxidation entgegen gewirkt werden.

2.4.3 Rolle der Biota

Im belebten, durchwurzelten Bereich der Böden ist die Verwitterung meist intensiver als im unbelebten. Dazu tragen insbesondere Pflanzenwurzeln und niedere Vertreter der Bodenflora (Bakterien, Algen, Pilze) bei.

Die bei der biotischen Verwitterung ablaufenden Mechanismen sind im Prinzip die gleichen wie die der chemischen Verwitterung. Die Hauptwirkung geht von biotisch produzierten Säuren, z. B. während des Streuabbaus, aus. Das sind außer Kohlensäure vor allem niedermolekulare organische Säuren wie Oxalsäure, Weinsäure, Äpfelsäure und Citronensäure, aber auch aromatische Säuren wie Benzoesäure. Die Freisetzung von Metallen, die mit organischen Liganden (z. B. Citrat) stabile Komplexe bilden, wird durch organische Komplexbildner gefördert. Durch sie werden vor allem Al, Fe und Mn sowie Schwermetalle wie Cu und Pb komplexiert. Auch die Huminstoffe, insbesondere die Fulvosäuren, beteiligen sich an der Komplexierung der Metalle (s. Kap. 3).

Durch mikrobielle Oxidation des organischen Schwefels und Stickstoffs entstehen außerdem bevorzugt H_2SO_4 und HNO_3. Schließlich gehört hierzu auch die Protonenausscheidung der Pflanzenwurzeln im Austausch gegen aufgenommene Metallkationen (s. Kap. 4).

In Böden sind die Kristalloberflächen primärer Silicate häufig dicht mit Pilzhyphen, Bakterien oder Algen bedeckt, sodass ein enger Kontakt zwischen Organismen und Mineraloberflächen entsteht. An diesem Kontakt kann es durch Ausscheidung von organischen Säuren und Komplexbildnern zu verstärkter Verwitterung kommen. Flechten produzieren z. B. Oxalsäure, die mit Ca^{2+} und Mg^{2+} aus dem Gestein zu Ca- und Mg-Oxalat reagiert. Die geringe Löslichkeit dieser Oxalate fördert die Verwitterung, da die freigesetzten Metalle der Verwitterungslösung entzogen werden. So verloren Biotite Kalium, nachdem sie längere Zeit im A-Horizont saurer Waldböden gelagert waren. Dabei drangen die Hyphen zwischen die sich aufblätternden Biotitkristalle ein. Aus 1 kg Granitbruchstücken lösten sich innerhalb von 30 Tagen in Gegenwart einer komplexen Bodenmikroflora 160 mg Fe, 100 mg Al und

220 mg Mn, im sterilen Ansatz dagegen nur 0,2 mg Fe, 0,5 mg Al und 10 mg Mn.

Bedeutsam für die Pflanze sind solche Auflösungsprozesse wegen der Mobilisierung von Phosphat aus schwerlöslichen Ca-Phosphaten, z. B. Apatit. Ähnliche Auflösungserscheinungen wurden auch in der Rhizosphäre (= unmittelbare Wurzelumgebung) beobachtet. Eisen-komplexierende Wurzelausscheidungen, sog. **Siderophore**, lösen Fe(III)-Oxide und sichern so die Fe-Versorgung mancher Pflanzen.

2.4.4 Verwitterungsstabilität

Minerale sind thermodynamisch stabil, wenn sie bei gegebenen Druck- und Temperaturbedingungen mit ihrer chemischen Umgebung im Gleichgewicht stehen. Auf Böden ist diese Definition nur bedingt anwendbar, denn in der Natur wird das Gleichgewicht zwischen Mineralen und Verwitterungslösung nur selten erreicht, da die Verwitterungsprodukte ständig entzogen werden durch: (a) Abfuhr in gelöster Form, (b) Bildung schwerlöslicher neuer Minerale (Tonminerale, Carbonate, Oxide und Hydroxide), und (c) Bildung von organischen Komplexverbindungen des Al und Fe, besonders in humusreichen Bodenhorizonten. Böden sind keine geschlossenen, sondern offene Systeme, in die und aus denen Stoffe zu- bzw. abgeführt werden. Mit der Zeit werden sich deshalb Fließgleichgewichte einstellen, in denen sich die mineralogische Zusammensetzung kontinuierlich den stofflichen Veränderungen anpasst. Aus diesen Gründen schreitet die Verwitterung ständig weiter fort. Chemische Verwitterungs- und Neubildungsprozesse in Böden sollten deshalb sowohl thermodynamisch als auch kinetisch betrachtet werden.

2.4.4.1 Thermodynamische Stabilitätsverhältnisse

Die Stabilität von Mineralen gegenüber chemischer Verwitterung korreliert mit der Wasserlöslichkeit. Leicht lösliche Minerale wie die Salze (z. B. Steinsalz) verwittern deshalb am schnellsten. In dieser Reihe folgen auf den etwas weniger löslichen Gips die Carbonate (Calcit > Dolomit) und letztlich die noch schwerer löslichen primären Silicate.

Die Stabilität der primären Silicate ist von mehreren Faktoren abhängig, die häufig ineinander greifen. Zu ihnen zählen der Strukturtyp, der Si-

Al-Ersatz, die Art der Metallkationen, welche die SiO_4-Tetraeder verknüpfen, und der Gehalt oxidierbarer Kationen wie Fe^{2+} und Mn^{2+}. Im Allgemeinen steigt die Stabilität der verschiedenen Strukturtypen in der Reihenfolge Insel- < Ketten- < Blatt- < Gerüstsilicate an, denn in gleicher Reihenfolge nimmt die Vernetzung der SiO_4-Tetraeder und daher der Anteil von Si–O–Si(Al)-Bindungen zu. Bei gleichem Strukturtyp sinkt die Stabilität mit steigendem Ersatz von Si durch Al, also in der Reihenfolge Quarz > Orthoklas > Nephelin und bei den Plagioklasen von Albit zum Anorthit. Dies liegt daran, dass die vier Sauerstoffatome der Tetraeder durch das um 50 % größere Al-Ion auseinander gedrängt werden.

Die Art der Kationen, die die SiO_4-Tetraeder verknüpfen, beeinflusst die Stabilität durch ihre Größe und Ladung. Die Stabilität steigt mit der Ladung und sinkt mit der Größe des verknüpfenden Kations. Daher sind Strukturen, in denen die größeren Kationen Mg^{2+}, Ca^{2+} und Fe^{2+} (Tab. 2.2–2) die Tetraeder verknüpfen, weniger stabil als durch Al verknüpfte, also z. B. Biotit gegenüber Muskovit. Dass dieser Einfluss jeden anderen strukturbedingten Einfluss überlagern kann, zeigt bei den Inselsilikaten die Stabilitätsreihenfolge Zirkon > Andalusit, Staurolith > Olivin. Die SiO_4-Tetraeder im Zirkon ($ZrSiO_4$) werden durch Zr^{4+}, im Andalusit (Al_2O-SiO_4) und Staurolith durch Al^{3+} und im Olivin durch Mg^{2+} und Fe^{2+} verknüpft.

Der Gehalt an oxidierbaren Metallionen wie Fe^{2+} und Mn^{2+} senkt die Stabilität, weil durch ihre Oxidation die Ladungs- und strukturellen (in 6-facher Koordination ist Fe^{3+} 13 % kleiner als Fe^{2+}, vgl. Tab. 2.2–2) Verhältnisse im Mineral gestört werden. Der Umstand, dass Biotit leichter verwittert als Muskovit, hängt daher eng mit seinen meist hohen Gehalten an Fe^{2+} zusammen. Besonders leicht verwitterbar – da oxidierbar – ist auch Pyrit, obwohl er schwer löslich ist.

Insgesamt ergibt sich aus diesen Betrachtungen für die gesteinsbildende Silicate etwa folgende Reihe steigender Verwitterungsstabilität: Olivine < Anorthit < Pyroxene < Amphibole < Biotit < Albit < Muskovit ~ Orthoklas < Quarz. Werte für die Lebenszeiten von 1 mm großen Kristallen verschiedener Silicate sind in Tabelle 2.4–3 angegeben; sie entsprechen vorgenannter Reihenfolge. Tonminerale als Endprodukte der Verwitterung sind dabei unter aeroben, oberflächennahen Bedingungen ähnlich stabil wie der strukturell verwandte Muskovit.

Eine qualitative Betrachtung der Verwitterungsstabilität ist mit Hilfe von **Stabilitätsdiagrammen** möglich, in denen die Stabilitätsfelder der einzelnen Minerale als Funktion der Zusammensetzung

2

Tab. 2.4–3 Mittlere Lebensdauer eines 1 mm großen Kristalls verschiedener Silicate in Jahren (n. LASAGA, 1984).

Anorthit	Diopsid	Albit	K-Feldspat	Muskovit	Quarz
$1,1 \cdot 10^2$	$6,8 \cdot 10^3$	$8,0 \cdot 10^4$	$5,2 \cdot 10^5$	$2,7 \cdot 10^6$	$3,4 \cdot 10^7$

der Verwitterungslösung im Gleichgewichtszustand dargestellt sind. Sie errechnen sich aus den thermodynamischen Größen (Bildungsenthalpien) aller beteiligten Phasen. Aus Stabilitätsdiagrammen wie Abbildung 2.4–3 lässt sich abschätzen, ob ein Mineral mit einer gegebenen Verwitterungslösung stabil ist oder ob es sich auflösen wird. So werden Orthoklas und Muskovit umso eher verwittern, je niedriger die K- und Si-Aktivität und je höher die H-Aktivität (pH) in der Verwitterungslösung sind (Abb. 2.4–4). Für die Kinetik (s. Kap. 2.4.4.2) bedeutet eine große Abweichung der Lösungskonzentration von der Gleichgewichtskonzentration (siehe Gl. 12) eine schnelle Auflösungsrate.

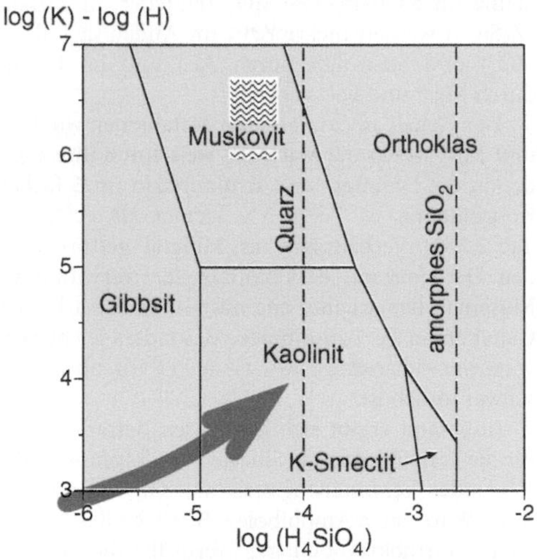

Die exakte Lage der Stabilitätsgrenzen ist jedoch unsicher und daher nur für eine qualitative Prognose verwendbar, weil (1) die freien Energien der einzelnen Minerale sich nur sehr wenig voneinander

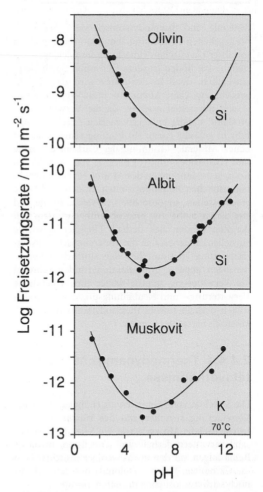

Abb. 2.4–3 Stabilitätsbereich von Orthoklas, Muskovit, Kaolinit, Smectit und Gibbsit bei 25 °C als Funktion der Aktivität (Mol l⁻¹) von K^+, H^+ und H_4SiO_4. Die beiden gestrichelten Linien markieren die H_4SiO_4-Sättigungsaktivitäten von Quarz und amorphem SiO_2, die Schlangenlinien die mittlere Zusammensetzung von Meerwasser. Der Pfeil symbolisiert die Veränderung von stark untersättigtem Niederschlagswasser, das sich im Kontakt mit Mineralen an K^+ und H_4SiO_4 mehr und mehr anreichert.

Abb. 2.4–4 Freisetzungsraten von Si aus Olivin und Albit und von K aus Muskovit bei 70 °C in Abhängigkeit vom pH (nach KNAUS & WOTERY, 1986).

unterscheiden und sich daher die Energien der Umwandlungsreaktion nicht mit ausreichender Genauigkeit bestimmen lassen; (2) die Gleichgewichte im Verwitterungsmilieu, d. h. bei niedriger Temperatur und niedrigem Druck nur selten erreicht werden; (3) sich bevorzugt metastabile Phasen bilden, die sich nur sehr langsam (wenn überhaupt) in die stabilen umwandeln. So liegt z. B. die Si-Konzentration in vielen Verwitterungslösungen zwar deutlich über der des Gleichgewichtes mit Quarz, dieser bildet sich aber, wenn überhaupt, nur äußerst langsam.

2.4.4.2 Kinetik der chemischen Verwitterung

Anhand von Stabilitätsdiagrammen (Abb. 2.4–3) wurde bereits erläutert, dass Untersättigung zwar prognostiziert, dass ein Mineral nicht stabil ist und sich auflösen wird, mit welcher Rate dies jedoch geschieht, lässt sich aus Stabilitätsdiagrammen nicht ableiten. Eine quantitative Beschreibung der Rate R, mit der ein Mineral chemisch verwittert, lässt sich wie folgt formulieren (White und Brantley, 1995):

$$\text{Rate } R = k_0\, A_{\min} \exp \frac{E_a}{RT}\, (a_{H+}^n)\, g(I)\, (\prod_1 a_i^n)\, f(\Delta G_r)$$

(Gl. 12)

Die einzelnen Terme in Gl. 12 lassen sich mit wichtigen Bodeneigenschaften zumindest qualitativ verknüpfen: Die Mineralart bestimmt die mineralspezifische Ratenkonstante k_0, die für Silicate bei $\sim 10^{-10}...10^{-14}$ mol m^{-2} s^{-1} liegt. Die reaktive Oberfläche $A_{\min}$ steigt mit abnehmender Korngröße, die wiederum eine Funktion des Ausgangsgesteins ist. So ergeben die grobkörnigen Minerale saurer Plutonite (z. B. Granit) weniger Angriffsfläche als die feinkörnigen Minerale basischer Vulkanite wie Basalt. Die Temperaturabhängigkeit der Reaktion wird im Exponentialterm berücksichtigt, in den die Aktivierungsenergie E_a, die Temperatur T und die BOLTZMANN-Konstante R eingehen. Die chemische Zusammensetzung der Bodenlösung wird in den nächsten drei Termen berücksichtigt: Der erste Term ist die Protonenaktivität (pH-Wert), die mit der Zahl n der an der Lösungsreaktion beteiligten Protonen potenziert wird. Die Freisetzungsraten von Si aus Olivin und Albit (Abb. 2.4–4) sinken in Übereinstimmung mit Gl. 5 mit steigendem pH ab. Das Wiederansteigen der Raten oberhalb von pH 7 beruht auf einem Anstieg der Kieselsäure-Löslichkeit im alkalischen Bereich. Solche Änderungen im Löslichkeitsverhalten (z. B. auch durch Komplexierungsreaktionen) werden in der Ratengleichung im Produktterm $\prod a_i^n$ berücksichtigt. Dass Lösungsraten auch von der Ionenstärke abhängen, berücksichtigt der Term $g(I)$.

Letztlich wird noch im Term $f(\Delta G_r)$ berücksichtigt, dass die Rate vom Grad der Untersättigung abhängt und zwischen 1 (d. h. maximale Rate k_0 bei maximaler Untersättigung) und Null (Gleichgewichtsfall) variiert. Von größter Bedeutung ist deshalb das Wasserregime, das bestimmt, wie lange Wasser im Kontakt mit einer sich auflösenden Mineraloberfläche steht. Bei sehr kurzer Verweilzeit in sehr wasserzügigen Böden mit hohen Niederschlägen bleibt die Verwitterungslösung hochgradig untersättigt, sodass sich langfristig auch sehr schwer lösliche Minerale auflösen (z. B. Quarz in tropischen Böden). Je länger die Bodenlösung im Kontakt mit den festen Phasen ist, umso eher wird sich die Zusammensetzung derjenigen nähern, die im Gleichgewicht mit dem sich auflösenden Mineral (z. B. Orthoklas) wäre. Meist wird jedoch vor Erreichen dieses Gleichgewichts das Löslichkeitsprodukt eines weniger löslichen Minerals überschritten (z. B. von Kaolinit). Durch Wachstum dieses neuen Minerals wird die Verwitterungslösung an den entsprechenden Elementen verarmt, die Lösungszusammensetzung des nach unten abgeführten Sickerwassers entspricht daher nicht mehr der Zusammensetzung der verwitternden primären Minerale (s. Gl. 5 für inkongruente Auflösung).

2.4.4.3 Verwitterungsgrad

Der Verwitterungsgrad lässt sich mineralogisch kennzeichnen, z. B. durch sog. **Leitminerale**. So wird im humiden Klima geringe Verwitterung durch Dominanz von Gips, Calcit und Olivin angezeigt, eine mäßige durch Biotit, Illit und Smectit, eine starke durch sekundären Chlorit und Kaolinit und eine sehr starke durch Gibbsit und Anatas. Abweichungen hiervon sind jedoch je nach lokalen Verwitterungsbedingungen möglich. Neben Veränderungen im Mineralbestand zeigen ansteigende Gehalte von Begleitmineralen, z. B. von Goethit und Hämatit, ebenfalls steigende Verwitterungsgrade an.

Auch chemische Indikatoren eignen sich zur Kennzeichnung des Verwitterungsgrades. So verarmen die Böden zuerst vor allem an Na, Ca und Mg, während der K-Gehalt langsamer abnimmt. Unter den Anionen gehen insbesondere Chlorid und Sulfat schnell verloren, während Phosphat zwar aus dem Apatit freigesetzt, dann aber meist in anderer Form relativ fest gebunden wird. Sili-

2

cat geht zwar auch bereits in den Anfangsphasen der Verwitterung verloren, erkennbar jedoch erst in einem fortgeschrittenen Verwitterungsstadium. Diese Desilifizierung erfolgt stufenweise, da sich zunächst wieder Si-reiche sekundäre Minerale (Illit, Smectit) und dann Si-ärmere (Kaolinit) bilden, bis schließlich im Extremfall nahezu alles Si verloren geht. In diesem, allerdings eher seltenen Zustand, reichern sich die Elemente Al, Fe, Ti u. a. in Form von Oxiden und mit ihnen assoziiert auch einige Spurenelemente wie Ni und Cr sehr stark relativ an, z. B. in Bauxiten.

Die geschilderte Mobilitätsabfolge lässt sich aus dem Vergleich zwischen den mittleren Elementgehalten der Gesteine (s. Tab. 2.2–1) und denen der Flusswasserrückstände ableiten (Abb. 2.4–5). Die Reihenfolge sinkender Mobilität im oxidativen Milieu lautet:

$$Cl > S > Na > Ca > Mg > K > Si > Fe > Al$$

Die Rate, mit der Silicatverwitterung in Böden abläuft, lässt sich aus den Verlusten an Na, K, Ca und Mg in Bodenprofilen und aus den Frachten dieser Elemente und des Si in den Fließgewässern erschließen. Für Böden gemäßigt-humider Gebiete ergaben sich dabei Werte zwischen $0,02...0,08 \, \text{mol m}^{-2} \text{a}^{-1}$.

Die Stabilität der Gesteine gegenüber physikalischer und chemischer Verwitterung ist neben der strukturellen Stabilität ihrer Minerale noch von weiteren Gesteinseigenschaften abhängig. Wie oben erwähnt, verwittert z. B. Granit physikalisch leichter und daher tiefgründiger als feinkörniger Basalt. Umgekehrt ist es bei der chemischen Verwitterung: Hier verwittern basische Magmatite, insbesondere feinkristalline Vulkanite, wegen ihres höheren Gehaltes an leicht verwitterbaren Mineralen (Olivin, Pyribole, Ca-reiche Plagioklase) schneller und durchgreifender als saure Magmatite. Aus Graniten entstehen folglich im gemäßigt-humiden Klima tiefgründige, aber im Mineralbestand (mit Ausnahme des Biotits) gegenüber dem Gestein wenig veränderte, aus Basalten dagegen flachgründige, aber im Mineralbestand stark veränderte Böden.

2.5 Mineralbestand von Böden

Wie die Gesteine, so sind auch die Böden Mineralgemische. Im Laufe der Verwitterung wurde ein Teil der Minerale unverändert von den Gesteinen ererbt, ein anderer Teil ist pedogen. Der Mineralbestand vieler Böden spiegelt daher denjenigen ihres Ausgangsgesteins umso deutlicher wider, je weniger Verwitterung und Bodenbildung stattgefunden haben und je schwerer die Ausgangsminerale verwittern. Pedogene Minerale treten demgegenüber bei reiferen Böden mehr und mehr in den Vordergrund. Dies prägt auch die Verteilung der verschiedenen Minerale auf die Korngrößenfraktionen der Böden. Sand- und Schlufffraktion bestehen vorwiegend aus den bei der Verwitterung zurückbleibenden, stabilen magmatischen und metamorphen Mineralen wie Quarz, Kalifeldspäte, Glimmer (vor allem Muskovit) und zahlreichen Schwermineralen (Zirkon, Rutil, Ilmenit, Magnetit, Turmalin), während in der Tonfraktion die Tonminerale und Oxide aus Sedimenten und aus der Pedogenese dominieren (Abb. 2.5–1).

Böden aus sauren Magmatiten und Metamorphiten (z. B. Granit, Gneis) bestehen meist zu > 60 %, solche aus Sandsteinen, Fluss- und Flugsanden bis zu 95 % aus Quarz. Dagegen sind Böden aus Löss, Kalk- und Tongesteinen quarzärmer (< 50 %), während solche aus basischen Magmatiten kaum Quarz enthalten, es sei denn durch äolischen Eintrag. Der Quarzgehalt ist in der Sandfraktion am höchsten und nimmt zu den feineren Fraktionen hin ab (s. Abb. 2.5–1). Quarz ist jedoch auch noch im Grobton zu finden. Die Bodenentwicklung kann zu relativer Quarzanreicherung führen, wenn weniger stabile Minerale, z. B. Silicate, zerfallen.

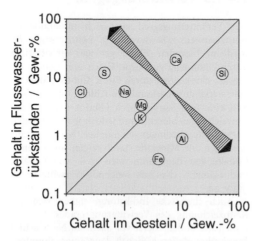

Abb. 2.4–5 Beziehung zwischen den Elementgehalten im Gestein und in Flusswasserrückständen als Maß für ihre Mobilität (nach HUDSON, 1995). Die Pfeile deuten Anreicherung im Flusswasser bzw. Anreicherung im Gestein an.

Der Gehalt an Feldspäten liegt in Böden des gemäßigt-humiden Klimabereichs häufig bei etwa 5...30 %; daran sind zu 80...90 % Alkalifeldspäte beteiligt, da Ca-reiche Feldspäte leichter verwittern. Der Einfluss des Verwitterungsgrades geht z. B. daraus hervor, dass Böden aus altpleistozänen Sanden meist < 10 % Feldspäte enthalten, solche aus jungpleistozänen Sanden im Mittel 15...20 %. Böden aus Löss, Ton und Tonschiefer haben Feldspatgehalte von 10...15 %. Der Feldspatgehalt sinkt zu den feineren Fraktionen hin ab (Abb. 2.5–1). In Böden aus Gesteinen mit hohem Gehalt an Alkalifeldspäten können diese jedoch auch noch in der Tonfraktion auftreten. In vielen Böden der feuchten Tropen sind die Feldspäte dagegen weitgehend in Tonminerale umgewandelt.

Plagioklase, Pyroxene, Amphibole und Olivine sind nur in den gröberen Fraktionen in geringer Menge vorhanden, da sie im Vergleich zu Alkalifeldspäten leichter verwittern. Ihr Anteil sinkt innerhalb eines Profils i. d. R. von unten nach oben, weil die Verwitterung in den oberen Horizonten am weitesten fortgeschritten ist. In stark verwitterten Böden der humiden Tropen (Ferralsole) fehlen sie ganz.

Der Gehalt an Glimmern, vorwiegend Muskovit und gebleichter (= verwitterter) Biotit, ist in der Schlufffraktion der Böden am höchsten, da die Glimmer wegen ihrer ausgeprägten Spaltbarkeit mechanisch leicht zerfallen (Abb. 2.5–1).

Tonminerale und Oxide sind in vielen jungen Böden des gemäßigten Klimaraums aus Sedimenten ererbt, stammen jedoch auch aus der Pedogenese. So herrschen in nachpleistozänen Böden aus Löss, Geschiebemergel, Auensedimenten und Marschen, aber auch aus Ton- und Kalkgesteinen vor allem Illit und Smectit aus diesen Sedimenten vor. Auf tonmineralfreien Ausgangsgesteinen, wie den Magmatiten, sind die Tonminerale der Böden dagegen stets pedogen. Sie werden von der Mineralzusammensetzung der magmatischen bzw. metamorphen Gesteine und dem Pedoklima bestimmt und ändern sich mit dem Entwicklungsgrad der Böden.

Bei geringem Verwitterungsgrad findet man auf basischen Magmatiten (Basalt u. a.) häufig Smectit, auf sauren Magmatiten (Granit u. a.) dagegen Illit und Vermiculit, auf Metamorphiten häufig primäre Chlorite. Bei stärkerer Versauerung sind die Smectite und Vermiculite in Bodenchlorite umgewandelt und primäre Chlorite z. T. aufgelöst. Örtliche Anreicherungen von Goethit, Lepidokrokit und Ferrihydrit treten in redoximorphen Böden auf. Auf vulkanischen Aschen enthalten die Böden bei höherer Si-Konzentration Allophan und bei geringerer Imogolit; im späteren Entwicklungsstadium herrschen dagegen Halloysit und Kaolinit vor. Allophan und Imogolit kommen jedoch auch im B-Horizont von Podsolen vor.

Zahlreiche Böden des gemäßigt-humiden Klimabereichs, z. B. Rendzinen, Pararendzinen, junge Auenböden und Marschen, enthalten selbst noch im A-Horizont Calcit und Dolomit meist in der Schlufffraktion (z. B. in Löss). Mit zunehmender Trockenheit tritt in Böden auch pedogener Calcit auf.

Der Mineralbestand stark entwickelter Böden der perhumiden Tropen und Subtropen wird durch Kaolinit, Goethit, Hämatit, Gibbsit und Anatas geprägt. Auf sauren Magmatiten und Metamorphiten kommen verwitterungsresistente Minerale wie Quarz, Orthoklas oder Muskovit hinzu, auf basischen Magmatiten fehlen diese weitgehend. In neutralen bis schwach alkalischen Böden wechselfeuchter Klimagebiete ist Smectit verbreitet, bei trockeneren, semiariden Bedingungen und höherer Mg-Konzentration treten Palygorskit und Sepiolit und verschiedene Salze (Sulfate, Chloride, Nitrate, Borate) auf. Smectitreiche Böden (Vertisole) grundwassernaher Ebenen und in Muldenlage sind in vielen Gebieten (Indien, Afrika) mit kaolinitischen Böden an den Hängen durch den Landschaftswasserhaushalt verknüpft. Typische pedogene Minerale des anaeroben Bodenbereichs sind Eisensulfide, Siderit und Vivianit.

Fast alle Böden enthalten geringe Mengen (< 2 %) an Schwermineralen, z. B. Apatit, Magnetit, Ilmenit, Granat, Rutil, Zirkon, Turmalin u. a. Die schwer verwitterbaren Schwerminerale sind umso stärker

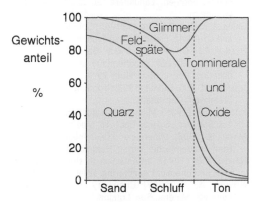

Abb. 2.5–1 Mineralbestand in den Kornfraktionen Sand, Schluff und Ton (Beispiel aus der Glaziallandschaft Norddeutschlands).

Tab. 2.5-1 Dominierende pedogene Tonminerale in den Bodenordnungen der *Soil Taxonomy* (Kap. 7 und 8).

Soil order	Tonminerale
Alfisole	Illit, Smectit, Al-Chlorit
Andisole	Allophan, Imogolit, Halloysit
Aridisole	Palygorskit, Sepiolit, Smectit
Entisole	keine
Inceptisole	Illit, Smectit, Al-Chlorit
Mollisole	Illit, Smectit, Vermiculit
Oxisole	Kaolinit, Goethit, Hämatit, Gibbsit
Spodosole	Illit, Al-Chlorit, (Smectit), Allophan
Ultisole	Kaolinit, Muskovit, Hämatit, Goethit
Vertisole	Smectit
Gelisole	Illit

angereichert, je stärker die Böden verwittert sind. Der Apatitgehalt nimmt mit zunehmender Versauerung dagegen ab.

Da die Mineralboden-Ordnungen („*orders*") der *Soil Taxonomy* im Groben entlang einer Entwicklungsreihe definiert sind, lassen sich ihnen vorherrschende pedogene Minerale zuordnen (Tab. 2.5–1).

2.6 Literatur

Weiterführende Lehr- und Fachbücher

ALAILY, F. (1998): 2.1.1.3 Carbonate, Sulfate, Chloride, Phosphate. In: BLUME, H.-P., P. FELIX-HENNINGSEN, W.R. FISCHER, H.G. FREDE, R. HORN, K. STAHR (Hrsg.) (1996 ff): Handbuch der Bodenkunde, ecomed, Landsberg; ab 2007 Wiley VCH Weinheim.

ALAILY, F. (1996): 2.1.4.3 Carbonate, Gips und lösliche Salze. In: BLUME, H.-P., P. FELIX-HENNINGSEN, W.R. FISCHER, H.G. FREDE, R. HORN & K. STAHR (Hrsg.) (1996 ff): Handbuch der Bodenkunde, ecomed, Landsberg; ab 2007 Wiley VCH Weinheim.

ALAILY, F. (2000): 2.1.5.5 Carbonate und Salze. In: BLUME, H.-P., P. FELIX-HENNINGSEN, W.R. FISCHER, H.G. FREDE, R. HORN & K. STAHR (Hrsg.) (1996 ff): Handbuch der Bodenkunde, ecomed, Landsberg; ab 2007 Wiley VCH Weinheim.

ALTERMANN; M. (1998): Gliederung periglazialer Lagen. S. 175-180. In: Arbeitskreis für Bodensystematik der DBG (Hrsg.). Systematik der Böden und der bodenbildenden Substrate Deutschlands. Mitt. Dtsch. Bodenkundliche Ges. 86 Oldenburg.

BAILEY, S.W. (1991): Hydrous phyllosilicates (exclusive of micas). Rev. in Mineralogy 19.

BANFIELD, J.F. & K.H. NEALSON (1997): Geomicrobiology: Interactions between microbes and minerals. Rev. in Mineralogy 35.

BLUME, H.-P., P. FELIX-HENNINGSEN, W.R. FISCHER, H.G. FREDE, R. HORN & K. STAHR (Hrsg.) (1996 ff): Handbuch der Bodenkunde, ecomed, Landsberg; ab 2007 Wiley VCH Weinheim.

BLUME, H.-P. (1996): Böden städtisch-industrieller Verdichtungsräume. In: BLUME, H.-P., P. FELIX-HENNINGSEN, W.R. FISCHER, H.G. FREDE, R. HORN & K. STAHR (Hrsg.) (1996 ff): Handbuch der Bodenkunde, ecomed, Landsberg; ab 2007 Wiley VCH Weinheim.

BRINDLEY, G.B. & G. BROWN (1984): Crystal structure of clay minerals and their X-ray identification. Monograph 5. Mineral. Soc. London.

CARMICHEL, I.S., F.J. TURNER & J. VEERHOOGEN (1974): Igneous petrology. McGraw Hill, New York.

CORNELL, R.M. & U. SCHWERTMANN (1996): The iron oxides. Wiley VCH, Weinheim.

DIXON, J.B. & S.B. WEED (1989): Minerals in soils and environments. Soil Sci. Soc. Am., Madison.

DREVER, J. (1985): The chemistry of weathering. Reidel, Dordrecht.

EHLERS, J. (1994): Allgemeine und historische Quartärgeologie. Enke, Stuttgart.

FÜCHTBAUER, H. (1988): Sedimente und Sedimentgesteine. Schweizerbart, Stuttgart.

FURRER, G. & H. STICHER (1999): 2.1.3.2. Chemische Verwitterungsprozesse. In: BLUME, H.-P., P. FELIX-HENNINGSEN, W.R. FISCHER, H.G. FREDE, R. HORN & K. STAHR (Hrsg.) (1996 ff): Handbuch der Bodenkunde, ecomed, Landsberg; ab 2007 Wiley VCH Weinheim.

GARRELS, R.M. & C.L. CHRIST (1965) Solutions, minerals and equilibria. Freeman, San Francisco.

HEANEY, P.J., C.T. PREWITT & G.V. GIBBS (1994): Silica: Physical behavior, geochemistry and materials application. Rev. in Mineralogy 29.

JASMUND, K. & G. LAGALY (1993): Tonminerale und Tone. Steinkopff, Darmstadt.

KITTRICK, J.A. (1985): Mineral classification of soils. Soil Sci. Soc. Am., Special Publ. 16, Madison.

MARKL, G. (2008): Minerale und Gesteine, 2. Aufl. Spektrum Akademischer Verlag, Heidelberg.

NAHON, D.B. (1991): Introduction to the petrology of soils and chemical weathering. Wiley, New York

NEWMAN, A.C.D. (1987): Chemistry of clays and clay minerals. Mineral. Soc. London.

NIEDERBUDDE, E.-A. (1996): Tonminerale. In: BLUME, H.-P., P. FELIX-HENNINGSEN, W.R. FISCHER, H.G. FREDE, R. HORN & K. STAHR (Hrsg.) (1996 ff): Handbuch der

Bodenkunde, ecomed, Landsberg; ab 2007 Wiley VCH Weinheim.

OLLIER, C. (1984): Weathering. Oliver & Boyd, Edinburg.

RAHMDOR, P. & H. STRUNZ (1978): Klockmanns Lehrbuch der Mineralogie. 16. Aufl.. Enke, Stuttgart.

SEBASTIAN, U. (2009): Gesteinskunde. Spektrum Akademischer Verlag, Heidelberg.

STANJEK, H. (1997): 2.1.1.2. Gesteinsbildende Oxide. In: BLUME, H.-P., P. FELIX-HENNINGSEN, W.R. FISCHER, H.G. FREDE, R. HORN & K. STAHR (Hrsg.) (1996 ff): Handbuch der Bodenkunde, ecomed, Landsberg; ab 2007 Wiley VCH Weinheim.

STANJEK, H. (1998): 2.1.5.4. Pedogene Oxide. In: BLUME, H.-P., P. FELIX-HENNINGSEN, W.R. FISCHER, H.G. FREDE, R. HORN & K. STAHR (Hrsg.) (1996 ff): Handbuch der Bodenkunde, ecomed, Landsberg; ab 2007 Wiley VCH Weinheim.

STAHR, K. (1979): Die Bedeutung periglazialer Deckschichten für Bodenbildung und Standorteigenschaften im Südschwarzwald. Freiburg Bodenkundl. Abh. H.9.

STOW, D.A.V. (2008): Sedimentgesteine im Gelände. Spektrum Akademischer Verlag, Heidelberg.

TUCKER, M. (1996): Methoden der Sedimentologie. Enke, Stuttgart.

VINX, R. (2008): Gesteinsbestimmung im Gelände, 2. Aufl. Spektrum Akademischer Verlag, Heidelberg.

WAYCHUNAS, G.A. (1991): Crystal chemistry of oxides and oxyhydroxides. Rev. in Mineralogy 25.

WEDEPOHL, K.H. (Hrsg.) (1969): Handbook of geochemistry. Springer, Berlin.

WEISE, O.R. (1983): Das Periglazial. Borntraeger, Berlin, Stuttgart.

WHITE, A.F. & S.L. BRANTLEY (1995): Chemical weathering rates of silicate minerals. Rev. in Mineralogy, 31.

WILSON, M.J. (1994): Clay Mineralogy: Spectroscopic and chemical determinative methods. Chapman & Hall, London.

WIMMENAUER; W. (1985): Petrographie der magmatischen und metamorphen Gesteine. Enke, Stuttgart.

Weiterführende Spezialliteratur

HUDSON, B.D. (1995): Reassessment of Polynov's ion mobility series. Soil Sci. Soc. Am. J., 59:1101... 1103.

KNAUS, K.G. & T.J. WOLERY (1986): Dependence of albite dissolution kinetics on pH & time at 25 °C & 70 °C. Geochim. Et Cosmochim. Acta 50: 2481...2497.

MEUSER, H. (1993): Technogene Substrate des Ruhrgebietes, Z. Pflanzenernährung Bodenk. 156: 137... 142.

3 Organische Bodensubstanz

Entstehung, Verteilung und Dynamik

Die Masse der organischen Bodensubstanz macht in den meisten Oberböden nur wenige Prozentanteile aus, hat aber entscheidenden Einfluss auf alle Bodenfunktionen und spielt eine zentrale Rolle im globalen Kreislauf des Kohlenstoffs. Der Kohlenstoffgehalt bzw. der Schwarzanteil der Bodenfarbe sind daher ein differenzierendes Kriterium bei der Profilansprache in der deutschen und in internationalen Klassifikationen.

Etwa 80 % der terrestrischen organischen Kohlenstoffvorräte, die am aktiven C-Kreislauf teilnehmen, sind in Böden gebunden, nur etwa 20 % in der Vegetation. Die Rückfuhr des gebundenen C in die Atmosphäre erfolgt überwiegend über die Bodenatmung durch mikrobielle Oxidationsprozesse. Der im System verbleibende, nicht mineralisierte Anteil wird langfristig in der organischen Bodensubstanz festgelegt. Dieser Kohlenstoff unterliegt Stabilisierungsprozessen im Boden, die ihn weitgehend gegen mikrobiellen Abbau schützen. Im Boden stellt sich bei konstanten Umwelt- und Vegetationsverhältnissen ein Gleichgewicht zwischen Anlieferung und Abbau der organischen Substanz ein, das durch einen charakteristischen Humusgehalt gekennzeichnet ist.

Die organische Substanz des Bodens ist aufgrund ihrer großen Oberfläche ein wichtiger Sorbent für organische und anorganische Stoffe in der Bodenlösung. Sie bietet sowohl (überwiegend negative) Ladungen an, erhöht also die Kationenaustauschkapazität, enthält aber auch hydrophobe Bereiche, an die schwer lösliche hydrophobe organische Stoffe gebunden werden können. Gleichzeitig ist die organische Substanz von zentraler Bedeutung für die Ausbildung einer stabilen Bodenstruktur durch Gefügebildung und Aggregierung. Der Gehalt an organischer Substanz bestimmt wesentlich die Bodenfarbe im Oberboden und wirkt sich vor allem in ackerbaulich genutzten Böden auf den Bodenwärmehaushalt aus. Die Mineralisierung der Pflanzenreste ist eine wesentliche Quelle von Nährstoffen für Pflanzen und mikrobielle Biomasse. Nicht zuletzt ist die organische Bodensubstanz C- und Energiequelle für Bodenfauna und -mikroflora. Die organische Substanz ist die Lebensgrundlage der heterotrophen Bodenorganismen, so dass bei gleichen Umweltfaktoren eine enge Beziehung zwischen Humusgehalt und biologischer Aktivität besteht. Die Aufrechterhaltung einer hohen biologischen Aktivität erfordert einen ständigen Ersatz der verbrauchten organischen Substanz durch Zufuhr von Pflanzenresten zum Boden (s. Kap. 4).

Die stoffliche Zusammensetzung der organischen Substanz ist sehr heterogen, da sich alle Inhaltsstoffe pflanzlicher und tierischer Reste in verschiedenen Stadien ihrer Umwandlung zu Huminstoffen darin befinden. Zur organischen Substanz der Böden gehören alle in und auf dem Mineralboden befindlichen abgestorbenen pflanzlichen und tierischen Streustoffe und deren organische Umwandlungsprodukte. Auch die durch menschliche Tätigkeit eingebrachten, z. T. synthetischen organischen Stoffe (z. B. Pestizide, organische Abfälle) werden dazu gerechnet. Die lebenden Organismen (das aus Bodenflora und -fauna bestehende Edaphon) sowie lebende Wurzeln gehören nicht zur organischen Substanz der Böden.

Nach dem Grad ihrer Umwandlung im Boden unterteilt man die organische Substanz des Bodens in

Streustoffe: Sie sind nicht oder nur schwach umgewandelt und die Gewebestrukturen sind großenteils noch morphologisch sichtbar. Hierzu gehören sowohl oberirdisch abgestorbene Pflanzenreste als auch tote Wurzeln und Bodenorganismen und deren Bestandteile. Diese oft auch aufgrund der verwendeten Abtrennungsmethoden (s. Abschnitt 3.3.3) als partikuläre oder leichte organische Fraktion bezeichneten Substanzen enthalten im Wesentlichen die Stoffgruppen Lipide, Proteine, Polysaccharide und Lignin. Ihre Verweilzeit (*turnover time*) im Boden ist kurz.

Huminstoffe: Es handelt sich um morphologisch stark umgewandelte Substanzen ohne makroskopisch erkennbare Gewebestrukturen. Sie sind gegen Mineralisierung stabilisiert, d. h. sie haben eine niedrige Umsatzrate bzw. hohe Verweilzeit im Boden. Wenn sie in organo-mineralischen Verbindungen vorliegen, lassen sie sich über eine Korngrößen- und Dichtefraktionierung aus dem Boden isolieren und werden dann häufig als schwere oder feine organische Fraktion bezeichnet. Im Aggre-

3

gatinneren sind Pflanzenreste im fortgeschrittenen Abbauzustand gespeichert, sie werden als okkludierte partikuläre organische Substanz bezeichnet.

In diesem Kapitel und in den weiteren wird die Gesamtheit der toten **organischen Substanz** des Bodens als **Humus** bezeichnet. Der Humuskörper ist im Mineralboden mit dem Mineralkörper vermischt, bildet aber auch den Auflagehumus vieler Böden. Neben festen organischen Substanzen treten im Bodenwasser gelöste organische Substanzen auf („DOM" = *dissolved organic matter*).

Den Abbau organischer Substanzen nennt man auch **Zersetzung**, deren Umwandlung in Huminstoffe **Humifizierung**. Als **Mineralisierung** bezeichnet man einen vollständigen mikrobiellen Abbau zu anorganischen Stoffen (CO_2, H_2O), bei dem auch die in den organischen Stoffen enthaltenen Pflanzennährelemente (z. B. Mg, Fe, N, S) freigesetzt werden. Unter „Humifizierung" versteht man die Umwandlung und Bindung organischer Substanzen im Boden, die zu einer Stabilisierung gegenüber der Mineralisierung führen.

3.1 Gehalte und Mengen der organischen Substanz in Böden

Der Kohlenstoffgehalt der organischen Substanz variiert innerhalb einzelner Substanzklassen, Polysaccharide enthalten etwa 40 % C, Lipide etwa 70 % C. Im Durchschnitt liegt der C-Gehalt meist um 50 %. Außer den Nichtmetallen C, H, O, N, S und P enthält die organische Substanz der Böden auch Metalle. Diese liegen entweder in austauschbarer Form vor (besonders Ca, Mg,) oder sind in Form von Komplexen meist sehr fest gebunden (z. B. Cu, Mn, Zn, Al und Fe).

Der Gehalt an organischer Substanz (bzw. der Humusgehalt) der einzelnen Horizonte eines Bodens und der mittlere Humusgehalt verschiedener Böden variieren in weiten Grenzen (Tab. 3-1, Kap. 7.2) und unterliegen außerdem einem jahreszeitlichen Rhythmus. Streuhorizonte haben Gehalte an organischer Substanz nahe 100 %; ihre Gehalte an organischem Kohlenstoff (OC) liegen meist zwischen 400 und 450 g kg^{-1}. Die höchsten Konzentrationen und Umsätze der organischen Substanz sind in den Oberböden zu finden. Ah-Horizonte von Wald- und Ackerböden weisen C-Gehalte von 7,5…20 g kg^{-1} auf. Höhere Gehalte findet man im obersten Horizont von

Böden unter Dauergrünland (bis gegen 150 g kg^{-1}). Die C-Gehalte sind im Unterboden, mit Ausnahme der Kolluvisole, Auenböden, Podsole, Vertisole und Andosole, sehr viel niedriger; sie liegen häufig zwischen 1 und 10 g kg^{-1}. Redoximorphe Böden weisen besonders hohe C-Gehalte auf, so z. B. A-Horizonte von Anmoorgleyen 75…150 g kg^{-1}, H-Horizonte von Mooren über 150 g kg^{-1}, wobei Hochmoore bis nahezu 500 g kg^{-1} C enthalten können. Dagegen sind die C-Gehalte in Wüstenböden aufgrund des niedrigen Streuinputs wesentlich geringer, typische Werte liegen zwischen 0,2 und 0,4 g kg^{-1}. Jüngere Erhebungen zeigen, dass im Unterboden (B- und C-Horizonte) ebenfalls große Mengen organischer Substanz, allerdings in niedrigen Konzentrationen, gespeichert sind.

Die Speicherung von organischem Kohlenstoff in Böden schwankt in einem weiten Bereich. Sie wird u. a. vom Klima, der Vegetation und damit der Zufuhr an organischer Substanz, dem Grundwasserstand, der Durchwurzelungstiefe, und der Bodenart gesteuert (Tab. 3-1). Die Menge des in Böden gespeicherten Kohlenstoffs wird quantifiziert durch die gewichtsbezogene OC-Konzentration im Boden (z. B. mg g^{-1}), und durch die volumenbezogene Gesamtmenge an OC (C-Vorrat; z. B. bis 1 m Tiefe auf einen Hektar bezogen) bestimmt. Die Menge der organischen Substanz ist wiederum abhängig von der Bodenart, der Lagerungsdichte und dem Skelettgehalt. Böden mit feinerer Textur speichern im Allgemeinen mehr organische Substanz als grobkörnige Böden. In deutschen Ackerböden beträgt die Humusmenge im Mittel 100…200 t ha^{-1}. In Schwarzerden, Kolluvisolen, Andosolen, Vertisolen und Podsolen können sie erheblich höher liegen.

Globale Schätzungen ergeben, dass in den ersten Meter von terrestrischen Böden etwa 1500 Pg organischer Kohlenstoff (1 Pg = 10^{15} g) gespeichert sind, davon etwa 700 Pg C in den ersten 30 cm (Tab. 3-2). Bei Berücksichtigung der Bodentiefe von 0…2 m kommt Batjes (1996) zu einer Summe von etwa 2400 Pg OC. Im Vergleich dazu beträgt der globale C-Vorrat in der pflanzlichen Biomasse nur etwa 500 Pg C. Veränderungen oder Umverteilungen der C-Vorräte im Boden sind somit für die globale C-Bilanz sehr wichtig.

Nur ein geringer Anteil der organischen Substanz in Böden ist wasserlöslich und mobil, er spielt daher für die C-Bilanz meist keine Rolle. Die mobile, gelöste Phase ist dennoch maßgeblich für bodenbildende Prozesse, wie z. B. die Podsolierung, aber auch für die Schadstoffbindung und -verlagerung. Die Bodenlösung enthält zwischen 1 und 100 mg l^{-1} gelösten organischen Kohlenstoff (DOC = *dissolved organic carbon*).

Tab. 3-1 Typische Humusgehalte und Humusvorräte in verschiedenen Böden; aus SCHÖNING & KÖGEL-KNABNER (2006)· NEUMANN (1979), BLANKENBURG & SCHÄFER (1999); NAUMANN, mündl. Mitteil., RUMPEL et al (2002), KALBITZ et al. (2004, 2007), SPIELVOGEL et al. (2006, 2008);

Bodentyp, Ort Vegetation, Humusform	Horizont	Mächtigkeit (cm)	Lagerungs- dichte (g cm^{-3})	OC- Gehalt (g kg^{-1})	OC- Vorrat (kg m^{-2})	OC-Vorrat im Solum (kg m^{-2})
Pseudogley-Parabraunerde	Ah	0...8	0,79	34	2,1	6,5
(Löss)	SwAlh	8...20	1,03	12	1,5	
Leinefelde	SdBt	20...55	1,18	8	2,9	
Buche, Mull						
Terra-fusca- Rendzina	Ah	0...22	0,6	110	14,5	19,8
(Hangschutt aus Kalksteinen)	Tv+cCv	22...40	1,1	27	5,3	
Tuttlingen	cC	>40				
Buche, Mull						
Braunerde	L	8...7	0,04	422	0,2	9,6
(quartäre Deckschuttschichten	Of	7...2	0,05	384	1,0	
aus Granit und Gneis), Bayerischer Wald	Oh	2...0	0,12	372	0,9	
Fichte, Moder						
	Ah	0...12	0,85	39	4,0	
	BvAh	12...15	0,99	22	0,7	
	Bv	15...59	1,05	6	2,8	
Pseudogley-Braunerde	L	3,0...2,0	0,45	445	0,2	9,1
(Sandstein)	Of	2,0...0,5	0,36	413	1,3	
Steinkreuz, Steigerwald	Oh	0,5...0	0,26	230	0,3	
Buche/Eiche	Ah	0...5	1,06	67	3,5	
Moder	Bv	5...24	1,44	11	2,7	
	SwBv1	24...50	1,56	4	0,7	
	SwBv2	50...80	1,70	2	0,4	
	IICv	80...85	1,65	1	0,1	
	IIICv	85...115	1,65	1	0,2	
	IVCv	115...140	1,65	1	0,1	
Podsol (Granit)	L	8,5...8,0	0,15	478	0,4	16,8
Waldstein, Fichtelgebirge	Of	8,0...3,0	0,12	372	2,5	
Fichte, Rohhumus	Oh	3,0...0	0,34	376	3,1	
	Aeh	0...10	0,97	38,9	2,7	
	Bh	10...12	0,65	90,5	0,9	
	Bvs	12...30	0,73	53,6	5,1	
	CvBv	30...55	1,36	8,4	2,1	
	Cv1	55...70	1,64	2,2	0,2	
	Cv2	70...80	1,64	2,0	0,1	

3

Tab. 3-1 *Fortsetzung*

Bodentyp, Ort Vegetation, Humusform	Horizont	Mächtigkeit (cm)	Lagerungs- dichte $(g\,cm^{-3})$	OC- Gehalt $(g\,kg^{-1})$	OC- Vorrat $(kg\,m^{-2})$	OC-Vorrat im Solum $(kg\,m^{-2})$
Podsol (Granit)	L	12...10	0,07	470	0,7	22,3
Bayerischer Wald,	Of	10...4	0,10	424	2,5	
Fichte, Rohhumus	Oh	4...0	0,18	374	2,7	
	Ah	0...8	0,84	32	2,2	
	Aeh	8...13	1,43	15	1,1	
	Bsh	13...18	1,37	27	1,8	
	Bhs	18...47	1,46	21	8,9	
	Bsv	47...62	1,45	11	2,4	
Vega	Ap	0...32	1,40	18,4	8,2	13,0
Hannover	aM1	32...50	1,48	6,2	1,7	
Acker	aM2	50...75	1,45	4,8	1,7	
	aM3	75...115	1,44	2,4	1,4	
	IICv	115...185	1,48	1,2	1,2	
Braunerde (Löss)	Ap	0...20	1,41	13	3,7	5,7
Schweitenkirchen	Apd	20...26	1,51	11	1,0	
Acker	Bv	26...50	1,43	3	1,0	
Parabraunerde (Löss)	Ap	0...20	1,48	16	4,7	9,3
Itzling/Freising	Al	20...45	1,50	5	1,9	
Grünland	Bt	45...70	1,53	4	1,5	
	Bv	70...95	1,58	3	1,2	
	C	95...130	1,58	0	0	
(Erd-)Niedermoor	nHv	0...10	0,49	263	12,9	43,2
Lilienthal	nHv	10...20	0,30	277	8,3	
Grünland	nHt	20...35	0,13	422	8,2	
	nHw	35...60	0,10	551	13,8	
(Erd-)Hochmoor	jY+hHv	0...10	0,63	180	11,3	115,0
Gnarrenburg	hHw	10...80	0,10	520	36,4	
Ehem. Handtorfstich	hHw	80...120	0,07	520	14,6	
bewaldet (*Betula spec.*)	hHr	120...180	0,11	540	35,6	
	hHr	180...210	0,10	570	17,1	

Tab. 3-2 Globale Vorräte an organischem Kohlenstoff (Pg C) in Böden (Batjes, 1996)

Region	Tiefe (cm)		
	0...30	0...100	0...200
tropische Regionen*	201...233	384...403	616...640
andere Regionen	483...511	1078...1145	1760...1816
Summe	684...742	1462...1548	2376...2456

*zwischen 23,5° N und 23,5° S

3

Die **quantitative Bestimmung** der organischen Substanz kann auf verschiedene Weise erfolgen:

1. Oxidation durch Verbrennen in Sauerstoff und Bestimmung des dabei gebildeten CO_2. Bei carbonathaltigen Böden und Temperaturen über 650 °C muss das durch thermische Dissoziation von Carbonaten freigesetzte CO_2 abgezogen werden.

2. Wenn das thermische Verfahren nicht zur Verfügung steht, wird noch auf die Oxidation der organischen Substanz durch Cr(VI) (Dichromat) in schwefelsaurer Lösung und photometrische Bestimmung des gebildeten Cr(III) zurückgegriffen. Alternativ kann auch das nicht verbrauchte Cr(VI) oder das bei der Oxidation entstandene CO_2 bestimmt werden.

3. Bei Mooren und weitgehend tonfreien Böden liefert die Bestimmung des Glühverlustes bei 400 °C ausreichend genaue Werte.

Mit der Methode (1) wird der C-Gehalt bestimmt; der Humusgehalt wird daraus durch Multiplikation mit 2,0 berechnet. Teilweise wurde auch der Faktor 1,724 verwendet, der sich aus einem angenommenen mittleren C-Gehalt der organischen Substanz von 58 % ergibt. Bei der Dichromat-Oxidation (2) werden auch andere oxidierbare Stoffe erfasst, z. B. Fe(II)-Sulfide. Bei der Bestimmung der organischen Substanz wird das Edaphon teilweise mit erfasst, weil es sich (bis auf größere Tiere oder Wurzeln) vor der Analyse kaum abtrennen lässt. Der dadurch bedingte Fehler beträgt aber selten mehr als 10 %; er lässt sich weitgehend über die Bestimmung der mikrobiellen Biomasse abschätzen.

3.2 Pflanzenreste und ihre Umwandlung während des Abbaus

3.2.1 Zusammensetzung und Struktur der organischen Ausgangsstoffe

Art und Menge der Streu

Organische Ausgangsstoffe der Humusbildung sind neben der von grünen Pflanzen durch Photosynthese produzierten oberirdischen Biomasse (Holz, Blätter, Nadeln, Zweige), die nach dem Ab-sterben als Streu auf den Boden fällt, tote Wurzeln, organische Ausscheidungsprodukte der Wurzeln (Rhizodeposition) und Mikroorganismen sowie tote Bodentiere und Mikroorganismen. Diese Wurzel- und Edaphonrückstände fallen laufend in den belebten Horizonten eines Bodens an. Die Reste und Ausscheidungsprodukte von Pflanzen werden als Primärressourcen, diejenigen von Mikroorganismen als Sekundärressourcen bezeichnet. In genutzten Böden werden neben eingepflügten Ernterückständen organische Stoffe auch durch Düngung und Abfallbeseitigung (z. B. Gülle, Kompost, Klärschlamm) zugeführt. Böden industriell-urbaner Räume sind zudem häufig mit organischen Bestandteilen aus der Petro- und Kohlechemie, sowie Kohleverbrennung (z. B. Teeröle, Kohlestäube, black carbon) belastet.

Die Streu in Wäldern besteht überwiegend aus Laub und/oder Nadeln. Zweige, Rinde und Früchte nehmen dagegen in Laubwäldern des kühlgemäßigten Klimas nur einen Anteil von etwa 20 %, in Nadelwäldern von 20…40 % des oberirdischen Gesamtstreufalls ein. Der Beitrag krautiger Vegetation zum Gesamtstreufall beträgt in Wäldern der gemäßigten Zone weniger als 5 %. Der Anteil des Laubes am oberirdischen Gesamtstreufall beträgt im Durchschnitt etwa 70 %. Der oberirdische Gesamtstreufall wurde in Nadelwäldern auf 200…600 g Trockenmasse $m^{-2} a^{-1}$ geschätzt. Ähnliche Größenordnungen gelten auch für den oberirdischen Eintrag in Laubwäldern, z. B. Buchenwälder 390…570 g $m^{-2} a^{-1}$. In Nadelwäldern, wie z. B. in Fichtenbeständen, ist der Streufall nicht auf eine bestimmte Jahreszeit beschränkt. Generell steigt die Menge des mittleren oberirdischen Streufalls in Wäldern mit abnehmender Breite und zunehmender Produktivität von den borealen Nadelwäldern (100…400 g $m^{-2} a^{-1}$) bis zu den Tropen (600…1200 g $m^{-2} a^{-1}$) an. In intensiv bewirtschafteten Wäldern ist der Anteil der Blatt- oder Nadelstreu gegenüber verholzten Bestandteilen hoch.

Ein erheblicher Anteil der organischen Substanz gelangt als unterirdischer Input, d. h. als Wurzelstreu und Rhizodeposition, in den Boden. Etwa 30 %, 50 %, und 75 % der Wurzelbiomasse finden sich in den obersten 10 cm, 20 cm und 40 cm des Bodens; die maximale Durchwurzelungstiefe und damit auch der Bereich, in den Wurzelreste und Rhizodeposition gelangen, ist allerdings wesentlich größer. Dadurch gelangen Wurzelreste und –exsudate auch in größere Bodentiefen und tragen zusammen mit verlagerten organischen Substanzen aus dem Oberboden erheblich zur Humusbildung im Unterboden bei. Generell zeigen Grünland- und Steppenböden

3

einen höheren Anteil an Wurzelmasse am Gesamt-kohlenstoffinput, verglichen mit Waldökosystemen unter vergleichbaren Klimabedingungen. In Wäldern kühlgemäßigter Klimate macht der Beitrag der Wurzelstreu zum Input organischer Substanz in Abhängigkeit von der Baumart und der Lebensform (immergrün oder laubwerfend) zwischen 20 und 50 % aus. Unter Weizen beträgt der unterirdische Input insgesamt etwa 25 % des Gesamt-C-Inputs, unter Grünland etwa 40 %. Die vorwiegend niedermolekularen, meist N-reichen organischen Substanzen, die aus Pflanzenwurzeln freigesetzt werden (Rhizodeposition), tragen erheblich zur C-Zufuhr im Boden bei. Der größte Teil der Wurzelexsudate wird schnell von Mikroorganismen umgesetzt, die aufgrund dieser stetigen C-Quelle eine hohe Besiedelungsdichte in der Rhizosphäre aufweisen.

Chemische Zusammensetzung der Pflanzenreste

Im Wesentlichen gelangen zwei verschiedene Gewebetypen zur Zersetzung: parenchymatisches Gewebe und verholztes Gewebe. Parenchymatische Pflanzenzellen finden sich im lebenden, grünen Gewebe der Blätter und im Cortex junger Zweige und Feinwurzeln. Sie bestehen überwiegend aus Cellulose und Protein. Verholzte Gewebe bilden den Holzteil (Xylem) und das Stützgewebe (Sklerenchym) von Stielen, Blattepidermis, Blattrippen und Rinde. Verholzte Pflanzenreste wie Stroh oder Holz enthalten überwiegend Cellulose, Hemicellulose und Lignin (auch als Lignocellulose bezeichnet).

Cellulose besteht aus Glucoseeinheiten, die linearpolymer über hydrolysierbare, glycosidische Bindung miteinander verknüpft sind. Die regelmäßige Anordnung der Hydroxylgruppen entlang der Cellulosekette führt zur Ausbildung von H-Brücken und damit zu der für pflanzliche Organismen charakteristischen Fibrillenstruktur mit kristallinen Eigenschaften, die etwa 85 % des Cellulosemoleküls ausmachen. **Hemicellulosen** und **Pektine** unterscheiden sich von Cellulose durch den Aufbau aus verschiedenen Zuckereinheiten, nämlich Pentosen, Hexosen, Hexuronsäuren und Desoxyhexosen (Abb. 3-1), mit Seitenketten und Verzweigungen. Die pflanzlichen Hemicellulosen lassen sich im Boden analytisch kaum von mikrobiell gebildeten Polysacchariden unterscheiden. Die Pentosen Arabinose und Xylose stammen überwiegend aus Pflanzenresten, während Mikroorganismen vor allem die Hexosen Galactose und Mannose sowie Desoxyzucker (Rhamnose und Fucose) produzieren. **Stärke** gehört

als Speicherpolysaccharid zu den Zellinhaltsstoffen. Sie ist aus Glucosemonomeren aufgebaut.

Lignin ist eine hochmolekulare, dreidimensionale Substanz aus Phenylpropaneinheiten (Abb. 3-2a), die in verholzenden Pflanzen das Gefüge der aus vorwiegend linear gebauten Polysacchariden bestehenden Zellmembran ausfüllt und versteift. Das Lignin der Nadelhölzer besteht fast ausschließlich aus Coniferylalkoholeinheiten, das der Laubhölzer aus etwa gleichen Anteilen von Coniferyl- und Sinapylalkohol. Das Lignin der Gräser bildet sich aus etwa gleichen Anteilen der drei Monomere Coniferyl-, Sinapyl- und p-Cumarylalkohol. Durch die verschiedenen Anteile der einzelnen Phenylpropaneinheiten ergeben sich unterschiedliche Gehalte an Methoxylgruppen, die bei Gymnospermenlignin um 15 % und bei Angiospermenlignin bei 21 % liegen. Die Monomere sind durch eine Vielzahl von C-C- und C-O-Bindungen verknüpft.

Gerbstoffe oder **Tannine** sind natürliche Polyphenole sehr vielfältiger Zusammensetzung. Die hydrolysierbaren Gerbstoffe sind Ester der Glucose mit Gallussäure. Die komplexer aufgebauten, nicht hydrolysierbaren Gerbstoffe oder Proanthocyanidine sind aus bis zu 10 Polyhydroxy-flavan-3-ol-Einheiten aufgebaut. Gerbstoffe sind in der Lage, Proteine irreversibel miteinander zu vernetzen. Es wird angenommen, dass diese Wirkung auch beim Streuabbau im Boden zum Tragen kommt und auf diese Weise Proteine gegen Abbau stabilisiert werden können.

Cutin bildet das makromolekulare Gerüst der pflanzlichen Cuticula, die alle oberirdischen Pflanzenteile bedeckt und über eine Pektinschicht an die Epidermis gebunden ist. Die Cuticula besteht aus Cutin, einem unlöslichen Polyester aus verschiedenen Hydroxy- und Epoxyfettsäuren, überwiegend mit den Kettenlängen C_{16} und C_{18}, in das niedermolekulare Wachse und Fette eingebettet sind. Diese auch als extrahierbare **Lipide** bezeichnete Stoffgruppe besteht aus einer Reihe verschiedener Substanzklassen, z. B. langkettige Kohlenwasserstoffe, primäre und sekundäre Alkohole, Ketone, Triglyceride und Wachsester. Ähnlich dem Cutin hat auch das *Suberin* der Wurzelrinde und unterirdischen Speicherorgane eine Polyesterstruktur, die aber in die Zellwand der Peridermzellen eingelagert ist. Zusätzlich zu den aliphatischen Komponenten, bestehend aus langkettigen Fettsäuren und Dicarboxyfettsäuren (etwa 5…30 %), kommt noch eine Vielzahl von phenolischen Komponenten, vor allem Zimtsäure.

Proteine gehören zu den häufigsten Zellinhaltsstoffen. Sie bestehen aus einer Gruppe von etwa

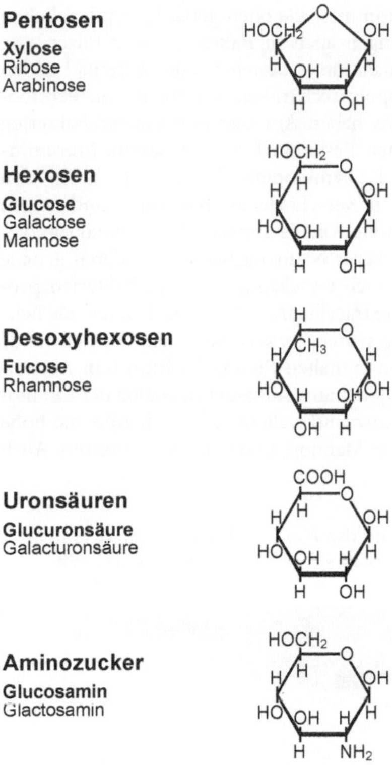

3

Pentosen

Xylose
Ribose
Arabinose

Hexosen

Glucose
Galactose
Mannose

Desoxyhexosen

Fucose
Rhamnose

Uronsäuren

Glucuronsäure
Galacturonsäure

Aminozucker

Glucosamin
Glactosamin

Abb. 3-1 Wichtige Zuckermonomere in Böden.

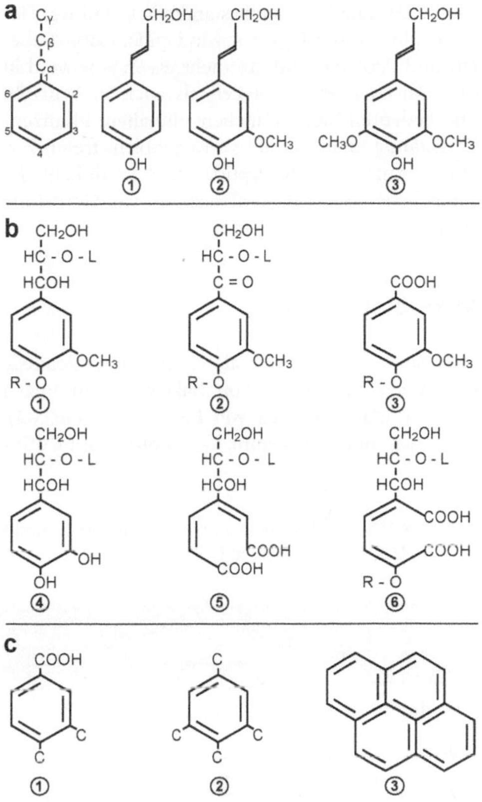

Abb. 3-2 Aromatische Bausteine der organischen Substanz.
a) Monomere Vorstufen des Lignins (Phenylpropaneinheiten): 1 p-Cumarylalkohol, 2 Coniferylalkohol, 3 Sinapylalkohol;
b) Durch Abbau modifizierte Bruchstücke der Phenylpropaneinheit. (1) Intakte Phenylpropaneinheit im Makromolekül, (2) α-Carbonyl-Bildung, (3) Abspaltung der Seitenkette und Oxidation des $C\alpha$, (4) Demethylierung zu o-Diphenyl, (5,6) ortho-Ringspaltung;
c) Mögliche Basisstrukturen der aromatischen Bausteine in Huminstoffen: C-substituierte (1,2) und kondensierte (3) Aromaten.

20 verschiedenen Aminosäuren, die über Peptidbindung miteinander verknüpft sind. Stickstoff ist in den Resten von Pflanzen und Tieren zu über 99 % in organischer Form gebunden, überwiegend in Proteinen. Proteine enthalten auch den wesentlichen Teil des organisch gebundenen Schwefels in Form der S-haltigen Aminosäuren Cystin, Cystein und Methionin.

N kommt auch in der **DNS** (Desoxyribonukleinsäure) vor, dem Träger der genetischen Information, und der RNS (Ribonukleinsäure), die der Übersetzung der Information für die Proteinsynthese dient. Die Einzelbausteine sind Desoxyribonukleotide, bestehend aus jeweils einer heterozyklischen N-Verbindung (die Purin- oder Pyrimidinbasen Adenin, Thymin, Guanin, Uracyl und Cytosin), dem Zucker Desoxyribose und einem Phosphorsäuremolekül. Sie bilden die Doppelhelixstruktur der DNS.

Auch **P** liegt in Pflanzenresten vor allem in organischer Bindung als Orthophosphatmono- und -diester vor, überwiegend in **Inositolphosphaten**,

das sind Esterverbindungen von Hexahydroxycyclohexan, und **Phospholipiden**.

Wurzelausscheidungen bestehen aus einer Vielzahl meist niedermolekularer Komponenten, wobei Zucker und Polysaccharide, organische Säuren, Aminosäuren und Peptide dominieren.

Die Anteile der einzelnen Inhaltsstoffe schwanken bei den verschiedenen Ausgangsstoffen stark

3

(Tab. 3-3). Die Zellwandbestandteile Cellulose, Hemicellulosen und Lignin sowie Lipide, Cutin/Suberin und Proteine sind mit mehr als 95 % sowohl in oberirdischen Pflanzenteilen als auch in Wurzeln am bedeutendsten. Daneben enthalten Pflanzenrückstände eine Vielzahl von Phenolen, freien Zuckern, Aminosäuren, Peptiden und Produkten des pflanzlichen Sekundärstoffwechsels, wie Gerbstoffe und Harze, als Nebenbestandteile.

Mikrobielle Reste

Hier sind vor allem die als C- und Energiequelle dienenden Rückstände von Bakterien und Pilzen als Sekundärressourcen von Bedeutung (Tab. 3-3). Mit Ausnahme von Lignin, Gerbstoffen und Cutin/Suberin kommen alle oben genannten pflanzlichen Verbindungen auch in Bakterien oder Pilzen vor. Bakterienzellwände bestehen aus Murein, Lipiden und Lipopolysacchariden. Murein ist ein Peptidoglycan, das neben Aminosäuren die für Bakterien spezifischen Bestandteile Galactosamin, Muraminsäure und Diaminopimelinsäure enthält. In den Zellwänden verschiedener Bakterien und Algen wurden hohe Anteile aliphatischer Biomakromoleküle lipidischer Natur nachgewiesen, deren genaue Struktur noch unbekannt ist. Viele Bakterien produzieren extracelluläre Polysaccharide, die aus neutralen und sauren Zuckern bestehen. Die Zellwände von Pilzen enthalten Proteine, Chitin (ein Aminozuckerpolymer aus Glucosamin, analog der Cellulose), Cellulose und weitere Polysaccharide, die hohe Anteile von Mannose und Glucose aufweisen. Auch

Tab. 3-3 Häufige Zusammensetzung wichtiger C- und Energiequellen für den Abbau im Boden: pflanzliche Rückstände, Mikroorganismen; % Trockensubstanz (zusammengestellt aus HAIDER, 1992; FENGEL & WEGENER, 1984; SWIFT et al., 1979)

	Cellulose	Hemicellulose[+]	Lignin	Protein	Lipide[*]	C/N
		% TS				
Fichte (Picea abies)						
Holz	40	31	28	< 2	1,4	100...400
Rinde	48	17	38	< 2	21	
Nadeln	15	13	14...20	3...6	7	40...80
Buche (Fagus sylvatica)						
Holz	32	43	24	2	0,8	100...400
Rinde	38	23	39	2	11	
Blätter	20	17	11...16	6	5	30...50
Wurzelholz	33	18	22	1,6	1,3	190
Feinwurzeln	19	10	33	5,4	3,1	55
Weidelgras (Spross)	19...26	16...23	4...6	12...20		
Luzerne (Spross)	13...33	8...11	6...16	15...18		
Weizenstroh	27...33	21...26	18...21	3		50...100
Bakterien	0	4...32	0	50...60	10...35	5...8
Pilze	8...60 (Chitin)	2...15	0	14...52	1...42	10...15
Phytoplankton (Seen)		18 + 50[#]	0	17	1,5	5...12

[+] und andere nicht cellulosische Polysaccharide
[*] und/oder andere mit Lösungsmitteln extrahierbare Anteile (z. B. Wachse, Harze, Chlorophyll)
[#] nichtstrukturelle Kohlehydrate

das Außenskelett der Arthropoden (Kap. 4) besteht aus Chitin. Spezifische Komponenten von Bakterien oder Pilzen können als Biomarker genutzt werden, um den Anteil mikrobieller Rückstände im Boden abzuschätzen. Dazu eignen sich besonders Glucosamin aus Pilzen und Bakterien und Galactosamin und Muraminsäure aus Bakterien.

3.2.2 Abbau- und Umwandlungsreaktionen im Boden

Die Mineralisierung und Humifizierung der Streu erfolgt in mehreren Phasen, die aber eng ineinander greifen. An den Abbau- und Umwandlungsprozessen ist eine Vielzahl von Organismen der Bodenfauna und -flora beteiligt. Bereits kurz vor oder unmittelbar nach dem Absterben der Pflanzenorgane oder der Tiere kommt es zu ersten Umwandlungsprozessen, die in enzymatischen Reaktionen organismeneigener Stoffe bestehen (Seneszenz). Hierbei werden im Zellinneren durch Hydrolyse- und Oxidationsvorgänge polymere Verbindungen in Einzelbausteine zerlegt (z. B. Stärke in Glucose, Proteine in Aminosäuren). Chlorophyll wird in farblose Abbauprodukte umgewandelt, während sich gelbe Carotinoide anreichern und rote Anthocyane gebildet werden, die die herbstliche Verfärbung der Blätter bewirken. Außerdem wird ein großer Teil der mineralischen Nährstoffe (K, Mg, Ca, u. a.) freigesetzt und kann mit dem Niederschlagswasser ausgewaschen oder von Pflanzen aufgenommen werden.

Gelangt die organische Substanz auf oder in den Boden, so erfolgt nach der Zerkleinerung durch Bodentiere eine rasche Mineralisierung unter Freisetzung von CO_2, während der mineralisierte N zum großen Teil in die mikrobielle Biomasse eingebaut wird. Das C/N-Verhältnis wird daher im Laufe des Abbaus enger und kann Werte bis etwa 10 erreichen. Die Mineralisierung der organischen Substanz zu CO_2 erfolgt aus allen Kompartimenten, die höchsten Raten stammen aus der Zersetzung frischer Streu und aus dem Umsatz der mikrobiellen Biomasse. Bestimmte makromolekulare Komponenten von Pflanzen oder Mikroorganismen sind aufgrund ihrer strukturchemisch bedingten Eigenschaften nur schwer mikrobiell abbaubar, man nennt sie **rekalzitrant**. Vor allem aromatische Pflanzeninhaltsstoffe, insbesondere Lignin oder Pilzmelanine, reichern sich während des Abbaus selektiv gegenüber anderen, leichter abbaubaren Substanzen, wie z. B. Polysacchariden, im Boden an. Vermutlich spielt die Verfügbarkeit einer N-Quelle eine große Rolle bei der Steuerung des Abbaus lignocellulosischer Stoffe im Boden. Der Abbau des Lignins ist nur unter aeroben Bedingungen möglich, Sauerstoffmangel hemmt ihn und es werden dann nur niedermolekulare Ligninbestandteile oder Ligninvorstufen angegriffen. Dadurch reichert sich Lignin in anaeroben Böden oder Sedimenten an (Torfbildung, Kohlebildung). Phenole können mit Proteinen im Zuge der Streuzersetzung rekalzitrante Polyphenol-Protein-Komplexe bilden und dadurch den N-Verlust an N-armen Standorten niedrig halten. Ein beträchtlicher Anteil der organischen Substanz in Böden kann aus fein verteilter Holzkohle (*black carbon, charred organic carbon*) bestehen, die aus Vegetationsbränden stammt. Die bei Vegetationsbränden entstehenden kondensierten aromatischen Strukturen (Abb. 3-2c) gelten als rekalzitrant. Generell kann man folgende Stabilitätsreihe der pflanzenbürtigen organischen Verbindungen ableiten: Zucker, Stärke, Proteine < Cellulose < Lignin, Wachs, Harze, Gerbstoffe.

Abbauwege verschiedener Pflanzeninhaltsstoffe

Besonders schnell erfolgt der Abbau von Zucker, Stärke, Proteinen, Hemicellulosen oder Cellulose, allgemein der nicht verholzten Anteile (Abb. 3-3). Lignocellulose wird dagegen wesentlich langsamer abgebaut, wie auch bereits teilweise humifiziertes Material, z. B. Schwarztorf, Stallmist oder Kompost. Unterwasserpflanzen besitzen kein Stützgewebe, enthalten mithin keine Lignocellulose. Daher ist die organische Substanz von Unterwasserböden in der Regel wesentlich stärker zersetzt als Torfe oder Moore im Uferbereich von Gewässern. Polysaccharide (Cellulose, Hemicellulose) und Proteine dienen als C- und Energiequelle für die Mikroorganismen und werden dabei vollständig metabolisiert. Nach einer extracellulären, hydrolytischen Spaltung in monomere oder dimere Bruchstücke werden sie von den Mikroorganismen aufgenommen. Ein bedeutender Teil dieser Substanzen wird von heterotrophen Bakterien zur Energiegewinnung oxidiert („Betriebsstoffwechsel"). Hierbei entstehen als Endprodukte im aeroben Milieu H_2O und CO_2, während die gebundenen Mineralstoffe von den Bakterien aufgenommen oder in die Bodenlösung abgegeben werden. Im anaeroben Bereich können die gleichen Produkte entstehen, sofern noch andere Oxidationsmittel (Elektronenakzeptoren) wie NO_3^-, SO_4^{2-}, Mn(IV) oder Fe(III) zur Verfügung stehen. Der Abbau ist dann aber langsamer, meist unvollständig und führt unter geringerer Energie-

3

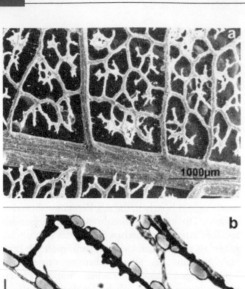

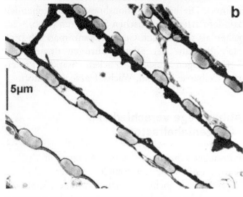

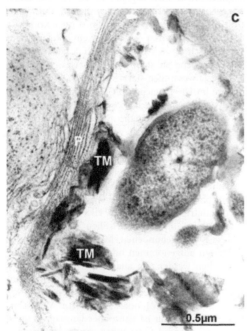

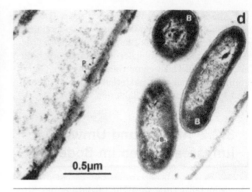

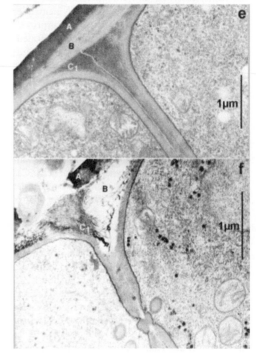

Abb. 3-3 Rasterelektronenmikroskopische Aufnahmen eines Eichenblattes 4 Wochen nach dem Laubfall (aus OLAH et al., 1978):

(a) Bevorzugter Abbau von parenchymatischem Gewebe, das verholzte Gewebe bleibt zurück;

(b) Pilze sind auf der Oberfläche des abgebauten Blattes zu sehen.

(c) Polysaccharidfragmente (P) einer Algenzelle in enger Assoziation mit Tonmineralen (TM); Abbau sekundärer Ressourcen:

(d) Invasion eines Pilzes (*Stropharia cubensis* EARLE) durch Bakterien und Abbau des Zytoplasmas nach 7 Tagen im Boden;

(e/f) Pilzzellwand vor und nach der Zersetzung durch Bakterien.

ausbeute zu niedermolekularen organischen Substanzen wie Fettsäuren, Methan, Schwefelwasserstoff oder auch zu Wasserstoff.

Ein Teil der leicht verwertbaren Substrate wird von den Bakterien direkt aufgenommen und zur Bildung von Körpersubstanz verwendet („Baustoffwechsel"). So konnte durch Markierung mit radioaktiven oder stabilen Isotopen (meist ^{14}C und ^{15}N) nachgewiesen werden, dass der im Boden verbleibende Anteil eingebrachter Polysaccharide und Proteine in der mikrobiellen Biomasse oder ihren Metaboliten vorliegt. Pflanzliche Polysaccharide und Proteine unterliegen also hauptsächlich einer mikrobiellen Resynthese. Ein geringer Anteil von Polysacchariden kann durch „Imprägnierung" mit abbauresistenten pflanzlichen (Lignin, Cutin) oder mikrobiellen Inhaltsstoffen (Melanine) selektiv angereichert werden.

Der Abbau des Lignins erfolgt dagegen wesentlich langsamer als extracellulärer, co-metabolischer Prozess, d. h. das Lignin dient nicht als C- oder Energiequelle für Mikroorganismen. Voraussetzung für den Ligninabbau ist daher das Vorhandensein einer C- und Energiequelle (z. B. Zucker, Cellulose), da die ligninabbauenden Mikroorganismen, hauptsächlich Weißfäule- und Weichfäulepilze, mit Lignin als einziger C-Quelle nicht wachsen können. Modifikationen des Lignins (z. B. Demethylierung), aber keinen vollständigen Abbau findet man bei Braunfäulepilzen. Der Ligninabbau verläuft also generell anders als derjenige von Polysacchariden und Proteinen. Er erfolgt über einen ungerichteten Radikalmechanismus, der zu einer Spaltung von Bindungen in den Seitenketten und in den aromatischen Ringen führt (Abb. 3-2b). Dabei ist einerseits eine Freisetzung von CO_2 zu beobachten, also eine teilweise Mineralisierung, andererseits wird ein Teil des Ligninmakromoleküls nur in seiner Struktur umgewandelt. Diese modifizierten Ligninbestandteile unterliegen einer direkten, oxidativen Umwandlung und werden dabei in den Huminstoffanteil der organischen Substanz überführt. Besonders die leichter angreifbaren Anteile des Lignins, vornehmlich die über Etherbindungen vernetzten Anteile, werden stark umgewandelt. Das degradativ veränderte Ligninmakromolekül besteht aus aromatischen Bausteinen mit einem hohen Grad von C-Substitution, überwiegend Carboxylgruppen (Abb. 3-2c). Hierdurch und durch die Ringöffnung während des Abbaus wird das Ligninmolekül zunehmend löslicher in Basen, also huminsäureähnlicher in seiner Struktur. Die abbauresistenten Bestandteile des Lignins, also die Ringeinheiten, die durch C-C-Bindung vernetzt sind, werden selektiv

angereichert. Die Zersetzung von Lignocellulosen im Boden wird von einer synergistischen Mikroorganismenflora durchgeführt, wobei cellulose- und ligninabbauende Organismen zusammenwirken. Sowohl niedermolekulare Lipide als auch das Cutin werden von Mikroorganismen als C- und Energiequelle genutzt, gleichzeitig werden aber mikrobielle Alkyl-C-Verbindungen neu im Boden gebildet.

3.3 Bildung stabiler Humusverbindungen

Pflanzliche und mikrobielle Reste, und ihre Umwandlungsprodukte können durch verschiedene Mechanismen gegen weiteren mikrobiellen Abbau geschützt werden (Humifizierung). Diese Stabilisierungsprozesse wirken auf das Gemisch aus frischen und umgewandelten Pflanzenresten, das während der Abbauphase entstanden ist, sowie auf neugebildete, wiederum umgewandelte mikrobielle Reste (Abb. 3-4). Sie führen zu einer deutlichen Verlangsamung der anfänglich schnellen Mineralisierungsrate.

Teile der Streu können, im schwer zugänglichen Aggregatinneren vor weiterem Abbau geschützt, in die Fraktion der mäßig stabilen organischen Substanz übergehen. In diesen Pflanzenresten unterschiedlichen Abbauzustands sind schwer abbaubare Komponenten (z. B. Lignin oder aliphatische Verbindungen) selektiv angereichert. Ein Weg des Kohlenstoffs in die stabile Fraktion kann über die Sorption gelöster organischer Substanzen (DOM) führen, die entweder direkt aus der Streuzersetzung oder aus der mikrobiellen Biomasse resultieren. Durch die Ausbildung organo-mineralischer Verbindungen entstehen dabei stabile Humifizierungsprodukte, die nur langsam mineralisiert werden. Besonders die mikrobiell gebildeten Polysaccharide und Proteine werden durch Bindung an die feinkörnigen Minerale der Schluff- und Tonfraktion gegen weiteren Abbau stabilisiert (Abb. 3-3c).

3.3.1 Stabilisierung durch Wechselwirkungen mit der Mineralphase

Organische Substanzen können durch Wechselwirkungen mit Mineralen stabilisiert und gegen mikrobiellen Abbau geschützt werden. Hier kommen vor allem Interaktionen mit Teilchen der Tonfraktion

3

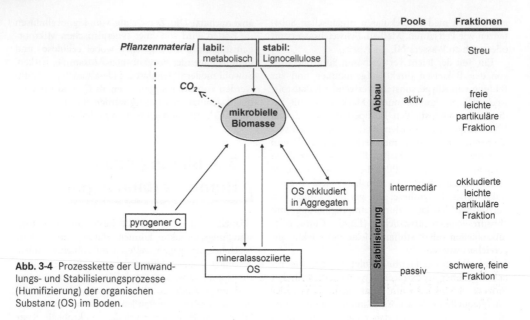

Abb. 3-4 Prozesskette der Umwandlungs- und Stabilisierungsprozesse (Humifizierung) der organischen Substanz (OS) im Boden.

(Tonminerale, Eisenoxide) in Betracht. Dabei bilden sich stabile sogenannte „Ton-Humus-Assoziate" oder organo-mineralische Verbindungen. Die Bindung zwischen Mineralen und Huminstoffen kann durch verschiedene Mechanismen erfolgen und hängt einerseits von der Art der Minerale und ihrer Oberflächenladung, andererseits von Art und Ladung der funktionellen Gruppen der organischen Substanz ab. Für die Ausbildung organo-mineralischer Verbindungen ist mithin der pH-Wert und die Basensättigung von großer Bedeutung. Für die Bindung an die Mineralphase spielen folgende Mechanismen eine Rolle (Abb. 3-5):

1) Bindung an einfach koordinierte Hydroxylgruppen der Mineraloberflächen, die abhängig vom pH-Wert des Bodens protoniert oder dissoziert vorliegen können. Dabei werden über Ligandenaustausch innersphärische Komplexe zwischen Carboxylgruppen der organischen Substanz und protonierten Oberflächen mit positiven Teilladungen gebildet. Hier sind vor allem die Oberflächen von Fe- und Al-Oxiden, Allophanen und Imogoliten wie auch die Seitenflächen der Tonminerale von Bedeutung, während mit Silanolgruppen (SiOH) keine Ligandenaustauschreaktion stattfindet (Abb. 3-5 a,b). Die Fe- und Al-Oxide, Allophane und Imogolite bieten eine besonders hohe spezifische Oberfläche für solche Wechselwirkungen. Da die Ligandenaustausch

reaktion nur mit protonierten, einfach koordinierten Hydroxylgruppen abläuft, ist sie vor allem in sauren Böden von Bedeutung.

2) In Böden mit schwach saurem oder neutralem pH-Wert gewinnt die Bindung über die Siloxanoberflächen der Tonminerale (Kap. 2) mit permanenter Ladung an Bedeutung (Abb. 3-5a). Die dominierenden Mechanismen sind die Ionenbindung zwischen organischen Kationen und den negativen Ladungen von Tonmineralen. Als organische Kationen kommen vor allem Amine (Alkyl- u.a.), Aminozucker und Aminosäuren in Betracht, die unterhalb des isoelektrischen Punktes ein Proton aufnehmen und damit eine positive Ladung erhalten. Sie werden anstelle der austauschbaren anorganischen Kationen durch Coulombsche Kräfte gebunden. Aber auch Metallkomplexe von organischen Säuren können adsorbiert werden. Dabei bildet ein mehrwertiges, meist hydratisiertes Metallkation eine Brücke und neutralisiert gleichzeitig negative Ladungen des Tonminerals und der dissoziierten sauren Gruppen des Huminstoffmoleküls. Es entsteht ein außersphärischer Komplex. Die austauschbaren Kationen der Tonminerale, insbesondere mehrwertige wie Ca^{2+} und Al^{3+}, können die Festigkeit der organo-mineralischen Verbindungen beeinflussen. Die Adsorption einer Huminsäure an einen Smectit, der mit

3

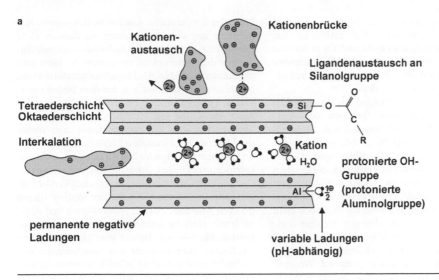

a

Kationen-
austausch

Kationenbrücke

Ligandenaustausch an
Silanolgruppe

Tetraederschicht
Oktaederschicht

Interkalation

Kation

H₂O

protonierte OH-
Gruppe
(protonierte
Aluminolgruppe)

permanente negative
Ladungen

variable Ladungen
(pH-abhängig)

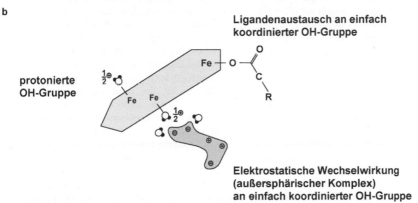

b

Ligandenaustausch an einfach
koordinierter OH-Gruppe

protonierte
OH-Gruppe

Elektrostatische Wechselwirkung
(außersphärischer Komplex)
an einfach koordinierter OH-Gruppe

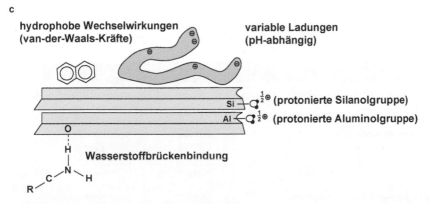

c

hydrophobe Wechselwirkungen
(van-der-Waals-Kräfte)

variable Ladungen
(pH-abhängig)

(protonierte Silanolgruppe)

(protonierte Aluminolgruppe)

Wasserstoffbrückenbindung

Abb. 3-5 Bindungsmechanismen der Ton-Humus-Kopplung im Boden. (**a**) an Phyllosilikaten mit permanenter Ladung, (**b**) an (Hydr)oxidoberflächen mit variabler Ladung, **c**) an Mineralen mit neutralen Oberflächen.

3

verschiedenen Kationen gesättigt ist, steigt in der Reihenfolge $Na^+ < K^+ < Ca^{2+} < Al^{3+} < Fe^{3+}$ an. Extraktionsmittel, die Fe, Al und Ca in lösliche Komplexe umwandeln, wie z. B. Natriumpyrophosphat, extrahieren daher auch relativ viel organische Substanz aus Böden.

3) Schwache Wechselwirkungen treten zwischen ungeladenen, unpolaren Gruppen der organischen Substanz und ungeladenen, neutralen Mineraloberflächen (z. B. Si-O-Si-Gruppen) auf (Abb. 3-5c). Wasserstoffbrücken spielen eine Rolle bei der Bindung von größeren organischen Molekülen. H-Brücken bilden sich bevorzugt über H_2O-Moleküle der austauschbaren Kationen oder zwischen bereits sorbierten und noch nicht sorbierten Molekülen, dagegen weniger zwischen diesen und der Mineraloberfläche. Auch Van-der-Waals-Wechselwirkungen sind trotz der im Vergleich zu den oben genannten Wechselwirkungen schwächeren und weniger weit reichenden Einzelbindung vermutlich vor allem für die Bindung größerer Moleküle an ungeladenen Oberflächen von Tonmineralen, wie z. B. Kaolinit, Pyrophyllit oder Quarz verantwortlich. Hydrophobe Wechselwirkungen können dann zu einer weiteren Bindung von organischer Substanz an bereits sorbierten Molekülen führen. Sie sind vor allem bei niedrigen pH-Werten von Bedeutung, da dann die Hydroxyl- und Carboxylgruppen protoniert vorliegen.

4) Die Abbaubarkeit organischer Substanzen kann ferner durch die Komplexbildung mit Metallkationen stark herabgesetzt werden. In diesem Fall verhindert die Bindung von Metallkationen (Ca, Al, Fe, Schwermetalle) an die organische Substanz den Angriff von Enzymen.

Ein Beleg für die starke Assoziation der organischen Substanz mit der Mineralphase ist, dass es nicht möglich ist, die organische Bodensubstanz vollständig von der Mineralphase zu trennen. So kann man mit Lauge (0.1 N NaOH, Huminstoffextraktion) die organische Substanz nur z. T. aus dem Boden extrahieren, es bleibt in allen Böden ein nicht extrahierbarer Anteil (die sog. Huminfraktion) zurück. Ein weiterer Teil wird extrahierbar, wenn man vorher die Minerale mit Flusssäure herauslöst. Auch durch Oxidation mit H_2O_2 oder NaOCl gelingt es nicht, die gebundene organische Substanz völlig zu zerstören.

Eine Vielzahl einfacherer organischer Verbindungen kann an Tonminerale gebunden werden. Hierzu gehören Alkohole, Zucker, Aminosäuren und Amine sowie einfache aromatische Verbindungen wie Benzol, Phenole u.a. Isoliert man die Tonfraktion aus Böden und untersucht ihre Zusammensetzung, so findet man vor allem Alkyl-Verbindungen und Polysaccharide, dagegen nur niedrige Konzentrationen von aromatischen Verbindungen, wie z. B. stark umgewandelte Ligninbruchstücke (Tab. 3-4). Die gebundene organische Substanz ist zudem reich an Carboxyl- und Amidgruppen.

Die Stabilisierung in organo-mineralischen Verbindungen ist auch für den organischen Stickstoff von Bedeutung, der zu einem großen Anteil in Form von langsam mineralisierbaren Peptidstrukturen in der Tonfraktion festgelegt ist. Dabei handelt es sich z. T. auch um Enzyme. Durch die Bindung an Tonminerale wird ihre Aktivität wie auch die Geschwindigkeit ihres Abbaus herabgesetzt. Daher liegt das C/N-Verhältnis in der Tonfraktion häufig bei 8...12. Es muss allerdings berücksichtigt werden, dass hier auch das an die Tonminerale gebundene NH_4^+ mit enthalten ist. Die Assoziation von

Tab. 3-4 Eigenschaften und Zusammensetzung der organischen Substanz in Korngrößenfraktionen des A-Horizonts einer Braunerde (GUGGENBERGER et al., 1994).

Merkmal	2000...63 µm	63...2 µm	< 2 µm
Zusammensetzung (%)	Pflanzenreste		
Alkyl-C (z. B. Lipide)	40...46	31...44	46...50
O-Alkyl-C (überw. Polysaccharide)	35	26...30	22...25
Aryl-C (Aromaten)	24...26	16...27	13...14
C/N-Verhältnis	weit	mittel	eng
Umwandlungsgrad des Lignins	gering	mittel	stark
Herkunft der Polysaccharide	überw. pflanzlich	pflanzlich/mikrobiell	überw. mikrobiell

Huminstoffen und Tonmineralen wird unter dem Elektronenmikroskop sichtbar (Abb. 3-6). Ein Beleg für die hohe Stabilität organo-mineralischer Verbindungen ist die Tatsache, dass die Temperatur der thermischen Zersetzung der organischen Substanz nach der Bindung an die Mineralphase erhöht ist und gleichzeitig die Abbauraten dieser gebundenen organischen Substanz deutlich sinken.

Die Kationenaustauscheigenschaften der Tonminerale werden durch die Verbindung mit Huminstoffen offenbar kaum verändert. Dagegen können organische Stoffe wirksam mit der Sorption anorganischer Anionen an Tonminerale und Oxide konkurrieren. Darüber hinaus kann die Rekristallisation ("Alterung") der pedogenen Al- und Fe-Oxide

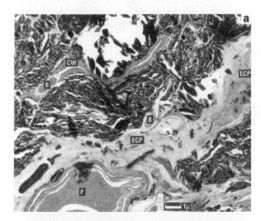

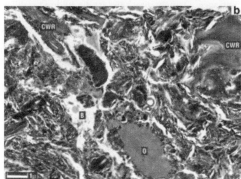

Abb. 3-6 Rasterelektronenmikrokopische Aufnahmen der Assoziation zwischen organischen Substanzen und Mineralteilchen im Boden; B = Bakterienzelle, C = Tonminerale, ECP = Extrazelluläre Polysaccharide, F = Pilz, CW = Zellwand einer kollabierten Zelle, CWR = Zellwandrückstände, O = amorphe, humifizierte organische Substanz (nach LADD et al., 1996).

verzögert oder verhindert werden, wenn adsorbierte Huminstoffe die Wachstumspositionen (Kristallisationskeime) der Kristalle blockieren oder mit den Al- und Fe-Ionen sehr stabile Komplexe eingehen. Schließlich fördern die Polarisation der adsorbierten organischen Moleküle und die hohe Ladungsdichte der Tonminerale katalytische Reaktionen (Protonierung, Oxidation, Polymerisation).

3.3.2 Stabilisierung durch räumliche Trennung

Ein Weg der Stabilisierung ansonsten leicht abbaubarer Substrate im Boden kann aus der räumlichen Trennung von Substrat und Zersetzer resultieren, die damit den Abbau unterbindet. Es wird angenommen, dass die sog. physikalisch geschützten Substanzen im Inneren von Aggregaten oder Faeces von Bodentieren okkludiert sind. Meist handelt es sich dabei um bereits teilweise abgebaute Pflanzenreste, die im Aggregatinneren eingeschlossen und für Mikroorganismen unzugänglich sind. So wurde festgestellt, dass die Pflanzenreste im Aggregatinneren mit Lignin angereichert sind, während die Polysaccharide schon angegriffen wurden.

Die Aggregierung des Bodens hat einen entscheidenden Einfluss auf die physikalische Trennung zwischen Substrat und Zersetzern. Die Aggregierung steuert die Verteilung und Zusammensetzung der organischen Substanz und wird u. a. von der Bodenart, der Pedogenese und der Aktivität der Bodenfauna bestimmt. Die Aggregierung der Mineralbodenpartikel durch die organische Substanz muss als komplexes Wirkungsgefüge betrachtet werden, das auf unterschiedlichen Ebenen stattfindet (Abb. 3-7). Teilchen der Tonfraktion werden in Paketen von < 20 µm aggregiert, diese wiederum sind als stabile Mikroaggregate mit einer Größe von 20…250 µm verbunden. Daraus bauen sich Makroaggregate (> 250 µm) auf. Für die Aggregierung in den Mikroaggregaten sind vor allem Polysaccharide, die von Wurzeln und Mikroorganismen ausgeschieden werden, verantwortlich. Daneben findet man häufig weitere humifizierte organische Materialien, die den Kern solcher Mikroaggregate bilden. Mikroaggregate sind über Dekaden stabil. Makroaggregate entstehen durch die Wirkung von Wurzeln, Pilzhyphen und anderer Pflanzenreste, die die Mikroaggregate zu größeren Aggregaten vernetzen. Stabile Makroaggregate haben daher einen hohen Anteil an relativ junger, partikulärer organischer Substanz. Die stabilisierende Wirkung dieser organischen Inhaltsstoffe

3

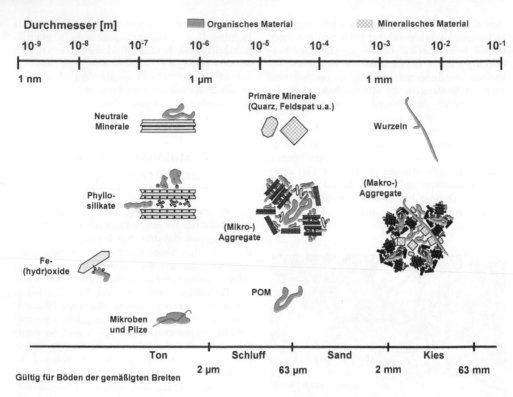

Abb. 3-7 Schema der Assoziation organischer Substanz in Mikro- und Makroaggregaten in Böden der gemäßigten Breiten.

in den Makroaggregaten hält nur wenige Jahre an. Die Aggregatoberflächen unterscheiden sich daher in ihrer Zusammensetzung und ihren Eigenschaften deutlich vom Aggregatinneren.

In Böden wird die Bildung organo-mineralischer Verbindungen wie auch die Aggregierung durch eine hohe biologische Aktivität gefördert, da hierdurch ständig reaktionsfähige organische Stoffe (wie z. B. Schleimstoffe) gebildet und mit den Mineralteilchen innig vermischt werden (s. Bioturbation). Von besonderer Bedeutung ist dabei die Bildung organo-mineralischer Verbindungen im Regenwurmdarm. Beim Zusammenbringen von schwer abbaubaren organischen Stoffen (z. B. Torf) mit Tonmineralen unter sterilen Bedingungen werden dagegen selbst nach längerer Einwirkungsdauer keine stabilen organo-mineralischen Verbindungen gebildet. Die Bedeutung organo-mineralischer Verbindungen für den Boden liegt vor allem darin, dass die organischen Stoffe Mineralpartikel aneinander binden und dadurch wesentlich zur Gefügebildung

beitragen. Dementsprechend ist die Bildung stabiler Aggregate eng an die Ausbildung organo-mineralischer Verbindungen gekoppelt. Wird die Zufuhr organischer Rückstände verringert oder sogar ganz unterbunden, ist die Gefügebildung nachhaltig gestört. Dadurch kommt es zunächst zu einer Verarmung an organischer Substanz, insbesondere in der Fraktion der okkludierten Pflanzenreste.

3.3.3 Gehalte an Huminstoffen im Boden

Um die Pflanzenreste von den organo-mineralischen Verbindungen zu trennen, verwendet man eine physikalische Fraktionierung, die auf einer Trennung aufgrund von Dichte- oder Korngrößenunterschieden beruht. Üblicherweise wird sie nach einer Vorbehandlung mittels Schütteln oder Ultraschall zur Zerstörung der Aggregate durchgeführt.

Die Trennung der dabei erhaltenen Fraktionen erfolgt dann durch Sieben, Sedimentation und/oder Dichtefraktionierung. Bei der **Dichtefraktionierung** wird die Probe in einer Flüssigkeit mit einer Dichte zwischen 1,6 und 2,4 g cm^{-3} (organische Lösungsmittelmischungen oder anorganische Salze) suspendiert, so dass das leichte, aufschwimmende organische Material abgetrennt werden kann. Für die **Korngrößenfraktionierung** wird das Material der Fraktion > 63 µm (Sandfraktion) abgetrennt, das anschließend weiter über Siebung fraktioniert werden kann. Die organo-mineralischen Verbindungen < 63 µm werden mittels Sedimentation in Wasser getrennt, die Fraktion < 2 µm kann über Zentrifugation weiter aufgetrennt werden. Häufig wird die Fraktionierung nach der Korngröße und der Dichte miteinander kombiniert. Mittels einer solchen kombinierten Korngrößen- und Dichtefraktionierung ist es möglich, bestimmte Kompartimente der organischen Substanz aus Mineralböden abzutrennen, die unterschiedlichen Humifizierungsstadien zuzuordnen sind. In der leichten oder groben Fraktion ist die sogenannte partikuläre organische Substanz zu finden, die überwiegend aus teilweise abgebauten Pflanzenresten besteht. Die schweren und feinen Fraktionen enthalten vor allem organo-mineralische Verbindungen. Zerstört man selektiv die Aggregierung durch Ultraschall, so lässt sich die okkludierte partikuläre organische Substanz, überwiegend Pflanzenreste in fortgeschrittenem Abbauzustand, isolieren.

Der Anteil an OC in organo-mineralischen Verbindungen, der durch Ultraschallbehandlung (zur Zerstörung der Aggregierung) und anschließende Dichtetrennung nicht vom Ton zu trennen ist, liegt bei verschiedenen Böden zwischen 10 und 95 %. Generell nehmen organo-mineralische Verbindungen vor allem im Unterboden hohe Anteile am Gesamtkohlenstoff ein, während im Oberboden daneben auch ein größerer Anteil an Pflanzenresten in freier und in Aggregaten okkludierter Form zu finden ist. Der Gehalt dieser partikulären organischen Substanz ist zudem in Oberböden unter Wald oder Grünland höher als unter Ackerland. Pflanzenrückstände gelangen überwiegend in den Oberboden; deswegen ist ihr Anteil an der organischen Substanz dort meist auch am höchsten, während in B-Horizonten die organo-mineralischen Verbindungen dominieren. Im Bodenprofil steigt daher der Zersetzungsgrad meist von oben nach unten an. Allerdings ist zu berücksichtigen, dass auch Wurzelstreu und Verlagerungsprozesse von partikulärer und gelöster organischer Substanz die Zusammensetzung im Unterboden beeinflussen.

3.4 Zusammensetzung und Eigenschaften der Huminstoffe in Böden

3.4.1 Bindungsformen von C, N, P und S in den Huminstoffen

Im Laufe der Abbau- und Stabilisierungsprozesse kommt es zu charakteristischen Veränderungen in der Zusammensetzung der organischen Substanz. Meist bleibt der relative Anteil an aromatischen Verbindungen gleich oder nimmt ab, der Anteil an Polysacchariden bzw. O/N-Alkyl-C nimmt ab und der Anteil an Alkyl-C (langkettige aliphatische C-Verbindungen) nimmt zu. Dadurch steigt das Verhältnis von Alkyl-C zu O/N-Alkyl-C, ein häufig verwendetes Maß für den Abbaugrad der organischen Substanz, im Laufe der Umwandlungsprozesse an. Diese typischen Veränderungen lassen sich sowohl in den Auflagen von Waldböden als auch in Korngrößenfraktionen von Mineralböden verfolgen (Tab. 3-4). Im Laufe der Humifizierung nimmt auch der Anteil an Carboxylgruppen deutlich zu. Dieser höhere Oxidationszustand ist für die hohe, pH-Wert-abhängige Kationenaustauschkapazität der organischen Substanz verantwortlich.

Weltweit werden jährlich auf etwa 530 · 10^6 ha Landfläche Vegetationsfeuer und Waldbrände beobachtet. Dabei werden ca. 90 % der Biomasse in CO_2 und NO_x umgesetzt; jedoch wird durch die vorherrschende, unvollständige Verbrennung auch Holzkohle gebildet, die nach Eintrag in den Boden eine relevante C- und N-Senke darstellt. Man nimmt an, dass Holzkohle vor allem in Steppen- und Savannenböden durch (natürliche) Brände entsteht, sie spielt aber auch in Böden der gemäßigten und borealen Breiten eine Rolle. Dieser sog. *Black Carbon* als Abbauprodukt aus Holzkohle, die bei Vegetationsbränden entsteht, wird im Boden eingelagert und ist über lange Zeit stabil. Neben makromorphologisch gut erkennbaren Holzkohlestücken findet man daher auch in der fein verteilten organischen Bodensubstanz hohe Anteile an aromatischen C- und N-Verbindungen. Dieser pyrogene Kohlenstoff trägt vermutlich vor allem zur organischen Substanz in besonders dunkelhumosen Böden bei, da vor allem in Schwarzerden und schwarzerdeähnlichen Böden solche Beimengungen nachgewiesen

3

wurden. Die Holzkohlerückstände könnten für die in vielen Böden beobachteten kondensierten aromatischen Strukturen (Abb. 3-2c) verantwortlich sein. Ihre Entstehung aus dem Lignin der Pflanzenreste oder anderen Vorstufen konnte während der biochemischen Umwandlungsprozesse bisher nicht nachgewiesen werden. Sie dienen zunehmend als Indikator für Vegetationsbrände. Böden im Umfeld von Industriegebieten enthalten häufig auch organische Beimengungen aus (Kohle-)Stäuben, Aschen und Ruß.

Stickstoff ist ein wichtiger Bestandteil aller Huminstoffe. Während der C im Laufe des Abbaus zum größten Teil als CO_2 freigesetzt wird, wird der N zunächst vor allem in der mikrobiellen Biomasse gespeichert und dann zu mehr als 95 % in organischer Bindung stabilisiert. Das C/N-Verhältnis der organischen Substanz wird dadurch im Laufe der Humifizierung immer enger und erreicht in Böden oder Humusfraktionen mit hohem Humifizierungsgrad Werte von 10…12. Vermutlich ist der Hauptanteil des organisch gebundenen Stickstoffs in Form von Amidstrukturen stabilisiert. Der größte Teil des Stickstoffs liegt in Form von Peptidgruppen, ein geringerer Anteil in Form freier Aminogruppen vor. Auch nass-chemische Analysen ergeben, dass Aminosäuren und Aminozucker mit zusammen etwa 30…70 % des gesamten organischen Stickstoffs den Hauptteil der N-haltigen Molekülbausteine bilden. Da die Hydrolyse jedoch nicht vollständig ist, kann nicht der gesamte Gehalt an Peptidstrukturen erfasst werden. Proteine und Enzyme werden an der Tonfraktion sorbiert und sind vermutlich für das enge C/N-Verhältnis der organischen Substanz in dieser Fraktion verantwortlich. Entgegen früheren Vorstellungen ist der Anteil des Stickstoffs in heterozyklischer aromatischer Bindung mit maximal 5…10 % als gering anzusehen. Höhere Anteile an heterozyklischen N-Verbindungen, insbesondere Pyrrole und Indole, bilden sich aber in Böden aufgrund von Vegetationsbränden.

Auch Schwefel ist in der organischen Bodensubstanz stets enthalten. Das C/S-Verhältnis beträgt etwa 200 in Grünland- und Waldböden und etwa 130 in landwirtschaftlich genutzten Böden. Bis zu 90 % des Schwefels sind in organischer Form gebunden, davon etwa 30…75 % als Sulfatester. Daneben findet man als weitere wichtige Bindungsform C-gebundenen Schwefel in unterschiedlichen Oxidationsstufen. Reduzierter organischer S (Oxidationsstufe < +1) umfasst organische Mono- und Disulfide sowie Thiole, z. B. als Bestandteil von Proteinen und Peptiden; intermediärer organischer S (Oxidationsstufe +2 bis +5) umfasst Sulfoxide; Sulfone und

Sulfonate; oxidierter organischer S (Oxidationsstufe +6) umfasst Estersulfate und Sulfamate. Die Verteilung der S-Bindungsformen hängt nach Prietzel et al. (2007) von der Landnutzung und der O2-Verfügbarkeit im Boden ab. Der Anteil reduzierter organischer S-Bindungsformen steigt in der Sequenz: Ackerboden < Waldboden < Moor.

Auch Phosphor kommt in Böden mit mehr als 60 % in organischer Form vor. Obwohl ein Teil des organisch gebundenen Phosphors noch nicht identifiziert werden konnte, ist festzustellen, dass mehr als 50 % des Gesamt-P in Böden in Form von Phosphatestern vorliegt. Durch Kernresonanzspektroskopie (^{31}P) wurde gefunden, dass die wichtigsten Bindungsformen Orthophosphatmonoester $R-OPO_3^{2-}$ (Inositolphosphate, Mononucleotide, Zuckerphosphate), Orthophosphatdiester $R_1-OR_2-OPO^{2-}$ (Phospholipide, DNS und RNS, Teichonsäuren) und Phosphonate (C-P-Bindung) sind.

3.4.2 Eigenschaften der Huminstoffe

Die Eigenschaften der Huminstoffe bestimmen in vielen Aspekten die Eigenschaften von Böden. Naturgemäß ist der Einfluss der organischen Substanz auf die Eigenschaften von Mineralböden in den A-Horizonten besonders hoch.

Das **Adsorptionsvermögen** der Huminstoffe ist für die Bindung vieler Nährstoffe, die in Form von Kationen im Boden vorliegen, von Bedeutung. Im Laufe des Humifizierungsprozesses nimmt die KAK durch Oxidation und damit Bildung von Carboxylgruppen zu. Besonders wichtig ist eine ausreichende Humusversorgung zur Aufrechterhaltung der KAK generell in tonarmen Böden oder Böden, deren Tonfraktion überwiegend Tonminerale mit niedriger KAK enthält, wie z. B. Kaolinit. Dies gilt insbesondere für organische Auflagen und Moore, wo die KAK fast ausschließlich aus der organischen Substanz stammt, sowie Sandböden, die etwa 75 % ihrer Kationenaustauschkapazität der organischen Substanz verdanken. Die KAK isolierter Huminstoffe liegt zwischen 300 und 1400 $cmol_c\,kg^{-1}$, ist aber stark pH-abhängig. Die KAK der organischen Bodensubstanz ist mit 60…300 $cmol_c\,kg^{-1}$ deutlich niedriger, da die wenig umgewandelten Streustoffe nur eine niedrige KAK besitzen. Zudem kann ein Teil der Ladungen protoniert sein oder steht durch Wechselwirkungen mit der Mineralphase oder Komplexierung nicht für die KAK zur Verfügung.

3

Metallionen, vor allem Cu^{2+}, Mn^{2+} und Zn^{2+}, aber auch weitere mehrwertige Kationen (z. B. Fe^{3+}, Al^{3+}) können darüber hinaus mit den organischen Verbindungen in stabilen Komplexen vorliegen. In wasserlöslicher Form werden diese Chelate mit dem Sickerwasser im Boden abwärts transportiert (z. B. im Rahmen der Podsolierung). Sie erhöhen auch die Pflanzenverfügbarkeit komplexierter Mikronährstoffe.

Auch für die **Bindung von anorganischen und organischen Schadstoffen** in Böden hat die organische Substanz eine herausragende Bedeutung. Die Bindung von Schadstoffen an die organische Substanz steuert ihre Bioverfügbarkeit und damit auch ihre Persistenz. Dadurch wird einerseits die unmittelbare Schadwirkung gegenüber Organismen verhindert, gleichzeitig auch die Verlagerung in tiefere Bodenbereiche oder in das Grundwasser verringert oder hinausgezögert. Untersuchungen in Böden mit unterschiedlichem Humusgehalt zeigen, dass die organische Substanz überwiegend für die Bindung von Schwermetallen verantwortlich ist. In Abhängigkeit vom Humusgehalt stellte die organische Substanz im Ah-Horizont einer Braunerde 6 bis 16 mal mehr Sorptionskapazität für Cu, Cd und Zn zur Verfügung als die Mineralphase (Tab. 3-5).

Böden mit höheren Gehalten an organischer Substanz zeichnen sich durch eine höhere **Porosität** und niedrigere **Lagerungsdichte** aus. Dies ergibt über einen weiten Bereich eine lineare Beziehung, erst bei sehr hohen OC-Gehalten sind nur noch geringe Änderungen festzustellen, die durch die niedrige Dichte der organischen Substanz bedingt sind.

Die organische Substanz hat deutliche Effekte auf die Benetzbarkeit von Böden. Die Pflanzenreste und auch die stark umgewandelten Huminstoffe haben hydrophoben Charakter. Durch die Bindung organischer Moleküle an die Oberfläche von (Hydr)oxiden und Tonmineralen sind diese Oberflächen generell stärker wasserabweisend. Dies wirkt sich auf die Ausbildung der Fließwege im Boden aus.

Die organische Substanz hat eine positive Wirkung auf die Strukturstabilität von Böden. Sie begünstigt die Bildung eines **stabilen Aggregatgefüges**, insbesondere in Braunerden, Parabraunerden und Schwarzerden. Durch die Bindung von organischer Substanz an die Oberflächen von (Hydr)oxiden und Tonmineralen kommt es zur Ausbildung sehr stabiler Mikroaggregate (< 250 µm), daraus sind die weniger stabilen Makroaggregate (> 250 µm) aufgebaut (Aggregathierarchie). Die Ausbildung von Makroaggregaten ist besonders charakteristisch für lehmige Böden und erfordert die kontinuierliche Zufuhr von organischen Resten. Dies fördert die mikrobielle Aktivität und damit die Produktion mikrobieller Polysaccharide, die vor allem für die Stabilisierung von Makroaggregaten verantwortlich sind.

Diese Wirkung ist weniger ausgeprägt in Ferralsolen und Andosolen, weil in diesen Böden vor allem Oxide und Hydroxide in primären organomineralischen Verbindungen stabilisierend wirken, während Makroaggregierung weitgehend fehlt. Die erhöhte Aggregatstabilität wirkt der Erosion entgegen, da die Verschlämmungsneigung verringert wird. Außerdem ist die Stabilität gegenüber erhöhter Auflast verbessert.

Humus besitzt eine hohe **Wasserspeicherkapazität**; er vermag etwa das 3…5fache seines Eigengewichtes an Wasser zu speichern. Die organische Substanz hat durch die aggregierende Wirkung außerdem eine indirekte Wirkung auf die Porengrößenverteilung und den Wasserhaushalt. In Sandböden bestimmt deswegen der Humusgehalt die Feldkapazität. In solchen Böden konnte der Humusgehalt durch hohe Stallmistgaben innerhalb von 18 Jahren von 0,93 auf 1,38 % erhöht werden, wodurch das Porenvolumen von 38,4 auf 41,4 % anstieg. Mulchdecken bewirken zudem eine Verringerung der Evaporation und erhöhen die Infiltration von Wasser. Die **Konsistenzgrenzen** der Böden werden durch Humus in Richtung höherer Wassergehalte verschoben, so dass die Bodenbearbeitung in einem größeren Feuchtebereich der Böden ohne Gefügeschädigung möglich ist.

Die Huminstoffe bewirken die dunkle Farbe im Oberboden und begünstigen damit in kühlen Klimaten die **Erwärmung** der Böden im Frühjahr

Tab. 3-5 Sorptionskapazität der Mineral- und Humuskomponenten eines Ah-Horizontes bei unterschiedlichem Humusgehalt für die Schwermetalle Cu, Cd und Zn (Lair et al., 2007).

	Sorptionskapazität ($mmol^2 kg^{-1} l^{-1}$)		
	Cu	Cd	Zn
Mineralphase	10,7	2,5	3,5
Organische Bodensubstanz			
Schwarzbrache 10,0 mg C g^{-1}	65,2	21,4	25,4
Grünland 26,0 mg C g^{-1}	87,5	33,0	37,7

3

(längere Vegetationszeit). Andererseits führt eine organische Auflage oder Mulch zu einer Isolierung des Mineralbodens gegenüber Temperaturschwankungen.

3.5 Dynamik der organischen Substanz im Boden

3.5.1 Umsetzungsraten und Verweilzeit der organischen Substanz im Boden

Unter der Umsatzzeit (*turnover time*) versteht man den Quotienten aus Humusmenge des Bodens und jährlichem Input an organischer Substanz:

Umsatzzeit (a) = Menge an OS ($kg\,m^{-2}$) / jährliche Nettozufuhr ($kg\,m^{-2}\,a^{-1}$)

Unter der Annahme von stationären Bedingungen erhält man daraus Auskunft über die Verweildauer der organischen Substanz im Boden, also über die Zeitspanne, die notwendig ist, um die organische Substanz einmal vollständig umzusetzen. Der jährliche Input organischer Substanz beträgt etwa 3…5 % der Vorräte; etwa in gleichem Umfang wird C wieder an die Atmosphäre abgegeben. Daraus lassen sich mittlere Umsatzzeiten von einigen Dekaden abschätzen. Sie werden je nach Datengrundlage auf 26 a bis 40 a geschätzt, dabei sind aber große Unterschiede in verschiedenen Klima- und Vegetationszonen zu finden. So wurden für Böden unter Grünland 18 a, für laubwerfende Wälder 16 a, für tropische Wälder 6 a, für landwirtschaftlich genutzte Böden 7 a und für Tundrenböden über 2000 a geschätzt.

Als Umkehrung der Umsatzzeit ergibt sich die **Abbaurate** k (a^{-1}) = jährliche Nettozufuhr ($kg\,m^{-2}\,a^{-1}$) / Menge an OS ($kg\,m^{-2}$)

Je nach Zusammensetzung und Standortbedingungen können die Abbauraten über mehrere Größenordnungen variieren. Sie schwanken zwischen 0,03 a^{-1} in Tundrenböden und 6 a^{-1} im tropischen Regenwald. Für Ackerstandorte sind Abbauraten bis zu 2…3 % d^{-1} für leicht abbaubare Ernterückstände bekannt. In Waldböden der gemäßigten Zone werden Raten von ca. 0,1 % d^{-1} für leicht abbaubare Substanzen und bis zu 10^{-5} % d^{-1} für sehr schwer abbaubare Substanzen angegeben, die damit einer (fast) inerten Fraktion entsprechen.

3.5.2 Abschätzung der Verweilzeit

Radiokohlenstoffalter der organischen Substanz

Das Radiokohlenstoffalter der organischen Bodensubstanz wird aus der natürlichen ^{14}C-Aktivität abgeleitet. Die Radiokarbonmethode beruht auf der Messung des Verhältnisses der Mengen der Kohlenstoff-Isotope ^{14}C zu ^{12}C einer Probe. Aus der Zerfallskonstante bzw. der Halbwertszeit des ^{14}C kann dann die mittlere Verweildauer des OC im Boden oder in Bodenfraktionen berechnet werden. Der ^{14}C-Gehalt einer Probe kann entweder durch Zählung der zerfallenden ^{14}C-Kerne im Zählrohr oder durch Zählung der noch vorhandenen ^{14}C-Kerne mit der Beschleuniger-Massenspektrometrie bestimmt werden. Letztere Methode benötigt weniger Material, ist dafür aber aufwändiger und teurer. Das Ergebnis wird in pmC (Prozentanteil des modernen C-Anteils) oder als ^{14}C-Alter in Jahren vor Heute angegeben und ist auf einen Standard aus dem Jahr 1950 bezogen. Über die Bestimmung des Radiokohlenstoffalters kann die mittlere Verweilzeit der organischen Substanz in Böden oder einzelnen Fraktionen abgeschätzt werden. Inzwischen ist es möglich, die ^{14}C-Gehalte einzelner Komponenten der organischen Substanz, wie z. B. der mikrobiellen Biomasse und auch des mineralisierten CO_2, zu bestimmen (Abb. 3-8). Durch die Einsätze und atmosphärischen Tests von Kernwaffen zwischen 1945 und 1963 wurde die Menge an ^{14}C in der Atmosphäre stark erhöht. Bis heute ist

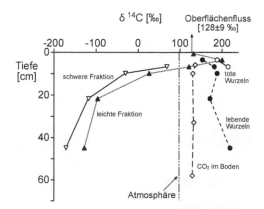

Abb. 3-8 δ^{14}C-Gehalte ($^o/_{oo}$) verschiedener Fraktionen der organischen Substanz in einem Waldboden der gemäßigten Breiten (nach TRUMBORE, 2000).

3

das $^{14}C/^{12}C$-Verhältnis noch nicht wieder auf den Wert vor 1945 gesunken. Dieser in den Böden nachweisbare Bombenkohlenstoff verändert generell die ^{14}C-Signatur der organischen Substanz zu „jüngeren" Werten, kann jedoch aufgrund seines Eindringverhaltens in die Bodentiefe und in verschiedene organische Substanzklassen als *Tracer* angesehen werden, der Aussagen über aktuelle pedogenetische Prozesse erlaubt, wie z. B. Bioturbation in Chernozemen, Peloturbation in Vertisolen, Cryoturbation in Cryosolen, Perkolation in den Grundwasserleiter.

Die Auflagehorizonte der Waldböden sind rezent, wie auch der oberste Bereich von Ah-Horizonten meist ein ^{14}C-Alter von weniger als 500 Jahren hat, da die organische Substanz im obersten Profilabschnitt durch Beimengung von frischer Pflanzenstreu laufend verjüngt wird. Der C-Verlust durch Kultivierung nativer Böden machte sich in den Great Plains mit einer durchschnittlichen Erhöhung des ^{14}C-Alters um 900 Jahre bemerkbar. Dies zeigt, dass durch die Kultivierung vor allem C aus Fraktionen mit geringem ^{14}C-Alter freigesetzt wird.

Mit zunehmender Tiefe steigt das Radiokohlenstoffalter auf Werte zwischen 2500 und 4000 Jahren vor Heute an. Sowohl in kultivierten als auch in nativen Phaeozemen zeigte die organische Substanz in der Tiefe 10...20 cm ein um 1200 Jahre höheres ^{14}C-

Alter als in der Tiefe 0...10 cm. Dies ist gekoppelt an eine geringere Mineralisationsrate der organischen Substanz aus tieferen Profilbereichen. ^{14}C-Alter bis zu 5000...6000 Jahren BP wurden im Unterboden von Chernozemen und Luvisolen gefunden, während Podsole im Bh-Horizont durch die laufende Zufuhr von rezentem OC jüngere ^{14}C-Alter aufweisen.

Im Allgemeinen steigt mit zunehmender Profiltiefe auch das ^{14}C-Alter einzelner Humusfraktionen an (Tab. 3-6). Kleinere, noch wenig veränderte Bruchstücke von Lignin und Polysacchariden haben erwartungsgemäß meist ein Alter von nur 10...100 Jahren. Besonders stabilisiert gegen Abbau ist die organische Substanz durch Ton-Humus-Kopplung. Die älteste organische Substanz befindet sich in der Feinschluff- und Tonfraktion, z. B. bei Parabraunerden im Tonanreicherungshorizont.

^{13}C-Isotopensignatur der organischen Substanz

Die Umsetzung und Verweilzeit der organischen Substanz kann auch durch die Bestimmung des ^{13}C-Isotopensignals im Boden bestimmt werden (Abb. 3-9). Dabei macht man sich zunutze, dass die ^{13}C-Signatur von Pflanzen mit C4-Photosynthesestoffwechsel

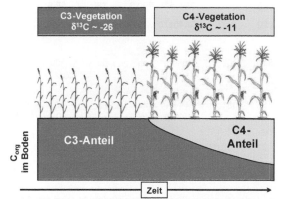

OC -Fraktion	Menge (g C kg^{-1})	Maisanteil (%)	Umsatzzeit* (Jahre)
Gesamt OC	13,0	35,7	54
An Mineraloberflächen gebunden (schwere Fraktion, > 2 g cm^{-3})	11,3	31,4	63
Freie partikuläre organische Substanz (leichte Fraktion, < 1,6 g cm^{-3})	0,5	64,8	22
Okkludierte partikuläre organische Substanz (leichte Fraktion in Aggregaten, 1,6 ... 2,0 g cm^{-3})	1,1	38,3	49

*Mittlere Umsatzzeit unter der Annahme eines homogenen C-Pools und einer Abbaukinetik 1. Ordnung

Abb. 3-9 Erfassung der Umsatzzeit des organischen Bodenkohlenstoffs anhand der Veränderung der $\delta^{13}C$-Signatur nach dem Wechsel von C3- zu C4-Vegetation, sowie Menge und mittlere Umsatzzeit des OC in Dichtefraktionen einer Parabraunerde aus Löss, 24 Jahre nach Umstellung von Weizenanbau auf Körnermaisanbau (nach JOHN et al., 2005).

3

Tab. 3-6 Charakteristische Kennwerte verschiedener Humusfraktionen von Böden: Gehalte und Vorräte an organischem C, Radiokohlenstoffgehalt und das daraus errechnete mittlere ^{14}C-Alter in verschiedenen Humusfraktionen (aus Eusterhues et al., 2003; 2005; Kaiser & Guggenberger, unveröffentlicht; Rethemeyer, 2004; Helfrich et al., 2007); [1]Differenzberechnung; [a] ^{13}C Umsatzzeit (John et al., 2005); nb = nicht bestimmt

Horizont	Tiefe (cm)	OC-Konzentration	OC-Vorrat	Fraktion < 1.6 g cm⁻³,[1]	Fraktion > 1.6 g cm⁻³	Feinboden		Fraktion < 1.6 g cm⁻³,[1]		Fraktion > 1.6 g cm⁻³	
						^{14}C-Aktivität	^{14}C-Alter	^{14}C-Aktivität	^{14}C *Alter	^{14}C-Aktivität	^{14}C-Alter
		(g kg⁻¹)	(kg m⁻²)	(g kg⁻¹ OC)		(pmC)	(yrs BP)	(pmC)	(yrs BP)	(pmC)	(yrs BP)
Steinkreuz (Braunerde)											
Ah	0–5	82.6	4.29	770	230	112.3	modern	112.4	modern	111.9	modern
Bv1	5–24	9.8	2.41	500	500	101.3	modern	104.8	modern	98.0	160±25
SdBv2	24–50	3.0	0.79	230	770	92.1	655±25	119.0	modern	84.2	1375±30
IISd Bv3	50–80	1.4	0.40	190	810	80.9	1700±30	122.8	modern	69.8	2890±30
IIICv	85–115	1.1	0.14	160	840	80.6	1758±56	117.2	modern	70.8	2780±45
IVC1	115–140	0.5	0.07	150	850	76.3	2165±30	116.4	modern	69.1	2960±30
Waldstein (Podsol)											
Ae	0–10	38.1	2.90	750	250	93.6	525±30	92.0	655	98.5	120±25
Bh	10–12	92.8	1.04	270	730	98.5	120±25	95.8	435	99.5	30±20
Bs	12–30	52.0	5.47	210	790	91.1	745±40	87.0	1010	92.2	700±25
Bv	30–55	7.7	2.09	120	880	82.2	1570±25	87.3	980	81.5	1640±20
C1	55–70	1.7	0.25	100	900	62.0	3840±70	90.8	730	58.8	4265±30
C2	70–80	1.9	0.19	80	920	62.0	3840±70	112.8	modern	56.5	4580±30
Rotthalmünster (Parabraunerde)											
Mais Ap	0–30	12.9	5.35	186 [1]	814	102.7*	modern* 54[a] (±4)	nb	nb	106.5 ±0.3	modern 58[a] (+9/-8)
	30–45	6.7	1.55	232 [1]	768	nb	144 [a] (+9/-8)	nb	nb	97.5 ±0.3	205±22 151[a] (+23/-18)
Wald	0–7	40,5	2.57	563 [1]	437	108.3*	modern*	nb	nb	nb	nb

(C4-Pflanzen, z. B. Mais) sich deutlich von derjenigen von C3-Pflanzen unterscheidet. Der mittlere δ^{13}C-Unterschied zwischen C3- und C4-Vegetation beträgt etwa 15 $°/_{oo}$. Nach langjährigem Maisanbau kann so z. B. der Anteil von Mais-C in einem Boden bestimmt werden, dessen organische Substanz vorher eine C3-Signatur hatte. Mit diesem Ansatz ist es also möglich, den C-Umsatz *in situ* über längere Zeiträume zu bestimmen. In einer Parabraunerde betrug der Anteil des maisbürtigen OC in der organi-

schen Bodensubstanz nach 24-jährigem Maisanbau 36 %, entsprechend einer Umsatzzeit der organischen Bodensubstanz von 54 Jahren. Daraus kann dann auch die Festlegung des Kohlenstoffs in verschiedenen Fraktionen nachgewiesen werden. Während in der leichten Fraktion überwiegend Mais-C gefunden wurde, stammte in der mineralgebundenen Fraktion nur 31 % des Kohlenstoffs aus den Maisrückständen mit einer Umsatzzeit von 63 Jahren. Die in den Aggregaten okkludierte leichte Fraktion hat wesentlich längere Umsatzzeiten. Damit wurde bestätigt, dass die Verweilzeiten des Kohlenstoffs in der Ton- und Feinschlufffraktion wesentlich länger als in den groben bzw. leichten Fraktionen sind.

Der Einsatz von mit ^{13}C oder ^{15}N markierten *Tracern* (Modellsubstanzen oder markierte Pflanzenreste), die sich in ihrer Isotopenzusammensetzung vom natürlichen Hintergrund unterscheiden, erlaubt die Verfolgung der Entwicklung spezifischer Komponenten im Boden, sowohl im Laborversuch als auch im Gelände. Von besonderem Vorteil ist dabei, dass der Einsatz stabiler Isotope die Erfassung langfristiger Prozesse und in Kombination mit thermischem oder chemolytischem Abbau eine komponentenspezifische Isotopenanalyse auf molekularer Basis ermöglicht.

3.5.3 Modellierung des C-Umsatzes

Die Umsetzung der frisch dem Boden zugeführten organischen Substanz lässt sich mit einer Gleichung beschreiben, in der die Umsatzrate proportional zur Menge des vorhandenen Substrats ist:

$$A_t = A_0\, e^{-kt}$$

Dabei sind At und A0 die Mengen an organischem C in Pflanzenresten zum Zeitpunkt 0 und zur Zeit t, k ist die Reaktionskonstante pro Zeiteinheit. In dieser Gleichung 1. Ordnung vermindert sich die Menge der zugeführten organischen Substanz innerhalb einer bestimmten Zeit jeweils um die Hälfte (Halbwertszeit). Damit lässt sich der Abbau von Pflanzenrückständen in den ersten Jahren gut beschreiben (Abb. 3-10).

Zur Beschreibung und Vorhersage der C-Speicherung und -dynamik im Boden muss die unterschiedliche Stabilität der verschiedenen Humusbestandteile berücksichtigt werden, die sich aus den oben beschriebenen Verweilzeiten ergibt. In den meisten Umsetzungsmodellen befindet sich die organische Substanz daher in einer endlichen Zahl von Kompartimenten oder Pools. Gängige Kohlenstoff-Umsatz-Modelle (Abb. 3-11) verwenden drei oder mehr funktionelle Pools, die durch verschiedene Geschwindigkeiten des Kohlenstoff-Umsatzes gekennzeichnet sind. Häufig werden die Umsatzraten zudem durch Beziehungen mit der Bodenfeuchte, der Temperatur, dem Tongehalt, pH-Wert und der N-Verfügbarkeit beschrieben. Meist wird die organische Substanz in drei Pools mit schneller Umsetzung (labil), langsamer Umsetzung (intermediär) und sehr langsamer Umsetzungsrate

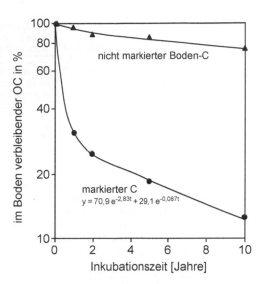

Abb. 3-10 Verlust von Boden-C und C aus ^{14}C-markiertem Roggenstroh im Laufe einer zehnjährigen Freilandinkubation (nach JENKINSON, 1977).

(passiv) differenziert. Die quantitative Beschreibung des Umsetzungsverhaltens in den verschiedenen Pools beruht auf den oben beschriebenen, empirisch gewonnenen Umsetzungsraten.

Der labile Pool wird sehr schnell, innerhalb von Monaten oder wenigen Jahren umgesetzt, macht aber nur etwa 1…5 % der organischen Substanz aus. Die labile Fraktion der organischen Bodensubstanz besteht aus unzersetzten, leicht verfügbaren Resten von Pflanzen und Mikroorganismen und hat vor allem Bedeutung für die kurzfristige Nährstoffversorgung in Böden. In ackerbaulich genutzten Böden hat etwa die Hälfte der organischen Substanz eine mittlere Verweildauer von 10…50 a, d. h. sie entspricht dem intermediären Pool. Im intermediären Pool liegen vor allem partiell zersetzte Pflanzenreste vor, in denen sich das Lignin gegenüber den leichter abbaubaren Polysacchariden angereichert hat. Diese Fraktion wird vermutlich durch Aggregierung gegenüber dem Abbau geschützt und wird daher stark durch verschiedene Bewirtschaftungs- und Bodenbearbeitungsmaßnahmen beeinflusst (Abb. 3-4). Die Isolierung dieser Fraktion erfolgt inzwischen erfolgreich durch die oben beschriebene kombinierte Fraktionierung nach der Korngröße und Dichte.

Der passive Pool hat mittlere Verweilzeiten im Bereich von Hunderten bis Tausenden von Jahren. Manche Modellansätze beinhalten außerdem einen inerten Pool, der als nicht abbaubar angesehen wird und da-

3

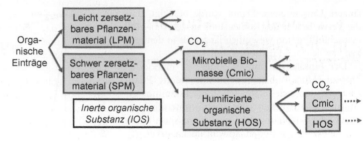

Abb. 3-11 Das Roth-C-Modell, Beispiel für ein Mehrkomponentenmodell zur Simulation der C-Umsetzungen in Böden (nach COLEMAN & JENKINSON, 1999)

her als Konstante eingeht. Die stabile Humusfraktion macht den passiven Pool in den Modellen aus und ist mengenmäßig am bedeutendsten. Bei den sehr stabilen Anteilen der organischen Bodensubstanz handelt es sich vermutlich überwiegend um Holzkohle, Kohle und organische Substanzen in organo-mineralischen Verbindungen. In den organo-mineralischen Verbindungen dominieren Polysaccharide und Alkyl-C-Verbindungen, während aromatische Bestandteile von untergeordneter Bedeutung sind.

Die Vielzahl der Prozesse, die zu einer sehr langfristigen Stabilisierung der organischen Substanz im passiven Pool führen, erschwert bisher noch die Vorhersage der Größe und des Abbauverhaltens vor allem des passiven Kohlenstoff-Pools. Es ist daher bisher noch nicht zufriedenstellend gelungen, die konzeptionellen Pools der Modelle mit messbaren Fraktionen der organischen Bodensubstanz in Einklang zu bringen und diese selektiv aus dem Boden zu isolieren. Dies ist neben den ungenügenden Fraktionierungs- und Charakterisierungsmethoden vor allem auch dadurch bedingt, dass die organische Substanz im Boden in einem Kontinuum und nicht in diskreten Fraktionen vorliegt. Dennoch können inzwischen wesentliche Komponenten der einzelnen Pools beschrieben werden.

3.5.4 Böden als Speicher und Quelle für Kohlenstoff

In jedem Boden stellt sich unter natürlicher Vegetation oder bei langjährig gleichbleibender Nutzung in Abhängigkeit von den Klimabedingungen ein Gleichgewicht zwischen Anlieferung und Abbau der organischen Substanz ein (Tab. 3-7). Tonreiche Böden haben unter gleichen klimatischen Bedingungen und bei gleicher C-Zufuhr oft einen höheren Humusgehalt als Sand- oder Schluffböden. Dies ist vermutlich durch eine Kombination stabilisierender Prozesse durch direkte Interaktionen mit der Festphase und

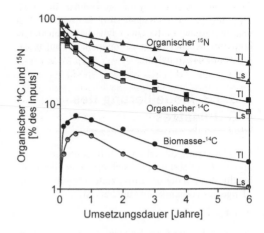

Abb. 3-12 Rest-^{14}C und Rest-^{15}N und Biomasse-^{14}C in einem Ton (Tl) und einem sandigen Lehm (Ls) während des Abbaus markierter Leguminosen unter Feldbedingungen (nach LADD et al., 1996).

Aggregierung bedingt. Die höheren Humusgehalte feinkörniger Böden erklären sich aus (a) der Fähigkeit von Tonmineralen, Aluminium- und Eisenoxiden, organische Stoffe zu adsorbieren und damit den mikrobiellen Abbau zu vermindern; (b) dem höheren Gehalt an Aggregaten, in denen die eingeschlossenen Kohlenstoffverbindungen vor der Zersetzung durch Mikroorganismen geschützt sind und (c) den daher häufiger auftretenden anaeroben Bedingungen. In tonreichen Böden wird also ein geringerer Anteil der organischen Substanz mineralisiert als in tonarmen Böden (Abb. 3-12). Dabei ist die Bedeutung der Tonfraktion besonders hoch, wenn die Tongehalte niedrig sind. Wie Abb. 3-13 zeigt, nimmt die Anreicherung von C und N in den feinen Fraktionen mit ansteigendem Ton- und Schluffgehalt ab.

Langjährige Feldversuche zeigen die Abhängigkeit des Humusgehalts von der Zufuhr der organischen Substanz (Tab. 3-8 und Abb. 3-14). Die anor-

Tab. 3-7 Umsatzzeit der organischen Bodensubstanz in verschiedenen Klimazonen

Klimazone	Ökosystem	Umsatzzeit [a]	Referenz	Methode
Boreal	Borealer Nadelwald	220**	(TRUMBORE, 2000)	Berechnung**
Gemäßigt	Mittelwert 31 Standorte	63 ± 7	(SIX et al., 2002)	^{13}C-Technik
	Gemäßigte Wälder	12**	(TRUMBORE, 2000)	Berechnung **
	Gemäßigte Wälder	11...31[a]	(GARTEN & HANSON, 2006)	Berechnung [a]
	Kühlgemäßigte Wälder	30*	(JENKINSON, 1981)	Berechnung *
Humid	Subhumide Savanne	34*	(JENKINSON, 1981)	Berechnung *
	Humide Savanne	37*	(JENKINSON, 1981)	Berechnung *
Maritim	Weizen, ungedüngt	22*	(JENKINSON, 1981)	Berechnung *
(Rothamsted UK)	Weizen, NPK	30*	(JENKINSON, 1981)	Berechnung *
	Grünland, ungedüngt	77*	(JENKINSON, 1981)	Berechnung *
Tropisch	Mittelwert, 23 Standorte	36 ± 5	(SIX et al., 2002)	^{13}C-Technik
	Tropischer Regenwald	9	(JENKINSON, 1981)	Berechnung *
	Tropischer Regenwald	2.5**	(TRUMBORE, 2000)	Berechnung **

* geschätzt aus dem Verhältnis Nettoprimärproduktion zu OC-Gehalt des Bodens;
** berechnet aus OC-Vorräten und Bodenatmung;
[a] Berechnung basierend auf gemessenen OC-Vorräten und geschätztem C-Input

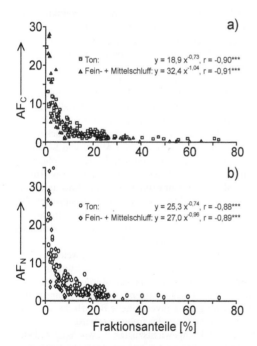

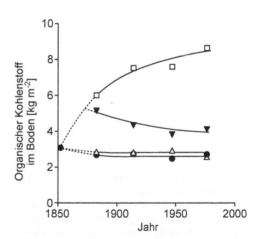

Abb. 3-13 Anreicherungsfaktoren für (**a**) organischen Kohlenstoff (AF$_C$) und (**b**) Stickstoff (AF$_N$) in der Ton-, Feinschluff- und Mittelschlufffraktion von Böden mit unterschiedlichen Ton- und Schluffgehalten. AF$_C$ = %C in Fraktion/C im Gesamtboden, AF$_N$ = %N in Fraktion/N im Gesamtboden (aus SCHULTEN & LEINWEBER, 2000).

Abb. 3-14 Zeitliche Veränderung des Humusgehalts in lehmigen Braunerden des Dauerversuchs Rothamsted bei unterschiedlicher Bewirtschaftung seit 1852; ☐ Stallmist, ● ungedüngt, △ NPK, ▼ Stallmist, ungedüngt seit 1871 (nach JENKINSON, 1988).

3

Tab. 3-8 OC-Gehalt der Ackerkrume langjähriger Feldversuche in Abhängigkeit von der Düngung; aus ANSORGE (1957), DEIN & MERTENS (1955, IVERSON (1953), SCHMALFUSS & KOLBE (1961)

Ort	Halle	Askow		Bad Lauchstädt	Bonn
Versuchsdauer (Jahre)	80	50	50	52	52
Tongehalt (%)	13	4	9	26	17
pH (KCl)	6,4	5,9	7,2	7,0	7,0
Stallmist (dt ha^{-1} a^{-1})	120	95	95	100	108
OC-Gehalt (g kg^{-1})					
ungedüngt	11,4	7,9	13,0	14,9	11,2
PK	-	-	-	14,8	-
NPK	12,6	9,6	14,3	16,1	11,8
Stallmist	16,9	10,9	15,2	17,7	12,1
NPK + Stallmist	-	-	-	18,6	12,9

ganische Düngung beeinflusst den Gehalt der Böden an organischer Substanz direkt über die Höhe der Erträge und damit die Menge der zugeführten Ernterückstände. Je höher bei vergleichbarer Fruchtfolge die Erträge durch Düngung gesteigert werden, desto stärker wird der Humusgehalt der Böden angehoben.

In jüngster Zeit kommt der Speicherfunktion des Bodens für Kohlenstoff im Rahmen des Klimaschutzes immer größere Bedeutung zu, da der Aufbau der Bodenkohlenstoffpools mit einer Verminderung der atmosphärischen CO_2-Konzentration einhergeht. Dabei sind aber gleichzeitig die CO_2-Speicherung sowie alle biogen erzeugten Treibhausgase, also auch Lachgas (N_2O) und Methan (CH_4) zu berücksichtigen. Wichtige Standortsfaktoren für die Intensität der biologischen Umsetzungsprozesse, durch die CO_2, N_2O sowie CH_4 erzeugt wird (s. Kap. 4.2), sind Bodenfeuchte und Bodenart, sowie Menge und Qualität der nachgelieferten Streu als Substrat für Bodenorganismen. Abb. 3-15 stellt die C-Pools und –Flüsse des Boden-C Kreislaufs dar. Die Frage, ob ein Humusaufbau im Boden (z. B. durch Landnutzungswandel) letztendlich eine Netto-CO_2 Bindung bewirkt, kann nur auf Ökosystemebene, in Verbindung mit der Netto-Primärproduktion (NPP) beurteilt werden (Netto-Biomproduktivität = NPP-Respirationsverluste). Die Rolle des Bodens als Quelle- oder Senke für Treibhausgase kann somit nur durch gleichzeitige Betrachtung der Verluste durch heterotrophe Atmung und der

Bindung durch Biomasse- und Streuproduktion beurteilt werden. Bei nassen Standorten (→ Moore) sowie bei der Bildung von Humusauflagen führt der stark verlangsamte bodenbiologische Humusabbau zur Kohlenstoffspeicherung.

Mit Beginn der Bodenkultivierung vor ca. 10.000 Jahren haben sich die Boden-C Zustände kontinuierlich verringert. Etwa 20 % der aktuellen atmosphärischen CO_2 Konzentration sind vermutlich auf die Kultivierung natürlicher Standorte zurückzuführen, davon 24...32 % auf den Abbau von Boden-C. Die wichtigsten Faktoren sind wie im folgenden an Beispielen dargestellt Entwaldung bzw. Inkulturnahme, Bodenbearbeitung, und Entwässerung, die jeweils Verluste von 40...60 % organischer Bodensubstanz verursachen können, in Extremfällen bis zu 70 %. Derzeit wird beispielsweise in den USA von einem Senkenpotenzial von ca. 50...75 % der historischen C Verluste ausgegangen, welches durch entsprechende Bewirtschaftungsverfahren im Laufe von 25...50 Jahren aufgebaut werden könnte. Dabei ist zu berücksichtigen, dass durch kurzfristige Umstellung auf konventionelle Bewirtschaftung das sequestrierte C wieder freigesetzt wird.

Der Gleichgewichtszustand zwischen Anlieferung und Abbau wird gestört, wenn die Nutzungsform verändert wird. Rodung und Inkulturnahme von Wäldern oder die Umwandlung von Steppe oder Grünland in Ackerland wie auch umgekehrte Maßnahmen wirken sich sehr stark auf die Humusdynamik aus. Die hierbei auftretenden zeitlichen

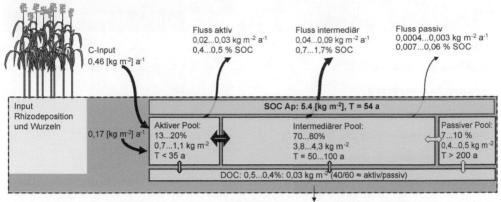

Rotthalmünster (Maismonokultur)

Abb. 3-15 Mineralisationsraten von Bodenpools. Aktiver, intermediärer, passiver Pool: über Partikel- und Dichte-Fraktionierung bestimmt. Berechnung der Umsatzzeiten (T) über δ^{13}C-Messungen in C3/C4-Umstellungsböden (FLESSA et al., 2008), C-Vorrat und C-Input Maisstroh (KÖGEL-KNABNER et al., 2008), C-Input unterirdisch (Wurzeln und Rhizodeposition) (LUDWIG, 2005), DOC: Richtwerte von HAYNES (2005), V. LÜTZOW et al. (2007)

Änderungen des organischen Kohlenstoffs nehmen den gleichen Verlauf wie die des organisch gebundenen Stickstoffs.

Die Abnahme des OC-Gehaltes nach Umwandlung von Steppengrünland in Ackerland ist auf die Kombinationswirkung von Erosionsverlusten, biochemischem Abbau der organischen Substanz und Verdünnungseffekten durch Bearbeitung (Vertiefung der Ackerkrume) zurückzuführen. Böden unter Dauergrünland oder Wald enthalten meist mehr organische Substanz als benachbarte Ackerböden, weil mehr Streu anfällt und der Oberboden nicht bearbeitet wird. Der Verlust der organischen Substanz nach der Inkulturnahme erfolgt dabei nicht gleichmäßig, sondern bevorzugt aus der Fraktion der partikulären organischen Substanz, die vor allem jüngere, wenig umgewandelte Pflanzenreste enthält.

Treten Störungen des Aggregierungszustands von Böden auf, z. B. durch Bodenbearbeitung und Kultivierung natürlicher Böden, so steigt die Umsatzrate der physikalisch geschützten Fraktion an, es kommt also zu einem besonders starken C-Verlust aus der groben Fraktion. Je häufiger ein Boden im Laufe eines Jahres bearbeitet wird und je mehr wendende Geräte eingesetzt werden, umso stärker sinkt der Humusgehalt. Dabei wird vor allem die Mineralisierung bisher physikalisch geschützter organischer Substanz aus Mikroaggregaten angeregt. Dieser durch intensive Belüftung und Aggregatzerstörung verursachte Abbau kann vermindert werden, wenn anstelle des Pfluges lockernde, nicht wendende Geräte bei der Bodenbearbeitung eingesetzt werden.

Ein wesentlicher Einflussfaktor auf die globale Boden-C-Bilanz mit allerdings schwer vorhersagbaren Auswirkungen sind boreale Abtauprozesse. In borealen Permafrostböden haben sich unter kalt-humidem Klima (polare bis subpolar-boreale Klimazone) große Mengen bodenorganischer Substanz in Humusauflagen und flachen Moorlagen (ca. 30…50 cm in der Russischen Tundra) gebildet, die durch Abtauvorgänge mikrobiell abgebaut werden können. Die Abtauraten borealer Permafrostböden hat sich während der letzten 4 Jahrzehnte verdreifacht, derzeit maximal bis zu 31 cm pro Jahr. Die damit einhergehende fortschreitende Mineralisierung zuvor konservierter Humusvorräte im Boden könnte ein Viertel bis ein Drittel der Weltboden-C Ressource betreffen. Inwieweit sich diese Veränderungen auf den Boden-C Speicher auswirken, hängt allerdings in erster Linie vom Bodenwasserzustand ab. Wo sich Tundra in aktive Moore verwandelt, können dieser weiter wachsen. Während dabei der Humuskörper weiter anwächst, steigen allerdings die Methanemissionen. Die Treibhauswirksamkeit von Methan ist um ein 20- bis 30-faches höher als diejenige von CO_2.

3

Tab. 3-9 Maßnahmen zur Steigerung von Boden-C Vorräten in landwirtschaftlichen Böden

Bewirtschaftungsverfahren	Potenzielle Boden-C Sequestrierung [t CO_2 ha^{-1} a^{-1}]
Ackerland	
pfluglose Bodenbearbeitung	ca. 1,42 (große Spanne der Schätzungen)
reduzierte Bodenbearbeitung	< 1,42
Brache (Grasbrache)	< 1,42
Umwandlung in Dauergrünland bzw. Dauerfrüchte	2,27
Anbau tiefwurzelnder Fruchtarten	2,27
Gülle/Mistausbringung	1,38 (je nach regelm. ausgebrachter Menge)
Ernterückstände belassen	2,54 (je nach Streumenge)
Klärschlamm ausbringen	0,95 (je nach regelm. ausgebrachter Menge)
Kompostausbringung	≥ 1,38 (je nach regelm. ausgebrachter Menge)
verbesserte Fruchtfolge	> 0
mineralische Düngung	0
Bewässerung	0
Bioenergiepflanzen	2,27 (bei mehrjährigen Energiepflanzen)
Extensivierung (natürlicher Wiederaufwuchs)	1,98
Ökologische Landwirtschaft	0…1,98
Umwandlung Acker → Wald	2,27
Umwandlung Grünland → Acker	-3,66
Umwandlung Dauerkultur → Acker	-3,66
Umwandlung Wald → Acker	unklar (große standörtliche Spanne)
Grünland	
Intensivierung von Weideperioden (z. B. zwischen Ackerphasen)	0,4…1,8
Umwandlung von temporären zu dauerhaften Grünland	1,1…1,5
erhöhter Düngereinsatz auf nährstoffarmen Grünlandstandorten	0,7
Kultivierung organischer Böden durch Dauergrünland	-3,3…4,0
Tierhaltung	unsicherer Effekt
Schnitttechnik und Häufigkeit	unsicherer Effekt
Feuerschutz	unsicherer Effekt

Tab. 3-9 *Fortsetzung*

Bewirtschaftungsverfahren	Potenzielle Boden-C Sequestrierung [t CO_2 ha^{-1} a^{-1}]
Wiederbegrünung/Wiederbewaldung	
Nutzungsaufgabe landwirtschaftlicher Fläche	2,27
Kultivierte organische Böden	
Flächenschutz und Wiedervernässung	≤ 17
Vermeidung des Anbaus von Reihenpflanzen sowie Wurzelfrüchten	0
Vermeidung von Tiefenpflügung	5
Verringerung des Grundwasserstands	5...15
Umwandlung in Acker → Grünland	5
Umwandlung Acker → Wald	2...5
naturnahe Belassung von Mooren nach Ackernutzung	8...17
naturnahe Belassung von Mooren nach Grünlandnutzung	3...12
Schafweide auf nicht-entwässerten Moorstandorten	> 8
Flächenschutz/Aufgabe Bewirtschaftung	> 8

Derzeit deuten einige nationale Treibhausgasinventurberichte sowie Publikationen auf die Rolle von Böden als Treibhausgasquelle (Verringerung des Boden-C-Pools). Vermutete Ursachen sind die Bewirtschaftung ehemals nasser, noch immer humusreicher Standorte, ebenso die verringerte Ausbringung organischer Düngemittel bzw. erhöhte Erosionsraten. Dazu gehört zudem die Beeinflussung der Standortsproduktivität durch Düngung sowie Ausbringung organischer Produkte (Kompost, Stallmist, etc.), ferner die unterschiedliche Behandlung von Streu (Ernte, Einpflügen, Brache), die Beeinflussung des Bodenklimas (z. B. durch Wahl der Pflugverfahren, des Erntezeitpunkts) und der Bodenstruktur sowie die Bestimmung von Fruchtart und -folge.

Es wird allgemein davon ausgegangen, dass durch die Erhöhung der Streunachlieferung (oder die verminderte C-Umsetzung durch Wiedervernässung) die organische Substanz in Böden erhöht wird. In der Literatur finden sich allerdings verschiedene, teils widersprüchliche Aussagen über die Effekte moderner Landwirtschaft auf die Speicherung von Boden-C. Modellbasierten Schätzungen zufolge können etwa 10 % der anthropogenen CO_2 Emissionen in Europa jedes Jahr als Boden-C durch Umstellung der Bodenbewirtschaftung sequestriert werden, wobei berücksichtigt werden muss, dass sich nach einer bestimmten Zeit ein Gleichgewichtszustand einstellen wird, der keine weitere C-Bindung zulässt. Tab. 3-9 gibt aktuelle Zahlen zum C-Sequestrierungspotenzial landwirtschaftlicher Verfahren in Europa wieder. Dabei ist zu berücksichtigen, dass Maßnahmen langfristig aufrechterhalten werden müssen, um verbesserte Boden-C Gehalte zu stabilisieren. Eine Bewertung des potenzialen C-Sequestrierungspotenzials sowie die Beziehung humus-regradierter Standorte zu Bodenfunktionen benötigt Kenntnisse zu natürlichen bzw. optimalen Boden-C Gehalten. Vor diesem Hintergrund könnte auch das Risiko weiterer Humusverluste durch Nutzung ermittelt werden. Allerdings existieren solche Zahlen angesichts der komplexen standörtlichen Bedingungen in Deutschland und in Europa nicht. Als Richtwert wird derzeit 2 % organischer C angegeben, jenseits dessen erhebliche Einschränkungen der Bodenqualität zu erwarten sind.

3

3.6 Weiterführende Literatur

BACHMANN, J., G. GUGGENBERGER, T. BAUMGARTL, R.J. EL-LERBROCK, W.R. FISCHER, M.-O. GOEBEL, R. HORN, E. JASINSKA & K. KAISER (2007): Physical carbon-seque-stration mechanisms under special consideration of soil wettability. – J. Plant Nutr. Soil Sci. **170**, 14....26.

BALDOCK, J.A., P.N. NELSON (2000): Soil organic matter. Kap. B2 in M. Sumner (Hrsg.): Handbook of soil science. CRC, Boca Raton

DOERR, S.H., C.J. RITSEMA, L.W. DEKKER, D.F. SCOTT & D. CARTER (2007): Water repellence of soils: new insights and emerging research needs. – Hydrol. Processes **21**, 2223....2228.

FRIEDEL, J.K., E. LETTGER (2003): Bodenhumus: Nähr-stoffgehalte und Nachlieferung. Kap. 2.2.6.2 Blume et al., ed.(1996ff): Hb der Bodenkunde. Wiley-VCH, Weinheim

GREGORICH, E.G., M.H. BEARE, U.F. MCKIM & J.O. SKJEM-STAD (2006): Chemical and biological characteristics of physically uncomplexed organic matter. – Soil Sci Soc. Am. J. **70**, 975....985.

HAIDER, K. (1996): Biochemie des Bodens – Enke, Stuttgart.

HEDGES, J.I., G. EGLINGTON, P.G. HATCHER, D.L. KIRCHMAN, C. ARNOSTI, S. DERENNE, R.P. EVERSHED, I. KÖGEL-KNABNER, J.W. DE LEEUW, R. LITTKE, W. MICHAELIS & J. RULLKÖTTER (2000): The molecularly-uncharacterized component of nonliving organic matter in natural environments. – Org. Geochem. **31**, 945....958.

JENKINSON, D.S. (1990): The turnover of organic carbon and nitrogen in soil. – Phil. Trans. R. Soc. B, **329**, 361....368.

LAL, R. (2008): Soils and sustainable agriculture. A re-view. – Agron. Sustain. Dev. **28**, 57....64.

KNICKER, H. (2007): How does fire affect the nature and stability of soil organic nitrogen and carbon? – A review. – Biogeochem. **85**, 91....118.

KÖGEL-KNABNER, I. (2002): A review on the macromo-lecular organic composition in plant and microbial residues as input to soil. – Soil Biol. Biochem. **34**, 139....162.

KÖGEL-KNABNER, I., G. GUGGENBERGER, M. KLEBER, E. KAN-DELER, K. KALBITZ, S. SCHEU, K. EUSTERHUES & P. LEINWEBER (2008): Organo-mineral associations in temperate soils: integrating biology, mineralogy and organic matter chemistry. – J. Plant Nutr. Soil Sci. **171**, 61....82.

MARSCHNER, B. S. BRODOWSKI, A. DREVES, G. GLEIXNER, P.-M. GROOTES, U. HAMER, A. HEIM, G. JANDL, R. JI, K. KAISER, K. KALBITZ, C. KRAMER, P. LEINWEBER, J. RETHEMEYER, M.W.I. SCHMIDT, L. SCHWARK, & G.L.B. WIESENBERG (2008): How relevant is recalcitrance for the stabilization of organic matter in soils? – J. Plant Nutr. Soil Sci. **171**, 91....110.

OADES, J.M. (1988): The retention of organic matter in soils. Biogeochem. **5**, 35....70.

SCHARPENSEEL, H.-W., F.-M. PFEIFFER, P. BECKER-HEID-MANN (2002): Alter der Humusstoffe. Kap. 2.2.3.5 in Blume et al., ed. (1996ff): Hb der Bodenkunde. Wiley-VCH, Weinheim

SWIFT, M.J., O.W. HEAL & J. M. ANDERSON (1979): De-composition in terrestrial ecosystems. -Blackwell, Oxford.

V. LÜTZOW, M., I. KÖGEL-KNABNER, K. EKSCHMITT, H. FLES-SA, G. GUGGENBERGER, E. MATZNER & B. MARSCHNER (2007): SOM fractionation methods: Relevance to functional pools and to stabilization mechanisms. – Soil Biol. Biochem. **39**, 2183....2207.

V. LÜTZOW, M., I. KÖGEL-KNABNER, K. EKSCHMITT, E. MATZ-NER, G. GUGGENBERGER, B. MARSCHNER & H. FLESSA (2006): Stabilization of organic matter in temperate soils: Mechanisms and their relevance under diffe-rent soil conditions – a review. – Eur. J. Soil Sci. **57**, 426....445.

WAKSMAN, S.A. (1938): Humus: Origin, chemical com-position and importance to nature. -Baillière, Tindall & Cox, London.

Zitierte Spezialliteratur

ANSORGE, H. (1957): Z. Landw. Vers.-Untersuchungs-wes. **3**, 499.

BATJES, N.H. (1996): Total carbon and nitrogen in the soils of the world. – Eur. J. Soil Sci. **47**, 151....163.

BLANKENBURG, J. & W. SCHÄFER (1999): Bodenlandschaft der Moore in den Talsandniederungen der Altmorä-nenlandschaften , Moore im Teufelsmoor (Exkursion G 2). – Mitt. Deutschen Bodenk. Gesellschaft **90**, 231....247.

COLEMAN, K. & D.S. JENKINSON (1999): RothC-26.3, A Model for the Turnover of Carbon in Soil: Model Description and User's Guide. – Lawes Agricultural Trust, Harpenden, UK.

DEIN, H. & H. MERTENS (1955): – Z. Acker- und Pflanzen-bau **100**, 137.

ECCP [EUROPEAN CLIMATE CHANGE PROGRAMME] (2003): Working group sinks related to agricultural soils. – Final report, 76 pp.

EUSTERHUES, K., C. RUMPEL, M. KLEBER & I. KÖGEL-KNAB-NER (2003): Stabilisation of soil organic matter by interactions with minerals as revealed by mineral dissolution and oxidative degradation. – Org. Geo-chem. **34**, 1591...1600.

EUSTERHUES, K., C. RUMPEL & I. KÖGEL-KNABNER (2005): Organo-mineral associations in sandy acid forest soils: importance of specific surface area, iron oxides and micropores. – Eur. J. Soil Sci. **56**, 753... 763.

FENGEL, D. & G. WEGENER (1989): Wood: Chemistry, ultrastructure, reactions. – De Gruyter, Berlin.

FLESSA, H., W. AMELUNG, M. HELFRICH, G.L.B.WIESENBERG, G. GLEIXNER, S. BRODOWSKI, J. RETHEMEYER, C. KRAMER

& P.-M. Grootes (2008): Storage and stability of organic matter and fossil carbon in a Luvisol and Phaeozem with continuous maize cropping: A synthesis. – J. Plant Nutr. Soil Sci. **171**, 36....51.

Garten, J., T. Charles & P.J. Hanson (2006): Measured forest soil C stocks and estimated turnover times along an elevation gradient. – Geoderma **136**, 342....352.

Guggenberger, G., W. Zech, L. Haumaier & B.T. Christensen (1994): Land use effects on the composition of organic matter in particle-size separates of soils. II. CP-MAS and solution ^{13}C-NMR analysis. – Eur. J. Soil Sci. **46**, 147....158.

Haider, K. (1992): Problems related to the humification processes in soils of the temperate climate. In: J.-M. Bollag & G. Stotzky (Hrsg.): – Soil Biochemistry **7**, 55...94. Dekker, New York.

Haynes, R.J. (2005): Labile organic matter fractions as central components of the quality of agricultural soils: an overview. – Advances in Agronomy **85**, 221....268.

Helfrich, M., H. Flessa, R. Mikutta, A. Dreves & B. Ludwig (2007): Comparison of chemical fractionation methods for isolating stable soil organic carbon pools. – Eur. J. Soil Sci. **58**, 1316....1329.

Iverson, H. (1953): Phosphorsäure **13**, 200.

Jenkinson, D.S (1977): Studies on the decomposition of plant material in soil. V. The effects of plant cover and soil type on the loss of carbon from 14C-labelled ryegrass decomposing under field conditions. – J. Soil Sci. **28**, 424....434.

Jenkinson, D.S. (1988): Soil organic matter and its dynamics. In: A. Waid (Hrsg.): Russel's soil conditions and plant growth, **11** ed., 564....607 – Longman, Harlow.

Jenkinson, D.S. (1981): The fate of plant and animal residues in soil. In: The chemistry of soil processes (ed. M.H.B. Hayes), 505....561. – Wiley, Chichester

John, B., T. Yamashita, B. Ludwig & H. Flessa (2005): Storage of organic carbon in aggregate and density fractions of silty soils under different types of land use. – Geoderma, **128**, 63....79.

Kalbitz, K., B. Glaser & R. Bol (2004): Clear-cutting of a Norway spruce stand: implications for controls on the dynamics of dissolved organic matter in the forest floor. – Eur. J. Soil Sci. **55**, 401....413.

Kalbitz, K., A. Meyer, R. Yang & P. Gerstberger (2007): Response of dissolved organic matter in the forest floor to long-term manipulation of litter and throughfall inputs. – Biogeochem. **86**, 301....318.

Kögel-Knabner, I., K. Ekschmitt, H. Flessa, G. Guggenberger, E. Matzner, B. Marschner & M. von Lützow (2008): An integrative approach of organic matter stabilization in temperate soils: Linking chemistry, physics, and biology. – J. Plant Nutr. Soil Sci. **171**, 5....13.

Knorr, W., I. Prentice, J.I. House & E.A. Holland (2005): Long-term sensitivity of soil carbon turnover to warming. – Nature **433**, 298....301.

Ladd, J.N., R.C. Foster, P. Nannipieri & J.M. Oades (1996): Soil structure and biological activity. In: Bollag, J.-M. & G. Stotzky (Hrsg.): – Soil Biochem. **9**, 23....78. Dekker, New York.

Lair, G.H., M.H. Gerzabek & G. Haberhauer (2007): Sorption of heavy metals on organic and inorganic soil constituents. – Environ Chem Lett. **5**, 23....27.

Ludwig, B., M. Helfrich & H. Flessa (2005): Modelling the long-term stabilization of carbon from maize in a silty soil. – Plant and Soil **278**, 315....325.

Neumann, F. (1979): Böden in Landschaftsausschnitten Bayerns. II. Südliches Tertiär-Hügelland und Ampertal. – Bayer. Landw. Jb. **56**, 960....971.

Olah, G.-M., O. Reisinger & G. Kilbertus (1978): Biodégradation et humification. Atlas ultrastructural. – Presses de l'université Laval, Quebec.

Rethemeyer, J. (2004): Organic carbon transformation in agricultural soils: Radiocarbon analysis of organic matter fractions and biomarker compounds. – Dissertation, Christian-Albrechts-Universität

Rumpel, C., I. Kögel-Knabner & F. Bruhn (2002): Vertical distribution, age, and chemical composition of organic carbon in two forest soils of different pedogenesis. – Org. Geochem. **33**, 1131....1142.

Schmalfuss, K. & G. Kolbe (1961): Wiss. Z. Univ. Halle, Math.-Nat. X, S. 425.

Schmidt, M.W.I., J.O. Skjemstad, E. Gehrt & I. Kögel-Knabner (1999): Charred organic carbon in German chernozemic soils. – Eur. J. Soil Sci. **50**, 351...365.

Schöning, I. & I. Kögel-Knabner (2006): Chemical composition of young and old carbon pools throughout Cambisol and Luvisol profiles under forests. – Soil Biol. Biochem. **38**, 2411....2424.

Schulten, H.-R. & P. Leinweber (2000): New insights into organo-mineral particles: composition, properties and models of molecular structure. – Biol. Fertil. Soils **30**, 399....432.

Six, J., C. Feller, K. Denef, S.M. Ogle, J.C. de Moraes Sa & A. Albrecht (2002): Soil organic matter, biota and aggregation in temperate and tropical soils – Effects of no-tillage. – Agronomie, **22**, 755....775.

Spielvogel, S., J. Prietzel & I. Kögel-Knabner (2006): Soil organic matter changes in a spruce ecosystem 25 years after disturbance. – Soil Sci. Soc. Am. J. **70**, 2130....2145.

Spielvogel, S., J. Prietzel & I. Kögel-Knabner (2008): Soil organic matter stabilization in acidic forest soils is preferential and soil type-specific. – Eur. J. Soil Sci. 59, 674....692.

Stokstad, E. (2004): Defrosting the carbon freezer of the North. In: Soils: The final frontier. – Science **304**, 1618....1620.

Trumbore, S.E. (2000): Age of soil organic matter and soil respiration: Radiocarbon constraints on belowground dynamics. – Ecological Applications, **10**, 399....411.

4 Bodenorganismen und ihr Lebensraum

Die Gesamtheit der im Boden lebenden Organismen wird als **Edaphon** bezeichnet. Die Einteilung des Edaphons in Mikroflora, Mikrofauna, Mesofauna und Makrofauna erfolgt anhand des Körperdurchmessers der Organismen. Dies spiegelt den besiedelbaren Porenraum im Boden wider (Abb. 4.1-1). Mikroflora (Bakterien, Pilze, Algen) und Mikrofauna (Protozoen, Nematoden) bilden die Gemeinschaft der Mikroorganismen in Böden. Die Bodenorganismen beeinflussen die Bodenbildung (Pedogenese) **direkt** (z. B. durch Graben und Abbau organischer Substanz) oder **indirekt** (z. B.

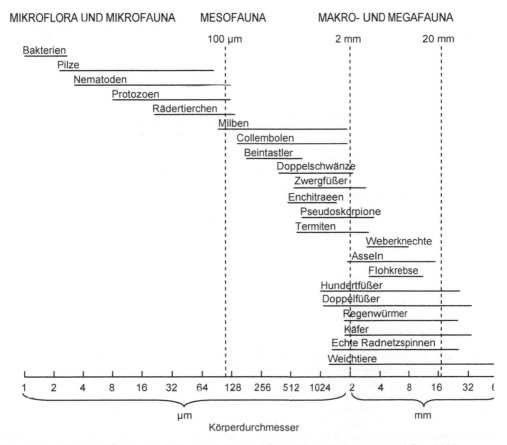

Abb. 4.1–1 Größenklassifikation von Bodenorganismen nach ihrem Körperdurchmesser (nach PAUL 2007).

4

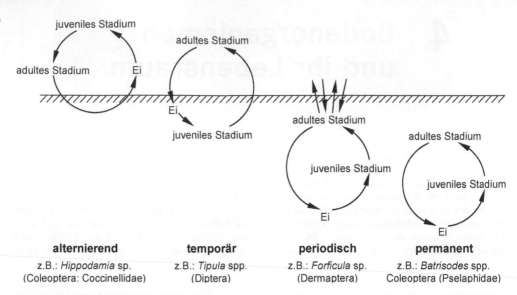

alternierend   **temporär**   **periodisch**   **permanent**
z.B.: *Hippodamia* sp.   z.B.: *Tipula* spp.   z.B.: *Forficula* sp.   z.B.: *Batrisodes* spp.
(Coleoptera: Coccinellidae)   (Diptera)   (Dermaptera)   Coleoptera (Pselaphidae)

Abb. 4.1–2 Unterschiedliche Bodenorganismen verbringen entweder ihr gesamtes Leben oder nur bestimmte Stadien des Lebens im Boden. Die verschiedenen Verhaltensweisen werden anhand von unterschiedlichen Insekten dargestellt (nach COLEMAN & CROSSLEY, 1995).

durch Fressen von Pflanzenwurzeln). Zu den **permanenten** Bodenorganismen gehören Bodenmikroorganismen und alle Bodentiere, die sämtliche Lebensstadien im Boden verbringen. Permanente Bodenorganismen können jedoch als Dauerformen (Cysten, Sporen) oder sorbiert an Staubpartikel über die Atmosphäre verbreitet werden. Innerhalb des Bodenprofils kann ein aktiver oder passiver Transport von Bodenorganismen erfolgen. Die **temporären** Bodentiere verbringen nur einen Teil ihres Lebens im Boden (z. B. Insektenlarven), während die **periodischen** den Boden öfter verlassen und wieder aufsuchen. Bei den **alternierenden** Bodentieren wechseln sich ober- und unterirdische Generationen ab (Abb. 4.1-2).

In den folgenden Abschnitten sollen zunächst die einzelnen Gruppen der im Boden lebenden Organismen vorgestellt werden; anschließend wird gezeigt, wie Bodenorganismen sich an ihren Lebensraum angepasst haben und welche Funktionen Bodenorganismen besitzen. Bodenorganismen stellen sehr gute Bioindikatoren für die natürlichen und anthropogenen Veränderungen von Böden dar. Im letzten Abschnitt werden wichtige klassische und molekulare Methoden der Bodenbiologie erläutert.

4.1 Bodenorganismen

4.1.1 Bodenmikroflora und Viren

Die Lebewesen des Bodens lassen sich nach ihrer unterschiedlichen Struktur der ribosomalen RNA (rRNA) in drei Domänen unterteilen: Bakterien (**Eubacteria**), **Archaeen (Archaea)** und **Eukaryoten (Eucaryota)** (Abb. 4.1-3). Bakterien und Archaeen sind Einzeller, die keinen Zellkern besitzen; aus diesem Grund wurden sie früher zur Gruppe der Prokaryoten zusammengefasst. Eukaryoten sind Lebewesen mit Zellkern und Zellmembran und sind in der Regel sehr viel größer als Prokaryoten. **Viren, Viroide** (infektiöse Moleküle aus Ribonukleinsäure) und **Prionen** (potentiell pathogene Proteine in Tieren und Menschen) besitzen eine eigene taxonomische Klassifikation. Viren nutzen in Böden sehr häufig Bakterien als Wirte. Es wurden jedoch auch pflanzen-, tier- und humanpathogene Viren in Böden nachgewiesen. Viren besitzen keinen eigenen Stoffwechsel, sondern sind auf den Stoffwechsel der Wirtszelle angewiesen.

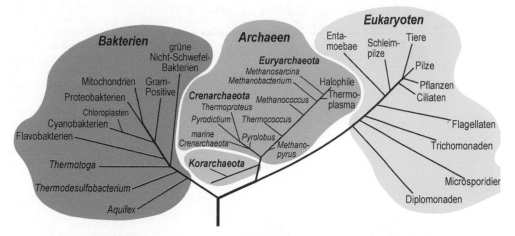

Abb. 4.1–3 Phylogenetischer Stammbaum der Organismen. Die Länge der Äste stellt ein Maß für die Veränderung der ribosomalen DNA-Gene dar, deren Sequenzvergleich diesem Stammbaum zugrunde liegt (nach FUCHS & SCHLEGEL, 2007).

Über die Ökologie der Viren in Böden ist zurzeit wenig bekannt. Da Viren ihre Wirtszelle bei der Infektion zerstören können, wird das mikrobielle Nahrungsnetz wahrscheinlich beeinflusst.

Bodenbakterien (Eubacteria) sind kleine (0,2…2,0 μm) einzellige Organismen. Parasitär lebende Bakterien (z. B. Rickettsien in Zecken, Flöhen, Milben und Läusen) haben eine Größe von 500…200 nm (Abb. 4.1–4). Bodenbakterien lassen sich auf Basis ihrer Gestalt kaum unterscheiden. Eine klassische Methode zur Differenzierung von Bodenbakterien ist die nach dem dänischen Wissenschaftler HANS CHRISTIAN GRAM benannte Methode zur differenzierenden Färbung der bakteriellen Zellwände. **Gramnegative** Bakterien besitzen eine äußere Zellwand, die aus Lipopolysacchariden, Porinen (porenformende Transmembranproteine) und anderen Makromolekülen besteht (Abb. 4.1–5). **Grampositive** Bakterien besitzen dagegen keine äußere Zellmembran; ihre Zellwände bestehen hauptsächlich aus Peptidoglykan. Manche Bodenbakterien wie z. B. Cyanobakterien können jedoch nicht eindeutig nach der Färbemethode klassifiziert werden. Bodenbakterien zeichnen sich durch eine hohe Stoffwechselvielfalt aus: Es werden mindestens 150 unterschiedliche Stoffwechselwege und 900 verschiedene Reaktionen beschrieben, die durch Bakterien ausgeführt werden. Aus dem Boden werden mit Hilfe von Kultivierungsmethoden häufig Proteobacteria (Subklassen: α-, β-, γ-, δ- und ε-Proteobacteria) und Vertreter der Firmicutes, Actinobacteria und Bacteroidetes

isoliert. Details zur Phylogenie dieser Mikroorganismen findet man im *Bergey's Manual of Bacteriology*. α-Proteobacteria haben unterschiedliche Ernährungsstrategien entwickelt: Sie können von toter organischer Substanz, symbiontisch oder parasitisch leben. Zu den α-Proteobacteria zählen auch Rhizobien, die in Symbiose mit Leguminosen Stickstoff fixieren können. β- und γ-Proteobacteria (z. B. *Burkholderia* und *Azoarcus*) nutzen leicht verfügbare Pflanzenexsudate in der Rhizosphäre von unterschiedlichen Pflanzen. Unterschiedliche Nitrifizierer, Denitrifizierer und Xenobiotika abbauende Mikroorganismen werden ebenfalls zu den β-Proteobacteria gezählt. Viele sulfat-reduzierende Mikroorganismen gehören zu der Subklasse der δ-Proteobacteria. Firmicutes sind grampositive Bakterien, die durch einen geringen Gehalt an Nukleinbasen Guanin und Cytosin gekennzeichnet sind. Sie bilden Endosporen und können deswegen sehr lange in Böden überdauern. Actinobacteria (z. B. *Streptomyces*) wachsen nur sehr langsam im Boden und nutzen eine Vielzahl schwer abbaubarer organischer Verbindungen als Nahrungsquelle. Cyanobacteria sind photoautotrophe, gramnegative, ein- bis vielzellige Eubakterien. Cyanobacteria nutzen für ihre Photosynthese einen größeren Bereich des Lichtspektrums als Pflanzen und können deswegen auch Schwachlichtbereiche (z. B. Unterseite von Steinen) erfolgreich besiedeln. Neben Chlorophyll verwenden sie unterschiedliche Phycobiline als akzessorische Pigmente der Photosynthese. Viele Cyanobakterien wandeln in speziel-

4

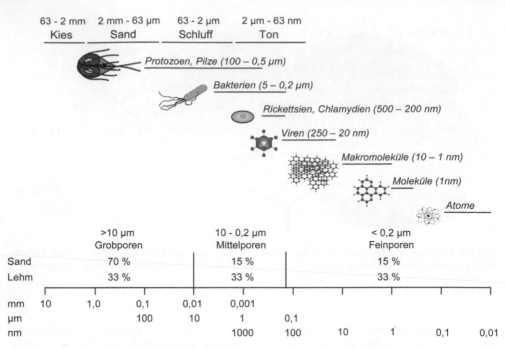

Abb. 4.1–4 Größenvergleich von Mikroorganismen, Bodenporen und Partikelgrößen (nach Maier et al., 2000).

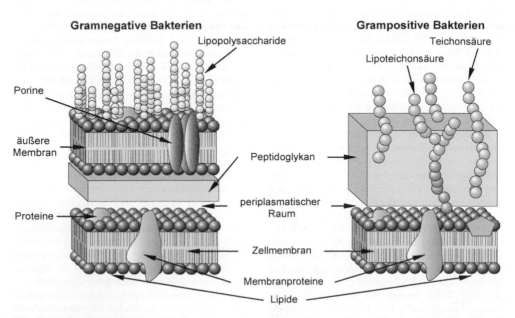

Abb. 4.1–5 Vergleich der Zellwandstruktur von gramnegativen und grampositiven Mikroorganismen (nach Maier et al., 2000).

len Zellen (Heterozysten) molekularen Stickstoff in Ammonium (Stickstofffixierung) um.

Mit Hilfe von molekularbiologischen Methoden wurden weitere Bodenmikroorganismen entdeckt, die jedoch in den meisten Fällen bisher noch nicht kultivierbar sind. Eine besondere ökologische Bedeutung besitzen wahrscheinlich Vertreter der Gruppe der Acidobacteria, die in fast allen terrestrischen Habitaten nachgewiesen wurden.

Archaeen (Archaea) unterscheiden sich von den anderen Domänen besonders durch den Aufbau ihrer Zellwände und Plasmamembranen: Die Zellwände von Archaeen enthalten kein Murein (Peptidoglykan), die Plasmamembranen besitzen keine esthergebundenen Lipide; sie enthalten dagegen ethergekoppelte Lipide sowie komplexe RNA-Polymerasen. Archaeen sind gegen Zellwandantibiotika resistent. Die Bedeutung der Archaeen in terrestrischen Ökosystemen ist sehr viel größer als angenommen. Zunächst hatte man Archaeen hauptsächlich an Extremstandorten (z. B. in heißen Quellen, in hoch konzentrierten Salzlösungen, in sehr saurem oder sehr alkalischem Milieu) nachgewiesen. In den letzten Jahren häufen sich jedoch die Hinweise, dass Archaeen in den meisten Böden vertreten sind und vermutlich eine wichtige Rolle für den Stickstoffkreislauf spielen. Manche Archaeen bilden das Enzym Ammoniak-Monooxygenase, das für die Umwandlung von Nitrat zu Nitrit während der Nitrifikation notwendig ist. In der Bio- und Nanotechnologie nutzt man inzwischen Archaeen u. a. aufgrund ihrer besonderen Oberflächenstrukturen (*S-layer*) zur mikrobiellen Erzlaugung, Biogasgewinnung oder zur Ultrafiltration.

Pilze (Fungi) durchziehen den Boden mit ihren zylindrischen, fadenförmigen Zellen (Hyphen, Durchmesser 1…10 μm). Als Mycel wird die Gesamtheit der Hyphen eines Pilzes bezeichnet. Alle Pilze sind Eukaryoten, deren Zellen bis auf Ausnahmen eine Zellwand besitzen. Bisher wurden Pilze in fünf unterschiedliche Stämme unterteilt: Chytridiomycota, Zygomycota, Glomeromycota, Ascomycota und Basidiomycota. Die Taxonomie der Pilze wird jedoch zurzeit sehr stark überarbeitet; Vertreter der Zygomycota werden z. B. in Zukunft zu den Glomeromycota und unterschiedlichen Substämmen gestellt. Chytridiomycota bilden bewegliche Zoosporen und kommen im Boden nicht sehr häufig vor. Zygomycota nutzen leicht verfügbare Kohlenstoffquellen sehr rasch und werden deswegen im englischen Sprachraum auch als *sugar fungi* (Zuckerpilze) bezeichnet. Sie produzieren dickwandige Zygosporen, die nach der Fusion von zwei unterschiedlichen Hyphen entstehen. Zygomycota besit-

zen thermophile Vertreter, die bei Temperaturen bis zu 60 °C wachsen können. Der Stamm der Glomeromycota umfasst alle Pilze, die arbuskuläre Mykorrhiza ausbilden (siehe Kap. 4.1.4) oder die eine Symbiose mit Cyanobakterien eingehen. Ascomycota (Schlauchpilze) tragen ihren Namen nach ihrer Fortpflanzungsstruktur (Ascus = Sporenschlauch). In diesem Sporenschlauch bilden sich nach der Meiose (Reduktionsteilung) haploide Ascosporen. Viele Hefe- und Schimmelpilze sowie Speisepilze (z. B. Morchel, Trüffel) und eine Vielzahl von Pilzen ohne sexuelle Stadien im Lebenszyklus (Deuteromycota) werden zu dieser Gruppe gezählt. Ascomycota (z. B. *Mucor, Penicillium, Trichoderma* und *Aspergillus*) sind in Böden wesentlich an der Streuzersetzung beteiligt. Basidiomycota (Basidienpilze) bilden eine große Gruppe unterschiedlicher Pilze, deren Hyphen durch Septen gegliedert und in einzelne Kompartimente geteilt sind. Einige Basidiomycota (Weißfäulepilze) zersetzen Lignin aus abgestorbenem Pflanzenmaterial vollständig und führen zur Weißfäule von Holz, bei der Cellulose als weiße Masse übrig bleibt. Braunfäulepilze zersetzen ausschließlich Cellulose und Hemicellulose und hinterlassen unterschiedliche Oxidationsprodukte des Lignins, die braun gefärbt sind. Bestimmte Pilze leben auch von Protozoen und Nematoden; andere sind Pflanzenpathogene (z. B. Arten der Gattungen *Phytophtora, Fusarium, Gaeumannomyces*) oder Hyperparasiten von pflanzenpathogenen Pilzen (z. B. *Trichoderma*) und sind somit von biotechnologischem Interesse. Die Peronosporomycetes (Eipilze, früher Oomycota) sind viel näher mit Algen verwandt als mit den Echten Pilzen. Zu den Eipilzen gehören die Erreger von zahlreichen Pflanzenkrankheiten, etwa der Kraut- und Knollenfäule der Kartoffel und die Falschen Mehltaupilze (Peronosporales). Die taxonomische Stellung der Myxomycota (Schleimpilze) ist ebenfalls umstritten. Als heterotrophe Organismen bilden sie ein Plasmodium (Plasmamasse mit vielen Zellkernen bzw. amöboiden Zellen). Plasmodien können sich wie große Amöben bewegen und durch Phagozytose ernähren, aber auch pilzartige Fruchtkörper bilden. Die meisten Arten kommen an verschiedenen Substraten vor (Totholz, Gras, abgestorbenen Pflanzenteilen und Moos).

Bodenalgen sind hauptsächlich in den obersten Zentimetern des Bodens aktiv. In der kontinentalen Antarktis besitzen sie nach dem Abschmelzen des Schnees eine hohe Bedeutung für die Humusbildung. Bodenalgen sind eukaryotische Organismen, die in ihren Zellen Chlorophyll enthalten und als phototrophe Organismen Licht als Energiequelle nutzen. Das Artenspektrum der Bodenalgen setzt

4

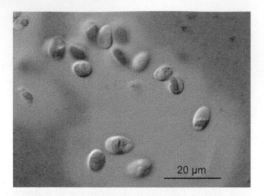

20 µm

Abb. 4.1–6. Einzellige nicht näher identifizierte Grünalge (Radiococcaceae), ein Vertreter der Trebouxiophyceae (Chlorophyta), in Kultur. Die Zellen scheiden extrazelluläre polymere Substanzen (EPS) aus, die durch Zugabe von Tuschepartikeln sichtbar gemacht wurden. Maßstab: 20 µm. Aufnahme: Sammlung von Algenkulturen, Universität Göttingen.

sich aus euterrestrischen und fakultativ terrestrischen Vertretern zusammen. Fakultativ terrestrische Algen sind Bestandteile des Aeroplanktons der Luft, sie gelangen temporär in die oberste Bodenschicht und können sich nicht dauerhaft im Boden etablieren. Euterrestrische Algen sind dagegen an das Bodenleben optimal angepasst und zeigen eine Standortspezifität. Die meisten Bodenalgen gehören zu den Grünalgen (Chlorophyta, Streptophyta), Gelbgrünalgen (Heterokontophyta: Xanthophyceae) oder Diatomeen (Heterokontophyta: Bacillariophyceae). Grünalgen und die zu den Bakterien zählenden Cyanobakterien bilden mit bestimmten Ascomyceten Symbiosen, die als Flechten bezeichnet werden. Bodenalgen scheiden häufig extrazelluläre, polymere Substanzen (EPS) aus, die zur physikalischen Stabilisierung von Böden beitragen. Abb. 4.1–6 zeigt die weiträumige Ausscheidung von EPS, die sich durch Tuschepartikel vom umgrenzenden Medium abhebt. Veränderungen der Umwelt können mit Hilfe von Monitoring der Bodenalgen nachgewiesen werden.

4.1.2 Bodentiere (Mikro-, Meso-, Makro- und Megafauna)

Protozoen sind als einzellige Eukaryoten die kleinsten Bodentiere und wichtige Vertreter der Mikrofauna. Protozoen haben sich durch die Ausbildung von Cysten, Ruhestadien (Anabiosis [von griech.

anabiōsis = Wiederaufleben]) und Toleranz gegen hohe CO_2-Konzentrationen an den Boden als Lebensraum angepasst. Protozoen vermehren sich in der Regel durch asexuelle Spaltung der Mutterzelle in zwei Tochterzellen; sexuelle Vermehrung ist bei Protozoen selten. Drei Gruppen von Protozoen kommen im Boden vor, welche anhand ihrer Fortbewegung wie folgt eingeteilt werden: **Geißeltierchen (Mastigophora)**, **Amöben (Sarcodina)** und **Wimpertierchen (Ciliophora)** (Abb. 4.1–7). Geißeltierchen bewegen sich im Bodenwasser mit ein oder mehreren Geißeln. Phytoflagellaten besitzen Chlorophyll und leben photoautotroph in den obersten Bodenlagen. Geißeltierchen ernähren sich hauptsächlich von Bakterien. Eine geringere Anzahl der Geißeltierchen lebt ausschließlich parasitisch oder pathogen. *Trichomonas*-Arten leben im Enddarm von Termiten und anderen Insekten. Unbeschalte Amöben (Amoebina) und beschalte Amöben (Testacea) bilden formveränderliche Cytoplasmafortsätze (Scheinfüßchen, Pseudopodien). Amöben ernähren sich durch Verschlingen partikulärer Substanzen (Bakterien, Pilze, Algen oder kleine organische Partikel) **(Phagocytose).** Wimpertierchen besitzen Cilien (Flimmerhärchen), die zur Fortbewegung und Nahrungsaufnahme dienen. Man findet standortspezifische Wimpertierchen in Mull- und Moderhumusformen. Wimpertierchen sind häufig Bakterienfresser, einige jedoch auch Räuber an anderen Protozoa.

Fadenwürmer (Nematoda) sind Vertreter der Mikrofauna, da ihr Körperdurchmesser kleiner als 0,2 mm ist. Mit ihrem drehrunden, langen Körper sind sie an die Lebensbedingungen des Bodens sehr gut angepasst. Sie leben im dünnen Wasserfilm, um Bodenaggregate und in der Rhizosphäre. Nematoden nehmen den Sauerstoff direkt durch ihre Körperoberfläche auf. Die Ausgestaltung des Kopfes der Tiere ist ein wichtiges taxonomisches Merkmal bei Nematoden (Abb. 4.1–8): Mit Hilfe eines Mundstachels (Stylet) stechen Nematoden Pflanzenwurzeln oder Pilzhyphen an. Räuber besitzen Zähne und Reibeplatten zum Zerkleinern der Nahrung. Bakterienfresser haben eine unscheinbare Mundhöhle und saugen die Nahrung mittels Kontraktion der Schlundmuskulatur ein. Man unterscheidet freilebende und parasitische Nematoden. Ektoparasiten stechen mit einem kurzen oder langen Stylet Wurzelhaare und -zellen an, wandernde Endoparasiten bewegen sich im Wurzelgewebe, sedentäre Endoparasiten leben stationär in Wurzelgallen oder Cysten. Freilebende Nematoden ernähren sich meist von Bakterien oder Pilzen. Durch die Beweidung von Bodenmikroorganismen setzen Nematoden Nähr-

4

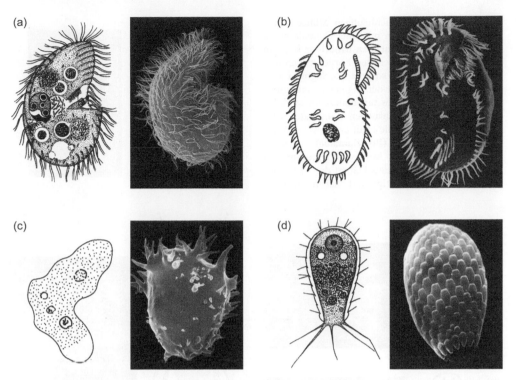

Abb. 4.1–7 (a – b) Ciliophora (Photos: (a) *Colpoda inflata*, Länge ca. 50 µm; (b) *Pattersoniella vitiphila*, Länge ca. 200 µm); (c) Amöbina (Nacktamöbe, *Mayorella* sp., Größe etwa 40 µm); (d) Testacea (Thekamöbe, *Euglypha* sp., Länge ca. 50 µm); (Zeichnungen (b) und (c) nach PAUL, 2007; Zeichnungen (a) und (d) sowie Photos (a) bis (d) von W. FOISSNER, Universität Salzburg, Österreich).

stoffe frei und beschleunigen Mineralisationsprozesse im Boden.

Gliederfüßer (Arthropoda) zählen zu der Größengruppe der Mesofauna (Abb. 4.1–1). **Spinnentiere (Arachnida), Krebse (Crustacea), Tausendfüßer (Myriapoda)** und **Insekten (Hexapoda)** besitzen eine Chitincuticula, die sie vor Austrocknung und mechanischer Verletzung schützt. Collembolen (Springschwänze) und Acari (Milben) sind besonders häufig vorkommende Vertreter der Mikroarthropoden von Böden.

Springschwänze (Collembola) sind flügellose, grabunfähige Tiere, die Hohlräume des Bodens als Lebensraum nutzen. Epedaphische Formen leben auf der Boden- und Schneeoberfläche. Starke Pigmentierung und Behaarung schützen sie vor der UV-Strahlung, lange Antennen dienen u. a. zur Geruchswahrnehmung, die gut ausgebildete Sprunggabel (**Furca**) nutzen sie zur Flucht vor Feinden. Die hemiedaphischen Arten besiedeln die Streu und die obersten Bodenlagen. In tiefer gelegenen Lagen des Bodens findet man euedaphisch lebende Arten. Dieser Lebensformtyp ist durch Größenreduktion, Verkürzung der Extremitäten, Rückbildung der Augen und eine fehlende Pigmentierung gekennzeichnet. Collembolen ernähren sich meist von Pilzen und Bakterien oder von abgestorbenen Pflanzenteilen, Aas und Kotballen größerer Tiere. Räuberisch lebende Collembolen ernähren sich mit ihren ritzenden Mundwerkzeugen von Rädertierchen, Bärtierchen, Nematoden oder sogar von Eiern anderer Springschwänze.

Die arten- und individuenreiche Gruppe der **Milben (Acari)** nutzt – wie die Collembolen – ebenfalls die Hohlräume des Bodens als Lebensraum. Da sie grabunfähig sind, können sie ihren Lebensraum nicht erweitern. Milben besitzen als Spinnentiere vier Laufbeinpaare und verwenden ihre Mundwerkzeuge zur Zerkleinerung der Nahrung oder zum Anstechen und Saugen von Pflanzensäften. Die

Atmung erfolgt bei weichhäutigen Milben durch die Haut und bei Tieren mit einer Cuticula durch Röhrentracheen. Bei **Tracheen** handelt es sich um Luftkanäle, die sich durch den Körper ziehen und an einigen Stellen durch so genannte Stigmata nach außen münden. Die Lage der Stigmen (Atmungsöffnungen) ist ein wichtiges taxonomisches Merkmal (Abb. 4.1-9): Die weichhäutigen **Astigmaten (Astigmatae)** atmen über die Haut und besitzen keine Stigmen. **Prostigmaten (Prostigmatae)** tragen ein Paar Stigmen nahe des Kopfes und **Raubmilben (Mesostigmatae)** über den Hüften der Laufbeine. **Hornmilben (Cryptostigmata)** haben mehrere,

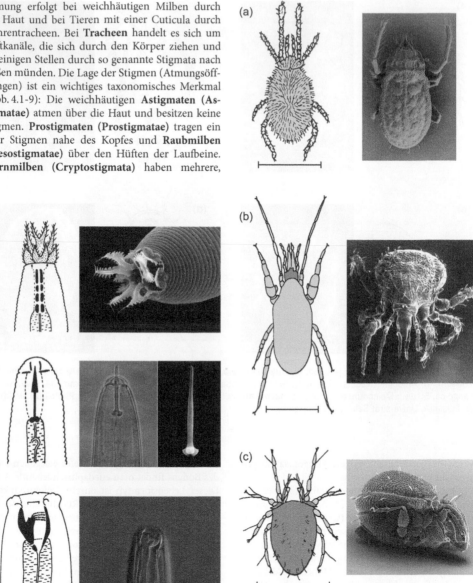

Abb. 4.1–8 An der Kopfstruktur unterschiedlicher Nematoden kann man ihre Ernährungsweise erkennen: (a) Bakterienfresser strudeln ihre Nahrung mit Fortsätzen am Kopf in den Mund (z. B. *Acrobeles* sp.), (b) Stylets werden zum Anstechen von Wurzeln und Pilzhyphen verwendet (z. B. *Tylenchid* sp.), (c) Reibplatten ermöglichen die Zerkleinerung der Nahrung von räuberischen Arten (z. B. *Mononchus* sp.) (Zeichnungen nach Coleman & Crossley, 1996, Photos nach Eisenback & Zunke, 2000).

Abb. 4.1–9 Typische Vertreter der Acari (Milben), die durch unterschiedliche Lage ihrer Atmungsöffnungen (Stigmen) gekennzeichnet sind: (a) prostigmat (Labidostommatidae, Prostigmata), (b) mesostigmat (Mesostigmata) und (c) cryptostigmat (*Carabodes ornatus*, Orbatida); [rasterelektronenmikroskopische Aufnahmen von: Sue Lindsay (a), Valerie Behan-Pelletier (b) und Katja Domes & Mark Maraun (c)]; (Zeichnungen modifiziert nach Gisi et al., 1997).

verborgene Stigmen, die über den Körper verteilt sind. Die Hornmilben leben in der Streu und den obersten Bodenlagen. Milben ernähren sich von lebenden Pflanzenteilen (**makrophytophag**), als Weidegänger von Mikroorganismen (**mikrophytophag**), von Nematoden (**zoophag**), Kotballen anderer Tiere (**koprophag**) oder von Aas (**nekrophag**).

Webspinnen (Araneae) sind Vertreter der Makrofauna, die nach den Milben zu der artenreichsten Ordnung der Spinnentiere zählen. Sie leben an der Bodenoberfläche und ernähren sich von z. B. Milben, Springschwänzen, Ameisen, die sie zunächst mit Verdauungssekret einspeicheln und anschließend aussaugen. Die **Weberknechte (Opiliones)** sind meist nachtaktive Räuber; sie können leicht an ihren vier Beinpaaren, deren Länge ihren Körperdurchmesser bei weitem überragt, erkannt werden.

Asseln (Isopoda) sind die einzigen Krebstiere, die sich an das Landleben angepasst haben. An ihre ursprüngliche aquatische Lebensweise erinnert das Vorkommen von Kiemen bei verschiedenen Landasseln. Andere Asseln (z. B. Mauerassel, *Oniscus asellus*) haben jedoch ein Tracheensystem zur Atmung entwickelt. Asseln bevorzugen feuchte Standorte und tragen durch ihre Ernährung von Pflanzenmaterial (Fensterfrass) zur Primärzersetzung der Streu bei.

Enchytraeidae stellen eine kleine Familie der Wenigborster (Oligochaeta) dar; gemeinsam mit den Regenwürmern gehören sie zu dem Stamm der Annelida (Ringelwürmer). Enchytraeiden treten global in subarktischen bis tropischen Regionen auf. Besonders hohe Populationsdichten treten vor allem in Böden mit niedrigem pH-Wert auf, in denen Regenwürmer nicht leben. Enchytraeiden sind farblose und fast durchsichtige, 1…50 mm lange Würmer. Die Diversität von Enchytraeiden ist sehr viel geringer als die der Milben oder Collembolen. Enchytraeiden ernähren sich vor allem von Bakterien und Pilzen, die sie gemeinsam mit partikulärer organischer Substanz aufnehmen. Man nimmt an, dass Enchytraeiden durch selektiven Fraß die Gemeinschaftsstruktur von Bodenmikroorganismen beeinflussen können. Der Kot von Enchytraeiden trägt zur Stabilisierung des Gefüges bei.

Regenwürmer (Lumbricidae) sind wichtige Vertreter der Makro- und Megafauna, die mit Ausnahme der Antarktis auf allen Kontinenten vorkommen. Hohe Abundanz von Regenwürmern findet man in Wald- und Grünlandböden der gemäßigten und tropischen Breiten. Besonders trockene oder kalte Regionen (z. B. Wüsten, Tundren, polare Regionen) werden von Regenwürmern kaum besiedelt. Nach ihrer Lebensform unterscheidet man drei unterschiedliche Typen (Tabelle 4.1-1): **Epigäische Formen** (z. B. *Lumbricus rubellus*) leben vorwiegend in der Humusauflage und in Anhäufungen organischer Substanzen (Kompost, zersetzendes Holz). Die vergleichsweise kleinen Regenwürmer sind durch starke Pigmentierung vor der UV-Strah-

Tab. 4.1.–1 Lebensformen und Merkmale von Regenwürmern, die in Mitteleuropa leben (nach Stahr et al., 2008).

Lebensform/ Merkmal	Streuformen epigäisch	Tiefgräber anözisch	Mineralbodenformen endogäisch
Pigmentierung	einheitlich braun-rot	braun (Vorderrücken schwärzlich-rotbraun)	ohne Pigmentierung
Körperlänge	20…120 mm	150…450 mm	20…150 mm
Grabmuskulatur	verkümmert	stark entwickelt	entwickelt
Nahrungsaufnahme	an der Bodenoberfläche	an der Bodenoberfläche	im Boden
Darmpassage	langsam	variabel	schnell
Atmung	intensiv	mittel	schwach
Lichtscheu	schwach	mäßig	stark
Gefährdung durch Räuber	sehr groß	gering (Rückzug in Gänge möglich)	schwach
Überdauerung ungünstiger Perioden	Enzystierung im Kokon	Diapause oder keine Ruhestadien	oft Quieszenz

4

lung des Lichts geschützt. **Anözische** Formen (z. B. *Lumbricus terrestris*) legen tiefgehende Gangsysteme an und kommen zur Nahrungsaufnahme an die Bodenoberfläche. Sie fliehen bei beginnender Austrocknung in tiefere Bodenlagen. **Endogäische** Formen (z. B. *Aporrectodea caliginosa*) leben im Mineralboden und bilden Gangsysteme bis in eine Tiefe von 50 cm. Sie ernähren sich von organischen Partikeln, die sie gemeinsam mit dem Boden aufnehmen. Bei Austrocknung rollen sie sich zusammen, um den Wasserverlust zu minimieren. Sie kommen ebenso wie die Tiefgräber nicht in Mittel- und Grobsand- sowie in Kiesböden vor.

Die kleinste Regenwurmart ist weniger als 20 mm lang; Riesenregenwürmer, die in Australien (z. B. *Megascolides australis*) leben, werden bis zu 3 Meter lang. Regenwürmer besitzen bis zu 160 Segmente, die jeweils mit kleinen Borsten versehen sind. Die Borsten aus Chitin und Proteinen dienen während der Fortbewegung zur Verankerung an der Oberfläche der Röhren. Abwechselnde Kontraktionen der Ring- und Längsmuskulatur ermöglichen den Regenwürmern, sich vorwärts und rückwärts kriechend zu bewegen. Als Bohrgräber nutzen die Regenwürmer die peristaltische Bewegung des Hautmuskelschlauches, um ihren Lebensraum zu erweitern. Die Körperflüssigkeit wirkt dabei als Antagonist zur Muskulatur und erfüllt die Funktion eines Skeletts (**Hydroskelett**). Treffen Regenwürmer auf Hindernisse, die sie nicht zur Seite schieben können, werden diese mit Sekret befeuchtet und anschließend aufgefressen. Regenwürmer atmen durch ihre Haut, die über Schleimzellen feucht gehalten werden muss. Große Regenwurmarten besitzen Hämoglobin zum Transport des Sauerstoffes innerhalb der Tiere. Regenwürmer sind zwittrige Tiere, die sich durch Samenaustausch zweier Partner fortpflanzen. Aus den befruchteten Eiern im Kokon entwickeln sich Larven, die in wenigen Wochen zu adulten Tieren heranwachsen. Regenwürmer überdauern den Winter in einem Ruhestadium (**Quieszenz**), das durch tiefe Temperaturen ausgelöst wird.

Ameisen (Formicidae) sind wichtige Vertreter der Makrofauna, die mit über 12.000 Arten nahezu weltweit zu finden sind; in Europa kommen ca. 180 Arten vor. In Island, der Antarktis und in Teilen von Polynesien konnten bisher keine Ameisen nachgewiesen werden. In Regenwäldern Amazoniens beträgt die Biomasse von Ameisen und Termiten ein Drittel der gesamten tierischen Biomasse. Ameisen gehören zu den Insekten, die Staaten bilden und die durch ihre Bauten lokal das Gefüge des Bodens stark verändern und durch intensive Umsetzungen den Boden stark erwärmen. Viele Ameisen leben räuberisch von anderen Insekten (z. B. die Rote Waldameise der Gattung *Formica*).

Termiten (Isoptera) sind besonders zahlreich in Afrika und Amerika vertreten. In Mitteleuropa kommen sie mit wenigen Ausnahmen (eingeschleppte Arten) nicht vor. Termiten sind teilweise staatenbildende Insekten; sie verändern durch ihre unterschiedlichen Bauten (z. B. Termitenhügel und Erdnester) das Bodengefüge. Termiten haben in den Subtropen (Savannen) ähnliche Funktionen wie Regenwürmer in gemäßigten Breiten. Niedere Termiten können nur in Symbiose mit Mikroorganismen, die in ihrem Enddarm leben, Holz abbauen. Die Mikrosymbioten (Flagellaten und Bakterien) sind in der Lage, im Enddarm die enzymatische Spaltung der einzelnen Holzbestandteile zu katalysieren. Als Produkte des Abbaus werden Kohlendioxid, Wasserstoff und Methan freigesetzt. Höhere Termiten ernähren sich von Humus oder von Pilzen, die sie auf Substraten (z. B. Holz, Cellulose) in ihrem unterirdischen Bau züchten. Manche Termiten (z. B. *Mastotermes*) besitzen symbiotisch lebende Bakterien in ihrem Darm, die N_2 fixieren können.

Säuger (Mammalia) leben entweder periodisch (z. B. Mäuse, Hamster, Kaninchen, Dachs, Fuchs, sowie in Steppenböden Ziesel und Erdhörnchen) oder permanent (z. B. Maulwurf) im Boden und durchmischen ihn durch ihre Wühltätigkeit. Der **Europäische Maulwurf** (*Talpa europaea)* lebt hauptsächlich in nicht zu trockenen Wiesen, Wäldern und Kulturlandschaften der gemäßigten Regionen; er fehlt in den kühleren Gebieten Eurasiens ebenso wie im Mittelmeerraum. In der kontinentalen und maritimen Antarktis tragen Pinguine durch den Bau von Bodenhöhlen aus Steinen und Kot sehr stark zur Bodenbildung bei.

4.1.3 Anzahl und Biomasse der Bodenorganismen

Abundanz von Organismen

Bodenorganismen verschiedener Größenklassen sind in unterschiedlicher Anzahl im Boden vertreten. Generell gilt, dass Bodenmikroorganismen gegenüber größeren Bodenlebewesen zahlenmäßig dominieren. Eine Übersicht über die Abundanz (Anzahl der Individuen einer Art, bezogen auf eine bestimmte Flächen- oder Volumeneinheit) und Biomasse der wichtigsten Bodenorganismen in Böden Mittel- und Nordeuropas ist aus Tabelle 4.1–2

Tab. 4.1-2 Mittlere (m) und hohe (h) Anzahl sowie Lebendmasse der wichtigsten Bodenorganismen in Böden Mittel- und Nordeuropas (nach DUNGER, 1983).

Gruppe	Anzahl der Individuen pro m^2		Masse (g m^{-2})	
	m	h	m	h
Mikroflora				
Bakterien	10^{14}	10^{16}	100	700
Actinobakterien	10^{13}	10^{15}	100	500
Pilze	10^{11}	10^{14}	100	10^3
Algen	10^8	10^{11}	20	150
Mikrofauna (0,002…0,2 mm)				
Geißeltiere	10^8	10^{10}		
Wurzelfüßer	10^7	10^{10}	5	150
Wimpertiere	10^6	10^8		
Fadenwürmer	10^6	10^8	5	50
Mesofauna (0,2…2 mm)				
Rädertiere	10^4	10^6	0,01	0,3
Bärtierchen	10^3	10^5	0,01	0,5
Milben	7×10^4	4×10^5	0,6	4
Springschwänze	5×10^4	4×10^5	0,5	4
Makrofauna (2…20 mm)				
Enchyträen	3×10^4	3×10^5	5	50
Schnecken	50	10^3	1	30
Spinnen	50	200	0,2	1
Asseln	30	200	0,4	1,5
Doppelfüßer	100	500	4	10
übr. Vielfüßer	130	2×10^3	0,5	3
Käfer m. Larven	100	600	1,5	20
Zweiflüglerlarven	100	10^3	1	15
übr. Insekten	150	15×10^3	1	15
Megafauna (20…200 mm)				
Regenwürmer	100	500	30	200
Wirbeltiere	0,01	0,1	0,1	10

ersichtlich. Ein Standort bietet jedoch nicht für alle Organismengruppen gleichzeitig optimale Lebensbedingungen. Minimalwerte liegen bei den Mikroorganismen um mehrere Zehnerpotenzen niedriger als die angegebenen mittleren Werte, während einzelne Gruppen der Makro- und Megafauna völlig fehlen können. Die Leistungsfä-

higkeit einzelner Tiergruppen kann anhand ihrer Atmungsraten verglichen werden (Abb. 4.1–10). Bodenmikroorganismen besitzen mit 91 % den höchsten Anteil an der Gesamtrespiration eines Ökosystems. Innerhalb der Bodentiere tragen die kleinsten Bodentiere (Protozoen) am meisten zur Gesamtrespiration bei.

4

Ein wichtiges Kriterium zur Charakterisierung der Menge an Bodenmikroorganismen ist deren Kohlenstoffgehalt. Mit Hilfe der Fumigation-Extraktions-Methode (siehe Kap. 4.5.1) werden ca. 100…1000 µg C g⁻¹ Boden für landwirtschaftlich genutzte Böden und ca. 500…10.000 µg C g⁻¹ Bo-

den für Waldböden angegeben (Tabelle 4.1–3). Die mikrobielle Biomasse nimmt innerhalb eines Bodenprofils ab. Die höchste Menge an Kohlenstoff, die durch Mikroorganismen gespeichert wird, findet man in Streuauflagen von Waldböden und in den obersten Zentimetern von Grünlandböden. Der

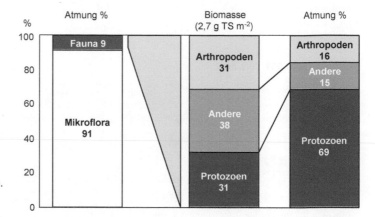

Abb. 4.1.–10
Mittlere Biomasse und Atmung von Bodenorganismen. TS: Trockensubstanz (nach WEAVER et al., 1994).

Tab. 4.1–3 Mikrobielle Biomasse und organische Substanz von Böden unterschiedlicher Ökosysteme. Die Bestimmung erfolgte mittels der Fumigations-Extraktions-Methode oder mittels substratinduzierter Respiration (nach KANDELER et al., 2005).

Ökosystem	Horizont	C_{mic}	C_{org}
	(cm)	(µg g⁻¹)	(%)
Ackerböden	0…5	250…1080	3,0…6,0
	0…20	70…720[a]	1,0…3,8
Grünland	Streuauflage	9650	2,1
	0…10	2670	2,9
	10…20	1120	1,9
Wälder, gemäßigtes Klima	Streuauflage	10830	2,3
	0…10	1670	2,1
	10…20	730	1,8
Wälder, subtropisches Klima	0…10	330…1090	0,9…1,8
	10…20	200…790	0,7…1,3
Wälder, tropisches Klima	0…10	210…490	2,1…3,4
Tundra	0…5	2990…13900	2,1…3,6
alpine Wiesen	0…10	1000…2750	1,7…2,8
Wälder, boreales Klima	Streuauflage	2500…6000	nicht bestimmt

[a]Bestimmung der mikrobiellen Biomasse mittels substratinduzierter Respiration

prozentuale Anteil des mikrobiellen Kohlenstoffs an der Gesamtmenge an organischer Substanz eines Bodens ist für alle Böden in einem ähnlichen Bereich: 0,9…6,0 % (Mittelwerte 2…3 %). RAUBUCH & JOERGENSEN (2002) haben für einen Waldboden errechnet, dass der Kohlenstofffluss durch die mikrobielle Biomasse ca. 540 kg^{-1} ha^{-1} a^{-1} beträgt.

Räumliche und zeitliche Variabilität von Bodenorganismen

Nahrungsangebot, Temperatur und Bodenfeuchte sind wichtige Faktoren, die die räumliche und zeitliche Variabilität von Bodenorganismen bestimmen. Die N-Mineralisation zeigte z. B. in einer Steppe einen stärker ausgeprägten Tiefengradient als zwei unterschiedliche Bodenenzyme, die eine wichtige Rolle im C- und P-Kreislauf spielen (Abb. 4.1–11). Wie stark der Tiefengradient ausgeprägt ist, hängt von der Verteilung der Nahrungsressourcen und weiteren Ansprüchen der Bodenorganismen an ihre Umwelt ab. Die Verteilung der Wurzeln im Bodenprofil gibt einen ersten Anhaltspunkt über die Hauptaktivitätszone der Bodenorganismen. Werden organische Substanzen als gelöste organische Substanzen (DOM: *dissolved organic matter*), Kolloide oder als Partikel in tiefere Bodenlagen transportiert, werden sie von heterotrophen Bodenmikroorganismen unter aeroben oder anaeroben Bedingungen als Kohlenstoff- und Energiequelle genutzt. Die mikrobielle Besiedlung tieferer Bodenlagen erfolgt entweder durch aktiven oder passiven Transport der Organismen (Abb. 4.1–12). Bewegliche Bodenmikroorganismen nutzen ihre Geißeln, um ihre Nahrungsquellen zu erreichen; Bodenmikroorganismen ohne Geißeln werden passiv durch Diffusion und Konvektion innerhalb des Bodenprofils transportiert. Tiefere Bodenlagen bieten zusätzlich Bodentieren Rückzugsmöglichkeiten bei schlechten Witterungsbedingungen (Trockenheit, Kälte).

Die räumliche Verteilung von Bodenorganismen innerhalb einer Fläche wird ebenfalls von Nahrungsangebot und mikroklimatischen Verhältnissen bestimmt. Geostatistische Verfahren haben gezeigt, dass der Abstand zwischen zwei Pflanzen in Acker- und Waldböden das Vorkommen von Bodenmikroorganismen beeinflusst. Auf der regionalen und globalen Skala untersuchen Biogeographen Verteilungsmuster von Bodenorganismen. Bisher nimmt man nach einer Idee des Mikrobiologen MARTINUS BEIIJERINK an, dass viele Bodenmikroorganismen ubiquitär sind und dass die Umweltbedingungen darüber entscheiden, welche Mikroorganismen sich

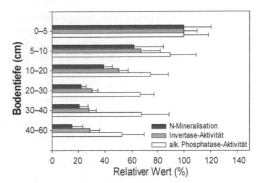

Abb. 4.1–11 N-Mineralisation, Invertase- und alkalische Phosphataseaktivität in unterschiedlichen Bodentiefen einer Steppe (Schwarzerde, Colorado). Die Ergebnisse der tieferen Bodenlagen wurden als prozentuelle Abweichung der Ergebnisse der obersten Bodenlage (0…5 cm) angegeben. (30,2 µg NH$_4^+$-N g^{-1} 7 d^{-1}: 100 % der N-Mineralisation; 3,8 mg Glukose g^{-1} 3h^{-1}: 100 % Invertaseaktivität, 0,7 mg Phenol g^{-1} 3h^{-1}: 100 % alkalische Phosphataseaktivität; der pH-Wert (H$_2$O) des Oberbodens ist 7,2 und der Gehalt an organischer Substanz 0,89 %) (nach KANDELER et al., 2006).

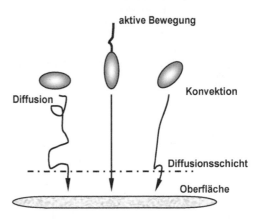

Abb. 4.1–12 Aktiver und passiver Transport von Bakterien zu einer organo-mineralischen Oberfläche (nach MAIER et al., 2000).

etablieren können (*everything is everywhere, the environment selects*). Die globale Verbreitung von Bodenmikroorganismen erfolgt über unterschiedliche Transportmechanismen (Wassertransport durch Flüsse, Grundwasser und Ozeane; Transport durch die Luft durch Staubpartikel und Aerosole; Transport durch Tiere und Menschen). Selbst in sehr entlegenen Gebieten (wie z. B. in der Antarktis) werden

4

hauptsächlich Mikroorganismen nachgewiesen, die bereits aus anderen Regionen bekannt sind. Neue molekulare Methoden haben jedoch gezeigt, dass es Bodenmikroorganismen gibt, die nur lokal vorkommen (endemische Bodenmikroorganismen). Intraspezifische Ansprüche an Wachstumstemperatur, pH-Wert und Substratkonzentration (NH_4^+) bestimmen z. B. die Dominanz von Nitrifikanten in verschiedenen Ökosystemen. *Penicillium* tritt häufig in gemäßigten und kalten Regionen auf, während *Aspergillus* in wärmeren Regionen dominiert.

Die zeitliche Variabilität der Abundanz und Aktivität von Bodenmikroorganismen unterscheidet sich regional (Abb. 4.1–13). In einem Grünland der gemäßigten Zone limitiert niedrige Temperatur im Winter und phasenweise geringe Bodenfeuchte im Sommer die Aktivität von Bodenmikroorganismen. Trockenheit ist die Ursache für die geringe Aktivität von Bodenorganismen in der tropischen Savanne im Winter. Im tropischen Regenwald führen konstante Temperatur- und Feuchtigkeitsbedingungen zu einem ähnlich raschen Abbau von organischen Verbindungen während des ganzen Jahres. Auf diese Weise weicht die Zusammensetzung verschiedener Biomtypen (Großlebensräume der Biosphäre) voneinander ab. Die Böden der Tundra und der Wüste enthalten nur wenige Organismen, weil es an Nahrung und Wärme bzw. Wasser mangelt. Die Zusammensetzung der Arten ist ebenfalls vom Klima abhängig: In den Tropen und Subtropen fehlen z. B. die

großen Regenwurmarten (z. B. Lumbriciden). Trotz hoher Abundanz kleinerer Regenwurmarten ist die Biomasse in Regenwaldböden deswegen gering.

4.1.4 Bodenorganismen als Lebensgemeinschaft

Wechselbeziehungen zwischen Bodenorganismen

Die Gesamtheit aller Bodenorganismen eines Standorts bildet eine Lebensgemeinschaft oder **Biozönose**; sie setzt sich aus einzelnen Populationen unterschiedlicher Arten zusammen. Die Zusammensetzung der Lebensgemeinschaft wird von den ökologischen Lebens- und Habitatbedingungen bestimmt. Quantität und Qualität der Lebensgemeinschaft unterscheiden sich in Abhängigkeit von Klima, Relief, Vegetation, Bodenform, Bodentiefe und Jahreszeit. Innerhalb einer Lebensgemeinschaft bestimmen die **Diversität** (Anzahl der unterschiedlichen Arten), **die Abundanz** und die **Trophie** (Ernährungsweise), welche Organismen dominieren oder verdrängt werden und wie groß die Intensität der Wechselwirkung zweier Populationen ist. In der losen Lebensgemeinschaft nutzen beide Partner dieselben Nahrungsressourcen, ohne direkten Kontakt

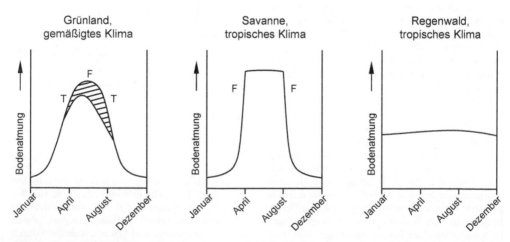

Abb. 4.1–13 Der Einfluss der Jahreszeiten der Nordhalbkugel auf die Respiration von Böden unterschiedlicher ökologischer Zonen. (T: Temperatur als limitierender Faktor, F: Bodenfeuchtigkeit als limitierender Faktor) (nach WOOD, 1995).

4

zu haben; sie können sich dabei indifferent (**Neutralismus**) verhalten oder miteinander konkurrieren (**Konkurrenzausschluss**). Die Hemmung eines Partners kann durch Ausscheidung von Hemmstoffen erfolgen (**Amensalismus**); **antibiotische** Hemmung erfolgt zwischen Mikroorganismen und **allelopathische** Hemmungen zwischen Pflanzen. Bodenorganismen fördern sich jedoch auch gegenseitig: Bodenorganismen können Substrate aufschließen, die anschließend von anderen Organismen genutzt werden (**Metabiose,** z. B. Streuabbau oder Nitrifikation). Ein Ausfall spezieller Tierarten oder Organismengruppen kann deswegen unterschiedliche Stoffwechselwege eines Ökosystems erheblich stören.

Eine höhere Intensität der Wechselwirkung findet man bei Organismen, die pflanzliche und tierische Oberflächen besiedeln (**Epibiose**) und auf diese Weise Exsudate des Partners nutzen. **Parasiten** schädigen ihren Partner u. a. durch Entzug von Nährstoffen (z. B. pflanzenparasitische Nematoden). Bei Symbiose treten beide Partner in eine sehr intensive räumliche und ernährungsphysiologische Wechselbeziehung ein. Symbiosen (stickstofffixierende Bakterien, mykorrhizabildende Pilze) werden unter Kap. 9.6.1.1 näher erläutert; einige Symbiosen zwischen Mikroorganismen und Tieren wurden bereits unter Kap 4.1.2 beschrieben.

Wechselwirkung zwischen Bodenmikroorganismen und Pflanzen in der Rhizosphäre

Die Rhizosphäre ist als wurzelnaher Bereich definiert, in dem der Stoffwechsel der Pflanzen Bodenmikroorganismen und deren Aktivitäten modifiziert (Abb. 4.1–14). Die direkte Umgebung der Pflanzenwurzeln ist ein bevorzugtes Mikrohabitat für Bodenmikroorganismen und verschiedene Bo-

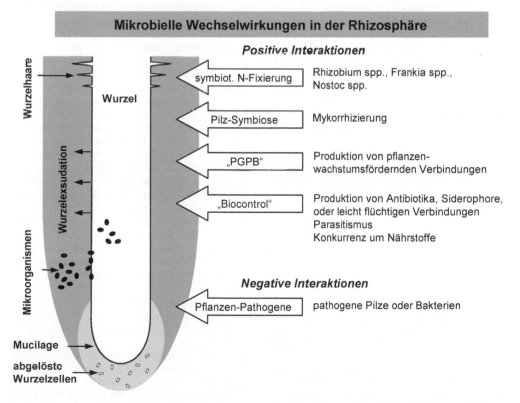

Abb. 4.1–14 Mikrobielle Wechselwirkungen in der Rhizosphäre. PGPB (*extracellular plant-growth promoting bacteria*: extrazelluläre wachstumsfördernde Mikroorganismen) (BRIMECOMBE et al., 2007).

4

dentiere. Bodenorganismen können in dem wurzelnahen Raum (Rhizosphäre), an der Oberfläche von Wurzeln (Rhizoplane) und im Wurzelgewebe (endophytisches Habitat) leben. Mikroorganismen der Rhizoplane heften sich durch Adsorption und/ oder durch die Ausbildung von Fimbrien (haarähnliches Anhangsgebilde) unterschiedlich stark an die Oberfläche der Wurzel an. Rhizobakterien, die die stärkste Assoziation mit den Pflanzen ausbilden und die in den Pflanzenwurzeln leben, werden als **Endophyten** bezeichnet.

Wurzeln geben aktiv oder passiv unterschiedliche flüchtige, lösliche und partikuläre Materialien als **Wurzelexsudate** ab (Abb. 4.1–14). Die Abgabe von Zuckern, Aminosäuren und organischen Säuren stimuliert das Wachstum von Bodenmikroorganismen, die mit raschem Wachstum auf leichtverfügbare Nährsubstrate reagieren. Pflanzen geben jedoch auch Wachstumsfaktoren und Signalverbindungen, die zur Zellkommunikation dienen, in die Rhizosphäre ab. Organische Verbindungen gelangen nicht nur als Wurzelexsudate, sondern auch als Mucilate (höhermolekulare Substanzen von Randzellen der Wurzeln) und Lysate (höhermolekulare Substanzen, die durch Autolyse oder mikrobiellen Abbau von alten Wurzelzellen freigesetzt werden) in den Boden. Die Zusammensetzung der mikrobiellen Lebensgemeinschaft in der Rhizosphäre wird von der Pflanzenart, ihrer Wurzelausbreitung und ihren Wurzelausscheidungen bestimmt. Unterschiedliche mikrobielle Wechselwirkungen werden in Abb. 4.1-14 dargestellt. Die Lebewesen in der Rhizosphäre konkurrieren einerseits mit der Pflanze um Nährstoffe und Sauerstoff, können andererseits aber auch Nährstoffe freisetzen und den Pflanzen zugänglig machen. Pathogene Organismen müssen sich in der Rhizosphäre zunächst etablieren, bevor sie in die Wurzel eindringen können. Sie können durch dort lebende Organismen gehemmt oder gelegentlich auch gefördert werden. Die Zellwände von pathogenen Pilzen können zum Beispiel durch Chitinasen, die durch Rhizobien ausgeschieden werden, aufgelöst werden (Bespiel für Parasitismus). Unterschiedliche Pseudomonaden können durch bessere Nährstoffaneignung die konkurrenzschwächeren pathogenen Mikroorganismen zurückdrängen. Generell sind wachstumsfördernde Mikroorganismen (*plant growth promoting bacteria*, PGPB) in der Rhizosphäre Bakterien, die die Pflanzen direkt oder indirekt in ihrem Wachstum stimulieren. PGPB produzieren z. B. wachstumsstimulierende Phytohormone oder Verbindungen (Siderophore), welche die Nährstoffaufnahme von Pflanzen verbessern. Diese Mikroorganismen erhöhen die Resistenz der Pflanzen gegenüber Pathogenen oder abiotischen Stressoren (z. B. Frost) und modulieren die Konzentration von Pflanzensignalen (z. B. Ethylen). Die Rhizosphäre bietet auch unterschiedlichen Bodentieren (z. B. Protozoen, Nematoden) einen idealen Lebensraum.

Symbiosen zwischen Mikroorganismen und Pflanzen

Unterschiedliche mutualistische Symbiosen bezeichnen Wechselbeziehungen zwischen zwei Organismen, aus denen beide Partner Nutzen ziehen (Tabelle 4.1–4). Einige **stickstofffixierende Bakterien** bilden mit Pflanzen symbiotische Lebensgemeinschaften, wobei die Pflanzen den Bakterien Kohlenstoff- und Energiequellen und die Bakterien den Pflanzen Stickstoff liefern. Die Symbiose zwischen Wurzelknöllchenbakterien mit Leguminosen ist besonders gut untersucht, da die Stickstofffixierung für Pflanzen wie Sojabohnen, Klee, Luzerne und Erbsen eine besondere praktische Bedeutung besitzt. Nach der Wirtsspezifität und der Ausprägung der Knöllchen unterscheidet man *Rhizobium*, *Bradyrhizobium*, *Sinorhizobium*, *Mesorhizobium* und *Azorhizobium*. Knöllchen werden auf folgende Weise gebildet: Freilebende Rhizobien werden chemotaktisch durch art- oder gattungsspezifische Signalstoffe der Pflanze (z. B. bestimmte Flavonoide wie Luteolin und Genistin) angelockt und vermehren sich an der Wurzeloberfläche. Die Rhizobienzellen dringen in Haarwurzelzellen ein und induzieren die Bildung eines Infektionsschlauchs durch die Pflanze. Die Bakterien vermehren sich in den Pflanzenzellen und wandeln sich in Bakteroide (geschwollene Vesikel mit einer Peribakteroidmembran) um. Die Pflanze liefert verschiedene organische Säuren als Energiequelle für die Stickstofffixierung. Die Stickstofffixierung und Ausscheidung von Ammonium findet in den Bakteroiden statt und wird durch das Enzym **Nitrogenase** katalysiert. Ammonium wird vom Bakteroid zur Pflanzenzelle transportiert, zu Glutamin oder anderen stickstoffhaltigen Verbindungen umgewandelt und ins Pflanzengewebe transportiert (weitere Informationen zur Symbiotischen N_2-Fixierung, siehe Kap. 9.6 1.1).

Bodenpilze bilden mit höheren Pflanzen enge Wechselbeziehungen aus. Die Feinwurzeln von über 90 % der Blütenpflanzen leben in Symbiose mit Pilzen (**Mykorrhiza**). Die von der Mykorrhiza ausstrahlenden Pilzhypen vergrößern die Kontaktfläche mit dem Boden. Pilzhyphen mit ihrem geringen

Tab. 4.1–4 Wichtige mutualistische Symbiosen (nach FUCHS & SCHLEGEL, 2007).

4

Leistung des mikrobiellen Partners	Mikroorganismen	eukaryotischer Partner
CO_2-Fixierung	Cyanobakterien	Pilze (Flechte)
N_2-Fixierung	Rhizobien und andere	Leguminosen, Erle, Sanddorn, Silberwurz
	Frankia	Kallargras
	Azoarcus	Zuckerrohr
	Acetobacter	Lebermoose, Moose, Azolla
Wurzelversorgung	Pilz-Mykorrhizen	die meisten Landpflanzen, viele Bäume
Synthese essenzieller Aminosäuren und Cofaktoren	Bakterien	viele Insekten (Mycetome), Protozoa
Entfernung von Stoffwechselprodukten (Wasserstoff)	methanogene Archaebakterien	Protozoa
Abbau von Polysacchariden (Cellulosen)	Eubakterien, Archaebakterien, Protozoa	Termiten (Hinterdarm), Schaben
Bewegung	Spirochaeten	Protozoa
Synthese von Antibiotika	Eubakterien	Nematoden, Insekten

Durchmesser (2...12 μm) können Nährstoffe und Wasser aus einem Porenraum aufnehmen, der für die Wurzeln nicht erreichbar ist. Der Vorteil der Mykorrhizierung liegt für die Pflanzen vor allem in einer verbesserten Phosphataufnahme aus mineralischen und organischen Phosphorquellen des Bodens. In alkalischen Böden können Mykorrhizen Eisenchlorose und Mn-Mangelerscheinungen verhindern. Die Mykorrhiza wirkt als ‚Antistressfaktor' für höhere Pflanzen, der sich besonders bei erschwerter Wasser- und Nährsalzversorgung positiv auswirkt. Viele Waldbäume (Buche, Eiche, Fichte, Kiefer, Tanne) sind ohne eine die Wurzeln völlig ummantelnde **Ektomykorrhiza** nicht lebensfähig, da diese nicht nur Nährstoffe und Wasser für den Wirt aufnimmt, sondern auch vor bodenbürtigen Krankheitserregern schützt. Pilzpartner der Ektomykorrhiza sind die meisten Hutpilze (Basidiomyceten) des Waldes wie Röhrlinge, Täublinge und Milchlinge. In Kulturböden ist die **Endomykorrhiza** weit verbreitet. Pilze der Familie der Glomales kolonisieren mit Hilfe von Arbuskeln (verzweigten Hyphen) das Innere von Wurzelzellen. Arbuskuläre Mykorrhizen erleichtern die Phosphoraufnahme in phosphatarmen und in stark phosphatfixierenden Böden der Tropen und Subtropen. Die ericoide Mykorrhiza hat für Ericaceen-Gewächse in Moor- und Heidelandschaften eine entscheidende Bedeutung für die P-Ernährung.

In den meisten Mykorrhizen sind die heterotrophen Pilzpartner auf organische Stoffe ihrer Wirtspflanze angewiesen und entnehmen den Wurzeln Kohlenhydrate. Dieser Verlust an Assimilaten ist für die Wirtspflanze im Vergleich zum Nutzen, der durch die Mykorrhiza bei der Nährstoff- und Wasseraufnahme entsteht, aber gering. Es besteht jedoch bei manchen Mykorrhizaformen ein direkter Übergang zur parasitischen Lebensweise, bei der der Pilz oder der Wirt seinen Partner schädigt oder abtötet.

Wechselwirkungen zwischen Bodenmikroorganismen und Bodentieren

Bodentiere besitzen eine unterschiedlich stark ausgeprägte Nahrungspräferenz. Durch die selektive Nahrungswahl beeinflussen sie die Abundanz und die Aktivität von Bodenmikroorganismen. Abb. 4.1–15 zeigt, dass kleinere Bodentiere (Nematoden und Protozoen) Bodenmikroorganismen in der Rhizosphäre beweiden und auf diese Wei-

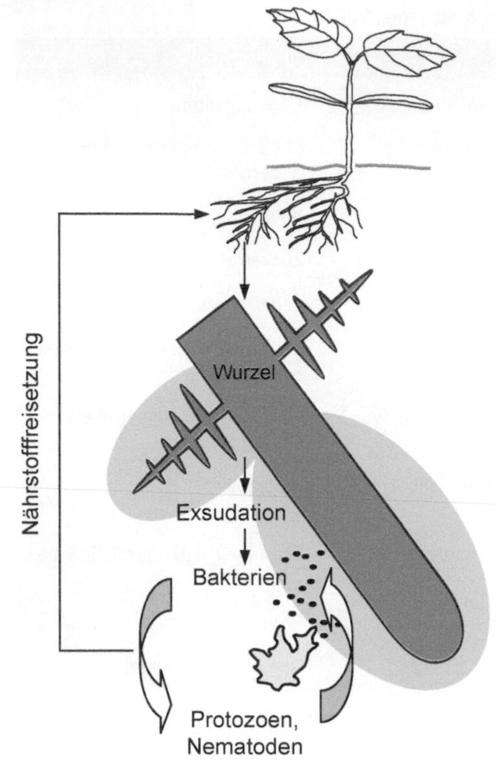

4

Nährstofffreisetzung

Wurzel

Exsudation

Bakterien

Protozoen,
Nematoden

Abb. 4.1–15 Wechselwirkungen zwischen Bodentieren (Protozoen, Nematoden), Rhizosphärenmikroorganismen und Pflanzen. Bodentiere setzen durch Fraß von Rhizosphärenmikroorganismen Nährstoffe frei, die den Pflanzenwuchs stimulieren (siehe Text: *Microbial Loop*).

se Stickstoff freisetzen, der von den Pflanzen zum Wachstum genutzt wird. Das verbesserte Wachstum der Pflanzen wiederum fördert die Wurzelexsudation und das mikrobielle Wachstum. Dieser Kreislauf wurde von einer schwedischen Wissenschaftlerin, MARIANNE CLARHOLM (1981), mit dem Begriff *microbial loop* bezeichnet.

Bodentiere sind für die passive Verbreitung von Mikroorganismen im Boden verantwortlich. Bodenmikroorganismen können an der Oberfläche oder im Körper von Bodentieren transportiert werden oder werden durch größere Bodentiere (z. B. Regenwürmer) mit der Nahrung aufgenommen und nach der Darmpassage an einem anderen Ort aktiv. Manche Bodentiere (z. B. Ameisen und Termiten) benötigen zur Verdauung schwer abbaubarer organischer Substanzen Mikroorganismen in ihrem Enddarm.

4.2 Lebensbedingungen

4.2.1 Der Boden als Nährstoff- und Energiequelle für Bodenorganismen

Nährstoff- und Energiequellen sind im Boden heterogen verteilt und deswegen unterschiedlich gut für Bodenorganismen erreichbar (Abb. 4.2-1). Bodenbakterien sind stärker auf den Transport von Substraten mit dem Bodenwasser angewiesen als Bodenpilze, die mit ihren Hyphen zu den Nahrungsquellen wachsen. Bevorzugte Lebensräume für Bodenmikroorganismen sind die Rhizo-, Drilo- und Detritusphäre. Diese Mikrohabitate werden auch als *Hot Spots* bezeichnet; sie sind durch hohe Verfügbarkeit von Nährstoff- und Energiequellen gekennzeichnet. Pflanzenwurzeln geben unterschiedliche niedermolekulare organische Verbindungen ab, die Bodenmikroorganismen chemotaktisch anlocken. In der **Rhizosphäre** reichern sich Bodenmikroorganismen an, die leicht verfügbare Nahrungsquellen nutzen können. Als **Drilosphäre** wird der direkte Einflussbereich von Regenwürmern bezeichnet. Dieses Mikrohabitat umfasst die Regenwurmgänge im Boden (die ersten 1…2 mm der Wand der Regenwurmröhre) und die Ausscheidungsprodukte von Regenwürmern (Darminhalt, Kot). Regenwürmer stabilisieren durch Schleimausscheidung die Oberflächen der Röhren. Die Oberflächen von Regenwurmgängen werden bevorzugt durch Bodenmikroorganismen, Protozoen, Nematoden und Feinwurzeln besiedelt. Als **Detritusphäre** wird der direkte Einflussbereich der Bodenstreu bezeichnet.

In allen Habitaten nutzen Bodenorganismen Nährstoffe und Energieträger zum Gewebeaufbau und zur Aufrechterhaltung ihrer Lebensprozesse. Um die Rolle der einzelnen Bodenorganismen im Stoffkreislauf beschreiben zu können, werden sie einzelnen Ernährungsformen (Trophien) zugeordnet. Mikroorganismen verwenden oxidierbare chemische Verbindungen (**Chemotrophie**) oder Lichtenergie (**Phototrophie**) zur Energieumwandlung (Abb. 4.2–2). Chemoorganotrophe und chemolithotrophe Mikroorganismen nutzen entweder organische (z. B. Zucker) bzw. anorganische Verbindungen (z. B. Schwefel) als Elektronendonatoren. Bodenmikroorganismen bauen Kohlenstoff aus zahlreichen organischen Verbindungen in ihre Körpersubstanz ein. Mikroorganismen, die Streu und die tote bzw. lebende organische Bodensubstanz als Kohlenstoffquelle nutzen, werden als **heterotroph** bezeichnet. Nur wenige Bodenorganismen können

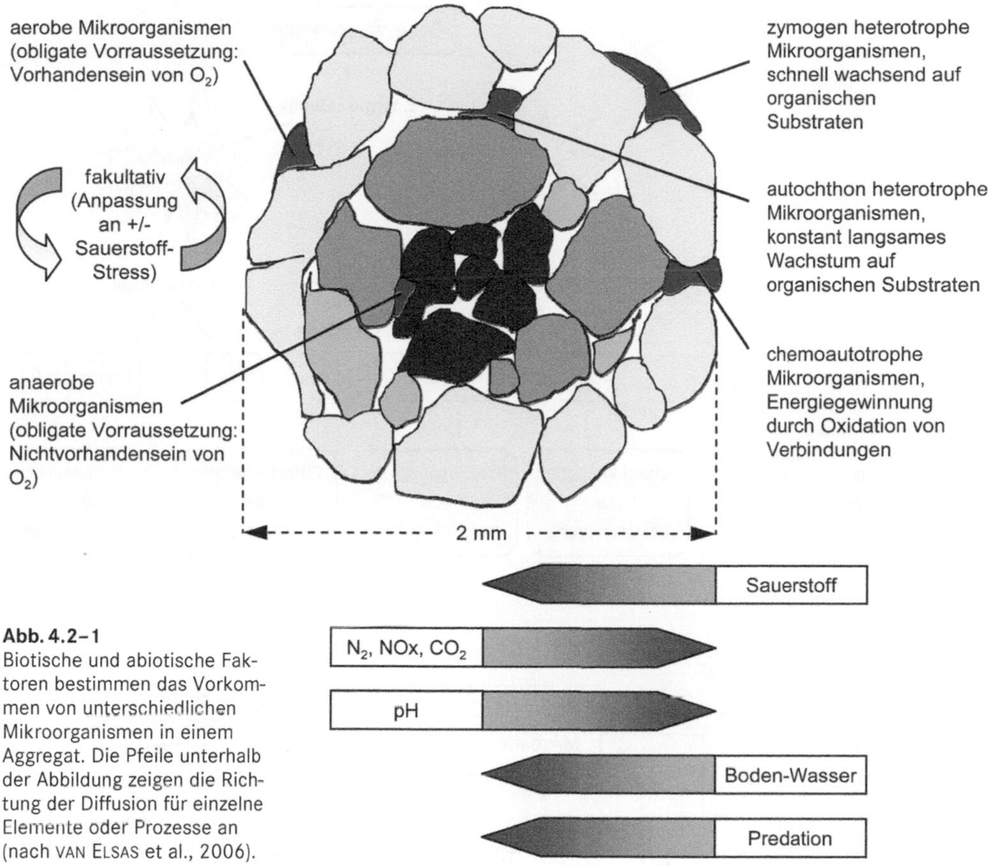

aerobe Mikroorganismen
(obligate Vorraussetzung:
Vorhandensein von O_2)

zymogen heterotrophe
Mikroorganismen,
schnell wachsend auf
organischen
Substraten

fakultativ
(Anpassung
an +/-
Sauerstoff-
Stress)

autochthon heterotrophe
Mikroorganismen,
konstant langsames
Wachstum auf
organischen Substraten

anaerobe
Mikroorganismen
(obligate Vorraussetzung:
Nichtvorhandensein von
O_2)

chemoautotrophe
Mikroorganismen,
Energiegewinnung
durch Oxidation von
Verbindungen

2 mm

Sauerstoff

N_2, NOx, CO_2

pH

Boden-Wasser

Predation

Abb. 4.2–1
Biotische und abiotische Faktoren bestimmen das Vorkommen von unterschiedlichen
Mikroorganismen in einem
Aggregat. Die Pfeile unterhalb
der Abbildung zeigen die Richtung der Diffusion für einzelne
Elemente oder Prozesse an
(nach VAN ELSAS et al., 2006).

aus CO_2 und H_2O organische Verbindungen aufbauen (**C-autotroph**). Die **photoautotrophen** Mikroorganismen (z. B. Algen, Cyanobakterien und manche Geißeltiere) erhalten die nötige Energie aus dem
Sonnenlicht und nutzen CO_2 als Kohlenstoffquelle,
um ihre Zellsubstanz aufzubauen. **Chemolithoau-
totrophe** Bakterien (z. B. nitrifizierende Bakterien)
gewinnen ihre Energie aus der Oxidation von anorganischen Verbindungen und den Zellkohlenstoff aus
CO_2 und H_2O: *Nitrosomonas* oxidiert NH_4^+ zu NO_2^-,
Nitrobacter NO_2^- zu NO_3^-, *Thiobacillus* H_2S und S zu
SO_4^{2-} und *Leptothrix* und *Thiobacillus* Fe^{2+} zu Fe^{3+}.
Die auf diese Weise gebundene Energie wird von an-
deren Organismen durch Umkehrung der genannten
Prozesse (Atmung) wieder freigesetzt. Die Klassifizierung von Bodenmikroorganismen auf Basis ihrer
Energie- und Kohlenstoffansprüche trägt dazu bei,
die Funktion einzelner Bodenmikroorganismengrup-
pen für das Ökosystem zu verstehen. In den letzten

Jahren ist es jedoch immer klarer geworden, dass es
Ausnahmen von diesem generellen Schema gibt. Nitrifizierer, die heterotroph leben, lassen sich z. B. nicht
nach dem Schema klassifizieren.

Bodentiere sind in der Regel heterotrophe Organismen, die sich von lebender oder toter organischer Substanz ernähren. Nach ihrem Beitrag zu
unterschiedlichen Bodenprozessen kann man drei
Gruppen unterscheiden (siehe Abb. 4.2-3):

* **Bodenmischer** (z. B. Regenwürmer, Termiten,
  Ameisen) ändern die physikalische Struktur des
  Bodens und beeinflussen den Nährstoff- und
  Energiefluss des Bodens.
* **Bodenzerkleinerer** (Arthropoden) zerkleinern
  Streu und machen sie dadurch besser zugänglich
  für Bodenmikroorganismen.
* Das **Mikro-Nahrungsnetz** umfasst Bodenmik-
  roorganismen und ihre direkten Räuber (Nema-
  toden und Protozoen).

4

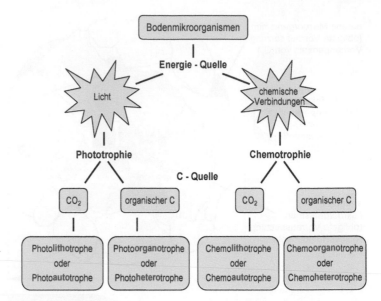

Abb. 4.2–2 Physiologische Klassifizierung von Bodenorganismen nach ihrer Verwendung von Kohlenstoff- und Energiequelle (nach VAN ELSAS et al., 2006).

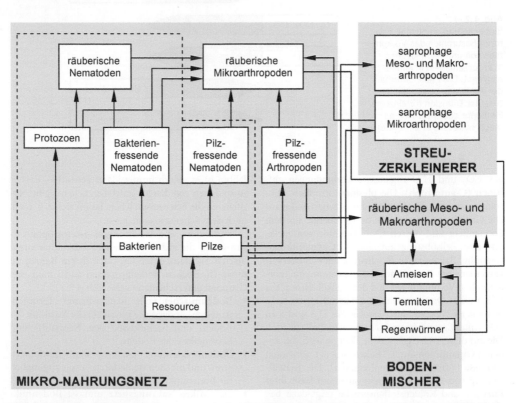

Abb. 4.2–3 Organisation des Nahrungsnetzes in drei Kategorien: Bodenmischer, Streuzerkleinerer und Mikronahrungsnetz (nach PAUL, 2007).

4

Bodenorganismen werden zusätzlich nach ihrer Nahrungsquelle bezeichnet: **Saprotrophe Organismen** leben von toter organischer Substanz, **phytophage** von lebender Pflanzensubstanz, **mycophage** von Pilzen, **koprophage** von Verdauungsprodukten anderer Tiere, und **zoophage Organismen** leben als Räuber von anderen Bodentieren.

Die Bodenorganismen haben ähnliche Ansprüche an mineralische Nährstoffe wie die höheren Pflanzen: N, P, K, Ca, Mg, S, Mn, Fe, Cu und Zn sind notwendig, z. T. auch B, Co, Mo und V. *Lumbricus terrestris* und Gehäuseschnecken (*Helix pomatia*) sind auf Ca-reiche Standorte angewiesen, während Enchytraeidae und Arthropoden auch in nährstoffärmeren Böden gedeihen.

4.2.2 Wasser und Atmosphäre

Wasser ist für alle Bodenorganismen lebensnotwendig. Wasser wird von den Bodenmikroorganismen u. a. zur Aufrechterhaltung ihres osmotischen Potenzials der Zellen, zum Transport von Substraten zu den Zellen, zum Abtransport von Ausscheidungsprodukten von Zellen und zur Fortbewegung (bewegliche Stadien wie z. B. begeißelte Sporen) benötigt. Bodenmikroorganismen leben hauptsächlich in einem dünnen Wasserfilm, der sich um alle organischen und mineralischen Partikel befindet. Dieser Wasserfilm ist auch bei Temperaturen unter 0 °C nicht gefroren und bietet dadurch gute Lebensbedingungen in einem weiten Temperaturbereich. Innerhalb von einzelnen Poren bilden sich jedoch an der Grenzfläche zwischen Bodenwasser und Bodenatmosphäre ca. 0,1 mm mächtige Biofilme aus hydrophoben organischen Molekülen aus, die rasch von Bodenmikroorganismen besiedelt werden können.

Bodenmikroorganismen haben sich an unterschiedliche Wasserpotenziale im Boden angepasst. Ein Wasserpotenzial von -50 kPa ist optimal für aerobe Bodenmikroorganismen. Bei trockenen und bei feuchteren Bedingungen sinkt die Aktivität von aeroben Bodenmikroorganismen. Bei geringer Bodenfeuchte nimmt die Aktivität von Bodenmikroorganismen aufgrund der eingeschränkten Diffusion von organischen Substraten und aufgrund der geringeren Mobilität der Mikroorganismen ab. Bakterien reagieren bei Austrocknung empfindlicher als Pilze. Innerhalb der Bakterien stellt man ebenfalls deutliche Unterschiede gegenüber Wasserstress fest: Nitrifikanten sind empfindlicher als Ammonifikanten. Das von Ammonifikanten gebildete NH_4^+ wird deswegen bei starker Trockenheit im Boden nicht

mehr umgesetzt und reichert sich an. Bakterien, die in sehr trockener Umgebung leben können, werden als **xerophile** Mikroorganismen bezeichnet. Die Resistenz gegenüber Austrocknung ist sehr häufig mit der Resistenz gegenüber Extremen der Temperaturen gekoppelt. Die unterschiedlichen Dauerformen von Bodenorganismen werden in Kap. 4.1 beschrieben.

Bodenmikroorganismen sind unterschiedlich stark auf die Zufuhr von Sauerstoff im Boden angewiesen. Da Sauerstoff sich nur in einem sehr geringen Umfang (0,031 $cm^3 O_2 l^{-1}$ bei 20 °C) im Bodenwasser löst, kann Sauerstoff in Mikrohabitaten rasch zum limitierenden Faktor für das mikrobielle Wachstum werden. **Aerobe** sind Spezies, die unter voller Sauerstoffspannung (die Atmosphäre hat 21 % O_2) leben. Der Sauerstoff gelangt durch Diffusion in das Innere der Zelle von aeroben Bodenmikroorganismen. Das O_2-Angebot für Bodenmikroorganismen ist in lockeren Sandböden im Mittel bei Feldkapazität und in dichten Tonböden bei halber Feldkapazität gewährleistet. Anaerobe Organismen können auch ohne Sauerstoff leben, entweder zeitweilig (**fakultativ anaerob**) oder vollständig (**obligat anaerob**). Zu diesen Gruppen zählen die Bodenbakterien *Clostridium pectinovorum* (Pektinzersetzer), *C. cellulolyticus* (Zellulosezersetzer), *C. sporogenes* (Eiweißzersetzer) sowie Hefepilze, die zwar anaerob leben können, jedoch zur Bildung und Keimung ihrer Sporen Sauerstoff benötigen. Obligat anaerobe Mikroorganismen werden durch Sauerstoff gehemmt oder sogar abgetötet: Sie besitzen keine Katalasen und Peroxidase, die toxische Zwischenprodukte des aeroben Stoffwechsels entgiften. Die **obligate Anaerobiose** tritt nur bei Eubakterien und Archaeen, wenigen Pilzen und wenigen Protozoen auf.

Die größeren Bodentiere sind auf Sauerstoff angewiesen und können bei stagnierender Bodennässe nicht leben. Bei Regenfällen zwingt Luftmangel manche Bodentiere an die Oberfläche. Sauerstoff wird von Bodentieren entweder durch die Haut, durch Kiemen oder Tracheen aufgenommen. Die **Hautatmung** stellt eine primitive Form der Atmung dar, ist aber aufgrund des positiven Verhältnisses der Körperoberfläche zum Körpervolumen, z. B. auch bei Regenwürmern sehr effektiv. Der Luftsauerstoff wird bei Regenwürmern durch den feuchten Schleimfilm auf ihrer Haut gelöst, gelangt durch die Oberhaut in die Blutadern und wird dort durch das Hämoglobin locker gebunden. Andere Bodentiere, wie Insekten, Tausendfüßer und Spinnen, können wegen ihres Chitinpanzers nicht durch die Haut atmen. Sie versorgen sich über Tracheen

4

mit Sauerstoff. Landasseln verwenden Kiemen, die an den hinteren Beinen lokalisiert sind, für die Sauerstoffzufuhr.

4.2.3 pH-Wert und Redox- potenzial

Die Bodenacidität ist eine chemische Eigenschaft von Böden, die die Artenzusammensetzung und Funktion von Bodenorganismen entscheidend bestimmt. Der pH-Wert kann Bodenorganismen direkt (z. B. durch die Veränderung von Enzymaktivitäten von Bodenmikroorganismen) oder indirekt (z. B. durch die Veränderung der Löslichkeit von Ionen) beeinflussen. Während Bakterien Böden mit einem pH-Bereich von 5…7 bevorzugen, sind Pilze in sauren Böden dominante Vertreter der Bodenmikroorganismen. Nach ihrem bevorzugtem Lebensbereich können Bodenmikroorganismen in folgende Gruppen eingeteilt werden: extrem acidophile (pH 1…3), acidophile (pH 1…6), alkaliphile (7…12) und extrem alkaliphile (pH 13) Mikroorganismen. Zu den obligat Acidophilen gehören mehrere Spezies von *Acidithiobacillus* sowie mehrere Gattungen der Archaeen (z. B. *Sulfolobus, Thermoplasma*). Acidophile Bodenmikroorganismen haben sich an niedrige pH-Werte des Bodens u. a. durch die Modifikation ihrer Zellmembranen angepasst. Besonders langkettige Fettsäuren (32…36 Kohlenstoffatome) schützen die Membranen vor saurer Hydrolyse. Zusätzlich können acidophile Bodenmikroorganismen sehr effektiv den Ionentransport durch ihre Zellmembranen kontrollieren. Auf diese Weise erhalten sie den pH-Wert innerhalb ihrer Zellen zwischen 5 und 7, obwohl der pH-Wert ihrer Umgebung bei ca. 2 liegt. Alkaliphile Organismen kommen in stark basischen Habitaten vor (Natronseen, stark carbonathaltige Böden). Häufig ist die Vorliebe, an alkalischen Standorten zu wachsen, mit der Toleranz hoher Salzkonzentrationen verknüpft.

Bodentiere tolerieren unterschiedliche Bodenaciditäten. Die meisten Regenwurmarten bevorzugen Böden mit neutralen bis schwach sauren pH-Werten. In stark sauren Böden findet man dagegen nur wenige, meist epigäische Regenwürmer (reine Streubewohner), die nur wenig zur Bioturbation beitragen können. In stark sauren Torfböden sind keine Regenwürmer mehr zu finden. Enchytraeiden tolerieren geringere pH-Werte des Bodens als Regenwürmer. Das pH-Optimum für viele Vertreter der Mesofauna ist schwer zu ermitteln, da andere Faktoren wie Nahrungsangebot und Bodenfeuchte für sie eine größere Rolle spielen. Protozoen und Nematoden reagieren sehr empfindlich auf die Veränderung des pH-Wertes des Bodens.

Bodentiere können durch Ausscheidung von Harnstoff und anderen Verbindungen den pH-Wert des Bodens verändern. In sauren Waldböden scheiden z. B. Regenwürmer Kot aus, dessen pH-Wert um mindestens eine pH-Wert-Einheit höher liegt als im umgebenden Boden.

Neben dem pH-Wert spielt auch das Redoxpotenzial des Bodens eine bedeutende Rolle für die Funktion und die Artenzusammensetzung von Bodenorganismen. Bodenmikroorganismen beeinflussen jedoch auch selber das Redoxpotenzial von Böden (z. B. durch Atmungsprozesse aerober Bodenorganismen und Reduktionsprozesse anaerober Mikroorganismen).

4.2.4 Temperatur

Die Bodentemperatur beeinflusst physikalische, chemische und biologische Prozesse. Die Beziehung zwischen Temperaturerhöhung und der Geschwindigkeit von bodenmikrobiologischen Prozessen wurde von SVANTE ARRHENIUS durch folgende Gleichung beschrieben:

$$k = A\,e^{-Ea/RT}$$

A ist eine Konstante, die die Frequenz des Zusammenstoßes von Molekülen angibt, Ea ist die Aktivierungsenergie einer Reaktion, R ist die allgemeine Gaskonstante ($8{,}314 \cdot 10^{-3}\,kJ\,mol^{-1}\,K^{-1}$), e ist die Basis des natürlichen Logarithmus, T ist die Temperatur in Kelvin und k ist die spezifische Reaktionsrate (pro Zeiteinheit). Als Q_{10}-Wert wird jener Faktor bezeichnet, um den die Reaktionsgeschwindigkeit bei der Temperaturerhöhung von 10 °C ansteigt. Der Q_{10}-Wert ist von der Qualität der organischen Substanz, von der mikrobiellen Reaktion und vom Temperaturbereich abhängig. Im Durchschnitt liegt der Q_{10}-Wert der Kohlenstoffmineralisation in einem Temperaturbereich von 10…30 °C bei 2,0 und der der N-Mineralisation bei 1,7.

Bodenmikroorganismen können nach ihrer Temperaturpräferenz in folgende Gruppen eingeteilt werden: psychrophile (– 5…28 °C), mesophile (18 °C…45 °C), thermophile (42 °C…70 °C), extrem thermophile (65 °C…90 °C) und hyperthermophile (85 °C…110 °C) Mikroorganismen. Die meisten bekannten Bodenbakterien sind entweder psychrophil oder mesophil. Psychrophile Bodenmikroorganismen erhalten ihre Funktion von Membranen bei niedrigen Temperaturen durch die Produktion von ungesättigten Fettsäuren, thermophile Bodenmikroorganismen schützen sich vor der Denaturierung von Enzymen bei hohen Temperatur durch die Produktionen von hitzestabilen Proteinen. Thermophile Mikroorganismen findet man z. B. in Komposten.

Bodenorganismen haben unterschiedliche Strategien entwickelt, um Phasen ungünstiger Temperatur- und Feuchtigkeitsbedingungen zu überdauern. Einige Lebewesen können Kälteperioden als Sporen (Bakterien, Pilze), Cysten (Protozoen, Nematoden) oder als von Kokons umgebene Eier (Regenwürmer) überdauern. Fadenwürmer, Rädertierchen und Bärtierchen senken ihren Wassergehalt der Zellen stark ab und reduzieren ihre Lebensprozesse auf ein Minimum (**Anabiose:** *anabiōsis* = Wiederaufleben). Viele Arthropoden setzen im Winter ihren Gefrierpunkt durch einen hohen Glyceringehalt im Gewebe herab und können somit in gefrorenen Bodenhorizonten überdauern. Regenwürmer verbringen die kalte Jahreszeit in Mitteleuropa in 40…80 cm Bodentiefe in einer Art Kältestarre. Wirbeltiere suchen tiefere, frostfreie Horizonte auf.

4.3 Funktionen von Bodenorganismen

Bodenorganismen sind maßgeblich an folgenden Bodenfunktionen beteiligt: 1. Abbau und Umbau von organischen Substanzen, 2. Bildung von Huminstoffen, 3. Gefügebildung und Bioturbation, 4. Redoxreaktionen und 5. Detoxifikation von Schadstoffen. Bodenmikroorganismen gelten als **omnipotent**, da sie gemeinsam nahezu alle organischen Verbindungen, die in den Boden gelangen, ab- oder umbauen können. Eine Ausnahme bilden Fremdstoffe (**Xenobiotika**), die von Bodenmikroorganismen nur langsam oder gar nicht abgebaut werden. Mikroorganismen spielen eine große Rolle für Reduktionen/Oxidationen im Boden, da zahlreiche mikrobielle Prozesse mit der Freisetzung oder dem Verbrauch von Elektronen bzw. Protonen gekoppelt sind. Bodentiere tragen zum Abbau von Streustoffen und zur Gefügebildung (Bioturbation) bei. Durch ihr Nahrungswahlverhalten beeinflussen sie die Artenzusammensetzung der mikrobiellen und tierischen Lebensgemeinschaften. In der Folge werden die einzelnen Funktionen von Bodenor-

ganismen kurz erläutert. Der Schwerpunkt dieses Kapitels liegt dabei auf der Rolle der Bodenorganismen beim Streuabbau. Zum besseren Verständnis der Funktion von Bodenmikroorganismen bei der Freisetzung und Immobilisation von Nähr- und Spurenstoffen sei zusätzlich auf die Kap. 9.6 und Kap. 9.7 verwiesen.

4.3.1 Funktion von Bodenorganismen in Stoffkreisläufen

Nahrungsnetze

Die unterschiedlichen Tier- und Mikroorganismengruppen eines Ökosystems werden nach Trophieebenen geordnet, welche ihre gegenseitigen Nahrungsbeziehungen erkennbar machen. Autotrophe grüne Pflanzen bezeichnet man als **Primärproduzenten**, alle übrigen Organismen als Konsumenten. **Primärkonsumenten** sind Pflanzenfresser (Herbivore), im Unterschied dazu sind **Sekundärkonsumenten** Fleischfresser (Carnivore). Als **Reduzenten** werden heterotrophe Bakterien und Pilze bezeichnet, die ihre Nahrung allen übrigen Trophieebenen entnehmen. Abb. 4.3–1 zeigt ein Nahrungsnetz, in dem die gegenseitigen Wechselwirkungen der Organismen während des Abbaus von organischen Materialien in einem Wiesenboden dargestellt werden. Primärkonsumenten und Primärreduzenten verwerten als Primärzersetzer zunächst Rhizodeposite und Streustoffe. Dabei wird das organische Material durch die Primärzersetzer auf vielfältige Weise modifiziert: Bodentiere (Regenwürmer, Enchytraeiden, Doppelfüßer, makrophytophage Schnecken) zerkleinern und transportieren als Primärzersetzer organische Substanzen, Bakterien und Pilze sind als Reduzenten für die enzymatische Spaltung organischer Verbindungen verantwortlich. Sekundärzersetzer (Milben, Springschwänze, manche Nematoden und Protozoen) und Räuber umfassen Organismengruppen, die sich mikrophytophag oder saprophag (von toter organischer Substanz) ernähren. Da man viele Bodenorganismen bei ihrer Nahrungswahl im Boden nicht beobachten kann, ist ihre Stellung im Nahrungsnetz nur unzureichend bekannt. Eine neue Methode nutzt Nahrungsfette, die von den Konsumenten ohne Modifikation aus ihrer Beute in ihre eigene Körpersubstanz eingebaut werden, als Möglichkeit, Rückschlüsse auf deren Nahrungswahl zu ziehen (Abb. 4.3–2).

4

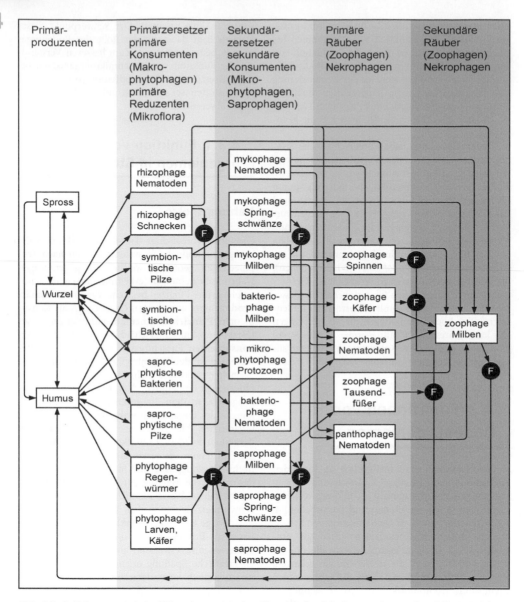

Abb. 4.3‒1 Nahrungsnetz beim Abbau des organischen Materials durch Bodenorganismen eines Wiesenstandorts. **F** = Fäzes (Detritus, Kot) (nach Gisi et al., 1997).

Kohlenstoffkreislauf

Im Boden tragen Cyanobakterien, Purpurbakterien, Nitrifikanten und Schwefel oxidierende Bakterien durch ihre Lebensweise zur Kohlenstoffbindung und damit zur Primärproduktion bei. Der größ-te Teil der Primärproduktion wird jedoch durch die pflanzliche Photosynthese in organische Bindungsformen überführt. Abbildung 4.3‒3 zeigt alle wichtigen Prozesse, bei denen Bodenorganismen im Kohlenstoffkreislauf beteiligt sind. Während des Abbaus von organischen Rückständen bauen

4

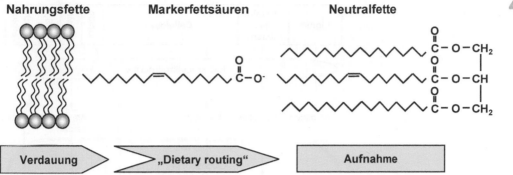

Nahrungsfette   Markerfettsäuren   Neutralfette

Abb. 4.3–2 Markerfettsäuren werden von Konsumenten aus der Nahrung aufgenommen und unverändert in ihren eigenen Neutralfetten gespeichert. Mit Hilfe der Bestimmung von Neutralfetten kann deswegen auf die Nahrungsgrundlage von Bodentieren geschlossen werden (nach RUESS et al., 2005).

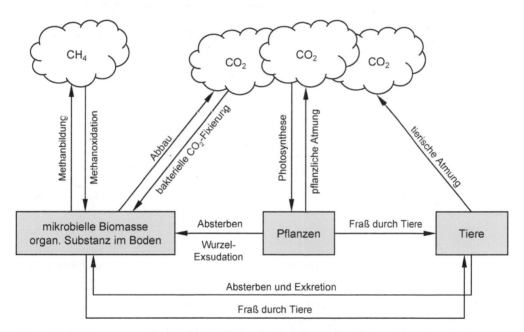

Abb. 4.3–3 Die Bedeutung von Bodenmikroorganismen für den Kohlenstoffkreislauf (nach VAN ELSAS et al., 2006).

Bodenmikroorganismen und Bodentiere einen Teil des Kohlenstoffs in ihre eigene Körpersubstanz ein (**Assimilation**). Pilze bauen im Vergleich zu Bakterien mehr Kohlenstoff in ihre Körpersubstanz ein. Eine vollständige Mineralisierung zu CO_2 und Wasser kann nur unter aeroben Bedingungen erfolgen; unter anaeroben Bedingungen werden organische Verbindungen stufenweise durch Nitratreduktion, Sulfatreduktion, Gärungen, Methanogenese und Acetogenese abgebaut. Gärungsprodukte (z. B. organische Säuren, Alkohole) werden von **methanogenen** Bodenmikroorganismen als Substrate für die Methanbildung verwendet. **Methanotrophe** Mikroorganismen oxidieren Methan in aeroben Mikrohabitaten. Die Abbauwege einzelner Bestandteile von Streumaterial werden in Kapitel 3.5 beschrieben.

4

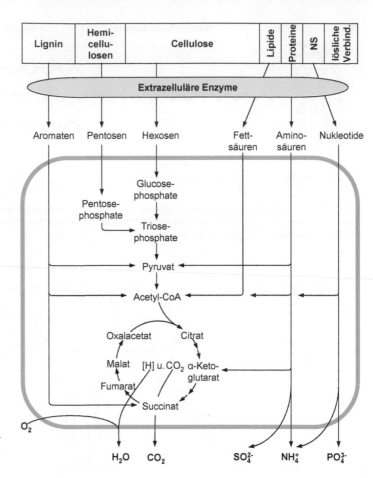

Abb. 4.3–4
Abbau hochmolekularer
Substrate durch Bodenmikroorganismen. NS (Nukleinsäu-
ren) (nach FRITSCHE, 1998).

In diesem Abschnitt soll ausschließlich das Prinzip dieses Abbaus am Beispiel der Cellulose erläutert werden: Bodenmikroorganismen scheiden extrazelluläre Enzyme (Endo-1,4-β-Glucanase und Exo-1,4-β-Glucanase) aus, die den Abbau hochpolymerer Verbindungen zu Cellobiose katalysieren. Cellobiose wird durch das Enzym 1,4-β-Glucosidase zu Glukose gespalten, das anschließend von den Zellen aufgenommen und als Kohlenstoff- und Energiequelle genutzt wird. Nach einem sehr ähnlichen Prinzip werden alle anderen hochmolekularen organischen Substrate zunächst außerhalb der Mikroorganismen durch extrazelluläre Enzyme in kleinere Bruchstücke zerlegt, bevor die einzelnen Monomere (Zucker, Aminosäuren etc.) in die Zellen transportiert und für Um- und Abbauprozesse genutzt werden (Abb. 4.3–4). Bodenorganismen sind nicht

nur für den Abbau von organischer Substanz verantwortlich, sondern auch für die fortschreitende Humifizierung (siehe Kap. 3).

Stickstoffkreislauf

Die Rolle der Bodenmikroorganismen im Stickstoffkreislauf wird aus Abb. 4.3–5 deutlich. Freilebende und in Symbiose lebende N-Fixierer sind für die Bindung von Luftstickstoff verantwortlich. Im Rahmen dieses Prozesses katalysiert das Enzym Nitrogenase die Bildung von Ammoniak. Während der Ammoniak-Assimilation wird Stickstoff von Bodenmikroorganismen in organische Formen (zunächst Glutamin und Glutaminsäuren) eingebaut. Sowohl die N-Fixierung als auch der Einbau von

4

Tab. 4.3–1 Funktionsgene der Bakterien codieren für unterschiedliche Enzyme, die einzelne Prozesse des Stickstoffkreislaufs katalysieren.

Prozess	Enzym	Funktionsgen	Reaktion
Denitrifikation	Membrangebundene Nitratreduktase	*narG*	$NO_3^- \rightarrow NO_2^-$
	periplasmatische Nitratreduktase	*napA*	
	Cd_1 Nitritreduktase	*nirS*	$NO_2^- \rightarrow NO$
	Cu Nitritreduktase	*nirK*	
	Stickstoffmonoxid-Reduktase	*norB*	$NO \rightarrow N_2O$
	Quinol-Stickstoff-Monoxidreduktase	*qnorB*	
	Distickstoffoxid-Reduktase	*nosZ*	$N_2O \rightarrow N_2$
Nitrifikation	Ammoniak-Monooxygenase	*amoA*	$NH_3 \rightarrow NO_2^-$
N-Fixierung	Nitrogenase	*nif*	$N_2 \rightarrow NH_3$

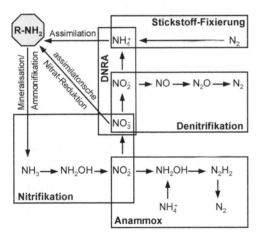

Abb. 4.3–5 Bodenmikroorganismen katalysieren wichtige Prozesse des Stickstoffkreislaufs. Anammox: Anaerobe Ammoniak-Oxidation, DNRA: Dissimilatorische Nitratreduktion zu Ammonium, R-NH$_2$: Pool der organischen N-Verbindungen (nach PHILIPPOT et al., 2007).

Stickstoff in eine organische Verbindung sind sehr energieaufwendige Prozesse. Bakterielle Nitrifikanten und nitrifizierende Archaeen sind in der Lage, in einem zweistufigen Prozess Ammoniak in Nitrit und anschließend in Nitrat umzuwandeln und aus

diesem Prozess Energie zu gewinnen. Die Oxidation von Ammoniak durch bestimmte Archaeen ist erst vor wenigen Jahren nachgewiesen worden. Archaeen spielen deswegen nicht nur an Extremstandorten, sondern auch in vielen anderen terrestrischen Ökosystemen eine wichtige Rolle. Bakterien nitrifizieren Ammoniak nur im alkalischen und leicht sauren Milieu. Man vermutet, dass Archaeen ein breiteres pH-Spektrum nutzen können. Nitrat wird von Bodenorganismen und Pflanzen aufgenommen. Während der assimilatorischen Nitratreduktion wird Stickstoff wieder in eine organische Form überführt. Unter anaeroben Bedingungen wandeln Denitrifizierer Nitrat schrittweise über die Bildung von Nitrit, NO, N$_2$O in N$_2$ um. Alle Reduktionsschritte werden enzymatisch katalysiert; die entsprechenden Enzyme sind entweder membrangebunden oder befinden sind im periplasmatischen Raum (zwischen äußerer und innerer Membran von gramnegativen Bakterien). Die Fähigkeit, Nitrate unter anaeroben Bedingungen zu reduzieren, wurde bei zahlreichen Bodenbakterien nachgewiesen, Bodenpilze führen diesen Prozess nicht durch. Nicht alle Nitratreduzierer können sämtliche Schritte der Denitrifikation durchführen. In den letzten Jahren wurden zahlreiche Gene identifiziert, die für die Synthese der einzelnen Enzyme, die bestimmte Teilschritte des N-Kreislaufs codieren, verantwortlich sind (Tabelle 4.3–1). Auf diese Weise lässt sich jetzt die Anzahl jener Mikroorganismen bestimmen, die

4

einen bestimmten Teilschritt der Denitrifikation, Nitrifikation oder N-Fixierung ausführen können.

Die Nitratreduktion als erster Schritt der Denitrifikation ist nicht der einzige Prozess, der die Bildung von gasförmigen Stickstoffformen induziert. Unter fakultativ anaeroben Bedingungen können Nitrifikanten zunächst Nitrit bilden, das ebenfalls zu NO, N_2O und schließlich zu N_2 reduziert werden kann. In Abwässern wurde vor wenigen Jahren eine weitere Reaktion spezieller Nitrifizierer entdeckt: Ammoniak kann unter anoxischen Bedingungen oxidiert werden (**an**oxische **Amm**oniak**ox**idation oder **Anammox**). Während dieser Reaktion wird Ammoniak mit Nitrit als Elektronenakzeptor in elementaren Stickstoff umgewandelt. Zur Durchführung dieser Reaktion ist die Koexistenz von zwei unterschiedlichen Gruppen von Nitrifizierern notwendig: Eine Gruppe (z. B. *Nitrosomonas*) produziert durch Nitrifikation Nitrit im sauerstoffreichen Milieu, und die zweite Gruppe (z. B. *Brocadia*) nutzt Nitrit und Ammoniak unter anoxischen Bedingungen zur Anammox-Reaktion. Die heterogene Verteilung von Sauerstoff in Mikroaggregaten oder entlang von Biofilmen lässt vermuten, dass die Anammox-Reaktion auch in Böden stattfindet. Anammox-Bakterien wurden erst vor kurzer Zeit in Böden (z. B. Marsch- und Permafrostböden) nachgewiesen.

4.3.2 Funktion von Bodenorganismen bei Redoxreaktionen

Bodenmikroorganismen nutzen gekoppelte Reduktion-Oxidation-Reaktionen zur Energieproduktion ihres Stoffwechsels. Manche Bodenmikroorganismen oxidieren unter aeroben Bedingungen reduzierte anorganische Verbindungen und nutzen diese Reaktion zur Adenosintriphosphat-Produktion (ATP ist ein energiereiches Molekül und universeller Energieträger in lebenden Organismen). Unter anaeroben Bedingungen werden oxidierte Verbindungen von Bodenmikroorganismen reduziert (Abb. 4.3–6, Tabelle 4.3.–2).

Für die Bodengenese kommt der mikrobiellen Oxidation und Reduktion von Eisen und Mangan eine herausragende Bedeutung zu. Besonders gut ist das gramnegative Stäbchen *Acidithiobacillus ferrooxidans* untersucht, das seine Energie aus der Oxidation von Fe^{2+}, reduzierten Formen von Schwefel, Metall-Sulfiden und Wasserstoff gewinnt. Kohlendioxid und Ammonium werden von *Acidithiobacillus ferrooxidans* als Kohlenstoff- bzw. als Stickstoffquelle genutzt. Diese Mikroorganismen sind in stark sauren Habitaten wie Abraumhalden von Kohle-

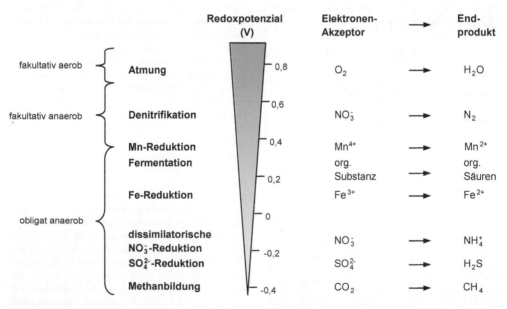

Abb. 4.3–6 Gekoppelte Redoxreaktionen, die von Bodenmikroorganismen bei neutralem pH-Wert bei einem bestimmten Redoxpotenzial durchgeführt werden (nach VAN ELSAS, 2006).

4

gruben sehr häufig anzutreffen. Unterschiedliche Archaeen oxidieren Eisen unter extrem thermophilen Bedingungen (65 °C...90 °C). Während Mn bei höheren pH-Werten im Boden chemisch oxidiert werden kann, sind unterhalb eines pH-Wertes von 8 Bakterien und Pilze für diese Reaktion verantwortlich. Bei Bakterien wurden verschiedene exopolymere Strukturen um ihre Zellwände entdeckt, in denen diese enzymatische Reaktion abläuft. Manche Rhizosphärenmikroorganismen oxidieren Mn zu MnO_2, das an den Oberflächen der Wurzeln als schwarzer Niederschlag erkennbar ist.

Fe- und Mn-Reduzierer sind für den Abbau von organischen Stoffen und Fremdstoffen in tieferen Bodenlagen verantwortlich. Die mikrobielle Reduktion von Fe und Mn läuft jedoch nur in nahezu sauerstofffreien Bodenhorizonten ab, die gleichzeitig arm an Nitrat und Sulfat sind. Die Eisenreduktion ist bei diesen Mikroorganismen mit der Produktion unterschiedlicher Gärprodukte (organische Säuren, Alkohole, Wasserstoff) gekoppelt. Andere anorganische (Selenat, Arsenat) oder organische Verbindungen (Fumarat, Dimethylsulfoxid) können von Bodenmikroorganismen ebenfalls als Elektronenakzeptoren genutzt werden.

Tab. 4.3–2 Bodenmikroorganismen oxidieren und reduzieren Metalle und nutzen Metalle als terminalen Elektronenakzeptor in der anaeroben Respiration (AR), als Energiequelle (E) oder ändern die Metallspezies zur Detoxifikation (D) nicht enzymatisch (NE) (nach PAUL, 2007).

Element		Reaktion	Strategie
Oxidation	Fe	$2Fe^{2+} \rightarrow 2Fe^{3+} + 2e^-$	E
	Mn	$Mn^{2+} \rightarrow Mn^{4+} + 2e^-$	E, D
	Hg	$Hg^0 \rightarrow Hg^{2+} + 2e^-$	NE
	As	$AsO_2^- \rightarrow AsO_4^{3-} + 2e^-$	D
	Se	$Se^{2+} \rightarrow Se^0 + 2e^-$	E
	U	$U^{4+} \rightarrow U^{6+} + 2e^-$	E
Reduktion	Fe	$2Fe^{3+} + 2e^- \rightarrow 2Fe^{2+}$	AR
	Mn	$Mn^{4+} + 2e^- \rightarrow Mn^{2+}$	AR
	Hg	$Hg^{2+} + 2e^- \rightarrow Hg^0$	D
	Se	$SeO_4^{2-} + 8e^- \rightarrow Se^{2-}$	AR
	Cr	$Cr^{6+} + 3e^- \rightarrow Cr^{3+}$	AR, D
	U	$U^{6+} + 2e^- \rightarrow U^{4+}$	AR

4.3.3 Funktion von Bodenorganismen bei der Stabilisierung des Bodengefüges

Bodenorganismen haben unterschiedliche Mechanismen entwickelt, um das Bodengefüge zu stabilisieren. Bodenalgen und Cyanobakterien produzieren in den obersten Millimetern von jungen Böden (z. B. Vulkanböden, Böden in Gletschervorfeldern) und Wüstenböden Schleime, um sich vor Austrocknung zu schützen oder um Konkurrenten abzuhalten. In der Folge stabilisiert diese Schleimbildung den Oberboden dieser Standorte und schützt den Boden vor Erosion. Die Produktion von extrazellulären Polysacchariden (EPS) durch unterschiedliche Bodenbakterien dient primär zur Anheftung der Mikroorganismen an Oberflächen (Wurzeln, Humus, organo-mineralische Partikel), zur Erkennung von Wirtszellen, zum Schutz vor Schadstoffen und vor Austrocknung. Die Klebewirkung dieser Schleime führt zur Bildung von Mikroaggregaten (< 250 µm). Pilze und Feinwurzeln fördern die Stabilisierung der Bodenstruktur durch ihr weit verzweigtes Geflecht.

Bodentiere beeinflussen durch Darmausscheidungen und Bodenumlagerungen das Bodengefüge (**Bioturbation**). Regenwürmer und Enchytraeen verbinden in ihrem Darmtrakt organische und anorganische Bestandteile zu Ton-Humus-Komplexen, die die Gefügestabilität des Bodens erhöhen. Der Kot unterschiedlicher Regenwurmarten unterscheidet sich in seiner Stabilität: *Lumbricus terrestris* bildet z. B. große, stabile Ausscheidungsprodukte, während *Lumbricus rubellus* eher vergleichsweise kleine und instabile Ausscheidungsprodukte bildet. Der Regenwurmkot ist mit Mikroorganismen angereichert, die eine Beschleunigung von Abbauprozessen bewirken. Regenwürmer produzieren z. B. auf einem Wiesenstandort in Mitteleuropa bis zu $40\,t\,ha^{-1}\,a^{-1}$ und in den Tropen bis zu $260\,t\,ha^{-1}\,a^{-1}$ an Kot. In ariden Gebieten haben Asseln eine besondere Bedeutung für die Gefügebildung, da sie Kotballen an der Bodenoberfläche ablagern, die ebenfalls mit Ton-Humus-Komplexen angereichert sind. Termiten tragen mit ihrem Bau von Nestanlagen zur Bodenumlagerung bei. Manche Termitenarten verwenden Bodenpartikel aus bestimmten Horizonten für den Bau der Nestanlagen, andere Arten verwenden selektiv Partikel, die einen höheren Tonanteil besitzen. Die Bauten der Termiten bestehen aus einem Gemisch aus Bodenpartikeln,

4

Speichel und Kot, das nach der Darmpassage an der Luft erhärtet. Die Nester der Ameisen (z. B. Erd-, Hügel- oder Holznester) bestehen aus kleinen Holz- oder Pflanzenteilen, Erdkrumen, Harz von Nadelgehölzen oder anderen natürlichen Materialien.

Bodenumlagerung erfolgt jedoch nicht nur durch grabende, sondern auch durch wühlende Bodentiere (Maulwurf, Kleinnager, Wildschwein). Diese Form der Bioturbation spielt besonders bei der Bildung vom Tschernosemen eine große Rolle. Kleinsäuger (Hamster, Ziesel, Präriehund) transportieren humoses Material bei winterlicher Kälte und sommerlicher Trockenheit in tiefere Bodenlagen. Wirbeltiere (Maulwurf, Kleinnager, Wildschwein) können Bodenumlagerungen in der gleichen Größenordnung wie Regenwürmer verursachen.

4.4 Bodenorganismen als Bioindikatoren

4.4.1 Einfluss von Kulturmaßnahmen auf Bodenorganismen

Mineralische und organische Düngung

Mineralische und organische Düngung beeinflussen Bodenorganismen direkt über die Zufuhr von Nährstoffen und indirekt über das gesteigerte Pflanzenwachstum. Die Reaktion von Bodenmikroorganismen ist von der Art, Menge und Qualität der Düngemittel abhängig. Bei gleicher Zufuhr von Nährstoffen stimuliert organische Düngung die Aktivität von Bodenmikroorganismen stärker als mineralische Düngung, wie man aus dem folgenden Beispiel eines Langzeitfeldversuches deutlich erkennen kann. Der statische Düngungsversuch in Bad Lauchstädt wurde 1902 auf einem humusreichen, kalkfreien Boden (Phaeozem) angelegt und überprüft die Langzeitwirkung von unterschiedlicher Düngung (Abb. 4.4–1). Während die Menge an organischer Bodensubstanz nach NPK oder Stallmistdüngung nur um ca. 10…20 % anstieg, erhöhten sich die mikrobielle Biomasse und deren Aktivität um mehr als 60…100 %. Die höhere Nährstoffverfügbarkeit, die höhere Menge an Rhizodeposition und Streustoffen sind für die Stimulierung des Wachstums von Bodenmikroorganismen verantwortlich. Die Bestimmung der mikrobiellen Biomasse stellt jedoch nur einen Summenparameter dar, der keine

Auskunft über die Artenverteilung der mikrobiellen Lebensgemeinschaft unter diesen Bedingungen gibt. Mineralische und organische Düngung fördern hauptsächlich r-Strategen im Boden, die auf die Zufuhr von Nährstoffen mit einem raschen Wachstum reagieren können; K-Strategen, die auf den Abbau komplexer Substrate spezialisiert sind, sind unter diesen Bedingungen konkurrenzschwach. Nicht nur die Menge eines organischen Düngemittels spielt eine wichtige Rolle für die Reaktion der Bodenorganismen, sondern auch die Qualität des zugeführten Materials (Abb. 4.4–2). Schwedische Wissenschaftler legten in Uppsala 1956 einen Feldversuch an, bei dem sie ähnliche Mengen an Kohlenstoff ($2000\,t\,ha^{-1}\,a^{-1}$) in unterschiedlicher Qualität (Gründüngung, Stallmist und Torf) verwendeten. Die organische Bodensubstanz stieg in der mit Torf gedüngten Variante stärker als bei allen anderen Varianten an. Die unterschiedliche Dynamik der organischen Bodensubstanz lässt sich durch die Reaktion von Bodenmikroorganismen erklären: Torf reichert sich in der organischen Bodensubstanz an, da Bodenmikroorganismen dieses Material weniger gut verwerten können als Gründüngung und Stallmist. Torf führte außerdem zu einem Absinken des pH-Werts des Bodens. Bei geringerem pH-Wert des Bodens verschiebt sich die Artenzusammensetzung

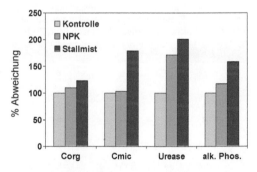

Abb. 4.4–1 Mineralische und organische Düngung erhöhen die Abundanz und die Stoffwechselleistungen von Bodenmikroorganismen in dem Ap-Horizont einer Schwarzerde (Bad Lauchstädt, statischer Düngungsversuch seit 1902; mineralische Düngung jährlich, organische Düngung alle 2 Jahre appliziert). Die Ergebnisse der gedüngten Varianten sind als prozentuale Abweichungen von der ungedüngten Kontrollvariante (100 %) angegeben. ($16\,mg\,C\,g^{-1}$: 100 % des organischen Kohlenstoffs, $484\,mg\,C_{mic}\,100\,g^{-1}$: 100 % des mikrobiellen Kohlenstoffs; $13{,}7\,\mu g\,N\,g^{-1}\,2h^{-1}$: 100 % der Ureaseaktivität, $0{,}3\,mg\,Phenol\,g^{-1}\,3h^{-1}$: 100 % alkalische Phosphataseaktivität) (nach KANDELER et al., 1999a).

der mikrobiellen Lebensgemeinschaft in Richtung einer höheren Dominanz von Bodenpilzen. Diese Mikroorganismen bauen im Vergleich zu Bodenbakterien mehr Kohlenstoff in ihre eigene Körpersubstanz ein und nutzen Kohlenstoff also effizienter als Bakterien. Langfristig reichern Böden mit einer stärkeren pilzlichen Dominanz Kohlenstoff an.

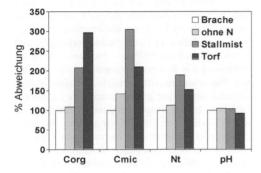

Abb. 4.4–2 Die Qualität der organischen Substanz, die einer Braunerde in Ultuna (Mittelschweden) seit 1956 zugegeben wurde, verändert die mikrobielle Biomasse und chemische Bodeneigenschaften: Die Ergebnisse der gedüngten Varianten sind als prozentuale Abweichungen von der Brachevariante (100 Prozent) angegeben. (11 mg C g^{-1}: 100 % des organischen Kohlenstoffs, 1,2 mg N$_t$ g^{-1}: 100 % des Gesamtstickstoffs, 138 mg C$_{mic}$ 100 g^{-1}: 100 % des mikrobiellen Kohlenstoffs; Brache = Schwarzbrache) (nach KIRCHMANN et al., 2004).

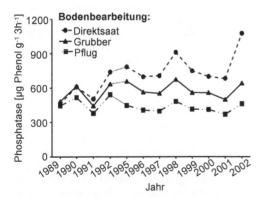

Abb. 4.4–3 Die Intensität der Bodenbearbeitung (Pflug, Grubber oder Direktsaat) beeinflusst die Funktion von Bodenmikroorganismen im Oberboden eines Tschernosems (0…10 cm) in Fuchsenbigl (Österreich) (nach KANDELER et al., 1999b).

Bodenbearbeitung

Bodenbearbeitung modifiziert den Lebensraum von Bodenorganismen. Die wendende Bodenbearbeitung (z. B. Pflug) führt zu einer gleichmäßigen Verteilung von Nährstoffen und organischen Substraten im Oberboden. Nach dem Pflügen profitieren Bodenmikroorganismen von der verbesserten Sauerstoffzufuhr und der verbesserten Verteilung organischer Substrate. Viele Bodentiere (z. B. Regenwürmer) werden dagegen durch intensive Bodenbearbeitung entweder direkt getötet oder verlieren ihren Lebensraum (z. B. durch die Zerstörung der Regenwurmröhren). Die funktionelle Diversität von Regenwürmern wird durch wendende Bodenbearbeitung nachhaltig beeinflusst: Anözische und epigäische Regenwürmer, die sich ständig bzw. teilweise im Oberboden aufhalten, werden durch Bodenbearbeitung stärker beeinträchtigt als endogäische Regenwürmer. Die Wirkung der Bodenbearbeitung ist jedoch auch von der Jahreszeit abhängig. Wird die Bodenbearbeitung bei hoher Trockenheit des Bodens durchgeführt, können die Bodentiere nicht rasch genug in tiefere Bodenlagen wandern. Vertreter der Meso- und Makrofauna reagieren empfindlicher auf wendende Bodenbearbeitung als Vertreter der Mikrofauna (Nematoden und Protozoen). Wendende Bodenbearbeitung kann zu Unterbodenverdichtungen in größeren Tiefen führen, die sich negativ auf Bodenflora und Bodenfauna auswirken.

Minimalboden- und reduzierte Bodenbearbeitung gelten als konservierende Bodenbearbeitung, da der Boden zwar gelockert, nicht aber gewendet wird. Die Reduzierung der Bearbeitungsintensität konzentriert Nahrungsressourcen und Bodenmikroorganismen in den obersten Bodenlagen (0…5 bzw. 0…10 cm). Die Phosphataseaktivität als Maß für den Abbau organischer Phosphorverbindungen wurde bereits wenige Jahre nach Umstellung der Bodenbearbeitung auf nichtwendende Verfahren (Grubber, Direktsaat) in den obersten 10 cm erhöht (Abb. 4.4–3). Bodenbearbeitung verändert die Verteilung und Funktion von Bodenmikroorganismen im Profil, muss jedoch nicht unbedingt den Gesamtumsatz von Bodenmikroorganismen ändern.

Konservierende Bodenbearbeitung fördert das Vorkommen z. B. von tiefgrabenden Regenwurmarten (z. B. *Lumbricus terrestris*, *Aporrectodea longa*), welche auf Nahrung an der Bodenoberfläche angewiesen sind. Die dauerhaften Gänge der tiefgrabenden Regenwürmer erhöhen die In-

4

filtrationsrate von Niederschlagswasser und tragen zur Verminderung der Erosion bei. Generell kann man einen Anstieg der Abundanz und Diversität von zahlreichen Bodentieren (Milben, Collembolen, Diplopoden, Regenwürmer) nach Reduzierung der Bodenbearbeitungsintensität beobachten. Die Aktivierung des Bodenlebens ist deswegen ein wichtiges Ziel der konservierenden Bodenbearbeitung.

Pflanzenschutzmittel (Pestizide)

Pestizide können Bodenmikroorganismen direkt oder indirekt beeinflussen (Abb. 4.4–4). Als direkte Schädigung gilt die reversible oder irreversible Bindung von Pestiziden an das aktive Zentrum von Enzymen. Wird die mikrobielle Lebensgemeinschaft durch Pestizide in ihrer Artenzahl und Artenzusammensetzung verändert, handelt es sich um eine indirekte Wirkung. Generell gilt, dass die Bioverfügbarkeit von Pestiziden die Dauer und Intensität der Hemmwirkung bei Nichtzielorganismen bestimmt (siehe Kap. 10).

Insektizide haben negative Wirkung auf Bodentiere (Nematoden, Regenwürmer, Käfer, Spinnen). Insbesondere Chlorkohlenwasserstoffe beeinflussen Bodentiere wegen ihrer schlechten Abbaubarkeit nachhaltig. Phosphorsäureester, Carbamate und Pyrethroide wirken kurzfristig sehr toxisch.

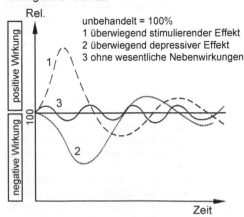

Biologische Aktivität

Rel.

unbehandelt = 100%
1 überwiegend stimulierender Effekt
2 überwiegend depressiver Effekt
3 ohne wesentliche Nebenwirkungen

positive Wirkung
negative Wirkung
100

Zeit

Abb. 4.4–4 Grundreaktionstypen der Bodenmikroorganismen bei Anwendung von Pflanzenschutzmitteln.

4.4.2 Einfluss von Schadstoffen

Schwermetalle

Schwermetalle können toxisch auf Bodenmikroorganismen und Bodentiere wirken. Wegen ihres ionischen Charakters binden Schwermetalle an verschiedene zelluläre Liganden und ersetzen essentielle Nährstoffe an ihren natürlichen Bindungsstellen von Organismen. Zum Beispiel wird Phosphat durch Arsenat an verschiedenen Bindungsstellen innerhalb von Zellen ersetzt. Wechselwirkungen von Schwermetallen mit DNA und Proteinen stören die Zellteilung von Bodenorganismen und die Synthese von Proteinen. Bereits gebildete Proteine werden teilweise denaturiert und verlieren ihre Funktionsfähigkeit. In der Folge reduzieren Schwermetalle das Wachstum von Organismen, ändern die morphologische Struktur oder hemmen biochemische Prozesse der einzelnen Zellen. Bodentiere nehmen Schwermetalle durch die Haut und mit der Nahrung auf. Bei Regenwürmern wird ein großer Anteil der Schwermetalle in die Cuticula eingelagert. Innerhalb der Nahrungskette führt dies zu einer Bioakkumulation von Schwermetallen. Die Toxizität von Schwermetallen ist bei unterschiedlichen Bodenorganismen unterschiedlich stark ausgeprägt. Auf diese Weise ändert sich nicht nur die Gesamtmenge der Organismen (Abundanz) im Boden, sondern auch deren Artenvielfalt (Diversität).

Anorganische Schadstoffe werden im Gegensatz zu organischen Schadstoffen nicht biologisch abgebaut. Bodenorganismen haben deswegen unterschiedliche Resistenzmechanismen gegenüber Schwermetallen entwickelt (Abb. 4.4–5). Diese beruhen darauf, dass die Zellen entweder die Aufnahme der Schwermetalle verhindern können oder dass sie die aufgenommenen Schwermetalle innerhalb der Zellen unschädlich machen bzw. wieder ausscheiden können. Cadmium wird zum Beispiel direkt an der äußeren Zellwand oder an extrazellulären Polysacchariden (EPS) gebunden und kann dadurch nicht in die Zellen eindringen. Manche Bodenmikroorganismen und Pflanzen produzieren Proteine mit einem hohen Anteil der Aminosäure Cystein (Metallothioneinen), die Schwermetalle (Cd, Zn, Cu, Ag und Hg) binden und dadurch innerhalb der Zelle unschädlich machen. Effluxpumpen transportieren toxische Metalle aus Zellen. Quecksilber- und Silberionen können in leicht flüchtige organische Verbindungen umgewandelt und ebenfalls in die Umgebung abgegeben werden. Praktische Beispiele zur toxischen Wirkung von Schwermetallen auf Bo-

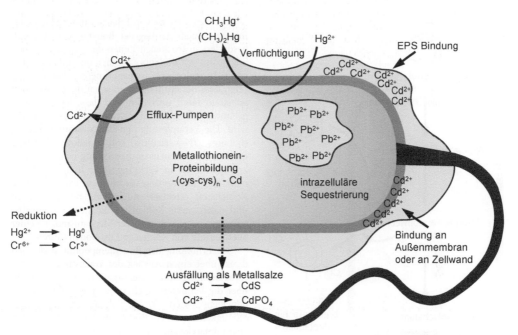

CH$_3$Hg$^+$
(CH$_3$)$_2$Hg   Hg^{2+}
Verflüchtigung   EPS Bindung

Cd^{2+} Cd^{2+}
                              Cd^{2+} Cd^{2+} Cd^{2+}
                                          Cd^{2+}
                                            Cd^{2+}
                                            Cd^{2+}

Cd^{2+} Efflux-Pumpen   Pb^{2+} Pb^{2+}
                                  Pb^{2+}
                                      Pb^{2+}
                                  Pb^{2+} Pb^{2+}

               Metallothionein-   Pb^{2+} Pb^{2+}
               Proteinbildung
               -(cys-cys)$_n$ - Cd
                                     intrazelluläre   Cd^{2+}
                                     Sequestrierung   Cd^{2+}
Reduktion   Cd^{2+}
Hg^{2+} ⟶ Hg^0 Cd^{2+}
Cr^{6+} ⟶ Cr^{3+} Cd^{2+}
                                                    Bindung an
                                                    Außenmembran
                                                    oder an Zellwand
               Ausfällung als Metallsalze
               Cd^{2+} ⟶ CdS
               Cd^{2+} ⟶ CdPO$_4$

Abb. 4.4–5 Bodenmikroorganismen haben Resistenzmechanismen gegenüber Schwermetallen entwickelt. EPS Bindung: extrazelluläre Polysaccharide, Efflux-Pumpe: Schwermetalle werden aus der Zelle transportiert; Intrazelluläre Sequestrierung: Speicherung der Schwermetalle in der Vakuole (nach MAIER et al., 2000).

denorganismen und zur Verwendung von Bodenorganismen als Bioindikatoren werden in Kap. 10 gegeben.

Organische Schadstoffe

Bodenorganismen reagieren auf die Belastung mit **organischen Schadstoffen** (z. B. Mineralöle, Pflanzenschutzmittel) entweder durch Hemmung oder Förderung ihrer Stoffwechselleistungen. Beobachtet man eine Hemmung der mikrobiellen Bodenatmung, kann dies durch das teilweise Absterben der Population oder durch die Beeinträchtigung von Stoffwechselleistungen erklärt werden. Organische Schadstoffe können die Eigenschaften von Zellmembranen ändern und dadurch die Transportfunktion von Membranen negativ beeinflussen. Eine Erhöhung der Bodenatmung nach Schadstoffapplikation weist auf eine Stressreaktion von Mikroorganismen hin, die zusätzliche Energie für Reparaturmechanismen der Zellen benötigen, oder auf die mikrobielle Nutzung des organischen Schadstoffes als Nahrungsquelle.

Organische Schadstoffe werden über eine Reihe von enzymatischen Schritten durch **Biodegradation** teilweise und durch **Biomineralisation** vollständig zu CO$_2$ und Wasser abgebaut. Besteht eine Ähnlichkeit des Moleküls und der Bindungstypen mit einzelnen Naturstoffen, wird der organische Schadstoff relativ rasch abgebaut. Die Persistenz organischer Schadstoffe beruht in der Regel auf dem Fehlen einzelner Enzyme, die zum Abbau notwendig sind. Als **Cometabolismus** wird ein Stoffwechselweg bezeichnet, bei dem die Mikroorganismen den organischen Schadstoff in Gegenwart eines zweiten verwertbaren Substrates zwar oxidieren, jedoch keine Energie aus diesem Prozess für ihr Wachstum ziehen (Abb. 4.4–6). Der teilweise Abbau von Chlorphenol durch Pilze erfolgt cometabolisch: Bei gleichzeitiger Anwesenheit von Phenol und dem Cosubstrat 3,4-Dichlorphenol kann das unspezifische Enzym Phenolhydroxylase beide Verbindungen gleichzeitig nutzen. Der gebildete Metabolit 4,5-Dichlorbrenzkatechin wird durch den Pilz nicht weiter abgebaut. Unvollständiger Abbau von organischen Schadstoffen führt zu reaktiven Zwischenprodukten, die eine höhere Persistenz als die Ausgangsprodukte besitzen

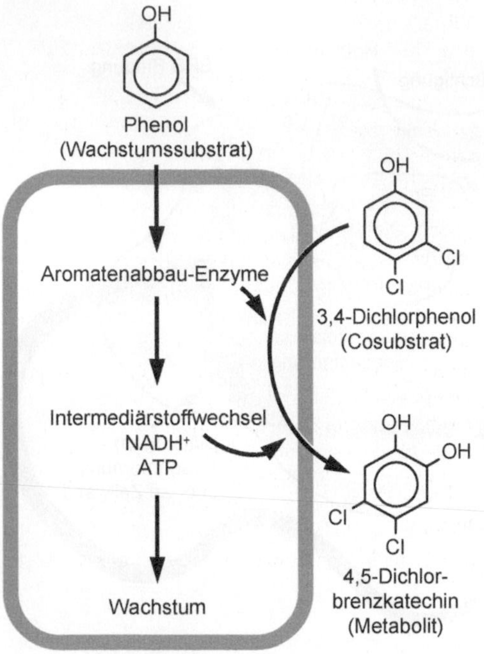

4

Phenol
(Wachstumssubstrat)

Aromatenabbau-Enzyme

3,4-Dichlorphenol
(Cosubstrat)

Intermediärstoffwechsel
NADH$^+$
ATP

4,5-Dichlor-
brenzkatechin
(Metabolit)

Wachstum

Abb. 4.4–6 Cometabolismus erlaubt Bodenmikroorganismen toxische Substanzen abzubauen. Das Wachstumssubstrat (Phenol) schafft für die cometabolische Umsetzung des Schadstoffes (3,4-Dichlorphenol) die Voraussetzung wie Enzymsynthese und Cofaktorenbereitstellung (nach FRITSCHE, 1998).

können. Im Rahmen von **Bodensanierungsmaßnahmen** wird die Fähigkeit von Bodenmikroorganismen genutzt, um organische Schadstoffe vollständig zu mineralisieren (siehe Kap. 10.3).

4.4.3 Klimawandel

Die Erhöhung der Kohlendioxidkonzentration in der Atmosphäre, der langsame Anstieg der Temperatur und die veränderte Niederschlagsverteilung wirken sich hauptsächlich indirekt auf Bodenorganismen aus. Bisher wurden die einzelnen Faktoren jedoch meist nur getrennt untersucht. Unter erhöhter atmosphärischer Kohlendioxidkonzentration steigt das Pflanzenwachstum an und ändern sich die Menge und Qualität der organischen Verbindungen (Streustoffe, Rhizodeposite), die den Bodenorganismen als Substrate zur Verfügung stehen. Die höhere Was-

sernutzungseffizienz von Pflanzen unter Hoch-CO_2 führt zu einem Anstieg der Bodenfeuchte, die sich besonders in trockenen Zeiten der Vegetationsperiode positiv auf Bodenorganismen und Pflanzen auswirkt. In vielen Freilandexperimenten hat sich gezeigt, dass Bodenmikroorganismen die zusätzlichen Substrate rasch umsetzen und dass der zusätzlich gebundene Kohlenstoff rasch wieder mineralisiert wird. Die Veränderung der Streuzusammensetzung (höheres C/N-Verhältnis) könnte jedoch langfristig gesehen die Artenzusammensetzung von Bodenmikroorganismen in Richtung einer höheren Dominanz von Bodenpilzen verschieben. Da Bodenpilze Kohlenstoff effektiver nutzen als Bodenbakterien und daher mehr Kohlenstoff in ihrer Körpersubstanz speichern, würde dieser Mechanismus zu einer Speicherung von Kohlenstoff im Boden führen.

Die Erhöhung der Bodentemperatur wirkt sich direkt über einen Anstieg des Wachstums und der Abbauleistung von Bodenorganismen und indirekt über die Veränderung chemisch-physikalischer Bodeneigenschaften (Druck, Volumen, Viskosität von Flüssigkeiten etc.) auf Böden aus. Wechselwirkungen aller klimarelevanten Faktoren (klimarelevante Gase, Temperatur, Niederschlagsverteilung) auf Bodenorganismen sind bisher nur ungenügend bekannt.

4.5 Untersuchungs-
methoden

4.5.1 Mikroorganismen

Freilandmethoden

Im Gelände erfasst man unterschiedliche Summenparameter bodenbiologischer Aktivitäten. Zur Ermittlung des Streuabbaus durch Bodenorganismen werden Streubeutel auf der Bodenoberfläche oder in den obersten Bodenlagen exponiert. Anschließend werden der Gewichtsverlust der Streu und eventuell auch die Veränderung der Qualität der Streu (C/N-Verhältnis, Cellulose- und Ligningehalt) ermittelt. Ein besonderes Augenmerk gilt wegen der Bedeutung dieser Prozesse für den Klimawandel der mikrobiellen und pflanzlichen Produktion unterschiedlicher Gase, die aus dem Boden in die Atmosphäre gelangen. Zur Bestimmung der Nettoemission von CO_2, CH_4 und N_2O aus Böden werden unterschiedliche Kammern genutzt, die auf den Boden aufgesetzt werden und in denen Gase für einen gewissen Zeitraum (z. B. eine Stunde) akkumulieren, und anschließend deren Gaszusammensetzung ermittelt wird. Der Einsatz von stabilen Isotopen (z. B. $^{13}CO_2$) im Gelände wird genutzt, um den Einbau von Kohlenstoff in die Pflanze, den Transport des Kohlenstoffs in die Wurzeln und in unterschiedliche Fraktionen der organischen Substanz des Bodens zu verfolgen. Aus diesen Ergebnissen ist die Kohlenstoffbilanzierung eines Standorts und die Abschätzung, ob ein Standort in Abhängigkeit von der Nutzung als Speicher oder als Quelle für klimarelevante Gase dienen kann, möglich.

Physiologische, biochemische und molekularbiologische Methoden

Im Labor werden Methoden der Mikrobiologie genutzt, um Aussagen zur Abundanz, Diversität und Funktion von Bodenmikroorganismen zu machen. Zur Abschätzung der mikrobiellen Biomasse eines Standorts wird der mikrobielle Kohlenstoff mit den Methoden der Substrat-induzierten Respiration und der Chloroform-Fumigations-Extraktion oder der Chloroform-Fumigations-Inkubation bestimmt. Bei der **Methode der Substrat-induzierten Respiration** (SIR) wird der Boden mit Glukose versetzt und die maximale Atmung in einem definierten Zeitraum ermittelt. Über den Sauerstoffverbrauch oder die CO_2-Produktion wird der mikrobielle Kohlenstoff errechnet. Bei der **Fumigations-Inkubations-Methode** (FIM) werden ca. 90 % der Bodenmikroorganismen mit Chloroform abgetötet und anschließend durch die verbleibenden Mikroorganismen mineralisiert. Die Menge des freigesetzten CO_2 bildet die Grundlage zur Errechnung des Mikroorganismen-Kohlenstoffs (in mg C pro kg Boden). Bei der **Fumigations-Extraktions-Methode** (FEM) wird dagegen nach der Chloroformbehandlung der mikrobielle Kohlenstoff extrahiert und direkt ermittelt. Die Keimzählungsverfahren nach Kultivierung werden heute wegen zahlreicher methodischer Schwierigkeiten nur noch selten zur Bestimmung der mikrobiellen Abundanz eingesetzt. Interessiert man sich für die Zusammensetzung der mikrobiellen Lebensgemeinschaft, kommen Methoden zur Bestimmung von **Biomarkern** zum Einsatz. Der Gehalt an **Ergosterol** – einem wichtigen Zellwandbestandteil vieler Pilze – dient als Maß für die pilzliche Biomasse. **Phospholipid-Fettsäuren** sind Bestandteile aller Membrane von Bodenmikroorganismen; einzelne Phospholipid-Fettsäuren werden wegen ihrer spezifischen Synthese (z. B. grampositive Bakterien, gramnegative Bakterien, Pil-

ze, VA-Mykorrhizapilze) als quantitative Biomarker einzelner Mikroorganismengruppen verwendet. Die Quantifizierung von unterschiedlichen Gruppen an Mikroorganismen ist seit einigen Jahren auch durch molekularbiologische Verfahren (**quantitative Polymerasekettenreaktion:** qPCR) möglich. Als Ergebnis wird die Anzahl der Kopien eines bestimmten Genabschnitts der **ribosomalen Ribonukleinsäuren** pro Gramm Boden angegeben. Zur Bestimmung der räumlichen Verteilung von Bodenmikroorganismen werden unterschiedliche Färbereaktionen von Zellen eingesetzt: DNS-bindender Fluoreszenzfarbstoff DAPI (4,6-Diamidino-2-Phenylindol) und phylogenetische Sonden (fluoreszenzmarkierte Oligonukleotide).

Abb. 4.5–1 zeigt unterschiedliche methodische Ansätze der Molekularbiologie, um die Populationsdichte und die Diversität von Bodenmikroorganismen zu ermitteln. Zunächst wird DNA/RNA aus dem Boden extrahiert und über verschiedene Schritte gereinigt. Die Polymerasekettenreaktion wird genutzt, um spezifische Genabschnitte so stark zu vermehren (**Amplifikation**), dass sie für verschiedene Nachweisverfahren in ausreichender Menge vorliegen. *Fingerprint*-Methoden (z. B. Denaturierende Gradienten-Gelelektrophorese (DGGE) und Restriktions-Fragment-Längen-Polymorphismus (RFLP)) sind Techniken, bei denen Bodenorganismen aufgrund ihrer unterschiedlichen DNA-Sequenz gelelektrophoretisch aufgetrennt werden. Die DGGE-Methode nutzt einen chemischen Gradienten (z. B. Harnstoff), um Fragmente unterschiedlicher Stabilität aufzutrennen. Die RFLP-Methoden nutzen einen Restriktionsendonuklease-Verdau der DNA Fragmente, um Spezies-spezifische Schnittmuster herzustellen, die elektrophoretisch nachweisbar sind. Die Bandenmuster werden mit statistischen Verfahren (z. B. Clusteranalyse) auf ihre Ähnlichkeit überprüft. Einzelne DNA-Fragmente, die als Banden auf einem Gel sichtbar sind, werden in ein Plasmid inseriert, in *Escherichia coli* als Wirtszelle transferiert, vermehrt (**Klonierung**) und anschließend sequenziert (Bestimmung der Abfolge der einzelnen Nukleotide). Informationen zu einzelnen Sequenzen (Klonen) werden in Datenbanken (**Klonbibliothek**) gespeichert und zur Identifizierung von Bodenmikroorganismen und zur Erstellung von phylogenetischen Stammbäumen genutzt.

Die Funktionen von Bodenmikroorganismen werden mit physiologischen, biochemischen, isotopischen und molekularbiologischen Methoden bestimmt. Durch die Bestimmung von **Enzymaktivitäten** ist es möglich, Teilprozesse verschiedener Stoffwechselkreisläufe zu erfassen. Dehydro-

4

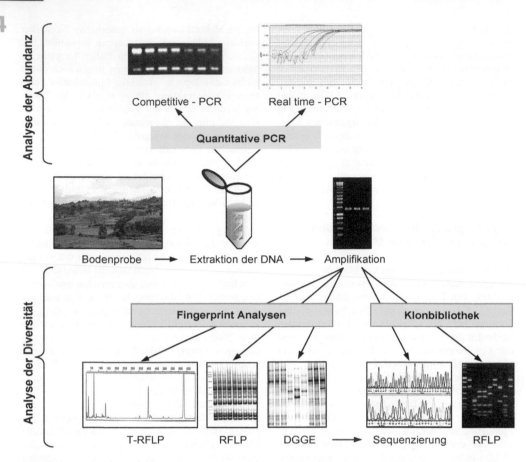

Abb. 4.5–1 Verfahren zur molekularbiologischen Untersuchung einer Bodenprobe. DGGE: Denaturierende Gradienten-Gelelektrophorese; RFLP: Restriktions-Fragment-Längen-Polymorphismus (nach Philippot et al., 2007).

genasen sind **intrazelluläre Enzyme** und geben Auskunft über die Aktivität der aktiven mikrobiellen Biomasse. Der Abbau zahlreicher hochmolekularer Verbindungen (z. B. Xylan, Cellulose, Proteine) wird jedoch von Enzymen (z. B. Xylanase, Cellulase, Protease) katalysiert, die von Mikroorganismen ausgeschieden werden. Diese **extrazellulären Enzyme** sind an die Humus- und Tonfraktion adsorbiert und dadurch vor einem raschen Abbau geschützt. Der Einsatz von ^{15}N-haltigen Verbindungen kann zur Bestimmung einzelner Teilprozesse des Stickstoffkreislaufs verwendet werden. Durch Zugabe von markierten, hochmolekularen Substraten kann nachgewiesen werden, welche Bodenmikroorganismen diese Substrate verwerten. Besonders beliebt ist die **SIP-Technik** (*stable isotope probing*), mit

deren Hilfe man aktive Bodenmikroorganismen, die eine bestimmte Funktion im Boden ausüben, von Ruhestadien trennen kann. Funktionsgene einiger Enzyme des N-Kreislaufs sind aus Tabelle 4.3–1 ersichtlich. Man erhält mit der SIP-Technik Informationen zur Funktion und Phylogenie von Bodenmikroorganismen.

4.5.2 Bodentiere

Makromorphologische Beobachtungen (Regenwurmgänge, Kotpartikel, Zerkleinerungsgrad der Streu, Humusauflage, Horizontabgrenzung) im Gelände dienen als Basis vieler bodenzoologischer

Studien. Mikromorphologische Untersuchungen an Bodendünnschliffen ermöglichen die Beschreibung des Gewebezustands der Streu, der Verteilung der Kotpartikel im Boden sowie der Materialumlagerung im Bodenverband und erlauben Rückschlüsse auf tierische Aktivität. Der Nachweis von Fraßaktivitäten kann entweder direkt am Profil durch Beschreibung der Morphologie oder durch Versuche im Gelände geführt werden. Beim Köderstreifentest wird eine Nahrungspaste in Mikrobohrungen eines Prüfstäbchens dem Fraß ausgesetzt. Nach einer definierten Expositionszeit werden die Füllungen auf Fraßverlust kontrolliert. Diese Methode erlaubt jedoch keine Auskunft darüber, welche Tiere sich von dem Köder ernährt haben.

Die Extraktion von Regenwürmern erfolgt mit der Elektrofangmethode oder mit der Handauslese direkt im Feld. Zur Bestimmung der Abundanz von Protozoen stellt man eine Bodensuspension her, in der man mit mikroskopischen Verfahren die einzelnen Individuen auszählt. Vertreter der Mesofauna (z. B. Milben und Collembolen) werden mit unterschiedlichen Verfahren unter Einwirkung eines Feuchte-, Temperatur-, und Lichtgradienten aus dem Boden ausgetrieben, nach Großgruppen sortiert, bestimmt und ausgezählt. Die Aktivitätsdichte von epigäisch lebenden Tieren wird mit Hilfe von Barberfallen, die niveaugleich eingegraben werden, ermittelt. Die Ergebnisse können jedoch nicht auf eine bestimmte Flächeneinheit bezogen werden; zusätzlich findet man weniger aktive Tiere oder bestimmte Stadien einer Art (wie z. B. Jungtiere) seltener als aktive, adulte Tiere. Schlüpfende Insektenlarven (Dipteren, Käfer, Hymenopteren) werden mit Hilfe von Emergenzfallen erfasst. Diese Fallen sind mit Bodenphotoeklektoren ausgestattet; sie nutzen den negativen Geotropismus und den positiven Phototropismus der meisten Insekten aus.

4.6 Weiterführende Lehr- und Fachbücher

BLUME, H.-P., P. FELIX-HENNINGSEN, W.R. FISCHER, H.-G. FREDE, R. HORN & K. STAHR (1995): Handbuch der Bodenkunde. Wiley-VCH, Weinheim.

COLEMAN, D.C. & D.A. CROSSLEY Jr (1996): Fundamentals in soil ecology. – Academic Press, San Diego.

DOMSCH, K.H., W. GAMS & T.-H. ANDERSON (1980): Compendium of soil fungi. – Vol. 1, 2. Academic Press, London.

DUNGER, W. (1983): Tiere im Boden. 3. Aufl. – Ziemsen, Wittenberg.

DUNGER, W. & H.J. FIEDLER (1997): Methoden der Bodenbiologie, 2. Aufl. – Fischer, Stuttgart.

EISENBEIS, G. & W. WIRCHARD (1985): Atlas zur Biologie der Bodenarthropoden. – Fischer, Stuttgart.

FRITSCHE, W. (1998): Umweltmikrobiologie. – Gustav Fischer, Jena, Stuttgart.

FUCHS, G. & H.G. SCHLEGEL (Hrsg.) (2007): Allgemeine Mikrobiologie, 8. Auflage. – Thieme, Stuttgart.

GARRITY, G.M. (Hrsg.) (2005): Bergey's Manual of Systematic Bacteriology. – Springer, Berlin, Heidelberg, New York.

GISI, U., R. SCHENKER, R. SCHULIN, F.X. STADELMANN & H. STICHER (1997): Bodenökologie. 2. Aufl. – Thieme, Stuttgart.

HAIDER, K. & A. SCHÄFFER (2000): Umwandlung und Abbau von Pflanzenschutzmitteln in Böden – Auswirkungen auf die Umwelt. – Enke im Georg Thieme Verlag, Stuttgart.

MADIGAN, M.T. & J.M. MARTINKO (2006): Brock Mikrobiologie. 11. Auflage. – Pearson Studium, München.

MAIER, R.M., I.L.PEPPER & C.P. GERBA (2000): Environmental Microbiology. – Academic Press, San Diego.

PAUL, E.A. (Hrsg.) (2007): Soil Microbiology, Ecology, and Biochemistry, 3. Auflage. – Academic Press.

STAHR, K., E. KANDELER, L. HERMANN & T. STRECK (2008): Bodenkunde und Standortlehre – Grundwissen Bachelor. Ulmer UTB, Stuttgart.

STORCH, V. & U. WELSCH (2004): Systematische Zoologie. – Spektrum Akademischer Verlag, Heidelberg, 6. Auflage.

TOPP, W. (1981): Biologie der Bodenorganismen. – UTB, Quelle und Mayer, Heidelberg.

VAN ELSAS, J.D., J.K. JANSSON & J.T. TREVORS (2006): Modern Soil Microbiology, Second Edition. – CRC Press, Taylor & Francis Group, Boca Raton.

WALTER, R. (2000): Umweltvirologie – Viren in Wasser und Böden. – Springer, Wien, New York.

WOOD, M. (1995): Environmental soil biology. – Blackie Academic & Professional, Glasgow, UK.

4.7 Zitierte Spezialliteratur

BRIMECOMBE, M.J., F.A.A.M. DE LEIJ & J.M. LYNCH (2007): Rhizodeposition and microbial populations. In: The rhizosphere – Biochemistry and organic substances at the soil plant interface (eds. R. PINTON, Z. VARANINI, P. NANNIPIERI). 2.Edition. – CRC Press, Taylor & Francis Group, Boca Raton.

EISENBACK, J.D. & U. ZUNKE (Hrsg.) (2000): Nemapix. A Journal of Nematological Images. 2nd Edition, Volume One. – 3510 Indian Meadow Drive, Blacksburg v.a. 24060.

FOISSNER, W. (1994): Die Urtiere (Protozoen) des Bodens. Kataloge des Oberösterreichischen Landesmuseums N. F. 71, 169...218.

HUMBERT, S., S. TARNAWSKI, N. FROMIN, M.-P. MALLET, M. ARAGNO, J. ZOPFI (2010): Molecular detection of

4

anammox bacteria in terrestrial ecosystems: distribution and diversity. – ISME Journal **4**, 450...454.

Kandeler, E., M. Stemmer & E.M. Klimanek (1999a): Response of soil microbial biomass, urease and xylanase within particle size fractions to long-term soil management. – Soil Biol. Biochem. **31**, 261...273.

Kandeler, E., S. Palli, M. Stemmer & M.H. Gerzabek (1999b): Tillage changes microbial biomass and enzyme activities in particle-size fractions of a Haplic Chernozem. Soil Biol. Biochem, **31**, 1253...1264.

Kandeler, E., M. Stemmer & M.H. Gerzabek (2005): Role of microorganisms in carbon cycling in soils. In: Microorganisms in soils: roles in genesis and functions (F. Buscot and A. Varma, Hrsg.). – Springer, Berlin, Heidelberg, pp 139...157.

Kandeler, E. & R.P. Dick (2006): Distribution and Function of Soil Enzymes in Agroecosystems. In: Biodiversity in Agricultural Production Systems (Benckiser G. and Schnell S, eds). – Taylor & Francis, pp 263...285.

Kandeler E., A. Mosier, J. Morgan, D. Milchunas, J. King, S. Rudolph & D. Tscherko (2006): Response of soil microbial biomass and enzyme activities to transient elevation of carbon dioxide in a semi-arid grassland. – Soil Biol. Biochem. **38**, 2448...2460.

Kirchmann, H., G.Haberhauer, E.Kandeler, A.Sessitsch & M.H. Gerzabek (2004): Level and quality of organic matter input regulates biogeochemistry of soils – Synthesis of a long-term agricultural field study. – Global Biogeochemical. Cycles **18**, GB4011, doi:10.1029/2003GB002204,2004.

Leiniger, S., T. Urich, M. Schloter, L. Schwark, J. Qi, G.W. Nicol, J.I. Prosser, S.C. Schuster & C. Schleper (2006): Archaea predominate among ammonia-oxidizing prokaryotes in soils. – Nature, **442**, 806...809.

Philippot, L., S. Hallin & M. Schloter (2007): Ecology of denitrifying prokaryotes in agricultural soil. – Advances in Agronomy, **96**, 249...305.

Raubuch, M. & R.G. Joergensen (2002): C and net N mineralisation in a coniferous forest soil: the contribution of the temporal variability of microbial C and N. – Soil Biol. Biochem. **34**, 841...849.

Ruess, L., K. Schutz, D. Haubert, M. M. Haggblom, E. Kandeler & S. Scheu (2005): Application of lipid analysis to understand trophic interactions in soil. – Ecology **86**, 2075...2082.

Schmidt I., O. Sliekers, M. Schmid, I. Cirpus, M. Strous, E. Bock, J.C. Kuenen & M.S.M. Jetten (2002): Aerobic and anaerobic ammonia oxidizing bacteria competitors or natural partners? – FEMS Microbiol. Ecol. **39**, 175...181.

Weaver, R.W. et al. (Hrsg.) (1994) Methods of soil analysis, Part 2: Microbiological and biochemical properties. SSSA, Madison.

Weinbauer, M.G. (2004): Ecology of prokaryotic viruses. – FEMS Microbiol. Reviews **28**, 127...181.

5 Chemische Eigenschaften und Prozesse

Viele Regelungsfunktionen von Böden (Kap. 10.1) beruhen auf biogeochemischen Prozessen und werden deshalb von den chemischen Eigenschaften der Böden beeinflusst. Beispiele hierfür sind die Speicherung und Nachlieferung von Nährstoffen, die Sorption und der Abbau von Schadstoffen sowie die Pufferung von Säureeinträgen. Chemische Prozesse an Grenzflächen sind dabei von herausragender Bedeutung. Etwa 40…60 % des Bodenvolumens bestehen aus Poren, die je nach aktueller Bodenfeuchte mit Wasser (Bodenlösung) und Gasen (Bodenluft) gefüllt sein können. Die feste Bodensubstanz besteht überwiegend aus Mineralen und kleineren Anteilen von organischen Substanzen. In diesem porösen System aus mineralischen und organischen Bodenpartikeln, Gasen, wässrigen Lösungen und Organismen bilden sich enorm große und chemisch reaktive Grenzflächen aus. An diesen Grenzflächen können Ionen und Moleküle adsorbiert, komplexiert, ausgefällt oder chemisch umgewandelt werden. Dieses Kapitel bietet eine Einführung in wichtige chemischen Eigenschaften und Prozesse, die das Verhalten von Nähr- und Schadstoffen in Böden kontrollieren.

5.1 Bodenlösung

Die wässrige Phase des Bodens wird als **Bodenlösung** bezeichnet. Sie besteht aus freiem Wasser, den darin gelösten Ionen und Molekülen sowie dispergierten kolloidalen Partikeln.[1] In Bodenmineralen gebundenes Kristallwasser gehört nicht zur Bodenlösung.

Die Zufuhr von Wasser findet in gut durchlässigen und drainierten Böden primär über atmosphärische Niederschläge statt. Mit dem Regenwasser werden dem Boden dabei immer auch gelöste Stoffe zugeführt.

5.1.1 Gelöste Stoffe im Regenwasser

Schon bei der Wolkenbildung durch die Kondensation von Wasserdampf in der Atmosphäre reagiert das Wasser mit Aerosolpartikeln und Gasen. Zusätzlich nimmt es während des Niederschlages Stoffe aus der Atmosphäre auf. Regenwasser enthält deshalb immer gelöste Ionen, die mit dem Niederschlag in die Böden eingetragen werden (Tab. 5.1-1). Die wichtigsten Quellen für gelöste Stoffe im Regenwasser sind (je nach geographischer Lage):

- Marine Aerosole (Na, Cl, Mg, SO_4, Ca, K u. a.)
- Terrestrische Stäube (Si, Al, Ca, K, Na, Mg, SO_4, CO_3 u. a.)
- (Post)Vulkanische Aerosole und Gase (Si, Al, Mg, CO_2, CH_4, NH_3, u. a.)
- Biologische Emissionen (Oxalat, Malonat, Citrat, Acetylen u. a.)
- Natürliche Spurengase (CO_2, N_2O, NO, NO_2, NH_3, HCl, CH_4 u. a.)
- Anthropogene Emissionen (NO_x, SO_2, CO_2, Rußpartikel, Stäube aus Bergbau, Industrie und Verkehr)

Regenwasser über den Meeren und in küstennahen Gebieten ist besonders NaCl-haltig, da durch das Aufwirbeln von Wassertröpfchen über dem Meer NaCl-reiche Aerosole entstehen. Marine Aerosole sind außerdem relativ reich an Mg und SO_4. Im Gegensatz dazu ist das Regenwasser über den Kontinenten eher $CaSO_4$-haltig. Die wichtigste Quelle für Ca sind terrestrische Stäube, d. h. Bodenpartikel, die durch Winderosion in die Atmosphäre gelangen. Eine weitere wichtige Quelle für SO_4 sind anthropogene SO_2-Emissionen aus der Verbrennung

---

[1] Als kolloidale Partikel werden alle im Wasser dispergierten Partikel mit einem Durchmesser zwischen 1 und 1000 nm in mindestens einer Dimension bezeichnet. Kolloidale Partikel sedimentieren nicht oder nur sehr langsam, besitzen eine sehr große spezifische Oberfläche und können mit Sickerwasser durch Mittel- und Grobporen transportiert werden.

5

Tab. 5.1-1 Typische Konzentrationen gelöster Ionen (in mg l^{-1}) und pH-Wert in Regenwasser (nach BERNER & BERNER, 1996, leicht modifiziert).

Ion	Regenwasser, Küsten und Ozeane	Regenwasser, Kontinente
Cl$^-$	1...10	0,2...2
Na$^+$	1...5	0,2...1
Mg^{2+}	0,4...1,5	0,05...0,5
K$^+$	0,2...0,6	0,1...0,3
Ca^{2+}	0,2...1,5	0,1...3,0
SO$_4^{2-}$	1...3	1...3
NO$_3^-$	0,1...0,5	0,4...1,3
NH$_4^+$	0,01...0,05	0,1...0,5
pH-Wert	5...6	4...8,5

fossiler Energieträger. Das Gas SO$_2$ reagiert in der Atmosphäre mit Ozon (O$_3$) und H$_2$O unter Bildung von Schwefelsäure (H$_2$SO$_4$), einer starken Säure. Die Emission von SO$_2$ ist deshalb ein wichtiger Faktor bei der Bildung des sauren Regens, mit pH-Werten zwischen 3,5 und 5,5. Eine weitere wichtige Säurequelle ist die Bildung von Salpetersäure (HNO$_3$) aus Stickoxiden (NO$_x$), die bei der Verbrennung fossiler Energieträger freigesetzt werden.

In der Atmosphäre wird NO$_x$ auch durch N$_2$-Oxidation bei Blitzentladungen gebildet, was für den natürlichen Stickstoffeintrag in terrestrische Ökosysteme von erheblicher Bedeutung sein kann. Atmosphärische Stickstoffeinträge können auch in Form von Ammoniak (NH$_3$) erfolgen, der sowohl aus natürlichen Emissionen (z. B. Wild-Wiederkäuer, NH$_3$-Entgasung aus kalkhaltigen Böden) als auch aus anthropogenen Quellen (z. B. Haustiere, Gülle- und Abwasser-Ausbringung auf landwirtschaftliche Nutzflächen) stammen kann.

5.1.2 Zusammensetzung der Bodenlösung

5.1.2.1 Gelöste anorganische Stoffe

Wenn Regenwasser mit Boden in Kontakt kommt, verändern sich die Konzentrationen der im Wasser gelösten Stoffe. Durch chemische Verwitterung von

Silicaten werden H$_4$SiO$_4^0$, Ca^{2+}, Mg^{2+}, K$^+$, Na$^+$ und andere Ionen freigesetzt. Dabei werden in der Regel Protonen verbraucht, was zur Neutralisation von Säuren beiträgt (Kap. 5.6.4). Die gelösten Kationen stehen im Gleichgewicht mit austauschbar adsorbierten Kationen an negativ geladenen Oberflächen von Tonmineralen und organischen Substanzen. Kationenaustausch und spezifische Adsorption an Oberflächen bestimmen weitgehend, welche Ionen im Boden gespeichert und welche leicht mit dem Sickerwasser ausgewaschen werden. Weiterhin finden mikrobielle Umwandlungsprozesse statt, wie zum Beispiel die mikrobielle Oxidation von Ammonium (NH$_4^+$) zu Nitrat (NO$_3^-$), ein Prozess, der als **Nitrifikation** bezeichnet wird (Kap. 9.6.1.3). Durch den Stoffwechsel von Organismen (z. B. aerobe Atmung) werden Gase verbraucht (z. B. O$_2$) und andere freigesetzt (z. B. CO$_2$). Dadurch ändern sich auch die Konzentrationen an gelösten Gasen in der Bodenlösung. Tabelle 5.1-2 zeigt typische Bereiche gemessener Konzentrationen von gelösten Stoffen in der Bodenlösung von Waldböden und Ackerböden Mitteleuropas.

Die Zusammensetzung der Bodenlösung an einem Standort unterliegt zeitlichen Schwankungen, welche durch jahreszeitlich bedingte Veränderungen der Vegetation, Bodenfeuchte, Bodentemperatur und anderer Faktoren ausgelöst werden. In niederschlagsreichen Perioden wird die Bodenlösung durch infiltrierendes Regenwasser verdünnt. In Perioden mit hoher Verdunstung kommt es dagegen zu einer Aufkonzentrierung gelöster Stoffe. Auch räumlich kann die Zusammensetzung der Bodenlösung variieren. Versickerndes Wasser in Grobporen hat oft eine andere Zusammensetzung als das Wasser, welches bereits seit längerer Zeit in feinen Poren des Bodens gespeichert war.

Das Sickerwasser, das den Boden in Richtung Grundwasser verlässt, enthält deutlich höhere Konzentrationen an gelösten Stoffen als Regenwasser. Durch Niederschläge, Verdunstung und Versickerung werden chemische Gleichgewichte im Boden immer wieder gestört und chemische Reaktionen angetrieben. Die chemische Verwitterung und Mineralneubildung werden dadurch begünstigt (Kap. 2.2.5 u. 2.4.2).

Die Zufuhr von Wasser erfolgt allerdings nicht in allen Böden allein durch Niederschläge. Bei hohem Grundwasserstand kann auch Wasser durch Kapillarkräfte in den ungesättigten Boden aufsteigen und gelöste Stoffe mitführen. Die Watten und Nassstrände der Küsten werden zyklisch mit Meerwasser überflutet. Böden mit Hangwassereinfluss oder periodischer Überflutung (z. B. Auen) erhalten ebenfalls einen externen Eintrag von Wasser und gelösten Stoffen. Auenböden sind deshalb wichtige Senken und/oder Quellen für Schadstoffe in Fließgewässern. Auf landwirtschaftlich genutzten Flächen kann auch die Zufuhr von Bewässerungswasser eine wichtige Rolle spielen. Je nach Wasserqualität und -menge können dabei erhebliche Mengen an gelösten Stoffen in die Böden eingetragen werden und, besonders in ariden Regionen, zur Na-Anreicherung oder sogar Bodenversalzung führen. Externe Einträge von Wasser und gelösten Stoffen haben immer einen großen Einfluss auf die Stoffkreisläufe und die chemischen Eigenschaften der Böden.

5.1.2.2 Gelöste organische Substanzen (DOM)

Mikroorganismen und Pflanzenwurzeln scheiden lösliche organische Verbindungen aus um im Boden gebundene Nährstoffe zu mobilisieren (z. B. organische Säuren, Enzyme, Siderophore). Zusätzlich können sich Bestandteile der organischen Bodensubstanz im Wasser lösen. Die Gesamtheit der gelösten organischen Substanzen in der Bodenlösung wird als DOM (engl. *dissolved organic matter*) bezeichnet. Die Konzentration gelöster organischer Substanzen wird meistens über den organischen Kohlenstoff gemessen und daher als DOC (engl. *dissolved organic carbon*)[2] angegeben. Als „gelöst" werden in vielen Studien diejenigen Stoffe bezeichnet, die einen 0,45-µm Membranfilter passieren. Dabei ist jedoch zu beachten, dass die Übergänge zwischen gelösten, makromolekularen und kolloidalen Stoffen fließend sind und diese „gelöste" Fraktion auch kolloidale Partikel <0,45 µm enthalten kann.

Je nach Eigenschaften und Nutzung der Böden kann die DOC-Konzentration in der Bodenlösung zwischen 5 und 500 mg l^{-1} betragen (Tab. 5.1-2). Bodenlösungen aus Ap-Horizonten von Ackerböden enthalten oft zwischen 15 und 50 mg l^{-1} DOC. In Bodenlösungen aus Ah-Horizonten von Waldböden sind die DOC-Konzentrationen im Durchschnitt höher, mit häufigen Werten zwischen 50 und 150 mg l^{-1}. Sowohl die Konzentrationen als auch die chemische Zusammensetzung von DOM unterliegen jahreszeitlichen Schwankungen, die durch Än-

derungen der Bodenfeuchte, der Bodentemperatur, dem Anfall von Streustoffen und der biologischen Aktivität von Pflanzen und Mikroorganismen bedingt sind.

DOM besteht aus einer Vielzahl chemischer Verbindungen unterschiedlicher Herkunft. Ein erheblicher Anteil der DOM kann aus Kohlenhydraten bestehen, vor allem in intensiv durchwurzelten Bodenhorizonten. Dabei überwiegen oft Polysaccharide, aber auch Disaccharide (z. B. Saccharose) und Monosaccharide (z. B. Glucose, Fructose, Galactose, Mannose) kommen vor. Di- und Monosaccharide werden allerdings relativ schnell durch Mikroorganismen wieder abgebaut. Eine weitere sehr wichtige Gruppe organischer Substanzen in DOM sind niedermolekulare organische Säuren und andere Komplexbildner. Zu dieser Stoffgruppe gehören einfache aliphatische Mono- und Dicarbonsäuren (z. B. Essigsäure, Oxalsäure, Fumarsäure), Hydroxycarbonsäuren (z. B. Citronensäure, Weinsäure, Gluconsäure) und Ketosäuren (z. B. Oxalessigsäure, Ketoglutarsäure) sowie aromatische Hydroxycarbonsäuren (z. B. Salicylsäure, Protocatechusäure, Gallussäure), Dihydroxybenzole (z. B. Brenzcatechin, Hydrochinon) und verschiedene Aldehyde, Polyphenole, Aminosäuren, Fettsäuren und Siderophore. Siderophore sind eine Gruppe von extrem starken Komplexbildnern für Fe^{3+} (es gibt hunderte verschiedene Siderophore). Sie werden unter Eisenmangelbedingungen von Mikroorganismen (Bakterien, Pilze) und Gräsern (z. B. Weizen, Gerste) ausgeschieden, um Fe aus Bodenpartikeln zu lösen. Die Konzentration dieser Säuren und Komplexbildner in der Bodenlösung wird maßgeblich vom Gehalt an zersetzbarer organischer Substanz, von der Mikroorganismenaktivität und der Menge der durch Pflanzenwurzeln ausgeschiedenen Substanzen bestimmt.

Neben diesen relativ hydrophilen Substanzen enthält DOM auch beträchtliche Anteile (30 bis 60 % des DOC) an hydrophoberen Verbindungen, die gelöst oder in kolloidaler Form vorliegen können. Hierbei handelt es sich vor allem um polymere Zersetzungsprodukte von Polysacchariden, Lignocellulose und Lignin aus Pflanzenresten sowie um Fulvosäuren und Huminsäuren. Diese hydrophoben DOM-Bestandteile können hydrophobe organische Chemikalien (z. B. PAK, PCB, Dioxine, Pflanzenschutzmittel) binden und so deren Löslichkeit und Mobilität im Boden beträchtlich erhöhen. Die Fulvo- und Huminsäuren wirken außerdem als Komplexbildner für essenzielle (z. B. Fe^{3+}, Cu^{2+}, Zn^{2+}) und/oder potenziell toxische (z. B. Hg^{2+}, Al^{3+}, Cu^{2+}, Zn^{2+}) Metallkationen.

---

[2] Weitere in der Literatur gebräuchliche Abkürzungen sind TOC (= *total organic carbon*), POM (= *particulate organic matter*), POC (= *particulate organic carbon*), DON (= *dissolved organic nitrogen*) und DOP (= *dissolved organic phosphorus*).

5

Tab. 5.1-2 Typische Zusammensetzung der Bodenlösung (Bodensättigungsextrakte und Saugkerzenlösungen) von nicht bis wenig belasteten Acker- und sauren Waldböden gemäßigt-humider Klimate. Werte in Klammern: geringer Datenumfang. (Quellen: BRADFORD et al., 1971, CAMPBELL & BECKETT, 1988, und BRÜMMER et al., unveröffentl.).

Parameter	Einheit	Waldböden		Ackerböden	
		Bereich	Häufige Werte	Bereich	Häufige Werte
pH (CaCl$_2$)		2,8...4,0	3,2...3,8	4,1...7,5	5,0...6,8
pH (Bodenlösung)		3,0...4,5	3,2...4,0	4,8...8,2	5,6...7,8
EC	dS m^{-1}	0,2...1,6	0,3...1,2	<0,1...1,8	0,3...0,7
DOC	mg l^{-1}	30...500	50...150	5...500	15...50
HCO$_3^-$ + H$_2$CO$_3$	mg l^{-1}	(<1...40)	(1...5)	5...210	20...100
Ca	mg l^{-1}	<1...180	1...40	5...600	40...160
Mg	mg l^{-1}	<0,01...30	0,1...10	1...60	5...25
K	mg l^{-1}	0,3...50	1...15	0,1...80	3...30
Na	mg l^{-1}	<1...40	1...20	2...50	2...20
NH$_4^+$	mg l^{-1}	0,5...20	0,5...10	<0,1...16	0,2...4
NO$_3^-$	mg l^{-1}	5...450	10...200	1...800	20...200
NO$_2^-$	mg l^{-1}	(<1)	(<1)	<0,1...30	<0,1...1
Cl$^-$	mg l^{-1}	3...170	5...70	1...400	6...100
SO$_4^{2-}$	mg l^{-1}	5...350	15...150	5...300	10...120
HPO$_4^{2-}$ + H$_2$PO$_4^-$	mg l^{-1}	<0,05...12	<0,05...5	0,4...40	1...10
Si	mg l^{-1}	(2...60)	(5...40)	1...40	4...25
F	mg l^{-1}	0,2...5	0,3...2	0,1...4	0,2...1
Al	µg l^{-1}	200...30 000	500...10 000	<10...10 000	100...5000
Fe	µg l^{-1}	5...10 000	50...5000	<5...8000	20...3000
Mn	µg l^{-1}	20...30 000	50...15 000	<1...3000	<1...700
Cu	µg l^{-1}	<1...800	1...50	1...300	3...60
Zn	µg l^{-1}	30...4000	80...2000	1...800	10...400
Cd	µg l^{-1}	0,5...50	1...25	<0,1...20	<0,1...3
Pb	µg l^{-1}	0,5...250	2...100	<1...120	<1...50
As	µg l^{-1}	<0,1...50	<0,1...10	<0,01...12	1...8

In anthropogen belasteten Böden können auch synthetische organische Verbindungen in der Bodenlösung vorkommen. Manche dieser Verbindungen sind starke Komplexbildner für Metalle (z. B. Ethylendiamintetraessigsäure, EDTA; Nitrilotriacetat, NTA) oder oberflächenaktive Stoffe (Detergentien). Solche Stoffe können durch die Ausbringung von Klärschlamm und anderen Siedlungsabfällen sowie durch die Verrieselung von Abwasser in die Böden gelangen und dort eine Mobilisierung von Schwermetallen bewirken.

Für Mikroorganismen in tieferen Bodenhorizonten stellt DOM eine sehr wichtige mobile Energiequelle dar. Etwa 3 bis 40 % der DOM im Sickerwasser sind mikrobiell relativ leicht abbaubar, der übrige Teil dagegen nur schwer. Der mikrobielle Abbau der organischen Substanzen kann bei ungenügender Durchlüftung des Bodens zu anoxischen Bedingungen führen und anschließend die Reduktion von Nitrat, Mangan- und Eisenoxiden sowie von Sulfat antreiben (Kap. 5.7.4).

5.2 Gasgleichgewichte

In ungesättigten Böden ist ein Teil der Poren mit Gasen gefüllt, die als **Bodenluft** bezeichnet werden. Die Zusammensetzung der Bodenluft wird in Kapitel 6.5.1 ausführlicher beschrieben. Auf Grund der Bodenatmung (Wurzeln, Tiere, Mikroorganismen) ist der relative O_2-Partialdruck der Bodenluft niedriger als in der Atmosphäre ($P_{O_2} = 0,21$), während der relative CO_2-Partialdruck gegenüber der Atmosphäre ($P_{CO_2} = 0,00038$) stark erhöht sein kann. Diese Unterschiede sind umso ausgeprägter, je schlechter ein Boden durchlüftet und je höher seine biologische Aktivität ist. Eine gehemmte Durchlüftung kann durch einen hohen Wassergehalt oder durch Verdichtungen des Bodens bedingt sein (Kap. 10.7.2). Unter anoxischen Bedingungen können neben CO_2 noch weitere Spurengase im Boden entstehen, wie etwa Lachgas (N_2O), ein Nebenprodukt der mikrobiellen Reduktion von NO_3^- (Denitrifikation) oder Methan (CH_4), das durch Bakterien unter stark anoxischen Bedingungen gebildet wird.

Gase in der Bodenluft können zum Teil im Bodenwasser gelöst werden. Umgekehrt können auch gelöste Stoffe aus dem Bodenwasser in die Gasphase übergehen. Neben den oben erwähnten Gasen können auch niedermolekulare organische Säuren sowie synthetische organische Verbindungen (z. B. Pestizide) in die Gasphase übergehen, sofern sie genügend flüchtig sind (Kap. 10.3).

Das Gleichgewicht zwischen den Gasen in der Bodenluft und den im Bodenwasser gelösten Gasen kann mit Hilfe des HENRY-Gesetzes beschrieben werden. Das HENRY-Gesetz beschreibt die lineare Beziehung zwischen dem Partialdruck eines Gases A in der Gasphase (p_A, in hPa) und der im Wasser gelösten Konzentration des Gases ($[A(aq)]$, in M):

$$[A(aq)] = K_H \, p_A \qquad [1]$$

Dabei ist K_H (M hPa^{-1}) die HENRY-Konstante für das entsprechende Gas bei einer gegebenen Temperatur.

Tab. 5.2-1 HENRY-Konstanten für die Wasserlöslichkeit verschiedener Gase (bei 25 °C) (nach STUMM & MORGAN, 1996).

Gas	HENRY-Konstante (M hPa^{-1})
CH_3COOH	$7,56 \cdot 10^{-1}$
NH_3	$5,63 \cdot 10^{-2}$
H_2S	$1,04 \cdot 10^{-4}$
CO_2	$3,35 \cdot 10^{-5}$
N_2O	$2,54 \cdot 10^{-5}$
CH_4	$1,27 \cdot 10^{-6}$
O_2	$1,24 \cdot 10^{-6}$
N_2	$6,25 \cdot 10^{-7}$

In Tabelle 5.2-1 sind die HENRY-Konstanten für einige wichtige Gase bei 25 °C zusammengestellt. Daraus ist ersichtlich, dass die Gase sehr unterschiedlich gut in Wasser löslich sind. Eine extrem hohe Wasserlöslichkeit zeigen beispielsweise Essigsäure (CH_3COOH) und Ammoniak (NH_3), während O_2 und N_2 eine um viele Größenordnungen geringere Wasserlöslichkeit aufweisen.

5.3 Speziation und Komplexbildung

Die in der Bodenlösung gelösten Ionen und Moleküle können miteinander gelöste Komplexe bilden. Dadurch verändern sich ihre chemischen Bindungsformen, die **Speziation**. Die chemischen Formen (Redoxzustand und Bindungsform), in denen die chemischen Elemente oder Moleküle vorliegen, werden als **Spezies** bezeichnet.

Die Lösungsspeziation ist besonders für Spurenmetalle von großer Bedeutung. Sie beeinflusst deren chemisches Verhalten im Boden, einschließlich ihrer Mobilität, Verfügbarkeit für Organismen und Toxizität. Da die Bodenlösung viele verschiedene Metallkationen, anorganische Anionen sowie gelöste organische Moleküle enthält, kann jedes Element in einer großen Anzahl verschiedener Spezies vorliegen (Tab. 5.3-1).

Die analytische Bestimmung der gelösten Spezies eines Elementes kann schwierig und aufwändig sein und ist in vielen Fällen noch nicht möglich.

5

Eine Alternative bietet die Berechnung der gelösten Spezies auf Grund ihrer thermodynamischen Stabilitäten. Im Folgenden werden die Grundlagen einer Speziationsrechnung kurz erläutert.

5.3.1 Ionenstärke, Konzentration und Aktivität

Die chemische **Aktivität** einer gelösten Spezies hängt nicht nur von ihrer **Konzentration** ab, sondern sie wird auch von der **Ionenstärke** der Lösung beeinflusst. Die Ionenstärke I ist ein Maß für die Gesamtheit aller gelösten Ionenladungen in einer wässrigen Lösung. Sie ist definiert als:

$$I = \frac{1}{2} \sum_i m_i Z_i^2 \qquad [2]$$

wobei m_i die Molalität[3] und Z_i die Ladung eines jeden Ions i in der Lösung darstellt. Die Aktivität a_i eines Ions i kann ausgedrückt werden als

$$a_i = \gamma_i \left(\frac{m_i}{m_i^0} \right) \qquad [3]$$

Dabei ist γ_i der Aktivitätskoeffizient (dimensionslos) für das Ion i, m_i ist die Molalität des Ions i und m_i^0 ist die Standardmolalität ($m_i^0 = 1\ \text{mol kg}^{-1}$). Man beachte, dass die Aktivität a_i im Gegensatz zur Konzentration ebenfalls dimensionslos ist.

Zur Abschätzung der Aktivitätskoeffizienten für gelöste Ionen wurden verschiedene (semi-)empirische Gleichungen entwickelt, von denen hier nur zwei eingeführt werden sollen. Eine häufig verwendete Gleichung zur Berechnung der Aktivitätskoeffizienten ist die erweiterte DEBYE-HÜCKEL-Gleichung, welche bei Ionenstärken bis zu $I = 0{,}1$ M eingesetzt werden kann

$$\log \gamma_i = \frac{-A Z_i^2 \sqrt{I'}}{\left(1 + B \alpha_i \sqrt{I'} \right)} \qquad [4]$$

wobei A und B temperaturabhängige Konstanten sind (A = 0,5116 und B = 0,33 bei 25 °C) und der ionenspezifische Parameter α_i vom effektiven Durchmesser des Ions i in Lösung abhängt (LANGMUIR,

1997). Die Ionenstärke I' wird hier als Ionenstärke (I) relativ zur Ionenstärke unter Standardbedingungen ($I^0 = 1$ molal) ausgedrückt ($I' = I/I^0$), wodurch die Einheiten entfallen.

Eine weitere, häufig eingesetzte empirische Gleichung ist die DAVIES-Gleichung:

$$\log \gamma_i = -A Z_i^2 \left(\frac{\sqrt{I'}}{1 + \sqrt{I'}} - 0{,}3 I' \right) \qquad [5].$$

Diese Gleichung bietet den Vorteil, dass sie keine ionenspezifischen Parameter enthält und bis zu einer Ionenstärke von $I = 0{,}5$ M eine gute Abschätzung der Aktivitätskoeffizienten liefert. Für alle Ionen mit gleicher absoluter Ladung |Z| ergibt sich der gleiche Aktivitätskoeffizient γ_i. In Abbildung 5.3-1 sind die nach der DAVIES-Gleichung berechneten Aktivitätskoeffizienten für ein-, zwei- bzw. dreiwertige Ionen (|Z| = 1, 2 bzw. 3) als Funktion der Ionenstärke dargestellt. In extrem verdünnten wässrigen Lösungen ist $\gamma_i \approx 1$ und die Aktivität eines jeden Ions entspricht etwa dem Wert seiner Molalität (bzw. Molarität). Je höher die Ionenstärke ist, desto kleiner wird der Aktivitätskoeffizient ($0 < \gamma_i < 1$) und die Aktivität eines Ions ist deutlich geringer als der Wert seiner Molalität. Dieser Effekt ist umso größer, je höher die Ionenladung |Z| und je größer die Ionenstärke der Lösung ist.

Für Lösungen mit sehr hohen Ionenstärken (> 0,5 M) müssen komplexere Gleichungen für die Berechnung der Aktivitätskoeffizienten herangezo-

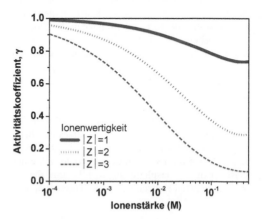

Abb. 5.3-1 Aktivitätskoeffizienten γ_i nach der DAVIES-Gleichung (Gl. [5]) für ein-, zwei- und dreiwertige Anionen und Kationen (|Z| = 1, 2, 3) als Funktion der Ionenstärke der Lösung.

---

[3] Die Molalität m_i ist die Konzentration eines Ions i in mol kg^{-1}. In verdünnten wässrigen Lösungen kann die Molalität annäherungsweise mit der Molarität M_i, der Konzentration des Ions i in mol l^{-1} (bzw. M), gleichgesetzt werden.

gen werden, wie etwa das PITZER-Modell (LANGMUIR, 1997, SUAREZ, 1999). Derart hohe Ionenstärken kommen aber nur in salzreichen Böden vor.

5.3.2 Lösungsspeziation

5.3.2.1 Gelöste Komplexe und Ionenpaare

Betrachten wir exemplarisch das Spurenelement Kupfer (Cu), das in gut durchlüfteten Böden vorwiegend in der Oxidationsstufe +II vorkommt. Unter sauren Bedingungen und in Abwesenheit von Liganden liegt gelöstes Cu(II) vor allem als Hexaquokomplex ($Cu(H_2O)_6^{2+}$) vor, d. h. Cu^{2+} ist in der ersten Koordinationshülle von sechs Wassermolekülen umgeben. Diese Spezies wird auch als **freie** Cu^{2+} Spezies bezeichnet. Mit steigenden pH-Werten unterliegt ein immer größerer Anteil des gelösten Cu^{2+} der Hydrolyse, d. h. die Wassermoleküle der ersten Koordinationshülle geben Protonen ab nach

$$Cu(H_2O)_6^{2+} \;\rightleftharpoons\; Cu(H_2O)_5OH^+ + H^+$$
$$\log K_1 = -7{,}497 \qquad\qquad [6]$$

$$Cu(H_2O)_5OH^+ \;\rightleftharpoons\; Cu(H_2O)_4(OH)_2^{0} + H^+$$
$$\log K_2 = -8{,}733 \qquad\qquad [7]$$

So entstehen die ersten beiden Hydroxospezies, die ohne die Wassermoleküle als $CuOH^+$ und $Cu(OH)_2^0$ geschrieben werden. Weitere Hydroxospezies sind $Cu(OH)_3^-$, $Cu(OH)_4^{2-}$ sowie die polynuklearen Spezies $Cu_2(OH)_2^{2+}$ und $Cu_3(OH)_4^{2+}$. Die Anteile dieser Spezies am gelösten Cu^{2+} sind allerdings meistens gering. Trotzdem können auch Spezies, die nur in geringen Anteilen vorkommen, von größter ökologischer Bedeutung sein, z. B. wenn sie besonders toxisch für Organismen sind. Ein bekanntes Beispiel ist das siebenfach positiv geladene Al^{13}-Ion, $[Al_{13}O_4(OH)_{24}(H_2O)_{12}]^{7+}$, dem eine sehr hohe Phytotoxizität zugeschrieben wird.

In analoger Weise bilden auch viele andere Metallkationen in Wasser Hydroxospezies, wobei die $\log K_1$ Werte in der Reihenfolge $Hg^{2+} > Cr^{3+} > Al^{3+} > Cu^{2+} > Pb^{2+} > Zn^{2+} > Co^{2+} > Ni^{2+} > Cd^{2+} > Mn^{2+}$ abnehmen (ein kleinerer $\log K_1$-Wert bedeutet, dass die erste Hydroxospezies erst bei einem höheren pH-Wert von Bedeutung ist).

Metallkationen können auch mit anderen Liganden Komplexe oder Ionenpaare bilden, woraus sich eine Vielzahl möglicher Metallspezies ergibt (z. B. $CuCl^+$, $CuSO_4^0$, $CuHPO_4^0$, Cu-Citrat$^-$ und Cu-Oxa-

lat^0). Wichtige anorganische Liganden in Bodenlösungen sind F^-, Cl^-, SO_4^{2-}, NO_3^-, PO_4^{3-} und HCO_3^-. Zu den organischen Liganden zählen niedermolekulare Carbonsäuren (Citrat, Oxalat, Malonat), die durch Pflanzenwurzeln und Mikroorganismen ausgeschieden werden, aber auch höhermolekulare Fulvo- und Huminsäuren sowie andere polymere organische Moleküle. Viele Liganden sind Brønsted-Säuren (bzw. deren Anionen) und können somit Protonen abgeben (bzw. wieder aufnehmen). Ihre Speziation und Reaktivität in Bezug auf Metallkomplexierung verändern sich deshalb mit dem pH-Wert. Beispielsweise liegt Orthophosphat (PO_4^{3-}, Anion der Phosphorsäure H_3PO_4) in sauren Böden hauptsächlich als $H_2PO_4^-$ vor, während in schwach sauren bis neutralen Böden HPO_4^{2-} dominiert.

Je nach Metall und Ligand können sich verschiedenartige Komplexe ausbilden. In einem **außersphärischen Komplex** (auch **Ionenpaar** genannt) behält das Metallkation seine vollständige erste Hydrathülle (Abb. 5.3-2, links). Der Ligand bleibt außerhalb der Hydrathülle des Metalls und die Bindung beruht ausschließlich auf elektrostatischen Kräften. Einige Beispiele für Ionenpaare in Bodenlösungen sind $CuCl^+$, $NaHCO_3^0$, $CaCO_3^0$, $CaHCO_3^+$, $MgSO_4^0$ und $CaSO_4^0$.

Dringt der Ligand dagegen in die erste Koordinationshülle um das Metall ein, so bildet sich ein **innersphärischer Komplex** (Abb. 5.3-2, rechts). Die Bindung kann sowohl ionischen als auch kovalenten Charakter annehmen. Innersphärische Komplexe sind in der Regel stabiler, als außersphärische Komplexe. Einige Beispiele für anorganische innersphärische Komplexe in Bodenlösungen sind AlF^{2+}, AlF_2^+ und $AlSO_4^+$. Einige weitere Beispiele für wichtige Spezies gelöster Metalle in Bodenlösungen sind in Tabelle 5.3-1 zusammengestellt.

Ein weiterer Faktor, der die Stabilität gelöster Komplexe beeinflusst, ist die Anzahl an Bindungen zwischen einem Metallkation und einem Liganden. Bei einer einfachen Koordination bilden sich **monodentate** Komplexe. Koordiniert der Ligand dagegen zweifach mit dem Metallkation, spricht man von einem **bidentaten** Komplex (Abb. 5.3-3). Einige Liganden sind in der Lage, mehrfach mit einem Metallion zu koordinieren (**multidentate** Komplexe). Organische Liganden, die zwei- oder mehrfach mit einem Metall koordinieren können, werden auch als **Chelatoren** bezeichnet und deren Komplexe entsprechend als **Chelatkomplexe** (griech. *Chele* = Krebsschere). Bidentate oder multidentate Komplexe sind in der Regel stabiler als entsprechende monodentate Komplexe. Zwei anorganische Liganden, die neben monodentaten auch

5

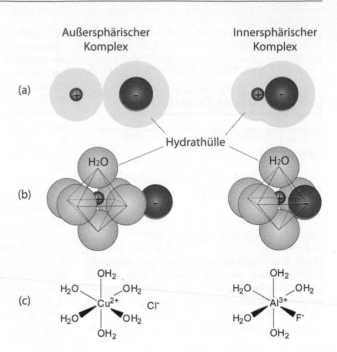

Außersphärischer Komplex

Innersphärischer Komplex

(a)

Hydrathülle

(b)

(c)

Abb. 5.3-2 Außersphärische und Innersphärische Komplexe: (a) schematisch, (b) als Polyedermodell, (c) Beispiel CuCl⁺ als außersphärischer und AlF²⁺ als innersphärischer Komplex. Im außersphärischen CuCl⁺-Komplex ist das Cu^{2+}-Kation mit sechs Wassermolekülen koordiniert. Das Cl^--Anion wird elektrostatisch angezogen, dringt aber nicht in die erste Koordinationshülle ein. Im innersphärischen AlF²⁺-Komplex befindet sich der Ligand F^- in der ersten Koordinationshülle um das Al^{3+}-Kation.

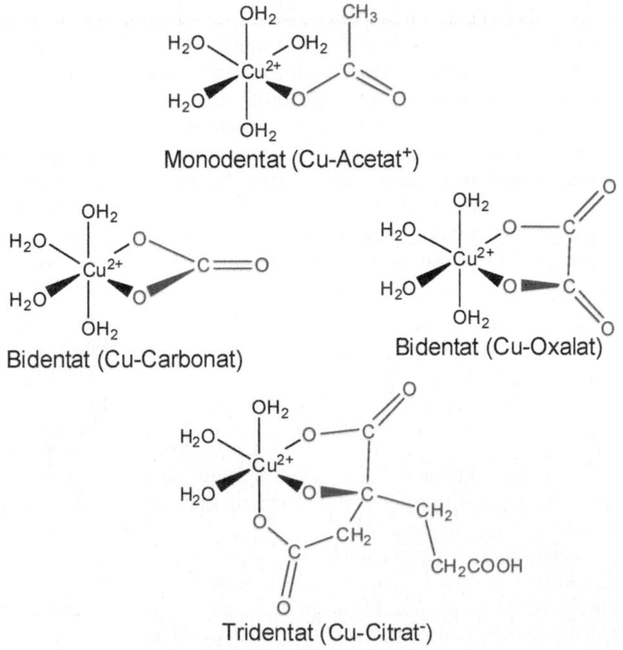

Monodentat (Cu-Acetat⁺)

Bidentat (Cu-Carbonat)

Bidentat (Cu-Oxalat)

Tridentat (Cu-Citrat⁻)

Abb. 5.3-3 Beispiele für monodentate Komplexe, bidentate Komplexe und Chelatkomplexe in Lösung (nach ESSINGTON, 2004).

5

Tab. 5.3-1 Beispiele für wichtige Spezies gelöster Metallkationen in der Bödenlösung. Die Bedeutung der einzelnen Spezies hängt stark vom pH-Wert und der Zusammensetzung der Bodenlösung ab. Carbonatspezies sind vor allem in neutralen bis alkalischen Böden wichtig (DOM = *dissolved organic matter*).

Kation	Spezies (Beispiele)
Na^+	Na^+, $NaHCO_3^0$
K^+	K^+, KSO_4^-
Mg^{2+}	Mg^{2+}, $MgSO_4^0$, $MgCO_3^0$, Mg-DOM
Ca^{2+}	Ca^{2+}, $CaSO_4^0$, Ca-DOM, $CaHCO_3^+$, Ca-DOM
Al^{3+}	Al^{3+}, AlF^{2+}, AlF_2^+, $AlSO_4^+$, $AlOH^{2+}$, $Al(OH)_2^+$, Al-DOM
Fe^{2+}	Fe^{2+}, $FeSO_4^0$, $FeH_2PO_4^+$, $FeCO_3^0$, $FeHCO_3^+$, Fe-DOM
Fe^{3+}	$FeOH^{2+}$, $Fe(OH)_3^0$, Fe-DOM
Cu^{2+}	Cu^{2+}, $CuCO_3^0$, Cu-DOM
Zn^{2+}	Zn^{2+}, $ZnSO_4^0$, $ZnHCO_3^+$, $ZnCO_3^0$, Zn-DOM
Cd^{2+}	Cd^{2+}, $CdSO_4^0$, $CdCl^+$, $CdHCO_3^+$, Cd-DOM
Pb^{2+}	Pb^{2+}, $PbSO_4^0$, $PbHCO_3^+$, $PbCO_3^0$, $PbOH^+$, Pb-DOM

bidentate Komplexe bilden können, sind CO_3^{2-} und SO_4^{2-}. Beispiele für Chelatoren, die in Bodenlösungen vorkommen, sind Oxalat (bidentat), Salicylat (bidentat) und Citrat (tridentat).

5.3.2.2 Massenwirkungsgesetz und Stabilitätskonstanten

Die Bildung eines gelösten Komplexes kann als allgemeine Reaktionsgleichung geschrieben werden

$$aM^{m+} + bL^{n-} \rightleftharpoons M_aL_b^q \qquad [8]$$

wobei M^{m+} das Metallkation mit positiver Ladung m, L^{n-} der Ligand mit negativer Ladung n, a und b die stöchiometrischen Faktoren und q die Ladung des Komplexes ($q = am\text{-}bn$) ist. Im chemischen Gleichgewicht gilt[4]

$$K^0 = \frac{\{M_aL_b^q\}}{\{M^{m+}\}^a\{L^{n-}\}^b} \qquad [9]$$

---
[4] Aktivitäten werden hier durch geschwungene Klammern {...} und Konzentrationen durch eckige Klammern [...] ausgedrückt.

wobei K^0 als **thermodynamische Stabilitätskonstante** des Komplexes bezeichnet wird. Die thermodynamische Stabilitätskonstante kann mit Hilfe der Aktivitätskoeffizienten in eine sog. **konditionale Stabilitätskonstante** K^c umgerechnet werden, die in Konzentrationen ausgedrückt wird und somit nur bei einer bestimmten Ionenstärke I gilt.

$$K^c = K^0 \frac{\gamma_M^a \gamma_L^b}{\gamma_{M_aL_b}} = \frac{[M_aL_b^q]}{[M^m]^a[L^n]^b} \qquad [10]$$

Die Aktivitätskoeffizienten γ_i können nach der erweiterten Debye-Hückel- oder der Davies-Gleichung (Gl. [4], [5]) berechnet werden.

5.3.2.3 Massenbilanzgleichungen

Neben den Reaktionsgleichungen und den entsprechenden Stabilitätskonstanten müssen in einer Speziationsrechnung auch die Massenbilanzen für alle Komponenten berücksichtigt werden. Für das Metall M und den Liganden L gilt die Massenbilanzgleichung

$$M_T = [M^{m+}] + a[M_aL_b^q] + \dots \qquad [11]$$

$$L_T = [L^{n-}] + b[M_aL_b^q] + \dots \qquad [12]$$

wobei entsprechend der Spezies $M_aL_b^q$ auch alle weiteren Spezies berücksichtigt werden müssen.

5.3.2.4 Computerprogramme für Speziationsrechnungen

Zahlreiche Computerprogramme stehen heute für chemische Speziationsrechnungen in wässrigen Systemen zur Verfügung. Einige dieser Programme sind als Freeware über das Internet frei verfügbar (z. B. Visual-MINTEQ, MINTEQA2, PHREEQC), andere werden gegen eine Lizenzgebühr abgegeben (z. B. ECOSAT, MINEQL+, The Geochemists Workbench). Die meisten Programme können die Berechnung gelöster Spezies auch mit Lösungsgleichgewichten, Gasgleichgewichten, Sorptionsgleichgewichten und Redoxgleichgewichten koppeln, so dass thermodynamische Gleichgewichte in komplexen Systemen wie Böden berechnet werden können. Die Reaktionskinetik kann dagegen nur in manchen der Programme berücksichtigt werden (z. B. PHREEQC, The Geochemists Workbench).

5

5.4 Löslichkeit und Lösungskinetik

Die Bodenlösung ist in direktem Kontakt mit den Oberflächen der Bodenminerale und der festen organischen Substanz. An diesen Oberflächen kommt es, neben vielen anderen Reaktionen, zu Lösungs- und Fällungsreaktionen. Solche Reaktionen führen zum Beispiel zur Bildung bzw. Lösung von Salzen, Gips oder Carbonaten. Sie spielen aber auch eine wichtige Rolle für die Bioverfügbarkeit von Nährstoffen und potenziell toxischen Spurenmetallen im Boden. Auch die Verwitterung primärer Silicate sowie die Neubildung sekundärer Minerale (Oxide, Tonminerale) werden maßgeblich durch sie beeinflusst.

Welche Minerale sich im Boden auflösen (bzw. chemisch verwittern) und welche sich neu bilden, hängt einerseits von den Aktivitäten gelöster Ionen in der Bodenlösung ab, und andererseits von der thermodynamischen Stabilität aller in Frage kommender Minerale (**Lösungsgleichgewichte**). Der zeitliche Verlauf dieser Prozesse wird durch die **Kinetik** der einzelnen Reaktionen bestimmt. Selbst Minerale, die gemeinhin als „unlöslich" bezeichnet werden, sind zu einem gewissen Grad in Wasser löslich und können über lange Zeiträume im Boden verwittern (der Begriff „schwerlöslich" ist deshalb zu bevorzugen).

5.4.1 Löslichkeitskonstante, Ionenaktivitätsprodukt und Sättigungsindex

Die Löslichkeit oder thermodynamische Stabilität von Mineralen kann mit Hilfe einer **Löslichkeitskonstante** ausgedrückt werden. Betrachten wir zunächst eine allgemeine Lösungsreaktion für ein Mineral

$$M_aL_b(OH)_c(s) + cH^+(aq) \rightarrow aM^{m+}(aq) + bL^{n-}(aq) + cH_2O(l) \quad [13]$$

wobei Festphasen durch (s), gelöste Stoffe durch (aq) und das Lösungsmittel durch (l) gekennzeichnet sind und die Elektroneutralität durch die Bedingung $am - bn - c = 0$ erfüllt sein muss. Wie bereits in Kap. 5.3.2 eingeführt, ist M^{m+} ein Metallkation und L^{n-} ein Ligand. Im chemischen Gleichgewicht gilt

$$K_{diss} = \frac{\{M^{m+}\}^a \{L^{n-}\}^b \{H_2O\}^c}{\{M_aL_b(OH)_c\}\{H^+\}^c} \quad [14]$$

wobei K_{diss} die Löslichkeitskonstante des Minerals ist. Die Löslichkeitskonstanten von Mineralen können aus den freien Enthalpien (Gibbs Energie) der einzelnen Komponenten berechnet werden. Solche thermodynamischen Konstanten bilden die Grundlage zur Vorhersage der langfristigen Stabilität von Mineralen in Böden und die Berechnung der Gleichgewichtskonzentrationen von Ionen in Bezug auf bestimmte Mineralphasen.

Für reine Phasen (Mineral, Wasser, Gas) sind die Aktivitäten unter Standardbedingungen (T = 25 °C oder 298 K und p = 1013 hPa) gleich eins. Annäherungsweise kann das für H_2O in verdünnten wässrigen Bodenlösungen und für die meisten Mineralphasen im Boden ebenfalls angenommen werden. Unter dieser Annahme reduziert sich die Löslichkeitskonstante zur sog. **Löslichkeitsproduktkonstante** K_{SP}

$$K_{SP} = \frac{\{M^{m+}\}^a \{L^{n-}\}^b}{\{H^+\}^c} \quad [15]$$

(im chemischen Gleichgewicht)

Tabelle 5.4-1 gibt die Löslichkeitsproduktkonstanten ausgewählter Minerale an, die häufig in Böden vorkommen.

Der Term auf der rechten Seite von Gleichung [15] entspricht auch dem sog. **Ionenaktivitätsprodukt** (*IAP*) einer Lösung in Bezug auf das entsprechende Mineral. Aus dem Verhältnis zwischen dem aktuellen *IAP* einer bestimmten Lösung und der Konstante K_{SP} des Minerals lässt sich der Sättigungsindex *SI* der Lösung in Bezug auf das Mineral berechnen.

$$SI = \log\left(\frac{IAP}{K_{SP}}\right) \quad [16]$$

Aus dem Sättigungsindex lässt sich ablesen, ob eine Lösung in Bezug auf das Mineral übersättigt (*SI* > 0), untersättigt (*SI* < 0) oder im chemischen Gleichgewicht (*SI* = 0) ist.

5.4.2 Stabilitätsdiagramme

Die Löslichkeit verschiedener Minerale lässt sich graphisch in **Stabilitätsdiagrammen** darstellen (Kap. 2.4.4). Aus solchen Diagrammen kann man ablesen, welche Minerale sich unter bestimmten Bedingungen auflösen oder bilden können. Betrachten wir als Beispiel einen mit Blei kontaminierten

Tab. 5.4-1 Löslichkeitsproduktkonstanten (log K_{SP}) für ausgewählte Minerale mit den entsprechenden Ionenaktivitätsprodukten (IAP) (modifiziert nach ROBARGE, 1999 und Visual-MINTEQ Datenbank). Die Aktivität von H_2O wurde als eins angenommen (verdünnte wässrige Lösung). Amorphe bis schwach kristalline Phasen sind mit dem Zusatz (*am*) gekennzeichnet; $Fe(OH)_3$(*am*) steht hier für Ferrihydrit, der oft auch als $5Fe_2O_3 \cdot 9H_2O$ geschrieben wird.

Mineral	Summenformel	IAP	log K_{SP}
Carbonate			
Calcit	$CaCO_3$	$\{Ca^{2+}\}\{CO_3^{2-}\}$	-8,48
Dolomit	$CaMg(CO_3)_2$	$\{Ca^{2+}\}\{Mg^{2+}\}\{CO_3^{2-}\}^2$	-17,09
Siderit	$FeCO_3$	$\{Fe^{2+}\}\{CO_3^{2-}\}$	-10,24
Sulfate			
Gips	$CaSO_4 \cdot 2H_2O$	$\{Ca^{2+}\}\{SO_4^{2-}\}$	-4,61
Jarosit	$KFe_3(SO_4)_2(OH)_6$	$\{K^+\}\{Fe^{3+}\}^3\{SO_4^{2-}\}^2\{H^+\}^{-6}$	-14,80
Phosphate			
Variscit	$AlPO_4 \cdot 2H_2O$	$\{Al^{3+}\}\{PO_4^{3-}\}$	-21,8
Strengit	$FePO_4 \cdot 2H_2O$	$\{Fe^{3+}\}\{PO_4^{3-}\}$	-26,4
Octacalciumphosphat	$Ca_4H(PO_4)_3 \cdot 3H_2O$	$\{Ca^{2+}\}^4\{H^+\}\{PO_4^{3-}\}^3$	-47,08
Hydroxyapatit	$Ca_5(PO_4)_3(OH)$	$\{Ca^{2+}\}^5\{PO_4^{3-}\}^3\{H^+\}^{-1}$	-44,33
Oxide			
Quarz	$\alpha\text{-}SiO_2$	$\{H_4SiO_4^0\}$	-4,00
SiO_2(*am*)	SiO_2	$\{H_4SiO_4^0\}$	-2,74
Gibbsit	$\gamma\text{-}Al(OH)_3$	$\{Al^{3+}\}\{H^+\}^{-3}$	8,29
$Al(OH)_3$(*am*)	$Al(OH)_3$	$\{Al^{3+}\}\{H^+\}^{-3}$	10,80
$Fe(OH)_3$(*am*)	$Fe(OH)_3$	$\{Fe^{3+}\}\{H^+\}^{-3}$	3,19
Hämatit	$\alpha\text{-}Fe_2O_3$	$\{Fe^{3+}\}\{H^+\}^{-3}$	-0,71
Goethit	$\alpha\text{-}FeOOH$	$\{Fe^{3+}\}\{H^+\}^{-3}$	0,49
Silicate			
Forsterit	Mg_2SiO_4	$\{Mg^{2+}\}^2\{H_4SiO_4^0\}\{H^+\}^{-4}$	28,29
Anorthit	$CaAl_2Si_2O_8$	$\{Ca^{2+}\}\{Al^{3+}\}^2\{H_4SiO_4^0\}^2\{H^+\}^{-8}$	26,10
Albit	$NaAlSi_3O_8$	$\{Na^+\}\{Al^{3+}\}\{H_4SiO_4^0\}^3\{H^+\}^{-4}$	3,67
Mikroklin	$KAlSi_3O_8$	$\{K^+\}\{Al^{3+}\}\{H_4SiO_4^0\}^3\{H^+\}^{-4}$	0,61
Muskovit	$K(Al_2)(AlSi_3)O_{10}(OH)_2$	$\{K^+\}\{Al^{3+}\}^3\{H_4SiO_4^0\}^3\{H^+\}^{-10}$	13,44
Kaolinit	$Al_2Si_2O_5(OH)_4$	$\{Al^{3+}\}^2\{H_4SiO_4^0\}^2\{H^+\}^{-6}$	5,45

Boden und stellen die Frage, welche der möglichen Pb-Festphasen die Aktivität von Pb^{2+} in der Bodenlösung kontrollieren könnte? Zudem soll beantwortet werden, ob durch eine Phosphatzugabe die Löslichkeit von Pb^{2+} reduziert werden kann. Relevante Minerale in diesem System sind beispielsweise Alamosit [$PbSiO_3$], Bleihydroxid [$Pb(OH)_2$], Cerussit [$PbCO_3$], Hydroxypyromorphit [$Pb_5(PO_4)_3(OH)$], Hydroxyapatit [$Ca_5(PO_4)_3(OH)$] und Brushit [$CaHPO_4 \cdot 2H_2O$]. Nehmen wir an, dass der Boden kalkhaltig ist (Calcit) und der relative Partialdruck von CO_2 in der Bodenluft gegenüber der Atmosphäre um das 10-fache erhöht ist ($P_{CO_2} = 0{,}0038$). Aus dem Lösungsgleichgewicht von Calcit (bei 25 °C) ergeben sich die Aktivitäten von gelösten Ca^{2+}, CO_3^{2-} und H^+ Ionen ($\{Ca^{2+}\} = 8{,}8 \cdot 10^{-4}$; $\{CO_3^{2-}\} = 3{,}76 \cdot 10^{-6}$;

pH 7,57). Weiterhin nehmen wir an, dass die Aktivität gelöster Kieselsäure durch die Löslichkeit von amorphem Siliciumoxid [$SiO_2(am)$] kontrolliert wird ($\{H_4SiO_4^0(aq)\} = 1,82 \cdot 10^{-3}$). Die Lösungsreaktionen mit den entsprechenden Löslichkeitsproduktkonstanten der betrachteten Minerale können geschrieben werden als

$$PbSiO_3(s) + 2H^+ + H_2O \rightarrow Pb^{2+} + H_4SiO_4^0$$
$$\log K_{SP} = 5,94 \tag{17}$$

$$Pb(OH)_2(s) + 2H^+ \rightarrow Pb^{2+} + 2H_2O$$
$$\log K_{SP} = 8,15 \tag{18}$$

$$PbCO_3(s) \rightarrow Pb^{2+} + CO_3^{2-}$$
$$\log K_{SP} = -13,13 \tag{19}$$

$$Pb_5(PO_4)_3(OH)(s) + 4H^+ \rightarrow 5Pb^{2+} + 3HPO_4^{2-} + H_2O$$
$$\log K_{SP} = -25,67 \tag{20}$$

$$Ca_5(PO_4)_3(OH)(s) + 4H^+ \rightarrow 5Ca^{2+} + 3HPO_4^{2-} + H_2O$$
$$\log K_{SP} = -7,21 \tag{21}$$

$$CaHPO_4 \cdot 2H_2O(s) \rightarrow Ca^{2+} + HPO_4^{2-} + 2H_2O$$
$$\log K_{SP} = -6,62 \tag{22}$$

Aus den jeweiligen Gleichungen für die Löslichkeitsproduktkonstanten lassen sich nun die folgenden Beziehungen ableiten:

für Alamosit:

$$\log\{Pb^{2+}\} = \log K_{SP} - \log\{H_4SiO_4^0\} - 2pH \tag{23}$$

Für Bleihydroxid:

$$\log\{Pb^{2+}\} = \log K_{SP} - 2pH \tag{24}$$

Für Cerussit:

$$\log\{Pb^{2+}\} = \log K_{SP} - \log\{CO_3^{2-}\} \tag{25}$$

für Hydroxypyromorphit:

$$\log\{Pb^{2+}\} = \frac{1}{5}\log K_{SP} - \frac{3}{5}\log\{HPO_4^{2-}\} - \frac{4}{5}pH \tag{26}$$

für Hydroxyapatit:

$$\log\{HPO_4^{2-}\} = \frac{1}{3}\log K_{SP} - \frac{5}{3}\log\{Ca^{2+}\} - \frac{4}{3}pH \tag{27}$$

für Brushit:

$$\log\{HPO_4^{2-}\} = \log K_{SP} - \log\{Ca^{2+}\} \tag{28}$$

Setzen wir nun die Werte für K_{SP} und die bereits bekannten Aktivitäten von Ca^{2+}, CO_3^{2-}, $H_4SiO_4^0$ und

H$^+$ (pH-Wert) ein, so erhalten wir das Stabilitätsdiagramm in Abbildung 5.4-1. Eine Bodenlösung kann entsprechend ihrer Aktivitäten von HPO_4^{2-} und Pb^{2+} als Punkt in das Diagramm eingetragen werden. Liegt der Punkt links bzw. unterhalb einer Linie, so ist die Lösung in Bezug auf die entsprechende Festphase untersättigt (SI < 0). Liegt der Punkt rechts bzw. oberhalb einer Linie, so ist die Lösung übersättigt (SI > 0). Auf einer Linie ist die Lösung mit der entsprechenden Mineralphase im Gleichgewicht (SI = 0).

Aus dem Diagramm in Abbildung 5.4-1 lässt sich Folgendes ablesen: Bei geringen Aktivitäten von HPO_4^{2-} in der Bodenlösung ($\{HPO_4^{2-}\} < 10^{-6}$) ist die Aktivität von Pb^{2+} in Lösung durch die Löslichkeit von Cerussit limitiert. Die maximale Aktivität von Pb^{2+} ist $1,97 \cdot 10^{-8}$, darüber würde solange Cerussit ausfallen, bis das Gleichgewicht mit Cerussit erreicht ist. Alamosit und Bleihydroxid sind nicht die stabilsten Phasen. Falls vorhanden, würden sie sich unter Bildung von Cerussit auflösen. Durch eine Düngung des Bodens mit Brushit könnte die Aktivität von HPO_4^{2-} in der Bodenlösung bis auf maximal $2,73 \cdot 10^{-4}$ erhöht werden. Dadurch sinkt die Löslichkeit von Blei, weil nun Hydroxypyromor-

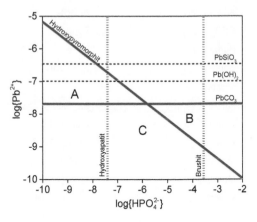

Abb. 5.4-1 Stabilitätsdiagramm für Phosphat- und Bleifestphasen im Gleichgewicht mit Calcit, $SiO_2(am)$ und $P_{CO_2} = 0,0038$. Beispiele: (A) Die Lösung ist übersättigt in Bezug auf Cerussit ($CaCO_3$), aber untersättigt in Bezug auf alle anderen Festphasen. (B) Die Lösung ist übersättigt in Bezug auf Hydroxyapatit und Hydroxypyromorphit, aber untersättigt in Bezug auf Brushit, Cerussit, Bleihydroxid ($Pb(OH)_2$) und Alamosit ($PbSiO_3$). (C) Die Lösung ist übersättigt in Bezug auf Hydroxyapatit, aber untersättigt in Bezug auf alle anderen Festphasen.

phit die stabilste Blei-Festphase ist. Cerussit würde sich unter Bildung von Hydroxypyromorphit auflösen und die Aktivität von Pb^{2+} in der Bodenlösung bis auf minimal $9{,}88 \cdot 10^{-10}$ absinken.

Die oben beschriebenen Effekte können in der Praxis genutzt werden, um Blei in kontaminierten Böden zu immobilisieren. Die Kinetik der Mineralumwandlungen ist jedoch langsam, so dass eine signifikante Reduktion der Bleilöslichkeit erst Jahre nach der Ausbringung der Phosphatdüngung zu erwarten ist.

5.4.3 Kinetik von Lösungs- und Fällungsreaktionen

Die **Kinetik**, d. h. der zeitliche Verlauf von Lösungs- und Fällungsreaktionen verschiedener Minerale ist sehr unterschiedlich und zudem stark von den im Boden vorherrschenden Umweltbedingungen abhängig (z. B. Temperatur, pH-Wert, organische Komplexbildner, gelöste Ionen). Da Böden offene Systeme sind, werden chemische Gleichgewichte, sofern sie überhaupt je erreicht werden, immer wieder gestört. Beispielsweise wird die chemische Verwitterung und Bodenbildung unter humiden Klimabedingungen durch regelmäßige Niederschläge und Auswaschung der Lösungsprodukte vorangetrieben, weil dadurch die Bodenlösung in Bezug auf die primären Silicate stets untersättigt bleibt.

Viele Silicate lösen sich im stark sauren und stark alkalischen pH-Bereich am schnellsten (Abb. 2.4–4). Die Verwitterung unter dem Einfluss von Protonen wird als **protoneninduzierte** Lösung bezeichnet. Die Rate der Silicatverwitterung in Böden steigt nach Entcarbonatisierung und einsetzender Versauerung an, weil die Rate der protoneninduzierten Lösung mit sinkendem pH-Wert zunimmt.

Neben Protonen können auch organische Liganden die Verwitterung von Mineralen beschleunigen, was als **ligandeninduzierte** Lösung bezeichnet wird (Abb. 5.4-2, Kap. 2.4.3). Viele Organismen (höhere Pflanzen, Bakterien, Pilze) nutzen diesen Effekt zur Mobilisierung von Nährstoffen, indem sie Komplexbildner ausscheiden, welche Mineralstrukturen angreifen. Ein Beispiel ist die Abgabe von Siderophoren und/oder organischen Säuren durch Pilze, Bakterien und Pflanzenwurzeln. Diese organischen Liganden bilden Oberflächenkomplexe an Mineraloberflächen und beschleunigen die Auflösung der Minerale, indem sie Metallionen aus dem Kristallgitter herauslösen. Siderophore sind extrem starke Komplexbildner für Fe(III). Durch

die Komplexierung von gelöstem Fe(III) verringern sie die Aktivität gelöster Fe^{3+}-Ionen stark und erhöhen damit zusätzlich die Auflösungsraten eisenhaltiger Minerale.

Die chemische Verwitterung primärer Silicate kann unter Bodenbedingungen irreversibel sein, da sich viele primäre Minerale ausschließlich unter erhöhten Druck- und/oder erhöhten Temperaturbedingungen bilden. Selbst bei starker Übersättigung einer Bodenlösung in Bezug auf solche Minerale würden andere, sekundäre Minerale ausfallen. Welche Minerale dabei zuerst gebildet werden, lässt sich mit Hilfe der Thermodynamik alleine nicht bestimmen. Es kommt auch darauf an, wie schnell sich die verschiedenen möglichen Minerale bilden, also auf die Kinetik der Fällungsreaktionen. Oft bilden sich zunächst amorphe bzw. schwach kristalline Phasen, die sich anschließend langsam und unter gleichzeitiger Bildung anderer Phasen wieder lösen bzw. umkristallisieren. Ein wichtiges Beispiel ist die Fällung von Eisenhydroxiden. Wenn bei der Silicatverwitterung Fe(II) freigesetzt und durch O_2 zu Fe(III) oxidiert wird, bildet sich zunächst ein schwach kristallines Eisenhydroxid (Ferrihydrit, $5\,Fe_2O_3 \cdot 9\,H_2O$). Ferrihydrit ist aber nicht die thermodynamisch stabilste Phase und deshalb kann sich Ferrihydrit langsam unter Bildung von Goethit ($\alpha\text{-FeOOH}$) oder Hämatit ($\alpha\text{-Fe}_2O_3$) wieder lösen

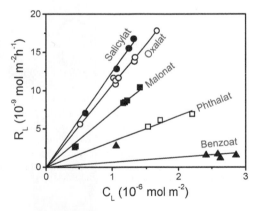

Abb. 5.4-2 Auflösungsrate R_L von δ-Al_2O_3 in Abhängigkeit von der *adsorbierten* Konzentration C_L verschiedener organischer Liganden an der Oberfläche. Die Auflösungsrate nimmt proportional zur adsorbierten Konzentration eines Liganden zu. Der Effekt der Liganden auf die Auflösungsrate steigt in der Reihenfolge Benzoat, Phthalat, Malonat, Oxalat, Salicylat (nach FURRER & STUMM, 1986).

5

(je nach Bedingungen, Abb. 2.2–19). Für viele chemische Prozesse in Böden, an denen Lösungs- oder Fällungsreaktionen beteiligt sind, spielt deshalb die Kinetik eine sehr wichtige Rolle.

5.5 Sorption

Einer der wichtigsten Prozesse, die an den Grenzflächen zwischen Fest-, Gas- und Lösungsphasen in Böden ablaufen, ist die Adsorption und Desorption von Stoffen. Unter **Adsorption** und **Desorption** versteht man die Anlagerung bzw. Ablösung gelöster oder gasförmiger Ionen oder Molekülen an Oberflächen von Festphasen. Dabei wird eine beteiligte Festphase als **Sorbent** und ein adsorbierender Stoff als **Sorbat** bezeichnet. Nicht nur gelöste Ionen können an Oberflächen adsorbieren, sondern auch ungeladene anorganische Spezies und neutrale Moleküle (z. B. organische Verbindungen, Wasser).

Die Art der Bindung zwischen dem Sorbat und der Oberfläche des Sorbenten kann unterschiedlicher Natur sein (Abb. 5.5-1). Geladene Ionen können durch elektrostatische Kräfte an entgegengesetzt geladenen Oberflächen angezogen werden. Diese Art der Bindung ist relativ schwach und die Kinetik solcher Adsorptions- und Desorptionsprozesse ist schnell. Allein durch elektrostatische Kräfte adsorbierte Ionen können daher leicht gegen andere gelöste Ionen ausgetauscht werden; sie werden deshalb als **austauschbare Ionen** und der Prozess als **Ionenaustausch** bezeichnet. Stärkere Bindungen zur Oberfläche entstehen, wenn ein Sorbat koordinative Bindungen mit reaktiven Oberflächengruppen eingeht. Dieser Prozess wird auch **spezifische Adsorption** oder **Chemisorption** genannt. Die Kinetik der Ad- und Desorption ist dann häufig deutlich langsamer. Organische Moleküle können auch durch die Bildung von Wasserstoffbrücken oder durch hydrophobe Wechselwirkungen an Mineraloberflächen und organischen Substanzen adsorbieren (Kap. 10.3.3).

Die Adsorption mancher Metallionen auf Mineraloberflächen kann zur Bildung von multinuklearen Sorbatspezies führen und sogar die Ausfällung einer neuen Festphase auf der Oberfläche begünstigen (**Oberflächenausfällung**). Umgekehrt ist die Desorption ein wichtiger Teilschritt aller Auflösungsreaktionen von Festphasen. Die Grenzen

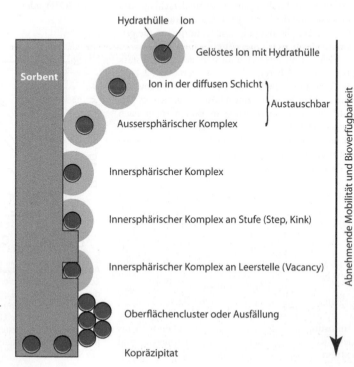

Abb. 5.5-1 Sorption von Ionen (Sorbat) an ein Mineral (Sorbent) (schematisch). Mit zunehmender Bindungsstärke (von oben nach unten) nimmt auch die Mobilität und Bioverfügbarkeit ab.

Hydrathülle   Ion

Gelöstes Ion mit Hydrathülle

Sorbent

Ion in der diffusen Schicht ⎫
                                 ⎬ Austauschbar
Aussersphärischer Komplex ⎭

Innersphärischer Komplex

Innersphärischer Komplex an Stufe (Step, Kink)

Innersphärischer Komplex an Leerstelle (Vacancy)

Oberflächencluster oder Ausfällung

Kopräzipitat

Abnehmende Mobilität und Bioverfügbarkeit

zwischen Ionenaustausch, spezifischer Adsorption und Oberflächenausfällung in Böden sind fließend und experimentell nur mit Hilfe spektroskopischer Methoden[5] unterscheidbar. Aus diesem Grund wird der Begriff **Sorption** als Überbegriff für Adsorption und Oberflächenausfällung verwendet.

5.5.1 Reaktive Oberflächen und Oberflächenladung

Die Fähigkeit eines Bodens, gelöste oder gasförmige Stoffe zu adsorbieren, hängt wesentlich von der Art (Ladungsdichte, Reaktivität, Hydrophobizität) und Größe (Fläche, Rauhigkeit) seiner Oberflächen ab (Grenzflächen fest-flüssig bzw. fest-gasförmig). In feuchten bis nassen Böden spielen Grenzflächen zwischen festen und gasförmigen Phasen eine untergeordnete Rolle, weil die Oberflächen der Bodenpartikel mindestens mit einem Wasserfilm benetzt sind.

5.5.1.1 Spezifische Oberfläche

Die Größe der Oberfläche pro Masseneinheit einer Festsubstanz ist die **spezifische Oberfläche** (in $m^2 g^{-1}$)[6]. Sie hängt von der Größe, Form und Oberflächenrauhigkeit der Partikel ab. Kleine plättchenförmige Partikel haben eine sehr viel größere spezifische Oberfläche als große kugelförmige Partikel gleicher Dichte. Deshalb hat die Korngrößenverteilung (vor allem der Tongehalt) einen bedeutenden Einfluss auf die spezifische Oberfläche eines Bodens. Die spezifische Oberfläche der Sandfraktion beträgt weniger als $0,1 m^2 g^{-1}$, während die Schlufffraktion $0,1$ bis $1 m^2 g^{-1}$ und die Tonfraktion 5 bis $500 m^2 g^{-1}$ spezifische Oberfläche besitzen. In einem tonig-lehmigen Boden mit gleichen Gewichtsanteilen an Ton, Schluff und Sand trägt somit die Tonfraktion ca. 99% zu der gesamten spezifi-

schen Oberfläche des Bodens bei. Die Tonfraktion, die vor allem aus sekundären Schichtsilicaten und geringeren Anteilen an sekundären Oxiden und Hydroxiden von Fe, Al, und Mn besteht, ist deshalb die wichtigste Fraktion als Sorbent für gelöste und gasförmige Stoffe.

Die spezifischen Oberflächen von Böden sind sehr unterschiedlich (häufige Werte zwischen 1 und $500 m^2 g^{-1}$) und hängen neben der Textur auch von der Tonmineralogie und dem Gehalt an organischer Substanz ab. Unter den Tonmineralen haben Smectite und Vermiculite mit 600 bis $800 m^2 g^{-1}$ die größte spezifische Oberfläche. Der größte Teil dieser Oberfläche, ca. $80...90\%$, liegt zwischen den 2:1-Schichtpaketen (Kap. 2.2.4.5) und wird deshalb als **innere Oberfläche** bezeichnet. Im Gegensatz zur **äußeren Oberfläche** ist sie weitgehend unabhängig von der Partikelgröße. An diese Oberflächen können jedoch nur Ionen und Moleküle adsorbieren, welche in der Lage sind, in die Zwischenschichten der Tonminerale einzudringen (z. B. Wasser, gelöste Ionen, bei Smectiten auch polare organische Moleküle). Im Gegensatz dazu sind die Zwischenschichten der Illite zum größten Teil nicht aufweitbar und somit auch nicht für Wasser und gelöste Stoffe zugänglich. Illite besitzen deshalb vor allem äußere Oberflächen und haben eine deutlich geringere spezifische Oberfläche (50 bis $200 m^2 g^{-1}$). Die äußere Oberfläche von Schichtsilicaten befindet sich zu über 70% auf den basalen Flächen und nur bis zu 30% an den Kanten der plättchenförmigen Partikel. Das gleiche gilt auch für Kaolinite, deren spezifische Oberfläche je nach Kristallgröße zwischen 10 und $150 m^2 g^{-1}$ betragen kann.

Außerordentlich große spezifische Oberflächen (700 bis $1100 m^2 g^{-1}$) haben Allophane und Imogolite, die vor allem in jungen Böden mit vulkanischen Aschen vorkommen. Diese schwach kristalline Minerale sind für die starke Fixierung von Phosphat in Böden aus vulkanischen Aschen verantwortlich. Auch schwach kristalline Eisenhydroxide (z. B. Ferrihydrit) haben sehr große spezifische Oberflächen (200 bis $600 m^2 g^{-1}$), da die primären Partikel nur wenige nm groß sind. Diese primären Nano-Partikel bilden poröse Aggregate, so dass ein großer Anteil der Oberflächen nur über Diffusion durch Mikroporen zugänglich ist. Höher kristalline Eisenoxide, wie Goethit und Hämatit, haben deutlich geringere spezifische Oberflächen (50 bis $150 m^2 g^{-1}$) und ein größerer Anteil der gesamten Oberfläche ist für Ionen zugänglich. Die spezifische Oberfläche von Huminstoffen wird auf 800 bis $1200 m^2 g^{-1}$ geschätzt, wobei die gemessenen Werte auch von der Methode abhängen.

---

[5] Eine der wichtigsten spektroskopischen Methoden ist in diesem Zusammenhang die Röntgenabsorptionsspektroskopie (EXAFS, engl.: Extended X-ray Absorption Fine Structure Spectroscopy), für welche hoch-brilliante, monochromatische Synchrotronstrahlung benötigt wird.

[6] Die spezifische Oberfläche wird meistens mit Hilfe der N_2-BET-Methode bestimmt. Dabei wird eine Adsorptionsisotherme für N_2 bei -196 °C gemessen und aus den Daten die spezifische Oberfläche errechnet. Die innere Oberfläche quellfähiger Tonminerale und die Oberfläche von Huminstoffen wird mit der N_2-BET-Methode aber nicht erfasst. Diese kann durch Adsorption polarer Moleküle (z. B. EGME, Ethylenglycol-Methylether) abgeschätzt werden.

5

5.5.1.2 Bedeutung der Oberflächenladung

Die Oberflächen von Mineralen und organischen Substanzen im Kontakt mit wässrigen Lösungen tragen fast immer negative oder positive elektrische Ladungen. Die Summe dieser Ladungen wird als (Netto-)**Oberflächenladung** bezeichnet. Sie wird stets durch die Ladungen von Ionen ausgeglichen, die an die Oberfläche adsorbiert oder in einer **diffusen Schicht** um die Oberfläche angereichert sind (Abb. 5.5-1). Diese flüssig-fest Grenzfläche, inklusive der adsorbierten Ionen und der diffusen Schicht, wird auch als **elektrische Doppelschicht** bezeichnet.

Die Oberflächenladung kolloidaler Partikel der Tonfraktion hat eine große Bedeutung für chemische und physikalische Prozesse in Böden. Vor allem die Adsorption von Wasser, Ionen und organischen Molekülen wird stark durch die Oberflächenladung beeinflusst. Die Adsorption von Wasser und Ionen bestimmt wiederum den Quellungszustand der Tonminerale (insbesondere der Smectite) und somit die physikalischen Eigenschaften tonreicher Böden. Auch die Stabilität von Bodenaggregaten, die Verlagerung von Tonpartikeln und der kolloidale Transport von Schadstoffen hängen stark von der Oberflächenladung der Bodenkolloide ab (Kap. 6.2.1).

Oberflächenladung kann auf zwei verschiedene Weisen zustande kommen: (a) durch isomorphen Ersatz in der Kristallstruktur von Mineralen, wodurch eine (meistens negative) permanente, pH-unabhängige Oberflächenladung entsteht und (b) durch Adsorption oder Desorption von Protonen an reaktiven Hydroxygruppen der Oberfläche, wodurch pH-variable (negative oder positive) Oberflächenladung ensteht. Im Folgenden werden diese beiden Typen von Oberflächenladung näher erläutert.

5.5.1.3 Permanente Oberflächenladung

Permanente negative Oberflächenladung tritt vor allem in primären und sekundären 2:1-Schichtsilicaten (z. B. Glimmer, Illite, Vermiculite, Smectite) auf. Die 1:1-Schichtsilicate (Kaolinit, Halloysit, Serpentine) weisen keine oder nur sehr geringe permanente Ladung auf. Negative permanente Oberflächenladung entsteht durch **isomorphen Ersatz** von höherwertigen durch niederwertige Kationen in Tetraeder- oder Oktaederschichten der Schichtsilicate (Kap. 2.2.2). Beispielsweise kann Si^{4+} in tetraedrischen Schichten zum Teil durch dreiwertige Kationen wie Al^{3+} (oder Fe^{3+}) ersetzt sein oder Al^{3+}

in di-oktaedrischen Schichten durch zweiwertige Kationen wie z. B. Mg^{2+} oder Fe^{2+}. Da die Anzahl und Anordnung der Sauerstoffatome in der Kristallstruktur unverändert bleibt, entsteht ein negativer Ladungsüberschuss im Kristallgitter. Diese **strukturelle Ladung** wird durch Kationen in den Zwischenschichten und an den äußeren, basalen Flächen der Schichtsilicate ausgeglichen. Bei den Glimmern und Illiten wird die strukturelle Ladung in den Zwischenschichten ausschließlich durch nicht hydratisierte K^+-Ionen ausgeglichen, welche nicht austauschbar sind. Bei Vermiculiten und Smectiten sind die Zwischenschichtkationen dagegen durch andere (auch hydratisierte) Kationen austauschbar. Somit trägt die gesamte strukturelle Ladung zur Kationenaustauschkapazität dieser Minerale bei. Bei den primären und sekundären Chloriten wird die negative strukturelle Ladung der 2:1-Schichtpakete durch die positive Ladung der zusätzlichen Oktaederschichten ausgeglichen (Abb. 2.2–6).

5.5.1.4 Variable Oberflächenladung und Ladungsnullpunkt

Viele Minerale besitzen an ihren Oberflächen OH-Gruppen, welche Protonen (und damit positive Ladungen) aufnehmen bzw. abgeben können. Dazu gehören vor allem die Oxide und Hydroxide von Fe, Al, Ti, Si und Mn, aber auch die Kanten der Tonminerale, an deren Oberflächen sich ebenfalls reaktive OH-Gruppen befinden. Bei niedrigen pH-Werten (hohe H^+-Aktivität in Lösung) sind die Oberflächen auf Grund der Adsorption von Protonen stärker positiv geladen, bei hohen pH-Werten (geringe H^+-Aktivität in Lösung) dagegen stärker negativ. Neben dem pH-Wert wird die Protonierung und damit die Ladung der Oberflächen auch durch die Ionenstärke beeinflusst. Diese Art der Ladung wird deshalb als **variable Ladung** bezeichnet. Der Ausgleich variabler Ladung erfolgt durch spezifisch oder unspezifisch (austauschbar) adsorbierte Kationen bzw. Anionen (siehe Ionenaustausch und Oberflächenkomplexierung).

Die Protonierung von Oberflächen-OH-Gruppen, die nur mit einem Metallkation (Me) der Kristallstruktur koordiniert sind, kann schematisch geschrieben werden als

$$\equiv MeOH^{0,5-} + H^+ \rightarrow \equiv MeOH_2^{0,5+} \qquad [29]$$

$\equiv$Me steht hier für ein dreifach positiv geladenes Metallkation (z. B. Al^{3+}, Fe^{3+}), das sich in einer oktaedrischen Koordination mit sechs Sauerstoffatomen befindet (inklusive der Oberflächen OH-Gruppe). Der OH-Gruppe an der Oberfläche kann eine halbe negative Teilladung zugeordnet werden. Durch die Protonierung steigt die Teilladung auf eine halbe positive Ladung und die OH-Gruppe wird zu einem Wassermolekül (Lewis-Säure). Dieses Wassermolekül kann durch andere spezifisch adsorbierende Liganden, wie zum Beispiel Phosphat, ausgetauscht werden (siehe Oberflächenkomplexierung).

Analog kann die Protonierung von Oberflächengruppen, die mit drei Metallzentren der Kristallstruktur koordiniert sind, geschrieben werden als

$$(\equiv Me)_3O^{0,5-} + H^+ \rightarrow (\equiv Me)_3OH^{0,5+} \qquad [30]$$

Auch hier ergeben sich eine halbe negative oder eine halbe positive Teilladung, je nach Protonierung der Gruppe. Zweifach koordinierte OH-Gruppen [(Me)$_2$OH^0] sind im pH-Bereich von Böden vermutlich weniger reaktiv und tragen kaum zur variablen Ladung von Oxidoberflächen bei.

Obwohl die OH-Gruppen einer Oxidoberfläche unterschiedliche Säurestärken (pK_s-Werte) aufweisen können, werden die beiden oben genannten Protonierungsreaktionen oft zusammengefasst geschrieben als

$$\equiv SOH^{0,5-} + H^+ \rightarrow \equiv SOH_2^{0,5+} \qquad [31]$$

wobei $\equiv$SOH verallgemeinernd für eine reaktive Oberflächenhydroxygruppe steht. Den pH-Wert, an dem die Oberflächen eines Minerals gleich viele positive wie negative Ladungen tragen, also eine Netto-Ladung Null besitzen, wird als **Ladungsnullpunkt** bezeichnet (pH$_{PZC}$, engl.: *point of zero charge*).

5.5.1.5 Oberflächenladung einzelner Bodenkomponenten

Die Schichtsilicate der Tonfraktion (Tonminerale) tragen permanente negative Ladung an den basalen Oberflächen, die durch isomorphen Ersatz in der Kristallstruktur zustande kommt. Die **Ladungsdichte** (Cm^{-2} oder mol$_c$m^{-2}) der verschiedenen Tonminerale variiert stark: Sie nimmt in der Reihenfolge Illite $\approx$ Vermiculite > Smectite >> Kaolinite, Halloysite ab. Kaolinite und Halloysite haben keine (bzw. nur eine extrem geringe) permanente negative Ladung.

Neben der permanenten negativen Ladung an den basalen Oberflächen besitzen die Tonminerale auch variable Ladung an den Oberflächen der Kanten, die reaktive OH-Gruppen besitzen. Bei den 2:1-Schichtsilicaten dominieren dabei Silanol-Gruppen (Si-OH) mit einem niedrigen Ladungsnullpunkt (pH$_{PZC}$) (Tab. 5.5-1). Im pH-Bereich von Böden sind diese Oberflächen deshalb ebenfalls vorwiegend negativ geladen. Bei den Kaoliniten spielen

Aluminol-Gruppen (Al-OH) eine größere Rolle und der Ladungsnullpunkt der Kanten ist dadurch deutlich höher (pH$_{PZC}\approx$ 4,8). In stark sauren Böden sind die Kantenoberflächen von Kaolinit somit positiv geladen und wirken als Anionentauscher.

Die Eisen- und Aluminiumoxide, die in Böden vorkommen, haben ausschließlich variable Ladung und einen hohen Ladungsnullpunkt zwischen pH 8,5 und 9,5 (Tab. 5.5-1, Abb. 5.5-2). Die Oxidoberflächen sind somit in sauren Böden stark

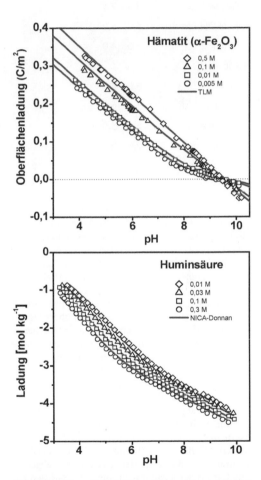

Abb. 5.5-2 Säure-Base-Titrationen von reinem Hämatit (α-Fe$_2$O$_3$) (CHRISTL & KRETZSCHMAR, 1999) und einer Huminsäure aus einem Oh-Horizont (CHRISTL et al., 2000) bei verschiedenen Ionenstärken. Beim Hämatit schneiden sich die Titrationskurven im Ladungsnullpunkt bei pH 9,3. Darunter ist die Oberflächenladung positiv. Bei der Huminsäure gibt es keinen gemeinsamen Schnittpunkt und die Ladung ist im gesamten pH-Bereich negativ.

5

Tab. 5.5-1 Ladungsnullpunkte einiger Bodenminerale in Abwesenheit von CO_2 und spezifisch adsorbierenden Kationen und Anionen.

Mineral	Ladungsnullpunkt (pH_{PZC})
Oxide	
Ferrihydrit	8,5…9,5
Goethit	8,5…9,5
Hämatit	8,5…9,5
Gibbsit	8,5…9,5
Rutil und Anatas	5,0…6,0
Birnessit	3,0…4,0
Silicate	
Allophan	8,0…9,0
Kaolinit	4,0…5,0
Illit, Smectit	2,0…3,0
Feldspat	2,0…3,0
Quarz	2,0…3,0

positiv geladen, in neutralen bis leicht alkalischen Böden tragen sie dagegen nur eine sehr geringe Oberflächenladung. Vor allem in sauren Böden wirken die Oxide als Anionentauscher. Auch Allophane und Imogolite tragen ausschließlich variable Ladung. Ihr Ladungsnullpunkt liegt ebenfalls im alkalischen Bereich ($pH_{PZC} \approx 8,5$). Im sauren pH-Bereich tragen Allophane und Imogolite somit überwiegend positive Ladung und wirken als Anionentauscher.

Huminstoffe besitzen variable Ladungen, welche vor allem durch deprotonierte Carboxylgruppen (-COOH) und phenolische OH-Gruppen zustande kommen. Diese Gruppen sind Brønsted-Säuren unterschiedlicher Stärke, d. h. sie können jeweils ein Proton abgeben und tragen dann eine negative Ladung (z. B. $R\text{-}COOH \rightarrow R\text{-}COO^- + H^+$). Die pK_S-Werte der Carbonsäuren liegen im stark bis schwach sauren pH-Bereich, während die Phenole erst im neutralen bis alkalischen Bereich ein Proton abgeben. Die Carboxylgruppen tragen somit am stärksten zur negativen Ladung der Huminstoffe bei. Neben diesen Säuregruppen besitzen Huminstoffe auch basische Gruppen, die Protonen aufnehmen können und dann positiv geladen sind (z. B. Aminogruppen). Die Konzentration solcher Gruppen ist jedoch viel geringer als die der Säuregruppen, so dass die Netto-Ladung der Huminstoffe stets negativ ist (Abb. 5.5-2).

Die in Tabelle 5.5-1 angegebenen Ladungsnullpunkte gelten für reine Mineralphasen im Kontakt mit wässrigen Lösungen in Abwesenheit von spezifisch adsorbierenden Anionen oder Kationen. Im Vergleich dazu können die Ladungsnullpunkte der Eisen- und Aluminiumoxide in Böden durch spezifische Adsorption von HCO_3^-, HPO_4^{2-} und organischen Säuren (inkl. Fulvo- und Huminsäuren) deutlich niedriger liegen.

5.5.1.6 Ladungsverhältnisse in Böden

Auf Grund der oben erläuterten Eigenschaften unterschiedlicher Bodenkomponenten hängen die Ladungsverhältnisse in Böden von den vorhandenen Bodenfestphasen (z. B. Tonminerale, Oxide, organische Substanz), dem pH-Wert des Bodens und den Konzentrationen an spezifisch adsorbierten Anionen, Kationen und organischen Substanzen ab. Einige Beispiele für die Ladungsverhältnisse in Böden, ermittelt über die Kationen- und Anionensorption in Abhängigkeit des pH-Wertes, sind in Abbildung 5.5-3 dargestellt.

Die Netto-Ladung von schwach bis mäßig stark verwitterten Böden (Abb. 5.5-3, Bsp. Acrisol) ist im gesamten pH-Bereich negativ, weil noch erhebliche Mengen an 2:1-Schichtsilicaten mit permanenter negativer Ladung vorhanden sind. Dazu kommt variable negative Ladung der organischen Substanz, die vor allem in Oberböden einen wesentlichen Beitrag zur Kationenaustauschkapazität (KAK, Kap. 5.5.2.1) leistet. Die positive Oberflächenladung an Oxidoberflächen ist selbst unter sauren Bedingungen relativ gering, so dass die Anionenaustauschkapazität (AAK) in diesen Böden immer wesentlich kleiner als die KAK ist. In Oberböden ist die positive Ladung an Oxidoberflächen zusätzlich durch spezifisch adsorbierte organische Substanzen oder Phosphat stark reduziert.

Im Gegensatz dazu stehen sehr stark verwitterte Böden der Tropen (Abb. 5.5-3, Bsp. Ferralsol), in denen vor allem Oxide von Fe und Al sowie das Tonmineral Kaolinit die Tonfraktion ausmachen. Der Gehalt an organischer Substanz ist vor allem im Unterboden (B-Horizont) gering. Diese Böden haben insbesondere unter sauren Bedingungen mehr positive als negative Ladungen und entsprechend können sie mehr Anionen als Kationen durch Ionenaustausch speichern. Die KAK dieser Böden ist sehr gering ($< 10\,cmol_c\,kg^{-1}$), weil Kaolinit keine permanente Ladung besitzt und der pH-Wert der Böden nahe am Ladungsnullpunkt von Kaolinit

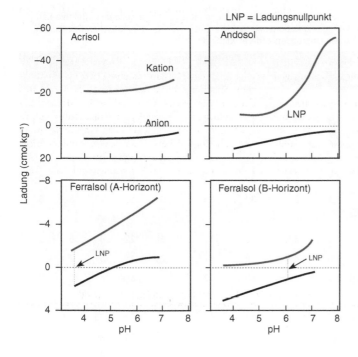

Abb. 5.5-3 Ladungsverhältnisse von Böden mit unterschiedlichen Austauschern in der Tonfraktion, ermittelt aus der Anionen- und Kationensorption. (**a**) Ferralsol aus Grauwacke, Neuseeland, Unterboden mit je 50 % 2:1- und 1:1-Mineralen und (**b**) Andosol aus Rhyolit, Neuseeland, Unterboden mit 100 % Allophan (nach FIELDES & SCHOFIELD, 1960). (**c**) Ferralsol aus Basalt, Brasilien, mit ca. 90 % Gibbsit, Goethit und Hämatit und 10 % Kaolinit, A-Horizont mit 2,5 % C_{org} und (**d**) dazugehöriger B-Horizont mit 0,7 % C_{org} (nach VAN RAIJ & PEECH, 1972).

liegt ($pH_{PZC} \approx 4,8$). Dadurch besitzen die kaolinitischen Tonpartikel auch kaum variable negative Ladung. Einzig die organische Substanz im Oberboden kann größere Mengen an Kationen speichern. Kommt es zur Erosion des Oberbodens, verlieren die Böden einen großen Teil ihrer Speicherfähigkeit für austauschbares Ca^{2+}, Mg^{2+} und K^+.

In allophanreichen vulkanischen Böden (Abbildung 5.5-3, Bsp. Andosol) ist die KAK höher (bis zu 50 $cmol_c kg^{-1}$), obwohl die Allophane auch ausschließlich variable Ladung tragen. Dies liegt an der hohen Konzentration von reaktiven Hydroxygruppen an den Oberflächen der Allophane und der oft starken Anreicherung von organischer Substanz in solchen Böden.

5.5.2 Ionenaustausch

Ionenaustausch spielt eine herausragende Rolle für die Speicherung pflanzenverfügbarer Nährstoffe in Böden, insbesondere von Ca^{2+}, Mg^{2+}, K^+ und NH_4^+, aber auch für das Verhalten von Spurenmetallen (z. B. Cd^{2+}, Zn^{2+}) und Anionen (z. B. Cl^-, NO_3^-). Der Begriff **Ionenaustausch** bezeichnet die unspezifische Adsorption von Ionen an entgegengesetzt

geladene Oberflächen, wobei die Ionen vor allem durch elektrostatische (Coulomb'sche) Kräfte an die Oberfläche gebunden werden und leicht durch andere Ionen in der Bodenlösung ausgetauscht werden können. Im Folgenden wird vorwiegend auf den Kationenaustausch eingegangen, weil die negative Oberflächenladung in den meisten Böden stark überwiegt. Die wichtigsten Prinzipien des Ionenaustausches gelten jedoch auch für die unspezifische Adsorption von Anionen an positiv geladenen Oberflächen. Anionenaustausch ist vor allem in sauren, stark verwitterten Böden (Ferralsole) und vulkanischen Böden (Andosole) von Bedeutung.

5.5.2.1 Kationenaustauschkapazität (KAK)

Die gesamte Ladungsmenge an Kationen, die ein Boden in austauschbarer Form adsorbieren kann, entspricht der **effektiven Kationenaustauschkapazität** (KAK_{eff} in $cmol_c kg^{-1}$). Sie wird aus der Summe der Ladungen aller austauschbaren Hauptkationen (Ca^{2+}, Mg^{2+}, K^+, Na^+, Al^{3+}, H^+) beim aktuellen pH-Wert des Bodens bestimmt. Die KAK_{eff} entspricht der Summe an permanenter und variabler negativer Ladungen eines Bodens. Umgekehrt entspricht die

5

Tab. 5.5-2 pH-Wert (in 0,01 M $CaCl_2$), Gehalt an organischem Kohlenstoff (C_{org}), potenzielle und effektive Kationenaustauschkapazität (KAK_{pot} und KAK_{eff}) und Kationensättigung in ausgewählten mineralischen Oberböden unter Acker und Wald (Mitteleuropa) sowie Oberböden anderer Klimate.

	pH	C_{org}	KAK_{pot}	KAK_{eff}	Sättigung (% von KAK_{eff})				
	($CaCl_2$)	(%)	$cmol_c$ kg^{-1}		Al	Ca	Mg	K	Na
Böden unter Acker (Mitteleuropa)									
Parabraunerde (Löss, Straubing)	6,3	1,4	17	14	0	80	15	5	< 1
Schwarzerde (Löss, Hildesheim)	7,2	1,6	18	18	0	90	9	< 1	< 1
Podsol (Sand, Celle)	5,2	2,5	12	3	0	86	6	7	1
Pelosol (Liaston, Franken)	6,7	2,4	22	17	0	83	8	9	0
Kleimarsch (Wesermarsch)	5,1	2,7	37	25	0	50	42	3	5
Böden unter Wald (Mitteleuropa)									
Podsol (Granit, Bayerischer Wald)	2,6	11,7	–	7	65	22	6	5	2
Pseudogley (Löss, Bonn)	3,6	4,9	15	7	79	16	3	2	0
Braunerde (Löss/Bims, Vogelsberg)	2,9	19,8	60	12	85	6	4	5	0
Böden anderer Klimate									
Vertisol (Sudan)	6,8	0,9	47	47	0	71	25	< 1	4
Andosol (Hawaii)	4,5	11,7	53	13	4	71	20	4	2
Ferralsol (Brasilien)	3,5	2,8	13	3	89	3	4	3	1
Acrisol (Puerto Rico)	3,5	3,3	26	7	72	15	8	3	2
Solonchak (Arizona, USA)	9,9	0,4	36	–	0	45	6	3	47

Summe aller positiven Oberflächenladungen eines Bodens seiner Anionenaustauschkapazität (AAK), die ebenfalls pH-abhängig ist.

Den prozentualen Anteil der KAK_{eff}, der mit den **Base-Kationen**[7] Ca^{2+}, Mg^{2+}, K^+ und Na^+ besetzt ist, wird als **Basensättigung** *(BS)* bezeichnet. Die effektive Basensättigung ist definiert als

$$BS_{eff}\,(\%) = \frac{2q_{Ca} + 2q_{Mg} + q_K + q_{Na}}{KAK_{eff}} \cdot 100 \qquad [32]$$

wobei q_i die austauschbar adsorbierte Konzentration des Kations *i* bedeutet (in mmol kg^{-1}).

Wird die KAK eines Bodens in einer gepufferten Lösung bei pH 7 bis 8 bestimmt, wird sie als

potenzielle Kationenaustauschkapazität (KAK_{pot}) bezeichnet. In sauren Böden ist die KAK_{eff} kleiner als die KAK_{pot}, weil die pH-Erhöhung auf pH 7…8 eine Zunahme der variablen negativen Ladungen zur Folge hat. Besonders stark ausgeprägt ist dieser Unterschied in sauren humosen Sandböden, stark verwitterten kaolinitreichen Böden und allophanreichen Böden, in denen der relative Anteil der variablen Ladungen an der gesamten Oberflächenladung besonders groß ist. Aus der KAK_{pot} lässt sich ableiten, auf welchen Wert die KAK_{eff} eines sauren Bodens durch eine Aufkalkung maximal erhöht werden kann. Die KAK_{pot} kommt aber vor allem als quantitatives Kriterium in der Bodenklassifikation zur Anwendung. Entsprechend der Gleichung [32] kann die Basensättigung auch relativ zur potenziellen KAK berechnet werden (BS_{pot}). Dieser Wert wird in der Bodenklassifikation als Trophiemerkmal eingesetzt.

Die effektive KAK von Böden variiert in einem sehr weiten Bereich, mit Extremwerten von < 1 $cmol_c$ kg^{-1} (z. B. reiner Sand) und > 200 $cmol_c$ kg^{-1} (z. B. stark humifizierter Torf). Die wichtigsten Ein-

---

[7] Die Kationen Ca^{2+}, Mg^{2+}, K^+ und Na^+ werden in der Bodenkunde oft als **basische Kationen** (oder Base-Kationen) bezeichnet, obwohl sie selbst keine Basen sind. Der Begriff bezieht sich vielmehr darauf, dass die Hydroxide dieser Kationen (z. B. NaOH, KOH) starke Basen sind. Die Kationen H^+ (bzw. H_3O^+) und Al^{3+} werden als **saure Kationen** bezeichnet. Al^{3+}-Ionen in einer wässrigen Lösung wirken als Säure, weil sie durch Hydrolysereaktionen Protonen freisetzen können.

flussfaktoren, welche die KAK_{eff} bestimmen, sind die Gehalte an Ton und humifizierter organischer Substanz, die Art der Tonminerale sowie der pH-Wert des Bodens. Der Beitrag der Huminstoffe zur KAK_{eff} wächst mit steigendem Humusgehalt und mit steigendem pH-Wert. Er liegt in Ap-Horizonten ackerbaulich genutzter Lehm-, Schluff- und Tonböden oft bei 25 bis 35 %, bei Schwarzerden wegen des höheren Humusgehaltes bei 40 bis 50 %, bei Sandböden, in O- und A-Horizonten von Böden unter Grünland und Wald sowie in Bh-Horizonten von Podsolen deutlich über 50 % und schließlich bei Mooren meist nahezu bei 100 %.

Auch die potenzielle Kationenaustauschkapazität von Böden ist stark vom Ton- und Humusgehalt abhängig. Die organische Substanz trägt pro kg Humus zwischen 60 und 300 cmol zur KAK_{pot} bei, je nach dem, wie hoch der Huminstoffanteil im Humus ist (Kap. 3.4.2).

Die potenzielle KAK der Tonfraktion[8] von Böden beträgt bei vorwiegend illitisch-vermiculitisch-smectitischen Böden 40 bis 60 $cmol_c\,kg^{-1}$, die der Fein- bzw. Mittelschluff-Fraktion ist deutlich niedriger. Daraus ergeben sich für Böden mit 2 bis 3 % Humus mittlere KAK_{pot}-Bereiche für Sande von 5 bis 10, für sandige Lehme, Lehme und tonige Schluffe von 10 bis 25 sowie für tonige Lehme und Tone von 20 bis 50 $cmol_c\,kg^{-1}$. Im Gegensatz dazu haben kaolinitisch-oxidische Acrisole und Ferralsole nur eine KAK von <5 bis 16 $cmol_c$ pro kg Ton. Daher liegt die KAK dieser Böden im Unterboden meistens unter 3 $cmol_c\,kg^{-1}$, kann jedoch im mineralischen Oberboden durch den Beitrag des Humus auf bis zu 10 $cmol_c\,kg^{-1}$ ansteigen. Allophanreiche Böden (Andosole) haben KAK_{pot}-Werte von 10 bis 50 $cmol_c\,kg^{-1}$, mit einem Anteil der variablen Ladungen von 80 bis 90 %.

5.5.2.2 Kationenaustausch

Kationenaustauschprozesse an Oberflächen verlaufen sehr **schnell** und sind vollständig **reversibel**. Außerdem zeichnet sich der Kationenaustausch dadurch aus, dass stets gleiche Mengen an Ladungen gegeneinander ausgetauscht werden (**ladungsbalanciert**).

Die Kinetik des Kationenaustausches in Böden ist ausschließlich durch die **Diffusion** der Kationen zwischen Bodenlösung und Austauscheroberfläche limitiert. An den äußeren Oberflächen der Austauscher kann sich sehr schnell ein chemisches Gleichgewicht mit der Bodenlösung einstellen. Langsame Diffusion von Kationen findet dagegen in den Zwischenschichten unvollständig aufgeweiteter Vermiculite und Smectite, in sehr dichten Böden und in trockenen Böden statt. Die Kinetik des Kationenaustausches wird dann durch die geringe Geschwindigkeit der Diffusionsprozesse stark herabgesetzt.

Die wichtigsten Oberflächen in Böden, an denen Kationenaustausch stattfindet, sind die basalen Oberflächen und Zwischenschichten der Tonminerale mit permanenter negativer Ladung und die deprotonierten Säuregruppen der organischen Bodensubstanz (z. B. Carboxyl, R-COO⁻). Die Oberflächen von Oxiden und Kanten der Tonminerale spielen für den Kationenaustausch eine untergeordnete Rolle. Die Affinität verschiedener Kationen zu den Austauscheroberflächen hängt vor allem von ihrer Ladung (Wertigkeit) und ihrer Größe (Ionenradius) ab. Je höher ihre Wertigkeit ist, desto stärker werden die Kationen durch elektrostatische Kräfte von negativ geladenen Austauscheroberflächen angezogen, d. h. ihre Affinität zur Oberfläche steigt (z. B. $Na^+ < Mg^{2+} < Al^{3+} < Th^{4+}$). Bei gleichwertigen Kationen nimmt die Affinität mit steigendem Kationenradius zu (z. B. $Li^+ < Na^+ < K^+ < Rb^+ < Cs^+$). Dieser Zusammenhang lässt sich dadurch erklären, dass kleinere Kationen eine höhere Hydratationsenergie und somit eine dickere Hydrathülle in wässriger Lösung als größere Kationen gleicher Wertigkeit haben (Tab. 5.5-3). Der **hydratisierte Radius** der Kationen (d. h. Radius inklusive Hydrathülle) steigt deshalb in der umgekehrten Reihenfolge wie der eigentliche Ionenradius (z. B. $Cs^+ < Rb^+ < K^+ < Na^+ < Li^+$). Wegen der geringeren Hydratisierung können sich die Kationen mit größerem Ionenradius stärker der Oberfläche nähern als kleinere, stark hydratisierte Kationen. Da die elektrostatische Anziehung mit dem Quadrat des Abstandes zur Oberfläche abnimmt, haben die größeren Kationen eine höhere Affinität zur Oberfläche als die kleineren Kationen. Dieser **Hydratationseffekt** ist bei einwertigen Kationen besonders stark ausgeprägt.

Die Affinität von Cs^+, Rb^+, K^+ und NH_4^+ zu den basalen Oberflächen und Zwischenschichten von 2:1-Tonmineralen ist zusätzlich dadurch stark erhöht, dass diese Kationen unter Verlust ihrer Hydrathülle in die Zentren der Sauerstoff-Sechserringe

---

[8] Trotz geringerer Ladungsdichte haben die Vermiculite und Smectite immer eine höhere Kationenaustauschkapazität (KAK) als Illite, weil neben den äußeren Oberflächen auch die Zwischenschichten für den Kationenaustausch zugänglich sind. Bei den Illiten wird der größte Teil der strukturellen negativen Ladung durch nicht-austauschbare K^+-Ionen in den Zwischenschichten ausgeglichen, so dass die KAK niedriger ist. Kaolinit und Halloysit haben keine (bzw. eine extrem geringe) permanente negative Ladung.

Tab. 5.5-3 Ionenradius (r_i), Hydratationsenergie (ΔH_h) und hydratisierter Radius (r_h) von ein-, zwei- und dreiwertigen Kationen (nach ESSINGTON, 2004). Das Verhältnis zwischen der quadrierten Ionenwertigkeit und dem Ionenradius (Z^2/r_i) ist eng mit der Hydratationsenergie korreliert.

Kation	r_i [pm]	Z^2/r_i [pm^{-1}]	ΔH_h [kJ mol^{-1}]	r_h [pm]
Li$^+$	90	0,0111	-515	382
Na$^+$	116	0,0086	-405	358
K$^+$	152	0,0066	-321	331
Rb$^+$	166	0,0060	-296	329
Cs$^+$	181	0,0055	-263	329
Mg^{2+}	86	0,0465	-1922	428
Ca^{2+}	114	0,0351	-1592	412
Sr^{2+}	132	0,0303	-1445	412
Ba^{2+}	149	0,0268	-1304	404
Al^{3+}	67	0,1343	-4660	480

der Tetraederschichten (Kap. 2.2.5) gezogen werden können, wo sie noch stärker durch elektrostatische Kräfte an die Oberfläche gebunden werden. Auf die gleiche Weise kann die Einlagerung von dehydrierten K$^+$-Ionen in die Zwischenschichten von Vermiculiten und randlich aufgeweiteten Illiten dazu führen, dass der Basisabstand der 2:1-Schichtpakete auf 1 nm kollabiert und dadurch K$^+$ in den Zwischenschichten fixiert wird (**K$^+$-Fixierung**, Kap. 9.6.4). Auch wenn der relative Anteil solcher spezifischer Bindungsplätze gering ist, so sind diese dennoch von Bedeutung, weil die K$^+$-Sättigung vieler Böden nur wenige Prozent beträgt (Tab. 5.5-2).

Ähnlich stark bzw. noch stärker ist die Spezifität für NH$_4^+$ und Cs$^+$. Beide können daher die K$^+$-Freisetzung verzögern (NH$_4^+$) oder ganz blockieren (Cs$^+$), weil sie aufweitbare Schichten schließen. Die Blockierung durch NH$_4^+$ ist allerdings von geringer Bedeutung, wenn die Nitrifikation – wie in den meisten Ackerböden – die NH$_4^+$-Konzentration der Bodenlösung so niedrig hält, dass NH$_4^+$ desorbiert wird. Radioaktives ^{137}Cs aus Atombombentests und Nuklearunfällen (z. B. Chernobyl, 1986), welches über Niederschläge in die Böden gelangt ist, verbleibt auf Grund der starken Fixierung durch Tonminerale über Jahrzehnte nahezu vollständig im Boden (Kap. 10.2.6).

In salzhaltigen Böden spielt auch die Salzkonzentration der Bodenlösung eine wichtige Rolle für die Kationensättigung der Austauscheroberflächen. Bei gleichen Kationenverhältnissen in der Lösung steigt das Verhältnis von einwertigen zu zweiwertigen Kationen (z. B. Na$^+$/Ca^{2+}) am Austauscher mit zunehmender Salzkonzentration an. Umgekehrt bewirkt eine Verdünnung der Bodenlösung, z. B. durch Niederschlagswasser, einen Austausch von Na$^+$ gegen Ca^{2+} und damit eine Abnahme der Na$^+$-Sättigung am Austauscher. Die Beziehung zwischen den Kationenkonzentrationen in der Lösung und am Austauscher lässt sich mit Hilfe von Kationenaustauschgleichungen beschreiben (Kap. 5.5.6.2).

5.5.3 Oberflächenkomplexierung von Kationen und Anionen

Die Adsorption von Ionen oder Molekülen in definierter räumlicher Anordnung zur Oberfläche (Atomabstände, Orientierung, Koordination mit Oberflächengruppen) wird als **Oberflächenkomplexierung** bezeichnet. Bei **außersphärischen** Oberflächenkomplexen behält das Sorbat-Ion oder -Molekül eine Hydrathülle und wird durch elektrostatische Kräfte an eine entgegengesetzt geladene Oberfläche adsorbiert (vergl. Kap. 5.3.2.1). Diese Art der Bindung ist relativ schwach und die Adsorption ist abhängig von der Ionenstärke der Gleichgewichtslösung. Bei der Bildung von **innersphärischen** Komplexen verliert das Sorbat-Ion oder -Molekül dagegen einen Teil seiner Hydrathülle und geht eine koordinative Bindung mit einem oder mehreren Atomen der Oberfläche ein, z. B. mit Sauerstoffatomen der Hydroxygruppen von Oxidoberflächen. Diese Art der Bindung ist stärker und weniger von der Ionenstärke der Lösung abhängig. Sie wird als **spezifische Adsorption** oder **Chemisorption** bezeichnet. Die spezifische Adsorption hängt nicht nur von der Ladung der Oberfläche und den Sorbat-Ionen bzw. Molekülen ab, sondern auch von der Art, Anordnung und Reaktivität der funktionellen Gruppen der Mineraloberfläche.

In Abbildung 5.5-4 sind verschiedene Typen von Oberflächenkomplexen schematisch dargestellt. Stark hydratisierte, einwertige Ionen, wie z. B. Cl$^-$, NO$_3^-$ und Na$^+$, bilden schwache außersphärische Komplexe an entgegengesetzt geladenen Oberflächen. Der größte Teil dieser Ionen hält sich jedoch im diffusen Ionenschwarm um eine entgegengesetzt geladene Oberfläche auf. Viele Oxyanionen (z. B.

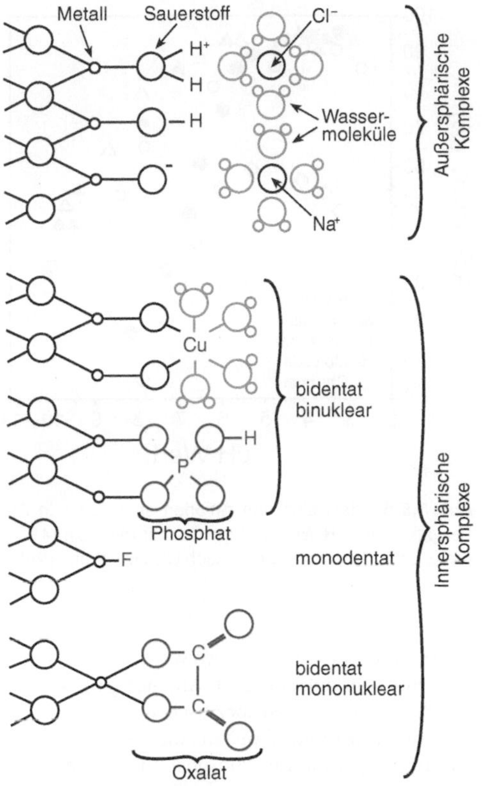

5

Abb. 5.5-4 Verschiedene Typen von Oberflächenkomplexen an einer Oxidoberfläche (schematisch). Cl⁻ und Na⁺ bilden außersphärische Komplexe durch elektrostatische Anziehung an positiv bzw. negativ geladene Oberflächengruppen. Cu²⁺ und HPO₄²⁻ bilden bidentate, bunukleare innersphärische Komplexe. F⁻ bildet einen monodentaten innersphärischen Komplex, und Oxalat einen bidentaten, mononuklearen innersphärischen Komplex (nach STUMM, 1992).

$H_2PO_4^-/HPO_4^{2-}$; $H_2AsO_4^-/HAsO_4^{2-}$), Übergangsmetalle (z. B. Cu^{2+}, Zn^{2+}, Ni^{2+}, Cd^{2+}) und niedermolekulare organische Säuren (z. B. Oxalat, Malat) bilden dagegen wesentlich stabilere innersphärische Oberflächenkomplexe mit reaktiven Hydroxygruppen an Oxidoberflächen und Kanten von Tonmineralen. Je nach dem, ob das Sorbat-Ion mit einer oder zwei Oberflächengruppen koordiniert ist, werden die Komplexe als **monodentat** oder **bidentat** bezeichnet. Weiterhin werden die Komplexe als **mononuklear** bzw. **binuklear** bezeichnet, wenn die beteiligten Oberflächengruppen mit einem bzw. mit zwei Metallzentren des Sorbenten koordiniert sind.

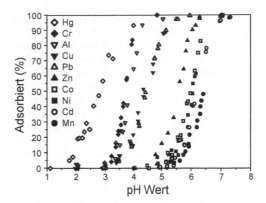

Abb. 5.5-5 Adsorption von Hg^{2+}, Cr^{3+}, Al^{3+}, Cu^{2+}, Pb^{2+}, Zn^{2+}, Co^{2+}, Ni^{2+}, Cd^{2+} und Mn^{2+} an Goethit in Abhängigkeit des pH-Wertes (nach FISCHER et al., 2007).

Die Bildung eines monodentaten, mononuklearen Oberflächenkomplexes von Cu^{2+} an einer Oxidoberfläche kann durch die folgende Reaktionsgleichung beschrieben werden

$$\equiv SOH^{0,5-} + Cu^{2+} \rightleftharpoons \equiv SOCu^{0,5+} + H^+ \qquad [33]$$

wobei $\equiv SOH^{0,5-}$ eine Oberflächenhydroxygruppe darstellt. Aus der Gleichung wird ersichtlich, dass bei der Bildung von innersphärischen Komplexen von Metallkationen an Oxidoberflächen Protonen freigesetzt werden. Das Gleichgewicht dieser Reaktion wird umso weiter nach links verschoben, je tiefer der pH-Wert der Lösung ist, d. h. die Adsorption sinkt mit abnehmendem pH-Wert. Die Gleichung zeigt auch, dass die spezifische Adsorption von Metallkationen zu einer Veränderung der Oberflächenladung in Richtung vermehrt positiver Ladung führt.

Die pH-Abhängigkeit der Adsorption von Cu^{2+}, Pb^{2+}, Zn^{2+}, Co^{2+}, Ni^{2+} und Mn^{2+} an Goethit ist in Abbildung 5.5-5 dargestellt. Alle Metallkationen zeigen eine starke Adsorption bei pH-Werten, welche deutlich unterhalb des Ladungsnullpunkts der Oxidoberflächen liegen. Sie adsorbieren also an eine positiv geladene Oberfläche, was durch die Bildung von innersphärischen Oberflächenkomplexen erklärt werden kann. Typisch ist der starke Anstieg der Adsorption innerhalb von 2…3 pH-Einheiten, der auch als **Adsorptionskante** bezeichnet wird. Die Lage einer Adsorptionskante hängt von den Versuchsbedingungen ab (z. B. Konzentrationen von Sorbent und Sorbat), ist aber auch für die einzelnen Metalle sehr unterschiedlich: Cu^{2+} und Pb^{2+} werden bereits bei tieferen pH-Werten stärker

5 als z. B. Ni^{2+} oder Mn^{2+} adsorbiert. Die Reihenfolge der Adsorption ($Hg^{2+} > Cr^{3+} > Al^{3+} > Cu^{2+} \sim Pb^{2+} > Zn^{2+} > Co^{2+} \sim Ni^{2+} > Cd^{2+} > Mn^{2+}$) korrespondiert mit der Höhe der ersten Hydrolysekonstante der Metallkationen, was darauf hinweist, dass die Hydroxospezies ($MeOH^+$) eine wichtige Rolle bei der Bildung von Oberflächenkomplexen spielen.

Auch Anionen können an Oxidoberflächen und Kanten von Tonmineralen spezifisch adsorbieren. Die Adsorption von Phosphat (HPO_4^{2-}) an eine Oxidoberfläche lässt sich z. B. durch die folgende Reaktionsgleichung darstellen

$$\equiv SOH^{0,5-} + H^+ + HPO_4^{2-} \rightleftharpoons \equiv SHPO_4^{1,5-} + H_2O \quad [34]$$

Die Oberflächenhydroxygruppen $\equiv SOH^{0,5-}$ werden dabei protoniert und anschließend als H_2O durch den Liganden HPO_4^{2-} ausgetauscht. Die spezifische Adsorption von Anionen an Oxidoberflächen wird deshalb auch als **Ligandenaustauschreaktion** bezeichnet. Im Oberflächenkomplex $\equiv SHPO_4^{1,5-}$ ist ein Sauerstoffatom sowohl mit P als auch mit einem Metallkation der Oxidoberfläche koordiniert, es handelt sich also um einen monodentaten, mononuklearen Komplex. Phosphat kann möglicherweise auch als bidentater, binuklearer oder bidentater, mononuklearer Komplex adsorbieren. Aus der Gleichung ist ersichtlich, dass bei der spezifischen Adsorption von Anionen an eine Oxidoberfläche Protonen verbraucht werden und dass die Oberfläche stärker negativ geladen wird. Das Gleichgewicht der Reaktion wird nach links verschoben, wenn der pH-Wert der Lösung steigt. Die Adsorption von Phosphat und anderen Oxyanionen an Oxidoberflächen nimmt also mit zunehmendem pH-Wert ab. Die pH-Abhängigkeit der Anionensorption hängt dabei auch von der Spezierung der Sorbat-Anionen in Lösung ab, wobei die Steigung der Kurven sich bei den pH-Werten am stärksten ändert, die den pK_s-Werten der jeweiligen Säure entsprechen (z. B. für Phosphat: H_3PO_4 mit $pK_1=2,15$; $pK_2=7,20$ und $pK_3=12,38$). Bei pH-Werten in der Nähe oder unterhalb des pK_1-Wertes der Säure wird oft ein Maximum der Sorption erreicht, da unterhalb dieses pH-Wertes die undissozierte (und somit ungeladene) Säure immer stärker dominiert.

In ähnlicher Weise wie Phosphat werden auch die Oxyanionen Arsenat, Molybdat und Selenit adsorbiert. Im Vergleich dazu werden die Anionen Sulfat, Chromat, Arsenit und Selenat schwächer adsorbiert, möglicherweise auch durch Bildung außersphärischer Komplexe. Die unterschiedliche Bindungsstärke führt dazu, dass Anionen miteinander konkurrieren (Anionenkonkurrenz). So wird z. B. die Adsorption von Arsenat und inbesondere Arse-

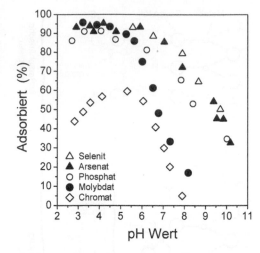

Abb. 5.5-6 Adsorption von Anionen an Goethit in Abhängigkeit des pH-Wertes (6 g/l Goethit mit 0,3 mM PO_4, AsO_4, SeO_3, MoO_4 und CrO_4 (nach Okazaki et al., 1989).

nit an Fe-Oxide durch die Anwesenheit von Phosphat, Silicat und organischen Anionen gesenkt.

Wegen ihrer großen spezifischen Oberfläche haben Ferrihydrit und Allophan eine besonders große Sorptionskapazität für Phosphat und andere Anionen, während Goethit und Hämatit weniger sorbieren. Sorbenten mit geringerer Sorptionskapazität für Phosphat sind Gibbsit, Calcit und Quarz. Auch Huminstoffe können Anionen wie Arsenat sorbieren, wenn an den funktionellen Gruppen komplexiertes Fe^{3+} oder Al^{3+} gebunden ist.

5.5.4 Sorption organischer Substanzen an Mineraloberflächen

Die natürlichen organischen Stoffe in Böden, einschließlich den Huminstoffen, sind überwiegend negativ geladen und besitzen reaktive funktionelle Gruppen (z. B. Carboxylgruppen, phenolische Hydroxygruppen). Aus diesem Grund werden sie sowohl durch elektrostatische Kräfte als auch durch spezifische Adsorption unter Ausbildung kovalenter Bindungen an positiv geladene Oxidoberflächen und Kanten von Tonmineralen (vor allem Kaolinit) adsorbiert. Die Sorption von Huminstoffen nimmt dabei mit abnehmendem pH-Wert und zunehmender Ionenstärke der Bodenlösung zu. In geringerem Umfang werden Huminstoffe auch an basale Oberflächen von Schichtsilicaten adsorbiert, vermutlich durch hydrophobe Wechselwirkungen zwischen aromatischen Komponenten der Huminstoffe und den Mineraloberflächen. Aromatische und hochmolekulare Huminstofffraktionen werden gegenüber aliphatischen und niedermolekularen Huminstoffen bevorzugt adsorbiert.

Die Adsorption von organischen Substanzen an Mineraloberflächen in Böden mit hohen Gehalten schwach-kristalliner Mineralphasen führt zu einer Hemmung des mikrobiellen Abbaus und damit zu einer Stabilisierung der organischen Substanz. Es entstehen stabile Mineral-Humus-Komplexe, die zur Anreicherung von organischem Kohlenstoff in diesen Böden beitragen. Umgekehrt hemmen die organischen Substanzen die Umwandlung der schwach-kristallinen Phasen in kristalline Oxide und/oder Silicate.

Mit der Adsorption von organischen Substanzen werden auch negative Ladungen an der Mineraloberfläche angereichert, so dass sich die Ladung der Partikel stark verändert. Aus diesem Grund sind Eisen- und Aluminiumoxidpartikel, deren Oberflächen mit adsorbierten organischen Substanzen belegt sind, auch unter sauren Bedingungen negativ geladen. Diese Wechselwirkungen zwischen Mineraloberflächen und organischen Substanzen haben einen großen Einfluss auf die Adsorption von Metallkationen und Anionen in Böden. Die Adsorption von Metallkationen nimmt durch adsorbierte organische Substanzen zu. Versuche mit Eisenoxiden, Kaolinit, Huminsäuren und Fulvosäuren haben gezeigt, dass diese Effekte nicht allein durch zusätzliche Bindungsplätze erklärt werden können, sondern dass die elektrostatischen Wechselwirkungen zwischen den Sorbenten ebenfalls eine Rolle spielen. Die Adsorption von Anionen nimmt durch adsorbierte organische Substanzen ab, was durch Konkurrenz um Sorptionsplätze und abstoßende elektrostatische Kräfte erklärt wird. Organische Substanzen können dadurch zu einer Mobilisierung von Phosphat, Arsenat und anderen Anionen im Boden führen.

5.5.5 Sorptionskinetik

Adsorptions- und Desorptionsreaktionen erreichen in Böden nur selten ein chemisches Gleichgewicht, was die Modellierung des Verhaltens von Stoffen (z. B. reaktiver Stofftransport) erheblich erschweren kann. Während Kationenaustauschprozesse sehr

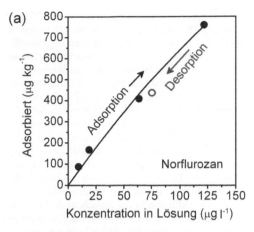

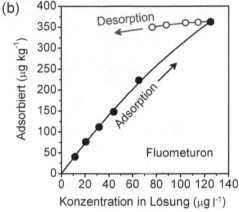

Abb. 5.5-7 Hysterese der Adsorption und Desorption. (a) Sorption von Norflurozan und (b) von Fluometuron an einen schluffig-lehmigen Oberboden (nach ESSINGTON, 2004).

schnell verlaufen, ist die Kinetik der Bildung von innersphärischen Komplexen etwas langsamer. Dabei ist die Desorption viel langsamer als die Adsorption. Dies kann dazu führen, dass eine experimentell bestimmte Adsorptionsisotherme nicht mit der entsprechenden Desorptionsisotherme übereinstimmt, was oft als **Sorptionshysterese** interpretiert wird (Abb. 5.5-7). In vielen Fällen sind die Sorptionsreaktionen aber trotzdem reversibel und die beobachtete Hysterese wurde durch eine langsame Desorptionskinetik (bzw. zu kurze Equilibrierungszeiten) verursacht.

Die Kinetik der Sorption wird immer durch den langsamsten aller involvierten Teilschritte limitiert. Die wichtigsten Teilschritte der Adsorption sind:

5

(1) Diffusion des Sorbats durch die freie Lösung in Richtung Oberfläche des Sorbenten, (2) Diffusion durch den stationären Wasserfilm an der Oberfläche (Filmdiffusion), (3) Adsorptionsreaktion an der Oberfläche, z. B. Ausbildung eines Oberflächenkomplexes, (4) weitere Änderung der Oberflächenspeziation, z. B. Übergang von einem monodentaten zu einem bidentaten Komplex, (5) Oberflächendiffusion, z. B. zu Sorptionsplätzen mit höherer Bindungsstärke und (6) Mikroporendiffusion (bei porösen Sorbenten). Die Mikroporendiffusion spielt nicht nur in porösen Aggregaten schwach-kristalliner Phasen, wie Ferrihydrit, eine sehr wichtige Rolle, sondern auch in kristallinen Oxiden, wie Goethit. Auch eine Diffusion in die Zwischenschichten von Tonmineralen kann als Mikroporendiffusion aufgefasst werden. In manchen Fällen kann eine langsame Sorptionskinetik auch durch die Ausbildung von Oberflächenausfällungen verursacht sein. Beispielsweise kommt es bei der Sorption von Ni^{2+} oder Zn^{2+} an Tonminerale unter neutralen pH-Bedingungen zu einer langsamen Bildung von neuen Zn- bzw. Ni-Festphasen an den Oberflächen der Tonminerale. Die entstehenden Ni- oder Zn-haltigen Festphasen wurden mit Hilfe spektroskopischer Methoden (z. B. EXAFS) als Doppelschichthydroxide (engl.: *layered double hydroxides*, LDH) oder als Ni- bzw. Zn-haltige Schichtsilicate identifiziert.

5.5.6 Modellierung von Sorptionsprozessen

Die Modellierung von Adsorptions- und Desorptionsprozessen in Böden bildet eine wichtige Voraussetzung für die Vorhersage des reaktiven Stofftransportes (z. B. Auswaschungsgefahr von Herbiziden oder Schwermetallen) und der Pufferung der Bodenlösung bei Stoffeinträgen oder Austrägen (z. B. Düngung, Kontamination, Pflanzenaufnahme von Nährstoffen). In diesem Kapitel werden verschiedene Ansätze zur Modellierung von Sorptionsgleichgewichten vorgestellt.

5.5.6.1 Sorptionsisothermen

Adsorptionsgleichgewichte von Stoffen in Böden können mit Hilfe von experimentell bestimmten **Sorptionsisothermen** beschrieben werden. Eine Sorptionsisotherme stellt die Beziehung zwischen der sorbierten Konzentration des Sorbates (in mol kg^{-1}) in Abhängigkeit seiner Gleichgewichts-

konzentration bzw. –aktivität in Lösung (in mol l^{-1}) unter ansonsten konstanten Bedingungen dar (Temperatur, pH-Wert, Konzentrationen anderer Ionen in Lösung, etc.). Sorptionsisothermen beschreiben also Sorptionsgleichgewichte, aber geben keine Auskunft über die Kinetik der Adsorptions- oder Desorptionsprozesse. Sorptionsisothermen können mit verschiedenen empirischen Gleichungen beschrieben werden. Zwei häufig genutzte Isothermengleichungen sind die FREUNDLICH- und LANGMUIR-Isotherme (Abb. 5.5–8).

Die rein empirische FREUNDLICH-**Isotherme** ist gegeben durch

$$q = K_f c^N \qquad [35]$$

wobei q die adsorbierte Konzentration des Sorbates (in mol kg^{-1}) und c die gelöste Konzentration (in mol l^{-1}) darstellen. Der FREUNDLICH-Koeffizient K_f beschreibt die Affinität des Stoffes zur Oberfläche des Sorbenten, während der Parameter N die Krümmung der Sorptionsisotherme bestimmt. Wenn $N = 1$, dann ist die Sorptionsisotherme linear und K_f entspricht einem konstanten Verteilungskoeffizienten K_d. Wenn $N < 1$, dann ist die Sorptionsisotherme konkav gekrümmt und beschreibt eine abnehmende Affinität zur Oberfläche mit zunehmender Konzentration des Sorbates. Ein Sorptionsmaximum beschreibt die FREUNDLICH-Isotherme nicht, d. h. sie ist nur in Konzentrationsbereichen deutlich unterhalb eines Sorptionsmaximums anwendbar (und darf nie extrapoliert werden!). Wenn $N > 1$, dann ist die Sorptionsisotherme konvex gekrümmt und beschreibt eine zunehmende Affinität des Sorbenten mit zunehmender Konzentration an der Oberfläche des Sorbenten. Häufig wird auch die logarithmierte Form der FREUNDLICH-Isotherme verwendet

$$\log q = \log K_f + N \log c \qquad [36]$$

die stets eine Gerade mit Steigung N ergibt. Die FREUNDLICH-Isotherme wird oft eingesetzt, um die Adsorption von Schwermetallen und Pestiziden in Böden zu beschreiben.

Die LANGMUIR-**Isotherme** ist gegeben durch

$$q = \frac{bK_L c}{1 + K_L c} \qquad [37]$$

wobei b das Adsorptionsmaximum (in mol kg^{-1}) und K_L den LANGMUIR-Koeffizienten darstellen (in l kg^{-1}). K_L beschreibt die Affinität des Stoffes zur Oberfläche des Sorbenten, und bK_L ist die Anfangssteigung der Isotherme bei sehr niedrigen Konzentrationen (bei $c \to 0$). Die LANGMUIR-Isotherme wurde ursprünglich für die Adsorption von Gasmolekülen an einer festen Oberfläche entwickelt. Ir-

5

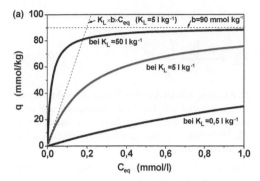

(a)

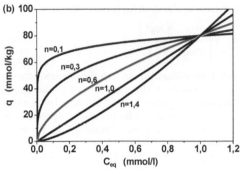

(b)

Abb. 5.5-8 Beispiele für berechnete Sorptionsisothermen nach (**a**) LANGMUIR und (**b**) FREUNDLICH. (**a**) Drei LANGMUIR-Isothermen mit gleichem Sorptionsmaximum ($b = 90 \, mmol \, kg^{-1}$), aber unterschiedlicher Bindungsstärke zwischen Sorbat und Sorbent ($K_L = 0,5$; 5 und 50 l kg^{-1}). (**b**) Fünf FREUNDLICH-Isothermen mit $K_F = 80$ und $n = 0,1$; 0,3; 0,6; 1,0 und 1,4. Jeweils ein Beispiel ist farblich hervorgehoben.

ving LANGMUIR hat dabei die folgenden Annahmen getroffen: (1) die Oberfläche ist homogen, d. h. alle Bindungsplätze sind gleich, (2) adsorbierte Moleküle zeigen untereinander keine Wechselwirkungen, (3) es gibt nur einen Sorptionsmechanismus, (4) es bildet sich nur eine einfache Schicht adsorbierter Moleküle (Monolage). Das Adsorptionsmaximum ist erreicht, wenn alle Bindungsplätze belegt sind. Unter ähnlichen Annahmen lässt sich die LANGMUIR-Gleichung auch auf die Adsorption gelöster Stoffe an festen Oberflächen übertragen. In Böden sind jedoch kaum alle diese Bedingungen erfüllt, so dass die LANGMUIR-Parameter b und K_L lediglich als empirische Parameter interpretiert werden dürfen, die keine physikalische Bedeutung haben.

Die FREUNDLICH- und LANGMUIR-Gleichungen beschreiben nur die Adsorption eines Stoffes bei konstanten Bedingungen, wie pH-Wert und Konzentration anderer Ionen oder Moleküle. Die Parameter der Isothermengleichungen müssen deshalb immer wieder neu bestimmt werden und lassen sich nicht auf andere Bedingungen oder andere Böden übertragen. Auch kompetitive Adsorptionsreaktionen mehrerer Sorbat-Ionen oder -Moleküle und die pH-Abhängigkeit der Adsorption werden durch sie nicht beschrieben.

5.5.6.2 Modellierung des Kationenaustausches

Kationenaustausch wird generell als kompetitiver Adsorptionsprozess modelliert, bei dem jeweils gleiche Mengen an Ladungen gegeneinander ausgetauscht werden und alle Sorptionsplätze X^- an der Austauscheroberfläche mit Kationen belegt sind. Der Austausch gleichwertiger Ionen (z. B. Ca^{2+}-Mg^{2+}) wird als **homovalenter** Ionenaustausch bezeichnet und der Austausch von Ionen unterschiedlicher Wertigkeit (z. B. Ca^{2+}-Na^+) als **heterovalenter** Ionenaustausch. Kationenaustauschprozesse lassen sich mit Hilfe von Reaktionsgleichungen definierter Stöchiometrie beschreiben. So lassen sich zum Beispiel für den Ca^{2+}-Mg^{2+} bzw. Ca^{2+}-Na^+ Austausch nach dem Massenwirkungsgesetz (Kap. 5.3.3.2) folgende Reaktionsgleichungen formulieren:

$$X_2Mg + Ca^{2+} \rightleftharpoons X_2Ca + Mg^{2+} \qquad [38]$$

$$2\,XNa + Ca^{2+} \rightleftharpoons X_2Ca + 2\,Na^+ \qquad [39]$$

Ein Ca^{2+} ersetzt demnach ein Mg^{2+} oder zwei Na^+-Ionen an der Oberfläche mit Austauscherplätzen X^-, wobei die ausgetauschten Mg^{2+} und Na^+-Ionen in die Bodenlösung übergehen. Das Gleichgewicht dieser beiden binären Austauschreaktionen kann jeweils durch eine **Gleichgewichtskonstante** K_{ex} beschrieben werden:

$$K_{ex} = \frac{\{X_2Ca\}\{Mg^{2+}\}}{\{X_2Mg\}\{Ca^{2+}\}} \qquad [40]$$

und

$$K_{ex} = \frac{\{X_2Ca\}\{Na^+\}^2}{\{XNa\}^2\{Ca^{2+}\}} \qquad [41]$$

wobei die geschwungenen Klammern Aktivitäten darstellen. Die Aktivitäten gelöster Ionen können aus den gemessenen Konzentrationen und den entsprechenden Aktivitätskoeffizienten berechnet wer-

5

den (Kap. 5.3.1). Problematischer ist dagegen die Bestimmung der Aktivitäten adsorbierter Kationen, was zur Formulierung verschiedener **Selektivitätskoeffizienten** geführt hat. So beruht zum Beispiel der VANSELOW-Selektivitätskoeffizient K_V auf der Annahme, dass die Aktivität adsorbierter Kationen unter idealen Bedingungen ihrer molaren Fraktion N_i am Austauscher gleichgesetzt werden kann. Für den binären Ca-Na-Austausch ist K_V somit

$$K_V = \frac{N_{Ca}\left\{Na^+\right\}^2}{N_{Na}^2\left\{Ca^{2+}\right\}} \qquad [42]$$

mit

$$N_{Ca} = \frac{q_{Ca}}{q_{Ca}+q_{Na}} \qquad [43]$$

und

$$N_{Na} = \frac{q_{Na}}{q_{Ca}+q_{Na}} \qquad [44]$$

Im Gegensatz dazu beruht der GAINES-THOMAS-Selektivitätskoeffizient K_{GT} auf der Annahme, dass die Aktivität der adsorbierten Kationen den Ladungs-Äquivalentfraktionen E_i am Austauscher entspricht. Für den binären Ca-Na-Austausch ist K_{GT} somit

$$K_{GT} = \frac{E_{Ca}\left\{Na^+\right\}^2}{E_{Na}^2\left\{Ca^{2+}\right\}} \qquad [45]$$

mit

$$E_{Ca} = \frac{2q_{Ca}}{2q_{Ca}+q_{Na}} \qquad [46]$$

und

$$E_{Na} = \frac{q_{Na}}{2q_{Ca}+q_{Na}} \qquad [47]$$

Einsetzen der beiden Äquivalentfraktionen in die Gleichung [45] und Umformen ergibt

$$K_{GT} = 2\left(2q_{Ca}+q_{Na}\right)\frac{q_{Ca}\left\{Na^+\right\}^2}{q_{Na}^2\left\{Ca^{2+}\right\}} = 2\,KAK\,\frac{q_{Ca}\left\{Na^+\right\}^2}{q_{Na}^2\left\{Ca^{2+}\right\}} \qquad [48]$$

Anstelle von K_{GT} kann in einem binären Ca-Na-System auch ein modifizierter GAINES-THOMAS-Selektivitätskoeffizient $K_{GT}^* = K_{GT}/2\,KAK$ verwendet werden. Damit ergibt sich eine einfache Beziehung zwischen den gelösten Aktivitäten und den am Aus-

tauscher adsorbierten Konzentrationen von Ca^{2+} und Na^+

$$K_{GT}^* = \frac{q_{Ca}\left\{Na^+\right\}^2}{q_{Na}^2\left\{Ca^{2+}\right\}} \qquad [49]$$

Der GAPON-Selektivitätskoeffizient K_G geht von adsorbierten und gelösten Konzentrationen und einer anderen Formulierung der Austauschreaktion (vgl. Gl. [39]) aus, z. B. für den heterovalenten Ca-Na-Austausch nach

$$XNa + 1/2\,Ca^{2+} \;\rightleftharpoons\; XCa_{1/2} + Na^+ \qquad [50]$$

Für diese Reaktion ist K_G gegeben als

$$K_G = \frac{\left[XCa_{1/2}\right]\left[Na^+\right]}{\left[XNa\right]\left[Ca^{2+}\right]^{1/2}} \qquad [51]$$

wobei die eckigen Klammern die Konzentrationen gelöster Kationen (in $mmol\,l^{-1}$) und adsorbierter Kationen (in $mmol_c\,kg^{-1}$) darstellen. Die GAPON-Gleichung erlangte große praktische Bedeutung in der Vorhersage der Na^+-Sättigung von Böden in Abhängigkeit der Konzentrationen von Na^+, Ca^{2+} und Mg^{2+} im Bewässerungswasser. Da Ca^{2+} und Mg^{2+} ein ähnliches Austauschverhalten haben, kann aus der Reaktion

$$X\left(Ca+Mg\right)_{1/2} + Na^+ \;\rightleftharpoons\; XNa + 1/2\left(Ca^{2+}+Mg^{2+}\right) \qquad [52]$$

der Gapon-Selektivitätskoeffizient für den Austausch zwischen Na^+ und den zweiwertigen Kationen Ca^{2+} und Mg^{2+} abgeleitet werden

$$K_G = \frac{\left[XNa\right]\left[Ca^{2+}+Mg^{2+}\right]^{1/2}}{\left[X\left(Ca+Mg\right)_{1/2}\right]\left[Na^+\right]} = \frac{ESR}{SAR} \qquad [53]$$

mit

$$ESR = \frac{\left[XNa\right]}{\left[X\left(Ca+Mg\right)_{1/2}\right]} \approx \frac{\left[XNa\right]}{KAK - \left[XNa\right]} \qquad [54]$$

und

$$SAR = \frac{\left[Na^+\right]}{\left[Ca^{2+}+Mg^{2+}\right]^{1/2}} \qquad [55]$$

ESR (*exchangeable sodium ratio*) drückt das Verhältnis zwischen Na^+ und den zweiwertigen Kationen Ca^{2+} und Mg^{2+} am Austauscher aus, während SAR (*sodium adsorption ratio*) den Na^+-Gehalt des Wassers relativ zu gelöstem Ca^{2+} und Mg^{2+} angibt.

In der Bewässerungslandwirtschaft wird *SAR* als Maß für die Wasserqualität interpretiert, aus der das Risiko einer Bodendegradation durch eine zu hohe Na^+-Sättigung (*ESP, exchangeable sodium percentage*) abgeschätzt werden kann. Dabei wird ein *ESP* von 15% als kritische Obergrenze angesehen. *ESR* kann durch folgende Gleichung in *ESP* umgerechnet werden

$$ESP = \frac{ESR}{(1 + ESR)} \cdot 100 \qquad [56]$$

5.5.6.3 Modellierung der Diffusen Doppelschicht

Die Ladung einer Oberfläche im Kontakt mit einer wässrigen Lösung wird stets durch die Anlagerung von Ionen entgegengesetzter Ladung neutralisiert, d. h. eine negativ geladene Oberfläche durch Kationen und eine positiv geladene Oberfläche durch Anionen. Die Sorbenten werden auf Grund ihrer Oberflächenladung also von einer Schicht umgeben, in der die Ionenzusammensetzung anders als in der umgebenden freien Lösung ist. Die räumliche Trennung der Ionen von der Ladung der Sorbenten in Form einer elektrischen Doppelschicht erzeugt ein elektrisches Feld, das durch ein elektrisches Potenzial beschrieben werden kann. Dieses nimmt mit zunehmender Entfernung von der geladenen Oberfläche ab. Höhe und Verlauf des Potenzials hängen von der Höhe der Ladung der Oberfläche, der Wertigkeit der sorbierten Ionen und der Elektrolytkonzentration der umgebenden Lösung ab. Das Potenzial beeinflusst die kolloidalen Eigenschaften der Bodenpartikel, insbesondere ihre Wechselwirkung mit anderen Partikeln (z. B. Abstoßung und Anziehung) und damit die Prozesse der Aggregation und Dispersion (Kap. 6.2.1 und 6.2.2).

Für die Struktur dieser elektrischen Doppelschicht existieren unterschiedliche Modelle, welche die Verteilung der sorbierten Ionen an der Oberfläche des Sorbenten und die Beziehung zwischen Oberflächenladung und -potenzial beschreiben. Auf Grund der berücksichtigten Bindungskräfte zwischen Sorbat und Sorbent können diese Modelle zwei Gruppen zugeordnet werden. Die Modelle der ersten Gruppe berücksichtigen ausschließlich elektrostatische Wechselwirkungen und bauen auf dem Modell der diffusen Doppelschicht nach GOUY-CHAPMAN auf. Die Modelle der zweiten Gruppe berücksichtigen dagegen zusätzlich zur diffusen Schicht auch die Ausbildung von Oberflächenkomplexen. Sie werden als **Oberflächenkomplexierungsmodelle** bezeichnet.

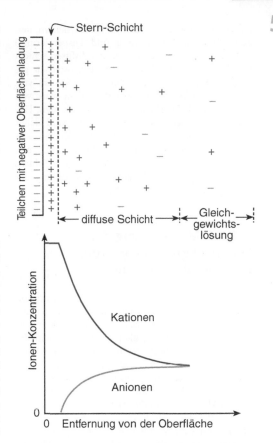

Abb. 5.5-9 Ionenverteilung (oben) und Konzentrationsverlauf (unten) in der elektrischen Doppelschicht eines Kationenaustauschers nach dem Modell von GOUY und STERN.

Das Modell der diffusen Doppelschicht ist gut anwendbar auf die Sorption an den basalen Flächen der Schichtsilicate. An diesen permanent negativ geladenen Flächen reichern sich die austauschbar gebundenen Kationen in Form eines diffusen Kationenschwarms an. Im Ionenschwarm nimmt die Konzentration der Kationen mit der Entfernung von der Oberfläche in Form einer BOLTZMANN-Verteilung ab, die der Anionen dagegen zu. Dort, wo die Summe der Anionen- und Kationenladungen in der Lösung gleich Null ist, beginnt die freie Gleichgewichtslösung.

Eine Verfeinerung dieses Doppelschichtmodells unterteilt den Ionenschwarm in eine innere, nah an der Oberfläche liegende, dicht besetzte Schicht (sog. STERN-Schicht) und eine äußere diffuse Schicht, von der im Wesentlichen das physikalische Ver-

5

halten der Austauscherteilchen (z. B. Quellung und Schrumpfung, Aggregierung und Dispergierung) abhängt. Während die Ionen in der diffusen Schicht voll hydratisiert sind und rein elektrostatisch gebunden werden, sind die der STERN-Schicht vermutlich zum Teil dehydratisiert, weil sie stark von der Ladung des Sorbenten angezogen werden. Höherwertige Ionen wie Ca^{2+} und Al^{3+} sind daher bevorzugt in der STERN-Schicht gebunden, Na^+ hält sich dagegen bevorzugt in der diffusen Schicht auf. Der Anteil an Kationen in der diffusen Schicht steigt somit mit zunehmender Na^+-Sättigung der Kationenaustauscheroberflächen.

5.5.6.4 Modellierung der Oberflächenkomplexierung an Mineraloberflächen

Zur umfassenden Beschreibung der Adsorption von Anionen und Kationen an Oxidoberflächen und Kanten von Tonmineralen, inklusive ihrer pH- und Ionenstärkeabhängigkeit, wurden verschiedene Oberflächenkomplexierungsmodelle entwickelt (DAVIS & KENT, 1990, GOLDBERG, 1992). Einige wichtige Vertreter sind: *Constant Capacitance Model* (CCM), *Basic Stern Model* (BSM), *Triple Layer Model* (TLM), *Stern Variable Surface Charge–Variable Surface Potential* (Stern VSC-VSP) Model, *One-pK Model* und *Charge-Distribution Multi-Site Surface Complexation Model* (CD-MUSIC). Alle Modelle der Oberflächenkomplexierung beruhen auf folgenden Prinzipien: (1) Es gibt eine bestimmte Anzahl an Sorptionsplätzen ($\equiv$SOH) pro Oberflächeneinheit (*site density* in m^{-2}), (2) die Adsorption von Protonen und anderen Ionen und Molekülen findet nach definierter Stöchiometrie an diesen Sorptionsplätzen statt, was in den Modellen durch Reaktionsgleichungen ausgedrückt wird, (3) die Veränderung der Oberflächenladung und damit des elektrischen Potenzials an der Oberfläche durch die Adsorption von Protonen, Metallkationen oder Anionen werden berücksichtigt und (4) der Einfluss der Oberflächenladung auf die Adsorption von Ionen (elektrostatische Effekte) werden ebenfalls berücksichtigt. Die verschiedenen Modelle unterscheiden sich vor allem in der Formulierung der Protonierungsreaktionen (1-pK oder 2-pK-Ansatz) und in der Modellierung der elektrischen Doppelschicht. Beispielsweise berücksichtigt das BSM nur eine STERN-Schicht und eine diffuse Schicht, während im TLM die Ladungen drei Schichten zugeordnet werden können und dadurch innersphärische und

außersphärische Komplexe unterschieden werden. Am differenziertesten ist das CD-MUSIC Modell (HIEMSTRA & VAN RIEMSDIJK, 1996), welches neben der Ladungsverteilung auch unterschiedliche reaktive Gruppen und damit die chemische Heterogenität von Mineraloberflächen berücksichtigt.

5.5.6.5 Modellierung der Kationenbindung an organischen Substanzen

Die Modellierung der Kationenbindung an die organische Substanz im Boden ist besonders schwierig, weil die organische Substanz chemisch sehr heterogen ist und eine große Zahl verschiedener funktioneller Gruppen unterschiedlicher Affinität für Protonen und Metallkationen aufweist. Zudem variiert die Zusammensetzung der organischen Substanz in Abhängigkeit von Vegetation, Humifizierungsgrad und anderen Faktoren. Zur umfassenden Beschreibung der Protonen- und Metallbindung an Huminstoffen, einschließlich der Kompetition sowie der pH- und Ionenstärkeabhängigkeit, wurden in den letzten Jahren verschiedene Modellansätze entwickelt und weiter verfeinert. Die wichtigsten Vertreter sind das *NICA-Donnan-Model* (NICA = *Non-Ideal Competitive Adsorption*) und *Model VI* (TIPPING, 2002).

Im *NICA-Donnan-Model* wird die Bindung von Protonen und Metallkationen durch die *NICA-Gleichung* beschrieben, welche aus kompetitiven LANGMUIR-Gleichungen und kontinuierlichen Affinitätsverteilungen abgeleitet werden kann. Dabei werden zwei Typen von funktionellen Gruppen mit niedrigen und hohen pK_s-Werten berücksichtigt, die konzeptionell von einigen Forschern als Carboxyl- und phenolische OH-Gruppen interpretiert werden. Elektrostatische Effekte als Funktion der Ionenstärke werden mit dem DONNAN-Modell berücksichtigt, welches die Huminstoffe als DONNAN-Gel mit negativer Ladung und ionenstärkeabhängigem Volumen beschreibt.

Model VI geht dagegen von diskreten Affinitätsverteilungen aus. Die Protonen- und Metallbindung wird jeweils durch zwei Gruppen von je vier logK-Werten beschrieben, die gleichmäßig um einen Mittelwert verteilt sind. Dadurch wird die Anzahl der zu optimierenden Modellparameter genügend klein gehalten. Elektrostatische Effekte werden im *Model VI* durch einen BOLTZMANN-Faktor berücksichtigt, der von der Ladung der Kationen und der Ionenstärke abhängt.

Beide Modelle sind in der Lage, die Bindung von Protonen und Metallkationen an Humin- und Fulvosäuren sowie anderen natürlichen organischen

Substanzen über große Konzentrationsbereiche zu beschreiben. Für beide Modelle existieren umfangreiche Parametersätze, welche für bodenchemische Modellierungen eingesetzt werden können.

5.6 Bodenreaktion und pH-Pufferung

Der pH-Wert[9] eines Bodens (= Bodenreaktion) spiegelt dessen Entstehung und die daraus resultierenden chemischen Eigenschaften wider. Er erlaubt Aussagen über das Verhalten von Nähr- und Schadstoffen und über die Eignung des Bodens als Pflanzenstandort, Lebensraum für Bodenorganismen und Filter für Schadstoffe. Der pH-Wert gilt deshalb (neben Farbe, Textur und Gehalt an organischer Substanz) als die **wichtigste** und aussagekräftigste **Bodenkenngröße**, die sich mit einfachen Mitteln im Feld oder im Labor bestimmen lässt.

Die Versauerung von Böden im Laufe der Pedogenese unter humiden Klimabedingungen ist ein natürlicher Prozess, weil (1) pro Zeiteinheit mehr Protonen durch Niederschläge oder bodeninterne Prozesse eingetragen bzw. freigesetzt werden als die Böden neutralisieren können und (2) die löslichen Produkte aller chemischen Reaktionen, bei denen Protonen verbraucht werden, mit dem Sickerwasser ausgewaschen und dem Boden dadurch verloren gehen. Dadurch werden die **Puffersysteme** der Böden zunehmend (und größtenteils irreversibel) erschöpft, d. h. die Säureneutralisationskapazität (SNK) des Bodens nimmt ab. Der Boden entwickelt eine zunehmende **Bodenacidität**, deren Neutralisation wiederum die Zufuhr von Basen (z. B. Kalk) erfordern würde, d. h. seine Basenneutralisationskapazität (BNK) nimmt gleichzeitig zu. Unter ariden Klimabedingungen werden hingegen die basischen Verwitterungsprodukte nicht ausgewaschen, so dass es dort zu einer **Alkalisierung** von Böden kommen kann (z. B. bei Na_2CO_3-Anreicherung). Im Folgenden werden die Ursachen und Eigenschaften der Bodenacidität und -alkalinität erläutert.

---

[9] Der pH-Wert einer wässrigen Lösung ist definiert als der negative Logarithmus der H^+-Aktivität, pH = -log{H^+}. Der **Boden-pH-Wert** ist der pH-Wert, der sich in einer wässrigen Lösung einstellt, welche mit dem Boden ins Gleichgewicht gebracht wurde. Dazu werden 10 g Boden mit 25 mL einer 0,01 M $CaCl_2$ Lösung versetzt, die Suspension für mindestens 30 Minuten geschüttelt und anschließend der pH-Wert mit einer Elektrode gemessen.

5.6.1 Bodenreaktion

Die pH-Werte der meisten natürlichen Böden liegen im Bereich zwischen pH 3 und 10. Tabelle 5.6-1 zeigt eine gängige Einstufung von Böden nach ihrem pH-Wert.

5.6.1.1 Alkalische Böden

Böden, welche Ca-Carbonate (z. B. Calcit), aber keine Na-Carbonate enthalten, haben einen neutralen bis schwach alkalischen pH-Wert (pH 7,0 bis 8,2). Dazu gehören beispielsweise Rendzinen aus Kalkgesteinen. Zu einer stärkeren Alkalisierung von Böden kommt es nur dann, wenn Basen nicht ausgewaschen, sondern im Boden angereichert werden. Stark alkalische Böden kommen deshalb vor allem in ariden Klimagebieten vor, oft zusammen mit hohen Salzgehalten. Die hohen pH-Werte kommen durch eine Anreicherung von $NaHCO_3$ und Na_2CO_3 in Kombination mit einer hohen Na^+-Sättigung der Kationenaustauscher zustande. Wenn Na-Carbonate und Tonminerale mit hoher Na-Sättigung (XNa) mit Wasser in Kontakt kommen, werden OH^- Ionen freigesetzt nach

$$Na_2CO_3 + H_2O \rightleftharpoons HCO_3^- + 2Na^+ + OH^- \qquad [57]$$

$$NaHCO_3 \rightleftharpoons Na^+ + CO_2(g) + OH^- \qquad [58]$$

$$X\text{Na} + H_2O \rightleftharpoons X\text{H} + Na^+ + OH^- \qquad [59]$$

Die pH-Werte von Böden mit Na-Carbonaten liegen im stark bis sehr stark alkalischen Bereich. Böden mit hoher Na^+-Sättigung, aber ohne Na-Carbonatbildung liegen eher im schwach bis mäßig alkalischen Bereich. Hohe Gehalte an Neutralsalzen (z. B. NaCl, $MgCl_2$) führen zu etwas tieferen pH-Werten, weil die Hydrolysereaktion durch Na-gesättigte Tonminerale (Gl. [59]) unterdrückt wird. Ebenso führen hohe CO_2-Partialdrücke in der Bodenluft durch Kohlensäurebildung in der Bodenlösung zu tieferen pH-Werten (Gl. [58]).

5.6.1.2 Saure Böden

Saure Böden sind in humiden Klimagebieten sehr weit verbreitet. Sobald die gesteinsbürtigen Carbonate aufgelöst und ausgewaschen wurden, beginnen die Böden zu versauern. Intensiv ackerbaulich genutzte Böden (z. B. Braunerden, Parabraunerden) liegen im schwach sauren Bereich, sofern sie regel-

5

Tab. 5.6-1 Einstufung der Böden nach ihrem pH-Wert (in 0,01 M CaCl$_2$) und einige Beispiele für das Vorkommen in natürlichen Böden.

pH-Wert (CaCl$_2$)	Einstufung	Vorkommen
< 3,0	extrem sauer	Sulfatsaure Böden
3,0…3,9	sehr stark sauer	Podsole, Hochmoore, saure (Para-)Braunerden
4,0…4,9	stark sauer	mittelbasische (Para-)Braunerden
5,0…5,9	mäßig sauer	basenreiche (Para-)Braunerden
6,0…6,9	schwach sauer	Gypsic Solonchake, Gypsisole
7,0	neutral	
7,1…8,0	schwach alkalisch	(Para-)Rendzinen
8,1…9,0	mäßig alkalisch	Solonchake, Solonetze
9,1…10,0	stark alkalisch	Solonchake, Solonetze
10,1…11,0	sehr stark alkalisch	Solonchake mit Soda
> 11,0	extrem alkalisch	Solonchake mit Soda

mäßig gekalkt werden. Auch carbonatfreie Gleye und Auenböden, welche regelmäßig mit hydrogencarbonathaltigem (HCO$_3^-$) Wasser in Kontakt kommen, haben schwach saure pH-Werte. Der pH-Wert solcher Böden wird von der Basensättigung der schwach sauren Gruppen variabler Ladung bestimmt. Er liegt daher meistens höher (pH 6,4 bis 6,9), als es dem pH-Wert von reinem Wasser im Gleichgewicht mit CO$_2$ in der Bodenluft entsprechen würde (pH 5,6). In Wüsten zeigen carbonatfreie Gypsisole eine schwach saure Reaktion.

Stark sauer sind die Mineralbodenhorizonte vieler Waldböden Mitteleuropas (z. B. saure Braunerden, Parabraunerden, Pseudogleye, Podsole) sowie auch stark verwitterte Böden der Tropen und Subtropen (z. B. Ferralsole, Acrisole). Sehr stark sauer sind die Rohhumusauflagen vieler Böden unter Nadelwald (z. B. Podsole) oder auch die Torfhorizonte der ombrogenen Hochmoore. Extrem stark saure pH-Werte werden vor allem in organischen Auflagehorizonten von Waldböden und in sulfatsauren Böden (*acid sulfate soils*) gemessen, in denen durch oxidative Verwitterung von Sulfiden H$_2$SO$_4$ gebildet wurde.

5.6.1.3 Bodenversauerung und Kationenbelag

Die Sättigung der Austauscheroberflächen in Böden verändert sich während der Bodenversauerung grundlegend. In schwach sauren bis leicht alkalischen Böden humider Klimagebiete ist Ca^{2+} fast immer das am stärksten vertretene austauschbare Kation (> 80 %). Der Anteil von Mg^{2+} an der KAK$_{eff}$ ist deutlich geringer (5 bis 15 %), gefolgt von K$^+$ (2 bis 5 %) und Na$^+$ (< 2 %). Eine höhere Mg-Sättigung kommt in jungen Böden aus ultrabasischen oder basischen Gesteinen vor, weil hier sehr viel Mg durch Verwitterung von Mg-Silicaten freigesetzt wird. Deutlich höhere Na$^+$-Anteile finden sich in küstennahen Marschen, in streusalzbeeinflussten Böden und in Böden arider Gebiete. Einige Beispiele sind in Tabelle 5.5-2 zusammengestellt.

Mit zunehmender Bodenversauerung steigt der Anteil an Al^{3+} an der KAK$_{eff}$; insbesondere unterhalb von pH 4,5 nimmt die Al-Sättigung sehr stark zu. Entsprechend nimmt die Basensättigung des Bodens ab. In stark sauren Mineralbodenhorizonten kann auf diese Weise die Al-Sättigung auf über 90 % der KAK$_{eff}$ ansteigen, so dass dann nur noch geringe Mengen an austauschbaren Base-Kationen vorhanden sind. Da die Elemente Ca, Mg und K essenzielle Nährstoffe für Pflanzen sind, nimmt die Versorgung der Pflanzen mit diesen Nährstoffen mit zunehmender Bodenversauerung ab. Gleichzeitig kann eine hohe Al-Konzentration in der Bodenlösung, welche im Gleichgewicht mit dem austauschbaren Al^{3+} steht, bei empfindlichen Pflanzenarten zu Al-Toxität und dadurch zu einem stark gehemmten Wurzelwachstum führen. Sekundäre Folgen eines gehemmten Wurzelwachstums können Phosphatmangel und erhöhte Anfälligkeit für Trockenstress sein.

Die geschilderten Zusammenhänge sind in Abbildung 5.6-1 schematisch zusammengefasst. In neut-

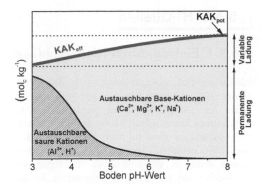

Abb. 5.6-1 Potentielle und effektive Kationenaustausch-kapazität (KAK$_{pot}$ und KAK$_{eff}$), austauschbare Base-Kationen und austauschbare saure Kationen in Abhängigkeit vom Boden pH-Wert (schematisch). Mit abnehmendem Boden pH-Wert sinkt die KAK$_{eff}$, da die negative variable Ladung an Mineraloberflächen und Huminstoffen abnimmt. Die Anteile an austauschbaren sauren Kationen steigen, und die Basensättigung sinkt mit abnehmendem Boden pH-Wert.

ralen bis schwach alkalischen Böden (pH 7...8) ist die gesamte KAK$_{eff}$ durch Ca^{2+}, Mg^{2+}, K$^+$ und Na$^+$ gesättigt. Die KAK$_{pot}$ entspricht hier (per Definition) der KAK$_{eff}$. Nimmt der pH-Wert ab, so werden zunächst Alkali- und Erdalkali-Ionen an den variablen Ladungen gegen undissoziiertes H$^+$ ausgetauscht und die KAK$_{eff}$ sinkt entsprechend ab. Die Basensättigung (BS$_{eff}$) beträgt aber immer noch nahezu 100 %. Ab pH ~ 4,5 beteiligt sich zunehmend Al^{3+} am Ionenbelag, wiederum auf Kosten von Alkali- und Erdalkali-Ionen. Im sauren bis stark sauren Bereich (je nach Säurestärke der funktionellen Gruppen) erreicht die KAK$_{eff}$ ihr Minimum und beruht dann zunehmend auf permanenter Ladung. In sehr sauren organischen Auflagehorizonten dominieren austauschbare H$^+$-Ionen, die vermutlich von Huminstoffen stammen. Dagegen tritt austauschbares H$^+$ in sauren Mineralböden kaum auf, weil es relativ schnell mit den Tonmineralen unter Freisetzung von Al^{3+}-Ionen reagiert.

5.6.2 Bodenacidität und Basen-neutralisationskapazität (BNK)

Aus dem Boden pH-Wert lässt sich zwar ablesen, ob ein Boden sauer oder alkalisch ist, aber es lässt sich daraus keine quantitative Aussage über die Bo-denacidität ableiten. Die Bodenacidität entspricht der Menge an Basen, die einem sauren Boden zugeführt werden müsste, um seinen pH-Wert in den neutralen Bereich anzuheben. Sie ist also ein Maß für die pH-**Pufferung** eines Bodens bei Zugabe von Basen. Sie entspricht der **Basenneutralisationskapazität** (BNK) eines Bodens, nach dem auch der Kalkbedarf landwirtschaftlich genutzter Böden ermittelt werden kann (siehe Kap. 5.6.5).

Die **totale Bodenacidität** umfasst die Gesamtheit an festen und gelösten Säuren in einem Boden, welche innerhalb einer kurzen Zeit Protonen freisetzen und somit Basen neutralisieren können. Der weitaus größte Teil der totalen Bodenacidität ist auf die sauren austauschbaren Kationen H$^+$ und Al^{3+} zurückzuführen und wird deshalb als **austauschbare Acidität** bezeichnet. Die austauschbare Acidität kann durch Titration eines 1 M KCl-Extraktes bestimmt werden. Die **aktuelle Acidität** (alle gelösten Säuren in der Bodenlösung, vor allem Kohlensäure, organische Säuren, HNO$_3$ und H$_2$SO$_4$) und die **Reserve-Acidität** (alle mit 1 M KCl nicht-austauschbaren, festen Säuren) machen nur einen kleinen Teil der totalen Acidität aus. In Mineralböden ist der größte Teil der austauschbaren Acidität auf Al^{3+}-Ionen zurückzuführen, das in wässriger Lösung stets mit sechs Wassermolekülen koordiniert ist (Hexaquokomplex, Al(H$_2$O)$_6^{3+}$) und durch mehrere Hydrolysereaktionen Protonen freisetzen kann

$$Al(H_2O)_6^{3+} \rightleftharpoons Al(OH)(H_2O)_5^{2+} + H^+$$
$$\log K = -4,97 \qquad\qquad\qquad [60]$$

$$Al(OH)(H_2O)_5^{2+} \rightleftharpoons Al(OH)_2(H_2O)_4^+ + H^+$$
$$\log K = -4,93 \qquad\qquad\qquad [61]$$

$$Al(OH)_2(H_2O)_4^+ \rightleftharpoons Al(OH)_3(H_2O)_3^0 + H^+$$
$$\log K = -5,70 \qquad\qquad\qquad [62]$$

Eine saure, Al^{3+}-haltige Lösung ist durch diese Reaktionen gepuffert. Bei der Titration einer solchen Lösung bis pH 7 werden durch jedes Al^{3+}-Kation drei Protonen freigesetzt, bei höheren Al-Konzentrationen unter Ausfällung von amorphem bis schwach kristallinem Al(OH)$_3$(*am*). Entsprechend muss auch bei der Kalkung saurer Böden das gesamte austauschbare Al^{3+} neutralisiert werden.

Die restliche austauschbare Acidität ist vor allem auf austauschbares H$^+$ zurückzuführen, in manchen Fällen auch auf geringere Mengen an austauschbarem Mn^{2+} und Fe^{2+}/Fe^{3+}, die (nach vorangehender

5

Oxidation von Mn^{2+} und Fe^{2+}) ebenfalls durch Hydrolyse Protonen freisetzen können. Austauschbare Fe^{2+}/Fe^{3+} und Mn^{2+}-Ionen spielen jedoch nur unter stark sauren oder reduzierenden Bedingungen eine Rolle. Austauschbare Protonen sind vor allem an die organische Substanz, überwiegend an Huminstoffe, gebunden. In organischen Auflagehorizonten und Torfen dominieren H^+-Ionen die austauschbare Acidität, weil hier nur wenig austauschbares Al^{3+} vorhanden ist.

Die aktuelle Acidität umfasst alle in der Bodenlösung gelösten Säuren. In vielen Böden dominiert die gelöste Kohlensäure (H_2CO_3), deren Konzentration stark vom CO_2-Partialdruck in der Bodenluft abhängt und damit von der biologischen Aktivität und Durchlüftung des Bodens. Daneben enthalten Bodenlösungen aber auch organische Säuren, die zum größten Teil schwache Säuren sind und pK_s-Werte zwischen 2 und 6 aufweisen (z. B. Oxalsäure: $pK_1 = 1{,}25$, $pK_2 = 4{,}27$; Äpfelsäure: $pK_1 = 3{,}46$, $pK_2 = 5{,}10$; Zitronensäure: $pK_1 = 3{,}11$, $pK_2 = 4{,}78$, $pK_3 = 6{,}40$). Starke Säuren in Bodenlösungen sind vor allem HNO_3 und H_2SO_4, die im pH-Bereich von Böden vollständig dissoziiert vorliegen und somit nicht als Puffer wirken.

Die Reserve-Acidität umfasst alle „festen Säuren", d. h. alle Feststoffe, welche bei einer pH-Erhöhung Protonen abgeben können und somit zur BNK beitragen. Dazu gehören zum Beispiel die Oberflächen von Oxiden und Kanten von Tonmineralen, deren Oberflächen Hydroxygruppen besitzen, die Protonen aufnehmen bzw. abgeben können. Dazu gehören auch die festen organischen Substanzen im Boden, welche eine große Zahl verschiedener funktioneller Säuregruppen besitzen. Für die pH-Pufferung von Böden spielen die Carboxylgruppen die größte Rolle, weil sie mengenmäßig stark dominieren und ihre pK_s-Werte im sauren pH-Bereich liegen ($pK_s = 2...6$). In sehr stark versauerten Böden können außerdem mineralische Fe- und Al-Verbindungen vorliegen, bei denen die OH-Gruppen der Oxide und Hydroxide durch $H_2PO_4^-$ oder SO_4^{2-}-Ionen substituiert worden sind. Diese Verbindungen verbrauchen dann bei einer Kalkung der Böden unter Rückbildung in Fe- und Al-Oxide und Hydroxide ebenfalls OH^- Ionen und sind damit für die BNK und pH-Pufferung der Böden von großer Bedeutung (Kap. 9.7.7). Wenn saure Böden aufgekalkt werden, geben Oxidoberflächen, Kanten von Tonmineralen und organische Substanzen Protonen ab, welche neutralisiert werden müssen. Dabei steigt die negative Oberflächenladung des Bodens und seine KAK_{eff} nimmt zu, bis bei pH ~ 7,5 die KAK_{pot} erreicht ist.

5.6.3 H$^+$-Quellen

5.6.3.1 Eintrag durch Niederschläge

Wasser im Gleichgewicht mit CO_2 in der Atmosphäre ($P_{CO_2} = 0{,}00038$) hat einen pH-Wert von ungefähr 5,6. Die pH-Werte von Niederschlägen in Mitteleuropa liegen jedoch häufig deutlich darunter (pH < 5), was vor allem auf starke Säuren wie H_2SO_4 und HNO_3 zurückzuführen ist. Diese anorganischen Säuren stammen vorwiegend aus anthropogenen Emissionen, die z. B. bei der Verbrennung fossiler Energieträger entstehen. Die Emission von Stickoxiden (NO_x) und Schwefeldioxid (SO_2, durch Industrie, Verkehr, Energiegewinnung) führt (durch Reaktionen mit O_3 oder $\cdot OH$-Radikalen in der Atmosphäre) zur Bildung von HNO_3 und H_2SO_4. Die pH-Werte des Niederschlages liegen dadurch in einigen Regionen bei pH 4 oder tiefer („saurer Regen"). Durch den verstärkten Einbau von Filtern und die Verwendung schwefelarmer Kohle ist die Bedeutung der Schwefelsäureemissionen in den letzten Jahrzehnten in Mitteleuropa stark gesunken; in anderen Teilen der Welt ist sie jedoch nach wie vor hoch (z. B. China). Die Salpetersäurekonzentrationen im Niederschlag sind auch in Mitteleuropa noch beträchtlich.

Zusätzlich können Ammoniakemissionen aus der Tierhaltung (z. B. aus Gülle) zu deutlich erhöhten Einträgen von NH_4^+ in umliegende Böden führen. Da bei der Nitrifikation von NH_4^+ zu NO_3^- Protonen freigesetzt werden (Kap. 5.6.3.5), trägt auch dieser Prozess in manchen Regionen mit hoher Dichte an Tierbeständen erheblich zur Bodenversauerung bei.

In Deutschland beträgt die H^+-Zufuhr durch Niederschläge je nach Lage und Vegetationsform zwischen <1 bis über $5\,kmol\,ha^{-1}a^{-1}$, wovon etwa 75% auf N-Einträge ($NH_4 + NO_3$) zurückgeführt werden. Besonders hoch sind die Einträge unter Nadelwald, da die immergrünen Nadelbäume die Säuren aus der Luft besonders wirksam herausfiltrieren (Interzeption). Die Protonen von H_2SO_4 und HNO_3 reagieren mit den Festphasen des Bodens und setzen dabei Metallkationen frei, die zusammen mit SO_4^{2-} und NO_3^- ausgewaschen werden.

5.6.3.2 Bildung von Kohlensäure durch Bodenatmung

Durch die aerobe Atmung von Organismen im Boden (Mikroorganismen, Bodenfauna, Wurzeln) werden große Mengen an CO_2 gebildet (ca. $10\,kmol\,ha^{-1}a^{-1}$). Da der Gasaustausch zwischen der Bodenluft

5

und der Atmosphäre mehr oder weniger stark verzögert ist, kann der relative CO_2-Partialdruck im Boden gegenüber der Atmosphäre um mehrere Größenordnungen erhöht sein (bis auf $P_{CO_2} = 0,1$). Gemäß dem HENRY-Gesetz (Kap. 5.2) ist dann auch die Konzentration an $H_2CO_3^*$ im Bodenwasser stark erhöht[10].

5.6.3.3 Abgabe von organischen Säuren

Pflanzenwurzeln und Mikroorganismen scheiden organische Säuren aus, zum Teil als spezifische Anpassung an Nährstoffmangelsituationen. Sie sind dadurch in der Lage, verstärkt Nährstoffe im Boden zu mobilisieren. Zum Beispiel geben weiße Lupinen (*Lupinus albus* L.) und einige andere Pflanzenarten bei Phosphatmangel große Mengen an Citronensäure an die Rhizosphäre ab. Auch ein Mangel an Eisen oder anderen Spurennährstoffen kann bei vielen Pflanzenarten eine erhöhte Abgabe organischer Säuren induzieren. Beispiele für organische Säuren, die in der Bodenlösung und insbesondere in der Rhizosphäre von Pflanzen gefunden werden, sind Citronensäure, Äpfelsäure, Fumarsäure, Bernsteinsäure und Oxalsäure.

5.6.3.4 Abgabe von H⁺ durch Pflanzenwurzeln

Pflanzen nehmen alle essenziellen Nährelemente aus dem Boden auf. Bei den meisten Pflanzen steigt der Bedarf an Makronährelementen in der Reihenfolge $S < P < Mg < Ca < K \ll N$. Die Summe der aufgenommenen Kationen K^+, Mg^{2+} und Ca^{2+} ist also deutlich größer als die Summe der aufgenommenen Anionen HPO_4^{2-} bzw. $H_2PO_4^-$ und SO_4^{2-}. Stickstoff kann sowohl als NH_4^+ als auch als NO_3^- aufgenommen werden, also in kationischer oder anionischer Form. Wenn der mineralische Stickstoff im Boden vor allem als NH_4^+ vorliegt, muss eine Pflanze zwangsläufig wesentlich mehr Kationen als Anionen aufnehmen. Um ihre Elektroneutralität zu bewahren, muss sie zum Ladungsausgleich entsprechende Mengen an H^+ ausscheiden. Dadurch wird die Rhizosphäre gegenüber dem Restboden angesäuert, d. h. der pH-Wert der Rhizosphäre wird abgesenkt. Bei einer N-Versorgung der Pflanze durch NO_3^- ist

die Differenz zwischen Kationen- und Anionenaufnahme geringer, und die Pflanze muss deutlich weniger Protonen ausscheiden. Wenn viel NO_3^- aufgenommen wird, kann es sogar zu einem Anstieg des pH-Wertes in der Rhizosphäre kommen, da die Pflanzen zum Ladungsausgleich OH^-, HCO_3^-, oder organische Anionen ausscheiden.

In der Pflanze wird der Überschuss an aufgenommenen Kationen durch die Bildung von Salzen schwacher organischer Säuren kompensiert, welche in den Vakuolen eingelagert werden (R-COO^-M^+). Nach dem Absterben der Pflanzen gelangen diese Salze wieder in den Boden und neutralisieren dort Protonen nach

$$R\text{-}COO^-M^+ + H^+ \; \rightleftharpoons \; R\text{-}COOH + M^+ \qquad [63]$$

Damit wäre die H^+-Bilanz des Bodens wieder ausgeglichen. Allerdings findet die Kationenaufnahme im gesamten Wurzelbereich, die Neutralisation von Protonen durch die Streu aber nur im Streuhorizont bzw. im Oberboden statt. Die beiden Prozesse sind also räumlich entkoppelt, was erklärt, warum in vielen natürlichen stärker verwitterten Böden (z. B. Acrisole, Ferralsole) die pH-Werte und die Basensättigung im Oberboden höher als im Unterboden sind. Die Vegetation wirkt hier als „Basenpumpe". In land- und forstwirtschaftlich genutzten Böden ist dieser Kreislauf unterbrochen, weil ein großer Teil der gebildeten Biomasse als Erntegut abgeführt wird. Die Abgabe von Protonen durch Pflanzenwurzeln führt dann zu einem Netto-Säureeintrag und trägt damit zur Bodenversauerung bei.

5.6.3.5 Oxidation von NH₄⁺ zu NO₃⁻

Beim mikrobiellen Abbau organischer Substanzen im Boden wird organisch gebundener Stickstoff als NH_4^+ freigesetzt, ein Prozess, der als **N-Mineralisation** bezeichnet wird. Auch durch die N-Düngung (z. B. Gülle, NH_4^+-haltige Mineraldünger) und durch atmosphärische Einträge wird dem Boden NH_4^+ zugeführt. Unter aeroben Bedingungen wird NH_4^+ durch die aerob lebenden Bakterien *Nitrosomonas* und *Nitrobacter* in zwei Teilschritten zu NO_3^- oxidiert, ein Prozess, der **Nitrifikation** genannt wird (Kap. 9.6.1). Dabei werden pro NH_4^+ zwei H^+ freigesetzt, was aus den folgenden Reaktionsgleichungen ersichtlich ist

$$NH_4^+ + 2\,O_2 \;\rightarrow\; NO_3^- + 2\,H^+ + H_2O \qquad [64]$$

Der versauernde Effekt der Nitrifikation wird dadurch wieder abgeschwächt, dass die Pflanzen vermehrt NO_3^- und weniger NH_4^+ aufnehmen und folg-

---

[10] Da die gelöste Kohlensäure (H_2CO_3) analytisch nicht von gelöstem CO_2 ($CO_2 \cdot H_2O$) unterschieden werden kann, definiert man $H_2CO_3^*$ als die Summe von H_2CO_3 und $CO_2 \cdot H_2O$.

5

lich auch weniger H^+ an die Rhizosphäre abgeben. Trotzdem entsteht durch die Nitrifikation von NH_4^+ ein H^+-Überschuss und viele ammoniumhaltige Düngemittel wirken deshalb bodenversauernd. Die durch N-Eintrag verursachten H^+-Mengen belaufen sich in Mittel- und Westeuropa auf 1 bis 3 kmol ha^{-1}a, steigen jedoch in Gebieten mit starker Gülleproduktion bis auf 7 kmol ha^{-1}a^{-1} an.

5.6.3.6 Oxidation von löslichen Fe^{2+}- und Mn^{2+}-Ionen und von Fe-Sulfiden

Unter oxidativen Bedingungen können in Böden Redoxreaktionen ablaufen, die Protonen freisetzen, während unter reduktiven Bedingungen Protonen eher verbraucht werden (Kap. 5.7.1.1). Ein wichtiges Beispiel ist die Oxidation von Fe^{2+} zu Fe^{3+} in Anwesenheit von Sauerstoff und die daraus resultierende Ausfällung von Fe(III)-Hydroxiden:

$$Fe^{2+} + H^+ + 1/4\,O_2 \rightleftharpoons Fe^{3+} + 1/2\,H_2O \quad [65]$$

$$Fe^{3+} + 2H_2O \rightleftharpoons FeOOH(s) + 3H^+ \quad [66]$$

$$Fe^{2+} + 3/2\,H_2O + 1/4\,O_2 \rightleftharpoons FeOOH(s) + 2H^+ \quad [67]$$

Bei der Oxidation von Fe^{2+} zu Fe^{3+} wird zwar ein Proton verbraucht (Gl. [65]), aber Fe^{3+} wird im pH-Bereich von Böden (pH > 3) sofort hydrolysiert und fällt als schwer lösliches Fe(III)-Hydroxid (z. B. FeOOH) aus. Dabei werden durch jedes Fe^{3+} drei Protonen freigesetzt (Gl. [66]). Analog werden auch bei der Oxidation und Hydrolyse von Mn^{2+} zu MnO_2 zwei H^+ freigesetzt. Da bei der Umkehrreaktion, d. h. der Reduktion und Lösung von FeOOH und MnO_2 jedoch jeweils zwei H^+ verbraucht werden, steigt der pH-Wert unter reduktiven Bedingungen wieder bis in den neutralen Bereich an. Unter reduktiven Bedingungen können durch diese Reaktionen hohe Konzentrationen an gelösten Fe^{2+}-Ionen freigesetzt werden, wodurch Base-Kationen (Ca^{2+}, Mg^{2+}, K^+, Na^+) von den Kationenaustauscheroberflächen verdrängt und anschließend mit dem Sickerwasser ausgewaschen werden. Wenn der Boden dann wieder durchlüftet wird, kommt es wiederum zur Oxidation von Fe^{2+} und zur Freisetzung von Protonen. Dieser Prozess (Ferrolyse) trägt zur Versauerung periodisch anoxischer Böden bei (z. B. Pseudogleye, Stagnogleye). Im Zuge der Verwitterung von Fe(II)-Silicaten oxidiertes Fe^{2+} führt dagegen nicht zur Versauerung des Bodens, da das Silicat als Base wirkt und die Protonen aufnimmt (Kap. 5.6.4.4).

Marine oder küstennahe Sedimente enthalten häufig Eisensulfide, deren oxidative Verwitterung in Böden zu einer wichtigen Protonenquelle werden kann. Eisensulfide kommen als FeS_2 (Pyrit) und FeS vor. Unter aeroben Bedingungen können sowohl Fe^{2+} als auch sulfidischer Schwefel oxidiert werden, wiederum unter Bildung von Fe(III)-Hydroxiden und Schwefelsäure

$$FeS_2(s) + 15/4\,O_2 + 5/2\,H_2O \rightleftharpoons FeOOH(s) + 2SO_4^{2-} + 4H^+ \quad [68]$$

$$FeS(s) + 9/4\,O_2 + 3/2\,H_2O \rightleftharpoons FeOOH(s) + SO_4^{2-} + 2H^+ \quad [69]$$

Eisensulfidhaltige, carbonatarme Böden können durch Sulfidoxidation sehr stark versauern, wenn sie drainiert und somit gut durchlüftet werden. In tropischen Gebieten werden solche Böden (*acid sulfate soils*) häufig für den Nassreisanbau genutzt, weil nur durch Überflutung eine starke Versauerung und daraus resultierende Al-Toxizität verhindert werden können. Die Bildung von Schwefelsäure durch oxidative Pyritverwitterung spielt auch eine sehr wichtige Rolle in sulfidhaltigen Abraumhalden aus dem Bergbau, was dort zu stark sauren Sickerwässern (pH < 2, *acid mine drainage*) mit hohen Konzentrationen an Fe^{2+}, Mn^{2+}, SO_4^{2-} und toxischen Spurenmetallen führt, welche die Umwelt belasten können (Kap. 2.4.2.3).

5.6.4 pH-Pufferung, Bodenversauerung und Säureneutralisationskapazität (SNK)

Wie schnell ein Boden unter humiden Klimabedingungen versauert, hängt neben dem Protoneneintrag pro Zeiteinheit auch von seiner Fähigkeit ab, Säureeinträge abzupuffern. Die Pufferfähigkeit eines Bodens ergibt sich aus seiner **Säureneutralisationskapazität** (SNK), einer kapazitiven Größe, und den Reaktionsgeschwindigkeiten aller relevanten Puffersysteme als kinetische Größen. Als Puffersysteme bezeichnet man alle chemischen Reaktionen, bei denen freie Protonen in eine undissoziierte Form überführt werden. Ein Protoneneintrag führt immer zu einer Reduktion der SNK des Bodens, jedoch nicht zwangsläufig zu einer entsprechenden Senkung des pH-Wertes. Im Verlauf der Bodenentwicklung in humiden Klimazonen nimmt die SNK durch die ständige Zufuhr von H^+ allmählich ab. Für Mitteleuropa wurde aus zahlreichen Bodenprofilanalysen abgeschätzt, dass die SNK in der Nacheiszeit im Mittel um ca. 8000 kmol ha^{-1} abgenommen hat. Da in industrialisierten Ländern den Böden in den letzten 100 Jahren verstärkt H$^+$ über die Atmosphäre zugeführt wurden, ist ihre noch vorhandene SNK von großer Wichtigkeit für ihre Säurebelastbarkeit. Die Pufferung wird überwiegend durch feste Substanzen (Carbonate, Tonminerale, Oxide, organische Substanz) und nur in geringem Maße durch gelöste Substanzen bewirkt.

Schwach alkalische bis schwach saure Böden sind in der Lage, Säureeinträge rasch und vollständig abzupuffern, da sie entweder Carbonate enthalten oder zumindest eine hohe Basensättigung der Austauscheroberflächen besitzen. Ist das Carbonatpuffersystem und das Austauscherpuffersystem weitgehend erschöpft, erfolgt eine schnellere Absenkung des pH-Wertes, da die Neutralisierung von Säureeinträgen durch die Silicatverwitterung in mäßig sauren Böden langsamer erfolgt. Böden aus basischen oder ultrabasischen Gesteinen können auf Grund ihrer hohen Gehalte an leicht verwitterbaren Silicaten noch über längere Zeiträume auf pH 5,5…6,0 gepuffert sein (Kap. 5.6.4.4), aber Böden aus sauren Silicatgesteinen oder Sedimentgesteinen mit geringen Gehalten an leicht verwitterbaren Silicaten versauern dann relativ schnell bis auf pH ~ 4. Dieser pH-Wert kommt durch die hohe Al-Sättigung der Austauscheroberflächen zustande. Durch den verstärkten Säureeintrag aus der Atmosphäre ist der pH-Wert vieler Waldböden Nord- und Mitteleuropas in den letzten 50 Jahren, z. T. aber auch innerhalb weniger Jahre, um bis zu 1,5 pH-Einheiten gesunken. Der oben beschriebene Verlauf der Bodenversauerung erklärt, dass die pH-Werte von Waldböden in Mitteleuropa einer bimodalen Verteilung folgen, mit Maxima bei pH 3,8 bis 4,5 und bei pH 7,9 bis 7,5 (Abb. 5.6-2).

5.6.4.1 Pufferung durch Carbonate

In carbonathaltigen Böden ist die Auflösung von Carbonaten unter Verbrauch von Protonen das dominierende Puffersystem. Aus der Reaktion

$$CaCO_3(s) + H^+ \rightleftharpoons Ca^{2+} + HCO_3^- \qquad [70]$$

wird deutlich, dass pro Mol $CaCO_3$ ein Mol H$^+$ abgepuffert wird. Das im Wasser gelöste HCO_3^- wird zusammen mit Ca^{2+} (oder anderen Kationen) ausgewaschen. Durch die Entfernung der Lösungsprodukte verliert der Boden irreversibel an SNK. Da die Kinetik dieser Pufferreaktion relativ schnell ist, stellt

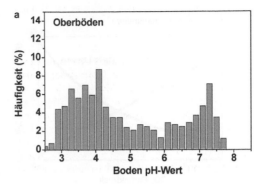

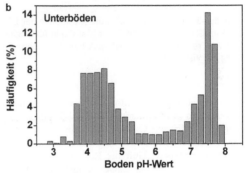

Abb. 5.6-2 Verteilung der pH-Werte (0.01 M CaCl$_2$) von 262 Waldböden der Schweiz: (**a**) 818 mineralische Oberbodenproben, (**b**) 796 Unterbodenproben (> 20 cm) (nach WALTHERT et al., 2004).

sich im Boden ein pH-Wert ein, der sich aus dem chemischen Gleichgewicht von Calcit in Wasser bei einem gegebenen CO_2-Partialdruck der Bodenluft abschätzen lässt. Wie aus Abbildung 5.6-3 ersichtlich ist, variiert der berechnete pH-Wert zwischen 8,2 bis 6,9 (pH = 5,9925 − 0,653 log P_{CO_2}), wenn der relative CO_2-Partialdruck von atmosphärisch bis 100-fach erhöht variiert wird (P_{CO_2} = 0,00035 bis 0,035). Die Berechnung zeigt auch, dass ein erhöhter CO_2-Partialdruck in der Bodenluft zu einer verstärkten Calcitauflösung führt und dass HCO_3^- und Ca^{2+} die wichtigsten gelösten Spezies sind, die bei der Pufferreaktion anfallen.

Durch die relativ schnelle Reaktion von Calcit mit Protonen ist die Entkalkungsgrenze in Bodenprofilen oft sehr scharf. Nur wenn der Calcit in größeren Kalksteinresten vorliegt, kann der pH-Wert der Bodenlösung deutlich unter pH 7 fallen, bevor ein Horizont carbonatfrei ist. Dies liegt daran, dass die Calcitauflösung bei kleiner reaktiver Oberfläche

5

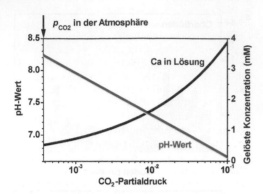

Abb. 5.6-3 pH-Wert und Ca^{2+}-Konzentration in der Lösung im Gleichgewicht mit Calcit ($CaCO_3$) in Abhängigkeit vom relativen CO_2-Partialdruck bei 25 °C (Berechnung mit Visual-Minteq).

nicht schnell genug fortschreitet, um alle anfallenden Protonen zu neutralisieren. Dolomit ($CaMg(CO_3)_2$) reagiert ähnlich wie Calcit, wegen seiner geringeren Löslichkeit jedoch deutlich langsamer.

Etwas anders verläuft die Reaktion, wenn saure Böden (pH < 5) mit $CaCO_3$ aufgekalkt werden. Unter sauren Bedingungen ist nicht mehr HCO_3^- die dominierende gelöste Carbonatspezies, sondern $H_2CO_3^*$. Die Reaktion verläuft dann nach

$$CaCO_3(s) + 2H^+ \rightleftharpoons Ca^{2+} + H_2CO_3^* \qquad [71]$$

und $H_2CO_3^*$ steht im Gleichgewicht mit der Bodenluft nach

$$H_2CO_3^* \rightleftharpoons CO_2(g) + H_2O \qquad [72]$$

Pro Mol $CaCO_3$ werden also zwei Mol H^+ neutralisiert. Die Hauptprodukte der Pufferreaktion sind Ca^{2+}, $CO_2(g)$ und H_2O. Das gebildete $CO_2(g)$ verlässt den Boden durch Gasaustausch mit der Atmosphäre.

5.6.4.2 Pufferung durch Oberflächen mit permanenter Ladung

Tonminerale mit permanenter negativer Ladung (X^-) und hoher Basensättigung können durch Kationenaustausch als schnelle pH-Puffer wirken, z. B. nach

$$X_2Ca + 2H^+ \rightleftharpoons 2XH + Ca^{2+} \qquad [73]$$

Durch solche Austauschreaktionen werden freie Protonen an den Oberflächen adsorbiert und dadurch der pH-Wert der Bodenlösung gepuffert. Da H^+-gesättigte Tonminerale nicht stabil sind, ist jedoch immer nur ein kleiner Teil der Austauscher-

plätze X^- mit H^+ belegt. Protonen greifen die Silicatstrukturen an und werden erst durch langsame Verwitterungsreaktionen endgültig neutralisiert. Kationenaustausch an Tonmineralen mit permanenter negativer Ladung kann also nur als vorübergehendes, aber dafür schnell wirksames Puffersystem angesehen werden. In der Rhizosphäre von Pflanzen spielen solche schnellen Puffersysteme eine wichtige Rolle, weil sie einen Einfluss auf die pH-Absenkung durch Wurzelausscheidungen haben.

5.6.4.3 Pufferung durch Oberflächen mit variabler Ladung

Feststoffe mit variabler (d. h. pH-abhängiger) Oberflächenladung nehmen bei Säureeinträgen Protonen auf und wirken somit als pH-Puffer. Im neutralen pH-Bereich sind die Huminstoffe überwiegend negativ geladen, weil ein großer Teil der Säuregruppen, vor allem Carboxylgruppen, in dissoziierter Form vorliegt. Die negative Ladung wird durch austauschbar adsorbierte Kationen, zum Beispiel Ca^{2+}, ausgeglichen. Diese dissoziierten Säuregruppen wirken als Brønsted-Base, nehmen also Protonen auf nach

$$R\text{-}(COO^-)_2Ca^{2+} + 2H^+ \rightleftharpoons R\text{-}(COOH)_2 + Ca^{2+} \qquad [74]$$

Dadurch sinkt sowohl die SNK als auch die KAK_{eff} des Bodens. Die ausgetauschten Ca^{2+} Ionen werden mit dem Sickerwasser ausgewaschen. Huminstoffe wirken über den gesamten pH-Bereich von Böden (pH 3…10) als Puffersubstanz, weil sie eine große Zahl verschiedener funktioneller Gruppen mit unterschiedlichen pK_s-Werten besitzen. Die SNK der Huminstoffe ist häufig so hoch, dass die gesamte SNK der Oberböden im pH-Bereich zwischen 5 und 7 mit ihrem Humusgehalt eng korreliert ist.

Auch die Kanten von Tonmineralen und Oberflächen von Oxiden und Hydroxiden tragen variable Oberflächenladung und wirken somit ebenfalls als pH-Puffer. Oberhalb ihres Ladungsnullpunktes sind die Oberflächen negativ geladen (z. B. Kanten von Tonmineralen im neutralen pH-Bereich). Die Aufnahme von Protonen führt dann wie bei den Huminstoffen zu einer Verringerung der negativen Ladung und damit der KAK_{eff} unter Freisetzung von adsorbierten Kationen. Unterhalb des Ladungsnullpunktes (z. B. Fe- und Al-Oxide im sauren pH-Bereich) erhöht die Protonenaufnahme die positive Oberflächenladung und damit die Anionenaustauschkapazität. Saure Böden, die reich an Fe- und Al-Oxiden und Hydroxiden sind, verdanken einen wesentlichen Teil ihrer Pufferfähigkeit den funktionellen Gruppen dieser Bestandteile (z. B. Ferralsole). Ähnliches gilt für allophanreiche Böden (z. B. Andosole), in denen die variable Ladung der Allophane zur pH-Pufferung beiträgt.

5.6.4.4 Pufferung durch Silicatverwitterung

Die chemische Verwitterung vieler Silicate (Kap. 2.4.2) führt größtenteils zu einem Verbrauch von Protonen und damit zu einer Pufferung des pH-Wertes von Böden. Hohe Gehalte an leicht verwitterbaren Silicaten wirken deshalb einer schnellen Versauerung entgegen; sie tragen also wesentlich zur SNK des Bodens bei. Allerdings verlaufen Verwitterungsreaktionen von Silicaten, und damit auch die pH-Pufferung, durch die Silicatverwitterung wesentlich langsamer als Adsorptionsreaktionen oder die Auflösung von Carbonaten. Die Silicatverwitterung stellt somit ein langsam wirkendes Puffersystem dar. Die Verwitterungsrate hängt neben der Stabilität des Minerals auch von seiner Korngröße, dem pH-Wert sowie von anderen Umweltbedingungen ab (z. B. Temperatur, Versickerung). Im neutralen pH-Bereich ist die Silicatverwitterung sehr langsam. Da die Silicatverwitterung durch Protonen beschleunigt wird, nimmt die Verwitterungsrate mit abnehmendem pH-Wert logarithmisch zu.

Betrachten wir als Beispiel die Verwitterung von Anorthit, einem Ca-Feldspat

$$CaAl_2Si_2O_8\,(s)\; +\; 8\,H^+\; \rightarrow\; Ca^{2+}\; +\; 2Al^{3+}\; +\; 2H_4SiO_4^0 \qquad [75]$$

Bei dieser Reaktion werden zunächst 8 Protonen verbraucht. Bei weiteren Reaktionen von Al^{3+} werden allerdings wieder Protonen freigesetzt, so dass der Netto-Verbrauch von Protonen geringer ist. In schwach sauren Böden fällt ein großer Teil des freigesetzten Al^{3+} in Form sekundärer Minerale wieder aus, zum Beispiel mit Kieselsäure unter Bildung von Kaolinit

$$2H_4SiO_4^0\; +\; 2Al^{3+}\; +\; H_2O\; \rightarrow\; Al_2Si_2O_5(OH)_4\,(s)\; +\; 6\,H^+ \qquad [76]$$

Wenn die Konzentration von Kieselsäure in der Bodenlösung niedrig ist (z. B. in stark verwitterten Böden), bildet sich auch Gibbsit

$$2Al^{3+}\; +\; 6H_2O\; \rightarrow\; 2Al(OH)_3\,(s)\; +\; 6\,H^+ \qquad [77]$$

In beiden Fällen werden durch die Bildung der sekundären Minerale 3 Protonen pro Al^{3+} freigesetzt. Eine weitere wichtige Reaktion von Al^{3+} ist die Adsorption an negativ geladene Oberflächen von Tonmineralen und Huminstoffen. Durch den Kati-

onenaustausch bzw. die Komplexierung von Al^{3+} an organische Substanzen werden weitere Base-Kationen freigesetzt, z. B. durch Kationenaustausch nach

$$3X_2Ca\; +\; 2Al^{3+}\; \rightleftharpoons\; 2X_3Al\; +\; 3Ca^{2+} \qquad [78]$$

Die gelösten Ca^{2+}-Ionen und die in Lösung verbliebene Kieselsäure ($H_4SiO_4^0$) werden unter humiden Klimabedingungen mit dem Sickerwasser ausgewaschen und gehen somit dem Boden verloren. Die Al-Sättigung an den Kationenaustauschern steigt und damit auch die austauschbare Acidität des Bodens. Die Neutralisation von 2 austauschbaren Al^{3+}-Ionen würde 6 OH^- erfordern, d. h. die enstandene austauschbare Acidität entspricht auch in diesem Fall 3 Protonen pro Al^{3+}-Ion. Insgesamt werden also bei der chemischen Verwitterung des Al-haltigen Anorthits pro $CaAl_2Si_2O_8$ nur 2 H^+ abgepuffert.

Eine größere Netto-Pufferwirkung haben Silicate, die kein oder nur wenig Al und Fe(II) enthalten. Betrachten wir als Beispiel die Verwitterung von Augit, einem Pyroxen

$$Ca_2Si_2O_6\,(s)\; +\; 2\,H_2O\; +\; 4\,H^+\; \rightarrow\; 2\,Ca^{2+}\; +\; 2\,H_4SiO_4^0 \qquad [79]$$

Bei dieser Reaktion werden 4 Protonen verbraucht, aber keine sauren Kationen freigesetzt. Die meisten Augite enthalten neben Ca und Si auch geringere Mengen an Al^{3+}, Fe^{2+} und Mg^{2+} (Kap. 2.2.3.3, Tab. 2.2-3). Je höher der Gehalt an Al und Fe(II) ist, desto mehr wird die Pufferwirkung der Augitverwitterung wieder abgeschwächt. Jedes freigesetzte Fe^{2+}-Ion führt durch Oxidation und Hydrolyse zur Bildung von 2 Protonen (Gl. [67]).

Ökologisch ist die Silicatpufferung von größter Bedeutung. Einerseits führt sie zur Freisetzung von Nährstoffen (Ca, Mg, K, Fe, Mn), andererseits lässt sie unterhalb pH 4,5 phytotoxisches Al^{3+} entstehen und lässt hierdurch die Böden an austauschbar gebundenen Nährstoffkationen verarmen. Letzteres spielt insbesondere für die Mg-Versorgung von Waldbäumen eine wichtige Rolle.

5.6.5 Kalkung saurer Böden

5.6.5.1 Optimaler pH-Wert landwirtschaftlich genutzter Böden

Der pH-Wert des Bodens hat vielfältige Auswirkungen auf das Pflanzenwachstum und somit auf den Ertrag von Kulturpflanzen. Neben der Pflanzenart hängt der optimale pH-Wert von einer Reihe öko-

5

logisch wirksamer Bodeneigenschaften ab, welche unterschiedlich auf den pH-Wert reagieren. Hierzu gehören die toxische Wirkung von Al^{3+} und bei hohen Gehalten von Mn^{2+}, die Verfügbarkeit von Makro- und Mikronährstoffen, die Mobilität toxischer Schwermetalle, der Humusabbau, das Bodengefüge, das Wachstum und die Artenvielfalt der Begleitflora. In jedem Fall sollte der pH-Wert eines Bodens so hoch liegen (pH > 5), dass keine toxisch und antagonistisch wirkenden Konzentrationen an Al^{3+} und Mn^{2+} auftreten. Andererseits werden mit steigendem pH manche Mikronährstoffe wie Mn, Cu, Zn und B weniger gut pflanzenverfügbar (Kap. 9.7). Ähnliches gilt für Phosphat, dessen Konzentration in der Bodenlösung bei pH-Werten über 6 abnimmt (Kap. 9.6.2). Da mit steigendem pH-Wert die Aktivität von Mikroorganismen angeregt wird, können Huminstoffe verstärkt abgebaut und Stickstoff freigesetzt werden. Schließlich wird auch die Aggregation toniger Böden durch einen höheren Anteil an austauschbarem Ca^{2+} und insbesondere durch eine höhere Ca^{2+}-Konzentration in der Bodenlösung gefördert.

Diese Zusammenhänge schlagen sich in der Berücksichtigung des Ton- und Humusgehalts (als einfach zu bestimmende Größen) für die Wahl optimaler pH-Werte von ackerbaulich genutzten Böden nieder. Bei Böden mit < 4 % organischer Substanz und < 5 % Ton liegt der empfohlene pH zwischen 5,0 und 5,5, bei 5 bis 12 % Ton zwischen pH 5,4 und 6,0 und bei > 13 % Ton zwischen pH 6,0 und 6,5. Das mit dem Tongehalt steigende pH-Optimum wird daraus abgeleitet, dass Böden umso eher einer Gefügeverbesserung bedürfen, je mehr Ton sie enthalten, und dass diese Verbesserung durch eine pH-Erhöhung erreichbar ist. Feldversuche konnten dies jedoch bislang nicht zweifelsfrei bestätigen. Liegt der Gehalt an organischer Substanz über 4 %, so wird unabhängig vom Tongehalt ein geringerer pH-Wert empfohlen, z. B. bei 9 bis 15 % organische Substanz ein pH-Wert von 5,0 bis 6,0 und bei ackerbaulich genutzten Hochmoorböden ein pH-Wert von 4,0. In diesen organischen Böden ist Al- und Mn-Toxizität ohnehin kein Problem. Bei Grünland sind auf Mineralböden pH-Werte im Oberboden von 5,0 bis 5,5 ausreichend zur Erzeugung von Futter guter Qualität (Zusammensetzung der Gräser, Gehalt an Mikronährstoffen), bei als Grünland genutzten Hochmoorböden pH-Werte um 4,5.

Bei stark verwitterten Böden der Tropen und Subtropen (z. B. Ferralsole, Acrisole) wird nur ein pH-Wert angestrebt, bei dem das pflanzenverfügbare Al auf ein unschädliches Maß abgesenkt wird, zumal Kalk nicht immer ausreichend zur Verfügung steht.

5.6.5.2 Kalkung und Kalkbedarf

Sinkt der pH-Wert eines landwirtschaftlich genutzten Bodens unter sein Optimum, so kann er durch Zufuhr neutralisationsfähiger basischer Stoffe angehoben werden. Solche basischen Stoffe sind Kalkstein, Mergel und Dolomit, die in vielen Regionen der Erde in großer Menge in der Natur zur Verfügung stehen, sowie Brandkalk (CaO), der durch Erhitzen von Kalkstein hergestellt wird. Die Kalkung saurer Böden ist eine verbreitete und seit langem bewährte Maßnahme zur Ertragsverbesserung. Während sich die Kalkung in der intensiven Bodennutzung auf den Ausgleich der Verluste an Base-Kationen richtet, besteht in den Tropen und Subtropen vielerorts erheblicher Kalkbedarf zur Verminderung der Aluminiumtoxizität, insbesondere auch im Unterboden.

Die Neutralisationsgeschwindigkeit der Kalke steigt mit sinkendem pH-Wert des Bodens. Oberhalb pH 6,0 bis 6,5 reagiert Carbonatkalk erst im Laufe mehrerer Jahre, je nach seiner Korngröße. Der erste Neutralisationsschritt des $CaCO_3$ läuft in unmittelbarer Nähe des Kalkkorns ab, wirkt sich also im Unterboden zunächst nicht aus. Dagegen können gelöstes Ca^{2+} und HCO_3^- mit dem Sickerwasser abwärts wandern und, falls der Unterboden stark sauer ist (pH < 5), auch dort zu einer pH-Erhöhung führen. Ca^{2+} fördert dabei den Austausch und die Auswaschung von sauren Kationen (H^+, Al^{3+}) und bewirkt eine Erhöhung der Basensättigung. HCO_3^- wirkt als Base und reagiert unter stark sauren Bedingungen mit H^+ zu H_2CO_3 (bzw. CO_2 und H_2O).

Zwei Beispiele für die langfristige Tiefenwirkung einer Kalkung sind in Abbildung 5.6-4 dargestellt. Der linke Teil der Abbildung zeigt, dass $4\,t\,ha^{-1}$ eines dolomitischen Kalks, die zwischen dem Frühjahr 1984 (F 84) und Herbst 1984 (H 84) auf die Oberfläche einer stark sauren Löss-Braunerde unter Fichte appliziert wurden, den pH-Wert lediglich im O-Horizont erhöhten und dieser im oberen Teil bereits nach 2 Jahren (H 86) wieder gesunken war. Unter Grünland reichte die pH-Erhöhung nach 9 Jahren bis in 20 cm Tiefe, nach 23 Jahren bis über 60 cm, während dann auch hier der Oberboden bereits wieder leicht versauert war. Um auch unterhalb der Ackerkrume schnell bessere Wuchsbedingungen herzustellen, kann eine Unterbodenkalkung durchgeführt werden. Dies ist besonders dann wichtig, wenn dort zu hohe Gehalte an austauschbarem Al vorliegen.

Die Menge an Kalk, die einem Boden zugeführt werden muss, um den pH-Wert des Bodens auf den gewünschten Bereich anzuheben, wird als **Kalkbedarf** bezeichnet. Der Kalkbedarf hängt stark von der Basenneutralisationskapazität (BNK) des Bo-

5

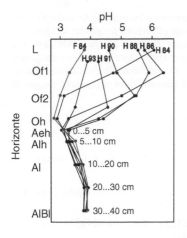

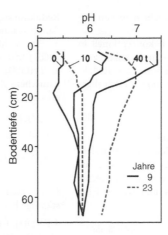

Abb. 5.6-4 pH-Veränderung zweier Böden nach einer Kalkung. Links: Löss-Parabraunerde unter Fichte nach einer Gabe von 4 t ha^{-1} dolomitischen Kalks (F=Frühjahr, H=Herbst des angegebenen Jahres; nach KREUZER, 1995). Rechts: Feinsandiger Lehm unter Grünland, 9 und 23 Jahre nach einer Kalkung mit 10 und 40 t CaO ha^{-1} (nach BROWN et al., 1956).

dens ab. Diese Menge lässt sich durch eine Titration des Bodens mit einer starken Base (z. B. NaOH) experimentell bestimmen. Da dieses Verfahren zu aufwändig für Routineanalysen ist, wird der Kalkbedarf für die landwirtschaftliche Praxis aus dem Boden-pH (in CaCl$_2$) und dem pH in Ca-Acetatlösung abgeschätzt (SCHACHTSCHABEL, 1951).

Bei intensiv landwirtschaftlich genutzten Böden sind in der Regel nur geringe Kalkmengen nötig, um das austauschbare Al und die aus der Atmosphäre eingetragenen starken Säuren zu neutralisieren (in Deutschland ca. 50 kg CaO ha^{-1} a^{-1}). Soll dagegen ein pH-Wert von > 6 gehalten werden, so steigt der Kalkbedarf exponentiell an, weil auch die schwach sauren Gruppen neutralisiert werden müssen, um pH-Werte > 6 zu erzielen. Diese schwach sauren Gruppen werden aber besonders leicht wieder protoniert, im Wesentlichen durch die bodenintern produzierte Kohlensäure.

potenziell toxischer Spurenelemente, wie Cr, As, Se und U, stark durch Redoxprozesse kontrolliert.

Redoxprozesse in Böden werden letztendlich durch die Photosynthese der höheren Pflanzen angetrieben. Bei der Photosynthese nutzen die Pflanzen die Lichtenergie der Sonne zur Reduktion von atmosphärischem CO$_2$ zu Kohlenhydraten, unter gleichzeitiger Oxidation von 2H$_2$O zu O$_2$. Kohlenstoff wird dabei von der Oxidationsstufe +4 nach 0 reduziert, während Sauerstoff von −2 nach 0 oxidiert wird. Gelangen die reduzierten Kohlenstoffverbindungen in den Boden (über Streu, Wurzelausscheidungen etc.), so werden sie durch Bodentiere und Mikroorganismen wieder zu CO$_2$ oxidiert („veratmet"). Die Organismen gewinnen dabei Energie für ihren Stoffwechsel. Bei der Oxidation von Kohlenstoff werden wieder Elektronen freigesetzt, die nun auf O$_2$ (aerobe Atmung) oder, bei Abwesenheit von O$_2$, auf andere Elektronenakzeptoren wie Nitrat oder Sulfat übertragen werden.

5.7 Redoxreaktionen und Redoxdynamik

Redoxreaktionen in Böden haben einen bedeutenden Einfluss auf die Bindungsformen und die Verfügbarkeit von Nährstoffen, die Umsetzung der organischen Substanz sowie auf die Mobilität und Toxizität vieler Spurenelemente. Sie beeinflussen dadurch die Bodenbildung und die Stoffkreisläufe. Elemente, deren Verhalten besonders stark durch Redoxprozesse dominiert wird, sind C, N, S, Fe und Mn. Daneben wird auch das Verhalten einiger

5.7.1 Redoxreaktionen und Redoxpotenzial

5.7.1.1 Redoxreaktionen

Bei einer Redoxreaktion werden Elektronen (e^-) von einem Element oder Molekül (= Elektronendonator bzw. Reduktionsmittel) auf ein anderes Element oder Molekül (= Elektronenakzeptor, Oxidationsmittel) übertragen. Die Abgabe von Elektronen ist eine **Oxidation**, die Aufnahme von Elektronen eine **Reduktion**. Da Oxidation und Reduktion stets mit-

5 einander gekoppelt ablaufen, spricht man von **Redoxreaktionen.**

Eine Redoxreaktion lässt sich konzeptionell in zwei Halbreaktionen aufteilen, eine Reduktionsreaktion und eine Oxidationsreaktion. Eine Reduktionsreaktion (von links nach rechts) lässt sich allgemein schreiben als

$$Ox + mH^+ + ne^- \rightleftharpoons Red \qquad [80]$$

wobei Ox die oxidierte Form und Red die reduzierte Form eines Elementes (oder Moleküls) ist und m und n stöchiometrische Faktoren darstellen. Die entsprechende Oxidationsreaktion verläuft von rechts nach links. Die Gleichung deutet an, dass bei vielen

Reduktionsreaktionen Protonen verbraucht, bei Oxidationsreaktionen Protonen freigesetzt werden.

Ein wichtiges Beispiel ist die Reduktion von Fe(III) in Eisenoxiden (hier vereinfacht dargestellt als $Fe(OH)_3$) unter gleichzeitiger Oxidation von organischem Kohlenstoff (hier vereinfacht dargestellt als CH_2O):

$$4\ Fe(OH)_3 + 12\ H^+ + 4\ e^- \rightarrow 4\ Fe^{2+} + 12\ H_2O$$
(Reduktion) $\qquad [81]$

$$CH_2O + H_2O \rightarrow CO_2 + 4\ H^+ + 4\ e^- \text{ (Oxidation)} \qquad [82]$$

Beide Halbreaktionen zusammen ergeben eine vollständige Redoxreaktion:

$$4\ Fe(OH)_3 + CH_2O + 8\ H^+ \rightarrow 4\ Fe^{2+} + CO_2 + 11\ H_2O \text{ (Redox)} \qquad [83]$$

Eisen wird dabei von der Oxidationsstufe +3 nach +2 reduziert und Kohlenstoff wird von der Oxidationsstufe 0 nach +4 oxidiert. Da Fe^{2+} viel besser wasserlöslich als Fe^{3+} ist, löst sich das Eisenhydroxid ($Fe(OH)_3$) durch diese Reaktion auf und Fe^{2+} geht in Lösung. Diese Reaktion findet unter anaeroben Bedingungen im Boden statt und wird durch eisenreduzierende Bakterien vorangetrieben, welche durch Oxidation organischer Verbindungen Energie gewinnen und dabei Eisen als Elektronenakzeptor nutzen.

Die wichtigsten, an Redoxreaktionen beteiligten Elemente und ihre häufigsten Oxidationszustände in Böden sind in Tabelle 5.7-1 aufgeführt. Tabelle 5.7-2 zeigt ausgewählte Halbreaktionen, dargestellt als Reduktionsreaktionen, die in Böden ablaufen können. Durch die Kombination von je zwei Halbreaktionen in umgekehrter Richtung lassen sich mögliche Redoxreaktionen ableiten.

Tab. 5.7-1 Redoxsensitive Elemente und ihre häufigsten Oxidationszustände in Böden

Elemente	Oxidationszustände (in Böden)
O	-2, -1, 0
C	-4, -2, 0, +2, +4
N	-3, 0, +1, +2, +3, +5
S	-2, -1, 0, +4, +6
Fe	+2, +3
Mn	+2, +3, +4
Cu	0, +1, +2
As	+3, +5
Se	-2, 0, +4, +6
Cr	+3, +6
U	+4, +6

Tab. 5.7-2 Beispiele für Reduktionsreaktionen (Halbreaktionen) und ihr Standardpotenzial E_H^0 (bei 25 °C und 1013 hPa) (nach ESSINGTON, 2004).

Oxidierte Form		Reduzierte Form	E_H^0 (V)
$1/5\ NO_3^- + 6/5\ H^+ + e^-$	$\rightarrow$	$1/10\ N_2(g) + 3/5\ H_2O$	1,248
$1/4\ O_2(g) + H^+ + e^-$	$\rightarrow$	$1/2\ H_2O$	1,230
$1/2\ MnO_2(s) + 2\ H^+ + e^-$	$\rightarrow$	$1/2\ Mn^{2+} + H_2O$	1,230
$Fe(OH)_3(s) + 3\ H^+ + e^-$	$\rightarrow$	$Fe^{2+} + 3\ H_2O$	0,935
$FeOOH(s) + 3\ H^+ + e^-$	$\rightarrow$	$Fe^{2+} + 2\ H_2O$	0,769
$1/8\ SO_4^{2-} + 5/4\ H^+ + e^-$	$\rightarrow$	$1/8\ H_2S + 1/2\ H_2O$	0,308
$1/8\ CO_2(g) + H^+ + e^-$	$\rightarrow$	$1/8\ CH_4(g) + H_2O$	0,172
$H^+ + e^-$	$\rightarrow$	$1/2\ H_2(g)$	0,000

5.7.1.2 Redoxpotenzial

Das **Redoxpotenzial** (E) einer Lösung hängt vom Verhältnis der Aktivitäten reduzierter und oxidierter Spezies in der Lösung ab. Überwiegen reduzierte Spezies, dann ist das Milieu reduzierend und die Lösung kann leicht Elektronen an andere Stoffe abgeben. Überwiegen oxidierte Spezies, dann ist das Milieu oxidierend und die Lösung kann leicht Elektronen von anderen Stoffen aufnehmen. Das Redoxpotenzial zeigt also an, ob ein Stoff im Kontakt mit der Lösung reduziert oder oxidiert werden kann.

Das Redoxpotenzial einer wässrigen Lösung kann mit Hilfe einer inerten Edelmetall-Elektrode (z. B. aus Pt) als elektrisches Potenzial (in Volt) relativ zu einer Bezugselektrode gemessen werden. Als international anerkannte Bezugselektrode gilt die Standard-Wasserstoffelektrode[11], deren Potenzial gleich Null gesetzt wird. Das Redoxpotenzial relativ zur Standard-Wasserstoffelektrode wird als Eh-Wert bezeichnet.

Die NERNST-Gleichung drückt die Beziehung zwischen dem Redoxpotenzial Eh und dem Aktivitäten-Verhältnis der reduzierten und oxidierten Spezies eines Redoxpaares aus

$$\mathrm{Eh} = \mathrm{Eh}^0 - \frac{2,303\,RT}{nF} \log \frac{\{\mathrm{Red}\}}{\{\mathrm{Ox}\}} \qquad [84]$$

wobei Eh^0 das Standardpotenzial des Redoxpaares (Red/Ox) relativ zur Wasserstoffelektrode darstellt. R ist die molare Gaskonstante, T die absolute Temperatur, F die FARADAY-Konstante und n die Anzahl der übertragenen Elektronen. Das Standardpotenzial lässt sich für jede Redoxreaktion aus thermodynamischen Daten ableiten. Bei 25 °C vereinfacht sich die NERNST-Gleichung zu

$$\mathrm{Eh} = \mathrm{Eh}^0 - \frac{0,059}{n} \log \frac{\{\mathrm{Red}\}}{\{\mathrm{Ox}\}} \qquad [85]$$

Die Neigung einer Lösung, Elektronen aufzunehmen bzw. abzugeben, kann auch als Aktivität von Elektronen aufgefasst werden, welche als pe-Wert ausgedrückt wird (analog zum pH-Wert). Ein niedriger pe-Wert bedeutet, dass die Aktivität von Elek-

tronen in der Lösung hoch ist und somit Stoffe im Kontakt mit der Lösung eher reduziert werden. Ein hoher pe-Wert zeigt dagegen eine niedrige Elektronen-Aktivität und somit ein oxidierendes Milieu an. Die Eh- und pe-Werte können leicht ineinander umgerechnet werden, bei 25 °C gilt

$$\mathrm{Eh} = 0,059\ \mathrm{p}e \qquad [86]$$

Tabelle 5.7-2 gibt als Beispiele die Standardpotenziale (Eh^0) einiger ausgewählter Halbreaktionen an, welche in Böden eine Rolle spielen.

5.7.2 pe-pH-Diagramme

An den meisten Redoxreaktionen sind Protonen beteiligt, wie die Beispiele in Tabelle 5.7-2 zeigen. Aus diesem Grund sind die pH- und pe-Werte im Boden eng miteinander gekoppelt. Eine einfache Methode zu prüfen, welche Redoxspezies bei gegebenen pH- und pe-Werten in einem Boden bei chemischem Gleichgewicht dominieren, ist die Erstellung sog. pe-pH-Diagramme (bzw. Eh-pH-Diagramme). In Böden und Gewässern kann der pe-Wert um mehrere Größenordnungen variieren, wobei die obere und untere Grenze durch die Stabilität von Wasser bestimmt wird. Wasser oxidiert nach der Reaktion

$$1/2\,\mathrm{H_2O} \ \rightarrow \ 1/4\,\mathrm{O_2(g)} + \mathrm{H^+} + e^- \qquad [87]$$

Die Gleichgewichtskonstante für diese Halbreaktion ist $\log K_{\mathrm{ox}} = -20,8$. Daraus ergibt sich die Beziehung (bei Aktivität von $\mathrm{H_2O}$ gleich eins):

$$-20,8 = \frac{1}{4} \log P_{\mathrm{O_2}} - \mathrm{pH} - \mathrm{p}e \qquad [88]$$

und in reinem Sauerstoffgas ($P_{\mathrm{O_2}} = 1$):

$$\mathrm{p}e = 20,8 - \mathrm{pH} \qquad [89]$$

Diese Gleichung bedeutet, dass Wasser nur bei pe + pH < 20,8 stabil ist. Bei höheren (pe + pH)-Werten würde Wasser unter Bildung von $\mathrm{O_2}$ und $\mathrm{H^+}$ zerfallen. Die untere Grenze des (pe + pH)-Wertes ist entsprechend durch die Reduktion von Protonen zu Wasserstoffgas gegeben, was ebenfalls zur Spaltung von Wasser zu $\mathrm{H^+}$ und $\mathrm{OH^-}$ führen würde:

$$\mathrm{H^+} + e^- \ \rightarrow \ 1/2\,\mathrm{H_2(g)} \qquad [90]$$

Die Gleichgewichtskonstante für diese Reaktion ist $\log K_{\mathrm{red}} = 0$ (diese Reaktion entspricht der Wasserstoffelektrode). Bei einem relativen $\mathrm{H_2}$-Partialdruck von $P_{\mathrm{H_2}} = 1$ ergibt sich die Beziehung

$$\mathrm{p}e = -\mathrm{pH} \qquad [91]$$

---

[11] Da die Standard-Wasserstoffelektrode messtechnisch schwer zu handhaben ist, wird meistens eine Kalomel (Hg/Hg$_2$Cl$_2$)-Elektrode oder eine Silber/Silberchlorid-Elektrode als Bezugselektrode benutzt. Das gemessene Potenzial kann anschließend durch Addition von +0,248 V (Kalomel) bzw. +0,204 V (Silber/Silberchlorid) in den Eh-Wert (relativ zur Wasserstoffelektrode) umgerechnet werden.

5

Wasser ist also nur bei $pe + pH > 0$ stabil, bei niedrigeren Werten würde Wasser in H_2 und OH^- zerfallen. Abbildung 5.7-1 zeigt den in wässrigen Systemen theoretisch möglichen pe-pH-Bereich. Der pe-pH-Bereich wird unterteilt in einen **oxischen** ($pe + pH > 14$), einen **suboxischen** ($9 < pe + pH < 14$) und einen **anoxischen** ($pe + pH < 9$) Bereich. Dargestellt ist auch der pe-pH-Bereich, der häufig in Böden und Gewässern gemessen wird.

Manchmal wird anstelle des pe+pH Wertes der sogenannte rH-Wert angegeben. Der rH-Wert ist definiert als negativer Logarithmus des Wasserstoffpartialdrucks p_{H_2}

$$rH = -\log p_{H_2} \qquad [92]$$

und wird aus der NERNST-Gleichung für die Redoxreaktion

$$H_2 \;\rightleftharpoons\; 2H^+ + 2e^- \qquad [93]$$

abgeleitet:

$$rH = 2\frac{Eh}{0,059} + 2pH \qquad [94]$$

und

$$rH = 2\,(pe + pH) \qquad [95]$$

Der rH-Wert stellt also eine kombinierte Größe der gemessenen pH- und Eh-Werte dar. Er kann Werte zwischen 0 (in reinem Wasserstoffgas) und 41,6 (in reinem Sauerstoffgas) annehmen. rH-Werte unter 18 kennzeichnen deutlich reduzierende (anoxische) Bedingungen, über 28 deutlich oxidierende (oxische) Bedingungen. Dazwischen liegt der suboxische Bereich mit $18 < rH < 28$. In den 1980er Jahren wurden rH-Werte in die Deutsche Bodensystematik zur Kennzeichnung redoximorpher, reduktomorpher und oximorpher Böden eingeführt, und später auch in die WRB zur Definition von Gleysolen, Stagnosolen, Planosolen und Reductic Technosolen übernommen (Kap. 7.2.5).

In analoger Weise wie für Wasser lassen sich auch für alle anderen Redoxreaktionen Dominanzfelder verschiedener Redoxspezies herleiten. Abbildung 5.7-2 zeigt pe-pH-Diagramme für verschiedene Spezies von Fe bzw. Mn im Gleichgewicht mit CO_2 und H_2O. Aus dem Diagrammen (a) und (b) wird ersichtlich, dass Eisen unter oxischen Bedingungen in der Oxidationsstufe +3 vorliegt, welches schwer lösliche Hydroxide (Goethit oder $Fe(OH)_3(am)$) bildet. Unter suboxischen bis anoxischen Bedingungen können sich die Fe(III)-Hydroxide reduktiv unter Bildung von Fe^{2+} auflösen. Bei genügend hohem pH-Wert können dabei auch Fe(II/III)-Phasen wie Magnetit (Fe_3O_4) entstehen. Bei $pH > 6$ ist die im Wasser ge-

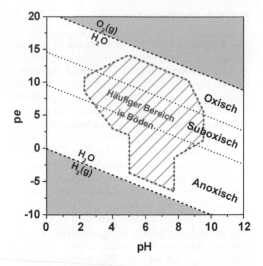

Abb. 5.7-1 Theoretisch möglicher pe-pH-Bereich in wässrigen Systemen (weißes Feld) und häufiger pe-pH-Bereich in Böden (rotes Feld). Der pe-pH Bereich wird in einen oxischen ($pe + pH > 14$), einen suboxischen ($9 < pe + pH < 14$) und einen anoxischen (pe+pH < 9$) Bereich unterteilt. Die Obergrenze und Untergrenze des theoretisch möglichen pe-pH-Bereiches sind durch die Stabilität von Wasser gegeben (Gl. [87]...[91]).

löste Konzentration von HCO_3^- hoch, was theoretisch zur Ausfällung von Fe^{2+} als Siderit ($FeCO_3$) führen könnte (in Abb. 5.7-2 wurde Siderit nicht berücksichtigt). In Böden wird Siderit jedoch selten nachgewiesen, so dass die Bedeutung von $FeCO_3$-Ausfällungen eher gering zu sein scheint. Möglicherweise ist die Ausfällung von Fe^{2+} als grüner Rost (ein geschichtetes Fe(II)/Fe(III)-Hydroxid) von größerer Bedeutung (Abb. 2.2–19), aber diese Phasen sind sehr instabil und deshalb ebenfalls schwer nachweisbar.

Die Diagramme (c) und (d) zeigen Dominanzfelder für Mn-Spezies, in Abwesenheit (c) oder Anwesenheit (d) von 1% CO_2 in der Bodenluft. Dieses Beispiel zeigt, dass die Bildung von Rhodochrosit ($MnCO_3$) stark vom CO_2 Partialdruck der Bodenluft abhängt.

5.7.3 Kinetik von Redoxreaktionen

Viele Redoxreaktionen laufen ohne Beteiligung von Mikroorganismen entweder gar nicht oder nur extrem langsam ab. Ein gutes Beispiel ist die hohe

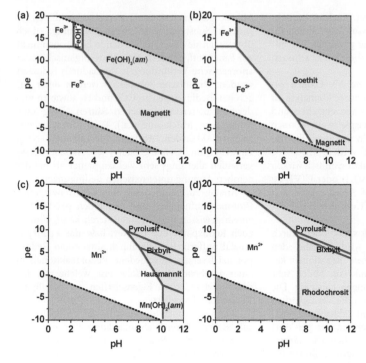

Abb. 5.7-2 Stabilitätsfelder von Fe- und Mn-Spezies in Abhängigkeit von pe-Wert, pH-Wert, und Ionenaktivitäten von 10^{-5} M unter Standardbedingungen (1 bar, 25 °C): (**a**) Fe^{3+}, Fe^{2+}, $FeOH^{2+}$, $Fe(OH)_3(am)$ und Magnetit (Fe_3O_4); (**b**) Fe^{3+}, Fe^{2+}, Goethit (α-FeOOH) und Magnetit; (**c**) Mn^{2+}, Pyrolusit (β-MnO_2), Bixbyit (Mn_2O_3), Hausmannit (Mn_3O_4) und $Mn(OH)_2(am)$, und (**d**) Mn^{2+}, Pyrolusit (β-MnO_2), Bixbyit (Mn_2O_3), und Rhodochrosit ($MnCO_3$) bei einem CO_2-Gehalt der Bodenluft von 1% ($P_{CO_2} = 0.01$). Die Stabilitätsfelder wurden mit *The Geochemists Workbench* berechnet.

Stabilität von N_2 in Anwesenheit von O_2, obwohl die Oxidation von N_2 zu NO_3^- thermodynamisch gesehen stark begünstigt wäre. Selbst Mikroorganismen sind nicht in der Lage, diese Reaktion zu katalysieren, weil die Aktivierungsenergie, die zur Spaltung der N≡N Dreifachbindung nötig wäre, zu groß ist. Viele andere Redoxreaktionen werden durch Mikroorganismen katalysiert, die einen Teil der freigesetzten Energie für ihren Stoffwechsel nutzen. Voraussetzung ist allerdings, dass die Reaktion thermodynamisch möglich ist, d. h. Energie dabei freigesetzt wird. Mit Hilfe der Thermodynamik kann also ermittelt werden, ob eine Redoxreaktion überhaupt ablaufen kann und wieviel Energie dabei freigesetzt wird. Sie erlaubt aber keine Aussagen über die Kinetik der Reaktionen.

Manche Redoxreaktionen laufen spontan und ohne Beteiligung von Mikroorganismen ab. So wird beispielsweise Fe^{2+} im Kontakt mit O_2 und Wasser bei pH > 6 relativ schnell zu Fe^{3+} oxidiert und als schwerlösliches Eisenhydroxid ausgefällt wird. Die Kinetik dieser Redoxreaktion hängt von den Konzentrationen an Fe^{2+} und O_2 sowie dem pH-Wert der Lösung ab. Die Oxidationsrate von Fe^{2+} kann durch eine einfache kinetische Gleichung ausgedrückt werden

$$\frac{d[Fe^{2+}]}{dt} = k[Fe^{2+}][OH^-]^2 P_{O_2} \qquad [96]$$

wobei eckige Klammern die gelösten Konzentrationen darstellen, P_{O_2} der relative Partialdruck von Sauerstoff ist und die Geschwindigkeitskonstante $k = 8 \cdot 10^{13}$ min^{-1} mol^{-2}l^2 beträgt (bei 20 °C). Bei neutralen bis schwach sauren pH-Werten verläuft diese Reaktion schnell. Bei niedrigen pH-Werten oder niedrigen O_2-Partialdrücken ist die Reaktion jedoch sehr viel langsamer.

Im Vergleich zur Oxidation von Fe^{2+} ist die spontane Oxidation von Mn^{2+} durch O_2 in Lösung extrem viel langsamer und nur bei pH > 8 von Bedeutung. Aus diesem Grund ist Mn^{2+} wesentlich mobiler als Fe^{2+}. In der Bodenlösung ist die Konzentration an gelöstem Mn^{2+} deshalb oft höher als auf Grund thermodynamischer Berechnungen zu erwarten wäre. Die Oxidation von Mn^{2+} in Böden läuft vor allem autokatalytisch an Oberflächen bereits bestehender Mn-Oxidpartikel ab. Dabei wird Mn^{2+} zuerst an die Oberfläche von MnO_2 adsorbiert. Adsorbiertes Mn^{2+} wird durch O_2 sehr viel schneller zu MnO_2 oxidiert als gelöstes Mn^{2+}. Dieses Verhalten erklärt, warum Mn im Gegensatz zu Fe in hydromorphen Böden sehr scharf begrenzte

Flecken und Konkretionen bildet. Auch einige Bakterien können die Oxidation von Mn^{2+} durch O_2 katalysieren und daraus Energie gewinnen. Sie bilden dabei biogene Mn-Oxide, die extrem schwach kristallin und sehr reaktiv sind.

Die Oberflächen von Fe- und Mn-Oxiden sowie von eisenhaltigen Tonmineralen, können auch zahlreiche weitere Redoxreaktionen eingehen und teilweise katalytisch wirken. Beispielsweise können Phenole und aromatische Amine an den Oberflächen von Mn-Oxiden oxidiert werden. Mn-Oxide können jedoch auch als Reduktionsmittel wirken und beispielsweise As(V) zu As(III) oder U(VI) zu U(IV) reduzieren. Im Fall von Arsen erhöht sich damit die Mobilität, während Uran durch die Reduktion immobilisiert wird.

Da die Kinetik vieler Redoxreaktionen durch Mikroorganismen bestimmt wird, welche den Sauerstoff verbrauchen und viele Reaktionen katalysieren, ist die Redoxdynamik von Böden sehr stark von den Umweltbedingungen abhängig. Die wichtigsten Einflussfaktoren sind die Verfügbarkeit von O_2 und Kohlenstoffquellen (abbaubare organische Substanzen), die Temperatur, der pH-Wert und die Verfügbarkeit von Nährstoffen. Die stärkste Redoxdynamik zeigen neutrale, humose Böden bei warmen Temperaturen. Unter solchen Bedingungen wird O_2 sehr schnell durch Mikroorganismen veratmet, so dass die Böden bei Wassersättigung innerhalb weniger Tage anoxisch werden.

5.7.4 Redoxprozesse in Böden

Starke Niederschläge und/oder gehemmte Drainage (Stauwassereinfluss), Grundwasseranstieg oder Überflutung können zu einer anhaltenden Wassersättigung der Poren im Boden führen. Mit zunehmender Wassersättigung nimmt die Diffusionsgeschwindigkeit von O_2 im Porenraum drastisch ab. Die O_2-Diffusion in wassergefüllten Poren ist etwa um das 10 000-fache langsamer als in luftgefüllten Poren. Der noch im Boden vorhandene Sauerstoff wird unter diesen Bedingungen wesentlich schneller durch aerobe Mikroorganismen und Pflanzenwurzeln veratmet als Sauerstoff durch Diffusion aus der Atmosphäre nachgeliefert werden kann. Als Folge sinkt der Sauerstoffgehalt im Boden innerhalb weniger Stunden bis Tage praktisch bis auf Null ab; der Boden wird zuerst suboxisch und dann anoxisch, das Redoxpotenzial Eh (oder pe-Wert) sinkt.

Im suboxischen und anoxischen Bereich wird das Bodenleben durch fakultativ und obligat anaerobe Mikroorganismen dominiert. Auch sie oxidieren organische Substanzen zur Energiegewinnung, jedoch übertragen sie dabei frei werdende Elektronen nicht auf Sauerstoff, sondern auf andere organische oder anorganische Verbindungen, die dadurch reduziert werden. Organische Substanzen werden unter anaeroben Bedingungen zu CO_2 und H_2 sowie zu niedermolekularen aliphatischen Säuren (Essigsäure, Buttersäure, Milchsäure u.a.), Polyhydroxycarbonsäuren, Aldehyden, Aminen, Mercaptanen, NH_4^+, H_2S, C_2H_4 und CH_4 abgebaut. Diese Abbauprozesse verlaufen allerdings sehr viel langsamer als bei der aeroben Atmung unter oxischen Bedingungen.

Analog zu einem pH-Puffer, der freiwerdende Protonen aufnehmen und damit den pH-Wert in einem gewissen Bereich stabilisieren kann, können auch Redoxpaare den pe-Wert bzw. das Redoxpotenzial puffern. Bei allmählich sinkendem Redoxpotenzial setzen verschiedene Redoxreaktionen in einer gegebenen Reihenfolge ein, welche mit den thermodynamischen Eigenschaften der beteiligten Redoxpaare korreliert.

Wenn der Sauerstoffgehalt im Boden bis in den suboxischen Bereich absinkt, kommt es zuerst zu einer bakteriellen Reduktion von NO_3^- zu N_2 und geringen Anteilen von N_2O, NO und metastabilem NO_2^-. Da die Gase N_2 und N_2O in die Atmosphäre entweichen können, führt dieser Prozess (**Denitrifikation**) in der Landwirtschaft zu signifikanten gasförmigen Stickstoffverlusten aus dem Boden (Kap. 9.6.1.4). Zusätzlich wird die Atmosphäre mit dem Spurengas N_2O angereichert, das eine starke Treibhauswirkung besitzt. Zu kleineren Anteilen kann NO_3^- auch zu NH_4^+ reduziert werden (**Nitrat-Ammonifikation**). Dieser Prozess wurde in subhydrischen Böden und in Böden mit Abwasserverieselung beobachtet. Seine quantitative Bedeutung im Vergleich zur Denitrifikation ist aber noch weitgehend unerforscht.

Wenn O_2 und NO_3^- praktisch vollständig aufgebraucht sind, sinkt das Redoxpotenzial weiter bis in den anoxischen Bereich. Verschiedene fakultativ (z. B. *Shewanella* sp.) oder strikt (z. B. *Geobacter* sp.) anaerob lebende Bakterien nutzen nun oxidierte Metallspezies als Elektronenakzeptoren. Zuerst setzt die Reduktion von Mn(IV/III) zu Mn(II) ein, dann die von Fe(III) zu Fe(II). Dies führt zu einer reduktiven Auflösung von Oxiden und Hydroxiden von Mn(IV/III) und Fe(III) und zu einem starken Anstieg der Konzentrationen von Mn^{2+} und Fe^{2+} in der Bödenlösung und an den Kationenaustauscheroberflächen. Huminstoffe und andere organische Verbindungen spielen dabei vermutlich eine wichtige Rolle als Elektronenüberträger (*electron shut-*

tle) zwischen Bakterienzellen und Oxidoberflächen und fördern somit die Reduktion von Mn und Fe. Als Folge der reduktiven Auflösung von Mn- und Fe-(Hydr)oxiden kommt es zu einer Mobilisierung von Spurenelementen (As, Mo, Cd, Pb, Cu, Zn) und Phosphat, die an diese Oxide adsorbiert waren. Redoxsensitive Spurenelemente können dabei ebenfalls durch Bakterien reduziert werden (z. B. As(V) zu As(III)).

Bei noch weiterem Absinken des Redoxpotenzials wird Sulfat (SO_4^{2-}) zu H_2S reduziert. Dazu sind viele verschiedene Bakterienarten in der Lage, welche zusammengefasst nach dieser Stoffwechselfunktion als **sulfatreduzierende Bakterien** (SRB) bezeichnet werden. Die meisten SRB nutzen niedermolekulare organische Verbindungen (z. B. Ameisensäure, Essigsäure, Buttersäure, Milchsäure) als Substrat und setzen H_2S frei nach der Reaktion

$$2CH_2O + SO_4^{2-} \rightleftharpoons H_2S + 2HCO_3^- \qquad [97]$$

Viele SRB tolerieren zwar die Anwesenheit von Sauerstoff, ihre Aktivität wird aber dadurch sehr stark unterdrückt. Die Sulfatreduktion kann deshalb sehr schnell einsetzen, sobald die Bedingungen genügend anaerob werden. In Böden können lokal extrem anaerobe Nischen entstehen, in denen bereits Sulfat reduziert wird, während andere Bereiche des Bodens noch zu hohe Redoxpotenziale aufweisen. Das entstehende H_2S reagiert entweder mit Metallen unter Bildung schwerlöslicher Sulfide (z. B. HgS, CuS, PbS, FeS) oder entweicht bei starker Produktion als toxisches, übelriechendes Gas.

Tab. 5.7-3 Experimentell ermittelte Redoxpotenziale für verschiedene Redoxreaktionen (umgerechnet für pH 7).

Redoxreaktion	Eh (V) bei pH 7
Beginn der NO_3^--Reduktion	+ 0,45 bis + 0,55
Beginn der Mn^{2+}-Bildung	+ 0,35 bis 0,45
O_2 nicht mehr nachweisbar	+ 0,33
NO_3^- nicht mehr nachweisbar	+ 0,22
Beginn der Fe^{2+}-Bildung	+ 0,15
Beginn der SO_4^{2-} Reduktion und Sulfidbildung	-0,05
Beginn der CH_4-Bildung	-0,12
SO_4^{2-}- nicht mehr nachweisbar	-0,18

Unter extrem anoxischen Bedingungen wird schließlich CO_2 zu CH_4 (**Methanogenese**) reduziert. Dadurch kommt es zur Bildung von Faulgas (auch Sumpfgas), das überwiegend aus Methan besteht. Methanemissionen aus Böden (Moore, Sümpfe, Reisböden) spielen im globalen Klimawandel eine wichtige Rolle, weil Methan ein hochwirksames Treibhausgas ist.

5.7.5 Redoxpotenziale von Böden

Die Messung von Redoxpotenzialen in Böden oder Bodenproben im Labor ist mit einigen Problemen behaftet. Da im Boden selten alle Redoxpaare im chemischen Gleichgewicht sind und die Pt-Elektrode nicht auf alle Redoxpaare gleichermaßen anspricht, zeigt sie ein schlecht definiertes „Mischpotenzial" an. Insbesondere bei sehr niedrigen Konzentrationen der oxidierten und/oder reduzierten Spezies reagiert die Pt-Elektrode nur sehr träge. Außerdem kann die Pt-Elektrode durch einige Substanzen „vergiftet" (z. B. H_2S) oder inaktiviert (z. B. Oxid- oder Carbonatausscheidungen) werden. Eine regelmäßige mechanische oder chemische Reinigung der Elektrode wird dann erforderlich. Auch die als Bezugselektrode verwendete Kalomelelektrode (Hg/Hg_2Cl_2) kann durch H_2S infolge einer Bildung von Quecksilbersulfid zerstört werden. In sulfidhaltigen Proben muss die Bezugselektrode deshalb durch eine Elektrolytbrücke vor dem Kontakt mit der Probe geschützt werden. Redoxpotenzialmessungen im Gelände zeigen zudem oft große Schwankungen, weil die Redoxbedingungen in Mikrobereichen des Bodens stark variieren. Durch die Verschleppung von Sauerstoffspuren beim Einstechen der Elektroden (vor allem in nassen Böden) oder durch schlechten oder fehlenden Elektrodenkontakt (vor allem in trockenen Böden) können zusätzlich systematische Fehler entstehen. Redoxpotenzialmessungen in Böden sind deshalb qualitativ zu interpretieren. Trotzdem ergeben sie wertvolle Information über den Redoxzustand und die Redoxdynamik in Böden und werden deshalb in Feld- und Laborexperimenten zusammen mit anderen Messungen eingesetzt.

Gut durchlüftete, stark saure Böden weisen die höchsten Redoxpotenziale auf (bis +0,8 V). Die niedrigsten Werte treten unter anaeroben, neutralen bis alkalischen Bedingungen auf (bis -0,35 V). Im Jahresverlauf kann das Redoxpotenzial der Böden stark variieren, insbesondere in grund- und stauwasserbeeinflussten Bodenhorizonten, welche pe-

5

riodisch vernässt sind. Die Redoxdynamik hängt dabei neben der Temperatur auch stark vom Gehalt an abbaubarer organischer Substanz des Bodens ab. In humusreichen Ah-Horizonten sinkt das Redoxpotenzial bei Wassersättigung innerhalb weniger Stunden stark ab, weil Mikroorganismen den Sauerstoff schnell aufbrauchen und der Boden stark anoxisch wird. In Unterböden mit geringen Gehalten an organischer Substanz ist die mikrobielle Aktivität dagegen viel geringer, das Redoxpotenzial sinkt bei Wassersättigung langsamer und weniger stark ab. Auch kühle Temperaturen verlangsamen die Redoxdynamik auf Grund der geringeren mikrobiellen Aktivität. In Reduktosolen erfolgt Reduktion in ungesättigten Böden, weil aufsteigende **Reduktgase** (CO_2, CH_4) postvulkanischer Mofetten, von Mülldeponien oder defekter Erdgasleitungen den Eintritt von Luft-O_2 in einen Boden verhindern (Kap 7.5.1.16).

5.8 Literatur

Weiterführende Lehr- und Fachbücher

ARAI, Y. & D. L. SPARKS (2007): Phosphate reaction dynamics in soils and soil components: A multiscale approach. – Adv. Agron. **94**, 135...179.

BARTLETT, R. J. & B. R. JAMES (1993): Redox chemistry of soils. – Adv. Agron. **50**, 151...208.

BERNER, E. & R. BERNER (1996): Global Environment: Water, Air, and Geochemical Cycles, Prentice Hall, Upper Saddle River, New Jersey.

BOHN, H. L., B. L. MCNEAL & G. A. O'CONNOR (2001): Soil Chemistry, 3. Aufl., Wiley, New York.

BOLAN, N. S., D. C. ADRIANO & D. CURTIN (2003): Soil acidification and liming interactions with nutrient and heavy metal transformation and bioavailability. – Adv. Agron. **78**, 215...272.

BOLAN, N. S., R. NAIDU, J. K. SYERS & R. W. TILLMAN (1999): Surface charge and solute interactions in soils. – Adv. Agron. **67**, 87...140.

BROWN, G. E. JR., G. A. PARKS & P. A. O'DAY (1995): Sorption at mineral-water interfaces: macroscopic and microscopic perspectives. In: VAUGHAN, D. J. & R. A. D. PATTRICK (Ed.): Mineral Surfaces, Chapman & Hall, London. Jr.

CARRILLO-GONZALEZ, R., J. SIMUNEK, S. SAUVE & D. ADRIANO (2006): Mechanisms and pathways of trace element mobility in soils. – Adv. Agron. **91**, 111...178.

CHOROVER, J., R. KRETZSCHMAR, F. GARCIA-PICHEL & D. L. SPARKS (2007): Soil biogeochemical processes within the Critical Zone. – Elements **3**, 321...326.

DAVIS, J. A. & D. B. KENT (1990): Surface complexation modeling in aqueous geochemistry. In: HOCHELLA,

M. F. J. & A. F. WHITE (Hrsg.): Mineral-Water Interface Geochemistry, Mineralogical Society of America, Washington, D.C.

ESSINGTON, M. E. (2004): Soil and Water Chemistry: An Integrative Approach, CRC Press, Boca Raton.

EVANGELOU, V. P. (1998): Environmental Soil and Water Chemistry: Principles and Applications, Wiley, New York.

FAGERIA, N. K. & V. C. BALIGAR (2008): Ameliorating soil acidity of tropical Oxisols by liming for sustainable crop production. – Adv. Agron. **99**, 345...399.

FENDORF, S. E., D. L. SPARKS, G. M. LAMBLE & M. J. KELLEY (1994): Applications of X-ray-absorption fine structure spectroscopy to soils. – Soil Sci. Soc. Am. J. **58**, 1583...1595.

FIEDLER, S., M. J. VEPRASKAS & J. L. RICHARDSON (2007): Soil redox potential: Importance, field measurements, and observations. – Adv. Agron. **94**, 1...54.

FORD, R. G., A. C. SCHEINOST & D. L. SPARKS (2001): Frontiers in metal sorption/precipitation mechanisms on soil mineral surfaces. – Adv. Agron. **74**, 41...62.

GOLDBERG, S. (1992): Use of surface complexation models in soil chemical systems. – Adv. Agron. **47**, 233...329.

HIRADATE, S., J. F. MA & H. MATSUMOTO (2007): Strategies of plants to adapt to mineral stresses in problem soils. – Adv. Agron. **96**, 65...132.

HOCHELLA, M. F., S. K. LOWER, P. A. MAURICE, R. L. PENN, N. SAHAI, D. L. SPARKS & B. S. TWINING (2008): Nanominerals, mineral nanoparticles, and Earth systems. – Science **319**, 1631...1635.

HOCHELLA, M. F. J. & A. F. WHITE (Hrsg.) (1990): Mineral-Water Interface Geochemistry, Mineralogical Society of America, Washington, D.C.

HUANG, P. M. (2004): Soil mineral-organic matter-microorganism interactions: Fundamentals and impacts. – Adv. Agron. **82**, 391...472.

JARDINE, P. M. (2008): Influence of coupled processes on contaminant fate and transport in subsurface environments. – Adv. Agron. **99**, 1...99.

JOHNSTON, C. T. & E. TOMBACZ (2002): Surface chemistry of soil minerals. In: DIXON, J. B. & D. G. SCHULZE (Ed.): Soil Minerals with Environmental Applications, Soil Science Society of America, Madison, Wisconsin.

KARATHANASIS, A. D. (2002): Mineral equilibria in environmental soil systems. In: DIXON, J. B. & D. G. SCHULZE (Ed.): Soil Mineralogy with Environmental Applications, Soil Sience Society of America, Madison, Wisconsin.

KRAEMER, S. M., D. E. CROWLEY & R. KRETZSCHMAR (2006): Geochemical aspects of phytosiderophore-promoted iron acquisition by plants. – Adv. Agron. **91**, 1...46.

KRETZSCHMAR, R., M. BORKOVEC, D. GROLIMUND & M. ELIMELECH (1999): Mobile subsurface colloids and their role in contaminant transport. – Adv. Agron. **66**, 121...193.

KRETZSCHMAR, R. & T. SCHAEFER (2005): Metal retention and transport on colloidal particles in the environment. – Elements **1**, 205...210.

LANGMUIR, D. (1997): Aqueous Environmental Geochemistry, Prentice Hall, Upper Saddle River, New Jersey.

LIMOUSIN, G., J. P. GAUDET, L. CHARLET, S. SZENKNECT, V. BARTHES & M. KRIMISSA (2007): Sorption isotherms: A review on physical bases, modeling and measurement. – Appl. Geochem. **22**, 249...275.

LINDSAY, W. L. (1979): Chemical Equilibria in Soils, Wiley, New York.

MANTHEY, J. A., D. E. CROWLEY & D. G. LUSTER (Hrsg.) (1994): Biochemistry of Metal Micronutrients in the Rhizosphere, Lewis Publishers, Boca Raton.

MARSCHNER, H. (1995): Mineral Nutrition of Higher Plants, 2. Aufl., Academic Press, London.

MAURICE, P. A. & M. F. HOCHELLA (2008): Nanoscale particles and processes: A new dimension in soil science. – Adv. Agron. **100**, 123...153.

MCBRIDE, M. B. (1989): Surface chemistry of soil minerals. In: DIXON, J. B. & S. B. WEED (Hrsg.): Minerals in Soil Environments, 2. Aufl., Soil Science Society of America, Madison, Wisconsin.

MCBRIDE, M. B. (1994): Environmental Chemistry of Soils, Oxford University Press, New York.

MERDY, P., L. K. KOOPAL & S. HUCLIER (2006): Modeling metal-particle interactions with an emphasis on natural organic matter. – Environ. Sci. Technol. **40**, 7459...7466.

MURAD, E. & W. R. FISCHER (1988): The geobiochemical cycle of iron. In: STUCKI, J. W., B. A. GOODMAN & U. SCHWERTMANN (Hrsg.): Iron in Soils and Clay Minerals, Kluwer Academic Publishers, Dordrecht.

OZE, C., S. FENDORF, D. K. BIRD & R. G. COLEMAN (2004): Chromium geochemistry of serpentine soils. – Intern. Geol. Rev. **46**, 97...126.

QAFOKU, N. P., E. VAN RANST, A. NOBLE & G. BAERT (2004): Variable charge soils: Their mineralogy, chemistry and management. – Adv. Agron. **84**, 159...215.

RAI, D. & J. A. KITTRICK (1989): Mineral equilibria and the soil system. In: DIXON, J. B. & S. B. WEED (Hrsg.): Minerals in Soil Environments, 2. Aufl., Soil Science Society of America, Madison, Wisconsin.

RITCHIE, G. S. P. & G. SPOSITO (1995): Speciation in soils. In: URE, A. M. & C. M. DAVIDSON (Hrsg.): Chemical Speciation in the Environment, Blackie and Son, Glasgow.

ROBARGE, W. P. (1999): Precipitation/dissolution reactions in soils. In: SPARKS, D. L. (Hrsg.): Soil Physical Chemistry, 2. Aufl., CRC Press, Boca Raton.

ROBIN, A., G. VANSUYT, P. HINSINGER, J. M. MEYER, J. F. BRIAT & P. LEMANCEAU (2008): Iron dynamics in the rhizosphere: Consequences for plant health and nutrition. – Adv. Agron. **99**, 183...225.

SCHNITZER, M. (2000): A lifetime perspective on the chemistry of soil organic matter. – Adv. Agron. **68**, 1...58.

SCHWARZENBACH, R. P., P. M. GSCHWEND & D. M. IMBODEN (2003): Environmental Organic Chemistry, 2. Aufl., Wiley, Hoboken.

SPARKS, D. L. (2001): Elucidating the fundamental chemistry of soils: past and recent achievements and future frontiers. – Geoderma **100**, 303...319.

SPARKS, D. L. (2003): Environmental Soil Chemistry, 2. Aufl., Academic Press, San Diego.

SPOSITO, G. (1989): The Chemistry of Soils, Oxford University Press, New York.

SPOSITO, G. (1994): Chemical Equilibria and Kinetics in Soils, Oxford University Press, New York.

SPOSITO, G. (Ed., 1995): The Environmental Chemistry of Aluminum, 2. Aufl., CRC Press, Boca Raton.

SPOSITO, G. (2004): The Surface Chemistry of Natural Particles, Oxford University Press, New York.

STEVENSON, F. J. (1994): Humus Chemistry: Genesis, Composition, Reactions, 2. Aufl., Wiley, New York.

STUMM, W. (1992): Chemistry of the Solid-Water Interface, Wiley, New York.

STUMM, W. & J. J. MORGAN (1996): Aquatic Chemistry: Chemical Equilibria and Rates in Natural Waters, Wiley, New York.

SUAREZ, D. L. (1999): Thermodynamics of the soil solution. In: SPARKS, D. L. (Hrsg.): Soil Physical Chemistry, 2. Aufl., CRC Press, Boca Raton.

SUMNER, M. E. (Hrsg.) (2000): Handbook of Soil Sciences, CRC Press, Boca Raton.

SUTTON, R. & G. SPOSITO (2005): Molecular structure in soil humic substances: The new view. – Environ. Sci. Technol. **39**, 9009...9015.

TIPPING, E. (2002): Cation Binding by Humic Substances, Cambridge University Press, Cambridge, UK.

Zitierte Spezialliteratur

BERNER, E. & R. BERNER (1996): Global Environment: Water, Air, and Geochemical Cycles, Prentice Hall, Upper Saddle River, New Jersey.

BRADFORD, G. R., F. L. BAIR & V. HUNSACKER (1971): Trace and major element contents of soil saturation extracts. – Soil Sci. **112**, 225...230.

BROWN, B. A., R. I. MUNSELL, R. F. HOLT & A. V. KING (1956): Soil reactions at various depths as influenced by time since application and amounts of limestone. – Soil Sci. Soc. Am. Proc. **20**, 518...522.

CAMPBELL, D. J. & P. H. T. BECKETT (1988): The soil solution in a soil treated with digested sewage sludge. – J. Soil Sci. **39**, 283...298.

CHRISTL, I. & R. KRETZSCHMAR (1999): Competitive sorption of copper and lead at the oxide-water interface: Implications for surface site density. – Geochim. Cosmochim. Acta **63**, 2929...2938.

CHRISTL, I., H. KNICKER, I. KOGEL-KNABNER & R. KRETZSCHMAR (2000): Chemical heterogeneity of humic substances: characterization of size fractions obtained by hollow-fibre ultrafiltration. – Eur. J. Soil Sci. **51**, 617...625.

5

DAVIS, J. A. & D. B. KENT (1990): Surface complexation modeling in aqueous geochemistry. In: HOCHELLA, M. F. J. & A. F. WHITE (Hrsg.): Mineral-Water Interface Geochemistry, Mineralogical Society of America, Washington, D.C.

ESSINGTON, M. E. (2004): Soil and Water Chemistry: An Integrative Approach, CRC Press, Boca Raton.

FIELDES, M. & R. K. SCHOFIELD (1960): Mechanisms of ion adsorption by inorganic soil colloids. – New Zealand J. Sci. **3**, 563...679.

FISCHER, L., G. W. BRUMMER & N. J. BARROW (2007): Observations and modelling of the reactions of 10 metals with goethite: adsorption and diffusion processes. – Eur. J. Soil Sci. **58**, 1304...1315.

FURRER, G. & W. STUMM (1986): The coordination chemistry of weathering: I. Dissolution kinetics of d-Al_2O_3 and BeO. – Geochim. Cosmochim. Acta **50**, 1847...1860.

GOLDBERG, S. (1992): Use of surface complexation models in soil chemical systems. – Adv. Agron. **47**, 233...329.

HIEMSTRA, T. & W. H. VAN RIEMSDIJK (1996): A surface structural approach to ion adsorption: The charge distribution (CD) model. – J. Colloid Interface Sci. **179**, 488...508.

KREUZER, K. (1995): Effects of forest liming on soil processes. – Plant & Soil **168**, 447...470.

LANGMUIR, D. (1997): Aqueous Environmental Geochemistry, Prentice Hall, Upper Saddle River, New Jersey.

OKAZAKI, M. K., K. SAKAIDANI, T. SAIGUSA & N. SAKAIDA (1989): Ligand exchange of oxyanions on synthetic hydrated oxides of iron and aluminum. – Soil Sci. Plant Nutr. **35**, 337...346.

ROBARGE, W. P. (1999): Precipitation/dissolution reactions in soils. In: SPARKS, D. L. (Hrsg.): Soil Physical Chemistry, 2. Aufl., CRC Press, Boca Raton.

SCHACHTSCHABEL, P. (1951): Die Methoden zur Bestimmung des Kalkbedarfs im Boden. – Z. Pflanzenern. Düng. Bodenk. **54**, 134...145.

STUMM, W. (1992): Chemistry of the Solid-Water Interface, Wiley, New York.

STUMM, W. & J. J. MORGAN (1996): Aquatic Chemistry: Chemical Equilibria and Rates in Natural Waters, Wiley, New York.

SUAREZ, D. L. (1999): Thermodynamics of the soil solution. In: SPARKS, D. L. (Hrsg.): Soil Physical Chemistry, 2. Aufl., CRC Press, Boca Raton.

TIPPING, E. (2002): Cation Binding by Humic Substances, Cambridge University Press, Cambridge, UK.

VAN RAIJ, B. & M. PEECH (1972): Electrochemical properties of some Oxisols and Alfisols of the tropics. – Soil Sci. Soc. Am. Proc. **36**, 587...593.

WALTHERT, L., S. ZIMMERMANN, P. BLASER & P. LÜSCHER (2004): Waldböden der Schweiz. Band 1. Grundlagen und Region Jura, Hep Verlag, Bern.

6 Physikalische Eigenschaften und Prozesse

Böden sind Naturkörper und als solche durch jeweils typische physikalische Eigenschaften gekennzeichnet; Farbe (Kap. 6.8) und Körnung (Kap. 6.1) fallen am meisten ins Auge. Sie sind daher wichtige Bestandteile einer jeden Bodenbeschreibung.

Neben diesen beiden Eigenschaften ist als nächste Kenngröße zu definieren, ob die Partikel homogen oder aggregiert im Raum verteilt sind. Das Gefüge ist folglich die nächste physikalische Eigenschaft, die durch morphologische Beschreibung in der Regel erschöpfend erfasst werden kann.

Alle anderen physikalischen Eigenschaften wie Festigkeit, mithin Tragfähigkeit für Betreten und Befahren, die Porengrößenverteilung und damit die Durchwurzelbarkeit, sowie die Speicherfähigkeit für Wasser und Luft, sowie die Temperatur, d. h. somit die primären Wachstumsbedingungen für jede Vegetation, sind mit den oben genannten, morphologisch erfassbaren in verschiedener Weise korreliert. Die Zusammenhänge sind jedoch oft nicht sehr eng, wenn durch Bodenentwicklung und Bodennutzung die primären Eigenschaften deutlich überprägt sind. Auf spezielle Messungen kann daher in den meisten Fällen nicht verzichtet werden.

Dies gilt erst recht für Bewegungs- und damit verbundene Transportvorgänge. Ihre durch Klima und Witterung und daher oft jahreszeitlich bedingten Abläufe, die den Wasser- bzw. Lufthaushalt eines jeden Bodens ausmachen, sind komplizierte Prozesse, bei denen nichtstationäre und periodisch ablaufende Vorgänge viel häufiger sind als kontinuierliche Messungen im Bereich dieser Haushalte.

Korrelative Zusammenhänge zwischen den Eigenschaften aller drei Gruppen sind daher von hoher praktischer Bedeutung. Sie ermöglichen Aussagen ohne umständliche und zeitaufwendige Messungen. Dies gilt sowohl für nutzungsrelevante Eigenschaften als auch für den Entwurf von Computermodellen zur Darstellung von Prozessabläufen. In beiden Fällen ist das Ergebnis abhängig von der Kenntnis über die Art und das Ausmaß der Zusammenhänge.

6.1 Körnung und Lagerung

Das Material, aus dem die feste Phase des Bodens besteht, liegt an der Oberfläche der Lithosphäre gewöhnlich nicht als Kontinuum vor, sondern ist körnig. Das gilt nicht nur für die anorganische Komponente, die aus Gesteinsbruchstücken oder Mineralpartikeln besteht, sondern auch für die organische Komponente, die sich fast ausschließlich aus mehr oder weniger zerbrochenen und zersetzten Pflanzenteilen zusammensetzt oder auf sie zurückgeht.

Die Körnigkeit und die durch die Lagerung dieser Körner gegebene Porosität sind die Voraussetzung dafür, dass in einem Bodenvolumen Platz für Wasser und Luft sowie für Wurzeln und Bodentiere vorhanden ist. Daher beeinflussen diese Bodeneigenschaften nicht nur alle Lebensvorgänge im Boden, sondern darüber hinaus auch Wechselwirkungen zwischen der festen, flüssigen und gasförmigen Phase sowie jegliche Transporte und Verlagerungen.

6.1.1 Entstehung der Körner

Wenn festes Gestein durch geologische Vorgänge, wie z. B. durch Vulkanismus, Erosion durch Wind und Wasser, Rückzug von Wasser oder Eis, veränderten Umweltbedingungen ausgesetzt wird, verändern sich auch die internen Spannungsbedingungen. Es kommt dadurch zu Entlastungsbrüchen sowie zur Ausbildung eines **Kluftnetzes**. Eine ursprünglich als Kontinuum zutage getretene Gesteinsmasse liegt dann bald als Ansammlung von Bruchstücken bzw. Körnern vor. Im weiteren Verlauf der physikalischen Verwitterung (Kap. 2.4.1) werden die Gesteinsbruchstücke je nach Art des Ausgangsmaterials, nach Witterungs- und Klimabedingungen sowie abhängig von Transportvorgängen weiter zerkleinert und sortiert. Dabei entstehen sehr verschiedene Verteilungen bzw. Mischungen von Körnern unterschiedlicher Größen, die über mehrere Potenzen hinsichtlich ihres Durch-

6

messers variieren können. Für die organische Komponente der Böden lässt sich auch eine vergleichbare Größenverteilung der diskreten Partikel als Folge des Abbaus von Pflanzenteilen vor allem durch Fressvorgänge verschiedener bodenbewohnender Nagetiere bis zu Arthropoden (z. B. Milben) aufstellen. Diese organischen Partikel haben vielfach weitaus unregelmäßigere Formen als Mineral- oder Gesteinskörner. Neben derartigen Bruchstücken und Abbauprodukten treten in Böden auch **Neubildungen** in Form anorganischer oder organischer Komponenten auf. Mit zunehmender Größe dieser Neubildungen nimmt ihr Anteil an der Gesamtkörnung ab. Nicht immer sind Neubildungen diskrete Körner. Sie können auch als Überzüge oder Beläge auf größeren Partikeln gebildet werden, die erst im Verlauf der weiteren Entwicklung zu freien Teilchen werden.

Für solche frei nebeneinander liegenden Teilchen wird auch der Begriff Primärpartikel oder **Primärteilchen** benutzt, um den Unterschied zu Aggregaten, d. h. aus aneinanderhängenden Primärteilchen zusammengesetzten Körpern, deutlich zu machen. **Aggregate** kommen in allen Größenordnungen vor und weisen unterschiedliche Festigkeiten auf. Für die Beurteilung einer Korngrößenverteilung ist es daher wichtig, das Ausmaß der Aufteilung von Aggregaten in ihre Primärteilchen durch den Analysenvorgang oder vor dessen Beginn zu berücksichtigen. Wegen der erwähnten unterschiedlichen Festigkeiten bietet die richtige Erfassung von Primärteilchen prinzipiell Schwierigkeiten, die nur durch Einhalten der konventionellen Zerstörungsbedingungen z. B. der organischen Substanz, Carbonate, umgangen werden können.

Für die Bodenentwicklung und -nutzung sind Teilchen mit Durchmessern < 2 mm von besonderer Bedeutung, weil zum einen zwischen ihnen erhebliche Wassermengen gegen die Schwerkraft festgehalten werden können, die dann auch den Luftanteil und -menge beeinflussen. Zum anderen hängt das Ausmaß von chemischen Adsorptions- und Austauschvorgängen von der Mineraloberfläche ab, die je Masseeinheit verfügbar ist. Sie wird wiederum mit abnehmender Korngröße größer.

6.1.2 Größe der Körner

Sowohl bei der Zerkleinerung grober Bruchstücke als auch beim Wachsen von Neubildungen variiert die Skala der auftretenden Größen sehr stark. Sie reicht vom Meterbereich bis unter die Auflösungsgrenze des Lichtmikroskops. Um für diesen weiten Bereich eine einheitliche Maßzahl zu haben,

wird in der Regel der Median (des Logarithmus) der Äquivalentdurchmesser der Primärteilchen zur Charakterisierung verwendet. Der **Äquivalentdurchmesser** ist eine Hilfsgröße, die es erlaubt, einzeln anfassbaren Partikeln ebenso einen Durchmesser zuzuordnen wie solchen, die nur unter dem Mikroskop erkennbar sind. Er ist somit eine Konvention.

Bei Korntrennung durch Siebung bezeichnet er den Durchmesser der Löcher bzw. den Maschen-

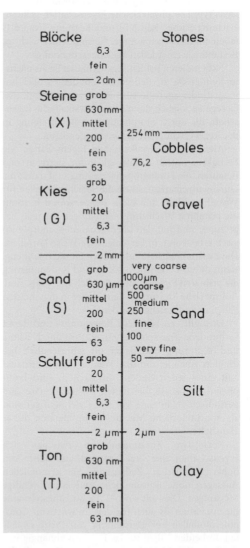

Abb. 6.1–1 Einteilung der Korngrößenfraktionen. Deutsche (links) und amerikanische Nomenklatur (rechts).

abstand der Siebe als Grenzwert für Körner zweier Größenklassen besonders dann, wenn es sich um nicht runde Partikel handelt. Im Bereich der Korntrennung durch Sedimentation entspricht ein Äquivalentdurchmesser dem doppelten Radius einer Kugel, die bei der Sedimentation ebenso schnell sinkt wie das entsprechende Primärteilchen. Mit dieser Größe ist es somit möglich, Teilchen im Bereich aller vorkommenden Formen und Abmessungen mit einem einzigen Parameter zu erfassen. Die Größenskala der Körner wird dann als Kontinuum darstellbar. Aufgrund ihrer großen Spannweite von $10^0 \ldots 10^{-9}$ m wird sie logarithmisch gestaucht.

Da Ziffern für die Äquivalentdurchmesser wenig anschaulich sind, werden zum Bezeichnen der Hauptkornfraktionen einfache Namen z. T. aus der Umgangssprache benutzt. Die dabei verwendeten Fraktionsgrenzen sind konventionell festgelegt (Abb. 6.1-1).

6.1.3 Einteilung der Körner

Für die Einteilung der Primärteilchen wird meistens die Größe, dargestellt durch den Äquivalentdurchmesser, herangezogen.

6.1.3.1 Korngrößenfraktionen

Bei der Einteilung der Äquivalentdurchmesser in Fraktionen wird in der Regel ein logarithmischer Maßstab angelegt. Als Basis für die Fraktionsgrenzen dient auf Vorschlag von ATTERBERG die Ziffer 2. Nach dieser Konvention trennt man zunächst das Bodenskelett (Grobboden) mit Äquivalentdurchmessern > 2 mm vom Feinboden mit Durchmessern ≤ 2 mm. Die weitere Einteilung der Feinbodenfraktionen erfolgt bei Sand, Schluff und Ton in Deutschland durch Teilen der durch die Ziffer 2 vorgegebenen Skalenabschnitte in der Mitte der logarithmischen Skala, nämlich bei der Ziffernfolge 63. Die dabei entstehenden Fraktionsgrenzen sind in Abb. 6.1-1 dargestellt. Die Abbildung zeigt, dass diese Konvention des äquidistanten logarithmischen Abstandes (0,5 als Differenz zwischen den Ziffern lg 2 = 0,3 und lg 6,3 = 0,8 etc.) z. B. in den USA für den Bereich der Feinerde am Übergang von Schluff zu Sand (mit 50 µm) nicht eingehalten wird. Auch im Bereich der Skelettfraktionen treten unterschiedliche Grenzen auf. Allen Einteilungssystemen gemeinsam ist aber, dass die Tonfraktion stets bei ≤ 2 µm beginnt; bei der Bodenschätzung wird hingegen als kleinste Korngröße diejenige < 10 µm definiert (s. Kap. 11.2).

6.1.3.2 Mischungen, Korngrößenverteilungen

Die Körner, die in einem Boden nebeneinander vorliegen, können einen breiten oder einen engen Bereich auf der in Abb. 6.1-1 gezeigten Größenskala einnehmen. Sie können also größenmäßig gemischt oder mehr oder weniger gut sortiert sein. Dieser Sachverhalt lässt sich am anschaulichsten durch eine **Körnungssummenkurve** darstellen (Abb. 6.1–2).

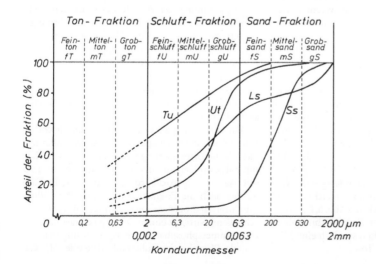

Abb. 6.1–2 Körnungssummenkurven von Feinböden aus Sand (Ss), Löss (Ut), Geschiebelehm (Ls) und tonreichem Schlick (Tu).

6

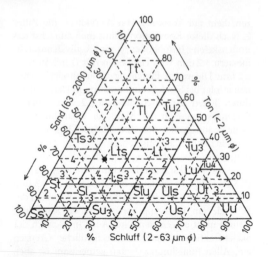

Abb. 6.1–3 Bodenarten des Feinbodens im Dreiecks-koordinatensystem. S,s = Sand,sandig; U, u = Schluff, schluffig; T, t = Ton, tonig; L, l = Lehm, lehmig. Die Ziffern 2, 3, 4 geben innerhalb des betreffenden Feldes den Anteil der durch das Adjektiv gekennzeichneten Nebenfraktion an. Der markierte Punkt ● entspricht Anteilen von 50 % Sand, 20 % Schluff und 30 % Ton.

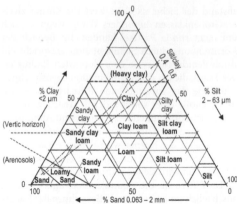

Abb. 6.1–4 Bodenarten des Feinbodens nach der FAO und der World Reference Base (WRB).

Diese kontinuierliche Kurve entsteht durch Verbinden der experimentell bestimmten und aufaddierten Anteile, die größer oder kleiner als ein bestimmter Äquivalentdurchmesser sind. Diese Art der Darstellung wird dem Charakter einer Korngrößenverteilung besser gerecht als ein Histogramm, das aus den Analysedaten gezeichnet werden würde. Geglättete Summenkurven bieten zudem die Möglichkeit, aus den Daten verschiedener Einteilungssysteme, wie z. B. in Abb. 6.1-1, die Anteile der Fraktionen vereinheitlichend umzurechnen.

Als Beispiele für konventionelle Einteilungen der Korngemische des Feinbodens sind Dreiecksdiagramme in Abb. 6.1-3 (für das deutsche) und in 6.1-4 für das von der FAO und der World Reference Base (WRB) entwickelte Klassifikationssystem dargestellt. Sie gehen von der in Abb. 6.1-1 gezeigten Übereinstimmung in der Festlegung der Obergrenzen der Ton- und der Sandfraktion aus. Innerhalb dieser Fraktionen stimmt die Einteilung jedoch nicht überein. In Deutschland ist die in Abb. 6.1-3 gezeigte Einteilung in der DIN-Norm 4220 festgelegt. Neben den in Abb. 6.1–1 aufgeführten Bezeichnungen taucht in den Körnungsdreiecken (Abb. 6.1-3 und 6.1-4) der Ausdruck ‚Lehm' auf. Er bezeichnet aber keine eigene Korngrößenfraktion, sondern eine Mischung (aus Sand, Schluff und Ton).

Für die Korngrößenverteilung des Feinbodens ist im deutschen Sprachgebrauch der Begriff **Bodenart** eingeführt. Er geht auf die Bezeichnung der Körnungsmischungen in der Reichsbodenschätzung von 1934 zurück, wobei diese nur durch den %-Anteil < 10 μm auch heute noch definiert wird. Laut Kartieranleitung (5. Auflage) werden insgesamt 21 verschiedene Gruppen vom Reinsand (Ss) bis hin zum tonigen Ton (Tt) unterschieden.

6.1.3.3 Bestimmung der Korngrößenverteilung

Die Bestimmung der Anteile der einzelnen Fraktionen erfolgt meist mit dem Ziel, eine Körnungssummenkurve zu erstellen. Hierzu kann je nach den Bedingungen eine verschiedene Anzahl von Fraktionen verwendet werden. In der Regel wird diese Kurve für den Feinboden (∅ < 2 mm) erstellt (Abb. 6.1-2). In skeletthaltigen Böden muss hingegen auch dessen prozentualer Anteil mit berücksichtigt werden.

Vor einer Analyse des Feinbodens sind leichtlösliche Salze (inklusive Gips) mit Wasser zu entfernen, da sie keine Dispergierung zulassen; häufig wird Kalk mit Salzsäure zerstört und die organische Substanz mit Wasserstoffperoxid oxidiert. Für spezielle Fälle werden auch die Eisenoxide mit einem Na-Dithionit/Citrat/Hydrogencarbonat-Extrakt entfernt. Anschließend wird mit einem Dispergierungsmittel wie Natriummetaphosphat in wässriger Lösung geschüttelt, da Phosphat koagulierend wirkende Al-, Ca-

und Mg-Ionen komplexiert, die dann durch stark peptisierend wirkende Na-Ionen ersetzt werden.

Neben der hier beschriebenen Vorbereitung werden, je nach dem Zweck der Untersuchung, auch andere Verfahren verwendet. So muss z. B. auf die Zerstörung des Kalkes verzichtet werden, wenn Kalkpartikel als separate Bestandteile des Körnungsspektrums vorliegen.

Beim Feinboden werden die Anteile der Sandfraktionen durch **Sieben** ermittelt. Die Anteile der Schluff- und der Tonfraktionen werden hingegen durch **Sedimentation**, meist mittels Pipett- oder Aräometer-Methoden, bestimmt. Hierbei wird die **Sinkgeschwindigkeit** (v), die von der Teilchengröße (Radius r), der Dichtedifferenz zwischen den Teilchen (ρ_F) und dem Wasser (ρ_w) sowie der ihrerseits temperaturabhängigen Viskosität (η) und der Beschleunigung (g) abhängig ist, nach der Gleichung von STOKES (1845) errechnet:

$$v=\frac{2\times r^2\times(\rho_F-\rho_w)\times g}{9\times\eta} \qquad \text{(Gl. 6.1.1)}$$

Die Gleichung gilt nur für Kugeln und ist folglich streng genommen auch nur für Sande direkt anwendbar. Je feiner die Partikel werden, desto stärker weichen sie von der Kugelform ab und erreichen bei den Tonmineralen dann meist vollständige Plättchenform. Für alle von der Kugelform abweichende Formen werden daher sogenannte Äquivalentradien als mittlerer Radius der Partikel ermittelt und damit dem Radius der Kugel gleichgesetzt.

Als Dichte der Mineralpartikel wird in der Regel die des Quarzes eingesetzt ($\rho_s = 2{,}65\ \mathrm{g\,cm^{-3}}$), weil dieses Mineral häufig in Böden vorliegt, sofern es sich nicht um Böden z. B. aus Basalt, Kalkstein, hohem Eisenoxidgehalt oder aus humosem Material handelt.

Die Durchführung einer vollständigen Körnungsanalyse ist sehr zeitaufwendig. Alternative Verfahren unter Einsatz der Gammastrahlung bzw. Lasertechnik werden ebenso angewandt wie Schätzmethoden seit jeher eine erhebliche Bedeutung haben. Letztere werden vor allem im Bereich der Geländearbeit praktiziert. Mit der **Fingerprobe** kann die Körnung aus Kriterien wie Plastizität, Rollfähigkeit, Schmierfähigkeit und Rauhigkeit einer feuchten Probe angesprochen werden. Die Tonfraktion ist gut formbar und hat eine durch das freigepresste Wasser hervorgerufene glänzende und durch die Einregelung der Tonplättchen gleichzeitig glatte Schmierfläche. Schluff ist weniger verformbar, mehlig und leicht staubig werdend. Seine Schmierfläche ist rauh. Sand schließlich ist nicht formbar, schmutzt nicht, seine Körnigkeit ist zu erkennen. Bei humosen Proben (von der Farbe her anzusprechen) ist der Humusgehalt von dem für die Tonfraktion geschätzten Wert abzuziehen. Von geübten Kartierern kann der Anteil dieser drei Fraktionen im Bereich bis zu 20 % Ton mit ca. 5 % Genauigkeit geschätzt werden. Bei Tonanteilen über 20 % wird die Schätzgenauigkeit geringer. Es ist also in vielen Fällen möglich, eine Körnung einer Bodenart – also einem Flächenabschnitt in einem Körnungsdreieck wie in Abb. 6.1-3 – mit hoher Sicherheit durch eine Fingerprobe zuzuordnen.

6.1.4 Eigenschaften der Körner

Die Körner (Primärteilchen) der anorganischen Komponente bestimmen in der Regel den Charakter eines Bodens. Nur bei hohen Anteilen an organischer Substanz, wie sie z. B. Anmoore oder Moore (Kap. 7.5.4) aufweisen, wird der Charakter der mineralischen Körner durch deren Eigenschaften überdeckt.

6.1.4.1 Zusammensetzung und Form

Während die Primärpartikel in den Fraktionen der Blöcke, Steine, Kiese und Grobsande in der Regel Gesteinsbruchstücke sind, überwiegen in den feineren Sand-, Schluff- und Tonfraktionen die Mineralpartikel. Dabei ist der Anteil an Neubildungen aus der Gruppe der Tonminerale und der Oxide am größten. Hinsichtlich der Form und der Variationsbreite der Formen nimmt die Abrundung der Partikel sowohl zur Skelettfraktion aber auch zur Schluff- und Tonfraktion ab, während im Bereich des Sandes von Sedimentgesteinen am häufigsten die Kugelform auftritt. Im Kies- und Steinbereich können stark kantige Formen (= Grus) auftreten, während Gerölle auch stark gerundet sind. Auch nähern sich die Teilchen der Form der sie bildenden Minerale an. Die Tonfraktion wird daher durch ihre unregelmäßigen Formen gekennzeichnet, viele Tonminerale durch ausgeprägte Blättchenform, da es sich um Schichtsilikate handelt (Kap. 2.2.3). Unregelmäßige Formen kennzeichnen auch die Feinteilchen in stark humifizierten Torfen.

6.1.4.2 Oberflächen

Mit dem Abrundungsgrad und der Korngröße hängt die Oberfläche bezogen auf die Masseeinheit eng zusammen. Schon die Aufteilung der Masse einer Kugel in immer mehr und immer kleinere Kugeln erhöht die Oberfläche beträchtlich (Tab. 6.1-1).

Tab. 6.1-1 Beziehung zwischen Korngröße, Kornzahl und Gesamtoberfläche bei Zerteilung einer Kugel mit einem Radius von r = 1cm in kugelförmige Teilchen.

Kugelradius		Kugelzahl	Gesamt-oberfläche
10	mm	10^0	$1{,}26 \cdot 10^1$ cm^2
1	mm	10^3	$1{,}26 \cdot 10^2$ cm^2
0,1	mm	10^6	$1{,}26 \cdot 10^3$ cm^2
0,01	mm	10^9	$1{,}26 \cdot 10^4$ cm^2
1	µm	10^{12}	$1{,}26 \cdot 10^5$ cm^2
0,1	µm	10^{15}	$1{,}26 \cdot 10^6$ cm^2

Jede Abweichung von der Kugelform vergrößert die Oberfläche eines Körpers im Verhältnis zu seinem Volumen. Dünne Blättchen sind dabei einer Kugel am unähnlichsten. Sie haben daher im Verhältnis zu ihrer Masse (bzw. ihrem Volumen) die größte Oberfläche. Dabei spielt nicht so sehr die Größe des Blättchendurchmessers eine Rolle, der über die Fläche gemessen wird, sondern vor allem seine Dicke. Da die Kugelähnlichkeit von Sand über Schluff zu Ton hin abnimmt, ist in natürlichen Böden die Zunahme der Oberfläche je Masseeinheit noch weitaus größer als in Tab. 6.1-1 dargestellt. Sie kann je Gramm Ton bis zu ca. 1.000 m^2 betragen, wenn die Blättchen dünn genug sind. Die Oberflächen der Mineralpartikel der Sand- und Schlufffraktion liegen meistens nicht ganz frei. Oft sind sie mit dünnen Filmen von Feinstmaterial wie Mineralneubildungen bzw. ihren Vorstufen bedeckt. In A-Horizonten handelt es sich häufig um organisches Material, was wiederum die Benetzbarkeit der Partikel und Aggregate auch jahreszeitlich deutlich beeinflussen kann. Bei der Tonfraktion ist die Zugänglichkeit von Oberflächen durch Mikroaggregatbildung beeinträchtigt. Dies zeigt sich z. B. darin, dass bei Körnungsanalysen unter alleiniger Verwendung von Wasser als Dispergierungsmittel nur ein Teil des Materials, das als Gesamtton bezeichnet wird, erfasst wird.

6.1.5 Häufige Verteilung der Körner

Die Körnung eines bestimmten Bodens ist das Ergebnis des Zusammenwirkens von Ausgangsmaterial und seiner Entstehung, von Verwitterung und Abrundung sowie ggf. von der größen- und mineralartmäßigen Sortierung durch Transport in strömendem Wasser oder durch Wind. Dies hat zur Folge, dass bestimmte Körnungen häufiger auftreten als andere und dass die räumliche Verteilung ebenfalls Gesetzmäßigkeiten erkennen lässt.

6.1.5.1 Ursachen

Durch Wind oder Wasser transportierte Kornmischungen sind stärker **sortiert**, d. h. sie besitzen eine engere Konzentrierung der Durchmesser um einen Mittelwert, als solche, die insgesamt z. B. in Gegenwart von viel Wasser geflossen oder hangabwärts gerutscht sind (z. B. Fließerden). Ebenfalls **unsortiert** sind vom Eis transportierte Sedimente, es sei denn, dass vom Gletscher bereits früher sortiertes Material aufgenommen wurde.

Daraus resultiert auch, dass besser sortierte Körnungen in Landschaften bevorzugt auftreten, in denen einerseits trockenes Klima die Windverwehung begünstigt, also in Wüsten (Kälte- wie auch Wärmewüsten), und in denen andererseits großflächige Wasserströmungsereignisse eintreten, wie in Flussgebieten, im Gezeitenbereich von Meeren, aber auch in Wadis der Wärmewüsten. Ein weiterer Zusammenhang besteht darin, dass die Schlufffraktion am leichtesten in Form einzelner Partikel vom Wind erfasst und weit verfrachtet werden kann, weil sie bei den häufig auftretenden Windgeschwindigkeiten besonders lange in suspendiertem Zustand verweilen kann. Aus diesem Grund sind schluffreiche Windsedimente (Löss) auf Oberflächen des festen Landes am weitesten verbreitet und bilden hinsichtlich der Körnung ein einheitliches Ausgangsmaterial der Bodenentwicklung.

Gröbere Körner treten seltener großflächig auf, weil weder die Wasser- und erst recht nicht die Windgeschwindigkeiten ausreichen, um einen Weiter- oder Ferntransport zu initiieren. Steinpflaster und Steinsohlen, die durch Auswehen, oder Ausspülen der feinen Fraktionen bzw. durch Aufwärtsbewegung gröberer Partikel (Kryoturbation u. Peloturbation) entstehen, sind, wie ihr Name sagt, in der Regel sehr geringmächtig. Tone sind großflächig durch Wind ebenfalls nur selten transportiert worden, und wenn, dann meistens in Form von Aggregaten, die der Schlufffraktion zuzurechnen wären. Transport durch fließendes Wasser hingegen bedingt großflächige Tonansammlungen, weil Tone im Wasser stärker dispergiert, d. h. ohne Beschränkung auf den aggregierten Zustand verlagert werden.

Diese Gesetzmäßigkeiten führen dazu, dass bestimmte Körnungen häufiger auftreten als andere

6

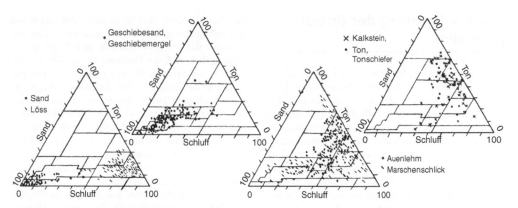

Abb. 6.1–5 Körnung verbreiteter Böden unterschiedlicher Ausgangsgesteine aus Mitteleuropa (aus HARTGE & HORN 1999).

(Abb. 6.1-5). Die Körnungsdreiecke lassen erkennen, dass Sande diejenige Fraktion sind, die am reinsten, also am besten sortiert vorkommt (bis > 95 %). Schluffreiche Sedimente, wie sie als Löss oder in Marschen und Auen vorliegen, enthalten kaum jemals weniger als ca. 10 % Ton. Ebenso sind Tongehalte über 80 % selten, der Rest der Körnung besteht dann aus Schluff. Tonreiche Körnungen sind nicht nur in frischen Sedimenten und in verwitterten Tongesteinen (Ton-Schiefer-Reihe) anzutreffen, sondern sind auch die Folge von Kalksteinverwitterung, wenn die nicht carbonatischen Rückstände sich anreichern. Denn diese gehören meist der Tonfraktion an, weil die gröberen Körner selten bis in den Bereich der Kalkabscheidung transportiert werden.

6.1.5.2 Landschaftsbezogene Vorkommen

Die beschriebenen Zusammenhänge führen dazu, dass das Auftreten bestimmter Körnungen in groben Zügen an die geologische und klimatische Vorgeschichte einer Landschaft und die davon beeinflussten geomorphologischen Formen gebunden ist.

Hierher gehört die Beobachtung, dass der Charakter eines festen Sedimentgesteins in jungen Landschaften die Körnung des Verwitterungsmaterials und somit der Böden vorgibt. Sandsteinverwitterungen ergeben hohe Sandanteile, Schieferverwitterungen hohe Tonanteile in den daraus entwickelten Böden. Standorte, bei denen das Ausgangsmaterial der Bodenbildung durch gravitationsbedingte Massenbewegung (Rutschungen, Bodenfließen) nahe der Verwitterungsstelle ansteht, haben in der Regel ein besonders breites Korngrößenspektrum. Das gilt für gebirgsnahe Standorte, aber auch für Gebiete früherer Vereisungen. In Auenlandschaften ebenso wie in Watten- und Sandersedimenten sind demgegenüber stets stärker sortierte Körnungen zu finden. Die Sortierung nimmt mit der Entfernung von der Verwitterungsstelle, also bei Flüssen zum Unterlauf der Wasserläufe hin zu. In der gleichen Richtung nimmt im Prinzip auch die mittlere Korngröße ab. Am Unterlauf von Flüssen und Strömen sind daher feinere Körnungen anzutreffen als an den jeweiligen Oberläufen. Parallel hierzu ist die Körnung flussnah, im Uferwall, stets am gröbsten und wird mit zunehmendem Abstand vom Gerinne feiner, weil die Strömung die feineren Partikel erst dort aussedimentieren lässt (vgl. Kap. 8.3). Die weiträumige Verbreitung lössartiger Körnungen wurde bereits erwähnt. Sie setzt für die Entstehungsgebiete ein Klima voraus, in dem meniskenbildende Durchfeuchtungen des Substrates selten sind, also Trockenheit oder Kälte. Bei Substraten aus geologisch alten Oberflächen können die Ergebnisse der oben beschriebenen Vorgänge durch weiteren Ablauf der Verwitterung am Ort so überprägt sein, dass die hier dargestellten Zusammenhänge nicht mehr deutlich sind.

Ganz pauschal kann davon ausgegangen werden, dass die meisten Böden in den großen Bereich der Lehme und der lehmigen Böden fallen. Dies geht aus den Häufigkeitsverteilungen in Abb. 6.1-5, aber auch aus der Häufigkeit hervor, mit der lehmige Böden in Datensammlungen vorkommen. Dieser Umstand hat auch zur Folge, dass dieser Körnungsbereich besonders differenziert eingeteilt ist (Abb. 6.1-3 und 6.1-4).

6

6.1.6 Lagerung der Primärteilchen

Wegen der verschiedenen Korngrößenverteilungen sowie der Formenvielfalt der Primärteilchen kann die feste Phase der Böden auch bei dichtester Lagerung den Raum nicht vollständig ausfüllen. Es bleiben Zwischenräume frei, die als **Poren** bezeichnet werden. Feststoffpartikel und Porenraum bilden zusammen die **Matrix**, in der Wasser und Luft gespeichert wird und fließt, wie auch sämtliche chemischen und biologischen Vorgänge, aber auch Auswaschungen und Akkumulationen darin ablaufen. Deshalb sind der Anteil des Porenraums, die Gesetzmäßigkeiten seiner Ausbildung sowie seiner Veränderung Bodeneigenschaften, die nahezu alle Vorgänge in allen Böden maßgeblich beeinflussen.

6.1.6.1 Abstützung und Berührung

Ein zentraler Punkt der Lagerung der Primärteilchen ist die gegenseitige Abstützung im Gesamtverband. Sie erfolgt an den Berührungs- bzw. Kontaktpunkten der Körner. Je enger diese Körner aneinander gelagert sind, je höher mithin die Dichte des Bodens ist, desto häufiger müssen die abstützenden Kontakte sein, und zwar im Prinzip an jedem Korn. Je intensiver die Abstützung durch mehr Kontaktpunkte innerhalb eines Bodenvolumens ist, desto größer ist auch der Widerstand, den der Boden gegen weitere Komprimierung oder Verschiebung mobilisieren kann.

Dieser Sachverhalt ist so allgemeingültig, dass er im Sprachgebrauch der Bodenkunde als Gegensatz zu einem lockeren Boden vielfach generalisierend sowohl für ‚dichterer' (= Verdichtung) als auch für ‚festerer' Boden (= Verfestigung, Stabilisierung) verwendet wird. Diese verbreitete Vereinfachung übersieht jedoch, dass die Zunahme der Zahl der Abstützungspunkte zwar eine regelmäßige, aber nicht die einzige Ursache für die Festigkeitszunahme ist. Punktuelle Erhöhung der Festigkeit an den Kontaktstellen ist die alternative Möglichkeit. Als Beispiel sei auf die Ortsteinbildung in Podsolen, die Raseneisensteinbildung in Eisengleyen, die Lösskindelbildung in Schwarzerden, die Calcrete-Bildung in Calcisolen oder die Duripanbildung in den Durisolen verwiesen (s. Kap. 7.2-6).

Bei gleichgroßen Kugeln ist der Zusammenhang zwischen der Zahl der Kontakte je Kugel und der Masse je Volumeneinheit und damit mit dem Porenanteil besonders deutlich (Abb. 6.1-6). Der volumetrische Porenanteil ist in dieser Abbildung auf den volumetrischen Festsubstanzanteil – also das Volumen der Kugeln – bezogen, weil dieses sich ja nicht ändert. Auf der Ordinate ist deshalb die Porenziffer aufgetragen. Es ist zu erkennen, dass mit Abnahme der Zahl der Kontaktpunkte je Kugel das Gesamtvolumen steigt. Bei einem Boden, dessen Festsubstanz nicht nach der Seite ausweichen kann, und dieses ist bei großflächigen Laständerungen die Regel, nimmt die Höhe der Packung zu. Kontaktzahländerungen sind also nicht nur gleichzeitig Festigkeitsänderungen, sondern auch Höhenänderungen der Bodenoberfläche.

Im Falle idealer starrer Kugeln sind die Flächen der Kontakte unendlich klein. Bei unregelmäßig geformten Primärteilchen können demgegenüber auch großflächigere Kontakte zustande kommen. Dann kommt es unter Umständen nicht mehr zu einer direkten Korn/Korn-Berührung, sondern zwischen den Mineralteilchen bleiben Wasserfilme erhalten,

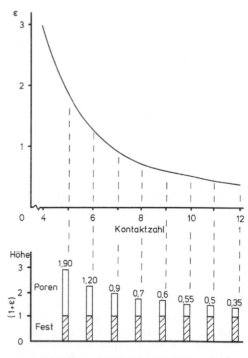

Abb. 6.1–6 Oben: Zusammenhang zwischen Kontaktzahl und Porenziffer bei gleichgroßen Kugeln. Unten: Höhenunterschied bezogen auf gleiches Gesamtvolumen der Kugeln in Abhängigkeit von der Kontaktzahl (nach HARTGE & HORN, 1999; Werte aus VON ENGELHARDT, 1960).

die bei echten Punktkontakten weggedrückt würden. Das hat Folgen für die Festigkeit des Bodens bei Druckänderungen (Kap. 6.3.3. und 6.3.4).

Da die Mineralpartikel der Böden, von der Kiesfraktion abwärts, unter den Gewichten, die in den obersten 5…10 m auftreten, kaum jemals bis zum Bruch belastet werden, sind Konfigurationen, die bei der Sedimentation entstehen, später nicht ohne weiteres änderbar. Die geordnete dichteste Lagerung, wie sie für gleichgroße Kugeln mit je 12 Kontaktpunkten in Abb. 6.1-6 angesetzt ist, wird daher unter natürlichen Bedingungen selbst dann nicht erreicht, wenn während der Eiszeiten mehrere Hundert Meter mächtige Gletscher nicht nur den Untergrund glatt gehobelt, sondern auch die Grundmoränen scherend verdichtet haben. Nach dem Abschmelzvorgang, bei dem eine geringfügige Entlastung und eine Plattenbildung einsetzt, weist Geschiebemergel immer noch ca. 30 % Porenvolumen und folglich weniger als 12 Kornkontaktpunkte auf.

6.1.6.2 Kennziffern der Lagerung

Um den Lagerungszustand eines Bodens zu charakterisieren, sind Verfahren gebräuchlich, die je nach der geforderten Aussage vor allem in der Bezugsbasis verschieden sind.

Wenn das gesamte Bodenvolumen (Vg) im Vordergrund steht und die Veränderung des Porenanteils (Vp) darauf bezogen wird, dann spricht man von der **Porosität** oder dem **Porenvolumen** (n oder PV) (Abb. 6.1-7).

$$PV = n = \frac{Vp}{Vg} = \frac{Vp}{Vp + Vf} \qquad \text{(Gl. 6.1.2)}$$

Wenn die Volumenänderung des Gesamtsystems im Vordergrund steht, dann nimmt man das Feststoffvolumen (Vf) als Bezugsbasis. Die Relationszahl heißt **Porenziffer** (ε oder PZ).

$$PZ = \varepsilon = \frac{Vp}{Vf} \qquad \text{(Gl. 6.1.3)}$$

Sowohl die Porosität als Bruch (z. B. 0,4) oder als Prozentzahl (z. B. 40 %) als auch die Porenziffer können über die **Dichte** des Gesamtvolumens einer Probe (ρ_B) bestimmt werden, denn dies ist die einfachste und am wenigsten fehleranfällige Methode. Die dafür zu verwendenden Formeln lauten:

$$n = 1 - \frac{\rho_B}{\rho_F}; \; \varepsilon = \frac{\rho_F}{\rho_B} - 1 \qquad \text{(Gl. 6.1.4 + Gl. 6.1.5)}$$

Die Dichte des Gesamtvolumens einer Probe (ρ_B) kann daher auch direkt als Maß für die Lagerung

herangezogen werden. Es wird dann von der Lagerungsdichte oder **Dichte des Bodens** (im Gegensatz zur Dichte der Festsubstanz ρ_F) gesprochen, wenn die Masse des bei 105 °C getrockneten Bodens auf das Gesamtvolumen bezogen wird.

$$\rho_B = \frac{m_f}{Vg} \qquad \text{(Gl. 6.1.6)}$$

Hierbei ist m_f die Masse der Festsubstanz, die in dem Volumen Vg enthalten ist.

Wenn die Masse feuchten Bodens auf das Gesamtvolumen bezogen wird, spricht man von der **Rohdichte** eines Bodens. Dabei wird die Masseangabe um die Masse des momentan vorhandenen Wassers (m_w) ergänzt ($m = m_f + m_w$).

6.1.6.3 Porenanteile in Böden

Die Größe des Porenvolumens (bzw. der Porenziffer) ist von der Körnung und Kornform, dem Gehalt der Böden an org. Substanz sowie von der Bodenentwicklung abhängig. Betrachtet man als Ausgangspunkt eine dichteste Packung gleich großer Kugeln, dann findet man unabhängig von der Kugelgröße ein Porenvolumen von knapp unter 26 %, eine Porenziffer von 0,35 bzw. bei Quarz eine Dichte des Bodens von $\rho_B = 1,96$ g/cm³. Ist die Packung weniger gut geordnet, dann werden die erhaltenen Porenvolumina größer. So erhält man beim Einfüllen gleich großer Kugeln (z. B. Glasperlen) in ein Gefäß Porenvolumina von 38…42 % ($\rho_B = 1,65…1,54$ g/cm³). Im gleichen Bereich liegen die Porenvolumina bzw. die Bodendichten, die man in Sandböden unterhalb der Ah-Horizonte antrifft. Vergleicht man Packungen aus

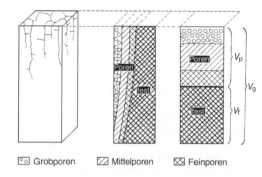

☐⊙ Grobporen ☐╱ Mittelporen ☒ Feinporen

Abb. 6.1–7 Anteile des Porenraums am Gesamtvolumen als Basis für die Berechnung von Porenvolumen (= Porosität) und Porenziffer; V_p = Volumen der Poren, V_f = Feststoffvolumen, V_g = Gesamtvolumen.

6

Tab. 6.1–2 Schwankungsbereiche von Lagerungsdichte, Porenvolumen und Porenziffer in Mineralböden
(C-Gehalt bis 2 %).

	Lagerungs-dichte (g cm^{-3})	Poren-volumen (PV) (%)	Porenziffer (ε) (–)
Sande	1,16...1,70	56...36	1,27...0,56
Schluffe	1,17...1,63	56...38	1,27...0,62
Lehme	1,20...2,00	55...30	1,22...0,43
Tone	0,93...1,72	65...35	1,85...0,54

Kugeln verschiedener Größen, so nimmt das Poren-volumen ab, wenn die Unterschiede in den Kugelgrö-ßen zunehmen. Abweichungen von der Kugelform, z. B. in Richtung auf blättchenartige Form, bewirken meist eine Zunahme des Porenvolumens (Karten-hausstruktur). Im Allgemeinen findet man eine Zu-nahme des Porenvolumens mit abnehmender Korn-größe (Tab. 6.1-2), die teils auf zunehmende Abwei-chungen von der Kugelform, teils auf zunehmende Einflüsse von Oberflächenkräften zurückzuführen ist.

Dies gilt in besonderem Maße für die feinste Korngrößenfraktion, den Ton. Wären seine meist blättchenförmigen Partikel in gleicher Richtung ori-entiert, so müsste sein Porenvolumen viel kleiner sein als das zwischen den kugelähnlichen Teilchen der Sande. Tatsächlich findet man aber in Tonböden fast immer größere Porenvolumina (Tab. 6.1-2). Dies beruht auf der ungeregelten, kartenhausähnlichen Lagerung der Tonminerale, deren Oberflächenkräfte die massenbedingten Kräfte überwiegen. Frisch ab-gelagerte tonige Sedimente, bei denen die Zwischen-räume der Teilchen mit Wasser gefüllt sind, haben Porenvolumina von 70...90 %. Die Salzkonzentrati-on dieses Wassers sowie die Art der austauschbaren Kationen erhöht aufgrund der ‚flockenden Sedimen-tation‘ die Größe des Porenvolumens weiterhin. Die-ses große Porenvolumen von Tonen ist jedoch nicht stabil. Rücken die Teilchen aneinander, wenn dem ganzen System Wasser entzogen wird oder wenn darüber lagernde Schichten sie zusammenpressen (Kap. 6.2.2: Schrumpfung), so vermindert sich das Porenvolumen bis auf 40...50 %. Auch in diesem Größenbereich ist das Porenvolumen von Tonböden jedoch nie so stabil wie das der Sandböden, sondern kann bei Wasserzufuhr wieder zunehmen.

Die Porenvolumina der anderen Körnungsklas-sen, z. B. der Schluffböden, liegen zwischen de-nen der Sand- und der Tonböden (Tab. 6.1-2). Dies gilt vor allem für die landwirtschaftlich wichtigen Lössböden. Die wesentlichsten Ausnahmen bilden Böden, bei denen die Zwischenräume zwischen gro-ßen Teilchen durch feinere weitgehend ausgefüllt werden können. Folglich steigt die Lagerungsdichte umso mehr, je weniger sortiert die Körnung ist. Dies tritt z. B. in Geschiebelehmen auf und wird noch dadurch verstärkt, wenn gleichzeitig durch einen hohen Eisdruck die Einregelung der Kör-nung verbessert wird. Grundmoränen sind daher meist dichter gepackt als Stauchmoränen, aus denen durch sekundäre Schmelzwasserausträge die feine-ren Körner ausgewaschen und somit der Sortie-rungsgrad erhöht worden ist. In Grundmoränen wurden Porenvolumina im Bereich von 26...30 % (ρ_B = 1,96...1,78 g cm^{-3}; ε = 0,35...0,49) festgestellt. Das andere Extrem bilden Hochmoorböden mit ei-nem Porenvolumen bis zu 95 % (ρ_B = 0,13; ε = 9,77; ρ_F = 1,4). Auch Böden aus vulkanischen Aschen und Tuffen (Andisols), die vor allem in Chile, Japan und Neuseeland verbreitet sind, haben Porenvolumina von 70...80 % (ρ_B = 0,8...0,5 g cm^{-3}; ε = 2,3...4,3).

Porenvolumen (PV) und Porenziffer (ε) können durch Probennahme mit Stechzylindern bekannten Volumens und durch getrennte Bestimmung der Volumenanteile von Wasser und Luft unter Verwen-dung der Gleichungen 6.2 und 6.3 in Kap. 6.1.6.2 ermittelt werden. Das Volumen des Wassers erhält man durch Trocknen des Bodens bei 105 °C (ρ_W ~ 1 g cm^{-3}), das Volumen der Luft z. B. auf direktem Wege mittels Luftdruckpyknometer.

6.1.6.4 Porenformen

Die Form der Poren in einem Unterboden aus dich-test gepacktem Sand lässt sich durch ineinander übergehende Tetraeder und Oktaeder mit bauchig zur Porenmitte hin gebogenen Flächen beschreiben. Diese Poren nennt man **Primärporen** oder auch körnungsbedingte Poren.

Die Formen der Primärporen von Tonböden zu beschreiben, ist schwierig, weil sie von der Orien-tierung der Tonblättchen, d. h. der Art der Karten-hausstruktur (Abb. 6.2-2), und von dem gegenseiti-gen Abstand abhängig sind (Abb. 6.3-2 und 6.3-3). Der Aufbau von Kartenhausstrukturen hängt von der Zusammensetzung der austauschbaren Ionen, dem Salzgehalt der Bodenlösung und dem Ausmaß der maximalen früheren Entwässerung ab.

Neben diesen körnungsbedingten Poren gibt es im Boden noch eine weitere Gruppe, die **Sekun-därporen**. Zu ihnen gehören vor allem die spalt-förmigen Schrumpfungsrisse sowie Wurzel- und Tierröhren (Wurmgänge), ferner unregelmäßige

Hohlräume, die z. B. durch Lockern und Wühlen von Tieren, durch Baumwurf oder Bearbeitungsmaßnahmen entstehen (Abb. 6.3-3).

Diese Sekundärporen zeichnen sich oft durch stark ausgeprägte Kontinuität und ihre im Vergleich zu den Primärporen meist bedeutende Größe (Äquivalentdurchmesser > 60 μm) aus. Ihr Anteil und ihre vertikale Länge üben oft einen starken Einfluss auf den Wasser- und Lufthaushalt des Bodens aus. Die Sekundärporen unterscheiden sich von den Primärporen auch dadurch, dass sie relativ leicht zerstört werden können, weil die Primärteilchen an ihren Grenzen nur einseitig an anderen Teilchen abgestützt sind. Dies gilt für flächige Poren, also Risse, in noch höherem Maße als für röhrenförmige. Das Sekundärporensystem ist häufig die **Hohlformmatrix** zu den Aggregaten; in kohärenten Böden sind es die Wurm- und/oder Wurzelröhren. Die Intensität der Ausprägung des Sekundärporensystems ist daher auch durch die Art der Aggregate beschreibbar (Kap. 6.3.1). Sie nimmt im Profil in der Regel von oben nach unten ab. Dies äußert sich sehr deutlich in der Verteilung der Wasserleitfähigkeiten, bei der mit zunehmender Tiefe dann der Einfluss des Primärporensystems zunimmt (Abb. 6.4-8). In Böden mit Aggregatstrukturen findet man also zwei Porensysteme, die einander durchdringen: ein gröberes Sekundärporensystem und ein feines Primärporensystem.

6.1.6.5 Porengrößenverteilung

Wie die Körnung, so stellt auch die Porengrößenverteilung ein Kontinuum dar, das in konventionell festgelegte Bereiche unterteilt werden kann. Die in diesem Buch verwendete Einteilung geht auf Arbeiten von F. SEKERA und M. DE BOODT zurück (Tab. 6.1-3). Die Grenzen zwischen den Porengrößenbereichen sind an charakteristische Kennwerte des Wasserhaushalts angelehnt. Die Äquivalentdurchmesser von 50 μm und 10 μm entsprechen der Entwässerungsgrenze bei verschiedenen Wasserspannungen bzw. Matrixpotenzialen der Feldkapazität (z. B. pF 1,8 und 2,5) und 0,2 μm der Entwässerungsgrenze beim permanenten Welkepunkt (pF 4,2) (s. Kap. 6.4). Aus dieser Einteilung ergibt sich, dass das Wasser in den Feinporen in der Regel nicht pflanzenverfügbar ist, obwohl bestimmte Wüstenpflanzen (Halophyten) auch noch bis zu einem pF-Wert von 6,5 aus den Feinporen Wasser entziehen können. In den Mittelporen ist es dagegen pflanzenverfügbar. Die Grobporen sind in terrestrischen Böden in der Regel wasserfrei, ihr Anteil ist daher für das Ausmaß der Belüftung des Bodens ausschlaggebend. Dies gilt besonders für Po-

Tab. 6.1-3 Einteilung der Porengrößenbereiche nach dem Äquivalentdurchmesser und dem Matrixpotenzial (hPa, pF) als Grenzwert zur Entwässerung kreiskapillarer Poren.

Porengrößenbereiche	Porendurchmesser (μm)	Matrixpotenzial (hPa)	pF
Grobporen			
weite	> 50	> -60	< 1,8
enge	50...10	-60...-300	1,8...2,5
Mittelporen	50...0,2	-300...-15000	2,5...4,2
Feinporen	< 0,2	< -15000	> 4,2

ren > 50 μm Durchmesser, die auch als weite Grobporen bezeichnet werden. Die Porengröße ist auch für Wurzelwachstum und mikrobielle Aktivität wichtig, denn Wurzelhaare (Durchmesser > 10 μm) vermögen nur in Grobporen einzudringen, während Pilzmyzele (Durchmesser ca. 3...6 μm) und Bakterien (Durchmesser 0,2...1 μm) auch noch in Mittelporen leben können. Die Feinporen sind für Mikroorganismen jedoch nicht zugänglich. Neben den hier erwähnten gibt es noch andere Unterteilungen.

Die Porengrößenverteilung hängt hinsichtlich der Primärporen von Körnung und Kornform und hinsichtlich der Sekundärporen vom Bodengefüge und damit von der Bodenentwicklung ab. Deshalb ist der Anteil an Grobporen in der Regel umso größer, je grobkörniger, d. h. je sand- oder kiesreicher die Böden sind. Der Anteil an Feinporen ist dagegen umso größer, je feinkörniger die Böden sind. In Sandböden dominiert der Anteil der Grobporen mit 30 ± 10 %, während er mit steigendem Tongehalt sinkt (Tab. 6.1-4). Bei tonigen Böden beträgt er manchmal nur 2...3 % und ist ebenso wie bei den Schluff- und Lehmböden entscheidend vom Gefüge abhängig. Dagegen besteht zwischen dem Anteil der Feinporen und dem Tongehalt eine enge Beziehung, die sich, wenn auch weniger stark ausgeprägt, im Porenvolumen widerspiegelt. Dieses kann bei frisch abgelagerten Tonen im Extremfall 70 % und mehr betragen. Der Anteil der Mittelporen korreliert in der Regel am engsten mit dem Grobschluff (20... 63 μm) und erreicht bei den Schluffböden (Lössböden) mit 15 ± 7 % ein Maximum. Die Beziehung zwischen den Grobporen und der Körnung ist nicht sehr eng, denn bei ihnen ist der kaum körnungsabhängige Sekundärporenanteil mit erfasst.

6

Tab. 6.1–4 Anteil des Porenvolumens und der Porengrößenbereiche am Gesamtvolumen von Mineralböden (C-Gehalt bis 2 %) und organischen Böden.

	Poren-volumen (%)	Grob-poren (%)	Mittel-poren (%)	Fein-poren (%)
Sande	46 ±10	30 ±10	7± 5	5± 3
Schluffe	47 ± 9	15±10	15± 7	15 ± 5
Tone	50 ±15	8 ± 5	10 ± 5	35±10
Anmoore	70 ±10	5± 3	40 ±10	25±10
Hochmoore	85±10	25±10	40 ±10	25±10

Ein zunehmender Gehalt der Böden an organischer Substanz führt besonders bei Sandböden zu einer Erhöhung des Anteils der Mittel- und Feinporen. Ihr Ausmaß ist von der Form und dem Humifizierungsgrad der organischen Stoffe abhängig. Böden mit hohem Gehalt an organischer Substanz, vor allem Moore, haben meist sehr hohe Porenvolumina. Ihr Grobporenanteil sinkt jedoch, wenn der Humifizierungsgrad der organischen Substanz zunimmt; gleichzeitig steigt der Feinporenanteil an.

Die Porengrößenverteilung wird aufgrund der Wassergehalte bei verschiedenen Wasserspannungen bzw. Matrixpotenzialen errechnet. Die Gesetzmäßigkeit ist in der Gleichung für den kapillaren Aufstieg, d. h. dem **Kapillaritätsgesetz** oder der **Young-Laplace-Gleichung** beschrieben:

$$r = \frac{2 \cdot \gamma \cdot \cos\alpha}{h \cdot \rho_w \cdot g} \qquad \text{(Gl. 6.1.7)}$$

Hierbei sind r der Kapillarradius, γ die Oberflächenspannung des Wassers, α der Benetzungswinkel, h die kapillare Aufstiegshöhe, ρ_w die Dichte des Wassers und g die Erdbeschleunigung. Da die Formel eigentlich nur für kreiszylindrische Poren gilt, wird ähnlich wie bei der Bestimmung der Korngrößen (Kap. 6.1.2) ein Äquivalentdurchmesser definiert. Hierbei werden alle Poren erfasst, deren kapillare Aufstiegshöhe gleich der in zylindrischen Kapillaren mit dem Radius r ist. Die kapillare Aufstiegshöhe (h) wird meist mit Hilfe des Druckes, der notwendig ist, um diese Kapillaren zu entwässern, bestimmt. Im Prinzip handelt es sich dabei um die gleichen Methoden, wie sie zur Bestimmung der Bindungsstärke verschiedener Wasseranteile im Boden verwendet werden (vgl. Wasserspannungskurve; Kap. 6.4.2.3). Die Umrechnung auf Kapillarradien setzt neben der Annahme kreisförmiger Menisken auch voraus, dass

der Boden ein starres Porensystem hat. Dies hängt jedoch von der mechanischen, hydraulischen und chemischen Spannungssituation (Kap. 6.3.3) ab und ist im Einzelnen zu definieren. Da jedem Druck, unter der Voraussetzung vollständiger Benetzbarkeit: $\cos\alpha = 1$ und bekannter chemischer Zusammensetzung der Bodenlösung, ein bestimmter Porendurchmesser zugeordnet werden kann, entspricht der Wasserverlust zwischen zwei Drücken dem Volumen eines bestimmten Porenbereichs. Drückt man den Druck als $pF = \log cm$ **Wassersäule oder** $\log hPa$ aus, so ergeben sich zwischen Porendurchmesser und pF die in Tab. 6.1-3 angegebenen Beziehungen.

6.1.7 Zeitlich bedingte Veränderungen

Die Korngrößenverteilung ist eine jener Bodeneigenschaften, die sich verhältnismäßig langsam ändern. Trotzdem darf nicht übersehen werden, dass auch dieses Bodenmerkmal gesetzmäßigen Veränderungen unterliegt. Gleiches gilt auch für die Lagerung der Primärteilchen. Hier laufen jedoch Veränderungen wesentlich schneller ab, die regelmäßige Folgen pedologischer wie auch anthropogen bedingter Prozesse sind. Lagerungseigenschaften haben also im Gegensatz zu Körnungseigenschaften einen kurzlebigen Charakter.

6.1.7.1 Veränderungen der Körnung

Veränderungen der Körnung durch Bewegungen im Boden (Turbationen) oder Materialtransport innerhalb des Bodens laufen schneller ab als Veränderungen der Größen einzelner Körner durch fortschreitende Verwitterung. Das Gleiche gilt für die Neubildung von Primärteilchen. Mechanismen innerhalb eines Bodens, durch die die Körnung verändert wird, sind Kornscheidungen (Entmischungen) und Kornmischungen. Erstere treten an der Bodenoberfläche als Folge von Erosionsereignissen auf, wenn noch kein weiterer Transport eingetreten ist. Im Bodenprofil ist vor allem die abwärts gerichtete Tonverlagerung als Form der Entmischung zu nennen, die schließlich zur Bildung von Parabraunerden führt (Kap. 7.6). Kornscheidungen können auch infolge des Gefrierens von Wasser entstehen (‚Hochfrieren' von Steinen, **Kryoturbation**), was als langfristiger Prozess in den Geschiebemergellandschaften auch heute noch auftreten oder in arktischen Regionen zu Girlanden- oder Steinringböden führen kann. Als

Folge starker Volumenänderungen bei regelmäßigen Schrumpfungs-/Quellungszyklen stark quellfähiger Tonminerale und dadurch hervorgerufenen großen Quellungsdrücken können tiefhumose und intensiv aggregierte Vertisole entstehen (**Peloturbation**).

Die Kornmischungen von vor allem dünnschichtig abgelagerten Substraten werden durch Wurzel- und Tiertätigkeit verändert. Dazu zählt auch die Durchmischung durch endogäische Regenwurmarten, die kaum Bodenmaterial an die Bodenoberfläche bringen, während andere Arten unter geringerer Durchmischung Röhren anlegen. Diese **Bioturbation** verändert somit ebenfalls Korngemische und schafft im Unterboden oft Steinsohlen. Bei den Regenwürmern leisten die endogäischen Arten, die Boden mit der Nahrung aufnehmen, mehr als die Tiefgräber, die nur einmal im Leben Wohnhöhlen bauen. Besonders leistungsfähig sind tropische Erdwürmer (bis 27 kg m^{-2} a^{-1}). Ameisen, in warmen Klimaten auch andere Invertebraten wie Termiten, sind ähnlich bioturbat wirksam (s. Kap. 4.1). Ähnliches gilt für die Nagetiere (Hamster, Ziesel, Erdhörnchen) der Steppenböden. Als weitere Form der Turbationen ist in Waldklimaten der Baumwurf durch Wind ein so wichtiger Vorgang, dass für ihn der Sonderbegriff **Arboturbation** geprägt wurde. Diese Arboturbation ist für die Bildung von Stagnogleyen (= Molkenböden) von entscheidender Bedeutung.

6.1.7.2 Veränderungen der Lagerung

Veränderungen der Lagerung bedeuten entweder Zunahme oder Abnahme des Porenanteils. Zunahmen sind in der Regel verbunden mit einer Anhebung der Bodenoberfläche sowie mit einer Abnahme der Zahl der Berührungspunkte je Primärteilchen. Abnahmen des Porenanteils gehen in der Regel einher mit einer Absenkung der Bodenoberfläche und Zunahme der Anzahl der Berührungspunkte je Primärteilchen (Abb. 6.1-6).

Unter natürlichen, vom Menschen nicht beeinflussten Bedingungen ist anfangs jede Bodenentwicklung mit einer **Anhebung** der Bodenoberfläche, mithin einer Auflockerung der Anfangslagerung verbunden. Diese Anhebung erfasst nicht alle Teile des Bodenprofils in gleichem Maße, vielmehr ist sie umso geringer, je tiefer die betrachtete Zone im Profil liegt. Die Ursache ist einerseits in der zur Tiefe hin abnehmenden Intensität der Bio- und/oder Kryoturbation, andererseits in der zur Bodenoberfläche hin geringer werdenden Last der zu hebenden Bodenpartien begründet. Da Bodenhebungen mit einer Abnahme der Kontaktzahlen verbunden sind, bedeuten sie gleichzeitig eine Abnahme der Stabilität, d. h. der Festigkeit gegenüber zunehmender Belastung. Diese pedogenen Hebungen sind besonders deutlich zu erkennen, wenn der Unterboden eine hohe Dichte aufweist, wie bei den meisten terrestrischen Böden. Besonders markant ist diese Limitierung bei den aus Geschiebemergel hervorgegangenen Böden nachzuvollziehen, in denen innerhalb von mehr als 10 000 Jahren nur ein maximal 2 m tief reichendes Bodenvolumen aufgelockert worden ist. Darunter folgt dann die hohe Lagerungsdichte, die aus der früheren Gletschermächtigkeit abgeleitet werden kann, und eine größere Festigkeit (= Vorbelastung) aufweist. Der Wert der Vorbelastung wird daher auch zur Rekonstruktion der Gletschermächtigkeit (-druck) herangezogen (s. Kap. 6.3.2.2).

Menschliche Tätigkeit auf einer Bodenoberfläche führt langfristig immer zu einer Zusammenpressung, die mit einer **Absenkung** der Bodenoberfläche verbunden ist. Das gilt für alle Formen der Bodenbewirtschaftung (Land-, Forst-, Weidewirtschaft) (s. a. Kap. 10.7.2).

Das Ausmaß einer pedogenen **Lockerung** wie auch einer pedogen (bei Verwitterung wie Entkalkung, Podsolierung und Tonauswaschung) oder anthropogen verursachten **Sackung** ist im Gelände in der Regel nicht direkt zu beobachten. Es ist aber meist deutlich erkennbar, wenn die Porenziffern für die Tiefe bis ca. 1 m gegen die über der entsprechenden Bezugstiefe drückenden Bodenmassen (= Auflast) aufgetragen werden. Dies ergibt bei halblogarithmischer Darstellung für nicht genutzte Böden eine Gerade, für genutzte dagegen eine gebrochene Gerade. Beispiele für diese Lagerungskurven sind in Abb. 6.1-8 für einen Cambisol unter Wald bzw. unter landwirtschaftlicher Nutzung aufgeführt. Im „ungenutzten" Zustand unter Wald führt eine intensive Bioturbation (auch in Verbindung mit einer Arboturbation) zu einer sehr lockeren Lagerung, dargestellt durch die Lagerungskurve mit einer starken negativen Steigung. Bei landwirtschaftlicher (Acker-) Nutzung hingegen tritt eine entsprechend starke Komprimierung ein, weil besonders im gepflügten Oberboden das gelockerte Substrat infolge geringer Abstützung der Primärteilchen wie auch der Aggregate wenig standfest ist und folglich sehr verdichtungsanfällig reagiert.

Das andere Beispiel zeigt Kastanozeme der Kurzgrassteppe. Hier ist die negative Steigung der Lagerungskurve viel geringer, nicht nur, weil in dem trockenen Klima wenig Pedoturbation wirkt, sondern auch, weil gleichzeitig die intensivere Austrocknung zu einer deutlicheren Kontraktion der Partikel und damit zur Bildung von Aggregaten beiträgt. Dementsprechend hoch ist die Zahl der Berührungs-

6

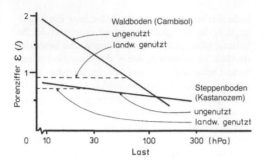

Abb. 6.1–8 Lagerungskurven: Zusammenhang zwischen Porenziffer und Last des Bodens für zwei ungenutzte Böden (Normalverdichtungszustand des Profils) und zwei landwirtschaftlich genutzte Böden (Vorverdichtungszustand des Profils).

punkte bei Aggregaten und Primärteilchen und somit auch die Festigkeit. Eine landwirtschaftliche Nutzung bringt hier wenig Veränderung.

6.1.8 Zusammenhang zwischen fester Phase und anderen Bodeneigenschaften

Aufgrund des engen Zusammenhangs zwischen dem Wasserhaltevermögen eines Bodens und seiner Körnung, Lagerung sowie seiner Stabilität ist es auch möglich, aus diesen Daten auf Eigenschaften des Wasser- und Lufthaushalts sowie seiner mechanischen Festigkeit zu schließen. Da dies in vielen Fällen der alleinige Zugang zu Daten über den Wasserhaushalt oder der flächenhaften mechanischen Stabilität ist und ebenso oft eine arbeitstechnische Vereinfachung darstellt, gibt es zahlreiche mathematische Ansätze, die als **Pedotransfer-Funktionen** bezeichnet werden.

6.2 Wechselwirkungen zwischen fester und flüssiger Phase

Im Allgemeinen verhalten sich aneinander grenzende Phasen nicht neutral zueinander, sondern es treten entweder anziehende oder abstoßende Reaktionen ein. Im Falle der Anziehung wird die bewegliche Phase an der festen adsorbiert. Dies gilt vor allem für

Wassermoleküle, die aufgrund der Polarität bevorzugt an Mineraloberflächen adsorbiert werden. Folglich sind Partikeloberflächen in Böden (abgesehen von den Ausnahmen: die obersten cm von Böden in Extremwüsten, trockene, organische Substanz-haltige, sog. ‚puffige‘ Böden, entwässerte Moore, s. Vermurschung, Vermulmung Kap. 8.6.4) stets mit einem Mantel adsorbierten Wassers überzogen.

Die ersten Lagen der Wassermoleküle sind äußerst fest an die Partikeloberflächen gebunden, wohingegen die weiteren Schichten dann schnell weniger fest gebunden vorliegen.

Die ersten Wassermoleküllagen lassen sich folglich durch Korn-Korn-Kontakte nur bei punktförmigen Berührungen mit geringster Fläche wegdrücken; während dies bei flächigen Kontakten, wie sie in feinkörnigen und tonreichen Substraten auftreten, kaum der Fall ist. Hier grenzt Wasserfilm an Wasserfilm. Dies hat Auswirkungen auf die Volumenänderungen im Zusammenhang mit der Wasserzufuhr (= Quellung) bzw. Austrocknung (= Schrumpfung).

So sind Quellungsvorgänge abhängig von den Eigenschaften der Tonminerale, ihrem Flockungszustand oder der Entlastung der wässrigen Phase. Schrumpfungsvorgänge sind abhängig von der Benetzbarkeit der Kornoberflächen sowie der Oberflächenspannung des Bodenwassers. Die Konsistenz eines Bodens wiederum ist einerseits abhängig von der Körnung, andererseits auch vom Flockungszustand der Tonpartikel. Vor allem bei plötzlicher Änderung der Umgebungsbedingungen z. B. wenn plötzliche Druckänderungen im Bodenwasser auftreten, oder wenn sie durch Kompression der körnigen Packung hervorgerufen werden kann die geflockte Bodenstruktur kollabieren oder auch zerfließen.

6.2.1 Flockung und Peptisation

Die Vorgänge der Flockung (= Koagulation) und der Peptisation betreffen Teilchen von der Größenordnung der **Kolloide**. Die Grenze zwischen grobdispersen und kolloiddispersen Stoffen wird in der Chemie bei einem Teilchendurchmesser von 0,1 µm gezogen. In der bodenkundlichen Forschung hat man dagegen den Bereich der Kolloidfraktion der Böden mit dem Bereich der Tonfraktion zusammengelegt, weil auch die Bodenteilchen mit einem Durchmesser bis etwa 2 µm kolloidale Eigenschaften zeigen.

Dies ist unter anderem eine Folge der Teilchenform der Tonfraktion. Je dünner die Blättchen der Tonminerale sind, desto stärker treten die Eigenschaften, die durch die Masse verursacht werden, hinter den Eigenschaften, die durch die Oberfläche hervorgerufen werden, zurück. Umso deutlicher wird daher das kolloidähnliche Verhalten.

In einer Bodensuspension unterliegen die Teilchen einerseits der Schwerkraft, die auf ein Absetzen (Sedimentieren) hinwirkt, andererseits den Einflüssen der Diffusion infolge Brown'scher Molekularbewegung, die dem Absetzen entgegenwirkt. Lässt man eine elektrolytfreie, stark verdünnte Tonsuspension ruhig stehen, so können die Tonteilchen lange Zeit (Tage oder gar Wochen) im Solzustand verbleiben, bevor sie ausflocken. Die Kollisionen der Teilchen, die durch die Brownsche Bewegung verursacht werden, führen unter diesen Bedingungen nur selten zum Aneinanderhaften, weil die relativ große Dicke der elektrischen Doppelschicht (Kap. 5.3) nur bei besonders energiereichen Kollisionen (hohem kinetischem Potenzial) zu einer hierfür ausreichend starken Annäherung führt.

Die Häufigkeit des Aneinanderhaftens nach einer Kollision zweier Teilchen, die durch die Brown'sche Bewegung herbeigeführt worden ist, wird größer, wenn (a) die elektrische Doppelschicht dünner wird, d. h. die Salzkonzentration in der Außenlösung ansteigt, und/oder wenn (b) die Impulsstärke der Kollision zunimmt, also mit zunehmender Temperatur des Systems. Den Vorgang der Entstehung größerer Einheiten aus aneinanderhaftenden Primärteilchen nennt man **Flockung** oder **Koagulation**. Die neu entstandenen größeren Einheiten (Flocken, Koagulate) sinken schneller aus der Suspension zu Boden, da sie weniger als die Einzelteilchen von der Brownschen Bewegung beeinflusst werden.

Bei Abnahme der Salzkonzentration in der Bodenlösung geht der geflockte Zustand wieder verloren. Die Primärteilchen sind dann schon durch geringes Kneten oder Rühren wieder voneinander trennbar. Dieser Vorgang der Trennung unter Wiederherstellung des ungeflockten, also suspendierten Zustandes, heißt **Peptisation**.

Da die geflockten Teilchen unregelmäßig aneinanderhängen, sind Sedimente, die aus geflockten Suspensionen entstehen, voluminöser als solche aus ungeflockten (peptisierten). Sie haben ein größeres Porenvolumen und hemmen daher die Wasserperkolation weniger als Sedimente aus ungeflockt sedimentierten Teilchen. Daher lassen sich Schichten aus ungeflockt sedimentiertem Ton z. B. zur Abdichtung von Bewässerungskanälen verwenden. Umgekehrt wird die Abtrennung ungeflockter Kolloide aus Wasser durch Entstehen einer wenig durchlässigen Sedimentationsschicht z. B. an der Bodenoberfläche, behindert.

Geflockt und peptisiert vorliegende Bodenpartikel verhalten sich wegen der verschiedenartigen Verknüpfung ihrer Einzelteilchen bei verschiedenartiger Beanspruchung unterschiedlich. Im geflockten Zustand ist die freie Beweglichkeit einzelner Teilchen kleiner als im peptisierten. Daher ist ihre Verlagerung im Rahmen der Verschlämmung geringer. Die **plastische Verformbarkeit** ist im geflockten Zustand bei gleichem Wassergehalt jedoch größer als im peptisierten, weil infolge der offeneren Struktur der Flocken mehr leichtbewegliches Wasser vorhanden ist.

Vielfach tritt bei knetender Beanspruchung anfangs aufgrund der bei der Partikelverschiebung zu überwindenden Reibung ein hoher Widerstand auf, der bei fortschreitender Verformung durch die „Schmierwirkung des Wassers" rasch absinkt. Die durch reversible Störung schwacher Verknüpfungen beim Kneten, Rühren oder Schütteln verursachte Widerstandsschwelle wird als **Thixotropie** bezeichnet; die dann einsetzende Verflüssigung des Bodens als **Liquifaction**. Besonders im Bauwesen ist diese Verflüssigung vor dem Hintergrund des vollständigen Stabilitätsverlustes von Böden von besonderer Bedeutung; in der Land- und Forstwirtschaft können auch Erntemaschinen durch deren Eigenschwingungen bei feuchteren Böden zu einer weitgehenden Verflüssigung beitragen und damit die Bodenstruktur in einen breiigen Zustand überführen. In diesem Zusammenhang ist auch der Vorgang des einfaches Klopfen am Bohrstock zur Ermittlung der Höhe des wirksamen Kapillarsaumes im Boden über den visuellen Effekt des Zusammenfließens des Bodens im Bohrstock (=thixotropes Verhalten) zu nennen.

6.2.1.1 Energetische Wechselwirkung zwischen Bodenkolloiden

Bodenkolloide wirken aufeinander über die adsorbierten Kationen, über das adsorbierte Wasser sowie über den unmittelbaren Kontakt ein, wodurch elektrostatische Wechselwirkungen zwischen positiv und negativ geladenen Stellen der Oberflächen auftreten. Die Ladung der Tonmineralkanten und der Huminstoffe ist oberhalb des (pH-abhängigen) isoelektrischen Punktes stets negativ, unterhalb stets positiv (s. Kap. 5.5), so dass mit entsprechenden Wechselwirkungen gerechnet werden muss. Zwischen den Bodenkolloiden können anziehende und abstoßende Kräfte auftreten.

Die **Abstoßung** zwischen zwei sich nähernden Tonteilchen beruht auf (a) der gleichsinnigen elektrischen Ladung der Gegenionen, (b) der Bindungs-

6

festigkeit adsorbierter Moleküle des umgebenden Mediums und (c) der Konzentration und Zusammensetzung der Lösung im Bereich der elektrischen Doppelschicht, weil sich infolge des starken osmotischen Druckgefälles in Richtung Bodenlösung die Lösung der Doppelschicht zu verdünnen sucht. Folglich werden benachbarte Teilchen auseinander gedrängt. Die Wirksamkeit der osmotischen Kräfte äußert sich z. B. in der Quellung und dem Quellungsdruck stark entwässerter Tone.

Die **Anziehung** zwischen zwei Teilchen wird wirksam, wenn sich diese auf weniger als etwa 1,5 nm nähern. Sie ist durch verschiedene Kräfte bedingt (s. a. organo-mineralische Verbindungen, Kap. 3.2): (a) Van-der-Waals-Kräfte zwischen Molekülen und Atomen, (b) Brückenbildung durch Kettenmoleküle (s. Polyelektrolyte, Kap. 5.4), (c) Coulombsche Kräfte zwischen positiven und negativen Oberflächenladungen, (d) Grenzflächenkräfte zwischen nicht mischbaren Komponenten (z. B. Wasser-Luft-Meniskenkräfte). Bei dieser Annäherung auf weniger als ~ 1,5 nm überlappen sich die diffusen Schichten; sie gehören nunmehr beiden Teilchen gemeinsam. Hierdurch überwiegen die Anziehungskräfte dann die Abstoßungskräfte solange, wie die Abstoßungskräfte nicht bei noch geringerem Teilchenabstand (und damit auch bei positivem Potenzial) wieder sehr deutlich, aufgrund von Unregelmäßigkeiten der Partikeloberflächen, die sich nähern, zunehmen (Abstoßung nach BORN).

Alle Faktoren, die eine Verringerung der Dicke der elektrischen Doppelschicht zur Folge haben, begünstigen daher die Bildung von Flocken und größeren Aggregaten. Dies sind vor allem die Konzentration der Lösung und die Wertigkeit der adsorbierten Kationen.

In Abb. 6.2–1 ist der Einfluss der Salzkonzentration auf das bei Annäherung von Kolloiden auftretende Potenzial schematisch dargestellt. Das Potenzial ist hierbei die Arbeit bzw. Energie, die aufgewendet werden muss, um eine Annäherung gegen die abstoßenden Kräfte zu erzwingen. Die Abbildung zeigt (a) die Einzelkurven für die positiven Potenziale, die durch die abstoßenden Kräfte bedingt sind (gestrichelte Kurve oberhalb der Abszisse), (b) die Einzelkurven für die negativen Potenziale, die durch die anziehenden Kräfte bedingt sind (gestrichelte Kurven unterhalb der Abszisse), (c) die Resultierende, die sich durch Addition der positiven und negativen Potenziale bei den einzelnen Teilchenabständen ergibt. Legt man den Betrachtungen jeweils gleiche Teilchen zugrunde, so kann man die Potenzialkurven auch als **Energiekurven** betrachten. Die Steigung der Kurven bei den verschiedenen Teilchenabständen ist ein Maß

für die dann wirksamen anziehenden oder abstoßenden Kräfte. Deren Größe und Richtung in Abhängigkeit von der Entfernung von der Teilchenoberfläche ist in Abb. 6.2–1 ebenfalls dargestellt (punktierte Kurve). Die ab einem Abstand von weniger als ~ 1,5 nm steigende Anziehung ist durch den Schnittpunkt der Resultierenden mit der Abszisse definiert. Bei noch deutlich geringeren Abständen nach Durchlaufen der Minima (für die Potenziale bzw. Kräfte) führt dann jedoch die Partikelabstoßung, die aus den Unebenheiten resultiert (Abstoßung nach BORN), erneut zu zunehmenden abstoßenden Kräften bzw. positiven Potenzialwerten.

Ferner kann man der Abbildung entnehmen, dass der Verlauf der Potenzialkurven von der Salzkonzentration abhängt. Bei **niedriger** Salzkonzentration steigt mit der Annäherung der Teilchen das Potenzial, d. h. die Energie, die zur weiteren Annäherung aufgewendet werden muss, zunächst annähernd exponentiell an. Mit der bei weiterer Annäherung zunehmenden Wirksamkeit der anziehenden Kräfte wird die Kurve flacher. Die zur weiteren Annäherung notwendigen Energiebeträge werden immer kleiner und erreichen im Maximum der Kurve den Wert Null. Diese Energiebarriere bzw. der Abstand, zu dessen Erreichung dieser maximale

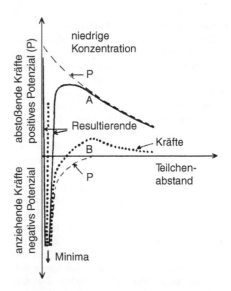

Abb. 6.2–1 Schematische Darstellung der Potenziale (*P*), der Potenzialsummenkurve (= Resultierende) und der Kräfte zwischen zwei Teilchen in einer Suspension in Abhängigkeit vom Teilchenabstand (nach VAN OLPHEN, verändert).

6

Energiebetrag erforderlich ist, muss unterschritten werden, wenn sich Teilchen zu Flocken vereinigen sollen. Die Abbildung zeigt außerdem, dass bei dem Teilchenabstand, bei dem die Steigung der Potenzialsummenkurve am größten ist (Punkt A), die abstoßende Kraft ein Maximum erreicht (Punkt B). Beim Erreichen des Potenzialmaximums wird die abstoßende Kraft gleich Null (Schnittpunkt der Kräftekurve mit der Abszisse). Bei weiterer Annäherung ziehen sich die Teilchen gegenseitig an.

Bei niedriger Salzkonzentration tritt dies nur selten ein, so dass die Flockung erst nach Wochen oder Monaten ein höheres Ausmaß erreicht. Sole mit diesen Eigenschaften bezeichnet man als **stabil**.

Mit steigender Salzkonzentration überwiegen, außer bei größter Annäherung, bei jedem Teilchenabstand die anziehenden Kräfte. Es ist daher auch keine Energiebarriere zu überwinden. Die Flockungsgeschwindigkeit erreicht bei hoher Salzkonzentration ein Maximum. Die Zunahme der Flockungsgeschwindigkeit beruht sowohl bei der Erhöhung der Salzkonzentration als auch unter dem Einfluss mehrwertiger Kationen (im Vergleich zu einwertigen) auf der Verringerung der Dicke des diffusen Teils der Doppelschicht (s. Kap. 5). Man spricht in diesem Fall von **schneller Flockung**.

6.2.1.2 Einfluss von Kationenbelag und Wertigkeit auf die Flockung

Die Flockungsempfindlichkeit von Austauschern, also die Neigung, in den geflockten Zustand überzugehen, steigt mit der Wertigkeit der sorbierbaren Kationen; bei negativ geladenen Austauschern also in der Reihenfolge: $Me^+ < Me^{2+} < Me^{3+} \ldots$ (Me = Metallionen).

Wird z. B. ein mit Na^+ gesättigtes Tonmineral in Wasser aufgeschlämmt, so bildet sich ein sehr beständiges Sol. Von der peptisierenden Wirkung der Na^+-Ionen macht man bei der Körnungsanalyse Gebrauch (Kap. 6.1.3.3). Demgegenüber sind Sole von Austauschern, die mit mehrwertigen Kationen gesättigt sind, z. B. mit Ca^{2+} oder Al^{3+}, sehr instabil und flocken nach relativ kurzer Zeit.

Die Flockung wird beschleunigt, wenn dem Sol eine Salzlösung zugesetzt wird. Bei hoher Salzkonzentration erfolgt eine **schnelle** Flockung, die unabhängig von der Wertigkeit der austauschbaren Ionen und der Kationen der Lösung ist. Bei geringer Konzentration, wie sie z. B. in der Bodenlösung im Freiland vorliegt, erfolgt eine **langsame** Flockung, die aber von der Wertigkeit der Ionen stark beeinflusst wird.

a) Teilchen mit negativer Ladung (Kationenaustauscher)

Nach der Regel von SCHULZE-HARDY ist die flockende Wirkung von Elektrolyten, die nicht mit dem Kolloid chemisch reagieren, um so größer, je höher die Wertigkeit der Gegenionen ist, also im Fall der Tonminerale die der Kationen. So betrugen nach Untersuchungen an verschiedenen Kolloiden (Arsen(III)sulfid, Silberjodid, Gold) die **Flockungswerte**, d. h. die Salzkonzentration, bei der schnelle Flockung der Sole einsetzte, für

einwertige Kationen	25	bis 150	mmol l^{-1}
zweiwertige Kationen	0,5	bis 2	mmol l^{-1}
dreiwertige Kationen	0,01	bis 0,1	mmol l^{-1}

Bei Böden hoher Na-Sättigung ist eine besonders hohe Salzkonzentration zur Flockung notwendig (Tab. 6.2–1). Na-reiche Böden sind daher nur in Gegenwart relativ hoher Salzgehalte in der Bodenlösung geflockt und gehen bei Entsalzung leicht in den peptisierten Zustand über. In diesem Zustand sind sie wiederum stark quellfähig. Dränbarkeit und Infiltration sind dagegen wegen der jetzt oft relativ dichten Lagerung stark gehemmt. Es wird daher bei Böden mit hoher Na-Sättigung ein Umtausch von Na^+ durch Ca^{2+} angestrebt (Gefügemelioration von Salz- und Natriumböden).

Zwischen Kationen gleicher Wertigkeit sind im Vergleich zu Kationen verschiedener Wertigkeit nur sehr geringe Unterschiede in den Flockungswerten vorhanden. Häufig wurde festgestellt, dass diese im Sinne der **lyotropen Reihen** (= Hofmeister'sche Ionenreihen s. Kap. 5) steigen:

$$Li^+ < Na^+ < K^+ < NH_4^+ < Rb^+ < Cs^+$$
$$Mg^{2+} < Ca^{2+} < Sr^{2+} < Ba^{2+}$$

Die **Wertigkeit der Anionen** von Salzen ist bei Kationenaustauschern nur von sehr geringem Einfluss auf die Flockungswerte, sofern die Anionen mit den Teilchen nicht chemisch reagieren. Bei gleichem Kation ergeben Chloride, Nitrate und Sulfate also sehr ähnliche Flockungswerte. Die flockende Wirkung von Phosphat-Ionen ist schon wegen ihrer

Tab. 6.2–1 Flockungswerte der wässrigen Suspension eines Na- und eines Ca-Montmorillonits bei Zusatz von NaCl und CaCl$_2$ (n. O'BRIEN).

Tonmineral	NaCl (mmol l^{-1})	CaCl$_2$ (mmol l^{-1})
Na-Montmorillonit	12...16	1,2...1,7
Ca-Montmorillonit	1,0...1,3	0,09...0,12

6

sehr geringen Konzentration in der Bodenlösung von sehr untergeordnetem Einfluss.

b) Teilchen mit positiver Ladung (Anionenaustauscher)

Bei positiv geladenen Kolloiden und damit Anionen als Gegenionen, z. B. bei Fe- und Al-Oxiden unterhalb ihres Ladungsnullpunktes, ist beispielsweise bei sauren Ferralsolen die Wertigkeit der Anionen für die Flockung entscheidend. Auch für Anionen gilt die Schulze-Hardy-Regel. Wie an Solen von Fe- und Al-Oxiden nachgewiesen wurde, haben bei gleichem Kation zweiwertige Anionen wie SO_4^{2-} das 60...80-fache Flockungsvermögen von einwertigen Anionen (Cl^-, NO_3^-). Die Wirkung von OH^--Ionen ist bei Bodenkolloiden kaum gesondert zu erfassen, weil bei Zusatz von löslichen Hydroxiden chemische Reaktionen auftreten. So werden bei Tonmineralen Al-Ionen gefällt und die pH-abhängige Ladung erhöht.

6.2.1.3 Einfluss von Polymeren auf Flockung und Dispergierung

Der Flockungszustand von feinkörnigen Bodenpartikeln, also der Tonfraktion, wird durch anionische bzw. kationische Polymere (Makromoleküle mit Molekularmassen > 1000, meistens organische Verbindungen, z. B. Polyacrylamide) in der Bodenlösung im Prinzip in gleicher Weise beeinflusst wie durch die sehr viel kleineren anorganischen Ionen. Es kann dabei Adsorption an den festen Oberflächen oder Desorption vorliegen.

Anionische Polymere haben eine Vielfalt von Anordnungsmöglichkeiten. Bei kettenförmigen Polymeren können je nach konzentrationsbedingtem Angebot engständige Packungen aus gestreckten oder solche mit weitem Abstand und geknäuelten Ketten entstehen. Besteht ein Polymer aus einem hydrophilen und einem hydrophoben Teil, so ragt der erstere in die wässrige Phase hinein, während der letztere an der festen Grenzfläche adsorbiert wird.

Trotz der grundsätzlich breiten Vielfalt der Phänomene gibt es auch bei den Polymeren Gesetzmäßigkeiten. So beeinflusst die Kettenlänge wesentlich die Adsorptionsstärke: Je länger die Kette, desto stärker ist die Neigung zu Adsorption. Das führt dazu, dass unter sonst gleichen Bedingungen bereits adsorbierte kürzere Ketten gegen längere ausgetauscht werden. Aufgrund der Größe der Moleküle und der daher im Vergleich zu Ionen langsamen Diffusion geht dieser Prozess bei den Polymeren viel langsamer als bei den Ionen vor sich.

Bei Polyelektrolyten spielt außer der Kettenlänge die Ladungsdichte auf der Polymerkette – in Kombination mit der Ladungsdichte an der Oberfläche des Adsorbens, hier also der Mineraloberfläche – sowie die Ionenstärke der Lösung eine wichtige Rolle. Ketten mit geringer Ladungsdichte bei großer Ionenstärke der Lösung weisen einen neutralen Charakter auf. Dagegen wird das Adsorptionsverhalten bei dichter Anordnung der Ladungen – vor allem bei geringer Ionenstärke der Lösung – durch die Oberflächenladungen der Festphase so beeinflusst, dass ungleiche Ladungen sich anziehen, gleiche hingegen die **Verdrängung** von der Oberfläche fördern. Starke Hydrophilie bzw. Hydrophobie kann indessen die Ladungseffekte mehr als kompensieren, so dass im Grenzfall anionische Polyelektrolyte an negativ geladenen Partikeln adsorbiert sein können.

Die Anwesenheit oder ggf. eine künstliche Zufuhr von Polymeren in Böden kann daher den Flockungs- und Dispergierungszustand von Böden und damit die Stabilität von Aggregaten, vor allem im Mikrobereich, beeinflussen. Als Beispiele für die Wirkungsvielfalt seien die Flockungsintensitäten gegenüber Smectit genannt. Der Flockungsmechanismus durch kationische Polymere beruht hier auf Ladungsneutralisation und ist umso stärker, je höher die Kette geladen ist. Nichtionische Polymere wirken aufgrund von Brückenbildungen flockend. Selbst bei anionischen Polymeren wurden noch Flockungen ausgelöst. Die erhaltenen Flockungszustände vermindern Krustenbildungen und fördern daher die Infiltration. Auch die Wirkung organischer synthetischer Aggregatstabilisatoren und sogenannter **Bodenverbesserungsmittel** (*Soil Conditioners*) beruht zu einem wesentlichen Teil auf ihrem Flockungsvermögen.

6.2.1.4 Aufbau der Flocken

Wenn blättchenförmige Teilchen Flocken bilden, dann können bei der Vereinigung drei verschiedene Berührungsarten auftreten: Fläche an Fläche, Fläche an Kante und Kante an Kante (Abb. 6.2–2). Bei der Flockenbildung Fläche–Fläche entstehen durch Parallelanlagerung dickere Blättchen, während im Fall Fläche–Kante und Kante–Kante eine hohlraumreiche **Kartenhausstruktur** gebildet wird (Abb. 6.2–2 c, d). Die Bildung der Kartenhausstruktur wird dadurch ermöglicht, dass an den Seitenkanten der Oktaederschichten positive Ladungen auftreten können, die durch negative Ladungen des anderen Tonminerals neutralisiert werden. Außerdem kann eine Bindung zwischen zwei Tonmineralen auch

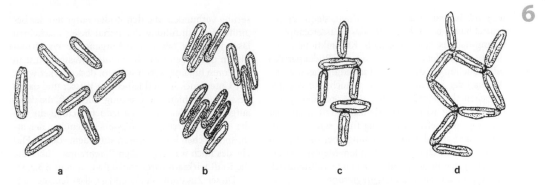

| a | b | c | d |

Abb. 6.2–2 Aggregatbildung bei blättchenförmigen Mineralen: **a**) peptisiert, **b**) aggregiert Fläche–Fläche, **c**) aggregiert Fläche–Kante, **d**) aggregiert Kante–Kante (punktiert: Wasserhülle der Doppelschicht).

über Kationen erfolgen, die an der Oberfläche der Austauscher gebunden sind. Als Brücke zwischen den beiden Oberflächen besitzen mehrwertige Kationen (z. B. Ca^{2+}, Al^{3+}) eine höhere Vernetzungsfähigkeit als einwertige Kationen, weil sie die negative Ladung der Oberfläche nicht so vollständig abschirmen können (ein zweiwertiges Kation muss zwei negative Ladungen abschirmen, s. Kap. 5.5). Flocken der Art Fläche–Kante treten vor allem im sauren Bereich auf, während im alkalischen Bereich, da die positive Ladung der Seitenkanten mit steigendem pH abnimmt, Flocken von der Art Fläche–Fläche vorherrschen. Stäbchenförmige Teilchen können wie blättchenförmige Teilchen betrachtet werden.

6.2.1.5 Einfluss des elektrokinetischen Potenzials

Die Flockung wurde früher meist mit der Abnahme des Zeta- oder elektrokinetischen Potenzials erklärt. Das **Zeta-Potenzial** ist das elektrische Potenzial, das sich im Grenzbereich zwischen der Doppelschicht eines Austauschers und der umgebenden Lösung einstellt, wenn an die Suspension ein elektrisches Feld angelegt wird (Vorgang der Elektrophorese). Hierbei wird bei Kationenaustauschern (z. B. Tonmineralen) ein Teil der Kationen des diffusen Teils der Doppelschicht abgestreift, so dass die Teilchen eine negative Ladung annehmen und in Richtung der positiven Elektrode wandern. Aus der **elektrophoretischen Mobilität** der Teilchen kann das Zeta-Potenzial berechnet werden. Die Größe des Potenzials wird als Maß für die abstoßende Kraft zwischen zwei Teilchen angesehen. Unter dem Einfluss eines Elektrolytzusatzes zur Lösung sinkt das Zeta-Potenzial der Teilchen, beim Unterschreiten eines sog. ‚kritischen Potenzials' flockt das Sol. Da nicht bekannt ist, welcher Teil der Kationen im diffusen Teil der Doppelschicht bei der Elektrophorese abgestreift wird bzw. wie sich die Dicke der Doppelschicht hierbei ändert, kann allerdings das Zeta-Potenzial auch keiner bestimmten Entfernung von der Oberfläche innerhalb der Doppelschicht zugeordnet werden.

6.2.2 Schrumpfung und Quellung

Schrumpfung und Quellung sind durch Wechselwirkungen zwischen den festen Partikeln und dem sie umgebenden Wasser bedingt. Sie hängen mit der Benetzbarkeit, dem Ausmaß der Wasseradsorption der festen Teilchen und der Oberflächenspannung des Wassers zusammen. Ein weiterer Faktor, der das jeweilige Verhalten bei Wassergehaltsänderungen beeinflusst, ist die Vorgeschichte: Eine Schrumpfung ist niemals vollständig reversibel, es sei denn, es wird kinetische Energie zugeführt. Hierdurch werden sowohl die durch Schrumpfung gebildeten Bodenaggregate wieder zerstört, der Abstand der einzelnen Partikel vergrößert und die Zugänglichkeit der Partikeloberflächen für die erneute Anlagerung von Wasser verbessert. Folglich muss auch der Verlauf der Schrumpfung und Quellung stets in Bezug auf die jeweils vorherige Lagerung und/oder maximale Austrocknung, einschließlich der durch Flockung bzw. durch Peptisation hervorgerufenen Bindungsstabilität, analysiert werden. In gleicher Weise sind auch die Strukturbildung und -zerstörung in Käl-

6

te- und Wärmewüsten einzuordnen, denn temperaturabhängige Änderungen des Wasserdampfsättigungsdefizits rufen ebenfalls Kontraktionen und damit verbundene Annäherung der Bodenpartikel oder Quellungen durch z. B. Taubildung hervor. Das Ausmaß der Schrumpfung hängt auch hier von den zwischen den Partikeln über die Porenfüllung flächenabhängig wirkenden Meniskenkräften ab. Der Vorgang der Gefriertrocknung führt schließlich als extremste Form der Austrocknung über den Verlust jeglicher kontrahierend wirkenden Meniskenkräfte zwischen den Bodenpartikeln zu einer vollständigen Homogenisierung d. h. Deaggregierung.

6.2.2.1 Schrumpfung

Die Schrumpfung ist durch Kohäsion und Oberflächenspannung des Wassers einerseits und durch Adhäsion zwischen diesem und den festen Primärpartikeln andererseits bedingt. Sie setzt ein, sobald eine wassergesättigte Lage von Primärteilchen Wasser verliert. Sie ist somit als Volumen-/Wassergehaltsabnahme stets der primäre Prozess der Gefügebildung.

Die feuchten Primärteilchen, die nach einem Transport zur Ruhe kommen, liegen, wie im Kap. 6.1.6 beschrieben, nach der Ablagerung zunächst locker und werden nur durch die Last der Teilchen, die später über ihnen abgelagert werden, zusammengedrückt.

Sobald einer solchen Packung jedoch Wasser entzogen wird, werden die Teilchen eine dichtere Lagerung annehmen, da das Wasser zwischen den Bodenpartikeln bei Volumenabnahme seine Oberfläche verkleinert. Zunächst nimmt das Volumen des wassergesättigten und noch homogenen Bodens dabei um den gleichen Betrag ab wie das des Wassers. Dieser Bereich der Schrumpfung heißt **Normal-**(bzw. **Proportional-)Schrumpfung** (Abb. 6.2–3). Sie zeigt sich visuell in einer während der Austrocknung gleichbleibend ‚dunklen‘ Bodenfarbe, denn die Teilchen rücken näher aneinander heran, wodurch weitere Berührungspunkte entstehen (vgl. Kap. 6.1.6.1). Damit steigt der Widerstand gegen eine zusätzliche Annäherung. Deswegen müssen bei weiterem Wasserverlust die Wasseroberflächen, die den bisher gesättigten Körper begrenzten, zwischen die Primärteilchen, also in die Poren des Bodens, hineinrücken.

In diesem Zustand wird nun dem Boden mehr Volumen an Wasser entzogen, als er durch weiteres Zusammenrücken der Primärteilchen ausgleichen kann. Diese Phase der Schrumpfung heißt **Restschrumpfung** (Abb. 6.2–3). Sie ist mit einer Entwässerung verbunden, die den Boden aufgrund der beginnenden Luftfüllung der Poren heller erscheinen lässt. Je stärker bei diesem Vorgang die Wassermenisken durch den fortschreitenden Wasserverlust in die Poren hineingezogen werden, desto stärker wirkt der Unterdruck im verbleibenden Wasser und damit dessen kontrahierende Wirkung. Die Kraft, die dabei aufgebaut werden kann, ist jedoch nicht allein von der Druckdifferenz des Wassers gegenüber der atmosphärischen Luft, sondern außerdem von der Fläche des noch wassergefüllten Porenraumes, über die die Kraft wirksam wird, abhängig (s. a. Kap. 6.3.2.3).

Dieser Zusammenhang erklärt, dass feuchte Sande anfänglich schrumpfen, vorübergehend eine höhere Festigkeit durch näheres Aneinanderrücken der Partikel annehmen und dann bei weiterer Austrocknung schnell wieder zerrieseln. Schluffe erreichen dagegen beim Schrumpfen durch fortschreitende Austrocknung auch über größere Matrixpotenzialbereiche weiter steigende Festigkeiten. Ihre Einzelkörner lassen sich aber, wenn sie nicht sekundär durch verklebende Substanzen fixiert sind, durch Reiben leicht lösen. Tone erreichen damit erst bei größeren Austrocknungsgraden eine sehr hohe Festigkeit (z. B. ‚Adobe‘ = luftgetrocknete Ziegel). Im Hinblick auf das Ausmaß der Volumenänderung spielen Schrumpfungsvorgänge somit eine umso größere Rolle, je feinkörniger bzw. tonreicher ein Boden ist.

Die Volumenänderung infolge Meniskenzug ist isotrop. Der Boden kann diesem Zug aber nur in der Vertikalen frei folgen. In der Horizontalen wird das Aneinanderrücken der Partikel durch Reibung auf dem Untergrund oder durch das im unteren Teil des Sediments noch vorhandene Wasser behindert. Das Bodenpaket zerreißt daher beim Schrumpfen.

Die entstehenden **Schrumpfungsrisse** sind wichtige morphologische Bodenmerkmale (Kap. 6.3.1). Die ersten Risse verlaufen im Bodenkörper senkrecht zur Tiefe (= Zugrisse, Dehnungsbrüche). Deshalb sind grobe Prismen oder (in salzhaltigen Böden) Säulen die ersten Körper, die in homogenem Milieu entstehen. Erst nach wiederholter Be- und Entwässerung, wodurch bereits eine stärkere Annäherung der Partikel erzielt wird, können keine weiteren Risse, die jeweils rechtwinklig zueinander stehen, auftreten. Gleichzeitig wird so die Gefügeform Prisma oder Säule verkleinert und es bilden sich nun durch eine energiesparende scherende Bodenbewegung Polyeder. Diese werden schließlich durch weitere scherende Abrundung der Kanten in Subpolyeder mit gleichzeitig rauer Oberfläche überführt. Bei weiterer Fortsetzung würde als Endglied dieser Gefügeentwicklung schließlich die Kugel als energieärmster Körper entstehen.

Diese eindeutige Bildungsrichtung wird bereits zu Beginn der Gefügeentwicklung z. B. durch Wechsel der Körnung, also Schichtung, überprägt, weil diese die Kontraktionssituation beeinflusst. So bilden sich beispielsweise in austrocknenden Pfützen im jüngsten, feinsten Sediment Risse, die sich im darunterliegenden sandigeren Teil mangels Kontraktion nicht zur Tiefe hin weiter ausbreiten können. Infolgedessen platzt die geschrumpfte Zone häutchenartig ab, die Ränder der Schuppen, die sich durch das Rissenetz gebildet haben, biegen sich hoch und nähern sich dadurch dem energieärmsten Zustand: der Kugelform, an.

Der kontrahierende Unterdruck im Wasserkörper eines schrumpfenden Bodens lässt sich durch den Unterschied zum atmosphärischen Luftdruck (∂p) erfassen. Seine Abhängigkeit von der körnungsbedingten Porengröße (Äquivalentradius r) und der Oberflächenspannung des Wassers (γ) lässt sich wie folgt beschreiben

$$pL - pW = \partial p = \frac{2\gamma}{r} \qquad \text{(Gl. 6.2.1)}$$

Die kontrahierende Kraft (K) wird berechnet nach

$$K = \partial p \cdot F \qquad \text{(Gl. 6.2.2)}$$

mit F = wirksame Fläche. Diese nimmt mit zunehmender Meniskenkrümmung, also mit abnehmender Porengröße bzw. zunehmender Annäherung der Teilchen zu, solange die Poren weiterhin wassergesättigt sind und die Menisken noch nicht in die Poren hineinrücken (Normalschrumpfung). Mit beginnender Entwässerung wird die kontrahierende Kraft dann geringer, wenn die wirksame Porenfläche abnimmt. Anderenfalls wird das Matrixpotenzial negativer und damit steigt die kontrahierende Kraft, wenn die wirksame Porenfläche weniger stark abnimmt als das Matrixpotenzial negativer wird; dies gilt vor allem für tonige Böden oder entsprechend dichter gelagerte Aggregate. Beide Fälle werden aber als **Restschrumpfung** unabhängig von der Stabilitätsänderung mit der Austrocknung bezeichnet (s. a. Kap. 6.3.2.3).

Wenn die Entwässerung soweit fortgeschritten ist, dass nur noch ringförmige Wassermenisken zwischen den Primärteilchen vorliegen, muss die Wirkung der beiden einander entgegengesetzten Krümmungen der Wassermenisken (-Oberflächenform dieser Ringe) berücksichtigt werden. Die diesen Zustand beschreibende Gleichung lautet:

$$K = F \cdot \gamma \, (r_1 - r_2)^{-1} \qquad \text{(Gl. 6.2.3)}$$

Hierbei ist r_1 der Radius des Wassermeniskus zwischen den Körnern und r_2 die Krümmung des

Wassermeniskus. Die Gleichung beschreibt auch, dass ein sehr schmaler Kragen, der fast stielförmig aussieht, keine kontrahierende Wirkung haben kann. Dies erklärt das Zerrieseln von Sand, das umso eher eintritt, je besser die Körner abgerundet und sortiert, mithin je kugeliger und einheitlicher in der Größe sie sind, weil dann die Berührungszonen immer punktförmiger werden (z. B. Dünensand).

Die Begriffe ,Normal- oder Proportionalschrumpfung' und ,Restschrumpfung' beschreiben den Schrumpfungsvorgang erschöpfend, solange der Wasserentzug kontinuierlich abläuft oder nur durch Stillstände unterbrochen wird. Wenn hingegen in Böden durch intermittierende Wasserzufuhr ein Schrumpfungsvorgang abgebrochen und die Zugwirkung der Menisken entlastet wird, setzt eine partielle Rückquellung ein. Bei einer erneuten Entwässerung werden zunächst diese ,jüngsten' Wasseranteile entfernt, ohne dass es zu einer nennenswerten Volumenabnahme kommt. Dieser Bereich der Schrumpfung wird als **Strukturschrumpfung** bezeichnet (Abb. 6.2–3). Sie verläuft über einen umso größeren Entwässerungsbereich, je stärker die vorherige Austrocknung und die Aggregatbildung unter den jeweiligen chemischen und biologischen Randbedingungen waren. Erst mit dem Überschreiten der vorherigen Austrocknung und/oder durch veränderte chemische und biologische Randbedingungen geht die Volumenabnahme in eine Proportionalschrumpfung (auch bei stärkerer Austrocknung) über, während in der Restschrumpfung vorrangig eine Wassergehaltsabnahme erfolgt.

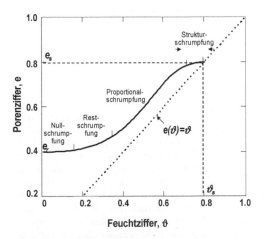

Abb. 6.2–3 Schrumpfungskurvenverlauf von Böden.

6

Die Strukturschrumpfung und ebenso die Form der Rückquellung lassen sich als Vorgänge im Bereich einer Vorbelastung bzw. Vorschrumpfung definieren. Sie weisen auf die Vergleichbarkeit von hydraulischen und mechanischen Vorgängen hinsichtlich der Strukturbildung und mechanischen Stabilität hin. Während wiederholte Be- und Entwässerungen im Bereich der Strukturschrumpfung zu keiner nennenswerten Abnahme des Hohlraumvolumens (dargestellt als Porenziffer) führen, resultiert jede darüber hinaus reichende Austrocknung in einer neuen Proportionalschrumpfung (= Normalschrumpfung), die entlang der 1:1-Linie der Abb. 6.2–3 verläuft.

6.2.2.2 Quellung

Wenn ein geschrumpfter Boden wiederbewässert wird, dann erfahren die einwärts gekrümmten Menisken eine Entlastung. Die Zugspannung lässt nach, und je nach der dabei entstehenden Kräftekombination werden die Risse mehr oder weniger wieder zusammengedrückt. Eine vollständig reversible Volumenzunahme, die der des Schrumpfungsvorgangs entspricht, tritt aber in der Regel nicht ein, es dominiert die horizontale Ausdehnung (d. h. sie erfolgt horizontal anisotrop). Die Volumenzunahme erreicht unter natürlichen Bedingungen normalerweise nur den Zustand weitgehender Isotropie (d. h. die horizontale und vertikale Bewegung erfolgt gleichmäßig). Eine deutliche vertikale Anhebung des Bodens durch Quellung wird nur dann einsetzen, wenn die Quellungsdrücke groß genug sind, um die verdichtend wirkenden Bodendrücke zu kompensieren oder sogar zu überwinden. Derartige Hebungsvorgänge treten z. B. in Vertisolen auf, die einen hohen Anteil an stark quellfähigen Tonen (Smectit, Vermiculit) enthalten. Bei diesen Tonmineralen wurden Quellungsdrücke > 0.4 MPa nachgewiesen.. Auch Gilgai und Crabholes entstehen im Zusammenhang mit dem Wechsel von Quellung und Schrumpfung (Kap. 7.2.6).

Generell wird jedoch eine vollständige Rückquellung bis zum Erreichen der Erstschrumpfungslinie (analog der Erstverdichtung, s. Abb. 6.3–8) nicht ohne zusätzliche mechanische Arbeit erfolgen. Da die Oberflächenspannung des Wassers nur eine kontrahierende Kraft liefert, ist die durch sie hervorgerufene Schrumpfung nur reversibel, wenn ein oder mehrere andere Mechanismen die Partikel wieder auseinandertreiben. Dieses Quellen ist eine Folge der Wasseranlagerung an Mineraloberflächen und an adsorbierten Kationen. Im Prinzip ist es eine Vorstufe

der Dispergierung. Da die Tonfraktion die größte Oberfläche im Boden und den überwiegenden Teil der austauschbaren Kationen enthält, ist die Quellung um so stärker, je tonreicher ein Boden ist. Innerhalb der Tonminerale sinkt das Quellvermögen bei gleicher Größe infolge abnehmender Oberfläche in der Reihenfolge Smectit ~ Vermiculit > Illit > Kaolinit.

Die Hydratationsfähigkeit der adsorbierten Kationen übt ebenfalls einen starken Einfluss auf das Quellvermögen aus. Die Quellung sinkt in der Wertigkeitsreihe $Na^+ > Ca^{2+} > Al^{3+}$. Die Quellung wird durch Abnahme der Salzkonzentration in der Bodenlösung gefördert, weil dadurch die Hydratation der adsorbierten Kationen verstärkt wird. Substrate, die infolge geringer Lagerungsdichte viel Raum für adsorbiertes Wasser haben, und solche, die nur eine geringe Oberfläche aufweisen, können auch nicht quellen. Dies kann man gelegentlich an geschrumpften frischen Ablagerungen aus schluffreichem Material (Löss) und an organischen Sedimenten wie Gyttjen und Mudden feststellen.

Wie groß die Bedeutung des Zeitfaktors für die Rückquellung ist, wird bei Marschböden deutlich. Bei ihnen ist nach einer sommerlich intensiven und tiefreichenden Austrocknung die Rückquellung bis zur nächsten Vegetationsperiode so gering, dass aufgrund der verbliebenen Struktur über die Sekundärporen, die noch vorhanden sind, der Luft- und Wasserhaushalt reguliert wird. Damit werden sogar besonders hohe Erträge erreicht. Der Quellungszustand eines Tonbodens steht daher in der Regel nicht im Gleichgewicht mit dem Wasserangebot, sondern ist von der stärksten vorangegangenen Schrumpfung und der Dauer des späteren Wasserangebots geprägt. Hieraus erklärt sich, dass viele terrestrische Tonböden bei Beginn einer Entwässerung zunächst wenig sichtbar schrumpfen, da sie sich noch im Bereich der Strukturschrumpfung befinden (s. Abb. 6.2–3).

Den Böden wird die mechanische Arbeit, die für eine freie Rückquellung nach einer vorherigen Schrumpfung erforderlich ist, durch Belastungswechsel beim Befahren oder Betreten, aber auch durch den Tropfenschlag bei Regen zugeführt. Schon die geringen Verformungen, die durch Letzteren auftreten, erleichtern den Zutritt von Wasser zu den Adsorptionsflächen und fördern die Platznahme von Wasserschichten um die Tonplättchen im Oberboden. Dieser Vorgang ist umso wirksamer, je zugänglicher die Oberflächen der Tonplättchen im Verlauf andauernder Verschiebungen wird. Daher sind Bodenrutschungen an Hängen bei tonhaltigem Material stets mit Quellungsvorgängen verbunden. Aufgrund der zäheren Konsistenz beginnen sie mit

6

langsamem ‚Bodenkriechen'. Wenn die Konsistenz hinreichend weicher geworden ist und gleichzeitig die Zugänglichkeit der Bodenoberflächen für Wasser durch die Scherung verbessert worden ist, wird die Rutschgeschwindigkeit größer. Großflächige Hangrutschungen und/oder Grundbrüche sind die sichtbaren Folgen dieser anfänglich „mikroskopischen" Meniskenkraftänderungen. Wird hingegen die Quellung behindert, baut sich ein **Quellungsdruck** auf. Das ist in tieferen Bodenbereichen die Regel, weil dann die jeweils darüberliegende Masse gehoben werden muss. Da der Quellungsdruck bei hoher Na-Sättigung höher als bei hoher Ca-Sättigung ist und der jeweilige Maximalbetrag mit zunehmendem Wassergehalt des Bodens abnimmt, sind auch die osmotischen Wechselwirkungen zu berücksichtigen. Schließlich hängt der Quellungsdruck im Bodenprofil außer von der Auflast darüberliegender Schichten von den **Scherwiderständen** der Umgebung ab. So konnten an kleinen Bodenproben größere Quellungsbeträge als an größeren beobachtet werden.

Unter Freilandbedingungen werden in Böden Mitteleuropas Quellungsdrücke von 2 MPa kaum überschritten. Bei nassen Böden liegen die Werte niedriger. Die starken Anlagerungskräfte bei der Adsorption der ersten monomolekularen Wasserfilme auf Mineraloberflächen erzeugen nur einen geringen Quellungsdruck, weil bei den vorkommenden geringen Lagerungsdichten genug freies Volumen für die Wasserfilme vorhanden ist und damit keine raumbedingten Widerstände entstehen. Die stärkste Auswirkung der Quellungsdrücke auf das Bodengefüge tritt während des sog. **Selbstmulch-Effekts** smectitreicher Vertisols auf (Kap. 8.4.2).

6.2.3 Benetzbarkeit

Die Benetzbarkeit eines Bodens mit Wasser ist das makroskopisch sichtbare Ergebnis der kombinierten Auswirkung verschiedener Oberflächenenergien, die beim Zusammentreffen von festen Oberflächen der Bodenpartikel mit der Bodenlösung und der Bodenluft entstehen. Infolge der großen Vielfalt der möglichen Stoffkombinationen in der Bodenlösung und auf den Partikeloberflächen, ist die Breite der beobachtbaren Erscheinungen groß. Sie ist pauschal durch den Benetzungswinkel messbar, der sich zwischen der Bodenlösung und der festen Oberfläche einstellt (Abb. 6.2–4).

Der Benetzungs- oder auch Randwinkel (α) ist das Ergebnis der relativen Größe dreier Grenzflächenspannungen, d. h. er ist abhängig von dem

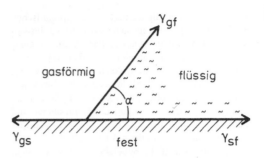

Abb. 6.2–4 Benetzungswinkel (α) als Ergebnis des Gleichgewichts zwischen den Grenzflächenspannungen der Phasen gasförmig–fest (γ_{gs}), fest–flüssig (γ_{sf}) und flüssig–gasförmig (γ_{gf}).

Verhältnis der kohäsiven Kräfte (Anziehung der Wassermoleküle untereinander) und der adhäsiven Kräfte (Anziehung der Wassermoleküle an die Partikeloberfläche). Je geringer die Adhäsion, desto geringer ist die Benetzbarkeit und desto größer ist der Kontaktwinkel. Er lässt sich wie folgt beschreiben:

$$\cos\alpha = (\gamma_{gs} - \gamma_{sf}) \cdot \gamma_{gf}^{-1} \qquad \text{(Gl. 6.2.4)}$$

Hierbei steht der Index s für fest (engl. *solid*), f für flüssig (engl. *liquid*), g für gasförmig (engl. *gaseous*). Von den drei beteiligten Grenzflächenspannungen ist nur die eine, nämlich die Oberflächenspannung der Bodenlösung gegen die Luft (γ_{gf}), unmittelbar messbar. Der Winkel ist nur in idealen Systemen ein quantitativer thermodynamischer Parameter, der aber in Böden aufgrund vieler Einflüsse (chemische Heterogenität, Rauigkeit, Lösungseffekte, Quellung etc) oft nur zum relativen Vergleich untereinander verwendet werden kann. Er ist aber ein relevantes Phänomen, denn sämtliche Bodeneigenschaften wie Verschlämmbarkeit und damit Krustenbildung, Infiltration und Wasserstabilität von Aggregaten und behinderte Wiederaufsättigung von humusreichen ausgetrockneten Oberböden hängen mit der Benetzbarkeit zusammen. Je nach Zusammensetzung der Oberflächenfilme auf Partikeln oder auf anderen aggregatgroßen Einheiten wirken diese über lange Zeit benetzungshemmend. Sie können somit nicht nur zur Charakterisierung von Böden bzw. Bodennutzungen dienen, sondern gleichzeitig auch Hinweise auf eine saisonale Abhängigkeit der Porengrößenverteilungs- bzw. Wasserspannungs-/Wassergehaltsbeziehung oder Matrixpotenzial/Wassergehaltsbeziehung von der vorherigen Austrocknung, und dabei auch von zersetzungsabhängigen

6

Änderungen der Benetzbarkeit der organischen Substanz geben. Es zeigt sich sehr deutlich, dass in den meisten Böden keine uneingeschränkte Benetzung (dokumentiert mit einem Winkel von 0 Grad) gegeben ist, sondern meist Werte gemessen werden, die davon bis in den Winkelbereich > 90° abweichen. Die wichtigste Größe, die in Böden die Benetzbarkeit beeinflusst, ist die organische Komponente und deren amphiphilen Eigenschaften, wobei auch hier das Ausmaß der vorherigen Austrocknung maßgeblichen Einfluss auf die Benetzbarkeit hat. Sie ist in diesem Zusammenhang auch vergleichbar mit einer hydraulischen Vorbelastung. Generell sind die Benetzungswinkel von Bodenpartikeln gegen Wasser in Gegenwart von org. Substanz höher als die von reinen, aber im Freiland nicht vorhandenen Mineraloberflächen. Die Kontaktwinkel liegen, abhängig von der verwendeten Methode, bei Ackerböden zwischen 0 und 60°, bei Grünland bis zu 80° und in Wäldern, besonders in sauren Nadelwäldern, bei bis zu 130° in den humusreichen Bodenhorizonten. Eine Zuordnung der Winkel zu einzelnen Stoffkomponenten gestaltet sich oft schwierig. Generell können Stoffneubildungen im Boden (Huminstoffe) wie auch Komponenten pflanzlichen Ursprungs oder von Mikroorganismen wie Fette und Wachse Benetzungshemmungen verursachen. Da die Benetzungswinkel die Höhe des kapillaren Aufstiegs beeinflussen, sind die Wasserhaltefähigkeit, mithin die effektiv wirksame Porengrößenverteilung (s. Kap. 6.4.2.3) ebenso wie die Infiltration stets hiervon abhängig. Im Jahresverlauf variiert die Benetzungshemmung, wobei sie in trockenen Phasen steigt, während der Wintermonate hingegen wieder abnimmt. Allerdings ist eine vollständige Benetzbarkeit der Böden eher die Ausnahme.

Eine wichtige Rolle spielt die Benetzbarkeit auch bei der Sprengung von Aggregaten durch eingeschlossene Luft während plötzlicher Bewässerung. Die hohe Oberflächenspannung des Wassers lässt Lufteinschlüsse einer kugeligen Form zustreben. Wenn das Gefüge der umgebenden Bodenpartikel locker und durch das infiltrierende Wasser auch weich ist bzw. wird, gibt es nach und es bilden sich kugelige (vesikuläre) Poren (vgl. Kap. 8.6.7). Lässt das Gefüge ein solches Ausweichen nicht zu, dann zerbricht das Aggregat, wenn sein Widerstand geringer als die Kraft ist, die durch die Kontraktion des Meniskus zur Kugel aufgebracht wurde. Die Größe hängt direkt von der Benetzung ab und ist umso größer, je vollständiger die Benetzung, mithin je kleiner der Benetzungswinkel ist. Daher haben die synthetischen Aggregatstabilisatoren in vielen Fällen benetzungshemmende Komponenten.

6.2.4 Kohäsion, Konsistenz und Strömungsdruck

Die Wassermenisken, die sich um die Berührungsstellen zwischen den Primärpartikeln bilden, sind der ausschlaggebende Faktor für das Verhalten des jeweiligen Bodens gegenüber knetenden und pressenden Beanspruchungen. Das gleiche gilt für die Filme, die die Partikel der Tonfraktion umgeben. Diese schließen sich ebenfalls zusammen und bilden um die Berührungspunkte Menisken, die zunächst sehr geringe Krümmungsradien aufweisen. Auf Veränderung der Krümmungsradien von Wassermenisken ist auch der Einfluss zurückzuführen, die freie organische Partikel auf die Kohäsion zwischen gröberen Primärteilchen haben.

Menisken, deren kontrahierender Zug vom entwickelten Unterdruck (Saugdruck, Matrixpotenzial) abhängig ist, liegen bei allen Wassergehalten vor, von der Lufttrockenheit unter Freilandbedingungen bis hin zur Sättigung. Im letzteren Fall ist die Meniskenkrümmung in der jeweiligen Pore durch eine sehr geringe zusätzliche Wassermenge aufhebbar. Wenn durch diese geringe Wasserzufuhr ebene (plane) Menisken erzeugt werden, dann fällt die kontrahierende Wirkung und mithin die Kohäsion zwischen den Primärteilchen weg (Abb. 6.2–5).

Die gleiche Wirkung tritt auch ein, wenn ein Aggregat oder ein Bodenabschnitt z. B. durch Befahren kurzfristig komprimiert ist. Die Primärteilchen werden dann zusammengeschoben und dem vorhandenen Wasser steht nur noch der abnehmende Porenraum zur Verfügung. Dies führt stets zu einer Abflachung der Meniskenkrümmung, einer Abnahme der Kohäsion und zunehmender Wassersättigung.

Da eine Wasserzufuhr stets eine Entlastung bedeutet, können in ihrem Gefolge sowohl Volumenzunahmen an prinzipiell nicht quellendem Material (z. B. Löss) als auch Scherbrüche auftreten. Die Kohäsionsabnahme wird je nach der Betrachtungsweise als Stabilitätsverlust, aber auch als Veränderung der Konsistenz beschrieben.

Die Bedeutung dieses Zusammenhangs für das Verhalten der Böden führte zur Einteilung der **Konsistenz** in Bereiche, die in Tabelle 6.2–2 zusammengefasst sind. Sie werden durch die nach ihrem Autor ATTERBERG benannten Grenzen getrennt (**Atterberg-Grenzen**). Die Menge an Wasser, die ein Boden aufnehmen muss, um von einer harten zu einer weichplastischen oder flüssigen Konsistenz (Tab. 6.2–2) zu kommen, ist umso größer, je feinkörniger er ist, mithin je mehr Ton er enthält. Feinverteilte org. Substanz wirkt in gleicher Weise.

Tab. 6.2–2 Konsistenz tonreicher Böden in Abhängigkeit vom Wassergehalt (Atterberg-Grenzen).

Wassergehalt	Bodeneigenschaften	Konsistenz	Konsistenzgrenzen
hoch	wässrige Suspension, fließt zusammen	dünnflüssig zähflüssig	
	--		{*Fließgrenze*
↑	klebt an Bearbeitungsgeräten, schmiert bei Bearbeitung	weichplastisch zähplastisch	
	--		{*Ausrollgrenze*
niedrig	optimal bearbeitbar schwer bearbeitbar, verhärtet	bröckelig hart	

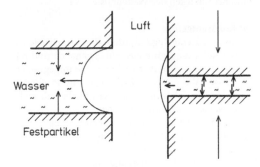

Abb. 6.2–5 Schema der Meniskenwirkung. Links: Kontrahierender Meniskenzug (konkave Krümmung) stabilisiert; rechts: Meniskenzug destabilisiert bei Komprimierung der Festpartikel (Ausbildung konvexer Krümmung).

Während bei Wassergehalten oberhalb der Fließgrenze keine Menisken dem Bodenverband Halt geben, ist dies bei Wassergehalten unterhalb der Fließgrenze der Fall. Bei der Ausrollgrenze ist der Wassergehalt schließlich so klein geworden, dass über die Querschnittsfläche des auszurollenden Bodens (es entsteht eine halb-bleistiftdicke Rolle) trotz steigenden Kontraktionsdrucks der Menisken keine ausreichende Gesamtkraft zustande kommt, um ein Zerbröckeln des Bodenstranges zu verhindern.

Wie bereits erwähnt, lassen sich Meniskenkrümmungen auch durch Aneinanderpressen der Primärteilchen, also Verdichten der Lagerung, abflachen. Wenn die Komprimierung soweit geht, dass Wasser aus den Poren, die den Bodenkörper begrenzen, herausgedrückt wird, dann schlägt die Kontraktion in Dilatation (= Aufweitung) um. Die nunmehr nach außen gewölbten Menisken treiben die Bodenpartikel auseinander (Abb. 6.2–5). Dabei können die meisten stabilisierenden Mechanismen überspielt werden, wenn der entstehende Wasser-

überdruck nicht durch Abfluss des Überschusses abgesenkt wird, bevor durch Scherbeanspruchung eine weitere mechanische Verformung einsetzt.

Dieser Mechanismus ist die Ursache für die vollständige **Verknetbarkeit** feinkörniger aggregierter Böden durch wiederholtes Befahren oder durch Vibrieren in nassem Zustand (thixotroper Effekt). Bei grobkörnigen Böden, z. B. Sanden, läuft hingegen das Wasser beim Komprimieren in der Regel schnell genug ab, so dass die anderen stabilisierenden Mechanismen nicht überspielt werden können. Nur in Ausnahmefällen kann der Wasserdruck hier Veränderungen in der Lage der Primärteilchen gegeneinander erzeugen.

Ein Ausnahmefall stellen Treibsande dar, die im Wasser liegen. Sie verlieren ihre Tragfähigkeit bei lokalen Belastungen, weil das wassergefüllte und unter Druck stehende Gesamtpaket so groß ist, dass der ‚lokale' Überdruck, der über das größere Bodenvolumen wirkt, nicht schnell genug durch Fließen abgebaut werden kann. Ein weiterer Fall ist die Situation an frischen Böschungen, an denen Rutschungen entstehen, weil aus dem Inneren des Bodenkörpers bei ungewöhnlicher Witterung plötzlich viel Wasser nachgeliefert wird. Die einseitige Belastung der Körner, die durch das Fehlen des Widerlagers an der Böschung entsteht, wird durch das Druckgefälle des fließenden Wassers verstärkt und führt zu einem Mitführen der im Wasser gleitenden Bodenpartikel.

6.3 Bodengefüge

Im Kapitel 6.1 werden Körnung, Lagerung sowie die davon abhängigen Hohlraumformen unter dem Aspekt der Partikeldurchmesser und –formen und der von diesen Festkörpern erzeugten Poren betrachtet. Die Gefügebildung hingegen bewirkt durch die

6

organisierte Aneinanderlagerung von Partikeln die Bildung größerer eigenständiger Einheiten aufgrund natürlicher, vom Menschen weitgehend unbeeinflusster physikalischer, chemischer und biologischer Prozesse wie z. B. Quellung und Schrumpfung, energetische Wechselwirkung zwischen Bodenkolloiden, Flockung und Peptisation in Abhängigkeit von der Wertigkeit und Konzentration der Ionen oder auch nach der Darmpassage bei Würmern. Anthropogen geprägte Gefügeentwicklungen werden im Zusammenhang mit dem Vorgang der Bodenlockerung oder Verdichtung beobachtet. Durch die Gefügeentwicklung können auch chemische Vorgänge wie z. B. Redoxreaktionen beeinflusst werden. Ebenso wirkt sich das Gefüge auf die Filter- und Pufferfunktionen, das Pflanzenwachstum, den Ertrag und letztendlich sogar auf die gesamte Bodenentwicklung aus.

6.3.1 Gefügemorphologie

Da das Gefüge eine große Formenvielfalt aufweist, die in allen Skalenbereichen von der visuellen Ansprache am Profil bis hinunter in submikroskopische Bereiche beobachtbar ist, kommt der morphologischen Erfassung eine große Bedeutung zu. Es sind infolgedessen verschiedene Anspracheesysteme entwickelt worden. Darunter finden sich solche, die rein morphologisch aufgebaut sind. Sie haben den Vorteil, in allen Maßstabsbereichen anwendbar zu sein. Andere, die bodengenetische Elemente mit berücksichtigen, sind zwar meist maßstabsabhängiger, enthalten jedoch weitergehende Informationen. Die folgende Beschreibung des Makrogefüges beruht weitgehend auf einer Klassifikation von MÜCKENHAUSEN.

6.3.1.1 Makrogefüge

Die mit dem bloßen Auge erkennbaren Gefügeformen werden als Makrogefüge bezeichnet. Ein Vergleich natürlicher Bodengefüge zeigt, dass bei manchen die einzelnen Partikel leicht aus dem Gefügeverband herausfallen, bei anderen dagegen nur größere oder kleinere Brocken abgelöst werden können. Diese Eigenschaften des Bodengefüge führen zu drei Hauptgruppen, die auch im Freiland deutlich zu unterscheiden sind: Einzelkorn-, Kohärent- und Aggregatgefüge.

a) Einzelkorngefüge
Beim Einzelkorngefüge (Abb. 6.3–1) sind die Primärteilchen (mineralische und organische Teilchen) **nicht** miteinander **verklebt**. Ihre Lage zueinander

ist durch die Form der Teilchen, die Korngröße, die Reibung an den Berührungspunkten sowie die zurückliegenden Lockerungs- und Verdichtungsvorgänge bedingt. Eine dichteste Lagerung im Sinne einer geordneten Kugelpackung wird nie erreicht. Bei mittlerem Wassergehalt erzeugen die Wassermenisken zwischen den Körnern eine Kohäsion, die jedoch sowohl beim Austrocknen, als auch beim Überfluten verloren geht. Diese Lagerungseigenschaften haben zur Folge, dass steile Böschungen und Profilwände leicht zerrieseln, bis sich der natürliche Böschungswinkel eingestellt hat. Einzelkorngefüge kommt in ton- und eisenoxidarmen Sanden und Kiesen sowie in frisch abgelagerten schluffreichen Sedimenten und bei Schlicken der Wattenküsten vor.

b) Kohärentgefüge
Beim Kohärentgefüge werden die Primärteilchen durch Kohäsionskräfte zusammengehalten und bilden auch nach dem Austrocknen eine **ungegliederte Masse** (Abb. 6.3–1) . Böschungen und Profilwände zerrieseln daher nicht, sondern bleiben als mehr oder weniger steile Wände stehen.

Kohärentgefüge kommt in Schluff-, Lehm- und Tonböden vor, insbesondere in frisch abgelagerten und noch nicht geschrumpften Böden. Eine besondere Art des Kohärentgefüges findet sich bei Sandböden, deren Primärteilchen durch Hüllen aus Eisenoxiden, Carbonaten oder organischen Stoffen an den Berührungsstellen verkittet werden. Diese als **Kittgefüge** (Abb. 6.3–1) bezeichnete Form der Kohärenz liegt als Orterde oder Ortstein in Podsolen, Raseneisenstein in Gleyen, Silcrete in Durisols, Plinthit in Plinthosols sowie als Calcrete in Calcisols vor (s. auch Kap. 8.4).

Eine wesentliche Ursache für die Kohärenz von Böden ist die Kontraktion durch **Wassermenisken**. Daher hängt das Ausmaß einer Kohärenz stark von dem Anteil wassergefüllter Poren im Boden, d. h. vom Wassergehalt ab. Dies wird vor allem bei feinkörnigen Böden deutlich, deren unterschiedliche Kohärenz bei verschiedenen Wassergehalten besonders ausgeprägt ist. Allerdings ist die auf Wassermenisken beruhende Kohärenz leicht reversibel. Kittgefüge verlieren, wenn sie einmal zerbrochen wurden, die Kohärenz und werden zu Einzelkorngefügen, wenn die Primärteilchen im Größenbereich der Sandfraktion liegen, weil dann die meniskenbedingte Kohärenz gering bleibt.

c) Aggregatgefüge
Beim Aggregatgefüge sind Teile der Bodenmatrix von ihrer Umgebung deutlich abgegrenzt und bilden **separate Körper** – die Aggregate. Die Formen und Größen der Aggregate sind je nach der

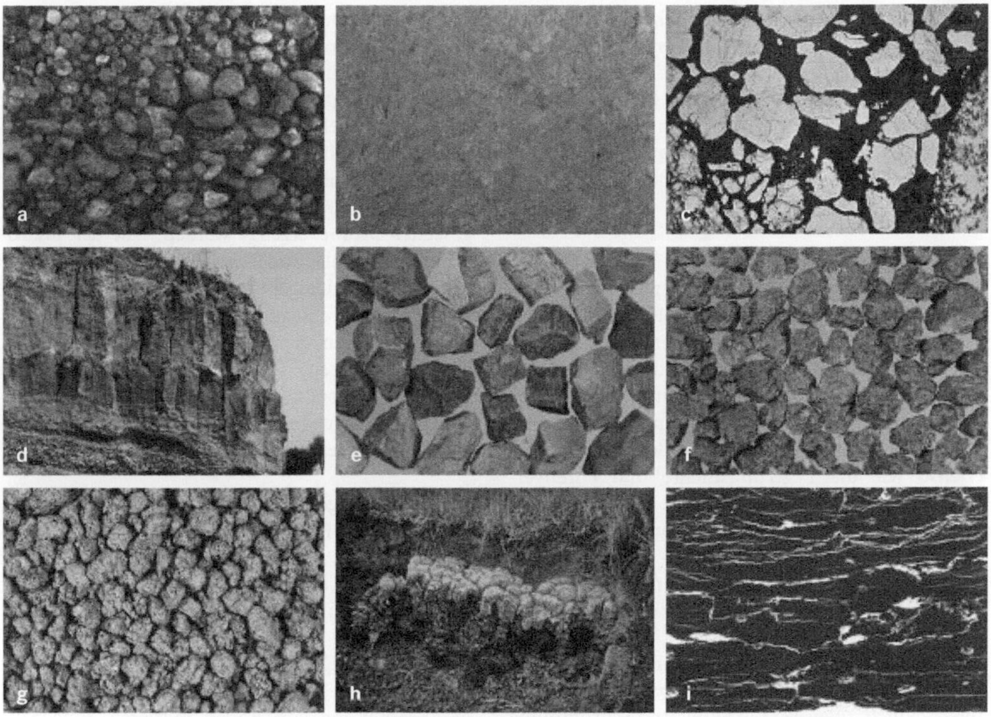

Abb. 6.3–1 Entwicklung der Gefügeformen vom Einzelkorngefüge beginnend aufgrund von Quellung und Schrumpfung, biologischer Prozesse und anthropogener Belastungen.
a) Einzelkorngefüge, Grobsand; **b**) Kohärentgefüge, Löss; **c**) Kittgefüge, vorwiegend eisenoxidumhüllter Grobsand **d**) Prismengefüge, Löss; **e**) Polyedergefüge, Bt-Horizont einer Löss-Parabraunerde; **f**) Subpolyedergefüge, Bv-Horizont, Löss; **g**) Krümelgefüge, Ap-Horizont, Löss; **h**) Säulengefüge, **i**) Plattengefüge, Pflugsohle im Löss. (Aufnahmen: R.Tippkötter, H.H.Becher)

Entstehungsart sehr verschieden, ebenso der Grad ihrer Ausbildung. Die Aggregierung kann so stark ausgeprägt sein, dass feinkörnige Böden die Eigenschaften grobkörniger Böden annehmen (Entstehung von Pseudosanden oder -kiesen), was für die Dränung, Erodierbarkeit sowie Luft- und Wasserleitfähigkeit von Bedeutung ist.

Aggregatgefüge entstehen sowohl aus Böden mit Kohärent- als auch Einzelkorngefüge. Die Form der Aggregate ist für bestimmte Horizonte und auch für bestimmte Entstehungsarten charakteristisch, wobei generell zwischen einem Absonderungsgefüge und einem biologischem Aufbaugefüge unterschieden wird (Abb. 6.3–1).

Absonderungsgefüge
Prismengefüge. Prismen sind von 3 bis 6 meist **rauen Seitenflächen** begrenzte, vertikal gestreckte Aggregate, ihr Durchmesser variiert in weiteren Bereichen

häufig zwischen 10 und 300 mm (Abb. 6.3–1d). Die prismatische **Absonderung** entsteht durch Schrumpfung und Quellung als **erste** Form der Aggregatbildung. Mit zunehmender Profiltiefe werden die Schrumpfungsrisse seltener und die Durchmesser der Prismen größer, wobei gleichzeitig die mechanische Festigkeit abnimmt.

Prismengefüge ist charakteristisch für alle Böden mit einem ausgeprägten Quellungs- und Schrumpfungsverhalten. Sie sind sowohl in Parabraunerden, Pelosolen, im Staukörper von tonreichen Pseudogleyen, sowie im Schwankungsbereich des Grundwassers tonreicher Gleye und Marschen anzutreffen.

Säulengefüge. Säulen sind vertikal gestreckte 4- bis 6seitige Aggregate, die im Gegensatz zu Prismen **kantengerundet** sind und eine **kappenartig abgerundete** Kopffläche aufweisen (Abb. 6.3–1 h). Das Säulengefüge ist charakteristisch für die infolge

6

hoher Na-Sättigung stark quellfähigen Solonetze, wobei die Kopfflächen an der Basis des Ah-Horizonts eine Ebene bilden können. Gelegentlich ist Säulengefüge auch im Bereich des Knickhorizontes der Knickmarschen oder aber im zeGo-Horizont der Salzmarschen sowie im Straßenrandbereich von gesalzten Böden (durch Winterstreudienst) anzutreffen.

Polyedergefüge. Polyeder sind Aggregate, mit Hauptachsen annähernd gleicher Länge, überwiegend **scharfen Kanten** und glatten Oberflächen, die sich unter nicht rechten Winkeln treffen (Abb. 6.3–1e). Häufigkeit und Intensität von Quellung und Schrumpfung ebenso wie der Gehalt an organischer Substanz beeinflussen bei vergleichbaren Tongehalten die Größe der Aggregate ebenso wie die Lagerungsdichte und Porenverteilung innerhalb der Aggregate. Polyedergefüge sind demzufolge vor allem in tonreichen Böden wie z. B. in Pelosolen sowie in Bt-Horizonten von Parabraunerden und degradierten Schwarzerden anzutreffen.

Subpolyedergefüge. Durch wiederholte scherende Bewegungen im Boden aufgrund partieller und unterschiedlich intensiver Quellung und Schrumpfung sowie biologischer Vorgänge werden Polyeder nicht nur weiter zerkleinert, sondern ihre Kanten werden **abgerundet**, während gleichzeitig die Oberflächen rauer werden. Das mit diesem Prozess verbundene Herauslösen kleinerer Bodenvolumina an der Oberfläche der Polyeder wird durch variierendes Rest-/Normalschrumpfungsverhalten hervorgerufen, welches durch unterschiedlich intensive Austrocknungsgrade im Millimeterbereich verursacht wird. Subpolyeder weisen meist Durchmesser von ca. 5…30 mm auf (Abb. 6.3–1f) und kommen in Oberbodenhorizonten und in Horizonten mit intensiven und häufigen Quellungs-/Schrumpfungsvorgängen vor.

Prismen, Polyeder und Subpolyeder sind also aufeinander aufbauende Absonderungsgefügeformen, die im oberen Profilbereich als Folge von wiederholter Be- und Entwässerung immer feiner und dabei gleichzeitig stabiler werden.

Plattengefüge. Horizontal gelagerte Platten (Abb. 6.3–1i) entstehen als Folge von **Pressungen**, vor allem bei wiederholtem schnellem Wechsel der Belastung. Die Dicke der Platten beträgt ca. 1…50 mm. Plattengefüge kann auch durch Gefrieren und Tauen aufgrund der Volumenausdehnung

des Wassers um bis zu 9 % beim Übergang zum Eis vor allem im Oberboden gebildet werden. Vergleichbare Gefügeformen zeigen z. B. auch die C-Horizonte in glazial geprägten Gebieten wie dem Jungmoränengebiet Schleswig Holsteins.

Außer durch Eisbildung können Plattengefüge auch durch biologische Kompressionen z. B. unter Wurzelballen großer und starkem Winddruck ausgesetzter Bäume erzeugt werden. Auf der mikroskopischen Skala findet man Plattengefüge in der unmittelbaren Umgebung von wachsenden Pflanzenwurzeln oder Regenwurmgängen.

Anthropogen geprägte Plattenstrukturen treten unter Fahrspuren, Trampelpfaden, in Pflug- und sonstigen Bearbeitungssohlen mit einer je nach Intensität der mechanischen Belastung unterschiedlichen Mächtigkeit auf.

Fragmentgefüge

Fragmente wie Klumpen und Bröckel sind **unregelmäßig** begrenzte Aggregate, die in Ap-Horizonten mit Kohärent- oder Aggregatgefüge als Folge der Bodenbearbeitung entstehen.

a) Bröckelgefüge wird aus Aggregaten mit **rauen** Oberflächen gebildet. Es entsteht vorwiegend bei der Bearbeitung von Böden mittleren Tongehalts bei optimaler Bodenfeuchte (Durchmesser der Bröckel < 50 mm). Das Bröckelgefüge stellt das durch Bodenbearbeitung angestrebte Gefüge dar und ist neben dem meist vorhandenen integrierten Bröckel-Krümel-Gefüge ein wesentliches Ziel ackerbaulicher Maßnahmen.

b) Klumpengefüge entsteht vor allem bei der Bearbeitung von Lehm- und Tonböden in zu feuchtem oder zu trockenem Zustand. Die Klumpen haben einen größeren Durchmesser als die Bröckel und sind an der Oberfläche oft verschmiert.

Wiederholte Homogenisierung des A-Horizontes durch z. B. Bodenfräsen führt zu **abgerundeten**, zwar dichten aber meist wenig stabilen kugelähnlichen **Rollaggregaten**. Diese entstehen auch bei der Rekultivierung im Zusammenhang mit der Umlagerung von Bodenmaterial während des Transportes auf Transportbändern bei mittleren Wassergehalten durch rollende Bewegungen.

Biologisches Aufbaugefüge

Krümelgefüge (Abb. 6.3–1). Krümel entstehen unter dem Einfluss einer hohen **biologischen Aktivität** bei gleichzeitig hohem Gehalt an organischer Substanz und intensiver Durchwurzelung. Sie sind meist rundlich und unregelmäßig begrenzt, haben einen Durchmesser von ca. 1-10 mm und besitzen eine hohe Porosität. Häufig werden die einzelnen Bodenpartikel durch Kotpillen-Häufchen der Regenwürmer und durch Actynomyceten- Stränge vernetzt sowie durch Bakterienschleim verklebt.

Das Krümelgefüge ist besonders charakteristisch für den Oberboden unter Grünland und für A-Horizonte mit hoher biologischer Aktivität sowie Mull als Humusform. Wenn die Krümel miteinander verklebt sind, bezeichnet man dieses Gefüge auch als **Schwammgefüge**.

Wurmlosungsgefüge. Wurmlosungsaggregate bestehen aus feinen Bodenteilchen, die durch **Schleimstoffe** der Darmflora von Würmern (z. B. Regenwürmer, s. Kap. 4.1.2) miteinander **verklebt** sind. Sie haben einen hohen Gehalt an org. Substanz und bilden unregelmäßig geformte, oft traubenförmige Anhäufungen bis zu einigen cm Größe. In Ah- und Ap- Horizonten sandiger Böden, die vor allem aus Kotpillen von Hornmilben, Springschwänzen und Enchyträen bestehen, findet man häufig Feinkoagulate, die die Hohlräume zwischen den Sandkörnern einnehmen und mit letzteren z. T. durch Wurzeln und Pilzhyphen vernetzt sind.

6.3.1.2 Mikrogefüge

Die große Breite der Korngrößenskala hat zur Folge, dass bei der Ansprache des Gefüges mehrere Größenordnungen getrennt behandelt werden müssen. Neben dem bisher beschriebenen, mit dem bloßen Auge erkennbaren Gefüge, wird daher seit den Arbeiten von KUBIENA (1967) derjenige Größenbereich, der nur unter Zuhilfenahme eines Mikroskops beschrieben werden kann, gesondert behandelt. Es wird daher zwischen dem im Gelände erkennbaren **Makrogefüge** und dem nur mikroskopisch erkennbaren **Mikrogefüge** unterschieden.

Untersuchungen des ungestörten Mikrogefüges verlangen häufig umfangreiche Präparationen. Für lichtmikroskopische Arbeiten sind meist ca. 20 µm dicke **Bodendünnschliffe** oder blockförmige Anschliffe erforderlich, bei denen die Bodenprobe nach schonender Entwässerung in flüssiges Kunstharz eingebettet und nach dem Aushärten des Harzes geschliffen und poliert wird. Die schichtweise Rekonstruktion mit Hilfe von Anschliffen führt zu ersten räumlichen Eindrücken der Bodenstruktur.

Mit im medizinischen Bereich gebräuchlichen Computertomographen (CT) werden ungestörte Bodenproben scheibchenweise mit einer Auflösung von ca. 1 mm gescannt und bis zu einem minima-

len Porenquerschnitt von ca. 40 ... 70 µm aufgelöst. Neuerdings können ungestörte Bodenstrukturen zwei- und dreidimensional mit Hilfe der computerisierten Synchrotron- oder Mikrofokus-Tomographie (µCT) mit einer Auflösung von ca. 1 ... 5 µm dargestellt werden, wodurch Funktionen und Morphologie der groben Mittelporen anschaulich und quantitativ dargestellt werden können.

Im Rasterelektronenmikroskop (REM) werden sowohl die Bodenoberfläche als auch die Hohlräume direkt dreidimensional abgebildet, wobei die Auflösung der mikroskopischen Merkmale bis in den Nanometerbereich reicht und damit um ein Vielfaches höher ist als bei jeder anderen Technik.

Im Mikrobereich sind viele pedologische aber auch physikalische und biologische Vorgänge an ihren mikromorphologischen Merkmalen erkennbar, die bei makroskopischer Betrachtung nicht erfasst werden können. Als wesentliche Unterscheidungskriterien dienen stets die **Festphase** und **Hohlräume,** die über Größe, Häufigkeit, Sortierung, Form, Oberflächenbeschaffenheit, Orientierung beschrieben werden. Hiermit lassen sich auch Verwitterungs- und Zersetzungsvorgänge an Primärteilchen sowie Verlagerungsfolgen, biogene Prozesse wie z. B. die Bildung von Aggregaten aus Regenwurm- und Enchytraeenausscheidungen analysieren. Moderne digitale Bildanalyseverfahren der Mikropedologie ermöglichen nicht nur quantitative Aussagen zu der Porenverteilung und –kontinuität sowie der Phasenzusammensetzungen im Porensystem, sondern auch über räumlich wirksame hydraulische Fließfunktionen.

Jüngste Entwicklungen der Mikropedologie versuchen die gegenseitige Beeinflussung der bodenphysikalischen und bodenmikrobiologischen Prozesse im mikroskopischen Skalenbereich zu erfassen. So werden auf der einen Seite die physikalisch möglichen Mikrohabitate von Pilzen, Archaeen und Bakterien ermittelt, in denen Besiedlung im Gefügezwischenraum z. B. auf der Grundlage von Größe, Luft- und Wasserversorgung potentiell möglich ist. Gleichzeitig können über moderne Methoden der molekularen Mikrobiologie wie z. B. FISH- oder DNA-Analyse Hinweise auf Stoffwechselprodukte gewonnen werden, die Gefüge stabilisierende Wirkung besitzen (Abb. 6.3.2). Daneben haben auch filamentartige Mikroorganismen wie Pilze und Actinomyceten einen nicht zu unterschätzenden Einfluss auf die Stabilität von Aggregaten. Sie verbinden Einzelteilchen oder ganze Aggregate, durchziehen Aggregate wie eine Bewährung und können auch größere Aggregate netzartig vor äußeren Einflüssen schützen (Abb. 6.3.2).

6

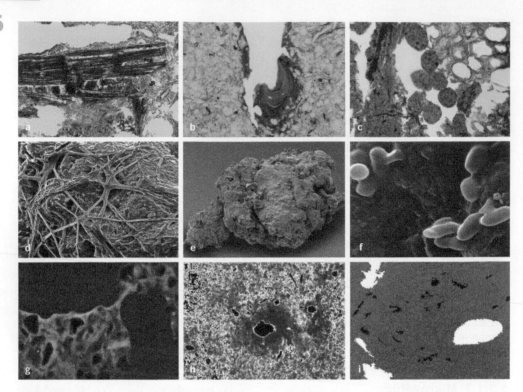

Abb. 6.3–2 Mikropedologische Prozesse und Merkmale im ungestörten Bodenverband.
a) Verwitterter Biotit **b**) Toneinschlämmung in einer Makropore; **c**) Kotpillen von Enchytraeiden; **d**) Pilzhyphen stabilisieren ein Mikroaggregat; **e**) Krümelgefüge; **f**) Bakterienkolonie mit Exsudaten auf einer Porenoberfläche; **g**) Bakterienkolonien zwischen Aggregaten; **h**) Verdichtung im Umfeld von ehemaligen Feinwurzeln (Poren schwarz); **i**) Digitale Porengrößenanalytik. (Aufn. R. Tippkötter, T. Eickhorst)

6.3.1.3 Riss- und Röhrensysteme

Risse sind Folgen von Druck- und Zugspannungen im Boden, die durch spröden Bruch abgebaut wurden. Da Risse und Röhren erst im Verlauf der Bodenentwicklung entstehen, werden sie gelegentlich zusammenfassend als **Sekundärporen** (auch: Strukturporen) den körnungsbedingten **Primärporen** gegenübergestellt. Die Lage von Rissen zueinander ist typisch und lässt Interpretationen über ihre Entstehung zu.

Zugrisse (Abb. 6.3–3a) entstehen beim Schrumpfen, wenn eine kohärente Matrix der Kontraktion nicht folgen kann. Da über einen Riss hinweg keine Spannungen übertragen werden, baut sich nach dem Reißen ein neues Spannungssystem auf, weshalb auch von Entlastungsbrüchen gesprochen wird. Die nächste Rissgeneration beginnt daher im

idealen System immer rechtwinklig zur vorhergehenden. Da die ersten Risse in einer homogenen Sedimentschicht senkrecht verlaufen, bilden sie ein System aus senkrecht stehenden länglichen Aggregaten (**Prismen**), das in der Aufsicht auf die Bodenoberfläche bei homogenen Bodenverhältnissen als Rechteck – oder bei inhomogenen Körnungssituationen als Polyedersystem in Erscheinung tritt. Durch Risse jüngerer Generationen, die horizontal verlaufen, werden Prismen im Verlauf der Bodenentwicklung in kleinere Aggregate aufgeteilt.

Scherrisse entstehen besonders im weiteren Verlauf der Bodenentwicklung oder wenn in Böden unterschiedliche Wassergehalte (Quellungszustände) vorliegen, so dass es dadurch zu Spannungen kommt. Sie bilden mit den Rissen der vorigen Generation Winkel, die um den Betrag des halben Winkels der inneren Reibung im Augenblick des

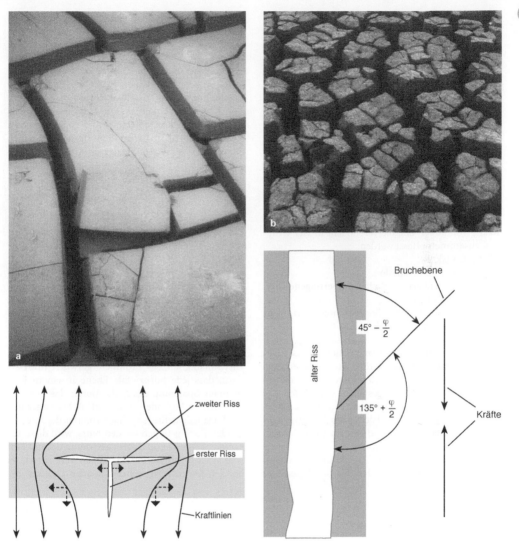

Abb. 6.3–3 Entstehung von Aggregaten durch die Ausbildung eines Systems aus 3 Generationen von Zugrissen (**a**) und durch nicht senkrecht aufeinander stehenden Scherrissen (**b**)

Reißens von 45° abweichen. In der Regel treten die Scherbrüche erst nach der Erstschrumpfung auf (Abb. 6.3–3b). Daher ist der Anteil der nicht rechtwinkligen Kantenwinkel an Polyedern und folgend auch an Subpolyedern um so größer, je weiter die Bodenentwicklung fortgeschritten ist, d. h. je mehr Schrumpfungs- und Quellungszyklen seit der Erstschrumpfung abgelaufen sind

Kohärente Böden werden oft von röhrenförmigen **Gängen** durchzogen, die auf Tier- oder Wurzelgänge zurückgehen. Besonders auffallend sind die mehr oder weniger senkrecht bis in > 1 m hinabreichenden Gänge von Regenwürmern und von Pfahlwurzeln. In kohärenten Böden, vor allem aus Schluffen, findet man darüber hinaus oft feine (< 1 mm Durchmesser), unregelmäßig verzweigte

6

Poren. Diese ‚Nadelstichporen' sind vor allem für Löss typisch, der nicht verknetet oder verschwemmt ist. Die röhrenförmigen Poren des Unterbodens stellen wirkungsvolle Leiter für Niederschlagswasser dar. Wenn sie mehrere Millimeter Durchmesser aufweisen, sind sie außerdem die wichtigsten **Luftkanäle**.

6.3.2 Spannungen und Verformungen

6.3.2.1 Kräfte am Korn

Auf jedes einzelne Primärteilchen im Boden wirken Kräfte von außen ein, die vereinfacht in vier Gruppen zusammen gefasst werden:

- Gewichtskraft,
- Kohäsion und Adhäsion,
- über benachbarte Festteilchen übertragene Kräfte (= Auflast) und
- durch Bewegung der Bodenlösung übertragene Kräfte (Strömungsdruck, s. Kap. 6.2.4).

Die dabei auftretenden Kombinationen aus Richtung, Angriffspunkt und Größe der Kräfte ergeben ein Kräftesystem, dessen Resultierende für den in der Abbildung 6.3–4 dargestellten einfachsten Fall eines ebenen zentralen Systems Gegenkräfte mobilisiert, die für jede Kontaktstelle zwischen zwei Körnern in eine **tangentiale** und eine **normale** Komponente aufgeteilt werden können.

Je nach Ausmaß dieser Gegenkräfte ist das System bei Veränderungen jeder der beteiligten vier Komponenten entweder mehr oder weniger stabil. Kommt eine Verschiebung der Körner gegeneinander zustande, weil die Größe der mobilisierbaren Gegenkräfte überschritten wurde, dann ist damit in der Regel eine Volumenveränderung und infolgedessen eine Veränderung der Kontaktzahl der Körner verbunden. Die **Reaktionskraft** (= Gegenkraft), besteht ebenfalls aus einer tangentialen Komponente (τ, Scherwiderstand) und einer normalen Komponente (σ_n), die an den Berührungsstellen der Partikel angreifen. Letztere wird durch die angrenzenden Partikel aufgebracht. Sie wird daher als Auflagerkraft (Widerlager) bezeichnet.

6.3.2.2 Kräfte und Spannungen im Bodenverband

Die an jedem einzelnen Korn angreifenden Kräfte sind auch innerhalb des Gesamtverbandes eines Bodens wirksam. Ihr auf eine Flächeneinheit bezogener Anteil wird als **Spannung** bezeichnet, im Gegensatz zu einem von außen auf das System wirkenden Druck.

Hinsichtlich des Gesamtbodens ist die **Gewichtskraft** (Gravitation) die wichtigste Komponente. Gleichmäßig auf das Erdinnere gerichtet führt sie dazu, dass jede horizontale Ebene in einem Profil unter Spannung steht, die durch das Gewicht des darüber liegenden Bodenpakets hervorgerufen wird. Da jede aufliegende Last von der darunterliegenden Zone getragen werden muss, wird diese zusammengepresst und dabei gleichzeitig das mit Luft und Wasser gefüllte Porenvolumen verkleinert, da bei den normalerweise herrschenden Drücken die

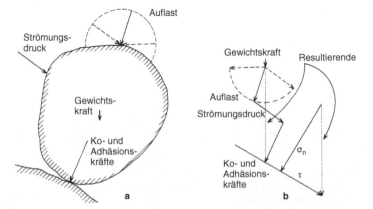

Abb. 6.3–4 Schema der auf ein Bodenteilchen bzw. ein Aggregat einwirkenden Kräfte: Bildliche Darstellung (**a**) Vektordarstellung (**b**) (τ = Scherwiderstand, σ_n = Normalspannung)

festen Partikel wegen der vergleichsweise großen Eigenfestigkeit nicht komprimiert werden können. Gleichzeitig wird durch das Zusammenrücken der Partikel die Anzahl der Kontakte mit den Nachbarkörnern für jedes einzelne Korn erhöht.

Die Gesamtlast auf jeder horizontalen Ebene im Bodenkörper wird, auf die Flächeneinheit bezogen, als **Vertikalspannung** (σ_z) bezeichnet. Sie ergibt sich aus der Tiefe (z), der Dichte des Bodens (ρ_B) und der Erdbeschleunigung (g) zu:

$$\sigma_z = z \cdot \rho_B \cdot g \qquad \text{(Gl. 6.3.1)}$$

Die mit der Profiltiefe wachsende Vertikalspannung ist die Ursache für zunehmende Dichten in Unterböden (vgl. Abb. 6.1–8).

a) Seitlich unbegrenzte Last

Das Gewicht der ‚hängenden‘ Bodenbereiche an jedem beliebigen Ausschnitt aus der horizontalen Ebene kann innerhalb der hier interessierenden Grenzen als gleich angenommen werden. Daher lässt sich das Setzungsverhalten durch den experimentell messbaren Zusammenhang zwischen Last und Volumen darstellen, wobei seitliches Ausweichen entweder unterbunden oder definiert wird. Vereinfacht erhält man durch einen einachsialen Druckversuch mit seitlich behinderter Ausdehnung (= Verdichtungs-Ödometerversuch, z. B. mit Stechzylindern) oder durch den sehr viel aufwendigeren Triaxialversuch mit definiertem seitlichem Gegendruck Informationen über die Eigenstabilität von Böden.

Die sich ergebende **Drucksetzungskurve** (auch Verdichtungskurve) ist abhängig von der Reibung, den Ko- und Adhäsionskräften in der festen Phase sowie deren Beeinflussung durch den Wassergehalt. Sie stellt eine Materialkonstante dar (Abb. 6.3–5a). Die Drucksetzungskurve gibt auch Auskunft über die Belastungsgeschichte des untersuchten Bodens. Man unterscheidet dabei zwei Zustände:

a) **Normalverdichtung:** Dieser Komprimierungszustand entspricht der augenblicklich vorhandenen Auflast und/oder der entsprechenden Entwässerung (= Matrixpotenzial oder negativer Porenwasserdruck). Jede zusätzliche Belastung des Bodens ruft eine weitere Höhenänderung mit einhergehender Abnahme des Porenraumes, der Porenziffer und Zunahme der Lagerungsdichte hervor. In halblogarithmischer Auftragung wird die Erstverdichtung durch eine Gerade gekennzeichnet. Nach einer Entlastung bleibt der Boden größtenteils **plastisch verformt**, da es bei gestiegenen Reibungswiderständen durch Verschiebung der Primärteilchen zu einer Erhöhung der Anzahl der Korn–Korn-Kontakte gekommen ist.

b) **Überverdichtung:** Wenn der Boden im Zeitraum vor der Messung der aktuellen Verdichtung stärker mechanisch oder hydraulisch belastet und dadurch stabilisiert wurde als es dem Zeitpunkt der Messung entspricht, führen erst negativere Matrixpotenzialwerte (= negativerer Porenwasserdruck) und/oder größere und den Wert der früheren maximalen Auflast übersteigende Lasten wieder zu einer Normal- oder Erstverdichtung. Bis zu der früheren Belastung/Austrocknung ist nicht nur die Höhenabnahme minimal, sondern die Bodenoberfläche hebt sich nach einer Entlastung geringfügig um den Betrag der **elastischen Verformung** wieder an. Ausserdem zeigt der Ent- und Belastungsast einen deutlichen Hysteresiseffekt.

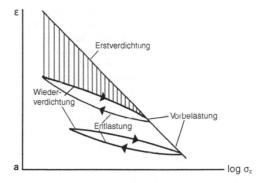

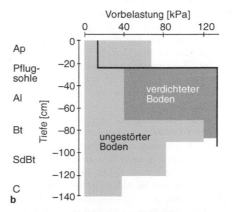

Abb. 6.3–5 a) Schematische Darstellung einer Drucksetzungskurve mit Wieder- und Erstverdichtungsast. Der Kurvenverlauf während der Ent- und erneuten Belastung zeigt den Hystereseeffekt hinsichtlich der Höhenänderung. Der schraffierte Bereich kennzeichnet die maximal mögliche Wiederauflockerung. **b)** Tiefenverteilung der Vorbelastung in einer natürlichen und einer anthropogen durch Pflugarbeit veränderten Parabraunerde aus Löss.

6

Einen unverdichteten Zustand gibt es im Gravitationsfeld der Erde nicht. Gleichzeitig kann es auch keinen „überlockerten" Boden geben. Die Erstverdichtungsgerade (in Abb. 6.3–5 a) stellt die äußere Stabilitätsrandbedingung dar. Über- oder Wiederverdichtungen (auch **Vorverdichtungen** genannt) finden sich auf dem Entlastungs- und dem Sekundärverdichtungsast: Je nach der Belastungsvorgeschichte kann dieser Ast bei verschiedenen vertikalen Spannungen in den Erstverdichtungsast münden. Die Spannung an der Einmündungsstelle des Wiederverdichtungsast in den Erstverdichtungsast gibt die höchste (früher wirksame) Belastung an und wird als **Vorbelastung** bezeichnet. Auf die Ursachen dieser Vorbelastung kann aber nur dann geschlossen werden, wenn Kenntnisse über die geologische Vergangenheit (z. B. Auflast von Gletschern, Vorschubprozess, o. ä.), die hydraulischen (z. B. Entwässerung, Schrumpfung, Aggregierung) oder die gegenwärtigen mechanischen Belastungsverhältnisse (z. B. durch Land-, Forstmaschinen, Tiertritt) vorliegen. Für eine Parabraunerde aus Löss kann z. B. so die natürliche Bodenentwicklung für den tonverarmten Al Horizont mit Kohärentstruktur anhand der geringen Vorbelastungswerte ebenso erklärt werden, wie die durch Aggregierung hervorgerufene höhere Vorbelastung im durch Toneinlagerung mit einhergehender Polyederbildung charakterisierten Bt-Horizont. Auch die bei der Ernte, Pflegemaßnahmen und Bodenbearbeitung induzierte intensive Komprimierung unterhalb der Lastflächen führt zu einer gegebenenfalls höheren Vorbelastung und lässt sich über größere Bodentiefen mit nur geringer Abnahme in der Tiefe nachweisen. (s. Abb. 6.3-5b und Abb. 10.7.-1)

Da der Übergang zwischen den beiden Teilästen nicht immer aus dem Verlauf der Drucksetzungskurve genau zu erkennen ist, sind zu ihrer Ermittlung verschiedene Methoden entwickelt worden; das international am häufigsten eingesetzte Verfahren wurde von CASAGRANDE entwickelt und beruht auf der aus der Krümmung der Drucksetzungskurve mit einem graphischen Auswertungsverfahren direkt ablesbaren Wert der Eigenfestigkeit- der Vorbelastung. Die Lagerungskurve in Abb. 6.1–7 ist vom Prinzip her ebenfalls eine ‚Drucksetzungskurve des Bodenprofils', denn auch hier wird zwischen der Normal- und der Überverdichtungsgeraden unterschieden.

Veränderungen der Last wirken sich nicht nur auf die vertikale Spannungskomponente aus, sondern beeinflussen auch die anderen Spannungsvektoren im Boden, da Böden nicht starr sind, sondern sich bei einer Be-/Entlastung elasto-plastisch verhalten. Ein Teil der Gesamtlast wird nicht in

der vertikalen (σ_z = größte Hauptspannung), sondern in horizontaler Richtung weiter geleitet. Dieser Spannungsbetrag wird als Horizontalspannung ($\sigma_{x,y}$) oder kleinste Hauptspannung bezeichnet. Das Verhältnis zwischen vertikaler und horizontaler Spannung im dreidimensionalen Raum wird durch den Ruhedruckbeiwert beschrieben und weist in normalverdichteten Böden Werte zwischen 0,2 und 0,7 auf. In ursprünglich überverdichteten, aber später entlasteten Böden bleibt aufgrund der im Ursprungszustand vorrangig wirksamen plastischen Verformung in der Horizontalen anschließend die ursprünglich wirksame Spannung als mechanische Vorlast erhalten, während in der Vertikalen nach der Entlastung keine aus der vorherigen Belastung resultierenden Spannungen mehr messbar sind. Damit wird die ursprüngliche vertikale Hauptspannung dann zur kleineren Spannung, die ursprüngliche horizontale Hauptspannung zeigt hingegen die größeren Zahlenwerte. Folglich wird das Bezugssystem zur Berechnung des Ruhedruckbeiwertes in diesem Fall reziprok angewendet. Die Fortpflanzung bzw. Übertragung der Kräfte ist somit richtungsabhängig verschieden. Spannungen und Verformungen sind also entsprechende **Tensoren.**

Am geringsten ist die Spannungszunahme bei vertikaler Belastung in normalverdichteten Böden in der horizontalen Ebene. Sie ist deutlich kleiner als in der Vertikalen. In gleicher Weise wirkt auch die Wegnahme einer Bodenschicht, wodurch die vertikale Komponente verkleinert wird, die horizontale Spannung hingegen nur um einen so geringen Betrag vermindert wird, dass der verbleibende Rest größer sein kann als die restliche Vertikalspannung. Eine solche Spannungsverteilung wird ebenfalls als **überverdichteter Zustand** bezeichnet. Dieser Zustand wird anschaulich durch die Möglichkeit, Boden in einem unten offenen Rohr (Stechzylinder) festzuklemmen, indem man ihn vor dem Anheben des Rohres von oben her verdichtet. Die Ursache für dieses Verhalten liegt darin, dass beim Komprimieren infolge der Lastzunahme mehr Kraft auf alle Kontaktpunkte zwischen den Primärteilchen aufgebracht wird. Der dabei auch in der Horizontalen vergrößerte Kraftanteil kann nur wieder reduziert werden, wenn die Körner um den Betrag der plastischen Verformung bei der Belastung erneut angehoben werden, also wenn die durch die Belastung erzeugte Verformung (Verdichtung) wieder rückgängig gemacht wird (Abb. 6.3–6).

Eine solche Lockerung, mithin also eine Anhebung des Bodens, erfolgt nur durch Tiertätigkeit oder Wurzeldruck (Bioturbation), durch Baumwurf (Arboturbation), durch Eisbildung und Auftauen (Cryo-

6

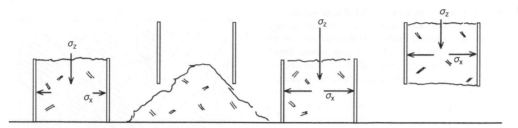

Abb. 6.3-6 Entstehung und Wirkung einer Vorverdichtung. In einen Zylinder eingeschütteter Boden rutscht beim Anheben heraus. Nach vorübergehender Erhöhung der Vertikalspannung (σ_z) hält der irreversible Teil der Horizontalspannung (σ_x) den Boden im Zylinder fest.

turbation), Quellung und Schrumpfung oder schroffe Temperaturwechsel auf engem Raum (s. Kap. 6.3.4). Diese Vorgänge werden unter dem Begriff **Pedoturbation** zusammengefasst (vgl. Kap. 7.2.6). Im Bereich menschlicher Einwirkungen werden Lockerungen überwiegend durch Pflügen, Fräsen oder spezielle Untergrundlockerung erzeugt. Hierdurch kann jedoch maximal wieder der Zustand der Erstverdichtungskurve erreicht werden. In Abb. 6.3–5 a ist dies durch die Schraffur deutlich gemacht.

b) Seitlich begrenzte Last
Einen Spezialfall im Drucksetzungskonzept für Böden bildet die seitlich begrenzte Last. Hierunter werden Lasten verstanden, die nur einen Teil der vorhandenen Bodenoberfläche bedecken. Zu diesen gehören Trittlasten von Mensch und Tier, Fahrlasten, aber auch Fundamente von Gebäuden aller Art. Die seitlich begrenzte Last wurde schon früh für die mathematische Behandlung auf eine punktförmige Last reduziert (BOUSSINESQ 1885). Je größer die Last und damit die Spannung im belasteten Bodenkörper ist, desto mehr Kontaktpunkte zwischen Körnern müssen wirksam werden, um die benötigte Tragfähigkeit herzustellen. Dies geschieht teilweise durch Verteilen der Kraft auf einen größeren Raum im Boden, teilweise durch Erhöhung des Widerstands und damit der Kontaktzahl je Volumeneinheit durch lokale Verdichtung.

Die Verteilung und damit der Abbau der Spannungen im Boden unter einer Last kann für eine Ebene durch eine Schar von Äquipotenzialen (= Linien gleichen Druckes) angegeben werden. Die dabei entstehenden **Druckzwiebeln** (Abb. 6.3-7) geben je nach Anlage der Messanordnung entweder die vertikalen Spannungskomponenten (σ_z) oder die Hauptspannungen (σ_1: größte = vertikale; $\sigma_{2=3}$: kleinste = horizontale Hauptspannung im normalverdichteten Boden) wider. Die Zwiebelform zeigt

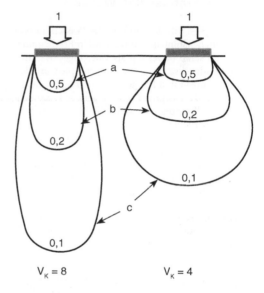

Abb. 6.3–7 Druckzwiebeln: Linien gleicher Vertikalspannung (a, b, c,) in einem weichen (links) und einem harten Boden (rechts).

an, wie stabil eine Bodenschicht ist. Je weicher der Boden, desto enger um die Lotrechte verlaufen die Äquipotenzialen aber dringen tiefer in den Boden hinein, während im harten Boden die Spannungen enger unter der Last konzentriert und mehr in die Horizontale reichen. Ihre Form wird durch Werte des Konzentrationsfaktors beschrieben, die um so größer werden, je schlanker die Äquipotenzialen sind (Faktoren nach FRÖHLICH, Berechnungsverfahren nach NEWMARK u. a.) Folglich sind sie für aggregierte Böden kleiner als für Böden mit Kohärent- oder Einzelkornstruktur, ebenso wie sie in trockenen Böden kleiner sind als in nassen, in dichten

6

kleiner sind als in lockeren Böden, in solchen mit hohem Gehalt an organischer Substanz geringer als in humusfreien Proben. Außerdem sind sie abhängig von der Lastfläche bei gegebenem Druck, sie sind bei Drücken unterhalb der Vorbelastungen kleiner als im Normalverdichtungsbereich und dienen folglich als Maß für den Bodenzustand. Generell gilt, dass aufgrund des Energieerhaltungsgesetzes die Länge der Äquipotenziallinien proportional zur Druckreduktion zunimmt und somit z. B. die 0.1 Äquipotenziallinie im 2 dimensionalen Raum 10 x länger ist die Drucklinie mit der Zahl 1.

6.3.2.3 Einfluss des Wassers

In Abb. 6.3–4 tritt der Einfluss des Wassers in drei Funktionen stabilitätsbeeinflussend in Erscheinung:
1. Durch seine Bewegung als Überträger des Strömungsdrucks. Dieses Phänomen spielt in allen Böschungen und Hängen eine wichtige Rolle. Es wird in der Baugrundlehre eingehend behandelt.
2. Bei vollständig wassergefülltem Porenraum (= wassergesättigter Zustand) durch den Auftrieb, der die Gewichtskomponente der festen Partikel beeinflusst.
3. Bei teilweise wassergefülltem Porenraum (ungesättigter Zustand) als Teil der Ko- bzw. Adhäsionskräfte.

In einer gedachten Ebene durch einen Boden, dessen Porenraum nur teilweise mit Wasser gefüllt ist (ungesättigter Zustand), kommen Flächenanteile aller drei Bodenkomponenten vor: Festpartikel, Wasserbrücken, Bodenluft (Abb. 6.3–8). Die Spannungen, die in dem dargestellten Bodenabschnitt auftreten, werden durch diese drei Phasen in unterschiedlichem Maße übertragen. Daher ist die gesamte Spannung vom Anteil der drei Komponenten abhängig.

In dem Fall der in Abb. 6.3–8 betrachteten Ebene a–b wird eine Kraft (K) über die Fläche (F) somit durch die folgenden Komponenten übertragen:

$$K = p_F \cdot F_F + p_W \cdot F_W + p_L \cdot F_L \qquad \text{(Gl. 6.3.2)}$$

wobei $p_{F,W,L}$ der Druck in den Festkörperanteilen, dem Wasser bzw. der Luft, und F die dazu gehörigen Flächenanteile sind.

Von diesen drei Komponenten können nur die Spannungen in der festen Phase bei Lastzunahme einen nennenswerten und längerfristig wirksamen Scherwiderstand entwickeln. Die Spannungsanteile in den beiden anderen Komponenten fallen kaum ins Gewicht, da sie so schnell entweichen, dass sich

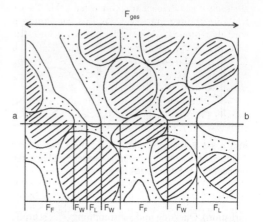

Abb. 6.3–8 Übertragung von Spannungen (F) über die verschiedenen Teilbereiche in der Ebene a–b in der festen (Index F), flüssigen (Wasser = W) und gasförmigen (Luft = L) Phase.

in ihnen keine so starken Drücken aufbauen können, wodurch die Verformung bzw. die Volumenverkleinerung verzögert wird. Für die Luftphase ist dies allgemein anerkannt, wohingegen aufgrund der viskositätsbedingt vergleichsweise langsameren Wasserfließgeschwindigkeit in der Wasserphase eine ruckartige Lastzunahme zu gegebenenfalls länger andauernden positiven Wasserdrücken führt, die zwar eine entsprechende Setzung verzögert, aber nicht den Scherwiderstand zwischen den Partikeln erhöht.

Hinsichtlich der langfristigen Bodenstabilisierung ist die Auswirkung des Druckes auf den **Wasseranteil** folglich dann stabilitätsmindernd, wenn ein hydrostatischer Wasserdruck (p_W) entsteht, wobei zwar die Gesamtspannung (K/F) nicht aber der scherwiderstandsgebende Anteil (p_F entspr. σ') erhöht wird.

In der bodenmechanischen Literatur wird dies in der effektiven Spannungsgleichung (nach Bishop) zusammengefaßt:

$$\sigma = \sigma' + u \qquad \text{(Gl. 6.3.3)}$$

Hierbei ist σ die Gesamtspannung (K/F), σ' die wirksame Spannung und u der Wasserdruck. Der Anteil der Luft wird vernachlässigt, da er im Moment der Lastaufbringung meistens unmittelbar entweicht. Er spielt nur in den seltenen Fällen eine Rolle, wenn Luft z. B. durch Überstauungsbewässerung oder bei Schüttungen aus großer Höhe im Zuge von Rekultivierungen in den Poren eingeschlossen wird.

Die zwischen den Partikeln wirksame Spannung σ' hängt demnach bei gegebener Gesamtspannung im gesättigten Zustand (= Zweiphasensystem: feste, flüssige Phase) alleine vom Wasserdruck ab. Bei einem Porenwasserüberdruck (+ u) kommt es zu einer Stabilitätsverringerung, wohingegen durch negative Porenwasserdrücke (– u), d. h. Matrixpotenziale bzw. dessen Betrages (= die Wasserspannung) (entspr. ψ_m s. Kap. 6.4.2), die wirksame Spannung steigt.

Im Dreiphasensystem (feste, flüssige, gasförmige Phase) wirken die Wassermenisken allerdings nur noch in dem wassergesättigten Porenraum.

$$\sigma' = \sigma - \chi u \qquad \text{(Gl. 6.3.4)}$$

Der Anteil des wassergefüllten Porenraumes an der Gesamtporenfläche in der betrachteten Ebene wird durch den Faktor χ als normierte Größe definiert, wobei im Zustand der Wassersättigung $\chi = 1$, bei vollständiger Trockenheit hingegen $\chi = 0$ wird.

Folglich kann es im Boden immer dann zu einer Stabilitätszunahme durch negativere Porenwasserdrücke (Matrixpotenziale) kommen, wenn die Abnahme des χ Faktors aufgrund der durch die Austrocknung induzierten Verringerung der wassergefüllten Porenbereiche geringer ist als die entsprechende Abnahme der Matrixpotenziale (Porenwasserunterdruck). Typisch hierfür ist die Stabilitätsänderung von Sanden, die bei Wassersättigung von fließend (instabil; $u \geq 0$) über tragfähig (stabil, $u < 0$) bis hin zu rieselnd (ohne Festigkeit, Wassermeniskenkraft zwischen den Partikeln ist nicht mehr wirksam) bei weitergehender Austrocknung führt.

Aus den Gleichungen 6.3.3 und 6.3.4. lässt sich außerdem ableiten, dass jede Zunahme der Gesamtspannung, z. B. durch Verdichtung bei gegebener wirksamer Spannung, wasserdruckerhöhend wirkt, indem sie das Matrixpotenzial bzw. den Porenwasserunterdruck erhöht. Der Boden erscheint somit nach der Komprimierung nasser.

Der stabilitätsmindernde Einfluss des Wassers tritt besonders deutlich in Erscheinung, wenn ein nahezu oder vollständig gesättigter Boden betreten oder befahren wird. Wenn dabei die Belastung so schnell erfolgt, dass das Wasser nicht entweichen kann, dann wird einerseits ein Festigkeitsgewinn durch eine mögliche Verdichtung verhindert, andererseits bewirkt aber dieses Phänomen, (welches im Prinzip dem Aquaplaning entspricht) aufgrund der Inkompressibilität des Wassers ein kurzzeitig starres und damit tragfähiges Bodensystem. Es muss allerdings berücksichtigt werden, dass diese Festigkeit tatsächlich nur in Abhängigkeit von den hydraulischen sowie den mechanischen Bedingungen (s. Kap. 6.4.3) erhalten bleibt und durch jegliche sche-

rende Bodenbewegung, wie sie zwangsläufig unter z. B. angetriebenen Reifen, Rädern, Raupen oder auch den Hufen von Tiere auftreten, sogar durch zusätzliche Homogenisierung vollständig verloren geht. Jede scherende Verformung verschiebt zwangsläufig Partikel und auch die Wasserphase gegeneinander, wodurch mit einem Einsinken und gleichzeitiger Homogenisierung durch Zerkneten des Bodens bzw. des Porensystems zu rechnen ist.

Bei seitlich fehlendem Widerlager und/oder zusätzlich wirksamen Vibrationen im Boden kommt es außerdem durch den plötzlich auftretenden Porenwasserüberdruck zu einer charakteristischen Massenbewegung, wie sie bei Böschungen, Wänden von Entwässerungsgräben, Geländeanschnitten bei Kanal- und Straßenbauten zu sehen ist. Sie ist Folge einer Veränderung der Komponenten des Kräftesystems (s. Abb. 6.3-4).

6.3.3 Stabilität des Bodengefüges

Als stabil wird ein Bodengefüge bezeichnet, wenn die Lage der Primärteilchen zueinander bei einer Spannungsveränderung erhalten bleibt. Diese allgemeine Aussage gilt auch für Aggregatstrukturen, die durch Bearbeitungsmaßnahmen (z. B. Saatbettbearbeitung) verändert, bzw. gestört werden. Das Verhalten gegenüber Gefügeveränderungen als Folge von spannungsbedingten Verformungen des gesamten Bodenverbandes fallen jedoch ebenso unter den Begriff der Stabilität (**Strukturstabilität**). Diese sehr unterschiedlichen Aspekte haben zur Folge, dass sehr verschiedene empirische Methoden entwickelt wurden, die häufig die grundsätzliche Gemeinsamkeit nicht mehr erkennen lassen. Dies gilt besonders bei der Verwendung von „indirekten" Verfahren (z. B. Nasssiebung, Atterbergverfahren, Proctortest, oder Eindringwiderstand). Indessen führen vor allem solche Verfahren zu reproduzier- und quantifizierbaren Ergebnissen, bei denen die Ursachen der Stabilität, die für den Erhalt einer gegebenen Lagerung verantwortlich sind, anhand der mobilisierbaren Gegenkräfte gegen eine einwirkende Auflast quantifiziert werden. Für diesen Ansatz gilt die **Mohr-Coulomb'sche Gleichung**

$$\tau = \tan\varphi \, \sigma_n + c \qquad \text{(Gl. 6.3.5)}$$

Hierbei ist τ der Scherwiderstand, σ_n die Normalspannung, φ der Winkel der inneren Reibung und c die Kohäsion (Abb. 6.3-9).

6

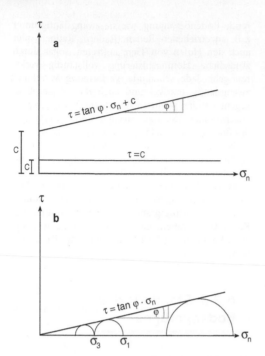

Abb. 6.3–9 Mohr-Coulomb'sche Bruchgeraden für aggregierte Böden und wässrige Suspensionen (**a**), kohäsionslose Substrate (**b**) (schematisiert). In (**b**) sind die Mohr'schen Kreise eingezeichnet, für die die Bruchgerade die Umhüllende darstellt.

Für kohäsionslose Böden z. B. Sande reduziert sich die Gleichung auf

$$\tau = \tan\varphi\,\sigma_n,$$

während für reines Wasser der Scherwiderstand nach

$$\tau = c$$

berechnet wird. Hierbei entspricht c der Oberflächenspannung des Wassers.

Die Mohr-Coulomb'sche Bruchgerade ist gleichzeitig die Tangente an die Mohr'schen Kreise. Diese werden mittels der beiden Hauptspannungen σ_1 (größte Hauptspannung) und $\sigma_2 = \sigma_3$ (kleinste Hauptspannung) jeweils paarweise im Zustand des Bruches berechnet.

Der Kreismittelpunkt des Mohrschen Kreises errechnet sich dann zu $(\sigma_1 + \sigma_3)/2$ mit dem Radius $(\sigma_1 - \sigma_3)/2$ (Abb. 6.3–9).

Der **Scherwiderstand** τ ist folglich diejenige Reaktionskraft, die der Boden bei Beanspruchung mo-

bilisieren kann. Wird sie überschritten, tritt Bruch und damit Gleiten ein. Der Boden wird dann als instabil gegenüber der Beanspruchung angesehen. Die Gleichung zeigt, dass stets die Stabilität durch zwei Bodeneigenschaften: Winkel der inneren Reibung φ sowie Kohäsion c definiert wird, wobei die jeweilige Normalspannung σ_n (= Auflast) an der Berührungsstelle der Körner über den maximal mobilisierbaren Widerstand entscheidet. Aus Abb. 6.3-4 lässt sich außerdem ableiten, dass es in der Ebene zwischen Körnern nur zwei rechtwinklig zueinander stehende Punkte gibt, an denen die Resultierende nicht in eine Normalspannungs- und Scherspannungskomponente aufgeteilt werden kann, sondern lediglich die beiden Hauptspannungen (σ_1, $\sigma_{2=3}$) wirksam werden.

6.3.3.1 Stabilisierende Stoffe

Die Stabilität des Bodengefüges und damit vor allem auch die Stabilität der Sekundärporen wird durch verschiedene Stoffe mit partikelverbindender Wirkung gefördert, wie organische Stoffe, Aluminium- und Eisenoxide, Calcium- und weniger ausgeprägt auch Magnesiumcarbonate, Kieselsäure, in Trockengebieten vor allem Gips und Wasser- lösliche Salze u. a. m. Deren Wirkung ist besonders für die oberen Bodenhorizonte wichtig, weil hier die Bodenteilchen leichter gegeneinander verschiebbar sind als im C-Horizont und weil der Boden hier besonderen Beanspruchungen durch Regenschlag und Austrocknung, Bearbeitung und Befahrung ausgesetzt ist. Die Wirkung partikelverbindender Stoffe kann als eine Erhöhung des Scherwiderstandes sowohl zwischen den Primärteilchen als auch zwischen den Aggregaten aufgefasst werden. Die verschiedenen Möglichkeiten der Verbindungen von Einzelteilchen zu Aggregaten sind in Abb. 6.3–10 schematisch dargestellt.

a) Organische Stoffe
Organische Stoffe haben einen sehr starken Einfluss auf die Stabilität der Aggregate im Oberboden. Dies äußert sich z. B. darin, dass die stabilsten Aggregate meist einen höheren C-Gehalt aufweisen als der übrige Teil eines Bodens, und dass bei langjähriger organischer Düngung der Anteil kleinerer und stabilerer Aggregate (> 0,5 mm) steigt.

Die in Form von **Vegetationsrückständen** und **organischer Düngung** den Böden zugeführten organischen Stoffe begünstigen die Aggregatbildung auf indirektem Wege, indem sie die mikrobielle Aktivität erhöhen. Die hierbei als Zwischenprodukte

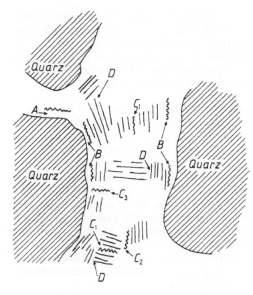

Abb. 6.3–10 Modell der Anordnung von Tonmineral-paketen, organischer Substanz und Quarz in einem Bodenkrümel. (n. W. W. EMERSON).

des mikrobiellen Abbaus und als Stoffwechselpro-dukte der Mikroorganismen (Schleimstoffe) auftre-tenden organischen Verbindungen– hauptsächlich Polysaccharide und Polyuronide – haben teilweise die Eigenschaft, anorganische Teilchen zu verkle-ben. Da aber auch diese Verbindungen nicht resis-tent sind und von den Mikroorganismen wieder abgebaut werden, ist ihre maximale stabilisierende Wirkung nur von begrenzter Dauer.

Die Wirkung der organischen Stoffe ist jedoch nicht auf die Aggregatbildung im engeren Sinne des Wortes begrenzt. In Sandböden ist schon eine Einlagerung von wenigen Prozenten organischer Stoffe mit einer Erhöhung des Scherwiderstandes verbunden. Die Scherwiderstände bei einer gege-benen Auflast korrelieren mit den durch die Einla-gerung verminderten Porenvolumina. Die mehrere Jahre anhaltende Stabilisierung des Bodengefüges von Ackerböden nach einer Grünlandnutzung ist auf die Einlagerung organischer Stoffe zurückzu-führen.

Da die organischen Stoffe auch den kleineren Bodentieren als Nahrung dienen, hat ein hoher Gehalt des Bodens hieran auch einen hohen Be-satz an kleineren Tieren, vor allem **Ringelwürmern (Regenwürmer und Enchytraeiden)** zur Folge. Die Kotaggregate dieser Tiere sind durch die gleichzeiti-ge Aufnahme organischer und anorganischer Stoffe

sowie die mechanische Durchmischung im Darm-trakt besonders dann sehr resistent gegenüber der verschlämmenden Wirkung des Wassers, wenn sie durch zwischenzeitliche Austrocknung zusätzlich hydrophobisiert wurden.

Auch Pilzhyphen, Actinomyceten, Bakterienko-lonien und Haarwurzeln haben eine aggregieren-de Wirkung (s. 6.3.1.2, **Lebendverbauung** nach F. SEKERA). Deren Effekt ist allerdings nur so lange beständig, wie ihr Habitat im Boden die Voraus-setzung für ihre Aktivität bereit hält. Eingriffe in den Luft- und Wasserhaushalt sowie gravierende bodenchemische Veränderungen können zu einer für die Aggregatstabilität nachteiligen Populations-dynamik führen.

b) Oxide, Carbonate und Salze
Fe- und Al-oxide können andere Bodenteilchen miteinander verbinden. Hierbei entstehen entweder Gefüge aus kleinen (mm-Bereich), locker gelagerten Aggregaten oder man findet bei der Körnungsana-lyse mit H_2O eine Zunahme der Schluff- oder Sand-fraktion, was auf eine besonders hohe Stabilisierung hinweist. Pseudosand ist typisch für viele Plinthoso-le und Ferralsole.

Bei stärkerer Fe- und Al-Zufuhr bilden sich harte, zementierte Formen, wie die mehr oder weniger ab-gerundeten Konkretionen im mm- bis cm-Bereich, oder ganze **Bänke** aus mehr oder weniger zusam-menhängenden Partien wie Raseneisensteine und Plinthitkrusten (Ferricrete). Aus ihrem Gefüge kann man schließen, dass Fe und Al im Porensystem be-vorzugt rund um Kontaktstellen der Mineralpartikel als Oxide auskristallisieren. Auf diese Weise bewirken sie eine Vergrößerung der Kontaktflächen, die den festen Zusammenhalt begründen (Zementierung).

In gleicher Weise kommen Zementierungen durch Siliciumoxide (Silcrete, Duripan) oder Car-bonate (Calcrete) zustande. In ariden Klimagebieten entstehen Zementierungen auch durch Ausfällung von Gips oder noch leichter löslichen Salzen (vgl. Kap. 6.3.4.2, 7.2.4.3 bis 7.2.4.5).

Die Bildung kleiner, locker gelagerter Aggregate wird meist auf elektrostatische, aber auch auf nicht-elektrostatische Wechselwirkung zwischen den sehr kleinen positiv geladenen Oxidteilchen und den negativ geladenen Tonmineralen zurückgeführt (**Aggregation**).

c) Kationenbelag und Bodenlösung
Der Einfluss der austauschbaren Kationen auf die Gefügestabilität beruht auf ihrer flockenden und peptisierenden Wirkung (s. Kap. 6.2.1). Dieser Ein-fluss kann jedoch in Böden nicht getrennt vom

6

Salzgehalt der Bodenlösung (Austauschgleichgewicht) betrachtet werden, da der zur Erhaltung des geflockten Zustands erforderliche Salzgehalt um so geringer sein, je stärker das Flockungsvermögen der austauschbaren Kationen ist (Na < Ca < Al). Aus diesem Grunde liegen Böden mit hoher **Na-Sättigung** nur dann in geflocktem Zustand vor, wenn sie eine erhebliche Menge an leicht löslichen Salzen enthalten, wie z. B. junge Marschen oder Salzböden. Werden die Salze ausgewaschen, zerfallen die Aggregate und die Sekundärporen verschwinden, wie dies z. B. bei der Umwandlung von Salznatriumböden in Natriumböden der Fall ist.

Bei hoher **Ca-Sättigung** ist der zur Erhaltung des geflockten Zustands notwendige Salzgehalt der Bodenlösung wesentlich niedriger als bei hoher Na-Sättigung. Die Salzkonzentration steigt mit der Ca-Sättigung eines Bodens, dem CO_2-Partialdruck der Bodenluft und der Zufuhr starker Säuren durch die Niederschläge. Sie erreicht in $CaCO_3$-haltigen Böden bei hoher biologischer Aktivität ein Maximum.

Eine hohe Ca-Sättigung wirkt sich außerdem noch in einer erhöhten Aggregatstabilität infolge Bildung von Ca-Brücken zwischen Tonen und Humuspartikeln aus, sowie indirekt durch eine Erhöhung der biologischen Aktivität. Sinkt die Ca-Sättigung, so kann unterhalb des Bereichs des Carbonatpuffers infolge des nunmehr beginnenden stärkeren Aggregatzerfalls eine Tonverlagerung eintreten.

Eine wesentliche Wirkung des CaO bei Lehm– und Tonböden besteht darin, dass die Umsetzung zu $Ca(OH)_2$ dem Boden Wasser entzieht. Die dadurch hervorgerufene ‚Trocknung' geht zwar wieder verloren, wenn infolge CO_2-Zutritts $CaCO_3$ gebildet wird und das freiwerdende Wasser sich wieder in der Matrix verteilen kann. Da aber durch die vorherige Austrocknung, einhergehend mit der Bildung von Sekundärrissen, der Strukturschrumpfungsbereich vergrößert wurde, ist die folgende Rückquellung weniger intensiv.

Unterhalb pH 5 steigt bei Mineralböden die **Al-Sättigung**. Als Folge der stark aggregierenden Wirkung der Al-Ionen ist die Gefügestabilität in sehr sauren Lehm- und Tonböden meist besser als in Böden hoher Ca-Sättigung. Da eine hohe Al-Sättigung jedoch für das Pflanzenwachstum schädlich ist, kann der stabilisierende Al-Einfluss praktisch nicht ausgenutzt werden.

d) Anorganische Düngung
Leicht lösliche anorganische Dünger wirken z. T. direkt auf die Gefügestabilität, indem sie den Salzgehalt der Bodenlösung erhöhen. Darauf beruht z. B. der günstige Einfluss hoher Gipsgaben (ca.

2500…5000 kg ha^{-1}) auf das Gefüge mancher Lehm- und Tonböden. Eine indirekte gefügestabilisierende Wirkung anorganischer Dünger beruht auf der Ertragssteigerung und damit auf dem vermehrten Anfall an Vegetationsrückständen und der dadurch induzierten biologischen Aktivität.

e) Synthetische Stabilisatoren
Das Bodengefüge kann auch durch synthetische Verbindungen stabilisiert werden. Diese sind infolge funktioneller Gruppen (–COOH, –OH, –NH_2) in der Lage, Mineralteilchen in ähnlicher Weise zu verkleben, wie die von Mikroorganismen gebildeten Polyuronide und Polysaccharide. Von den zahlreichen Verbindungen, die für die Stabilisierung verwendet werden, werden Derivate der Polyacrylsäure und der Polyvinylsäure am häufigsten verwendet. Synthetische Stabilisatoren werden z. B. angewandt zur Erhaltung eines vorbereiteten Saatbetts und zur Festigung erosionsgefährdeter Bodenoberflächen, wie z. B. Sanddünen.

6.3.3.2 Verschlämmung, Verknetung und Verkrustung

Saatbettbereitung führt zwar einerseits zu einer lockeren Lagerung, gleichzeitig aber auch zu einer der Normalverdichtung annähernd vergleichbaren Stabilitätssituation. Unter diesen Umständen ist die Lagerung gegenüber jeder Belastung sehr empfindlich. Dies gilt vor allem, wenn Belastungen im nassen Zustand erfolgen, oder, wie der Schlag von Regentropfen, mit Wasserzufuhr verbunden ist. Die Wirkung der **Regentropfen** ist vor allem bei kleinen Aggregaten groß, weil die Wassermenge eines Tropfens die Wassersättigung und das Matrixpotenzial in einem freiliegenden Aggregat viel stärker erhöht bzw. die Wasserspannung herabsetzt als in einem geschlossenen Bodenverband. Schon große Klumpen bzw. Aggregate sind in dieser Hinsicht viel weniger gefährdet.

Der Regenschlag liefert auf diese Weise sowohl das zusätzliche Wasser als auch die mechanische Beanspruchung. Beides ist erforderlich, um lokales Quellen bis hin zur Dispergierung zu ermöglichen. Die entstehende Suspension sickert in den Untergrund, wobei die Festpartikel abgefiltert werden und eine dichter lagernde Sedimentationsschicht bilden, welche die weitere Infiltration hemmt. Dieser Vorgang wird **Verschlämmung** genannt.

Während des Verschlämmungsverlaufs steigt die Nässe in den noch unversehrten Aggregaten immer weiter an und ihre Stabilität wird immer kleiner. Bei geneigter Bodenoberfläche setzt Oberflächenabfluss und damit Erosion ein (s. Kap. 10.7.1). Der gleiche Verschlämmungseffekt tritt auf, wenn bei nassem Boden eine andere **mechanische Belastung**, z. B. Treten oder Fahren, die notwendige Bewegung der Teilchen erzeugt. Auch hier ist eine Homogenisierung die Folge und damit die Verminderung der Infiltrationsfähigkeit. Im Gegensatz zum Regenschlag, der nur auf die exponierten Aggregate wirkt, entsteht durch die tiefer wirkende Knetung keine Kruste. **Verknetungen** entstehen bei Bearbeitungen unter Bedingungen, die im Bodenwasser bei der erzwungenen Verformung positive Wasserdrücke entstehen lassen (glänzende Schmierzonen). In Abwesenheit antropogener Eingriffe entstehen homogenisierende Verknetungen durch windinduzierte **Wurzelbewegungen** der Bäume, auf Wildwechseln und an Wasserstellen durch den **Tritt** der Tiere.

Auf Ackerböden gebildete Krusten beeinträchtigen die Belüftung des Bodens und hemmen, wenn sie durch Austrocknung hart werden, als mechanisches Hindernis die Keimung von Kulturpflanzen. Dies gilt vor allem, wenn sie nur wenige, weit auseinander liegende Schrumpfrisse bilden, also insbesondere bei feinsandigem und schluffreichem Material und bei Na-Tonen.

Deshalb ist in ariden Gebieten das Brechen dieser Krusten bei Bewässerung durch Furchen- und Flächenüberstauung eine wichtige, regelmäßig zu wiederholende Kulturmaßnahme. In Bodenbereichen, die durch Verknetung homogenisiert wurden, sowie auch in Krusten entstehen beim ersten Trocknen weitmaschige Rissnetze. Daher bilden sich bei der Bearbeitung dann grobschollige Strukturen.

6.3.3.3 Strömungsdruck, Erdfließen

Jedes Bodengefüge ist in seiner Stabilität davon abhängig, ob das Wasser den jeweils vorliegenden Zustand stützt oder auf seine Veränderung hinwirkt. Sobald der Wasserdruck dem Atmosphärendruck nahekommt und der Einfluss der Menisken auf die wirksame Spannung infolgedessen schwindet, gewinnt die Wirkung eines Wasserdruckgradienten an Gewicht. Dieser Gradient wirkt nicht nur auf das Wasser in den Poren, sondern ebenso auch auf die vom Wasser umschlossenen Festteilchen. Wenn diese in Richtung des Wasserdruckgradienten schwach abgestützt sind, werden sie von dem dadurch verursachten Wasserstrom scherbeansprucht schließlich abgelöst und mitgerissen. Dieses als **Strömungsdruck** bezeichnete Phänomen (Abb. 6.3–4) führt überall dort zu Brüchen und Rutschungen, wo Wasser aus Böschungen auszutreten beginnt, weil sein Druck den der Atmosphäre erreicht oder gar überschreitet. Dies kann in großem Maßstab an Steilküsten aus Lockergestein (z. B. deutsche Ostseeküste), an Straßenanschnitten, am Rande von Entwässerungsgräben und am Zerfallen grober Erdschollen (Pflugschollen) nach anhaltenden Niederschlägen beobachtet werden.

Erdfließen und **Solifluktion** an Hängen (Kap. 7.2.7.1) haben die gleichen hydromechanischen Ursachen wie das pastenförmige Ausweichen des Bodens bei Verknetungen. Stets handelt es sich darum, dass ein Wasserdruckgradient auch die Festpartikel mit beschleunigt, so dass sie gemeinsam mit dem Wasser in Bewegung geraten, wenn die durch die Gewichtskraft hervorgerufene Reibung auf der Unterlage bzw. an den Kontaktpunkten zwischen den Körnern durch den Auftrieb im Wasser vermindert wird.

Letztlich ist auch die Tonverlagerung (Kap. 7.2.3) in einem Profil das Ergebnis eines Strömungsdrucks: die Verlagerung der dispergierten Partikel in den Poren zwischen den größeren Primärteilchen ist maßgeblich abhängig von der Stärke des bei Niederschlagsereignissen auftretenden Gradienten der Wasserspannung bzw. des Matrixpotenzials.

6.3.3.4 Bestimmung der Gefügestabilität

Die Stabilität eines Bodengefüges – also die Unverrückbarkeit der Bodenteilchen hinsichtlich ihrer Lage zueinander – hängt von vielen Kräften ab und kann auch auf vielfältige Weise modifiziert werden. Die Veränderung einer jeden der in Abb. 6.3–4 gezeigten Kräfte beeinflusst das gesamte System und infolgedessen auch die Scher- und Normalkomponenten an jeder Berührungsstelle zweier Körner. Aufgrund dieser Komplexität ist kaum zu erwarten, dass das Phänomen ‚Stabilität' mit einer einzigen Methode in allen seinen Aspekten ausreichend erfasst werden kann. Deshalb sind in der Bodenkunde seit langem eine Vielzahl von empirischen, d. h. indirekten Methoden verbreitet, die jeweils bestimmte Aspekte aus dem Gesamtkomplex mit Relativzahlen (z. B. Prozent) erfassen. Ihre Ergebnisse sind jedoch meist nicht vergleichbar, weil sie das System an verschiedenen Stellen angreifen.

Bodenmechanische Grundlagenarbeiten greifen stattdessen auf eindeutig definierte, d. h. direkte Messverfahren (z. B. Scherversuche o. ä., Dimension: Druck, Spannung) zurück, mit deren Hilfe auch eine Quantifizierung der bodeneigenen Stabilität

6

möglich ist. Auf entsprechende Spezialliteratur wird verwiesen. Für die Beurteilung der **Verschlämmfestigkeit** von Aggregatkomplexen lassen sich visuelle Ansprachen der Kruste heranziehen. Im Labor wird für die vergleichende Beurteilung die ‚**Wasserstabilität**‘ bestimmt. Hierfür werden Siebungsverfahren (Nasssiebung unter Wasser), Beregnungsverfahren (Tropfenschlag), Perkolationsmethoden (Verschlämmung durch fließendes Wasser) und die Stabilitätsmessung (kJ) mit Ultraschall herangezogen. Für Mikroaggregate im Feinsand- und Schluffbereich wird für die Bestimmung der Aggregierungsveränderung die **Turbidimetrie** eingesetzt.

Der Zusammenhang zwischen dem Stabilitätsverlust des Substrates (**plastische Verformbarkeit**) ohne Berücksichtigung des Lagerungszustandes und dem Wassergehalt wird häufig durch die **Konsistenzgrenzen** nach ATTERBERG bestimmt (Tab. 6.2–2). Ausroll- und Fließgrenzen sind die Wassergehalte, bei denen in standardisierten Verfahren an vollständig homogenisiertem Material bruchlose Knetbarkeit bzw. zähes Fließen auftritt.

Der Wassergehalt zwischen den beiden Grenzen: der **Plastizitätsindex** gibt eine Vergleichsbasis für die Empfindlichkeit verschiedener Böden im Hinblick auf Stabilitätsänderungen bei Wasserzufuhr. Hier ist die Veränderung der Dicke der elektrischen Doppelschicht der Tonpartikel entscheidend. Der Plastizitätsindex steigt daher mit zunehmendem Tonanteil und abnehmender Wertigkeit der adsorbierten Kationen.

Diese indirekten Verfahren sind alle im Grunde nur Indikatoren für die physikalischen Parameter ‚innere Reibung‘ und ‚Kohäsion‘, die in Abhängigkeit von der jeweiligen Normalspannung den Scherwiderstand ergeben. Diese Parameter ändern sich infolge der Komplexität des Systems, so dass eine einfache Charakterisierung durch standardisierte Scherversuche keine allgemeingültige Aussage erlaubt. Es wird stets nötig sein, auf die spezielle Fragestellung hin die Bedingungen für die Bestimmung der Scherparameter zu variieren.

6.3.4 Biologische, klimatische und anthropogene Einflüsse auf das Bodengefüge

Der durch die Drucksetzungskurve (Abb. 6.3–5a) gekennzeichnete Zusammenhang zwischen Auflastast und Verdichtungszustand, legt nahe, für ein Bodenprofil einen typischen tiefenabhängigen Verlauf des Anteils des Porenraums anzunehmen. Dieser Zusammenhang kann durch die Veränderung der Lagerungsdichte (ρ_B), des Porenvolumens (PV) oder der Porenziffer (ε) in Abhängigkeit von der Tiefe (z) angegeben werden.

$$f(z) = \rho_B, PV, \varepsilon \qquad \text{(Gl. 6.3.6)}$$

Da sich Volumenänderungen im Boden nur in der Vertikalen auswirken können, sind sie mit Änderungen der Höhe der Bodenoberfläche verbunden. Jede Verdichtung ist daher gleichzeitig eine Setzung bzw. ein Absenken der Bodenoberfläche, jede Lockerung eine Anhebung der Bodenoberfläche.

Dies wird allerdings nicht deutlich, wenn die Beurteilung allein anhand des Porenvolumens oder der Dichte des Bodens erfolgt. Wenn hingegen die Höhe der Bodenoberkante über einer Bezugsebene beobachtet wird, zeigt sich deutlich, dass der Festsubstanzanteil konstant bleibt, der Porenanteil sich jedoch ändert. Dieser Zusammenhang ist in Abb. 6.3–11 am Beispiel eines Kulturablaufs darge-

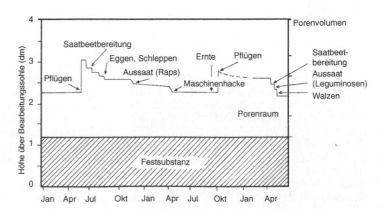

Abb. 6.3–11 Veränderung des Niveaus der Bodenoberfläche und des Porenvolumens durch Kulturmaßnahmen (nach ANDERSSON & HAKANSON, vereinfacht).

stellt. Die Bearbeitungssohle (Unterkante des beim Pflügen gewendeten Balkens) ist die Bezugsebene. Da der Festsubstanzanteil in der Abbildung einen unveränderlichen Balken bildet, wird er oft anstelle einer Ebene als Bezugsbasis genommen. Die Veränderung des Porenraums ist dann durch die Porenziffer (ε) dargestellt (Kap. 6.1.6.2).

6.3.4.1 Gefüge eines Bodenprofils als Gleichgewichtslage

Infolge der in Kap. 6.3.2 beschriebenen Spannungssituation stellt das Volumen eines Bodens insgesamt betrachtet ein **Gleichgewicht** dar zwischen den Kräften der Sackung (bzw. Verdichtung) und der Lockerung (bzw. Hebung). Da diese Kräfte an verschiedenen Stellen im Profil angreifen, ist ihre Auswirkung und somit die Gleichgewichtssituation unterschiedlich. Deshalb vermittelt die Volumenveränderung des gesamten betrachteten Bodenvolumens (Abb. 6.3–11) lediglich eine pauschale Information.

Detaillierten Einblick in den Verdichtungszustand eines genutzten Standorts gibt die Lagerungskurve (Abb. 6.1–12). Die Abweichung der Lagerungskurve von der Geraden bei Darstellung in einem log-normalen Koordinatensystem zeigt an, wie tief in einen Boden hinein die bisher tiefste Verdichtungswirkung reicht. Sie konserviert gleichsam

die Folge des Zusammentreffens der bisher ungünstigsten Umstände. In Abb. 6.3–12 ist dies beispielhaft für die mit der Zeit zunehmende Überverdichtung in Parabraunerden aus Löss in Niedersachsen (Raum Göttingen) dargestellt.

Waren bis 1980 nur die obersten 30…40 cm überverdichtet, so ist bis zum Jahr 2000 bereits eine Tiefe von mehr als 50 cm durch die Landnutzung trotz Bodenbearbeitung als irreversibel überverdichtet einzustufen. Aus dem Verlauf der Lagerungskurve lässt sich aber nicht die jeweilige horizontspezifische Eigenstabilität ableiten. Hierzu bedarf es der Bestimmung der Tiefenverteilung der Vorbelastung für gegebene Entwässerungsgrade, um die zu diesem Lagerungszustand tolerierbare mechanische Belastung ohne zusätzliche Änderung des Porenraumes zu quantifizieren.

6.3.4.2 Natürliche Bodenentwicklung

Die natürliche Bodenentwicklung wird sowohl durch mechanische Einwirkung (Schrumpfung und Quellung, Pedoturbation, s. Kap. 6.3.2.2) als auch durch Bildung bzw. Einwaschung von Substanzen geprägt, die einen mechanisch erreichten Gefügezustand erhalten helfen oder ihn infolge ihrer Auswaschung wieder unhaltbar werden lassen. Generell ist die Gefügeveränderung im Verlauf der Bodenentwicklung durch folgende Prozesse geprägt:

1. **Zunahme des Grobporenanteils** bzw. Aggregierung, Verschiebung der Aggregate gegeneinander und Abrundung. Die hierdurch entstandenen Poren werden als Sekundärporen den korngrößenbedingten Primärporen gegenüber gestellt. Sie sind im Gegensatz zu letzteren durch Komprimierung des Bodens zerstörbar (Abb. 6.3–13).

2. **Zunahme des Feinporenanteils** durch Neubildung von fein verteilter Substanz (Verwitterungsneubildungen wie Tone, Oxide, organische Abbauprodukte). Diese Neubildungen können in situ entstanden oder aus benachbarten Horizonten eingelagert worden sein. Wenn im letzteren Fall die Lagerungsdichte zunimmt, spricht man von einer **Einlagerungsverdichtung**. Charakteristisch im Vergleich zu den **Sackungsverdichtungen** ist die stärkere Zunahme des Volumens der Feinporen mit steigender Lagerungsdichte (s. Abb. 6.3–13, rechts).

Einlagerungsverdichtungen treten z. B. auf in Bt-Horizonten von Parabraunerden (Einlagerung von Ton), in Bh- und Bs-Horizonten von Podsolen (Einlagerung von organischer Substanz bzw. Fe- und Al-Oxiden), in Cc-Horizonten von Schwarzerden

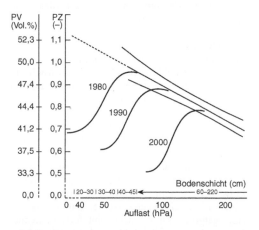

Abb. 6.3–12 Lagerungskurven von Lössböden und deren Veränderung mit der Zeit (1980…2000). Alle Kurvenverläufe sind durch einen überverdichteten Oberbodenbereich und einen Normalverdichtungsast in mit der Zeit zunehmender Bodentiefe gekennzeichnet (nach EHLERS et al. 2002, modifiziert).

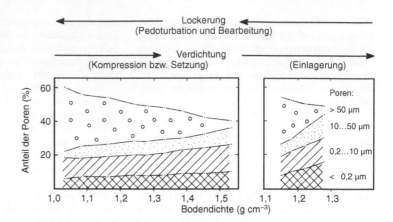

Abb. 6.3–13 Anteile des Volumens der Grob-, Mittel- und Feinporen in Abhängigkeit von der Dichte des Bodens als Maß für den Verdichtungszustand.

und Rendzinen (CaCO$_3$-Einlagerung/Calcrete) sowie in Go-Horizonten von Gleyen (Einlagerung von Fe-Oxiden durch diffusiven Transport). Duripans bzw. Silcretes der Durisole sind ebenfalls die Folge von Einlagerungsverdichtungen (vgl. Kap. 6.3.3.1.b, 7.2.4.4).

3. Der Bereich der **Mittelporen**, der überwiegend aus Primärporen besteht, wird am wenigsten verändert. Er wird, bezogen auf den Volumenanteil, durch Lockerung in der Regel vermindert, durch Sackung bzw. Einlagerung erhöht.

Daher treten charakteristische Tiefenverteilungen auf, die am Beispiel eines Sandbodens und eines Tonbodens beschrieben werden. Die Veränderung des Gefüges bei Böden aus Löss und Lehm liegt zwischen diesen Extremen (Abb. 6.3–14).

a) Sandige Böden

In sandigen Böden mit geringer Bodenentwicklung (Lockersyrosem, Regosol) unterscheiden sich die Porenvolumina des Oberbodens, die überwiegend aus Grobporen bestehen, kaum von denen des Unterbodens. Im Verlauf der weiteren Bodenentwicklung werden organische Substanz und Verwitterungsprodukte im Oberboden akkumuliert. Dies und die einhergehende Bioturbation führt zu einer Lockerung, die eine Vergrößerung des Porenvolumens und eine Anhebung der Bodenoberfläche mit sich bringt, in deren Folge die Bodenmatrix bricht. Die entstehenden Bruchstücke sind meist rundlich und ohne scharfe Kanten (Subpolyeder, Krümel).

Häufig wird gleichzeitig ein Teil der Grobporen durch akkumulierte Stoffe ausgefüllt und hierdurch der Anteil an Mittel- und Feinporen erhöht. Wird die Stabilität einer derart gelockerten

Lagerung durch Auswaschung der stabilisierenden Substanzen verkleinert, wie das z. B. bei der Podsolierung der Fall ist, so sackt und verdichtet sich der Boden wieder (vgl. auch Abb. 6.3–14). Diese Sackung beginnt, ebenso wie die Lockerung, in Oberflächennähe. Daher sind die Ortsteinhorizonte von Podsolen zwar gelegentlich hart, aber oft weniger dicht und weniger perkolationshemmend als die gesackten Bleichhorizonte darüber. Wenn ein Sandboden, der im Verlauf der Bodenentwicklung stark gelockert wurde, komprimiert wird, dann können die Poren durch die angesammelte org. Substanz so weitgehend verstopft werden, dass nach Niederschlägen Wasser gestaut wird (z. B. Sportplätze, Fahrwege).

b) Tonböden

Bei Tonböden sind zwei Ausgangssituationen für die Bodenentwicklung denkbar: (a) das frisch abgelagerte Sediment, dessen Bodenentwicklung mit der ersten Entwässerung beginnt und (b) das im Verlauf geologischer Vorgänge komprimierte und dadurch entwässerte Sediment, bei dessen Bodenentwicklung die Zufuhr von Niederschlagswasser eine große Rolle spielt.

Im ersten Fall weist der Boden zunächst ein Kohärentgefüge auf (Abb. 6.3–14), das sich durch Entwässerung und Schrumpfung von oben her allmählich in ein Aggregatgefüge umwandelt. Die Aggregatgröße nimmt dabei mit fortschreitender Schrumpfung und Rissbildung ab, so dass sich im Bodenprofil von oben nach unten die Abfolge Polyeder – Prismen – Kohärentgefüge einstellt. Das Porenvolumen des Bodens wird im Verlauf dieser Gefügebildung kleiner. Unter dem Einfluss von Pflanzenwachstum und biologischer Aktivität kann

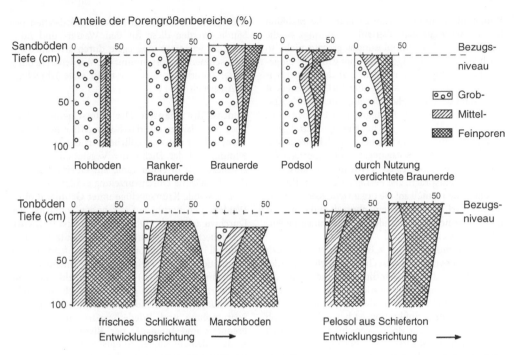

Abb. 6.3–14 Veränderung von Porenvolumen, Porengrößenverteilung und Lage der Profiloberkante im Verlauf der Bodenentwicklung bei Sandboden (oben) und Tonboden (unten).

schließlich im Oberboden ein Krümelgefüge entstehen.

Dieser Entwicklungsprozess kann sich jedoch auch wieder umdrehen, wenn die gebildeten Sekundärporen in Gegenwart von reichlich Wasser durch mechanische Pressung, Bodenbearbeitung, Viehtritt oder Regenschlag zerstört werden. Durch derartige Beanspruchungen wird die erneute Quellung des vorher geschrumpften Materials gefördert. Daher nimmt das Porenvolumen des Bodens wieder zu. Es vollzieht sich hier also keine Zunahme der Lagerungsdichte, sondern es entsteht eine sekundärporenfreie Kohärentstruktur, die eine geringe Lagerungsdichte und daher ein großes Porenvolumen hat.

Im Falle von vorkomprimierten, geologisch älteren Tonen wird die Veränderung des Porensystems durch Wasseraufnahme und eine damit verbundene Quellung geprägt. Ebenso wie bei jungen Sedimenten vergrößert sich dabei das Porenvolumen. Durch Druckentlastung und biologische Aktivität entstandene Sekundärporen schließen sich. In Oberflächennähe können erneute Schrumpfungen zur Neubildung von Aggregaten führen. Tonböden

haben daher ein sehr weites Spektrum der Wasserleitfähigkeit (s. Tab. 6.4–1).

c) Bio- und Kryoturbation
Eine große Bedeutung für die Gefügeentwicklung hat die wühlende und grabende Tätigkeit von Bodentieren sowie die Verdrängung des Bodens durch das Wachstum von Wurzeln, vor allem der Gehölze. Auch die Durchmischung infolge Baumwurf trägt zur Strukturveränderung bei (**Arboturbation**). Die Bioturbation und damit die Lockerung des Oberbodens sowie seine Anhebung ist bei Waldböden gewöhnlich wirksamer als bei Grünland. Das Porenvolumen ist bei ersteren Böden daher nahe der Bodenoberfläche größer. Mit zunehmender Aridität wird die Bioturbation geringer. In Böden der Halbwüste ist sie kaum noch zu finden.

Einfluss der Bodentiere. Eine besondere Bedeutung für das Bodengefüge haben die Ringelwürmer (Annelida; s. Kap. 4.1), wobei vor allem die Regenwürmer zu nennen sind. Die Kotaggregate der Regenwürmer zeigen gegenüber Niederschlägen und mechanischer Beanspruchung durch Bodenbearbeitung eine hohe Stabilität, die in tonreichen

6 Böden oft während mehrerer Jahre die Stabilität künstlicher Aggregate übertrifft. Allerdings ist die Stabilität frischer Wurmlosungsaggregate nicht so hoch wie jene alter Aggregate unbestimmter biogener Entstehung, da vermutlich erst durch die zwischenzeitliche Austrocknung eine die Quellfähigkeit reduzierende Hydrophobisierung einsetzt. Zugfestigkeitsmessungen an Kotaggregaten ergaben etwa doppelt so hohe Werte wie bei gleichgroßen Aggregaten benachbarter Bodens bei vergleichbarem Matrixpotenzial. Die Kotaggregate von *Aporrectodea rosea* hatten dabei einen Verdichtungsstatus, der ca. 250 Pa entsprach. Die Festigkeit muss mithin zu einem hohen Anteil auf die organische Komponente im Kot zurückzuführen sein, abgesehen davon dass hoher Darmdruck und Calcitausscheidungen ebenfalls stabilisierend wirken.

Wurmarten, die wie z. B. *Lumbricus terrestris* mehr oder weniger senkrechte Wohnröhren anlegen, fördern die Wasserinfiltration, indem sie die wasseraufnehmende Infiltrationsfläche vergrößern, sofern sie nicht selbst in der Röhre sitzen. Diese Art der Wasserinfiltration ist besonders deshalb günstig, weil in der Röhre Verschlämmung durch Regenschlag nicht vorkommt. Diejenigen Arten, die im Bodenkörper ihre Nahrung suchen (endogäische Arten), durchmischen den Oberboden lediglich. Sie legen zahlreiche Gänge an, die sie aber teilweise wieder verfüllen.

Zwischen den einzelnen Regenwurmgattungen können beträchtliche Unterschiede im Bodenstabilisierungsvermögen durch achsiale und radiale Kompression des umgebenden Bodens auftreten. Bei der Herstellung der Gänge durch seitliches Pressen des Bodens wurden Drücke von ca. 100 kPa gemessen, wobei *Aporrectodea caliginosa* als endogäische Art maximale Werte von 295 kPa entwickeln konnte.

Enchytraeiden leisten trotz ihrer geringen Größe und ihrer geringen Lebensdauer einen erheblichen Beitrag zur Porosität und Aggregatstabilität des Oberbodens. Mit Gesamtabundanzen von einigen tausend Individuen pro Quadratmeter greifen sie nicht nur in die Gasproduktion ein, sondern erzeugen unzählige, meist kugelförmige und sehr stabile Mikroaggregate in der Größenordnung 100...500 µm. Hierbei verarbeiten sie vorwiegend die Ausscheidungen endogäischer Regenwürmer. Die so erzeugten Mikroaggregate finden sich vorwiegend in den Oberböden und nehmen mit zunehmender Bodentiefe rasch ab. In Bezug auf Form und Größe sind diese Aggregate einem Pseudosand zuzuordnen. Da sie jedoch meist in feinkörnigen Substraten anzutreffen sind, vereinigen sie die bodenchemischen und –biologischen Vorzüge fein-

körniger Böden mit den bodenphysikalischen der Sande. Werden diese für den Wasser- und Lufthaushalt wichtigen Aggregate durch schwere Erntemaschinen zerstört, nimmt die Wiederherstellung dieser natürlichen Struktur meist viele Jahrzehnte in Anspruch.

Einfluss der Pflanzen. Der unterschiedliche Einfluss der Pflanzen auf das Bodengefüge beruht vor allem auf der unterschiedlichen Art der Wurzelausbildung und der Dichte der Vegetationsdecke. Er erstreckt sich in erster Linie auf Oberböden, weil dort die stärkste Durchwurzelung erfolgt.

Das stabile Krümelgefüge unter **Grünland** ohne Weidebetrieb beruht auf der hohen Intensität der Durchwurzelung des Oberbodens (meist 0...7 cm), der dauernden Vegetationsdecke (Schutz vor dem Aufprall der Regentropfen), der laufend hohen Produktion von Wurzelrückständen (intensive Mikroorganismentätigkeit) und auf der fehlenden Bodenbearbeitung. Durch die mit der dichten Durchwurzelung einhergehende intensivere und häufigere Schrumpfung und Wiederbewässerung wird die Frequenz und Intensität der Rissbildung erhöht, so dass kleinere Aggregate entstehen. Die Wurzeln wachsen vorrangig entlang der sich bildenden Klüfte oder in Bereiche geringer Dichte hinein.

Auf **Intensivweiden** geht das Krümelgefüge bei nassen Wetterperioden unter dem Einfluss des Trittes der Tiere leicht in ein Kohärentgefüge mit geringerem Scherwiderstand über.

Unter Ackerbaubedingungen hängt die Bodenstabilität besonders von der Bewirtschaftungsintensität und Fruchtfolge ab.

Unter **Getreide** ist ein stabiles Krümelgefüge aufgrund der jährlichen Pflugarbeit weniger wahrscheinlich als bei Grünland, selbst wenn der Gesamtboden durch die tiefere Durchwurzelung etwas mehr organische Wurzelreste erhält und auch die Austrocknungsintensität und –häufigkeit bis in diese Tiefen etwas ansteigt.

Noch ungünstiger sind die Verhältnisse beim Anbau von **Hackfrüchten** und vielen **Sonderkulturen** (Hopfen, Gemüse, Mais, etc.). Die Standweite ist groß und es vergeht ein langer Zeitraum, bis sich eine geschlossene Pflanzendecke gebildet hat und der Boden gegen die verschlämmende Wirkung der Regentropfen geschützt wird. Die Wurzelrückstände sind oft gering und weniger gleichmäßig im Boden verteilt.

Einfluss des Gefrierens. Unter dem Begriff Kryoturbation werden Bewegungsvorgänge zusammengefasst, die bei Temperaturen unter dem Gefrierpunkt des Wassers ablaufen. Hierzu gehören: (1) Kontraktion der Bodenmatrix durch Temperaturrückgang (negative Wärmeausdehnung), (2) Eissprengung als Folge der Volumenzunahme beim Gefrieren des Bodenwassers, (3) Wachstum von Eiskristallen (Eislinsenbildung), dazu Rissbildung und Entwässerung und (4) solifluidales Fließen von Schlammströmen über Eis und gefrorenem, wassergesättigtem Untergrund.

Die **Volumenzunahme** um ca. 9 % beim Übergang von flüssigem Wasser in Eis wirkt sich in Böden nur selten aus, weil ein Druck auf die umgebenden Bodenteilchen nur dann entstehen kann, wenn kein Ausweichen des Eises und Wassers in luftgefüllte Poren möglich ist, also nur in einem wassergesättigten Boden. Die dann entstehenden Drücke sind allerdings sehr hoch, bei $-1\,°C$: 13 MPa, bei $-20\,°C$: ~ 200 MPa.

Die entscheidende Rolle bei dieser Auswirkung des Frostes spielt daher meist der beim Wachstum der Eiskristalle entstehende **Kristallisationsdruck**, weil sich dieser auch in Böden auswirken kann, die nur teilweise mit Wasser gesättigt sind. Er entsteht, wenn der regelmäßige Aufbau der Eiskristalle behindert wird. Der Kristallisationsdruck des Eises ist unter diesen Bedingungen relativ niedrig. Er beträgt bei $-5\,°C$ etwa 0,13 MPa. Dies reicht jedoch aus, eine Bodenschicht von mehreren Metern Mächtigkeit anzuheben. Das Ausmaß der Hebung eines Bodens ist im wesentlichen von der Größe der Eislinsen abhängig und steigt mit abnehmender Temperatur. Zu den Folgen derartiger Hebungen gehört auch das Hochfrieren von Steinen und das Zerreißen von Wurzeln beim Wintergetreide.

In grobkörnigen Böden gibt es kein Auffrieren, weil diese Böden nur eine geringe Wasserleitfähigkeit im ungesättigten Zustand aufweisen und die Wassernachlieferung in der Dampfphase zu langsam erfolgt. In feinkörnigen Böden können dagegen nahe der Bodenoberfläche nadelförmige Eiskristalle (Nadeleis, Kammeis) und in größerer Tiefe massive **Eislinsen** entstehen. Diese bilden sich annähernd schichtförmig parallel zur Bodenoberfläche, also senkrecht zur Richtung des Wärmeverlustes. Sie bewirken daher eine Hebung des Bodens sowie eine starke Austrocknung der umgebenden Bodenzonen. Die Bildung größerer Eislinsen unterbleibt, wenn die Abkühlung so schnell voranschreitet, dass das Wasser gefriert, bevor es in stärkerem Ausmaße verlagert wird. Dies kann beispielsweise durch starke Wärmeausstrahlung bei schneefreier Oberfläche bedingt sein.

Eine wesentliche Einwirkung des Gefrierens auf die Gefügeentwicklung besteht darin, dass dabei be-

vorzugt die größten vorhandenen Eiskristalle wachsen. Das hat vor allem in feinkörnigen Böden durch die einhergehende Entwässerung der Umgebung dieser Eiskristalle eine temporäre Stabilisierung von Aggregaten durch Schrumpfung zur Folge. Dieser im Prinzip der Aggregatbildung durch Austrocknung ähnliche Vorgang führt zur Ausbildung der **Frostgare** und ist in tonreichen Böden oft der einzige Mechanismus, der bei Ackernutzung zur Ausbildung eines feinaggregierten Saatbettes führt. Die Frostgare bleibt nach dem Auftauen jedoch nur erhalten, wenn die Eiskristalle sublimieren, oder wenn ihr Schmelzwasser schnell zwischen die entstandenen Aggregate wegsickern kann. Ist keines von beidem möglich, so kommt es wegen der Wasseranreicherung in den gefrorenen Teilen des Bodens zu Übernässungen und daher leicht zur Zerstörung der in diesem Zustand schwachen Aggregate. Dies führt leicht zu Frostaufbrüchen auf Straßen (ausgeprägt z. B. bei Böden aus Löss) und Solifluktionserscheinungen in Hanglagen (Aufweichen der obersten Bodenschicht infolge Wasserüberschusses).

Schließlich werden sowohl bei der Bioturbation als auch den Kryo- und Peloturbationen gröbere Partikel aussortiert. Die Bioturbation führt dabei zum Vergraben von Kies und Steinen, sodass sich in tieferen Horizonten oft *Steinsohlen* bilden, was Charles Darwin bereits 1837 entdeckt hatte. Bei Kryo- und Peloturbation wandern gröbere Partikel hingegen nach oben und bilden teilweise auf der Oberfläche Steinringe (s. auch Kap. 7.2.6.1).

6.3.4.3 Anthropogene Einflüsse

Zu den Eingriffen des Menschen in das natürliche Bodengefüge gehört die temporäre Belastung durch Betreten und Befahren. Die Wirkung dieses Vorgangs auf das Gefüge hängt zum einen von dessen Stabilität ab (Scherparameter), zum anderen vom Ausmaß der vorhergehenden pedoturbaten Lockerung.

Bis vor wenigen Jahrzehnten konnte eine Zusammenpressung des Bodens im Verlauf landwirtschaftlicher Nutzung durch das Pflügen vor jedem Kulturbeginn behoben werden. Heute wirkt sich die Last der Maschinen bis in Tiefen im Boden aus, die durch die normale Bearbeitung durch Pflug oder Kultivator nicht mehr erreicht werden. Tiefen von 50 cm und mehr sind nicht ungewöhnlich. Kulturböden sind daher im Vergleich zu einer Normalverdichtung alle **überkomprimiert** (vorverdichtet). Eine Quantifizierung dieser Vorverdichtung erfolgt aus dem Vergleich der horizont-

6 spezifischen Vorbelastung (s. Abb. 6.3–4b) mit der tiefenabhängigen Zunahme der Drücke aus der Bodenmasse ($P_v / (\rho_B \cdot z \cdot g)$).

Die Zeitspanne, die verstreichen muss, ehe derartige Überkomprimierungen wieder verloren gehen, ist von der Intensität der Pedoturbation abhängig. Sie kann unter ariden Bedingungen viele Jahrzehnte betragen, während unter humiden Klimabedingungen eine natürliche Wiederauflockerung des Bodens unterhalb der Pflugsohle u.a. aufgrund der mit zunehmender Tiefe geringer werdenden Austrocknung, verringerten Bio- und Cryoturbation vernachlässigbar gering ist. (s.a. Abb. 6.3–13).

Inkulturnahme von bisher ungenutzten Böden mit natürlicher Vegetation führt zuerst fast immer zu einer Verdichtung der oberflächennahen Zone, weil sowohl Rodung als auch Erstumbruch von Grasland mit zusätzlichen Belastungen durch Befahren und Betreten verbunden sind. Das Ausmaß der entstehenden Verdichtung ist abhängig vom Ausmaß der vorher vorliegenden Lockerung. In Böden mit hoher Bioturbation (unter Wald) ist sie größer als in solchen mit geringerer (Trockensteppe). Durch das Befahren und Betreten werden diese Böden aus einem der Normalverdichtung ähnlichen Zustand in einen überverdichteten überführt. Dabei werden vor allem grobe Sekundärporen zerstört, weil die Mineralpartikel an deren Seiten weniger abgestützt, bei Belastungen beweglicher sind als Partikel im geschlossenem Verband (Abb. 6.3–11).

Bei feinkörnigen Böden kann es bei Nässe zu einer Verschmierung (Verknetung) kommen, bei der ebenfalls die Sekundärporen zerstört werden. Im Gegensatz zum vorigen Fall gibt es hier jedoch eine Homogenisierung eine weitgehend identischer Lagerungsdichte, aber keine zusätzliche Verdichtung.

Die **Bearbeitung** im Verlauf des routinemäßigen Pflanzenbaus (Ackerbau) besteht aus einem regelmäßigen Wechsel von verdichtenden und lockernden Vorgängen im Oberboden (Abb. 6.3–10), sowie dem Brechen von Regenschlag- und Verschlämmungskrusten. Die Lockerungsmaßnahmen (Pflügen) sind teilweise erforderlich, weil die Zerkleinerungsgänge (Eggen) ein bewegliches, daher lockeres Material voraussetzen, teilweise weil bei Kultur- und Erntearbeiten ein Zustand erreicht wird, der Saateinbringung und Keimung behindert.

Die starke Krustenbildung als Folge von Regenschlag auf einem zubereiteten Saatbett kann vermindert werden, wenn die Bodenoberfläche abgedeckt wird. Hierzu dienen sowohl Ernterückstände, zusätzlich aufgebrachte pflanzliche Substanz, aber auch Folien oder sogar Fremdmaterial wie Sandschichten. Diese Maßnahme wird als Mulchen bezeichnet.

Das Beweiden von Grasland führt ebenso wie das Befahren mit Maschinen zur **Überverdichtung** vor allem des Oberbodens. Da diese Belastung stets nur engräumig auftritt, kann der Boden zur Seite ausweichen. Infolgedessen ist der Oberboden oft stärker verdichtet als die Zonen darunter.

Meliorationen sind Maßnahmen, die auf lange Sicht den Standort für eine bestimmte Nutzung verbessern sollen. Dazu gehören im Bereich physikalischer Maßnahmen: Rigolen, Tiefumbruch ($\geq 1\,m$), Untergrundlockerung und vor allem bei zu nasser und dazu noch verdichteter Standorte die Dränung. Böden, die tiefer als 4 bzw. 5 dm rigolt oder umgebrochen wurden, werden als Kultosole klassifiziert. Meliorationen werden heute eher durchgeführt als früher, weil die dazu notwendige Maschinenkraft und -technik vorhanden ist. Das Gelingen einer derartigen Maßnahme hängt jedoch ganz wesentlich davon ab, wie weit bei der Durchführung selbst und bei allen Folgemaßnahmen die Gesetzmäßigkeiten des Zusammenhangs zwischen Lockerungszustand in Abhängigkeit von Last, Bodentiefe, Wassergehalt sowie die Folgen zusätzlicher Belastung, wie Komprimierung, Wasserdruckzunahme, Homogenisierung bekannt sind und beachtet werden.

Ein spezielles Problem bilden **Rekultivierungen** in Form von Schüttungen. Auch hier ist das Gelingen einer angestrebten Nutzung von der Beachtung der Belastungs- und Stabilitätssituation abhängig. Bei der Neuanlage muss ein Porensystem erzeugt werden, das die klimabedingt anfallende Wassermenge schnell genug so im Bodenvolumen verteilt, dass die durch Nässe hervorgerufene Stabilitätsminderung nicht zu unerwünschtem Zusammensacken führt. Außerdem muss festgelegt werden, wie viel Wasservorrat im durchwurzelbaren Bereich speicherbar sein muss, damit zu erwartende Trockenperioden nicht die Vegetation schädigen.

6.3.5 Beurteilung des Bodengefüges für den Pflanzenbau

Die Bedeutung des Bodengefüges für den Pflanzenbau sowohl im Wurzelraum als auch Untergrund ist seit langem bekannt und wurde bereits in dem 1837 erschienenen Buch ‚Die Bodenkunde' von C. SPRENGEL betont.

Im Wurzelraum beeinflusst das Gefüge die Porengrößenverteilung sowie die ungesättigte Wasserleitfähigkeit und damit die Wasserversorgung der Pflanzen. Eine Porengrößenverteilung mit einem möglichst großen Anteil an pflanzenverfügbarem Wasser

6

(nFK) ist für den kontinuierlichen Wasserbedarf der Pflanzen um so wichtiger, je weniger regelmäßige Niederschläge oder hochstehendes Grundwasser eine gleichmäßige Wasserversorgung gewährleisten.

Die Zugänglichkeit des Wassers im gesamten Porenraum ist davon abhängig, wieweit die Wurzeln der Pflanzen beim Vordringen in den Boden sauerstoffgefüllte Poren vorfinden. Deshalb ist die Beurteilung eines Bodens als Pflanzenstandort vom Anteil an mittleren Poren, und wegen der Durchlüftung vom Anteil und Kontinuität der groben Poren abhängig. Die Menge an feinen Poren, die in Tonböden einen großen Anteil am Porenraum einnehmen kann, ist für die Wasserversorgung in der Regel von geringer Bedeutung, weil das in ihnen enthaltene Wasser für die Wurzeln nicht verfügbar ist. Die Aneignungsfähigkeit für Wasser ist jedoch nicht bei allen Pflanzen gleich, Halophyten und Xerophyten sind wichtige Extreme. Bei jungen Tonböden mit unvollständiger Schrumpfung (Normalschrumpfungs- bzw. Normalverdichtungsast in den Abb. 6.3–5 und 6.2–3) ist der Anteil an nicht pflanzenverfügbarem Wasser schwer abgrenzbar.

Die Bedeutung des Unterbodens gegenüber dem stärker durchwurzelten Oberboden liegt im Hinblick auf das Gefüge darin, dass die gesamte Speicherkapazität sich aus der volumenspezifischen, also körnungs- und gefügebedingten Komponente und der für die Wurzeln zur Verfügung stehenden Tiefe ergibt (s. Kap. 6.4). Geringmächtige Böden auf wasserstauendem Untergrund (z. B. 30 cm Löss- oder Geschiebelehm über Ton oder Festgestein) sind daher ebenso ungünstige Standorte wie auf einem Untergrund, dessen Porengrößenverteilung keinen nennenswerten Beitrag zur Wasserversorgung liefern kann (z. B. 30 cm Löss oder Geschiebelehm über Kies, Grobsand oder grobkörnigem Gesteinszersatz bzw. Bauschutt).

Während im erstgenannten Fall außer der geringen Speicherleistung im humiden mitteleuropäischen Klima auch die Stauwasserbildung ungünstig wirkt, ist im zweiten Fall in erster Linie die geringe Speicherleistung nachteilig, die schon bei Trockenperioden von wenigen Tagen Dürreschäden entstehen lassen kann.

Vor diesem Hintergrund ist offensichtlich, dass es kein optimales Bodengefüge für den Pflanzenbau in seiner ganzen Vielfalt geben kann. Für jede Kultur und die während der Kulturdauer vorliegende Wasserversorgungssituation ist vielmehr jeweils ein anderes Bodengefüge optimal.

Ganz allgemein kann man zugrunde legen, dass ein hoher Anteil an Grobporen um so wichtiger für das Gedeihen von Kulturpflanzen ist, je häufiger mit hohen Wassergehalten zu rechnen ist. Dies gilt gleichermaßen für Böden mit Grund- bzw. Stauwassereinfluss wie auch für regenreiche Klimazonen und für künstliche Bewässerung in ariden Gebieten oder im intensiv wirtschaftenden Gartenbau. Mangel an Grobporen bedeutet stets Luftmangel und Nichtausnutzbarkeit des Wasserangebots.

Unter trockeneren Bedingungen, wenn die Grobporen und ein Teil der Mittelporen stets luftgefüllt sind, ist die Belüftung seltener der begrenzende Faktor. Hier spielt die Größe des Speichers für pflanzenverfügbares Wasser die entscheidende Rolle. Böden mit hohem Anteil an Mittelporen sind hier besonders geeignet.

Durch Kulturmaßnahmen kann das Gefüge in begrenztem Maße beeinflusst werden. Im Rahmen der normalen Bearbeitungsroutine muss im feuchten Klima und bei feuchter topographischer Lage auf Erhaltung eines grobporigen, somit lockeren Zustands hingearbeitet werden. Wegen der Lockerheit steht die Sorge vor Verdichtung und dem damit einhergehenden Luftmangel im Vordergrund. Eine Verschlämmung der Bodenoberfläche ist aus dem gleichen Grunde gefürchtet. Die Erhaltung der künstlich hergestellten Aggregierung eines Saatbettes ist hier entscheidend.

In trockenen Klimaten und trockenen topographischen Lagen ist umgekehrt die Erhaltung einer höheren Dichte des Bodens vorteilhaft. Lockerung vermindert hier nicht nur die je Volumeneinheit gespeicherte Wassermenge, sondern vor allem die Nachlieferung zur Wurzel (s. Kap. 6.4.3.2). Dies gilt vor allem bei großflächigem Pflanzenbau in ariden Gebieten, weil die Bedürfnisse der Saattechnik und der Wasserversorgung des Keimlings gegenläufig sind. Allerdings muss auch berücksichtigt werden, dass durch eine lockere Struktur aufgrund der kapillaren Unterbrechung besonders im Übergangsbereich zur Atmosphäre die unproduktive Verdunstung deutlich verringert und damit für die Pflanze mehr Wasser zur Verfügung steht.

Wegen der Unsicherheit der Witterung, und somit des natürlichen Wassernachschubs während einer Kulturdauer, muss sich das kulturtechnisch angestrebte Gefüge an der wahrscheinlichsten Wasserhaushaltssituation orientieren. Je sicherer Wasserzufuhr und -abfuhr auf einer Kulturfläche beherrscht werden, desto genauer lässt sich das Bodengefüge den Kulturbedürfnissen anpassen. Eine Ausnahmesituation liegt in dieser Hinsicht in Gewächshäusern vor, in denen der Boden durch die Wahl der Substrate (Steinwolle, Blähton, Kiesbeet aus Quarz oder Bims) den Bedingungen der vorgesehenen Wasserversorgung angepasst werden kann.

6

In der Natur liegt ein Gefüge, das beiden Forderungen weitgehend gerecht wird – genügend Grobporen für ausreichende Belüftung in Zeiten des Wasserüberschusses, genügend Mittelporen zur Erhaltung eines großen Wasservorrats –, am häufigsten in Lössböden vor, wenn sie ausreichend stabile Sekundärporen enthalten. Das ist vor allem in Schwarzerden aus Löss der Fall und ist einer der wesentlichen Gründe für die hohen Bodenzahlen dieser Böden (90 bis über 100 in der Reichsbodenschätzung). Weltweit gesehen sind die Lössböden aus diesem Grund am häufigsten unter den fruchtbarsten Böden jeder Landschaft zu finden.

6.4 Bodenwasser

Unter natürlichen Bedingungen enthält jeder Boden stets Wasser. Im ,lufttrockenen' Zustand, d. h. im Gleichgewicht mit geringer Luftfeuchtigkeit, kann diese Wassermenge sehr gering sein. Das Bodenwasser wird durch Trocknen für 16 h bei 105 °C entfernt, wobei dieser Zustand per Konvention **ofentrocken** bedeutet. Folglich wird als **Wassergehalt** (Masse-% oder Vol-%), d. h. als prozentualer Anteil am Boden der Wasseranteil definiert, der bis zu dieser Temperatur aus dem Boden entfernt werden kann. Wasseranteile, die erst bei höheren Temperaturen entfernt werden, rechnet man nicht zum Bodenwasser. Sie gehören zum Konstitutions- bzw. Kristallwasser der festen Bodenpartikel. In der Mineralogie beruht sogar die Charakterisierung der Tonminerale bei der Differential-Thermo-Analytik (DTA) auf der Temperaturerniedrigung in charakteristischen Temperaturbereichen, die aus dem Verdampfen dieses Kristallwassers folgt.

Das Bodenwasser wird über die Niederschläge, das Grundwasser und in geringem Maße über Kondensation aus der Atmosphäre ergänzt. Es enthält stets gelöste Salze und Gase in wechselnden Anteilen und Zusammensetzungen.

Wird durch Niederschläge mehr Wasser angeliefert, als der Boden aufnehmen und weiterleiten kann, so fließt der Überschuss als **Oberflächenwasser** ab. Dieser Anteil ist um so größer, je intensiver die Niederschläge sind, je größer die Neigung der Bodenoberfläche ist und je langsamer die Niederschläge vom Boden aufgenommen werden können. Er ist daher bei ton- und schluffreichen Böden meist höher als bei sandreichen, bei verdichteten Böden höher als bei nicht verdichteten. Besonders groß ist dieser Anteil, wenn der Boden bereits weitgehend mit Wasser gesättigt ist. Das Oberflächenwasser ist eine der wesentlichen Ursachen der Erosion (s. Kap. 10.7.1). Wenn das Wasser den gesamten Porenraum erfüllt, bezeichnet man diesen Zustand als **wassergesättigt**.

6.4.1 Einteilung – Bindungsarten

Das Wasser in den Poren des Bodens ist im Vergleich mit demjenigen in einem offenen Gewässer nur teilweise frei beweglich. Ein Teil unterliegt vielmehr Bindungen durch Eigenschaften der festen Phase – der Bodenmatrix. Da die Art der Bindung das Verhalten bestimmter Wasseranteile beeinflusst, wird das Bodenwasser oft nach der Art dieser Bindungen unterteilt.

Das durch Niederschläge dem Boden zugeführte Wasser wird zum Teil in den Poren gegen die Einwirkung der Schwerkraft festgehalten (s. Feldkapazität, Kap. 6.4.5.1 a), zum Teil als **Sickerwasser** in tiefere Zonen verlagert. Hierbei wird im Boden bereits vorhandenes Wasser durch das Sickerwasser verdrängt und damit selbst zum Sickerwasser. Das im Boden verbleibende Wasser wird als **Haftwasser** oder auch **Bodenfeuchte** bezeichnet.

6.4.1.1 Grund- und Stauwasser

Als Grund- oder Stauwasser werden jene Anteile des Bodenwassers bezeichnet, die nicht durch Bindungen an der Bodenmatrix festgehalten werden und infolgedessen in Gräben oder Bohrlöcher frei hineinfließen. Diese Wasseranteile werden daher auch als **freies Wasser** bezeichnet.

Grund- und Stauwasserkörper bilden sich über Schichten mit geringer Wasserleitfähigkeit wie z. B. Tonen. Von **Grundwasser** wird gesprochen, wenn das Wasservorkommen das ganze Jahr über vorhanden ist; von **Stauwasser**, wenn das Wasservorkommen nur zu einem Teil des Jahres – oft im Frühjahr, oder nach entsprechenden Starkniederschlägen über z. B. verdichteten Zonen – auftritt.

Grund- und Stauwasser werden nach oben durch die **Grundwasseroberfläche** (GWO) bzw. Stauwasseroberfläche abgeschlossen. Sie ist definiert als die Fläche im Boden, deren Wasserdruck dem mittleren Druck der Atmosphäre gleicht. Damit wird auch deutlich, dass nicht gleicher Wassergehalt im Boden, sondern nur der Spannungszustand (nämlich 0 hPa) zur Definition der GWO herangezogen werden kann.

Befindet sich das Grundwasser im hydraulischen Gleichgewicht, so ist die Grundwasseroberfläche

6

durch den **Grundwasserspiegel** gekennzeichnet, der sich in einem Wasserstandsrohr einstellt (= phreatische Oberfläche, von gr. *phrear*: Brunnen). Erfolgt aber ein fortlaufender Wassernachschub im Profil von oben, so steht der Grundwasserspiegel tiefer als die Grundwasseroberfläche. Ist der Druck unterhalb der Grundwasseroberfläche dagegen höher als dem Gleichgewicht entspricht, so liegt der Grundwasserspiegel höher als die Grundwasseroberfläche (= artesischer Druck, artesisches Wasser). Die Grundwasseroberfläche verläuft nur sehr selten horizontal und zeigt damit an, dass das Wasser meistens in – wenn auch sehr langsamer – Bewegung ist.

6.4.1.2 Adsorptions- und Kapillarwasser

Die Bindung des Wassers, das gegen den Einfluss der Schwerkraft im Boden verbleibt, beruht auf der Wirkung verschiedener Kräfte zwischen den festen Bodenteilchen und den Wassermolekülen sowie zwischen den Wassermolekülen selbst. Nach der Art dieser Kräfte kann man das Bodenwasser in Adsorptions- und Kapillarwasser unterteilen.

a) Adsorptionswasser
Unter diesen Begriff fasst man meist das Wasser zusammen, das unter der Wirkung von Adsorptionskräften (im engeren Sinne) und osmotischen Kräften steht. Es umhüllt die feste Oberfläche der Teilchen, ohne dass Menisken gebildet werden.

Adsorptionskräfte zwischen der Festsubstanz und den Wassermolekülen umfassen (a) die Van-der-Waals-Kräfte, die nur über kurze Entfernungen wirken, und die H-Bindungen zwischen den Sauerstoffatomen der festen Oberfläche und den Wassermolekülen sowie (b) die Kräfte unter der Einwirkung des elektrostatischen Feldes, vor allem

der Gegenionen, in geringerem Maße auch der geladenen festen Oberfläche, die über längere Entfernungen wirken. In diesem Feld werden die Wasserdipole ausgerichtet und angezogen. Die Bindung zwischen den adsorbierten Wassermolekülen erfolgt über H-Brücken.

Aus Abb. 6.4-1 ist ersichtlich, dass die Menge des Adsorptionswassers in Böden mit steigendem relativem Wasserdampfdruck der Luft zunimmt. Außerdem zeigt die Abbildung, dass auch ‚lufttrockene' Böden stets noch Wasser enthalten, und zwar um so mehr, je höher der relative Wasserdampfdruck der umgebenden Luft ist. Böden, die weniger Wasser enthalten als diesem Gleichgewicht entspricht, nehmen Wasser aus der Luft auf. Sie sind daher in diesem Bereich hygroskopisch, und das aufgenommene Adsorptionswasser wird als **hygroskopisches** Wasser bezeichnet.

Außer mit dem Wasserdampfdruck steigt der Wassergehalt mit abnehmender Korngröße und damit mit steigender spezifischer Oberfläche der festen Teilchen. Auch die Reihenfolge im Wassergehalt einiger Tonminerale bei gleichem Wasserdampfdruck beruht auf deren unterschiedlicher spezifischer Oberfläche (s. Kap. 2.2.4 und Abb. 6.4-1).

Die innersten Molekularschichten des Adsorptionswassers sind an den Mineraloberflächen sehr fest gebunden. Für die erste monomolekulare Schicht wird z. B. eine Bindungskraft von ca. 600 MPa angegeben. Zu den folgenden Schichten hin nimmt die Bindungskraft sehr schnell ab. Die Dicke dieser Schicht beträgt etwa 1 nm. Die hohe Bindungsenergie macht sich u. a. dadurch bemerkbar, dass bei Befeuchten ofentrockener, feinkörniger Bodenproben die Temperatur ansteigt. Das wird durch die kinetische Energie der Wassermoleküle verursacht, die bei der Adsorption frei wird. Solche Temperaturanstiege werden in trockenen Tonböden auch vor Befeuchtungsfronten gemessen.

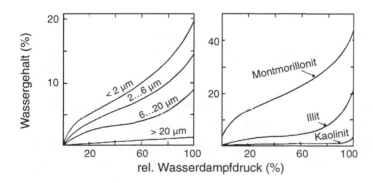

Abb. 6.4-1 Wassergehalt von (**a**) Kornfraktionen eines Bodens (KURON 1930) und (**b**) Tonmineralen (ORCHISTON 1953) in Abhängigkeit vom relativen Dampfdruck der Luft.

6

Das adsorbierte Wasser hat im Vergleich zu freiem Wasser z. T. andersartige Eigenschaften, die mit der Beweglichkeit der Wassermoleküle und mit ihrer Anordnung zusammenhängen. So erfolgt z. B. mit der Abnahme des Wassergehalts im Boden ein Anstieg der Dichte (bis auf das 1,5-fache) und der Viskosität, während Wärmekapazität und Gefrierpunkt abnehmen. Das Adsorptionswasser wird gelegentlich auch als ‚osmotisches Wasser' bezeichnet, weil man den Adsorptionsvorgang analog zu der Rück-Diffusionshemmung sehen kann, die bei der Osmose die Anreicherung des Wassers im Bereich höherer Salzkonzentration erzwingt.

b) Kapillarwasser
Bringt man einen ofentrockenen Boden mit Wasserdampf ins Gleichgewicht, so wird nicht nur Adsorptionswasser angelagert, sondern es bilden sich bereits bei der Adsorption einiger Wasserschichten an der Berührungsstelle der festen Teilchen stark gekrümmte **Menisken** aus. Sie umschließen die Berührungsstelle ringförmig und vergrößern sich mit steigender Wasseranlagerung. Verursacht wird diese Bildung von Kapillarwasser durch die Tendenz der Grenzfläche zwischen Wasser und Luft, sich zu verkleinern, weil hierdurch wegen der hohen Grenzflächenspannung von Wasser gegenüber Luft ein energieärmerer Zustand erreicht wird (= Kapillarkondensation, s. Kap. 6.2.3). Die Bildung der Menisken beruht auf dem Zusammenwirken von Adhäsionskräften zwischen der festen Oberfläche und außerdem auf Kohäsionskräften zwischen den Wassermolekülen unter Bildung von Wasserstoffbrücken.

Das auf diese Weise gebundene Wasser hat gegenüber freiem Wasser eine höhere Oberflächenspannung und damit niedrigeren Dampfdruck, wie das Wasser in kreisförmigen Kapillaren. Es wird daher auch als **Kapillarwasser** bezeichnet, obwohl die Hohlräume in Böden nur ausnahmsweise kreisförmig ausgebildet sind (Kap. 6.1.6). Je kleiner der Durchmesser dieser kapillaren Hohlräume ist (s. auch Tab. 6.4–1), um so stärker ist die Bindung des Wassers, um so mehr Energie muss also zur Freisetzung dieser Wasseranteile aufgewandt werden, und um so geringer ist daher der Wasserdampfdruck.

Bei jedem Wassergehalt bildet sich ein Gleichgewicht zwischen der Dicke der Adsorptionswasserfilme und der Krümmung derjenigen Menisken, über denen die gleichen relativen Wasserdampfdrücke herrschen.

Der überwiegende Teil des Bodenwassers unterliegt sowohl Adsorptions- als auch Kapillarkräften. Je höher der Wassergehalt eines Bodens ist, um so mehr überwiegt die kapillare Bindung gegenüber der adsorptiven Bindung und umgekehrt.

Der gleiche Mechanismus, der zur Kapillarkondensation führt, verursacht auch den Aufstieg von Menisken in Kapillaren. Auch hier handelt es sich um das Bestreben des Wassers, die Oberfläche gegen Luft zu verkleinern. Da dies am wirkungsvollsten geschieht, wenn Poren mit relativ großer Oberfläche bei kleinem Volumen mit Wasser gefüllt werden, steigt das Wasser in den engsten Poren am höchsten und in Poren mit unregelmäßiger Form höher als in ideal kreisförmigen.

6.4.1.3 Bestimmung des Wassergehalts

Bestimmt man den Wassergehalt nach der wichtigsten Methode, wägt man die Bodenproben vor und nach der Trocknung bei 105 °C. Die Wahl dieser Trocknungstemperatur ist konventionell. Man geht davon aus, dass der Masseverlust, der bei dieser Temperatur erzielt wird, durch das Austreiben von Wasser entsteht, das nicht zu den Strukturen leicht zerstörbarer Minerale oder organischer Verbindungen gehört (Konstitutionswasser). Für Spezialfälle werden niedrigere Temperaturen vorgeschlagen (z. B. 65 °C für organische Böden). Diese gravimetrische Wassergehaltsbestimmung setzt Probenentnahmen voraus und ist somit nicht zerstörungsfrei. Aus diesem Grund, und weil die Bestimmung im Labor ausgeführt werden muss, eignet sich diese Arbeitsweise nicht für fortlaufende Registrierung von Wassergehaltsänderungen in Böden im Freiland. Hierfür werden häufig **indirekte Methoden** angewendet, die den Einbau von Messfühlern in den Boden und damit laufende Messungen ermöglichen.

Bei diesen Methoden wird die Tatsache ausgenutzt, dass die Weitergabe von Impulsen verschiedenster

Tab. 6.4–1 Wasserdampfdruck p/p_0 in Abhängigkeit vom Porendurchmesser (n. L. PALLMANN) und pF-Wert.

Poren-ø (µm):	0,0024	0,0096	0,024	0,125	0,22	0,56	5,6	12,5
p/p_0:	0,4	0,8	0,9	0,98	0,987	0,995	0,9995	0,9998
pF:	6,10	5,49	5,12	4,45	4,20	3,8	2,8	2,45

Art (z. B. elektrische Spannung, Wärme, Neutronen-diffusion) im Boden im Wesentlichen vom Wasser-gehalt abhängt. Man kann diese Gesetzmäßigkeiten dazu benutzen, die Weitergabe oder das Abklingen eines Signals gegen den Wassergehalt zu eichen. Als Eichung wird dabei der gravimetrische Wassergehalt (g Wasser pro g Boden) herangezogen und bei Bedarf durch Multiplikation mit der Lagerungsdichte φ_B auf die Volumenbasis (cm^3 Wasser pro cm^3 Boden) um-gerechnet. Viele dieser Methoden sind auf bestimmte Wassergehaltsbereiche beschränkt oder in der An-wendung an hohe sicherheitstechnische Anforderun-gen gebunden. Daher wird seit einiger Zeit nur noch auf die *Time-Domain-Reflectometrie* (TDR-Methode) zurückgegriffen, die viele dieser Nachteile nicht auf-weist. Sie beruht darauf, dass die Reflexion eines elektrischen Pulses (Spannungsstoß) vom Ende einer Metallsonde von dem umgebenden Medium um so stärker verzögert wird, je höher dessen Dielektrizi-tätszahl (DEZ) ist. Wasser hat eine weitaus höhere DEZ (≈ 80) als die anderen Bodenbestandteile (< 5) und außerdem besteht zwischen dem absolut trocke-nen Boden (DEZ = 3) und dem reinen Wasser eine lineare Beziehung. Deswegen sind Unterschiede und Veränderungen des volumetrischen Wassergehaltes direkt erfassbar, indem die Reflexionsgeschwindig-keit des elektrischen Pulses in dem Sensor geändert wird.

Der volumetrische Wassergehalt eines Tiefenbe-reichs in einem Boden kann wie ein Niederschlag flächenunabhängig durch die Höhe einer Wasser-säule (WS) ausgedrückt werden. Bei einem Wasser-gehalt von 0,26 cm$^3 \cdot$ cm^{-3} ergibt dies für ein Boden-paket von 1 m Mächtigkeit 260 mm Wasser.

6.4.2 Intensität der Wasser-bindung

Die beschriebenen Kräfte, die von der festen Phase im Boden ausgehen, bewirken zusammen mit ande-ren, von außen einwirkenden die Bewegungen des Wassers im Boden und beeinflussen seine Aufnehm-barkeit für Pflanzen. Sie sind daher sowohl boden-kundlich als auch ökologisch von großer Bedeutung. Allerdings sind sie durch ihre im vorigen Abschnitt beschriebenen Ursachen noch nicht ausreichend gekennzeichnet; es fehlen vielmehr Angaben über Größe, Richtung und Ansatzpunkte. Diese sind je-doch in einem so heterogenen System wie einem Boden sehr verschieden und zudem wechselnd, so dass sie schwer zu definieren und daher auch kaum zu addieren sind. Deshalb ist es in der Bodenkun-de üblich, anstelle der Kräfte selbst die Arbeit zu betrachten, die sie verrichten können, oder – noch häufiger – die Arbeitsfähigkeit, das **Potenzial**.

6.4.2.1 Potenziale

In der Bodenkunde prägte E. BUCKINGHAM (1907) als erster den Begriff des **Potenzials** beim Studium der Bindung des Wassers im Boden. Das Potenzial ist hierbei definiert als die Arbeit, die notwendig ist, um eine Einheitsmenge (Volumen, Masse oder Gewicht) Wasser von einem gegebenen Punkt ei-nes Kraftfeldes zu einem Bezugspunkt zu trans-portieren. Diese Arbeit entspricht derjenigen, die notwendig ist, um die Mengeneinheit Wasser von einer freien Wasserfläche auf eine bestimmte Höhe in einer Pore (Kapillare) zu heben oder in dieser der Bodenmatrix zu entziehen.

Wendet man das Potenzialkonzept auf das Bo-denwasser an, so lassen sich alle Bewegungsvorgän-ge wie die Infiltration (d. h. die Versickerung), die Dränung (= Ableitung von Bodenwasser aus groben Poren über künstlich geschaffene Rohrleitungen) und der kapillare Aufstieg (= Wasseraufstieg in den Poren entgegen der Schwerkraft) auf einen Nenner bringen. Immer bewegt sich das Wasser von Stellen höheren Potenzials (= höherer potenzieller Energie) zu solchen niedrigeren Potenzials, weil bei diesem Vorgang Energie frei wird. Diese Bewegung hält so lange an, bis an allen Stellen das Gesamtpoten-zial den gleichen Wert aufweist. Das Potenzial des Bodenwassers (ψ) wird durch die folgende Formel beschrieben:

$$\psi = m \cdot b \cdot h \qquad \text{(Gl. 6.4.1)}$$

Hierbei ist m die Masse des Wassers, b die Beschleu-nigung (im Freiland stets die Erdbeschleunigung) und h die Höhe über einer freien Wasserfläche als Be-zugsniveau (im Freiland die Grundwasseroberfläche).

Das Potenzial kann auf die Masseeinheit des Wassers bezogen werden, und man erhält:

$$\psi = b \cdot h \qquad \text{(Gl. 6.4.2)}$$

Wählt man das Volumen als Bezugseinheit, so erhält ψ die Dimension eines Drucks (ρ = Dichte):

$$\psi = \rho \cdot b \cdot h \qquad \text{(Gl. 6.4.3)}$$

Meist wählt man aber das Gewicht des Wassers (im Kraftfeld der Erde = $m \cdot b$) als Bezugsgröße, so dass ψ die Dimension einer Länge (cm Wassersäule, hPa) annimmt:

$$\psi = h. \qquad \text{(Gl. 6.4.4)}$$

6

a) Gesamtpotenzial (ψ)

Das Gesamtpotenzial ist definitionsgemäß die Summe aller Teilpotenziale, die durch die verschiedenen, im Boden auftretenden Kräfte hervorgerufen werden. Bezugspunkt im Sinne der im vorigen Abschnitt gegebenen Definition ist eine freie Wasserfläche, die unter atmosphärischem Druck steht, deren Wasser die gleiche Temperatur hat und die die gleichen gelösten Stoffe in der gleichen Konzentration wie das Bodenwasser enthält.

In vielen Fällen ist es schwierig, das Gesamtpotenzial direkt zu messen, weil die verfügbaren Messgeräte nur wechselnde Gruppierungen von Teilpotenzialen anzeigen. Es ist deshalb notwendig zu erkennen, welche Teilpotenziale bei einer Messung jeweils erfasst werden, um beurteilen zu können, wie gut die Annäherung an das Gesamtpotenzial ist. Am häufigsten werden die folgenden Aufteilungen vorgenommen:

$$\psi = \psi_z + \psi_m + \psi_g + \psi_o \qquad \text{(Gl. 6.4.5)}$$

Die hier angegebenen Teilpotenziale sowie verschiedene häufig verwendete Gruppierungen werden in den nächsten Abschnitten beschrieben.

b) Gravitationspotenzial (ψ_z)

Das Bodenwasser steht stets unter dem Einfluss des Gravitationsfeldes der Erde. Daher kann ein Gravitationspotenzial definiert werden. Es entspricht der Arbeit, die aufgewendet werden muss, um eine bestimmte Menge Wasser (ausgedrückt in Masse-, Volumen- oder Gewichtseinheit) von einem Bezugsniveau auf eine bestimmte Höhe anzuheben. Wird das Gewicht als Bezugseinheit verwendet, so erscheint das Gravitationspotenzial als die Ortshöhe (z). Deshalb wird auch gelegentlich von einem geodätischen Potenzial gesprochen.

Das Bezugsniveau für das Gesamtpotenzial wird stets so gewählt, dass das Gravitationspotenzial ein **positives** Vorzeichen erhält. An der Wasseroberfläche ist $\psi_z = 0$ und weist mit zunehmendem Abstand nach oben positivere Werte auf.

c) Matrixpotenzial (ψ_m)

Das Matrixpotenzial, früher auch Kapillarpotenzial genannt, ist ein Maß für den Einfluss der Matrix. Es umschließt alle durch die Matrix auf das Wasser ausgeübten Einwirkungen. Je weniger Wasser ein Boden enthält, desto stärker halten die matrixbedingten Kräfte es fest, desto schwerer ist es also dem Boden zu entziehen. Im energetischen Gleichgewichtszustand, d. h. wenn das Wasser im Boden in Ruhe ist und keine Wasserbewegung stattfindet,

ist das Wasser um so stärker an die Matrix gebunden, je größer der Abstand von der als Bezugsebene angenommenen Grundwasseroberfläche ist. Da die Auswirkung dieses Potenzials auf das Wasser dem des Gravitationspotenzials entgegengesetzt ist, kommt ihm ein **negatives** Vorzeichen zu. Häufig wird es auch als negativer hydrostatischer Druck (= negativer Porenwasserdruck, s. 6.3.2.3) definiert.

Bei abnehmendem Wassergehalt sinkt folglich das Potenzial und damit wird der Wert des Matrixpotenzial negativer. Ebenso wie das Gesamtpotenzial kann man auch für das Matrixpotenzial verschiedene Bezugsgrößen wählen, am häufigsten wird das Volumen oder das Gewicht des Wassers herangezogen. Im deutschsprachigen Raum wird anstelle des Begriffes: Matrixpotenzial häufig auch der der Wasserspannung verwendet. Hierunter versteht man den Betrag des Matrixpotenzials. Damit wird der Wert der Wasserspannung mit zunehmender Austrocknung größer, weil das Matrixpotenzial negativer wird.

d) Weitere Teilpotenziale

Da im Boden niemals reines Wasser vorliegt, wird das Gesamtpotenzial stets durch das **osmotische Potenzial** (ψ_o) oder Lösungspotenzial mit beeinflusst. Der Anteil dieses Potenzials am Gesamtpotenzial ist von der Menge der gelösten Salze abhängig und daher in den Böden arider Gebiete, aber auch in den Salzmarschen der Seeküsten oft von erheblicher Bedeutung. Salzkonzentrationen in Salzböden (Solonchake) können zu Wasseranreicherung in der Salzzone auf Kosten der angrenzenden Zone führen. Dieses Potenzial entspricht der Arbeit, die verrichtet werden muss, um eine Einheitsmenge Wasser durch eine semipermeable Membran aus der Bodenlösung zu ziehen.

Ein **Gaspotenzial** (ψ_g) muss berücksichtigt werden, wenn der Luftdruck im Boden nicht mit dem an der Ebene, die als Bezugsniveau gewählt wurde, übereinstimmt.

Wenn das freie Wasser, das nicht dem Matrixpotenzial unterliegt, in das Potenzialkonzept einbezogen werden soll, dann wird ihm ein **Druckpotenzial** oder **piezometrisches Potenzial** (ψ_h oder ψ_p) zugeordnet. Die Indices h bzw. p weisen auf den Sachverhalt hin, dass der energetische Status als **Höhe unter der Grundwasseroberfläche** oder als freier Wasserdruck gemessen wird (z. B. mit einem Piezometer).

Je nach den Messbedingungen und den im Boden vorkommenden Verhältnissen können außer den hier beschriebenen auch noch einige andere Teilpotenziale bei Messungen erfasst werden.

e) Kombination von Teilpotenzialen

Die Bestimmung des Gesamtpotenzials ist über den gesamten in Böden auftretenden Bereich erst seit wenigen Jahren möglich und überdies umständlich. Deswegen wird oft als Annäherung das **hydraulische Potenzial** (ψ_H) angegeben, das als Summe der am einfachsten bestimmbaren Teilpotenziale definiert ist:

$$\psi_H = \psi_m \,(\text{oder}\ \psi_h) + \psi_z \ldots (+\ \psi_g) \qquad (\text{Gl. 6.4.6})$$

Hierbei wird ψ_m für Punkte oberhalb, ψ_h für Punkte unterhalb der GWO eingesetzt. ψ_g wird meistens nicht berücksichtigt. Zur Quantifizierung der Fließrichtung und auch des Strömungsdruckes wird das hydraulische Potenzial (ψ_H) anhand von Messwerten der Matrixpotenziale in verschiedenen Tiefen über die Zeit berechnet.

Andere Kombinationen von Teilpotenzialen ergeben sich z. B. aus den Eigenschaften der Mess- oder Bestimmungsgeräte bzw. aus dem Ziel der Untersuchung.

Die Verfügbarkeit des Wassers für die Pflanze wird durch eine besondere Kombination der Teilpotenziale erfasst, die als **Wasserpotenzial** (ψ_w) bezeichnet wird:

$$\psi_w = \psi_m + \psi_o \,(+\ \psi_g) \qquad (\text{Gl. 6.4.7})$$

Wie im Fall des hydraulischen Potenzials wird ψ_g meistens nicht berücksichtigt.

f) Bestimmung der Potenziale

Das Gesamtpotenzial des Bodenwassers kann über den relativen Wasserdampfdruck bestimmt werden. Da die Dampfdruckunterschiede gegenüber einer freien Wasserfläche bei wenig negativen Matrixpotenzialen zunächst nur wenige Zehntelprozent betragen, ist die Messung aufwendig. Es werden psychometrische Methoden verwendet (vgl. Hygroskopizität, Kap. 6.4.5.1 c).

Einfacher ist die Bestimmung des Matrixpotenzials, die mit **Tensiometern** durchgeführt wird (Abb. 6.4–2).

Diese bestehen aus einer keramischen (porösen) Zelle, die mit einem Manometer in Form einer einfachen hängenden Wassersäule, einer sehr viel kürzeren Quecksilbersäule oder aber einem elektronischen Messsensor in Verbindung steht. Die Zelle und der freie Raum zum Sensor (Manometer oder Wassersäule) sind mit Wasser gefüllt. Der Nullpunkt der Ablesevorrichtung ist gegeben, wenn per Konvention die Tensiometerzelle sich zur Hälfte unter der Wasserfläche und die obere in der Luft befindet. Je trockener der Boden ist, um so mehr gerät das in dem Tensiometer vorhandene Wasser

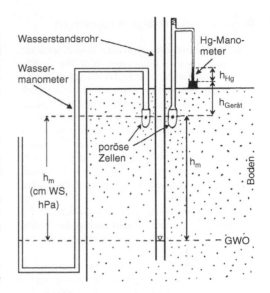

Abb. 6.4–2 Tensiometer (links: Wassermanometer, rechts: Hg-Manometer) und Wasserstandsrohr (Piezometer). Alle Anzeigen im hydrostatischen Gleichgewicht ($\psi_H = 0$).

unter einen Sog, der als negativer Druck abgelesen werden kann. Tensiometer erfassen das Matrixpotenzial, je nach der Bauart des Manometers gelegentlich auch ein vorhandenes pneumatisches Potenzial. Die Anzeige erfolgt in cm Wassersäule (WS) oder in hPa, der Messbereich geht dann nur bis ca. – 800 hPa.

Das Matrixpotenzial ψ_m (bzw. die Wasserspannung), ausgedrückt in cm WS oder hPa, entspricht im Falle des Gleichgewichts der Entfernung zum freien Wasserspiegel, bzw. der Entfernung zur GWO, die im Wasserstandsrohr (Piezometerrohr) sichtbar ist. Im Fall der oberirdischen Anzeige mit einer Hg-Säule gilt:

$$h_m\,(\text{cm WS}) = h_{Hg}\left[(\rho_{Hg}\,/\,\rho_w) - 1\right] - h_{\text{Gerät}} \qquad (\text{Gl. 6.4.8})$$

wobei alle Höhen (h) in cm gemessen sind (Symbole s. Abb. 6.4–2).

Zur Bestimmung im Bereich < – 1000 hPa eignen sich **Gipsblock-Elektroden**. Hiermit wird das Wasserpotenzial (ψ_w) gemessen, wobei aber eine bodenspezifische Eichkurve erstellt werden muss. In gleicher Weise arbeiten auch die auf osmotischen Prozessen basierenden neueren Tensiometer sowie entsprechende mit Polymeren gefüllte keramische Kerzen, die im Extremfall bis pF 4 eingesetzt werden können.

6

6.4.2.2 Potenzialgleichgewicht

Stellt man einen mit trockenem Boden gefüllten, oben mit einem Verdunstungsschutz abgedeckten Zylinder ins Wasser, so fließt das Wasser in den Boden hinein. Nach einiger Zeit stellt sich ein Gleichgewicht ein, das durch eine Abnahme des Wassergehalts nach oben gekennzeichnet ist (Abb. 6.4–3).

Im Gleichgewicht ist das hydraulische Potenzial ($\psi_H = \psi_m + \psi_z$) an allen Stellen der Bodensäule gleich. Wählt man als Bezugspunkt für ψ_H die Höhe des Wasserspiegels und setzt hier $\psi_H = 0$, so herrscht im Gleichgewicht auch in der ganzen Bodensäule der Zustand $\psi_H = 0$.

Um ein Gleichgewicht an allen Stellen der Bodensäule zu erreichen, müssen mithin das Matrixpotenzial (ψ_m) und das Gravitationspotenzial (ψ_z) betragsmäßig gleich sein.

Dies ist in Abb. 6.4–3 durch die beiden schräg verlaufenden Geraden dargestellt, deren Neigung von der Wahl des Koordinatenmaßstabs abhängt. Der Verlauf der Potenziallinien (ψ_m und ψ_z) ist im Gleichgewichtszustand gradlinig. Gleichzeitig stellt sich eine Wassergehaltsverteilung ein (Abb. 6.4–3, rechts), deren Verlauf in Abhängigkeit vom Abstand von der GWO bodentypisch und in der Regel nicht linear ist.

Wird das Gleichgewicht gestört, indem z. B. Wasser an der Oberfläche verdunstet, so sinkt dort das Matrixpotenzial, es erreicht stärker negative Zah-

lenwerte. Da sich jedoch das Gravitationspotenzial nicht verändert, sinkt das hydraulische Potenzial bei konstantem Grundwasserspiegel ebenfalls und wird bis hinunter zur GWO zu $\psi_H < 0$. Die Folge ist eine Wasserbewegung in Richtung auf das niedrigere hydraulische Potenzial, also von unten nach oben.

Kommt dagegen von oben Wasser hinzu, im Freiland z. B. durch Regen, so findet die umgekehrte Wasserbewegung statt. Auch hier bleibt das Gravitationspotenzial unverändert, das Matrixpotenzial in der Bodenschicht oberhalb des Grundwassers wird weniger negativ. Es steigt dabei umso weiter an, je weiter entfernt von der freien Grundwasserfläche sich die entsprechende Bodenschicht befindet. Folglich wird insgesamt $\psi_H > 0$, wodurch eine ausgleichende Abwärtsbewegung des Wassers erzwungen wird.

6.4.2.3 Beziehung zwischen Matrixpotenzial und Wassergehalt

Die Wassermenge, die bei einem bestimmten Matrixpotenzial an einem Ort in einem Boden vorliegt, ist vom Porenvolumen und von der Porengrößenverteilung abhängig. Der Verlauf der Beziehung zwischen Wassergehalt und Matrixpotenzial bzw. Wasserspannung ist daher für jeden Horizont und jede Schicht charakteristisch. Er wird als **Matrix-**

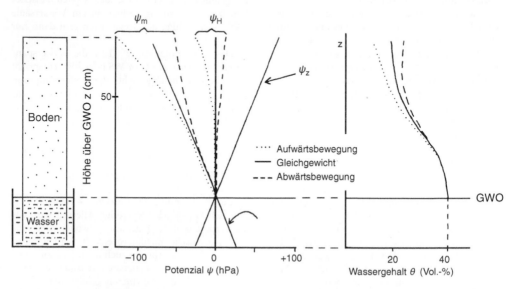

Abb. 6.4–3 Hydraulisches Potenzial, Matrixpotenzial, Gravitationspotenzial und Wassergehalt in einer homogenen Bodensäule im Gleichgewicht (––), bei Versickerung (- - - -) und kapillarem Aufstieg (· · · ·).

potenzial-/Wassergehaltskurve (oder kurz **Matrixpotenzialkurve**, **pF-Kurve** oder **Bodenwassercharakteristik**) bezeichnet und ist eine Grundgröße für jegliche Berechnungen von Wasserbewegungen und andere Größen des Wasserhaushalts. Der pF-Wert entspricht dem logarithmierten Wert des Betrages des Matrixpotenzials (pF = log cm WS, hPa).

Die Matrixpotenzial-/Wassergehaltskurven für drei Böden unterschiedlicher Körnung sind in Abb. 6.4–4 dargestellt. Die Abszisse ist in logarithmischem Maßstab eingeteilt, um vor allem auch die Unterschiede im Bereich niedriger pF-Werte sichtbar zu machen.

Der unterschiedliche Verlauf der Kurven wird durch die verschiedenartige Porengrößenverteilung der Böden verursacht. Die Wassergehalte bei einem Matrixpotenzial von 0 hPa oder 0 cm WS (pF = –∞) variieren in diesen Beispielen in einem Bereich von 42… 53 Vol.-%, d. h. bei Wassersättigung sind 42…53 % des Bodenvolumens mit Wasser gefüllt. In Abwesenheit von Lufteinschlüssen entspricht dieses Volumen dem jeweiligen gesamten Porenvolumen der Böden.

Die Matrixpotenzialkurven stellen idealisierte Zusammenhänge zwischen Wassergehalt und Matrixpotenzial dar. Da verschiedene, in den nächsten Abschnitten beschriebene Mechanismen ihren Verlauf beeinflussen, ist die Genauigkeit der Bestimmung stark von der strikten Einhaltung konstanter methodischer Bedingungen bei Entnahme und Aufbereitung sowie bei der vorbereitenden Bewässerung abhängig.

a) Einfluss der Körnung
Wird den Böden Wasser entzogen, so verläuft beim Sandboden die pF-Kurve zunächst steil bis etwa pF 1,8 (ψ_m - 60 hPa). Dieser steile Verlauf weist darauf hin, dass dem abgegebenen, nur relativ schwach gebundenen Wasser (~ 30 %) in diesem Bereich eine relativ einheitliche Bindungsstärke zuzuschreiben ist oder, im Kapillarmodell ausgedrückt, dass es zu Poren relativ einheitlichen Äquivalentdurchmessers gehört (vgl. weite Grobporen, Durchmesser > 50 µm, s. Tab. 6.1–4). Im Freiland macht sich dies bei Sandböden in einem scharf begrenzten Kapillarsaum über der GWO bemerkbar. Die restlichen 5 % Wasser sind mit steigender Bindungsstärke gebunden, die letzten Anteile in Form dünner Filme von Adsorptionswasser und als Ringe um die Kontaktstellen zwischen den Körnern.

Der gegenüber Sandböden andersartige Verlauf der pF-Kurven bei den beiden anderen Böden hängt mit ihrer andersartigen Porengrößenverteilung zusammen. Beim Schluffboden (aus Löss) sind die Mittelporen mit ~ 20 % (pF-Bereich 2,5…4,2;

(ψ_m –300…–15 000 hPa) stark beteiligt, bei dem Tonboden die Feinporen mit etwa 30 % (pF > 4,2; (ψ_m < –15 000 hPa) (s. Abb. 6.4–4, Tab. 6.1–5).

Aus Abb. 6.4–4 ist weiterhin ersichtlich, dass bei gleichem Wassergehalt die Bindungsstärke (d. h. also das Matrixpotenzial) des Bodenwassers in der Reihenfolge steigt: Sandboden < Schluffboden < Tonboden, also mit zunehmendem Tongehalt. So ist es auch zu erklären, dass sich z. B. bei einem Wassergehalt von 20 % der Sandboden nass, der Schluffboden feucht und der Tonboden trocken anfühlt. Diese unterschiedliche Bindungsstärke des Wassers in Abhängigkeit von der Körnung beruht auf einer Zunahme der adsorbierenden Oberfläche und einer Abnahme des Porendurchmessers.

b) Einfluss des Gefüges
Außer durch die Körnung wird der Verlauf der pF-Kurve durch das Gefüge und daher auch durch den Spannungszustand in der festen Matrix beeinflusst. Da sich die Veränderungen am stärksten bei den sekundären Grobporen auswirken, sind auch die Änderungen des Wassergehalts im Bereich geringer pF-Werte besonders groß, wie aus Abb. 6.4–5 zu ersehen ist (Schwankungsbereich des H_2O-Gehalts bzw. des Porenvolumens bei pF = 0 im Bereich von 36… 61 %). Die Änderungen im Bereich pF > ~ 1,5 sind denen bei niedrigeren pF-Werten entgegengesetzt und außerdem auch kleiner (s. a. Kap. 6.4.2.3 d).

Besondere Bedeutung hat der Einfluss des Gefüges bei Böden, die quellen und schrumpfen. Abgesehen davon, dass dabei das gesamte Porenvolumen zu- bzw. abnimmt, verändert sich auch die Porengrößenverteilung. Bei Quellungen nimmt der Anteil an groben Sekundärporen ab, der an Mittelporen, vor allem aber der an Feinporen dagegen stark zu. Die Kurven verlaufen dann, wie in Abb. 6.4–5 dargestellt, flacher. Der umgekehrte Vorgang läuft bei der Schrumpfung ab, er ist hier vor allem bei der Erstschrumpfung nach einer Sedimentation von Bedeutung, weil eine vollständige Rückquellung selten ist. Die Matrixpotenzialskurven von Tonböden sind daher keine so vergleichsweise unveränderlichen Charakteristika wie die von Sandböden

c) Hysteresis der Matrixpotenzialkurve
Die Matrixpotenzial-Wassergehaltskurve ist nicht nur von Körnung und Gefüge bzw. Spannungszustand abhängig, sondern auch von der Richtung der Wassergehaltsänderung.

Wie Abb. 6.4–6a zeigt, ergeben sich für Be- und Entwässerungsverlauf verschiedene Kurven. Diese Erscheinung wird **Hysteresis** genannt. In der Abbildung sind die Extremfälle gezeigt.

6

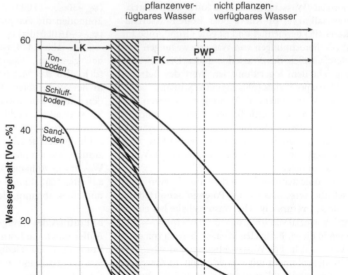

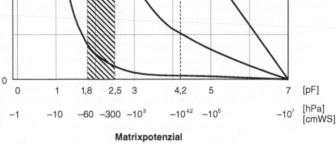

Abb. 6.4–4
Beziehung zwischen Matrixpotenzial und Wassergehalt, pF-Kurve) bei einem Sandboden, einem tonigen Schluffboden (Lössboden) und einem Tonboden (A-Horizonte). FK = Feldkapazität, PWP = permanenter Welkepunkt, LK = Luftkapazität.

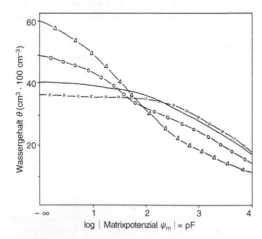

Abb. 6.4–5 Einfluss des Gefüges auf die Beziehung zwischen Matrixpotenzial und Wassergehalt. Die vier Kurven kennzeichnen Lössböden gleicher Körnung, aber verschiedenen Porenvolumens (s. Wassergehalt bei pF = −∞) als Folge unterschiedlichen Gefügezustands.

Zwischen ihnen treten eine große Anzahl von schleifenförmigen Übergängen auf, je nachdem, wie weit die vorhergehende Be- oder Entwässerung fortgeschritten war, bevor die untersuchte Umkehrung in Ent- oder Bewässerung einsetzte. Als Ursachen für die Hysteresis kommen vor allem die für Ent- oder Bewässerung gegensätzliche Wirkung von Porenengpässen, unterschiedliche Luftinklusionen, Veränderungen der Benetzbarkeit und ferner die Gefügeänderungen, die durch Schrumpfung und Quellung im Bereich der Proportional- oder Normalschrumpfung hervorgerufen worden und nur teilweise reversibel sind, in Betracht (Abb. 6.4–6b).

d) Bestimmung der Matrixpotenzial-/Wassergehaltskurve
Bei der Bestimmung der Matrixpotenzialkurve im Bereich pF < 4,2 (ψ_m > −1,5 MPa) geht man nach der Druck-Methode von L. A. RICHARDS von einer wassergesättigten Bodenprobe aus, bringt sie auf einer keramischen Platte oder einer Membran mit Luftdrücken ins Gleichgewicht, die bestimmten Matrixpotenzialen entsprechen, und misst die aus dem

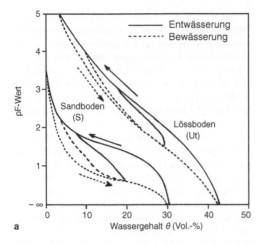

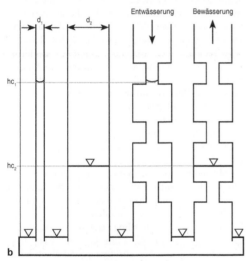

Abb. 6.4–6 a) pF-Kurven in einem Sandboden (S) und einem Lössboden (Ut) bei Bewässerung und Entwässerung (Hystereseeffekt) mit Schleife für Entwässerung nach Teilbewässerung bzw. Bewässerung nach Teilentwässerung. **b)** Einfluss von Porenengpässen und deren Abfolge auf den Porenfüllungsgrad bei Be- und Entwässerung (aus BOHNE 1998)

Boden verdrängte oder die im Boden verbleibende Wassermenge. Die pF-Kurve ergibt sich, wenn die angewandten Drücke gegen die bestimmten Wassergehalte aufgetragen werden (s. Abb. 6.4–4). Zur Bestimmung der Matrixpotenzialskurve pF > 4,2 setzt man den Boden mit verschiedenen Wasserdampfdrücken ins Gleichgewicht und bestimmt

den jeweiligen Wassergehalt des Bodens. Die Wasserdampfdrücke werden meistens in geschlossenen Systemen durch Schwefelsäure unterschiedlicher Konzentration erzeugt.

Die Bestimmung der Matrixpotenzialskurve ist zeitraubend und erfordert entsprechende Apparaturen. Daher wurden verschiedene Verfahren entwickelt, die es erlauben, diese Kurve aus einfach zu bestimmenden oder routinemäßig vorliegenden Daten wie Körnung, Lagerungsdichte etc. zu berechnen. Dabei wird sowohl von Einzeldaten als auch von Funktionen wie Körnungskurven ausgegangen, für die der Ausdruck **Pedotransferfunktion** verwendet wird.

6.4.3 Wasserbewegung in flüssiger Phase

Das Wasser im Boden ist selten in einem statischen Gleichgewicht, weil Niederschläge und Evapotranspiration das Einstellen eines Potenzialgleichgewichts immer wieder unterbrechen. Es ist vielmehr meist in Bewegung, und zwar stets in Richtung auf das niedrigste Potenzial. Dies gilt sowohl für den wassergesättigten Zustand im Einflussbereich des Grund- und Stauwassers als auch für den nicht gesättigten Bereich oberhalb einer Grundwasseroberfläche (GWO).

Das Ausmaß der Wasserbewegung ist abhängig von dem antreibenden Potenzialgefälle und der **Durchlässigkeit** oder **Wasserleitfähigkeit** des Bodens. Die einfachste Form, in der dieser Sachverhalt dargestellt werden kann, ist die nach dem französischen Ingenieur HENRY DARCY (1803…1858) benannte **Darcy-Gleichung**:

$$q = k \cdot \frac{d\psi}{dl} \qquad \text{(Gl. 6.4.9)}$$

Hierin ist q die Wassermenge, die je Zeiteinheit durch eine Fläche – den Fließquerschnitt – hindurchströmt. Sie wird in $cm^3\,cm^{-2}\,s^{-1}$ oder $m^3\,m^{-2}\,s^{-1}$ angegeben. ψ ist das antreibende Potenzial, l die Fließstrecke, k ein substrat- bzw. gesteinsspezifischer Proportionalitätskoeffizient, der **Wasserleitfähigkeits-** oder **Durchlässigkeitskoeffizient** oder **hydraulische Leitfähigkeit** genannt wird.

Der Ausdruck $d\psi/dl$, der die Veränderung des Potenzials im Verlauf der Fließstrecke angibt, wird als Gradient des Potenzials bezeichnet. Gelegentlich wird hierfür ‚grad ψ‘ geschrieben. Er entspricht dem Gefälle in einem frei fließenden Gewässer.

Die Dimension für die Wassermenge, die je Flächen- und Zeiteinheit durch einen Körper fließt, entspricht als Kürzungsprodukt der Dimension ei-

6

ner Geschwindigkeit ($cm\,s^{-1}$). Sie wird daher auch als **Fließgeschwindigkeit** (v) bezeichnet, in der Hydrogeologie entspricht ihr die Filtergeschwindigkeit. Gelegentlich wird auch die Bezeichnung Fluss (lat. *fluvius*, engl. *flux*) verwendet.

$$v = q = \frac{Q}{F} \qquad \text{(Gl. 6.4.10)}$$

Hierbei ist Q die Gesamtwassermenge pro Zeiteinheit ($cm^3\,s^{-1}$), F die Fläche (cm^2), durch die das Wasser strömt.

Bei Betrachtungen von Wasserbewegungen wird für den antreibenden Potenzialgradienten in der Regel der des hydraulischen Potenzials verwendet:

$$\text{grad } \psi_H = \frac{\partial \psi_m (\text{oder } \psi_h) + \partial \psi_z}{\partial z} \qquad \text{(Gl. 6.4.11)}$$

$$= \frac{\partial \psi_m (\text{oder } \psi_h)}{\partial z} + 1 \qquad \text{(Gl. 6.4.12)}$$

Die Wahl des Vorzeichens zwischen den beiden Teilgradienten richtet sich danach, ob beide gleichgerichtet (+) oder einander entgegengesetzt gerichtet (–) sind, wenn ψ_z von der GWO aufwärts zunehmende positive Zahlenwerte erhält (vgl. Kap. 6.4.2.1 und Abb. 6.4–3).

Meist wählt man das Gewicht als Bezugsgröße, so dass das Potenzial die Dimension einer Länge und der Wasserleitfähigkeitskoeffizient k die Dimension lt^{-1} (meist $cm\,s^{-1}$ oder $cm\,d^{-1}$) erhält. In der beschriebenen Form ist k an Wasser als Fließmedium (k_f) gebunden. Soll das Verhalten anderer Fließmedien (Luft, Öl) mit demjenigen von Wasser verglichen werden, so muss die veränderte Viskosität (η) berücksichtigt und die Bezugsgröße für das Potenzial auf Masse oder Volumen umgerechnet werden. Danach erhält der Leitfähigkeitskoeffizient die Dimension einer Fläche (l^2) und wird als **Permeabilitätskoeffizient** k_o bezeichnet:

$$k_o = k_f \cdot \eta \cdot (\rho \cdot g)^{-1} \qquad \text{(Gl. 6.4.13)}$$

Die Dichte der Manometerflüssigkeit (ρ) und Gravitation (g) müssen hinzugefügt werden, um die Potenzialangabe von der Länge auf den Druck zu ergänzen (s. Kap. 6.4.2.1).

Die Gültigkeit der Darcy-Gleichung setzt **laminares** Fließen (d. h. parallel zueinander verlaufende Strömungsfäden) voraus, das in Böden unter Freilandbedingungen immer dann vorliegt, wenn es sich nicht um sehr grobes Material (Kiese, Steine etc.) handelt. In der Hydrogeologie wird als Grenzwert zwischen laminarem und turbulentem Fließen (bei dem die Strömungsfäden ungeordnet zueinander verlaufen) die Reynoldzahl herangezogen, die < 1 sein soll.

Sie ist von der Größe des an der Perkolation beteiligten Porenanteils innerhalb eines Fließquerschnitts unabhängig. Sie gilt gleichermaßen für große und kleine Porenvolumina und ebenso für vollständige oder auch nur teilweise Wassersättigung des Bodens. Dieser letzte Umstand ist besonders wichtig, weil teilweise Wassersättigung (der sog. **ungesättigte Zustand**) in terrestrischen Böden weitaus häufiger ist als die vollständige.

Die Darcy-Gleichung in der hier angegebenen Form beschreibt einen Strömungsvorgang, bei dem die Bewegung aller Wasserteilchen in einem **inerten Porensystem** (d. h. ohne Interaktionen zwischen der flüssigen und festen Phase) in eine Richtung (vertikal oder horizontal) als gleichgerichtet angenommen wird (= **eindimensionale Strömung**) und der Gradient während der Mess- bzw. Beobachtungszeit unverändert bleibt (= **stationäre Strömung**). Die Wasser‚fäden‘ in den Poren verlaufen parallel zueinander, d. h. der Fluss erfolgt **laminar**. Dies bedeutet gleichzeitig, dass die höchste Fließgeschwindigkeit in der Mitte der Poren (Taylor-Fluss) vorherrscht, während zur Porenwand hin langsamere Fließgeschwindigkeiten auftreten. Außerdem müssen die **Porenwandungen selbst starr** sein, d. h. es darf während des Flusses keine Stabilitätsänderung, weder durch mechanische Belastungen, durch Quellung und Schrumpfung noch durch chemische Fällungs- bzw. Dispergierungsvorgänge erfolgen (Abb. 6.4–7).

Mit Hilfe der Darcy-Gleichung können mithin in einem hinsichtlich der Wasserleitfähigkeit homogenen Strömungsfeld das Potenzial und die fließende Wassermenge in jedem Teil des Systems bestimmt werden. Allerdings treten im Boden eindimensionale Strömungen nur dann auf, wenn man hinreichend kleine Ausschnitte und vor allem kurze Fließstrecken betrachtet oder wenn theoretisch bei gleichgroßen Kugeln die dichteste Packung, d. h. das geringste Porenvolumen im Raum bei gleicher Porenform erreicht wäre. Größere Bereiche wie Zuströmungen in Gräben, zu anderen Gewässern, zu Wurzeln oder aber auch der Wasserfluss in aggregierten Böden (z. B. mit prismatischer Stuktur, Plattenstruktur und folglich horizontal ausgerichteten Poren zwischen den Platten, bzw. in geschichteten Substraten oder Böden aus z. B. glazialen Sedimenten) sind stets mehrdimensional. Man kann sie als nur zweidimensional betrachten, wenn man sich eine Ebene aus dem durchströmten Raum herausgeschnitten vorstellt. In diesen Fällen sind aber die durchströmten Querschnitte nicht mehr konstant, ebenso wie die Geschwindigkeitsverteilungen nicht nur in der Pore, sondern auch zwischen den einzelnen Poren unterschiedlich sind. Im Prinzip entspricht die Situation der Darstellung der Zuströmungslinien um ein Dränrohr (Abb. 6.4–8).

In dieser Situation reicht daher die Darcy-Gleichung zur Beschreibung des Strömungsfeldes nicht mehr aus, denn wechselnde Fließquerschnitte (F_1,

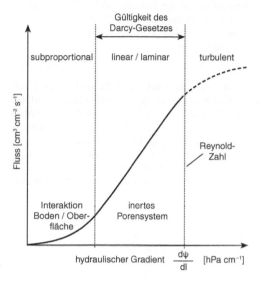

Abb. 6.4–7 Fließverhalten von Wasser in Böden in Abhängigkeit vom hydraulischen Gradienten – Randbedingungen für die Gültigkeit des Darcy-Gesetzes.

F_2) bei konstant bleibender gesamter Fließmenge (Q) erfordern veränderte Geschwindigkeiten (v):

$$Q = v_1 \cdot F_1 = v_2 \cdot F_2 \qquad \text{(Gl. 6.4.14)}$$

Diese Gleichung beinhaltet die Forderung nach Erhaltung der Masse. Sie ist die einfachste Form der sog. **Kontinuitätsgleichung**; hier formuliert für den Fall, dass zwei verschiedene Fließquerschnitte, jeder mit eindimensionaler Strömung, miteinander verglichen werden.

In einem zweidimensionalen Strömungsfeld, in dem die Fließrichtung von Ort zu Ort verschieden ist, muss zur Erhaltung der Masse des fließenden Mediums eine Zunahme des Flusses (v) in Richtung x (= horizontal in Abb. 6.4–8) eine gleichzeitige Abnahme in Richtung z (= vertikal in Abb. 6.4–3 und 6.4–8, vgl. ψ_z) zur Folge haben. Die Kontinuitätsgleichung heißt dann:

$$\frac{\partial v_x}{\partial x} + \frac{\partial v_z}{\partial z} = 0 \qquad \text{(Gl. 6.4.15)}$$

Setzt man für die Geschwindigkeit v (= Q/F) in dieser Differentialgleichung den entsprechenden Ausdruck der Darcy-Gleichung ein, so erhält man:

$$\frac{\partial (k_x \partial \psi / \partial_x)}{\partial x} + \frac{\partial (k_y \partial \psi / \partial_z)}{\partial z} = 0 \qquad \text{(Gl.6.4.16)}$$

die unter der Bezeichnung **Laplace-Gleichung** bekannt ist. Sie beschreibt den mehrdimensionalen Wasserfluss, wobei die Unterschiede in der Wasserleitfähigkeit sowohl unter gesättigten als auch

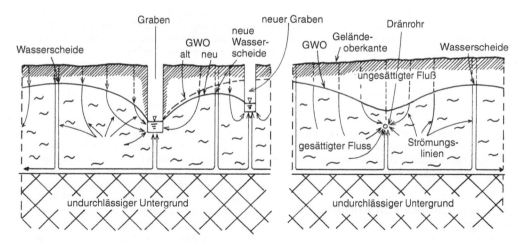

Abb. 6.4–8 Verlauf der Grundwasseroberfläche (GWO), der Strömungslinien in der Nähe eines Drängrabens und Veränderung beider bei Verkleinerung der Grabenabstände (links) sowie in der Nähe eines Dränrohrs (rechts) (in Anlehnung an KIRKHAM).

6

ungesättigten Bedingungen der Poren in den hier betrachteten beiden Fließrichtungen x und y im Boden berücksichtigt werden müssen. Mathematisch handelt es sich um eine **Tensorfunktion,** durch die die Raumabhängigkeit im Zusammenhang mit der Form und Verteilung der Poren beschrieben wird. Bei der Vorhersage von Wasserflüssen z. B. in aggregierten Böden und/oder an Hängen kommt somit der Ermittlung der Wasserleitfähigkeit, die in den einzelnen Raumrichtungen unterschiedlich ist (d. h. der Wasserfluss ist dann anisotrop), sowohl unter gesättigten als auch unter ungesättigten Bedingungen eine entscheidende Bedeutung zu. Nur wenn die Wasserleitfähigkeit in allen Raumrichtungen gleich groß ist, kann man in der Laplace-Gleichung auch durch k dividieren und erhält dann als zweite Ableitung die Differenzialgleichung

$$\frac{\partial^2 \psi}{\partial x^2} + \frac{\partial^2 \psi}{\partial y^2} = 0 \qquad \text{(Gl. 6.4.17)}$$

Durch Lösung der Laplace-Gleichung kann mithin generell die Potenzialverteilung im gesamten Strömungsfeld beschrieben werden. Je nach Art der Formulierung des antreibenden Gradienten kann dabei anstelle von ψ auch eine Länge (h) auftreten.

Bei dem beschriebenen Umformungsvorgang wurde in Gl.6.4.17 die Wasserleitfähigkeit k durch Kürzen eliminiert. Dies unterstreicht die wesentliche Tatsache, dass in homogenen Böden mit isotropem Flussverhalten das Strömungsbild von der Wasserleitfähigkeit unabhängig ist. Diese Bodeneigenschaft beeinflusst also nur die absolute Fließmenge je Zeit- und Flächeneinheit, nicht aber die Verteilung der Strömungen im Raum. Ist hingegen infolge schichtweiser Ablagerung oder infolge Sekundärporenbildung das Porensystem anisotrop, so sind Verteilung und Richtungsabhängigkeit der Wasserleitfähigkeit von erheblicher Bedeutung für die Fließvorgänge. Die einzelnen Strömungslinien des Feldes werden dann beim Übergang in Zonen geringerer Wasserleitfähigkeit zur Grenzflächennormalen hin, beim Übergang in Zonen höherer Wasserleitfähigkeit von der Grenzflächennormalen weg abgelenkt. Das Phänomen ähnelt der Brechung von Lichtstrahlen beim Übergang in optisch dichtere bzw. weniger dichte Medien.

6.4.3.1 Einfluss von Körnung und Gefüge

Die Wasserleitfähigkeit wird wesentlich beeinflusst von der Anzahl, Größe und Form der Poren, durch die das Wasser fließt. Dieser Zusammenhang wird durch die **Hagen-Poiseuille'sche Gleichung** beschrieben:

$$Q = \frac{\pi r^4}{8\eta} \cdot \frac{\Delta \psi}{l} \qquad \text{(Gl. 6.4.18)}$$

mit Q = die je Zeiteinheit durch **eine** Pore perkolierte Wassermenge, r = Porenradius, $\partial \psi$ = hydraulische Potenzialdifferenz, η = Viskosität und l = Fließstrecke.

Die Gleichung zeigt, dass Q und damit auch die Wasserleitfähigkeit k in besonderem Maße von r abhängen, denn

$$K = r^2 / 8\eta \qquad \text{(Gl. 6.4.19)}$$

wenn Q auf die Fläche und damit die Hagen-Poiseuille-Gleichung in die Darcy-Gleichung überführt wird. Da grobkörnige Böden einen höheren Anteil an groben Poren aufweisen, ergibt sich stets ein direkter Bezug der Körnung und ihrer Wasserleitfähigkeit.

Man kann daher z. B. die Wasserleitfähigkeit bei Sanden aus der Körnung berechnen. Als Beispiel sei die einfach aufgebaute **Hazen'sche Näherungsformel** gegeben:

$$K \sim 100 \cdot (D_{10})^2 \qquad \text{(Gl. 6.4.20)}$$

Hierin ist D_{10} der Korndurchmesser (cm), der auf der Abszisse der Körnungssummenkurve dem Ordinatenwert 10 % entspricht.

Der Zusammenhang zwischen Wasserleitfähigkeit und Körnung ist, wie Abb. 6.4–9 zeigt, im Unterboden (80…120 cm) über einen weiten Körnungsbereich zu erkennen, selbst wenn der Zusammenhang nicht sehr eng ist ($r = -0{,}47$). Je näher an der Oberfläche aber die Proben entnommen und deren Wasserleitfähigkeit ermittelt werden, desto weniger ausgeprägt ist der Zusammenhang, da in der oberflächennäheren Schicht der Einfluss der Körnung durch denjenigen gefügebedingter (sekundärer) Grobporen überdeckt wird. Daraus ist auch abzuleiten, dass mithilfe des Wasserleitfähigkeitskoeffizienten die Gefügeausbildung analysiert werden kann. Während die korngrößenbedingten Primärporen meist eine recht gleichmäßige gesättigte Wasserleitfähigkeit ergeben, kann die Wirkung der Sekundärporen sehr vielfältiger Natur sein.

Wie Abb. 6.4–10 zeigt, kann die Wasserleitfähigkeit von verschiedenen Porensystemen geprägt sein, die sich durch verschiedene k-Werte und verschiedene Häufigkeiten ihres Vorkommens unterscheiden. Die Abbildung illustriert, dass die Häufigkeitsverteilung der Messwerte für 5…10 cm Tiefe ein einziges Maximum bei $5{,}6 \cdot 10^{-2}$ cm s^{-1} aufweist. In 25…30 cm Tiefe ist die Verteilung zweigipfelig und zeigt damit an, dass neben dem Porensystem, das in der oberen Schicht wirksam ist, noch ein anderes zur Geltung kommt, dessen Wasserleitfähigkeit um

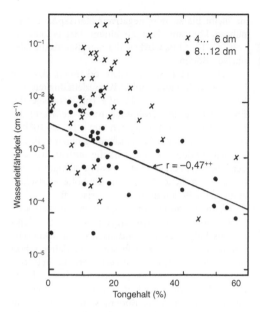

Abb. 6.4–9 Wasserleitfähigkeit von Böden in Abhängigkeit vom Tongehalt. Entnahmetiefe 40…60 cm und 80…120 cm; ungestörte Proben.

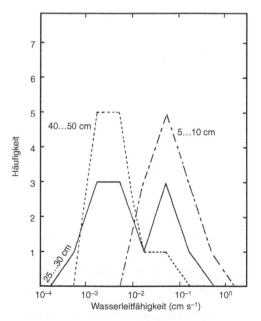

Abb. 6.4–10 Häufigkeitsverteilung von *k*-Werten (Wasserleitfähigkeit) in 12 Parallelproben eines Pseudogleys aus Ton (Tongehalt 35 %) aus drei Tiefenlagen.

Tab. 6.4–2 Häufige Werte der Wasserleitfähigkeit von wassergesättigten Böden verschiedener Körnung.

Boden-art	Wasserleitfähigkeit	
	$(cm\ s^{-1})$	$(cm\ d^{-1})$
Sande	$\sim 4 \cdot 10^{-1}$ bis $\sim 4 \cdot 10^{-3}$	$\sim 3 \cdot 10^{4}$ bis $\sim 3 \cdot 10^{2}$
Schluffe	$\sim 4 \cdot 10^{-1}$ bis $\sim 5 \cdot 10^{-5}$	$\sim 3 \cdot 10^{4}$ bis ~ 4
Lehme	$\sim 4 \cdot 10^{-1}$ bis $\sim 1 \cdot 10^{-5}$	$\sim 3 \cdot 10^{4}$ bis ~ 1
Tone	$\sim 4 \cdot 10^{-1}$ bis $\sim 1 \cdot 10^{-7}$	$\sim 3 \cdot 10^{4}$ bis $\sim 1 \cdot 10^{-2}$

ca. eine Zehnerpotenz kleiner ist. In 40…50 cm Tiefe überwiegt schließlich dieses engere Porensystem und bestimmt dort die Wasserleitfähigkeit.

Die hohe Wasserleitfähigkeit im Bereich von Sekundärporen führt zur Verzerrung der Wasserfronten von nacheinander in den Boden gelangenden Wasserkörpern. Bei kurzen Niederschlagsereignissen oder Hochwässern fließt ein Teil des zugeführten Wassers in riss- und röhrenförmigen Poren an dem Wasser vorbei, das bereits in engeren Poren vorhanden ist. Durch diesen **Makroporenfluss** (auch **präferenzieller Fluss** genannt) kommt es nur ganz langsam zur Vermischung der Wasseranteile, wenn in den benachbarten Primärporenbereichen laminarer Fluss dominiert. Dies ist von erheblicher Bedeutung für das Verlagerungs- und Transportgeschehen (s. Kap. 6.7).

Die Werte der gesättigten Wasserleitfähigkeit von Sand-, Schluff- und Tonböden variieren sehr stark (Tab. 6.4–2). Bei Schluff- und Tonböden gilt die größere Zahl jeweils für sekundärporenreiche Böden, die kleinere für sekundärporenfreie oder dichterlagernde Böden.

Außerdem hängt die Wasserleitfähigkeit quellfähiger Ton- und tonreicher Lehmböden stark von der Art der adsorbierten Ionen und vom Salzgehalt des perkolierenden Wassers ab. Bei Perkolation mit salzarmem Wasser nimmt sie ab, wenn damit ein Entsalzungsvorgang verbunden ist. Wenn der Salzgehalt des Perkolationswassers wieder zunimmt, steigt die Wasserleitfähigkeit an, erreicht jedoch aufgrund der erfolgten Verschlämmung den Anfangswert nicht. Diese Veränderungen sind bei Na-Ionen im Wasser und am Tonmineral am ausgeprägtesten. Bei Ca-Ionen im Perkolationswasser und am Austauscher sind sie viel geringer.

6.4.3.2 Einfluss des Wassergehalts

Wie im vorigen Abschnitt beschrieben, ist die Wasserleitfähigkeit in hohem Maße vom Durchmesser

6

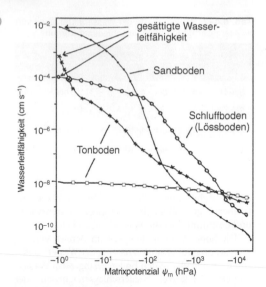

Abb. 6.4-11 Wasserleitfähigkeit (gesättigte und ungesättigte) in Abhängigkeit von dem Matrixpotenzial von Sand-, Schluff- und Tonböden (nach BECHER, 1970, ergänzt).

der leitenden Poren abhängig. Dies gilt auch, wenn der leitende Querschnitt in Böden dadurch verkleinert wird, dass die Poren Luft enthalten, so dass sie nur z. T. am Wassertransport teilnehmen können. Die Entwässerung eines Teils der Poren vermindert also die Wasserleitfähigkeit. Da die weitesten Poren, die bei Wassersättigung den größten Anteil am Wassertransport haben, als erste entwässert werden, sinkt die Wasserleitfähigkeit bei Beginn der Entwässerung besonders stark. Bei den verschiedenen Böden ist der Verlauf der Abnahme von der Porengrößenverteilung abhängig (Abb. 6.4–11).

Die Leitfähigkeit ist also nicht von dem Matrixpotenzial abhängig, sondern vom Wassergehalt. Dass zu jedem Entwässerungszustand ein pF-Wert gehört (s. pF-Kurve), bedeutet keine Einschränkung für diese Feststellung. Bei weiter fortschreitender Entwässerung sinkt die Wasserleitfähigkeit um so stärker, je mehr Poren entleert werden, da neben höheren Meniskenkräften in den noch wassergefüllten Poren die wassertransportierende Porenfläche geringer wird. Bei Grobporenreichen Böden sinkt sie daher schon bei wenig negativem Matrixpotenzial, bei mittelporenreichen Böden erst bei etwas niedrigeren Matrixpotenzialwerten und bei Feinporenreichen Böden oft besonders wenig. Deswegen haben sekundärporenfreie Tone zwar eine sehr geringe gesättigte Wasserleitfähigkeit und

sie bleibt bis zu sehr negativen Matrixpotenzialen nahezu konstant. Erst ab einem Matrixpotenzial von ca. -10^{3-4} hPa wird sie dann größer als die aller übrigen Böden.

Abb. 6.4–11 lässt außerdem erkennen, dass die bei Wassersättigung hohe Wasserleitfähigkeit des Sandbodens bei $\psi_m < -10^2$ hPa (pF 2) infolge der Entwässerung der Grobporen unter die Werte des Lössbodens sinkt. Im Bereich von $-10^2 ... - 10^4$ hPa (pF 2...4), der unter Freilandbedingungen in terrestrischen Böden besonders häufig auftritt, hat also der Lössboden die höchste Wasserleitfähigkeit. Dies ist ein wesentlicher Grund für die hohe Wertschätzung dieser Böden in der Landwirtschaft.

Wenn Tonböden im gesättigten Zustand eine relativ hohe Wasserleitfähigkeit aufweisen, dann ist dies Folge des Vorhandenseins von Sekundärporen, die aber sehr grob sind und daher schon bei $> -10^1$ hPa (pF 1) entleert werden. Bei stärkerer Austrocknung ($\psi_m < -10^4$ hPa bzw. pF > 4) ist die Wasserleitfähigkeit des Tonbodens größer als die aller anderen Böden, weil er in diesem Zustand, der vor allem von der Körnung abhängt, wegen des noch relativ hohen Wassergehalts die meisten Fließquerschnitte hat. Dies gilt natürlich nur, solange die Fließstrecke nicht durch entwässerte Schrumpffrisse unterbrochen ist, da hierdurch ein Fluss aufgrund des Kapillarsperreneffektes unterbunden ist.

Moorböden verhalten sich hinsichtlich ihrer ungesättigten Wasserleitfähigkeit im Bereich von $\psi_m < -10^2 ... - 10^3$ hPa (pF 2...3) ähnlich wie der in Abb. 6.4–11 dargestellte Sandboden.

Die Form der Fließwege, charakterisiert durch Engpässe und Krümmungen (Tortuosität), beeinflusst die Wasserleitfähigkeit in hohem Maße. Daher ist es möglich, aus der morphologischen Ansprache der Bodenstruktur in großen Zügen auf die Wasserleitfähigkeit zu schließen. Dies ist für die Bodenkartierung von Bedeutung. Gleichzeitig führt diese Eigenschaft aber zu hohen Streuungen bei Parallelmessungen. Die gesättigte Wasserleitfähigkeit ist die mit Abstand am meisten streuende physikalische Bodeneigenschaft, was auch aus den Abb. 6.4–9 und 6.4–10 deutlich hervorgeht.

6.4.3.3 Bestimmung der Wasserleitfähigkeit

Der Wasserleitfähigkeitskoeffizient k wird bestimmt, indem die übrigen Parameter der Darcy-Gleichung, nämlich Fließquerschnitt, Fließstrecke, Potenzialgefälle, Perkolationszeit und perkolierte Wassermenge entweder durch Versuchsanordnung festgelegt oder gemessen werden.

Im **Freiland** kann die Bestimmung der **gesättigten** Wasserleitfähigkeit am einfachsten an einem Bohrloch durchgeführt werden, wenn innerhalb seiner Tiefe Grund- oder Stauwasser ansteht. Aus dem Bohrloch wird ein Teil des Wassers entfernt und die Geschwindigkeit des Wiederanstiegs des Wasserspiegels gemessen. Zur Berechnung der Wasserleitfähigkeit gibt es eine Anzahl von Formeln, deren bekannteste die von HOOGHOUDT-ERNST ist. Alle diese Formeln basieren auf der Darcy-Gleichung. Ist kein Grund- oder Stauwasser vorhanden, so kann Wasser zugeführt werden, wobei allerdings durch besondere Maßnahmen sicherzustellen ist, dass die Messung im wassergesättigten Zustand erfolgt (Doppelrohrgerät von BOUWER).

Die **ungesättigte** Wasserleitfähigkeit k_ψ kann ebenfalls im Freiland direkt bestimmt werden. Hierbei wird der Potenzialgradient mit Tensiometern, die Veränderung der Wassergehalte mit parallel zu den Tensiometern eingebauten TDR-Sonden gemessen.

Im **Labor** wird die **gesättigte** Wasserleitfähigkeit an Proben bestimmt, die mit Stechzylindern richtungsdefiniert entnommen wurden. Das Ergebnis ist stark von Form und Größe der Probe abhängig, solange ihr Volumen kleiner ist als etwa 30 Aggregate des betreffenden Horizonts. Parallelbestimmungen ergeben dann oft die in Abb. 6.4–10 dargestellten mehrgipfeligen Verteilungen.

Die **ungesättigte** Wasserleitfähigkeit wird im Labor ebenfalls an Stechzylinderproben bestimmt. Dabei wird meistens mit dem gesättigten Zustand begonnen und die Wasserabgabe der Probe, die auf einer porösen Platte steht, in Abhängigkeit von der Zeit gemessen. Die Matrixpotenziale in der Probe werden mit Tensiometern bestimmt. Der Potenzialgradient wird entsprechend der Darcy-Gleichung bestimmt. Der nicht stationäre Charakter des Entwässerungsvorgangs wird dadurch berücksichtigt, dass die Berechnung für einen sehr kurzen Zeitraum durchgeführt wird. Unabhängig von dem Bestimmungsverfahren ist allerdings darauf zu achten, dass es während der Entwässerung selbst nicht zu einer weiteren Schrumpfung kommt. Hierdurch würden die Porenquerschnitte in der Probe selbst feiner werden, indem sich neue und dichtere Aggregate bilden, während der Interaggregatbereich selbst gröbere Poren aufweisen würde. Eine Übertragbarkeit derartiger ‚Mess‘ergebnisse ist auf *In-situ*-Bedingungen dann nicht mehr gegeben. Auch die Berechnung von Wasserflüssen mittels der Darcy-Gleichung ergibt dann nur angenäherte

Ergebnisse, da eine der wesentlichen Voraussetzungen, die Starrheit des Porensystemes, nicht gewahrt bleibt.

Für die Modellierung von Wasserflüssen wird die Matrixpotenzials-/Wasserleitfähigkeitsbeziehung häufig aus dem Kurvenverlauf der Porengrößenverteilung und aus dem Wert für die gesättigte Wasserleitfähigkeit anhand des **Van-Genuchten-Mualem-Verfahrens** abgeleitet. Hierbei bleibt allerdings die Bedeutung der Porenkontinuität in den verschiedenen Porenbereichen für den Wasserfluss unberücksichtigt. Besonders in sekundärporenreichen Böden lassen sich daher nur Näherungswerte ermitteln. Trotzdem wird dieses Verfahren sehr häufig angewandt, da die Bestimmung der ungesättigten Wasserleitfähigkeit zeitintensiv und gerätemäßig sehr kostspielig ist. Eine gute Alternative stellt die Bestimmung der für die Wasserhaushaltsmodellierung erforderlichen Parameter durch Freilandmessungen (Tensiometer und TDR) dar.

6.4.3.4 Wasseraufnahme – Wasserabgabe

Bei den in Kap. 6.4.3.1 (c) beschriebenen Wasserbewegungen wurde davon ausgegangen, dass der Wassergehalt sich während des Bewegungsablaufs nicht verändert. Dieser Zustand ist eine der Eigenschaften der stationären Strömung, die im Boden allerdings nur im Bereich des Grund- und Stauwassers über längere Zeitspannen vorliegt.

Oberhalb dieses Bereichs ist der Wasserhaushalt durch die Auswirkungen von Evaporation, Wasseraufnahme durch Pflanzenwurzeln, Niederschlag, Versickerung und kapillarem Aufstieg, die in ihrer Intensität wechseln, gekennzeichnet. Sie verursachen ständige Wassergehaltsänderungen in jeweils verschiedenen Teilen des Profils, die durch die damit verbundenen Veränderungen der Bodenwasserpotenziale zu ausgleichenden Wasserbewegungen führen. Diese Bewegungen, die auf die Wiedereinstellung des Potenzialgleichgewichts hinwirken, nennt man **instationäre Strömungen**. Sie sind von den stationären dadurch zu unterscheiden, dass der antreibende Gradient sich zeitlich ändert.

Bei der formelmäßigen Beschreibung von nicht stationären Fließvorgängen muss, wie bei den zwei- und dreidimensionalen stationären, die Fließgleichung mit der Kontinuitätsgleichung kombiniert werden. Im Unterschied zu den stationären Bedingungen ist jedoch die Summe der Geschwindigkeitsänderungen nicht gleich Null, sondern gleich

6 der Änderung des Wassergehalts (θ) über die Zeit (t). Die Kontinuitätsgleichung lautet dann:

$$\frac{\partial v_x}{\partial x} + \frac{\partial v_z}{\partial z} = \frac{\partial \theta}{\partial t} \qquad \text{(Gl. 6.4.21)}$$

Nach Kombination mit der Darcy-Gleichung erhält man für eine zweidimensionale Wasserbewegung in den Richtungen x (horizontal) und z (vertikal):

$$\frac{\partial (k_x \partial \psi_m / \partial x)}{\partial x} + \frac{\partial (k_z \partial \psi_m / \partial z)}{\partial z} + \frac{\partial k_z}{\partial z} = \frac{\partial \theta}{\partial t} \qquad \text{(Gl. 6.4.22)}$$

Der Summand $\partial k_z / \partial z$ auf der linken Seite muss hinzugefügt werden, um den Gravitationseinfluss in der vertikalen (z-Richtung) zu berücksichtigen, weil das hydraulische Potenzial (ψ_H) in dieser Richtung außer dem Term ψ_m auch noch den Term ψ_z enthält: $\psi_H = \psi_m + \psi_z$. Dabei ist $\partial \psi_z / \partial_z = 1$ und aus

$$\frac{\partial (k_z \partial \psi_z / \partial z)}{\partial z} \text{ wird } \frac{\partial k_z}{\partial z} \qquad \text{(Gl. 6.4.23)}$$

Die hier dargestellte zweidimensionale Form, die für eine x-z-Ebene gilt, die aus dem dreidimensionalen Raum herausgeschnitten gedacht ist, kann durch Hinzufügen des Gliedes für die y-Komponente für den dreidimensionalen Fall ergänzt werden.

Da die nicht stationäre, eindimensionale Wasserbewegung in senkrechter Richtung im ungesättigten Bereich terrestrischer Böden über die Fläche gesehen überwiegt, wird ihr besondere Aufmerksamkeit zuteil. Infolge der einfachen Strömungsbedingungen ist hier die Modellierung besonders weit fortgeschritten. Die Grundlage für solche Modelle ist die sog. **Richards-Gleichung**. Hierbei wird die Veränderung des Wassergehalts einer Volumeneinheit Boden in einer Zeiteinheit als Summe der Flüsse dargestellt, die durch die hydraulischen Gradienten hervorgerufen werden:

$$\frac{\partial \theta}{\partial t} = \frac{\partial \{k [(\partial \psi / \partial z) + 1]\}}{\partial z} \qquad \text{(Gl. 6.4.24)}$$

Die Gleichung setzt voraus, dass die Bodenmatrix starr, inert, homogen und uniform ist, und dass die im Porenraum bewegte Luft den Wasserfluss nicht beeinflusst.

Im Prinzip entsprechen diese Ansätze der Gleichung für nicht stationäre Diffusion (2. Ficksches Gesetz), wenn man den dort verwendeten Diffusionskoeffizienten durch das Produkt aus Wasserleitfähigkeit und Steigung der Matrixpotenzialkurve, die **Diffusivität** (D) ersetzt:

$$D = k \frac{\partial \psi_m}{\partial \theta} \qquad \text{(Gl. 6.4.25)}$$

Die Diffusivität beschreibt die Weitergabegeschwindigkeit von Matrixpotenzialunterschieden.

a) Infiltration

Unter dem Begriff **Infiltration** versteht man die Bewegung des Sickerwassers von oben her in den Boden, wenn das Matrixpotenzial höher ist als dem Gleichgewicht mit dem freien Grund- oder Stauwasserspiegel entspricht (s. Abb. 6.4–3):

$$\psi_H = \psi_z + \psi_m > 0 \qquad \text{(Gl. 6.4.26)}$$

Die Infiltration ist daher eine Folge von Niederschlägen, Beregnung oder Überstauung. Der Verlauf der Infiltration wird durch die **Infiltrationsrate** gekennzeichnet. Diese gibt die Wassermenge an, die je Zeiteinheit versickert. Manchmal wird auch die insgesamt versickerte Wassermenge angegeben (= **kumulative Infiltration**).

Maßgebend für den Verlauf einer Infiltration ist in erster Linie die Wasserleitfähigkeit der Bodenoberfläche. Sobald diese durch Zerstörung der Aggregate, Verschlämmung und Krustenbildung herabgesetzt wird, nimmt die Infiltration stark ab. Infolgedessen entsteht bei hoher Wasserzufuhr Oberflächenwasser und steigt die Erosionsgefahr in geneigtem Gelände. Daher sind die Zusammenhänge zwischen Aggregatgröße und Mikrorelief nach Aggregatzerfall wichtige Einflussgrößen.

Das Prinzip eines Infiltrationsvorgangs ist an einem homogenen Boden, der nicht verschlämmt ist, also z. B. einem Sand, besonders deutlich erkennbar. In Abb. 6.4–12 ist der charakteristische Verlauf der Wassergehaltsverteilung in Abhängigkeit von der Zeit für eine gleich bleibende Wasserzufuhr und konstante Überstauung durch eine unendlich dünne Wasserschicht dargestellt.

Es bilden sich vier Zonen aus. Während sich die **Sättigungs-** und **Übergangszone** nur um wenige cm ausdehnen, nimmt die Länge der **Transportzone** stark zu, und die **Befeuchtungszone** dringt tiefer und tiefer in den Boden ein. Die Vorrückgeschwindigkeit der **Befeuchtungsfront** ist zunächst recht groß, weil bei dem großen Wassergehaltsunterschied zwischen der Sättigungszone und dem anfänglichen Wassergehalt des Bodens der hydraulische Gradient zunächst überwiegend durch seinen matrixbedingten Anteil bestimmt wird. Mit zunehmender Länge der Transportzone wird dieser Einfluss aber kleiner und schließlich nähert sich der hydraulische Gradient

$$\frac{\partial \psi_H}{\partial z} \approx \frac{\partial \psi_z}{\partial z} \qquad \text{(Gl. 6.4.27)}$$

dem Wert 1, wobei die Vorrückgeschwindigkeit der Befeuchtungsfront dann konstant wird. Die Geschwindigkeit ist bei der erreichten Wassersättigung von der zugehörigen Wasserleitfähigkeit in der Transportzone abhängig. Unter Freilandbedingun-

6

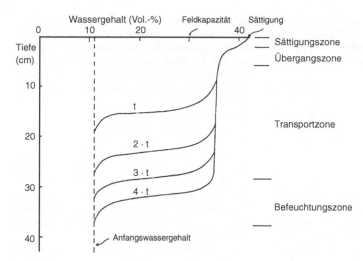

Abb. 6.4–12 Verlauf der Infiltration bei einem homogen überfluteten Boden in gleichen Zeitintervallen (nach BODMAN & COLEMAN 1944).

gen wird hier eine Wassersättigung von 70...80 % des Porenvolumens kaum überschritten (der Wassergehalt liegt dann meist zwischen Wassersättigung und Feldkapazität).

Wenn der Boden nicht überflutet ist, sondern nur ein stetiger, aber geringer Wassernachschub durch Regen stattfindet, bildet sich keine Sättigungszone, auch ist die Übergangszone nur schwach ausgebildet. Die Abwärtsbewegung des Wassers erfolgt hier wie im Falle der Überflutung in der Transportzone unter dem alleinigen Einfluss der Schwerkraft. Der Sättigungsgrad stellt sich dabei so ein, dass die herangeführte Wassermenge bei der zugehörigen ungesättigten Wasserleitfähigkeit gerade abgeleitet werden kann.

Dieser Zusammenhang mit der Wassersättigung wirkt sich bei der Veränderung des Porensystems im Profil stark auf den Verlauf der Infiltration aus. Trifft die Befeuchtungsfront auf eine Schicht mit geringerer Wasserleitfähigkeit, so verlangsamt sich ihr Vorrücken. Ist dieser **Wasserstau** so stark, dass über dieser Schicht das Matrixpotenzial $\psi_m = 0$ wird, so spricht man von der Bildung von **Stauwasser**.

Ein Wasserstau im Profil kann im Bereich der ungesättigten Wasserbewegung nicht nur durch feinporige, sondern auch durch besonders grobporige Schichten (Sande, Kiese) erfolgen, weil in grobporigen Substraten die Wasserleitfähigkeit bei höheren pF-Werten oft sehr klein ist (s. Abb. 6.4–11). Außerdem wird eine Teilnahme gröberer Poren erst möglich, wenn das Matrixpotenzial im feinporigen Substrat soweit angestiegen ist (d. h. weniger negativ ist), dass es das Vollaufen der gröberen Poren zulässt. Wasserstau erfolgt daher nicht nur

an Pflugsohlen, in Bt-Horizonten, in Pseudogleyen usw., sondern auch in Ah- über Ae- Horizonten von Sandböden, in denen eine feinere Körnung, d. h. eine feinere Porung über einer gröberen liegt. Besonders häufig tritt dieses Phänomen in glazial, fluvial oder äolisch transportierten und sedimentierten Substraten auf. Aus dem Grad der Wassersättigung bei der Infiltration ergibt sich, dass Grobporen, wie z. B. Wurzel- und Wurmröhren, sowie Schrumpfungsrisse unterhalb der Sättigungszone nicht mit Wasser gefüllt sind. Diese Poren nehmen an der Wasserbewegung nur dann in größerem Ausmaß teil, wenn der Boden vollständig überflutet ist.

Neben der bisher beschriebenen Infiltrationsrate (cm s^{-1}) interessiert oft die gesamte, von einem Boden innerhalb einer bestimmten Zeit aufgenommene Wassermenge. Für diese **kumulative Infiltration** $i = Q/F$ (cm^3 cm^{-2}) gibt es empirische Ansätze, z. B. von KOSTIAKOW (1932):

$$i = c\, t^a \qquad \text{(Gl. 6.4.28)}$$

in dem t die Infiltrationsdauer und c und a empirische Parameter sind. Sie sind durch die Bodeneigenschaften bedingt, und zwar c vorwiegend durch das Gefüge zu Beginn der Infiltration, a durch die Wasserstabilität.

Die Gleichung von PHILIP (1957) schließt gedanklich die Diffusivität mit ein:

$$I = s\, t^{1/2} + k_\theta\, t \qquad \text{(Gl. 6.4.29)}$$

Darin ist s die anfangs überwiegend wirksame Wasseraufnahmegeschwindigkeit (**Sorptivität**) und k_θ die im Verlauf der Infiltrationsdauer t immer stärker bestimmende Wasserleitfähigkeit bei dem Sät-

6

tigungszustand der Transportzone, der durch den Wassergehalt q gekennzeichnet ist. Bei längerer Infiltrationsdauer bestimmt das Glied $k_\theta t$ praktisch allein die weitere Wasseraufnahme. Dann ist

$$\frac{k_\theta t}{t} \approx \frac{i}{t} \approx I \qquad\qquad \text{(Gl. 6.4.30)}$$

mit I als Infiltrationsrate (cm s^{-1}). Im stationären Endzustand der Bewegung, d. h. wenn die Infiltrationsrate konstant und der vertikale Gradient = 1 geworden ist, entspricht

$$I = k_\theta \qquad\qquad \text{(Gl. 6.4.31)}$$

mit k_θ als der ungesättigten Wasserleitfähigkeit, die zu dem jeweiligen Wassergehalt gehört.

Die beschriebenen Gleichungen gehen alle von kolbenartig gleichmäßigem Vorrücken der Befeuchtungsfront aus. In sekundärporenreichen Böden eilt das Wasser jedoch im porennahen Bereich der Front voraus. Dies geschieht auch, wenn eine feinkörnige Schicht auf einer nicht ganz homogenen grobkörnigeren liegt. Hierdurch wird die gleichmäßig vorrückende Befeuchtungsfront aufgelöst und das Wasser fliesst in den feineren wassergefüllten Poren schneller (fingerförmiges Vorrücken, engl.: fingering der Befeuchtungsfront), bei dem die gravitationsbedingte Bewegung im Wesentlichen auf diese ,Fingerzone' beschränkt bleibt, während die seitliche durch Matrixpotenzialdifferenzen veranlasst wird.

Schnellflüsse an den Rändern von Makroporen führen ebenfalls zu einer Verzerrung des Infiltrationsvorgangs. Das Vorauseilen des Wassers, mithin der präferentielle Fluss (Makroporenfluss) auf diesen Fließbahnen ist umso größer, je vollständiger die umgebende Matrix wassergesättigt ist. Er spielt daher in vielen Böden für den Stofftransport eine wichtige Rolle, da die Weitergabe von Inhaltsstoffen des Bodenwassers stark beschleunigt wird. Die Filtereigenschaften eines Bodens werden dadurch stark verschlechtert (Kap. 6.7.1).

b) Kapillarer Aufstieg

Der kapillare Aufstieg ist der umgekehrte Vorgang der Infiltration und erfolgt prinzipiell sowohl unter ungesättigten wie auch gesättigten Bedingungen. Das Wasser stammt aus dem Grund-, Stau- oder auch Haftwasser und bewegt sich nach oben. Diese Bewegung kommt zustande, wenn das Matrixpotenzial oberhalb der Grundwasseroberfläche oder jeder beliebigen wasserführenden Bodenschicht niedriger ist, als es dem hydraulischen Potenzialgleichgewicht entspricht:

$$\psi_H = \psi_m + \psi_z < 0$$

Dies ist im Freiland der Fall, wenn an der Bodenoberfläche Wasser verdunstet oder durch Pflanzen entzogen wird. Für die Wassernachlieferung ist hier wie bei allen Wasserbewegungen neben der Wasserleitfähigkeit des betreffenden Sättigungszustands der Potenzialgradient ausschlaggebend. Hinzu kommt für den nicht stationären Fall – also die Wiederauffüllung – die Steigung der Matrixpotenzialskurve ($\partial\psi_m / \partial\theta$), somit also wie bei der Infiltration auch die Diffusivität.

Daher steigt in einem Sandboden wegen des hohen Anteils von Grobporen das Wasser zunächst schnell an, aber nur bis in eine geringe Höhe über dem Grundwasserspiegel. In einem Schluffboden ist bei gleichen Potenzialgradienten die aufsteigende Wassermenge je Zeiteinheit zwar geringer, aber vermindert sich nach oben weniger schnell.

Dieser Einfluss der ungesättigten Wasserleitfähigkeit und Porengrößenverteilung ist die Ursache dafür, dass der Grundwasserstand – von der Bodenoberfläche aus gemessen – sich bei den verschiedenen Bodenarten unterschiedlich auf den Pflanzenwuchs und somit auf den Ertrag von Kulturpflanzen auswirkt. Bei Sandböden werden Höchsterträge in der Regel bei Grundwasserständen von ≤ 50 cm unter der Bodenoberkante erreicht. Bei Lehm und Schluffböden, die im Vergleich zu Sandböden eine tiefere Durchwurzelung und eine höhere nutzbare Feldkapazität haben, liegt der optimale Grundwasserstand bei 1,4…1,8 m.

Hier wirken sich noch Grundwasserstände von bis zu 3,3 m unter der Bodenoberfläche auf die Erträge aus, weil die Sättigungsgrade, die unter mitteleuropäischen Klimabedingungen vorliegen, noch eine hohe kapillare Wassernachlieferung erlauben (s. Abb. 6.4–10, k ist zwischen $\psi_m = -10^2$ und $-10^{2,5}$ hPa noch sehr hoch).

Auf Tonböden werden die höchsten Pflanzenerträge bei Grundwasserständen zwischen 0,9 und 1,3 m unter Flur erreicht. Die kapillare Nachlieferung ist hier bis zu Grundwasserständen von 2,5 m unter Flur ertragswirksam (vgl. k_ψ in Abb. 6.4–11)

c) Dränung

Als Dränung wird der Wasserverlust eines Bodens unter dem Einfluss der Schwerkraft bezeichnet. Um einen Boden zu dränen, muss man die GWO als Bezugsbasis für das Matrixpotenzial im Profil absenken. Dies geschieht durch offene Gräben oder überdeckte unterirdische Rohrleitungen. Da ein Graben- und Rohrsystem ein Gefälle einhalten muss, um das Ablaufen des Dränwassers sicherzustellen, ist die GWO nicht beliebig absenkbar und damit die absolute Potenzialdifferenz nur innerhalb enger Grenzen erhöhbar. Verbesserungen der Dränung des Bodens werden dadurch erreicht, dass die Fließstrecken innerhalb des Grund- und Stauwasserbereichs in der Bodenmatrix verkürzt werden (Abb. 6.4–8, links). Dadurch erhöht sich der Potenzialgradient und die lokale Fließgeschwindigkeit nimmt zu.

In humiden Klimaten kann eine Dränung notwendig werden, um die **Belüftung** eines Bodens zu verbessern. In diesem Fall ist die Funktionsfähigkeit der Dränung davon abhängig, ob die GWO so weit abgesenkt werden kann, dass die Grobporen nach einem Niederschlag innerhalb weniger Stunden wieder entleert werden können und damit der Boden wieder belüftet wird. Ein Boden gilt als **nicht dränwürdig**, wenn die Dränrohrstränge oder Gräben sehr nahe aneinander gelegt werden müssen, um die Fließzeiten in einem Boden mit geringer Wasserleitfähigkeit hinreichend zu verkürzen, oder sehr tief, um ein hinreichend negatives Matrixpotenzial in der zu dränenden Bodenschicht zu erreichen. In Abb. 6.4–8 (rechts) ist ein Beispiel für eine Rohrdränung angeführt.

Die künstliche Dränung landwirtschaftlich genutzter Flächen erfolgte früher ausschließlich mittels offener Gräben, heute weitgehend durch Rohrdräne. Für die volle Wirksamkeit eines Dränsystems sind Dränabstand, Dräntiefe und Weite der Dränrohre entscheidend. Für die Festlegung dieser drei Parameter gibt es eine Anzahl von teils empirisch, teils theoretisch begründeten Gleichungen. Bei letzteren basiert die Formulierung auf der Kenntnis der ein- und mehrdimensionalen stationären und nicht stationären Fließvorgänge, die im Kap. 6.4.3 kurz umrissen wurden.

Unter ariden Klimabedingungen ist eine ausreichende, meist künstliche Dränung die **unbedingte** Voraussetzung für eine Bewässerung, die für die Pflanzenproduktion erforderlich ist. Nur so wird eine Auswaschung der Salze des Bewässerungswassers, die bei starker Evaporation in Oberflächennähe akkumuliert sind, aus dem Boden ermöglicht. Nähere Einzelheiten dieses umfangreichen Fachgebietes vermittelt die Spezialliteratur.

6.4.4 Wasserbewegung in dampfförmiger Phase

In Böden, deren Porensystem nicht vollständig mit Wasser gefüllt ist, enthält die Bodenluft stets reichlich Wasserdampf. Der Sättigungsgrad beträgt, abgesehen von der obersten, durch Evaporation ausgetrockneten Bodenschicht, stets mehr als 90 %.

Dieser Wasserdampf bewegt sich im Boden bei auftretenden Potenzialgradienten zum Ort niedrigsten Potenzials, d. h. niedrigsten Dampfdrucks. Wird Wasserdampf aus dem Boden abtransportiert, so wird er durch Verdunstung (Evaporation) aus dem flüssigen Wasser ersetzt. Die hohe Wassersättigung der Bodenluft ist auch der Grund dafür, dass kleine hoch spezialisierte Bodentiere und feine Wurzeln (Wurzelhaare) schnell vertrocknen, wenn sie aus dem Boden genommen und der Luft ausgesetzt werden.

6.4.4.1 Wasserdampfbewegung im Boden

Die Ursachen für die Entstehung eines Dampfdruckgefälles im Profil können sein: Unterschiede (1) in der Dicke der Filme des Adsorptionswassers, (2) in den Krümmungsradien der Menisken, (3) in der Temperatur und (4) im osmotischen Druck der Bodenlösung. Die Bewegung selbst erfolgt vorwiegend durch Diffusion, der Einfluss von Konvektionsströmungen ist in der Regel auf die obersten cm des Profils beschränkt. Da im Boden bei Matrixpotenzialen mit $> -10^4$ hPa (pF < 4,2) die Wasserdampfdrücke nur unwesentlich unter dem Sättigungsdampfdruck bleiben ($p / p_0 > 95\,\%$), kommen durch Temperaturunterschiede weitaus größere Dampfdruckgradienten als durch die anderen Faktoren zustande.

Infolge abwechselnder Erwärmung und Abkühlung der Bodenoberfläche im Rhythmus der Tages- und Jahreszeiten kommt es so zu ständigen Wasserbewegungen, die immer in Richtung auf die kältere Zone hin erfolgen. In ihrem Ausmaß tritt diese Bewegung im humiden Klimabereich im Allgemeinen hinter der Bewegung in flüssiger Phase zurück. Im Herbst ist sie bei sonnigem Wetter und klaren Nächten am stärksten und kann dann bis zu 1 mm Wasser für eine Schicht von 15 cm Mächtigkeit je Nacht betragen. In ariden Klimaten mit ihren größeren Temperaturschwankungen fällt dagegen die dampfförmige Bewegung viel stärker ins Gewicht, weil dort bei dem meist geringen Wassergehalt der Böden die Bewegung in der flüssigen Phase sehr gering ist.

Dieser thermisch bedingte Wasserdampftransport im Boden führt in der Nähe von Bodenheizrohren, wie sie z. B. im intensiven Pflanzenbau zur Erwärmung des Pflanzbeetes eingebaut werden, zwangsläufig zu einer deutlichen Austrocknung in der Umgebung der Heizelemente und verringert damit nicht nur die Wärmeableitung aufgrund der bei

6

geringerer Wassersättigung verminderten Wärme-leitfähigkeit. Außerdem kommt es in dem trocke-neren Bodenvolumen auch zu einer Zunahme des osmotischen Effektes aufgrund der Salzausschei-dung. Damit ist auch die Anwendbarkeit derartiger technischer Maßnahmen nur sehr begrenzt.

Die Erniedrigung der Dampfdrücke über Wasser-filmen und Menisken führt dazu, dass sich das Wasser, das durch die Temperaturabnahme der Gas-phase kondensiert ist, schnell auf diesen Filmen und Menisken niederschlägt. Einen Eindruck vom Ausmaß der Dampfdruckerniedrigung über den gekrümmten Menisken in engen Kapillaren gibt Tabelle 6.4–1. Es ist zu erkennen, dass die Dampf-druckerniedrigung erst ein nennenswertes Ausmaß erreicht, wenn das Matrixpotenzial beim Perma-nenten Welkepunkt (pF = 4,2; $\psi_m = -1,5$ MPa, s. a. Abb. 6.4–4) erheblich unterschritten wird. Da aber eine so starke Entwässerung in Böden mit Ausnah-me der obersten, der direkten Sonneneinstrahlung ausgesetzten Schicht, nicht auftritt, spielt der Faktor Meniskenkrümmung für den Dampftransport eine untergeordnete Rolle. Das Gleiche gilt auch für den Einfluss der Adsorptionswasserfilme, die mit den Menisken im Hinblick auf die Bindungsstärke und damit auch auf den Dampfdruck, der über ihnen herrscht, im Gleichgewicht stehen.

Die Bewegung des Wasserdampfs im Boden un-terliegt im Prinzip den gleichen Gesetzmäßigkeiten wie die des flüssigen Wassers. Da der antreibende Gradient, der **Dampfdruckunterschied**, sich durch Unterschiede der Wasserdampfkonzentration aus-drücken lässt, werden zur Beschreibung der Bewe-gung Diffusionsgleichungen verwendet. Für den Fall **stationärer Diffusionsströmung** ist die allgemeine Transportgleichung für die stationäre Diffusion in Form des **1. Fick'schen Gesetzes** gültig:

$$q = D_B \frac{\partial c}{\partial x} \qquad \text{(Gl. 6.4.31)}$$

in der q die je Zeit- und Flächeneinheit transpor-tierte Wassermenge, D_B der Diffusionskoeffizient, c die Wasserdampfkonzentration und x die Dif-fusionsstrecke bedeuten. Diese Gleichung hat den gleichen Aufbau wie die Darcy-Gleichung. Sie hat lediglich anstelle des antreibenden Druckgradienten den Konzentrationsgradienten.

Die **nicht stationäre Diffusionsströmung** kann durch das **2. Ficksche Gesetz** beschrieben werden, wenn der Diffusionskoeffizient D_B von der Fließstre-cke unabhängig ist, also sich nicht mit ihr ändert:

$$\frac{\partial c}{\partial t} = D_B \frac{\partial^2 c}{\partial x^2} \qquad \text{(Gl. 6.4.32)}$$

Der Diffusionskoeffizient D_B erfasst in beiden Glei-chungen analog zum Wasserleitfähigkeitskoeffizien-ten k alle Bodeneigenschaften, welche die Diffusion beeinflussen – z. B. die Größe des luftgefüllten Po-renvolumens, die Verteilung und Form der Poren. D_B-Werte sind daher stets kleiner als Werte für Was-serdampfdiffusion durch einen gasgefüllten Raum.

6.4.4.2 Evaporation aus dem Boden

An der Bodenoberfläche spielt die Bewegung von Wasserdampf eine wesentlichere Rolle als im Bo-denprofil, weil (a) die Sonneneinstrahlung auftrifft (Energiebedarf zur Verdampfung für Wasser von 20 °C beträgt 2,44 kJg^{-1}), (b) die relativen Wasser-dampfdrücke in der angrenzenden Luft meist ge-ringer sind als in der Bodenluft und (c) infolge von Luftbewegungen der Abtransport schneller als durch den Diffusionsvorgang allein erfolgt.

An der Bodenoberfläche wird der Wasserdampf-transport durch den Vorgang der Verdampfung und den anschließenden Abtransport durch die Bewe-gung der Luft verursacht. Der Motor für die Ver-dampfung ist die Energieeinstrahlung (R_e), die von der Sonne stammt. Ihr steht eine Energieabgabe ge-genüber, die sich aus Abstrahlung (R_a), Wasserver-dunstung (E) und der Ableitung fühlbarer Wärme in die Atmosphäre (H) zusammensetzt.

Für die Einstrahlung muss deren Anteil, der an der Erdoberfläche wirksam ist, nämlich die gesamte oder Globalstrahlung nach Abzug des reflektierten Anteils eingesetzt werden. Letzterer wird durch die Albedo (r) angegeben. Die Albedo ist das Verhältnis des reflektierten zum eingestrahlten Energiebetrag. Sie ist von den Reflexionseigenschaften der Bo-denoberfläche einschließlich der Vegetation abhän-gig. Sie liegt zwischen 5 % bei offenen Wasserflächen und rund 50 % bei reinem weißem Sand. Es gilt:

$$R_e (1 - r) = R_a + E + H \qquad \text{(Gl. 6.4.33)}$$

Die Wasserverdunstung (E) wird durch die **Dalton-Gleichung** beschrieben:

$$E = f(u)(e_s - e). \qquad \text{(Gl. 6.4.34)}$$

Für die Verwendung in Bezug auf die Verdunstung wird sie statt in der Energieeinheit J oder kJ auf die Wassermenge (mm d^{-1}) umgerechnet, die bei einem Energiebedarf von 2,44 kJ g^{-1} bei 20 °C verdunstet. In der Gleichung ist $f(u)$ ein empirischer Faktor, der die Windgeschwindigkeit (u; in m s^{-1}) berück-sichtigt. ($e_s - e$) ist das Sättigungsdefizit (in mbar oder hPa), das den Gradienten des Wasserdampf-drucks berücksichtigt. Diese Gleichung bildet die

6

Grundlage für Arbeitsgleichungen, wie z.B. jene von HAUDE, THORNTHWAITE, PENMAN.

Die Verdunstungsverluste an der Bodenoberfläche werden durch Wasserbewegung in der flüssigen Phase aus tieferen Schichten ausgeglichen. Solange die Nachlieferung ausreichend hoch ist, trocknet die Bodenoberfläche nicht aus. Je höher die Verdunstung steigt, um so steiler müssen die hydraulischen Potenzialgradienten werden, um die Verdunstungsverluste auszugleichen. Dies hat jedoch weiterhin zur Folge, dass der Wassergehalt und damit auch die Wasserleitfähigkeit der oberflächennahen Schicht abnehmen, mithin auch die Evaporation häufig sprunghaft abnimmt, selbst wenn die ausgetrocknete Schicht nur sehr dünn ist.

Deswegen wird bei Böden zwischen der **potenziellen Evaporation** (E_p) und der **aktuellen Evaporation** (E_a) unterschieden. Diese Differenzierung wird vor allem auch bei der gemeinsamen Berechnung von Evaporation und Transpiration der Pflanze verwendet (Evapotranspiration, Kap. 6.4.7.2). Die hier erwähnten Berechnungsverfahren beziehen sich alle auf die potenzielle Evaporation (E_p).

Die sprunghafte Abnahme der Evaporation ist besonders bei Böden ausgeprägt, deren Wasserleitfähigkeit bei zunehmender Entwässerung rasch sinkt. Dies ist vor allem bei Grobsand- und Mittelsandböden der Fall, bei denen auf eine trockene Schicht, scharf abgesetzt, der feuchte Boden folgen kann. In Feinsandböden sowie ton- und schluffreichen Böden bleibt dagegen die oberste Schicht länger feucht, weil das verdunstete Wasser durch kapillaren Wassernachschub während eines längeren Zeitraums ergänzt wird. Allerdings ist dann auch die gesamte verdunstete Wassermenge höher.

Die infolge der schnellen Wassernachlieferung höhere Evapotranspiration nasser Böden führt auch dazu, dass dort im hydrologischen Zyklus eines Jahres weniger Grundwasserneubildung möglich ist als auf trockeneren Böden (Abb. 6.4–13).

Die sich bei Sandböden bildende trockene Oberflächenschicht folgt daraus, dass diese Böden leicht der Winderosion unterliegen. Wasserverluste durch Evaporation sind in Böden gering, deren Porensystem grob genug ist, eine geringe ungesättigte Wasserleitfähigkeit zu gewährleisten, aber fein genug, um Luftturbulenz im Porensystem zu unterbinden. Dies wäre bei einer Grobsandschicht an der Bodenoberfläche besonders günstig verwirklicht.

Eine Verminderung der Evaporation kann z.B. durch Windschutzpflanzungen und Maßnahmen der Bodenbearbeitung erfolgen. Im letzteren Fall steht die Herstellung eines Oberbodens, der hinsichtlich der Ausbildung der Aggregate und damit

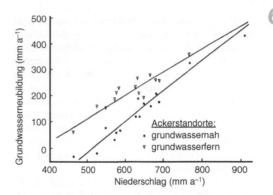

Abb. 6.4–13 Grundwasserneubildung bei einem Sandboden im Raum Hannover in Abhängigkeit von Niederschlag und Grundwasserabstand (1968...1982). Grundwassernah: < 1,75 m, grundwasserfern: > 1,75 m (nach RENGER et al. 1986).

auch des Porensystems der Grobsandfraktion ähnelt, im Vordergrund. Aus den gleichen Gründen ist auch die Evaporation unter einer dichten Pflanzendecke (z.B. nach Bestandesschluss, d.h. vollständiger Bodenbedeckung im Ackerbau und im Wald) geringer als auf ungeschützten Flächen.

In einigen Fällen wurden chemische Behandlungen zur Verminderung der Evaporation erprobt, die (a) ein krümeliges Oberflächengefüge bewirken, (b) die Oberflächenspannung des Wassers herabsetzen, (c) eine monomolekulare Schutzschicht auf dem Wasser bilden können (z.B. Hexadecanol). Die Wirkung der ersten beiden Behandlungen beruht darauf, dass (a) das Wasser schneller versickert bzw. (b) tiefer in den Boden eindringt.

6.4.4.3 Kondensation im Boden

Da die relative Luftfeuchte im Boden in der Regel hoch ist, führt jede Temperaturabnahme in einer Bodenzone zu einer Kondensation von Wasserdampf aus der Bodenluft. Das gleiche geschieht auch, wenn ein diffusiver Zustrom von Wasserdampf einsetzt, weil der Dampfdruck in einer benachbarten Zone infolge der Erwärmung des Bodens ansteigt. Dieser Zusammenhang zwischen Temperatur und Sättigungsdampfdruck führt im Boden dazu, dass im Tagesverlauf Wasserdampf aus dem erwärmten Oberboden nicht nur zur Atmosphäre hin evaporiert, sondern auch in den Unterboden eindringt und dort niedergeschlagen wird. Im Verlauf der Nacht findet der entgegengesetzte Vorgang statt.

6

Das Ausmaß dieser Wasserdampfbewegung ist von den Temperaturschwankungen im oberflächennahen Boden abhängig. Unter mitteleuropäischen Klimabedingungen ist der Effekt im Spätsommer am stärksten, und zwar bei unbedecktem, nicht wassergesättigtem Boden.

Selbst in Wüstenklimaten kann die nächtliche Abkühlung der Bodenoberfläche bei entsprechender Abdeckung zur Akkumulation kleiner Wassermengen aus dem Boden führen. Maßnahmen zu ihrer Gewinnung gehören daher dort zu den Überlebenstechniken.

Eislinsenbildung im Winter wird ebenfalls durch die Kondensation von Wasserdampf an besonders kalten Stellen im Boden gefördert. Dies gilt insbesondere in trockenen Böden, in denen die ungesättigte Wasserleitfähigkeit zu gering ist, um den Wärmenachschub mit fließbarem Wasser aufrecht zu erhalten (vgl. Bodentemperatur, Kap. 6.6). Dies führt zu einer Wasseranreicherung im gesamten Oberboden, insbesondere unter den kältesten Stellen, z. B. unter Steinen und Straßenbelägen. Die Kondensation aus der Dampfphase ist daher eine der Ursachen für die Entstehung von Frostaufbrüchen und -hebungen im Boden (Kryoturbation).

6.4.5 Wasserhaushalt der Böden

Die im Verlauf des Jahres wechselnden Witterungsbedingungen und die hierdurch bedingten Schwankungen in der Stoffwechselintensität der Pflanzen führen zu einem mehr oder weniger stark ausgeprägten, charakteristischen Verlauf von Wasserzufuhr zum Boden und Wasserverlusten aus dem Boden. Der Verlauf dieser Veränderungen, der vielfach unter dem Begriff **Wasserhaushalt** zusammengefasst wird, ist außer von den genannten Faktoren auch noch von den Bodeneigenschaften sowie von der hydrologischen Situation abhängig. Hierbei sind vor allem die Wasserleitfähigkeit der Böden bei unterschiedlichen Sättigungszuständen und damit die Eigenschaften des Porensystems von Bedeutung. Daher sind die Matrixpotenzialkurve $[\psi = f(\theta)]$ und die Wasserleitfähigkeitskurve $[k = f(\psi)$ oder $k = f(\theta)]$ wichtige Hilfsmittel bei der Beurteilung von Bodenwasserhaushalten.

6.4.5.1 Bodenkennwerte

Für die Beurteilung des Wasserhaushalts von Böden werden häufig Begriffe wie **Feldkapazität** (FK) und

Permanenter Welkepunkt (PWP) verwendet. Diese Werte entsprechen Wassergehalten, die für die einzelnen Bodenschichten und -horizonte charakteristisch sind und sich unter definierten Verhältnissen stets wieder einstellen. Früher wurde oft angenommen, dass es sich bei diesen ‚Kennwerten‘ um Bodenkonstanten handelt, deren Wassergehalt einem bestimmten Gleichgewicht entsprechen würde. Die vorkommenden Wassergehalte werden jedoch auch von Faktoren beeinflusst, die nicht mit Bodeneigenschaften zusammenhängen.

a) Feldkapazität (FK)

Wenn die Wasserzufuhr, z. B. nach länger andauernden Niederschlägen, beendet ist, verändert sich der Wassergehalt im Bodenprofil allmählich in Richtung auf ein ausgeglichenes hydraulisches Potenzial ($\psi_H = 0$ in Abb. 6.4–3). Diese Verteilung des Wassers verläuft meist nicht gleichmäßig, sondern verlangsamt sich nach 1 bis 2 Tagen so stark, dass das Erreichen eines Gleichgewichts vermutet werden könnte. Der Wassergehalt, bei dem dieser Zustand auftritt, wird als **Feldkapazität** (FK) bezeichnet. Er wird in Vol.-%, bezogen auf den bei 105 °C getrockneten Boden (s. Kap. 6.4.1) ausgedrückt und bezieht sich auf einen Tiefenbereich bzw. ein Bodenprofil. Die Feldkapazität ist abhängig vom Gleichgewichtszustand des Bodenwassers, von der Profiltiefe, der Körnung, dem Gehalt an org. Substanz, dem Gefüge und der Horizontabfolge. Für die Feldkapazität gibt es zwei Situationen:

Die erste Situation entspricht dem in Abb. 6.4–3 dargestellten **hydraulischen Gleichgewicht**. Dieses kann sich z. B. nach einem niederschlagsreichen Winter im Frühjahr einstellen, wenn die GWO nicht tiefer als 3 m unter Flur liegt und die ungesättigte Wasserleitfähigkeitsfunktion (k_θ, s. Kap. 6.4.3.2 und Abb. 6.4–11) im Bodenprofil keine starke Veränderung aufweist. Die Feldkapazität hat dann pF-Werte von < 2,5. Am häufigsten ist der Bereich zwischen pF 1,8 und 2,5. Nahe der Bodenoberfläche entsprechen diese Werte einem Abstand von der GWO von 60 und 300 cm. Im Gleichgewichtszustand steigt der Wassergehalt bei Feldkapazität in einem Boden gleichmäßiger Körnung und gleichmäßigen Gefüges von oben nach unten (siehe Abb. 6.4–3).

Die zweite, weitaus häufigere Situation entspricht im Gegensatz zur ersten Situation **keinem Gleichgewicht**. Sie entsteht dann, wenn die GWO sehr tief liegt (> 3 m). In diesem Fall wird vor Erreichen des Gleichgewichts der Boden so stark entwässert, dass die Gleichgewichtseinstellung infolge geringer Wasserleitfähigkeit mehr und mehr verzögert wird. Das Ausmaß der Verzögerung ist besonders dann hoch, wenn im Profil ein extremer Wechsel in Körnung und Gefüge auftritt; überdies ist es von der Form der pF-Kurve abhängig. Das führt auch dazu, dass z. B. in Sandböden häufig die Werte der Feldkapazität bereits bei einem pF-Wert von 1,5 liegen, was im Gleichgewicht einem Abstand der GWO von 30 cm unter Flur entspricht.

Je stärker die anfängliche Wasserabgabe im Vergleich zum gesamten Wassergehalt ist, desto stärker ist die Verminderung der Wasserleitfähigkeit und dementsprechend die Verzögerung der Gleichgewichtseinstellung. Daher zeigen Sandböden 1 bis 2 Tage nach Ende der Infiltration eine ausgeprägte Feldkapazität, während z. B. Tonböden oft gar keine Feldkapazität erkennen lassen. Die Abhängigkeit der Feldkapazität von der Wasserleitfähigkeit ist auch die Ursache dafür, dass in grundwasserfernen Bodenschichten selten höhere Werte als pF 2,5 für die Feldkapazität gefunden werden. Dies trifft selbst dann zu, wenn z. B. die GWO bei 10 m liegt, so dass sich im Oberboden theoretisch ein pF-Wert von 3,0 einstellen müsste. Außerdem hängt der Wassergehalt bei Feldkapazität von weiteren Parametern ab:

● Einfluss der **Körnung**: Die Wassergehalte, die sich im pF-Bereich der Feldkapazität (pF 1,8 bis 2,5) bei den verschiedenen Böden einstellen, sind um so höher, je feinkörniger der betreffende Boden ist (Abb. 6.4–14).

● Der Einfluss des **Gefüges**: Abb. 6.4–5 zeigt, dass der Wassergehalt von dem pF-Wert abhängt, der bei der jeweiligen Feldkapazität auftritt. Je höher dieser pF-Wert ist, desto stärker wird der Wassergehalt herabgesetzt, wenn sich das Porenvolumen durch die Bildung von groben Sekundärporen erhöht (= Verminderung des Anteils an kleineren Poren, s. Abb. 6.4–5).

● Der Einfluss der **organischen Substanz**: je gleichmäßiger diese im Boden verteilt vorliegt, umso größer ist der Wassergehalt bei Feldkapazität. In diesem Fall entspricht er derjenigen, die bei feiner Verteilung der Tonfraktion im Boden gemessen wird.

Im Freiland bestimmt man die Feldkapazität, indem der Boden stark gewässert und danach zum Schutz gegen Evaporation abgedeckt wird. Die Feldkapazität ist erreicht, wenn nach wiederholter Wassergehaltsbestimmung der weitere Wasserverlust vernachlässigbar wird. Einen Näherungswert für die Feldkapazität erhält man in humiden Klimagebieten vielfach im Frühjahr nach Ablaufen des Schmelzwassers, ehe die Evapotranspiration ein höheres Ausmaß annimmt.

b) Permanenter Welkepunkt (PWP)

Wenn eine Pflanze dem Boden Wasser entzieht, so erreicht sie, wenn kein Wasser nachgeliefert wird, einen Punkt, an dem sie das Wasser, das sie durch Transpiration abgegeben hat, aus dem Boden nicht mehr ersetzen kann – sie welkt. Der Wasseranteil, der noch im Boden vorhanden ist, wenn das Anschwellen der Pflanzenzellen (die Turgeszens) der Pflanze nach Wasserzufuhr nicht wiederkehrt, wird als **Permanenter Welkepunkt** (PWP) bezeichnet. Das Matrixpotenzial entspricht bei diesem Zustand bei Sonnenblumen (*Helianthus annuus*) und Kiefern (*Pinus silvestris*) – $1,5 \cdot 10^4$ hPa ($\psi_m = -1,5$ MPa bzw. pF 4,2), wenn der Wurzelraum beengt und daher einheitlich dicht durchwurzelt ist.

Dieser Wert gilt für die Mehrzahl der Kulturpflanzen. Er wird daher konventionell als allgemeingültig angenommen und bei der Berechnung

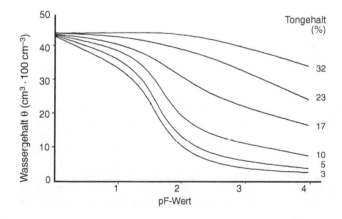

Abb. 6.4–14 Einfluss der Körnung, dargestellt durch den Tongehalt, auf den Verlauf der pF-Kurve bei Böden gleichen Porenvolumens.

6

des pflanzenverfügbaren Wassers in einem Boden zugrunde gelegt.

Bei pF 4,2 ist das Wasser nur noch in den Feinporen gebunden und bildet dünne Filme an den Wänden der Mittel- und Grobporen. Daher ist der Wassergehalt beim PWP eng mit dem Tongehalt verknüpft, wie aus Abb. 6.4–14 zu ersehen ist. Der Einfluss des Gefüges ist dagegen geringer (s. Abb. 6.4–5) und kommt vor allem dadurch zustande, dass das Feinporenvolumen um so größer ist, je mehr feinkörnige Festsubstanz in einem Bodenvolumen vorliegt und je dichter ein Boden gelagert ist.

Die Bestimmung des PWP erfolgt mit Druckmembran-Apparaten bzw. in Drucktöpfen, wobei 1,5 MPa als Gleichgewichtsdruck angenommen wird.

c) Hygroskopizität (Hy)
Bevor die Arbeitsweise mit porösen Platten und Membranen entwickelt wurde, verwendete man oft die adsorbierte Wassermenge im Gleichgewicht mit verschiedenen relativen Wasserdampfdrücken als Kennwert des Wasserhaushalts. Am bekanntesten ist die **Hygroskopizität** nach E. A. MITSCHERLICH, die im Gleichgewicht mit 10 % H_2SO_4 oder gesättigter Na_2SO_4-Lösung bestimmt wird. Der relative Wasserdampfdruck beträgt dann 94,3 % und der pF-Wert 4,7 ($\psi_0 = -5$ MPa). Die Methode erfasst das Gesamtpotenzial.

Aus dem Wassergehalt der Hygroskopizität kann mittels eines Umrechnungsfaktors, der in der Nähe von 1,5 liegt, auf den Wassergehalt beim PWP umgerechnet werden. Durch Änderung der H_2SO_4-Konzentration können Hygroskopizitäten und somit Gesamtpotenziale auch bei niedrigen relativen Wasserdampfdrücken gemessen werden. Die technischen Schwierigkeiten nehmen jedoch ab pF > 4 erheblich zu.

6.4.5.2 Jahreszeitlicher Gang des Wasserhaushalts

Unter dem Gang des Wasserhaushalts eines Bodens versteht man den Wechsel der Wassergehalte, der an die Jahreszeit gebunden ist und der durch das klimabedingte Verhältnis zwischen Wasserverlust und Wasserzufuhr gesteuert wird.

a) Wasser- und Luftgehalte sowie Matrixpotenziale
In Abb. 6.4–15 sind auf der Grundlage von ganzjährigen Matrixpotenzials- und Wassergehaltsmessungen zum einen die Veränderungen der nutzbaren

Wassermengen, zum anderen die der Luftgehalte in einer podsolierten Braunerde dargestellt. Außerdem sind für einen Pseudogley aus saaleeiszeitlichem Geschiebemergel (Abb. 6.4–16) in Schleswig-Holstein die Jahresgänge der Matrixpotenziale über einen Zeitraum von jeweils knapp 3 Jahren abgebildet.

In der podsolierten Braunerde unter Ackernutzung aus saaleeiszeitlichem Geschiebesand in Schleswig-Holstein nimmt mit Beginn der Vegetationsperiode die Menge an pflanzenverfügbarem Wasser sehr schnell ab. Sie erreicht im Jahr 2003 bereits ab Mai bis in größere Tiefe nur noch sehr geringe Gehalte (ca. 5 %). Gleichzeitig steigt entgegengesetzt der Luftgehalt im Boden deutlich an. In den beiden Folgejahren reicht die Austrocknung aufgrund der größeren Niederschläge nur noch 2004 kurzfristig bis in 50 cm Tiefe, und 2005 verringerte sich der Anteil an pflanzenverfügbarem Wasser nie unter 15 Vol-%; außerdem zeigte sich, dass in dem gepflügten Ap- Horizont mit wenigen Ausnahmen (im Mai 2004 und schwächer ausgeprägt auch im Sommer 2005) die engen Grob- und Mittelporen weitgehend vollständig mit pflanzenverfügbarem Wasser gefüllt waren. Eine vollständige Wiederauffüllung geschieht in den Winterhalbjahren. Außerdem wird deutlich, dass im Ap-Horizont aufgrund der Einarbeitung auch der Humusauflage deutlich mehr pflanzenverfügbares Wasser gespeichert wird, was flach wurzelnden Pflanzen länger im Jahresverlauf zur Verfügung steht. Komplementär hierzu verlaufen die Isoplethen der Luftgehalte im Boden.

Der Pseudogley aus saaleeiszeitlichem Geschiebelehm weist sehr kurzfristig schwankende Änderungen der Matrixpotenzial im gesamten Bodenprofil auf (Abb. 6.4–16).

Während der Vegetationsperiode im Trockenjahr 2003 setzt im Oberboden ab Juli eine Entleerung der Grobporen ein, die aus der intensiven Wasseraufnahme durch die Pflanzen resultiert und die bis an die Untergrenze des Sw-Horizontes hinabreicht, während im Sd-Horizont höchstens die weiten Grobporen bis in maximal 120 cm Tiefe auf – 60 hPa entleert werden. In den beiden feuchteren Folgejahren mit ganz kurzen Unterbrechungen wird selbst der enge Grobporenbereich nicht mehr entwässert. Stärkere Niederschläge im Sommer ebenso wie größere Niederschläge in den Winterhalbjahren führen zu einer schnellen Wiederaufsättigung und teilweise sogar vollständigen Wiederauffüllung des Bodenvolumens und resultiert sogar in einer kurzfristigen Sättigung des Bodens bis zur Oberkante. Man erkennt des Weiteren, dass trotz der von Jahr zu Jahr verschiedenen Niederschlags- und Temperaturverhältnisse bodentyp- und standortabhängige Gesetzmäßigkeiten

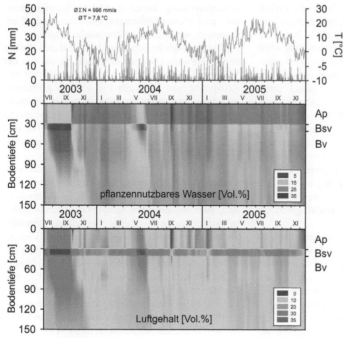

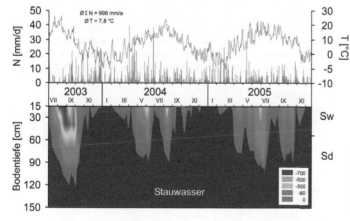

Abb. 6.4–15
Jahresgänge der pflanzennutzbaren Wassermengen und der Luftgehalte in einer podsoligen Braunerde unter Ackernutzung (aus GEBHARDT 2007).

Abb. 6.4–16
Jahresgänge (2003…2005) der Matrixpotenziale (hPa) in einem Pseudogley aus saaleeiszeitlichem Geschiebelehm unter Weidenutzung (aus GEBHARDT 2007).

auftreten: In terrestrischen Böden bildet die Feldkapazität in der Regel die Obergrenze der Wassergehalte (s. Abb. 6.4–4). Höhere Wassergehalte kommen nur kurzfristig vor (Abb. 6.4–4 und 6.4–15). Die Entwässerung des Bodens über die Feldkapazität hinaus wird in erster Linie durch Pflanzen hervorgerufen, die das Wasser je nach Wasserleitfähigkeit und hydraulischem Gradienten theoretisch bis zum Perma-

nenten Welkepunkt entziehen könnten (Abb. 6.4–4). Allerdings ist der Wasserausnutzungsgrad in dem gewählten Beispiel sehr viel geringer und erreichen außer eventuell in den obersten geringmächtigen Bodenschichten, die der Evaporation ausgesetzt sind, niemals den Wert des Permanenten Welkepunktes. Das Ausmaß der Evapotranspiration und damit der Bodenaustrocknung hängt folglich ganz

6

wesentlich von der ungesättigten Wasserleitfähigkeit und dem hydraulischen Potenzialgradienten im Verlauf der Austrocknung des Bodens ab. Je intensiver und je gleichmäßiger der Boden durchwurzelt wird, desto mehr Wasser wird an die Atmosphäre abgegeben (vgl. Abb. 6.4–11). Auswertungen langjähriger Wasserhaushaltsmessungen in Deutschland unter verschiedener Landnutzung haben jedoch ergeben, dass die Matrixpotenziale unter Acker- und Weidenutzung bereits ab 60…80 cm Tiefe körnungs- und strukturabhängig nur noch geringfügig variieren und dabei in den ausgewerteten ca 300 Versuchsmessjahren, nie Werte unter -600 hPa auftreten. Hieraus folgt auch, dass besonders in feinkörnigen Böden die Wassermenge, die theoretisch pflanzenverfügbar gespeichert war, nie auch nur annähernd ausgeschöpft worden ist.

Da unter humiden Klimabedingungen im Verlauf eines Jahres mehr Wasser durch die Niederschläge zugeführt wird als verdunstet, kann stets mit einer unterschiedlich intensiven nach unten gerichteten Wasserbewegung ($\psi_H > 0$, in Abb. 6.4–3) gerechnet werden. Diese Wasserbewegung erfolgt – abgesehen von der obersten wechselfeuchten Zone – im allgemeinen in Form einer Verdrängung, bei der die Wasseranteile, die später von oben nachgeliefert werden, die früheren vor sich her schieben. Diese Abwärtsbewegung geht im Bereich des Bodenprofils bei terrestrischen Böden fast ausschließlich im ungesättigten Zustand vor sich. Sie kann während der Vegetationsperiode in den obersten Teilen des Bodens unterbrochen sein, weil dann dort der Aufwärtstransport als Folge der Evapotranspiration überwiegt ($\psi_H < 0$ in Abb. 6.4–3).

Zwischen diesen beiden Zonen, die durch nach oben bzw. nach unten gerichtete Potenzialgradienten gekennzeichnet sind, kann man eine Ebene mit dem Potenzialgradienten $\psi_H = \pm 0$ feststellen. Diese Ebene, die eine **horizontale Wasserscheide** im Boden darstellt, verschiebt sich im Profil im Verlauf der Vegetationsperiode nach unten. Eine Wassernachlieferung aus dem Grundwasser zur Bodenoberfläche ist unter diesen Umständen nur möglich, wenn das Grundwasser so hoch ansteht, dass die Wasserscheide unter die GWO absinkt.

b) Grundwasserneubildung

Die Menge an Sickerwasser, die durch **Tiefenversickerung** bis zum Grundwasser vordringt und daher für die Grundwasserneubildung sorgt, wird von zwei Faktorengruppen beeinflusst: (a) von der klima- bzw. witterungsbedingten Menge und Verteilung der Niederschläge sowie der Evapotranspiration; (b) von den Bodeneigenschaften, wie dem

Zusammenhang zwischen Matrixpotenzial einerseits und Wasserleitfähigkeit und Wassergehalt andererseits, sowie dem Infiltrationsvermögen.

Die Neubildung von Grundwasser durch Zufuhr von Sickerwasser variiert erheblich, da sie von der Witterung abhängt. Dies ist in Abb. 6.4–13 für eine Zeitspanne von 14 Jahren für je einen grundwasserfernen und einen grundwassernahen Standort dargestellt. In der Regel liegt das Maximum der Versickerung in der Zeit zwischen Dezember und Mai. Im Juli bis September ist die Versickerung am geringsten.

Der Einfluss der Körnung auf die Sickerwassermenge in Abhängigkeit vom Grundwasserflurabstand ist aus Abb. 6.4–17 ersichtlich. Es ist zu erkennen, dass bei größeren Grundwasserflurabständen in Schluffböden geringere Versickerungsmengen als in Sand- und Tonböden auftreten. Die Ursache dafür liegt in der höheren nutzbaren Feldkapazität des effektiven Wurzelraums. Dadurch kommt es bei Schluff- und Lehmböden bei vergleichbaren Niederschlägen während der Vegetationsperiode zu einer höheren Evapotranspiration als bei Sand- und Tonböden. In der darauf folgenden Zeit (Herbst und Winter) brauchen Schluffböden mehr Wasser als die Sand- und Tonböden, um die Feldkapazität und danach einen hydraulischen Gradienten, der durchgehend nach unten gerichtet ist, wieder herzustellen.

Bei geringen Grundwasserflurabständen spielt das unterschiedliche Wasserspeichervermögen der Böden keine Rolle, da die Evapotranspiration und damit auch die Versickerung von der Höhe des kapillaren Aufstiegs bestimmt werden. Abb. 6.4–17 zeigt,

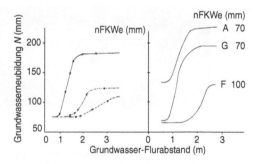

Abb. 6.4–17 Grundwasserneubildung N (mm) in der Vegetationszeit (Mai – Oktober) in Abhängigkeit von Grundwasserflurabstand, nutzbarer Feldkapazität und Bodenart (links) und der Vegetation (rechts). A = Ackerland, G = Grünland, F = Nadelwald, nFKWe = nutzbare Feldkapazität im effektiven Wurzelraum (nach RENGER et al. 1984).

6

dass die Tiefenversickerung (= Grundwasserneubildung) bei gleichen Böden und Klima sehr stark von der Nutzung abhängig ist. So nimmt die Grundwasserneubildung in der Reihenfolge Acker > Grünland > Nadelwald ab.

6.4.6 Wasserhaushalt von Landschaften

Der Wasserhaushalt eines Bodens an einem Standort wird sehr wesentlich von seiner Lage innerhalb der nächsten Umgebung bestimmt. Da hierdurch auch die gesamte Bodenentwicklung sowie die dadurch entstehenden Bodeneigenschaften beeinflusst werden, ist es notwendig, den Wasserhaushalt der umgebenden Landschaft mit in Betracht zu ziehen, wenn ein Standort bodenkundlich erfasst werden soll. Da das Wasser im Boden prinzipiell in Bewegung ist, bietet sich die Darstellung als Strömungssystem an. **Strömungssysteme** werden beschrieben durch Äquipotenziale, im vorliegenden Fall durch Höhenlinien des Geländes oder des freien Wasserkörpers, der durch die GWO begrenzt wird, durch Strömungsfäden und durch die Ränder. Der Ausgangspunkt der Strömungsfäden eines beliebig

gewählten Abschnitts in einem Strömungssystem heißt **Quelle** (Punkt-, Linien- oder Flächenquelle), ihr Endpunkt heißt **Senke** (Punkt-, Linien- oder Flächensenke). Als **Strömungsfäden** können am Beispiel einer Landschaft in erster Näherung die offenen Wasserläufe betrachtet werden. Den Rand bildet die Wasserscheide.

Der Wasserhaushalt einer Landschaft ist schwieriger als der eines Bodenprofils zu erfassen, weil Quellen und Senken nicht ohne weiteres vollständig erkennbar sind. In Abb. 6.4–18 ist der Zusammenhang zwischen den genannten Größen bzw. Eigenschaften des Einzugsgebiets schematisch dargestellt.

6.4.6.1 Einzugsgebiete

Die regionale Begrenzung eines Gebiets, in dessen Wasserhaushalt ein Boden integriert ist, wird durch das Einzugsgebiet des betreffenden oberirdischen Gewässernetzes bestimmt. In der Hydrologie wird ein solches auch als **Vorflutersystem** bezeichnet. Es ist durch die Wasserscheiden von den angrenzenden Einzugsgebieten getrennt. **Wasserscheiden** sind Ebenen im Boden- bzw. Gesteinskörper, durch die kein Fluss erfolgt (vgl. Abb. 6.4–8; vgl. auch die horizontale Wasserscheide, Kap. 6.4.5.2). Von

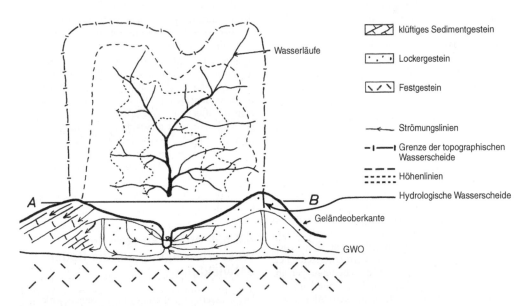

Abb. 6.4–18 Schema eines Wassereinzugsgebietes in Abflusssituation. Oberer Teil: Draufsicht, unterer Teil: Geländequerschnitt an der Linie A–B. Die hydrologische Wasserscheide definiert die seitliche Begrenzung des Wasserzustromes.

6
ihnen aus verlaufen Strömungsfäden zu benachbarten Einzugsgebieten. Die hydrologischen Wasserscheiden decken sich nicht immer mit dem Verlauf der topographischen Höhenlinien. Im Allgemeinen geben letztere jedoch erste Hinweise auf die hydrogeologischen Verhältnisse und damit auch auf die unterirdische Wasserscheide (Abb. 6.4–18, unten). Jedes Einzugsgebiet kann in eine Anzahl von Einheiten kleinerer Ordnung unterteilt werden, für die im Prinzip die gleichen Bedingungen wie für das übergeordnete gelten.

6.4.6.2 Einfluss von Topographie und lithologischer Situation auf den Wasserhaushalt

In Abb. 6.4–18 ist eine Landschaft in der Aufsicht (oben) und im Vertikalschnitt schematisch dargestellt, die aus klüftigem Sedimentgestein neben Lockersedimenten über kluftfreiem Festgestein besteht. Der obere Teil der Abbildung zeigt den Verlauf der angenommenen Höhenlinien und der Oberflächengewässer (Bäche, Flüsse), die sich daran orientieren. Zwischen beiden besteht ein Zusammenhang, weil das Wasser seinerseits die geomorphologische Formenausbildung beeinflusst. Im Beispiel deckt sich die topographische Wasserscheide auf der rechten Bildseite mit der hydrologischen, weil das Lockergestein in allen Raumrichtungen eine identische d. h. isotrope Wasserleitfähigkeit aufweist. Am Hügel auf der linken Bildseite ist das nicht der Fall, weil die gesteinsbedingten Schichtflächen an beiden Seiten der topographischen Wasserscheide Wasser aus dem Niederschlagseinzugsgebiet heraus leiten.

6.4.6.3 Einfluss von Klima und Witterung auf den Wasserhaushalt

Das Schema in Abb. 6.4–18 zeigt außerdem eine Situation, wie sie unter humiden Klimabedingungen in Zeiten ohne gehäufte Hochwasserereignisse vorliegt. Das offene Gerinne wird hier durch Wasser gespeist, das einen Teil seines Weges durch den Boden hindurch genommen hat. Über diese Gerinne verlässt das Wasser das Einzugsgebiet. Die abfließende Wassermenge hängt dabei in ihrem jahreszeitlichen Verlauf von Witterungs- und Klimabedingungen ab.

Als Beispiel für die Verteilung innerhalb des Jahres ist in Abb. 6.4–19 der gemessene Abfluss aus einem 88 ha großen, als Acker genutzten Einzugsgebiets dargestellt, das zum Untergrund durch Tonschichten abgedichtet ist. Es ist zu erkennen, dass

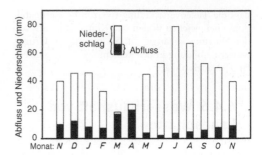

Abb. 6.4–19 Niederschläge und monatliche Abflüsse aus einem 88 ha großen Einzugsgebiet bei Uppsala (Schweden); Mittelwerte aus 12 Jahren. Toniger Lehm, Jahresniederschlag 537 mm, mittlerer jährlicher Abfluss 98 mm, Ackernutzung (nach HALLGREN & TJERNSTRÖM 1966).

der Abfluss im Mittel der 12-jährigen Messperiode nicht mit dem Niederschlagsmittel korreliert. Sein Maximum liegt am Ende des Winterhalbjahres und ist im März und April durch die Schneeschmelze verstärkt. Das Minimum im Juni ist eine Folge der hohen Evapotranspiration in diesem Monat.

Schließlich muss darauf hingewiesen werden, dass es bestimmte Positionen in der Landschaft gibt, wo das freie Wasser als Grundwasser der Geländeoberkante besonders nahe kommt (Abb. 6.4–20).

Hier ist seine Wirkung auf die Bodenentwicklung, durch die Topographie bedingt, anders als in den vorhin genannten Bereichen. Einzelheiten hierzu sind im Kapitel 7.1, Faktoren der Bodenentwicklung, dargestellt. Unter ariden Klimabedingungen und unter dem Einfluss von Hochwasser gibt es keinen Zufluss zum Wasserlauf aus dem Grundwasser. Vielmehr wird dieses durch das im Wasserlauf hoch anstehende Wasser gespeist. In tieferen Lagen, abseits vom offenen Gerinne, kann es dabei zur Bildung von Nassstellen kommen – mit hydromorphen Merkmalen in den Böden, wie Vergleyung in humiden Klimaten und Salzakkumulation unter ariden Bedingungen.

6.4.6.4 Auswirkungen der Wasserbewegung auf die Bodenentwicklung

Der Wasserhaushalt eines Einzugsgebiets wirkt sich auf die Bodenentwicklung aus, indem er die Intensität der Infiltration oder, unter ariden Bedingungen, des kapillaren Aufstiegs beeinflusst.

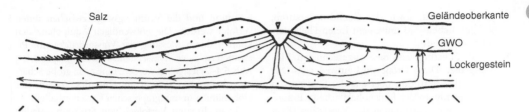

Abb. 6.4–20 Verlauf der Grundwasseroberfläche (GWO) (Grundwasserdom) in Zuflusssituation, hier für den Fall ariden Klimas (natürlicher Flusslauf, vor allem auch Kanalbewässerung). Unter humiden Klimabedingungen entstehen derartige Strömungsverläufe bei Hochwasser.

Die unter humiden Bedingungen vorherrschende Infiltration erzeugt im ungesättigten Bereich umso mehr eine gravitationsgetriebene vertikale Verlagerung im Bodenprofil, je geringer der Wassergehalt ist. Im Bereich des strömenden Grundwassers erzeugt sie demgegenüber im Wesentlichen eine seitliche Verlagerung löslicher Substanzen. Ein weiterer Einfluss geht vom Anteil des nicht infiltrierenden Wassers aus, der das Oberflächenwasser bildet. Es ist die Ursache für Wassererosion (s. Kap. 10.8.1).

Unter Waldvegetation bildet sich in der Regel kein Oberflächenwasser, weil infolge bioturbater Lockerung die Infiltration nicht behindert wird. Stattdessen kommt es in Hanglagen zu Erdrutschen oder Bodenfließen, wenn die Kombination von Gewichtszunahme, durch Einsickern von Wasser bedingt, und Strömungsdruck (s. Kap. 6.3.2.3 und 6.3.3.3) den mobilisierbaren Scherwiderstand des Bodenkörpers überschreitet.

Ob Materialtransport durch das Oberflächenwasser innerhalb eines hydrologischen Einzugsgebiets als Erosion oder als Akkumulation die Bodenentwicklung beeinflusst, hängt von der Ortslage in dem betreffenden Strömungsgebiet und von dem Abfluss- und damit vom Strömungsverlauf ab, die durch die Niederschlagsverteilung geprägt sind (vgl. Kap. 7.2.7). In allen Fällen verändert die Morphologie der Landschaft ihrerseits wieder den Wasserhaushalt und somit die Bodenentwicklung (Kap. 7.1)

Unter ariden Bedingungen führt die Evaporation infolge der geomorphologisch bedingten Nähe der GWO zu unterschiedlichen Ansammlungen von Verdunstungsrückständen, d. h. Salzen. Daher ist in solchen Landschaften stets mit Salzanreicherungen zu rechnen, und zwar umso stärker, je mehr sich die GWO der Geländeoberkante nähert (Abb. 6.4–20). Der Grund hierfür ist die hohe lokale Evaporation, die aus der ständig hohen Nachlieferung bei vorliegendem hohem Wassergehalt und der damit verbundenen hohen Wasserleitfähigkeit folgt (vgl. Abb. 6.4–11). Die Richtung der Strömungslinie beim Berühren der GWO (vgl. Abb. 6.4–18) und ihre relative Konzentration im Senkenbereich (Abb. 6.4–20) sind ebenfalls Folgen der dort eintretenden Veränderung der Wasserleitfähigkeit. Diese wiederum ist durch die unterschiedlichen Wassersättigungen und Fließquerschnitte bedingt (Abb. 6.4–11).

6.4.6.5 Berechnungen

Je nach der Art der vorhandenen Daten und dem Ziel der Auswertungen werden verschiedene Ansätze verwendet, die im Grundsatz auf der allgemeinen Gleichung für einen Wasserhaushalt, der Wasserbilanz, basieren.

a) Wasserbilanz
Die Wasserbilanz kann in allgemeiner Form wie folgt ausgedrückt werden:

$$N + (Z) = A + V + R \qquad \text{(Gl. 6.4.35)}$$

Es bedeuten:

- N = Wasserzufuhr durch Niederschläge. Sie ist bei der Berechnung für ein Einzugsgebiet, wie in Abb. 6.4–18 gezeigt, die einzige Quelle. In der Regel wird diese Zufuhr in mm ($1\,m^{-2}$) angegeben.

- (Z) = Zufuhr aus dem Bodenkörper oder über frei fließende Gerinne. Hierher gehören artesische Situationen (d. h. unter Überdruck stehendes Wasser) und Wasserzufuhr von stromauf gelegenen Niederschlagsgebieten. Zufuhren dieser Art bilden eine prinzipielle Schwierigkeit bei der Auswertung von Abflussmessungen unter Bedingungen, wie sie in Abb. 6.4–19 dargestellt sind.

- A = Abfluss aus dem zu N zugerechneten Einzugsgebiet (mm oder $1\,m^{-2}$). Dazu gehört die Abflussmenge, die in dem Hauptgerinne (Abb. 6.4–18)

6

gemessen wird, sowie der Grundwasserstrom, der ggf. neben und unter dem freien Fließquerschnitt mitläuft.

- $V =$ Verdunstung aus dem zugerechneten Einzugsgebiet. Diese Größe wird entweder als Differenzglied bestimmt oder aus der Summe von Verdunstung an der Bodenoberfläche (= Evaporation) und Transpiration der Vegetation (Evapotranspiration, s. Kap. 6.4.4.2) mit Hilfe meteorologischer Daten und empirische Korrekturfaktoren für die Vegetation errechnet (mm, s. Kap. 6.4.4.2). Sie erfasst dann die potenzielle Evapotranspiration (ET_p) oder Annäherungen an diese mit Hilfe von Korrekturfaktoren, die an der Vegetation orientiert sind. Die einfachste Berechnung ist mit der Formel von HAUDE möglich, für die nur die Messung des Wasserdampfsättigungsdefizits der Luft um 14 Uhr ($e_s - e$; s. Kap. 6.4.4.2) notwendig ist. b ist ein variabler Monatsfaktor, der zwischen 0,27 und 0,54 liegt:

$$ET_p = b\,(e_s - e) \qquad \text{(Gl. 6.4.36)}$$

- $R =$ Vorratsänderungen; diese Größe ist nur bei Betrachtung kurzer Zeitspannen relevant. Sie hat dann bei überwiegender Zufuhr ein positives, bei überwiegendem Wasserverlust ein negatives Vorzeichen. Über längere Perioden kann sie entfallen, wenn die hydro(geo)logische Situation sich nicht verändert hat. Bei Veränderungen, z. B. durch den Bau von Staustufen, äußert sich dies durch Niveauveränderungen der GWO, damit verbunden in Wassergehaltsänderungen im ungesättigten Bereich oberhalb der GWO sowie in der Wasserstandshöhe in den Oberflächengewässern. Solche Änderungen können außer durch wasserbauliche Maßnahmen wie Stauwerke auch durch Nutzungswechsel (vgl. Abb. 6.4–17) und langfristig infolge von Veränderungen der Morphologie durch Substanzverlagerung eintreten.

b) Strömungspfade

Bei Landschaftswasserhaushalten ist neben der Bilanzierung der **Weg** wichtig, den einzelne Mengenanteile des Wassers von der Quelle bis zur Senke durch die betrachtete Landschaft nehmen. Dies gilt vor allem bei dem Weg, den Wasserinhaltsstoffe gemäß des Strömungsverlaufs nehmen. Für solche Strömungspfade ist die Eintrittsstelle (Kontaminationsstelle) die Quelle. Als Senke kann jede Fläche auftreten, die die betreffende Wassermenge im Verlauf der Strömung passieren muss.

Um die Wege der einzelnen Mengenanteile zu verfolgen, können schematische Strömungsnetze gezeichnet werden, indem Quellen sowie Senken bestimmt und die Strömungswege zwischen ihnen verfolgt werden. Die notwendigen Äquipotenzialen können durch Messung der Wasserdrücke mit Piezometern oder Wasserstandsrohren (Kap. 6.4.1.1, Abb. 6.4–2) festgelegt werden. Eine erste grobe Schätzung kann man sodann mit Hilfe des Verlaufs der Höhenlinien in topographischen Karten erhalten.

Dem direkten Verfolgen von Strömungspfaden dient die Markierungstechnik mit *Tracern*, die ein eigenständiges umfangreiches Arbeitsgebiet ist. Zur Auswertung der Daten, die bei Messungen im Zusammenhang mit dem Landschaftswasserhaushalt anfallen, existiert ein umfangreiches Instrumentarium an Auswertungsverfahren, vor allem in Form von Simulationsmodellen.

6.5 Bodenluft

Alle Teile des Porenvolumens von Böden, die nicht mit Wasser gefüllt sind, enthalten Luft. Da Wasser eine höhere Dichte als Luft hat, besteht aufgrund der Erdbeschleunigung die Tendenz, dass sich das gesamte Wasser in den Bereichen des Porenraums, die am tiefsten liegen, ansammelt. Die Luft wird dabei mehr oder weniger vollständig verdrängt und kann nur noch diejenigen Porenanteile einnehmen, zu deren Füllung die vorhandene Wassermenge nicht ausreicht. Das sind im Prinzip die höher gelegenen, der Bodenoberfläche näheren Poren. Da Wasser an den Oberflächen der festen Bodenteilchen stärker adsorbiert wird als Luft und zudem gegenüber Luft eine erhebliche Grenzflächenspannung hat, befindet sich ein Teil davon oberhalb des Grundwassers in der ungesättigten Bodenzone. Dieser Anteil verkleinert ebenfalls das für die Luft übrigbleibende Volumen. Da das Wasser in adsorbiertem Zustand stets die engsten Porenbereiche zuerst ausfüllt, bleiben für die Luft die jeweils weitesten Poren übrig.

Die Menge der Luft, die in einem bestimmten Boden in einer bestimmten Tiefe vorhanden ist, ist also vom Wassergehalt und daher von den Wasserhaushalt bestimmenden Bodeneigenschaften und Umgebungsbedingungen abhängig.

Die Bodeneigenschaften, die für den Luftanteil im Boden entscheidend sind, sind daher Porenvolumen und Porengrößenverteilung. Da diese im Verlauf der Bodenentwicklung und bei Kulturböden infolge Bearbeitungsmaßnahmen starken Veränderungen unterliegen, ist der Luftinhalt von Böden eine innerhalb weiter Grenzen variable Größe.

Im Allgemeinen schwankt der Luftanteil am Gesamtvolumen bei Mineralböden zwischen 0 und 40 %. Einen Anhaltspunkt über die untere Grenze der Luftgehalte, die in Landböden häufig vorkommen, gibt die **Feldkapazität**, weil sie den wahrscheinlichsten höchsten Füllungsgrad der Poren mit Wasser angibt. Bei Feldkapazität beträgt das Luftvolumen im Mittel in Sandböden etwa 30…40 %, in Schluff- und Lehmböden 10…25 %, in Tonböden 5…10 % und weniger, je nach dem Verdichtungsgrad (s. Kap. 6.4, Abb. 6.4–4).

Der tatsächliche Luftgehalt ist jedoch in der Regel höher, weil Böden während der Vegetationszeit nur selten den der Feldkapazität entsprechenden Wassergehalt aufweisen.

6.5.1 Zusammensetzung und Herkunft der Komponenten

Die Zusammensetzung der Bodenluft wird durch biologische Vorgänge, die im Porenraum ablaufen, beeinflusst und weicht daher je nach Art und Ausmaß dieser Vorgänge mehr oder weniger stark von derjenigen der atmosphärischen Luft ab. Die Abweichungen in der Zusammensetzung bestehen aus einer Abnahme des O_2-Anteils, einer Zunahme des CO_2-Anteils und einem Wasserdampfgehalt, der in der Regel der Sättigung nahe kommt.

Im Zusammenhang mit mikrobiellen Aktivitäten werden auch noch andere Gase gebildet, von denen Methan (CH_4) und Distickstoffoxid (*Lachgas*, N_2O) wegen ihres Beitrags zur globalen Atmosphärenerwärmung (*Treibhauseffekt*) besondere Bedeutung haben (Kap. 6.5.3.1). Daneben treten weitere Spurengase auf, darunter Stickoxide (NO_x), Kohlen-

monoxid (NO), Ammoniak (NH_3) und andere. Der **Sauerstoffgehalt** in der Bodenluft ist in Gegenwart jeglicher Lebensvorgänge geringer als in der Atmosphäre, weil die verbrauchten Anteile nur langsam aus der atmosphärischen Luft ersetzt werden. Er ist mithin um so geringer, je intensiver das Wurzelwachstum und die Lebenstätigkeit des Edaphons sind (s. Kap. 4.1). Aus dem gleichen Grund nimmt er mit zunehmender Tiefe im Boden ab und ist in feinkörnigen Böden geringer als in grobkörnigen, in feuchteren Böden geringer als in trockeneren. In Jahreszeiten mit geringer biologischer Aktivität ist der Sauerstoffgehalt daher auch geringer als in Zeiten trägen Bodenlebens (Abb. 6.5–1).

Der **CO_2-Gehalt** der Luft ist in Böden in der Regel höher als in der Atmosphäre, weil CO_2 durch die Atmung der Wurzeln und des Edaphons erzeugt wird. Er ist daher in tieferen Bodenlagen höher als nahe der Bodenoberfläche, bei feinkörnigen Böden höher als bei grobkörnigen, bei nassen Böden höher als bei trockenen und in Jahreszeiten mit lebhafter biologischer Aktivität im Boden höher als in Jahreszeiten mit trägem Bodenleben (Abb. 6.5–1).

Die CO_2-Entwicklung ist in Böden unter aeroben Bedingungen mit dem O_2-Verbrauch äquimolekular und führt daher nicht zu einer Gasdruckveränderung. Dies wird durch einen **Respirationsquotienten** (*d*) von 1 charakterisiert:

$$RQ = \frac{Mol\, CO_2}{Mol\, O_2} \qquad \text{(Gl. 6.5.1)}$$

Da CO_2 im Vergleich zu Sauerstoff eine höhere Löslichkeit in Wasser hat, muss bei der Gesamtbetrachtung der einzelnen Gasvolumina auch der gelöste Anteil im Bodenwasser mit berücksichtigt

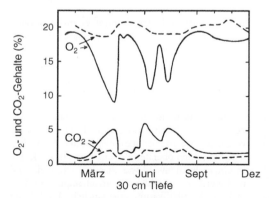
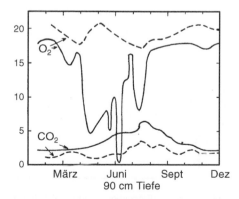

Abb. 6.5–1 Sauerstoff- und Kohlendioxidgehalte in der Bodenluft in 30 und 90 cm Bodentiefe in einem sandigen Lehm (- - -) und einem schluffigen Ton (—) unter Apfelbäumen (BOYNTON & COMPTON 1944).

6 werden. Die Menge der im Boden unter diesen Bedingungen umgesetzten, d. h. neu gebildeten und dort verbrauchten Gase ist starken Schwankungen unterworfen. Von Wald- und Kulturland werden im Durchschnitt etwa 4 000 m³ (8 000 kg) CO_2 ha⁻¹ a⁻¹ an die Atmosphäre abgegeben, von denen ungefähr ⅔ aus der Tätigkeit der Bodenorganismen und ⅓ aus der Wurzelatmung stammen. Diese Mengen variieren jedoch mit der Art der Vegetation, der Menge an organischer Substanz, der Düngung, der Jahreszeit usw. Die CO_2-Entwicklung steigt bei der Zufuhr organischer Stoffe zum Boden und bei der Mineralisierung von Vegetationsrückständen. Weiterhin wird sie von der Temperatur und Feuchtigkeit der Böden stark beeinflusst, so dass sie tageszeitlichen und jahreszeitlichen Schwankungen ausgesetzt ist.

Das Maximum der Produktion liegt meistens relativ nahe der Bodenoberfläche. Unmittelbar unter der Oberfläche ist die Produktion wegen der dort relativ großen Austrocknung jedoch oft gering (Abb. 6.5–2).

Der **Wasserdampfgehalt** der Bodenluft ist höher als jener der Atmosphäre. Er ist stark von der Bodentemperatur abhängig, weil die Wasseraufnahmefähigkeit der Luft mit zunehmender Temperatur steigt. Daher treten bei Temperaturveränderungen erhebliche Wasserbewegungen in Böden auf, die im Kapitel Bodentemperatur (Kap. 6.6) eingehender beschrieben sind.

Die relative Feuchtigkeit der Bodenluft ist höher als die der Atmosphäre und beträgt bei allen Wasserspannungen < pF 4,2 mehr als 95 %. Da im Unterboden außerhalb von Wüsten kaum höhere pF-Werte als 4,2 vorkommen, wird dort eine relative Luftfeuchtigkeit von 95 % nur selten unterschritten. Im Oberboden, besonders in den obersten 2 cm, kann die Luftfeuchtigkeit jedoch stärker sinken, da hier der Boden auch im humiden Klimabereich häufig stärker austrocknet (pF > 4,2).

Durch den Ab- und Umbau der org. Substanz entstehen in Böden außer Kohlendioxid weitere gasförmige Kohlenstoff- und Stickstoffverbindungen. Methan entsteht bei der Lebenstätigkeit anaerober Mikroorganismen gleichzeitig mit Kohlendioxid. Daher tritt es umso stärker auf, je nasser Böden mit abbaubarer org. Substanz sind, also vor allem in subhydrischen, semiterrestrischen Böden und Mooren. Feuchtgebiete sind zusammen mit Reisanbauflächen die wichtigsten Quellen für bodenbürtiges Methan. Die **Methanproduktion** findet als *Sumpfgas* großflächig in Mooren, Sapropelen und Schlickwatt statt. Sie wächst mit der Temperatur und steigt bei sonst gleichen Bedingungen von Sumpfröhricht über Niedermoor und je nach pH etc. zum Hochmoor hin an. In Reiskulturen kann sie infolge der hohen Temperaturen eine besonders hohe Intensität erreichen. Lokal noch enger begrenzt entsteht Methan unter Viehpferchen, vor allem von Wiederkäuern, sowie in Müll-, Klär- und Hafenschlammdeponien (Biogas, Deponiegas). Abgesehen von diesen Orten hoher Produktion entsteht Methan in allen Böden in unmittelbarer Nähe der GWO. Dort kann der Respirationskoeffizient bis zu 10 betragen.

Während im aeroben Bereich keine Veränderungen der Anzahl der Gasmoleküle und damit des Gasdrucks vorkommen (Respirationsquotient = 1), weil Sauerstoffverbrauch und Kohlendioxidbildung gemäß der Summenformel (Beispiel: Glucoseabbau)

$$C_6H_{12}O_6 + 6 O_2 \rightarrow 6 CO_2 + 6 H_2O + 2800 \text{ KJ Mol}^{-1}$$
$$\text{(Gl. 6.5.2)}$$

äquimolekular ablaufen, kommt es im anaeroben Bereich zur Neubildung von Gasmolekülen gemäß der Summenformel:

$$C_6H_{12}O_6 \rightarrow 3 CO_2 + 3 CH_4 + 188 \text{ KJ Mol}^{-1} \quad \text{(Gl. 6.5.3)}$$

Dadurch erhöht sich bei behindertem Druckausgleich der Gasdruck.

Distickstoffoxid (N_2O, Lachgas) entsteht in Böden bei allen Nitrifikations- und Denitrifikationsvorgängen als gasförmiges Beiprodukt. Seine Bildung ist in den obersten Bodenzonen am stärksten. In einem Buchenwald war dies in 7 cm Tiefe und im Bereich von pH 4,3...7,2, unabhängig vom Ausmaß der Denitrifikation, eine jährliche Produktion zwischen 0,6 und 2,2 kg N_2O-N a⁻¹ ha⁻¹. Steigender Einsatz von N-Düngemitteln macht die landwirt-

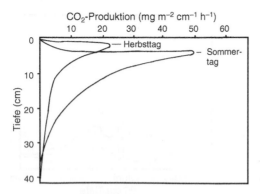

Abb. 6.5–2 CO_2-Produktion in Abhängigkeit von der Tiefe in einer Löss-Parabraunerde unter Ackernutzung (aus RICHTER & GROSSGEBAUER 1978).

schaftlich genutzten Böden zu einer der intensivsten Quellen. Global gesehen sind nasse Waldböden wesentlichste Produzenten.

Ammoniak wird in alkalischen und damit auch kalkhaltigen Böden freigesetzt. Die Freisetzung aus den großen Flächen der Tundren und borealen Nadelwaldgebiete (Taiga) ist aufgrund der dort überwiegenden niedrigen pH-Werte gering. Sie fällt wegen der kurzen Verweildauer des Ammoniaks in der Atmosphäre kaum ins Gewicht. In diesen Gebieten behindert die geringe biologische Aktivität, die sich aus den niedrigen Temperaturen ergibt, die Oxidation zu Nitrat.

6.5.2 Transportmechanismen

Die ungleichmäßige Verteilung der verschiedenen Gaskomponenten innerhalb der Bodenluft, die als Folge von Lage, geometrischer Ausbildung und Intensität der Quellen und Senken entsteht, drängt auf einen Ausgleich. Die ausgleichenden Bewegungen erfolgen durch Konvektion und Diffusion.

Konvektiver Gastransport kann als Folge barometrischer oder temperaturbedingter Volumenänderungen auftreten. Weiterhin können Windwirkung über wuchsfreien Böden durch Turbulenz ebenso konvektiven Gastransport hervorrufen, wie auch mit fließendem Grundwasser Gase in gelöstem Zustand zu- oder abgeführt werden. Konvektive Bewegungen treten auch auf, wenn Regenwasser, das zunächst in grobe Poren eindringt, die Luft aus den jeweils engsten Poren verdrängt, so dass sie sich in den weiteren Poren ansammelt. Auch Bewässerung durch Überstauen führt gelegentlich zu lokalen Druckzunahmen in der Gasphase und infolgedessen zu konvektiven Verlagerungen der Luftblasen.

Bei Gasneubildung im Boden kommt es ebenfalls zu konvektivem Fluss. Das ist stets der Fall, wenn unter anaeroben Bedingungen Methan und Kohlendioxid entstehen. Auch N_2O-Bildung muss zu konvektiver Gasbewegung führen, weil dabei die Zahl der Gasmoleküle zunimmt und damit der Druckgradient größer wird. Dies ist bei N_2O infolge der geringen beteiligten Mengen kaum von Bedeutung, beim Methan kommt es aber unter Druckabnahme zu Gasblasenbildung und zu aktivem Ausströmen aus Deponiekörpern und Mooren.

Schließlich kann Konvektion durch Ansteigen und Absinken der GWO im Boden hervorgerufen werden. Dieser Vorgang führt vor allem unter den Wasserhaushaltsbedingungen von Auenböden im Hochwasser- und Überflutungsbereich zu einem starken konvektiven Gasaustausch.

Von größerer Bedeutung ist in der Regel jedoch die **Diffusion** als ausgleichende Bewegung, da sie innerhalb der gesamten Gasphase keine Druckgradienten benötigt; Partialdruck- und damit Konzentrationsgradienten sind die ausschließliche Ursache. Hierbei spielt wiederum die Diffusion innerhalb der Bodenluft die größte Rolle für den gesamten Konzentrationsausgleich, weil die Diffusion innerhalb des Bodenwassers um etwa das 10^4-fache geringer als die in der Luft ist. Dies hat zur Folge, dass der gesamte Vorgang des diffusiven Gastransports stark von der Menge und mehr noch von der Verteilung des Wassers im Porenraum beeinflusst wird (Abb. 6.5-3). Im Gegensatz zur Konvektion ist die Diffusion durch Absperrung von Gasvolumina – z. B. durch Wasser – jedoch nicht gänzlich unterbunden.

Die geringere Diffusion durch das Wasser ist wegen des Zutritts von Sauerstoff und des Abtransports von Kohlendioxid zu bzw. von den Wurzeln weg von Bedeutung, weil diese stets von einem dünnen Wasserfilm umgeben sind.

Die diffusionsbedingte Bewegung der Gasmoleküle im Boden kann für den stationären, also im Verlauf der Zeit gleich bleibenden Fall durch die Gleichung

$$I = -D_B \frac{dc}{dx} \qquad \text{(Gl. 6.5.4)}$$

beschrieben werden (1. Ficksches Gesetz). Hierbei ist I der Gasfluss in Mol pro Zeit- und Flächeneinheit, c die Konzentration (Mol cm^{-3}), x die Diffusionsstrecke (cm) und D_B der Diffusionskoeffizient (cm^2 s^{-1}).

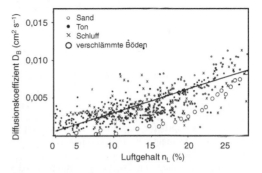

Abb. 6.5–3 Diffusionskoeffizienten von CO_2 (D_B) in Böden in Abhängigkeit vom Luftgehalt (n_L) (RICHTER & GROSSGEBAUER 1978).

6

Die diffundierenden Moleküle stoßen sich mit denen aller Stoffe in ihrer Umgebung. Daher ist der Diffusionskoeffizient für jedes Gas – außer von der Größe der diffundierenden Moleküle selbst – von der Art des Mediums abhängig, in dem die Diffusion abläuft. Also wirken sich sowohl die Zusammensetzung der Gasphase als auch ihre räumliche Verteilung und – im Bereich der wässrigen Phase des Bodens – der Salzgehalt des Wassers auf den Diffusionskoeffizienten aus.

Diesem Umstand wird insoweit Rechnung getragen, als der Diffusionskoeffizient auf den luftgefüllten Porenanteil n_L bezogen (Abb. 6.5-3) und ein Korrekturfaktor τ eingeführt wird, der den Unterschied zwischen dem Diffusionskoeffizienten in Luft (D_L) und im Boden (D_B) beschreibt:

$$D_B = -\,{}^1/\tau \cdot n_L \cdot D_L \qquad\qquad \text{(Gl. 6.5.5)}$$

Je tortuoser die Poren im Boden sind, umso stärker wird folglich der Gasfluss verzögert. Die Beziehung zwischen D_B und n_L kann für ein gegebenes Gas, z. B. CO_2, auch zur Charakterisierung eines Bodengefüges verwendet werden. Vielfach wird der Diffusionskoeffizient im Boden (D_B) auch als ‚scheinbarer‘ bezeichnet. Die unterschiedlichen, durch die Molekülgröße bedingten Eigendiffusionen der Gaskomponenten treten in ihrer Auswirkung hinter derjenigen der Form und Größe des Luftvolumens zurück.

Da alle Gase mehr oder weniger stark wasserlöslich sind, enthält das im Boden vorhandene Wasser unterschiedliche Mengen von ihnen. Diese Mengen sind von Druck und Temperatur abhängig. Unter einer GWO sind daher mehr Gase im Wasser gelöst als im ungesättigten Bereich. Dies gilt für alle Gase, vor allem für CO_2, ist aber bei H_2S besonders deutlich zu bemerken, wenn Unterwasserböden z. B. Sapropele (s. Kap. 7.6.3) und Horizonte im Grundwasserbereich aufgegraben werden, weil dabei der Druck auf Gas und Wasser plötzlich verkleinert wird.

Der Zutritt von Sauerstoff zur Bodenluft erfolgt durch die Bodenoberfläche. Diese ist daher im Sinne einer Potenzialverteilung eine Flächenquelle. Die Potenzialsenke ist der im Boden diffus verteilte Bereich des O_2-Verbrauchs, der nahe an der Bodenoberfläche am größten ist (s. auch Abb. 6.5-2). Die Diffusion in tiefer liegende Bodenschichten ist damit stets abhängig von dem verbleibenden Partialdruckgefälle.

Für das CO_2 liegt das Produktionsmaximum der Potenzialquelle in der Regel zwischen etwa 10 und 50 cm Bodentiefe. Ihre Intensität in Abhängigkeit von der Bodentiefe ist in Abb. 6.5-2 dargestellt. Die

Bodenoberfläche im Kontakt mit der atmosphärischen Luft ist für CO_2 die Potenzialsenke.

Die Tatsache, dass in größeren Bodentiefen trotz der in Abb. 6.5-2 gezeigten Intensitätsverteilung der CO_2-Quelle hohe CO_2-Konzentrationen vorliegen können (Abb. 6.5-1), ist eine Folge der Lage von Potenzialquelle und -senke zueinander. In Zeiten ansteigender CO_2-Produktion liegt das Konzentrationsmaximum im Bereich der höchsten Produktion. Das freigesetzte CO_2 wird durch Diffusion zur Bodenoberfläche, zu einem geringen Teil auch zum Unterboden hin weggeführt. Wenn im Hochsommer und im Winter die CO_2-Produktion im Bereich des frühsommerlichen bzw. herbstlichen Maximums abnimmt, verläuft der Diffusionsstrom im gesamten Boden aufwärts, da im Unterboden noch hohe Konzentrationen vorliegen.

6.5.3 Gashaushalt

Menge und Zusammensetzung der Bodenluft stehen infolge Konvektion und Diffusion in ständigem Austausch mit der atmosphärischen Luft. Hierbei ist für den Sauerstoff die Atmosphäre die Quelle, der Boden die Senke, deren jeweilige Potenziale die **Diffusionsrate** bestimmen. Die Quellen bzw. Senken, zwischen denen die Verlagerungen der anderen Gase ablaufen, sind nicht immer so eindeutig festzulegen.

6.5.3.1 Gashaushalt und Umwelt

Wie bereits am Anfang dieses Kapitels (6.5.1) beschrieben, werden in erster Linie Kohlendioxid, Methan und Distickstoffoxid (*Lachgas*) im Porenraum der Böden gebildet. Neben diesen treten alle anderen bodenbürtigen Komponenten mengenmäßig so stark zurück, dass sie hier vernachlässigt werden können. Aus dem Boden gelangen die Gase in den Luftraum. Dies geschieht durch die beschriebenen Vorgänge der Diffusion und Konvektion (6.5.2). Von dort werden sie teilweise wieder dem Boden zugeführt, teilweise entweichen sie bis in die Stratosphäre. Diesem letzteren Anteil wird verstärkt Aufmerksamkeit gewidmet, weil er als Ursache für die zur Zeit beobachtete Tendenz zur globalen Erwärmung angesehen wird (**Treibhauseffekt**).

Die **Rückführung** in den Boden setzt dort einen Verbrauch, d. h. eine Festlegung, voraus. Für das **Kohlendioxid** ist der Boden global gesehen eine wichtige Senke, wenn dort org. Substanz angereichert wird. Umgekehrt nimmt er eine Quellenfunktion an, wenn der Gehalt an organischer Substanz abnimmt. Auslösende Faktoren können Witterungsbedingungen, Nutzungsänderungen und vor allem die geänderte Zugänglichkeit der Adsorptionsfläche, die mit der Aggregatbildung des Bodens einhergeht (z. B. durch die dichteren Porenwandungen), aber auch Änderungen der Vegetationszusammensetzung sein.

Änderungen im Wasserhaushalt können nicht nur bei Nässezunahme zur Speicherung von org. Substanz durch verminderten Abbau führen, also dem Boden eine Senkenfunktion zuweisen, sondern umgekehrt sehr erhebliche Freisetzungen bewirken. So wurde als Folge der Dränung von 1000…2000 ha Wald in Schweden pro Jahr eine Freisetzung von ca. 1 Mt C ($\approx$ 3,5 Mt CO_2) pro Jahr errechnet. Im Einzelnen können sehr verschiedene Zyklen auftreten.

Die Festlegung von CO_2 verläuft indessen mengenmäßig überwiegend über die Produktion von org. Substanz durch die höheren Pflanzen und deren anschließende Umsetzung. Sie führt letzten Endes zur Auffüllung des CO_2-Speichers in Form von org. Substanz im Boden.

Nächst dem Kohlendioxid ist das **Methan** als bodenbürtiges Gas am gesamten Gashaushalt am stärksten beteiligt. Wegen seiner Entstehungsbedingungen (Kap. 6.5.1) spielt hier der Druckgradient, der eine freie Konvektion erzwingt, eine wichtige Rolle. Er führt zu größeren Verlagerungen als die Diffusion allein. Dies wird anschaulich, wenn aus nassen organischen Substraten (z. B. den subhydrischen Böden wie Dy, Gyttja, Sapropel) Gasblasen aufsteigen. Da Methan in Gegenwart von Sauerstoff durch Bakterien abgebaut wird, tritt es in die Atmosphäre nur dann ein, wenn infolge des Massenflusses des CO_2–CH_4-Gemisches kein Sauerstoff in den Boden gelangen kann. Dränung von Mooren führt somit zur Oxidation des CH_4 im Oberboden, das in tieferen Zonen entsteht. Andererseits muss, z. B. als Folge der Bodendeformation, mit einer entsprechenden Akkumulation an Methan besonders in schluffigen, lehmigen und auch tonigen Böden immer dann gerechnet werden, wenn bei verhinderter Sauerstoffnachlieferung obligate Anaerobier (s. Kap. 4.1) das ursprünglich noch vorhandene CO_2 für den eigenen Energiehaushalt weiter reduzieren. Somit entsteht bei niedrigen (negativen) Redoxpotenzialen CH_4. Methanquellen in Böden sind daher stets von einer Zone hoher CO_2-Konzentration umgeben.

Neben dieser Quelleneigenschaft kann der Boden für das Methan auch eine Senke darstellen. Das ist der Fall, wenn die in Böden stets vorhandenen, Methan abbauenden Bakterien unter stark aeroben Bedingungen in der Bodenluft die CH_4-Konzentration dort so stark absenken, dass diffusiver Transport aus der Atmosphäre in den Boden hin erfolgt. Dieser sowohl in Wäldern der gemäßigten Klimazone als auch im Ackerbau beobachtete Vorgang wird durch die Zufuhr von Stickstoff über die Düngung behindert. Hinsichtlich seines Einflusses auf den Treibhauseffekt ist Methan 32-mal so wirkungsvoll wie CO_2.

Mit jeder Nitrifikation und Denitrifikation ist eine Freisetzung von **Distickstoffoxid** (Lachgas, N_2O) verbunden. Wegen der steigenden Stickstoffeinträge in Böden wird auch die Produktion an bodenbürtigem N_2O angeregt. Es wird davon ausgegangen, dass bis zu knapp 10 % des Stickstoffs, der aus Böden gasförmig in die Atmosphäre entweicht, als N_2O auftritt. Im Gegensatz zu Kohlendioxid und Methan ist hier keine Konstellation bekannt, in der der Boden als Senke für einen N_2O-Strom auftritt. Im Hinblick auf den Treibhauseffekt ist Distickstoffoxid ca. 300-mal so wirkungsvoll wie Kohlendioxid.

6.6 Bodentemperatur

Die Messgröße, mit der die thermischen Eigenschaften und der thermische Energiehaushalt der Böden am einfachsten untersucht werden können, ist der **Wärmezustand**, gemessen durch die Temperatur. Die Bestimmung der thermischen Kapazitätseigenschaften der Böden, z. B. des Wärmeinhalts oder der spezifischen Wärmekapazität, ist demgegenüber viel schwieriger und tritt im Bereich bodenkundlicher Untersuchungen hinter der Temperaturmessung zurück. Vor allem bei Arbeiten im Freiland werden fast ausschließlich Temperaturen gemessen, wenn Aussagen über den thermischen Energiehaushalt von Böden gemacht werden sollen.

Infolge dieses messtechnisch bedingten Umstandes sind eine Reihe von prinzipiellen Parallelitäten zwischen dem Wärmehaushalt und dem Wasserhaushalt im Boden nicht ohne Weiteres erkennbar. Denn im Gegensatz zu den thermischen Eigenschaften werden hydrologische seit jeher durch ihre Kapazität gemessen. Erst in den letzten Jahrzehnten hat sich allmählich auch dort die energetische, also die von Potenzialen ausgehende Betrachtungsweise eingebürgert. Deshalb sind Abhandlungen über die Wärme im Boden anders als die über das Wasser aufgebaut. Im Prinzip sind aber auch hier Kapazitäten, Potenziale und Transporte für die beobachteten Vorgänge und Zustände entscheidend.

6

6.6.1 Bedeutung thermischer Phänomene

Bei der Beurteilung der thermischen Eigenschaften der Böden stand neben deren Einfluss auf chemische und physikalische Vorgänge der Bodenentwicklung lange Zeit vor allem die Wirkung auf biologische Vorgänge im Boden und auf den Wuchs höherer Pflanzen im Vordergrund des Interesses.

In den letzten Jahren sind neue Gesichtspunkte hinzugetreten, z. B. die Ausnutzung der im Boden gespeicherten Wärme bzw. die Möglichkeit der Ausdehnung landwirtschaftlicher Kulturflächen in kalte Klimate oder der Einfluss der Oberflächentemperatur auf das Klima. Hinzu kommen Wechselwirkungen, die im Zusammenhang mit der beobachteten globalen Erwärmung stehen.

6.6.2 Energiegewinn und -verlust

Die thermische Energie der Böden, deren Menge, wie bereits erwähnt, aus messtechnischen Gründen über die Temperaturmessung erfasst wird, stammt aus mehreren Quellen. Die weitaus bedeutendste ist die Sonne. Im Vergleich mit ihr treten Erdwärme oder die mikrobiellen Umsetzungen beim Abbau der org. Substanz in der Bedeutung zurück. Beide können aber, lokal und zeitlich begrenzt, so erhebliche Wärmemengen liefern, dass sogar eine technische Nutzung möglich ist. Das trifft z. B. für die org. Substanz zu, die früher häufig im Gartenbau zur Substraterwärmung verwendet wurde (Mistbeete) sowie für Gebiete vulkanischer Aktivität. Hier kann Wasser, das durch Erdwärme erhitzt wurde, zur Erzeugung elektrischen Stromes, aber auch zum Heizen von Gewächshäusern verwendet werden.

In ähnlicher Weise wie die Erwärmung in Städten wirkt advektive Energiezufuhr mit dem fließenden Wasser. Dies spielt im Frühjahr in gemäßigten Breiten eine Rolle (*warmer Frühjahrsregen*). In höheren Breiten (Tundra) ist Wärmezufuhr im Sommerregen ein entscheidender Faktor des Wärmehaushalts der Böden. Großräumig bewirkt die Wärmezufuhr mit dem Flusswasser in Sibirien z. B., dass die Böden im Bereich der Ströme, die aus dem Süden kommen, weiter nach Norden hinauf als in flussfernen Gebieten beackert werden können.

Im Grunde gibt es also zwei voneinander unabhängige, primäre thermische Energiequellen, nämlich die Sonne und den Erdkörper, die beide großflächig wirk-

sam sind, sowie sekundäre Energiequellen, deren Einfluss begrenzt, räumlich jedoch gelegentlich innerhalb begrenzter Zeitspannen ausschlaggebend sein kann.

Die **Energiezufuhr** durch Sonneneinstrahlung setzt sich aus drei Teilen zusammen: 1. der direkten Einstrahlung, 2. der indirekten Einstrahlung nach Reflexion und Streuung durch die Atmosphäre und 3. der thermischen Ausstrahlung von Energie, die vorher von der Atmosphäre absorbiert worden war.

Dieser Energiezufuhr steht ein **Energieverlust** gegenüber, der, über lange Zeitspannen, z. B. ein oder mehrere Jahre, und über große Räume betrachtet, etwa ebenso groß ist. Diesen Zusammenhang kann man daran erkennen, dass sich trotz ständiger Sonneneinstrahlung die Oberflächentemperatur der Erde nicht nennenswert ändert, so dass es sinnvoll ist, mittlere Bodentemperaturen für bestimmte Orte und Zeitspannen anzugeben.

Die Ursache für die Energieverluste aus dem Boden ist in erster Linie die Ausstrahlung, die infolge des **Wien'schen Verschiebungsgesetzes** langwelliger als die Einstrahlung ist. Diese sog. *dunkle Erdstrahlung* oder *Bodenstrahlung* ist von der Temperatur der Bodenoberfläche abhängig und liegt zum großen Teil im Bereich der Wärmestrahlung. Sie ist die entscheidende Komponente für die Erwärmung der bodennahen Luft. Ein zweiter, zu Energieverlusten führender Vorgang ist die Evaporation, in deren Verlauf dem Boden Verdampfungswärme entzogen wird. Nur ein geringer Teil von ihr wird engräumig und kurzfristig bei Reif- und Taubildung an den Boden zurückgegeben. Der überwiegende Anteil wird erst beim Kondensieren des Wasserdampfes in der Atmosphäre frei.

Abgesehen von diesem großräumig wirksamen Phänomen gibt es noch einige weitere, die engräumig von Bedeutung sind. Hierzu zählt in erster Linie der Einfallswinkel der Sonnenstrahlen und somit die **Inklination**, d. h. die Neigung der Bodenoberfläche gegen die Horizontale. Außerdem spielt die **Exposition**, d. h. die Ausrichtung dieser Neigung in Bezug auf die Himmelsrichtung, eine entscheidende Rolle.

Die Veränderungen der Einstrahlung durch Inklination und Exposition sind abhängig von Jahres- und Tageszeit, und geographischer Breite eines Standorts. Ein weiterer Faktor dieser Art ist die Position im Energieeintrittsfeld der Erde. Hierunter fallen alle Beschränkungen des Einstrahlungsbetrags durch Verunreinigungen der atmosphärischen Luft. Besonders starke direkte Einstrahlung findet daher in großen Höhen ü. NN statt, besonders geringe unter den Dunstglocken tief liegender industrie- und bevölkerungsreicher Ballungsräume.

Schließlich ist noch das Absorptionsvermögen der Bodenoberfläche zu nennen, das von der Farbe des

Bodens und der Beschaffenheit – vor allem der Rauigkeit – abhängt. Da dunkle Böden weniger Strahlung reflektieren, werden sie bis in ca. 20 cm Tiefe hinunter um $\approx 3\,°C$ wärmer als helle Böden ähnlicher Beschaffenheit. Bei der Oberflächenrauigkeit spielen vor allem Auflagen, wie natürliche Humusschichten oder Mulch, und auch Bearbeitungsvorgänge und von ihnen erzeugte Gefügeformen eine Rolle.

6.6.3 Thermische Eigenschaften

Wie die Oberfläche eines jeden Körpers hat auch die Bodenoberfläche ein spezifisches **Absorptionsvermögen**. Nur der absorbierte Anteil der Einstrahlung wirkt sich auf die Bodentemperatur aus. Der nicht absorbierte Anteil wird reflektiert. Er wird in der Meteorologie als **Albedo** bezeichnet. Der Zusammenhang zwischen Bodeneigenschaften und Albedo ist eine wichtige Größe in der Fernerkundung. Sie liegt bei Böden (Abb. 6.6–1) zwischen etwa 5 und 60 %, was einer Absorption von 40...95 % entspricht. Die Farbe der Bodenoberfläche spielt hierbei die entscheidende Rolle. Mithin sind der

Gehalt an org. Substanz, deren Farbe und die Bodenfeuchte wesentliche Faktoren. Einen erheblichen Einfluss hat auch die Vegetationsdecke. Luftaufnahmen in Schwarz-Weiß-Technik geben davon einen anschaulichen Eindruck. Sie lassen die Wasserflächen fast schwarz erscheinen (vgl. Abb. 6.6–1).

Im Gegensatz zu der vorigen Eigenschaft ist die Wärmekapazität eine reine intrapedologische, d. h. nicht von äußeren Einwirkungen abhängige Größe. Mit diesem Begriff wird in der Regel nicht die Gesamtkapazität, sondern eine **spezifische** Kapazität verstanden. Sie ist das Produkt aus spezifischer Wärme (c) und Dichte (ρ) und gibt die Wärmemenge an, die benötigt wird, um 1 Volumeneinheit Boden um 1 Wärmeeinheit zu erwärmen ($c \cdot \rho = c_w$). Als Einheit gilt $J\,cm^{-3}\,K^{-1}$. Dieser Wert ist für die verschiedenen Komponenten des Bodens unterschiedlich (Tab. 6.6–1) und zudem sehr stark vom Wassergehalt abhängig (Abb. 6.6–2), weil das Wasser von allen Bestandteilen die größte spezifische Wärmekapazität hat.

Eine weitere, für die thermischen Phänomene wichtige Größe ist die **Wärmeleitfähigkeit** (λ). Sie gibt die Wärmemenge (I) an, die durch einen Querschnitt von 1 cm² unter einem Gradienten von 1 K cm⁻¹ in einer Sekunde fließt. Dies ergibt eine einfache Transportgleichung, die analog der Darcy-Gleichung (Kap. 6.4.3) aufgebaut ist:

$$I = \lambda \frac{\partial T}{\partial x} \qquad \text{(Gl. 6.6.1)}$$

Die Einheit für λ hängt auch hier von der Wahl der Wärmeeinheit ab. Sie ist in Tab. 6.6–1 eingetragen. Die Werte für die Bodenkomponenten in der Tabelle gelten für kontinuierliche porenfreie Substanz. Da Böden aber aus Einzelpartikeln bestehen, hinsichtlich der festen Substanz also diskontinuierlich sind, ist die Wärmeleitfähigkeit der Schüttung

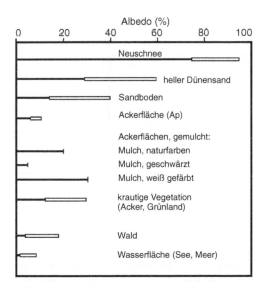

Abb. 6.6–1 Albedo verschiedener Bodenoberflächen und Vegetationstypen, Wasserflächen und Neuschnee (nach GEIGER 1961 und SHARRATT & CAMPBELL 1994). Die Werte für Dünensand, Sandboden und Ackerfläche (Ap) liegen im trockenen Zustand im rechten, im nassen Zustand im linken Bereich des Balkens.

Tab. 6.6–1 Wärmeleitfähigkeit (λ) und Wärmekapazität (c) von Bodenbestandteilen (nach BOLT et al. 1965, modifiziert).

Boden-komponente	(λ) (J cm⁻¹ s⁻¹ K⁻¹)	(c) (J cm⁻³ K⁻¹)
Quarz	$8,8 \cdot 10^{-2}$	2,1
Tonminerale	$2,9 \cdot 10^{-2}$	2,1
Humus	$2,5 \cdot 10^{-3}$	2,5
Wasser	$5,7 \cdot 10^{-3}$	4,2
Eis	$2,2 \cdot 10^{-2}$	1,9
Luft	$2,5 \cdot 10^{-4}$	$1,3 \cdot 10^{-3}$

6

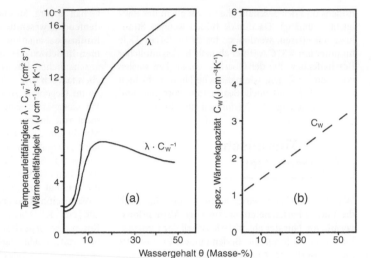

Abb. 6.6-2 Beziehung zwischen (a) Wärmeleitfähigkeit λ, Temperaturleitfähigkeit $\lambda \cdot C_W^{-1}$ sowie (b) spezifischer Wärmekapazität (C_W) des Bodens in Abhängigkeit vom Wassergehalt (nach BOLT et al. 1965).

bzw. Lagerung von der Anzahl der Berührungsstellen abhängig. Somit ist sie von der Lagerungsdichte und vom Beitrag der Wassermenisken an der Größe der Leitungsquerschnitte, also auch vom Wassergehalt beeinflusst. In Abb. 6.6–2 ist dieser Zusammenhang dargestellt.

Da die Bestimmung der Wärmeleitfähigkeit (λ) umständlich ist, wird stattdessen vielfach die einfacher erfassbare **Temperaturleitfähigkeit** ($\lambda\, c^{-1} \rho^{-1}$) bestimmt. Sie wird aus der Temperaturveränderung in Abhängigkeit von der Zeit (t) und der Strecke (x) errechnet und kann ihrerseits zur Bestimmung der Wärmeleitfähigkeit herangezogen werden, wenn die spezifische Wärmekapazität des Bodens bekannt ist. Sie wird durch folgende Formel beschrieben:

$$\frac{\partial T}{\partial t} = \frac{\lambda}{c \cdot \rho} \cdot \frac{\partial^2 T}{\partial x^2} \qquad \text{(Gl. 6.6.2)}$$

Die Temperaturleitfähigkeit ist wie die beiden anderen Eigenschaften stark vom Wassergehalt des Bodens abhängig (s. Abb. 6.6–2).

6.6.4 Wärmebewegungen

Wärmebewegungen treten in allen Böden auf, wenn Temperaturunterschiede vorliegen. Das ist in Böden die Regel, der isotherme Zustand ist die Ausnahme (Abb. 6.6–3).

Zwei Mechanismen bewirken im Boden Wärmeausgleichsbewegungen, und zwar die **Wärme-**

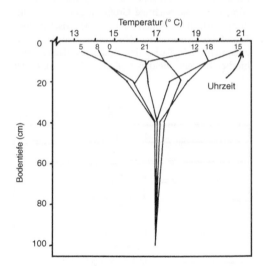

Abb. 6.6-3 Linien gleichzeitiger Temperaturen (Isochronen) in einer Sandbraunerde bei Worpswede an einem Augusttag. Vgl. hierzu Abb. 6.6–4 (nach MIESS 1968).

leitung und die **Konvektion**. Während die erstere immer abläuft, ist die zweite an das Vorhandensein eines beweglichen Trägers gebunden. Dieser Träger ist in der Regel das Wasser. In der flüssigen Phase ist es wegen seiner hohen Wärmekapazität ein wirksamer Träger. In der Gasphase hat es zwar eine geringe Kapazität, aber dies wird durch die hohe Verdampfungs- bzw. Kondensationswärme (ca. 2500 J g^{-1})

ausgeglichen. Im nicht wassergesättigten Boden spielt daher der **Wasserdampftransport** als Wärmetransportmechanismus eine erhebliche Rolle. Dies gilt vor allem, wenn große Temperaturunterschiede auftreten, also unter unbewachsenen Bodenoberflächen und im Zusammenhang mit Bodenheizungen, die beispielsweise im Gartenbau eingesetzt werden. Im ungesättigten Boden liegt also eine Koppelung von Wärme- und Wassertransport vor.

Der Wärmetransport ist dabei besonders wirksam, wenn nicht nur die Kondensationswärme, sondern auch noch die Erstarrungswärme des Wassers (ca. $300\,\mathrm{J\,g^{-1}}$) beim Übergang in die feste Phase (= Eis) frei wird. Diese starke Wärmefreisetzung beim Phasenübergang ist in Verbindung mit einer weitgehend ungehinderten Ableitung aus dem Boden in die Atmosphäre eine wesentliche Ursache dafür, dass die Bodentemperatur im Bereich unterhalb $0\,^{\circ}\mathrm{C}$ auch bei unbedecktem Boden einem weiteren Absinken der Lufttemperatur nur in den obersten 2 bis 3 cm eng folgt. In den darunter liegenden Bodenbereichen folgen die Temperaturen dem Absinken der Lufttemperatur um so langsamer, je mehr Platz für die Zufuhr von weiterem Wasser ist. Sie bleiben daher in der Regel viel höher.

Der andere Mechanismus, die **Wärmeleitung**, ist stark vom Ausmaß des leitenden Querschnitts im Boden abhängig. Dieser Querschnitt ist wegen der geringen Wärmeleitfähigkeit der Luft stark vom Wassergehalt abhängig. Geringe Wassergehalte bewirken infolge ihrer meniskenartigen Verteilung im Boden besonders starke Zunahmen des Fließquerschnitts und führen damit zu größeren Transportmengen. Dies führt zu schnellerem Temperaturanstieg im gesamten Bodenkörper (Abb. 6.6–2). Da aber gleichzeitig die hohe Wärmekapazität des Wassers viel Energie zu dessen Erwärmung verbraucht, gibt es einen Punkt, an dem die Transportzunahme, die sich aus der Zunahme des Fließquerschnitts und damit der Leitfähigkeit ergibt, durch die Zunahme der Kapazität kompensiert wird. Letztere verhindert den regionalen Temperaturanstieg, der für ein Weitergehen des Transports notwendig wäre, und somit auch die Ausbildung starker Temperaturgradienten. Dies führt schließlich zu der in Abb. 6.6–2 dargestellten Abnahme der Temperaturleitfähigkeit.

6.6.5 Wärmehaushalt

Die stärkste Energiezufuhr, die Sonneneinstrahlung, trifft an der Bodenoberfläche auf. Die stärkste Abfuhr, die Abstrahlung zum Weltall, geht ebenfalls von dieser Zone aus. Deshalb ist die Bodenoberfläche der Bereich mit den stärksten Temperaturschwankungen. Von hier aus wird sowohl die Luft als auch das Bodeninnere erwärmt oder abgekühlt.

Vor diesem Hintergrund bestimmt das Zusammenwirken der im vorigen Abschnitt beschriebenen Faktoren Größe und Veränderung von Wärmeinhalt und Wärmezustand der Böden in Abhängigkeit von Ort, Zeit und Bodentiefe. Daraus ergibt sich der Wärmehaushalt.

6.6.5.1 Natürlicher Wärmehaushalt

Der regelmäßige periodische Wechsel des Überwiegens von Ein- und Ausstrahlung führt zu ebenfalls regelmäßigen Temperaturschwankungen im Boden. Da Ein- und Ausstrahlung an der Bodenoberfläche stattfinden, ist dort die Amplitude der Temperaturschwankungen am größten.

Das gilt sowohl für die Tagesgänge (Abb. 6.6–4) als auch für die Jahresgänge der Temperatur (Abb. 6.6–5). Dieser allgemeine Verlauf wird durch Bodeneigenschaften und Umgebungsbedingungen beeinflusst.

Zu den ersteren gehört die Wärmekapazität, die generell dämpfend auf die Temperaturamplitude wirkt, unabhängig davon, ob sie durch hohe Lagerungsdichte oder hohen Wassergehalt zustande kommt. Die zweite wichtige Bodeneigenschaft ist die Wärmeleitfähigkeit. Hier wirkt ein hoher Wert dämpfend auf die Temperaturamplitude an der Bodenoberfläche, fördert aber die Fortpflanzung der Temperaturwelle in den Untergrund.

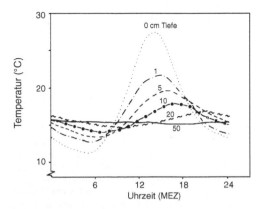

Abb. 6.6–4 Täglicher Temperaturgang in Abhängigkeit von der Tiefe in einer Sandbraunerde bei Worpswede im August (Hochdruckwetterlage, gleicher Boden wie in Abb. 5.6–3) (nach Miess 1968).

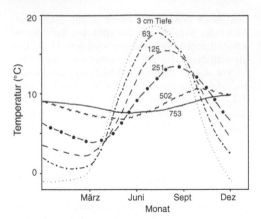

Abb. 6.6–5 Jährlicher Temperaturgang in Abhängigkeit von der Tiefe in einem Boden bei Königsberg (nach SCHMIDT & LEYST, in GEIGER 1961).

Eine niedrige Wärmeleitfähigkeit erhöht umgekehrt die Temperaturamplitude an der Bodenoberfläche, blockiert aber die Fortpflanzung der Welle in die Tiefe. Das Ergebnis des Zusammenspiels beider Eigenschaften für den Wärmehaushalt hängt vom Wassersättigungsgrad des Bodens ab (vgl. Abb. 6.6–2). Es hat zur Folge, dass nasse Böden wie Grund- und Stauwasserböden sich im Vergleich zu trockeneren langsam und wenig erwärmen. Ihre Oberflächen erwärmen sich weniger als die der trockeneren, kühlen aber bei nächtlicher Abstrahlung auch weniger aus. Dies führt im Extremfall zu besonders häufigem Bodenfrost von gedränten Mooren, denn diese absorbieren infolge ihrer dunklen Farbe einen hohen Anteil der eingestrahlten kaum nach unten weiter – was zu Wärmestau, mithin hohen Temperaturen einer ganz dünnen obersten Zone führt. Nachts erzwingt dies eine entsprechend starke Abstrahlung mit Abkühlung bis in den Bereich des Gefrierens. Analog, wenn auch nicht so ausgeprägt, verhalten sich alle Böden in Abhängigkeit von Farbe und Lockerheit der Bodenoberfläche. Lockerheit und Trockenheit der Bodenoberfläche fördern mithin Wärmestau und gleichzeitig die Spätfrostgefahr.

Andererseits ist Wasserdampf in Böden als Wärmetransportmedium umso effizienter, je mehr grobe Poren ein Boden enthält. Sein Anteil am Wärmetransport ist daher bei Tonböden mit der Aggregierung, in Mooren mit dem Humifizierungsgrad der Torfe korreliert.

Der Wärmehaushalt eines Bodens wird außer durch seinen Wasserhaushalt auch über die verstärkte Verdunstung beeinflusst, die bei den nassen Grund- und Stauwasserböden zusätzliche Wärmeverluste verursacht.

Der Einfluss von Steinen auf den Wärmehaushalt eines Bodens kann erheblich sein. Sie sind durch eine im Vergleich zur Umgebung höheren Wärmeleitfähigkeit und im Vergleich zum Wasser geringeren Wärmekapazität gekennzeichnet (Tab. 6.6–1). Eine Folge dieses Unterschieds ist das ‚Hochfrieren‘ von Steinen, weil sie die Bildung von Eiskristallen unter sich und die damit verbundene Anhebung fördern. Den Gang der Tagesschwankungen der Temperatur, die im Vergleich mit den Jahresschwankungen gering sind (Abb. 6.6–4 und 6.6–5), beeinflussen Steine im Unterboden aber allenfalls in Permafrostgebieten. Ganz allgemein wirkt sich ein Pflanzenbestand dämpfend auf die Temperaturamplitude aus.

Unter den Umgebungsbedingungen ist zunächst die **Exposition** zu nennen. Auf der Nordhalbkugel ist auf nach Norden geneigten Hängen die Einstrahlung geringer als auf südwärts exponierten. Die Bodentemperaturen sind daher niedriger, ebenso die Verdunstung; die Böden sind mithin dort nasser. Dies führt zu einer Dämpfung der Temperaturamplituden. Der Expositionseffekt nimmt mit steigender Steilheit der Hänge (Inklination) zu, ebenso mit zunehmender Höhe über dem Meeresspiegel.

Im Allgemeinen folgt die Jahresdurchschnittstemperatur von Böden in 50 cm Tiefe ziemlich genau dem Jahresmittel der Lufttemperatur. Sie liegt, wie Tab. 6.6–2 zeigt, stets um einen bestimmten Betrag über deren Messwert in 2 m Höhe.

Unter Berücksichtigung der jahreszeitlich bedingten Einstrahlung, gegeben durch das Datum, lässt sie sich sogar tageweise errechnen. Dabei zeigt sich, dass die Maximal- wie auch die Minimalwerte der Bodentemperatur in den obersten 5…7 cm pflanzenfreien Bodens fast immer 7…10 Grad höher als die Maximal- bzw. Minimalwerte der Lufttemperatur an den genormten meteorologischen Stationen (2 m über dem Boden) sind. Generell gesehen und unter Vernachlässigung lokaler Einflüsse, wie Topographie und Vegetation, hat die Bodenoberfläche der angrenzenden Luft gegenüber die Rolle einer Heizplatte, solange Einstrahlung überwiegt. Dies ist die Ursache für die Aufwinde, die Thermik der Segelflieger und das ‚Flirren‘ der Luft an heißen Tagen. Dieser Zustand wird nur am Ende von Perioden längerer extremer Abstrahlungsphasen für kürzere Zeitspannen unterbrochen.

Der Zusammenhang zwischen Luft- und Bodentemperatur wird durch Schneedecken gestört, die eine tiefe Abkühlung des Bodens selbst nahe der Oberflä-

6

Tab. 6.6–2 Klassifikation der Wärmehaushalte von Böden mit Hilfe von Jahresmitteltemperaturen und Temperaturschwankungen (USDA1999)

Differenz der Mittelwerte der 3 Sommer- und 3 Wintermonate (°C)[a]	Jahresmittel der Temperatur in 50 cm Tiefe (°C)[b]				
	< 0[c]	0...8[d]	8...15	15...22	> 22
> 6	cryic	frigid	mesic	thermic	hyperthermic
< 6	cryic	isofrigid	isomesic	isothermic	isohyperthermic

[a] Nördliche Halbkugel: Sommermonate: Juni, Juli, August; Wintermonate: Dezember, Januar, Februar. [b] Diese Temperatur ist 0,3 (bei 6 °C) bis 3 ° (bei 30 °C) höher als die Lufttemperatur in 2 m Höhe. [c] Sommermittel <15 (<13 wenn nass, <8 unter Humusauflage, < 6 bei Mooren), kein Permafrost. [d] Sommermittel ≥ 15(≥ 13 wenn nass, ≥ 8 unter Humusauflage, ≥ 6 bei Mooren).

che unterbinden. Umgekehrt bewirken Brände der Vegetation zwar ein Aufheizen der Bodenoberfläche, haben aber kaum Einfluss auf die Bodentemperatur unterhalb 5 cm Tiefe, wie Untersuchungen an kontrollierten Bränden in Brasilien zeigten.

Eine allgemeine Übersicht über die Wärmehaushalte von Böden sehr verschiedener Klimabereiche bietet die Einteilung der amerikanischen Bodenschätzung (*Soil Taxonomy*, USDA, s. Kap. 7.4.3). In ihr werden die Böden hinsichtlich ihres Wärmehaushalts aufgrund der Jahresmitteltemperatur und der Amplitude der jährlichen Temperaturschwankung in 50 cm Tiefe eingeteilt

6.6.5.2 Anthropogene Eingriffe

Der Wärmehaushalt von Böden wird durch jede menschliche Tätigkeit beeinflusst, die die Ein- und Ausstrahlungssituation und die Wärmekapazität verändert. Gleichermaßen wirken Zufuhr oder Abtransport von Wärmeenergie oder von Energie freisetzenden Stoffen auf ihn ein.

Die Ein- und Ausstrahlungssituation kann beeinflusst werden durch die Ausrichtung von Exposition und Inklination (z. B. Wallbildung für Kulturpflanzen), durch Farbgebung (Sanddeckverfahren auf Mooren und dunklen Saatbeeten), durch Abdeckungen (Mulchverfahren) und durch Lockerung oder Verdichtung (Walzen) der Bodenoberfläche. Versiegelungen, d. h. Abdichtungen gegen Infiltration und Evaporation, wie sie vor allem bei Straßen, aber auch bei anderen Bauvorhaben vorkommen, beeinflussen den Wärmehaushalt nicht nur durch Unterbinden der genannten Wassertransportvorgänge, sondern auch durch Verändern der Albedo. Ganz allgemein wird die Albedo durch Übergang von Wald zu krautiger Vegetation vergrößert

(Abb. 6.6-1). Auf Flächen, deren A-Horizonte entfernt wurden (z. B. Baustellen, Erosionsflächen) oder noch nicht gebildet wurden (z. B. Rekultivierungsflächen, Aufspülflächen), ist sie am größten. Damit geht verminderte Erwärmung einher. Gleichzeitig unterbleibt aber auch der Wärmeverlust, der durch Transpiration einer Vegetationsdecke entstehen würde.

Die Wärmekapazität kann in erster Linie durch Veränderung des Wassergehalts beeinflusst werden. Hierbei spielt in kühlen Klimaten vor allem die Dränung eine Rolle (Kap.6.4), die eine Erwärmung des Bodens gegenüber ungedränten Flächen im Frühjahr beschleunigt und damit die Vegetationsperiode verlängert.

Wärmezufuhr, die den Temperaturverlauf in Böden beeinflusst, erfolgt im Prinzip durch jede Zufuhr von organischer Substanz. Die bei ihrem Abbau freiwerdende Wärmeenergie ist allerdings nur bei hoher Anreicherung organischen Materials wirksam. Früher wurde dies im Gartenbau durch den Betrieb von ‚Mistbeeten' genutzt.

Deckböden über Müll- und Klärschlammdeponien erhalten durch den Abbau organischer Verbindungen im Deponiekörper eine ständige Wärmezufuhr von unten. Hier wurden in 50 cm Tiefe um 3 °C, in 180 cm Tiefe um 9 °C höhere Jahresmitteltemperaturen gemessen als in einem sandigen Mineralboden im Umland. Die ständige Wärmenachlieferung aus dem Deponiekörper führt vor allem im Winterhalbjahr zu einer gegenüber natürlichen Böden stark erhöhten Temperatur im Unterboden und reicht auch bis in den Oberboden.

Wasserdampftransport, der ähnlich wie bei Bodenheizungen in Gewächshäusern zum Austrocknen der wärmsten und Feuchtwerden der kälteren Partien führt, ist auch hier ein wirksamer konvektiver Wärmetransport (Kap. 6.4.4. und 6.5.2). Er unter-

6

bindet die Entstehung steiler Temperaturgradienten, führt aber gleichzeitig zu starker Austrocknung.

Wärmeentzug aus Böden (z. B. zu Heizzwecken) ist nur ergiebig, wenn der Wärmeaustauscher in das frei fließende Grundwasser verlegt werden kann. Dann kann er die eingestrahlte Energie aus der gesamten Fläche nutzen. Entzug aus dem langsamer fließenden Haftwasser würde den Bau von Austauschern in Flächen erfordern, deren Größe bei der lokalen Einstrahlungsintensität eine hinreichende Energiespeicherung gestattet. In beiden Fällen führt Wärmeentzug zu tieferen Temperaturen im Boden.

6.7 Transportvorgänge und Verlagerungen

Transport von Materie über die Bodenoberfläche und innerhalb eines Bodenkörpers erfolgt in erster Linie durch **Konvektion**. Sie ist der effektivste und häufigste Transportmechanismus. Transportmedien sind Wasser und Luft, seltener Eis. Transportvorgänge innerhalb des Bodens laufen im Porensystem ab und werden daher durch dessen Eigenschaften beeinflusst.

Transporte durch Strömungen, die über die Bodenoberfläche und im Wesentlichen parallel zu ihr verlaufen, erzeugen Erosion und Akkumulation (Kap. 10.7.1). Verlagerungen ohne transportierendes Medium zum Ausgleich von Potenzialgradienten sind z. B. gravitationsbedingte Massenbewegung (Erdrutsche, Bodenkriechen; s. Kap. 6.3.3) und die Diffusion.

Der Verlauf konvektiver Transporte ist an das Strömungssystem des Fließmediums gebunden. Dieses System ist im jeweils relevanten Abschnitt durch **Quelle**, **Senke** und den **Fluss** längs der Strömungsfäden beschreibbar (Kap. 6.4.7). Erst innerhalb dieses Systems wird das Transportgeschehen durch das Verhalten der Inhaltsstoffe im strömenden Medium selbst und im durchströmten Porensystem beeinflusst.

Quellen sind in Böden z. B. die Bodenoberfläche oder die Grundwasseroberfläche (GWO). Dazugehörige Senken wären z. B. die Unterkante eines Bodens (=Pedon), die GWO, freie Wasserflächen wie Gräben oder Dräne.

Im wasserungesättigten Bereich aller Böden laufen auf makroskopischer Skala und ebener Lage vorwiegend vertikal aufwärts oder abwärts gerichtete, mithin **eindimensionale** Transportvorgänge ab, bei denen die seitlichen Ränder des Strömungssystems beliebig festgelegt werden können. Bei Transportvorgängen in Landschaften müssen **zwei-** oder **dreidimensionale** Strömungssysteme zugrunde gelegt werden. Der Transport der Inhaltsstoffe wird durch biologische Prozesse (Ab-, Umbau, Freisetzung, Abscheidung und Aufnahme durch Edaphon und Wurzeln) beeinflusst, die hier als wichtigste Quellen oder Senken wirken können. Hinzu kommen chemische (z. B. Ad- und Desorption, Redoxvorgänge) und physikalische (Diffusion, hydrodynamische Dispersion) Prozesse. Im Folgenden wird vorrangig auf den Transport in der flüssigen Phase, der im Boden überwiegt, eingegangen, während hinsichtlich der entsprechenden Transporte in der Landschaft auf die umfangreiche Spezialliteratur, einschließlich der vorliegenden Modellansätze, verwiesen wird.

6.7.1 Transport im Boden in der flüssigen Phase

Bei jeder Wasserbewegung in der Bodenmatrix werden die Inhaltsstoffe mitgeführt, also **konvektiv** verlagert. Die Bodenlösung kann dabei Stoffe sowohl in gelöstem als auch in suspendiertem oder emulgiertem Zustand transportieren. Dieser Vorgang ist einer der wesentlichsten Faktoren der Bodenentwicklung. Denn die ständige Bewegung des Bodenwassers verhindert, dass sich Gleichgewichte zwischen den verschiedenen Komponenten der Bodenlösung und zwischen diesen und den angrenzenden Oberflächen der festen Matrix bilden. Konvektiver Transport ist Grundvoraussetzung für das Weiterlaufen aller Reaktionen, somit auch der Verwitterung sowie der Austausch-, Auswaschungs- und Anreicherungsvorgänge.

Die transportierende Wasserströmung entspricht einem **kapillaren Fließen**. Der Einfluss des Porensystems bewirkt ein ‚Auseinanderziehen' des Fließvorgangs, im Vergleich zu einer Strömung in einer einzigen großen Kapillare, deren Fließquerschnitt dem des Kapillarenbündels entspricht (Abb. 6.7–1). Die Ursache dafür ist der große Einfluss des Kapillardurchmessers auf die Geschwindigkeit des darin ablaufenden Flusses (Kap. 6.4.3.1).

Dieses Auseinanderziehen der Inhaltsstoffe in den Bodenporen an der Vorrückfront nennt man **hydrodynamische Dispersion**. Ihr Ausmaß ist gefügebedingt und daher boden- bzw. sogar horizonttypisch.

Ihre Auswirkung wird besonders deutlich, wenn Zusammensetzungen oder Konzentrationen der Inhaltsstoffe sich plötzlich ändern, z. B. nach ei-

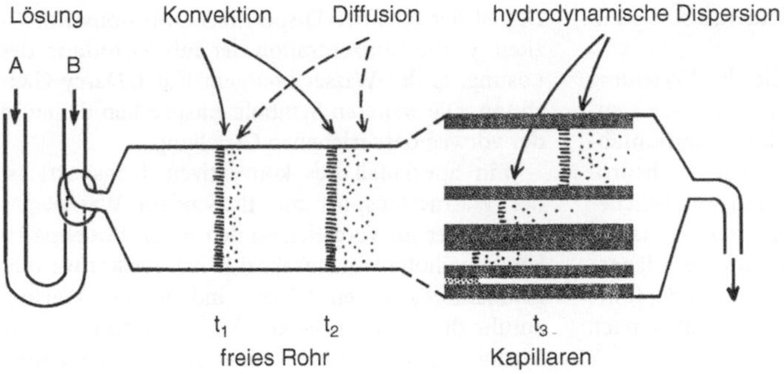

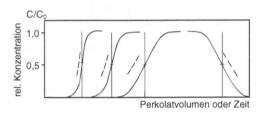

Lösung   Konvektion   Diffusion   hydrodynamische Dispersion

A   B

t_1 t_2 t_3
freies Rohr   Kapillaren

Abb. 6.7-1 Schema der Auswirkung von Diffusion (im freien Rohrteil) und hydrodynamischer Dispersion gemeinsam mit Diffusion (in einer Gruppe von Kapillaren) bei Einsetzen der Zufuhr eines Inhaltsstoffs in ein perkolierendes Medium (Zeitrahmen = t_1 bis t_3).

C/C_0

rel. Konzentration

1,0 –

0,5 –

Perkolatvolumen oder Zeit

Abb. 6.7-2 Schema des Verlaufs des Konzentrationsanstiegs eines dem Fließmedium zugefügten Inhaltsstoffes (Durchtrittskurven) durch hydraulische Dispersion in Abhängigkeit von der Fließstrecke (links) und der Konzentrationsabnahme nach Ende der Zufuhr (rechts). Die Auseinanderziehung durch hydrodynamische Dispersion nimmt mit der Fließstrecke und damit der Verweildauer zu. Die gestrichelten Kurventeile zeigen den Einfluss der Diffusion, die die hydraulische Dispersion überprägt.

ner Düngung, oder wenn nach Starkniederschlägen plötzlich inhaltsstoffarmes Wasser nachströmt.

Das Zusammenwirken von hydrodynamischer Dispersion und **Diffusion** ist in Abb. 6.7-1 schematisch dargestellt. Dabei ist laminare Strömung angenommen (Kap. 6.4.3). Unter Vernachlässigung der Form des hydraulischen Geschwindigkeitsprofils ist im frei fließenden Teil (in Abb. 6.7-1 links) das kolbenförmige Vorrücken der Konzentrationsfront, nach dem die Zufuhr des Transportmittels umgestellt wurde, dargestellt (von Lösung A auf Lösung B in der Abbildung). Dort zieht die Diffusion die Inhaltsstoffe umso wirkungsvoller vor der vorrückenden kolbenförmigen Konzentrationsfront auseinander, je langsamer diese vorrückt. Im Bereich der Kapillaren (in Abb. 6.7-1 rechts) bewirkt die hydraulische Dispersion eine zusätzliche Verteilung der Inhaltsstoffe. Das Auseinanderziehen

der Konzentrationsfront nimmt mit zunehmender Fließstrecke und fortschreitender Zeit zu. Dies kann im Versuch durch Bestimmung der Konzentrationsänderungen im aufgefangenen Perkolat verfolgt werden (Abb. 6.7-2).

Der Verlauf der **Durchbruchskurve** oder **Durchtrittskurve** ist stark von der Porengeometrie abhängig. Wenn gestreckte Poren (Risse, Röhren) vorhanden sind oder Aggregatpackungen vorliegen, erscheint die erste Konzentrationszunahme im Perkolat besonders früh, weil Zonen langsamer Strömung besonders wirkungsvoll umflossen werden.

Infolge der großen Formenvielfalt der Aggregatgefüge (Kap. 6.3.1) und der Makroporen ist der **präferentielle Fluss (Makroporenfluss**, s. Kap. 6.4.3.1) vielgestaltig und beeinflusst maßgeblich die Form der Durchtrittskurve. Dies erschwert ihre Beschreibung. Hinzu kommt, dass der Einfluss der Makroporen auf den Gesamtfluss und den Transport von der Größe des Volumens, das bei der Messung erfasst worden ist, im Verhältnis zur Kontinuität der Makroporen abhängt. Diesem Umstand muss Rechnung getragen werden, indem entweder die Größe der Stichprobe, also z. B. das Volumen bei einer Messung, so gewählt wird, dass die Anteile blind endender Risse oder Röhren verschiedener Ausprägung für die beprobte Fläche repräsentativ sind (**repräsentatives Elementarvolumen, REV**) oder indem eine hinreichend große Anzahl von Parallelmessungen durchgeführt wird. Eine Möglichkeit, diese Schwierigkeiten zu umgehen, kann in der Verwendung spezieller morphologischer Gefügeansprachen bestehen.

Darüber hinaus beeinflusst das Angebot an Reaktionspartnern, wie z. B. Ionenaustauschern, Redoxsystemen, abbauenden Organismen, die Form der Durchtrittskurven umso mehr, je länger der Fließweg ist. Der Zusammenhang zwischen Durch-

6

trittskurve und Fließstrecke charakterisiert die Filtereigenschaften eines Bodens.

Die Gesetzmäßigkeiten, welche die Verteilung der Inhaltsstoffe im perkolierenden Wasser steuern, wirken auch im Fall der Konzentrationsabnahme. Auch ihr Verlauf wird durch die hydrodynamische Dispersion verzerrt. Ein wesentlicher Unterschied gegenüber der Einwaschungssituation besteht darin, dass die Diffusion zu einem längeren Verweilen der Inhaltsstoffe in der Matrix führt (Abb. 6.7–2), die **Verdrängungskurve** also nach rechts verschiebt.

Um den Transport von Wasserinhaltsstoffen formelmäßig darzustellen, wird zunächst die Erhaltung der Materie innerhalb einer Volumeneinheit und eines Zeitintervalls beschrieben. Grundlage dazu ist die **Kontinuitätsgleichung**, in der An- und Abtransport, Speicherung sowie ggf. Quellen oder Senken zum Ausdruck kommen. Für den vereinfachten Fall, dass die Inhaltsstoffe des Bodenwassers in der angrenzenden Bodenluft nicht in Gasform auftreten, kann man sie als Differentialgleichung wie folgt schreiben:

$$\frac{\partial C_T}{\partial t} + \frac{\partial I_C}{\partial z} + r = 0 \qquad \text{(Gl. 6.7.1)}$$

$C_T =$ Gesamtkonzentration, Summe der zu erfassenden Gruppe der Inhaltsstoffe in allen vorkommenden Zuständen bzw. Formen, z. B gelöst im Wasseranteil ($C_l \cdot \theta$) und adsorbiert an der Festphase ($C_{ads} \cdot \rho_B$) des betrachteten Volumens.

$I_C =$ durch den konvektiven Transport verlagerte Inhaltsstoffe. Dieses Glied setzt sich zusammen aus dem durch die Darcy-Gleichung beschriebenen Fluss (Kap. 6.4.3), der hydrodynamischen Dispersion und der Diffusion. Die beiden letzteren Phänomene werden durch Gleichungen erfasst, die mathematisch der Diffusionsgleichung entsprechen (Kap. 6.4.4.1). Nur bei extrem langsamer Fließbewegung hat die Diffusion deutlichen Einfluss. In Böden wird die Verteilung der Inhaltsstoffe in der Regel durch die hydrodynamische Dispersion stärker beeinflusst.

$r =$ Reaktionsrate für Quellen bzw. Senken.

Als Ausgangsposition für Computer-Modellierungen des Transports von Wasserinhaltsstoffen wird die **Kontinuitäts-Dispersions-Gleichung** in der folgenden Form benutzt:

$$\frac{\partial C_T}{\partial t} = \frac{\partial [D_{hd} \cdot (C_l / z)]}{\partial z} - \frac{\partial (I_{fl} \cdot C_l)}{\partial z} - r \qquad \text{(Gl. 6.7.2)}$$

D_{hd} ist der effektive Dispersions-Diffusions-Koeffizient, C_l die Konzentration der Inhaltsstoffe in der Lösung, I_{fl} der Wasserfluss gemäß der Darcy-Gleichung. Die weiteren Symbole entsprechen denen in der vorweg beschriebenen Gleichung.

Ein Spezialfall des konvektiven Transports ist der Wärmetransport mit fließendem Wasser. Da das Wasser im Vergleich zu den festen Bodenpartikeln eine hohe Wärmekapazität hat, fördert warmer Frühjahrsregen den Wuchs, indem eine Wärmezufuhr durch versickerndes Wasser stattfindet. Die Wirkung ist so deutlich, dass der ,warme Regen' Terminus der Alltagssprache geworden ist. In Kaltgebieten kann der Zustrom von Grundwasser aus wärmeren Gegenden durch Erwärmung die landwirtschaftliche Nutzbarkeit der Böden gegenüber flussfernen Flächen entscheidend verbessern.

Die mathematische Formulierung erfolgt im Prinzip wie bei löslichen Inhaltsstoffen des Wassers. An die Stelle der Konzentration C tritt die Temperatur T. Die Temperaturdifferenzen verursachen Wärmeleitung, die formal der Diffusion gelöster Stoffe im Wasser entspricht. Darüber hinaus verursachen sie in nicht wassergesättigten Böden Dampfdruckgradienten, die ihrerseits zu konvektiven Wärmetransporten führen (Kap. 6.6.4).

6.7.2 Transporte im Boden in der Gasphase

Während beim Transport in der flüssigen Phase Konvektion und Dispersion den größten Einfluss auf das Verlagerungsgeschehen haben, tritt im Gasraum die Diffusion als antreibender Mechanismus in den Vordergrund. Das ist einerseits durch die gegenüber Wasser um das etwa 10^4-fache größere Diffusion der Moleküle im Gasraum begründet, andererseits dadurch, dass die Gravitation im Boden keinen Gasstrom in Bewegung setzt. Konvektionserzeugende Gasströme kommen in Böden nur bei Gasproduktion vor, also z. B. bei Methanerzeugung (Kap. 6.5.2) oder im Zusammenhang mit Temperaturgradienten, die dampfförmige Wasserbewegungen erzeugen (s. Kap. 6.4.4).

Die Beschreibung des Gastransports durch ein Bodenvolumen muss wie beim Transport von Wasserinhaltsstoffen die Teilprozesse: Eintritt, Vorratsbildung, Austritt, dazu ggf. Neubildung und Abbau berücksichtigen. Dies ist in der Massenerhaltungsgleichung (= Kontinuitätsgleichung) nach dem gleichen Prinzip wie beim Transport in flüssigem Medium formuliert.

6.8 Bodenfarbe

Die Farbe ist eine auf den ersten Blick ins Auge fallende Bodeneigenschaft. Das Spektrum der in Böden vorkommenden Farben ist breit. Da die verschiedenen Farbtöne oft bestimmten Bodenbestandteilen oder bestimmten Zuständen zugeordnet werden können, ist es möglich, aus der Ansprache der Farbe bzw. der Farbverteilung auch Aussagen über die Zusammensetzung von Mineral- und Humuskörper, über Redoxverhältnisse und Bodenfeuchte, einschließlich deren jeweiligen Verteilung und Intensität, zu machen.

Aus diesem Grund ist die **Farbbeschreibung** ein wichtiger Teil jeder bodenkundlichen Feldaufnahme (Kap. 7.3). Dies gilt nicht nur für die Beschreibung von Bodenhorizonten an einer Profilwand (Kap. 8.3), sondern auch für die Aufnahme der Beschaffenheit von Flächen und bildet somit auch die Basis für jede Fernerkundung. Allerdings werden hierzu aufwändigere Verfahren der Spektralanalyse herangezogen, die höhere Genauigkeiten als visuelle Ansprachen erlauben und die zudem über den Bereich des sichtbaren Lichtes hinausgehen können. Für die visuelle Ansprache im Bereich des sichtbaren Lichtes wird die Farbe durch die Parameter: **Farbton**, **Intensität** und **Dunkelstufe** charakterisiert.

6.8.1 Farbansprache

6

Die Farbansprache bei Feldaufnahmen erfasst die Parameter **Farbton** (engl. *Hue*), **Farbtiefe** bzw. **Intensität**, **Sättigung** (engl. *Chroma*) und **Farbhelligkeit** bzw. **Dunkelstufe**, **Grauwert** (engl. *Value*). Prinzipiell werden die mit dem Auge wahrnehmbaren Farben durch Streuung und Absorption von elektromagnetischer Strahlung zwischen 400 und 780 nm erzeugt. Der sinnesphysiologische Farbeindruck entsteht durch die Lichtabsorption des Sehpurpurs in drei Wellenlängenbereichen, die durch Farbempfindlichkeitskurven dargestellt werden können.

Die Beziehung der drei Parameter zueinander ist in der Abb. 6.8–1 dargestellt. Sie geht auf das von Munsell (1905) ausgearbeitete System zurück, wobei die Beschreibung des Farbtones bereits auf der Farbenlehre von **Newton** basiert. Auf dem Farbkreis sind die Komplementärfarben einander gegenüberliegend angeordnet. Er wird für die Darstellung in Richtung zunehmender Frequenz in die Farbabschnitte rot (*red* R), gelb (*yellow* Y), grün (*green* G), blau (*blue* B) und violett (*purple* P) unterteilt. Zwischen diesen Grundfarben ist jeweils ein Übergangsbereich definiert, der entsprechende Mischungen, z.B. gelbrot oder grüngelb, beinhaltet. Inner-

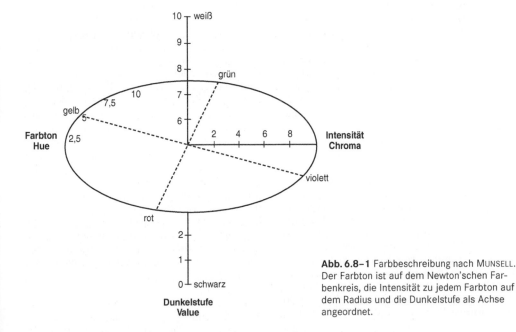

Abb. 6.8–1 Farbbeschreibung nach MUNSELL. Der Farbton ist auf dem Newton'schen Farbenkreis, die Intensität zu jedem Farbton auf dem Radius und die Dunkelstufe als Achse angeordnet.

6

halb jedes Bereiches erfolgt die Beschreibung durch die Ziffern 2,5; 5; 7,5 oder 10, die die steigende Frequenz des Farbtones dokumentieren. Die Helligkeit ist auf einer axial zum Farbkreis angeordneten Geraden aufgetragen, wobei die maximale Helligkeit (maximale Reflexion, weiß) durch den Skalenwert 10 definiert ist. Die vollständige Absorption des sichtbaren Lichtes (schwarz) wird durch den Wert 0 gekennzeichnet.

Die Farbe eines Bodens bzw. einer Fläche kann im Zusammenhang mit der Profilansprache folglich durch die Kombination dieser 3 Parameter eindeutig und für jeden nachvollziehbar angesprochen werden. In der Munsell-Tafel lässt sich z. B. ein helles Rotgrau einer Bodenprobe durch 7,5 R 7/3 definieren. Wichtig ist, dass bei der Benutzung von Munsell- Farbtafeln auch Übergänge ausgewiesen werden können, z. B. 9 YR 6.5/3.5, da der Farbraum als ein Kontinuum angesehen werden kann (Abb.6.8-1)

6.8.2 Farbgebende Komponenten

Schwarze, graue und braune Farbtöne im Oberboden (A-Horizonte) werden im Wesentlichen durch Huminstoffe hervorgerufen. Die Farbintensität variiert dabei im Bereich zwischen 2 und 6 Masseprozent an organischer Substanz bei gleichem Kohlenstoffgehalt erheblich, so dass auch weitere Faktoren wie die Bodenfeuchte (dunkler, wenn feuchter), die Körnung (tonreiche Böden bei gleicher Farbe humusreicher, da größere Oberfläche), der Humifizierungsgrad (*Black-carbon*-Anteile) oder gelöster organischer Kohlenstoff (DOC) eine Rolle spielen. Bei den Huminstoff-Fraktionen wird wiederum die Farbe von den Fulvosäuren zu den Huminen immer dunkler.

Gelbe, braune, rote, blaue und grüne Farbtöne kennzeichnen verschiedene Fe-Minerale, wobei aufgrund der Dominanz von Eisen in Böden (Minerale, Gesteine) diese Farben am weitesten verbreitet sind. Sie sind folglich besonders für die Bodenhorizonte unterhalb des A-Horizontes ausschlaggebend. In den gemäßigten Klimaten sind Böden meist gelbbraun, braun oder rotbraun gefärbt (Munsell Farbton: 7,5 Y – 10 YR), da in ihnen Goethit vorherrscht. Ferrihydrit, das z. B. in sauren Braunerden, Bs-Horizonten von Podsolen und in Go-Horizonten von Gleyen vorkommt, verschiebt den Farbton ins Rote (7,5 – 5 YR). Die kräftige rote Farbe vieler Böden wärmerer Klimate wird durch Hämatit (10 R)

hervorgerufen, dessen Rot das Gelb des Goethits überprägt. Solche Böden sind um so satter rot, je mehr Hämatit sie enthalten. Der Rötungsgrad (nach TORRENT) steigt dabei linear mit dem Hämatitgehalt bis zu – je nach Bodengruppe – ca. 5...10 % Hämatit an; darüber nimmt das Chroma nicht mehr zu (Sättigung).

Graue, grüne und blaue Farbtöne treten auf, wenn das Eisen bei niedrigen Redoxpotenzialwerten in der mobilen 2-wertigen Form vorliegt und dann entweder abtransportiert oder aber in entsprechende Hydroxyverbindungen überführt wird. Durch den Abtransport wird dann die Eigenfarbe der weiteren Minerale sichtbar, wobei z. B. Quarz fahlweiß, Silikate und Ton auch grau erscheinen. Falls wiederum Tonminerale Fe enthalten, können auch grüne Farbtöne vorliegen, wenn ein Teil des Fe in reduzierter Form im Kristallgitter vorhanden ist.

Kräftig blau-grüne Farbtöne können auf Fe(II, III)-hydroxy-Verbindungen (sog. ‚Grüner Rost‘) hinweisen, die wiederum bei Zufuhr von Sauerstoff ihre Farbe verlieren. Ähnliches gilt für Vivianit, dessen leuchtend blaue Farbe sich in Gegenwart von Sauerstoff zu rostbraun verändert.

Tief schwarze Farben in stark reduziertem Milieu beruhen z. B. in den Marschsedimenten auf fein verteiltem FeS oder FeS_2. Bei Vorliegen von schwarzen Konkretionen ist unter oxidativen Bedingungen mit 4-wertigen Manganoxiden oder Kohleresten (*black carbon*) zu rechnen.

Weiße Farben entstehen häufig durch lokale Anreicherungen von Calcit, Gips oder löslichen Salzen als Ausblühungen an Aggregatoberflächen oder auch an Profilwänden, vor allem von Böden arider Klimate. Die chemische Zusammensetzung dieser Ausblühungen ist von der Fließrichtung und der Zusammensetzung des kapillar aufsteigenden Wassers abhängig. Ähnlich weiß sind auch Kaolinite, wie z. B. rein kaolinitische Saprolite in den Tropen. Der Farbton der Böden hängt schließlich außer von der Art der farbgebenden Bestandteile auch von der Korngröße ab. So wechselt die Farbtönung von fein verteiltem Goethit von rotbraun zu gelb, die des Lepidokrokits von braunrot zu orange und die des Hämatits von leuchtend rot zu violett, wenn die Kristalle größer werden und damit die Oberfläche entsprechend abnimmt. Hingegen sind die **Farbtiefe** und die **Farbhelligkeit** eher von der Menge der farbgebenden Komponenten abhängig.

6.8.3 Zusammenhänge zwischen Farbe und Bodeneigenschaften sowie Prozessen

Den Vorteil der leichten Zugänglichkeit der Farbangaben, die auch ohne Berührung des entsprechenden Materials beschrieben werden können, nutzt man, um Aussagen über weitere Bodeneigenschaften und Zustände zu treffen. Dies kann sowohl pauschal als auch sehr gezielt aufgrund enger Korrelationen mit anderen Eigenschaften geschehen. So gibt die Verteilung der Farbtöne, Sättigungen und Dunkelstufen im Bodenprofil Hinweise auf die Intensität bodengenetischer Prozesse wie Verbraunung, Vergleyung, Pseudovergleyung, Podsolierung oder Lateritisierung, die durch typische Farbabfolgen oder Verteilungen definiert werden können (Kap. 8.3).

Abgesehen davon, dass feuchte Böden bei ansonsten gleicher Zusammensetzung stets dunkler und oft auch intensiver gefärbt sind als trockene Standorte (da Wasser im Boden die eingestrahlte Energie in höherem Maße als die festen Bestandteile absorbiert: s. a. Albedo 6.6.3. und Abb. 6.6–1), zeigen gelbe, braune und rote Farbtöne in der Regel aerobe Verhältnisse, d. h. ein hohes Redoxpotenzial bzw. auch einen größeren rH-Wert an. Diese Farben sind damit gleichbedeutend mit hoher Sauerstoffzufuhr und nur sehr selten auftretender Wassersättigung. Allerdings sind rote Farbtöne in Böden sehr persistent und weisen dann in hämatitreichen Böden im mitteleuropäischen Raum auf ein in der Vergangenheit feuchtwärmeres Klima hin. Gleiches gilt auch für braune Farbtöne, die z. B. in Böden mit abgesenktem Grundwasserspiegel noch nach vielen Jahren (Jahrzehnten) frühere höher anstehende Übergänge vom belüfteten Go- zum reduzierten Gr-Horizont dokumentieren.

Partiell auftretende Pseudovergleyungsmerkmale auch in größeren Bodentiefen, z. B. unter Fahrspuren oder Huftritten, weisen auf Porensättigungsgrade und -funktionsänderungen hin, die durch plastische und elastische Bodenverformungen hervorgerufen worden sind.

Je größer prinzipiell der Anteil an quarzreichen Sanden ist, desto weniger zeichnen derartige Horizonte die physikalischen, chemischen oder physikochemischen Prozesse nach, während andererseits durch starke Eigenfärbung der Minerale auch entsprechende Bodenprozesse vorgetäuscht werden. So sind bei rotem Ausgangsmaterial Aussagen über den Vernässungsgrad oder/und Bodenstrukturierungsgrad und somit den Wasserhaushalt ungenau, während sie bei gelbroten und braunen Tönungen leichter zu treffen sind (z. B. Schrumpfungszustände).

In diesen Fällen ist es besonders wichtig, dass neben der vollständigen Farbangabe für die Matrix auch Farbangaben für z. B. Konkretionen nebst Fleckengröße und Cutane gemacht werden.

6.9 Literatur

Weiterführende Lehr- und Fachbücher

ALONSO, P. & P. DELAGE (1995): Unsaturated soils. Vol. 1–3, Balkema, Rotterdam

BIGHAM, J.M. & E.J. CIOLKOSZ (Hrsg.) (1993): Soil color. Soil Sci Soc Am Spec Publ 31. Madison, WI

BLUME, H.-P., P. FELIX-HENNINGSEN, W.R. FISCHER, H.-G. FREDE, R. HORN & K. STAHR (Hrsg.) Handbuch der Bodenkunde, Wiley – VCH, Weinheim.

BOWMAN, A.F. (Ed.) (1990): Soils and the greenhouse effect. Wiley, Chichester

BRZESINSKI, G. & H.-J. MÖGEL (1993): Grenzflächen und Kolloide – Physikalisch-chemische Grundlagen. Spektrum, Heidelberg

CRAIG, R.F. (1995): Soil Mechanics. 5.Aufl. Chapman &Hall, Cambridge

EHLERS, W. (1996): Wasser in Boden und Pflanze. Ulmer, Stuttgart

ENGELHARDT, W.V. (1960): Porenraum der Sedimente. Springer, Berlin

FITZPATRICK, E.A. (1993): Soil microscopy and micromorphology. Wiley, Chichester

FREDLUND, D.G., & H. RAHARDJO (1993): Soil mechanics for unsaturated soils. Wiley, New York

GEIGER, R. (1961): Das Klima der bodennahen Luftschicht. Vieweg, Braunschweig

GLINSKI, J. & W. STEPNIEWSKI (1985): Soil Aeration and its Role for Plants. CRC, Boca Raton

HANKS,R.J. & G.L. ASHCROFT (1995): Applied Soil Physics. 2.Aufl. Springer, Berlin

HARTGE, K.H. & R. HORN (1999): Einführung in die Bodenphysik. 3. Aufl. Schweizerbart, Stuttgart

HARTGE, K.H. & R. HORN (2009): Die physikalische Untersuchung von Böden. 4.Aufl. Schweizerbart, Stuttgart

HILLEL, D. (1998): Environmental Soil Physics. Elsevier, Amsterdam

JURY, W.A. & R. HORTON (2004): Soil physics. 6.th ed. Wiley, New York

KUTILEK, M., & D.R. NIELSEN (1994): Soil hydrology, Catena Publ., Cremlingen

LAL, R. (Ed.) (2002): Encyclopedia of Soil Science. Dekker, New York

LAL, R. & M.K. SHUKLA (2004): Principles of Soil Physics. Dekker, New York

6

LUCKNER, L. & V. M. SCHESTAKOW (1991): Migration processes in the soil and groundwater zone. Lewis, Chelsea, Mich., USA

MCCARTHY, D.F. (2007): Essentials of Soil Mechanics and Foundations. 7.Aufl. Pearson, New York

MITCHELL, A.K. & K. SOGA (2005): Fundamentals of Soil Behavior, 3rd ed. Wiley, Hoboken, Canada

OLPHEN, H. VAN (1987): Dispersion and flocculation. In: NEWMAN, A.C.D. (Hrsg.): Chemistry of Clays and Clay Minerals. Mineral Soc, Monograph 6: 203–224; Longman Scient & Techn, Harlow

PARRY, R.H.G. (2004): Mohr circles, stress paths and geotechnics. 2nd ed. Spon, London

RITSEMA, C.J. & L.W. DEKKER (2000): Water Repellency in Soils. Elsevier, Amsterdam

SCHÖNWIESE, C.-D. (2003): Klimatologie. 2. Aufl. Ulmer, Stuttgart

SUMNER, M. (2000): Handbook of Soil Science. CRC, Boca Raton

WYSZECKI, G. & W.S. STILES (1982): Color Science: Concepts and methods, quantitative data and formulae. 2nd ed. Wiley, New York

Weiterführende Spezialliteratur

ADDERLEY, W.P., I.A. SIMPSON & D.A. DAVIDSON (2002): Colour description and quantification in mosaic images of soil thin sections. Geoderma 108: 181–195

AG BODENKUNDE DER GLÄ & BGR (2005): Bodenkundliche Kartieranleitung. 5. Aufl. Schweizerbart, Stuttgart

ALBRECHT, C., B. HUWE & R. JAHN (2004): Zuordnung des Munsell-Codes zu einem Farbnamen nach bodenkundlichen Kriterien. Z. Pflanzenern. u. Bodenkd. 167: 60–65

ARRIAGA, F.J., B. LOWERY & M.D. MAYS (2006): A fast method for determining soil particle size distribution using a laser instrument. Soil Sci 171: 663–674

BABEL, U., P. BENECKE, K.H. HARTGE, R. HORN & H. WIECHMANN (1995): Determination of Soil Structure at Various Scales. 1–10. In: HARTGE, K.H. & R. STEWART (Ed.): Soil Structure - its Development and Function. Adv. in Soil Sci, CRC, Boca Raton

BALL, B.C., A. SCOTT & J.P. PARKER (1999): Field N_2O, CO_2 and CH_4 fluxes in relation to tillage, compaction and soil quality in Scotland. Soil & Tillage Res 53: 29–39

BAROUCHAS, P.E. & N.K. MOUSTAKAS (2004): Soil colour and spectral analysis employing linear regression models. I. Effect of organic matter. Int. Agrophysics 18: 1–10

BARRETT, L.R. (2002): Spectrophotometric color measurement in situ in well drained sandy soils. Geoderma 108, 49–77

BARRON, V. & J. TORRENT (1986): Use of Kubelka Munk theory for study the influence of iron oxides on soil colour. J. Soil Sci. 37: 499–510

BAUMGARTL, T. (2002): Prediction of tensile stresses and volume change with hydraulic models. In: PAGLIAI, M. & R. JONES (Hrsg.): Sustainable Land Management - Environmental Protection - a Soil Physical Approach. Advances in Geoecology 35: 507–514; Catena, Reiskirchen

BERLI, M. (2006): Soil Physics - Theoretical Analysis of Fluid Inclusions for In Situ Soil Stress and Deformation Measurements. Soil Sci Soc Am J 70: 1441–1452

BOIVIN, P., P. GARNIER & D. TESSIER (2004): Relationship between clay content, clay type, and shrinkage properties of soil samples. Soil Sci Soc Am J 68: 1145–1153

BOYNTON, B. & O.C. COMPTON (1944): Normal seasonal change in oxygen and carbondioxid percentages in gas from the larger pores of three orchard subsoils. Soil Sci 57: 108–117

CHERTKOV, V.Y. (2005): The Shrinking Geometry Factor of a Soil layer. Soil Sci Soc Am J 69: 1671–1683

CHO, G.-C., J. DODDS, & J.C. SANTAMARINA (2006): Particle Shape Effects on Packing Density, Stiffness, and Strength: Natural and Crushed Sands. J. Geotech Geoenv Eng 132: 591–602

CIGLASCH, H., W. AMELUNG, S. TOTRAKOOL & M. KAUPEN-JOHANN (2005): Water flow patterns and pesticide fluxes in an upland soil in northern Thailand. Eur J Soil Sci 56: 765–777

COOK, F.J. & J.H. KNIGHT (2003): Oxygen Transport to Plant Roots: Modeling for Physical Understanding of Soil Aeration. Soil Sci Soc. Am J 67: 20–31

COSENTINO, D., C. CHENU & Y. LE BISSONNAIS (2006): Aggregate stability and microbial community dynamics under drying-wetting cycles in a silt loam soil. Soil Biol & Biochem 38: 2053–2062

CRESCIMANNO, G. & A. DE SANTIS (2004): Bypass flow, salinization and sodication in a cracking clay soil. Geoderma 121: 307–321

DEURER, M., I. VOGELER, A. KHRAPITCHEV & D. SCOTTER (2002): Imaging of water flow in porous media by magnetic resonance imaging microscopy. J Environm Qual 31: 487–493

DEUTSCHER NORMENAUSSCHUSS FARBE (1980): DIN 6164. Teil I - II

DOERR, S.H., C.J. RITSEMA, L.W. DEKKER, D.F. SCOTT & D. CARTER (2007): Water repellence of soils: new insights and emerging research needs. Hydrol Processes 21: 2223–2228

DÖRNER, J. (2005): Anisotropie von Bodenstrukturen und Porenfunktionen in Böden und deren Auswirkungen auf Transportprozesse in gesättigtem und ungesättigtem Zustand. Schr Institut für Pflanzenernähr & Bodenk, CAU Kiel, H. 68

EHLERS, W., K. SCHMIDTKE & R. RAUBER (2002): Änderung der Dichte und Gefügefunktion südniedersächsischer Lößböden unter Ackernutzung. Landnutzung und Landentwicklung. 44: 9–18

EICKHORST, T. & R. TIPPKÖTTER (2008): Detection of microorganisms in undisturbed soil by combining fluorescence in situ hybridization (FISH) and micropedological methods. Soil Biol Biochem 40: 1284–1293

FEDDES, R.A., & P.A.C. RAATS (2004): Parameterizing the soil-water-plant root system. In: FEDDES, R.A., G.H. DE ROOIJ, J.C. VAN DAM (Hrsg.): Unsaturated-zone Modeling: Progress, Challenges. Applicat. 6. Wageningen UR Fontis Series: 95–141

FENG, G., L. WU & J. LETEY (2002): Evaluating aeration criteria by simultaneous measurement of oxygen diffusion rate and soil-water regime. Soil Sci 167: 495–503

FLESSA, H., U. WILD, M. KLEMISCH & J. PFADENHAUER (1998): Nitrous oxide and methane fluxes from organic soils under agriculture. Eur J Soil Sci 49: 327–335

FOX, D.M., F. DARBOUX & P. CARREGA (2007): Effects of fire-induced water repellency on soil aggregate stability, splash erosion, and saturated hydraulic conductivity for different size fractions. Hydrological Processes 21: 2377–2384

GAVILAN, P., J. BERENGENA & R.G. ALLEN (2007): Measuring versus estimating net radiation and soil heat flux: Impact on Penman-Monteith reference ET estimates in semiarid regions. Agricult Water Management 89: 275–286

GEBHARDT, S. (2007): Wasserhaushalt und Funktionen der Böden im Grundwasserabsenkbereich des Wasserwerkes Wacken in Schleswig Holstein. Schriftenr Inst Pflanzenernähr & Bodenk. CAU Kiel, H. 75

GERKE, H.H. (2006): Preferential flow description for structured soils. J Plant Nutr Soil Sci 169: 382–400

HALLETT, P.D. & T.A. NEWSON (2005): Describing soil crack formation using elastic-plastic fracture mechanics. Eur Jour Soil Sci 56: 31–38

HALLETT, P.D., T. BAUMGARTL & I.M. YOUNG (2001): Subcritical Water Repellency of Aggregates from a Range of Soil Management Practices. Soil Sci Soc Am J 65: 184–190

HORN, R. & T. BAUMGARTL (2002): Dynamic properties of soils. In: A.W. Warrick (Hrsg.): Soil Physics Companion: 389; CRC, Boca Raton

HORN, R., H. FLEIGE, F.-H. RICHTER, E. A. CZYZ, A. DEXTER, E. DIAZ-PEREIRA, E. DUMITRU, R. ENACHE, K. RAJKAI, D. DE LA ROSA & C. SIMOTA (2005): Prediction of mechanical strength of arable soils and its effects on physical properties at various map scales. Soil and Tillage Res. 82: 47–56

HORN, R., K.H. HARTGE, J. BACHMANN & M.B. KIRKHAM (2007): Mechanical Stresses in Soils Assessed from Bulk-Density and Penetration-Resistance Data Sets. Soil Sci Soc Am J 71: 1455–1459

HORN, R. & A. SMUCKER (2005): Structure formation and its consequences for gas and water transport in unsaturated arable and forest soils. Soil & Tillage Res. 82: 5–14

HORTON, R., K.L. BRISTOW, G.J. KLUITENBERG & T.J. SAUER (1996): Crop residue effects on surface radiation and energy balance – Review. Theoretical & Appl Climatology 54: 27–37

KODESOVA, R., M. KOCAREK, V. KODES, J. SIMUNEK & J. KOZAK (2008): Impact of soil micromorphological features on water flow and herbicide transport in soils. Vadose Zone J 7: 798–809

KUTILEK, M. (2004): Soil hydraulic properties as related to soil structure. Soil & Tillage Res.79: 175–184

LADO, M., M. BEN-HUR & I. SHAINBERG (2004): Soil wetting and texture effects on aggregate stability, seal formation, and erosion. Soil Sci Soc Am J 68:1992–1999

LANDA, E.R. & A.H. MUNSELL (2004): A sense of color at the interface of art and science. Soil Sci 169: 83–89

LIN, H., J. BOUMA, L.P. WILDING, J.L. RICHARDSON, M. KUTÍLEK & D.R. NIELSEN (2005): Advances in Hydropedology. Adv Agron 85: 2–91

MALICKI, M.A., R. PLAGGE & C.H. ROTH (1996): Improving the calibration of dielectric TDR soil moisture determination taking into account the solid soil. European J Soil Sci 47: 357–366

MARKGRAF, W. & R. HORN (2007): Scanning Electron Microscopy – Energy Dispersive Scan Analyses and Rheological Investigations of South-Brazilian Soils. Soil Sci Soc Am J 71: 851–59

MCBRIDE, M.B. & P. BAVEYE (2002): Diffuse double-layer models, long-range forces, and ordering in clay colloids. Soil Sci Soc Am J 66: 1207–1217

MCHALE, G., M.I. NEWTON & N.J. SHIRTCLIFFE (2005): Water-repellent soil and its relationship to granularity, surface roughness and hydrophobicity: a materials science view. Eur J Soil Sci 56: 445–452

MIESS, M. (1968): Vergleichende Darstellung von meteorologischen Meßergebnissen und Wärmehaushaltsuntersuchungen an drei unterschiedlichen Standorten in Norddeutschland. Diss. Thesis, Hannover.

MOLDRUP, P., T. OLESEN, H. BLENDSTRUP, T. KOMATSU, L.W. DE JONGE, D.E. ROLSTON (2007): Predictive-descriptive models for gas and solute diffusion coefficients in variably saturated porous media coupled to pore-size distribution: IV. Solute diffusivity and the liquid phase impedance factor. Soil Sci 172: 741–750

NOBLES, M.M., L.P. WILDING & K.J. MCINNES (2004): Pathways of dye tracer movement through structured soils on a macroscopic scale. Soil Sci 169: 229–242

OCHSNER, T.E., T.J. SAUER & R. HORTON (2007): Soil heat storage measurements in energy balance studies. Agronomy J 99: 311–319

OLIVEIRA, G.C., M.S. DIAS, D.V.S. RESCK & N. CURI (2004): Chemistry and physical-hydric characterization of a Red Latosol after 20 years of different soil use and management. Revista Brasileira De Ciencia Do Solo 28: 327–336

OVERDUIN, P.P. (2006): Measuring thermal conductivity in freezing and thawing soil using the soil temperature response to heating. Cold Regions Sci Tech 45: 8–22

PARK, E.-J. & A. SMUCKER (2005): Saturated hydraulic conductivity and porosity within macroaggregates modified by tillage. Soil Sci Soc Am J 69: 38–45

6

PENG, X. & R. HORN (2005): Modeling soil shrinkage curve across a wide range of soil types. Soil Sci Soc Am J 69: 584–592

PENG, X. & R. HORN (2007): Anisotropic shrinkage and swelling of some organic and inorganic soils. Eur. J Soil Sci 58: 98–107

PEREIRA, J.O., P. DEFOSSEZ & G. RICHARD (2007): Soil susceptibility to compaction by wheeling as a function of some properties of a silty soil as affected by the tillage system. Euro J Soil Sci 58: 34–44

PERFECT, E., M.C. SUKOP & G.R. HASZLER (2002): Prediction of dispersivity for undisturbed soil columns from water retention parameters. Soil Sci Soc Am J 66: 696–701

PERSSON, M. & R. BERNDTSSON (1998): Estimating transport parameters in an undisturbed soil column using time domain reflectometry and transfer function theory. J Hydrol 205: 232–247

PETH, S. & R. HORN (2006): The mechanical behavior of structured and homogenized soil under repeated loading. J Plant Nutr Soil Sci 169: 401–410

PETH, S., R. HORN, F. BECKMANN, T. DONATH, J. FISCHER & A.J.M. SMUCKER (2008): 3D Quantification of Intra-aggregate Pore Space Features using Synchrotron-Radiation-based Microtomography. Soil Sci Soc Am J 72: 897–907

PIERI, L., M. BITTELLI & P.R. PISA (2006): Laser diffraction, transmission electron microscopy and image analysis to evaluate a bimodal Gaussian model for particle size distribution in soils. Geoderma 135: 118–132

RENGER, M. & O. STREBEL (1982): Beregnungsbedürftigkeit der landwirtschaftlichen Nutzpflanzen in Niedersachsen. Geol Jb R F, BGR Hannover, H. 13

RICHTER, J. & A. GROSSGEBAUER (1978): Untersuchungen zum Bodenlufthaushalt in einem Bodenbearbeitungsversuch. 2.Gasdiffusionskoeffizient als Strukturmaß für Böden. Z Pflanzenern Bodenkde 141: 201–208

ROSS G. & D.V.B. DE KRETSER (2001): A structural model for the time-dependent recovery of mineral suspensions. Rheol Acta 40: 582–590

ROSSEL, R.A.V., B. MINASNY, P. ROUDIER & A.B. MCBRATNEY (2006): Colour space models for soil science. Geoderma 133: 320–337

RUSER, R., H. FLESSA, R. SCHILLING, H. STEINDL & F. BEESE (1998): Soil compaction and fertilization effects on nitrous oxide and methane fluxes in potato fields. Biol & Fert of Soils 30: 544–549

SAUER, T. & R. HORTON (2005): Soil heat flux. Am Soc of Agronomy: 131–154

SCHACK-KIRCHNER, H. & E. HILDEBRAND (1998): Changes in soil structure and aeration due to liming and acid irrigation. Plant & Soil 199: 167–176

SHARMA, R.S. (2003): Patterns and mechanisms of migration of light non-aqueous phase liquid in an unsaturated sand. Géotechnique 53: 225–240

SIMOJOKI, A. (2001): Oxygen Supply to plant roots in cultivated mineral soils. PHD Thesis, Univ. Helsinki, Pro Terra 7

SIMOJOKI, A., O. FAZEKAS-BECKER & R. HORN (2008): Macro- and microscale gaseous diffusion in a stagnic Luvisol as affected by compaction and reduced tillage. Agricult & Food Sci 17: 267–277

SIMUNEK, J., N.J. JARVIS, M.T. VAN GENUCHTEN & A. GARDENAS (2003): Review and comparison of models for describing non-equilibrium and preferential flow and transport in the vadose zone. J Hydrol 272: 14–35

SMUCKER, A., E.J. PARK, J. DÖRNER & R. HORN (2007): Soil Micropore development and contributions to soluble carbon transport within microagggregates. Vadose Zone J 6: 282 – 290

SU, Y.Z., H.L. ZHAO, W.Z. ZHAO & T.H. ZHANG (2004): Fractal features of soil particle size distribution and the implication for indicating desertification. Geoderma 122: 43–49

SVENSSON, U. (2001): A continuum representation of fracture networks. Part I: Method and basic test cases. J Hydrol 250: 170–186

TAN, X., S. CHANG & R. KABZEMS (2008): Soil compaction and forest floor removal reduced microbial biomass and enzyme activities in a boreal aspen forest soil. Biology and Fertility of Soils 44: 471–479

TÄUMLER, K., H. STOFFREGEN & G. WESSOLEK (2005): Determination of repellency distribution using soil organic matter and water content. Geoderma 125: 107–115

TIPPKÖTTER, R. (1983): Morphology, spatial arrangement and origin of macropores in some Hapludalfs, West Germany. Geoderma 29: 353–371

TOPP, G.C., B. DOW, M. EDWARDS, E.G. GREGORICH, W.E. CURNOE & F.T. COOK (2000): Oxygen measurements in the root zone facilitated by TDR. Canad J Soil Sci 80: 33–41

TULLER, M. & D. OR (2005): Water films and scaling of soil characteristic curves at low water contents. Water Res Res 41: 09401–09406

USOWICZ, B., J. LIPIEC & A. FERRERO (2006): Prediction of soil thermal conductivity based on penetration resistance and water content or air-filled porosity. Int J Heat Mass Transfer 49: 5010–5017

VENEZIANO, D. & A. TABAEI (2004): Nonlinear spectral analysis of flow through porous media with isotropic lognormal hydraulic conductivity. Stochastic Models of Flow and Transport in Multiple-scale Heterogeneous Porous Media. J Hydrol 294: 4–17

WESSOLEK, G., K. SCHWARZEL, A. GREIFFENHAGEN & H. STOFFREGEN (2008): Percolation characteristics of a water-repellent sandy forest soil. Eur J Soil Sci 59: 14–23

WHEELER, S.J. (2003): Coupling of hydraulic hysteresis and stress - Strain behaviour in unsaturated soils. Géotechnique 53: 41–54

WIERMANN, C. (1998): Auswirkungen differenzierter Bodenbearbeitung auf die Bodenstabilität und das Regenerationsvermögen lößbürtiger Ackerstandorte. Diss. Thesis, CAU Kiel

WILLIAMS, C.F., J. LETEY & W.J. FARMER (2006): Estimating the potential for facilitated transport of napropa-

6

mide by dissolved organic matter. Soil Sci Soc Am J 70: 24–30

WOCHE, S.K., M.-O. GOEBEL, M.B. KIRKHAM, R. HORTON, R.R. VAN DER PLOEG & J. BACHMANN (2005): Contact angle of soils as affected by depth, texture, and land management. Eur J Soil Sci 56: 239–251

YATES, L.M. & R. VON WANDRUSZKA (1999): Effects of pH and metals on the surface tension of aqueous humic material. Soil Sci Soc Am J 63: 1645–1649

ZHANG, B., R. HORN & P.D. HALLETT (2005): Mechanical Resilience of Degraded Soil Amended with Organic Matter. Soil Sci Soc Am J 69: 864–871

Zhang, H.F., X.S. Ge, H. Ye & D.S. Jiao, 2007. Heat conduction and heat storage characteristics of soils. Appl. Thermal Engineer., 27: 369–373.

ZHANG, Y., S. WANG, A.G. BAFF & T.A. BLACK (2008): Impact of snow cover on soil temperature and its simulation in a boreal aspen forest. Cold Regions Sci & Technol 52: 355–370

ZOBECK, T.M. (2004): Rapid soil particle size analyses using laser diffraction. Applied Engineering in Agriculture 20: 633–639

7 Bodenentwicklung und Bodensystematik

Die **Bodengenetik** ist die Lehre von der Entwicklung der Böden. Ein Boden ist ein Naturkörper, der an der Erdoberfläche unter einem bestimmten Klima, einer bestimmten streuliefernden Vegetation und Population von Bodenorganismen durch **bodenbildende Prozesse** (Verwitterung und Mineralbildung, Zersetzung und Humifizierung, Gefügebildung und verschiedene Stoffumlagerungen) aus einem Gestein entsteht.

Diese **Bodenentwicklung** beginnt in der Regel an der Oberfläche eines Gesteins und schreitet im Laufe der Zeit zur Tiefe fort, wobei Lagen entstehen, die sich in ihren Eigenschaften unterscheiden und als **Bodenhorizonte** bezeichnet werden. Demgegenüber haben sich auch Schichten durch Sedimentation gebildet, die also Lagen der Gesteinsbildung sind.

Die Bodenhorizonte sind oben streuähnlich (besonders die organischen **Auflagehorizonte**) und werden nach unten als **Mineralbodenhorizonte** zunehmend gesteinsähnlich. Alle Horizonte zusammen bilden das **Solum**. Ein zweidimensionaler Vertikalschnitt durch den Bodenkörper heißt **Bodenprofil**. Die den Boden (teilweise) überlagernde Streu und das ihn unterlagernde Gestein gehören definitionsgemäß nicht zum Boden. Sie werden aber oft ebenfalls als Horizonte bezeichnet.

Bodenhorizonte werden mit Buchstabensymbolen signiert. Als **O-Horizont** wird der überwiegend aus organischen Stoffen bestehende Auflagehorizont über dem Mineralboden bezeichnet, **A-Horizont** der oberste, durch organische Substanz dunkel gefärbte oder infolge Abfuhr von Stoffen gebleichte Teil des Mineralbodens. Der unter ihm folgende Teil des Bodens ist der **B-Horizont**, in dem oft auch eine Stoffzufuhr stattgefunden hat. Unter dem B-Horizont folgt schließlich das von der Bodenentwicklung nicht oder kaum beeinflusste Gestein und erhält, wenn es dem Ausgangsmaterial des Solums entspricht, das Symbol **C**. Weitere Einzelheiten zur Klassifikation der Bodenhorizonte s. Kap. 7.3.

Demgegenüber nennt man in der landwirtschaftlichen Praxis die ständig (15…35 cm tief) bearbeitete Krume eines Ackers sowie den stark durchwurzelten (7…10 cm) Horizont eines Grünlandes auch den **Oberboden**. Unter diesem folgt der **Unterboden**, der bei den meisten Landböden in das Ausgangsgestein überleitet.

Die Entwicklung vom undifferenzierten Gestein zum oft stark gegliederten Boden kann in verschiedenen Positionen einer Landschaft bzw. in verschiedenen Regionen der Erde einen sehr unterschiedlichen Verlauf nehmen: Sie ist abhängig von der an einem Ort oder in einem Gebiet herrschenden Konstellation an **Faktoren der Bodenentwicklung**.

Diese Faktoren beeinflussen sich dabei wechselseitig, was in der Summe Ausmaß und Richtung ihres Wirkens bestimmt. Vielfach befinden sie sich aber auch mit dem Boden selbst in Wechselwirkung, was insbesondere für Flora und Fauna gilt. Das Klima ist am unabhängigsten, wirkt auf den Boden aber auch in einer durch Relief und Vegetation modifizierten Form ein.

Je nach der herrschenden Konstellation dieser Faktoren und der Dauer der Einwirkung entstehen Böden unterschiedlicher Entwicklungsstufe und Profildifferenzierung, deren Eigenschaften ihrerseits stetig verändert werden. Eine Änderung der Faktoren (z. B. Klimawechsel) kann dabei der Bodenentwicklung eine neue Richtung geben.

Auch der Mensch beeinflusst die Bodenentwicklung, indem er bewusst oder unbewusst die Böden selbst oder die natürlichen Faktoren verändert.

Die moderne **Systematik** der Böden fußt auf der Bodengenetik und gliedert Böden nach ihren Eigenschaften, die sie durch bodenbildende Prozesse erworben haben. Dabei werden Böden mit gleichartigen pedogenen Merkmalen, die sich in charakteristischer Weise von Böden eines anderen Entwicklungszustandes unterscheiden, zu einem **Bodentyp** zusammengefasst.

7

7.1 Faktoren der Boden-
entwicklung

Faktoren der Entwicklung eines Bodens sind das Klima, das Ausgangsgestein, die (von der Erdanziehung verursachte) Schwerkraft, das Relief (als die Position des Bodens in der Landschaft), Flora und Fauna, und vielfach auch Grundwasser oder Fluss-, See- bzw. Meerwasser. Alle Faktoren wirken in der Zeit (s. Kap. 1.1). Seit ca. 5000 Jahren beeinflusst auch der Mensch die Entwicklung vieler Böden.

Der russische Bodenkundler V. V. Dokučaev hat im Jahre 1897 die bodenbildenden Faktoren erstmals in einer Gleichung zusammengefasst:

Boden = f (Klima, Flora und Fauna, Gestein) Zeit

Er betont dabei, dass alle Faktoren in der Zeit wirken, sich Böden also stetig verändern und dabei entwickeln.

Der Schweizamerikanische Bodenkunndler H. Jenny hat in seinen Büchern *Factors of soil formattion* (1941) und *The soil resource* (1980) die Vorstellungen von Dokučaev weiter entwickelt, um den Faktor „Relief" ergänzt und Quantifizierungen der Wirksamkeit einzelner Faktoren mit der Zeit vorgenommen.

Eine andere Anschauung lieferte E. Schlichting (1986). Hier heißt es

$$\text{Gestein} + \text{Streu} \xrightarrow[\text{Flora, Fauna, Mensch}]{\text{Klima, Relief}} \text{Boden}$$

Bei ihm wirken die Ausgangsmaterialien des Bodens, nämlich Gestein und Streu der Vegetation, als Faktoren, die zu Boden transformiert werden. Während die anderen Faktoren, gewissermaßen als Katalysatoren die ablaufenden Vorgänge steuern. Schließlich entstehen verschiedene Böden, je nach Konstellation, und zwar auch unter dem Einfluss des Menschen.

7.1.1 Ausgangsgestein

Das Gestein ist das mineralische Substrat und neben der Streu das Ausgangsmaterial der Bodenbildung. Es hat die Minerale des Bodens teils direkt geliefert; teils sind diese aus seinen Lösungsprodukten entstanden. In jungen Böden ist demzufolge der Mineralbestand dem des Ausgangsgesteins sehr ähnlich. In stärker entwickelten, älteren Böden gilt das nur noch für die schwerer verwitterbaren Minerale. So enthalten Ferralsole als typische Böden sehr alter

Landoberflächen der feuchten Tropen kaum noch verwitterbare Minerale (Kap. 7.6.2).

Richtung und Intensität der Bodenentwicklung hängen stark von Gefüge (Locker- oder Festgestein, Porosität, Klüftigkeit), Mineralbestand und Körnung des Gesteins ab. Böden aus Lockersedimenten sind meist wesentlich tiefergründig entwickelt als benachbarte Böden aus Festgestein, selbst dann, wenn dieses im Pleistozän durch Frostsprengung aufbereitet wurde, wie das Abb. 7.1–1 für Löss im Vergleich zu Kalkstein zeigt. Auf Festgesteinen ohne periglaziäre Lagen reicht die Bodenentwicklung in Mitteleuropa selten tiefer als 20…40 cm, so dass meist nur A/mC-Böden vorliegen.

Von den **Festgesteinen** verwittern die Tiefengesteine mit grobem Gefüge leichter als chemisch entsprechende Ergussgesteine mit feinkörnigem Gefüge (Granit > Rhyolith; Gabbro > Basalt), weil ein grobes Gefüge der physikalischen Verwitterung bessere Angriffsmöglichkeiten bietet: Die verschiedenen Minerale eines Gesteins dehnen sich bei Erwärmung unterschiedlich stark aus. Das führt zu Spannungen zwischen den Mineralen, die umso stärker sind, je größer die Minerale sind. Deshalb zerfallen Plutonite durch Temperatursprengung (Kap. 2.4.1) leichter als Vulkanite. Zunächst entstehen dünne Risse, in die auch Wasser und Wurzeln eindringen und Frost- bzw. Wurzelsprengung bewirken können. Weil Schiefer- und Sedimentgrenzen Schwachstellen eines Gesteins darstellen, verwittern aus dem gleichen Grund stark geschieferte Metamorphite rascher als schwach geschieferte, stark geschichtete Sedimentite leichter als gebankte, und zwar besonders dann, wenn Schiefer- bzw. Schichtflächen schräg oder steil stehen, sodass Wasser und Wurzeln leicht in dünne Risse eindringen können (Kap. 2.4.4).

Bei **Lockergesteinen** sind Körnung und Lagerungsdichte entscheidend für die Permeabilität (Kap. 6.4.3). Grobkörnige Sedimente erleichtern die Perkolation und damit Verlagerungsvorgänge im Boden. Feinkörnige Sedimente mindern oft die Permeabilität: Das begünstigt Wasserstau, die Lösung von Fe- und Mn-Oxiden durch Reduktion und damit die Bildung redoximorpher Merkmale (Kap. 7.2.5). In Hanglage fördert es zudem einen Oberflächenabfluss. So kam es z. B. im Odenwald bei Böden aus lösshaltigen Sandstein-Fließerden wegen hoher Durchlässigkeit und wenig verwitterbaren Silicaten zu starker Versauerung und Fe- und Al-Verlagerung im Profil (Podsolierung), während bei den Mehrschichtböden aus Löss über Tongestein geringe Durchlässigkeit zu Wasserstau führte.

Weist der **Mineralbestand** des Gesteins viele leicht verwitterbare Minerale auf, werden Ver-

7

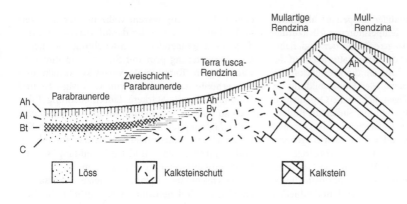

Abb. 7.1-1 Bodengesellschaft eines zum Teil mit Löss überdeckten Kalksteinhanges in Norddeutschland (Hildesheimer Wald: Schema nicht maßstabsgetreu)

sauerung und Entbasung und damit die Tiefenentwicklung des Bodens verzögert. Das gilt besonders bei höherem **Carbonatgehalt**, weil Silicate erst dann stärker verwittern, wenn die Carbonate ausgewaschen sind und der pH-Wert sinkt. Böden aus Löss (Abb. 7.1-1) sind daher tiefgründig entkalkt, diejenigen aus Kalkstein hingegen nicht, weil bei diesen neben der Verwitterungsresistenz eines harten Gesteins auch höhere Carbonatgehalte eine vollständige Auswaschung verhindern. Andererseits kann auch bei reinen Quarzsanden sowie Quarziten ein sichtbares Fortschreiten der Bodenentwicklung unterbleiben, weil mangels verwitterungsfähiger Fe- und Mn-Minerale keine Verwitterungsprodukte auftreten, die eine Profildifferenzierung ermöglichen.

Lockersedimente hoher Lagerungsdichte begünstigen ebenfalls den Wasserstau. Daher weisen im norddeutschen Tiefland unter gleichen Klimabedingungen Böden aus (durch Eisdruck) dicht lagerndem Geschiebemergel (d_B 1,7…1,9 g cm^{-3}) häufiger redoximorphe Merkmale als Böden aus Löss (d_B 1,4…1,6) auf. Infolge sekundärer Umlagerung des Lösses durch Wasser oder Solifluktion (Kap. 7.2.7.1) sind oft dicht lagernde(r) Schwemmlöss oder Lössfließerden entstanden, aus denen Böden mit ausgeprägten hydromorphen Merkmalen hervorgegangen sind.

Nicht immer hat sich ein Boden aus dem gleichen Gestein gebildet, das unter ihm ansteht. Häufig war das Ausgangsmaterial auch primär geschichtet (z. B. viele Wassersedimente) oder der Boden entwickelte sich aus einer jüngeren Sedimentdecke (z. B. Löss oder Flugsand), die sich völlig von den Eigenschaften des liegenden Bodens unterscheiden kann. (Das Liegende bedeutet in Bodenkunde und Geologie das nach unten Folgende, das Hangende das nach oben Folgende.)

In Mitteleuropa bilden meist mehrfach geschichtete **Periglaziäre Decklagen** (AG BODEN 2006), in der Regel als Fließerden ausgebildet, das Ausgangsgestein. Bei vielen Mittelgebirgsfließerden ist nur die häufig steinreiche **Basislage** allein aus dem Liegenden hervorgegangen, während darüber Lagen folgen, die häufig feinerkörnig sind, weil sie Löss enthalten oder stärker durch Frostsprengung zerteilt wurden (**Mittel-, Haupt- und Oberlage**). Bei derartigen Böden ist es schwer, zwischen lithogenen und pedogenen Eigenschaften zu unterscheiden.

7.1.2 Klima

Die **Sonnenenergie** ist die mächtigste Triebkraft der Bodenentwicklung. Sie wirkt einerseits unmittelbar als direkte Sonnenstrahlung und diffuse Himmelsstrahlung, andererseits über verschiedene Faktoren des Klimas (wie Niederschlag, Lufttemperatur, Luftfeuchtigkeit, Wind) und vor allem über die Lebewelt auf den Boden ein. Die bei der Bodenentwicklung wirksame Energie ergibt sich im Wesentlichen aus Intensität und jahreszeitlicher Verteilung der **Strahlungsbilanz** (d. h. der Differenz ein- und ausgestrahlter Sonnenenergie). Demgegenüber tritt die Innenwärme der Erde in ihrer Bedeutung zurück (unter 0,01; Sonneneinstrahlung im Mittel aber 8,37 J · m^{-2} min^{-1}).

Die von der Strahlungsbilanz abhängige **Bodentemperatur** (Kap. 6.6) wirkt direkt auf die Prozesse der Zersetzung, Verwitterung und Mineralbildung. Zersetzung und chemische Verwitterung werden durch steigende Temperaturen beträchtlich intensiviert, so dass sie in den feuchten Tropen viel stärker sind als in den gemäßigten Breiten oder gar in Polnähe bzw. im Hochgebirge. Die intensivere Verwit-

7

terung vieler Böden humider Tropen ist allerdings nicht allein auf höhere Temperaturen zurückzuführen, sondern auch auf längere Zeiten der Bodenentwicklung. Dadurch, dass die Temperatur auch auf die Vegetation wirkt, beeinflusst sie die Produktion der **Streu**, das Ausgangsmaterial der Humusbildung. In wärmeren Böden beteiligen sich mehr Organismen an Streuabbau und Gefügebildung. Sinken die Bodentemperaturen unter den Gefrierpunkt ab, kommen die meisten chemischen und biochemischen Prozesse zum Erliegen. Spezielle physikalische Vorgänge treten dann – besonders beim Wechsel von Gefrieren und Auftauen – auf: Frostverwitterung, frostbedingte Durchmischung (Kryoturbation) und Bodenfließen über gefrorenem Untergrund (Solifluktion).

Trotz geringerer Biomasseproduktion wird in den Böden kühlerer Klimate unter sonst gleichen Bedingungen in der Regel mehr Humus im Boden akkumuliert als in den feuchten Tropen (Abb. 7.1-2). Antarktische Böden können selbst bei Jahresmitteltemperaturen von –9 °C noch 8...10 kg Humus je m² enthalten (in Mooren > 20 kg), weil auch unter diesen Bedingungen die bodennahe Luftschicht zeitweilig über +10 °C warm wird, mithin Pflanzenwuchs möglich ist. Dagegen steigen die Bodentemperaturen deutlich weniger stark, so dass nur wenig organische Substanz im Boden abgebaut wird.

Durch **Niederschläge** wird das Bodenwasser ergänzt, womit Lösungs- und Verlagerungsvorgänge ermöglicht werden. Auf die Bodenentwicklung wirkt sich vor allem jener Anteil der Niederschläge aus, der als **Sickerwasser** das Solum passiert und dabei Lösungsprodukte der Verwitterung und Zersetzung abführt.

Oft dominiert das Klima die Pedogenese so stark, dass alle anderen Faktoren der Bodenentwicklung zurücktreten. Sichtbar wird das bei einem Vergleich von Böden aus gleichem Gestein und Relief unterschiedlicher Klimate. Lössböden zeigen bei ähnlicher Temperatur umso höhere Tongehalte, je höher die Niederschläge und mithin die Bodendurchfeuchtung waren, während der pH-Wert sank (Tab. 7.1–1). Das ist darauf zurückzuführen, dass mit zunehmender Durchfeuchtung die chemische Verwitterung primärer Silicate und ihre Umwandlung in Tonminerale verstärkt werden und eine erhöhte Auswaschung von Ca-, Mg-, K- und Na-Ionen eintritt. Stärkere Durchfeuchtung führt auch zu rascher Entkalkung, womit wiederum eine Tonverlagerung möglich wird. In kühlhumiden Klimaten hemmt Nährstoffverarmung das Bodenleben und damit Streuabbau und Gefügebildung, so dass Rohhumusauflagen entstehen können.

Starkregen und Schneeschmelze verursachen an Hängen Bodenerosion. **Wind** erhöht die Verdunstung und kann bei Trockenheit, besonders auf vegetationsfreien Flächen, ebenfalls Erosion verursachen. Weitere Klimafaktoren wie Bewölkung und Luftfeuchtigkeit haben für die Bodenentwicklung überwiegend dadurch Bedeutung, dass sie die Strahlung bzw. die Verdunstung abwandeln.

In **ariden** Klimaten, bei denen mehr Wasser verdunsten kann als Niederschläge fallen, liegen die Verhältnisse anders. Hier ist die chemische Verwitterung gering, weil gelöste Verwitterungsprodukte nicht ausgewaschen, sondern angereichert werden.

Tab. 7.1-1 Beziehungen zwischen Niederschlagsmenge (N) und Eigenschaften von Böden aus Löss (mittl. Jahrestemperatur 11,1 °C). (n. JENNY & LEONHARD 1934)

N	Ton	KAK	pH	Bodeneinheit
mm a⁻¹	%	cmol_c kg⁻¹		
370	15	12	7,8	Kastanozem
500	19	16	7,0	Chernozem
750	23	24	5,2	Phaeozem
900	26	27	5,2	Phaeozem

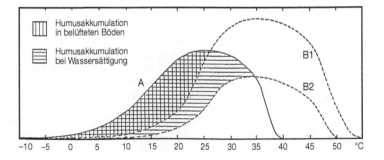

Abb. 7.1-2 Biomasseproduktion (A) sowie Zersetzerleistung der Bodenorganismen in belüfteten (B1) und nassen (B2) Böden in Abhängigkeit von der Jahresmitteltemperatur (n. MOHR et al. 1972; erweitert).

Gleichzeitig verbleiben hier Salze, die als Stäube oder auch mit dem Regen zugeführt werden, im Boden. Freigesetzte und zugeführte Ionen werden dabei umso weniger nach unten verlagert und dort angereichert, je trockener es ist. Dabei erfolgt eine Differenzierung nach der Löslichkeit: Wasserlösliche Salze werden weiter unten angereichert als Gips oder gar Kalk. Allerdings befindet sich selbst in Extremwüsten das Salzmaximum nicht an der Oberfläche, da die Salze durch episodische Starkregen einige dm nach unten verlagert werden (Kap. 7.2.4.5). Böden können sogar unter aridem Klima versauern. So sind im semiariden Westafrika besonders Sandböden stark versauert und entbast, weil während der Regenzeit ein starker Stoffaustrag stattfindet.

Bei ähnlicher Jahresmitteltemperatur und ähnlicher Nutzung steigen die Humusgehalte des Oberbodens mit dem Niederschlag: In Indien enthielten z. B. Ah-Horizonte unter natürlicher Vegetation und 24 °C Jahresmitteltemperatur Humusgehalte zwischen 0,4 % bei 35 mm, 2,0 % bei 400 mm und bis 4,5 % bei 3200 mm Jahresniederschlag (JENNY 1980). Die Bedeutung des Klimas wird besonders darin deutlich, dass die wichtigsten Bodenzonen der Erde weitgehend den Klimazonen entsprechen (vgl. Kap. 8.4).

7.1.3 Schwerkraft und Relief

Alle Böden entstehen unter dem Einfluss der **Schwerkraft**, die z. B. das Bodenwasser mit gelösten Stoffen in Grobporen versickern lässt, tiefere Bodenlagen einer Auflast aussetzt und an Hängen hangparallele Stoffbewegung bewirken kann.

Das **Relief**, und zwar Höhenlage, Geländeform und Exposition, modifiziert die Bodenentwicklung, indem es die Wirkung von Schwerkraft, Klima, Gestein, Wasser, Lebewelt und letztlich auch die des Menschen verändert.

Über die Höhenlage (m über NN) bestimmt das Relief vor allem das Klima: mit zunehmender Höhe gehen im Gebirge eine abnehmende Temperatur und zunehmende Durchfeuchtung der Böden einher. Das ergibt eine Höhenzonalität einzelner Bodeneigenschaften und ganzer Bodentypen. Im Kaukasus folgen z. B. mit der von 10 bis 5000 m ü. NN ansteigenden Höhe als Steppenböden Kastanozeme und Chernozeme, als Waldböden Phaeozeme, Luvisole und Podzole, sowie als kaum verwitterte Gebirgsböden Cryosole und Rohböden aufeinander.

Als Geländeformen lassen sich beim **Makrorelief** Ebenen, Kulminationsbereiche von Erhebungen (Rücken, Hügel, Berge), Hohlformen (Mulden, Täler) und Hänge mit ihren verschiedenen Bereichen (Ober-, Mittel-, Unterhang) und Profilen (konvex, konkav, gestreckt) unterscheiden. Als **Mikrorelief** ergeben sich dann weitere Formen, die als rillig, dellig, höckerig, kesselig, stufig, zerschnitten, glatt und eben beschrieben werden. Zu ihnen gehören auch Sonderformen wie natürliche und künstliche Wälle, Felsdurchragungen, Klippen und Dolinen. Die Reliefeinheiten lassen sich mit Länge, Breite und Neigung (Inklination) beschreiben. Außerdem ist die Ausrichtung eines Hanges zur Himmelsrichtung (**Exposition**) von Bedeutung; hier ist vor allem zwischen Sonnhängen (Nordhalbkugel SE–W) und Schatthängen (NW–E) zu unterscheiden.

In Abhängigkeit von Inklination und Exposition stellt sich ein örtliches **Kleinklima** ein, das u. U. stärkere Auswirkungen auf die Bodenentwicklung als das vorherrschende Großklima haben kann. So sind meistens sowohl die Luft- und Bodentemperaturen als auch die Werte der Lichtintensität und der Verdunstung an den Schatthängen niedriger als an den Sonnhängen. Auch ist der Wechsel zwischen Gefrieren und Auftauen der Böden an Schatthängen weniger häufig als an Sonnhängen. Dadurch werden die Böden an Schatthängen stärker und tiefer durchfeuchtet und sind oft tiefgründiger als die der Sonnhänge; gleichzeitig ist aber die Verwitterungsintensität an den kühleren Schatthängen geringer. Dies geht z. B. aus Analysen (Tab. 7.1–2) von Parabraunerden hervor, die an Schatthängen trotz

Tab. 7.1-2 Einfluss der Exposition auf Tongehalt und Horizontmächtigkeit von Parabraunerden aus glazialen Sanden in gemäßigt-humiden Gebieten Südost-Michigans. (COOPER 1960)

Exposition	Durchschnittlicher Tongehalt (%) der Horizonte				Mächtigkeit (cm) der Horizonte am Oberhang Unterhang					
	Ah	Al	Bt	C	Ah	Al	A + B	Ah	Al	A + B
S	3,8	5,7	12,6	2,6	6	34	64	8	56	85
N	2,8	4,6	7,7	2,7	8	57	91	14	52	103

7

größerer Horizontmächtigkeit geringere Tongehalte und eine schwächere Tonverlagerung als an Sonnhängen aufweisen. Sonnhänge leiden andererseits oft unter langanhaltender Trockenheit. In derartigen Fällen kann die Bodenentwicklung an den feuchteren Schatthängen weiter fortgeschritten sein als an den Sonnhängen. Nach PALLMANN haben sich z. B. in den Schweizer Alpen an den Sonnhängen Normrendzinen aus Kalkstein gebildet, die einen geringmächtigen Ah-Horizont mit pH-Werten zwischen 6,8 und 7,5 besitzen, während an den Schatthängen Tangelrendzinen entstanden sind, die mächtige humose Auflagehorizonte mit pH-Werten zwischen 4 und 6 aufweisen (Kap. 7.5.1.6). Dieses Phänomen wird aber oft zusätzlich dadurch modifiziert, dass z. B. in Europa die regenbringenden Tiefdruckgebiete vorrangig ostwärts ziehen, so dass Westhänge stärker durchfeuchtet werden. Mulden sind schließlich besonders feucht und kühl, weil Wasser von den Hängen und in Strahlungsnächten auch Kaltluft zufließen.

In ebener Lage sind Stofftransporte im Boden überwiegend vertikal orientiert. In Hanglagen werden laterale bzw. oberflächenparallele Stofftransporte begünstigt, die über die Grenzen des Pedons hinaustreten. Der Bodenkörper kann sich dann unter dem Einfluss der Schwerkraft als Ganzes bewegen, z. B. in kalten Klimas als Fließerde.

Häufiger wird hingegen abfließendes Oberflächenwasser Bodenerosion verursachen, und/oder durch Hangzugwasser werden gelöste Stoffe aus Oberhangböden in Unterhang- oder Talböden verlagert (s. Kap. 7.2.7). Tiefgelegene Landschaftsbereiche werden in ihrer Entwicklung oft vom Grundwasser beeinflusst (s. Abb. 7.l–3 und Kap. 7.1.4).

7.1.4 Wasser

Auf die Entwicklung bestimmter Böden wirken neben dem Niederschlagswasser auch Grundwasser oder fließende und stehende Gewässer ein. Die Grenzen zwischen Grundwasser und Bodenwasser sind analog zu den Grenzen Boden/Ausgangsgestein fließend, da in der Regel Teile des Grundwasserkörpers oder Gewässerkörpers zum Boden gehören. Sie füllen dabei Hohlräume völlig aus. Ihrem Einfluss wird so große Bedeutung beigemessen, dass man in der deutschen Bodensystematik die Landböden (Terrestrische Böden, d. h. grundwasserunabhängige Böden) von den grundwasserbeeinflussten Böden (Semiterrestrische Böden) und den Unterwasserböden (Semisubhydrische und Subhydrische Böden) trennt.

Oberflächennahes Grundwasser modifiziert die Vegetation mit Folgen für die Zersetzbarkeit der Streu. Aus dem Grundwasser wird die Bodenlösung mit Wasser und gelösten Stoffen durch Kapillaraufstieg ergänzt. Letztere werden teilweise im Boden akkumuliert: In humiden Klimaten vor allem Eisenoxide oder Carbonate, in ariden Klimaten auch Sulfate oder Chloride.

Hoch anstehendes Grundwasser verdrängt die Bodenluft und induziert damit anaerobe Verhältnisse, die die mikrobielle Zersetzung hemmen, so dass **Anmoore** (Abb. 7.1–3) und **Moore** (Abb. 7.5–14) entstehen können. Das Grundwasser beeinflusst auch die perkolierende Wasserbewegung im ungesättigten Bodenbereich und verzögert dabei Auswaschungsvorgänge.

Das Wasser von Flüssen, Seen oder Meeren befindet sich zwischen subhydrischen Böden und Atmosphäre und schirmt jene damit vor dem Einfluss der Atmosphäre weitgehend ab. Das fördert einen ausgeglichenen Wärmehaushalt, hemmt aber den Gasaustausch. Dies mindert die Sauerstoffgehalte, schafft mithin anaerobe Verhältnisse und hemmt den Abbau organischer Substanz.

Gewässer überfluten oft periodisch den nahen Uferbereich, d. h. die Auenböden. Ihr Wasser führt diesen Böden gelöste Stoffe zu, an Meeresküsten vor allem NaCl und Mg-Salze. Je nach Regime werden klastische Sedimente abgelagert oder erodiert. Durch Zufuhr unverwitterter Minerale und gelöster

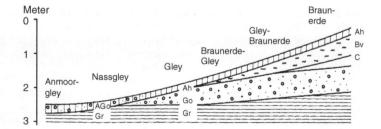

Abb. 7.1-3 Bodengesellschaft in Abhängigkeit vom Grundwasser (Schema stark überhöht).

Salze können Verwitterung und Entbasung, mithin die Bodenentwicklung verzögert und z. T. auch rückgängig gemacht werden.

7.1.5 Fauna und Flora

Der Boden bildet mit Fauna und Flora ein Wirkungsgefüge, ein **Ökosystem**, dessen Entwicklung von den bisher genannten Faktoren als Ganzes beeinflusst wird (s. Kap. 1). Die Lebewelt ist somit kein selbstständiger, unabhängig wirkender Faktor. Im Folgenden werden daher nur die Wechselwirkungen zwischen ihr und dem Boden behandelt.

Der Einfluss des **Edaphons**, d. h. des im Boden lebenden Anteils von Fauna und Flora, wurde bereits in Kapitel 4 eingehend besprochen und soll hier nur in seiner profilprägenden Wirkung kurz wiederholt werden.

Für die Bodenentwicklung ist zunächst entscheidend, dass vor allem die **Vegetation** mit der Streu das organische Ausgangsmaterial eines Bodens liefert, das von Bodentieren und Mikroorganismen z. T. in Huminstoffe umgewandelt wird. Menge und Zusammensetzung der **Streu** sind je nach Pflanzengesellschaft verschieden, und zwar in Abhängigkeit von den Klima- und Bodenverhältnissen. So bestehen zwischen der Streu von Tundren-, Wüsten- und Steppenvegetation, von Laub-, Misch- oder Nadelwald große Unterschiede, wodurch sich verschiedene Humusformen bilden können. Die Vegetation entzieht dem Boden Wasser und verlangsamt damit Verlagerungsvorgänge. Gleichzeitig werden Nährstoffe über Wurzelaufnahme und Streurückgabe aus dem Unter- in den Oberboden umgelagert (= Prinzip der Basenpumpe).

Die **Vegetationsdecke** wirkt wie ein Schutzmantel für den Boden. Die Pflanzen mildern z. B. den Aufprall der Regentropfen (Kap. 10.7.1) und speichern einen Teil des Niederschlags im Blattwerk (= Interzeption). Auf diese Weise werden das Ausspülen und Ausblasen fester Bodenteilchen (Bodenerosion) durch Wasser und Wind sowie der Aggregatzerfall und das Dichtschlämmen der Böden gemildert oder sogar verhindert.

Wurzeln und Mikroorganismen scheiden organische Säuren und Komplexbildner aus, die an Verwitterungs- und Verlagerungsvorgängen erheblich beteiligt sind. O_2-Entzug und reduzierende Verhältnisse führen in wassergesättigten Böden zur Lösung und Umlagerung, insbesondere von Fe-Verbindungen, und damit zu einer besonderen Morphe (s. Vergleyung u. Pseudovergleyung, Kap. 7.2.5).

Bodentiere und Mikroorganismen tragen zur Bildung stabiler Aggregate bei, was Verlagerungsvorgängen vorbeugt. Wühlende Bodentiere wie Regenwürmer und Nagetiere mischen Bodenmaterial und lagern es um. Sie wirken damit abwärts gerichteten Verlagerungsprozessen und einer Horizontdifferenzierung entgegen (s. Bioturbation, Kap. 7.2.6.1). An Oberflächen von Böden der Wüste können sich, z. T. unter dem Einfluss von Mikroorganismen, **Krusten** bilden (Büdel & Veste 2008), durch die eine Bodenbefeuchtung vor allem in Hanglagen erschwert wird.

7.1.6 Menschliche Tätigkeit

Der Mensch wirkt bei der Bodennutzung direkt auf die Böden ein: (a) durch Kulturmaßnahmen, wobei die Bodenentwicklung gehemmt oder beschleunigt oder sogar in eine neue Richtung gelenkt wird; (b) durch Baumaßnahmen, wodurch die Bodenentwicklung meist abgebrochen wird, z. B. bei Bodenversiegelung (Kap. 8.3.2). Indirekter Einfluss auf die Böden findet über Veränderungen des Klimas, Reliefs, Gesteins oder der Vegetation, des Grund- oder Gewässerwassers statt.

Landwirtschaftliche Nutzung vermag in vielfältiger Weise die Bodenentwicklung zu beeinflussen. Die im Subatlantikum begonnene Rodung der mitteleuropäischen Wälder und der nachfolgende Feldbau verminderte die Transpiration und erhöhte damit die Sickerwasserrate, so dass gelöste Stoffe verstärkt ausgewaschen wurden. In Hanglage nahm dadurch der Oberflächenabfluss zu und lagerte dabei Bodenmaterial um. Durch **Bodenerosion** werden dabei natürliche Böden entweder teilweise abgetragen oder gänzlich beseitigt, während bevorzugt am Hangfuß Kolluvien angehäuft werden und daraus Kolluvisole entstehen (Kap. 7.5.5). In den Tälern führen die Flüsse häufiger Hochwasser, überfluten bzw. überstauen die Auen und sedimentieren dort Auenlehm.

Ackerbau zerstört durch Pflugarbeit die ursprüngliche Horizontierung, schafft einen künstlichen Ap-Horizont, belüftet den Boden und beschleunigt damit den Abbau organischer Substanz. Dies verringert bei vielen Böden beträchtlich die Aggregatstabilität und erhöht die Verschlämmungs- und Erosionsneigung, was als **Degradierung** bezeichnet wird.

Durch **Düngung** werden die Nährstoffgehalte der Böden erhöht, durch **Kalkung** die pH-Werte. Damit wird der natürlichen und anthropogenen

7

Versauerung entgegengewirkt und Verwitterungsvorgänge verlangsamen sich. Besonders Podsole
werden in ihrer Dynamik stark verändert und erhalten die Dynamik von Braunerden, was als **Re-
gradierung** bezeichnet wird.

Entwässerung grund- oder stauwasserbeein-
flusster Böden verbessert die Durchlüftung, so dass
Pseudovergleyung und Vergleyung gehemmt werden und Grundwasserböden in Landböden überführt werden können.

Auch **Forstnutzung** vermag die Bodenentwicklung zu beeinflussen. Aus einem Fichten-Reinanbau
resultieren z. B. Beschattung und schwerer zersetzliche Streu, die das Bodenleben reduzieren und
bei nährstoffarmen Böden die Neigung zu Rohhumusbildung und Podsolierung erhöhen. Bei staunassen Böden kann eine Fichtenmonokultur zur
Verdichtung der Oberböden und zur verstärkten
Pseudovergleyung der Unterböden führen. **Forst-
düngung** hat eine ähnliche Wirkung wie Düngung
auf Ackerstandorten und beschleunigt vor allem
den Humusabbau.

Grundwassererhöhung, Bewässerung und Was-
serüberstau (z. B. in Reiskulturen) haben bei Böden
aller Art oft eine Vergleyung zur Folge, die in semiariden bis ariden Gebieten auch mit einer **Versalzung**
verbunden sein kann. Die Gewässereutrophierung
durch Einleitung nährstoffbelasteter Abwässer verändert die Entwicklung der Unterwasserböden, bei
denen insbesondere die Faulschlammakkumulation
stark gefördert wird. Auch die Grundwasserböden
im Uferbereich (Auenböden) werden durch Überflutung und Infiltration von Flusswasser mit Carbonaten und anderen Salzen angereichert.

Abgase von Industrie, Kraftwerken, Kfz-Verkehr
und Hausbrand sowie aus der intensiven Landwirtschaft haben in Mitteleuropa zu einer Anreicherung
der Atmosphäre mit SO_2, NO_3 und NH_3 geführt,
die als Säuren mit den Niederschlägen in die Böden
gelangen und dort die Versauerung intensivieren
(s. Kap. 10.2).

An **Straßenrändern** führen Abfälle, carbonathaltiger Staub und die winterliche Applikation von
NaCl (Streusalz) dagegen zu Nährstoffeintrag und
pH-Erhöhung (Abb. 7.1–4), wodurch bei sauren
Waldböden der Humusabbau gefördert, Verwitterung und Podsolierung hingegen gehemmt werden.

Über **städtisch-industriellen Verdichtungsräumen** wird auch das Klima nachhaltig verändert, und
zwar ist es dort in der Regel um 1…3 °C wärmer als
in der Umgebung, wodurch Verwitterung und Zersetzung beschleunigt werden. Gleichzeitig wurde
hier neues Ausgangsgestein durch vielfältige technische Aktivitäten des Menschen geschaffen. Dabei

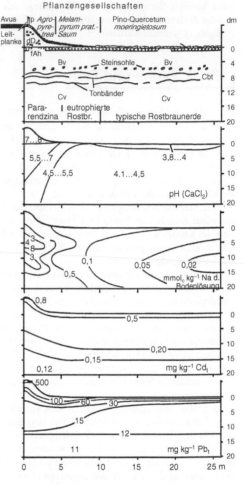

Abb. 7.1–4 Änderung von Vegetation, Bodentyp, pH-
Wert, Na-Konzentrationen der Bodenlösung (bezogen
auf 1 kg Boden), Gesamt-Cd und Pb-Gehalte in Abhängigkeit von der Entfernung von einer Autobahn (Avus,
Berlin); (aus BLUME 1996).

ist zwischen umgelagerten, **natürlichen** Substraten,
die bei der Anlage von Baugruben, Verkehrsstraßen
oder beim Gewinnen von Bodenschätzen anfallen,
sowie **künstlichen** (bzw. technogenen) Substraten
wie Bauschutt, Schlacke, Asche und Müll zu unterscheiden (s. a. Kap. 8.3.2). Auch diese aufgeschütte-
ten oder aufgespülten Substrate (z. B. Hafenschlick,
Löss) unterliegen einer Bodenbildung. In Müll- und
Klärschlammdeponien, bei Abwasserverrieselung
und bei Kraftstoffinfiltrationen bewirken hohe Gehalte an mikrobiell leicht abbaubarer org. Substanz

Sauerstoffmangel und es entstehen Reduktosole (s. Kap. 7.5.1.16). Ähnliches erfolgt über Leckagen von Gasleitungen.

Völlig neue, **anthropogene Böden** entstehen auch nach Abtorfung von Hochmooren, Tiefumbruch von Podsolen, starker Zufuhr von Kompost oder Klärschlamm, Heideplaggen oder Lehm zu Sandböden, durch tiefes Rigolen, Terrassierung usw. In diesen anthropogenen Böden ist das Gepräge natürlicher Böden so weitgehend verloren gegangen, dass sie als besondere Bodengruppe im Anschluss an die natürlichen Böden besprochen werden (Kap. 7.5.5).

7.1.7 Zeit

Die Zeit gehört zum Wesen jedes in der Natur ablaufenden Vorgangs. Je länger die klimatischen, hydrologischen, biologischen und anthropogenen Faktoren auf das Ausgangsgestein und den daraus gebildeten Boden wirken, desto stärker unterscheidet sich dieser vom Ausgangszustand.

Das **Alter** hat daher für die Eigenschaften eines Bodens große Bedeutung. In dieser Hinsicht unterscheiden sich die Böden Mitteleuropas, die sich überwiegend erst seit dem Pleistozän, meistens sogar erst seit dem Spätglazial, d.h. seit ca. 14000 Jahren gebildet haben, grundlegend von vielen Böden alter Landoberflächen der Subtropen und Tropen, deren Alter nach Millionen Jahren zählt. In Mitteleuropa ist die Entwicklungstiefe der Böden in der Regel auf wenige Meter begrenzt, während diejenige alter Landoberflächen mehrere Zehnermeter tief reichen können. Je älter ein Boden ist, desto stärker ist aber auch damit zu rechnen, dass sich Faktoren der Entwicklung wie das Klima geändert haben, wodurch seine Genese modifiziert wurde. Sehr jung und damit wenig entwickelt sind allgemein die Böden der Meeresküsten, der Flussauen und vieler Dünen, weil deren Entwicklung durch Erosions/Sedimentationsprozesse unterbrochen wird.

Gleiche Zeitdauer führt in unterschiedlichen Phasen der Bodenentwicklung zu unterschiedlich großen Veränderungen. Sehr häufig ändern sie sich anfangs stark, um später nach Erreichen eines bestimmten Gleichgewichts zwischen Umwelt und Boden bzw. Umwelt und dem System Boden-Biozönose Änderungen nur noch gering sind. Die Zeit muss daher in der Bodenentwicklung auch als *historische Kategorie*, als konkreter Entwicklungsablauf verstanden werden.

7.2 Prozesse der Bodenentwicklung

In einem Boden laufen ständig Stoffumwandlungen und Stoffverlagerungen ab, die mit Energieumsetzungen verbunden sind. Diese Umwandlungen und Verlagerungen setzen sich aus zahlreichen, gleichzeitig und nacheinander ablaufenden chemischen, physikalischen und biologischen Einzelvorgängen zusammen, die vor allem durch Klima und Lebewelt induziert werden und in ihrer Gesamtheit die **Bodendynamik** ausmachen.

So lassen sich wiederkehrende Änderungen der **Bodentemperatur** im Tages- und Jahreslauf (Kap. 6.6) und der **Bodenfeuchte** als Resultierende von Niederschlag und Verdunstung bzw. Versickerung (Kap. 6.4.5) beobachten. Auf- und Abbau von Bodenaggregaten erfolgen durch Schrumpfung bzw. Lebendverbau und Quellung, womit zyklische Verdichtungen und Lockerungen verbunden sind (Kap. 6.2). Auch die Eigenschaften der **Bodenlösung** wie die Bodenreaktion (Kap. 5.6), das Redoxpotenzial (Kap. 5.7), oder Art und Konzentration von Ionen (Kap. 5.1.2) ändern sich ständig unter dem Einfluss von Niederschlag, Wasserbewegung und molekularer Diffusion, Austauschvorgängen mit Mineral-, Humus- und Wurzeloberflächen (Kap. 5) sowie Organismentätigkeit (Kap. 4.3). Gleiches gilt für Menge und Art der organischen Bodenstoffe durch Zersetzung und Humifizierung (Kap. 3.5) sowie des Mineralbestandes durch Lösung und Kristallisation (Kap. 2.4.2).

Zyklische Stoffumlagerungen erfolgen dabei einmal im Boden – z. B. pendeln lösliche Salze in wechseltrockenen Klimaten zwischen Ober- und Unterboden. Außerdem laufen sie zwischen Boden und Pflanze ab. Schließlich handelt es sich um größerräumige Stoffkreisläufe wie Wasser- und Elementniederschlag, verbunden mit Wasser- und Elementumlagerung. An diesen Vorgängen kann auch der Mensch beteiligt sein, z. B. durch Ernteentzug und Düngung (Kap. 9.5).

Viele dieser Vorgänge sind nicht vollständig reversibel, was zu kleinen bleibenden Veränderungen führt, die sich im Lauf der Zeit zu größeren aufsummieren. Sofern daraus charakteristische Bodeneigenschaften bzw. Bodenhorizonte resultieren, spricht man von profilprägenden bzw. **bodenbildenden Prozessen**, die in ihrer Gesamtheit die **Entwicklung** eines Bodens ausmachen. Art und Intensität bodenbildender Prozesse werden dabei durch die Bodenentwicklungsfaktoren bestimmt (Kap. 7.1).

7

Neue Bodenhorizonte sowie Veränderungen entstehen zum einen durch **Umwandlungsprozesse** (Transformationen) wie Verwitterung und Mineralbildung, Zersetzung und Humifizierung, sowie Gefügebildung, zum anderen durch **Verlagerungsprozesse** (Translokationen), bei denen durch perkolierendes, ascendierendes oder auch lateral ziehendes Wasser zu einer Umverteilung von Stoffen führt. Anreicherungsprozesse wirken von außen; dabei lässt die Zufuhr von Kohlenstoff (und Stickstoff) über pflanzliche Assimilation organische Substanz entstehen. Außerdem werden partikuläre (Stäube) sowie gelöste Stoffe des Niederschlages und ggf. des Grundwassers zugeführt. Verarmungsprozesse sind Massenverluste durch Erosion und vor allem gelöster Stoffe durch Auswaschung.

Diesen horizontbildenden Prozessen stehen horizontverwischende Prozesse bzw. **Turbationen** gegenüber, bei denen durch Wechselfeuchte, periodisches Gefrieren, wühlende Bodentiere oder auch Pflugarbeit Material verschiedener Bodentiefen bzw. Bodenhorizonte gemischt wird.

Ein Teil der genannten Prozesse, insbesondere die der Stoffumwandlung, wurde schon in den Kapiteln 2 bis 6 beschrieben; dennoch sollen sie nochmals kurz besprochen werden, um ihre Mitwirkung an der Profildifferenzierung aufzuzeigen. Die einzelnen profilprägenden Prozesse dürfen im Grunde nicht isoliert voneinander betrachtet werden, da sie sich gegenseitig beeinflussen und da erst das vielfältige Wechselspiel zwischen ihnen zur Bildung eines Bodens führt (und zur Entwicklung sehr verschiedener Böden geführt hat).

7.2.1 Umwandlungen und Verarmungen des Mineralkörpers

An **Verwitterung und Mineralbildung** sind physikalische, chemische und biologische Prozesse beteiligt (Kap. 2.4). Sie führen zu einer Profildifferenzierung, weil sie in den einzelnen Horizonten mit unterschiedlicher Intensität ablaufen und dabei in unterschiedlichem Maße verschiedene neue Minerale entstehen.

Durch **physikalische Verwitterung** (Kap. 2.4.1) wird ein festes Gestein, das man als mC- Lage bezeichnet, in Bruchstücke zerteilt und dabei gelockert. Hierdurch entsteht durch Transformation ein mCv-Horizont. Entsprechend werden die Gesteinsbruchstücke und Mineralpartikel eines Lockergesteins, d. h. einer lC-Lage, zerkleinert, womit ein Cv-Horizont gebildet wird.

Die **chemische Verwitterung** (Kap. 2.4.2) löst Minerale teilweise oder komplett auf. Insbesondere in humiden Klimaten ist sie mit der **Auswaschung** gelöster Verwitterungsprodukte sowie mit **Entbasung** (Kap. 4.2) und **Versauerung** verbunden. Oft ist die Verwitterung mit einer Mineralneubildung aus den Lösungsprodukten verknüpft: Es entstehen unter anderem Tonminerale (Kap. 2.4.6 und Eisenoxide (Kap. 2.4.7), was letztlich im Unterboden zur Ausbildung eines B-Horizonts führt.

Durchfeuchtung und Temperatur steuern im Wesentlichen Art und Geschwindigkeit von Verwitterung und Mineralbildung. Deren Klimaabhängigkeit bedingt typische Formen dieser beiden Prozesse in den verschiedenen Klimazonen der Erde, die im Folgenden beschrieben werden.

7.2.1.1 Frost-,Temperatur- und Salzsprengung

Der Wechsel von Gefrieren und Auftauen des Bodenwassers verursacht **Frostsprengung** oder **Kryoklastik** (Kap. 2.4.1) und ist vor allem für die gefrierenden Böden kühler Klimate und die Auftaubereiche der Dauerfrostböden profilprägend. Die Minerale des Oberbodens werden von ihr umso intensiver zerkleinert, je häufiger Gefrieren und Auftauen wechseln, was von der sommerlichen Auftautiefe (0,2…1,5 m) abhängt. Sie ist daher in subarktischen bzw. subalpinen Regionen stärker als in arktischen bzw. alpinen. In kühleren Regionen sind besonders die Südhänge betroffen, weil hier der vereiste Boden häufiger und tiefer taut, in wärmeren Regionen oft die Nordhänge, weil die wärmeisolierende Vegetationsdecke länger fehlt. Hohe Niederschläge vermindern die Kryoklastik, weil dann eine mächtige Schneedecke Temperaturunterschiede ausgleicht, ebenso wie sehr geringe, weil dann die Böden zu trocken sind. Viele Gesteine deutscher Mittelgebirgslagen wurden im Periglazialgebiet durch Kryoklastik während der Kaltzeiten des Pleistozäns tiefgründig zerteilt und gelockert.

Ein rascher Temperaturwechsel kann auch ohne Gefrieren und Tauen des Bodenwassers zu einer Zerkleinerung von Mineralpartikeln führen. Sie wird als **Temperatursprengung** bzw. **Thermoklastik** bezeichnet (Kap. 2.4.1). Sie spielt vor allem in kontinentalen Wärmewüsten wie der inneren Sahara eine große Rolle, wo Tagesschwankungen der Temperatur von 30…50 °C gemessen wurden. In Böden reicht die Gesteins- und Mineralzerkleinerung durch **Wärmesprengung** etwa 50 cm tief.

Sie wird durch **Salzsprengung** ergänzt, die bereits durch nächtliches Tauwasser ausgelöst werden kann und selbst in Kältewüsten beobachtet wurde.

7.2.1.2 Verbraunung und Verlehmung

Die Verwitterung eisenhaltiger Minerale unter Bildung von Eisenoxiden ist als Merkmal für das Ausmaß der Profildifferenzierung von großer Bedeutung. Die Eisenfreisetzung aus Fe(II)-haltigen Silicaten wie Biotiten, Olivinen, Amphibolen oder Pyroxenen erreicht erst nach Entkalkung und Absinken der pH-Werte unter 7 ein höheres Ausmaß. Sie führt in gemäßigten und kühlen Klimaten zur Bildung braun gefärbter Eisenoxide, vor allem Goethit, die z. T. an der Oberfläche primärer Minerale angereichert werden. Durch diese **Verbraunung** entsteht aus dem Cv- ein Bv-Horizont. Insbesondere im humosen Oberboden entstehen außerdem durch die Reaktion von Eisen und organischen Säuren metallorganische Komplexe, die (u. a. wegen starker Ca-Belegung) nicht wanderungsfähig sind, sondern auch Mineralpartikel umhüllen und feinere Partikel zu Aggregaten verkleben. Verbraunung ist der profilprägende Prozess vieler Böden der gemäßigten Breiten.

Die Verbraunung ist oft mit der Bildung von Tonmineralen verknüpft, die als **Verlehmung** bezeichnet wird. Beispiele der Tonbildungsintensität gibt Tabelle 7.2–1.

Verbraunung und Verlehmung wurden in mitteleuropäischen Böden begünstigt, weil hier während der Kaltzeiten eine intensive kryoklastische Verwitterung stattfand. Häufig fällt die heutige Grenze intensiver Verbraunung mit der (aus kryoklastischer und kryoturbater Veränderung erschlossenen) Auftautiefe des periglaziären Permafrostbodens zusammen, woraus teilweise geschlossen wird, dass auch die Verbraunung bereits im Pleistozän stattfand.

7.2.1.3 Ferrallitisierung und Desilifizierung

Unter den intensiven Verwitterungsbedingungen der feuchten Tropen verarmen die Böden sehr stark an Silizium (**Desilifizierung**), während Fe- und Al-Oxide sich neben Kaolinit und Al-Chlorit als stabile Verwitterungsprodukte anreichern. Diesen Prozess nennt man **Ferrallitisierung**; er ergibt einen Bu-Horizont (Definition s. Kap. 7.3).

Im Anfangsstadium der tropischen Verwitterung (bzw. im Kontaktbereich zum unverwitterten Gestein) werden Silicate wie Feldspäte und Biotit unter Lockerung der Gesteinsstruktur gelöst, wobei Alkali- und Erdalkali-Ionen bereits teilweise abgeführt werden. Später kommen in durchlässigen Böden auch diese Minerale zur Lösung, verknüpft mit einem starken Austrag der Lösungsprodukte in der Reihenfolge Ca > Na > Mg > K > Si. Gleichzeitig werden Fe-Oxide gebildet, und zwar neben Goethit

Tab. 7.2–1: Intensität der Tonbildung und Tonverlagerung in Böden der Mittleren Breiten (Angaben in kg m^{-2}) (n. Jenny 1980, sowie Kussmaul & Niederbudde 1979, Blume 1981)

Bodentyp	Gestein	Landschaft	Gesteins-alter	Ton Bildung	Ton Verlagerung	Autoren in Jenny 1980
Parabraunerden Pseudogleye	Geschiebe-mergel	Holstein, Seeland	12 000... 13 000	34...70 28	66...112 44...64	Blume Blume
Parabraunerden	Löss	Niedersachsen	15 000	88...117	42...91	Meyer
Parabraunerden	Löss	Bayern	15 000	63...98	35...51	Kussmaul
Andisol	vulk.Asche	Pfalz	11 000	72		Jenny
Braunerde	Flugsand	Neuseeland	10 000 3 000	72 18		Syers & Walker
Podsole	Flugsand	N.Michigan	10 000 3 000	15...18 7		Franzmeier & Whiteside

auch **Hämatit** (im Falle hoher Jahresmitteltemperatur und weitgehenden Fehlens von organischer Substanz).

Aus basischen Magmatiten entsteht häufig Gibbsit; gleiches gilt für Si-reiche Gesteine bei starker Kieselsäureauswaschung; andernfalls kann sich Kaolinit bilden. Wird schließlich auch Quarz gelöst, so bleiben von den primären Mineralen nur wenige sehr stabile erhalten, wie z. B. Zirkon, Turmalin, Anatas und Rutil. Auch Kaolinit kann dann abgebaut werden, weil das benötigte Si fehlt. Dabei treten Massenverluste bis zu 90 % auf. Da die äußere Form der primären Minerale oft lange erhalten bleibt (Strukturerhaltung in Saproliten), mithin keine Sackung stattfindet, ist die Ferrallitisierung oft mit einer starken Abnahme der Lagerungsdichte verbunden.

Die feuchttropische Verwitterung hat im Laufe von Jahrmillionen Tiefen von 40 bis 60 Metern erreicht (mehrere hundert Meter mächtige Verwitterungsdecken sind hingegen wohl auf Umlagerungen zurückzuführen). Dabei blieben häufig einzelne Gesteinsblöcke unverwittert; sie bilden ‚schwimmende‘ **Wollsackblöcke**, die später als Erosionsrückstände die Landoberflächen bedecken.

Unter humiden Klimaverhältnissen sind die tieferen Bodenlagen oft langfristig wassergesättigt. Dadurch wird eine Oxidation freigesetzten silicatischen Eisens verhindert, so dass dieses lateral abgeführt und an Hangkanten akkumuliert wird. Unter wechselfeuchten Bedingungen steigt das Wasser kapillar auf und reichert den Oberboden auch absolut mit Eisen an (Plinthit-Bildung). Abb. 7.2–1 ist das Beispiel eines tiefgründig sehr stark verwitterten und desilifizierten Bodens der Tropen zu entnehmen.

7.2.2 Humusanreicherung – Bildung von Humusformen

Die organische Substanz, die beim Absterben von Pflanzen(teilen) und Tieren sowie in Form tierischer und pflanzlicher Ausscheidungsprodukte auf und in den Boden gelangt, wird größtenteils mineralisiert. Nur ein Teil wird in der Regel in Huminstoffe umgewandelt, die über längere Zeit erhalten bleiben. Die Huminstoffe bilden zusammen mit Streuresten den **Humuskörper** eines Bodens.

Art und Menge der Streu- und Huminstoffe, die einen Humuskörper aufbauen, hängen zunächst von der jährlich produzierten Streumenge und -zusammensetzung (Kap. 3.1.1), d. h. im Wesentlichen von der Vegetation ab. Dem steht die Leistung der Bodenorganismen gegenüber, die die organische Substanz zersetzen, humifizieren und mit der mineralischen Substanz mischen, und zwar in Abhängigkeit von ihren Lebensbedingungen (Kap. 2). Entscheidend sind also die Wärme-, Wasser-, Luft- und Nährstoffverhältnisse eines Standorts.

Der Humuskörper lässt sich morphologisch in **Humushorizonte** gliedern, die sich in der **Hu-**

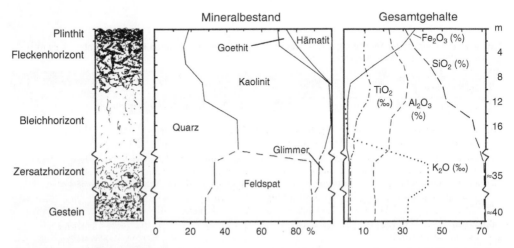

Abb. 7.2–1 Eigenschaften eines *Petric Plinthosol* aus Granit (als Inselberg) unter Ödland NO Bangalore, Indien; Plinthit- und Fleckenhorizont sind verfestigt; bei Ersterem wurden die weißgefleckten Bereiche durch Regen ausgespült. (Nach Analysen von H.-P. Blume und H.P. Röper).

mustextur (Art, Anteil und Beschaffenheit makroskopischer Grundgemengteile des Humus) und dem **Humusgefüge** (Lagerungsart und -dichte der Grundgemengteile) unterscheiden. Die Humushorizonte überlagern einander bzw. werden von Mineralbodenhorizonten durchdrungen. Die Gesamtheit aller Humushorizonte ergibt die **Humusform**, deren senkrechter Schnitt das **Humusprofil**.

Nach dem Bildungsmilieu werden terrestrische Humusformen, die unter vorwiegend aeroben Bedingungen, und hydromorphe sowie subhydrische Formen, die unter zeitweilig bis ständig anaeroben Bedingungen entstehen, unterschieden.

7.2.2.1 Terrestrische Humusformen

Terrestrische Humusformen sind ohne den Einfluss von Grund- oder Oberflächenwasser entstanden. Man unterscheidet zwischen den **Auflagehorizonten** mit über 30 % organischer Substanz (den O-Horizonten) und den Humushorizonten im Mineralbodenverband (den humusreichen Aa-, den humosen Ah- und den humusarmen Ai-Horizonten). Ist die Einarbeitung der anfallenden organischen Substanz (weil Bodenwühler fehlen) gehemmt, gliedert sich die Humusauflage vieler Waldstandorte von oben nach unten in folgende Horizonte:

Die L- oder **Streulage** besteht aus äußerlich unzersetzten Blättern bzw. Nadeln, Samen(kapseln) und Zweigen von Bäumen, Kräutern und Sträuchern. Blätter und Nadeln sind teilweise unregelmäßig gefleckt, rissig und etwas angefressen, was bereits an der Pflanze entstanden sein kann. Wenig (< 10 %) **Feinhumus** (Huminstoffe und zerkleinerte Streu ohne makroskopisch erkennbare Gewebestrukturen) haftet bisweilen als Tierkot an der Streu.

Der **Grobhumushorizont** (Of) besteht aus halb zerfallenen Blättern bzw. Nadeln und Kleintierkot. Es liegt 10…70 % des Bodenhumus als Feinhumus vor. Der **Feinhumushorizont** (Oh) besteht überwiegend aus Feinhumus und nur noch wenig zerkleinerten Streuresten mit erkennbarer Gewebestruktur (< 30 %). Beim Feinhumus wird auch nach Aggregatgröße und Konsistenz zwischen krümeligem **Wurmhumus** (enthält eingeschlossene Mineralkörner), feinkrümeligem **Moderhumus** (meist Kot von Gliederfüßern und Enchytraeiden ohne Mineralkörner) und schmierigem **Pechhumus** (völlig zerfallene Losung) unterschieden.

Unter diesen Auflagehorizonten folgt der humushaltige, mineralische Oberbodenhorizont, der **Ah-Horizont**. In ihm ist Grobhumus wenig vorhanden

oder liegt nur in Form toter Wurzel(reste) und Tierleichen vor; der Feinhumus dominiert. Dieser bildet entweder eigene Aggregate, die von Kleinarthropoden als Kotballen abgelegt, vom Regen eingeschlämmt oder von Bodenwühlern mit Mineralkörnern vermischt wurden. Liegt dabei zusätzlich eine geringe Basensättigung (BS < 50 %) vor, handelt es sich um einen **Moder-Ah**. Bei höherer Basensättigung (> 50 %) spricht man von einem **Wurmhumushorizont**. (auch Axh-Horizont, besonders in Schwarzerden, Tschernitzen), bei dem (mit dann höherem Regenwurmbesatz) die Huminstoffe mit Mineralpartikeln zu Krümeln vereint sind. Ein **Kryptohumushorizont** liegt vor, wenn der Ah, bedingt durch wenig Humus (< 2 %), relativ hell erscheint und das Bodengefüge abiotisch entstanden ist (singulär, polyedrisch) – wobei dann gewöhnlich eine Humusauflage fehlt.

Humusformen stellen nun Kombinationen der geschilderten Humushorizonte dar. Die wichtigsten sind Rohhumus, Moder und Mull.

Die Humusform **Rohhumus** ist in der Regel durch eine mächtige (5…30 cm) Humusauflage gekennzeichnet. Ein humoser A-Horizont fehlt oder tritt stark gegenüber der Auflage zurück. Häufig wurden Huminstoffe durch Podsolierung in den Unterboden eingewaschen (s. Kap. 7.2.4.2). Die Auflage ist in Grob- und Feinhumushorizont gegliedert. Die Übergänge zwischen den einzelnen Horizonten sind scharf. Huminstoffe liegen als Milben- und Collembolenlosung vor, die von Pilzhyphen durchsetzt ist. Der Humuskörper zeichnet sich durch ein weites C/N-Verhältnis von 30…40 im Of, 25 im Oh und niedrige pH-Werte (unter 4) aus. Rohhumus bildet sich insbesondere bei extrem nährstoffarmen und grobkörnigen Böden unter einer Vegetationsdecke, die schwer abbaubare und nährstoffarme Streu liefert, wie Heiden (*Calluna, Erica, Vaccinium, Rhododendron*) oder Koniferen (*Picea, Pinus*). Dichte, lichtarme Fichten- oder Rotbuchenforsten ohne krautigen Unterwuchs begünstigen eine Rohhumusbildung ebenso wie ein kühlfeuchtes Klima.

Auch beim **Moder** sind alle Auflagehorizonte vorhanden, jedoch mit geringerer Mächtigkeit. Die Übergänge sind aber unscharf, die Horizonte sind vielmehr miteinander verfilzt, und darunter folgt ein deutlich ausgeprägter humoser Mineralboden. In der Auflage und im oberen Mineralboden befinden sich koprogene Aggregate (d.h. Kotpillen), die von Enchyträen und zahlreichen Arthropoden stammen, bei Moderhumus stark vertreten. Ein etwas strenger ,Moder'- Geruch charakterisiert den Moder ebenso wie eine gegenüber dem Rohhumus lockerere Lagerung der humosen Horizonte. Das

7

C/N-Verhältnis liegt bei 20, die pH-Werte in Böden aus Silicatgesteinen bei 3...4, in solchen aus Carbonatgesteinen auch > 4. Moder bildet sich vor allem in Böden unter krautarmen Laub- und Nadelwäldern aus relativ nährstoffarmen Gesteinen, bei Monokulturen oder unter kühlfeuchten Klimaverhältnissen.

Pechmoder, der ausschließlich in den feuchtesten Lagen hochalpiner Landschaften auftritt, hat bis zu 20 cm mächtige Oh-Horizonte, die überwiegend aus Collembolenlosung hervorgegangen sind und als Pechhumus ein tiefschwarzes Aussehen haben.

Der Humusform **Mull** fehlt eine Humusauflage völlig oder sie verschwindet unter sommergrünen Laubwäldern einige Monate nach dem Streufall, ist also nicht ständig vorhanden (= **L-Mull**). Das gilt zumindest für den Oh-Horizont, während beim Modermull (bzw. **F-Mull**: Abb. 7.2–2) ein dünnerer Of-Horizont ganzjährig zu beobachten ist. Im oft mächtigen Ah-Horizont fehlen Streustoffe fast völlig. Der Humuskörper besteht vielmehr fast ausschließlich aus braungrauem bis schwarzem, mit Tonminera-

len innig verbundenem Feinhumus als Bestandteil von Krümeln. Viele wühlende und erdfressende Bodentiere sind vertreten. Die Bodenflora setzt sich beim Mull, der einen charakteristischen frischen ‚Erd'-Geruch besitzt, vorwiegend aus Bakterien und Actinomyceten zusammen. Das C/N-Verhältnis des Humuskörpers liegt bei 7...15, die Bodenreaktion ist schwach sauer bis alkalisch. Mull bildet sich in Böden unter günstigen Wasser- und Luftverhältnissen und relativ hohen Nährstoffgehalten, in denen die Streu rasch zerkleinert und abgebaut wird. Mull setzt eine Vegetation voraus, die eine nährstoffreiche, leicht abbaubare Streu liefert. Er bildet sich also bevorzugt unter Steppenvegetation und unter krautreichen Laubwäldern.

Im Bereich der subalpinen Zwergstrauchregion und der hochmontanen Wälder tritt auf Carbonatgesteinen unter dem Einfluss eines kühlfeuchten Klimas die Humusform **Tangelhumus** auf; sie ist durch bis zu 1 m mächtige Humusauflagen gekennzeichnet. Auch hier ist eine Gliederung der Auflage in streureichen, sauren Of-Horizont und

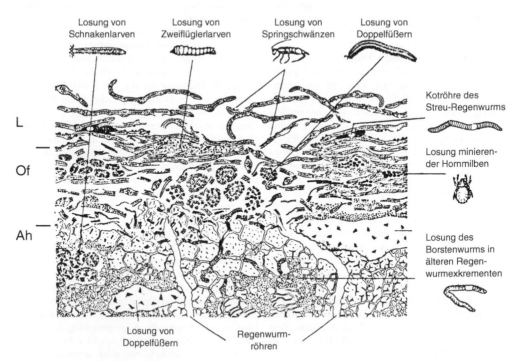

Abb. 7.2-2 Humuskörper eines Waldbodens unter günstigen Zersetzungsbedingungen mit Losungsspuren der im Bild gezeigten Bodentiere (L: frische Buchenstreu, O: Humusauflage, Ah: humoser Mineralboden; Humusform Modermull; Tiere nicht maßstabsgetreu) (nach G. ZACHARIAS).

huminstoffreichen Oh-Horizont erkennbar. Die Horizontübergänge sind im Gegensatz zum Rohhumus aber weniger scharf. Ein humoser A-Horizont (Ah) ist in der Regel deutlich ausgeprägt und enthält oft sogar Wurmlosung.

7.2.2.2 Hydromorphe Humusformen

In nassen Böden hemmt der Mangel an Sauerstoff die Zersetzung und führt damit zur Anreicherung an organischer Substanz. Böden, die nur im Winter bis oben hin vernässen, im Sommer hingegen oben durch Wasserverdunstung belüftet werden, weisen den Landböden vergleichbare Humusformen mit etwas höheren Humusgehalten infolge verzögerter Zersetzung auf. Sie werden als **Feuchthumusformen** bezeichnet, wobei zwischen Feuchtmull, Feuchtmoder und Feuchtrohhumus unterschieden wird. Ist die Mineralisierung oder auch die Streuzerkleinerung noch stärker durch Sauerstoffmangel gehemmt, entstehen als **Nasshumusformen** bzw. **Sumpfhumusformen** Anmoore oder Torfe.

Ganzjährig hohe Grundwasserstände bewirken besonders bei nährstoffreichen Mineralböden Humusgehalte, die zwischen 15 und 30 % liegen und als Aa-Horizonte bezeichnet werden. Fehlt solchen Böden eine Humusauflage, so liegt ein Anmoor vor. Beim **Anmoor** dominieren Huminstoffe, die von Wassertieren und fakultativ anaeroben Mikroorganismen gebildet werden. Das Anmoor hat bei mittleren Wassergehalten ein ‚erdiges‘ Gefüge, das bei anhaltender Wassersättigung ‚schlammig‘ wird. Die humosen Horizonte sind zusammen 20...40 cm mächtig und reagieren neutral bis schwach sauer.

Auf nährstoffarmen Standorten mit hohem Grundwasserstand und auf nährstoffreicheren Standorten, die längerfristig oder ganzjährig überflutet sind, tritt die Streuzersetzung durch Tiere stark zurück, so dass Humusauflagen mit über 30 % organischer Substanz entstehen, die als **Torfe** bezeichnet werden. Hier lassen sich Niedermoor-, Übergangsmoor- und Hochmoortorf unterscheiden, die nach der Art vorherrschender Vegetationsreste sowie dem Humifizierungsgrad weiter untergliedert werden können.

Am Grund von Gewässern gibt es die subhydrischen bzw. **Seehumusformen** Dy, Gyttja und Sapropel. Da ihre Eigenschaften auch die wesentlichen Eigenschaften ihrer Böden, der Unterwasserböden, darstellen und die Genese dieser Humuskörper gleichbedeutend mit der Genese der Bodentypen ist, sollen sie im Einzelnen unter Kap. 7.5.3 dargestellt werden.

7.2.3 Gefügebildung

Die Gefügebildung, d. h. die räumliche Veränderung der Anordnung der Mineralpartikel und organischen Stoffe im Raum und deren Verknüpfung zu Aggregaten (Kap. 6.3), ist ebenfalls wesentlich an der Differenzierung eines Bodens in Horizonte beteiligt.

In **Böden aus Tongesteinen** wird das häufig schichtige oder schiefrige Gesteinsgefüge durch Wasseraufnahme und damit einhergehender Quellung in ein **Kohärentgefüge** transformiert. Aus diesem sondern sich bei Trockenheit durch Schrumpfung Aggregate ab, und zwar im Unterboden, oft grobe **Prismen**, weiter oben hingegen kleinere **Polyeder**. Größe und Form der Aggregate hängen aber auch vom Tonmineralbestand und vom Ionenbelag ab. In Alkaliböden entstehen z. B. **Säulen**. Durchfeuchtung ergibt anfangs wieder ein Kohärentgefüge; später schließen die Klüfte nicht mehr vollständig, u. a. bedingt durch eine Einregelung der Schichtsilicate an den Aggregatoberflächen, so dass die Aggregate zwar quellen, die Form aber erhalten bleibt.

Im belebten Oberboden produzieren Bodentiere Kotballen, die bei Durchfeuchtung nur unvollkommen zerfallen, so dass spätere Trockenheit ein unvollkommenes Absonderungsgefüge mit rauhen Aggregatoberflächen, d. h. **Subpolyeder**, entstehen lässt. In humus- und nährstoffreichen und damit stark belebten Oberböden bildet sich sogar ein **Krümelgefüge**, das auch bei Wechselfeuchte stabil und damit länger erhalten bleibt. Somit ergibt sich bei tonreichen Böden oft ein deutlicher Wechsel der Gefügeform mit zunehmender Bodentiefe.

Sandreiche Böden weisen allgemein ein **Einzelkorngefüge** (Abb. 6.3-1) auf. Dieses wird im humosen Oberboden durch eingelagerten Gliederfüßer- und Enchyträenkot, d.h. von Feinkrümeln durchsetzt.. Auch im Unterboden können Feinkrümel auftreten, wenn die wenigen Tonpartikel zwischen den Sandkörnern zu Mikroaggregaten koagulieren.

Ein **Krümelgefüge** bildet sich im humosen A-Horizont nur dann, wenn Feinsand dominiert und auch sonst günstige Lebensbedingungen für Regenwürmer vorliegen.

In **lehmigen Böden** finden wir in der Regel im Ah- Horizont ein von Regenwürmern geschaffenes Krümelgefüge. Im Unterboden folgt ein Subpolyeder- bis Prismengefüge, deren Aggregate nach unten infolge seltenerer Trocknung immer gröber werden.

Stoffeinlagerungen können zur Bildung eines **Kittgefüges** führen, das u. U. für Wurzeln nicht durchdringbare, verfestigte Bänke entstehen lässt.

7

Als Kittsubstanzen wirken dabei in Ortstein-Podsolen (Kap. 7.5.1.12) metallorganische Komplexe, in Raseneisen-Gleyen (7.5.2.1) sowie *Plinthic Ferralsolen* und *Plinthosolen* (7.6.2) Eisenoxide, in *Petric Calcisolen* und *Gypsisolen* (7.6.7) Carbonate bzw. Gips, in *Solonchaken* (7.5.2.4) Salze und in *Petric Durisolen* (7.6.8) Si-Oxide.

Manche Böden weisen **Krusten** an der Oberfläche auf. Diese entstehen vor allem bei vegetationsfreien, schluffreichen Böden durch die Planschwirkung von Regentropfen. Bei Ackerböden werden diese Krusten durch die Bodenbearbeitung rasch wieder zerstört. Bei Wüstenböden erfolgt jedoch eine Verklebung durch Mikroorganismen. Diese ‚biologischen' Krusten bilden sich selbst auf Sandböden, weil vermutlich Stäube zusätzlich fixiert werden. Stabile Krusten können unter ariden Klimaverhältnissen, aber auch auf Grundwasserböden durch den kapillaren Aufstieg gelöster Salze entstehen. Viele derartige Krusten sind allerdings auch durch ein Freilegen von zementierten Unterböden, was durch eine Erosion des hangenden Bodens erfolgt ist, entstanden.

Gefügebesonderheiten wie Konkretionen, Flecken oder Beläge sind meist Folge bestimmter Verlagerungsprozesse und werden dort behandelt.

7.2.4 Umlagerungen

7.2.4.1 Tonverlagerung

Als Tonverlagerung bzw. **Lessivierung** wird die Abwärtsverlagerung von Bestandteilen der Tonfraktion im festen Zustand bezeichnet. Beteiligt sind vor allem Bestandteile der Feintonfraktion ($< 0{,}2\,\mu m$) wie Tonminerale, feinkörnige Fe-, Al- und Si-Oxide sowie mit Mineralteilchen verbundene Huminstoffe. Bei der Tonverlagerung verarmen die oberen Horizonte an Ton, während die unteren Horizonte tonreicher werden. Dennoch kann ein Tonmaximum im Unterboden auch andere Ursachen haben, wie Schichtung (primäre Gesteinsunterschiede oder spätere Übersandung), Tonmineralneubildung oder bevorzugte Aufwärtsverlagerung gröberer Korngrößenfraktionen.

Die Tonverlagerung besteht wie jede Verlagerung aus 3 Teilprozessen: (1) Dispergierung, (2) Transport und (3) Ablagerung der Tonteilchen.

Der Prozess der **Dispergierung** ist notwendig, weil die Tonteilchen meist zu Aggregaten vereinigt sind, diese daher zunächst in Primärteilchen zerlegt werden müssen, um eine Verlagerung zu ermöglichen. Eine Dispergierung erfolgt nur bei geringer

Salzkonzentration der Bodenlösung, setzt mithin eine weitgehende Entsalzung und Entkalkung des Oberbodens voraus. Ein hoher Na-Anteil am Sorptionskomplex begünstigt die Dispergierung ebenso wie ein hoher Anteil an quellfähigen Tonmineralen.

Für den **Transport** der Tonteilchen ist schnell bewegliches Sickerwasser erforderlich. Ton wird im Gegensatz zu gelösten Stoffen nur in **Grob-** und **Mittelporen** über größere Strecken transportiert (Makroporenfluss), nicht dagegen in Feinporen, weil die Tonteilchen zu groß sind und von den Oberflächenkräften der Porenwandungen zu stark angezogen werden. In feinkörnigen Böden ist der Transport daher nur in Schrumpfrissen und Bioporen möglich. Da Erstere verstärkt während längerer Trockenperioden auftreten, verläuft die Tonverlagerung in Klimaten mit ausgeprägter **Wechselfeuchte** intensiver als in Gebieten mit hohen, aber gleichmäßig verteilten Niederschlägen.

Zu einer **Ablagerung** der Tonteilchen kommt es dort, wo einer oder mehrere der Faktoren nicht mehr wirksam sind, die die Dispergierung oder den Transport fördern: Im Übergang zu einem carbonathaltigen Unterboden werden die Tonteilchen ausgeflockt. Sekundärporen wie Tierröhren oder Trockenspalten enden weiter unten. In feinkörnigen Böden dringt das Sickerwasser dann seitlich in die feinporigen Aggregate ein, wobei sich die Tonteilchen an den Porenwandungen niederschlagen (Abb. 7.2-3). In grobkörnigen Böden erfolgt dagegen die Ablagerung der Tonteilchen oft an sedimentär bedingten dichteren Schichten. Eingeschlossene Luft kann nach B. MEYER aber auch die Sickerwasserfront zum Stillstand bringen und in Sandböden zur Bildung von Tonbändern führen.

Es können beträchtliche Tonmengen verlagert werden. So wurden bei Böden aus Löss und Geschiebemergel der letzten Vereisung seit Beginn verstärkter Bodenentwicklung vor etwa 12 000 Jahren $40\ldots110$ kg Ton je m^2 verlagert (Tab. 7.2–1).

Allerdings erfolgt die Tonverlagerung nicht mit gleichbleibender Intensität. Bei Böden aus carbonathaltigen Gesteinen setzt die Verlagerung ein, sobald der Oberboden entkalkt ist und kommt dann wieder zum Stillstand, wenn infolge starker Versauerung der Böden in größeren Mengen Al-Ionen freigesetzt werden. Je länger ein Boden in einem pH-Bereich von $6{,}5\ldots5{,}0$ verbleibt, umso mehr Ton kann verlagert werden. Manche Böden aus carbonatfreien Gesteinen versauern so rasch, dass es zu keiner nennenswerten Tonverlagerung kommt, sondern basenarme Braunerden entstehen.

Tonverlagerung ist der profilprägende Prozess der Parabraunerden (bzw. Luvisole, Albeluvisole)

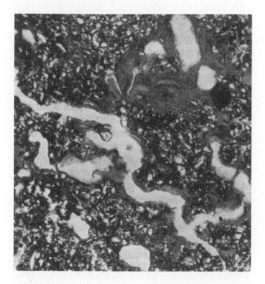

Abb. 7.2-3 Bodendünnschliff des Bt-Horizontes einer Parabraunerde. In den groben Poren sind geschichtete Ablagerungen eingewaschener Tonsubstanz erkennbar. Vergr. 47 : 1 (Aufn. H.-J. ALTEMÜLLER)

sowie der Acrisole warmer Klimate. Er führt in diesen Böden zur Bildung eines fahlen **Eluvialhorizontes** (Al-Horizont) über einem kräftig gefärbten **Illuvialhorizont** (Bt-Horizont). Aber auch in vielen anderen Böden nahezu aller Klimate hat Tonverlagerung stattgefunden: Sie ist z. B. für Tonbänder vieler Braunerden der Niederungen und Mittelgebirge Deutschlands verantwortlich oder an der Entstehung der für Solonetze typischen Säulenhorizonte beteiligt (Kap. 6.3.1 und 7.5.2.5).

Die Tonverlagerung führt zu Einlagerungsverdichtungen im Unterboden. Diese können periodisch Wasserstau hervorrufen, was zu Pseudovergleyung führt und für die Pflanzen Sauerstoffmangel bedeutet. Die tonverarmten Oberböden verschlämmen bei starker Durchfeuchtung demgegenüber leichter und werden in Hanglage verstärkt erodiert. Ökologisch bedeutet Tonverlagerung auch Umverteilung von Nährstoffen und Austauschkapazität im Wurzelraum.

7.2.4.2 Podsolierung

Podsolierung ist die abwärts gerichtete Umlagerung gelöster organischer Stoffe, oft zusammen mit komplex gebundenem Aluminium und Eisen. Die Verlagerung findet bei stark saurer Reaktion statt,

weil dann Nährstoffmangel den mikrobiellen Abbau der organischen Komplexbildner hemmt. Auch ein kühlfeuchtes Klima hemmt die Organismentätigkeit und kann damit die Podsolierung fördern. Man kann Mobilisierung, Transport und Fällung unterscheiden.

An **organischen Stoffen** werden vorwiegend niedermolekulare Verbindungen der Kronentraufe, der wenig zersetzten Pflanzenstreu, der Humusauflage und der Wurzelausscheidungen verlagert. Diese Verbindungen bilden mit Al- und Fe-Ionen der Silicatverwitterung und/oder denen, die zuvor von der Vegetation aufgenommen worden sind, **metallorganische Komplexe**.

Im Unterboden werden die umgelagerten Stoffe ausgeschieden und angereichert. Die **Ausfällung** hat verschiedene Ursachen. Die metallorganischen Komplexe können ausflocken, wenn bei der Wanderung weitere Al- oder Fe-Ionen gebunden werden, weil die Löslichkeit mit steigendem Metall-Kohlenstoff-Verhältnis abnimmt. Auch ein höherer pH-Wert bzw. eine höhere Ca-Sättigung im Unterboden könnte eine Fällung durch den Zerfall der metallorganischen Komplexe bzw. deren Flockung begünstigen. Schließlich können die organischen Komplexbildner auch mikrobiell abgebaut werden. An bereits gefällten Al- und Fe-Oxiden können organische Metallkomplexe adsorbiert werden, so dass ein schon gebildeter Anreicherungshorizont selbst als Filter wirkt. Begünstigt wird eine Fällung schließlich auch durch die verminderte Wasserleitfähigkeit eines etwas tonreicheren Unterbodens.

Die verlagerten Stoffe trennen sich z. T. in den Illuvialhorizonten. Im obersten Subhorizont sind meist organische Stoffe am stärksten angereichert, in den tiefer liegenden Subhorizonten Fe-, Al- und schließlich Mn-Oxide.

Die verlagerten Stoffe umhüllen häufig Mineralpartikel und verkleben diese miteinander; sie bilden ein für den B-Horizont der Podsole typisches **Hüllengefüge**, das zum **Kittgefüge** bzw. Ortstein verfestigt sein kann. Dickere Hüllen reißen allerdings infolge häufigen Austrocknens, lösen sich und bilden dann oft Mikroaggregate in den Zwischenräumen von Böden mit Einzelkorngefüge.

Podsolierung bewirkt oft zunächst nur den Abbau metallorganischer und oxidischer Hüllen der Mineralkörner und damit deren Bleichung im Oberboden (= **Kornpodsoligkeit**), wobei Eisen in benachbarten Humusaggregaten und damit im Aeh-Horizont verbleibt, Aluminium und vor allem Mangan aber bereits in den B-Horizont verlagert sein kann. Stärkere Podsolierung lässt dann einen gebleichten Eluvialhorizont (Ae-Horizont) über ei-

7

nem braunschwarzen (weichen) Orterde- oder (verhärtetem) Ortstein-Illuvialhorizont entstehen, der humusreich ist (Bh-Horizont) und/oder relativ viel Eisen enthält (Bs-Horizont). Podsolierung führt zur Verlagerung von Nährstoffen im Wurzelraum wie Cu, Fe, Mn, Mo und P.

7.2.4.3 Entkalkung und Carbonatisierung

Unter humiden (bis semiariden) Klimabedingungen werden die Carbonate des Ausgangsgesteins durch Säuren der Niederschläge und der Bodenatmung gelöst und zumindest aus dem Oberboden ausgewaschen. Im Unterboden kann es dann zu einer erneuten Fällung und damit Carbonatisierung kommen. Sekundäre Carbonate können dabei die Matrix fein verteilt durchsetzen, an Aggregatoberflächen weiße Beläge (sog. **Pseudomycelien**) bilden oder als Konkretionen bis hin zu harten Krusten vorliegen. Ein Horizont mit sekundärer Kalkanreicherung wird mit dem Symbol **c** versehen. In der Regel liegt Sekundärkalk als Calcit oder Aragonit vor. Dolomit wurde nur bei Einwirken sehr Mg-reichen Wassers beobachtet.

Eine geringe Carbonatanreicherung fördert die Bildung eines lockeren, gegen Verschlämmung stabilen Aggregatgefüges. Bei stärkerer Kalkanreicherung liegt hingegen ein festes Kittgefüge vor. Ein derart verfestigter Horizont wird als Petrocalcic-Horizont, **Calcrete** bzw. **Caliche** bezeichnet. Durch Erosion des Oberbodens gelangen Kalkanreicherungen an die Oberfläche und bilden dort Krusten. Grundwasser-Carbonatisierung kann auch direkt zur Bildung einer Kruste führen. Kalkkrusten und Carbonatbänke im Boden erschweren das Wurzelwachstum. Sie müssen daher durch Lockerung oder Umbruch gebrochen werden.

Genetisch ist zwischen Tagwasser-, Grundwasser-, Hangwasser- und Unterwasser-Carbonatisierung zu unterscheiden:

Tagwasser-Carbonatisierung tritt in Landböden auf. In sehr feuchten Klimaten werden die Hydrogencarbonate, die bei der Verwitterung carbonathaltiger Gesteine gebildet worden sind, vollständig ausgewaschen. In trockeneren, wechselfeuchten Klimaten hingegen werden sie teilweise in tieferen Horizonten wieder als $CaCO_3$ angereichert, dessen Ca z. T. auch der Silicatverwitterung oder den Niederschlägen entstammt. Der $CaCO_3$-Anreicherung folgen dann nach unten Gips- und schließlich Salzanreicherung. In durchlässigen Böden werden Carbonate in Fein- und Mittelporen akkumuliert,

und zwar zunächst im Bereich höher gespannter Wassermenisken an den Berührungspunkten zweier Minerale. Darauf folgt später eine zunehmende Füllung der Hohlräume, teilweise in Form stengeliger Calcitkristalle. In Böden mit gehemmter Wasserführung verbleiben auch Mittelporen langfristig feucht, so dass sich Calcit nur in den längerfristig durchlüfteten Grobporen bildet (z. B. als **Lösskindel**). Die $CaCO_3$-Anreicherung ist in Calcisolen (Kap. 7.6.7), die überwiegend in ariden Klimaten auftreten, beträchtlich. Auch Regenwürmer können in Böden carbonatfreien Gesteins durch ihre $CaCO_3$-bildenden Drüsenausscheidungen eine $CaCO_3$-Akkumulation bewirken.

In Grundwasserböden werden Hydrogencarbonate aufwärts verlagert und oft als Carbonatkonkretionen akkumuliert. In Mergel- oder Kalkstein-Landschaften können durch diese **Grundwasser-Carbonatisierung** selbst unter humiden Klimabedingungen große Mengen Kalk als **Wiesenkalk** oder **Alm** angereichert werden. Bei tiefer stehendem Grundwasser werden im ariden Klima über dem $CaCO_3$ Gips und darüber wasserlösliche Salze angereichert.

Hangwasser-Carbonatisierung ist typisch für Landschaften mit einer Wechsellagerung unterschiedlich durchlässiger Carbonatgesteine. Sie ist dort zu beobachten, wo eine durchlässige Schicht am Hang über einer wenig durchlässigen (meist aus Ton) ausstreicht.

Unterwasser-Carbonatisierung erfolgt am Seegrund; hier werden Carbonate vor allem durch Organismen angereichert.

7.2.4.4 Verkieselung

Verkieselung ist die Bildung und Anreicherung sekundärer Si-Oxide im Boden. Die chemische Verwitterung der Silicate setzt Si frei, das als gelöste Kieselsäure in den Untergrund ausgewaschen, von Pflanzenwurzeln aufgenommen wird oder aber der Neubildung von Tonmineralen dient (Kap. 2.2.5). Vor allem unter ariden bis semihumiden Klimaverhältnissen kann ein Teil des gelösten Si in Form amorpher, wasserhaltiger $Si(OH)_4$-Polymere gefällt und später durch Entwässerung über Opal in Cristobalit umgeformt werden (Kap. 2.2.6.1). In sandigen Böden geschieht das an den Berührungspunkten der Mineralkörner, in tonigen Böden an adsorbierten $Si(OH)_4$-Gruppen. Durch Entwässerung und Alterung der Polymere kann das zu einer irreversiblen Verkittung der primären Mineralpartikel führen. Dabei entstehen zunächst Si-verklebte Kon-

kretionen (engl. *durinods*) und schließlich durchgehend verfestigte Bänke (engl. *duripans* oder *silcrete*) als typische Formen der *Durisole* (Kap. 7.6.8).
Die Verfestigung setzt bereits bei einem Gehalt von
4 % an Si-Polymeren ein.

In Wüstenböden treten Kalk- und Si-Anreiche-
rung oft in demselben Horizont auf, wenngleich in
verschiedenen Bereichen: Erstere vor allem in größeren Hohlräumen, Letztere in der Bodenmatrix.

In Wüstenböden sind *duripans* plattig ausgebildet
(1...15 cm ∅). Bei tonreichen Böden mediterraner
Klimate kommt es zu einer Verfestigung von Aggregatoberflächen (Prismen mit 0,3...3 m ∅). Auch
unter humiden Klimaten kann bei Böden aus leicht
verwitterbarem Gestein (z. B. vulkanischer Tuff, oli-
vinreicher Dunit) mit dann hoher Si-Konzentration
in der Bodenlösung Silcrete als Quell- oder Grund-
wasserabsatz gebildet werden. Oberböden können
mit Bioopal angereichert sein (Kap. 2.2.6.1). Das gilt
vor allem für Steppenböden sowie für Böden der
Watten und Marschen, weil Gräser und Kieselalgen
viel Si akkumulieren.

Duripans verhindern eine Durchwurzelung des
Unterbodens und erschweren die Wasserbewegung.

7.2.4.5 Versalzung

Unter Versalzung versteht man die Anreicherung
von wasserlöslichen Salzen in Böden oder Bodenhorizonten. Zu unterscheiden ist zwischen einer
Salzzufuhr durch die Niederschläge, die nur unter
ariden Klimaverhältnissen zu einer Salzanreicherung führt (= **Tagwasserversalzung**), und einer
Zufuhr aus dem Grundwasser, die auch an Meeresküsten des humiden Klimas zu beobachten ist
(= **Grundwasserversalzung**). Außerdem können
Düngung, Bewässerung oder Streusalzeinsatz zu einer **künstlichen** Versalzung führen (Kap. 10.3.3).

An Salzen sind vor allem NaCl, Na_2SO_4 und
Na_2CO_3, z. T. auch $CaCl_2$, Nitrate und Borate vertreten. Die Salze stabilisieren das Bodengefüge bei
Austrocknung. Gelöste Salze beeinflussen den pH-
Wert eines Bodens: Salze einer starken Base und
Säure wie NaCl ergeben pH 7, diejenigen einer starken Base, aber schwachen Säure wie Soda wirken
stark alkalisch und diejenigen einer starken Säure,
aber nur mittelstarken Base wie Gips schwach sauer
(pH 5,8).

Erhöhte Salzgehalte beeinflussen den Pflanzenwuchs, da sie das osmotische Potenzial des Bodenwassers erhöhen und dadurch die Wasseraufnahme
erschweren (Kap. 6.4.2). Bestimmte Elemente können direkt toxisch wirken (z. B. Cl, B).

Nach Auswaschung der Na-Salze (durch Klimawechsel, Reliefposition oder Bewässerung) verbleibt oft ein hoher Na-Anteil an den Austauschern
(= Alkalisierung). Das erhöht den pH-Wert und
destabilisiert das Bodengefüge, wodurch Oberbo-
denverschlämmung begünstigt und Tonverlagerung
ermöglicht werden. Solche alkalisierten Böden haben sehr ungünstige Eigenschaften für den Pflanzenwuchs und werden als Solonetze bzw. Natriumböden bezeichnet (Kap. 7.5.2.5).

Eine **Tagwasserversalzung** beruht darauf, dass
den Böden mit den Niederschlägen fortwährend gelöste (**atmogene**) Salze aus der Atmosphäre zugeführt
werden. Sie entstammen vor allem den Meeren. Da-
her dominiert NaCl neben K^+-, Mg^{2+}-, Ca^{2+}-, SO_4^{2-}-,
NO_3^--, HCO_3^-- und $B(OH)_4^-$-Salzen. In Wüsten findet
auch eine Zufuhr als Staub statt. Die **atmogenen** Salze
werden in Böden humider Klimate rasch ausgewaschen, in Böden arider Klimate hingegen angereichert
(Abb. 7.2–4a). Aus diesem Grund sind Wüstenböden
(z. B. Gypsisole, Calcisolc, Solonchake, Aridic Arenosole) fast immer salzhaltig. Die Menge an akkumu-
lierten Salzen hängt von der Nähe zum Meer, der Niederschlagsmenge, der Dauer arider Klimaverhältnisse,
der Reliefposition und der Wasserdurchlässigkeit eines Bodens ab. Sandböden mit hoher Durchlässigkeit
sind meist relativ salzarm, da selbst die Extremwüsten der Erde (< 20 mm Jahresniederschlag) während
des Holozäns feuchtere Verhältnisse erlebten, unter
denen Salze in den Untergrund ausgewaschen wurden. Senkenböden z. B. eines Wadi (episodisch Wasser führender Bach) können weitgehend salzfrei sein,
weil sie bei Starkregenereignissen stärker perkoliert
werden (Abb. 7.2–4 c). In durchlässigen bzw. sandigen Böden sowie bei semiaridem Klima werden die
Salze tiefer verlagert als in wenig durchlässigen bzw.
tonreichen Böden sowie bei ausgeprägtem aridem
Klima (Abb. 7.2–4b). Aber selbst in (grundwasserfreien) Böden der Extremwüste befindet sich das
Salzmaximum nicht an der Oberfläche, weil bei episodisch auftretenden Starkregen das Salz verlagert
wird. Nachfolgende Trockenheit lässt das Salz dann
zwar mit dem Bodenwasser aufsteigen, aber nicht bis
zur Oberfläche, weil sich das Wasser in der sehr trockenen obersten Bodenlage nur dampfförmig bewegt.
Lösliche Salze werden im Boden weiter unten als der
schwächer lösliche Gips und Calcit (Abb. 7.2–4b) angereichert. Auch die leicht löslichen Salze werden
nach ihrer Löslichkeit differenziert: Die sehr mobilen
Nitrate sowie $CaCl_2$ werden ganz unten, Soda hingegen wird ziemlich weit oben angereichert.

Natürliche **Grundwasserversalzung** erfolgt im
humiden Klimabereich meist nur im Einflussbereich des Meeres, dessen Salzgehalt zwischen < 1 %

7

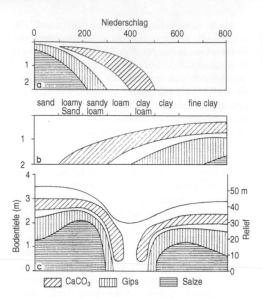

Abb. 7.2-4 Lage der Kalk-, Gips- und Salzanreicherung in Böden arider Klimate; (**a**) Klimaeinfluss auf mittelkörnige Böden, (**b**) Textureinfluss bei 350 mm Jahresniederschlag, (**c**) Reliefeinfluss bei < 250 mm Jahresniederschlag (aus YARON et al. 1973)

(Brackwasser in der Nähe von Flussmündungen) und 3,5 % (offenes Meer) variieren kann. Betroffen von einer solchen Versalzung sind z. B. die Böden der Watten und der nicht eingedeichten Marschen. Im Binnenland treten Salzböden nur sehr selten auf. Sie sind dort an oberflächennahes, salzreiches Grundwasser (z. B. im Bereich aufgestiegener Salzstöcke oder salzhaltiger Quellen) gebunden.

In **ariden** Klimagebieten sind Grundwasserböden dagegen auch im Binnenland oft mit Salzen angereichert. Das Salz entstammt salzhaltigem Gestein oder versickertem Regenwasser. Unter extrem ariden Verhältnissen kann es selbst bei einem salzarmen Grundwasser zu einer starken Salzanreicherung kommen. Verschiedene Salze steigen mit dem Kapillarwasser auf und werden dann im Verdunstungsbereich je nach Löslichkeit (Tab. 2.4–1) gefällt: Zuerst $CaCO_3$, dann Gips, weiterhin Soda und Na_2SO_4 und oben schließlich Na- und Ca-Chloride und Nitrate. Die Anreicherung kann so stark sein, dass es zur Ausbildung von **Salzbänken** (engl. *salcrete*) kommt. Erreicht das Grundwasser die Bodenoberfläche, so entstehen **Salzkrusten**. Die Salze gehen allerdings bei jedem Regen wieder in Lösung, pendeln also u. U. im Jahreslauf zwischen Ober- und Unterboden.

Künstliche Versalzung findet in den Böden humider Klimate zum einen bei Berieselung mit Na-reichen Abwässern statt, zum anderen am Straßenrand durch Streusalz (Abb. 7.1–4). Außerdem werden Auenböden durch Flusswasser kontaminiert, das etwa durch Einleiten von Abraumsalzen der Kaliindustrie salzreich ist. Die Salze verbleiben nicht im Boden, führen aber zu einer erhöhten Na-Sättigung der Austauscher, so dass tonreiche Böden leichter verschlämmen. In ariden Klimaten führt Bewässerung sehr leicht zur künstlichen Versalzung. Vor allem durch Furchenbewässerung sind viele Gebiete Indiens, des Iraks, in Ägypten und in den USA dadurch völlig unproduktiv geworden. Zur **Bewässerung** wird Flusswasser oder tiefer gelegenes, oft fossiles Grundwasser herangezogen, das zwar im Durchschnitt meist unter 0,1 % Salze enthält, jedoch je nach Jahreszeit und Einzugsgebiet auch viel höhere Werte aufweisen kann. Im Laufe der Jahre können sich die Salze dann anreichern. Das Wasser des Indus in Indien mit nur 0,03 % löslicher Salze hinterlässt z. B. auf unkultivierten Flächen bei einer Bewässerung von 300 mm jährlich 900 kg Salze je ha. Außerdem wird durch Bewässerung sehr oft der Grundwasserspiegel stark angehoben. Durch Aufwärtsbewegung und Verdunstung des Bodenwassers findet dann eine Anreicherung von Salzen im Oberboden statt. **Beregnung** fördert die Versalzung besonders stark, da bereits viel Wasser vor Erreichen des Bodens verdunstet. Bei einer **Unterflurbewässerung** (dicht unter der Bodenoberfläche verlegte perforierte Rohre) mit Folienabdeckung des Bodens kann eine Versalzung hingegen weitgehend vermieden werden.

7.2.5 Redoximorphose

Redoximorphose ist die Bildung redoximorpher Merkmale in Böden, zu der es bei einem Wechsel der Sauerstoffverhältnisse kommt (Grundlagen s. Kap. 5.7). Die Bildung grüner, blauer und/oder schwarzer Reduktionsfarben bei O_2-Mangel bezeichnet man als **Reduktomorphose**, diejenige schwarzer Metallsulfide auch als Sulfidbildung. Spätere Belüftung lässt davon braune, rote oder auch gelbe Oxidationsfarben entstehen, die als Konkretionen oder Flecken auftreten. Dabei kann auch durch die Oxidation von Sulfid Schwefelsäure entstehen (Sulfurikation) und u. U. den Boden versauern. Reduzierende bzw. oxidierende Bedingungen entwickeln sich gewöhnlich unter Mitwirkung von Mikroorganismen. Wassersättigung begünstigt den Sauerstoffmangel. Aber selbst in nicht wassergesättigten Böden kann Sauerstoffmangel infolge O_2-Verdrängung durch CO_2- bzw. CH_4-Gas über (post)vulkanischen Mofetten (Gasquellen) oder künstlichen Depots in der tieferen Erdkruste, schadhaften Gasleitungen, oder infolge starken, mikrobiellen O_2-Verbrauchs in, auf und neben Deponien von Müll bzw. Klärschlamm mit viel leicht zersetzbarer organischer Substanz auftreten.

Ständig sauerstofffreie Bodenhorizonte (dann rH-Werte < 12: Kap. 5.7) sind durch Eisensulfide, vor allem FeS, oft schwarz gefärbt, oder an Eisen und Mangan verarmt und dann weiß gebleicht (bzw. durch Schwefel hellgelb gefärbt). Gleichzeitig ist die Bodenluft CO_2-reich und kann auch Methan und Spuren von H_2S enthalten. Im sauerstoffarmen Milieu (rH-Werte 12…19) sind in der Bodenlösung Fe^{2+}- und Mn^{2+}-Ionen nachweisbar. Auch können Böden durch Siderit ($Fe^{II}CO_3$) bzw. Vivianit [$Fe_3^{II}(PO_4)_2 \cdot 8\,H_2O$, färbt sich an der Luft blau] grau oder durch $Fe^{II,III}$-Hydroxide grün bis blau (Grüner Rost) gefärbt sein. Alle Merkmale, die für rH-Werte < 19 typisch sind, werden als **reduktomorph** bezeichnet (und bei der Horizontansprache mit dem Symbol **r** signiert).

Sulfidbildung erfolgt durch Bakterien wie *Desulfovibrio desulfuricans*, die in einem O_2-freien Milieu Sulfat-Ionen als Elektronenakzeptor benutzen, um damit Energie durch die Oxidation von organischer Substanz zu gewinnen. Außerdem werden in der Regel Fe-Oxide und andere Metalloxide aus dem gleichen Grund reduziert, so dass sich dann Metallsulfide bilden. Bisweilen bildet sich auch elementarer Schwefel, offensichtlich dann, wenn gelöste Schwermetall-Ionen fehlen. Die Sulfidbildung tritt im Marschenschlick der Wattenküsten besonders stark auf, weil diese Meeressedimente reich an eiweißreicher, mikrobiell leicht abbaubarer organischer Substanz sind, die vor allem abgestorbenem Plankton entstammt, und weil es durch die tägliche Überflutung unter Gezeiteneinfluss zu einer stetigen Zufuhr von Sulfaten kommt, die im Meerwasser gelöst sind. Sie ist mithin ein für Wattenböden und Salz-Rohmarschen der Meeresküsten charakteristischer Vorgang (Kap. 7.5.2.3). In Reduktionshorizonten normaler Gleye findet Sulfidbildung seltener statt, häufiger hingegen in eutrophierten Unterwasserböden, den **Sapropelen** (Kap. 7.5.3). Auch in Böden städtisch-industrieller Verdichtungsräume ist Sulfidbildung häufig (führt dort zur Bildung von Reduktosolen; Kap. 7.5.1.16). Das gilt für Müll- und Klärschlammdeponien, die reichlich leicht abbaubare organische Substanz enthalten, ebenso wie für mit Ölen und Teeren kontaminierte Böden (z. B. unter Tankstellen) sowie auch für Böden über schadhaften Gasleitungen oder neben Mülldepo-

nien, bei denen die Sulfatreduzierer (Kap. 4.2) Methan als C-Quelle nutzen.

Zeitweilig luftarme Böden bzw. Horizonte sind durch Rostflecken und/oder Konkretionen aus Fe^{III} – und $Mn^{III,IV}$- Oxiden neben gebleichten Horizonten gekennzeichnet. In Bodenhorizonten mit hoher Wasser- und Luftleitfähigkeit bilden sich vornehmlich schwarz- bis rostbraune **Konkretionen**, die wenige mm bis mehrere cm groß sein können. In Gleyen liegen sie auch in Form durchgehend verfestigter Anreicherungshorizonte vor, dem sog. **Raseneisenstein**, der meist aus Goethit und Ferrihydrit besteht. In Horizonten mit geringer Leitfähigkeit entstehen hingegen vornehmlich **Rostflecken**, in denen weniger Oxide feiner und weiträumiger verteilt vorliegen. Fe/Mn-Konzentrierungen treten extrovertiert oder introvertiert auf. Als **extrovertiert** (engl.: *exped*) bezeichnet man rotbraune (dann meist Ferrihydrit und Goethit) bis schwarze (dann auch Mn-Oxide) Beläge auf Aggregatoberflächen (sowie Wurzeloberflächen von Sumpfpflanzen) und Umkleidungen größerer Hohlräume (z. B. Wurzelröhren, Tiergänge); sie werden bei der Horizontansprache mit dem Symbol **o** signiert. Als **introvertiert** (engl. *inped*) bezeichnet man gelbbraune (dann viel Goethit), orange (dann viel Lepidokrokit), bis braunschwarze (dann auch Mn-Oxide) Konzentrierungen im Inneren von Aggregaten in Form von Flecken oder Konkretionen; signiert werden sie mit dem Symbol **S,** z. T. auch **g**.

Viele **Grundwasserböden** (Gleye, Marschen, Solonchake) haben einen ständig nassen, reduktomorphen Unterboden (Gr-Horizont), der von einem (zeitweilig) belüfteten Oberboden mit extrovertierten Fe/Mn-Oxiden, dem Go-Horizont, überlagert wird. Beim Vorgang der **Vergleyung** werden Fe- und Mn-Oxide im Gr-Horizont reduziert. Die gebildeten Fe- und Mn-Ionen wandern in feineren Poren, einem Tensions- oder Oxidationsgradienten folgend, durch Massenfluss oder Diffusion nach oben, oder steigen mit dem Wasser in die oberen, wasserungesättigten Bereiche des Bodens auf. Sie werden dann in der Nähe der mit Luft gefüllten Grobporen oder sogar in diesen Poren selbst oxidiert und als Oxide gefällt. Eine ähnliche Morphe mit O_2-freiem, reduktomorphem Yr-Horizont unter O_2-haltigem, extrovertiert redoximorphem Oberboden weisen **Reduktosole** (Kap. 7.5.1.16) auf. Gleiches gilt für Horizonte, die durch Pflugarbeit stark verdichtet sind und dort leicht zersetzbare organische Substanz enthalten (z. B. Rübenblatt). Durch Vergleyung werden Nährstoffe im Go-Horizont angereichert – allerdings z. T. in schlecht verfügbarer Form (z. B. P und Mo okkludiert in Raseneisenstein).

7

Viele **Stauwasserböden** zeigen hingegen introvertierte Fe/Mn-Anreicherungen. Beim Vorgang der **Pseudovergleyung** (engl. *stagnization)* bewirkt Wasserüberschuss (z. B. nach länger anhaltendem Regen) zunächst Wassersättigung in den bevorzugt durchwurzelten Grobporen (z. B. in den Aggregat-Zwischenräumen). Gleichzeitig beginnt eine Lösung der Mn- und Fe-Oxide an den Porenrändern durch Reduktion, und die Ionen diffundieren, dem Wasserstrom oder einem Redoxgradienten folgend, in das Innere der Aggregate. Durch eingeschlossenen Sauerstoff im Aggregatinneren kann eine erneute Oxidation und Fällung erfolgen. Bei nachfolgender Austrocknung werden die Grobporen wieder als Erste entwässert. Dann dringt Sauerstoff von diesen Poren aus in die Aggregate ein und oxidiert die Fe^{2+}- und Mn^{2+}-Ionen. Beim Prozess der Pseudovergleyung entstehen also Rostflecken und Konkretionen bevorzugt im Aggregatinnern. Die Rostflecken durchsetzen dabei die Bodenmatrix, so dass selbst Konkretionen in der Regel zu über 80 % aus eingeschlossenen Silicaten bestehen. Die Pseudovergleyung führt im Gegensatz zur Vergleyung nur zu einer Umverteilung der Nährstoffe innerhalb einzelner Horizonte, die sich bevorzugt im Inneren der Aggregate und damit im wurzelferneren Bereich anreichern.

Eine **Sulfatversauerung** erfolgt, wenn Sulfide (unter Mitwirkung von Mikroorganismen) zu Schwefelsäure und Fe-Oxiden (meist Ferrihydrit) oxidiert werden. Diese **Sulfurikation** setzt ein, sobald ein sulfidhaltiges Sediment oder sulfidhaltiger Bodenhorizont belüftet wird. Enthält das Substrat Carbonate, wird die Schwefelsäure neutralisiert, andernfalls sinkt der pH-Wert stark ab und unterschreitet oft Werte von 3. Neben Oxiden können dabei auch andere stabile Minerale entstehen, und zwar im pH-Bereich von 3,0…4,5 orange gefärbter Schwertmannit $Fe_8O_8(OH)_6SO_4 \cdot n\,H_2O$ und im pH-Bereich unter 3,5 gelber Jarosit $[K, H_3O, Na]$ $Fe_3(SO_4)_2(OH)_6$. Diese Minerale bilden sich als Anflüge auf Aggregatoberflächen oder als Röhrenfüllungen. Vor allem der Jarosit (aus dem in der Regel der Maibolt besteht) gilt als diagnostisches Mineral sulfatsaurer Böden. Die Sulfurikation findet vor allem bei der Entwässerung carbonatfreier bis -armer Watt- und Marschböden statt. Sulfatsaure Böden treten in den Marschlandschaften Gemäßigter Breiten sporadisch auf. Verbreitet sind sie jedoch in den Niederen Breiten, besonders nach Trockenlegung von Mangrovensümpfen. Kippsubstrate der Kohle- oder Energiegewinnung sind ebenfalls sulfidreich, so dass entsprechende Abraumhalden dann ebenfalls sulfatsaure Böden aufweisen.

7.2.6 Turbationen

Turbationen (*turbatio* = Verwirbelung) sind Vorgänge, bei denen Bodenmaterial eines oder auch mehrerer Bodenhorizonte vermischt werden und sich dabei Grenzen von Bodenhorizonten oder Gesteinsschichten verwischen. Neben der **Bioturbation**, d.h. einer Mischung durch Bodenorganismen (Kap. 4.2), der durch Bodenfrost induzierten **Kryoturbation** (Kap. 6.1.7) und der **Peloturbation** als Folge häufigen Feuchewechsels in tonreichen Böden, verwischt auch der Mensch Horizontgrenzen oder schafft neue durch **Bodenbearbeitung**. An einer Mischung sind grundsätzlich alle Stoffkomponenten beteiligt. Trotzdem kommt es oft zu einer Kornsortierung, wenn grobe Partikel nicht mit erfasst werden und dadurch z. B. bei der Bioturbation **Steinsohlen**, bei Kryo- und Peloturbation hingegen **Steindecken** entstehen. Bei der Bodenbearbeitung werden hoch gepflügte Steine hingegen abgesammelt.

Erdbeben, Wachstum von Salzkristallen oder explosionsartiges Entweichen komprimierter Luft nach Regenfällen führen in erster Linie zu einem Gefügezerfall, der aber von Mischungsprozessen begleitet werden kann. Dazu gehört auch das in Wüsten weit verbreitete Einwehen von Sand in Bodenspalten (Spaltenakkumulation).

7.2.6.1 Bioturbation

Wühlende Bodentiere zerkleinern und mischen die Streuauflage mit dem oberen Mineralboden und verwischen damit die Grenzen zwischen Humus- und Mineralkörper, schaffen aber gleichzeitig einen humosen A-Horizont (Kap. 3.1). Bisweilen wird dadurch die Morphologie der Bodenoberfläche verändert, z. B. durch Ameisen, deren Tätigkeit eine wesentliche Ursache der Buckelweiden des Schweizer Jura ist. Manche Tiere, zu denen Nager wie Mäuse, Maulwürfe, Hamster und Ziesel ebenso gehören wie Ameisen, Termiten und insbesondere Regenwürmer, verfrachten auch Unterbodenmaterial und legen es auf oder im Oberboden ab. Dadurch gelangen auch verlagerte Stoffe wieder nach oben, so dass eine intensive Tiertätigkeit einer Verlagerung von Ton oder Nährstoffen entgegenwirken kann. In semihumiden Klimaten kann auf diese Weise eine Entkalkung verhindert werden. Gleichzeitig gelangt aber auch etwas Oberbodenmaterial in Tiergängen in tiefere Horizonte, kenntlich an humosen Nagetierkrotowinen und Wurmröhren. Die Tiefenwirkung hängt stark von den Boden- und Klimaverhältnissen ab und beträgt bei Regenwürmern in kontinentalen Steppengebieten häufig mehrere Meter, weil dort im Sommer wegen Trockenheit und im Winter wegen Kälte tiefere Lagen des Bodens aufgesucht werden (s. auch Kap. 6.3).

Intensive Bioturbation erfolgt nur in Böden mit günstigen Wasser-, Luft- und Nährstoffverhältnissen und zudem in feinkörnigen Böden, weil Kiese und Steine nicht transportiert werden können. Aus dem gleichen Grunde entstanden in vielen tropischen Böden Steinsohlen in 0,5…>2 Meter Tiefe als Folge intensiver Termitentätigkeit. Vereinzelt findet auch eine Bodenmischung durch Windwurf von Bäumen oder durch Herauspressen von Bodenbrei beim ‚Stampfen' vom Winde bewegter Bäume statt (Arboturbation). Die Vegetation wirkt einer Nährstoffverlagerung dadurch entgegen, dass die im Unterboden aufgenommenen Nährstoffe teilweise mit der Streu wieder auf den Oberboden gelangen (= **Basenpumpe**).

7.2.6.2 Kryoturbation

Wasser bewegt sich zu gefrierenden Bodenlagen entlang eines Tensionsgradienten hin. Dadurch werden die gefrierenden Lagen mit Wasser angereichert, während die darunter folgenden Lagen verarmen. Bei einem langsamen Gefrieren führt das insbesondere bei feinsandig-schluffigen Böden hoher Wasserleitfähigkeit zur Bildung von **Eislamellen** bzw. **Eislinsen** im Boden oder **Kammeis** an der Bodenoberfläche (s. auch Kap. 6.3.4.2). Im ersten Fall werden aufliegende Bodenlagen gehoben. Frosthebung und nachfolgendes Sacken beim Tauen kann dabei ebenfalls Bodenlagen vermischen. Besonders intensiv läuft dieser Vorgang im periglazialen Klimaraum ab. Hier lässt Frosthebung mehrere dm hohe Buckel (**Thufure**) entstehen, die oft ein regelmäßiges, mehrere Meter breites Polygonnetz bilden. Bei dieser Hebung kann es zum Zerreißen von Wurzeln und zum Entwurzeln von Bäumen kommen. Im Mackenzie-Delta Nordkanadas bildeten sich unter ständiger Grundwasserzufuhr innerhalb von 1 000 Jahren auf diese Weise bis zu 45 m hohe und 600 m breite, aus Eis bestehende Erhebungen, sogenannte **Pingos**. Die Thufurbildung ist mit starker Mischung des Substrats verbunden, so dass sich Bodenhorizonte und/oder Gesteinsschichten schlierenartig durchsetzen (**Brodel-** und **Taschenbildungen**). Steine wandern zur Bodenoberfläche und zu den Polygonrändern, wobei **Steinringe** entstehen. Beim Tauen sackt nämlich die Feinerde gegenüber den Steinen, die noch im Gefrorenen verankert sind.

Außerdem kühlen beim Gefrieren Steine infolge höherer Wärmeleitfähigkeit (Kap. 5.6.3) rascher ab, so dass sich an deren Unterseite häufiger Eislamellen bilden, die dann die Steine anheben.

In Permafrostböden, d. h. Böden mit ständig gefrorenem Untergrund, kommt es zu einer starken Mischung, wenn der Oberboden, der während des Sommers getaut ist, im Winter von oben gefriert und die damit verbundene Volumenausdehnung den nichtgefrorenen Boden unter Druck setzt. Während der Kaltzeiten wurden auch viele Böden Mitteleuropas durch Kryoturbation umgeformt, deren Spuren häufig noch in den heutigen Böden erkennbar sind (BRONGER 1982).

7.2.6.3 Peloturbation

Als Peloturbation bezeichnet man die Mischung von Bodenmaterial durch wiederholtes Schrumpfen und Quellen (Kap. 6.2). Besonders in warmen Klimaten mit ausgeprägter Wechselfeuchte bilden sich in tonreichen, smectitischen Böden in Trockenzeiten bis 2,5 m tiefe, mehrere cm breite Schrumpfrisse, in die lockeres Oberbodenmaterial fällt. Gleichzeitig sackt die Bodenoberfläche um 3…7 cm. Dabei ist der Boden ständig in Bewegung, da die Tonminerale während der kühlen Morgenstunden mit hoher relativer Luftfeuchte quellen und ab Mittag wieder schrumpfen, was mit einer täglichen Hebung und Senkung der Bodenoberfläche um 0,03…0,5 mm verbunden ist. Dieser Vorgang lässt Aggregate zerfallen und wird als **Selbstmulchen** bezeichnet. Wiederbefeuchtung während der Regenzeit bewirkt dagegen im Unterboden einen Quellungsdruck. Häufige Wiederholung dieses Vorganges führt zu einer starken Mischung von Unter- und Oberbodenmaterial, so dass der Boden kaum versauert und sich häufig ein mächtiger, humoser Horizont bildet. Durch den Quellungsdruck werden auch Bodenaggregate gegeneinander verschoben, wobei durch Toneinregelung glänzende Scherflächen (*slicken sides*) auftreten.

Häufig haben diese Bewegungsvorgänge ein Mikrorelief zur Folge: Es entsteht ein regelmäßiges Netz von Erhebungen und Senken (**Gilgai**), weil an bestimmten Stellen die Aufwärtsbewegung, an anderen die Abwärtsbewegung von Bodenmaterial überwiegt. Die Erhebungen der Gilgais reichen von wenigen cm bis 3 m und sie sind 2…50 m voneinander entfernt. Die Bildung der Gilgais führt zum Hakenwuchs der Bäume und zu einem Versatz von Zäunen.

Auch Peloturbation kann zu einer gewissen Entmischung führen, weil gröbere Partikel beim tägli-

7

chen und jahreszeitlichen Quellen und Schrumpfen der Tonminerale nicht beteiligt sind, sondern langsam nach oben wandern.

7.2.6.4 Spaltenakkumulation

Durch Wind oder Wasser aufgetragene Fremdsedimente werden normalerweise durch Bio-, Kryo- und/oder Peloturbation, bei Kulturböden auch durch Bearbeitung, ziemlich rasch mit dem Liegenden vermischt. In Wüsten dagegen gelangen vor allem Grobschluff und Feinsand in Bodenspalten und füllen diese aus. Die Breite der gefüllten Spalten reicht von Bruchteilen eines mm bis zu etlichen dm, die Tiefe von wenigen cm bis zu mehreren m. Die Spalten bilden miteinander ein unregelmäßig geformtes **Polygonnetz** (Abb. 7.2–5). Der Durchmesser der Polygone beträgt wenige cm bis etwa 30 m. Die Polygone reichen z. T. an die Oberfläche, sind oft aber mit Sanden, Kies oder Steinplatten bedeckt.

Abb. 7.2-5 Sandgefüllte Spalten der Ostsahara in Aufsicht (oben) und Profil (unten); Aufnahmen von F. ALAILY

Derartige Spaltenakkumulationen sind ein Charakteristikum der Böden von Wärmewüsten (z. B. Sahara, Negev), treten aber auch in Kältewüsten auf (z. B. Antarktis). Als Relikte kalt-arider Bedingungen während des Pleistozäns findet man sie auch in altweichselzeitlichen und älteren Moränenlandschaften Mitteleuropas, dort allerdings von 2…4 dm Geschiebedecksand überlagert. Trotzdem sind die Sandkeil-Polygonnetze hier aus dem Flugzeug zu beobachten, da sie von Kulturpflanzen wegen schlechten Wuchses durch Wassermangel erkennbar werden.

Die Spalten entstehen in der Kältewüste durch Kontraktion des ganzjährig gefrorenen Bodens bei stark erniedrigten Temperaturen, in der Wärmewüste durch Austrocknen nach Bodenbefeuchtung (durch episodische Starkregen). Dies ist infolge einer Salzverkittung selbst in reinen Sanden möglich, da beim Verdunsten des Bodenwassers die in ihm gelösten Salze bevorzugt an den Berührungspunkten der Sandkörner konzentriert und schließlich gefällt werden. Durch Einwehen von Partikeln werden die Spalten fixiert und häufige Wiederholung führt schließlich zu u. U. sehr breiten Sandspalten. Auch in der Wärmewüste können die dort starken Temperaturschwankungen zur Spaltenerweiterung beitragen.

In der semiariden Kältewüste und der Tundra treten in Permafrostböden hingegen Eiskeil-Polygonnetze (mit 1…20 m Ø) auf. Auch sie sind auf Spalten zurückzuführen, die im arktischen Winter durch Kältekontraktionen bis in mehrere m Tiefe entstehen und in denen dann Reif sublimiert. Temperaturanstieg durch Klimaänderung hat oft dazu geführt, dass das aufgetaute Eis der Keile mit Solifluktionsmassen (Definition s. Kap. 7.2.7.1) verfüllt wurden. Derartige **Eiskeilpseudomorphosen** sind auch in periglaziär geprägten Lösslandschaften Mitteleuropas anzutreffen (BRONGER 1982).

7.2.7 Bodenlandschaftsprozesse

Neben Prozessen, die überwiegend im Bodenkörper ablaufen und zu dessen Horizontentwicklung führen, kommt es zu Umlagerungen, die die Grenzen des einzelnen Pedons überschreiten. Auch sie verändern die Böden einer Landschaft, weil die einen an Stoffen verarmen, die anderen mit Stoffen angereichert werden. Bei Umlagerungen in der Landschaft können sich ganze Bodenkörper bewegen (Massenversatz), oder es wird Bodenmaterial durch Wasser oder Wind umgelagert (Bodenerosion). Außerdem werden gelöste Stoffe durch Hangzugwasser verlagert. Normalerweise verlassen Lösungsprodukte der Verwitterung am Hang das Profil nach unten und ziehen erst im tieferen Untergrund talwärts. Sie werden dann entweder in Senkenböden angereichert oder verlassen in Fließgewässern die Landschaft. Bisweilen erfolgt die Verlagerung aber bereits im Boden selbst lateral bzw. oberflächenparallel, so dass Stoffe wie Ca oder Fe von Oberhangböden in Unterhangböden verlagert werden, ohne dabei die Pedosphäre zu verlassen.

7.2.7.1 Massenversatz am Hang

Ein Massenversatz erfolgt am Hang unter dem Einfluss der Schwerkraft. Scherwiderstände halten Boden- oder Gesteinsmassen am Hang. Zu einer spontanen Bewegung als Steinschlag oder Erdrutsch, oder auch zu einem langsamen, kontinuierlichen Kriechen (Abb. 7.2-6 kommt es, wenn der Scherwiderstand zwischen Hangendem und Liegendem abnimmt und/oder wenn die Scherbeanspruchung steigt. Beides kann durch Wasserzufuhr erfolgen, Ersteres auch durch einen Temperaturwechsel, Letzteres z. B. durch Schneelast. Die Hangneigung, die Eigenschaften des Hangenden (Tonmassen sind besonders labil) und des Liegenden (glatte, hangparallel orientierte Schicht-, Kluft- oder Schieferungsflächen bzw. nasse Stausohlen erleichtern eine Bewegung) sowie die Klima- und Vegetationsverhältnisse (Rodung des Waldes fördert den Versatz) bestimmen Art, Intensität und Häufigkeit eines Massenversatzes.

Ein **Bergsturz** bzw. Steinschlag setzt ein Lockern des Gesteins am nackten, steilen Fels durch physikalische Verwitterung voraus. Temperaturveränderungen, Starkregen oder auch Erdbeben lösen dann die Bewegung aus, wobei einzelne Steine, aber auch große Gesteinsmassen mit bis zu Fallgeschwindigkeit rutschen.

Erdrutsche, Muren (nasse Schuttlavinen) oder **Schlammströme** (z. B. nasse vulkanische Aschen als Lahar) bewegen sich rasch (bis zu 200 km/h) und oft weit ins Tal; sie unterscheiden sich im Feuchtezustand von abgleitenden Bodenmassen. Ausgelöst werden sie durch starke Regenfälle, die die Bodenfeuchte erhöhen und Gleitmittel bereitstellen, durch Erdbeben oder auch durch Unterschneiden eines Hanges durch einen Bach oder einen falsch angelegten Weg.

Bei einer **Rutschung** entstehen am Oberhang Abbruchkanten und radiale Spalten, während am Unterhang Bodenmaterial wulstartig übereinander geschoben wird. Oft geht eine Rutschung durch starke Vernässung und zunehmende Geschwindigkeit in einen Schlammstrom (bzw. eine Mure) über, bei dem das Bodenmaterial stark gemischt abgelagert wird. Im Hochgebirge werden Rutschungen oder Muren oft durch Schneelawinen ausgelöst.

Ein **Kriechen** am Hang kann auch bei geschlossener Vegetationsdecke auftreten, und zwar bereits ab Hangneigungen von 2°, sofern plastische, quellfähige Bodenmassen vorliegen. Oft erfolgt die Durchfeuchtung des Hangenden durch Kluft- oder Schichtwasser im Liegenden. Vernässung oder auch der Tritt von Weidetieren lösen die Bewegung aus, die oft hangparallele Abrisse und Wülste entstehen lässt. Bei einer Bewegung von nur 1…20 mm pro Jahr spricht man von **Bodenkriechen**, bei > 20 mm von **Hangkriechen**. Eine Bewegung über gefrorenem Untergrund wird als **Solifluktion** bezeichnet. Sie erfolgt bevorzugt in Gebieten mit Permafrostböden, deren tiefere Horizonte ständig gefroren sind, während die oberen im Sommer auftauen.

Durch **Gekriech** kommt es zu einer Modifikation bestimmter Turbationen. So gehen bei einer Peloturbation am Hang normale Gilgais (Kap. 7.2.6.3) in langgezogene Streifengilgais über, oder Kryoturbation lässt anstelle von Polygonböden (Kap. 7.2.6.2) Streifenböden entstehen.

7.2.7.2 Bodenerosion durch Wasser und Wind

Von der Bewegung größerer Bodenmassen an mehr oder weniger steilen Hängen unterscheidet sich der Transport von Bodenmaterial durch die Transportmittel Wasser und Wind, d. h. die **Bodenerosion**. Während Bodenerosion durch Wasser ein Gefälle

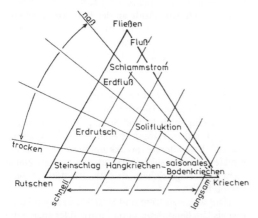

Abb. 7.2–6 Klassifikation des Massenversatzes am Hang (nach M. Carson & M. Kirkby aus Bauer et al. 2001)

7

benötigt, findet Winderosion auch und vor allem in weiten, offenen Ebenen statt.

Erosion durch **Wasser** ist in ariden Gebieten mit spärlicher Vegetation und gelegentlichen starken Regenfällen weit verbreitet. Sie erreichte auch in humiden Gebieten ein besonders hohes Ausmaß seit dem Neolithikum, als der Mensch sesshaft wurde und die Rodung der Wälder einleitete. So weisen Landschaften mit alter ackerbaulicher Nutzung wie Mittel- und Südeuropa, China und Indien, sowie weiträumige Neulandgewinnungsgebiete z. B. der USA und Russlands, hohe Erosionsschäden auf, während sie in Wald- und Grünlandgebieten nur gering sind.

Eine natürliche Erosion durch **Wind** (Deflation) wird vor allem auf ebenen, vegetationsfreien bis -armen Flächen arider bis semiarider Gebiete landschaftsprägend wirksam, während sie im humiden Klima weitgehend auf Küstengebiete mit Sandböden beschränkt ist.

Die Prozesse und Faktoren der Bodenerosion sowie die Möglichkeiten zu ihrer Verhütung werden in Kap. 10.7.1 eingehend beschrieben. Wie die oben geschilderten Bodenbewegungen am Hang, so beeinflusst auch die Bodenerosion durch Wasser und Wind die Ausbildung der Bodenprofile sehr stark. Die Bodenentwicklung unterbleibt völlig, sofern die Erosion das gesamte Verwitterungsmaterial laufend abträgt. Böden, die ständig in einem bestimmten Entwicklungsstadium verbleiben, treten auf, wenn sich Bodenbildung und Abtragung etwa die Waage halten. **Geköpfte Profile** entstehen, wenn die Erosion erst nach stattgefundener Bodenentwicklung stärkere Ausmaße annimmt. Bei der Erosion durch Wasser werden abgetragene Bodenteilchen zum Teil am Hangfuß als **Kolluvium** abgelagert und überdecken häufig vorhandene Bodenprofile. Die weiten Täler des Nil, Mississippi oder Ganges verdanken ihre Fruchtbarkeit einer **Auenlehmbildung**. Sie wurde auch in Mitteleuropa durch Waldrodungen in historischer Zeit ausgelöst. Bei mehrfacher Überdeckung können auch **Stockwerkprofile** auftreten, falls in dem jeweils abgelagerten Material eine erneute Profildifferenzierung stattfindet.

Vor allem in hügeligen Lösslandschaften hat die Erosion daher zu typischen Hangsequenzen geführt: Erosionsfern (z. B. Plateaulage) oder unter Wald ist oft noch eine Parabraunerde (Kap. 7.5.1.11) erhalten, während die Bodenentwicklung an den Hängen mit der intensivsten Erosion auf das Stadium der Pararendzina (Kap. 7.5.1.7) zurückgeworfen wurde. Dazwischen kommen alle Übergangsstadien vor, die häufig sehr gut an der Farbe des jeweiligen Oberbodens erkennbar sind. Auch die Tiefenfunktionen der Stoffe, die mit dem Bodenmaterial hangabwärts

verlagert werden, lassen das Ausmaß der Erosion und die Umgestaltung der Bodenprofile durch sie deutlich erkennen: Während im erodierten Profil am Hang Phosphat- und Humusgehalte niedrig liegen, und schon bei geringer Tiefe sehr niedrige Werte erreichen, ist das kolluviale Profil durch hohe und tiefreichende Phosphat- und Humusgehalte gekennzeichnet. Hieraus wird deutlich, wie stark die Bodenerosion die Ertragsfähigkeit der Böden an einem Hang differenzieren kann.

Analoge Erscheinungen treten bei der Winderosion auf. Auch hier entsprechen die geköpfte Profile am Ausblasungsort den überdeckten Profilen am Ablagerungsort. Böden auf Dünen verharren z. B. oft im Rohbodenstadium, während gleichzeitig entwickelte Böden andernorts durch Flugsande begraben werden.

7.2.7.3 Hangzugwassertransport

Gelöste Verwitterungsprodukte der Landböden (und Salze der Niederschläge) gelangen mit dem Sickerwasser in das Grundwasser und werden dann teilweise in Grundwasserböden angereichert. So wird in norddeutschen Dünen- und Altmoränenlandschaften Fe, Mn und P aus Podsolen im Hügelbereich ausgewaschen und in Senkenböden als **Raseneisen** akkumuliert. In Löss- und Jungmoränenlandschaften wird demgegenüber vornehmlich Ca als Hydrogencarbonat umgelagert, was zur Bildung von **Wiesenkalk** in Senken führen kann.

Treten schwer durchlässige Gesteinsschichten auf, kann es bereits in Hangböden zu einer Akkumulation verlagerter Stoffe kommen. So lässt sich im süddeutschen Bergland beobachten, dass verfestigte Fe- und Mn- Oxide an der Basis von Fließerden dort akkumuliert sind, wo klüftiger Sandstein über undurchlässigem Granit ausstreicht. Entsprechendes gilt für Ca, wo klüftiger Kalkstein über Mergelton oberflächennah ausstreicht: Dabei wird Ca aus Rendzinen in talwärts gelegene Pelosole verlagert und dort als $CaCO_3$ angereichert.

In den feuchten Tropen werden neben Erdalkali-Ionen häufig auch Fe und Si in größeren Mengen verlagert und an Hangstufe oder Hangfuß als **Plinthit** (Fe) bzw. **Silcrete** (Si) akkumuliert. In Trockengebieten werden sogar Salze in den Senken einer Landschaft angereichert, so dass sich dort Salzböden bilden.

Hangwasseraustritte und Stoffablagerungen können als Quellbildungen punktförmig oder auch entlang einer längeren Hangstrecke erfolgen. Nimmt bereits in den Hangböden die Wasserleitfähigkeit mit der Tiefe stark ab, erfolgt die Verlagerung ober- flächennah in diesen selbst (*Interflow*). Fe und Mn werden dann bevorzugt bei Böden ausgelagert, die nahezu ganzjährig nass sind und in denen mithin längerfristig reduzierende Verhältnisse herrschen wie in Stagnogleyen (Kap. 7.5.1.15). Unter solchen Bedingungen kommt es z. B. zu einer **Nassbleichung** sandiger A-Horizonte von Mehrschichtböden an Flachhängen des Sandstein-Schwarzwaldes. Daran schließt eine Fe-Ausscheidung in benachbarten Bö- den mit stärkerer Hangneigung und/oder geringen Körnungsunterschieden an (s. z. B. Abb. 8.7–1). In subarktischen Gebieten erfolgt eine derartige Umla- gerung offenbar über gefrorenem Untergrund.

Durch Transport mit dem Hangzugwasser ent- stehen in einer Landschaft also **Eluvial- und Illuvi- alböden** nebeneinander. In Ersteren werden durch das Hangzugwasser Verwitterungs- und Verlage- rungsprozesse intensiviert, was über eine verstärkte Nährstoffauswaschung gleichzeitig Humifizierung und Gefügebildung hemmen kann. In den Illuvial- böden verzögert die Stoffzufuhr hingegen eine Ver- witterung und stabilisiert oft gleichzeitig das Bo- dengefüge. Sowohl Ca- als auch Fe-Einlagerungen ergeben dabei ein lockeres, grob- und mittelporen- reiches Gefüge, womit Luftkapazität und nutzbare Wasserkapazität ansteigen. Bei starker Stoffzufuhr verhärten die Anreicherungshorizonte allerdings und es bilden sich Kalkbänke oder Raseneisenstein.

Die Stoffe, die einer Senke in gelöster Form zu- geführt werden, werden meist nicht an der tiefsten Position der Landschaft akkumuliert, sondern bil- den vornehmlich am Unterhang einen **Fällungssaum**, dessen Lage durch den Grundwasserstand in der Sen- ke bestimmt wird. Mit dem Grundwasser bewegen sich außerdem zusätzlich Stoffe in Trockenperioden aus der Senke in etwas höher gelegene Bereiche. Das wurde insbesondere in Salzbodenlandschaften arider Klimate beobachtet, wenn auch diese Form lateraler Stoffumlagerung nur über eine kurze Distanz erfolgt.

Laterale Stoffumlagerungen können also ent- scheidend die Bildung von Böden beeinflussen.

7.2.8 Profildifferenzierung

Die geschilderten Prozesse laufen in einem Boden nicht isoliert voneinander ab, sondern mehr oder weniger gleichzeitig, wenn auch stets einige der Vor- gänge dominieren. Sie beeinflussen sich in ihrem Ablauf gegenseitig. Erst das Zusammenspiel vieler Prozesse führt zu einem Boden. Dieser ändert im Laufe der Zeit seine Eigenschaften: Er macht eine

Entwicklung durch. Je länger die bodenbildenden Faktoren Zeit zur Entfaltung haben, desto weiter kann sich ein Boden entwickeln und desto stärker kann er sich in Horizonte mit unterschiedlichen Eigenschaften differenzieren. Das soll an zwei Ent- wicklungsreihen oder Sukzessionen aus Dünensand und Geschiebemergel (Abb. 7.2–7) beschrieben wer- den (Erläuterung der Bodennamen siehe Kap. 7.4.2).

Der **Dünensand** (z. B. 80 % Quarz, 15 % Feldspä- te, 5 % Glimmer) wurde nach seiner Ablagerung im Spätglazial von einer Tundrenvegetation besiedelt, unter der ein Rohboden entstand. Zersetzung, Hu- mifizierung und Mischung ergaben einen wachsen- den, feinkrümeligen, humosen A-Horizont. Kryo- klastische Verwitterung hatte während der ausklin- genden Kaltzeit insbesondere die Glimmer zerteilt. Das ermöglichte vor allem im Holozän eine rasche Verbraunung bis in 60…100 cm Tiefe, wobei auch 1…2 % Ton gebildet wurde. Bei pH-Werten von 7…5 wurde dieser (wohl auch als Sahara-Staub zu- geführte) Ton teilweise verlagert und in 1…2 m Tiefe in Form von Bändern abgesetzt, während sich als Humusform ein mullartiger Moder bildete. Unter kühlfeuchtem Klima des Subatlantikums verzöger- ten unter Eichen/Birken-Wald zunehmende Ver- sauerung und Nährstoffverarmung den Streuabbau; damit setzte eine Umlagerung von Al und später auch von Fe in organischer Komplexbindung ein. Durch Streunutzung und nach Rodung des Waldes verstärkten sich unter *Calluna*-Heide Rohhumusbil- dung und Podsolierung, so dass schließlich ausge- prägte Humus- und Fe/Al-Anreicherungshorizonte

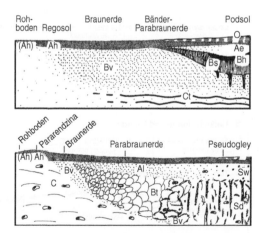

Abb. 7.2-7 Mögliche Bodenentwicklung aus Dünen- sand (oben) und jungpleistozänem Geschiebemergel (unten) in Nordwestdeutschland

entstanden, die insbesondere in früheren Wurzelbahnen tief in den Unterboden reichten und teilweise zu Ortstein verhärteten. Gleichzeitig verdichtete der kaum noch belebte Ae-Horizont durch Sackung, während die Versauerung über 2 m hinaus erfolgte. Auch nach Aufforstung mit Kiefern ging die Podsolierung weiter und die pH-Werte des Oberbodens sanken unter 3, u. a. durch Schwefelsäure aus anthropogen verschmutzter Luft. Parallel dazu liefen extreme Silicatverwitterung und Nährstoffverarmung ab.

Auf **Geschiebemergel** (z. B. 40 % Quarz, je 20 % Carbonate und Tonminerale, je 10 % Feldspäte und Glimmer) entstand durch Streuproduktion und intensive Tätigkeit wühlender Bodentiere im Frühholozän rasch ein mächtiger humus- und carbonathaltiger Oberboden mit lockerem Krümelgefüge. Carbonatlösung, die bereits vor der Besiedlung durch Organismen einsetzte, führte zu einer kontinuierlichen Vertiefung des Solums, wenngleich die Intensität der Carbonatauswaschung im Laufe der Zeit abnahm, weil der Oberboden von mehr Sickerwasser durchzogen wird als der Unterboden. Der Entkalkung folgten Verbraunung und Tonbildung, vor allem durch Verwitterung der Glimmer. Gleichzeitig wurde im wenig belebten, relativ (durch Entkalkung) und absolut mit Ton angereicherten Unterboden das Kohärentgefüge des Gesteins periodisch in Subpolyeder umgeformt. Außerdem setzte Tonverlagerung ein, die vermutlich unter den kontinentalen Klimaverhältnissen des Boreals besonders intensiv ablief, später auch Feinschluff erfasste, heute aber weitgehend infolge starker Bodenversauerung (Kap. 7.2.4.1) zum Stillstand gekommen ist. Der häufig dicht lagernde Geschiebemergel selbst, Sackungsverdichtung (als Folge der Entkalkung) und Einlagerungsverdichtung führten dann unter den relativ kühlfeuchten Klimaverhältnissen des Subatlantikums zeitweilig zum Wasserstau. Dadurch marmorierte der Unterboden und im Oberboden entstanden Fe/Mn-Konkretionen (Redoximorphose). Geringere Organismentätigkeit, bedingt durch zunehmende Nährstoffverarmung und zeitweiligen O_2-Mangel, reduzierten die Mächtigkeit des humosen Oberbodens und ließen bisweilen ein Plattengefüge entstehen sowie schwache Podsolierung beginnen.

Landböden durchliefen in Mitteleuropa wohl die in Abbildung 7.2–8 dargestellten Stadien, allerdings nicht immer bis zum Ende, da seit Rückzug des Eises oft nur 10 500 Jahre Zeit blieb (Tab. 12-2 im Anhang) und Erosion zu Unterbrechungen führte.

Neben den **rezenten Böden**, deren Entstehung unter der derzeitigen Konstellation der Bodenentwicklungsfaktoren erfolgte, gibt es Böden, die sich in früheren geologischen Epochen unter anders-

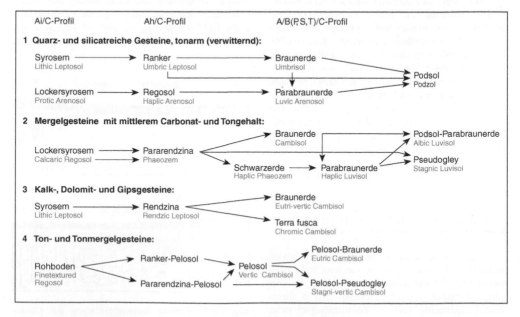

Abb. 7.2-8 Bodenentwicklung in Mitteleuropa in Abhängigkeit vom Gestein (deutsche Bodennamen in Normaldruck, internationale in grauem Kleindruck)

artigen Bedingungen bildeten. Diese **Paläoböden** blieben entweder als **fossile Böden** unverändert erhalten (BRONGER 1982), wenn sie durch neue Sedimente überdeckt und in ihrer weiteren Entwicklung unterbrochen wurden, oder befinden sich als **Reliktböden** an der Erdoberfläche und unterliegen nunmehr einer Bodenentwicklung, die den heutigen Bedingungen entspricht (**polygenetische Böden**). Die früher geprägten Merkmale der Böden werden dadurch entweder weitgehend beseitigt (in Mitteleuropa z. B. oft infolge starker Tondurchschlämmung) oder bleiben auf Grund ihrer Stabilität in so hohem Ausmaße erhalten, dass der ehemalige Bodentyp noch eindeutig nachweisbar ist.

Alte Landoberflächen, die zum Teil schon im Tertiär oder in früheren Epochen vorhanden waren, finden sich heute noch z. B. in höher gelegenen Gebieten der Tropen, aber auch im gemäßigt-humiden Klimabereich, z. B. in großen Teilen des Rheinischen Schiefergebirges und anderer deutscher Mittelgebirge. Auf solchen Landoberflächen änderte sich im Laufe der Zeit mehrfach, zum Teil tief greifend, die Konstellation der Faktoren der Bodenentwicklung. Auf diese Weise wurde ein Teil der dort verbreiteten Böden durch verschiedenartige, einander u. U. sogar entgegenlaufende Prozesse geformt. Viele Böden der Tropen und Subtropen sind als Produkt einer derartigen sog. **polycyclischen** Entwicklung genetisch sehr schwer zu deuten. Auch in Mitteleuropa sind Reste der Böden, die während der tropischen und subtropischen Klimaperioden der Kreide und des Tertiärs gebildet wurden, noch vorhanden (z. B. Fersiallite, Ferrallite). Soweit sie nicht überdeckt wurden, unterlagen sie jedoch während des Pleistozäns und des Holozäns einer erneuten, anders gearteten Bodenentwicklung.

Während der Warmzeiten (Interglaziale) und der kürzeren Wärmeperioden (Interstadiale) des **Pleistozäns** (Tab. 12-1 im Anhang) entwickelten sich in Mitteleuropa wiederholt Böden, die in vielen Fällen durch die sich anschließende Kaltzeit infolge Geschiebemergelablagerung, Lössaufwehung oder Solifluktion überdeckt und damit fossiliert wurden. Diese Paläoböden treten in mächtigen Lössablagerungen oft stockwerkartig auf und dienen heute vielfach der Erforschung des geologischen Ablaufs des Pleistozäns.

Auch auf geologisch sehr jungen Gesteinen verlief die Bodenentwicklung nicht ungestört, wie an den Beispielen des Dünensandes und des Geschiebemergels (s. oben) zu sehen ist. Das Klima erreichte zunächst während des **Spätglazials** im Bölling und Alleröd zwei schwache Wärmemaxima (Tab. 12-2 im Anhang), die sich auch bodenkundlich in einigen Teilen Deutschlands nachweisen lassen. In der wärmsten und zugleich trockensten Periode des Holozäns, im Boreal (8800…7500 v. h.), entstanden mancherorts auf Löss und Geschiebemergel Schwarzerden. Die Entwicklung dieser Böden ist seit dem Einsetzen des feuchteren Atlantikums beendet und wurde durch Bodenbildungsprozesse humiderer Klimate abgelöst.

7.3 Horizontsystematik

Die Eigenschaften von Bodenhorizonten werden durch Buchstaben- und/oder Zahlensymbole gekennzeichnet. Dabei werden mit **Großbuchstaben** die Lage im Profil sowie die Zugehörigkeit zum Humus-, Mineral- und/oder Grundwasserkörper signiert. Spezifische Wirkungen bodenbildender Prozesse werden durch nachgestellte **Kleinbuchstaben** gekennzeichnet. Es bestehen verschiedene nationale Systeme.

Die Horizontsymbole ermöglichen vor allem Feldbodenkundlern, die für das Verständnis der Genese eines Bodens wichtigen Eigenschaften in Kurzform zu dokumentieren. In Deutschland bedient sich ihrer auch die Bodensystematik, da sich aus einer bestimmten Kombination von Horizontsymbolen eine bestimmte systematische Einheit, z. B. der **Bodentyp**, darstellen lässt (Kap. 7.4.1). Ein derartiges Vorgehen setzt eindeutige, quantifizierende Definitionen der Symbole voraus. In den Systematiken anderer Länder, z. B. den USA und auch in internationalen Klassifikationen, wird nach dem Vorhandensein eindeutig definierter diagnostischer Horizonte, diagnostischer Eigenschaften oder diagnostischer Materialien geordnet; diesen werden jedoch keine Symbole als Kurzform zugeordnet..

Im Folgenden werden jeweils an erster Stelle deutsche Buchstabensymbole (AG Boden, 2005) benutzt, an zweiter Stelle Symbole der FAO (2006).

7.3.1 Definitionen von Horizontsymbolen

In Deutschland sind Horizontsymbole mit (z. T. international gebräuchlichen) Definitionen diagnostischer Horizonte bzw. Merkmale belegt. Danach müssen z. B. bei einem Bt-Horizont nicht allein Tontapeten eine Tonverlagerung belegen, sondern diese muss deutlich sein, d. h. bei einem sandigen Boden einen Tongehaltsunterschied von mindestens 3 % zwischen Ober- und Unterboden bewirkt haben.

7

Dann ergibt sich aus einer bestimmten Horizontkombination der Bodentyp. Sofern international abweichende Symbole verwendet werden, sind diese im Folgenden an zweiter Stelle aufgeführt. International dienen Horizontsymbole allerdings meist nur einer Charakterisierung im Felde, deren Anwendung ohne striktes Einhalten der Definitionen diagnostischer Horizonte bzw. Merkmale möglich ist.

7.3.1.1 Bodenlagen

Bodenlagen (Haupthorizonte sowie organische und mineralische Ausgangssubstrate) werden durch große Buchstaben bezeichnet; vorangestellte Kleinbuchstaben gestatten eine nähere Kennzeichnung des Ausgangssubstrats bzw. von diesem erworbene Eigenschaften. (Symbole links nach AG Boden, rechts nach FAO):

a) Unterwasserhorizonte
F L am Gewässergrund mit > 1 % OS; diagn. Hor. der Unterwasserböden; ohne Torf; (FAO: Lh koprogen, Ld Diatomeenreich, Lm mergelig)

b) Organische Lagen (über 30 Masse-% OS)
H H Torfhorizont (engl. *histic horizon*); durchgehend über 30 Tage nass oder gedränt; diagn. Horizont der Moore
nH Niedermoortorf (mit Resten von *Phragmites, Typha, Carex, Hypnum, Alnus* und/oder *Salix*)
hH Hochmoortorf (mit Resten von *Sphagnum, Eriophorum, Drosera* und/oder Zwergsträuchern)
uH Übergangsmoortorf (mit Resten von *Betula pub., Pinus silv.* und/oder *Scheuchzeria pol.* sowie nH- bzw. hH-Pflanzen)
L O Streu (engl. *litter*), weitgehend (über 90 %) unzersetztes org. Ausgangssubstrat
O O Organischer Horizont
W Wasser unter **schwimmendem** Torf

c) Mineralische Lagen (< 30 Masse-% OS)
A A Mineralhorizont im Oberboden mit akkumuliertem Humus und/oder an Mineral(stoff)en verarmt (in ariden Gebieten auch angereichert)
E Eluvialhorizont, gegenüber A durch Auswaschung an Huminstoffen, Ton bzw. Fe, Mn verarmt
B B Mineralhorizont im Unterboden mit verändertem Mineralbestand durch Einlagerung

aus Oberboden und/oder Verwitterung *in situ* (mit < 75 Vol.-% Festgesteinsresten und Farbänderung gegenüber Ausgangsgestein)
lC C Lockergestein mit grabbarer Feinerde (mit Calgon in 15 h dispergierbar)
mC R Festgestein (nicht grabbar)
E A Mineralbodenlage aufgetragenen Plaggen- oder Kompostmaterials mit OS entsprechend Ah (als E diagn. für Plaggenesch, als Ex für Hortisol)
G B Unterbodenhorizont im Grundwasserbereich mit redoximorphen Merkmalen (als Go, Gr, Gc, Gw, Gh, Gz diagn. Horizont der Gleye und Marschen)
P B vertischer (quell/schrumpfender), toniger (> 45 %) Unterbodenhor. m. zeitweilig breiten (> 1 cm) Trockenrissen bis > 5 dm Tiefe und in sich dichtem Prismen- u. Polyedergefüge bzw. *slicken sides*, bzw. Bodenoberfläche mit Gilgairelief; diagn. Hor. der Pelosole u. Vertisole
M A durch Wasser (als Kolluvium), Wind (als Äolium) bzw. Bodenbearbeitung umgelagertes Mineralbodenmaterial mit Humusgehalt entsprechend Ah
R Mischhorizont, durch Rigolen bzw. Tiefumbruch entstanden
S Bg marmorierter Unterbodenhorizont: durch Stauwasser zeitweilig bis ständig nass, dann rH-Wert ≤ 19 und > 80 (Flächen-) % Konkretionen, Bleich- und/oder Rostflecken (n. FAO g rostfleckiger Stauwasserhorizont)
T B Unterbodenhorizont aus Lösungsrückstand von Kalkstein mit > 65 % Ton, polyedrisch, leuchtend braungelb bis braunrot gefärbt (Munsell-Farbtiefe > 5); diagn. Horizont von Terra fusca und Terra rossa
Y B,C durch Reduktgas (CO_2, CH_4, H_2S) geprägter Horizont; zumindest zeitweilig > 10 Vol.-% CH_4- und/oder CO_2-Gehalte der Bodenluft und dann rH ≤ 19 (diagn. Horizont der Reduktosole)
I Eislinse oder Eiskeil in Cryosolen (Böden mit Permafrost)

Vorangestellte Kleinbuchstaben bzw. Symbole zur näheren Charakterisierung des Gesteins:

a Auendynamik; feinschichtig oder mit zur Tiefe wechselnden Humusgehalten oder innerhalb 125 cm sulfidhaltig (aC diagn. für Auenböden) c carbonat- oder gipshaltiges Gestein mit > 75 % $CaCO_3$ oder $CaSO_4$ (cC diagn. für Rendzina)

e mergeliges Gestein, mit 2…75 % $CaCO_3$ (eC diagn. für Pararendzina)

i silicatisches Gestein, kalkfrei bis kalkarm (< 2 % $CaCO_3$); (im C diagn. für Ranker, ilC für Regosole)

j anthropogener Auftrag natürlichen Substrats

o organische (lithogene) Substanz enthaltend

q quellwasserbeeinflusst (qG diagn. für Quellengleye)

s hangwasserbeeinflusst (sG diagn. für Hanggleye, sS für -pseudogleye)

t tidebeeinflusst, d. h. periodisch von Meer- oder rückgestautem Flusswasser überflutet (tF diagn. für Watten, tG für Rohmarschen): tb tidal brakisch, tm tidal marin, tp tidal limnisch

x steinreich; weitgehend Fb-freies (< 5 Vol.-%) Grobskelett (> 2 cm)

y u technogener Auftrag (Bauschutt, Schlacke, Schlamm, Asche, Müll); u wird nachgestellt, z. B. Bu

z z salzhaltig durch Meerwasser (elektr. Leitfähigkeit des Sättigungsextrakts > 0,75 mS cm^{-1} gipsfreier Probe)

f fossiler Horizont

r reliktischer Horizont

II, 2, Gesteinsschichten, aus denen die darüber
III 3 liegenden Bodenhorizonte nicht entstanden sind (z. B. A/IIB)

7.3.1.2 Horizontmerkmale

Horizontmerkmale, die das Ergebnis bodenbildender Prozesse darstellen, werden durch nachgestellte Kleinbuchstaben bezeichnet:

a anmoorig: im Grund- oder Stauwasserbereich (durchgehend > 30 Tage nass oder gedränt) mit 15…30 Masse-% OS (Aa diagnost. für Anmoorgleye)

a als Oh bzw. Hh stark humifiziert

b bandförmige Anreicherung (engl. placic h., < 1 cm dick); z. B. bt = Tonband, bs = Fe-Band

c k mit (> 5 Vol.-%) Sekundärkalk

d g helle (Munsell-Farbton 2,5 Y bzw. 5 Y) und rostfleckige (Farbton 7,5 YR oder stärker rot, Farbtiefe > 3,5) Matrix sowie gebleichte Aggregatoberflächen (Farbtiefe 0…2); verwendet als Sd, schlechter wasserleitend als Sw (kf oft < 1 cm d^{-1})

e E sauergebleicht: an Fe, Mn durch Podsolierung verarmt (Munsell-Farbwert ≤ 4, Farbwert: Farbtiefe ≤ 2,5), d. h. über Bh bzw. Bs gelegen (und mit diesen diagn. Horizont der Podsole)

e als Oe bzw. He mittel humifiziert

f fermentiert: mit vielen (30…90 % der OS) zerkleinerten, geschwärzten Pflanzenresten (Verwend. als Of, Hf)

f gefroren (WRB: Permafrost, typ. für Cryosole)

g g haftnass, helle und rostfleckige Matrix wie Sd, aber kaum aggregiert (als Sg diagn. Horizont des Haftpseudogleys)

i als Oi bzw. Hi kaum humifiziert; als Bi slicken sides (typ. für Vertisole)

j fersialitisch, d. h. stark chem. verwittert; als Bj diagn. für Fersialite

j Auftreten von Jarosit, Schwertmannit

h h huminstoffangereichert, und zwar mit > 0,6 (bei Sanden), > 0,9 (bei Lehmen u. Schluffen) bzw. > 1,2 (bei Tonen) Masse-% humifizierter OS und als Bh mit C_p: Fe_p > 10 oder als Oh bzw. Hh > 70 % der OS Feinhumus

i (h) als Krypto-A (engl. ochric A) mit < 0,6 (bei Sanden), 0,9 (bei Lehmen u. Schluffen) bzw. 1,2 (bei Tonen) % OS (diagn. Horizont der Lockersyroseme)
als Nano-A nur lückig vorhanden, dann < 2 cm mächtig (diagn. Horizont der Syroseme)

k c konkretionär: > 5 Vol.-% Konkretionen

l E lessiviert: an Ton durch Auswaschung verarmt (d. h. als Al über Bt gelegen und Tongehalt nach unten zunehmend)

m m verfestigt (FAO: petric phase): über 40 % des Hor. pedogen verfestigt (Aggregate zerfallen nicht in Wasser); als Bsm (= Ortstein), Gom (= Raseneisenstein), Bum (= Plinthit), Ccm oder Gcm (= petrocalcic h.), Cim oder Gim (= ständig gefroren bzw. Permafrost)

n ‚ unverwittert (lat. novus); Verwendung als Cn

n pedogen alkalisiert (typisch für Solonetze)

o l oxidiert: rostfleckiger (bes. Aggregatoberflächen) bzw. kalkfleckiger Horizont über Grundwasser gelegen; Verwendung als Go

p p gepflügt: durch Bearbeitung weitgehend homogenisiert (Verwendung als Ap, Hp = Ackerkrume)

q Si-akkumuliert: mit sekundärem Si-Oxid angereichert; als mq silcrete bzw. duripan

r r reduziert: überwiegend anaerobe Verhältnisse (an über 300 Tagen im Jahr rH-Wert

7

≤ 19) und Reduktuktionsfarben: > 95 Vol.-% Munsell-Farbton N oder stärker blau als 5 Y; Verwendung als Gr, Fr, Yr

rw nassgebleicht an Fe, Mn verarmt, Konkretionen bzw. Rostflecken fehlend oder < 1 % (als Srw diagn. Hor. der Stagnogleye)

s s sesquioxidakkumuliert: durch Fe-Anreicherung Munsell-Farbton mind. eine Stufe stärker rot als benachbarte Horizonte und als Bs (engl. *spodic B*) mit Quotienten aus C_p und Fe_p von < 3 (Bhs: 3…10) oder als Gso mit mind. 2 cm großen Fe, Mn-Konkretionen oder 1 cm dicken Schwarten mit jeweils über 10 % Flächenanteil

t t tonakkumuliert (FAO: *argic h.*): durch Lessivierung mit Ton angereichert [gegenüber A in oberen 30 cm um absolut 3 % (bei Sanden), 5 (bei Lehmen) bzw. 8 % (bei Tonen) erhöht] **und** entweder sichtbare Tonhäute an Aggregatoberflächen und in feinen Poren (bzw. > 1 Vol.-% im Dünnschliff) oder sichtbare Tonbrücken zwischen Sandkörnern (bzw. mit Lupe erkennbar); Verwendung als Bt

u rubefiziert; als Tu diagn. für Terra rossa

v Vorhandensein von Plinthit

v w verwittert: als mCv mit zerteiltem Festgestein, als lCv mit geringerem Kalkgehalt oder V-Wert als weiter unten, als Bv (ähnl. FAO: *cambic B*); außerdem verbraunt (Farbtiefe stärker als weiter unten) oder verlehmt (mehr Ton als weiter unten), hingegen Silicate nur mäßig verwittert (KAK des Tons > 16 $cmol_c\,kg^{-1}$ oder > 6 % Muskovit oder > 3 % verwitterbare Minerale (s. unter u); geringmächtiger (< 5 cm) Bv = (Bv)

w staunass (Munsell-Farbwert > 3,5, Farbtiefe ≤ 2,5) neben Rostflecken und Konkretionen, besser wasserleitend als Sd (als Sw diagnostischer Horizont des Pseudogleys)

x biogen gemixt; als Axh Wurmhumus-Hor. (FAO: *mollic A*) mit BS > 50 %, Munsell chroma u. value feucht < 3,5, krümelig (Axh = diagn. Horizont der Steppenböden); als Ex diagn. Horizont der Hortisole, locker

x fragipan: dichter, wenig durchlässiger Unterbodenhor., nur im trockenen Zustand fest

y gipsakkumuliert (FAO: *gypsic h.*): Horizont mit sekundärem $CaSO_4$ angereichert (Konkretionen, sichtbare Einzelkristalle, Anflüge) und > 15 cm mächtig und > 5 % mehr Gips als im Gestein und Produkt aus Horizontmächtigkeit und Gipsgehalt > 150

z z salzakkumuliert; mit Sekundärsalz angereichert (elektr. Leitfähigkeit des Sättigungsextrakts > 0,75 mS cm^{-1})

@ Prägung durch Kryoturbation (engl.: *cryoturbation*)

7.3.1.3 Bodenhorizonte

Bodenhorizonte werden nun durch einen Großbuchstaben und nachgestellte(n) Kleinbuchstaben gekennzeichnet. Dabei werden unterhalb der Definitionsschwelle ausgeprägte Merkmale den deutlich ausgeprägten vorgeschaltet (z. B. schwacher Ae + deutlicher Ah = Aeh) oder in Klammern gesetzt [z. B. schwacher Cc = C(c)]. Für FAO gilt das Umgekehrte. Dünne (< 2 cm) Bändchen werden durch ein vorangestelltes b signiert, z. B. Tonbänder als Bbt, Eisenbänder (FAO: *placic*) als Bbs.

Bei **Übergangshorizonten** werden die jeweiligen Horizontbezeichnungen durch einen Bindestrich getrennt, z. B. A-C- oder Ah-Bv-Horizont.

Bestimmte Horizontkombinationen ergeben dann nach der deutschen Bodenklassifikation einen Bodentyp: z. B. Ah/Bv/C = Braunerde (Näheres hierzu s. Kap. 7.4.1).

7.3.2 Diagnostische Horizonte, Eigenschaften und Materialien

Von der Arbeitsgruppe *World Reference Base for Soil Resources* (WRB) der ISSU wurden und werden in Zusammenarbeit mit und für die FAO in Rom diagnostische Horizonte, diagnostische Eigenschaften sowie diagnostische Materialien definiert und zur Klassifikation von Bodeneinheiten herangezogen. Die dabei benutzten Begriffe und Definitionen entsprechen vielfach Begriffen und Definitionen, die auch in der US-amerikanischen *Soil Taxonomy* (Kap. 7.4.3) und der Legende der FAO-Weltbodenkarte (Kap. 7.4.2) verwendet werden.

Der Tabelle 7.3–1 sind die Definitionen und Mächtigkeiten diagnostischer Horizonte (*diagnostic horizons*), der Tabelle 7.3–2 die Definitionen diagnostischer Bodeneigenschaften (*diagnostic properties*) sowie die Definitionen diagnostischer Materialien (*diagnostic materials*) auszugsweise zu entnehmen – soweit sie zum Verständnis der neuen *World Reference Base for Soil Resources* (WRB) notwendig sind. Eine ausführliche Darstellung erfolgt bei den einzelnen Bodeneinheiten in Kap. 7.5.

Tab. 7.3-1 Zusammenfassung dominierender Charakteristika sowie Mächtigkeiten diagnostischer Horizonte nach IUSS/ISRIC/FAO (2006).

Horizont (Erklärung)	Eigenschaften (teilweise vereinfacht; Horizont Hor; Farbe = Munsell-Farbe: Farbart hue, Farbhelligkeit value, Farbglanz chroma, feu feucht, tro trocken; R Fels; TRB totale Basenreserve; kru krümelig, pol polyedr., sub subpolyedr.; S sand, L loam, LS loamy sand; SL sandy loam, T clay; weitere Abkürzungen s. Anhang 10.3)	Mächtigkeit (cm)
albic (gebleicht)	Eluvialhor mit tro chroma ≤ 3 u. value ≥7; mit feu chroma ≤ 4 u. value ≥6	≥ 1
anthropedogenetic		
anthraquic	Ap mit hue 7,5 YR bzw. gelber bzw. GY B BG, über dichter, rostfleck. Pflugsohle	≥ 20
hortic	value u. chroma feu ≤ 3; BS ≥ 50 %; ≥1% TOC ≥ 0,01 % mob. P_2O_5; ≥ 25 Vol.-% Tierspuren	≥ 20
terric	Oberfläche künstl. erhöht; Sedimentfarbe; BS ≥ 50 %; bis 20 Vol.-% Artefakte	≥ 20
plaggic	Oberfläche künstl. erhöht; value feu ≤ 4, chroma feu ≤2; S – L ; TOC > 0,6 %, bis 20 Vol% Artefakte oder Grabspuren	≥ 20
irragric	TOC ≥ 0,5 – ↓ 0,3 %; mehr T als unten; ≥ 25 Vol.-% Tierspuren; berieselt	≥ 20
hydragric	Unterbod. mit Fe/Mn-Anreicherung oder > 2fach Fe_d oder > 4fach Mn_d gegenüber Oberbod, oder rostfleckig, oder Nassbleichung	≥ 10
argic (lessiviert)	LS oder feiner; > 3 %/>¹/₅/ >8 % Ton als Oberbod. mit...15/15...40/>40 % Ton; dabei Tonanstieg innerhalb 15 cm bzw. 30 cm, wenn Tonbeläge	≥ 7,5
calcic (sek. Kalk)	≥ 15 % Kalk und ≥ 5 % sekundärer Kalk bzw. entsprechend mehr als folgender Horizont	≥ 15
petrocalcic	starke Reaktion mit 10 % HCl; sehr fest	≥ 10
cambic (veränd.)	SL oder feiner; KAK_{Ton} > 16 $cmol_c$/kg oder > 10 % verwitterbare Minerrale oder TRB > 40 $cmol_c$/kg; < 50 Vol.-% X; aggregiert oder entkalkt oder verbraunt	≥ 15
cryic	dauerhaft festes Eis oder Eisverfestigung oder Eiskristalle	≥ 5
duric (hart)	> 10 (**petroduric**, duripan >50) Vol.-% silcrete(= Si-verfest. Aggr.) mit > 1 cm ⌀, nicht in heißer, konzentrierter KOH und HCl zerfallend	≥ 10
ferralic	SL oder feiner; < 80 Vol.-% X + Konkret., KAK_{Ton} < 16 $cmol_c$ /kg und < 10 % verwitterbare Minerale im Feinsand und nicht andic	≥ 30
ferric	≥ 15 Fläch. % rote Flecken, oder ≥ 5 % < 2cm ⌀ Fe-Konkretionen (außen roter als innen), und < 40 Vol.-% feste Konkretionen bzw. Verfestigungen	≥ 15
folic	*trockene* org. Auflage, d.h. > 20 % TOC, und nass an < 30 Tagen	≥ 10
fragic	prismatisch oder blockig, in Wasser zerfallend; d_B > hang. Horizont, < 0,5 % TOC	≥ 15
fulvic	s. andische Eigenschaften	
gypsic	≥10 % Gips, davon >1 Vol.-% als Pseudomycelien, Kristalle oder Puder (> 60 % = **hypergypsic**)	≥ 15
histic (faserig)	*nasse* org. Aufl., d. h. >12 % TOC (bei S), >18 % (bei T), übr. >13...17 %; nass an >30 d/a	≥ 10
melanic	wie andic (s. Tab. 7.3–2) **und** value u. chroma (feu) < 2 u. mela.-Ind. < 1,7 u. ≥6% TOC	≥ 30
mollic	Ah mit value u. chroma tro ≤5, feu ≤3; 0,6...12 % TOC (20 gegenüber folic); aggregiert, nicht fest; BS > 50 %	≥ 25 ≥10/R
natric (Na-reich)	wie **argic, u.** säulig; BS_{Na} >15 % oder BS_{Na+Mg} > BS_{Ca+H} (bei pH 8,2)	≥ 7,5

▼

7

Tab. 7.3-1 *Fortsetzung*

Horizont (Erklärung)	Eigenschaften	Mächtig-keit (cm)
nitic (glänzend)	pol mit glänzenden Oberfl.; >30 % Ton mit < $1/5$ Anstieg in 12 cm gegenüber Liegen-dem u. Hangendem; value < 5, chroma < 4; nicht redoximorph; Fe_o/Fe_d > 0,05	≥ 30
plinthic (Ziegel)	>25 % rot/weiß gefleckte Mischung aus Fe-Oxiden u. Kaolinit (Gibbsit), bei Trocknung irreversibel hart; >2,5 % Fe_d oder >10 % in Rostfl.; Fe_o/Fe_d< 0,1	≥ 15
petroplinthic	ähnlich plinthic, aber überwiegend fest	≥ 10
salic (salzig)	EC d. GBL >15 mS cm^{-1} oder > 8 bei pH >8,5; > 1 % Salz; % Salz x cm Mächtigk. >60	≥ 15
sombric	Bt mit eingeschlämmtem Humus; BS < 50 %; nur in Hochlagen der (Sub)tropen	≥ 15
spodic	pH (H_2O) <5,9 od. kultiviert; Farbe 7,5YR od. roter, value $\leq$ 5, chroma $\leq$ 4; **oder** 10 YR, value $\leq$ 3, chroma $\leq$ 2; Al_o+ ½ Fe_o > 0,5 % u. > 2 des Oberbod.; **oder** ODOE > 0,25 u. > 2 des Oberbod.; tiefer 1 dm GOF	$\geq 2,5$
takyric	*aride* Eigenschaften; sandy clay loam od. toniger; plattig od. dicht; Rissgef.; EC d. GBL < 4 mS cm^{-1} od. < als das Liegende	
umbric	Ah wie mollic, aber BS < 50 %	s. mollic
vertic	$\geq$ 30 % Ton; slicken sides od. wedge-shaped od. parallel piped; COLE > 0,06	≥ 25
yermic	aride Eigenschaft.; Steinpflaster m. Wüstenlack od. blasige Kruste über plattig. Gefü.	

^{1}mit 0,5 M $NaHCO_3$ extrahierbar
^{2}Probe m. 0,5 M NaOH schütteln, Extrakt bei 450 u. 520 nm fotometrieren u. Quotient beider Werte bilden

Tab. 7.3-2 Zusammenfassung dominierender Charakteristika diagnostischer Eigenschaften und Materialien (unvollständig; Abkürzungen s. Tab. 7.3-1); nach IUSS/ISRIC/FAO (2006)

Eigenschaft	Charakteristik
abrupt textural change	erhöhter Tongehalt innerhalb 7,5 cm: bei < 20 % Ton im Oberboden um das 2-fache, bei > 20 % um $1/5$ erhöht
albeluvic tonguing	Einstülpung des hangenden eluvic Horizontes in den argic Hor.; Farbe wie albic
alic (Al-reich)	argic mit KAK_{Ton} > 24 $cmol_c$ / kg; pH (KCl) < 4; Al_a > 60 % KAK; U/T < 0.6 oder TRB_{Ton} > 80
andic (veränderte Pyroklastika)	
sil-andic	Si_o > 0,6 %, Al_p/Al_o < 0,5 %
alu-andic	Si_o < 0,6 %, Al_p/Al_o > 0,5 %
aric	mehrfach tief rigolt
aridic	obere 20 cm $\leq$ 0,6 % TOC (Sande $\leq$ 0,2 %); BS > 75 %; value > 3, chroma < 2 (beide feu); Flugsandgefüllte Spalten od. an Oberfl. Steine. m. Windschliff bzw. Flugsandbedeck. bzw. Erosionspuren
dystric	BS $\leq$ 50 % in 20...50 cm
eutric	BS > 50 % in 20...50 cm
ferralic	KAK_{Ton} < 24 $cmol_c$/kg Ton, oder KAK < 4 $cmol_c$/kg Fb teilweise im B- Hor.
geric	KAK_{eff} < 1,5 $cmol_c$ kg^{-1} Ton, pH ($CaCl_2$) > pH(H_2O)
gleyic	Grundwassersättigung zumindest zeitweilig u. dann freies Fe^{2+} und/oder rH < 19; > 50 % Oximorphie und/oder Reduktomorphie bis 50 cm Tiefe

▼

7

Tab. 7.3-2 *Fortsetzung*

Eigenschaft	Charakteristik
gypsiric	gipshaltig (> 5 Vol.-%)
humic	mittl. TOC der oberen 50 cm ≥ 1 %, bei Leptosolen der ob. 25 cm ≥ 2 %
hyperhumic	mittl. TOC der oberen 50…100 cm ≥ 5 %
lixic	wie argic, aber keine Tonbeläge
permafrost	Bodentemperatur ständig < 0 °C in für zumindest 2 durchgehende Jahren
soft powdery lime	Kalkmycel an > 50 % der Aggr. oberfl. und/oder > 5 Vol.-% Kalkkonkretionen
stagnic	Stauwassersättigung zumindest zeitweilig u. dann freies Fe^{2+} und/oder rH ≤ 19; > 50 % Redoximorphie bis 50 cm Bodentiefe
turbic	erkennbare Cryoturbationsphänomene (Steinringe,-girlanden, Horiz. verwürgungen)
vermic	innerhalb der oberen 100 cm > 50 % Wurmröhren+Krotowinen
Material	**Charakteristik**
Anthrop(ogen)ic	anthropogener Auftrag natürlich entstandener und/oder technogener Subste
calcaric	kalkhaltig (≥ 2 %), zumindest in 20…50 cm
colluvic	anthropogen erodiertes, humoses Oberbodensubstrat, vor allem an Unterhängen sedimentiert
fibric	schwach humifizierter H- bzw. O- Hor. (> $^2/_3$ Streureste)
fluvic	frische fluviale, limnische u. marine Sedimente mit > 50 Vol.-% bis 125 cm Tiefe; erkennbar an Schichtung u. wechselnden Humusgehalten
garbic	Lage m. > 35 % org. Abfällen (Müll, Schlamm)
gelic	Permafrost innerhalb 2 m
glacic	bis 1 m > 30 cm mit > 95 % Eis; sonst wie cryic h.
gypsiric	mit ≥5 Vol.-% Gips
hemic	mittel humifizierter H- bzw. O- Hor. ($^2/_3$ bis $^1/_6$ Streureste)
hyperskeletic	> 90 % Skelett bis 75 cm oder bis R
limnic	feinkörniges organ. u. mineral. Substrat am Gewässergrund
lithic	R = Festgestein innerhalb obere 10 cm
ornithogenic	Rückstände von Vögeln (Knochen, Federn, Kot) oder Aktivitäten von Vögeln (sortierte Steine) u. ≥ 0,25 % mit Zitron.säure extrahierbares P_2O_5
reductic	anaerobe Verhältnisse (rH<19) durch Reduktgase (CH_4, CO_2)
sapric	stark humifizierter H- bzw. O-Hor. (< $^1/_6$ Streureste)
spolic	> 35 % anthropogener Auftrag natürl. Materials
tephric	unverwitterte Pyroklastika > 60 Vol.-%; $Al_o + ^1/_2$ Fe_o < 0.4 %
thionic	innerhalb obere 100 cm sulfidhalt. Material oder pH < 3,5 ($CaCl_2$) u. mit gelben Jarusit-/Schwertmannit-Flecken
toxic	innerhalb obere 50 cm den Pflanzenwuchs hemmende Substanzen (nicht Al, Fe, Na)
urbic	weist innerhalb 100 cm ≥ 20 cm Schicht mit ≥ 35 % eingemischte(r) Bauschutt, Schlacken oder Müll auf

7.4 Bodensystematik

Böden mit identischem Entwicklungsstatus, der sich durch eine bestimmte Horizontkombination ausdrückt, bilden einen **Bodentyp**. Die Benennung der Bodentypen erfolgt in Deutschland nach einer auffälligen Eigenschaft wie der Farbe (z. B. Braunerde) oder nach der Zugehörigkeit zu einer Landschaft (z. B. Marsch oder Moor). Vielfach werden auch ausländische Namen wie Rendzina (poln.), Podsol (russ.), Dy (schwed.) oder Kunstnamen (z. B. Pelosol) verwendet.

Böden werden, wie andere Naturkörper auch, nach realen Eigenschaften klassifiziert. Sie können dabei nach ihrer Entstehung, d. h. **genetisch**, oder nach ihrer Wirkung auf andere Objekte, d. h. **effektiv**, eingeteilt werden. Einfache, effektive Gliederungen existierten bereits im Altertum (BLUME 2003). In Deutschland wurden sie systematisch seit dem 19. Jh. entwickelt. Effektive Klassifikationen gelten nur für spezielle Nutzungen (s. Kap. 11) und sind schon deshalb als allgemeine Systematik nicht brauchbar.

Die im Folgenden vorgestellten Klassifikationssysteme sind vorrangig genetisch konzipiert, wenngleich teilweise in den niedrigen Kategorien der Systematik auch nach ökologisch (= effektiv) relevanten Eigenschaften geordnet wird. Eine genetische Klassifizierung lässt aber selbstverständlich auch Aussagen über die Nutzbarkeit von Böden zu (Kap. 8), da der Entwicklungszustand eines Bodens eine bestimmte Kombination von Eigenschaften darstellt, die auch im Hinblick auf spezifische Nutzungen Gültigkeit hat.

Die heutigen, genetischen Bodensystematiken gehen vor allem auf den Russen W.W. DOKUČAEV (1883) und den Amerikaner W. E. HILGARD (1892) zurück, die Böden als eigenständige Naturkörper betrachteten und sie als Folge vor allem des Ausgangsgesteins, des Klimas nebst klimabedingter Vegetation und des Reliefs klassifizierten (Bodenzonenlehre). Später ging man dazu über, Böden nach Eigenschaften zu klasssifizieren, die auf bodenbildenden Prozessen beruhen.

7.4.1 Klassifikationssysteme in Deutschland

Die Böden Deutschlands wurden im 19. Jahrhundert vorrangig nach dem Ausgangsgestein klassiert. Im 20. Jh. unterschied zunächst H. STREMME nach dem Vorherrschen einzelner Faktoren zwischen Vegetationsbodentypen (Waldböden, Heideböden, Steppenböden), Gesteinsbodentypen (Carbonatböden, Eruptivgesteinsböden usw.), Nassbodentypen (Auen-, Marsch-, Moorböden usw.), Reliefbodentypen (Gebirgs- und Hangböden) sowie künstlichen Böden.

Heute werden die Böden Deutschlands nach einem System klassifiziert, das den Profilbau eines Bodens – in dem sich die Auswirkungen aller Faktoren der Bodenentwicklung widerspiegeln – bzw. seine Horizontkombination in den Mittelpunkt stellt. Es fußt auf dem **natürlichen** System KUBIENAS (1953), das vor allem von E. MÜCKENHAUSEN modifiziert wurde und durch den Arbeitskreis für Bodensystematik der DBG laufend ergänzt wird. Ihm liegt die folgende Gliederung der Böden Mitteleuropas zugrunde.

Oberste Kategorien dieses Systems sind die **Abteilungen**, die nach dem Wasserregime, d. h. den **terrestrischen** oder **Landböden**, den **semiterrestrischen** oder **Grundwasserböden** und den **subhydrischen** oder **Unterwasserböden** unterschieden werden. Dazu kommen die **Moore**, die nur einen Humuskörper aufweisen.

Es folgen die **Bodenklassen**, bei denen die Landböden nach ihrem Entwicklungszustand bzw. dem Grad der Differenzierung in Horizonte untergliedert werden. Klassen der Grundwasserböden sind die **Gleye**, die heute oder früher periodisch mit Süßwasser überfluteten **Auenböden** und die mit Salzwasser überfluteten **Marschen**. Hier liegt also eine weitere Differenzierung nach dem Wasserregime vor.

Die Bodenklassen sind in **Bodentypen** gegliedert, die sich bei juvenilen Landböden nach **lithogenen** Profilmerkmalen, bei stärker entwickelten nach der Entwicklungsart unterscheiden. Die Typen der Grundwasserböden unterscheiden sich nach dem Entwicklungszustand, die der subhydrischen Böden nach der Humusform. Die weitere Unterteilung der Bodentypen in **Subtypen**, **Varietäten** und **Subvarietäten** erfolgt unter der Berücksichtigung feinerer Unterschiede des Entwicklungsgrades des Mineral- oder Humuskörpers, der Intensität bestimmter Veränderungen, lithogener Merkmale, außerdem nach Übergangsformen zwischen Typen und Subtypen.

Dem **Bodennamen** wird die Angabe des **Ausgangsgesteins** nachgestellt; beides zusammen bildet dann die **Bodenform**. Die Hauptbodenform der in der früheren DDR gebräuchlichen Bodensystematik stellte demgegenüber eine Kombination von **Substrattyp** und **Bodentyp** dar (z. B. Tieflehm-Fahlerde).

Dieses Konzept der Substrattypen wurde in die heute gebräuchliche Systematik integriert. Substrattypen unterscheiden sich dabei vor allem in der Gesteinsart und Körnung bzw. den Gesteins- und Körnungskombinationen der Lagen eines Bodens. Sie wurden eingeführt, um ökologisch wirksamen Eigenschaften stärkere Geltung zu verschaffen. Substrattypen dienen heute zur Charakterisierung der Bodenform bei der Bodenkartierung (Näheres s. ALTERMANN & KÜHN 2000).

In der folgenden (vereinfachten) Aufstellung wichtiger deutscher Böden erfolgte eine Abgrenzung nach **diagnostischen Horizonten**, deren Definition Kap. 7.3.1 zu entnehmen ist. Dabei wurden (> 4 dm) mächtige Ah-(bzw. Ah/M-)Horizonte als Ah (bzw. M) unterstrichen, geringmächtige Horizonte in Klammern gesetzt: (H) = H < 3 dm, (Bv) = Ah/Bv < 3 dm, (Ae/Bhs) = Aeh/Ae/Bs < 1,5 dm.

A LANDBÖDEN – TERRESTRISCHE BÖDEN

a) O/C-Böden (F); (Humusauflage über Fest- bzw. skelettreichem Lockergestein)
1. O/mC: Felshumusboden (FF);
2. O/xlC: Skelethumusboden (FS).

b) Terrestrische Rohböden (O)
1. Ai/mC: Syrosem (OO); (A nur lückig vorhanden, mC direkt darunter);
2. Ai/lC: Lockersyrosem (OL); Gesteinsrohboden aus Lockergestein.

c) A/C-Böden (R)
1. Ah/imC: Ranker (RN), (mC < 3 dm unter GOF) Subtypen u. a.: Aih um 2 cm: Syrosem-RN, mit < 3 dm Ah/Bv-C: Braun(erde)-RN, mit BS > 50 % Eu-RN, sonst Norm-RN.
2. Ah/ilC: Regosol (RQ), (mC > 3 dm unter GOF) Subtypen u. a.: Aih/: Lockersyrosem-RQ, mit < 3 dm Ah/Bv-C: Braun(erde)-RQ, mit G in 4…8 dm: Gley-RQ, mit S in 4…8 dm: Pseudogley-RQ), sonst Norm-RQ.
3. Ah/cC: Rendzina (RR); (aus Carbonat- oder Gipsgestein) Subtypen: clC: Rego(sol)-RR, Aih/cmC: Syrosem-RR, Aih/clC: Lockersyrosem-RR, mit < 3 dm Ah/Bv-C: Braunerde-RR, mit < 3 dm Ah/T-C: Terrafusca-RR, mit G in 4…8 dm: Gley-RR, cmC und BS im Ah < 50 %: Sauer-RR, sonst Norm-R R.
4. Ah/eC: Pararendzina (RZ) Subtypen: Aih/elC: Lockersyrosem-RZ, mit < 3 dm Ah/Bv-C: Braunerde-RZ, mit G in 4…8 dm: Gley-RZ, mit S in 4…8 dm: Pseudogley-RZ, BS im Ah < 50 %: Sauer-RZ, sonst Norm-RZ.

d) Schwarzerden (T), (Axh-C-Profile)
1. Axh: Tschernosem (TT) Subtypen: mit Bv-Axh: Braunerde-TT, mit Ath: Parabraunerde-TT, mit P-Axh: Pelosol-TT, mit S-Axh bzw. S-C oberhalb 8 dm: Pseudogley-TT, mit G in 4…8 dm: Gley-TT, sonst Norm-TT.
2. Axch: Kalktschernosem (TC): Axh zumindest teilweise mit Sekundärkalk Subtypen als Übergangsformen (analog Tschernosem), sonst Norm-TC.

e) Pelosole (D), (Böden tonreicher Gesteine mit vertischem Gefüge)
1. Ah/P/tC: Pelosol (DD); Subtypen u. a.: mit Ah: Humus-DD, mit ilCv-P: Ranker-DD, mit elC-P: Pararendzina-DD, mit (Bv): Braunerde-DD, mit S-P: Pseudogley-DD, mit G in 4…8 dm: Gley-DD, sonst Norm-DD.

f) Braunerden (B)
1. Ah/Bv/C: (Typische) Braunerde (BB) Subtypen: mit Ah: Humus-BB, d_B des Bv < 0,9 kg/l: Locker-BB, A(c)h/Bcv: Kalk-BB; mit P: Pelosol-BB, mit S-Bv in 0…4 dm bzw. S in 4…8 dm: Pseudogley-BB, mit (Ae/Bhs): Podsol-BB, mit G in 4…8 dm: Gley-BB, Ah/Ah-Bv < 3 dm/cC: Rendzina-BB, dito/eC: Pararendzina-BB, dito/imC: Ranker-BB, dito/ilC-Regosol-BB, sonst Norm-BB.

g) Lessives (L)
1. Ah/Al/Bt: Parabraunerde (LL) Subtypen u. a.: mit Ah: Humus-LL, mit Bbt: Bänder-LL, mit Axh/Ahl/Ah-Bt: Tschernosem-LL, mit (Ae/Bhs): Podsol-LL, mit S-Bt: Pseudogley-LL, mit G in 4…8 dm: Gley-LL, sonst Norm-LL.
2. Ah/Ael/Bt: Fahlerde (LF) Subtypen analog Parabraunerden.

h) Podsole (P)
1. /Ae/Bsh/Bhs: (Typischer) Podsol (PP) Subtypen u. a.: mit Bh: Humus-PP, mit Bs: Eisen-PP, mit Bhs bzw. Bh/Bs: Eisenhumus-PP = Norm-PP, mit Bh/Bbms: Bändchen-PP, mit Bv < 7 dm unter GOF: Braunerde-PP, mit S in 4…8 dm: Pseudogley-PP, mit Bt: Fahlerde-PP, mit Srw-Ae/B(h)ms: Stagnogley-P, mit G in 4…8 dm: Gley-P.

i) Terrae calcis (C), (plastische Böden aus Carbonatgestein)
1. /T/cC: Terra fusca (CF) Subtypen: mit Al/Bt-T: Parabraunerde-CF, mit Bv/T: Braunerde-CF, mit S in 4…8 dm: Pseudogley-CF, mit A(c)h/Tc: Kalk-CF, sonst Norm-CF.
2. /Tu/cC (Tu = rot): Terra rossa (CR).

7

j) Stauwasserböden (S), (Stagnosole)

1. /Sw/Sd: Pseudogley (SS)
   Subtypen u. a.: mit A(c)/Sc: Kalk-SS, mit <u>Ah</u>: Humus-SS, mit sS u. > 9 % Hangneig.: Hang-SS), mit Bt-S: Parabraunerde-SS, mit P-S: Pelo(sol)-SS, mit Bv/S: Braunerde-SS, mit G in 4…8 dm: Gley-SS, mit M-Sw bzw. E-Sw < 4 dm beginnend: Kolluvisol-SS bzw. Plaggenesch-SS, sonst Norm-SS.

2. /Sg/: Haftpseudogley (SH)
   Subtypen ähnlich Pseudogley.

3. /Srw/Sd: Stagnogley (SG)
   Subtypen: mit Srd-Bbms, Bbms-Srd: Bändchen-SG, mit (H): Moor-SG; sonst ähnlich Pseudogley.

k) Reduktosole (X)

1. Y: Reduktosol (XX)
   Subtypen: Ah/Yo < 4 dm/Yr: Norm-XX, (Y)-Ai/Yr: Roh-XX, Ah/Yo > 4 dm/Yr: Ocker-XX, Ah/Yr: Fahl-XX.

l) Terrestrische Kultosole (Y), (Terrestr. anthropogene Böden)

1. <u>A/M</u> (> 4 dm): Kolluvisol (YK)
   Subtypen: <u>M</u>: Norm-YK; mit <u>(Ae/Bhs)/M</u>: Podsol YK , S-M in 4…8 dm: Pseudogley-YK, dito G-M: Gley-K; bei <u>M</u>/S bzw. <u>M</u>/G hingegen Pseudogley bzw. Gley über YK.

2. <u>A/E</u> (> 4 dm): Plaggenesch (YE)
   Subtypen analog Kolluvisol.

3. <u>A/Ex</u> (> 4 dm): Hortisol (YO)
   Subtypen analog Kolluvisol.

4. <u>R-Ap</u> (> 4 dm): Rigosol (YY).

B GRUNDWASSERBÖDEN – SEMITERRESTRISCHE BÖDEN

a) Auenböden (A), (aAh/aC/(aG)-Böden der Flussaue: obere 4 dm ohne Gleymerkmale)

1. Ai/aC: Rambla (AO)
2. Ah/iaC: Paternia (AQ)
3. Ah/eaC: Kalkpaternia (AZ)
4. <u>Axh</u>/aC: Tschernitza (AT)
5. Ah/Bv/aC: Vega (AB)
   Bei G > 8 dm unter GOF: normaler A., bei G in 4…8 dm unter GOF: Gley-A.

b) Gleye (G)

1. Ah/Go (oberh. 4 dm)/Gr: (Typischer) Gley (GG); Subtypen: ohne Gr: Oxi-GG, mit Gc: Kalk-GG, Ah/Aoh > 4 dm: Humus-GG, mit Gso: Brauneisen-GG, mit aG: Auen-GG, mit /Gw/Gr: Bleich-GG; mit Bv: Braunerde-GG, mit Bt: Parabraunerde-GG, mit S oberh. Go: Pseudogley-GG,

mit P: Pelo(sol)-GG), mit qG Quellen-GG, sonst Norm-GG.

2. Aoh/Gr: Nassgley (GN)
3. Aa/Gr: Anmoorgley (GA)
4. (H)/Gr: Moorgley (GH). Bei Hanglagen > 9 % als Subtypen Hang-G.-GN usw.

c) Marschen (M) (Ah-aG bzw. zG-Horizontierung tide-beeinflusster Sedimente)

1. etGo-Ah/tGr: Rohmarsch (MZ)
2. eAh/Go/Gr, < 4 dm entkalkt: Kalkmarsch (MC)
3. Ah/(Bv)/G, > 4 dm entkalkt: Kleimarsch (MN)
4. Ah/(e)Sg-Go: Haftnässemarsch (MH)
5. Ah/Gs/fAhS(= Dwog)/G, > 4 dm entkalkt: Dwogmarsch (MD)
6. Aoh/Sd/G, > 4 dm entkalkt: Knickmarsch (MK)
7. Ah/oG, > 4 dm (lithogen)humos: Organomarsch (MO).

d) Strandböden (Ü) sandige Böden (> 3 dm) oberhalb Mittelhochwasser: MHV

1. (z, e)Ai/lC/tiefer 2 dm lG möglich

C SEMISUBHYDRISCHE UND SUBHYDRISCHE BÖDEN

a) Semisubhydrische Böden (I); (Böden im Gezeitenbereich eines Meeres, bei Mittelhochwasser überflutet)

1. tmzFw/tiefer 2 dm Fr möglich, Ä Nassstrand
2. (tFo)/tFr: Watt

b) Subhydrische Böden (J) (Unterwasserböden)
Untergliederung nach Humusgehalt und Humusform in Protopedon, Dy, Gyttja, Sapropel.

D MOORE (Böden mit über 3 dm Torflage)

a) Natürliche und vererdete (entwässerte) Moore (H)

1. nH: Niedermoor (HN)
   Untergliederung nach Trophie (Norm-, Kalk-, Übergangs-HN) und Vererdung (Erd-, Mulm-HN).

2. hH: Hochmoor (HH)
   Untergliederung in Norm- und Erd-HH.

b) Moorkultosole (kultivierte Moore)
Untergliederung nach der Kultivierungsart in Fehn-, Sanddeck- und Sandmischkultur.

7.4.2 Internationale Boden-systematik

Für die seit 1961 von der FAO und UNESCO erstellte Weltbodenkarte wurde eine neue internationale Bodennomenklatur geschaffen. Seit dem Jahre 1988 wird diese Klassifikation von einem Arbeitskreis der Internationalen Bodenkundlichen Union (IBU) als *World Reference Base for Soil Resources* (WRB) weiter entwickelt. Sie dient dem Ziel, Definitionen von Bodenhorizonten, Bodeneigenschaften und Bodenmaterialien anzubieten sowie Klassifikationsmöglichkeiten aufzuzeigen, um zu einer Annährung zwischen den verschiedenen nationalen Klassifikationen zu kommen. Sie ist als Internationale Bodenklassifikation anzusehen. Auf hohem Klassifikationsniveau wird zwischen Grund- und Stauwasserböden unterschieden, werden viele Pelosole innerhalb der Vertisole klassifiziert und bilden frostgeprägte Böden eine eigene Einheit. Durch die zwei Einheiten der Anthrosole und der Technosole wird auch der starke Einfluss des Menschen widergespiegelt (JUSS/ISRIC/FAO 2006).

Auf höchstem Klassifikationsniveau wird mittels diagnostischer Horizonte (Tab. 7.3–1) bzw. mittels diagnostischer Eigenschaften und Materialien (Tab. 7.3–2) zwischen 32 Hauptbodeneinheiten unterschieden, die mit *adjetivischen Qualifiern* jeweils in 9…19 vorangestellte Untereinheiten sowie 8…31 in Klammern nachgestellte Untereinheiten untergliedert werden können. Auch diese lassen sich nach einem vorgegebenen Muster weiter untergliedern, indem mehrere zulässige *Qualifier* aneinander gereiht werden können. Zu den vorangestellten *Präfix-Qualifiern* gehören einmal solche, die als typisch für die Haupteinheit gelten, und außerdem Übergangsformen. Nachgestellte *Suffix-Qualifier* sind hingegen solche, die in vielen Haupteinheiten auftreten können. So lässt sich nach der Körnung zwischen *Skeletic* = stein- und kiesreich, *Arenic* = sandreich, *Siltic* = schluffreich und *Clayic* = tonreich unterscheiden, nach der Basizität zwischen *Dystric* = BS < 50 % und *Eutric* = BS ≥ 50 %. *Humic* sind tiefgründig humose und *Calcaric* kalkhaltige Böden, während sich mit *Takyric*, *Yermic* und *Aridic* (Definition s. Kap. 7.3.2) Böden der Kälte- und Wärmewüsten näher kennzeichnen lassen. *Drainic* sind künstlich entwässerte Böden, *Novic* Böden mit 5…50 cm junger Sedimentüberdeckung und *Transportic* haben einen > 30 cm künstlichen Bodenauftrag.

Die folgende Gliederung stellt einen Bestimmungsschlüssel dar, bei dem später folgende Bodeneinheiten den Definitionen vorgeordneter (weitgehend) nicht genügen. Leptosole, Cryosole, Vertisole und Fluvisole haben keine diagnostischen B-Horizonte, Gleysole, Solonchake und Andosole keinen *spodic* oder *argic B* sowie Chernozeme keinen *gypsic h*. Tritt eine diagnostische Eigenschaft auch nachgeordnet als Untereinheit auf, erfüllt sie nicht alle Kriterien dieser Eigenschaft: So treten in einem Gleyic Cambisol die Eigenschaften des Gleysols erst in 50 bis 100 cm Bodentiefe auf. Diagnostische Eigenschaften wurden nur dann vermerkt, wenn sie sich nicht bereits aus dem Namen der Einheiten ergeben (/ bedeutet über, ; oder). Für *Präfix-* und *Suffix-Qualifier* gilt Entsprechendes: Vorne gelistete *Präfix-Qualifier* werden direkt vor den Namen der Einheit gesetzt, spätere weiter links. *Suffix-Qualifier* werden nacheinander aufgelistet und durch Kommas getrennt. Ein Vergleich der internationalen Bodeneinheiten mit den deutschen erfolgt in Kapitel 7.5.

Hauptbodeneinheiten nach WRB,
ergänzt um wichtige *Präfix-* und *Suffix-Qualifyer*; Definitionen z. T. etwas vereinfacht, ( ) Symbol; Erläuterungen s. Tab. 7.3–1, 2; Hor Horizont, / über, ; oder

Histosole (HS): mit org. Aufl. > 4 dm; > 10/R
Präfixe u. a.: *Folic, Limnic, Fibric, Hemic, Sapric, Technic, Cryic, Andic, Salic, Calcic*
Suffixe u. a.: *Thionic, Turbic, Gelic, Tidalic*

Anthrosole (AT): mit **anthropedogenetischem** Hor > 5 dm
Präfixe u. a.: *Hydrargic, Irragic, Terric, Plaggic, Hortic, Technic, Fluvic*

Technosole (TC): mit > 20 Vol.-% Artefakten bis 10 dm; /R, oder mit künstlicher, (kaum) durchlässiger Geomembran oder ≤ 5 cm / technischem Festgestein
Präfixe u. a.: *Ekranic, Linic, Urbic, Spolic, Garbic, Cryic, Fluvic, Gleyic*
Suffixe u. a.: *Reductic, Toxic, Densic*

Cryosole (CR): mit Permafrost im ob. Meter oder oben cryoturbat verändert / Permafrost im 2. m
Präfixe u. a.: *Glacic, Turbic, Folic, Histic, Technic, Leptic, Salic, Spodic, Mollic, Umbric, Cambic*
Suffixe u. a.: *Calcaric, Ornithic, Reductaquic, Oxyaquic, Thixotropic*

Leptosole (LP): mit ≤ 25 cm/R, oder obere 7,5 dm; /R < 20 Vol-% Fb

7

Präfixe u. a.: *Nudilithic, Lithic, Hyperskeletic, Rendzic, Folic, Histic, Technic, Salic, Mollic, Umbric, Cambic, Haplic*
Suffixe u. a.: *Gypsiric, Ornithic, Tephric, Gelic*

Vertisole (VR): mit *vertic* innerhalb 1 m beginnend
Präfixe u. a.: *Grumic, Mazic, Salic, Gleyic, Sodic, Stagnic, Gypsic, Duric, Calcic*
Suffixe u. a.: *Albic, Gypsiric, Pellic, Chromic*

Fluvisole (FL): mit *fluvic* zumindest zwischen 25… 50 cm
Präfixe u. a.: *Subaquatic, Tidalic, Limnic, Folic, Histic, Salic, Gleyic, Stagnic, Mollic, Umbric, Haplic*
Suffixe u. a.: *Thionic, Anthric, Gypsiric, Tephric, Gelic, Drainic*

Solonetze (SN): mit *natric* innerhalb 1 m beginnend
Präfixe u. a.: *Vertic, Gleyic, Salic, Stagnic, Gypsic, Calcic, Haplic*
Suffixe u. a.: *Glossalbic, Albic, Abruptic, Colluvic, Ruptic, Magnesic*

Solonchake (SC): mit *salic* oberhalb 5 dm beginnend u. ohne *thionic*
Präfixe u. a.: *Petrosalic, Hypersalic, Puffic, Folic, Histic, Technic, Gleyic, Stagnic, Gypsic, Duric, Calcic, Haplic*
Suffixe u. a.: *Sodic, Aceric, Chloridic, Sulphatic, Carbonatic, Gelic, Densic, Drainic*

Gleysole (GL): durchgehend *gleyic*, zumindest ab 25 cm oder Ap
Präfixe u. a.: *Folic, Histic, Anthraquic, Technic, Fluvic, Endosalic, Spodic, Plinthic, Mollic, Gypsic, Calcic, Umbric, Haplic*
Suffixe u. a.: *Thionic, Sodic, Toxic, Gelic, Drainic*

Andosole (An): Böden aus vulkan. Aschen
Präfixe u. a.: *Vitric, Aluandic, Silandic, Melanic, Folic, Histic, Gleyic, Haplic*
Suffixe u. a.: *Anthric, Colluvic, Sodic, Gelic*

Podzole (PZ): mit *spodic* B innerhalb 2 m
Präfixe u. a.: *Placic, Ortsteinic, Carbic, Rustic, Albic, Folic, Histic, Leptic, Gleyic, Stagnic, Umbric, Haplic*
Suffixe u. a.: *Hortic, Plaggic, Terric, Anthric, Ornithic, Turbic, Gelic, Drainic*

Plinthosole (PT): *plinthic* Hor ab < 5 dm
Präfixe u. a.: *Petric, Pisolithic, Gibbsic, Posic, Geric, Vetic, Stagnic*
Suffixe u. a.: *Albic, Ferric, Alumic*

Nitisole (NT): mit *nitic* Hor ab < 1 m (ohne *ferric, plinthic, vertic,* nicht redoximorph)
Präfixe u. a.: *Vetic, Alic, Acric, Luvic, Lixic*
Suffixe u. a.: *Alumic, Colluvic, Rhodic*

Ferralsole (FR): mit *ferralic,* ohne *argic*
Präfixe u. a.: *Gibbsic, Posic, Geric, Vetric, Plinthic, Haplic*
Suffixe u. a.: *Alumic, Ferric, Rhodic, Xanthic*

Planosole (PL): Stauwasserböden mit *abrupt textural change (atc)*
Präfixe u. Suffixe wie Stagnosole

Stagnosole (ST): Stauwasserböden ohne *atc*
Präfixe u. a.: *Folic, Histic, Vertic, Endogleyic, Mollic, Luvic, Umbric, Haplic*
Suffixe u. a.: *Thionic, Albic, Ferric, Ruptic, Geric, Sodic, Alumic, Gelic, Placic, Drainic*

Chernozeme (CH): mit ≥ 2 dm sehr dunklem bis schwarzem *mollic* A u. Sekundärkalk
Präfixe u. a.: *Vermic, Leptic, Gleyic, Stagnic, Gypsic, Calcic, Luvic, Haplic*
Suffixe u. a.: *Anthric, Glossic, Sodic, Pachic, Greyic*

Kastanozeme (KS): *mollic* A heller, sonst wie Chernozem
Präfixe u. Suffixe weitgehend wie Chernozem

Phaeozeme (PH): mit kalkfreiem *mollic* A, sonst wie Kastanozem
Präfixe u. Suffixe weitgehend wie Chernozem

Gypsisole (GY): mit *(petro)gypsic* Hor, in < 1 m Tiefe beginnend
Präfixe u. a.: *Petric, Arcic, Endosalic, Endogleyic, (Petro)duric, (Petro)calcic*
Suffixe u. a.: *Ruptic, Sodic, Hyperochric*

Durisole (DU): mit *(petro)duric* Hor, in < 1 m Tiefe beginnend
Präfixe u. Suffixe weitgehend wie Gypsisole

Calcisole (CL): mit *(petro)calcic* Hor, in < 1 m Tiefe beginnend
Präfixe: *Hyper-, Hypocalcic,* sonst ähnlich Gypsisol
Suffixe: weitgehend wie Gypsisole

Albeluvisole (AB): *albeluvic tonging/argic*
Präfixe: *Fragic, Cutanic, Folic, Histic, Technic, Gleyic, Stagnic, Umbric, Cambic, Haplic*
Suffixe u. a.: *Anthric, Alumic, Greyic*

Alisole (AL): mit *argic* B mit $KAK_{Ton} \geq 24 \, cmol_c/$ kg, > 5 dm *dystric*
Präfixe mit *Vetic, Plinthic*, sonst wie Luvisol
Suffixe ähnlich Luvisol

Acrisole (AC): mit *argic* B mit $KAK_{Ton} < 24 \, cmol_c/$ kg, > 5 dm *dystric*
Präfixe mit *Vetic, Plinthic*, sonst wie Luvisol
Suffixe wie Luvisole

Luvisole (LV): mit *argic* B mit $KAK_{Ton} \geq 24 \, cmol_c/$ kg, > 5 dm *eutric*
Präfixe u. a.: *Lamellic, Cutanic, Albic, Escalic, Technic, Leptic, Gleyic, Stagnic, Haplic*
Suffixe u. a.: *Anthric, Fragic, Rhodic, Chromic*

Lixisole (LX): mit *argic* B
Präfixe mit *Vetic, Plinthic*, sonst wie Luvisol
Suffixe wie Luvisol

Umbrisole (UM): mit *umbric* A
Präfixe u. a.: *Folic, Histic, Leptic, Vitric, Andic, Endogleyic, Ferralic, Stagnic, Mollic, Cambic*
Suffixe u. a.: *Anthric, Albic, Brunic, Glossic, Alumic, Turbic, Gelic, Greyic, Laxic, Placic, Chromic*

Arenosole (AR): aus *loamy sand – sand* u. < 40 Vol-% Kies u. Steine
Präfixe u. a.: *Lamellic, Hypoluvic, Albic, Rubic, Brunic, Protic, Endogleyic*
Suffixe u. a.: *Ornithic, Gypsiric, Turebic, Gelic, Placic*

Cambisole (CM): Böden mit *cambic* B
Präfixe u. a.: *Folic, Leptic, Vertic, Fluvic, Endosalic, Endogleyic, Stagnic*
Suffixe u. a.: *Fragic, Colluvic, Gypsiric, Laxic, Gelic, Rhodic, Chromic*

Regosole (RG): andere Böden
Präfixe u. a.: *Aric, Colluvic, Technic, Endogleyic, Stagnic, Haplic*
Suffixe u. a.: *Ornithic, Gypsiric, Sodic, Turbic, Gelic*

Beispiel für eine Klassifikation nach WRB: Ein eutropher (BS 60 %) Parabraunerde-Pseudogley (d. h. stark staunasser Boden mit Tonverlagerung) mit vielen braunschwarzen Fe/Mn-Oxid-Konkretionen (= *manganiferric*) im Al-Sw aus Löss (= *siltic*) ist nach WRB ein *Luvic* **Stagnosol** (*Manganiferric, Eutric, Siltic*).

7.4.3 Klassifikationssysteme in den USA

In den USA setzte sich zunächst eine auf C. F. MARBUT (1928) zurückgehende Systematik durch, die vor allem auf morphologischen und chemischen Eigenschaften der Böden beruhte. Dabei wurde in **zonale** (vor allem durch das Klima differenzierte), **intrazonale** (durch Grundwasser oder Gestein geprägte) und **azonale** (kaum entwickelte) Böden gegliedert. Diese wurden in *Great Soil Groups* (den deutschen Bodentypen vergleichbar), *Soil Series* (Lokalformen als wichtigste Kartiereinheit) sowie (nach der Körnung) in *Soil Types* und schließlich (nach der Ertragsfähigkeit) in *Soil Phases* unterteilt.

1960 wurde unter Federführung des *US Soil Survey Staff* ein neues System eingeführt, das als *Soil Taxonomy* völlig von bisherigen Konzepten abweicht. Mit Ausnahme der Namen für die *Soil Series* wurden sämtliche Bodenbezeichnungen neu geprägt, wobei die fast nur aus lateinischen und griechischen Wortstämmen zusammengesetzten Wörter nach der ihnen zugrunde liegenden Merkmalskombination die Stellung des jeweiligen Bodens in den höheren Kategorien, seine wichtigsten Eigenschaften und die Bezichungen zu anderen Böden erkennen lassen. Auch wichtige Horizonteigenschaften wurden neu benannt, wobei in erster Linie exakt definierte chemische und morphologische Unterscheidungskriterien eingeführt wurden.

Grundlage des Systems bilden **diagnostische Horizonte** und **diagnostische Eigenschaften**, die vielfach ähnlich definiert sind wie die in den Tabellen 7.3–1 und 7.3–2 wiedergegebenen. Schließlich gelten auch bestimmte Feuchte- (Tab. 7.6–1) und Temperaturverhältnisse (Tab. 6.6–2) als diagnostische Merkmale.

Die oberste Kategorie der *Soil Taxonomy* ist die **Ordnung** (*Order*), jeweils mit -sol als Endung. Die derzeit 12 Ordnungen sind nach einem Schlüssel gereiht (z. B. führt ein *histic epipedon* in jedem Fall zum Histosol):

1. **Gelisols:** Böden mit Permafrost (*gelare* [lat.] = gefrieren);
2. **Histosols:** Böden mit org. Bodenmaterial. (*histos* [griech.] = Gewebe);
3. **Spodosols:** Böden mit *spodic* B (*spodos* [griech.] = Holzasche);
4. **Andisols:** Böden mit andischen Eigenschaften (von an [jap.] = dunkel);
5. **Oxisols:** Böden mit *oxic* B (von oxidisch);
6. **Vertisols:** Böden tonig mit starker Gefügedynamik (von *vertere* [lat.] = wenden);

7

7. **Aridisols:** Böden mit aridem Feuchtregime und *ochric* A oder hohem Salzgehalt (von *aridus* [lat.] = trocken);

8. **Ultisols:** Böden mit basenarmen (BS < 35 %), *argillic* oder *kandic* B (von *ultimus* [lat.] = der Letzte);

9. **Mollisols:** Böden mit *mollic* A (von *mollis* [lat.] = weich);

10. **Alfisols:** Böden mit *argillic* B (von *Pedalfa* [amerik.] = entkalkter Boden);

11. **Inceptisols:** Schwach entwickelte Böden mit erkennbaren Horizonten (von *inceptum* [lat.] = Anfang);

12. **Entisols:** Unentwickelte Böden ohne erkennbare Horizonte (von *recent* [engl.] = jung).

Charakteristische Buchstabenkomplexe dieser Ordnungsnamen, die in der vorhergehenden Liste unterstrichen sind (and, el, ent, ert, ept, id, oll, od, alf, ult, ox, ist), dienen dazu, die Namen der nächst tieferen Kategorie, der Unterordnungen (*Suborders*), zu bilden. Dies geschieht dadurch, dass vor die Buchstabenkomplexe der jeweiligen Ordnung weitere Buchstabenkomplexe, die die Eigenschaften der Unterordnungen charakterisieren, gestellt werden: *albic, anthropic, aquic* = nass, *argic, argillic* (ähnl. *argic*), *calcic, cambic, cryic, duripan, fibric, fluvic, folic, gypsic, hemic, histic, humic, orthic* = normal, **per**udische Feuchte, *psammic* = sandig, *rendzina* ähnlich, *salic, sapric, torric, turbic, vitric* sowie *udische, ustische* und *xerische* Feuchte.

Aus der Vereinigung der beiden Buchstabenkomplexe ergeben sich die **Unterordnungen**. So gehören z. B. die Schwarzerden aufgrund ihrer mächtigen, dunklen, krümeligen Ah-Horizonte (Ordnung der Mollisole) und ihrer Entstehung im kontinentalen, sommerheißen und winterkalten Gebiet (Buchstabenkomplex der Unterordnung: cry) in die Unterordnung der Cryolls. Eine Gleichsetzung der folgenden Unterordnungen mit Bodentypen-Gruppen des WRB-Systems (Kap. 8.4.5) oder anderer Klassifikationssysteme kann nur ungenau sein, da die zur Gruppierung verwendeten Kriterien in den einzelnen Klassifikationssystemen zu unterschiedlich sind:

Order	Suborder (Beispiele)	WRB (Beispiele)
Gelisol	Histel	*Cryic Histosol*
	Turbel	*Turbic Cryosol*
Histosol	Folist	*Folic Histosol*
	Fibrist	*Fibric Histosol*
Andisol	Aquand	*Gleyic Andosol*
	Vitrand	*Vitric Andosol*
Spodosol	Aquod	*Gleyic Podzol*
	Orthod	*Haplic Podzol*
Oxisol	Torrox	*Eutric Ferralsol*
	Ustox	*Haplic Plinthosol*
Vertisol	Xerert	*Calcic Vertisol*
	Udert	*Chromic Vertisol*
Aridisol	Salid	*Gleyic Solonchak*
	Durid	*Petric Durisol*
Ultisol	Humult	*Humic Alisol*
	Xerult	*Eutric Nitisol*
Mollisol	Alboll	*Mollic Planosol*
	Cryoll	*Phaeozem*
Alfisol	Aqualf	*Luvic Stagnosol*
	Udalf	*Albeluvisols*
Inceptisol	Aquept	*Umbric Gleysol*
	Anthrept	*Plaggic Anthrosol*
	Umbrept	*Leptosol*
Entisol	Aquent	*Gleyic Fluvisol*
	Psamment	*Arenosol*
	Fluvent	*Fluvisol*

Die weitere Unterteilung der Unterordnungen führt zu den Hauptgruppen (**Great Soil Groups**), die annähernd den Bodentypen analog sind und durch Anfügung weiterer Buchstabenkomplexe vor den Namen der Unterordnung gebildet werden. Normal ausgebildete Schwarzerden heißen z. B. *Haplocryoll* (hapl von *haplous* griech. = einfach); Schwarzerden mit Tonanreicherungshorizont unter dem A-Horizont heißen *Argicryoll* usw.

Eine weitere Unterteilung (Untergruppen und Familien) wird durch adjektivische Beifügungen ermöglicht. So heißt eine Schwarzerde, deren Unterboden grundwassergeprägt ist, *aquic Haplocryoll*, eine normal ausgebildete Schwarzerde ohne Bv-Horizont *Entic Haplocryoll* (von Entisol, d. h. den wenig entwickelten Böden überleitend), eine mit einem > 50 cm mächtigen Ah-Horizont *Cumulic Haplocryoll* (von *cumulus* [lat.] = Anhäufung) usw.

Das Klassifikationssystem der *Soil Taxonomy* wird in den USA und einigen anderen Ländern benutzt. Da jede *Order* grundsätzlich trockene Kuppenböden bis nasse Senkenböden umfasst, handelt es sich um eine landschaftsbezogene Klassifikation. Fortschritte werden in den **Keys to Soil Taxonomy** laufend aktualisiert.

7.5 Böden Mitteleuropas

Im Folgenden werden wichtige Böden Mitteleuropas behandelt, wobei im Wesentlichen der in Deutschland gebräuchlichen Benennung und Nomenklatur gefolgt wird (Kap. 7.4.1). Außerdem werden die Bezeichnungen der neuen internationalen Klassifikation (WRB-System, Kap. 7.4.2) und der US-amerikanischen *Soil Taxonomy* (Kap. 7.4.3) angegeben, deren Definitionen allerdings nicht immer mit denjenigen der Bundesrepublik voll übereinstimmen. Außerdem wird kurz auf fossile Böden eingegangen, auch solche außerhalb Mitteleuropas.

7.5.1 Landböden (Terrestrische Böden)

Zu den Landböden gehören alle Böden außerhalb des Wirkungsbereichs eines Grundwassers (d. h. Grundwasserhochstand tiefer als 1 m).

7.5.1.1 Syrosem

Profil. Ein **Syrosem** ist ein Rohboden aus Festgestein. Ein nur lückig vorhandener und dann äußerst geringmächtiger (< 2 cm) humoser Oberboden (Ai-Horizont) liegt unmittelbar dem festen Gestein auf, das allenfalls 30 cm tief mechanisch zerkleinert ist. Ein **Protosyrosem** liegt vor, wenn Festgestein an der Oberfläche ansteht und nur deren oberste mm durch Bodenbildung verändert wurden.

Name. Als Syroseme (russ. = rohe Erde) hat KUBIENA Gesteinsrohböden bezeichnet. Ältere Bezeichnungen sind Schutt- oder Skelettböden. Im WRB-System gehört er (zusammen mit Ah/C-Böden über Festgestein) zu den Leptosolen, und zwar vorrangig als *Lithic Leptosol*. *Nudilithic Leptosole* sind solche, bei denen ein festes Gestein an der Oberfläche ansteht, die obersten mm z. B. unter Flechten etwas porös und von Mikroorganismen besiedelt sind (CHEN et al. 2000). Im US-System sinhd es lithische Untergruppen der Entisole.

Entwicklung. Der Syrosem stellt ein Initialstadium der Bodenbildung dar, in dem etwas Humus akkumuliert wurde, aber noch keine nennenswerte chemische Verwitterung stattgefunden hat. Auf Kalkstein leitet er zu den Syrosem-Rendzinen über, auf Silicatgestein zu den Syrosem-Rankern.

Eigenschaften. Der geringmächtige Ai-Horizont ist oft steinig und extrem wechseltrocken. Seine Eigenschaften werden entscheidend von denen des Gesteins geprägt: Auf Kalkstein liegt neutrale Bodenreaktion vor, auf Silicatgestein ist er oft bereits versauert. Bisweilen sind auch die oberen cm des festen Gesteins

an Stoffen verarmt. So können von Pionierpflanzen (oft Moose und Flechten) durch Ausscheiden von Säuren und Komplexbildnern Nährstoffe gelöst und entzogen worden sein, erkennbar an einer Bleichung Fe-haltiger Silicate. In anderen Fällen bildet das feste Gestein nur die Unterlage, auf der Flugstaub zusammen mit Humus der Vegetation akkumuliert wurde.

Verbreitung. Syroseme nehmen Erosionslagen der Bergregionen ein. Sie sind im Mittelgebirge meist auf wenige Felsvorsprünge beschränkt, im Hochgebirge aber häufiger vertreten. Häufig sind Protosyroseme kleinflächig auf Mauern und Dächern anzutreffen.

Nutzung. Wegen ihrer Flachgründigkeit und häufigen Austrocknung ist eine Nutzung der Syroseme nicht möglich.

7.5.1.2 Lockersyrosem

Profil. Lockersyroseme zeigen einen nur humusarmen Ai [mit < 0,6 % (bei Sand) ... 1,2 % Humus (bei Ton)] im Oberboden, der aber durchgehend vorhanden sein kann und der direkt in ein über 30 cm mächtiges Lockergestein übergeht.

Name. Von den Gesteinsrohböden wurden aus Lockergestein die Lockersyroseme abgetrennt, weil sie sich von den Syrosemen aus Festgestein vor allem ökologisch stark unterscheiden. Im WRB-System gehören sie zu den Arenosolen oder Regosolen mit sehr schwach entwickeltem *ochric* A (entsprechend Ai definiert), im US-System sind es *Psamments* oder *Orthents* ohne B-Horizont.

Entwicklung, Vorkommen. Lockersyroseme sind Initialstadien der Bodenbildung junger Dünen oder Lockergesteine, die durch Erosion freigelegt wurden. Sie bilden in unserem Klima nur kurzfristige Durchgangsstadien, die sich in wenigen Jahrzehnten zu Regosolen (auf Silicatgestein), Pararendzinen (auf Mergelgestein) oder Pelosolen (auf Tongestein) weiterentwickeln. Vielfach haben sich Lockersyroseme aus künstlichen Aufschüttungen gebildet und stellen dann Rohböden von Abraumhalden, Lössaufschüttungen oder Trümmerbergen dar (Kap. 8.4). Nur dort, wo die Vegetationsentwicklung ständig gestört wird, bleiben sie für längere Zeit erhalten.

Eigenschaften. Die Eigenschaften der Lockersyroseme werden nahezu völlig von denen des Ausgangsgesteins bestimmt. Gemeinsam ist ihnen ein tiefgründiger, potenzieller Wurzelraum (abgesehen von

7

Mehrschichtböden über Festgestein), während Wasser- und Nährstoffverhältnisse, außer vom Klima, von Körnung und Mineralbestand bestimmt werden.

Nutzung. Lockersyroseme sind im Gegensatz zu Rohböden aus Festgestein wegen ihrer Tiefgründigkeit oft erfolgreich zu kultivieren. Insbesondere Lockersyroseme aus Löss können in geeigneter Reliefposition über organische Düngung ohne Schwierigkeiten als fruchtbare Ackerstandorte genutzt werden.

7.5.1.3 O/C-Boden (Humusboden)

Profil. Bei einem O/C-Boden (Abb. 7.5-1) liegt eine Humusauflage (d. h. ein Horizont mit über 30 % org. Substanz) direkt einem Gestein auf und/oder Gesteinsklüfte bzw. Schotter sind von (mineralarmem) Humus durchsetzt. Es fehlt also ein A-Horizont.

Name. Als **Felshumusboden** wird ein Boden mit einem O/(xC)/mC-Profil bezeichnet, bei dem O-Material festem Gestein aufliegt und/oder < 3 dm mächtiges Grobskelett über festem Gestein durchsetzt. Humusdurchsetztes Grobskelett (xlC), das über 3 dm mächtig ist, wird als **Skeletthumusboden** bezeichnet. Im WRB-System handelt es sich um *Folic Histosole*, sofern ihr O-Horizont mächtiger als 10 cm ist, ansonsten um *Foli-lithic Leptosole*. Im US-System gehören die O/C-Böden zu den *Folists*.

Entwicklung, Eigenschaften. O/C-Böden entwickeln sich auf anstehendem Fels oder feinerdearmem Hangschutt, Schotter bzw. Geröll. Als Pionierpflanzen kommen daher Flechten infrage, deren Rückstände schließlich den Wurzelraum für höhere Pflanzen bilden. Frostsprengung und lösungschemische Verwitterung des Gesteins treten gegenüber Humusakkumulation stark zurück. Die Humusauflagen können mehrere dm mächtig sein, während Kluftfüllungen einen Meter tief reichen können. Über geringmächtigem L- und Of-Horizont folgen in der Regel relativ mächtige, stark humifizierte Oh-Horizonte. Die O-Horizonte sind meist stark versauert und entbast, selbst auf basenreichem Gestein. O/C-Böden sind feucht (bis trocken), im Gegensatz zu Mooren aber nur kurzfristig nass.

Verbreitung, Nutzung. O/C-Böden treten vor allem im Hochgebirge auf, z. B. in den Kalkalpen, und sind dort mit Syrosemen und Ah/C-Böden vergesellschaftet. Sie kommen aber auch in Mittelgebirgen vor und selbst im Norddeutschen Tiefland. So haben sie sich auf Rügen unter Heide auf Strandwällen aus Flintstein-

geröllen entwickelt. Sie sind oft bewaldet, jedoch lässt ihre exponierte Lage in der Regel keine Nutzung zu.

7.5.1.4 Ranker

Profil. Der Ranker (Abb. 7.5-1) weist einen humosen, oft steinigen A-Horizont auf, der festem, allenfalls 30 cm tief zerkleinertem, silicatischem, carbonatfreiem bis -armem (< 2 %) Festgestein, d. h. einem qmC oder tmC (bzw. R) aufliegt. Beim **Braunerde-Ranker** folgt dem bis 20 cm mächtigen Ah ein 2…10 cm mächtiger, steiniger BvC.

Name. Ranker (nach Kubiena) leitet sich von Rank (österr. = Berghalde, Steilhang) ab. Im WRB-System gehören sie zu den *Leptosolen*, im US-System zu den *Lithic Haplumbrepts*.

Entwicklung, Verbreitung. Der Ranker geht durch fortschreitende Humusakkumulation und Gesteinsverwitterung aus dem Syrosem hervor. Er nimmt vor allem Hangpositionen ein, wo sich nur sehr geringe Frostschuttdecken gehalten haben oder Erosion einer Weiterentwicklung entgegenwirkt. In Hoch- und Mittelgebirgen findet man Ranker meist auf festem Gestein, während benachbarte Fließerden Braunerden oder Podsole aufweisen.

Eigenschaften. Ranker sind in der Regel flachgründig, besonders die Syro(sem)-Ranker, deren humoser A-Horizont < 5 cm mächtig ist. Sauerranker aus überwiegend quarzreichem Gestein sind dystroph (Kap. 7.3.2) und nährstoffarm; sie besitzen besonders in kühlfeuchten Mittelgebirgslagen Humusauflagen. Euranker aus meist quarzfreien Gesteinen wie Basalt sind hingegen in der Regel reich an verfügbaren und Reserve-Nährstoffen; sie weisen besonders in wärmeren Lagen die Humusform Mull auf.

Nutzung. Da Ranker meist in Hanglage auftreten, werden sie vorwiegend als extensives Grünland oder forstlich genutzt, wobei sich die Bäume oft nur in Schichtfugen klüftigen Gesteins verankern können. In südexponierten Lagen, z. B. des Kaiserstuhls, dienen sie auch dem Weinbau.

7.5.1.5 Regosol

Profil. Der Regosol (Abb. 7.5-1) besitzt einen humosen A-Horizont, der direkt in ein über 30 cm mächtiges Lockergestein wie Flugsand übergeht. Beim **Braun(erde)-Regosol** ist ein verbraunter Saum vorhanden (2…10 cm BvC), beim **Podsol-Regosol** ein > 3 cm Ahe über BsC.

Name. Die Bezeichnung Regosol (gr. *Rhegos* = Decke) soll die geringe Mächtigkeit des Solums und die Lockerheit des Ausgangsgesteins hervorheben. Im WRB-System haben die Regosole einen *ochric* A-Horizont; sandige Braunerde- bzw. Podsol-Regosole wären *Brunic* bzw. *Albic Arenosole*. Im US-System gehören die Regosole zu den *Entisolen* (z. B. *Psamments*).

Entwicklung, Eigenschaften. Regosole haben sich aus kalkfreien bis -armen (< 2 % $CaCO_3$) Lockersedimenten entwickelt. Sie sind tiefgründig. Lockersyrosem-Regosole besitzen nur einen humusarmen Oberboden und als Sandböden dann besonders niedrige Wasser- und Austauschkapazitäten. Vor allem unter feuchteren Klimaverhältnissen und/ oder Nadelholz sind sie als Sauerregosole basenarm und zeigen dann oft Humusauflagen. Deutlich nährstoffreicher sind die Euregosole (BS > 50 %).

Vorkommen und Nutzung. Regosole sind in Mitteleuropa nur kleinflächig auf Dünen oder erodierten Landoberflächen vertreten. Vielfach sind sie als Weiterentwicklung der Lockersyroseme auf rekultivierten, begrünten Abraumhalden oder Deponien, die mit Sand abgedeckt wurden, vertreten. Häufig sind Regosole aus Böden hervorgegangen, die infolge ackerbaulicher Nutzung erodiert wurden. Sie bleiben dann erosionsgefährdet. Sandige Regosole bedürfen ständiger organischer Düngung und in Trockengebieten künstlicher Beregnung, wenn sie landwirtschaftlich genutzt werden sollen.

7.5.1.6 Rendzina

Profil. Die typische Rendzina (Abb. 7.5–1) besitzt einen oft humus- und skelettreichen, krümeligen Ah-Horizont über einem festen (z. B. Kalkstein: Abb.7.5–2) oder lockeren (z. B. Kalktuff: dann Rego-Rendzina) Carbonat- oder Gipsgestein. Der obere Gesteinshorizont ist oft durch Frostsprengung zerteilt und mit Sekundärkalk angereichert.

Name. Rendzina ist ein polnischer Bauernname, der das ‚Rauschen' der vielen Steine am Streichblech des Pfluges beschreibt. Im WRB-System ist sie auf Festgestein ein *Rendzic Leptosol*, im US-System bei Vorliegen eines *mollic* A ein *Rendoll*.

Entwicklung und Eigenschaften. Die Rendzinen entstehen durch physikalische und chemische Verwitterung sowie Humusanreicherung aus Kalkstein-, Dolomit-, Tonmergel- oder Gips-Syrosemen. Die chemische Verwitterung bewirkt im Wesentlichen eine Auswaschung der Carbonate und Sulfate in das Grundwasser, wodurch Silicate und Oxide freigesetzt werden und als Lösungsrückstand das Solum bilden. Der nicht carbonatische bzw. nicht sulfatische **Lösungsrückstand**, der im frischen Gestein oft nur 1…5 % beträgt, ist meist tonreich (Abb. 7.5–2). Nur dieser Rückstand steht normalerweise als anorganisches Material für die Bildung des A-Horizonts zur Verfügung.

Als Subtyp besitzt die **Syrosem-Rendzina** nur einen durchgehend vorhandenen Nano-A (< 2 cm mächtig), während die **Norm** (bzw. Eu)-**Rendzina** einen oft humusreichen, dunklen und mächtigen Ah aufweist. Vor allem in kühlfeuchten Hochlagen ist zumindest der obere Ah vollständig entkalkt und versauert: Dann liegt eine **Sauerrendzina** vor, die oft auch eine Moderauflage besitzt. Im Hochgebirge ist auch die **Tangelrendzina** mit bis zu 40 cm Humusauflage zu beobachten. In Mittelgebirgslagen leitet die Terra fusca-Rendzina (verbraunter Saum unter meist entkalktem Ah mit Polyedern) zur Terra fusca über. Die Braunerde-Rendzina weist bereits einen geringmächtigen Bv-Horizont auf, wobei das Fehlen eines Polyedergefüges oft durch Lössbeimengung (und damit geringere Tongehalte) verursacht ist.

Normrendzinen enthalten im Ah-Horizont meist über 5 % Humus mit einem engen C/N-Verhältnis (Abb. 7.5–2). Der Ah ist meist carbonathaltig und daher weitgehend mit Ca-Ionen gesättigt. Die Silicate sind kaum chemisch verwittert, so dass der Mineralbestand der Böden entscheidend von dem des Ausgangsgesteins abhängt. Im Ah-Horizont sind Nährstoffreserven, die in silicatischer Bindung vorliegen, gegenüber dem Gestein durch die relative Anreicherung im Lösungsrückstand stark vermehrt. Der **hohe pH-Wert** und die **hohe Ca-Sättigung** haben eine intensive Tätigkeit von Bodenorganismen zur Folge, insbesondere von Regenwürmern. Daher besteht der A-Horizont der Normrendzinen vorwiegend aus wasserstabilen Krümeln, die aus Tierkot hervorgegangen sind. Die Rendzinen sind demnach (auch aufgrund von Hanglage und/oder klüftigen Gesteins) trotz hoher Tongehalte gut durchlüftet.

Verbreitung und Nutzung. Rendzinen treten in Mitteleuropa vorwiegend auf Sedimentgesteinen der Mittelgebirge und den Alpen auf. In den Mittelmeerländern sind sie als trockene Xerorendzinen oft humusarm und weniger belebt. Rendzinen aus festen Carbonatgesteinen sind meist flachgründig und insbesondere an Südhängen trocken. Sie wer-

Skeletthumusboden
Hyperskel. Leptosol
Flintstein-Geröll

Felshumusboden
Folic Histosol
Kalkstein

Ranker
Mollic Leptosol
Basalt mit Tephra

Lock.-syrosem-Regosol
Protic Arenosol
Dünensand

Rendzina
Rendzic Leptosol
Kalkstein

Pararendzina
Urbic Technosol
Trümmerschutt

Schwarzerde
Chernozem
Löss

Pelosol
Vertic Cambisol
Tonstein

Braunerde
Cambisol
Granit

Parabraunerde
Luvisol
Geschiebemergel

Fahlerde
Albeluvisol
Geschiebemergel

Abb. 7.5-1 Typische Landböden Deutschlands (Maßstab in dm; deutsche und internationale Namen, Gestein) (Entwurf H.-P. BLUME).

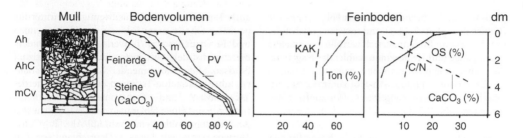

Abb. 7.5-2 Eigenschaften einer Normrendzina aus Kalkstein unter Buche; Unterer Lindhof, Württemberg; Entwurf H.-P. BLUME n. Analysen von E. SCHLICHTING (Abk. s.Anhang; KAK in $cmol_c\ kg^{-1}$).

den daher trotz günstiger physikalischer und chemischer Eigenschaften ihres Wurzelraumes vorwiegend als Hutung oder Forst genutzt. Nur bei tieferer Gründigkeit ist in ebenen und hängigen Lagen auch Ackerbau möglich, der fast immer eine starke Abnahme des Humusgehalts, eine Aufhellung und eine Gefügeverschlechterung der Krume zur Folge hat.

7.5.1.7 Pararendzina

Profil. Die Pararendzina ist ein A/C-Boden aus Sand- oder Lehmmergel (2…70 % $CaCO_3$); der Ah ist < 40 cm mächtig (sonst Tschernosem).

Name. Der Name Pararendzina (nach KUBIENA) soll die Verwandtschaft dieser Böden mit den Rendzinen ausdrücken, mit denen sie vor allem den kalkhaltigen A-Horizont gemeinsam haben. Im WRB-System ist die Pararendzina ein Calcaric Regosol, z. T. auch ein Phaeozem. Im US-System gehört sie zu den *Typic* oder *Lithic Udorthents*, bei Vorliegen eines *mollic* A auch zu den *Entic* oder *Lithic Hapludolls*.

Entwicklung. Die Pararendzina entwickelt sich aus Löss, Geschiebemergel, carbonathaltigen Schottern, Sanden und Sandstein, aber auch Bauschutt, einem anthropogenem Ziegel/Mörtel-Gemisch (Abb. 7.5-1), durch Humusakkumulation, Bildung koprogener Aggregate und mäßige Carbonatverarmung. Sie entsteht in trockenen Gebieten (z. B. Kaiserstuhl) durch sekundäre $CaCO_3$-Bildung auch aus Ca-reichen, Si-armen Magmatiten. Unter Wald geht sie nach Entkalkung bald in Braunerden und/oder Parabraunerden über, während unter Steppe Schwarzerden entstehen. Bei mäßiger Verbraunung (2…10 cm BvC) liegt eine Braunerde-Pararendzina, bei mäßiger Marmorierung (SC-Horizont) eine Pseudogley-Pararendzina, bei Grundwassereinfluss in 4…8 dm Tiefe eine Gley-

Pararendzina vor. Die Sauerpararendzina ist basenarm (BS-Wert < 50 %).

Eigenschaften. Der Ah-Horizont der Pararendzina ähnelt dem der Rendzina im Hinblick auf pH-Wert, Ca-Sättigung, Humusform (mullartiger Moder bis Mull) und Krümelgefüge. Sie unterscheidet sich von der Rendzina in der Regel durch höhere Sand- und Schluffgehalte und vom Pelosol durch Fehlen eines ausgeprägten Polyedergefüges.

Verbreitung. Als Klimaxstadium treten Pararendzinen in semiariden Gebieten auf. Sie sind ferner in Hanglagen anzutreffen, an denen durch Erosion ständig carbonathaltiges Ausgangsmaterial freigelegt wird. Größere Verbreitung haben sie hier in semihumiden Gebieten (z. B. im Kraichgau aus Löss, im westlichen Bodenseeraum aus Geschiebemergel), wo sie beackerte Hänge einnehmen, während unter Wald oder auf Plateaulagen Parabraunerden geringer Entkalkungstiefe auftreten. Jüngste Bildungen stellen hingegen Pararendzinen aus Bauschutt städtischer Verdichtungsräume dar.

Nutzung. Pararendzinen aus Löss oder Geschiebemergel sind tiefgründig, ausreichend durchlüftet und nährstoffreich; allerdings sind sie bisweilen trocken. Intensive acker- und weinbauliche Nutzung ist möglich, weil auch der leicht durchwurzelbare C-Horizont zur Verfügung steht. Ungünstiger sind Pararendzinen aus Kalksandstein wegen ihrer Flachgründigkeit sowie jene aus Schottern oder Bauschutt wegen hoher Steingehalte und geringer Wasserkapazität.

7.5.1.8 Tschernosem (Schwarzerde)

Profil. Der Tschernosem ist ein Axh/C-Boden aus Lockergestein mergeliger Zusammensetzung mit einem über 40 cm mächtigen, dunklen ‚Mull-Ah‘. Ty-

7

pisch für den Tschernosem und als Folge intensiver Bioturbation (Kap. 7.2.6.1) sind metertief reichende, mit humosem Bodenmaterial verfüllte, ehemalige Wurmgänge und **Krotowinen** wühlender Nagetiere, die – bei einem Durchmesser von 10…20 cm – im C-Horizont dunkles Ah-Horizontmaterial, im Oberboden teilweise hellgelbes C-Horizontmaterial enthalten (Abb. 7.5–1).

Name. Schwarzerde ist der deutsche Name für den Tschernosem Russlands. Im WRB-System ist der Name Chernozem den (z. B. in der Ukraine vorkommenden) Schwarzerden mit dunklem *mollic* A sowie sekundärer Kalkanreicherung vorbehalten, während die meist hellere und entkalkte, mitteleuropäische Schwarzerde einem *Phaeozem* entspricht. Im US-System gehören sie zu den *Vermudolls* (wenn regenwurmreich) oder *Hapludolls*.

Entwicklung. Die Schwarzerden bildeten sich in Europa vorwiegend aus Löss. Eine günstige Konstellation verschiedener Faktoren führte dazu, dass die Entwicklung über die einer Mull-Pararendzina hinausging. Es sind dies vor allem die charakteristischen Eigenschaften eines kalkhaltigen, lockeren Ausgangsgesteins, der Einfluss eines kontinentalen, semiariden bis semihumiden, sommertrockenen Klimas, die Auswirkung einer grasreichen Vegetation und die wühlende, vermischende Tätigkeit von bodenbewohnenden Steppentieren. In den Randgebieten der Schwarzerdezone sind die Böden häufig degradiert (**degradierte Schwarzerden**). Neben der Krumendegradation, die sich in der Aufhellung des oberen Ah-Horizonts äußert, können

auch Entkalkung, pH-Erniedrigung, Verwitterung primärer Silicate unter Bildung von Tonmineralen und Fe-Oxiden sowie Tonverlagerung stattfinden, die zunächst den Ah-, später auch den C-Horizont erfassen. Stufen zunehmender Veränderung verlaufen über Braunerde-Tschernosem, Parabraunerde-Tschernosem und Tschernosem-Parabraunerde. Letztere weist einen fahlgrauen, teilweise lessivierten Ah-Horizont, mithin eine Axh/Ahl/Aht/(Bt)/Cc/C-Horizontierung auf. Diese in Deutschland seit dem Atlantikum verbreitete unter Wald ablaufende Degradation ehemaliger Schwarzerden wurde auf Standorten, die der Mensch seit der Jungsteinzeit (etwa ab 4500 v. h.) beackerte, verzögert.

Eigenschaften (Abb. 7.5–3). Mitteleuropäische Tschernoseme enthalten 15…20 % Ton (überwiegend Illit) und sind im Oberboden meist kalkfrei, reagieren mithin schwach sauer. Der **Humusgehalt** beträgt 2…6 %, während osteuropäische über 10 % im Ah-Horizont enthalten können. Die org. Substanz besitzt eine hohe Austauschkapazität (bis 300 $cmol_c\,kg^{-1}$) sowie ein enges C/N (≈ 10) und C/P-Verhältnis (20…100). Mit pflanzenverfügbaren Mikronährstoffen (B, Cu, Mn, Mo, Zn) sind Schwarzerden allgemein gut versorgt. Ihr Ah-Horizont besitzt ein Porenvolumen von ca. 50 % mit relativ hohem Mittel- und Grobporenanteil (Abb. 7.5–3). Diese Böden sind damit gut durchwurzelbar und ausreichend belüftet. Löss-Schwarzerden sind in der Lage, im oberen Meter > 200 mm Niederschlag nutzbar zu speichern, so dass die Vegetation auch längere Trockenperioden ohne Schaden überdauern kann.

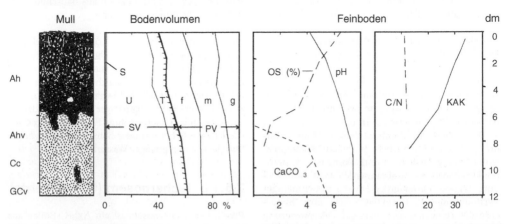

Abb. 7.5–3 Eigenschaften einer Schwarzerde aus Löss unter Laubwald; Aseler Holz, Niedersachsen; Entwurf H.-P. BLUME nach Analysen von B. MEYER (Abk. s. Anhang; KAK in $cmol_c\,kg^{-1}$).

Verbreitung und Nutzung. Deutschland weist im Raum Erfurt-Halle-Magdeburg ein ausgedehntes Schwarzerdegebiet auf, das bis nach Hildesheim reicht. Dabei sind alle Degradationsstufen bis hin zu den Parabraunerden anzutreffen. In anderen Teilen Deutschlands kommen sonst nur einzelne, stark veränderte Schwarzerde-Relikte vor. Auch in den trockensten Bereichen der norddeutschen und polnischen Jungmoränenlandschaften, auf den Inseln Fehmarn und Poel, der Uckermark und im Raum Stettin befinden sich Böden, die den Pseudogley-Tschernosemen bzw. Gley-Tschernosemen nahe stehen.

Tschernoseme sind sehr fruchtbar und deshalb ausgezeichnete Ackerstandorte. Sie gehören zu den wichtigsten Weizenböden der Erde.

7.5.1.9 Braunerde

Profil. Braunerden weisen einen humosen A-Horizont auf, der in der Regel gleitend in einen braun gefärbten Bv-Horizont übergeht (Abb. 7.5–1). Darunter folgt in 25 bis oft erst 150 cm Tiefe der C-Horizont.

Name. Der Begriff Braunerde geht auf E. RAMANN zurück. Ist der verbraunte Unterboden steinreich (> 75 %) bzw. als BvC unter 10 cm mächtig, liegt hingegen ein (verbraunter) A/C-Boden vor. Die basenreiche Braunerde entspricht im WRB-System einem *Cambisol*, während diejenigen mit einem *umbric* (= basenarm) Ah als *Cambic Umbrisole* klassifiziert werden. Im US-System gehören sie zu den *Ochrepts* oder *Umbrepts*.

Entwicklung und Eigenschaften. Braunerden gehen im gemäßigt-humiden Klima aus Rankern, Regosolen oder Pararendzinen hervor, sobald die durch die Silicatverwitterung hervorgerufene Verbraunung und Verlehmung (Kap. 7.2.1.2) jene tieferen Teile des Profils erfasst, in denen kein Humus angereichert wurde. Braunerden, die einen > 4 dm mächtigen Ah-Horizont tragen, werden als **Humusbraunerden** bezeichnet. Basenreiche Braunerden (BS-Wert > 50 %) sind in der Regel reich an austauschbaren Ca- und Mg-Ionen und besitzen ein stabiles Gefüge. Sie können auf silicat- und Ca-/Mg-reichen Magmatiten (Basalt, Gabbro u. a.) oft recht tiefgründig sein. Unter Wald sind sie oft stärker entbast (BS 20…50 %) und werden dann als mittelbasische Braunerden bezeichnet.

Basenarme Braunerden (BS-Wert < 20 %: Abbildung 7.5–4) besitzen oft durch die Anwesenheit von Al-Ionen und/oder der verklebenden Wirkung der Fe-Oxide stabile Aggregate. Ähnliches gilt für eisenreiche Braunerden, die, aus Fe-reichen Gesteinen entstanden, rotbraun bis rot gefärbt sind. Sie bilden sich vorwiegend aus Ca-/Mg-armen Gesteinen, und zwar aus Rankern oder Regosolen. Auf silicatarmen Gesteinen, wie quarzreichen Sanden, Sandsteinen u. a., sind sie meist nur ein Übergangsstadium zu den Podsolen. Weit verbreitet sind sie hingegen auf silicatreicheren Ca-armen Gesteinen (Ca-arme Schiefer, Grauwacken, tonreichere Sande und Sandsteine, Granit u. a.). Diese Böden neigen nur selten zur Tonverlagerung. Dies beruht darauf, dass sie besonders hohe Mengen an Fe- oder Al-Oxiden enthalten, die zur Verkittung beitragen. Auch die **Lockerbraunerden** (d_B des Fb < 0,8 kg/l) sind meist sauer und besitzen

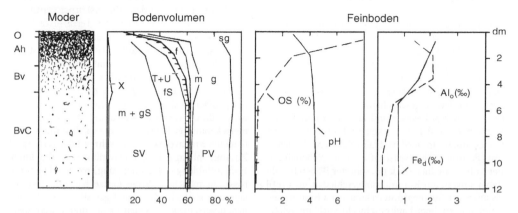

Abb. 7.5-4 Eigenschaften einer basenarmen Normbraunerde aus Geschiebesand unter Mischwald; Grunewald, Berlin; Entwurf und Analysen von H.-P. BLUME (Abk. s. Anhang).

7

ein stabiles Gefüge. Sie haben sich in höheren Berglagen aus magmatischen Gesteinen entwickelt. Vielfach beruht ihre Lockerheit aber auf vulkanischen Tuffen: Im WRB-System gehören sie dann zu den *Andosolen*. Basenarme Braunerden sind oft schwach podsoliert, kenntlich an einer Bleichung der Mineralkörner und einer bereits deutlichen Abnahme an Al, Mn und P im Ah gegenüber dem Unterboden, während Fe nur im Horizont selbst umverteilt wurde (Abb. 7.5–4). Bei der **Podsol-Braunerde** ist der Oberboden als Aeh auch etwas an Fe verarmt, dem ein Bleichsaum (Ahe) folgt. Die Bodenentwicklung der Braunerden kann außerdem über die Pseudogley-Braunerden bzw. Gley-Braunerden zu den Pseudogleyen bzw. Gleyen führen.

In Abhängigkeit vom Ausgangsgestein, der Vegetation, Entwicklungstiefe, Ton- und Humusgehalt, Lagerungsdichte und dem Versauerungsgrad variieren die Eigenschaften der Braunerden sehr stark. **Kalkbraunerden** treten dort auf, wo durch Grund- oder Hangwassereinfluss, Anwehung, kolluviale Auftragung oder Düngung eine nachträgliche Kalkanreicherung in einem bereits verbraunten Material stattgefunden hat. Unter Ackerkultur liegt der Humusgehalt im Ap-Horizont meist zwischen 2 und 3 %. Die **Körnung** der Braunerden umfasst Sand, Schluff und Lehm. Dementsprechend variieren auch die Gehalte an organischer Substanz und an Nährstoffen sowie das Gefüge in hohem Maße. Die **Porenverteilung** der Braunerden aus Sand (Abb. 7.5.4) ist durch eine Zunahme der Anteile an Fein- und Mittelporen von unten nach oben im Profil gekennzeichnet; dies hat eine Zunahme des Gesamtporenvolumens und eine Abnahme des Anteils an Grobporen zur Folge. Die Wasserleitfähigkeit ist bei Sandbraunerden infolge des hohen Anteils an Grobporen hoch.

Verbreitung und Nutzung. Basenreiche Braunerden sind in Mitteleuropa selten. Anders dagegen basenarme Braunerden, die man z. B. in Mittelgebirgslagen aus Granit-, Grauwacke-, Tonschiefer- oder Sandstein-Fließerden findet, wobei sie mit Rankern aus anstehendem Festgestein und stärker podsolierten Böden vergesellschaftet sind. Ferner haben sie sich in Norddeutschland aus pleistozänen und holozänen Sanden entwickelt und sind auch hier, insbesondere in niederschlagsreicheren Gebieten, mit Podsolen vergesellschaftet. Das Nebeneinander unterschiedlich stark podsolierter Böden beruht dabei sowohl auf Körnungsunterschieden im Profil als auch auf Nutzungsunterschieden, da Braunerden unter naturnahem Laubmischwald auch im relativ feuchten Subatlantikum teilweise erhalten blieben, unter Heide oder Nadelhölzern hingegen stärker

podsolierten. Der ackerbauliche Wert der Braunerden schwankt in einem weiten Bereich. Die meisten basenreichen Braunerden werden wegen ihrer Flachgründigkeit oder ihres hohen Steingehalts forstlich genutzt. Auch die weniger fruchtbaren basenarmen Braunerden dienen, vor allem in Nordwestdeutschland, häufig als Waldstandort, doch lassen sie sich bei ausreichender Düngung und Zufuhr von Wasser heute vielfach auch sehr gut ackerbaulich nutzen.

7.5.1.10 Terra fusca

Profil. Die Terra fusca ist ein Ah/T/kmC/- bzw. R-Boden auf Carbonat- oder Gipsgestein (Abb. 7.5–1 und -5). Der T-Horizont ist im Unterschied zum Bv-Horizont der Braunerde leuchtend gelbbraun bis rotbraun gefärbt und weist ein dichtes Polyedergefüge mit sepischem Plasma (Kap. 7.2.3) auf.

Name. Tonreiche, plastische, dichte Böden aus Carbonat- oder Gipsgesteinen werden nach Kubiena als *Terrae calcis* (lat.) bezeichnet und in die braune **Terra fusca** und die rote **Terra rossa** gegliedert. In dem WRB- bzw. US-System werden die Terrae fuscae nicht gesondert ausgeschieden, sondern wie Braunerden behandelt: Terra fusca oft *Chromic Cambisol* (WRB) bzw. *Eutrochrept* (Soil Taxonomy), Terra rossa oft *Rhodic Cambisol* bzw. *Rhodic Xerochrept*.

Entwicklung. Die Terra fusca entsteht aus einer Rendzina, wenn der silicatische, tonreiche Lösungsrückstand eines Kalksteins, Dolomits oder Gipssteins (bzw. Fließerden entsprechender Gesteine) versauert und gleichzeitig mächtiger als 10…30 cm geworden ist, so dass nicht mehr das gesamte Solum durch Bodentiere mit dem Humuskörper vermischt wird. Das leuchtende Ocker der Terra fusca kann die Farbe des Lösungsrückstandes sein. In der Regel wurde aber zusätzlich carbonatisch und silicatisch gebundenes Eisen freigesetzt und oxidiert. Es fand also eine echte **Verbraunung** statt. Ihr Silicatmineralbestand kann weitgehend dem des Gesteins entsprechen und ist dann oft reich an Illit, oder er wurde durch Verwitterung verändert und ist dann meist kaolinitreich. Diese Genese wird oft mit warmfeuchten Klimaverhältnissen während des Tertiärs in Zusammenhang gebracht. Das gilt nur für die durch Hämatitbildung (= Rubefizierung) rot gefärbte Terra rossa. In manchen Terrae fuscae hat eine Tonverlagerung stattgefunden. Häufiger sind aber Tongehaltsunterschiede zwischen Ober- und Unterboden auf einen Eintrag an Fremdsedimenten (z. B. Löss) zurückzuführen. Die Entwicklung der Terra fusca

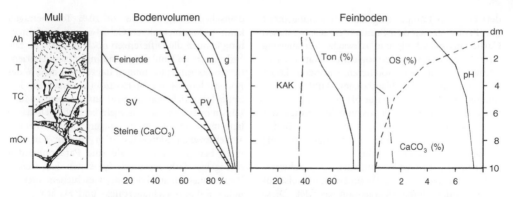

Abb. 7.5-5 Eigenschaften einer Terra fusca aus Kalkstein unter Fichte; Oberer Lindhof, Württemberg. Entwurf H.-P. BLUME nach Analysen von H. HEMME & E. SCHLICHTING (Abk. s. Anhang; KAK in $cmol_c\,kg^{-1}$)

verläuft sehr langsam, weil der Lösungsrückstand des Ausgangsgesteins meist gering ist (oft < 5 %). Pseudovergleyung setzt trotz hoher Tongehalte nur unter perhumiden Klimaverhältnissen ein, weil im klüftigen Gestein das Sickerwasser rasch abzieht.

Eigenschaften. Die Terra fusca ist meist mäßig bis stark sauer, reich an Ton (> 65 %), sehr dicht und in feuchtem Zustand plastisch (Abb. 7.5-5). Ihr Humusgehalt ist im Allgemeinen niedriger als jener benachbarter Rendzinen. Die nutzbare Wasserkapazität liegt bei 50…100 mm, ist aber häufig trotz des größeren Wurzelraums aufgrund sehr hoher Totwassergehalte kaum höher als die benachbarter Rendzinen.

Verbreitung und Nutzung. Die Terra fusca tritt in Mitteleuropa nur vereinzelt auf erosionsfernen, vornehmlich alten (d. h. altpleistozänen bis tertiären) Landoberflächen mesozoischer Carbonatgesteine (Abb. 2.3–2) auf (Abb. 8.2–4). Sie ist dann mit Rendzinen auf Kuppen und mit Braunerden oder Parabraunerden aus Kolluvien in den Senken vergesellschaftet. Häufig wurde sie erodiert oder umgelagert. Sie wird vorwiegend als Wald oder Weideland genutzt. Wegen schwerer Bearbeitbarkeit und starkem Wechsel mit flachgründigen, steinreichen Böden ist eine ackerbauliche Nutzung begrenzt.

7.5.1.11 Parabraunerde und Fahlerde

Profil. Parabraunerden weisen die Horizontfolge Ah/Al/Bt/C auf, weil Ton im Profil verlagert wurde (Abb. 7.5-1). Der an Ton verarmte A-Horizont kann bis zu 60 cm mächtig sein und umfasst den krümeligen, humosen, geringmächtigen Ah- und den

humusarmen, fahlbraunen, häufig plattigen Al-Horizont. In dem darunter folgenden tiefbraunen Bt-Horizont mit Subpolyeder- bis Prismengefüge, der in Mitteleuropa zwischen 40 und 120 cm mächtig sein kann, wurde Ton gegenüber dem Al-Horizont je nach Bodenart um mehr als 3 bis 8 % angereichert. Eine Tonanreicherung hat in Form von Tonbelägen an Aggregatoberflächen und Bioporenwandungen stattgefunden. Eine **Fahlerde** liegt vor, wenn der tonverarmte Oberboden deutlich zu einem Ael-Horizont aufgehellt ist und der Tongehaltsunterschied zum Bt je nach Bodenart über 9…12 % beträgt (Abb. 7.5-16). In der Regel sind Ael und Bt deutlicher differenziert und mächtiger als bei der Parabraunerde. Außerdem besitzt der Ael-Horizont keilförmige Ausbuchtungen und es treten oft schluffreiche Überzüge auf Aggregaten im Übergang zum Bt auf (engl. *glossic*).

Name. Der Name Parabraunerde (n. E. MÜCKENHAUSEN) kennzeichnet die insbesondere ökologische Verwandtschaft dieses Typs mit den basenreichen Braunerden. Der Name Fahlerde (nach E. EHWALD) wurde aufgrund des diagnostischen, fahlen Ael-Horizonts eingeführt. Beide Typen bilden die Klasse der **Lessivés** (von fr. *lessivage* = ausgewaschen) der deutschen Systematik. Im WRB-System entsprechen die Parabraunerden meist den *Luvisolen* und die Fahlerden den *Albeluvisolen*. Im US-System werden beide zu den *Alfisolen* gestellt, und zwar die Fahlerden als *Glossudalfs* oder *Glossocryalfs* (griech. *glossa* = zungenförmig).

Entwicklung. Parabraunerden und Fahlerden bilden sich bevorzugt aus Lockergesteinen mergeliger Zusammensetzung, aber auch aus carbonatfreien Lehmen und lehmigen Sanden. In gemäßigt-humi-

7

den Gebieten Europas ging die Entwicklung meist von Pararendzinen oder Braunerden aus, bei denen Carbonatauswaschung und schwache Versauerung eine Tonverlagerung ermöglichte (Kap. 7.2.4.1). Diese ist hier in den trockeneren, wärmeren Lagen stärker als in niederschlagsreichen, kühlen Gebieten ausgeprägt, weil dann der pH-Bereich zwischen 6,5 und 5, der die Tonpeptisation begünstigt, nur langsam durchlaufen wird und in lehmigen Böden periodische Austrocknung zur besseren Bildung dränender Schrumpffrisse führt.

In den Randzonen der mitteldeutschen Schwarzerdegebiete haben sich Parabraunerden teilweise aus Schwarzerden durch Degradation gebildet. Diese Tschernosem-Parabraunerden und -Fahlerden weisen tiefschwarze Tonbeläge auf und lassen im unteren Bt-Horizont noch Reste des Schwarzerde-Ah erkennen.

Aus Parabraunerden können bei starker Versauerung Podsol-Parabraunerden und schließlich Podsole entstehen. Eine Staunässebildung kann bei Parabraunerden mit starker Tonverlagerung oder in niederschlagsreichen Gebieten auftreten. Die Entwicklung führt dann über Pseudogley-Parabraunerden zu Pseudogleyen, in denen die ehemaligen Al- und Bt-Horizonte durch Fe-Umlagerung und Marmorierung so stark umgewandelt wurden, dass die vorausgegangene Parabraunerde-Entwicklung oft kaum noch wahrnehmbar ist. Entsprechendes gilt für Fahlerden.

Eigenschaften. Die Tonverlagerung hat zu Tongehaltsunterschieden zwischen Al- und Bt-Horizont geführt (Abb. 7.5–6), die bei Fahlerden im norddeutschen Lössgebiet bis zu 20 % Ton betragen kann. In kontinentaleren Gebieten und bei Schichtung können die Differenzen noch größer sein. Die verlagerten, an Hohlraumwandungen parallel orientierten Tonminerale können dabei mehr als 5 % des Bodenvolumens im Bt-Horizont ausmachen. Die Entkalkungstiefe von Lessivés aus jungpleistozänen Lössen oder Geschiebemergeln beträgt in Deutschland meist 0,5…1,5 m; diejenigen von Lessivés aus altpleistozänen Mergelgesteinen können 4 m und mehr betragen. Unter Wald sind Parabraunerden mäßig bis stark versauert. Im ersten Fall weisen Parabraunerden aus Löss oder Geschiebemergel ein hohes Kalium-Nachlieferungs- und Fixierungsvermögen auf. In letzterem Fall ist ein größerer Teil der illitischen Tonminerale an Kalium verarmt und in Bodenchlorit umgewandelt worden. Die Parabraunerden weisen in Abhängigkeit von Gestein und Verwitterungsgrad hohe bis mäßige Nährstoffreserven auf. Der Bt-Horizont hat im Vergleich zu den Al- und C-Horizonten oft weniger Grobporen und meist einen höheren Gehalt an Feinporen. Dennoch ist auch der Unterboden in der Regel gut durchwurzelbar und belüftet; bei Pseudogley-Lessivés kann es allerdings zeitweilig zu Luftmangel kommen. Parabraunerden lehmiger und schluffiger Bodenart weisen mit 150 bis 200 mm im ersten Meter eine hohe nutzbare Wasserkapazität auf.

Verbreitung und Nutzung. Parabraunerden und Fahlerden gehören zu den verbreitetsten Böden der gemäßigt-humiden Klimagebiete Eurasiens und Amerikas. In Mitteleuropa treten sie vor allem in

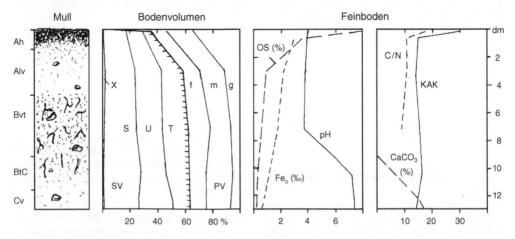

Abb. 7.5–6 Eigenschaften einer Parabraunerde aus Geschiebemergel unter Laubwald; Siggen, Ostholstein. Entwurf und Analysen von H.-P. Blume (Abk. s. Anhang, KAK in cmol$_c$ kg^{-1}).

Löss- und Moränenlandschaften auf. Lessivés sind allgemein günstige Ackerstandorte mit Bodenzahlen zwischen 50 und 90. Vor allem Böden aus Löss neigen allerdings wegen der Verschluffung des lessivierten Oberbodens zur Verschlämmung und sie werden in Hanglage leicht erodiert.

7.5.1.12 Podsol

Profil. Typische Podsole (Abb. 7.5–7, –16) weisen die Horizontfolge L/Of/Aeh/Ae/Bh/Bs/C auf, die durch Podsolierung entstanden ist, d. h. durch eine Verlagerung von Fe und Al mit organischen Stoffen im Profil (Kap. 7.2.4.2). Unter einer meist mächtigen Humusauflage folgt als Bleichhorizont der aschgraue Ae-Horizont, der kaum organische Substanz enthält, aber mitunter violettstichig ist, direkt oder im Anschluss an einen geringmächtigen, schwarzgrauen Aeh-Horizont. Unter diesen Eluvialhorizonten beginnt mit scharfem Übergang der dunkle **Illuvialhorizont,** der je nach Verfestigungsgrad als **Ortstein** oder **Orterde** bezeichnet wird und oft im oberen humusreichen Teil (Bh) braunschwarz, darunter rostbraun (Bs) gefärbt ist. Der Übergang zum C-Horizont ist unscharf und kann über einen Bv-Horizont erfolgen. Die **Eluvialhorizonte** sind 20…60 cm mächtig (in Hanglagen der Mittelgebirge bis zu 150 cm). Bh und Bs sind zusammen in der Regel nur 10…20 cm mächtig, können aber in Form von Ortsteinzapfen oder -töpfen mehrere dm nach unten ausbuchten. Diese Ortsteintöpfe entstanden in Zonen bevorzugter Sickerwasserbewegung (z. B. im Bereich alter Wurzelröhren). Oft weist der B-Horizont eine auffällige Panther-Fleckung auf.

Name. Podsol ist ein russischer Bauernname, der ‚Asche-Boden' bedeutet, womit der hellgraue Bleichhorizont gemeint ist. Früher sprach man auch von Blei(ch)erde. Auch im WRB-System spricht man von *Podzolen*; im US-System bilden sie die Ordnung der *Spodosole*.

Entwicklung. Im Podsol haben Verwitterungs- und Verlagerungsvorgänge unter dem Einfluss eines kalt- bis gemäßigt-humiden Klimas ihr höchstes Ausmaß erreicht. Podsole entstehen bevorzugt aus sandigen, quarzreichen Gesteinen, bei hohen Niederschlägen und/oder niedriger Jahresmitteltemperatur unter Pflanzenarten wie Nadelhölzern, Heiden usw. mit geringen Nährstoffansprüchen und nährstoffarmen Vegetationsrückständen. Unter diesen Bedingungen verschlechtern sich im Zuge von Versauerung und Nährstoffverarmung die Lebensbedingungen der Bodentiere und Mikroben so, dass die Streu nur zögernd und unvollständig zersetzt wird und gleichzeitig verstärkt organische Komplexbildner in der Bodenlösung auftreten, die Fe und Al freisetzen und umlagern (Abb. 7.5–7). An feuchten Standorten, z. B. an Moorrändern, kommt es dabei unter *Erica*-Heide zur Bildung von weicher Humusorterde, während an trockenen Standorten mit *Calluna*-Heide Bh- und Bs-Horizont häufiger als harter Ortstein ausgebildet sind. Sie entwickeln sich in der Regel als **sekundäre Podsole** aus Braunerden oder Parabraunerden, unter extremen Bedingungen auch direkt aus Regosolen. In weiten Gebieten Nordwestdeutschlands wurde die Podsolierung durch die Gewinnung von Plaggen (s. Kap. 7.5.5) gefördert, aber auch durch Rodung des ursprünglichen Eichen-Birken-Waldes sowie dessen Ersatz durch Nadelholz oder Heidevegetation. Vielfach wurde die Bildung eines Podsols erst durch den Menschen ausgelöst, in anderen Fällen reicht seine Entstehung aber bis in das Frühholozän zurück. Auch im Eem-Interglazial entstanden in Mitteleuropa Podsole.

Verbreitung und Ausbildungsformen. Podsole treten vor allem in kalt- bis gemäßigt-humiden Klimazonen (Skandinavien, Nordrussland, Kanada) weit verbreitet auf. Im subpolaren, polaren und alpinen Bereich findet man sie dabei als **Nanopodsole** mit geringmächtigem Bleichhorizont (z. T. nur wenige mm bis cm) selbst auf Ca- und Mg-reichem Gestein (z. B. Glimmerschiefer-Fließerden). In den feuchten Tropen sind sie hingegen als Humuspodsole mit z. T. über 2 m mächtigem Bleichhorizont auf reine, quarzreiche Sande beschränkt.

In Deutschland sind Podsole auf sandigen Sedimenten des nordwestdeutschen Tieflandes als **Eisenhumuspodsole** und **Humuspodsole** anzutreffen. Eisenhumuspodsole mit besonders mächtigen B-Horizonten findet man auf tiefgründigen, trockenen Sanden unter *Calluna*-Heide. Der B-Horizont leitet bei ihnen oft mit mehreren schwarzbraunen Eisen-Humus-Bändern in den C-Horizont über. Bei höherem Grundwasserstand treten unter *Erica*-Heide Gley-Podsole auf, die meist stark an Eisen verarmt sind. Im Bergland haben sich Podsole vor allem aus Granit- und Sandsteinfließerden entwickelt. Sie treten dort bevorzugt an Hängen auf, deren Fließerden im Unterboden verdichtet (z. B. als *fragipan*) oder durch Tonverlagerung und/oder Schichtung etwas tonreicher sind. Infolge starken Hangzugwassereinflusses weisen Oberhang-Podsole oft mächtige Bleichhorizonte, Unterhangböden

7

hingegen mächtige Anreicherungshorizonte auf. An Südhängen ist die Podsolierung dabei häufig stärker ausgeprägt, während an Nordhängen die Ae-Horizonte längerfristig nass und durch infiltrierte Huminstoffe dunkel gefärbt sind. Im Schwarzwald treten in perhumiden Hochlagen über 800 m auf Sandstein-Fließerden verbreitet Podsole auf, die eine wellig ausgebildete, harte Eisenschwarte von 1…5 mm Dicke in 30…120 cm Bodentiefe aufweisen und daher als **Bändchenpodsole** (WRB = *placic* P, USA: *Placorthod, Placohumod*) bezeichnet werden. Diese Schwarten stauen das Wasser in starkem Maße, sind nicht durchwurzelbar, lassen sich teilweise durchgängig über km verfolgen und treten dabei nicht nur in Böden mit Podsol-, sondern auch in solchen mit Braunerde- und Stagnogley-Morphologie auf. Sie kommen auch in den Vogesen, den Alpen, in Schottland und Wales sowie in anderen perhumiden Klimaten (z. B. Subarktis, Tropen) vor. Weichere Bändchen an der Oberkante des B-Horizonts sind auch bei Flachland-Podsolen zu beobachten.

Eigenschaften. Die Entwicklung aus vorrangig sandigen Substraten bedingt sandige Bodenarten und in der Regel hohe Quarzgehalte. Durch Verwitterung sind resistente Minerale wie Quarz, Turmalin, Rutil und Zirkon zusätzlich angereichert. Humusauflagen mit weitem C/N-Verhältnis (oft 30…40) und starke Versauerung sind weitere Kennzeichen und korrespondieren mit niedrigen Nährstoffgehalten (Abb. 7.5–7). An der Podsolierung beteiligte Nährstoffe (Fe, Mn, Cu, Co, Zn, indirekt auch P) sind teilweise im Unterboden etwas angereichert. Bei kultivierten Podsolen ist der Auflagehumus abgebaut, Nährstoffgehalte und pH-Werte sind

erhöht. Podsole weisen im gesamten A-Horizont **Einzelkorngefüge** auf; der B-Horizont ist dagegen oft als **Kittgefüge** zementiert (unter dem Mikroskop oft hüllig). Podsole sind meist gut durchlüftet, aber trocken. Das **Porenvolumen** ist im B-Horizont häufig größer als im Ae-Horizont (Abb. 7.5–7). Dies wird darauf zurückgeführt, dass sich im Ae-Horizont infolge des Abtransports von feineren Teilchen eine Sackung einstellt. Im B-Horizont wird dann die Abnahme des Gesamt-Porenvolumens, die theoretisch aufgrund der Einlagerung dieser feinen Teilchen zu erwarten wäre, durch die Bildung neuer Grobporen infolge der Wurzel- und Tiertätigkeit und/oder durch Kristallisationsdruck der Oxide an den Berührungspunkten der Sandkörner ausgeglichen. Wenn diese Tätigkeit bei der Verfestigung des B-Horizonts zum Ortstein auch unterbunden wird, kann der Ortsteinhorizont dennoch einen hohen Anteil grober Poren aufweisen. Der Ortstein wirkt daher nur selten als Staukörper, weist vielmehr oft eine höhere Wasserleitfähigkeit auf als der Ae-Horizont.

Nutzung. Stark entwickelte Podsole, die früher als nicht kultivierungsfähig angesehen wurden, erbringen bei künstlicher Bewässerung und starker Düngung hohe Erträge und ermöglichen dann sogar einen produktiven Hackfruchtanbau. Die pH-Erhöhung sollte nur bis pH 5,0…5,8 erfolgen, da bei höheren pH-Werten Mn-Mangel auftritt. Der weit verbreitete Cu-Mangel kann durch Zufuhr von Cu-haltigen Düngemitteln, der Bormangel durch B-Düngung beseitigt werden. Ortsteinhorizonte wirken sich umso ungünstiger auf das Pflanzenwachstum aus, je näher sie sich an der Oberfläche befinden.

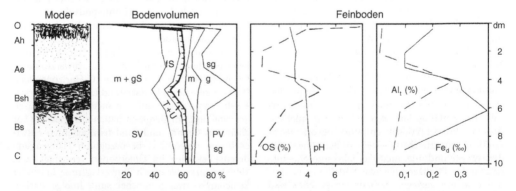

Abb. 7.5–7 Eigenschaften eines Eisenhumuspodsols aus Sand unter Kiefer; Mellendorf, Niedersachsen. Entwurf H.-P. BLUME nach Analysen von K.-H. HARTGE. (Abk. s. Anhang).

7.5.1.13 Pelosol

Profil. Pelosole sind Böden mit ausgeprägtem Absonderungsgefüge, die sich aus tonreichem Gestein entwickelt haben (Abb. 7.5–16). Zwischen dem A-Horizont und dem unveränderten C-Horizont treten tonreiche (> 45 % Ton) Horizonte auf, in denen das Schichtgefüge des Ausgangsgesteins aufgelöst (sog. **Aufweichungshorizonte**) und in **Absonderungshorizonte** mit polyedrischem bis prismatischem Gefüge übergegangen ist. Letztere werden als P-Horizonte (P von Pelosol) bezeichnet. Die Prismen des Unterbodens zeigen oft glänzende Oberflächen (= *slicken sides*) und in Trockenperioden treten tiefreichende Spalten von oft deutlich über 1 cm Breite auf.

Name. Pelosol (nach F. VOGEL) leitet sich von *pelós* (griech. = Ton) ab. In der WRB- und US-Systematik gehören sie zu den *Vertisolen*, sofern ihre Trockenspalten im Unterboden (50 cm Tiefe) zeitweilig > 1 cm breit sind, ansonsten meist zu den *Vertic Cambisolen* (WRB) bzw. *Haplumbrepts* (USA).

Entwicklung. Anhaltende Durchfeuchtung hat durch Quellung der Tonminerale zu einer Aufweichung und Zerteilung eines tonreichen Gesteins geführt, so dass ein **Kohärentgefüge** entstand. Das Kohärentgefüge wurde dann bei Wechselfeuchte in ein **Absonderungsgefüge** umgeformt: Es entstanden oben Subpolyeder, darunter Polyeder und Prismen, die nach unten gröber werden. Durch den Quellungsdruck wurden auch Bodenaggregate gegeneinander verschoben, wobei sich der Ton einregelte und die oben erwähnten *Slickensides* entstanden. Manche Pelosole sind verbraunt und lassen dann eine schwache Umwandlung quellfähiger Tonminerale in Al-Chlorite erkennen. Bisweilen wurde aber lediglich sulfidisches und/oder carbonatisches Eisen oxidiert, und zwar bereits vor der Entcarbonatisierung. Insbesondere in ebener Lage weisen Pelosole oft Stauwassermerkmale auf oder haben sich bereits zu Pelosol-Pseudogleyen weiterentwickelt. Relativ tonarme Oberböden vieler Pelosole sind auf Fremdsedimentbeimengung (z. B. Löss) und/oder Tonverlagerung zurückzuführen. Außerdem dürfte es zu einer **Entschluffung** durch den Aufstieg gröberer Partikel als Folge von Quellung und Schrumpfung kommen.

Eigenschaften. Die Pelosole besitzen bei Trockenheit starke Schrumpfungsrisse, während sie feucht meist so stark gequollen sind, dass Luftmangel auftritt (Abb. 7.5–8). Sie weisen zwar oft einen hohen Wassergehalt auf; jedoch ist der Gehalt an verfügbarem Wasser gering und nimmt bei Austrocknung auch dadurch ab, dass das verbleibende Wasser durch Schrumpfung fester gebunden wird. Eine Wiederbefeuchtung erfolgt oft auch von unten durch in Trockenspalten versickerndes Wasser.

Verbreitung und Nutzung. Pelosole sind in Mitteleuropa vor allem auf mesozoischen Tonen und Tonmergeln entwickelt und sind dann mit Pelo(sol)-Gleyen in Senken vergesellschaftet. Sie kommen aber auch auf pleistozänen Beckentonen, tonreichen Geschiebemergeln und tonig verwitterten, basischen Vulkaniten vor. Sie können infolge hoher Tongehalte und damit starken Quell/Schrumpfens

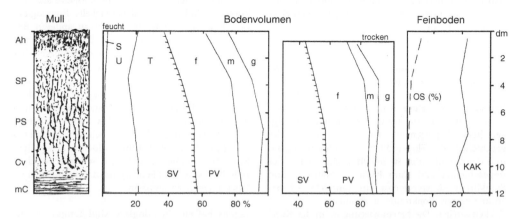

Abb. 7.5-8 Eigenschaften eines Pseudogley-Pelosol aus Ton unter Grünland; Mögglingen, Württemberg; Entwurf H.-P. BLUME nach Analysen von Y. NAGARAJARAO & E. SCHLICHTING. (Abk. s. Anhang; KAK in $cmol_c\,kg^{-1}$).

7

– vor allem bei carbonatfreiem Gestein – oft nur als Grünland oder Wald genutzt werden. Ackerbau ist meist nur auf Pararendzina-Pelosolen möglich, weil hier Durchwurzelbarkeit und Lufthaushalt infolge stabilisierend wirkender Carbonate günstiger und die Pflugarbeit weniger stark erschwert sind. Bisweilen lassen sich Pararendzina-Pelosole sogar besser ackerbaulich nutzen, weil sie für Grünlandnutzung zu trocken sind.

7.5.1.14 Pseudogley

Der Pseudogley gehört zusammen mit dem Stagnogley und dem Haftpseudogley zur Klasse der Stauwasserböden (bzw. Stagnosole). Sie weisen redoximorphe Merkmale auf, die aber im Gegensatz zu den Grundwasserböden durch gestautes Niederschlagswasser verursacht wurden.

Profil. Pseudogleye sind grundwasserferne Böden, in denen ein Wechsel von Stauwasser und Austrocknung Konkretionen und Rostflecken vornehmlich im Aggregatinneren entstehen ließ, während die Aggregatoberflächen gebleicht wurden (= Marmorierung; Abb. 7.5–16).

Sekundäre Pseudogleye, die sich häufig aus Parabraunerden entwickelt haben, zeigen die Horizontfolge Ah/Al-Sw/Bt-Sd (Abb. 7.5–9). Unter dem Ah-Horizont folgt ein meist fahlgrauer, konkretionshaltiger oder schwach rostfleckiger, relativ tonarmer Horizont mit häufig plattigem Gefüge (Sw). Die meist schwarzbraunen Konkretionen sind 0,5…50 mm groß und durchsetzen die Bodenmatrix selbst. Die tonreicheren Unterbodenhorizonte (Sd) sind demgegenüber fahlgrau/rostbraun **marmoriert** (oft gestreift) und verfügen häufig über ein ausgeprägtes Polyeder- bis Prismengefüge. Oft bilden der Bt-Horizont und das bereits dichte Ausgangsgestein gemeinsam den **Staukörper,** während Ah- und Sw-Horizont als **Stauzone** bezeichnet werden.

Primäre Pseudogleye, d. h. unmittelbar aus meist tonreichen Gesteinen mit geringer Wasserleitfähigkeit hervorgegangene Pseudogleye, sind entweder geschichtet (z. B. Flugsand bzw. Lösslehm über Ton) und dann deutlich in Sw und IISd gegliedert, oder ungeschichtet und dann kaum in Stauzone und Staukörper differenzierbar. In tonreichen Horizonten treten Konkretionen zugunsten von Rostflecken zurück. Die Marmorierung ist in der Regel kleinerflächig; in den Rostflecken dominieren die orangenen Farben des Lepidokrokits (Kap. 2.2.5).

Haftpseudogleye sind schluffreiche Stauwasserböden mit mäßig durchlässigem, rostfleckigem, kaum aggregiertem Unterboden (Sg). Sie lassen sich nicht in Stauzone und Staukörper differenzieren.

Name. Die Bezeichnung Pseudogley (nach Kubiena) wurde gewählt, weil dieser Boden in einer Reihe von Eigenschaften dem Gley ähnlich ist. Im WRB-System handelt es sich bei hohem Tongehaltsunterschied zwischen Sw und Sd um *Planosole,* ansonsten vor allem um *Stagnosole* und *Stagnic Albeluvisole.* Im US-System gehören sie zu den aquatischen Untergruppen (z. B. Aqualf = sekundärer Pseudogley), da nicht zwischen Stauwasser- und Grundwasserböden unterschieden wird.

Entwicklung. Pseudogleye entstehen durch **Redoximorphose** unter dem Einfluss eines periodischen Wechsels von Vernässung und Austrocknung. Temporäre Staunässe tritt nahe der Bodenoberfläche auf und verschwindet meist während der Vegetationszeit. Sie wird durch dichte Unterbodenlagen verursacht, die insbesondere in humiden Klimaten und in ebener Lage Niederschlagswasser stauen und dadurch Sauerstoffmangel hervorrufen, was zu einer Lösung und Umverteilung von Eisen und Mangan innerhalb der Horizonte führt. In der **Stauzone** (Sw) entstehen dabei vor allem Konkretionen, während der **Staukörper** (Sd) marmoriert und dabei die Aggregatoberflächen gebleicht werden, während sich im Inneren der Aggregate Eisen anreichert. Dieses liegt nicht nur als Goethit, sondern teilweise auch als **Lepidokrokit** vor. Silicate sind hingegen weniger stark verwittert als in benachbarten durchlässigen Böden. Sekundäre Pseudogleye bilden sich häufig aus Parabraunerden, primäre Pseudogleye statt Pelosolen. Häufiger als voll entwickelte Pseudogleye sind hingegen Übergangsformen zu anderen Bodentypen, in denen die Merkmale der Staunässe nur schwach oder nicht in allen Horizonten erkennbar sind, weil relativ kurze Nassphasen längeren Trockenphasen gegenüberstehen. Hierzu gehören z. B. Parabraunerde-Pseudogleye, Schwarzerde-Pseudogleye, die im Untergrund stark marmoriert sind, und die Pelosol-Pseudogleye. **Haftpseudogleye** entstehen oft aus Flottsand bzw. grobschluffreichem Löss in ozeanisch getöntem Klima. Ihnen fehlen weitgehend Trockenphasen sowie ein schroffer Wechsel zwischen Nass- und Feuchtphasen. Sie sind auch im Oberboden grobporenarm.

Eigenschaften. Pseudogleye sind temporär luftarm. Sie trocknen im Oberboden häufiger stark aus als benachbarte, durchlässige Böden, weil sie oben wurzelreicher als unten sind. Die Dauer der Nass-, Feucht- und Trockenphasen bzw. O_2-armen und O_2-reichen Phasen hängt sowohl vom Klima als auch von der Wasserleitfähigkeit des Staukörpers, von der Mächtigkeit der Stauzone und vom Relief ab. In ebener Lage überwiegt oft die Feuchtphase, während in flachen Mulden die Nassphase und in Hanglage die Trockenphase am längsten dauern.

Die Wasserleitfähigkeit des Staukörpers (Sd) liegt meist bei < 1 cm d^{-1}, die der Stauzone (Sw) bei > 10 cm d^{-1}. Die Wasserleitfähigkeit des Sg-Horizonts im Haftpseudogley liegt im Allgemeinen zwischen 1…10 cm d^{-1}. Sekundäre Pseudogleye sind häufig Bildungen älterer Landoberflächen und sie sind dann stark an Nährstoffen verarmt. Viele primäre Pseudogleye sind hingegen nährstoffreich. In jedem Fall wurden aber durch die Redoximorphose Fe und Mn, häufig auch P, Mo, Cu und Co in für Pflanzenwurzeln schwerer zugänglichen Konkretionen und Rostflecken konzentriert. Andererseits erhöhen niedrige Redoxpotenziale die Verfügbarkeit dieser Nährstoffe.

Verbreitung. Pseudogleye sind weit (häufig aber kleinflächig) verbreitete Böden humider Klimate und treten sowohl in den kalt- und gemäßigt-humiden Klimagebieten als auch in den wechselfeuchten Tropen und Subtropen auf. In Deutschland findet man sie einmal in Löss- und Geschiebemergellandschaften mit Jahresniederschlägen über 700 mm, wobei sie bevorzugt die ebenen Lagen einnehmen, neben Parabraunerden an Hängen und Gleyen in Senken. In trockeneren Gebieten haben sie sich nur auf bzw. über älteren pleistozänen, stärker verlehmten und verdichteten Sedimenten entwickelt, außerdem auf Ton. In den Mittelgebirgen nehmen sie nur die tieferen Lagen ein und werden in höheren, feuchteren Positionen durch Stagnogleye vertreten.

Nutzung. Pseudogleye sind vielfach gute Wiesen- und auch Waldstandorte. Ackernutzung ist wegen anhaltender Frühjahrsvernässung oft erschwert. Röhren- oder Grabendränung schafft wegen starker Bindung des Wassers im Boden häufig keine Abhilfe und ist im Grunde auch nicht erwünscht, weil das abgeführte Wasser in sommerlichen Trockenperioden fehlt. Empfehlenswerter ist ein Tiefenlockern, weil hierbei luftführende Grobporen nicht auf Kosten des Wassers geschaffen werden. Schwierigkeiten bereitet hier allerdings das Bewahren der lockeren Lagerung. Die Melioration sollte daher durch den Anbau von Tiefwurzlern ergänzt werden, um eine erneute Verdichtung zu mindern. Vielversprechend ist auch pfluglose Bewirtschaftung.

7.5.1.15 Stagnogley

Profil. Diagnostische Horizonte der Stagnogleye sind Sew und Sd. Es handelt sich um Stauwasserböden, bei denen anhaltende Vernässung zu einer starken Bleichung des Oberbodens geführt hat. Der Sd-Horizont ist stark marmoriert und oft wesentlich tonreicher als der Oberboden (Abb. 7.5-16).

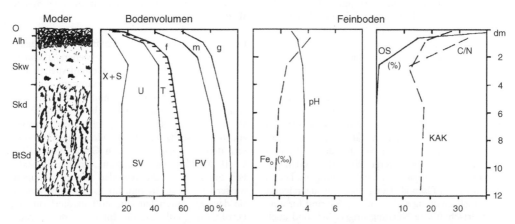

Abb. 7.5-9 Eigenschaften eines sekundären Pseudogleys aus Geschiebemergel unter Fichte; Sentenhart, Württemberg; Entwurf und Analysen von H.-P. BLUME (Abk. s. Anhang; KAK in cmol$_c$ kg^{-1}).

7

Name. Der Name Stagnogley (nach F. VOGEL) soll die geringe Wasserzügigkeit und die mit den Gleyen verwandte Dynamik dieser Böden kennzeichnen. Im WRB-System gehören viele Stagnogleye zu den *Planosolen* oder *Stagnosolen*, manche auch zu den *Stagnic Albeluvisolen*. Im US-System werden sie teilweise zu den *Aqualfs* gestellt.

Entwicklung und Eigenschaften. Stagnogleye entstehen bevorzugt unter kühlfeuchten Klimaverhältnissen aus Sandkerf, d. h. sandreichem Material über dichtem, tonreichem Untergrund. Unter diesen Bedingungen hemmen anhaltende, häufig ganzjährige Vernässung und niedrige Bodentemperaturen den mikrobiellen Abbau organischer Komplexbildner und Reduktoren in der Bodenlösung, so dass Fe, Mn und Schwermetalle gelöst und lateral im sandigen Oberboden über größere Strecken transportiert werden können. Der Oberboden wird also nassgebleicht. Eine Umlagerung der gelösten Stoffe in den Unterboden erfolgt praktisch nicht, weil dieser nahezu ständig mit stagnierendem Wasser gesättigt ist. Das ausgelagerte Eisen wird teilweise unterhalb der Stagnogleye im Bereich stärkeren Gefälles akkumuliert (Kap. 7.2.7.3). Der Körnungsunterschied zwischen A- und B-Horizont ist lithogenen Ursprungs und kann durch Tonverlagerung verstärkt sein. DUDAL nimmt bei Planosolen Tonzerstörung im Oberboden als Ursache an. Tonzerstörung könnte auch in deutschen Stagnogleyen (im Gegensatz zu Pseudogleyen) eine Rolle spielen, weil anhaltende Vernässung wohl eine Stabilisierung quellfähiger Tonminerale durch Al-Einlagerung verhindert. Bei ganzjähriger Wassersättigung bis nahe der Bodenoberfläche gehen Normstagnogleye in Moorstagnogleye und letztlich in Moore über, bei denen die Humusauflagen mächtiger sind und der Unterboden kaum noch marmoriert, sondern ebenfalls gebleicht ist.

Stagnogleye sind mittelgründige, luftarme, häufig stark versauerte und dann im Oberboden nährstoffarme Standorte.

Verbreitung und Nutzung. Stagnogleye treten in hochgelegenen Verebnungen mitteleuropäischer Mittelgebirge verbreitet auf, und zwar an flachen Oberhängen bzw. quelligen Talanfängen sowie in kleinen vernässten Dellen. Sie sind dort mit kaum vernässten Braunerden vergesellschaftet. Böden unterhalb der Stagnogleye sind dabei häufig mit lateral gewandertem Eisen als Hang-Oxigleye angereichert (Vergesellschaftung s. Abb. 8.2–2). Sie sind für eine landwirtschaftliche Nutzung ungeeignet, und auch Bäume zeigen meist nur eine geringe Wuchsleistung.

7.5.1.16 Reduktosol

Profil. Reduktosole sind durch reduzierend wirkende bzw. Sauerstoffmangel verursachende (Redukt)gase wie Methan (CH_4), Schwefelwasserstoff (H_2S) und/oder Kohlendioxid (CO_2) geprägte Böden mit einem Y-Horizont. Die Gase entstammen (post)vulkanischen Mofetten, künstlichen CO_2-Gas-Depots der tieferen Erdkruste oder Leckagen von Gasleitungen, werden aber auch aus leicht zersetzbarer organischer Substanz unter stark reduzierenden Bedingungen durch Mikroorganismen in Müll, Klärschlamm- oder Hafenschlammaufträgen sowie in Böden gebildet, die von Abwasser oder Erdölprodukten durchdrungen sind. Böden, in denen Reduktgase (bzw. Sumpfgase) mikrobiell durch Sauerstoffmangel infolge Wassersättigung entstehen, werden nicht als Reduktosole klassifiziert, sondern den Marschen, Mooren, Sapropelen bzw. Wattböden zugeordnet (BLUME & FELIX-HENNINGSEN 2007).

Ein **Yr-Horizont** weist Reduktionsfarben auf. Seine Luft ist sauerstofffrei, hingegen reich an CH_4 und/oder CO_2; sein rH-Wert liegt unter 19. Er ist häufig von einem **Yo-Horizont** überlagert, der durch Fe-Oxide bevorzugt an Aggregatoberflächen rotbraun gefärbt ist und nur zeitweilig erhöhte CH_4- und/oder CO_2-Gehalte und dann niedrige rH-Werte aufweist. Die Morphe der Reduktosole entspricht derjenigen vieler Grundwasserböden (Gleye, Marschen).

Name. Die Benennung erfolgte aufgrund der charakteristischen Reduktionsfarben dieser Böden. Im US-System werden Reduktosole nicht gesondert ausgewiesen, sondern als Grund- oder Stauwasserböden klassifiziert, diejenigen anthropogener Substrate wie Müll oder Klärschlamm im WRB-System als *Reductic Technosole*.

Entwicklung und Eigenschaften. Reduktosole (post)vulkanischer Gebiete entstehen dadurch, dass aus dem Erdinneren in Gesteinsspalten aufsteigendes Kohlendioxid (oft zusammen mit CH_4, NH_3 und/oder H_2S) die Bodenluft und damit auch atmosphärischen Sauerstoff verdrängt. Mikrobielle Umsetzungen laufen unter solchen Verhältnissen anaerob ab, so dass Fe/Mn-Oxide reduziert werden und den Yr-Horizont, z. B. in Gestalt von Fe(II)/Fe(III)-Mischoxiden blaugrün färben und/oder Fe^{2+}-Ionen in Trockenperioden mit dem Bodenwasser kapillar aufsteigen. Im Yo-Horizont werden sie dagegen durch Luftsauerstoff oxidiert und als Ferrihydrit gefällt. Da die Intensität des Gasaustritts im Meterbereich stark schwanken kann, bildet sich oft ein Nebeneinander von durchgehend Feverarmten **Fahl-Reduktosolen**, stark an Fe angereicherten **Ocker-Reduktosolen** sowie den **Norm-Reduktosolen** (Abb. 7.5-16) mit geringmächtigem Yo (Kap. 7.4.1). Werden im Yr-Horizont neben Metalloxiden auch Sulfate reduziert, bilden sich schwarze Metallsulfide.

In Müll-, Klärschlamm- und Hafenschlammdeponien lassen starke mikrobielle Umsetzungen unter anaeroben Bedingungen vor allem Methan entstehen, das nicht nur atmosphärischen Sauerstoff der Böden über oder neben derartigen Deponien verdrängt, sondern dessen mikrobielle Umsetzung auch Sauerstoff verbraucht. Dabei entstehen vorrangig metallsulfidgeschwärzte Yr-Horizonte und später auch rotbraune Yo-Horizonte. Ähnliches geschieht in Böden aus Aufträgen über Gasleitungsleckagen. Das Versickern von mikrobiell abbaubaren Treibstoffen am Straßenrand, vor allem unter Tankstellen, sowie von Öl, Teer oder anderen flüssigen Organika von (ehemaligen) Gewerbe- oder Industrieplätzen lässt ebenfalls Reduktosole entstehen. Nach Abklingen der Reduktgasbildung (bei Mülldeponien z. B. nach 40…60 Jahren) verschwinden die Yr-Horizonte. Entsprechende Böden entwickeln sich daher oft von **Roh-Reduktosolen** (Horizontfolge Ai/Yr) über Norm-Reduktosole (Ah + Yo < 4 dm/ Yr) zu Ocker-Reduktosolen (Ah + Yo > 4 dm), um schließlich das Stadium von **Relikt-Reduktosolen** zu erreichen (BLUME & FELIX-HENNINGSEN 2007).

Reduktosole sind Sauerstoffmangelstandorte. Ihre Substrate sind oft stark versauert: diejenigen über (post)vulkanischen Mofetten unter dem Einfluss hoher CO_2-Konzentrationen, diejenigen unter Gaswerken, denen Eisensulfide der Gasreinigung zugeführt wurden, durch die im Boden oxidativ gebildete Schwefelsäure. Reduktosole von Müll-, Klärschlamm- oder Hafenschlammdeponien reagieren demgegenüber alkalisch und sind nährstoffreich.

7.5.2 Grundwasserböden (semiterrestrische Böden)

Semiterrestrische Böden haben sich unter dem Einfluss von Grundwasser entwickelt. Dabei weisen die zeitweilig überfluteten bzw. überstauten Auenböden (FAO und WRB: *Fluvisole*) kaum redoximorphe Merkmale auf, die Gleye (FAO und WRB: *Gleysole*) der Senken und Quellengleye der Hänge sowie die Marschen der Küsten hingegen haben ausgeprägte redoximorphe Züge. In allen semiterrestrischen Böden erfolgt zumindest zeitweise Wasseraufstieg aus dem Grundwasser.

In den Grundwasserböden reicht (bzw. reichte vor der Entwässerung) der geschlossene Kapillarwassersaum des Grundwassers zeitweilig bis mindestens 4 dm unter die Oberfläche des Bodens (und hinterließ dort bei Gleyen und Marschen redoximorphe Spuren). Böden, in denen der Grundwassereinfluss unterhalb 4 dm endet, gehören zu den Landböden. Sie können allerdings semiterrestrische Subtypen entwickeln, sofern ihr Unterboden durch Grundwasser geprägt wurde (z. B. Gley-Braunerden bzw. *gleyic Cambisole*).

Neu aufgenommen wurden Salz- und Alkaliböden, die zwar in Mitteleuropa auftreten, bisher aber nicht in der deutschen Bodenklassifikation berücksichtigt worden sind.

7.5.2.1 Gleye

Profil. Der typische Gley hat die durch Grundwasser geprägte Horizontfolge Ah/Go/Gr (Abb. 7.5–16). Auf den vom Grundwasser unbeeinflussten Ah-Horizont folgt der verrostete Go-Horizont (**Oxidationshorizont**) und darunter der stets nasse, fahlgraue bis graugrüne oder auch blauschwarze Gr-Horizont (**Reduktionshorizont**). Der mittlere Grundwasserspiegel liegt höher als 80…100 cm, der geschlossene Kapillarwassersaum (des hohen Grundwasserspiegels) selten höher als 20…40 cm unter Flur.

Nassgley und Anmoorgley fehlen die Go-Horizonte, weil deren Grundwasserspiegel zeitweilig die Bodenoberfläche erreicht. Der Ah-Horizont des Nassgleys hat oft ‚verrostete' Wurzelröhren, während der des Anmoorgleys einen erhöhten Humusgehalt (15…30 %) aufweist.

Name. Der Name Gley geht auf das deutsche Wort Klei (= entwässerter Schlick; russ. Schlamm) zurück. Im WRB-System ist er ein *Gleysol*. Im US-System bilden Gleye (und Stauwasserböden) aquische Untergruppen (z. B. *Aquept, Aquod*).

Entwicklung. Gleye entstehen unter dem Einfluss sauerstoffarmen Grundwassers. In dem ständig nassen **Gr-Horizont** typischer Gleye herrschen permanent reduzierte Verhältnisse, weil das Grundwasser in abflusslosen Senken oder lehmig-tonigen Auen nur langsam zieht. Sauerstoffmangel führt zur Lösung von Fe- und Mn-Verbindungen, die mit dem Grundwasser kapillar aufsteigen und im **Go-Horizont**, wo sie mit Luftsauerstoff in Berührung kommen, als Oxide gefällt werden, was vorrangig an Grobporenwandungen (z. B. Wurzelröhren) der Fall ist (Kap. 7.2.5). Ein Teil des Fe und Mn verbleibt

7

allerdings in Form graublau gefärbter Fe(II)- und Mn(II)-Verbindungen sowie schwarzer Fe(II)-sulfide im Grundwasserbereich.

Die sehr unterschiedliche Ausprägung der Gleye hängt vom Einzugsgebiet, vom Gestein, vom Rhythmus und Ausmaß der Grundwasserschwankungen, von der Fließgeschwindigkeit des Grundwassers und vom Gehalt an Sauerstoff, organischen Verbindungen und Salzen ab. Eine große Rolle spielen auch die Eigenschaften der Landböden im Einzugsbereich des Grundwassers, da aus ihnen dessen Stofffracht stammt. Bei anhaltendem Einfluss eines wenig schwankenden Grundwassers und zusätzlicher Fe-Zufuhr aus umgebenden Landböden können stark verkittete, harte, Fe-reiche (bis 40 % Fe) Gmo-Horizonte entstehen, die als **Raseneisenstein** bezeichnet werden (und trotz geringer Mächtigkeit von nur 10…20 cm früher häufig als Erz abgebaut und verhüttet wurden).

In **Auengleyen** ist das verlagerte Fe wegen starker Grundwasserschwankungen hingegen auf einen mächtigen Go-Horizont verteilt. In Niederungen Fe- und Mn-armer Gesteine sind die Go- und Gr-Horizonte bisweilen kaum ausgebildet, so dass ein **Bleichgley** vorliegt. Bei schnell fließendem, O_2-reichem Grundwasser, das in Unterhanglagen oder bei kiesigem Untergrund auftreten kann, sowie in Abwesenheit reduzierender Stoffe kann ein Gr-Horizont auch gänzlich fehlen. Bei solchen **Oxigleyen** reicht der Go-Horizont oft sehr tief. In tonreichen Gleyen tritt im dichten Oberboden, der dann stark marmoriert ist, gleichzeitig eine Pseudogley-Dynamik auf, die typisch ist für Pseudogley-Gleye und Pelo(sol)-Gleye.

In Mergellandschaften ist das Grundwasser oft reich an $Ca(HCO_3)_2$; anstelle des Go entsteht in diesen **Kalkgleyen** dann ein carbonatreicher Gc-Horizont, der als **Wiesenkalk** oder **Alm(kalk)** bezeichnet wird. Ein **Humusgley** weist einen > 4 dm mächtigen A(o)h-Horizont auf.

Ganzjährig bis nahe zur Bodenoberfläche reichendes Grundwasser lässt nur eine Fe-Akkumulation im Ah-Horizont oder gar keine zu, so dass sich **Nassgleye** mit der Horizontfolge Go-Ah/Gr bilden. Ist gleichzeitig wegen O_2-Mangel der Abbau organischer Substanz gehemmt, bilden sich **Anmoorgleye** oder gar **Moorgleye** mit 15…30 % bzw. > 30 % organischer Substanz. Die Moorgleye unterscheiden sich von den Mooren durch die geringe Mächtigkeit (< 30 cm) ihrer Torflage.

Aus nährstoffarmen Sanden sind anstelle normaler Anmoorgleye Podsol-Gleye entstanden, bei denen sich ein Bh-Horizont im winterlichen Grundwasserbereich befindet und deren Profil oft

nahezu keine Eisenoxide mehr enthält. Wenn sich der mittlere Grundwasserspiegel erst in 8…13 dm Bodentiefe befindet, verläuft im Oberboden eine terrestrische Entwicklung und es entstehen Braunerde-Gleye, Podsol-Gleye oder Parabraunerde-Gleye bzw. Fahlerde-Gleye.

Quellaustritte bewirken in Hanglage vernässte Flächen, die je nach Intensität und jahreszeitlichem Wechsel der Quellschüttung eine Vielzahl verschiedener Böden entstehen lassen. Nahezu ständige Oberbodenvernässung bewirkt Quellen-Moorgleye oder Quellen-Anmoorgleye, sommerliche Oberbodentrocknis hingegen typische **Quellengleye** mit Go-Horizont (in Mergellandschaften Quellen-Kalkgleye mit Goc). Bei rasch ziehendem, mithin O_2-reichem Hanggrundwasser fehlt ein Gr-Horizont, so dass ein **Quellen-Oxigley** vorliegt. Quellengleye sind besonders dort zu finden, wo am Hang durchlässiges und dichtes Gestein wechseln. Wegen ihrer Kleinflächigkeit kommt ihnen keine wirtschaftliche Bedeutung zu.

In niederschlagsreichen Gebieten (Mittelgebirgshochlagen, Alpen) kann auch ohne Schichtwechsel ganzjährige Wassersättigung auftreten: Die dortigen Böden werden bei > 9 % Hangneigung als **Hanggleye** bezeichnet (Kap. 7.2.7.3). Unterhalb von Stagnogleyen treten oft Hang-Oxigleye auf, in denen das lateral durch Hangzugwasser ausgetragene Eisen der Stagnogleye angereichert wurde (Kap. 7.2.7.3 und Abb. 8.2–2).

Bei Grundwasserabsenkung wird der Gr-Horizont meist rasch in größere Tiefe verlegt, während die Morphe des Go-Horizonts lange erhalten bleiben kann. Bei diesen **Reliktgleyen** ist eine Verrostung also reliktischer Natur, was sich nur über die Untersuchung der aktuellen Wasserdynamik feststellen lässt. Aus dichten Pseudogley-Gleyen bilden sich bei Grundwasserabsenkung häufig Pseudogleye.

Eigenschaften. Je nach Zusammensetzung und Schwankungsbereich des Grundwassers treten in den typischen Gleyen unterschiedliche Humusformen auf. Feuchtmull bildet sich bei zeitweiligem O_2-Mangel. Bei sauren und nährstoffarmen Gleyen kann auch Feuchtmoder entstehen. Bei starkem O_2-Mangel über längere Zeit bildet sich bei nährstoffarmen Gleyen eine Torfauflage, bei nährstoffreichen (infolge Bioturbation) hingegen ein Anmoor.

Während das **Gefüge** der nur zeitweilig nassen Horizonte meist krümelig, subpolyedrisch oder prismatisch ist, sind die ständig nassen Horizonte im Unterboden typischer Gleye und im Oberboden der Nassgleye meist singulär bis kohärent. Die **Porengrößenverteilung** kann in Gleyen sehr unterschiedlich sein, z. T. ist der Go-Horizont analog dem Bhs des Podsols relativ porenreich (Abb. 7.5–10). Gleye bieten der Vegetation stets ausreichend Wasser, während es im Unterboden an Sauerstoff fehlt.

Die Reaktion der meisten Gleye ist, ausgenommen $CaCO_3$-haltige Gleye, schwach bis mäßig sauer (Abb. 7.5–10). Nach einer Grundwasserabsenkung und der damit verbundenen Belüftung des Gr-Horizonts kann durch Schwefelsäurebildung (Kap. 7.2.5) eine starke Versauerung stattfinden.

Gleye sind von Natur aus häufig nährstoffreicher als benachbarte Landböden, weil sie aus diesen gelöste Stoffe über das Grundwasser erhalten. Die Verfügbarkeit der zugeführten Stoffe ist aber oft gering. So weisen Gleye mit Raseneisenstein trotz hoher P-Gehalte meist eine geringe P-Verfügbarkeit, dagegen eine starke P-Fixierung auf. Ein ähnliches Verhalten zeigt nach Untersuchungen von E. SCHLICHTING auch das Molybdän.

Verbreitung und Nutzung. Gleye zeichnen sich durch eine weite Verbreitung aus, meist aber nur in kleinflächiger Ausdehnung auf sehr unterschiedlichen Gesteinen. Sie kommen in allen Gebieten mit hoch anstehendem Grundwasser vor, wobei ihre Eigenschaften nachhaltig von den vergesellschafteten Landböden bestimmt werden. Gleye sind die natürlichen Standorte feuchteliebender Pflanzengesellschaften wie Bruchwälder u. a. Die forstliche Eignung ist oft sehr gut, vor allem bei Anbau von Baumarten mit hohem Wasserverbrauch wie Pappeln, Eschen, Erlen usw. Bei nicht zu hohem Grundwasserstand können Gleye auch als Wiesen und Weiden genutzt werden. Gleye ohne Grundwasserabsenkung sind für den Ackerbau nicht geeignet.

7.5.2.2 Auenböden

Profil. Auenböden sind Böden der Flusstäler. Bei unregulierten Fließgewässern werden sie periodisch überflutet, andernfalls hinter Hochflutdeichen von Druckwasser (bzw. Qualmwasser) überschwemmt. Im Gegensatz zu den Gleyen weisen sie aber kaum redoximorphe Merkmale auf, jedenfalls nicht in den oberen 4 dm des Profils. In größerer Tiefe folgt zwar häufig ein rostfleckiger Go-Horizont, ausgeprägte Reduktionshorizonte fehlen jedoch. Je nach Entwicklungsgrad beobachtet man daher Horizontfolgen wie Ai/aC, Ah/GC oder Ah/Bv/Go.

Name. Auenböden werden als Böden holozäner Talebenen (Auen) der Flüsse und Bäche auch als Schwemmlandböden oder alluviale Böden bezeichnet. Auen sind diejenigen Teile einer Landschaft, die heute noch bei Hochwasser überflutet oder hinter einem Deich durch Druckwasser überstaut werden.

Nach Kubiena werden die Auen-Rohböden als **Rambla** (arab. *ramla* = grober Sand), die Si-reichen A/C-Böden als **Paternia** (nach dem Río Paternia in Spanien), die carbonathaltigen als **Kalkpaternia** und die verbraunten Auenböden als **Vega** (span.) bezeichnet. Tief humose, grauschwarze, carbonathaltige A/C-Böden bezeichnet man als **Tschernitza** (tschech. *tscherni* = schwarz).

Periodisch überflutete, wenig entwickelte Auenböden gehören im WRB-System zu den *Fluvisolen*. Im US-System bilden die wenig entwickelten Formen Unterordnungen der *Entisole* (*Fluvents, Fluvic Psamments*); die Tschernitza wird als *fluventic Haplustoll*, die Vega als *fluventic Eutrochrept* klassifiziert.

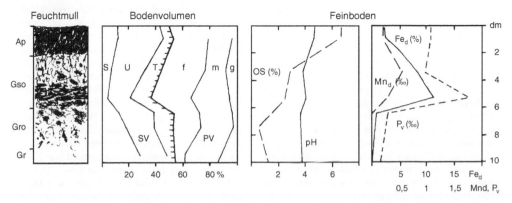

Abb. 7.5-10 Eigenschaften eines Brauneisengley aus Auenlehm unter Grünland; Kirchhofen, Nordrhein; Entwurf H.-P. BLUME nach Analysen von R. SUNKEL & H.-P. BLUME (Abk. s. Anhang).

7

Entwicklung. Auenböden entstehen aus den Sedimenten von Fluss- und Bachauen. Sie werden einmal durch starke Grundwasserschwankungen geprägt, die im Laufe eines Jahres bis 6 m betragen können. Der Einfluss des Flusswasserspiegels auf den benachbarten Grundwasserspiegel wird mit dem Abstand vom Fluss geringer, kann sich bei durchlässigem Untergrund (z. B. Kies) aber 4…5 km weit auswirken. Außerdem werden sie periodisch überflutet, wobei feste und gelöste Stoffe zugeführt, teilweise aber auch abgeführt werden. Die Bodenentwicklung wird also durch Sedimentation und/oder Erosion unterbrochen. Demzufolge liegt ein (alluviales), geschichtetes Ausgangsgestein vor (aC-Lage) und der humose Oberboden besteht aus mehreren Lagen mit wechselndem Humusgehalt.

Beim Transport und entsprechend bei der Sedimentation im Fluss findet eine von der Strömungsgeschwindigkeit abhängige Korngrößensortierung statt. Das im Unterlauf meist geringere Gefälle bedingt dort feinerkörnige Sedimente. Gleiches gilt für die flussfernen Bereiche der Aue, weil die Fließgeschwindigkeit des Wassers nach seinem Uferübertritt stark gebremst wird. Dies hat oft auch die Bildung eines Uferwalles zur Folge. Der Charakter der Auensedimente wird zudem entscheidend durch die Gesteins- und Bodeneigenschaften im Einzugsgebiet eines Flusses bestimmt. So dominieren im Bereich norddeutscher Sand-Landschaften sandige Auen, während in Lösslandschaften (sowie lössbedeckten Mittelgebirgen) Auenlehme abgelagert wurden.

Auf Ablagerungen unverwitterten Gesteinsmaterials – etwa in vielen süddeutschen Flusstälern im Einzugsbereich der Alpen – entsteht zunächst die meist grobkörnige **Rambla** mit einem Ai/aC-Profil. Die Streu ihrer schütteren Pioniervegetation wird oft vom nächsten Hochwasser erodiert. Wenn das Ausmaß der Sedimentation nachlässt, führt eine stärkere Anreicherung von organischer Substanz im Oberboden zu sandig-lehmigen, oft $CaCO_3$-haltigen jungen Auenböden, den **Paternien** mit der Horizontfolge Ah/C. Sie besitzen häufig eine charakteristische graue Farbe. Eine tiefreichende Verwitterung am Ort der Ablagerung führt schließlich zur **Vega** (Abb. 7.5-16) mit der Horizontfolge Ah/Bv/Go. Die Freisetzung größerer Mengen Fe-Oxide hat in ihr, ähnlich wie in den Braunerden, zur Verbraunung des Bodens geführt (autochtone Vega). Solche Vegen dürfen genetisch nicht mit Böden aus braunen Sedimenten, den allochtonen Vegen (Ah/M Profil) erodierter Böden verwechselt werden. Diese Sedimente erkennt man an ihrer oft sehr tiefgründigen Braunfärbung mit schichtweise wechselnder Farbtiefe; häufig sind sie auch kalkhaltig. **Tscher-nitzen** besitzen einen mächtigen Mull-A, der durch intensive Bioturbation entstanden ist (= Axh).

Auenböden weisen kaum redoximorphe Merkmale auf, weil das flussbegleitende Grundwasser wegen starker Schwankungen, nur kurzer Stillstandsphasen und hoher Fließgeschwindigkeit relativ sauerstoffreich ist.

In einer Auenlandschaft können aber auch Übergänge zu Gleyen, Gleye selbst und sogar Moore auftreten, bevorzugt bei geringer Fließgeschwindigkeit des Grundwassers. Diese ist durch eine geringere Wasserleitfähigkeit lehmig-toniger Sedimente oder durch geringere Fließgeschwindigkeit infolge geringen Gefälles bzw. eines zum See erweiterten Flusses bedingt.

Die Ablagerung von Auensedimenten ist heute vielfach durch Eindeichungen und Flussregulierungen weitgehend unterbunden. Dennoch unterscheidet sich auch dann noch die Dynamik dieser Böden von derjenigen der Landböden, weil sie periodisch von Qualmwasser überschwemmt werden, deren gelöst transportierte Stofffracht Versauerung und Verwitterung entgegenwirkt. Zwar wird ein Auenboden nur selten kurzfristig überschwemmt, was nicht sehr prägend wirkt, aber sein Unterboden und oft auch sein Oberboden stehen anlässlich der Frühjahrshochwässer in jedem Jahr unter Einfluss von Qualmwasser bzw. Uferinfiltrat. Ist die Aue hingegen entwässert, z. B. durch Eintiefung des Flussbettes nach einer Begradigung, so dass auch kein Qualmwasser mehr zeitweilig bis 4 dm unter Flur ansteigt, ist die Entwicklung von Auenboden zum Landboden vollzogen. Dabei können Übergangsformen zwischen Land- und Auenböden beobachtet werden (z. B. Parabraunerde-Vega, Vega-Braunerde).

Eigenschaften. Auenböden sind im Allgemeinen sauerstoffreich, weil eine hohe Wasserleitfähigkeit einen raschen Austausch mit O_2-reichem Grundwasser ermöglicht. Insbesondere die grobkörnigen Ramblen und geröllreichen Kalkpaternien sind ausgesprochen wechseltrockene Standorte mit starkem Wassermangel bei sommerlichem Niedrigwasser. Viele Vegen besitzen wegen lehmiger Bodenart demgegenüber eine hohe nutzbare Wasserkapazität, mithin ausgeglichenere Wasserverhältnisse. Gleiches gilt für die humusreichen Tschernitzen. Der $CaCO_3$-Gehalt streut in weiten Grenzen. Vegen aus älteren Sedimenten enthalten meist kein $CaCO_3$ mehr, sofern sie nicht erneut von $Ca(HCO_3)_2$-haltigem Grundwasser durchzogen wurden. Viele Auenböden sind nährstoffreich, besitzen eine hohe Ca-Sättigung und eine hohe biologische Aktivität. Manche flussnahen Auenböden sind heute stark mit

Salzen und Schwermetallen verschmutzter Flüsse kontaminiert. Tiefwurzler sind bei allen Auenböden besser gestellt als einjährige Flachwurzler.

Vorkommen und Nutzung. Auenböden mit A/C-Profil sind vorwiegend auf Flüsse des Berglandes beschränkt, Ramblen und Paternien kommen aber auch auf den häufig überfluteten Uferwällen der Tieflandflüsse vor. Hier dominiert ansonsten die Vega. Tschernitzen sind vor allem in Schwarzerde-Landschaften anzutreffen, kommen aber selbst außerhalb der Lössböden vor. Die natürliche Vegetation der Auen sind die Auenwälder, die bei nährstoff- und sauerstoffreichem Grundwasser und bei mittlerem Tongehalt sehr artenreich sind und in Mitteleuropa oft einen hohen Anteil an Ulmen, Stieleichen und Eschen enthalten. Für eine forstliche Nutzung (z. B. Pappelanbau) kommen häufig Paternien in Betracht. Ackerbaulich genutzt wird die Tschernitza, während die Vega häufig als Grünland dient.

7.5.2.3 Marschen, Strände und Watten

Profil. Die **Marschen** weisen im Allgemeinen wie die Gleye eine Ah/Go/Gr-Horizontierung auf. Die durchlüfteten Horizonte sind mehr oder weniger rostfleckig, während die Gr häufig durch Eisensulfide schwarz oder graublau gefärbt ist. Viele Marschen sind als Bildungen aus Küstensedimenten im Tidebereich des Meeres von sturmflutbedingten Feinsandstreifen durchzogen, andere können fossile A-Horizonte, Go-Horizonte oder auch Torfschichten aufweisen. Im gleichen Landschaftsniveau treten **Strände** auf, die aus reinen Sanden bestehen und nahezu keine redoximorphen Merkmale besitzen. **Watten** werden unter dem Einfluss der Gezeiten praktisch täglich für einige Stunden überflutet. Sie stellen daher **semisubhydrische Böden** dar. Sie sind, wie die permanent wasserbedeckten subhydrischen Böden der Seen auch (Kap. 7.5.3), durch F-Horizonte charakterisiert. Einem oft nur wenige mm dünnen, fahlgelben (durch Schwefel) bis rotbraunen (durch Ferrihydrit) Fo-Horizont folgen in Abhängigkeit von der Körnung hellgraue bis schwarze (durch Metallsulfide) Fr-Horizonte. Ihnen entsprechen die **Nassstrände**, die ebenfalls täglich überflutet werden, aber trotzdem zumindest im Oberboden keine redoximorphen Merkmale zeigen.

Name. Als **Marsch** bezeichnet man eine Flachlandschaft, die im Bereich des Meeresspiegels an einer Wattenküste oder im Tidebereich der Flüsse liegt und normalerweise eine geschlossene Pflanzendecke trägt. Der Name Marsch wurde auf die Böden dieser Landschaften übertragen. Im WRB- und im US-System bilden die Marschen keine gesonderte Gruppe, sondern werden wie andere Grundwasserböden mit vergleichbarer Morphe klassifiziert. Als **Watten** werden die meeresseitig den Marschen vorgelagerten Landschaften bezeichnet, die unter dem Einfluss einer 1 bis 3 m mächtigen Tide täglich eine bis mehrere Stunden überflutet werden. Deren (weitgehend) vegetationsfreie Böden werden ebenfalls als Watt bezeichnet. Im WRB-System gehören diese zu den *Tidalic Fluvisols*. **Strände** sind die sandigen Böden der Außen- und Küstensände, **Nassstrände** diejenigen der täglich überfluteten Sandplaten.

Entwicklung. Marschen bilden sich aus Schlick, einem carbonat- und sulfidhaltigen, feinkörnigen Sediment der Wattenküsten und Flussmündungsbereiche mit ‚primärer' organischer Substanz. Die einzelnen Entwicklungsstadien weisen dabei eine jeweils charakteristische, profilprägende Flora und Fauna auf.

In Mittel- und Westeuropa wurden seit dem Atlantikum (7500 a v. h.) durch stärkere Meerestransgressionen nach Abschmelzen des Inlandeises der Weichsel-Vereisung marine, brackige und fluviale Sedimente in einer Mächtigkeit von wenigen dm bis 20 m über pleistozänen Schichten abgelagert. Das Watt kann – in Abhängigkeit von den Strömungsverhältnissen zur Zeit der Sedimentation – aus glimmer- und illitreichem, schluffigem Ton (> 50 %), dem **Schlickwatt**, bis ton- und schluffarmem, quarzreichem Feinsand (> 90 %), dem **Sandwatt** bestehen. Mittel- und Grobsand fehlen aber fast völlig. Gleichzeitig wurden organische Ausscheidungsprodukte und Rückstände der marinen Flora und Fauna wie Seegras, Algen, Kieselalgen, Foraminiferen, Krebse, Muscheln, Schnecken sowie deren mehr oder weniger zerriebenen Kalkschalen sedimentiert.

Insbesondere tonreiche Schlicke sind auch reich an org. Substanz (10...15 %), während im feinschluffreichen (10...50 % Sand) **Mischwatt** die Carbonatgehalte besonders hoch sind. Der Carbonatgehalt der marinen und brackigen Sedimente nimmt von SW nach NE ab (Belgien 30...35, Schleswig-Holstein 3...8 %). Die Carbonate bestehen vorwiegend aus Calcit und zu geringen Anteilen aus Dolomit (0,2...5 %).

Der Kationenbelag der Wattböden wird durch die Zusammensetzung des Überflutungswassers geprägt. Im Meerwasser (> 1,8 % Salze) und Brackwasser

7

(1,8…0,05 %) sind vor allem Na- und Mg-Ionen enthalten, während im (durch Gezeiten rückgestauten) Flusswasser (< 0,05 % Salze) die Ca-Ionen überwiegen. Demzufolge sind beim Meeres- bzw. **Normwatt** und auch beim **Brackwatt** viele Mg- und Na-Ionen sorbiert (Abb. 7.5–11: BS_{Na} und BS_{Mg}), während beim **Flusswatt** Ca-Ionen absolut dominieren.

Bereits unmittelbar nach Ablagerung der Schwebstoffe setzt unter zunächst semisubhydrischen Verhältnissen die Bodenbildung ein. Bei Anwesenheit von organischer Substanz findet in dem marinen **Schlick-Normwatt** eine mikrobielle Reduktion von Sulfaten des Meerwassers und von Eisenoxiden statt, wobei vor allem Eisensulfide, die den Schlicken eine dunkle Färbung verleihen, gebildet werden: Sind Fe^{2+} (und andere Schwermetallionen) reichlich vorhanden, entsteht schwarzes FeS, sind Metalle limitiert, dunkelgraues FeS_2 und bei deren Fehlen hellgelber Schwefel. Gleichzeitig wird unter überwiegend anaeroben Bedingungen ein Teil der organischen Substanz mikrobiell abgebaut, wobei sich ebenfalls Sulfide neben Ammoniak, Methan, CO_2 und Lachgas bilden. Trotz reduzierter Bedingungen ist der Abbau der meeresbürtigen organischen Substanz im Sommer sehr intensiv, weil Algen und submerse Wasserpflanzen kein Stützgewebe benötigen und daher sehr eiweißreich sind. Ähnliches läuft auch in Misch- und Sandwatt ab, allerdings weniger intensiv, da den Mikroben weniger Nahrung zur Verfügung steht. Zudem erfolgt bei Niedrigwasser in den oberen cm eine Belüftung und/oder die Bodenlösung wird gegen O_2-reiches Meerwasser ausgetauscht.

Im gleichen Niveau wie die Watten treten an der Küste und auf den Platen der Nordsee als Böden die rein sandigen **Nassstrände** auf. Vor allem Brandung bedingt ständige Umlagerung der weitgehend vegetationsfreien Sande (die im Küstenbereich oft als Badestrände genutzt werden). Sie weisen praktisch keine Horizontierung auf. Während der Ebbe werden sie z. T. mehrere dm tief entwässert. Dieser Umstand und eine ständige Bewegung des Wassers bedingen durchweg oxidative Verhältnisse, so dass redoximorphe Merkmale zumindest in den oberen 4 dm weitgehend fehlen. Diese sind allenfalls dort anzutreffen, wo Reste abgestorbener Großalgen den Sand durchsetzen.

An der Oberfläche des **Watts** entsteht hingegen unter dem Einfluss des O_2-haltigen Meerwassers sowie assimilierender Algen ein Oxidationssaum. Dieser ist beim Schlickwatt nur 1…3 mm dünn (und kann zeitweilig völlig fehlen), beim Sandwatt hingegen einige cm bis dm mächtig. Durch Tiere (Würmer, Krebse; Muscheln) werden besonders

beim Mischwatt 1…20 cm tief reichende Röhren geschaffen, deren Wandungen durch Ferrihydrit rotbraun gefärbt sind.

Sobald die natürliche Aufschlickung eine Höhe von etwa 40 cm unter dem mittleren Tidehochwasser (MTHW) erreicht hat, siedelt sich der Queller (*Salicornia herbacea*) oder Wattgras (*Spartina townsendii*) an und es entsteht ein **Übergangswatt**. Die von Pflanzenwurzeln und Mikroben freigesetzten Säuren leiten die Carbonatlösung ein. Nach Anwachsen des Sedimentkörpers auf 20 cm unter MTHW und nur noch 50 bis 100, vorrangig winterlichen Überflutungen tritt an die Stelle lückiger Quellerbestände eine geschlossene Salzwiese mit *Aster trifolium, Plantago maritima, Suaeda maritima* und die ersten Gräser wie der Andel *(Puccinellia maritima)*. Die Vegetation wirkt als Schlickfänger und fördert die Auflandung.

Mit dem Herauswachsen der Watt-Sedimente aus dem Bereich täglicher Überflutung erfolgt der Übergang zur **Salz-Rohmarsch** (WRB: *Gleyic Salic Tidalic Fluvisol (Thionic, calcaric)*, Abb. 7.5–16), einem semiterrestrischen Boden. In dem von oben belüfteten Boden setzen gleichzeitig die Prozesse der Setzung, der Aussüßung und der Sulfidoxidation ein (Abb. 7.5–11). Die durch Entwässerung und Entsalzung bewirkte **Setzung** führt zu einer Verminderung des Porenvolumens auf nicht selten unter 65…60 % (Abb. 7.5–11: PV). Sie geht einher mit einer biogenen Stabilisierung des Bodengefüges und wird auch als **Reifung** der Marsch bezeichnet. Die Eisensulfide werden durch Luftsauerstoff unter Mitwirkung von Mikroben oxidiert: Bevorzugt an Hohlraumwandungen entstehen Eisenoxide und Schwefelsäure. Es stellt sich eine (dem Gley entsprechende) Ah/Go/Gr-Horizontierung ein. Die Schwefelsäure wird durch die Carbonate des Watts neutralisiert, wobei diese in äquivalenten Mengen gelöst und ausgewaschen werden. Die Belüftung intensiviert auch den Abbau organischer Stoffe. Die dabei entstehende Kohlensäure löst ebenfalls Carbonate, so dass die Entkalkung in Marschen meist wesentlich rascher abläuft als in Landböden mit vergleichbarem Anfangscarbonatgehalt. Entsprechend den verschiedenen Wattböden zeigen auch die Rohmarschen in Abhänigkeit von der Körnung eine unterschiedliche Morphe auf: Bei den tonreichen Rohmarschen sind die redoximorphen Merkmale besonders stark ausgeprägt, bei den schluffig-sandigen deutlich weniger.

Der **Strand**boden (WRB: *Salic Tidalic Fluvisol (Calcaric, Arenic)*) weist das gleiche Niveau wie die Rohmarschen auf. Auch er wird nicht mehr täglich, sondern nur noch sporadisch überflutet. Er ist praktisch ganzjährig O_2-haltig und kann durch einen geringmächtigen Ai-Horizont gekennzeichnet sein. Im Unterschied zu den Rohmarschen ist nur eine schüttere Pflanzendecke vorhanden (sofern deren Entwicklung nicht durch Strandnutzer verhindert wird). Diese Böden sind an der Küste zumindest unten noch salzhaltig. Oberhalb des mittleren Hochwassers gehen sie als Böden der Küstendünen in Lockersyroseme über.

Nach der Entsalzung des Oberbodens ist eine **Kalkmarsch** (WRB: oft *Gleyic Tidalic Fluvisol (Thionic, Calcaric)*) entstanden, auf der Rotschwingel (*Festuca rubra*) und Weißklee (*Trifolium repens*) stocken, sobald die Landoberfläche eine Höhe von 30…50 cm über MTHW erreicht. Die Salzauswaschung führt im Kationenbelag zu einer Verschiebung zugunsten der Ca^{2+}-Ionen. Der Boden wird nur noch selten von Sturmfluten überspült, wobei vornehmlich sandige Sedimente abgelagert werden. Intensive Tätigkeit wühlender Bodentiere lässt ein stabiles Wurmlosungsgefüge entstehen und die Sturmflutschichtung verschwinden.

Nach der Entkalkung des Oberbodens geht die Kalkmarsch in eine **Kleimarsch** (WRB: *Mollic Gleyic Fluvisol* u. *Mollic Endofluvic Gleysol (Thionic, Siltic, Drainic)*) über, in der die vorgenannten Prozesse insbesondere im Unterboden weiterlaufen und mit der Versauerung auch Silicatverwitterung, Verbraunung sowie in manchen Fällen Tonverlagerung verstärkt einsetzen. Tonverlagerung trägt zur Bildung tonreicher, dichter Horizonte bei, die als **Knick** bezeichnet werden. Häufig handelt es sich bei diesen diagnostischen Lagen der **Knickmarschen** (WRB: oft *Umbric Gleyic Fluvisol (Thionic, Clayic, Drainic)* aber auch um tonreiche Sedimentschichten (Abb. 7.5-16).

An der Nordseeküste wurden die zur Schlickablagerung führenden Meerestransgressionen durch Stillstandsphasen und Regressionen unterbrochen, in denen die geschilderte Bodenentwicklung ungestört ablaufen konnte. Dadurch enthalten viele der heutigen Marschen fossile Bodenhorizonte. Ein fossiler A-Horizont wird als **Humusdwog** bezeichnet und ist Kennzeichen der **Dwogmarsch**. Sturmfluten führten auch zu einer Überschlickung küstenfern gelegener Böden pleistozäner Sande bzw. vermoorter Senken. Bei geringmächtiger Schlickauflage (< 4 dm) werden solche Böden (nicht ganz regelkonform) als Geestmarsch bzw. Moormarsch bezeichnet. Marschen mit erhöhten meeresbürtigen Gehalten an organischer Substanz werden als **Organomarsch** klassifiziert.

Bei langer Entwicklungszeit im Einflussbereich des Meeres, die – bevor der Mensch in das Naturgeschehen eingriff – für alte Marschen kennzeichnend

war, kann es als Folge einer starken Akkumulation reduzierter S-Verbindungen mit deren Oxidation zu einer starken Versauerung kommen. Derartige **sulfatsaure Böden** (WRB: *Gleyic Tidalic Fluvisol (Thionic, Dystric, Drainic)*) weisen nicht selten pH-Werte unter 3 auf und enthalten dann bevorzugt an Aggregatoberflächen **Maibolt**, der vorwiegend aus gelbem Jarosit oder wohl auch aus orangem Schwertmannit besteht (Kap. 7.2.5). In sulfatsauren Böden finden starke Tonzerstörung und Al-Auswaschung statt.

Marschböden aus Misch- oder gar Sandwatt sind allgemein humusärmer, weniger stark redoximorph und Letztere auch carbonatärmer als diejenigen aus Schlickwatt. Da die Setzung bei ihnen weniger stark war, nehmen sie heute etwas höhere Landschaftspositionen ein. Aus Mischwatt entstandene Böden sind teilweise wenig wasserdurchlässig und bilden kein Absonderungsgefüge: Entsprechend den Haftpseudogleyen stauen sie auch nach Entwässerung das Regenwasser; da sie auch deren Morphe zeigen und G-Sg-Horizonte aufweisen, werden sie als **Haftnässemarschen** klassifiziert. Auch der tonreiche Knick der bereits erwähnten Knickmarschen staut das Wasser und wird daher als Sd (bzw. Sq)-Horizont signiert. Haftnässemarsch und Knickmarsch haben sich vor allem aus Brackwatt entwickelt, was W. MÜLLER auf einen hohen Mg-Anteil am Austauschkomplex zurückführt.

Durch Anlegen von Faschinendämmen, Buschlahnungen und flachen Gräben (Grüppen) wird die Auflandung an der Wattenküste durch den Menschen beschleunigt und kann dann 2…7 cm a^{-1} betragen. Deichbau ermöglicht eine Grabenentwässerung, die Auswaschung der Meeressalze innerhalb weniger Jahre, eine starke Belüftung der Böden und damit intensive Sulfidoxidation sowie einen verstärkten Abbau organischer Substanz. Frühzeitig eingedeichte Marschen sind in der Regel relativ carbonatreich.

Auch im Uferbereich der Ostseeküste sowie in den Auen von Flüssen mit hoher Salzfracht (z. B. Elbe, Rhein durch Abraumsalze der Kali-Industrie) herrschen Brackwasserbedingungen.

Klei-, Knick-, Dwog- und sulfatsaure Organomarschen würden in der heutigen Marschenlandschaft ohne den Einfluss des Menschen kaum existent sein: Ohne den Bau der heute über 8 m hohen Schutzdeiche befänden sich viele Böden als Watten unter Wasser, vor allem in den Niederlanden, weil sie unter Meeresniveau liegen. Und auch die höher gelegenen Böden würden regelmäßig überflutet werden, mithin im Stadium der Roh- bis Kalkmarsch verharren.

7

Eigenschaften. Die **Watten** und **Nassstrände** sind extreme Lebensräume, vor allem, weil durch einen raschen Wechsel von Sedimentation und Erosion Böden schnell entwickelt und wieder abgetragen werden. Die Salzkonzentrationen sind bei marinen Watten und Stränden hoch und schwanken im Jahreslauf nur wenig, beim Brack- und vor allem Flusswatt sind sie geringer, aber stärkeren Schwankungen unterworfen. Misch- und Schlickwatt sind permanent wassergesättigt und damit O_2-frei, aber auch reich bis sehr reich an Nährstoffen. Sandwatten sind deutlich nährstoffärmer, werden aber täglich bei Ebbe im Oberboden etwas belüftet. Für Nassstrände gilt Letzteres in verstärktem Maße.

Die Nährstoffverhältnisse der **Rohmarschen** entsprechen denen der benachbarten Watten. Sie sind aber generell im Oberboden zumindest zeitweilig belüftet; ihre Salzgehalte sind generell niedriger, aber im Jahreslauf starken Schwankungen unterworfen: Trockenperioden lassen in den oberen cm der Salzrohmarsch die Salzkonzentration durch Wasserverdunstung stark ansteigen, während Regen sie rasch aussüßt. Die **Strände** sind luftreich, aber extrem wechseltrocken und verfügen nur über geringe Nährstoffreserven.

Der Gehalt an organischer Substanz der **Marschen** kann beträchtlich schwanken. Häufig sind Werte zwischen 1 und 5 % (Abb. 7.5–11). In Niederungen treten jedoch auch Übergangsbildungen zum Anmoor auf. In den kalkhaltigen Marschen tritt als Humusform Mull, bei niedrigem pH und starker Vernässung auch Feuchtmoder auf. In den Knickmarschen können sich teilweise Grastorfauflagen bilden. Lehmige bis tonige Böden besitzen ein Polyedergefüge. Die Polyeder können sich zu Prismen und Säulen vereinigen, die vor allem in Knickmarschen, ähnlich wie in Solonetzen, sehr groß sein können. Kalk- und Kleimarschen hoher Basensättigung besitzen ein günstigeres Gefüge als Knickmarschen. Die Porengrößenverteilung ist infolge des weiten Körnungsspektrums sehr unterschiedlich und zeigt auch im Profilverlauf bei häufigem Sedimentationswechsel eine unregelmäßige Verteilung. Grobporen (> 10 µm) und besonders weite Grobporen sind in den Marschen in der Regel kaum ausgebildet und erreichen selten Anteile von mehr als 10 Vol.-%. Besonders der Knick enthält oft nur wenig oder keine Grobporen und weist eine sehr geringe Wasserleitfähigkeit auf (< 1 cm d^{-1}).

Die Tonfraktion der Marschen enthält vorwiegend Illit, außerdem Vermiculit, Chlorit, Smectit und Kaolinit. In alten Marschen mit niedrigen pH-Werten ist teilweise Smectit in Al-Chlorit umgewandelt worden. Marschen weisen allgemein hohe Nährstoffreserven auf. Der hohe Illitgehalt bedingt z. B. ein hohes K-Nachlieferungsvermögen.

Verbreitung. Die Verbreitung der Watten, Strände und Marschen ist in Mitteleuropa weitgehend

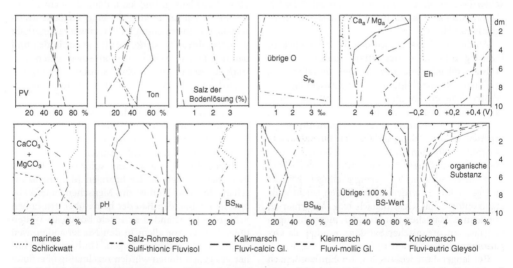

Abb. 7.5-11: Eigenschaften typischer Böden der Nodseeküste Schleswig-Holsteins (Entwurf H.-P. BLUME nach Analysen von G. BRÜMMER und Mitarbeiter) (Abk. s. Anhang).

auf die Flachküsten der Nordsee von Dänemark bis Belgien sowie auf den Südosten Englands beschränkt, welche von Landsenkung und/oder Hebung des Meeresspiegels betroffen sind. An den Flussläufen dringen sie innerhalb des Tidebereiches bis ins Binnenland vor und gehen dort in die Auenböden über.

Bei den Watten dominieren flächenmäßig mit weit über 50 % die marinen Sandwatten. Auch die Nassstrände sind relativ stark vertreten. Unter den Marschen befinden sich die tonreicheren, tiefergründig entkalkten, humusreicheren Klei-, Knick-, Dwog- und Organomarschen sowie die sulfatsauren Böden bevorzugt meeresfern in relativ niedriger Reliefposition (auch verursacht durch die Entwässerung liegender Torfe) im Bereich der sog. alten, d. h. vor über 150 Jahren gedeichten Landschaft. Küstennah befinden sich in jungen, eingedeichten Kögen bzw. Poldern bevorzugt feinsandige bis schluffige Kalk- und mäßig entkalkte Kleimarschen. Die in den Marschlandschaften besonders deutliche, komplexe geo-pedogene Entwicklung bedingt allerdings ein kleinflächig sehr variables Bodenmosaik. Die Struktur der Bodendecke sowie die Verbreitung stabiler und variabler Bodeneigenschaften (Körnung, Fe-/Mn-Gehalte, Kationenbelegung, Humusgehalt) variieren wesentlich stärker als in anderen Landschaften.

Marschen gibt es auch in den Tropen. Dort sind sie mit natürlichen Mangrovenwäldern bestockt oder dienen vor allem dem Reisanbau..

Nutzung. Rohmarschen dienen allenfalls der Schafbeweidung. Die jungen Kalkmarschen gehören zu den ertragreichsten Ackerböden: Spitzenerträge mit bis zu 150 dt Weizen ha^{-1} sind keine Seltenheit. Auch die bereits entkalkten Kleimarschen können bei gutem Gefüge noch hohe Erträge bringen. Knickmarschen mit kaum durchlässigem, hoch anstehendem Knick bereiten aufgrund schlechten Gefüges der ackerbaulichen Nutzung große Schwierigkeiten. Tonärmere Knickmarschen sind unter hohen Meliorationsaufwendungen bedingt ackerfähig, tonreichere können dagegen nur als Grünland genutzt werden.

Grünlandnutzung findet man meist in älteren Kögen, da ihre hydrologischen Eigenschaften oft ungünstig sind. Die Ertragsfähigkeit der Marschen kann durch Grundwasserabsenkung und Dränung stark verbessert werden. Vor allem auf Kleimarschen mit schlechtem Gefüge und bedingt auf Knickmarschen führen Dränung und Aufkalkung bis in den schwach alkalischen Bereich, wozu mehrere 100 dt CaO ha^{-1} erforderlich sein können, zu erheblichen Gefügeverbesserungen und Ertragssteigerungen. Vor allem Böden aus geringmächtigem Knick über Torfen lassen sich aber nur eingeschränkt meliorieren, weil sie auf Entwässerung mit Torfsackung reagieren.

7.5.2.4 Solonchake

Profil Solonchake sind Salzböden. Sie sind durch einen mindestens 15 cm mächtigen Horizont mit einer elektr. Leitfähigkeit des Sättigungsextrakts von > 15 mS cm^{-1} [bei pH (H$_2$) > 8,5 reichen > 8 mS cm^{-1}] charakterisiert. Es genügt aber bereits ein mittlerer Salzgehalt von 1 %, sofern das Produkt aus Salzgehalt und Horizontmächtigkeit (in cm) > 60 ist (= *salic* Horizont: s. Tab. 7.3–1).

Name und Eigenschaften Solonchake (SC; russ. *sol* = Salz) hießen früher auch **Weißalkaliböden**; sie sind nach WRB und in Österreich *Solonchake*; in den USA werden sie den *Aridisols*, vor allem den *Salorthids* zugeordnet. Die Salze können der Atmosphäre (als Staub oder im Regenwasser gelöst), dem Meer oder einem Salzgestein entstammen. Sie wurden in der Landschaft umverteilt und durch Grund oder Hangwasser oft in Senken angereichert. Nach der Ursache der Versalzung lassen sich Tagwasser-, Grundwasser- und Kulto-Solonchake unterscheiden (Kap. 7.2.4.5). In Deutschland kommen nur Grundwasser- und Kulto-Solonchake vor. Deren Berücksichtigung in der deutschen Bodensystematik steht noch aus.

Tagwasser-Solonchake sind als Böden der Vollwüsten fast ganzjährig extrem trocken und vor allem in 2…5 dm Tiefe mit Salzen angereichert. Sie sind relativ tonreicher und damit weniger durchlässig als benachbarte Arenosole oder Regosole mit yermischen Eigenschaften.

Grundwasser-Solonchake sind grundsätzlich an hohe Grundwasserstände und damit an Senkenlagen gebunden; sie sind zumindest im Unterboden nass. In Vollwüsten kann es sich aber auch um trockene Relikte eines heute stark abgesenkten Grundwassers handeln. Hier werden sie auch rezent unter alten Tamarisken gebildet, deren Wurzeln einer Absenkung des (salzhaltigen) Grundwassers um 5…15 m (während der letzten 5000 Jahre) gefolgt sind und die mit ihren Blättern Salze ausscheiden. Besonders die leicht löslichen Salze sind im Oberboden konzentriert und bilden z. T. eine Salzkruste an der Oberfläche. Ihnen morphologisch ähnlich

7

sind die **Kulto-Solonchake**, die durch künstliche Bewässerung entstehen. Kulto-Solonchake treten in Deutschland als Abraumhalden der Kaliindustrie auf. Außerdem kann man sie an Rändern städtischer Straßen beobachten, die im Winter viel Streusalz erhalten, so dass sie unter semiariden bis -humiden Bedingungen, wie sie z. B. in Berlin herrschen, im Sommer nicht vollständig ausgewaschen werden (Abb.: 7.1–4).

Gleyic und Stagnic SC weisen redoximorphe Merkmale in den oberen 100 cm auf, Calcic SC sind kalkreich, Gypsic SC sind gipsreich. Mollic SC sind durch die Humusform Mull gekennzeichnet, Histic Solonchake durch eine geringmächtige Torfdecke. Takyric SC besitzen ein takyrisches Gefüge, Aridic und Yermic SC sind extrem humusarm und trocken, während Sodic SC eine starke Na-Belegung aufweisen, mithin solonetzartig sind. In der US-Systematik bilden nur diejenigen salzreichen Böden unter den Aridisolen als Salorthids eine eigene Gruppe, die (zumindest für einen Monat) in den oberen 100 cm nass sind, also die Grundwasser-Solonchake.

Solonchake sind infolge hoher Salzgehalte allgemein gut aggregiert. Ihre pH-Werte werden von der Art der Salze bestimmt: Sodareiche Solonchake sind stark alkalisch [pH (H_2O) oft > 9], chloridreiche schwach alkalisch, während gipsreiche neutral (oft < 7) und daher ökologisch günstiger zu bewerten sind. Die Vegetation besteht aus halophilen Arten (z. B. Suáeda maritima, Lepidium cartilagineum) und ist oft kaum entwickelt, was geringe Humusgehalte des A-Horizonts bewirkt. Einen typischen Grundwasser-Solonchak zeigt Abb. 7.5-12.

Verbreitung Solonchake sind vor allem in semi- und vollariden Klimaten anzutreffen (Kap. 8.4.3 und 8.4.4). In Europa sind sie aus klimatischen Gründen auf kleine Flächen der südlichen Ukraine, der Balkanländer und Spaniens beschränkt. In Deutschland findet man sie nur dort, wo durch Salztektonik salzhaltige Quellen auftreten, vor allem im norddeutschen Tiefland. Es wurden kleinflächig u. a. Histic SC von H-K. SIEM in Bad Oldesloe und Gleyic SC von K.-J. HARTMANN, SW Magdeburg beschrieben.

Nutzung Eine Nutzung ist erst nach Auswaschung der Salze möglich. Dies gelingt bei höherem Tongehalt nur schwer und führt insbesondere bei $CaCO_3$- und $CaSO_4$-armen Böden leicht zu starker Alkalisierung und labilem Bodengefüge.

7.5.2.5 Solonetze

Profil und Name Solonetze (SN) (Abb. 7.6-4) sind nach WRB Böden arider Klimate mit einem Btn-Horizont. Dieser ist durch eine hohe Na-Sättigung [> 15 % oder (Na + Mg) > Ca-Sättigung], ein Säulengefüge, relativ hohe Tongehalte (Abb. 7.5-13) und oft auch dunkle Farbe gekennzeichnet. Sie werden auch Natrium- oder **Schwarzalkaliböden** genannt. In der US-Systematik gehören sie verschiedenen Ordnungen an und werden mit der Silbe Natr(i)… gekennzeichnet.

Entwicklung und Eigenschaften Solonetze entstehen meist durch Entsalzung aus Solonchaken infolge einer Grundwasserabsenkung (dann als Gleyic SN mit Rostflecken), Feuchterwerden des

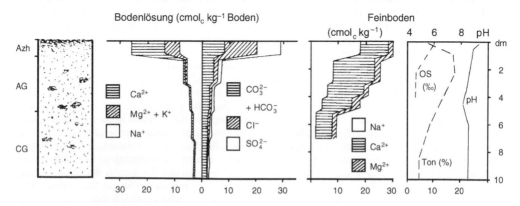

Abb. 7.5–12 Eigenschaften eines Gleyic Solonchak aus Flusssand unter Grünland; Apaj, Ungarn; Entwurf H.-P. BLUME nach Analysen von SZABOLCS und Mitarbeitern.

Klimas (meist der normale *Haplic* SN) oder durch Einwirkung Na-haltigen Grundwassers auf Steppenböden (dann als *Mollic* SN mit einem Mull-A). Die hohe Na-Sättigung führt zu hohen pH-Werten zwischen 8,5 und 11 und erleichtert die Verlagerung von Ton und Humus nach unten (und gleichzeitig eine Schluffwanderung im Wechsel von Quellung und Schrumpfung nach oben). Dadurch bildet sich das typische **Säulengefüge** mit den abgerundeten Kappen.

Salic SN enthalten Salze in höherer Konzentration, allerdings auf den Unterboden (unterhalb des Bn) beschränkt (Abb. 7.5-13). *Gypsic* bzw. *Calcic* SN weisen (in den oberen 125 cm) starke Gipsbzw. Kalkanreicherungen auf, während *Albic* SN im Oberboden durch Tonverarmung stark gebleicht sind; *Gleyic* und *Stagnic* SN sind im oberen m zumindest zeitweilig nass und redoximorph verändert. *Yermic* und *Aridic* SN sind demgegenüber trocken und sehr humusarm.

Solonetze sind im feuchten Zustand stark dispergiert, schlecht durchlüftet und wenig wasserdurchlässig. Im trockenen Zustand bilden sie harte Schollen und werden oft von tiefen Schrumpfrissen durchzogen. Wegen dieser Eigenschaften stellen sie sehr ungünstige Kulturpflanzenstandorte dar.

Verbreitung Solonetze wurden bisher in Deutschland nicht beschrieben, wohl aber in Österreich und den Balkanländern. Vor allem östlich des Kaspischen Meeres, in West- und Zentral-Australien, in Somalia, Kanada und Nord-Argentinien treten sie großflächig auf (s. hierzu Kap. 8.4.3 und 8.4.6).

7.5.3 Unterwasserböden (subhydrische Böden)

Unterwasserböden sind Böden des Gewässergrundes. Zu ihnen gehören neben den subhydrischen Böden auch die (unter dem Einfluss der Gezeiten periodisch überfluteten) semisubhydrischen Watten und Nassstrände (Kap. 7.4.2). Letztere wurden bereits in Kap. 7.5.2.3 behandelt.

Die subhydrischen Böden weisen unter einem Wasserkörper einen humosen Horizont auf, der in typischer Form aus humifiziertem Plankton besteht, > 1 % Humus enthält und dann als F-Horizont bezeichnet wird. Darunter folgen weitere F-Lagen oder wassergesättigte Minerallagen, d. h. G-Horizonte. Moore, die teilweise auch unter subhydrischen Bedingungen entstehen (z. B. als Niedermoore unter Röhricht) bilden allerdings eine eigene Abteilung (Kap. 7.5.4).

Subhydrische Böden gelten als Grenzbildungen der Pedosphäre, da sie von der Atmosphäre, wie gesagt, durch einen Wasserkörper getrennt sind – mithin nicht Land-, sondern Gewässerökosystemen angehören. Die Grenzen beider Systeme sind dabei unscharf, weil semiterrestrische Böden zeitweilig überflutet werden, während subhydrische Böden flacher Gewässer öfter trocken fallen (regelmäßig die semisubhydrischen Wattböden der Meeresküsten).

In der Geologie werden diese Böden als Sedimente aufgefasst und als **Mudden** bezeichnet. Ähnlich den Torfen der Moore können auch am

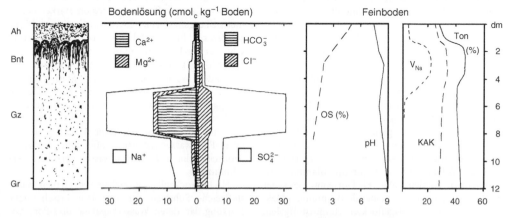

Abb. 7.5-13 Eigenschaften eines *Gleyic* Solonetz (*Glossalbic*) aus Auenlehm unter Grünland, Parepa, Rumänien (Entwurf H.-P. BLUME n. Analysen von M. NICOLSU & V. JOSOF) (Abk. s. Anhang).

7

Gewässergrund verschiedene humose Lagen in großer Mächtigkeit untereinander folgen, von denen die tieferen kaum noch belebt, mithin fossil sind. Andererseits weisen die Unterwasserböden im oberen, intensiv belebten Bereich eine ausgeprägte Dynamik auf. Daraus ergibt sich die folgende Entwicklung:

Ausgangsmaterial der Bodenbildung sind einmal die Sedimente der Binnengewässer und Meeresküsten. Außerdem gelangt ständig organische Substanz abgestorbener Organismen zum Gewässergrund. Der Abbau organischer Substanz ist grundsätzlich wegen des langsamen Gasaustausches mit der Atmosphäre gehemmt.

Als alternative Sauerstoffquellen für die Oxidation der organischen Substanz dienen den Mikroorganismen das im Wasser gelöste Nitrat und Sulfat, die dann reduziert werden, wobei je nach den herrschenden Bedingungen (Kap. 5.7) N_2, NH_4, CH_4, Metallsulfide und/oder Schwefel entstehen. Das Plankton ist allerdings relativ leicht zersetzbar, weil es kaum schwer verdauliche Gerüststoffe enthält. Daher ist der Humuskörper der Unterwasserböden meist sehr feinkörnig und stärker humifiziert. Ausnahmen bilden flache Waldseen, bei denen schwerer zersetzliche Laubstreu, die durch den Wind in die Gewässer gelangt, die Humifizierung erschwert.

Unterwasserböden bilden in der deutschen Systematik eine eigene Abteilung. International werden sie nach WRB als *Limnic Fluvisole* klassifiziert (Kap. 7.4.2).

Der Unterwasser-Rohboden bzw. das **Protopedon** (griech. = Urboden) mit Fi/G-Profil bildet sich aus Sanden, Schluffen, Tonen, carbonatreichen Ablagerungen (Seemergel und -kreide), Muschelschill, See-Erz-Bildungen (Limonit) und Diatomeenschalen (Kieselgur), die am Grunde eines Gewässers von Wassertieren und -pflanzen besiedelt sind. Der Humusgehalt des Protopedons liegt < 1 %, weil er bevorzugt in Bereichen stärkerer Wasserbewegung (durch Strömung oder Wellenbewegung) entsteht, wo relativ wenig Streu sedimentiert bzw. wieder erodiert wird und O_2-reiches Wasser den Abbau organischer Substanz begünstigt.

In sauerstoff- und gleichzeitig nährstoffarmen bzw. dystrophen Seen entwickeln sich häufig saure, biologisch träge Fh/G-Böden, die als **Dy** (schwedischer Volksname) oder ‚Braunschlammboden‘ bezeichnet werden. Der Fh-Horizont ist sauer (pH < 6) und besteht aus einer dunkelbraunen Masse aus vorwiegend ausgeflockten Huminstoffgelen, die arm an pflanzlichen und tierischen Organismen ist. Daneben sind Reste toter Organismen vorhanden, bei kleinen Waldseen z. B. teilzersetzte Blätter. Als Sediment wäre das Dy dem Limnohumit vergleichbar.

In äußerst sauerstoffarmen, gleichzeitig aber nährstoffreichen Gewässern bildet sich unter anaeroben Bedingungen ein **Sapropel** (entspricht der Sedimentart Faulschlamm). Der Fr-Horizont des Sapropel ist schwarz, sein rH-Wert liegt in der Regel unter 13 (entspricht bei pH 7 einem Redoxpotenzial von -30 mV), enthält oft Metallsulfide und durch anaerob lebende Mikroorganismen werden H_2S, CH_4 und H_2 gebildet. Auch das marine Schlickwatt (Kap. 7.5.2.3) ist ein marines Sapropel.

In gut durchlüfteten, nährstoffreichen Gewässern bildet sich hingegen eine **Gyttja** (schwed. Volksname) oder ein Grauschlammboden. Der Fo-Horizont der typischen Gyttja besteht aus Mineralpartikeln und koprogenen Aggregaten von graugrüner (oliver) bis rotbrauner Farbe und elastischer, ‚leberartiger‘ Konsistenz, dem die Sedimentart **Lebermudde** entspricht. Kalkreiche Formen mit Fco-Horizont (= Kalkmudde) werden als **Kalkgyttja** bezeichnet. Gemeinsam sind ihnen eine starke Besiedlung durch Tiere und Mikroorganismen sowie rH-Werte > 19, die keine H_2S-Bildung zulassen.

Gyttjen werden auch nach dem Zerteilungsgrad der organischen Stoffe (Grob-, Mittel-, Feindetritus-Gyttja), dem vorherrschenden Ausgangsmaterial (Algen-, Diatomeen-, Laub-Gyttja usw.) oder der Entstehungsweise (Watt-Gyttja, limnische Gyttja) unterteilt. Heute hat eine anthropogene Eutrophierung vieler Seen oft zu einer Umwandlung (bzw. Überschichtung) der Gyttjen in (durch) Sapropele geführt. Diese Sapropele weisen hohe Nährstoff- und Schwermetallgehalte auf.

In Fließgewässern sind häufiger Unterwasserrohböden anzutreffen, weil Erosion stärker dominiert. Übergangsformen zwischen Gyttjen und Sapropelen sind hier durch braune Fo-Oberboden- und schwarze Fr-Unterbodenhorizonte charakterisiert, sofern dem Oberboden noch Sauerstoff aus dem fließenden Wasser zugeführt wird. Stark belastete Gewässer sind aber auch hier durch Sapropele mit durchgehend schwarzen Fr-Horizonten gekennzeichnet.

Unterwasserböden adsorbieren aus dem See- oder Flusswasser gelöste Stoffe und bewahren dadurch vielfach das Grundwasser vor einer Verschmutzung.

Nach Trockenlegung stellen die Gyttjen nährstoffreiche Substrate für eine landwirtschaftliche Nutzung dar, deren Wasserkapazität und Porenvolumen hoch ist, die aber oft erheblich quellen und schrumpfen. Ihre pH-Werte liegen zwischen 4…5,

7

die der Kalkgyttjen naturgemäß höher. Entwässerte Gyttjen sind im Ostseeraum (Schweden, Finnland, Polen) stellenweise für landwirtschaftliche Nutzung von Bedeutung. Sapropele und Dye können demgegenüber nach Trockenlegung kaum genutzt werden: Erstere versauern dann infolge H_2SO_4-Bildung oft sehr stark, letztere schrumpfen dann intensiv, wobei sie teilweise in harte Bruchstücke, teilweise – vor allem bei Frost – zu feinem Pulver zerfallen.

7.5.4 Moore

Profil Moore sind hydromorphe Böden mit über 3 dm mächtigem Torfhorizont und starken Reduktionsmerkmalen des Mineralkörpers. Es handelt sich um organische Böden, deren Humushorizonte häufig mehrere Meter mächtig sind und mindestens 30 %, meist aber wesentlich mehr organische Substanz enthalten. Böden mit unter 3 dm mächtigen Torflagen oder Humusgehalten von 15…30 % werden als Moor- oder Anmoorgleye zu den Mineralböden gestellt und in Norddeutschland zum Teil auch als ‚Moorerden‘ bezeichnet. Man unterscheidet subhydrisch entstandene **Niedermoore** (topogene Moore) und unabhängig vom Grundwasser entstandene **Hochmoore** (ombrogene Moore, Regenwassermoore). Moore unterscheiden sich von Mineralböden darin, dass durch Akkumulation organischer Substanz ständig neue Torflagen entstehen und dabei ältere fossil werden, die dann in der Geologie als organische Sedimente angesehen werden. Aus diesem Grunde wird vielfach als ‚Moorboden‘ nur der obere, durchwurzelte Bereich eines Moorkörpers angesehen (SAUERBREY & ZEITZ, 1999).

Name. Der Landschaftsbegriff ‚Moor‘ wird gleichzeitig auch für die Böden dieser Landschaft benutzt. Ein Hochmoor (engl. *moss*) wird in Süddeutschland auch als ‚Filz‘ bezeichnet, während für Niedermoor auch Flachmoor oder Moos üblich sind. Wachsende Niedermoore heißen auch Ried, schwach vererdete Niedermoore Fehn (bzw. Fen).

Im WRB- und US-System werden Moore zusammen mit mächtigen (bei überwiegend Torfmoos und/oder $d_B < 0,1\,g\,cm^{-3} > 60\,cm$, über Festgestein $> 10\,cm$, sonst $> 40\,cm$) Humusauflagen terrestrischer Böden (z. B. Tangelrendzinen) als *Histosole* bezeichnet.

Entwicklung. Moore entstehen, wenn hohes Grundwasser (bzw. Oberflächenwasser) oder perhumides Klima Luftmangel induzieren, der den Abbau der

Abb. 7.5–14 Entwicklung einer Moorlandschaft.

Streu hemmt, so dass sich große Mengen an organischer Substanz als Torf anreichern. Niedrige Temperaturen, nährstoffarmes Grundwasser bzw. Gestein und/oder hohe Konzentrationen an Salzen oder organischer Toxine begünstigen dabei die Moorbildung.

Niedermoore entwickeln sich (als Verlandungsmoore) häufig im Uferbereich stehender Gewässer unter Wasser auf subhydrischen Böden, wobei Schilf (*Phragmites*), Rohrkolben (*Typha*) und/oder einige Seggen (*Carex*) das organische Ausgangsmaterial liefern (Abb. 7.5–14). Erreicht der Torf die mittlere Wasserlinie, ändert sich unter Erlen (*Alnus*)- oder Weiden (*Salix*)-Bruchwald mit der Streu auch die Torfart, während gleichzeitig der Röhrichtgürtel und damit die Niedermoorbildung seewärts verschoben wird, bis schließlich das Gewässer verlandet ist (Abb. 7.5–14).

Die topogenen Niedermoore entstehen auch in Senken unter dem Einfluss ansteigenden Grundwassers (Versumpfungsmoore) und sind dann nicht von fossilen Unterwasserböden unterlagert. Als **Auenmoore** bilden sie sich im Uferbereich vieler Flüsse, und zwar bevorzugt hinter Uferwällen oder im seichten Innenbogen einer Flusskrümmung, die geringe Fließgeschwindigkeit aufweist. Auenmoore sind infolge periodischer Überflutung häufig von dünnen Mineralschichten durchsetzt. Schichtwasseraustritte lassen schließlich **Quellen**- oder **Hangmoore** entstehen.

In Landschaften nährstoffarmer Gesteine (z. B. quarzreicher Sande) besiedeln hingegen anspruchslose Holzarten wie Moorbirke und Kiefer das dann saure Niedermoor (früher: Übergangsmoor). Mit

7

dem Herauswachsen des Torfkörpers aus dem Grundwasser- (und Seewasser-)Einflussbereich verstärkt sich Nährstoffmangel, da letztlich nur eine geringe Nährstoffzufuhr über die Niederschläge erfolgt, womit bereits einzelne Hochmoorpflanzen auftreten.

Mit weiterem Aufwachsen verschwindet unter ozeanischen Klimabedingungen (z. B. Nordwestdeutschland) der Bruchwald. Es dominieren zunächst Blasenbinse bzw. Wollgras und schließlich verschiedene Torfmoose (= Sphagnen), deren Rückstände das häufig uhrglasförmig aufgewölbte **Hochmoor** bilden (Abb. 7.5–14, unten). Unter kontinentaleren Klimabedingungen mit dann häufigerer Austrocknung des Oberbodens verbleiben hingegen einzelne Bäume auf dem Hochmoor (z. B. Latschen in Süddeutschland). Ein komplettes, aus der Verlandung eines Sees gebildetes Moorprofil kann also aus übereinander geschichtetem Niedermoor-, Übergangsmoor- und Hochmoortorf bestehen und von einem fossilen Unterwasserboden (z. B. Gyttja) unterlagert sein. Hochmoore haben sich auch direkt auf Rohhumusauflagen nährstoffarmer Podsole (Nordwestdeutschlands) und Stagnogleye (der Mittelgebirgs-Hochlagen) gebildet und werden dann als wurzelechte Hochmoore bezeichnet.

Nach C. A. WEBER begann die Entwicklung vieler Moore des norddeutschen Tieflandes im Spätglazial und Präboreal (Tab. 12-1 im Anhang) mit subhydrischen Böden, die bis 20 m mächtig in Toteisseen und Schmelzwasserrinnen der Moränen- und Sander-Landschaften aufwuchsen. Im wärmeren Boreal (~ ab 9 000 v. h.) verlandeten diese flachen Seen infolge des jetzt stärker einsetzenden Pflanzenwuchses, wobei Niedermoore entstanden. Diese wuchsen seit dem Atlantikum (etwa 7 500 v. h.) unter feuchteren Klimaverhältnissen zu Hochmooren auf, wobei sich zunächst stärker humifizierter **Schwarztorf** und später (insbesondere unter den kühleren Klimaverhältnissen des Subatlantikums) auch wenig humifizierter **Weißtorf** bildete. In Norddeutschland wurde die Moorbildung durch eine starke Hebung des Grundwasserspiegels während des Holozäns begünstigt, die mit dem Meeresspiegelanstieg zusammenhängt. Seit dem Mittelalter haben Stauwehre vor Wassermühlen und später die zunehmende Gewässereutrophierung das Moorwachstum begünstigt.

Eigenschaften. Niedermoortorfe sind meist stark humifiziert und dann schwarz. Ein ausreichendes Nährstoffangebot, insbesondere bei niedrigerem Wasserspiegel im Sommer (und damit Belüftung),

ermöglicht die Zersetzung und Humifizierung der Sprossstreu, so dass häufig nur die Wurzelstreu (z. B. Schilfrhizome) erhalten bleibt. Hochmoortorfe sind hingegen meist nur mittel (Schwarztorf) oder schwach (Weißtorf) humifiziert, so dass Pflanzenrückstände erkennbar sind. Man klassiert Torfe nach v. POST nach ihrem **Humifizierungsgrad** (H 1 = nicht humifiziert, H 10 = völlig humifiziert; Weißtorf H 1…H 5, Schwarztorf H 6…H 9, Niedermoortorf meist H 8…H 10). Es ist in diesem Zusammenhang falsch, von Zersetzungsgrad zu sprechen, weil auch bei geringem Humositätsgrad ein hoher Streuanteil vollständig abgebaut sein kann (z. B. bei Weißtorf durchaus 40 %, und zwar vor allem Zellinhaltsstoffe). In ähnlicher Weise wird im US- und im WRB-System zwischen *Fibric* (faserigen), *Hemic* (halbfaserigen) und *Sapric* (amorphen) Histosolen (US als *Fibrist, Hemist, Saprist*) unterschieden. Das WRB-System kennt außerdem die von Permafrost unterlagerten *Gelic Histosole* und die allenfalls kurzfristig nassen *Folic Histosole* (als terrestrische, O/C- und weitere Böden mit mächtigen Humusauflagen).

Moore weisen ein hohes Porenvolumen auf: So werden (nach DIN 4220) > 97 Vol.-% als fast schwimmend, 95…97 % als locker und < 88 % bereits als dicht bezeichnet. Sie haben eine hohe Wasserkapazität und auch nFK, die ökologisch naturgemäß erst nach Entwässerung zum Tragen kommen. Wegen ihrer Wassersättigung sind Moore hingegen Luftmangelstandorte. Aus den gleichen Gründen erwärmen sie sich im Frühjahr auch langsamer.

Hochmoore weisen sehr niedrige pH-Werte auf (pH[$CaCl_2$] < 3…4) und sind als reine Regenwassermoore sehr nährstoffarm (durch Luftverschmutzung heute allerdings stärkere Zufuhr, bes. an N) und werden daher als **dystrophe Moore** bezeichnet. Bei Niedermooren hängen pH (4…7,5; bei FeS-Gehalt auch niedriger) und Nährstoffgehalt von dem des Grund- bzw. Gewässerwassers ab, die letztlich vom Mineralbestand der Landschaft bestimmt werden. So weisen Niedermoore norddeutscher Sand- oder süddeutscher Sandstein-Landschaften nur mäßige Nährstoffgehalte auf, sind also **dystroph** oder **mesotroph**, während Niedermoore junger Geschiebemergel- oder Lösslandschaften nährstoffreich, d. h. **eutroph** sind. Der pH-Wert muss dabei nicht mit dem Nährstoffgehalt korrelieren, denn $CaCO_3$-haltige Niedermoore mit einem pH von 7,5 können **calcitroph**, sonst aber nährstoffarm sein (z. B. in süddeutschen Kalkschotterebenen).

Bei einem Vergleich der Nährstoffverhältnisse sind die Nährstoffvorräte auf den Wurzelraum bzw. auf das Bodenvolumen zu beziehen, da große Unterschiede im Raumgewicht bestehen (Weißtorf um 0,09, Schwarztorf um 0,12, Niedermoortorf 0,2... 0,4, Mineralböden meist > 1,2 g cm^{-3} i. d. Tr. S.) und sonst, insbesondere die porenreichen Hochmoore, zu günstig bewertet würden.

Entwässerung fördert Sackung und durch die Belüftung Zersetzung und Humifizierung. Damit geht eine **Vererdung** (Gefügebildung) einher, an der Bodentiere stark beteiligt sind. Bodensystematisch unterscheidet man zwischen natürlichen und vererdeten Mooren, zwischen **Norm-Nieder(Hoch)moor** und **Erd-Nieder(Hoch)moor**. Die landwirtschaftliche Nutzung von Mooren bewirkt immer Sackung und Torfabbau (= Ressourcenverbrauch). Die dabei ablaufenden Veränderungen der Vererdung können unter ungünstigen Bedingungen auch zu starker Torfschrumpfung, die wiederum Hydrophobie und Staunässe erzeugen kann, führen (Torfbröckelhorizont). Solche durch Bearbeitung stark degradierten Moore werden auch als **Mulm-Niedermoore** (in Polen auch Murschen) bezeichnet. Torfsackung und -abbau können bei Nutzung und Entwässerung jährlich bis zu 1 cm betragen. Nutzung führt demnach auch zu einem Verlust von Moorflächen.

Im Einflussbereich des Meerwassers sind Moore oft salzhaltig.

Verbreitung. Entsprechend ihrer Entstehung hängt die Verbreitung der Moore in Mitteleuropa eng mit den Klimabedingungen sowie der Oberflächengestaltung nach Rückgang des Inlandeises zusammen. So finden sich die meisten Hochmoore in den niederschlagsreichen, küstennahen Gebieten der Nordsee. Auch im nördlichen Alpenvorland sind im Auswirkungsbereich der Alpenvereisung ausgedehnte Moore anzutreffen. Außerhalb der früheren Vereisungszone findet man kleinere Hochmoore in fast allen Mittelgebirgen (Gebirgsmoore), wo hohe Niederschläge, hohe Luftfeuchtigkeit und Geländeformen mit gehemmtem Wasserabfluss die Ausbildung von Kamm-, Sattel- und Hangmooren ermöglichen (z. B. Erzgebirge, Harz, Schwarzwald, Vogesen). Große Niedermoorflächen haben sich vor allem im Bereich der Urstromtäler (z. B. Warthe-Netze-Oderbruch) und Flussniederungen (z. B. Donaumoos) gebildet.

Weltweit betrachtet haben Moore ihre größte Verbreitung in kühlen Klimaten. Das hängt damit zusammen, dass dort durch niedrige Temperaturen die Tätigkeit der Streuzersetzer stärker gehemmt wird als der Pflanzenwuchs (Abb. 7.1–1). Daher treten selbst in der kontinentalen Antarktis bei -9 °C Jahresmitteltemperatur noch flache Moore auf. An-

dererseits haben sich Niedermoore auch im Grundwasser der humiden Tropen und wechselfeuchten Klimate entwickelt.

Kultivierung, Nutzung. Hochmoore wurden in vergangenen Jahrhunderten vielfach durch mehr oder minder planlosen Torfstich zur Gewinnung von Brenntorf, oder als extensive Moorbrandkultur genutzt. Seit dem 19. Jh. erfolgte in Mitteleuropa eine systematische Kultivierung der Moore. Hiervon waren in Deutschland ca. 85 % betroffen. Mit der Kultivierung sind meist eine Verbesserung des bodennahen Klimas und ein ausgeglichener Wasserumsatz (erhöhtes Speichervermögen, gleichmäßigerer Abfluss) verbunden und damit höhere Ertragsfähigkeit und breitere Anbaumöglichkeiten. Andererseits gingen mit der Moorkultivierung ökologisch wertvolle Feuchtbiotope verloren. Heute wird daher über die Naturschutzgesetzgebung versucht, verbliebene Reste in naturnahem Zustand zu erhalten. Außerdem wird versucht, abgetorfte, entwässerte Moore durch Hebung des Grundwasserspiegels zu renaturieren.

Nach niederländischem Vorbild wird bei der aus dem 17. Jahrhundert stammenden **Fehnkultur** das Moor bis zum Mineralboden abgetorft. Der hierbei gewonnene Weißtorf wird als Einstreu und Verpackungsmittel, zur Kompostbereitung und als Zusatz zu gärtnerischen Erden und Böden verwendet. Der Schwarztorf wurde vor allem als Brennmaterial verwendet. Nach der Abtorfung werden etwa 5 cm der Bunkerde (trockener, stark humifizierter Torf) auf die abgetorften Flächen zurückgebracht und mit den obersten 10...15 cm des darunterliegenden Sandes, der gelegentlich einen Ortsteinhorizont enthalten kann, vermischt. Die auf diese Weise gebildeten Böden sind ackerfähig.

Bei der **Deutschen Hochmoorkultur** wurde das Hochmoor direkt nach Entwässerung und Düngung in Kultur genommen. Bei Hochmooren geringer Mächtigkeit (< 1,2 m) und geeignetem mineralischen Untergrund bis 2 m Tiefe wurde meist die **Sandmischkultur** (Tiefpflugkultur) angewandt. Hierbei wurde der Boden bis zu einer Tiefe von 1,8 m gepflügt. Das entstehende Profil besteht aus schräg geschichteten, um etwa 135° überkippten Sand- und Torflagen und besitzt eine gute Durchwurzelbarkeit, ausreichende natürliche Dränung und günstige physikalische Eigenschaften. Die in Kultur genommenen Flächen können als Acker genutzt werden. Die Entwässerung der nordwestdeutschen Hochmoore erfolgte durch Anlage weiter Grabennetze und Entwässerung durch Rohrdräne oder ausgefräste Erddräne.

7

Die in Deutschland gebräuchlichen Verfahren der Niedermoorkultivierung waren die Schwarzkultur und die Sanddeckkultur. Bei der **Niedermoor-Schwarzkultur** wurde der reine Moorboden in Kultur genommen. Wegen der Gefahr des ‚Puffigwerdens‘ oder ‚Vermullens‘ (Verlust der Wiederbenetzbarkeit nach starker Austrocknung) ist dieses Verfahren für Ackerland weniger geeignet. Bei der für Ackernutzung geeigneten **Sanddeckkultur** wurde auf die Mooroberfläche eine etwa 15 cm starke Sandschicht gebracht, die aber im Gegensatz zur Mischkultur bei Hochmooren nur wenig mit der organischen Substanz des Untergrundes vermischt wird.

Niedermoorböden bedürfen in der Regel keiner Kalkung und in den ersten Jahren nach der Kultivierung auch keiner N-Düngung. Auch die Sandmischkultur wurde bei Niedermooren angewandt.

7.5.5 Anthropogene Böden

In Kapitel 7.1.6 wurde dargelegt, auf welche Weise die überwiegende Zahl der in landwirtschaftlicher, forstlicher oder gärtnerischer Nutzung befindlichen Böden durch Eingriffe des Menschen umgeformt werden. Solange die wesentlichen Merkmale der ehemaligen Böden noch erkennbar sind, wird den hierbei entstehenden Kulturböden, die meist einen durch Pflugarbeit hervorgebrachten Ap-Horizont besitzen, der Name des ursprünglichen Bodentyps gegeben.

Kulturböden, in denen der ursprüngliche Bodentyp völlig verändert oder das gesamte Profil von Menschenhand geformt ist, werden demgegenüber als anthropogene Böden oder **Kultosole** (n. WRB: *Anthrosole*) bezeichnet. Analog den natürlich entstandenen Böden unterscheidet man dabei zwischen terrestrischen, semiterrestrischen und Moor-Kultosolen. Die hydromorphen und die organischen Kultosole wurden allerdings meist mit der Kultivierung in ihrem Wasserhaushalt entscheidend verändert, so dass sie häufig eine den Landböden eigene Dynamik aufweisen.

Auch Böden, bei denen über längere Zeit durch (vom Menschen mitverursachte) Erosion Kolluvien akkumuliert oder Plaggen aufgetragen und mit dem Liegenden durch Pflugarbeit gemischt wurden, gehören zu den Kultosolen.

Hortisole (*Hortic Anthrosole* nach WRB) sind vor allem in Siedlungen nach jahrzehnte- bis jahrhundertelanger Gartenkultur entstanden. Der > 40 cm mächtige (WRB > 50 cm), stark humose und krümelige Ex-Horizont ist eine Folge der starken organischen Düngung (z. T. mit Fäkalien und Müll), der tiefgründigen Bodenbearbeitung, der intensiven Bewässerung und der dadurch geförderten Tätigkeit von mischenden Bodentieren (Regenwürmer). Bei den Hortisolen wurde das Wasser- und Nährstoffbindungsvermögen gegenüber den Ausgangsböden verbessert; außerdem weisen sie hohe Nährstoffreserven (vor allem N und P) auf. Heute sind sie in allen Gartenbaugebieten (z. B. Vierlande, Regnitz-Niederung bei Bamberg, Rheinaue bei Mainz-Mombach), in alten Klostergärten usw. verbreitet.

Zu den Rigolten Böden (**Rigosole**) werden alle jene Böden gerechnet, die durch wiederholte tiefgründige Bodenumschichtung entstanden sind. Dies ist der Fall bei den zum Teil über 1 000 Jahre alten Weinbergböden, die früher alle 30…80 Jahre mit der Hand, heute alle 20…40 Jahre maschinell rigolt werden. Ihr Rigolhorizont (R) ist 50…80 cm, in selteneren Fällen bis 120 cm mächtig und enthält unterschiedlich große Mengen an Fremdmaterial (Gesteinsschutt, Mergel, Löss, Schlacken, Müll u. a.). Auch bei Auenböden und Marschen sind tiefreichende Rigolarbeiten mit dem Ziel vorgenommen worden, die Eigenschaften des Oberbodens zu verbessern.

Als **Treposole** werden Böden bezeichnet, die zwecks Verbesserung des Wasser- und Lufthaushaltes einmalig 0,7…1,2 m tief umgebrochen wurden. Morphologisches Charakteristikum dieser Böden sind schräg liegende Balken der früheren Horizonte. Gleiches gilt für die bei der Moorkultivierung entstandenen Böden (s. a. Kap. 7.5.4), die als sandgemischte Moore bezeichnet werden, sowie für die Böden, die nach Tiefumbruch von Podsolen zwecks Zerteilung harten Ortsteins (z. B. im Emsland, der Lüneburger Heide, den Niederlanden) gebildet wurden.

Kolluvien bzw. **Kolluvisole** sind eigentlich vom Wasser oder Wind (dann auch **Äolium**) umgelagerte, humose Bodensedimente (= M-Lagen) von > 40 cm Mächtigkeit, die aber aufgrund ihrer großen Verbreitung in der Kulturlandschaft bei der Kartierung als eigene Bodeneinheit behandelt werden. Der diagnostische E-Horizont besteht oben überwiegend aus Sedimentiertem, unten hingegen überwiegend aus Anstehendem, weil nach jedem Sedimentationsereignis der Pflug eine Mischung mit dem Liegenden herbeiführt. Kolluvisole können naturgemäß die verschiedensten Böden überlagern, Landböden ebenso wie Grundwasserböden und Moore. Als umgelagerte Ackerböden sind sie oft mit Nährstoffen angereichert. Im WRB-System werden nach den Eigenschaften des Liegenden *Colluvic* Untereinheiten gebildet (z. B. *Colluvic Gleysol*).

Geplaggte Böden (**Plaggenesch**; WRB: *Plaggic Anthrosole*, USA: *Plagganthrept*) (Abb. 7.5-16) treten vornehmlich in Nordwestdeutschland, in den Niederlanden und Belgien auf. Als **Plaggen** oder Soden bezeichnet man die mit Spaten oder Hacke flach abgehobenen Stücke des stark humosen und stark durchwurzelten Oberbodens von Mineralböden, die mit Heide oder Gras bewachsen sind. Diese Plaggen wurden im Stall als Einstreu verwendet und anschließend mit dem in ihnen enthaltenen Kot und Harn der Tiere auf der etwas höhergelegenen Feldflur des Dorfes, dem **Esch**, ausgebracht. Dabei wurden die ursprünglichen Böden (vorwiegend Podsole und Braunerden, seltener auch Parabraunerden, Gleye, Marschen und Moore) zum Teil vorher mit Gräben durchzogen, umgegraben oder eingeebnet. Der im Laufe von Jahrhunderten künstlich erhöhte, graue bis braune humose Horizont (E) kann 30...120 cm mächtig sein. Die Plaggenesche besitzen ein höheres Nutzwasser- und Nährstoffbindungsvermögen als ihre Ausgangsböden. Das gilt vor allem für die **braunen** Plaggenesche, bei denen schluffreiche Grasplaggen von Böden aus Löss oder Schlick verwendet wurden, weniger für die **grauen** Plaggenesche sandiger Heideplaggen. Generell sind aber auch die Nährstoffreserven (bes. N und P) erhöht. Die Böden der Plaggenentnahme sind demgegenüber verarmt (BLUME, 2004).

7.5.6 Fossile Böden

Als Fossile Böden (lat. fossilis = begraben) gelten allgemein Böden, die von einer unterschiedlich mächtigen Decke jüngerer Sedimente überlagert sind. Derartige Böden sind grundsätzlich nicht mehr belebt; eine Bodenentwicklung ist demzufolge zum Erliegen gekommen. Ist das nicht der Fall, spricht man von reliktischen Böden. Fossile Böden, die in Bodenbildungsphasen vor dem Holozän entstanden sind, werden auch als **Paläoböden** bezeichnet.

Fossile Böden zeigen grundsätzlich einen Horizontaufbau, wie wir ihn auch von rezenten Böden kennen. Vor allem den Paläoböden fehlt allerdings meist ein Ah- Horizont, weil Mikroorganismen den Bodenhumus vor ihrer Fossilisierung durch Decksedimente abgebaut haben.

Sofern das Alter fossiler Böden bekannt ist, sind sie wichtige *landschafts- und erdgeschichtliche Urkunden*. So lässt z. B. die Untersuchung eines Ackerbodens unter einem schleswig-holsteinischen Knick (in der zweiten Hälfte des 18. Jh. aufgeworfene Wallhecke) feststellen, wie tief damals gepflügt und ob bereits gekalkt oder gemergelt wurde.

Paläoböden zeugen in der Regel von den Klima-, Vegetations- und Reliefverhältnissen vergangener Zeiten. Ergiebige Forschungsobjekte waren in dieser Hinsicht sowohl in Mitteleuropa als auch in Zentralchina mächtige Lössdecken: Sie bestehen oft aus unterschiedlich alten Schichten, in denen Paläoböden verschiedener Interglaziale übereinander lagern.

Fossile Böden bzw. Paläoböden haben sich offensichtlich nicht nur auf der Erde sondern auch auf dem **Planeten Mars** entwickelt. Abb. 7.5-15 zeigt einen Teil einer etliche 10er Meter tief reichenden Rinne, die wohl durch Wassererosion eingeschnitten wurde, wobei tiefgründig verwitterte Böden freigelegt wurden. Oben dominieren rote Farben des Hämatits (a). Darunter folgen z. T. weiße Farben (b), gefolgt von schwarzen Farben (c).

Abb. 7.5–15 Ausschnitt einer tiefgründigen Erosionsrinne des Planeten Mars mit erschlossenem Paläoboden (Aufnahme des *Mars Express* der ESA am 15.01.2004 im Bereich des Hellasbeckens)

7

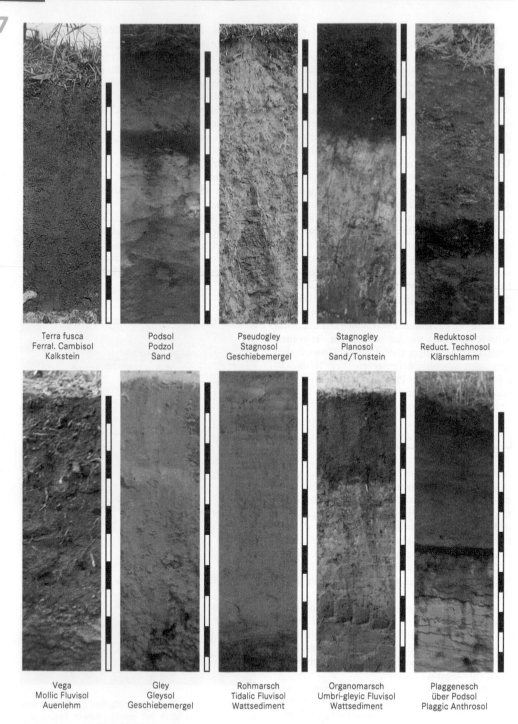

Terra fusca	Podsol	Pseudogley	Stagnogley	Reduktosol
Ferral. Cambisol	Podzol	Stagnosol	Planosol	Reduct. Technosol
Kalkstein	Sand	Geschiebemergel	Sand/Tonstein	Klärschlamm

Vega	Gley	Rohmarsch	Organomarsch	Plaggenesch
Mollic Fluvisol	Gleysol	Tidalic Fluvisol	Umbri-gleyic Fluvisol	über Podsol
Auenlehm	Geschiebemergel	Wattsediment	Wattsediment	Plaggic Anthrosol

Abb. 7.5-16 Land- und Grundwasserböden Deutschlands (Maßstab in dm; deutsche und internationale Namen, Gestein) (Entwurf H.-P. BLUME).

Jüngste Untersuchungen der oberen ca. 10 cm der Marsoberfläche an anderer Stelle haben zudem hohe Salzkonzentrationen ergeben. a entspricht in Farbe und Habitus offensichtlich dem Oberboden, b dem Unterboden und c der Zersatzzone (bzw. Saprolit) sowie dem basaltischen Ausgangsgestein eines tiefgründig verwittertem Plinthosol oder Ferralsol, wie er auf der Erde in Jahrmillionen unter feuchttropischen Klimabedingungen entstanden ist (s. z. B. Abb. 7.2-1).

Entsprechend den genannten Böden unserer Erde könnten die geschilderten Marsböden durch Verwitterung und Mobilisierung von Fe^{2+}- Ionen Fe- haltiger Silicate, kapillaren Aufstieg (und damit Bleichung des Unterbodens) und oxidativer Fällung im Oberboden entstanden sein. Die lösungschemische Verwitterung und der kapillare Aufstieg (sowie die spätere Freilegung der Böden durch Erosion) erfordern Wasser. Die Oxidation der Fe^{2+}- Ionen im Oberboden erfordert Sauerstoff. Die heute außerordentlich dünne Mars-Atmospäre (0,6 % Druck desjenigen der Erde), besteht im unteren Bereich zu 95 Vol. % aus CO_2, 2,7 % N_2 und 1,6 % Argon; sie enthält hingegen nur Spuren an Wasserdampf (< 0,002 %) und O_2 (0,013 hPa). In der oberen Atmoshäre ist relativ viel H_2 vorhanden. Daraus wird geschlossen, dass die Mars- Atmosphäre früher mehr Wasserdampf enthielt, dass energiereiche Photonen der Sonne die Wassermoleküle zerlegt hätten und die Bruchstücke sich in den Weltraum verflüchtigt hätten. Die langsame Trocknung der Marsböden von oben würde auch die festgestellten hohen Salzkonzentrationen nahe der Bodenoberfläche erklären. Die Uratmosphäre der Erde enthielt ebenfalls kaum O_2. Dieser wird erst seit ca. $2,7 \cdot 10^9$ Jahren (s. Tab. 12-1 im Anhang) durch die Assimilation von Organismen in starkem Maße gebildet und an die Atmosphäre abgegeben. Seitdem sind auf der Erde Eisenoxide entstanden. Die heutige globale Mitteltemperatur der bodennahen Luftschicht des Mars ist negativ. Unter früher höheren Temperaturn könnten Organismen entsprechend der Erde Sauerstoff gebildet, die Marsatmosphäre damit angereichert und die Bildung von Fe-Oxiden in den Marsböden ermöglicht haben. Allerdings fehlt es nach bisherigen Erkenntnissen an organischer Substanz in Marsböden. Das Auftreten von Superoxid-Radikalen in analysierten Bodenproben des Mars spricht dafür, dass früher Humus vorhanden war (YEN et al. 2000). Alternativ zur biotischen wird eine abiotische Oxidation gelöster Verwitterungsprodukte Fe-haltiger Silicate angenommen (LEXIKONREDAKTION 2006), womit sich die große Mächtigkeit der oberen Oxidationszone über ähnlch mächtiger Bleichzone aber nicht plausibel erklären lassen.

In der Zentralsahara im SW Ägyptens wurden durch Erosion ebenfalls tiefgründig stark verwitterte Plinthosole ähnlich dem der Abb. 7.2-1 freigelegt, die unter feuchten Klimaverhältnissen des Tertiär entstanden sein müssen. Auch sie sind heute als Paläoböden anzusehen, da bei derzeit < 1mm Jahresniederschlag praktisch auf und im Boden keine Organismen zu leben vermögen, abgesehen von wenigen Mikroorganismen, denen an wenigen Wintermorgen etwas Tauwasser an der Bodenoberfläche geboten wird.

7.6 Wichtige Böden außerhalb Mitteleuropas

Außerhalb Mitteleuropas haben in erster Linie andere Klimaverhältnisse Richtung und Intensität der Bodenbildung so beeinflusst, dass vielfach andere Böden entstanden. Dies gilt besonders für fortgeschrittene Stadien der Entwicklung, während Initialstadien und A/C-Böden entsprechenden Böden Mitteleuropas nahe stehen.

In den feuchten Tropen und Subtropen laufen wegen hoher Temperaturen und stärkerer Durchfeuchtung Verwitterung und Mineralbildung sehr intensiv ab. Aus den gleichen Gründen ist auch die Organismentätigkeit im Boden und damit der Streuabbau intensiv, sodass trotz stärkeren Pflanzenwuchses und damit höherer Streuproduktion die Huminstoffgehalte dieser Böden häufig niedrig sind. In Trockengebieten ist die Versickerung von Wasser hingegen gehemmt, sodass Böden entstehen, in denen die Verwitterungsprodukte teilweise als leicht lösliche Minerale im Solum angereichert werden.

In weiten Bereichen der Tropen und Subtropen bestimmt ein ausgeprägter Wechsel zwischen Regen- und Trockenzeit die Bodenentwicklung. Dieser Feuchtewechsel führt bei tonreichen Böden (z. B. Vertisolen) zu sehr starkem Gefügewechsel im Jahreslauf und zur Peloturbation, während bei Temperaturwechsel in lehmigen Böden (z. B. Chernozemen) die Bioturbation sehr intensiv ist.

In Böden polarer Klimate wird die Bodenentwicklung entscheidend dadurch bestimmt, dass der Unterboden ständig gefroren ist (Permafrost), der Oberboden hingegen zeitweilig auftaut. Im Hochgebirge dominiert die Erosion, weshalb junge und flachgründige Böden vorherrschen.

7

Von den Böden, die außerhalb Mitteleuropas vorkommen, sollen solche Typen exemplarisch behandelt werden, die weit verbreitet sind oder eine charakteristische, von den Böden Mitteleuropas verschiedene Genese aufweisen. Es wird der neuen WRB-Systematik gefolgt. Verbreitung und Nutzungspotenzial dieser und weiterer, mit ihnen vergesellschafteter Böden werden in Kap. 8.4 ff. behandelt.

7.6.1 Vertisole

Vertisole (VR) (Abb. 7.6-4) sind tonreiche (> 30 %) Böden, die in Trockenzeiten tiefreichende und breite (> 1 cm breit in 50 cm Tiefe) Schrumpfrisse, so genannte ‚slickensides' (Stresscutane) an Aggregatoberflächen und/oder ein ausgeprägtes Gilgairelief aufweisen.

Vertisole (lat. vertere = wenden) sind Böden mit intensiver **Peloturbation**, die durch starke Quellung und Schrumpfung verursacht wird (Kap. 7.2.6.3). Diese oft dunklen, tief humosen Böden (Abb. 7.6-1), haben viele Synonyme Grumosol in Israel und Australien, Smonitza auf dem Balkan, Black Cotton Soil in Indien und Sudan und Tirs in Nordafrika.

Diese Böden sind junge oder alte, stabile Bildungen aus tonreichen Sedimenten oder tonreich verwitterten, Ca-silicatreichen Festgesteinen (z. B. Basalt). Sie bilden sich bevorzugt in abflussarmen Senken oder weiten Ebenen wechselfeuchter Warmklimate mit ausgeprägten Trockenmonaten. Sie kommen aber auch in gemäßigten Breiten vor. Einige Pelosole erfüllen die Vertisolkriterien.

Vertisole besitzen während der Trockenzeit ein ausgeprägtes, bis 1,5 m tief reichendes **Rissgefüge**. Die Risse können – in Abhängigkeit von Tongehalt, Tonmineralart und Kationenbelegung (vor allem Na-Anteil) – mehrere cm breit sein. Sie bilden an der Oberfläche ein Netz von Polygonen. Im Unterboden dominieren grobe Prismen, die zwischen 30 und 100 cm Tiefe in keilförmige Aggregate übergehen, deren Aggregatoberflächen glänzende Scherflächen eingeregelter Tonminerale zeigen (**slickensides**). In den oberen cm bilden sich durch **Selbstmulchen** (Kap. 7.2.6.3) feine Splitter, die zusammen mit zerkleinerter Streu in die Trockenspalten geweht werden können. Mit Beginn der Regenzeit versickert Wasser in den Spalten, wodurch der Boden auch von unten befeuchtet wird, und sich die Spalten durch Quellung schließen (BLOCKHUIS, 1993).

Als Tonminerale dominieren quellfähige Smectite. Die KAK ist daher sehr hoch (bis 60 cmol$_c$ kg^{-1}, Abb. 7.6–1), wobei das Ca:Mg-Verhältnis eng ist. Die Humusgehalte liegen oft, trotz dunkelgrauer Farbe, unter 3 %; dennoch bedingt die große Mächtigkeit (> 1 m) hohe Humus- und N-Mengen im Solum. Je nach Intensität der Peloturbation – für einige Böden im Sudan wurde vollständige Mischung des Solums innerhalb von 300 Jahren rekonstruiert, ansonsten werden aber über 5000 Jahre angenommen – nehmen die Humusgehalte zur Tiefe ab. Ihre sehr hohe Basensättigung wird oft nicht nur durch Ca-reiches Gestein und gehemmte Wasserbewegung verursacht, sondern auch durch Muldenlage, die eine Zufuhr gelöster Stoffe (Na, K, Ca, Mg, Si,…) ermöglicht.

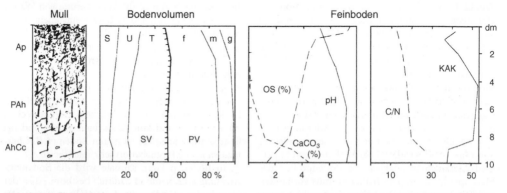

Abb. 7.6–1 Eigenschaften eines Vertisols aus Kolluvium einer Basaltverwitterung unter Grünland; Darling Downs, Queensland (Mineralbestand der Tonfraktion: 60 % Smectit, 20 % Kaolinit, 20 % Quarz), (P s. Kap. 7.3.1); viel OS im oberen Ap (wegen geringer Peloturbation während der letzten Jahre). (Nach Analysen der CSIRO Australiens von H.-P. BLUME gezeichnet) (Abk. s. Kap. 10.3; KAK in cmol$_c$ kg^{-1}).

Vertisole flacher Senken sind als VR (Pellic) oft dunkler gegenüber den VR (Chromic) benachbarter Rücken. Aber auch Gesteinsunterschiede können unterschiedliche Färbungen bewirken. Unter humiden Klimaverhältnissen sind Vertisole oft kalkfrei und versauert (Haplic VR), unter ariden Klimabedingungen in der Regel kalkhaltig (Calcic VR), z. T. auch gipshaltig (Gypsic VR) und in größerer Tiefe salzhaltig. Das Kalkmaximum liegt dann im Unterboden im Grenzbereich periodischer Befeuchtung und ist durch $CaCO_3$-Anflüge an Aggregatoberflächen neben größeren, weichen Konkretionen charakterisiert. Im Oberboden sind in solchen Fällen nur kleine, runde und harte Kalkkonkretionen zu beobachten, die vermutlich aufwärts gewandert sind. Aride Klimaverhältnisse können auch höhere Salzgehalte (mithin Salic VR) oder zumindest eine höhere Na-Belegung im Oberboden bedingen und leiten dann als Sodic VR. zu Solonetzen über.

Vor allem in feuchteren Klimaten ist als Folge der Peloturbation ein ausgeprägtes **Gilgai-Relief** mit halbrunden Erhebungen und Senken in ebener Lage bzw. Streifen an Hängen ausgebildet. Das modifiziert viele Bodeneigenschaften: Senkenböden quellen und schrumpfen tiefgründiger, sind u. a. stärker mit Humus und im Untergrund mit Salzen angereichert als Kuppenböden, weil sich Wasser lateral bewegt.

Vertisole sind relativ nährstoffreiche, ausgeprägt wechselfeuchte Standorte. Trotzdem können bei intensiver Nutzung P-, S-, Zn-und N-Mangel wuchsbegrenzend wirken. Sie sind schwer zu bearbeiten: Trocken sind sie sehr hart, feucht außerordentlich schmierig, sodass sie nur während einer kurzen Periode mittleren Wasserdargebots bestellt werden können („Minutenböden'). In Savannen werden sie beweidet oder im Trockenfeldbau genutzt. Mit Bewässerung eignen sie sich zum Anbau von Baumwolle, Zuckerrohr, Erdnuss und Reis.

Vertisole haben einen befriedigenden chemischen Bodenzustand sind aber hinsichtlich ihrer physikalischen Eigenschaften katastrophal.

7.6.2 Ferralsole

Ferralsole (FR) sind intensiv und tiefgründig verwitterte Böden der feuchten Tropen. Sie weisen einen ferralischen, d. h. mit Fe- und Al-Oxiden angereicherten (Tab. 7.3–1), oft kräftig rot (Abb. 7.6-4), braun oder gelb gefärbtem Bu-Horizont auf, der keine verwitterbaren Silicate mehr enthält (< 10 % in der Fraktion 50…200 µm ∅). Die Tonfraktion hat eine KAK < 16 cmol$_c$ kg^{-1} und besteht neben den Oxiden praktisch nur aus Kaolinit (Abb. 7.6-2). Synonyme sind Latosol oder Soil Taxomie Oxisol oder franz. soils ferralitique.

Ferralsole entwickelten sich als typische Waldböden der feuchten Tropen aus verschiedenen Silicat-, aber auch aus Carbonatgesteinen. Hohe Temperaturen und starke Durchfeuchtung haben in langen Perioden ungestörter Entwicklung die Silicate intensiv verwittern, Alkali- und Erdkali-Ionen sowie Kieselsäure auswaschen lassen (**Desilifizierung**), während Fe und Al als Oxide sowie neugebildeter Kaolinit zurückblieben (Kap. 7.2.1.3).

Ferralsole sind Bildungen sehr langer Zeiträume (Jahrmillionen) und damit alter Landoberflächen. Umbric FR weisen höhere Humusgehalte auf; Geric und Vetic FR haben eine extrem niedrige KAK$_{eff}$ (< 1,5 bzw. < 6 cmol$_c$ kg^{-1} Ton) bei relativ hohem (> 5,5) pH-Wert (s.u.); Acric FR zeigen einen tonärmeren Oberboden; Rhodic bzw. Xanthic FR verfügen über einen tief rot bzw. gelb gefärbten B-Horizont. Im Gibbsic FR dominieren anstelle des Kaolinits Gibbsit (> 25 % Gibbsit im Feinboden) und andere Al-Oxide. Das wird auf besonders starke Verwitterung

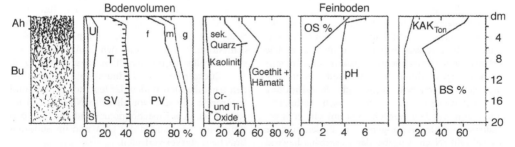

Abb. 7.6-2 Eigenschaften eines Acric Ferralsols aus Dunit und Nephelinsyenit unter Banane; SO-Brasilien. (Nach Analysen von U. PFISTERER und M. KANIG) (KAK in cmol$_c$ kg^{-1} Ton) (Abk. s. Kap. 10.3).

7

und/oder Si-Auswaschung in (früherer) morphologischer Rückenposition zurückgeführt.

Die rote Farbe vieler Ferralsole beruht auf fein verteilten Hämatit und Maghemit. Daneben ist oft Goethit als Fe-Oxid vertreten. Hohe Fe- und/oder Al-Gehalte sind die Ursache für ein stabiles, erdiges Aggregatgefüge (= Pseudosand); es bedingt eine hohe Wasserleitfähigkeit und günstige Luftverhältnisse. Die Bindung nutzbaren Wassers ist aber selbst bei höheren Tongehalten bisweilen nur mäßig (Abb. 7.6–2). Die wird aber durch Tiefgründigkeit mehr als ausgeglichen. Ferralsole weisen oft quarzreiche Steinlagen im unteren, homogenen Solum auf: Dies wird auf anhaltend intensive Wühltätigkeit von Termiten zurückgeführt, die Feinmaterial zur Bodenoberfläche transportieren (AHNERT, 1994).

In den Tropen nehmen die Ferralsole 20 % der Landoberfläche ein, und zwar der alten Kontinentalschilde von Südamerika und Zentralafrika. Bei jungen Landoberflächen beschränkt sich ihr Vorkommen meist auf basenreiche Gesteine (z. B. Südostasien, Indonesien, Hawai und einige Pazifische Inseln).

Reste von fossilen Ferralsolen sind in Deutschland als Produkt einer tertiären Bodenentwicklung im Rheinischen Schiefergebirge, im Westerwald. Taunus, Pfälzer Wald und auf Basalt in einigen Teilen des Vogelsbergs verbreitet und werden als **Ferrallite** bezeichnet.

Ferralsole sind Böden mit vorwiegend variabler Ladung. Oft ist ihre AAK höher als die KAK_{eff} und dann ist ihr pH-Wert (KCl) höher als der des pH (H_2O). Ihre Kationenbindung kann daher durch pH-Erhöhung deutlich gesteigert werden, was für die Versorgung der Pflanzen mit Ca, Mg und K bedeutsam ist. Da die Ferralsole meist sauer sind, ist eine pH-Erhöhung durch Kalkung auch deswegen zweckmäßig, weil damit toxisches Al immobilisiert wird. Häufig besteht starker K- und Mg- und auch S- Mangel, sowie starke P-Fixierung bei sehr geringen P-Gehalten.

Viele Ferralsole in Südamerika, Zentralafrika und Südostasien dienen dem Anbau von Mais, Maniok, Kaffee, Kakao, Banane, Ölpalme u. a. Die Erträge von Ackerfrüchten sinken aber bereits nach wenigen Jahren stark ab, weil die an Humus gebundenen Nährstoffe nach (Brand)rodung und intensivem Humusabbau rasch verbraucht oder ausgewaschen werden, was auf ein geringes Nährstoffbindungsvermögen der Bodenminerale zurückgeht. Nach Aufgabe des Ackerbaus bewirkt die Brache eine Regeneration der Nährstoffgehalte im Oberboden, sodass nach 8…20 Jahren erneut

Kulturpflanzen folgen können. Für Dauerkulturen sind die Bedingungen günstiger; dennoch sind auch hier höhere Erträge nur durch Düngung zu erzielen, deren Wirkung allerdings durch P-Fixierung und K-Auswaschung gemindert wird. Wegen der günstigen bioklimatischen Bedingungen können Ferralsole aus Ultrabasiten sehr produktiv sein und ermöglichen z. B. in Brasilien hohe Bananenerträge (PFISTERER 1991).

Viele Plinthic FR sind nach Erosion irreversibel verhärtet und damit unbrauchbar für weitere landwirtschaftliche Nutzung geworden.

7.6.3 Nitisole

Nitisole (NT) (Abb. 7.6-4) sind leuchtend rot gefärbte, lessivierte, tonreiche Böden der feuchten Tropen und Subtropen. Ihr Name (lat. nitidus = glänzend) bezieht sich auf die charakteristisch glänzenden Aggregatoberflächen.

Die aus silicatreichem Gestein (z. B. Basalt, Glimmerschiefer) entstandenen Nitisole weisen mächtige, gleichförmig rot gefärbte Profile mit stabilem Polyedergefüge und nur mäßigen Texturunterschieden auf. Die Tongehalte nehmen von ihrem Maximum im oberen But-Horizont bis in 150 cm Tiefe um weniger als 20 % ab. Redoximorphe Merkmale sind 100 cm nicht vorhanden. Die gesteinsbürtigen Silicate sind weitgehend verwittert und als Tonmineral dominiert Kaolinit; im Gegensatz zu den Ferralsolen sind aber noch verwitterbare Minerale vorhanden.

NT (Eutric) weisen eine Basensättigung > 50 % auf und entsprechen den Paleudalfs der US-Systematik, während die NT (Dystric) (US: Rhodudults) und die humusreicheren (> 1 % im Mittel der oberen 18 cm infolge kühlfeuchten Höhenklimas) NT (Humic) (US: Palehumults) stärker versauert und entbast sind (BS-Werte des Unterbodens < 50 %).

Nitisole sind lockere, tiefgründig durchwurzelbare Pflanzenstandorte mit ausreichender Belüftung, hoher nFK und zumindest mittlerer Nährstoffausstattung, die den Anbau auch anspruchsvoller tropischer Pflanzen gestatten (z. B. Tee, Zuckerrohr und Erdnuss). Sie gehören zu den fruchtbarsten Böden der feuchten Tropen und Subtropen. Sie sind vor allem in Nigeria und im Kongo, in den Küstenregionen Indiens, auf den Philippinen, im Süden der USA und im Südosten Brasiliens stärker vertreten.

In Deutschland treten am Vogelsberg und im Westerwald fossile Rotlehme (**Fersiallite**) auf, die während des Tertiärs unter feuchttropischen Bedingungen aus Basalt bzw. vulkanischen Tuffen entstanden und als Reste von Nitisolen angesehen werden können.

7.6.4 Acrisole, Alisole und Lixisole

Acrisole (AC), Alisole (AL) und Lixisole (LX) weisen wie die Luvisole (bzw. Parabraunerden: s. Kap. 7.5.1.11) die Horizontfolge Ah/Al/Bt/Bv (FAO Ah, E, B_t, B_w oder C) auf, sind also durch Tonverlagerung geprägt. Acrisole und Lixisole sind aber stärker verwittert als die Luvisole und Alisole und enthalten reichlich Kaolinit. Im Unterschied zu Luvisolen und Alisolen ist die KAK der Tonfraktion daher < 24 $cmol_c$ kg^{-1}. Die Acrisole (lat. acris = sauer) und Alisole sind dabei basenarm (BS < 50 %), die Lixisole (lat. lixivia = Auswaschung) und Luvisole hingegen basenreicher (BS > 50 %).

Acrisole treten vor allem in den durch höhere Temperaturen charakterisierten Niederen Breiten auf. Im Unterschied zu den Nitisolen entstammen sie in der Regel quarzreicheren Gesteinen, und die Tongehaltsunterschiede zwischen den Horizonten sind stärker ausgeprägt. Die Acrisole dominieren in den feuchten Tropen und Subtropen, die Lixisols hingegen in den trockeneren Savannen und im Mediterranraum. Die höheren BS-Werte der Lixisole, trotz starker Verwitterung, sind wahrscheinlich durch einen Klimawechsel verursacht.

Normale Acrisole, Alisole bzw. Lixisole werden als Haplic AC (bzw. AL, LX) bezeichnet. Gleyic AC (AL, LX) sind in den oberen 100 cm vergleyt, Stagnic AC (AL, LX) staunass. Als weitere Untereinheiten werden bei Vorhandensein entsprechender diagnostischer Horizonte (Tab. 7.3–1 und 7.3-2) Albic AC (AL, LX), Ferric AC (AL, LX) und Plinthic AC (AL, LX) ausgeschieden.

Die Soil Taxonomy ordnet die **Acrisole** den Ultisolen zu, während **Lixisole** und **Alisole** wie die Luvisole zu den Alfisolen gehören.

Die **Acrisole** bilden wie die Ferralsole allgemein nährstoffarme Standorte, die demzufolge zur ‚shifting cultivation' (Wanderfeldbau) genutzt werden oder gedüngt werden müssen. Stagnic AC werden wegen Luftmangel und Plinthic bzw. Ferric AC wegen schlechter Gründigkeit meist nur forstlich oder als Weide genutzt. **Alisole** sind gedüngt hingegen bessere Kulturpflanzenstandorte. **Lixisole** werden extensiv als Weideland aber auch für Baumwolle, Maniok oder im Mediterranraum

für Wein, Mandeln, Feigen und bewässert Citrus genutzt. Da ihre Nährstoffreserven gering sind, erfordert eine intensivere Nutzung entsprechend hohe Düngung.

Acrisole und **Alisole** sind im Osten der USA, im Südosten Chinas, und ganz Südostasien, auf Borneo, und im Amazonasbecken, sowie weiten Teilen Westafrikas stärker vertreten. **Lixisole** dominieren im Nordosten Brasiliens, in den Savannen Afrikas, außerdem im Osten und Südosten Indiens und auf den Karstflächen im Mittelmeer.

7.6.5 Kastanozeme

Kastanozeme (KS) (Abb. 7.6-4) sind Steppenböden wie die **Chernozeme** und **Phaeozeme** (Kap. 7.5.1.8). Der Name wurde von russischen Bodenkundlern eingeführt. Im US-System entsprechen Aridic Borolls und Ustolls. Auch sie besitzen einen ca. 40 cm mächtigen, durch intensive Tiertätigkeit geschaffenen Mull-A-Horizont, der aber im Gegensatz zu dem der Chernozeme deutlicher braun ist (Munsell-Chroma > 2), worauf der Name der Böden (Farbe der Esskastanien) Bezug nimmt. Ein Kalkanreicherungshorizont (calcic horizon) ist immer vorhanden, selbst bei carbonatarmem Gestein. Als Gypsic KS oder Petrogypsic enthalten sie Gips, durch den, ebenso wie durch Kalk (Calcic KS oder Petrocalcic), die Böden teilweise verfestigt sind. Im Vergleich zu den Chernozemen sind in der Regel Mächtigkeit und Humusgehalt des A-Horizonts geringer, die Kalk- und Gipsanreicherungen weiter oben im Profil, und der Unterboden kann auch wasserlösliche Salze enthalten. Diese Unterschiede sind Folge geringerer Bodendurchfeuchtung, d. h. geringerer Niederschläge und/oder höherer Temperaturen.

Kastanozeme zeigen eine neutrale Bodenreaktion. Silicate sind kaum verwittert und unter ihren Tonmineralen dominieren je nach Ausgangsgestein Illit, Smectite, Vermiculite oder Palygorskit.

Kastanozeme können ähnlich den Chernozemen sehr fruchtbar sein. Stärker als bei diesen führen Witterungsunterschiede in verschiedenen Jahren aber zu hohen Ertragsschwankungen. Vielfach müssen Anbaupausen mit Schwarzbrachen sowie andere Maßnahmen zur Ergänzung der Wasservorräte eingelegt werden. Winderosion und in Hanglage auch Wassererosion sind sehr verbreitet. Bewässerungsfeldbau ist mit dem Verlust des mollic Ah und der Gefahr sekundärer Versalzung verbunden (Kap. 7.2.4.5).

7

Kastanozeme treten in den kontinentalen Trockengebieten Russlands und Mittelasiens, den trockeneren Praerien Nordamerikas sowie in Argentinien verbreitet auf.

7.6.6 Arenosole

Arenosole (AR) sind sandige Böden (lat. arena = Sand) mit nur mäßig ausgeprägter Horizontierung. Die Textur ist (zumindest in den oberen 100 cm) lehmiger Sand oder gröber. Sie haben meist einen humsarmen A, während die sandige Textur die Entwicklung eines diagnostischen B-Horizonts ausschließt. Im US-System handelt es sich um Psamments, im französischen bezeichnet man sie als sols minéraux bruts. Arenosole haben sich vorrangig aus Flugsanden entwickelt, aber auch aus fluviatilen Sanden sowie verwitterten Sandsteinen.

Als Untereinheiten werden z. B. unterschieden: Rohböden rezenter Dünen, die Protic AR, die schwach kalkhaltige AR (Calcaric), die schwach gipshaltigen AR (Gypsiric), die extrem trockenen und humusarmen AR (Aridic) und (Yermic), die leicht verbraunten (Chroma des Bv > 4,5 und/oder Farbart 10YR bzw. intensiver rot) Brunic oder Rubic AR bzw. Ferralic AR (wenn KAK < 4 cmol$_c$ kg^{-1}), die gebleichten Albic AR, die schwach lessivierten (> 3 % Tongehaltsunterschied) Lamellic AR, die basenarmen AR (Dystric), die basenreichen AR (Eutric). In Deutschland werden Protic AR als Lockersyroseme, Brunic AR als Braunerden und Lamellic AR als Bänder-Parabraunerden klassifiziert.

Arenosole haben ihre größte Verbreitung in den Wüsten der Erde, kommen aber auch in humiden Klimaten vor, z. B. auf Küstendünen. Abb. 7.6–3 ist

ein charakteristisches Beispiel für Arenosole der Wüsten, die yermische Eigenschaften (Tab. 7.3–2) aufweisen und demzufolge auf der alten Weltbodenkarte als Yermosole bezeichnet werden. Infolge nahezu fehlender Vegetation sind sie extrem humusarm. Sie sind zudem salzhaltig, weil die mit dem Niederschlag zugeführten Salze durch den nur sehr selten fallenden Regen nicht ausgewaschen werden. Sie reagieren neutral bis alkalisch und sind allenfalls schwach verbraunt. Sie weisen häufig flugsandgefüllte Spalten auf. Diese können trotz sandiger Bodenart dadurch entstehen, dass die Sandkörner des trockenen Bodens durch Salz verbacken sind und dieser während der nächtlichen Abkühlung etwas schrumpft, sodass an der Oberfläche sedimentierter Flugsand nachrutschen kann (Kap. 7.2.6.4 und Abb. 7.2–5). Die Bodenoberfläche ist in flachen Mulden häufig mit frischem Flugsand bedeckt, während sie auf flachen Rücken ein ‚Wüstenpflaster‘ von Kies und Steinen und/oder eine mm-dünne Kruste einer cm-dicken Lage mit porösem, blasenreichem (Schaum)-Gefüge (engl. vesicular structure) überdeckt. An der Bildung der Kruste sind oft Algen beteiligt, durch die sedimentierter Staub fixiert wird, während die Bildung der Bläschen auf Lufteinschluss bei Durchfeuchtung zurückgeführt wird.

Wüstenpflaster sind häufig von schwarzbraunem **Wüstenlack** überzogen, der aus amorphen Fe-, Mn- und Si-Oxiden besteht, die im Gesteinsinneren gelöst wurden und kapillar an die Oberfläche transportiert wurden.

Die größte zusammenhängende Aenosolfläche findet sich in der Sahelzone Westafrikas von Senegal bis in den Sudan. Diese sauren AR sind meist Lamellic, Rubic, Ferralic oder Haplic Arenosols. Sie sind landwirtschaftliche Grenzstandorte aber z. B. in Niger die wichtigsten Agrarstandorte. Sie weisen

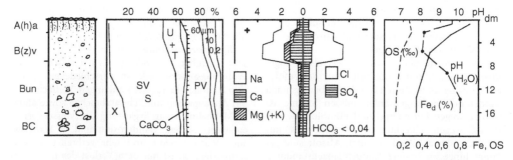

Abb. 7.6-3 Eigenschaften eines Salicalcaric Arenosols aus sandigen Sedimenten der Vollwüste; Wadi Irawan, Fezzan. (Nach Analysen von H.-P. BLUME und TH. PETERMANN) (Salze der Bodenlösung in cmol$_c$ kg^{-1} Boden).

7

| Vertisol | Ferralsol | Kastanozem | Nitisol | Calcisol |

| Gypsisol | Durisol | Solonetz | Andosol | Cryosol |

Abb. 7.6-4 Typische Böden der Erde (Maßstab in dm; internationale Namen) (Entwurf H.-P. BLUME; Durisol P. SCHAD, Cryosol C. TARNOCAI).

7

vor allem extremen P-Mangel sowie Armut an allen übrigen Nährstoffen auf.

Arenosole humider Klimate sind etwas humusreicher, stark versauert und entbast.

Das geringe Nutzwasser- und Nährstoffbindungsvermögen sowie die meist geringen Nährstoffreserven der Arenosole gestatten eine Weidenutzung erst ab 300 mm Jahresniederschlag, während ein ertragreicher Ackerbau erst ab 500 mm sowie intensiver Düngung möglich ist. In Wüstengebieten werden sie bevorzugt für den Bewässerungslandbau herangezogen, weil infolge ihrer hohen Wasserdurchlässigkeit die Gefahr einer sekundären Versalzung gering ist.

7.6.7 Calcisole und Gypsisole

Calcisole (CL) und Gypsisole (GY) sind mit Kalk bzw. Gips angereicherte Böden arider Klimate, d. h. der Halb- und Vollwüsten.

Calcisole (Abb. 7.6–4) verfügen über einen zumindest 20 cm mächtigen Horizont mit mehr als 15 % Kalk (und 5 % mehr als das Ausgangsgestein, wenn dies unter 40 % Kalk). Der Kalk ($CaCO_3$) wurde sekundär angereichert und befindet sich als Pseudomycel oder in Form von Häutchen an Aggregatoberflächen, durchsetzt als weiche bis harte Konkretionen die Bodenmatrix oder bildet weiche bis harte Kalkbänke (**calcrete**). Erstere werden als **Calcic**, letztere als **Petrocalcic** Horizonte bezeichnet. Calcisole können aus kalkhaltigem oder kalkfreiem Gestein entstanden sein. Der Sekundärkalk kann durch Verwitterung Ca-haltiger Silicate gebildet werden, dem Grundwasser entstammen und/oder unter ariden Klimabedingungen mit dem Niederschlag zugeführt worden sein. Calcisole sind typisch für Halbwüsten und mediterrane Gebiete. In Vollwüsten treten nur Gleyic CL als Grundwasserbildungen auf. Entkalkung findet nicht statt, sondern nur Kalk-Umlagerung. Die Kalkgleye humider Klimate (Kap. 7.5.2.1) sind in den oberen 5 dm stark redoximorph und gehören daher zu den Calcic Gleysolen. Die Humusgehalte des Oberbodens sind gering, die Bodenreaktion ist alkalisch, und häufig sind wenig Gips und/oder wasserlösliche Salze vorhanden.

Gypsisole (Abb. 7.6–4) verfügen über einen zumindest 15 cm mächtigen Horizont mit > 15 % Gips ($CaSO_4 \cdot 2\,H_2O$), der ähnlich dem Kalk der Calcisole in Form von Ausblühungen an Aggregatoberflächen oder auch harter Bänke auftreten kann. Gypsisole zeigen neutrale Reaktion, sind humusarm und oft salzhaltig. Nicht selten liegen Übergangsformen von Calcisolen und Gypsisolen vor: Bei Grundwasser-

bildungen befindet sich dann die Gipsanreicherung über der Kalkanreicherung, bei Tagwasserbildungen ist es umgekehrt (s. Kap. 7.2.4.5). Gypsisole, die nicht grundwasserbedingt sind, beschränken sich auf Voll- und Halbwüsten. Im US-System werden die Calcisole als Calcids und die Gypsisole als Gypsids bezeichnet.

Viele Calcisole dienen der extensiven Weidenutzung. Regenfeldbau mit Gerste, (Weizen) und Sonnenblumen ist ebenfalls möglich; höhere Erträge werden aber durch Bewässerung erreicht. In letzterem Fall ist wegen geringerer Tendenz zur Oberflächenverkrustung die Furchenbewässerung einer Überstaubewässerung vorzuziehen. Weidenutzung und auch Regenfeldbau der Gypsisole sind möglich, sofern die Gipsgehalte des Oberbodens unter 25 % liegen und der Niederschlag ausreicht. Hohe Erträge, zum Beispiel von Luzerne, Mais, Weizen oder auch Obst, sind demgegenüber mit Bewässerung zu erzielen – auch bei hohen Gipsgehalten. Ertrags- oder gar nutzungsverhindernd wirken sich harte Gips- oder Kalkbänke als Wurzelhemmnisse aus.

7.6.8 Durisole

Durisole (DU) (Abb. 7.6–4) sind durch Kieselsäure verfestigte Böden. Es handelt sich dabei um eine durchgehend verfestigte Bank (= duripan) von 0,3 bis 4 m Dicke, oder aber um SiO_2-verfestigte Bereiche der Bodenmatrix (durinods). Ihr Name wurde von *durus* (lat. = hart) abgeleitet. Gelöste Kieselsäure der Mineralverwitterung bildet zunächst den wasserhaltigen, amorphen Opal, der später in mikrokristallinen Cristobalit übergeht (Kap. 7.2.4.4).

Durisole haben sich vor allem in semiariden und humiden Gebieten aus vulkanischen Tuffen gebildet. Petric DU sind durch eine kompakte Bank charakterisiert. Calcic bzw. Gypsic DU zeigen auch Kalk- bzw. Gipsanreicherungen, die oft mit einem duripan zusammenfallen. Leptic DU sind aus Festgestein entwickelt, DU (Arenic) aus Sanden; DU (Yermic) und (Aridic) treten in Wüsten auf, während Luvic DU unter wechselfeuchten Klimaverhältnissen entstehen. Unter humidem Klima sind sie versauert, während sie sonst neutral bis alkalisch reagieren.

In den USA werden Durisole vor allem als Durids klassifiziert, in der Weltbodenkarte der FAO als ,duripan phases' vor allem der Xerosole, Yermosole, Planosole und Luvisole.

Durisole treten großflächig in Süd- und Südwest-Afrika, in West- und Süd-Australien, im Süden und Westen der USA, sowie in Teilen der Zentral-Sahara auf. Da sie erst kürzlich als eigenständige Einheit

7

in das WRB System aufgenommen wurden, sind ihr Verbreitungsmuster und auch ihre Genese noch wenig erforscht.

Eine landwirtschaftliche Nutzung ist in der Regel wegen schlechter Durchwurzelbarkeit sehr erschwert (wenn nicht bereits durch Trockenheit stark eingeschränkt), sodass eine extensive Beweidung dominiert. Für den Bewässerungsfeldbau wurden verschiedentlich verfestigte Bereiche maschinell gebrochen. Gebrochene Bänke werden im Straßenbau eingesetzt.

7.6.9 Planosole

Planosole (PL) (Abb. 7.5–16) sind stark staunasse Böden mit einem nassgebleichten Oberboden (Sew oder Eg), der abrupt (Tab. 7.3–2) in einen deutlich tonreicheren Unterboden mit geringer Wasserdurchlässigkeit übergeht. Der Bleichhorizont ist an Fe- und Mn-Oxiden verarmt, oder diese sind als Konkretionen gebunden. Der Name wurde von (lat.) planus (= eben) abgeleitet, weil Planosole meist auf zeitweilig stark vernässten Ebenen anzutreffen sind. Der tonreichere Unterboden kann Folge primärer Gesteinsschichtung oder selten der Tonverlagerung sein. Zur Erklärung wird auch Ferrolyse zur Tonzerstörung im Oberboden herangezogen (BRINKMAN, 1979).

Planosole unterscheiden sich von Stagnic-Untereinheiten der Luvisole und anderer Böden mit Tonverlagerung (Kap. 7.6.4) nur durch eine stärkere Tongehaltsdifferenz zwischen Ober- und Unterboden. Im US-System bilden Planosole keine eigene Gruppe, sondern gehören als Albaqualfs, Albaqults oder Argialbolls verschiedenen Ordnungen an.

Der Unterboden kann marmoriert oder permanent gefroren sein (dann Gelic PL). Zu den Planosolen mit rostfleckigem Unterboden zählen einige mitteleuropäische Pseudogleye und vor allem Stagnogleye. In den wechselfeuchten Tropen sind manche Reisböden älterer Landoberflächen Planosole.

Manche Planosole sind aus stark ausgewaschenen Solonetzen hervorgegangen und werden auch als **Solod** bzw. Steppenbleicherde bezeichnet. Ihr Btn-Horizont entspricht dem des Solonetz, ist also auch durch eine hohe Na-Sättigung (> 6 %), dichtes Säulengefüge, oft dunkle Färbung (durch lessivierten Humus), aber deutlich höhere Tongehaltsunterschiede zum Oberboden gekennzeichnet. Derartige Planosole haben sich in der Regel durch Feuchterwerden des Klimas aus den Solonetzen entwickelt und sind im Unterschied zu diesen zumindest im Oberboden versauert. Sie nehmen oft flache Senken ein und tragen bisweilen wegen höheren Wasserangebotes im Gegensatz zur umliegenden Steppe kleinere Gehölze.

Planosole treten in den wechselfeuchten Tropen und Subtropen meist kleinflächig auf.

7.6.10 Plinthosole

Plinthosole (PT) sind durch einen Plinthit-Horizont (Tab. 7.3–1; gr. *plinthos* = Ziegel) charakterisiert. Dieser ist entweder als Fe-Oxid-reiche feste Bank bzw. Kruste (= petroplinthic) ausgebildet und/oder als rot/weiß gefleckter Horizont, der bei starker Austrocknung irreversibel verhärtet. Letzterer kann von einem nassgebleichten Horizont überlagert sein. In diesem Fall weist ein Plinthosol die Morphe eines Pseudogleys, Stagnogleys bzw. Planosols auf und kann ein sezenter Stauwasserboden sein.

Plinthosole treten auf alten Landoberflächen der feuchten und wechselfeuchten Tropen auf und sind stark verwittert: Die weißen Bereiche eines Plinthit- oder Fleckenhorizontes bestehen überwiegend aus Al-Oxiden und/oder Kaolinit, die roten Bereiche aus Fe-Oxiden (Abb. 7.2-1). Infolge starker Verfestigung sind sie vor Erosion geschützt und nehmen heute hohe Reliefpositionen ein.

Die schlechte Durchwurzelbarkeit der Plinthosole schränkt deren ackerbauliche Nutzung stark ein. Wenn der Oberboden erodiert, sind Plinthosole Ödland. Feuchte Plinthosole in Mulden können beweidet werden.

7.6.11 Andosole

Andosole (AN; jap. ando = schwarzer Boden) (Abb. 7.6-4) sind meist aus (jungen), vulkanischen Aschen entstanden und weisen Vitric oder Andic properties (Eigenschaften) auf (Tab. 7.3–1).

Der Oberboden ist sehr locker (Feuchtraumgewicht bei pF 2,5 < 0,9 g cm^{-3}), dunkelbraun bis schwarz gefärbt und humusreich (bis 25 %). Die Tonfraktion besteht überwiegend aus dem feinkörnigen, kugeligen **Allophan**, dem stengeligen **Imogolit** und bei fortgeschrittener Entwicklung auch aus **Halloysit**, die aus vulkanischen Gläsern entstanden sind. In den übrigen Kornfraktionen dominieren in jungen Andosolen frische Gläser, während sich in älteren meist verwitterungsstabile Silicate nichtvulkanischer Herkunft angereichert haben.

7

Unter dem A-Horizont folgen oft leuchtend braune bis braunrote B-Horizonte oder (als Folge wiederholter Aschesedimentation) fossile Ah-Horizonte. Unter wechselfeuchtem oder semiarischen Klima kann der Unterboden durch Kieselsäure zum **Duripan** (Mexiko: Tepetate) oder durch $CaCO_3$ zu Calcrete verhärtet sein (MIEHLICH, 1978).

Die sehr jungen, wenig verwitterten Vitric AN bestehen zu > 60 Vol.-% aus vulkanischen Gläsern. Die übrigen sind stärker verwittert, allophanreich und enthalten > 2 % $Al_o + \frac{1}{2} Fe_o$): Als Silandic AN enthalten sie zudem mindestens 0,6 % Si_o, als Aluandic AN < 0,6 % Si_o und sind dann gleichzeitig sauer; als Melanic AN verfügen sie über > 6 Masse-% C_{org} in den oberen 6 dm. Im US-System sind die Andosole die Ordnung der Andisols.

Andosole sind aufgrund ihrer hohen Wasserkapazität und ihres stabilen, porenreichen Gefüges günstige Pflanzenstandorte, sofern keine Verfestigung (siehe oben) vorliegt. Sie sind durch eine hohe variable Ladung charakterisiert und verfügen über eine hohe KAK, und in saurem Zustand über ein starkes P-Bindungs- und Fixierungsvermögen. Im humiden Klima verwittern sie rasch, besitzen mithin ein hohes Nährstoff-Nachlieferungsvermögen und sind dann häufig auch versauert (selten unter pH 5).

Ihre Hauptverbreitung liegt im circumpazifischen Raum (Japan, Philippinen, Indonesien, Neuseeland, Chile Ekuador, Kolumbien, Mexiko, Ostafrika), außerdem in Kamerun, den Azoren, Kanaren und auf Island; in Deutschland treten sie vereinzelt in der Eifel auf (Laacher See-Vulkanismus).

7.6.12 Cryosole und andere Böden mit Permafrost

Cryosole (CR) (Abb. 7.6–4) sind Frostböden (KIMBLE 2004). Zumindest der Unterboden ist ständig gefroren; er wird als **Cryon** bezeichnet und mit I (Ice-horizon) oder Cf (gefrorener Unterboden) bezeichnet. Darüber folgt der sommerliche Auftauhorizont (engl. *active layer*; schwed. *Tjäle* = Frost). Dieser weist häufig Würge-, Brodel- oder Taschenbildungen auf, ist also durch **Kryoturbation** geprägt (Kap. 7.2.6.2). In der US-Systematik werden sie als Gelisole bezeichnet.

In der WRB-Systematik stellen sie (im Gegensatz zur USA) nur dann die eigenständige Einheit der Cryosole dar, wenn sie neben Permafrost im Unterboden auch Spuren aktiver Kryoturbation im Oberboden erkennen lassen. In diesem Fall wird u.a. entsprechend diagnostischer Eigenschaften (Tab. 7.3–2) zwischen Glacic, Turbic, Histic, Leptic, Salic und Umbric CR usw. unterschieden.

Der Permafrost reicht in Sibirien bis 1500 m tief. Die sommerliche Auftautiefe beträgt 0,1…2 m: sie ist abhängig von Klima, Relief, Vegetation und Bodeneigenschaften. Kurzer Sommer bzw. lange Schneebedeckung, geschlossene Vegetation und mächtige Humusauflagen (= geringe Temperaturleitfähigkeit) sowie wassergesättigte lehmig-tonige Böden (= hohe Wärmekapazität) bewirken eine geringere, Sonnhänge und grobkörnige Böden eine große Auftautiefe.

Im Sommer unterliegt die Tjäle einer Bodenentwicklung. Niedrige Temperaturen und tägliche Schwankungen begünstigen kryoklastische Verwitterung sowie Kryoturbation, und dadurch (trotz niedriger Temperaturen) auch chemische Verwitterung und Mineralneubildung (Kap. 2.4.1 und 7.2.1.1). Da das Schmelzwasser nicht im gefrorenen Untergrund versickern kann, sind die Böden vielfach nass und zeigen redoximorphe Merkmale (CR (Reductaquic) und (Oxiaquic)). Luft- und Wärmemangel hemmen dabei das Bodenleben und damit den Streuersatz, sodass auch mächtige Humusauflagen und damit Histosole entstehen. Insbesondere Hanglage und sandige Bodenart verhindern demgegenüber Wasserstau: Unter solchen Bedingungen entwickeln sich in Abhängigkeit vom Substrat Regosole (Gelic) oder Ranker und durch Verbraunung auch Cambisole (Gelic).

Tjäle und Oberfläche der Cryosole sind durch Kryoturbation und Solifluktion mehr oder weniger stark geprägt (Kap. 8.4.10).

Cryosole und Gelic …-Untereinheiten können nur extensiv genutzt werden, in der Tundra z. B. als Rentierweiden, in der Taiga auch forstlich.

7.6.13 Redoximorphe (Hydragic oder Irragric) Anthrosole (Reisböden)

Tiefgründig durch Menschen stark veränderte Böden heißen in der deutschen Bodensystematik Kultosole (Kap. 7.5.5), während sie international Anthrosole (AT) genannt werden. In besonders charakteristischer Weise trifft dies auf viele Reisböden (engl. paddy soils) zu, die im Folgenden näher behandelt werden sollen.

Eine oft monatelange Wasserüberstauung erfolgt durch a) Regenwasser, b) künstliche Bewässerung, c) künstliches Anheben des Grundwasserspiegels oder d) gelenkte Überflutung durch Flüsse, die zur Regenzeit über die Ufer treten. Das Wasser wird in der Regel durch Dämme auf den Feldern gehalten und

Tab. 7.6-1 Klassifizierung des Feuchtezustandes von Böden mit Hilfe der Häufigkeit im Freiland ansprechbarer Nass- bzw. Trockenzustände (USDA 1999)

Bezeichnung	Boden-temperaturen	Feuchte-zustand	Zeitspanne	Bemerkungen
peraquic perudisch	$\pm > 5\,°C$	nass	ständig oder regelmäßig wiederholt	stagnierend reduzierend
aquic aquisch	$\pm > 5\,°C$	nass	unbestimmt	stagnierend reduzierend
perudic perudisch		feucht pF < 3	fast durchgehend	Klima perhumid
udic udisch	–	feucht	$\Sigma > 90$ d/a	Klima oft humid
	$T_M < 22\,°C$ + $\Delta T_M \geq 6\,°C$	feucht	45 folgende d in 4 Monaten nach Mittsommer in 6 von 10 a	meist Bodenluft, wenn $T_M > 5\,°C$
ustic ustisch	$T_M \geq 22\,°C$	trocken	≥ 90 d/a	
	$\Delta T_M < 6\,°C$	feucht	> 180 d/a oder 90 folgende d	
	$T_M = 8...22\,°C$	trocken	> 90 d/a	
	$\Delta T_M \geq 6\,°C$	z.T. feucht	½ Zeit T_M >5°C+ feucht an 45 folg. d in 4 Monat. n. Mittsommer in 6 von 10 a	z.B. in trop. + subtrop. oder Monsum Zonen
aridic aridisch	$\geq 5\,°C$	trocken	> ½ der Zeit > 5 °C	in ariden Zonen
bzw. **torric** torrisch	$\geq 8\,°C$	trock. od. z.T. feucht	> 90 folg. d > 8 °C	lösliche Salze möglich
xeric xerisch	$T_M < 22\,°C$	trocken	≥ 45 folg. d in 4 Monat. n. Mittsommer in 6 von 10 a	mediterrane Klimate
	$\Delta T_M \geq 6\,°C$	feucht	> ½ der d mit T_M >6 °C od. in 6 von 10 a > 90 d/a mit $T_M > 8\,°C$	

d = Tag, a = Jahr; °C-Angaben beziehen sich auf 5 dm Bodentiefe (T_M = Jahresmittel)
ΔT_M = Unterschied Sommer- (Juni-Aug.) und Winter- (Dez.-Febr.) Mittel-Temperatur
Tiefenbereich Feuchteansprache bei U- u. T-Böden = 1...3 dm, L- u. LS-Böden = 2...6 dm, S-Böden = 3...9 dm.
Bodenfeuchte trock.: pF $\geq$ 4,2; feucht: pF < 4,2; nass = wassergesättigt.

sein Versickern häufig durch ,puddling' (= Bearbeiten des wassergesättigten Bodens) erschwert. Bereits wenige Tage nach Wassersättigung werden unter anaeroben Bedingungen besonders im Oberboden CO_2, H_2S, N_2O und CH_4 gebildet, die blasenförmig entweichen, sowie SO_4^{2-} und NO_3^- reduziert, ebenso Mn^{4+} und Fe^{3+}. Außerdem steigen die NH_4^+-, PO_4^-- und H_4SiO_4- Konzentrationen in der Bodenlösung stark an, während das Redoxpotenzial stark absinkt (< 300 mV bei pH 6), was bei sauren Böden mit einem pH-Anstieg verbunden ist. Während der Tro-

ckenperioden laufen die genannten Prozesse dann in umgekehrter Richtung ab: Die Eh-Werte steigen, die pH-Werte sinken, Fe und Mn werden oxidiert und bevorzugt an der Oberfläche der Trockenrisse ausgefällt. Durch periodische Überflutung entstehen also in starkem Maße redoximorphe Merkmale.

Im schwächer belebten Unterboden sinkt das Redoxpotenzial kaum ab, sodass oft an der Grenze zum Oberboden Mn- und Fe-Oxide angereichert werden. Da durch das ,puddling' das Bodengefüge zerstört wird und bei der Anlage ebener Parzellen oder Terrassen Bodenmaterial in erheblichem Maße umgelagert wird, gehören viele Reisböden zu jenen Böden, die besonders stark von Menschen verändert wurden und stetig verändert werden.

Viele Reisböden werden im WRB-System als **Hydragric oder Irragric Anthrosole** klassifiziert. Diese Böden zeichnen sich durch eine über 50 cm mächtige Sequenz nasser Kultivierung aus: Zuoberst liegt ein intensiv gemischter Horizont (**puddled layer**) mit grauen Reduktionsfarben und ‚verrosteten' Aggregatoberflächen sowie geringer Lagerungsdichte (d_B < 0,8 g cm^{-3}), darunter eine kompakte (d_B > 1,2 g cm^{-3}) Pflugsohle mit plattigem Gefüge und verrosteten Aggregatoberflächen, gefolgt von einem Illuviationshorizont mit stark redoximorphen Merkmalen, Tonhumuscutanen an Aggregatoberflächen und sekundärer Anreicherung pedogener Fe-Oxide.

7.7 Literatur

Weiterführende Lehr- und Sammelwerke

AG BODEN (2005): Bodenkundliche Kartieranleitung. 5. Aufl.; Schweizerbart, Stuttgart

ALTERMANN, M. & D. KÜHN (2000): Systematik der bodenbildenden Substrate; Kap. 3.2.8 in BLUME et al. (1996 ff)

ARBEITSKREIS BODENSYSTEMATIK (2001): Systematik der Böden Deutschlands; Kap. 3.2.2 in BLUME et al. (1996 ff).

BAREN, J. VAN et al. (1987): Soils of the world (Wandkarte). Elsevier, Amsterdam.

BLUME, H.-P. (1996): Böden städtisch-industrieller Verdichtungsräume; Kap. 3.4.4.9 in BLUME et al.1996ff

BLUME, H.-P. (2003): Die Wurzeln der Bodenkunde. Kap. 1.3,1 in BLUME et al. (1996 ff)

BLUME, H.-P., P. FELIX-HENNINGSEN, W.R. FISCHER, H.-G. FREDE, R. HORN, K. STAHR (Hrsg., 1996 ff): Handbuch der Bodenkunde.; ecomed, Landsberg, seit 2007 Wiley-VCH, Weinheim

BRECKLE, S.-W., A. YAIR, M. VESTE (Hrsg.) (2008): Arid dune ecosystems. Springer, Berlin

BRIDGES, E.M. (1990): Soil horizon designations. Techn. Paper **19**, ISRIC, Wageningen (NL).

BRIDGES, E., N. BATJES & F. NACHTERGAELE (1998): World reference base for soil resources – atlas. Acco, Löwen

BRONGER, A. (1982): Bibliography on Paleopedology. Mitt. Dt. Bodenk. Ges. 35: 1-314

CHADWICK, A. & R. GRAHAM (2000): Pedogenic processes; Kap. E 2 in M. E. Sumner (Hrsg.): Handbook of Soil Science. CRC, Boca Raton

DECKERS, J., F. NACHTERGAELE & O. SPAARGAREN (Hrsg. 1998): World reference base for soil resources – introduction. ACCO, Löwen

DIEZ, Th. & H. WEIGELT (1987): Böden unter landwirtschaftlicher Nutzung. BLV, München.

DRIESSEN, P., J. DECKERS, O. SPAARGAREN, F. NACHTERGAELE (ed.; 2001): Lecture notes on the major soils of the world. FAO, Rom

DUCHAUFOUR, Ph. (1995): Pédology. 4, Aufl., Masson, Paris; engl. Fassung (1982), Allen & Unwin, London.

DUCHAUFOUR, Ph. (1998): Handbook of Pedology. A. Balkema, Rotterdam.

FAO-UNESCO (1974): Soil Map of the World, Vol. 1, Legend, Paris.

FAO (2006): Guidelines for soil description.4. ed.; FAO, Rome

FURRER, G., & H. STICHER (1999): Chemische Verwitterungsprozesse. Kap. 2.1.3.2 in BLUME et al. (1996 ff)

FELIX-HENNINGSEN, P. (2009): Böden als erd- und landschaftsgeschichtliche Urkunden. Kap. 1.8 in BLUME et al. 1996ff

HILLEL, D. (Hrsg.) (2004): Encyclopedia of soils in the environment. Elsevier, Diego

IUSS/ISRIC/FAO (2006): World reference base for soil resources (WRB). World Soil Resources Reports 103, FAO, Rom

JAKOSKY, B.M. & R.J. PHILLIPS (2001): Mars' volatile and climate history. Nature 412: 237-244

JENNY, H. (1941): Factors of soil formation. New York

JENNY, H. (1980): The soil resource – origin and behavior. Ecolog. Stud. 37. Springer, New York

KIMBLE, J. M. (Hrsg.) (2004): Cryosols permafrost-affected soils. Springer, Berlin

KUBIENA, W.L. (1953): Bestimmungsbuch und Systematik der Böden Europas. Enke, Stuttgart.

LEXIKONREDAKTION (Hrsg.) (2006): Der Brockhaus. Astronomie – Planeten Sterne Galaxien. Brockhaus, Mannheim

LUXMOORE, R. (Hrsg.) (1994): Factors of soil formation. SSSA, Madison.

MEUSER, H. (2004): Anthropogene Böden; Kap. 2.9 in H.-P. BLUME (Hrsg.): Handbuch des Bodenschutzes, 3. Aufl.; ecomed, Landsberg.

MÜCKENHAUSEN, E. (1977): Entstehung, Eigenschaften und Systematik der Böden der BRD. DLG-V., Frankfurt.

OLLIER, C. (1984): Weathering. Longman, London.

OLSEN, S., C. COLE, et al. (1954): Estimation of available P by extraction with sodium bicarbonate. USDA Circ. 939, Washington DC

REHFUESS, K.E. (1990): Waldböden. 2. Aufl.; Parey, Hamburg

SCHLICHTING, E. (1986): Einführung in die Bodenkunde. Parey, Hamburg

SOIL SURVEY STAFF (1975/1999): Soil Taxonomy, Agric. Handbook 436, Washington.

SOIL SURVEY STAFF (2006): Keys to soil taxonomy. 10th ed.; USDA, Washington DC

STÜWE, K. (2000): Einführung in die Geodynamik der Lithosphäre. Springer, Berlin

SUMNER, M.E. (Hrsg.) (2000): Handbook of soil science. CRC Press, Boca Raton

USDA (1999): Soil taxonomy. 2. Aufl.; Handbook 436; US Dep. Agric. Soil Conserv. Serv., Washington DC.
WILDING, L.P. (2000): Pedology; chapter E in M. E. SUMNER (ed.): Handbook of Soil Science. CRC, Boca Raton

Weiterführende Spezialliteratur

AHNERT, F. (1994): Modelling the development of non-periglacial sorted nets. Catena **23**, 43…63.
BAUER, J., W. ENGLERT, U. MEIER, F. MORGENEYER, W. WALDECK (2001): Physische Geographie kompakt. Schroedel, Hannover
BEYER, L. (1996): Humusformen und -typen. Kap. 3.2.1 in BLUME et al. (1996 ff)
BLOCKHUIS, W.A. (1993): Vertisols in the central clay plain of the Sudan. Diss. Agricult. Univ., Wageningen.
BLUME, H.-P. (1968): Stauwasserböden, Ulmer, Stuttgart.
BLUME, H.-P. (1973): Genese und Ökologie von Hangwasserböden. S. 187-194 in SCHLICHTING & SCHWERTMANN (1973)
BLUME, H.-P. (1981): Schwermetallverteilung und-bilanzentypischer Waldböden aus nordischem Geschiebemergel. Z. Pflanzenernähr. Bodenk. 144: 156-163
BLUME, H.-P. (1987): Bildung sandgefüllter Spalten unter periglaziären und warmariden Klimabedingungen. Z. Geomorph. **31**, 443…448.
BLUME, H.-P. & P. Felix-Henningsen (2007): Reduktosole. Kap. 3.3.2.11 in BLUME et al. 1996ff
BLUME, H.-P. (2004): Plaggen. Kap. 5.3.3.1 in BLUME et al. 1996ff
BRESLER, C., B.L. McNEAL & D.L. CARTER (1982): Saline and sodic soils. Springer, Berlin.
BRINKMANN, R. (1979): Ferrolysis, a soil forming process in hydromorphic conditions. Agric. Res. Rep. 887, Wageningen, NL
BRONGER, A. (1982): Bibliography on Paleopedology. Mitt. Dt. Bodenk. Ges. **35**: 1-314
BRÜMMER, G. (1968): Untersuchungen zur Genese der Marschen. Diss. Univ. Kiel.
BÜDEL, B. & M. VESTE (2008): Biological crusts; chapter 10 in S.-W. BRECKLE, M. VESTE, A. YAIR (Hrsg.): Arid sand dune ecosystems. Ecolog. Stud. 200; Springer, Berlin
CHEN, J., H.-P. BLUME & L. BEYER (2000): Weathering of rocks induced by lichen colonization. Catena **30**: 121…146
COOPER, A.W. (1960): An example of the role of microclimate in soil genesis. Soil Sci. **90**, 109…120.
DOKUČAEV, V.V. (1883): Russkij černozem. Translation by N. Kaner (1948): Russian chernozem. G. Monsum, Jerusalem, Israel.
DOKUČAEV, V.V. (1899): Bericht an das transkaukasische Komitee für Statistik über die Bodenschätzung im allgemeinen und die Transkaukasiens im besonderen. Horizontale und vertikale Bodenzonen (in russisch). In DOKUČAEV, V.V.: Sočinenija (Werke, Band 6. Moskau 1951: 379-397)
GEHRT, E. (2000): Nord- und mitteldeutsche Lössböden und Sandlössgebiete; Kap. 3.4.4.4 in BLUME ET AL. 1996ff
HILGARD, W.E. (1892): Ueber den Einfluss des Klimas auf die Bildung und Zusammensetzung des Bodens. Winter, Heidelberg
JAKOSKY, B.M. & R.J. PHILLIPS (2001): Mars' volatile and climate history. Nature 412: 237-244
JENNY, H. & C.O. LEONHARD (1934): Functional relationships between soil properties and rainfall. Soil Sci. **38**, 363.
KEREN, R.: Salinity; G 3…26; in SUMNER 2000
KUSSMAUL, H. & E.-A. NIEDERBUDDE (1979): Bilanzierung der Tonbildung und -verlagerung in Löss-Parabraunerden. Z. Pflanzenern. Bodenk. **142**, 586…600.
LEVY, G.: Sodicity; G 27…64 in SUMNER 2000
MARBUT, C.F. (1928) A scheme for soil classification. Proc. 1ˢᵗ Int. Congr. Soil Sci. Bd. 4: 1…31: Washington DC
MOHR, E., F. VAN BAREN & J. VAN SCHUYLENBORGH (1972): Tropical soils. 3. Aufl., Mouton, Den Haag.
MÜLLER, W. (1994): Zur Genese der Marschböden. Z. Pflanzenern. Bodenk. **157**, 1…9, 333…343.
NETTLETON, W.D. (Hrsg.) (1991): Occurance, characteristics and genesis of carbonate, gypsum, and silica accumulations in soils. SSSA Publ. 26; Madison.
PETERMANN, Th. (1987): Böden des Fezzan/SW-Libyen. Schriftenr. Inst. Pflanz./Bodenk., Univ. Kiel, Nr. 1
PFISTERER, U. (1991): Genese, Ökologie und Soziologie einer Bodengesellschaft aus Ultrabasit und Bodenformen assoziierter Gesteine des SO-braslianischen Regenwaldes. Schriftenr. Inst. Pfl. Bod. Univ. Kiel, Nr. 14
SAUERBREY, R. & J. ZEITZ (1999): Moore; Kap. 3.3.3.7 in BLUME ET AL. 1996ff
SCHLICHTING, E. & U. SCHWERTMANN (Hrsg.) (1973): Pseudogley und Gley. VCH, Weinheim.
VERWALT. NATURPARKS WATTENMEER (Hrsg, 1998/9): Umweltatlas Wattenmeer; 1 Schleswig-Holstein, 2 Niedersachsen. E. Ulmer, Stuttgart
WIECHMANN, H. (2000): Podsole. Kap. 3.3.2.8 in BLUME et al. (1996 ff:
WITTMANN, O. (2006): Deutsche Weinbaustandorte. Kap. 4.2.4.1 in BLUME ET AL. 1996ff
YARON, B., E. DANTORS & Y. VAADIA (Hrsg.) (1973): Arid zone irrigation. Ecolog. Stud. 5. Springer, Berlin.
YEN, A.S., S.S. KIM, M.H. HECHT, M.S. FRANK, B. MURRAY (2000): Evidence that the reactivity oft he Martian soil is due to superoxide ions. Science 289: 1909…1911

8 Bodenverbreitung

8.1 Die Pedosphäre

Böden sind **Naturkörper** und als solche vierdimensionale Ausschnitte aus der Erdkruste, in denen sich Gestein, Wasser, Luft und Lebewelt durchdringen. Wichtig ist dabei, dass die Böden belebt sind. Sie dürfen nicht als Lebewesen, sondern müssen als ein komplexes Poren- und Festkörpersystem betrachtet werden. Böden bestehen dabei aus vier Phasen, aus der gasförmigen, der flüssigen, der festen mineralischen und der festen organischen Phase.

Die **Pedosphäre** ist die Gesamtheit aller Böden. Sie ist ein zusammenhängender Bereich der oberen Erdkruste, der Bodendecke. Sie bedeckt das Festland und den Grund der Gewässer. Überall dort, wo sich die **Lithosphäre**, die **Atmosphäre**, die **Biosphäre** und die **Hydrosphäre** durchdringen, ist Boden bzw. Pedosphäre. So gesehen, bedeckt die Pedosphäre den gesamten Erdball. Man sollte dennoch die Frage stellen: Wo ist kein Boden? Dies ist dort der Fall, wo eine der Sphären, die für die Pedosphäre notwendig sind, nicht vorhanden ist. Wenn also an der Erdoberfläche oder in der Erdkruste die Lebewelt, das Wasser oder die Atmosphäre fehlen, ist dort kein Boden mehr. Diese Stellen sind sehr selten. Man findet sie zum Beispiel auf einem Lavastrom, der gerade erkaltet, an einer Abrissfläche eines Bergsturzes, auf der Oberfläche eines Gletschers oder auf einer frisch betonierten oder asphaltierten Straßendecke. Alle diese Ausnahmen werden über kurz oder lang in Boden übergehen. Das heißt, die Entwicklung zum Boden ist auf der Erdoberfläche der Normalfall. Anders verhält es sich dagegen auf dem Mond. Dort gibt es kein Wasser, keine Lebewelt, keine Atmosphäre. Da dort nur Gestein und Gesteinschutt vorhanden sind, können sich keine Böden entwickeln.

Die Pedosphäre kann verschieden dick sein. Sie findet sich häufig bereits an der Oberfläche von festen Gesteinen durch das Anwachsen von Flechten, Pilzen und Moosen; hier ist die Bodendecke im Bereich von wenigen Millimetern einzugren-

zen. Anders verhält es sich auf alten tropischen Landoberflächen, dort greift die Verwitterung und die Belebung des Bodens bis in 30, 40 oder 50 m Tiefe hinein, bevor man auf das unverwitterte Gestein stößt. Auch in vielen Karstlandschaften reicht die Beeinflussung der Lebewelt und des meteorologischen Kreislaufs des Wassers bis in 50 oder gar 100 m Tiefe. Im Verhältnis zu der 5…30 km mächtigen Erdkruste oder im Verhältnis zu dem 6.370 km langen Erdradius ist die Pedosphäre nur eine dünne Haut. Gerade diese Eigenschaft, **Haut der Erde** zu sein, macht aber die Bedeutung der Pedosphäre aus. Alle Stoffe, die aus dem Erdinneren an die Erdoberfläche oder in die Atmosphäre gelangen wollen, müssen durch die Böden hindurch und erzeugen in ihnen Wechselwirkungen. Umgekehrt wirkt der Boden als Haut der Erde auch, indem er Einflüsse aus dem All durch Energieeintrag, Strahlung und Partikelzufuhr abpuffert. So kann die Bodendecke, als ein wesentlicher Regulator in allen Prozessen, an der Erdoberfläche und in die Erdkruste hinein wirken. Das Bild von der Haut der Erde lässt sich auch auf große Katastrophen übertragen. Wenn die Haut der Erde zerstört wird oder auseinander reißt, kann sie ihre Funktion als Filter, Puffer und als Lebensraum nicht mehr wahrnehmen. Mit zunehmendem Eingriff in die Bodendecke muss der Mensch sich die Frage stellen, ob er die Funktion, Haut der Erde, erhalten will und kann (vgl. Kap 1.1, 7.1 und 11).

8.2 Paradigmen der Bodenverbreitung und Bodengenese

Für die Ordnung der Bodendecke haben sich im Laufe der Entwicklung der Bodenkunde bzw. der Bodenwissenschaften bestimmte Grundprinzipien herausgebildet. Eines der grundlegenden Prinzipi-

8

en, das erst im 19. Jahrhundert entwickelt wurde, ist das **Profilprinzip**. Jeder Boden hat ein Profil, das heißt, er besteht aus verschiedenen Bodenhorizonten, die gesetzmäßig aufeinander folgen. So liegt zum Beispiel in der Braunerde vor: ein Ah-Horizont als Humusanreicherungshorizont im Oberboden; ein Bv-Horizont, der nicht von der Humusanreicherung betroffen ist, aber die anderen Einflüsse wie Verwitterung durch Hydrolyse, die Tonmineralneubildung und Eisenoxidbildung zeigt; schließlich der Cv-Horizont im Unterboden, der das weitgehend nur physikalisch verwitterte Gestein umfasst. Die einzelnen Bodenhorizonte lassen sich in Aggregate unterteilen. Jedes Aggregat eines Bodenhorizontes hat noch sämtliche Eigenschaften eines Bodens. Es kann als die kleinste Einheit der Bodendecke verstanden werden, denn es enthält eine feste, flüssige und gasförmige Phase, ist in der Regel belebt und

ist natürlich auch vierdimensional, da es die Koordinaten eines Raumes und der Zeit hat. Weitere Unterteilungen wie einzelne Bodenpartikel oder gar Moleküle und Atome sind zwar Bestandteil des Bodens, aber haben nicht mehr die Bodeneigenschaft im strengeren Sinne.

Der nächste sehr große Fortschritt war die Feststellung, dass Böden im Relief innerhalb einer Landschaft gesetzmäßig verbreitet sind (**Catena-Prinzip**). Diese gesetzmäßige Verbreitung der Böden in der Landschaft entdeckte als Erster MILNE (1935) in Ostafrika, wo er die deutlichen Unterschiede zwischen Hochflächenböden, Böden am Hang und in der Senke erkannte. Dies wäre heute als eine Acrisol-Luvisol-Vertisol-Catena anzusprechen.

In Bezug auf die Frage nach einer höheren Einheit der Bodendecke entwickelte DOKUČAJEV schon

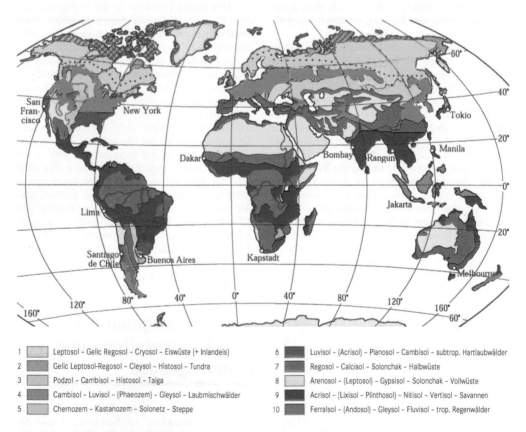

1   Leptosol – Gelic Regosol – Cryosol – Eiswüste (+ Inlandeis)
2   Gelic Leptosol-Regosol – Cleysol – Histosol – Tundra
3   Podzol – Cambisol – Histosol – Taiga
4   Cambisol – Luvisol – (Phaeozem) – Gleysol – Laubmischwälder
5   Chernozem – Kastanozem – Solonetz – Steppe
6   Luvisol – (Acrisol) – Planosol – Cambisol – subtrop. Hartlaubwälder
7   Regosol – Calcisol – Solonchak – Halbwüste
8   Arenosol – (Leptosol) – Gypsisol – Solonchak – Vollwüste
9   Acrisol – (Lixisol) – Plinthosol – Nitisol – Vertisol – Savannen
10 Ferralsol – (Andosol) – Gleysol – Fluvisol – trop. Regenwälder

Abb. 8.2–1 Bodenzonen der Erde (nach J. SCHULTZ, 2008, verändert). Die Permafrostgrenze der Nordhalbkugel in Zone 3 ist mit ++++ markiert

sehr früh die Idee der **Bodenzonen**. Diese entstand, als DOKUČAJEV auf der Reise von St. Petersburg über Moskau bis zur Krim die unterschiedlichen Bodenentwicklungen erkannte. So wurde von der Taiga über die Waldsteppe, zur Steppe, zur Halbwüste und zum Mediterranraum eine Zonalität der Böden, die der Bodenentwicklung auf Grund verschiedener Faktoren und auch dem Wirkungsgefüge Faktor, Prozess, Merkmal entsprachen, abgeleitet. Die Bodenzone ist heute ein Gürtel, der sich äquatorparallel um die Erde verbreitet und in dem Bodenfaktoren, insbesondere Klima, Vegetation, aber auch Gestein und Relief, gleichsinnig zusammenwirken (Abb. 8.2–1 Bodenzonen der Erde).

8.2.1 Grundsätze der Bodenvergesellschaftung

Böden sind Naturkörper und dabei Landschaftssegmente. Innerhalb einer Landschaft treten Böden mit verschiedenen Eigenschaften auf, die also unterschiedlich zu typisieren sind und die in ihrer Gesamtheit ein bestimmtes Bodenmosaik oder eine bestimmte Bodenlandschaft (engl. *soil landscape*) bilden. Die verschiedenen Böden sind nämlich in bestimmter, nicht selten regelmäßiger Weise in der Landschaft angeordnet. Die Bodendecke weist mithin eine für die Landschaft charakteristische Struktur auf.

In Mitteleuropa ist die Struktur vieler Bodenlandschaften sehr heterogen, weil sich ihre Böden in ihren Eigenschaften stark unterscheiden, was als Folge eines oft kleinflächigen Wechsels mindestens einer der bodenbildenden Faktoren (z. B. Relief, Gestein) anzusehen ist.

Die kleinste räumliche Einheit einer Bodendecke ist der Boden bzw. das **Pedon**; es nimmt eine Grundfläche von etwa 1...100 m² ein (Abb. 8.2–2). Benachbarte Peda gleicher Bodenform bilden ein **Polypedon** (auch Bodenareal; engl. *soil body*). Polypeda werden inhaltlich nach den pedogenen Eigenschaften ihrer Horizonte in der Bodensystematik als Bodentypen (unter Einbeziehen des Gesteins als Bodenformen) klassifiziert (Kap. 7.4). Als **Pedotope** unterscheiden sie sich aber auch räumlich voneinander durch Reliefposition, Flächengröße und -muster sowie Vergesellschaftung mit Nachbarpedotopen.

Die Eigenschaften der Peda eines Polypedons variieren nur in engen Grenzen (z. B. Horizontmächtigkeit) aufgrund kleiner Geländeunebenheiten, Gesteins- oder Nutzungsunterschiede. Ein Polypedon oder **Pedotop** ist damit die kleinste Einheit einer Bodenkarte. Verschiedene Polypeda, die kleinflächig wechseln, werden zu **Pedokomplexen** zusammengefasst. So handelt es sich in Abb. 8.2–2 bei der Stagnogley-Fläche bereits um einen Pedokomplex, da in kleinen Geländemulden Moor-Stagnogleye und bei gröberkörnigem Gestein Braunerde-Stagnogleye auftreten.

Mehrere Polypeda bzw. Pedokomplexe bilden eine elementare **Bodenlandschaft**, kurz Bodenschaft genannt, der unter Berücksichtigung der räumlichen Gegebenheiten (s. oben) die **Pedochore** entspricht (Abb. 8.2-3). Die verschiedenen Bodenformen einer Bodenschaft bilden dabei eine **Bodengesellschaft**. Die Raumstruktur einer Bodenschaft lässt sich am besten durch eine **Catena** charakterisieren, aus der die Relief- und Gesteinsbeziehungen hervorgehen.

Die Benennung einer Bodenschaft kann durch die Angabe der **Leitbodenformen** (oft der dominierende Land- und der häufigste Grundwasserboden)

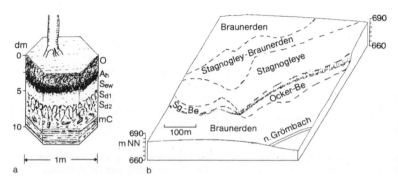

Abb. 8.2–2
a) Pedon (Stagnogley) und **b**) Ausschnitt aus einer Bodenschaft (bzw. Mikrochore) mit sechs Pedokomplexen unter Fichte einer Missenlandschaft des Sandstein-Schwarzwaldes; Grömbach, Württemberg, Ocker-Be = Hang-Oxigley (Entwurf H.-P. BLUME nach Untersuchung von V. SCHWEIKLE).

8

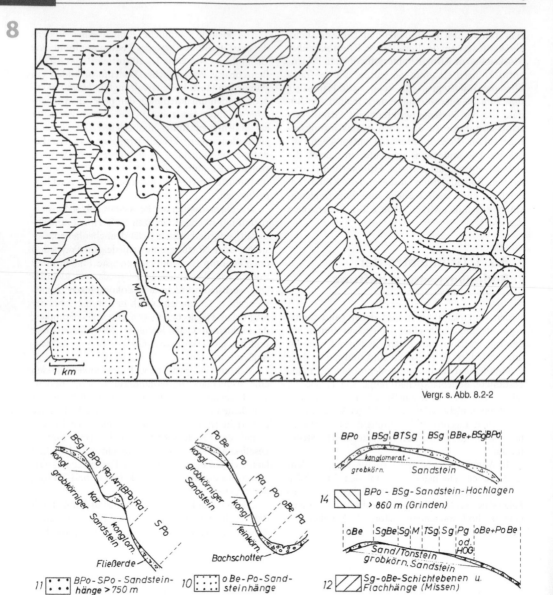

Abb. 8.2–3 Ausschnitt aus einer Bodenregion (bzw. Makrochore) des Schwarzwalds nördlich Freudenstadt und Catenen zur Kennzeichnung der Raumstruktur ihrer Bodenschaften (bzw. Mikrochoren) (nach H.-P. BLUME).

8

in Kombination mit der Landschaftsform (geomorphe Einheit) erfolgen (z. B. Schwarzerde-Mullgley-Lösshügel-Bodenschaft). Benachbarte Pedochoren unterscheiden sich in ihrer Bodengesellschaft. Dabei kann der Unterschied im einfachsten Fall nur in verschiedenen Flächenanteilen der Polypeda liegen, aber es können auch gänzlich verschiedene Polypeda auftreten (z. B. bei einem Wechsel von Kalkgestein zu Sandstein).

Mehrere gleiche und verschiedene Bodenschaften bilden eine **Bodenregion** bzw. eine **Pedomakrochore** (Abb. 8.2–4), mehrere Regionen eine **Bodenprovinz**, mehrere Provinzen eine **Bodenzone** (Abb. 8.2–1), die von immer komplexeren und großflächigeren Bodenlandschaften erfüllt ist. Auch diese werden durch generalisierte Catenen charakterisiert.

Häufig sind die Böden einer Landschaft durch **Stoffumlagerungen** (Massenversatz am Hang, Erosion, Umlagerungen von und durch Hangzugwasser, s. Kap. 7.2.7.3) miteinander verbunden. Sie beeinflussen sich dann in ihrer Genese gegenseitig. So führte bei der in Abb. 8.2–2 dargestellten Bodenlandschaft Wasserzufuhr aus dem Braunerdebereich zur verstärkten Vernässung und damit zur Bildung der Stagnogleye, während das Fe, das aus diesen ebenfalls durch Hangzugwasser ausgelagert wurde, eine Verockerung ergab und damit die Bildung von Hang-Oxigleyen ermöglichte.

Die Böden einer Landschaft bilden also oft miteinander ein Wirkungsgefüge. Vom **Hanggefüge**, bei dem die Stoffumlagerung wie im obigen Beispiel (Abb. 8.2–2) nur in einer Richtung erfolgt, mithin eine einseitige Kopplung vorliegt, wird das **Senkengefüge** mit wechselseitiger Beeinflussung unterschieden. Letzteres liegt vor, wenn z. B. Talböden von Erosionsmassen der Hangböden bedeckt werden und außerdem aus den Talböden bei hohem Grundwasserstand gelöste Stoffe in die Hangböden transportiert werden.

Zu den Grundsätzen einer **Systematik von Bodengesellschaften** gehört, dass die Vergesellschaftung durch den Gefügestil, durch das Substrat (Gestein) und durch die Bodenentwicklung (Bodeninventar) charakterisiert wird. Auf oberstem Klassierungsniveau wird eine Gliederung nach dem Gefügestil (s. o.) vorgeschlagen: Bei Vorliegen eines **Plattengefüges** (mit ebener bis flachwelliger Lage) fehlt weitgehend ein gegenseitiger Einfluss zwischen den Pedotopen einer Landschaft oder ist auf kurze Distanzen beschränkt. Bei Gesellschaften mit einem **Hanggefüge** liegt demgegenüber eine hangabwärts gerichtete Kopplung zwischen den Pedotopen vor. Eine Untergliederng

von Platten- und Hanggesellschaften soll dann nach gesteinsbestimmten, geomorphen Einheiten erfolgen und schließlich nach bestimmten Kombinationen verschiedener Pedotope. Gesellschaften mit **Senkengefüge** sind grundsätzlich durch wechselseitige Kopplungen zwischen den Pedotopen charakterisiert (s. o.), wobei allerdings meist eine Richtung dominiert. Unterschieden werden soll dabei zwischen Auen-, Tal-, Moor- und Gezeiten-Senkengefüge. Unter **Auen-Senkengefüge** sind Gesellschaften flussbegleitender Auen zusammengefasst; unter **Tal-Senkengefüge** sollen Gesellschaften abflussloser Senken mit fehlendem oder nur minimalem Abfluss verstanden werden (z. B. die Podsol/Gley-Raseneisengley-Gesellschaften norddeutscher Talsand-Ebenen). Ein **Moor-Senkengefüge** ist typisch für großräumig durch Hoch- und Niedermoore gekennzeichnete Gesellschaften, während Gesellschaften eines **Gezeiten-Senkengefüges** dem Gezeiteneinfluss des Meeres mit starker Umlagerung von Sedimenten und gelösten Stoffen unterliegen. Gesondert klassiert werden sollten Gesellschaften mit starker, versiegelnder Prägung durch den Menschen (> 30 % Überbauung) der städtisch-industriellen Verdichtungsräume, die durch ein eigenes **Stadtklima** und einen hohen Anteil von **Kultosolen** sowie Böden aus technogenen Substraten mit einem willkürlich entstandenen Verbreitungsmuster charakterisiert sind (s. Kap. 8.3.4).

Selbst in einer Ebene können Böden miteinander gekoppelt sein. So vernässten auf einer bewaldeten, völlig ebenen Grundmoränenplatte in Süddeutschland mit Norm-Pseudogleyen die Böden kleiner Lichtungen in Trauflage der Bäume so stark, dass Fe reduziert und lateral umgelagert wurde und hierdurch Fe-verarmte Stagnogleye neben konkretionsreichen Pseudogleyen entstanden.

Die Aufklärung derartiger Zusammenhänge ist nicht allein für das Verständnis der Boden- und Landschaftsgenese wichtig, sondern vor allem für die Nutzungs- und Landschaftsplanung. So ist bei einer Rodung der Hangstandorte eines Forstes zu berücksichtigen, dass sie eine verminderte Verdunstung und verstärkten Oberflächenabfluss nach sich zieht und dadurch zu einer Vernässung der Senkenstandorte führt. In Süd- und Westaustralien wurden z. B. auf diese Weise Salze, die zuvor gleichmäßig (in ökologisch unwirksamen Mengen) in allen Böden der Landschaft vorhanden waren, durch Hangzugwasser in den Niederungen konzentriert, sodass es dort zu starken Salzschäden bei der Vegetation kam. Daraus ergaben sich zusätzlich Erosionsschäden.

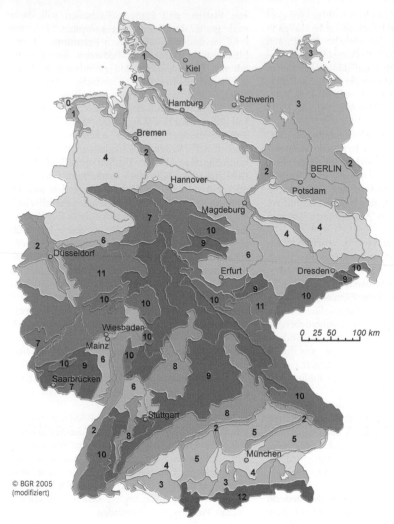

© BGR 2005
(modifiziert)

Abb. 8.2–4 Böden in den Bodenregionen Deutschlands (Grundlage: Karte der Bodenregionen Deutschlands, Ad-hoc-AG Boden: Bodenkundliche Kartieranleitung, 5. Aufl., 2005).

0 Watten und Strände – Bodenregion (BR) des Küstenholozäns.

1 Marschen und Moore – BR des Küstenholozäns.

2 Auenböden, Gley und Parabraunerde – BR der (überregionalen) Flusslandschaften.

3 Parabraunerde, Gley und Moor – BR der Jungmoränenlandschaften.

4 Parabraunerde, Pseudogley (Süddeutschland), Fahlerde, Podsol (Hoch)moor (Norddeutschland) – BR der Altmoränenlandschaft.

5 Parabraunerde, Pararendzina, Pseudogley – BR der Deckenschotterplatten und Tertiärhügelländern im Alpenvorland.

6 Parabraunerde, Pararendzina, Kolluvisol und Tschernosem (in Beckenlandschaften) – BR der Löss- und Sandlösslandschaften.

7 Braunerde, Pseudogley, Podsol – BR der lössbeeinflussten Berg und Hügelländer aus Sedimentgestein.

8 Rendzina und Terra fusca – BR der Berg- und Hügelländer aus Kalkstein.

9 Braunerde, Pelosol, Parabraunerde, Pseudogley – BR des Berg- und Hügellandes aus Sand- , Schluff-, Ton- und Mergelgesteinen.

10 Braunerde, Braunerde-Podsol, Gley – BR der Berg- und Hügelländer aus Magmatiten und Metamorphiten.

11 Braunerde, Pseudogley, Stagnogley, Gley – BR der Berg- und Hügelländer aus Quarzit, Schluff und Tonschiefern.

12 Rendzina, Braunerde, Ranker, Gley – BR der Alpen.

8.3 Bodengesellschafts-systematik und die Boden-regionen Mitteleuropas

8.3.1 Bodenregionen Mittel-europas (Abb. 8.2-4)

Die Mehrzahl der Böden ist jünger als 12 000...
15 000 a, da im letzten Glazial großflächig glazigene Sedimente und Löss abgelagert sowie ältere Boden-decken durch Solifluktion abgetragen wurden. Die starke Differenzierung ergibt sich vor allem aus petrographischen (Abb. 2.3–2) und geomorphologi-schen Unterschieden.

Die Klimaverhältnisse sind im gemäßigt humi-den, ozeanisch getönten Großklima relativ einheit-lich. Dieses bewirkte starke Versauerung und Ent-basung, hingegen mäßige Silicatverwitterung und Tonbildung bei silicatischen Gesteinen. Lediglich die höhenzonalen und breitenkreisbedingten Trends prägen sich auch in der Bodendecke aus.

Bei Böden sandiger Substrate führt es häufig zur Podsolierung, bei entsprechenden, abflussträ-gen Grundwasserböden zur Vermoorung, während lehmige und tonreiche Landböden lessivierten und teilweise pseudovergleyten und sich in den Niederungen Gleye und Auenböden entwickelten. Im Windschatten von Gebirgen gelegene **Becken-landschaften** (z. B. Magdeburger Börde, Thüringer Becken) sind trockener, sodass als Folge kräftiger Bioturbation und nur geringer Verwitterung von Parabraunerden durchsetzte Tschernosem-Tscher-nitza-Gesellschaften entstanden.

In den **Flachländern** (z. B. norddeutsche Tief-ebene) wirkte sich das Klima dahingehend aus, dass sich auf Sandflächen und aufgesetzten Dünen der großen Urstromtäler im trockeneren und konti-nental getönten Osten mäßig podsolierte Brauner-den, Modergleye und Moore entwickelten, wäh-rend der feuchtere und atlantisch getönte Westen Podsol-Hochmoor-Gesellschaften aufweist, zu de-nen sich anthropogene Plaggenesche gesellen. Die Parabraunerden der mittel- und altpleistozänen Ter-rassen und Lösshügel sind tiefgründig entkalkt und lessiviert und stärker mit Pseudogleyen durchsetzt als die der jungpleistozänen Landschaften (Boden-regionen 4 + 5 gegenüber 3).

Die Nordseeküste wird von Marschböden domi-niert, die meeresnah als schluffige Kalk- und Klei-marschen einem intensiven Ackerbau, meeresfern

als ältere und tonige Moor- und Knickmarschen einer Grünlandnutzung dienen.

In den **Mittelgebirgslagen** dominieren Boden-gesellschaften aus jungpleistozänen Fließerden, von denen auch alte Landoberflächen weitgehend bedeckt sind. Trotz solifluktiver Mischung be-wirkten die verschiedenen magmatischen sowie paläozoischen, mesozoischen und tertiären Sedi-mentgesteine, zusätzlich differenziert durch un-terschiedlich starke Lössbeimengungen und große Reliefunterschiede, ein breites Spektrum verschie-dener Bodengesellschaften, deren Vielfalt nur auf großmaßstäbigen Karten darstellbar ist. Bevorzugt verkarstete Platten mesozoischer Carbonatgesteine weisen in größerem Umfang mit Terrae fuscae und Terra rossa auch ältere Böden auf. Die **Hoch-gebirgslagen** der Alpen werden von Roh-, O/C- und A/C-Böden, Braunerden sowie von Gleyen beherrscht. In Passsituation und nahe der Wald-grenze sind Moore sowie Tangelrendzinen oder Podsole häufig.

Die Mehrzahl der Böden Mitteleuropas wurde durch menschliche Nutzung mehr oder weniger stark verändert.

8.3.2 Bodenregionen städtisch-industrieller Verdichtungsräume

In städtisch-industriellen Verdichtungsräumen sind die Umweltbedingungen wie die Faktoren der Bo-denentwicklung, d. h. Relief, Ausgangsgestein, Klima sowie Fauna und Flora intensiv durch den Menschen verändert (Kap. 7.1.6). Daraus folgt, dass sich viele Eigenschaften dieser Böden erheblich von denen der Böden des Umlandes unterscheiden und sich auf deren Funktionen als Pflanzenstandort, Lebens-raum für Organismen, Schadstofffilter und Regu-lator des Landschaftswasserhaushalts (Kap. 1 + 11) auswirken.

So wurde das Relief vielfach durch Abtrag und Auftrag stark verändert. Das führte gleichzeitig zu einem Abtrag von Böden sowie zu einem Auf-trag von anthropogenen Bodensubstraten und Ge-steinen. Kippsubstrate des Bergbaus sind dabei oft kohle- oder pyritreich. Auch kamen techno-gene Substrate wie Bauschutt, Aschen, Schlacken, Schlämme, Müll und thermisch gereinigte Boden-substrate (Kap. 2.3.4) zum Auftrag und wurden oft miteinander und mit den vorgenannten Substraten vermischt. Diese anthropogenen Ausgangsgestei-ne werden z. T. bereits als Böden angesehen und

8

z. B. in der WRB-Klassifikation als Technosole bezeichnet.

Das Stadtklima ist im Jahresmittel um 1...3 °C wärmer als das des Umlandes, weil Hausbrand, Industrie und Verkehr Energie freisetzen, die Abkühlung durch Verdunstung geringer ist und weil große Flächen überbaut, mithin versiegelt sind. Die Unterschiede sind dabei in den Niederen Breiten geringer und weniger wirksam als in den Mittleren oder Hohen Breiten. (Am Stadtrand der Millionenstadt Vakuta in NO-Russland ist Ackerbau möglich, während in der Umgebung bei –6 °C infolge Permafrost landwirtschaftliche Nutzung unmöglich ist.) Aus der verschmutzten Atmosphäre gelangen Schadstoffe in die Böden. Es regnet etwas mehr, da die Luft durch Staub mehr Kondensationskeime für Regentropfen enthält. Trotzdem sind die Böden grundsätzlich trockener, weil mehr Wasser abfließt, verdunstet und Grundwasserstände durch Grundwasserentnahmen sowie Substrataufträge erniedrigt wurden. Schließlich bewirken spezielle Nutzungen spezifische Belastungen.

Bei den Böden lassen sich versiegelte Böden, veränderte Böden natürlicher Entwicklung sowie Böden anthropogener Aufträge natürlicher Substrate, technogener Substrate und Mischungen aus ihnen unterscheiden.

Unter **versiegelten Böden** versteht man überbaute bzw. überdeckte Böden. Versiegelte Böden wurden zuvor oft unterschiedlich stark abgetragen oder verdichtet. Stadtkerne und Gewerbeflächen sind oft zu > 75 % versiegelt. Von Gebäuden bzw. Asphalt oder Beton bedeckte Flächen sind total versiegelt, deren Böden mithin fossilisiert. Mit Pflaster oder Schotter versehene Flächen sind porös versiegelt, sodass ein gewisser Gas-, Wasser- und Stoffaustausch mit der Atmosphäre möglich bleibt. Insbesondere deren Böden dienen oft Wildpflanzen und Straßenbäumen als Wurzelraum. Das Siegelsubstrat bietet (ähnlich Felsausbissen im Bergland) Pionierpflanzen Lebensraum, woraus sich **Rohböden** (Kap. 7.5.1.1) bzw. Lithic Leptosole oder O/C-Böden (Kap. 7.5.1.3) entwickeln können. Auf manchen Flachdächern haben jahrzehntelange Staubakkumulation und/oder bewusster Substratauftrag bisweilen sogar die Entwicklung von A/C-Böden unter z. T. geschlossener Pflanzendecke ermöglicht.

Als **natürliche Böden** sind grundsätzlich die gleichen Böden zu erwarten wie im Umland; in Küstenregionen und Talauen mithin andere als im Flach- oder Bergland. Stadtspezifische Veränderungen erfolgten dann z. T. durch Grundwasserabsenkung, Teilabtrag, Umlagerung, Verdichtung und Oberflächenverkrustung, Einmischen von Abfällen, Staub- und Schadstoffeinträgen aus verschmutzter Luft, aus Leitungs- und Tankleckagen. Viele Böden der Ballungsräume sind daher trockener und dennoch luftärmer (da dichter), alkalischer, eutropher und schadstoffbelasteter sowie häufiger in ihrer Horizontierung gestört als diejenigen der Umgebung. Öl- (z. B. unter Tankstellen) oder Gaskontaminationen (z. B. bei Leitungsleckagen oder nahen Mülldeponien) können zumindest zeitweilig Sauerstoffmangel und damit Verhältnisse bewirken, die für Reduktosole (Kap. 7.5.1.16) typisch sind. Andererseits kann es unter alten Grünanlagen oder Gärten infolge langjähriger Lockerung, Kompostdüngung und Bewässerung zur Entwicklung tiefgründig humoser, produktiver Böden, (Hortisolen, Kap. 7.5.5) gekommen sein.

Böden aus **künstlichen Aufträgen natürlicher Substrate** unterliegen grundsätzlich einer ähnlichen Entwicklung wie diejenigen aus natürlichen Sedimenten. Aus umgelagertem (nicht verdichtetem) Löss kann sich innerhalb weniger Jahrzehnte genauso eine Pararendzina entwickeln wie aus Löss selbst. Pyrithaltige Kippsubstrate können sich allerdings durch Schwefelsäurebildung (Kap. 7.2.5) zu sulfatsauren Böden mit pH-Werten von z. T. < 3 entwickeln.

Die Entwicklung der Böden aus **technogenen Substraten** hängt naturgemäß stark von den Eigenschaften des Substrats selbst ab. So entwickelt sich aus Bauschutt (ein Gemisch von Ziegeln und kalkhaltigem Mörtel, das in zerbombten Städten Mitteleuropas großflächig auftritt) innerhalb einiger Jahrzehnte über einen Lockersyrosem eine allerdings steinreiche Pararendzina (WRB: Urbic Technosol) bzw. bei hohem Grundwasserstand ein Gley, wie das auch für ein natürliches Mergelgestein gilt. Die Porosität der Ziegel erhöht die Bindung von Wasser (das allerdings nur z. T. von Pflanzen genutzt werden kann), ähnlich entsprechenden natürlichen Substraten wie Sinterkalk- oder Vulkantuff. Für Rohböden aus Schlacke (WRB: Spolic Technosol) gilt das auch.

Eine hohe Porosität, Luft- und Nutzwasserkapazität weisen Regosole (Technosole) aus Flugaschen und durchoxidierten Schlämmen auf. Sie sind allerdings, ähnlich denjenigen aus Industrieschlacken und Müll, oft hochgradig mit Schwermetallen und organischen Schadstoffen belastet (WRB: Garbic Technosol Toxic). Junge Substrate mit höheren Gehalten an mikrobiell leicht abbaubarer org. Substanz wie Müll, Klär-, Gewerbe- oder Hafenschlamm zeigen besonders bei dichter lagernder Deponierung Methangärung und es entstehen Reduktosole

(Kap. 7.5.1.16; WRB: Garbic Technosol Reductic), d. h. nähr- und schadstoffreiche, aber extrem luftarme Standorte.

Böden aus Schlämmen und Schlacken sind häufig extrem alkalisch (z. T. pH > 10, vor allem durch Soda verursacht). Auch langjährige Abwasserverrieselung kann zur Entwicklung von Reduktosolen geführt haben, häufiger allerdings zu stark mit Schwermetallen belasteten Böden.

Böden anthropogener Aufträge können mithin teils extrem sauer, teils extrem alkalisch, teils extrem luftarm sein. Diese Eigenschaften sind vorübergehender Natur: Mit dem Abbau der organischen Substanz werden z. B. Reduktosole von Mülldeponien in 40…60 Jahren in besser belüftete, tiefgründig humose Böden umgewandelt. Bei alkalischen Schlacken erfolgt eine pH-Erniedrigung noch rascher, während die pH-Werte sulfatsaurer Böden ansteigen. Böden aus anthropogenen Substraten bekommen mit zunehmendem Alter mithin für den Pflanzenwuchs und das Bodenleben günstigere Eigenschaften.

8.4 Bodenzonen der Erde

Im Folgenden sollen die wichtigsten Böden (Tab. 8.4–1 und 8.4–2) der einzelnen Bodenzonen (Abb. 8.2–1) in ihrem Bezug zur Landschaft und zu ihren Nutzungsmöglichkeiten besprochen werden. Die Böden werden dabei nach dem interna-

Tab. 8.4–1 Bodenbildende Prozesse in den Bodenzonen* (Bodenzonen wie in Abb. 8.2–4 geordnet)

	Bodenzone									
	1	2	3	4	5	6	7	8	9	10
Humusakkumulation	-	+	+++	++	+++	+	(+)	-	+	+
Verarmung										
Entbasung	-	+	+++	++	+	++	-	-	++	+++
Entkalkung	-	+	+++	++	(+)	++	(+)	-	+++	+++
Desilifizierung	-	-	-	-	-	+	-	-	++	+++
Transformation										
Verlehmung	-	(+)	+	+	+	++	(+)	-	++	+++
Verbraunung	-	-	++	+++	+	+++	(+)	-	+++	+++
Rubefizierung	-	-	-	(+)	(+)	++	+	-	+++	+++
Carbonatisierung	-	-	-	-	(+)	+	+++	(+)	++	-
Alkalisierung	+	-	-	-	++	-	+++	++	-	-
Translokation										
Tonverlagerung	-	-	+	+++	+	++	+	(+)	+++	+
Podsolierung	-	(+)	+++	++	-	-	-	-	-	++
Nassbleichung	-	++	+++	++	-	-	-	-	++	+++
Vergleyung	-	-	++	++	++	++	(+)	(+)	+	++
Versalzung	(+)	-	-	-	(+)	(+)	+++	++	(+)	-
Turbation										
Kryoturbation	++	++	++	(+)	(+)	-	-	-	-	-
Hydroturbation	-	-	-	+	+	++	+	-	+++	+
Bioturbation	-	-	-	+	+++	+	-	-	++	+

* Die Zahl der Kreuze gibt die Intensität des Prozesses an - - nicht beobachtet, (+) sehr schwach, +++ sehr stark

8

Tab. 8.4–2 Hauptböden (nach WRB) der Erde mit
Anteil potenziellen Ackerlandes (pot. Acker)

Böden	gesamt		pot. Acker	
	Mill. ha	(%)	Mill. ha	(%)
Acrisole, Nitisole, Lixisole	1530	11,5	500	15
Andosole	110	0,8	80	2
Cambisole, Umbrisole	1195	9,0	500	15
Cherno-, Phaeozeme	415	3,1	200	6
Cryosole	608	4,6	0	0
Ferralsole, Plinthosole	750	5,6	300	9
Fluvisole	335	2,5	250	8
Gleysole	715	5,4	250	8
Histosole	280	2,1	10	0
Leptosole	1660	12,4	0	0
Luvisole,Alisole	744	5,6	600	15
Planosole	125	0,9	20	1
Podzole	490	3,7	130	4
Albeluvisole	315	2,4	100	3
Regosole, Arenosole	1150	8,6	30	1
Solonchake, Solonetze	430	3,2	50	2
Vertisole	320	2,4	150	5
Kastanozeme	470	3,5	100	3
Calcisole, Gypsisole s. w. yermic phase	1280	9,6	0	0
stark wechselnde Bodenverhältnisse	420	3,1	0	0
Summe	13342	100	3270	100

tionalen WRB-System benannt; ggf. abweichende
Namen der Weltbodenkarte nach FAO stehen in
Klammern.

Der Weltbodenkarte von 1974, die in 17 Blättern
im Maßstab von 1:5 Mill. vorliegt, und den Er-
läuterungsheften können die Bodenregionen (teilweise mit veralteten Bodennamen) entnommen
werden.

8.4.1 Ferralsol-Gleysol-Fluvisol Bodenzone der inneren (feuchten) Tropen

Die Zone der humiden Tropen zerfällt in drei Groß-
landschaften. Die alten, seit der Jurazeit verwitterten Reste des großen Südkontinents Gondwana in
Brasilien, Zentralafrika und Südindien. Die großen
Flussniederungen des Amazonas und des Kongo
und die jungen Vulkangebiete Zentralafrikas, Indo-
nesiens, der Philippinen und Südamerikas.

Auf den alten Kontinentresten überwiegen tief
verwitterte Laterit-Profile (Abb. 7.6–2). Die Fluss-
systeme sind dabei meist in den Saprolit oder gar
auf das anstehende Gestein eingetieft. Die Hochflächen tragen extrem stark und tiefgründig verwitterte Ferralsole. Zur Hangkante können sie in Acrisole
übergehen. Den Oberhang bildet häufig eine morphologisch herauskommende Stufe der Plinthit-
horizonte. Dort findet man Plinthosole. Unterhalb,
im Bereich der Verwitterungszone, Bleichzone und
der Fleckenzone, findet man wieder Ferralsole, die
oft im Gegensatz zu den Rhodic-FR der Plateaus
xanthic oder geric sind. In den schmalen Auen
fließen Bäche und es finden sich Gleysole. In Gebieten, in denen nicht Granite und Gneise, sondern
Sandsteine des Paläozoikums das Ausgangsmaterial
der Bodenbildung bilden, findet man heute Ferralic
Arenosole oder gar Podzole.

In den großen Flussniederungen, der sog. Weiß-
wasserflüsse wie Kongo und Amazonas, wo regelmäßig frisches, aber zuvor meist stark verwittertes
Sediment abgelagert wird, findet man ausgeprägte
Uferwälle mit Fluvisolen und dahinter niedrig-lie-
gende tonige Gleysole, z. T. Histosole. Flüsse, die ein
sehr geringes Gefälle haben und von den Weißwas-
serflüssen gewissermaßen zurück gestaut werden,
bilden Schwarzwassersysteme, in denen die Aue
vermoort ist. In den Deltas der Flüssen liegen feine,
schwefelreiche Sedimente der tropischen Marschen-
gebiete vor, in denen sich von Natur aus Mangro-
ven-Wälder finden. Dort haben sich Thionic Fluvisols und zum Teil sogar Solonchake ausgebildet.
Die jungen Landschaften der Vulkangebiete sind bei
aktivem Vulkanismus von Vitric Andosols geprägt.
Diese gehen in Umbric oder Haplic Andosols über,
bei andauernder Verwitterung findet man schließlich
tief verwitterte und tonverlagerte Nitisols, bis sie in
dieser Bodenzone auch in Ferralsols übergehen.

Nutzung. Die terrestrischen Böden zeigen alle
starken Kali- und Phosphormangel sowie Phosphorfixierung. Auf Arenosolen findet sich häufig kein

voll entwickelter Regenwald, da dort der Nährstoffmangel sehr groß ist. Die Fluvisole und Gleysole dagegen sind sehr begünstigt; so finden sich traditionell auf den Fluvisolen Siedlungen, da die Flüsse außerdem die Verkehrsadern darstellten. Hier kann nachhaltig Garten- und Obstbau betrieben werden. Gleysole und Histosole sind für den Ackerbau weniger günstig, außer für Kulturen wie Reis und Zuckerrohr, die in Sumpfgebieten gedeihen können. Die Vulkanasche-Gebiete sind von Natur aus die fruchtbarsten, da die Böden nicht nur ein hohes Nährstoffnachlieferungsvermögen, sondern auch eine sehr günstige Struktur haben. Gleichwohl kommt es auch hier durch Phosphorfixierung und einseitigen Mineralbestand häufig zu spezifischen Nährstoffmängeln.

8.4.2 Acrisol-(Luvisol-Plinthosol)-Nitisol-Vertisol-Bodenzonen der wechselfeuchten Tropen (Savanne)

Die charakteristische dreiteilige Landschaftsgliederung setzt sich vom Regenwald auch in die Savanne fort (vgl. Abb. 8.2–1 und Tab. 8.4–1).

Die feuchten und wechselfeuchten Tropen weisen in Abhängigkeit von Gestein, Relief und vor allem Alter der stabilen Landoberflächen ein breites Spektrum verschiedenster Böden auf. Auf älteren Landoberflächen von Westafrika, Ostbrasilien oder Nordborneo sind die Böden als Ferric Acrisole und Lixisole stark verwittert und kaolinitreich. Außerdem sind Plinthosole vorhanden. Jüngere Landoberflächen mit bewegterem Relief (SE-Asiens) sowie Landschaften mit längerer Trockenzeit werden von Nitisolen und Ferric Planosolen eingenommen, wobei Mulden und Senken vergleyte bzw. pseudovergleyte Formen aufweisen.

Unter einem wechselfeuchten bis trockenen Klima der Savanne dominieren in Landschaften toniger Verwitterung Vertisole, in Venezuela und Indien ebenso wie im Sudan und in Äthiopien. Vergesellschaftet sind mit ihnen auf tonärmeren Substraten vor allem Lixisole unter trockeneren und Nitisole unter feuchteren Klimaverhältnissen; auf jungen Landoberflächen auch Vertic Cambisole und Chromic Luvisole und auf sehr alten Oberflächen verbreitet Plinthosole. Die Vertisole beherrschen dabei Ebenen und Senken, während die übrigen Böden vorrangig auf benachbarten Rücken vertreten sind. Die Küstenregionen sind hier besonders in Asien

von durch sehr langfristigen Reisanbau veränderten Gleysolen und Fluvisolen geprägt.

Nutzung. Plinthosol und Acrisole verfügen nur über sehr geringe Nährstoffreserven und dienen daher in Südamerika und Westafrika dem Wanderfeldbau. Unter Plantagenwirtschaft sind sie am ehesten geeignet für Al-tolerante Kulturen wie Tee, Kautschuk oder Ölpalmen. Über eine höhere Produktivität verfügen die Lixisole und vor allem die Nitisole. Ein besonderes Problem bei Ackernutzung stellt die Wassererosion dar. In Sonderheit die Vertisole sind nährstoffreiche, fruchtbare Standorte, die in der feuchten Savanne sowie bei Zusatzbewässerung trotz schwerer Bearbeitbarkeit ackerbaulich, ansonsten als Weide genutzt werden. Ähnliches gilt für tiefgründige Nitisole und Lixisole.

8.4.3 Regosol-Calcisol-Solonchak-Bodenzone der Halbwüste

Die Halbwüsten der Erde nehmen etwa 20 % der Landoberfläche ein und gliedern sich klimatisch in drei verschiedene Bereiche, die aber bodenkundlich Konvergenzen zeigen. Die heißen, wintertrockenen Halbwüsten finden sich in den Tropen, am stärksten ausgebildet in der nördlichen Sahelzone von Senegal über Sudan nach Somalia. Die sommertrockenen Halbwüsten finden sich in den Subtropen, in einem Gürtel von den Kanaren über Marokko, Tunesien, Israel, Irak bis nach Pakistan sowie in großen Teilen Australiens, Mexikos und Neu-Mexikos. Die dritte Gruppe der Halbwüsten findet sich in den gemäßigten Breiten, von Südrussland nach Osten über Mittelasien bis in die Mongolei. Solche Halbwüsten liegen auch in Patagonien oder innerhalb der Rocky Mountains vor, im Nordwesten der USA und im angrenzenden Kanada.

Wichtig für die Bodenbildung in den Halbwüsten ist, dass gesetzmäßig Bodenentwicklung und Transport von Sedimenten mit Wind und Wasser einhergehen. Eine „ungestörte Bodenentwicklung" wie in den humiden Zonen gibt es nicht. Trotz einer ausgeprägten Kalkumlagerung gibt es keine kalkfreien Böden. Die Tonmineralentwicklung geht auf quellfähige Tonminerale wie Smectite und Vermiculite sowie auf die faserförmigen Palygorskit und Sepiolit zu (Meerschaum, Kap. 2.2). Da alle Halbwüsten durch den Klimawandel während des Pleistozäns geprägt sind, sind die Böden meist recht jung. Deshalb überwiegen kalkhaltige Regosole,

8

Cambisole und Arenosole. Die Maximalentwicklung in der Halbwüste sind Calcic Luvisole. Insbesondere in den subtropischen Halbwüsten findet man eine charakteristische Catena mit Calcisols auf den Hochflächen, Petric Calcisols an den Oberhängen und Solonetzen und Solonchaken in den Senken. Durch die langen Trockenzeiten erreicht die natürliche und insbesondere auch die anthropogene Versalzung in der Halbwüste ihr Maximum.

Nutzung. Die Halbwüsten sind wegen ihrer diffusen, wenig produktiven Strauch-, Kraut- und Grasvegetation traditionelle Weidegebiete. Etwa 20 % der Fläche können im Trockenfeldbau für Gerste, Weizen oder Hülsenfrüchte verwendet werden. Etwa 3 % sind natürliche Fluss- oder Quelloasen. Durch Übernutzung seit prähistorischer Zeit sind viele Halbwüsten stärker verwüstet als es ihrer natürlichen Eignung entspricht. Wind- und Wassererosion sowie Versalzung sind die wichtigsten Bodendegradierungsprozesse. Wegen der meist hohen Kalkgehalte ist die Phosphor- und Kaliumverfügbarkeit schlecht. Spurenelementmängel (Fe, Mn) sind weit verbreitet.

8.4.4 Arenosol-(Leptosol)-Gypsisol-Solonchak-Bodenzone der Vollwüste

In den (Wärme)wüsten der Erde lassen sich grob drei unterschiedliche, vom Gestein geprägte Landschaftstypen mit ihren eigenen Bodengesellschaften unterscheiden (Abb. 7.6–2):
1. die Dünenfelder oder **Ergs**,
2. die Festgesteinsplateaus und Bergländer der **Hamada** bzw. Steinwüsten sowie
3. die weiten Verebnungen der **Serire**, aquatisch und äolisch entstandener Lockersedimente, in die Wadis eingeschnitten sind und in denen die Mehrzahl der Oasen vorkommt.

Die **Ergs** weisen wegen aktiver Sandumlagerung naturgemäß kaum Bodenentwicklung auf. In der Vollwüste haben seltene Regen den Protic Arenosolen zu geringen Salzgehalten und minimalen Gehalten an organischer Substanz durch kurzfristig entwickelte Algen verholfen. Braune oder rote Böden sind Relikte feuchter Klimaepochen. Dünentäler zeigen oft lehmige Böden, die Calcic Cambisole oder Gypsic Solonchake sein können.
Hamadas sind wegen fehlender Vegetation durch das Wasser episodischer Starkregen sowie den Wind

stark erodiert. Daher bilden meist Steine als **Deflationspflaster** die Oberfläche, unter denen bei Leptosolen der Fels, bei Leptic Regosolen hingegen ein 20…50 cm mächtiges, extrem humusarmes, meist salzhaltiges Solum folgt. Einzige Spuren einer Bodenbildung sind bei den Lithic Leptosolen Fe/Mn-Krusten (Wüstenlack) der Steine, während für viele Regosole ein Säulengefüge mit Salzausblühungen und sandgefüllten Trockenspalten sowie schwache Verbraunung typisch sind. Das Bett der Wadis weist tiefgründige Calcaric Cambisole und Calcisole auf: Endpfannen sind hier oft ton- und schluffreich und in der Vollwüste als Sebkhas (Salztonebenen) mit Gips (Gypsisole) oder Salz (Solonchake) angereichert, während sich in der Extremwüste als Playa häufig ein Säulengefüge (Takyr) gebildet hat (Calcaric Cambisole).

Die **Serire** der Vollwüste sind durch eine Vergesellschaftung salzhaltiger Calcaric Cambisole, Arenosole und Regosole, Calcisole und trockener Solonchake gekennzeichnet, wobei das Salzmaximum im Unterboden liegt. Auf Rücken bildet ein kiesiges Deflationspflaster die Oberfläche, bei flachen Mulden oft eine Flugsanddecke. Frühere Seen dieser Landschaft weisen als ausgedehnte Sebkhas extrem salz- und/oder gipsreiche Solonchake bzw. Gypsisole auf, z. B. der Salzsee in Utah sowie vor allem in der Wüste Gobi. Oasenböden sind durch Grund-, Quell- oder Flusswasser beeinflusst. Sie haben neben Anthrosolen, Calcaric Fluvisolen und Calcaric Cambisolen, Gleyic Solonchake mit einem ausgeprägten Salzmaximum im Oberboden und oft auch takyrischem Gefüge.

Nutzung. In der Vollwüste ist allenfalls Bewässerungsfeldbau möglich, für den nur sandige bis lehmigsandige Calcaric Cambisole, Arenosole und Regosole der Serirlandschaft in Frage kommen, weil bei tonreicheren Böden vor allem die Gefahr sekundärer Versalzung zu groß ist.

8.4.5 Planosol-Luvisol-(Acrisol)-Cambisol-Zone der mediterranen Gebiete

Die sommertrockenen Subtropen des Mittelmeerraumes sowie küstennahe Bereiche Zentralchiles, Kaliforniens, der Kap-Provinz und Südwest-Australiens sind klimatisch durch relativ milde, feuchte Winter und heiße, trockene Sommer gekennzeichnet. Letztere ließen unter Hartlaubgewächsen humusarme, vorrangig rötlich gefärbte Böden mäßiger

Versauerung (als Cambisole Chromic) oder sekundärer Kalkanreicherung (als Luvic Calcisole) und oft starker Lessivierung entstehen (dann Luvisole Chromic). Tonreiche, leuchtend rot gefärbte Luvisole Chromic auf Kalkstein sind als Terrae rossae charakteristisch für den Mittelmeerraum. In Flussniederungen überwiegen Calcaric Fluvisols, in Meeresnähe auch Gleysols und Gleyic Solonchake.

Zu den auf den Westseiten der Kontinente befindlichen mediterranen Räume gibt es auf den Ostseiten Asiens, Nordamerikas und Australiens subtropische Gebiete, die sich durch Sommerregen und damit durch eine fehlende Dürreperiode auszeichnen. In diesen Gebieten ist vor allem die Auswaschung, Entkalkung und Versauerung wesentlich weiter fortgeschritten und deshalb werden die Luvisole, durch Acrisole und Alisole vertreten. In Südjapan und auf der Südinsel Neuseelands kommen Andosole hinzu.

Nutzung. Limitierender Standortfaktor ist hier die Wasserkapazität des Bodens: ist sie hoch, können gute Ernten erzielt werden und auf bewässerten Talböden ist Reisanbau möglich. Durchlässige, wasserarme Böden lassen hingegen nur die Anlage tief wurzelnder Dauerkulturen (Oliven, Mandel, Feige, Johannisbrot, Wein) zu. Der Mittelmeerraum wurde frühzeitig entwaldet, infolgedessen die Böden erodierten und als flachgründige, trockene Leptosole nur noch extensive Viehweide zulassen.

8.4.6 Chernozem-Kastanozem-Solonetz-Zone der Steppen

Für die innerkontinentalen Becken der gemäßigten Klimazonen sind Böden typisch, in denen Humusakkumulation durch Bioturbation eine wesentliche, profilprägende Rolle spielt. In Abhängigkeit von der Durchfeuchtung der Böden besteht hier eine weitere deutliche Bodenzonierung in Phaeozem, Chernozem und Kastanozem als Leittypen, die in Russland von Nord nach Süd, in Nord- und Südamerika von Ost nach West zu beobachten ist und mit der eine ausgeprägte Vegetationszonierung einhergeht (Abb. 7.6–3).

Phaeozem-Mollic Gleysol-Subzonen. Im Bereich der winterkalten Waldsteppe mit 500…700 mm Jahresniederschlag dominiert im Mittelwesten der USA und in der argentinischen Pampa mit dem deutlich humosen, entkalkten und verbraunten Phaeozem der typische Prärieboden, der oft lessiviert ist (= Luvic Phaeozem) und mit mächtig humosen Grundwasserböden (Mollic Gleysole) vergesellschaftet ist. In der Ukraine und Sibirien wie auch in Argentinien sind sandig-lehmige Luvisole und staunasse Stagnic Albeluvisole (Stagnic Podzolluvisole), Ah-gebleichte Greyic Phaeozeme (Greyzeme) und lehmig-tonige, lessivierte Luvic Chernozeme vergesellschaftet, während feuchte Senken vielfach von humusreichen Mollic Gleysolen, bei hohem Tongehalt auch von Mollic Vertisolen sowie Alkaliböden (= Mollic Solonetze) eingenommen werden.

Chernozem-Mollic Gleysol-Subzone. In der Langgrassteppe dominieren über ein weites Bodenartenspektrum von sandigem Lehm bis zu lehmigem Ton die sehr tiefgründig humosen wurmreichen (= Vermic) und oft kalkreichen (= Calcic) Chernozeme. Auch die Grundwasserböden sind durch tiefhumose, oft kalkreiche A-Horizonte (= Humimollic Gleysole) gekennzeichnet, deren hoher Na-Anteil des Sorptionskomplexes schwache Alkalisierung erkennen lässt: Bei höherem Tongehalt dominiert bereits der Mollic Solonetz.

Kastanozem-Solonetz-Subzone. In der Kurzgrassteppe herrschen Kastanozeme vor, die in Abhängigkeit vom Gestein kalk- oder gipsreich sind. Auf tonigen Substraten sind Vertisole entwickelt, auf sandigen kalkhaltige Regosole, während Senken von Solonetzen und auch von Solonchaken eingenommen werden. Steigende Aridität ergibt unter Kraut- und Wüstensteppen humusarme, oft kalk- und gipsangereicherte Calcisole bzw. Gypsisole. Entsprechende Böden charakterisieren auch die Wüstenränder Australiens, Südafrikas und Innerchinas.

Nutzung. Die Chernozem-Zonen weisen die fruchtbarsten Ackerböden der Erde auf. Trockenjahre führen allerdings zu Ertragseinbußen. Von den Bodeneigenschaften her ungünstiger sind sowohl viele Böden der Waldsteppe wie die der Kurzgras- und Wüstensteppe. Bei beiden dominieren humusärmere Standorte, die im Falle der Phaeozeme außerdem nährstoffärmer als die Chernozeme sind, während Kastanozeme und vor allem Calcisole zu trocken und durch Kalkbänke häufig schlecht durchwurzelbar sind. Die Zone der Phaeozeme ist aber bei Düngung ertragreicher als die der Chernozeme, weil selbst in Trockenjahren ausreichend Niederschläge fallen. Kastanozem-Zonen bilden überwiegend Weideland: Ackerbau ist nur bei Kulturen mit geringem Wasseranspruch oder Zusatzbewässerung möglich, wobei aber die Gefahr sekundärer Versalzung groß ist.

8

8.4.7 Cambisol-Luvisol-Gleysol-Zone der gemäßigt-humiden Breiten

Die Böden der feucht-gemäßigten Gebiete wurden bereits ausführlich in Kap. 7.5 und die Bodenverbreitung Mitteleuropas in Kap. 8.3 besprochen. Die Bodenzone kommt auf allen Kontinenten außer in Afrika vor. Sie hat aber in Europa von Nordspanien bis nach Russland und dann in einer Fortsetzung in der Waldsteppe mit dem Leitbodentyp **Albeluvisol** eine Erstreckung bis nach Westsibirien. In Asien findet man sie in der nordchinesischen Tiefebene, Korea und Nordjapan, in Nordamerika in Nordost-USA und Südost-Kanada, im Nordwesten der USA, in Südchile, Südost-Australien, Südinsel Neuseelands und Tasmaniens. Die Böden sind generell jung. Die Beziehungen zum Gestein sind sehr eng. Aus Mergeln findet man Luvisole, aus Kalken Rendzic Leptosole und Lixisole, aus sauren grobkörnigen Gesteinen Dystric Cambisole und Podzole, in Flussgebieten Fluvisole, Cambisole und Gleysole, in Lösslandschaften Phaeozeme, Luvisole und Alisole, in höheren Bergländern Dystric Cambisole und Umbrisole, in stark vulkanisch geprägten Gebieten Andosole und schließlich in der Fortsetzung in kontinentalen Waldsteppen Albeluvisole, Phaeozeme. In allen Landschaften kann es auf Verebnungen in Hochflächen zur Bildung von Stauwasserböden, insbesondere von Stagnosolen führen.

Nutzung: Wegen der Gunst des Klimas und den oft recht fruchtbaren Böden ist in dieser Zone der ursprüngliche Laubmischwald in verschiedene agrarische Nutzungsformen umgewandelt worden. Aufbauend auf der hohen Fruchtbarkeit und durch zunehmende Intensivierung werden heute Höchsterträge in Pflanzen- und Tierproduktion ermöglicht. Durch diese Produktion wurden aber die Böden stark vom Menschen verändert, sodass der Anteil der anthropogen eutrophierten bzw. in Anthrosole und gar Technosole umgewandelten Böden höher ist als in anderen Bodenzonen. Starke Erosion herrscht in flachwelligen Lössgebieten, bedeutende Sedimentation dagegen auf jungen Flussterrassen und auch in entwaldeten Auen. Besondere Nutzungsprobleme verursachen dort tief liegende tonig-torfige Standorte, wie tonige Gleye, Knick-, Dwog- und Moormarschen. Schwefelsaure Marschen oder Auenböden (Maibolt) sind ohne aufwendige Melioration nicht nutzbar (Thionic Fluvisol und Thionic Gleysol).

8.4.8 Podzol-Cambisol-Histosol-Zone der borealen Wälder (Taiga)

Die Zonen der borealen Wälder (Taiga) lassen sich in Bodenregionen mit und ohne Permafrost untergliedern. Auf der Südhalbkugel tritt Permafrost nur in den Anden, der kontinentalen und maritimen Antarktis und auf den Falklandinseln auf.

Regionen mit Permafrost. Die kontinentalen Bereiche Sibiriens und Innerkanadas werden von Umbrisolen und Humic Cambisolen beherrscht, die mit Gleysolen und Histosolen (Mooren) der Senken vergesellschaftet sind. Das ozeanische und perhumide Nordeuropa, Ostkanada und Alaska lässt hingegen Podzole und Stagnosole/Planosole stärker hervortreten. Wenngleich vor allem in Ostsibirien Frostböden dominieren, ist Permafrost nicht mehr durchgehend vorhanden. Sonnexponierte Hänge und grobkörnige, sandige Böden enthalten zumindest in den oberen Metern keinen Permafrost mehr, sodass neben Leptosolen, Skeletic oder Humic Umbrisolen oder Cambisolen, Skeletic und Histic Podzole auftreten, im Übrigen aber Gelic Untereinheiten bei höher anstehendem Permafrost. Weiter im Süden sind Letztere auf schattige Unterhänge und vor allem auf Histosole und Humic Gleysole (Moorgleye) beschränkt, während durchlässige, lehmige Substrate bereits Albeluvisole (Fahlerden) aufweisen. Auch diese Böden zeigen deutliche Kryoturbations- und Solifluktionsspuren als Zeugen früheren Permafrosts.

Regionen ohne Permafrost. In Westsibirien und Nordost-Europa sind lehmige Umbric und Stagnic Albeluvisole mit sandigen Haplic und Gleyic Podzolen sowie Histosolen in Senken vergesellschaftet. In Kanada dominieren in Abhängigkeit vom Gestein Leptosole, Podzole, Umbrisole oder Albic Luvisole; vor allem Regionen mit dichtem Geschiebemergel der inneren Becken (z. B. NW des Großen Sklavensees) werden von Gleysolen, Stagnic Luvisolen und Histosolen beherrscht.

Nutzung. Die Borealzonen werden überwiegend forstlich genutzt: der Holzeinschlag deckt etwa 90 % des Papier- und Schnittholzbedarfs der Erde. Vor allem außerhalb der Permafrost-Regionen ermöglicht ein kühlfeuchtes Klima daneben Grünlandwirtschaft sowie den Anbau von Sommergetreide und Futterpflanzen. Dabei verlangen die vielfach vernässten und/oder sauren Standorte entsprechende Entwässerung und/oder Kalkung.

8.4.9 Leptosol-Regosol-Gleysol-Histosol-Zone der Tundren

Die Böden der **Kältesteppen** (Tundren) weisen (infolge mehrerer Monate Schneefreiheit und dann Mitteltemperaturen über +2 °C) eine geschlossene Vegetationsdecke auf. Auch führen starke Kryoturbation, Frostsprengung und Solifluktion zu Cryosolen als Frostmusterböden unterschiedlicher Prägung. In hügeligem Gelände bilden sich in Frostschuttdecken weit verbreitet Leptosole und Regosole mit geringmächtigen humosen Oberböden oder Moderauflagen, an günstigen Stellen auch Gelic Cambisole aus. Vor allem Wasserstau über dem Permafrost ließ redoximorphe Stagnic und Gleyic Cryosole neben Gelic Gleysolen und vor allem Gelic Histosolen entstehen. Häufig sind Cryic Histosole infolge Eislinsenbildung zu Palsen aufgewölbt, während in weiten Flussebenen (z. B. Mackenzie-Delta) aus dem gleichen Grund bis zu 50 m hohe Pingos entstanden. In sandig-kiesigen Substraten tritt Kryoturbation zurück, sodass Gelic Podzole mit meist geringmächtigem Ae und huminstoffreichem B entstanden.

Eine Besonderheit der südlichen polaren Breiten stellen Böden rezenter und ehemaliger Pinguinkolonien dar. Erstere sind als ‚Ornithosole' nährstoffreich und enthalten viel Apatit, Letztere sind oft stark versauert, bisweilen podsoliert und stark mit Al- und Fe-Phosphaten angereichert. Ein hoher Flächenanteil (> 20…30 %) ist darauf zurückzuführen, dass fast nur schmale Küstenstreifen eisfrei sind und während der letzten Jahrtausende diese Oberflächen stark gehoben wurden (> 50 m).

Nutzung. Nur wenige Flächen der Tundren werden derzeit genutzt, überwiegend extensiv als Rentier- oder Schafweiden. Tierverbiss und -tritt fördert in Hanglage aber den Bodenabtrag, dem sich durch N-Düngung und damit Festigung der Narbe entgegenwirken lässt (z. B. auf Island). Sehr vereinzelt werden etwas Gerste, Kartoffeln und einige Futterpflanzen für den Eigenbedarf angebaut. Die Ungunst des Klimas (kurze Vegetationsperiode und geringe Wärme) lässt aber keinen intensiven Pflanzenbau zu und der Permafrost erschwert die Erschließung.

8.4.10 Leptosol-Gelic-Regosol-Cryosol-Zone der Kältewüsten

Im äußersten Norden Amerikas und Eurasiens sowie in der Antarktis herrscht Permafrost. Vor allem klimatische Unterschiede bewirken verschiedene Subzonen mit unterschiedlichem Bodenmuster: die polaren Eiswüsten, die Solonchak-Cryosol-Frostschutt-Regionen, die Cryosol-Leptosol-Frostschutt-Regionen.

Die **Eiswüsten** dominieren in der kontinentalen Antarktis und auf den Berglagen der antarktischen Inseln, sind aber auch in der Arktis stärker vertreten, vor allem auf Grönland. Sie sind ganzjährig eisbedeckt, weil der Schneefall die Schneeschmelze übertrifft, sodass keine Böden auftreten.

Die **Solonchak-Cryosol-Regionen** sind durch ein arides Kaltklima gekennzeichnet. Geringe Niederschläge (< 50 mm, praktisch nur als Schnee), Jahresmittel der Temperatur tiefer –15 °C, Mittel des wärmsten Monats unter 0 °C, aber durch Fallwinde benachbarter Gletscher relativ starke Verdunstung ermöglicht zeitweilige Schneefreiheit. Unter diesen Bedingungen haben sich im Bereich der antarktischen Kältewüste (Viktorialand, Transantarktische Gebirge) in langen Zeiten bei fehlender Vegetation humusfreie, neutrale bis alkalische Gelic Solonchake mit starker Anreicherung an atmogenen Salzen (küstennah Chloride, küstenfern Nitrate) gebildet. Daneben treten Salic Cryosole auf. Rezente Kryoturbation ist gering, da das Wasser der zudem relativ trockenen Böden nur selten schmilzt. Sandkeil-Polygonnetze sind teilweise entwickelt (Kap. 7.2.6.4). Salzangereicherte Cryosole treten kleinflächig auch in Nordgrönland und NO-Sibirien auf.

Die **Cryosol-Gelic-Leptosol-Regionen** zeigen ein humides Kälteklima. Intensive Kryoturbation und starke Frostsprengung haben bei fehlender bis spärlicher Vegetation (vor allem Flechten, Moose, Algen) überwiegend Cryosole entstehen lassen. Stark vertreten sind Frostmusterböden mit Eiskeilen, Steinringen und/oder -netzen, bzw. Girlanden- und Steinstreifenböden an Hängen. Auf flachgründigem Festgestein entstanden Lithigelic Leptosole. Entsprechende Böden der Antarktis sind im Gegensatz zu denen der Arktis stärker versauert, da carbonathaltige Gesteine weitgehend fehlen. Sandig-kiesige Böden mit stärkerem Bewuchs sind teilweise podsoliert, während nasse Mulden und Hangstufen geringmächtige Moore aufweisen können.

Nutzung. Eine Biomassenutzung ist in der Kältewüste ausgeschlossen.

8

8.5 Literatur

AD-HOC-ARBEITSGRUPPE BODEN (2005) Bodenkundliche Kartieranleitung. 5. Auflage 438 S., Schweizerbarth, Stuttgart.

ALAILY, F. (1993): Soil association and land suitability maps of the Western Desert, SW Egypt. Catena Suppl. **26**, 123...154.

BLOCKHUIS, W.A. (1993): Vertisols in the Central Clay Plain of the Sudan. Diss. Univ. Wageningen.

BLUME, H.-P. (1996): Böden städtisch-industrieller Verdichtungsräume, Kap. 3.4.4.9, 48 S. - In: BLUME et al. (1996 ff): 1.c.

BLUME, H.-P., L. BEYER, M. BÖLTER et al. (1997): Pedogenic zonation in soils of the southern circumpolarregion. Adv. in GeoEcol. **30**, 69...90.

BLUME, H.-P. & M. BERKOWICZ (Hrsg., 1995): Arid ecosystems. Adv. in GeoEcol. 28, 1...229.

BLUME, H.P., P. FELIX-HENNINGSEN, W.R. FISCHER, H.G. FREDE, R. HORN & K. STAHR (1996 ff.): Handbuch der Bodenkunde. Wiley-VCH, Weinheim.

BRIDGES, E., N. BATJES & F. NACHTERGAELE (1998): World reference base of soil resources - atlas. Acco, Leuven.

BRONGER, A. (2003): Bodengeographie der Waldsteppen und Steppen. Kap. 3.4.5.3 - In: BLUME et al. (1996 ff): 1.c.

BRONGER, A. (2007): Bodengeographie der wechselfeuchten Tropen am Beispiel Indiens. Kap. 3.4.5.6 In: BLUME et al. (1996) ff): 1.c.

CAMPBELL, J.B. & G. CLARIDGE (1987): Antarctica. Elsevier, Amsterdam.

DECKERS, J., F. NACHTERGAELE & O. SPAARGAREN (1998): World reference base for soil resources - introduction. Acco, Leuven.

DIESEN, P., J. DECKERS, O. SPAARGAREN & F. NACHTERGAELE (2001): Lecture notes on the major soils of the world. World Soil Ressources Report 94, 234 S. FAO, Roma (auch als CD Rom).

ECKELMANN, W. & G. H. ADLER (2009): Bodenkundliche Grundlagen für die Bewertung landwirtschaftlicher Flächen. - Bodenmarkt **3**: 30...34.; Berlin (Deutscher Landwirtschaftsverlag).

FAO-UNESCO (1974): Soil map of the world. Legende und 17 Karten und Erläuterungen. Unesco, Paris.

GEHRT, A. (2000): Nord- und mitteldeutsche Lössböden und Sandlössgebiete, Kap. 3.4.4.4. - In: BLUME et al. (1996 ff): 1.c.

HILLER, A. & H. MEUSER (1998): Urbane Böden. Springer, Berlin.

JAHN, R. (1997): Bodenlandschaften subtropischer mediterraner Zonen, Kap. 3.4.5.4. - In: BLUME, H.-P. et al. (1996 ff): 1.c.

JANETZKO, P. & R. SCHMIDT (1996): Norddeutsche Jungmoränenlandschaften, Kap. 3.4.4.2. - In: BLUME et al. (1996 ff): 1.c.

KHALIL, A.R. (1990): Genesis and ecology of the Vertisols of Eastern Sudan. Diss. Univ. Kiel.

KIMBLE, J.M. (Hrsg., 2004): Crysols-permafrost-affected soils. Springer, Berlin.

MURTHY, R.S. et al. (1982): Benchmark soils of India. ICAR, Delhi.

PETERMANN, T. (1988): Böden des Fezzan/Libyen. Schriftenr. Inst. Pflanzenern. u. Bodenk. Univ. Kiel.

SCHLICHTING, E. (1970): Bodensystematik und Bodensoziologie. Z. Pflanzenernähr. Bodenk. **127**, 1...9.

SCHMIDT, R. (1997): Grundsätze der Bodenvergesellschaftung. Kap. 3.4.1. - In: BLUME, H.-P. et al. (1996 ff): 1.c.

SCHMIDT, R. (1999): Klassifikation von Bodengesellschaften. Kap. 3.4.3 - In: BLUME, H.-P. et al. (1996 ff): 1.c.

SCHULTZ, J. (2000): Handbuch der Ökozonen. Ulmer, Stuttgart

SCHULTZ, J. (2008): Ökozonen der Erde. 4. Aufl.; Ulmer, Stuttgart

SEMMEL, A. (1993): Grundzüge der Bodengeographie. 3. Aufl.Teubner, Stuttgart.

SEMMEL, A. (1996): Bodentragende Landschaftsformen. Kap. 3.4.2 - In: BLUME, H.-P. et al. (1996 ff): 1.c.

SMETTAN, V. (1987): Typische Böden und Bodengesellschaften der Extremwüste SW-Ägyptens. Berliner Geowiss. Abh. **83**, 1...190.

WIECHMANN, H., H.-P. BLUME (2008): Bodenlandschaften kühl-humider Zonen. Kap. 3.4.5.2 - In: BLUME et al. (1996 ff): 1.c.

9 Böden als Pflanzenstandorte

Böden sind die natürlichen Standorte für alle Landpflanzen, die ihre Wurzeln im Bodenraum ausbilden und dadurch im Boden verankert sind sowie über ihr Wurzelsystem mit Wasser, Sauerstoff und Nährstoffen aus dem Boden versorgt werden. Hierfür ist eine gute Durchwurzelbarkeit und Gründigkeit der Böden erforderlich (Kap. 9.1). Außerdem müssen Böden genügend pflanzenverfügbares Wasser speichern können (Kap. 9.2), eine ausreichende Durchlüftung (Kap. 6.5 und 9.3) und Bodenwärme (Kap. 6.6 und 9.4) aufweisen sowie ausreichende Mengen an verfügbaren Pflanzennährstoffen enthalten (Kap. 9.5). Diese Eigenschaften werden ganz wesentlich von der Mächtigkeit des durchwurzelbaren Bodenraumes bestimmt. Fruchtbare Böden sind dabei die Grundlage für die Versorgung der wachsenden Menschheit mit Nahrungsmitteln. Da Böden ein nur begrenzt vorhandenes Gut sind, müssen sie vor Schädigungen und Zerstörung geschützt und ihre Fruchtbarkeit muss erhalten werden, wenn Hungerkatastrophen vermieden werden sollen. Ihre Fähigkeit, Früchte bzw. Erträge zu erzeugen, wird als **Bodenfruchtbarkeit** bzw. **Ertragsfähigkeit** oder Produktivität bezeichnet (Kap. 11).

9.1 Durchwurzelbarkeit und Gründigkeit

Die höheren Landpflanzen bestehen aus dem oberirdischen Sproßsystem und dem unterirdischen Wurzelsystem, wobei das Wurzelsystem bei Waldbäumen meist 10…20 % der gesamten Pflanzensubstanz ausmacht, bei Kulturpflanzen meist 10…50 % und bei Wiesenvegetation 50…80 %. Es liefert damit die Hauptmasse für die im Boden ablaufenden Transformationsprozesse der organischen Substanz (Kap. 3.1) und stellt die Grundlage für die Ausbildung vielfältiger unterirdischer

Lebensgemeinschaften im Wurzelraum der Böden dar (Kap. 4). Das Sproßsystem bildet durch Photosynthese organische Substanzen, mit denen auch das Wurzelsystem versorgt wird. Das Wurzelsystem bewirkt die Verankerung der Pflanzen und versorgt das Sproßsystem aus dem durchwurzelten Bodenraum mit Wasser und Nährstoffen. Dabei wird auch Sauerstoff durch die Wurzeln aufgenommen, um durch Veratmung von Photosyntheseprodukten die benötigte Stoffwechselenergie zu gewinnen. Die **Wurzelatmung** trägt damit – neben den vor allem Sauerstoff veratmenden Mikroorganismen und den Bodentieren – wesentlich zur gesamten **Bodenatmung** und CO_2-Abgabe in den Porenraum bei (Kap. 6.5 und 9.3).

9.1.1 Durchwurzelbarkeit

Das Wurzelsystem der Pflanzen wird in **Grobwurzeln** (Wg; Durchmesser > 2 mm) und in **Feinwurzeln** (Wf; < 2 mm) unterteilt. Hinter der Wurzelspitze der Feinwurzeln sind außerdem 5…20 µm dicke und meist bis zu 1000 µm lange **Wurzelhaare** in großer Anzahl ausgebildet, wobei Letztere jedoch jeweils nur für wenige Tage funktionsfähig bleiben und dann wieder absterben. Während die Grob- und Feinwurzeln die Grobporen der Böden (Durchmesser > 10 µm) durchziehen, die ihrer Größe entsprechen, durchdringen die zahlreichen Wurzelhaare einen großen Teil der Mittelporen (2…10 µm). Damit können Wasser und Nährstoffe vor allem aus den weiten Mittelporen aufgenommen werden. Aus dem Bereich der Feinporen (< 0,2 µm) gelangen diese Stoffe nur durch langsam ablaufende Diffusionsprozesse entlang von Konzentrationsgradienten in der Bodenlösung zu den Pflanzenwurzeln. Die Versorgung der Wurzeln mit Sauerstoff erfolgt dagegen hauptsächlich über die weiten Grobporen der Böden (> 50 µm) und deren Gasaustausch mit der Atmosphäre (Kap. 6.5 und 9.3). Die Gesamtlänge

9

der Wurzeln einer Pflanze beträgt oft mehrere km. Dennoch werden meist weniger als 1 % des gesamten zugänglichen Bodenvolumens von den Pflanzen durchwurzelt, auch in A-Horizonten höchstens 10…20 %.

Durch longitudinales und radiales Wachstum durchdringen die Wurzeln den zugänglichen Porenraum von Böden und erschließen sich so die benötigten Wasser- und Nährstoffmengen. Dabei wird das Bodengefüge gegenüber mechanischen Einflüssen wie Erosion und Verdichtung stabilisiert, wobei die unmittelbare Umgebung der radial wachsenden Wurzeln auch komprimiert wird, um anschließend als Widerlager auch für Bodenlockerungen zu dienen (s. Kap. 6.3). Die am jeweiligen Pflanzenstandort beobachtbare horizontale und vertikale Durchwurzelung wird horizontweise nach der **Durchwurzelungsintensität** und **-tiefe** (Anzahl der Wurzeln pro dm^2) entsprechend den Vorgaben der Bodenkundlichen Kartieranleitung am Bodenprofil ermittelt.

Durchwurzelungsintensität und -tiefe sind einerseits von den genetischen Eigenschaften der jeweils angebauten Kulturpflanzen bzw. der natürlichen Vegetation abhängig. Sie werden andererseits von einer Reihe weiterer Standortfaktoren wie z. B. von der Wasser- und Nährstoffverteilung und der Zugänglichkeit des Bodenraumes bestimmt. So kann das pflanzentypische Wurzelbild z. B. bei Pflugsohlenverdichtungen stark verändert werden und bei Zuckerrüben zur so genannten Beinigkeit führen. Zu den tief wurzelnden Ackerkulturen gehören in Mitteleuropa z. B. Winterweizen, Winterraps, Zuckerrübe und vor allem Luzerne, die das verfügbare Bodenwasser auf Lößstandorten mit tiefem Grundwasserstand bis zu 18…20 dm Tiefe ausnutzen können. Flacher wurzelnde Ackerkulturen wie besonders Kartoffeln, aber auch Sommergerste, Mais und Ackerbohne nehmen Wasser dagegen nur aus 9…15 dm Tiefe auf. Gräser von Intensivweiden bilden ihre Hauptwurzelmasse in den obersten 10…20 cm des Bodens aus, und nur wenige Wurzeln reichen tiefer als 5 dm. Von den Waldbäumen sind Fichten Flachwurzler, die ihre Hauptwurzelmasse meistens in den obersten 5 dm der Waldböden ausbilden, während Eichen als Tiefwurzler mit ihren Pfahlwurzeln mehrere Meter tief in den Boden eindringen können. Bei zusammenfassenden Betrachtungen wird für die Wasser-, Sauerstoff- und Nährstoffversorgung der Pflanzen von einem potenziellen Hauptwurzelraum bei Intensivgrünland von etwa 5 dm, bei Ackerkulturen von etwa 10 dm und bei Waldbeständen von etwa 15 dm ausgegangen.

9.1.2 Gründigkeit

Unter der **Gründigkeit** der Böden wird die Tiefe des am jeweiligen Standort potentiell durchwurzelbaren Bodenraumes verstanden, der nicht durch mechanische oder physiologische Begrenzungen des vertikalen Wurzelwachstums eingeengt wird. Zu den **mechanischen Begrenzungen** gehören z. B. verdichtete Lagen im Unterboden (z. B. Pflugsohlenverdichtungen) oder verfestigte Unterbodenhorizonte (z. B. Ortsteinhorizonte von Podsolen) sowie C-Horizonte aus überverdichtetem Geschiebemergel, festem Gestein oder Steinlagen. **Physiologische Begrenzungen** der Gründigkeit (physiologische Gründigkeit) stellen z. B. wassergesättigte Unterbodenhorizonte mit O$_2$-Mangel dar (z. B. in Stau- und Grundwasserböden) oder auch stark versauerte Unterböden mit Aluminium-Toxizität (z. B. bei Waldböden). Die mechanische und physiologische Gründigkeit des **potenziellen Wurzelraumes** wird am Bodenprofil und nach Bodenanalysen entsprechend den Vorgaben der Bodenkundlichen Kartieranleitung als flachgründig bis tiefgründig eingestuft (**effektiver Wurzelraum**: siehe Kap. 9.2.1).

Neben der Bedeutung der vertikalen Durchwurzelbarkeit (Gründigkeit) für das Längenwachstum der Wurzeln ist die horizontale Durchwurzelbarkeit der Böden für die Durchwurzelungsintensität der Bodenhorizonte entscheidend. Ungünstige Gefügeformen wie z. B. Grobpolyeder- und Prismengefüge in tonreichen Böden weisen nur geringe Grobporenanteile auf und sind deshalb schlecht horizontal durchwurzelbar. Typisches Beispiel ist das ausgeprägte vertikale Wurzelwachstum in Schrumpfrissen von Pelosolen bei geringer horizontaler Durchwurzelungsintensität.

9.2 Wasserversorgung der Pflanzen

Die Pflanzen versorgen sich mit dem im Wurzelraum verfügbaren Wasser, dessen Menge vom jeweiligen Klima, Relief und den Bodeneigenschaften bestimmt wird. Die Wasseraufnahme durch die Wurzeln erfolgt im Wesentlichen als passiver Prozess durch osmotische Kräfte von der Bodenlösung mit geringeren osmotischen Drücken hin zu höheren in den äußeren Zellen der Pflanzenwurzeln. Die Wassermoleküle wandern von der Wurzeloberfläche überwiegend entlang von kleinen, wasserspezifischen Kanälen (Aquaporine) durch die Zellmembran (Plasmalemma). Diese Kanäle können unter ungünstigen Bedingungen – z. B. bei Trockenstress, aber auch bei Überflutung als Folge von O_2-Mangel sowie durch die Einwirkung einiger toxischer Stoffe – geschlossen werden mit der Folge, dass sich bei längerem Schließen – trotz unterschiedlicher Ursachen – immer Welkeerscheinungen ausbilden. Der weitere Wassertransport von den Wurzeln in das Spross-System wird dann vor allem durch die Transpiration der Blätter und Nadeln ausgelöst (Kap. 9.2.2). Die Wurzeln der meisten Kulturpflanzen vermögen dabei nur den Anteil des Bodenwassers aufzunehmen, dessen Potenzial höher ist (= niedrigere pF-Werte; Kap. 6.4.2) als das beim *PWP* herrschende Potenzial (– $10^{4,2}$ hPa bzw. pF 4,2, s. a. Kap. 6.4.5.1). Neben dem im Boden gespeicherten Niederschlagswasser kann darüber hinaus Wasser des Grundwasserkapillarsaums in den Wurzelraum gelangen (s. Tab. 9.2-1). Beide Anteile zusammen ergeben die pflanzenverfügbare Bodenwassermenge. Sie ist einer der wichtigsten bodenhydrologischen Kennwerte bei der Beurteilung der Wasserhaushaltskomponenten (Evapotranspiration, Grundwasserneubildung), der Beregnungsbedürftigkeit und der Ertragsfähigkeit eines Standorts.

9.2.1 Pflanzenverfügbares Wasser

Die pflanzenverfügbare Bodenwassermenge (W_{pfl}) entspricht bei grundwasserfernen Standorten dem Wasseranteil innerhalb des effektiven Wurzelraums (W_e), der im Bereich zwischen Feldkapazität (*FK*) und permanentem Welkepunkt (*PWP*) vorliegt. Sie lässt sich unter Verwendung leicht bestimmbarer Bodenkennwerte durch den Ausdruck beschreiben:

$$W_{pfl}(\text{mm}) = [FK(\text{mm dm}^{-1}) - PWP(\text{mm dm}^{-1})] \cdot W_e(\text{dm})$$

Die Wassergehaltsdifferenz zwischen *FK* und *PWP* wird auch als **nutzbare Feldkapazität** (*nFK*) bezeichnet, bei Bezug auf den effektiven Wurzelraum dann als $nFKW_e$. Für grundwasserferne Böden gilt folglich:

$$W_{pfl}(\text{mm}) = nFKW_e(\text{mm}) = nFK(\text{mm dm}^{-1}) \cdot W_e(\text{dm})$$

Die für *nFK* und $nFKW_e$ ermittelten Wassergehalte stellen Maximalwerte für das pflanzenverfügbare

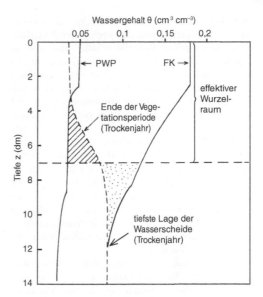

Abb. 9.2–1 Ermittlung des effektiven Wurzelraums aus Kennwerten des Wasserhaushalts (*FK, PWP*), maximaler Entwässerung und tiefster Lage der horizontalen Wasserscheide in einem Trockenjahr bei einer Braunerde aus Sand (nach RENGER & STREBEL 1982).

Bodenwasser dar, die im gemäßigt-humiden Klimabereich in der Regel zu Beginn der Vegetationsperiode erreicht werden. Unter ariden Bedingungen wird dagegen die Feldkapazität wegen der zu geringen Niederschläge häufig nicht erreicht. Der Ausnutzungsgrad der verfügbaren Bodenwassermenge hängt dann von der Durchwurzelungsintensität und effektiven Durchwurzelungstiefe am jeweiligen Standort ab.

Der **effektive Wurzelraum** lässt sich durch Messungen des Wasserentzugs durch die Pflanzenwurzeln während niederschlagsarmer Jahre bestimmen. In Abb. 9.2–1 sind hierzu für einen Sandboden die Wassergehalte bei *FK* und *PWP* sowie der am Ende der Vegetationsperiode angetroffene Wassergehalt dargestellt. Der Tiefenverlauf des am Ende der Vegetationsperiode gemessenen Wassergehaltes zeigt, dass der ab 12 dm Tiefe noch vorhandene Wassergehalt dem der Feldkapazität entspricht (grad $\psi_H = 0$). Diese Grenze wird als horizontale Wasserscheide bezeichnet. Darüber unterschreitet der noch vorhandene Wassergehalt die Werte für *FK* und oberhalb von etwa 3,5 dm auch die Werte für *PWP*. Nur in dem sehr intensiv durchwurzelten Oberboden (0–3,5 dm) sind die Pflanzen damit in der Lage, das gespeicherte Bodenwasser bis zum *PWP* auszunut-

9

zen, da hier einerseits die Fließstrecken des Wassers zur Wurzel gering und gleichzeitig der Potenzialgradient zwischen Wurzeloberfläche und angrenzendem Boden groß ist. Dieser Gradient ist um so steiler und damit die Wasseraufnahme auf einen um so engeren, wurzelnahen Bereich konzentriert, je geringer die ungesättigte Wasserleitfähigkeit und je geringer daher auch der Wassergehalt in diesem Wasserspannungsbereich ist (vgl. Abb. 6.4-3). Die Vollständigkeit der Wassernutzung bis zum PWP ist deshalb von der Wasserleitfähigkeit (k_q) der Bodenhorizonte und deren Durchwurzelungsintensität abhängig. Deshalb ist mit zunehmender Tiefe im Boden meistens nicht die Bindungsfestigkeit des Wassers, sondern die mangelnde Erreichbarkeit durch entweder zu geringe Durchwurzelungsintensität und/oder zu geringe Wassernachlieferung Ursache für das Welken.

Um die Berechnung der pflanzenverfügbaren Wassermenge aufgrund kartierbarer Kriterien mit der beschriebenen Gleichung für alle Böden zu ermöglichen, wird die Grenze für den effektiven Wurzelraum (W_e) rechnerisch so festgelegt, dass die bis zum PWP noch vorhandene Wassermenge oberhalb dieser Grenze (schraffierter Bereich) gleich der bis zur FK bereits fehlenden Wassermenge unterhalb dieser Grenze (punktierter Bereich) ist. Die in Tab. 9.2-1 angegebenen Werte des mittleren effektiven Wurzelraums sind nach diesem Verfahren für Ackerkulturen ermittelt worden. Die Tabelle zeigt, dass effektiver Wurzelraum und nFK sehr stark von der Bodenart abhängen.

Der effektive Wurzelraum ist außerdem von der Kulturart abhängig. Bei gleicher Bodenart nimmt er in der Regel in den gemäßigten Breiten in folgender Reihe zu: Grünland < Ackerland < Wald (Nadelwald < Laubwald). Die sich nach Tab. 9.2-1 aus den Werten für W_e und nFK ergebende $nFKW_e$ liegt bei Sandböden meist zwischen 40 und 135 mm. Lehm- und Schluffböden zeichnen sich infolge ihres hohen Mittelporenanteils und großen effektiven Wurzelraums durch besonders hohe $nFKW_e$-Werte (140…240 mm) aus. Tonböden nehmen eine Mittelstellung mit etwa 120 mm ein. Die angegebenen Werte treffen für Böden mit mittlerer Lagerungsdichte zu. Für dichtere Böden ergeben sich bei Sanden meist etwas höhere $nFKW_e$-Werte, bei Schluffen und Tonen aber niedrigere; für lockerere Böden ergeben sich meist entsprechend entgegengesetzte Trends der $nFKW_e$.

Neben der mineralischen Substanz bindet die organische Substanz der Böden pflanzenverfügbares Wasser. So besitzen stärker humifizierte Torfhorizonte von Mooren z. B. eine sehr hohe nFK (Tab. 9.2-1).

Tab. 9.2-1 Mittlerer effektiver Wurzelraum (W_e) mitteleuropäischer Ackerböden, nutzbare Feldkapazität (nFK), nutzbare Feldkapazität im effektiven Wurzelraum ($nFKW_e$) und Luftkapazität (LK) für häufig auftretende Bodenarten (mittlere Lagerungsdichte) und für Torfhorizonte/Moore (nach Bodenkundliche Kartieranleitung 2005; WESSOLEK et al. 2008).

Bodenart und Kurzzeichen	W_e (dm)	nFK (Vol.-%)	nFK-W_e (mm)	LK (Vol.-%)
Grobsand (gS)	5	5	25	34
Mittelsand (mS, Ss)	6	9	55	31
Feinsand (fS)	6	11	65	29
Lehmiger Sand (Sl3)	8	15	120	20
Schluffiger Sand (Su3)	8	17	135	18
Sandiger Schluff (Us)	11	20	220	13
Schluff (Uu)	12	22	240	11
Toniger Schluff (Ut2–4)	11	18	200	12
Sandiger Lehm (Ls2)	10	16	160	12
Schluffiger Lehm (Lu)	10	17	170	11
Toniger Lehm (Lt2)	10	14	140	12
schluff. u. lehm. Ton (Tu2, Tl)	10	12	120	5
Torf/Moor (nH, hH)	2…4	50…60	100…240	10…25

Deshalb erhalten auch humose Horizonte – je nach Gehalt an organischer Substanz und Bodenart – Zuschläge zur nFK von 1…12 % (Tab. 9.2-2).

Die durch die mineralische und organische Substanz der Böden gebundenen pflanzenverfügbaren Wassermengen ergeben dann zusammen in Abhängigkeit vom jeweiligen effektiven Wurzelraum die in Tab. 9.2-3 aufgeführten $nFKW_e$ – Werte für häufig in Mitteleuropa auftretende Böden (Ackerstandorte).

Auf Böden mit sehr geringer $nFKW_e$ wie Rankern, Rendzinen und Podsolen führt Wassermangel in Trockenjahren zu Ertragsausfällen, während tiefgründige Braunerden, Parabraunerden und Schwarzerden aus Löss sowie tiefgründige Kolluvisole und Kalkmarschen unter mitteleuropäischen Bedingungen kaum Wassermangel zeigen.

Bei grundwasserbeeinflussten Böden ist für die Erfassung des pflanzenverfügbaren Bodenwassers

Tab. 9.2-2 Zuschläge zur nutzbaren Feldkapazität (*nFK*, in Vol.-%) in Abhängigkeit vom Gehalt an organischer Substanz (%) für häufig in Mitteleuropa auftretende Bodenarten (nach Bodenkundliche Kartieranleitung 2005; WESSOLEK et al. 2008).

Gehalt an Org. Subst.	Ss	Sl3	Su3	Us	Uu	Ut2-4	Ls2	Lu	Lt2	Tu2, Tl
1 – < 2 (h2)	2	1	1	1	1	1	1	1	1	1
2 – < 4 (h3)	4	3	3	3	2	3	3	2	3	2
4 – < 8 (h4)	7	5	6	5	4	6	5	5	4	3
8 – < 15 (h5)	12	9	9	8	7	8	9	8	7	5

Tab. 9.2-3 Häufige Werte für die nutzbare Feldkapazität im effektiven Wurzelraum (*nFKW*$_e$) von mitteleuropäischen Böden unterschiedlichen effektiven Wurzelraums (*W*$_e$) sowie unterschiedlicher Bodenart (Ss...Tl) und Humusgehalte (Ap: h2... h4; Ackerstandorte) (nach Bodenkundliche Kartieranleitung 2005, WESSOLEK et al. 2008).

Bodentyp (*W*$_e$; Bodenart; h -Stufen)	*nFKW*$_e$ (mm)	Bewertung von *nFKW*$_e$
Ranker (*W*$_e$ 1...≤ 3 dm; Sl 3; h3/4)	20...50	sehr gering (< 50 mm)
Rendzina (*W*$_e$ 1...≤ 4 dm; Lt 2; h3/4)	20...70	gering (50...< 90 mm)
Podsol (*W*$_e$ 5...≤ 7 dm; gS...Sl2; h3/4)	50...115	mittel (90... 140 mm)
Pelosol (*W*$_e$ 10 dm; Tl, Tu2; h3/4)	125...135	
Braunerde; Parabraunerde (*W*$_e$ 7...9 dm; Sl2...Sl4; h2/3)	110...150	hoch (140...< 200 mm)
Braunerde, Parabraunerde (*W*$_e$ 8...11 dm; Su3, Ls, Ut; h2/3)	150...210	sehr hoch (200...< 270 mm)
Schwarzerde, Kolluvisol, Kalkmarsch (*W*$_e$ 11...12 dm; Us...Ut; h2,3,4)	210...290	extrem hoch (≥ 270 mm)

neben der *nFKW*$_e$ auch der **kapillare Wasseraufstieg** aus dem Grundwasser in den effektiven Wurzelraum zu berücksichtigen. Er kann nach der Darcy-Gleichung (Kap. 6.4.3) unter bestimmten Annahmen für die verschiedenen Bodenarten berechnet werden (Kap. 6.4.3.4). In Tab. 9.2-4 sind die kapillaren Aufstiegsraten für häufig auftretenden Bodenarten in Abhängigkeit vom Abstand der Grundwasseroberfläche zur Untergrenze des effektiven Wurzelraumes aufgeführt.

Nach Tab. 9.2-4 ist z. B. beim Mittelsand, mit einem Abstand der Untergrenze von *W*$_e$ zur Grundwasseroberfläche von 4 dm, mit einem kapillaren Aufstieg aus dem Grundwasser von 1,6 mm d^{-1} zu rechnen, wenn man von einer Wasserspannung von -120 hPa (bei 70 % *nFK*) an der Untergrenze des Wurzelraums ausgeht. Bei einem Abstand zur Grundwasseroberfläche von 6 dm steigen nur 0,5 mm d^{-1} auf, die aber in Trockenzeiten noch für

die Pflanzen relevant sein können. In schluffreichen Böden findet dagegen noch bei einem Abstand von 17...25 dm eine deutliche Nachlieferung aus dem Grundwasser statt. Bei lehmigen Böden beträgt der für eine Wassernachlieferung noch relevante Abstand 17...20 dm, für tonige Böden nur noch 6...8 dm. Bei einem täglichen kapillaren Wasseraufstieg von 2...5 mm ist die Wasserversorgung der Pflanzen in mitteleuropäischen Gebieten mit entsprechend hoch anstehendem Grundwasser auch in Trockenzeiten sicher gestellt.

Für die Berechnung der insgesamt pflanzenverfügbaren Bodenwassermenge sind die in der Tabelle angegebenen täglichen kapillaren Aufstiegsraten mit der Dauer der Hauptwachstumsphase (in Tagen) zu multiplizieren und zur *nFKW*$_e$ zu addieren. Beides zusammen ergibt dann die Gesamtmenge an maximal pflanzenverfügbarem Bodenwasser für grundwasserbeeinflusste Böden. Als Hauptwachs-

9

Tab. 9.2-4 Kapillare Aufstiegsrate (mm d^{-1}) aus dem Grundwasser bis zur Untergrenze des effektiven Wurzelraumes (W_e) in Abhängigkeit von der Bodenart und dem Abstand (dm) bis zur mittleren Grundwasseroberfläche (GWO) während der Vegetationsperiode (angenommene Saugspannung an der Untergrenze von W_e entspricht der bei 70 % nFK) (nach RENGER et al. 1984, Bodenkundliche Kartieranleitung 2005, WESSOLEK et al. 2008).

Bodenart	kapillare Aufstiegsrate (mm d^{-1}) bei Abständen (dm) zwischen GWO und Untergrenze W_e von								
	4	6	8	10	12	14	17	20	25
Grobsand (gS)	0,5	0,1							
Mittelsand (mS, Ss)	1,6	0,5	0,2						
Feinsand (fS)	>5	3,3	1,4	0,5	0,2				
Lehmiger Sand (Sl3)	5	1,6	0,7	0,3	0,1				
Schluffiger Sand (Su3)	>5	5	2,8	1,7	1,2	0,8	0,5	0,3	0,1
Sandiger Schluff (Us)	>5	>5	4,1	2,7	1,8	1,2	0,7	0,4	0,1
Schluff (Uu)	>5	>5	>5	5	3,3	2,4	1,5	1,0	0,5
Toniger Schluff (Ut3)	>5	>5	5	2,8	1,8	1,3	0,7	0,4	0.1
Sandiger Lehm (Ls2)	>5	>5	4,2	2,6	1,7	1,1	0,4	0,1	
Schluffiger Lehm (Lu)	>5	5	3,1	1,9	1,2	0,8	0,5	0,3	0,1
Toniger Lehm (Lt2)	>5	3,8	2,2	1,3	0,9	0,5	0,3	0,1	
Lehm. u. schluff. Ton (Tl, Tu2)	1,3	0,5	0,3	0,1					

tumszeit werden für Silomais, Sommer- und Wintergetreide meist 60...80, für Hackfrüchte (Kartoffel, Zuckerrübe) 60 und 90, für Winterraps ca. 100 und für Grünland 120 Tage angenommen. Somit kann man für jede Bodenart unter Berücksichtigung des Wasserbedarfs der Pflanzen (Kap. 9.2.2) die für die Wasserversorgung noch relevanten Grundwasserstände berechnen.

Die Ausschöpfung des im Boden gespeicherten Wasservorrats kann dadurch begrenzt werden, dass die Pflanzenwurzeln bei schneller Austrocknung nicht die tieferen Bodenbereiche mit noch verfügbarem Wasser erreichen können – z. B. bei ungenügender Tiefenentwicklung des Wurzelsystems infolge Pflugsohlenverdichtung. Viele Pflanzen extremer Trockenstandorte (Xerophyten) vergrößern die ihnen zugängliche Wassermenge durch Erhöhung ihres osmotischen Drucks. Dadurch steigt der Gradient des Wasserpotenzials und damit die Zuströmung zur Wurzel an. In vergleichbarer Weise sind auch Halophyten auf Salzböden an eine osmotisch bedingte Erhöhung des Wasserpotenzials angepasst.

9.2.2 Wasserbewegungen im System Boden–Pflanze–Atmosphäre

Im gemäßigten humiden Klima wird der Hauptteil der durch die Sonne eingestrahlten Energie (Globalstrahlung) für die Verdunstung von Wasser in Form der Evaporation und Transpiration verwendet. Nur 2...5 % werden für die Photosynthese der Pflanzen genutzt. Der Transpirationsstrom, den die Pflanzen zur Aufrechterhaltung ihrer Lebensvorgänge benötigen, wird durch den von der eingestrahlten Energie abhängigen Gradienten des Wasserpotenzials zwischen der atmosphärischen Luft und dem Boden gewährleistet. In Abwesenheit von Pflanzen führt dieser Gradient zu Wasserverlusten, die durch Evaporation direkt an der Bodenoberfläche verursacht werden. Die Pflanze gliedert sich in dieses System ein, indem sie durch Wurzeln, Spross und Blattfläche den Übergang des Wassers aus größeren Bodentiefen in den bodennahen Luftraum erleichtert. Sie wirkt also wie ein ,Kurzschluss', so lange die Höhe

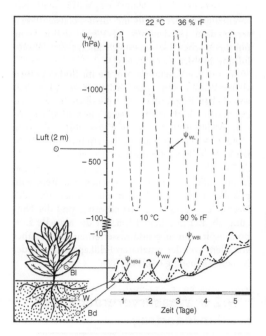

Abb. 9.2–2 Täglicher Verlauf der Wasserpotenziale (ψ_W) von Boden (Bd), Pflanze (Bl bzw. W) und Luftraum (L) bei konstanter Witterung (in Anlehnung an SLATYER 1968).

des vor allem von der eingestrahlten Energie abhängigen Wasserpotenzials in der Luft ihrem eigenen gegenüber den Charakter einer Senke und die des Wasserpotenzials im Boden den einer Quelle hat.

Wie der in Abb. 9.2-2 dargestellte Gang der Wasserpotenziale (ψ_W) in Boden, Wurzel, Blatt und Luft zeigt, schwankt der Wert in der Luft im tageszeitlichen Rhythmus weitaus stärker als im Boden. Je größer die Differenz zwischen ψ_{WL} und ψ_{WBl} ist, desto höher ist in der Regel die Transpiration der dazwischen stehenden Pflanze mit dem Wasserpotenzial ψ_{WW} und ψ_{WBl}. Bei voll entwickelten Pflanzenbeständen können bis über 80 % der Globalstrahlung für die (Evapo-) Transpiration verwendet werden.

9.2.2.1 Wasserbewegung zur Pflanzenwurzel

Durch den Wasserentzug der Pflanze wird zunächst in unmittelbarer Umgebung der Wurzel das Matrixpotenzial und damit auch das Wasserpotenzial erniedrigt. Der dadurch entstehende Potenzialgradient in Richtung Wurzeloberfläche führt – ähnlich wie bei einem Dränrohr (Abb. 6.4-12) – zu einer Wassernachlieferung zur Entnahmestelle. Die Entfernung, die das Wasser bis zur Erreichung der Wurzeloberfläche zurücklegen muss, liegt im Hauptwurzelraum im Bereich von einigen mm. Durch Absinken des Matrixpotenzials in der Nähe der Wurzeln werden aber gleichzeitig die Wasserleitfähigkeit und damit auch der Wasserfluss entsprechend reduziert, wobei diese Abnahme umso größer ist, je stärker die Wasserleitfähigkeit mit sinkendem Matrixpotenzial ψ_m abnimmt. Eine besonders ungünstige Beziehung zwischen der Wasserleitfähigkeit und der Wasserspannung k_q (ψ_m-Beziehung) liegt z. B. bei Sandböden vor (vgl. Abb. 6.4-8). Bei schluff- und tonreichen Böden ist dagegen die Abnahme der Wasserleitfähigkeit bei negativer werdenden Matrixpotenzialen bzw. niedrigerer Wasserspannung, vor allem im Bereich höherer Austrocknungsgrade (pF $\approx 3\ldots4$; $\psi_m \approx -10^3\ldots-10^4$ hPa), weitaus geringer. Daher wird bei Schluff- und Tonböden die Wassernachlieferung aus der Umgebung der Wurzel zu ihrer Oberfläche bei negativeren Matrixpotenzialen weniger gehemmt als bei Sandböden. Für die Pflanze bedeutet eine geringe Wasserleitfähigkeit des Bodens daher eine geringe Ausnutzbarkeit des potenziell verfügbaren Wassers. Je geringer die ungesättigte Wasserleitfähigkeit ist, umso stärker müssen die Wurzeln dem Wasser nachwachsen und umso dichter muss die Durchwurzelung sein, um einen gleich bleibenden Anteil des pflanzenverfügbaren Wassers aufzunehmen. Das Tiefenwachstum der Wurzeln beträgt dabei bis zu 2 cm pro Tag.

9.2.2.2 Wasseraufnahme durch die Pflanze

Das als Folge der Transpiration entstehende Potenzialgefälle zwischen dem Wasser im Boden und in der Pflanze gewährleistet einen ständigen Wasserfluss aus dem Boden in die Pflanze. Bei ausreichender Wasserversorgung, also hohem Matrixpotenzial im Boden, richtet sich die Wasseraufnahme durch die Pflanze vor allem nach der Höhe der **potenziellen Evapotranspiration** (ET_p) (Kap. 6.4.6). Bei sinkendem (negativerem) Matrixpotenzial im Boden bleibt die Wasseraufnahme der Pflanze hinter der potenziellen Evapotranspiration immer weiter zurück, weil die Wasserleitfähigkeit immer geringer bzw. der Fließwiderstand immer größer wird. Die Pflanze muss daher ihre Transpiration einschränken. Die verbleibende geringere Verdunstung nennt man **aktuelle Evapotranspiration** (ET_a).

9

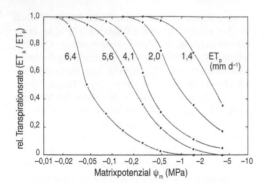

Abb. 9.2-3 Beziehung zwischen der relativen Transpirationsrate (Quotient aus aktueller (ET_a) und potenzieller (ET_p) Evapotranspiration) und dem Matrixpotenzial im Boden bei Mais (nach DENMEAD & SHAW 1962).

Aus dem in Abb. 9.2–3 dargestellten Zusammenhang zwischen dem Verhältnis der aktuellen zur potenziellen Evapotranspiration und der Wasserspannung geht hervor, dass die aktuelle Transpiration mit sinkendem Matrixpotenzial im Boden umso eher abnimmt, je größer die potenzielle Evapotranspiration ist. Bei einem ET_p-Wert von 6,4 mm d^{-1} sinkt die aktuelle Transpirationsrate schon unter die potenzielle, wenn das Matrixpotenzial – 0,015 MPa (– 150 hPa) beträgt. Liegt die potenzielle Evapotranspiration dagegen bei 1,4 mm d^{-1}, sind ET_p und ET_a bis zu einer Wasserspannung von etwa – 0,3 MPa (– 3000 hPa) gleich.

Der Wasserentzug durch die Wurzeln eines Pflanzenbestands kann wie jede andere Wasserbewegung auf die Einheit des Fließquerschnitts bezogen und als Fluss dargestellt werden (s. Kap. 6.4.6). Ihr Betrag (v_w) lässt sich dann als Differenz zwischen dem Gesamtfluss (v_{ges}) und dem durch den hydraulischen Potenzialgradienten grad ψ_H hervorgerufenen kapillaren Wasserfluss (v_H) ermitteln:

$$v_W = v_{ges} - v_H$$

Die Berechnung von v_{ges} ist mit Hilfe der Kontinuitätsgleichung (Kap. 6.4.4, 6.7.1) möglich, wenn Wassergehalt und Wasserspannung im Boden als Funktion der Zeit und Tiefe bekannt sind.

Die räumliche Verteilung des Wasserentzugs durch die Pflanzenwurzeln wechselt innerhalb des Wurzelraums. Bei vergleichbarem Matrixpotenzial ist der Wasserentzug im oberen Teil des Wurzelraums aufgrund der intensiven Durchwurzelung größer als im unteren Teil. Bei ähnlicher Durchwurzelungsintensität liegt das Maximum des Was-

serentzugs in der Tiefe mit dem höchsten Wasserpotenzial (niedrigstem pF-Wert), soweit keine physiologischen Begrenzungen infolge von Durchlüftungsproblemen auftreten.

Wenn der Vegetation nur die im Boden gespeicherte Wassermenge zur Verfügung steht, bedeutet das in der Regel, dass sich die Zone maximalen Entzugs im Verlauf der Vegetationsperiode in größere Bodentiefen verschiebt. Dies führt dann zum Tieferrücken der in Kap. 9.1.2 erwähnten horizontalen Wasserscheide im Boden.

Die Höhe der aktuellen Evapotranspiration hängt, außer von meteorologischen Faktoren, vom pflanzenverfügbaren Wasser im Wurzelraum, der Nachlieferung aus dem Grundwasser und der Nutzung ab. Bei gleichem Klima ist die aktuelle Evapotranspiration in grundwasserfernen Lagen daher vor allem von der nutzbaren Feldkapazität und der Nutzung abhängig (Abb. 6.4-17).

9.2.3 Wasserverbrauch und Pflanzenertrag

Der Wasserverbrauch der Pflanzen während der gesamten Vegetationsperiode und im Verlauf einzelner Tage hängt vor allem von der eingestrahlten Sonnenenergie (Globalstrahlung) und weiteren meteorologischen Einflüssen (Sättigungsdefizit der umgebenden Luft, Windeinfluss, advektive Warmluftzufuhr) sowie von Art und Entwicklungszustand des Blattapparates und vom Angebot an verfügbarem Wasser im Boden ab. Vor allem Feldversuche mit Großlysimetern ergeben realistische Werte für den Wasserverbrauch der Kulturpflanzen. In Feldversuchen kann allerdings nur schwer zwischen Evaporation (E) und Transpiration (T) unterschieden werden, so dass beide Größen meist als **Evapotranspiration (ET)** zusammengefasst werden.

Die meisten Kulturpflanzen weisen in Mitteleuropa bei Bezug auf die gesamte Vegetationsperiode mittlere ET-Werte von 2…3 mm pro Tag auf, Waldbestände von etwa 1 mm d^{-1}. Während der Hauptwachstumszeit von Kulturpflanzen beträgt die Evapotranspiration bei geschlossenen, voll entwickelten Beständen durchschnittlich 3,5…4,5 mm d^{-1} und kann an klaren Sommertagen auf über 8 mm ansteigen, bei Waldbeständen bis auf 3 mm d^{-1}. Durch Schließen der Stomata sind die Pflanzen in der Lage, die stomatäre Wasserverdunstung an heißen Sommertagen stark einzuschränken. In vielen Gebieten Mitteleuropas reichen die mittleren Sommerniederschläge nicht zur Deckung des Wasserbedarfs der

Tab. 9.2-5 Länge der Wachstumszeit (Aufgang bis Ernte), Evapotranspiration (ET) und Evapotranspirationskoeffizient (ETK) verschiedener Kulturpflanzen in Mitteleuropa unter weitgehend potenziellen Verdunstungsbedingungen (Ergebnisse der Lysimeterstation Buttelstedt, Thüringer Becken; ROTH et al. 2007)

Pflanzenart	Wachstumszeit (Tage)	ET (mm)	ETK (kg H_2O kg^{-1} Tr. S.)
Welsches Weidelgrass	349	690	360
Winterraps	321	645	296
Winterweizen	262...300	479...545	330...373
Zuckerrüben	170...182	396...483	176...311
Sommergerste	124...131	334...346	217...225
Silomais	135	361	191
Kartoffeln	104...129	195...380	216...218
Buschbohnen	68	231	456

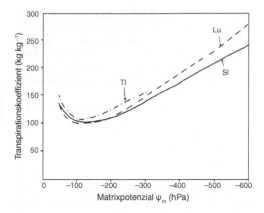

Abb. 9.2–4 (Evapo)-Transpirationskoeffizient von Mais in Abhängigkeit vom Matrixpotenzial (ψ_m) für drei Bodenarten (Sl, Lu, Tl) (nach CZERATZKI 1977).

Pflanzenbestände aus, so dass damit den zu Vegetationsbeginn im Boden gespeicherten (Tab. 9.2-3) und anschließend in Regenphasen nachgefüllten Wassermengen entscheidende Bedeutung für die Wasserversorgung der Pflanzen und damit für die Ertragsfähigkeit der Böden zukommt.

Wenn alle übrigen Einflussfaktoren konstant sind, nimmt der Ertrag einer bestimmten Pflanzenart bzw. -sorte mit steigender Transpiration, d. h. steigendem Wasserverbrauch, zu. Für einen Vergleich des Wasserverbrauchs der verschiedenen Pflanzen ist deshalb eine konstante, optimale Wasserversorgung (z. B. durch Bewässerung) der Pflanzenbestände erforderlich. Unter diesen Bedingungen der nahezu uneingeschränkten Evapotranspiration ($Et_a \approx ET_p$) gemessene ET-Werte sind in Tab. 9.2-5 aufgeführt. Sie zeigen, dass die Höhe von ET ganz wesentlich von der Länge der Wachstumszeit abhängt.

Zur Charakterisierung der Effektivität des Wasserverbrauches einer Pflanzenart bzw. -sorte wird meist der **Evapotranspirationskoeffizient** herangezogen. Er beschreibt den Zusammenhang zwischen der aktuellen Evapotranspiration (ET_a) und der Trockensubstanzbildung und gibt an, wie viel kg Wasser die Pflanze verbraucht, um 1 kg Tro-

ckensubstanz zu erzeugen. Der Evapotranspirationskoeffizient ist für die jeweilige Pflanzenart bzw. -sorte spezifisch. Vor allem Hirse und Mais, gefolgt von Kartoffeln und Sommergerste besitzen niedrige ET-Koeffizienten, während Winterweizen, Winterraps und Gräser (Tab. 9.2-5) sowie bei den Waldbäumen vor allem Fichten deutlich höhere Werte und absolut auch einen deutlich höheren Wasserverbrauch aufweisen und damit die Wasservorräte der Böden stärker ausschöpfen (geringere Grundwasserneubildung).

Für eine bestimmte Pflanzenart und -sorte steigt die Effizenz der Wassernutzung darüber hinaus mit der Höhe des Ertrages bzw. den ertragsbestimmenden Einflussgrößen wie der Nährstoffversorgung, insbesondere der Stickstoffdüngung des Bestandes und einem günstigen Wasserangebot im Boden. Bei Sommergerste sinkt beispielsweise ETK von ca. 350 bei 40 dt ha^{-1} auf 285 bei 70 dt ha^{-1}, bei Winterroggen ohne Düngung von über 500 auf ca. 350 bei hoher Düngung. Ähnlich wirkt sich das Wasserangebot im Boden auf die Höhe von ETK aus (Abb. 9.2-4). Bei Matrixpotenzialen im Bereich der Feldkapazität (– 100...– 200 hPa; pF 2,0...2,3) werden bei Mais die niedrigsten Werte für (E)TK gemessen. Mit sinkenden Matrixpotenzialen steigt dann (E)TK an; ein höherer Wasserverbrauch pro kg Tr. S. ist damit erforderlich. Bei Matrixpotenzialen > – 100 hPa (d. h. im nahezu gesättigten Bereich) steigen die Werte von (E)TK dann ebenfalls an, weil mit zunehmender Bodenfeuchte O_2-Mangel ein Schließen der Wasseraufnahmekanäle (Aquaporine) in den Wurzeln bewirkt (Kap. 9.2) und damit die Tran-

9

spiration und Substanzproduktion beeinträchtigt. Diese Zusammenhänge machen deutlich, dass die Erträge der Kulturpflanzen bei guter Nährstoffversorgung und günstiger Wasserverfügbarkeit sowie optimaler Schädlingsbekämpfung stärker ansteigen als der Wasserverbrauch und sich damit insgesamt als Wasser sparend auswirken.

Bei den für Mitteleuropa prognostizierten Klimaveränderungen mit wärmeren und trockeneren Sommern sowie feuchteren Wintern wird die Effizienz der Wasternutzung während der Sommermonate vermutlich von zunehmender Bedeutung sein. Eine optimale Transpiration und Ertragsbildung ist möglich, wenn die Bodenfeuchte im Wurzelraum nicht wesentlich unter 80 % der nFK absinkt (Tab. 9.2-1). Bei längeren Zeiten mit weniger als 40...50 % der nFK in der Hauptwachstumsphase kann es zu deutlichen Mindererträgen kommen, so dass eine Beregnung – besonders in mitteleuropäischen Trockengebieten – zunehmend erforderlich werden kann. Allerdings ist eine zu frühzeitige Beregnung mit Wachstumsbeginn auch nicht angebracht, weil dadurch das Tiefenwachstum der Wurzeln von Kulturpflanzen wie Winterraps, Winterweizen und Zuckerrüben, die das Bodenwasser noch aus einer Tiefe von über 18 dm ausschöpfen können, beeinträchtigt wird.

9.3 Bodenluft und Sauerstoffversorgung der Pflanzenwurzeln

Menge und Zusammensetzung der Bodenluft (Kap. 6.5.1) beeinflussen sowohl Wachstum und Aktivität der Wurzeln höherer Pflanzen mit Ausnahme der Sumpfpflanzen als auch Zusammensetzung und Aktivität mikrobieller und tierischer Populationen im Boden. Eine ausreichende Durchlüftung und Sauerstoffversorgung der Pflanzenwurzeln ist für die meisten Kulturpflanzen erforderlich, um die Atmung (Respiration) der Wurzeln zu ermöglichen und damit ausreichende Energie für den Ablauf physiologischer Prozesse wie u. a. der Wasser- und Nährstoffaufnahme durch die Wurzeln und den Transport in das Spross-System zu ermöglichen. Bei der Wurzelatmung wird der vor allem durch Diffusion aus der atmosphärischen Luft in die Bodenluft gelangende Sauerstoff (Kap. 6.5.2) durch die Wurzeln aufgenommen und CO_2 dafür ausgeschieden (Abb. 9.3–1).

9.3.1 Lufthaushalt der Böden

Der diffusive O_2- CO_2- Gasaustausch zwischen Boden- und atmosphärischer Luft findet vor allem in den weiten Grobporen statt (Kap. 6.5.2/3), deren Volumenanteil am gesamten Bodenvolumen als **Luftkapazität (LK)** der Böden bezeichnet wird. Aus Tab. 9.2-1 ist ersichtlich, dass auf grundwasserfreien Standorten von allen Bodenarten Sande die höchste LK (und niedrigste nFK) aufweisen. Mit steigendem Schluff- und Tonanteil nimmt LK bis zur Bodenart Ton stark ab. Auch der Humusgehalt beeinflusst LK und erniedrigt bei mittleren Humusgehalten von 2...< 4 % LK bei Sanden meist um 1 Vol.-% (und erhöht nFK entsprechend), während bei Lehm (Lt, Lu) und Schluff (Ul, Ut) eine Erhöhung von LK um 1...2 Vol.-% und bei Ton (Tu, Tl, Tt) um 2...4 % und damit eine Verbesserung von LK stattfindet. Der Lufthaushalt der Böden wird entsprechend der Bodenkundlichen Kartieranleitung nach ihrer Luftkapazität von sehr gering (< 2 Vol.-%) bis sehr hoch (> 26 Vol.-%) bewertet. Neben dem Volumenanteil der Bodenluft ist deren O_2- Gehalt für die Standorteigenschaften entscheidend.

9.3.2 Sauerstoffversorgung der Pflanzenwurzeln

Der diffusive O_2- CO_2- Gasaustausch zwischen Boden- und atmosphärischer Luft steigt mit zunehmendem Luftvolumen der Böden (vgl. Abb. 6.5.3). Deshalb kann die O_2-Versorgung der Wurzeln aus dem jeweils herrschenden Luftvolumen oder in Annäherung aus der Luftkapazität der Böden (Tab. 9.2–1) abgeleitet werden. Außerdem kann sie durch Messung der **O_2-Diffusionsrate (ODR**; Tab. 9.3–1) erfasst werden. Bei $ODR \geq 0,2\ \mu g\ cm^{-2}\ min^{-1}$ ist in der Regel eine ausreichende O_2-Versorgung des Wurzelraumes gegeben. Verdichtete und vor allem auch verschmierte Zonen im Boden wie z. B. Pflugsohlen hemmen wegen ihrer geringeren Luftgehalte die Diffusion. Dabei wird die minimale, für die Wurzeln höherer Pflanzen notwendige O_2-Zufuhr um so leichter unterschritten, je geringer die O_2-Konzentration oberhalb des Diffusionshindernisses ist. In staunassen Unterböden können Werte für ODR von < 0,05 (Tab. 9.3-1) und in Gr-Horizonten von Gleyen sowie in überfluteten Böden von $0\ \mu g\ cm^{-2}\ min^{-1}$ auftreten. Die Abnahme von O_2 in der Bodenluft geht einher mit einer Zunahme an CO_2 und unter anaeroben Bedingungen auch an Ethylen (C_2H_4).

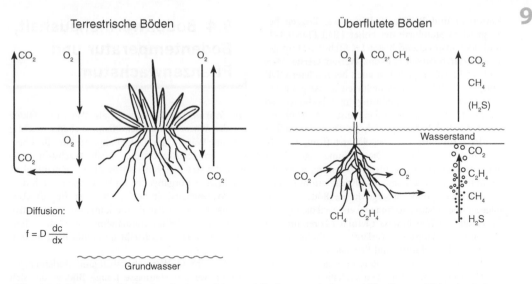

Abb. 9.3-1 Gasaustausch zwischen Boden und Atmosphäre in terrestrischen und überfluteten Böden (nach STEP-NIEWSKI et al. 2005, verändert).

Tab. 9.3–1 Bereiche der O_2-Diffusion verschiedener Böden im Jahresverlauf in Abhängigkeit von der Bodentiefe (nach BLUME 1968).

Ausgangsmaterial	Bodentyp	O_2-Diffusionsrate ($\mu g \, cm^{-2} min^{-1}$) in einer Tiefe von		
		10 cm	30 cm	80 cm
Lehmiger Geschiebemergel (Riss)	Parabraunerde	0,2…0,3	0,2…0,3	≈ 0,05
	Pseudogley	0,2…0,6	0,05…0,1	0,01…0,05
Tonreicher Geschiebemergel (Würm)	Braunerde	0,2…0,4	0,1…0,3	0,05…0,2
	Braunerde-Pseudogley	0,2…0,4	0,1…0,3	< 0,05
	Pseudogley	0… 0,2	< 0,05	< 0,05

Grundsätzlich kann Ethylen von allen Pflanzenorganen produziert werden. Bei Staunässe und anaeroben Verhältnissen, genauso wie bei Salzstress oder mechanischen Wurzelschäden, findet jedoch eine erhöhte C_2H_4-Produktion in den Wurzeln der meisten Kulturpflanzen statt und zusätzlich durch anaerobe Mikroorganismen (Abb. 9.3-1). Durch erhöhte Ethylen-Gehalte in Boden und Wurzeln kann dabei eine Hemmung des Wurzelwachstums von Kulturpflanzen und eine gravierende Veränderung physiologischer Vorgänge bis hin zum Spross-System ausgelöst werden.

Die meisten landwirtschaftlichen Kulturpflanzen wachsen noch, wenn ein kritischer O_2-Gehalt in der Bodenluft von 10 Vol.-% nicht wesentlich unterschritten wird und die CO_2-Gehalte < 10 % sowie die Luftkapazität ≥ 5 % sind. 1…2 % CO_2 im Wurzelraum können dabei das Wurzelwachstum stimulieren; wesentlich höhere Gehalte sind jedoch meist mit einer unzureichenden O_2-Versorgung verbunden. Eine hohe O_2-Diffusionsrate und damit auch ein hohes Luftvolumen im Boden ist um so wichtiger für die Entwicklung der Pflanzen, je stärker ihr Wachstum ist. Nässe-empfindliche Kulturpflanzen wie z. B.

9

Kartoffeln und Brassica-Rüben sowie Roggen beanspruchen Standorte mit hoher ODR (Tab. 9.3-1) und dementsprechend hoher *LK* (Tab. 9.2-1) im gesamten durchwurzelten Raum. Weizen, Gerste, Mais und Zuckerrüben gedeihen auch bei mittlerer ODR und *LK*. Grünlandgräser bedürfen im Allgemeinen nur einer guten Durchlüftung im Oberboden, so dass auch staunasse Tonböden meist gute Grünlandstandorte sind. Für einige Gehölze reicht der im fließenden Grundwasser gelöste Sauerstoff aus, wie z. B. bei Pappeln und Weiden. Diese Bäume zeigen daher auch dann noch ein kräftiges Wachstum, wenn ihr gesamtes Wurzelwerk im Grundwasserstrom steht.

Überflutete und wassergesättigte Böden weisen dagegen meist Sauerstoffmangel auf, weil die O_2-Diffusion aus der Luft in wassergefüllten Poren um den Faktor 10.000 langsamer verläuft als in luftgefüllten Poren. An Überflutung und Sauerstoffmangel angepasste Pflanzen, wie z. B. Reis und andere Sumpf- und Wasserpflanzen, besitzen deshalb O_2- leitende Gewebe (Aerenchyme), durch die Luftsauerstoff über den Spross in die Wurzeln geleitet und damit deren Respiration ermöglicht wird sowie gleichzeitig in der unmittelbaren Wurzelumgebung oxidierende Bedingungen geschaffen werden (Abb. 9.3-1). Unter reduzierenden Bedingungen werden, neben CO_2, Ethylen (C_2H_4), Methan (CH_4) und Schwefelwasserstoff (H_2S) im Boden gebildet (Kap. 5.7) und an die bodennahe Luft abgegeben. Erhöhte C_2H_4-Gehalte können dabei bei Sumpf- und Wasserpflanzen die Wurzelhaar-Bildung stimulieren und – z. B. bei Reis – das Sprosswachstum beschleunigen, so dass damit die Assimilationsorgane über dem Wasser bleiben. H_2S wirkt schon in geringen Konzentrationen auf die Wurzeln vieler höherer Pflanzen stark giftig. Demgegenüber tolerieren sie größere Konzentrationsschwankungen an CO_2 oder CH_4. Die Konzentrationen dieser beiden Gase sind deshalb von Belang, weil sie an die Stelle des Sauerstoffs treten.

Weil Sauerstoff, wie alle Gase, im Boden am schnellsten beweglich ist, kann er durch Gehaltszu- oder -abnahme auch am schnellsten die Redoxeigenschaften und damit das Redoxpotenzial im Boden verändern. So hängen z. B. auch die Prozesse der Nitrifikation bzw. Denitrifikation eng vom Sauerstoffanteil und den Redoxbedingungen im Boden ab (Kap. 9.6.1).

Bei Entwässerung führt Sauerstoffzutritt in Sekundärporen an den Aggregaträndern schnell zur Anhebung des Redoxpotenzials. Im Innern der Aggregate ist die Veränderung des Redoxpotenzials jedoch außerordentlich träge, weil der Gasaustausch durch die geringe Diffusion des im Wasser gelösten Sauerstoffs beschränkt ist.

9.4 Bodenwärmehaushalt, Bodentemperatur und Pflanzenwachstum

Die Wärme des Bodens ist als Wachstumsfaktor für das Wurzelsystem der Pflanzen ebenso wichtig wie die Wärme der Umgebungsluft für die oberirdischen Pflanzenorgane. Auch Wachstum und Aktivität des Edaphons sowie die Geschwindigkeit chemischer Vorgänge im Boden werden durch dessen Wärmehaushalt beeinflusst. Der Begriff „Bodenwärme" stellt dabei eine komplexe kapazitative Größe dar, während „Bodentemperatur" die Intensität der Wärme beschreibt und einfach zu messen ist (Kap. 6.6).

Nach ihrem Wärmehaushalt und Bodentemperaturen werden staunasse tonige Böden, die sich im Frühjahr nur langsam erwärmen und deshalb einen deutlich verzögerten Vegetationsbeginn aufweisen, in der Praxis als „kalte Pflanzenstandorte" bezeichnet. Diese speichern dann allerdings im späten Herbst die Bodenwärme auch länger. Trockene Sandböden, deren Krume sich im Frühjahr schnell erwärmen, werden dagegen als „warme Standorte" bezeichnet. Sie weisen einen deutlich früheren Beginn von Keimung und Pflanzenwachstum auf. Sie kühlen sich allerdings bei sinkenden Temperaturen auch entsprechend schneller ab (s. Kap. 6.6).

Unter den gemäßigten Klimabedingungen Mitteleuropas beeinflussen die minimalen Bodentemperaturen in der Regel mehr die Standorteigenschaften der Böden als deren Maximaltemperaturen. So liegt die Grenze der Frostresistenz während der Winterruhe bei längerfristigen Bodentemperaturen für Roggen bei etwa – 25 °C, Winterweizen – 20 °C sowie Wintergerste und Winterraps – 15 °C. Die Resistenzgrenze für kurzfristig wirkende Spätfröste im Frühjahr beträgt für Sommergetreide – 8 °C, Zuckerrüben – 7 °C und Kartoffelknollen – 3 °C. Neben den Frostschäden durch direkte Einwirkung auf die Pflanzen treten auch Auswinterungsschäden indirekt über den Boden auf durch Auffrieren der Bestände mit Kontaktverlust zwischen Wurzel und Boden, Abreißen von Wurzeln und Halmen sowie durch Trockenschäden infolge Wassermangels bei gefrorenem Boden und höheren Lufttemperaturen. Eindringtiefe und Auswirkungen von Bodenfrost werden jedoch durch einen gut deckenden Pflanzenbestand, wie z. B. Winterraps, herabgesetzt. Ebenso wirken andere Bodenbedeckungen wie z. B. Stroh, Mulch, Laub, etc. oder Schnee.

Auch Keimung und Wachstumsbeginn der Pflanzen sind stark von der Bodentemperatur abhängig. Die minimale Keimungstemperatur beträgt für Roggen 1...2 °C, für Winterraps, -weizen und -gerste 2...4 C, für Zuckerrüben 6...8 °C und für Kartoffel und Mais 8...10 °C. Der Wachstumsbeginn, definiert als Nettosubstanzgewinn, liegt meist bei 2...3 °C höheren Bodentemperaturen. Mit dem Beginn der Wachstumsperiode nimmt die Frostresistenz aller Kulturpflanzen ab; sie liegt bei Spätfrösten für Wintergetreide bei Bodentemperaturen von ca. -4 °C, für Zuckerrüben bei +2 bis +3 °C. Eine deutliche Erniedrigung der Temperatur im Wurzelraum beeinträchtigt das Wurzelwachstum meist weniger als das Sprosswachstum, das durch unzureichende Nährstoff-, Sauerstoff- und Wasseraufnahme der Wurzeln gehemmt werden kann und dann zusätzlich durch Synthese von Ethylen-Vorstufen in den Wurzeln und deren Transport in das Spross-System Welkeerscheinungen entwickelt.

Mit steigender Bodentemperatur erhöht sich die Wasser-, Sauerstoff- und Nährstoffaufnahme der Wurzeln u. a. infolge einer Zunahme der Zellwandpermeabilität bei gleichzeitiger Abnahme der Wasserviskosität. Das Optimum der Bodentemperatur für das Wurzelwachstum liegt meist niedriger als das Optimum der Lufttemperatur für das Sprosswachstum und beträgt z. B. für Kartoffelwurzeln 15...20 °C, für Weizenwurzel ca. 25 °C, für andere mitteleuropäische Kulturpflanzen 20...25 °C. Bei Bodentemperaturen oberhalb des Optimums findet meist ein deutlich verringertes Wurzelwachstum statt. Hitzeschäden an den oberirdischen Pflanzenteilen treten in Mitteleuropa meist bei Temperaturen über 40...45 °C auf, vor allem wenn durch unzureichende Wasserversorgung der Pflanzen die Verdunstungskälte als „Kühlung" nicht mehr gegensteuert. Insgesamt verringert eine dichte Vegetationsdecke die Schwankungen der Bodentemperatur, da die Wärmeeinstrahlung und -abstrahlung von der Bodenoberfläche verringert wird.

9.5 Nährstoffversorgung der Pflanzen

Zum Aufbau organischer Substanzen benötigen alle Pflanzen Kohlenstoff und Sauerstoff aus dem CO_2 und O_2 der Atmosphäre und Bodenluft, Wasserstoff aus dem Bodenwasser sowie 14...16 weitere unentbehrliche (essenzielle) Elemente und eine Reihe nützlicher Elemente aus dem Nährstoffvorrat der Böden. Die essenziellen Elemente, ohne die Pflanzenwuchs nicht möglich ist, werden als mineralische **Nährelemente** oder auch **Mineralstoffe** bezeichnet, da sie aus dem Mineralbestand der Böden stammen.

Tab. 9.5-1 Makronährelemente und Mikronährelemente (nach abnehmenden Gehalten in der Pflanzensubstanz angeordnet) sowie für das Pflanzenwachstum nützliche Elemente

Makronährelemente:	N, K, Ca, Mg, P, S, (Si)
Mikronährelemente:	Cl, Fe, Mn, B, Zn, Cu, Ni, Mo, (Na)
Nützliche Elemente:	Si, Na, Al, Co und weitere

Nach den von den Pflanzen benötigten Elementmengen wird meist zwischen **Makro-** und **Mikronährelementen** bzw. **Haupt-** und **Spurennährelementen** unterschieden (Tabelle 9.5-1). **Nützliche Elemente** fördern Wachstum und Resistenz der Pflanzen; einige können auch einen Teil der unspezifischen Funktionen von essenziellen Elementen übernehmen. Für bestimmte Pflanzenarten sind einige Elemente dieser Gruppe auch essenziell wie z. B. Si (für Reis, Schachtelhalmgewächse) und Na (für C_4-Pflanzen, Crassulaceae u. a.).

Die von den Wurzeln der Pflanzen aufgenommenen Nährelemente liegen im Boden in einer bestimmten Form (Spezies) vor, z. B. Stickstoff als NO_3^-- und NH_4^+-Ionen, Phosphor als $H_2PO_4^-$- und HPO_4^{2-}-Ionen oder Kalium als K^+-Ionen (s. Kap. 5.1.2). Die für die Wurzeln aufnehmbaren chemischen Formen (Spezies) der Nährelemente werden als **Nährstoffe** bezeichnet.

Neben den für Pflanzen essenziellen und nützlichen Elementen benötigen Tiere und Menschen auch geringe Mengen an Cr(III), Se, J sowie F, V, Ni, Sn, As und Pb als weitere essenzielle Mikronährelemente. Zusätzlich gelten einige Elemente wie Br, Sr und Ba in geringen Mengen als nützlich. Für eine vollwertige Ernährung von Tieren und Menschen kommt damit einem ausgewogenen Mineralstoffhaushalt der Böden und einer entsprechenden Versorgung der Pflanzen große Bedeutung zu. Letzteres ist nur zu erreichen, wenn eine ausgewogene Nährstoffzufuhr nach „guter fachlicher Praxis" durch mineralische und organische Dünger erfolgt. Die Düngeverordnung (DüV) von 2006/07 gibt hierfür den rechtlichen Rahmen vor.

Eine dem Pflanzenbedarf angepasste Düngung hat – neben einer Reihe weiterer Einflussgrößen – in den letzten Jahrzehnten wesentlich zu einer

9

Steigerung der Erträge beigetragen. Dabei darf jedoch nicht übersehen werden, dass nicht nur ein zu geringer, sondern bei einigen Nährstoffen auch ein zu hoher Gehalt die Pflanzenqualität und Ernterträge ungünstig beeinflussen kann. Außerdem können dadurch erhöhte Austräge vor allem von N und P aus den Böden bedingt sei, die einerseits zu einer Belastung des Grundwassers sowie zur Eutrophierung von Oberflächengewässern und andererseits zu einer erhöhten Abgabe umweltbelastender und klimarelevanter Stickstoffgase (z. B. NH_3, N_2O) an die Atmosphäre führen können. Genaue Kontrollen des Nährstoffhaushalts der Böden sind deshalb erforderlich.

9.5.1 Nährstoffgehalte, -bindung und -bilanzen

Der überwiegende Teil der Pflanzennährstoffe ist in terrestrischen mitteleuropäischen Böden **nativ**, d. h. er stammt aus den Ausgangsgesteinen der Böden. Der Gehalt verschiedener Makronährelemente in Mineralen magmatischer und metamorpher Entstehung ist aus Tabelle 2.2–3, in magmatischen Gesteinen aus Tabelle 2.3–1 und in Sedimenten aus Tabelle 2.3–2 zu ersehen. Der Gehalt verschiedener Gesteine an Mikronährelementen und potenziell toxischen Spurenelementen ist in Tabelle 9.7–1 dargestellt. Ein weiterer Teil der Nährstoffe gelangt ,in die Böden durch Düngung sowie Einträge aus der Atmosphäre und dem Grundwasser bei hoch liegender Grundwasseroberfläche (GWO).

In den Böden liegen die Nährelemente in folgender **Form** bzw. **Bindung** vor: (a) gelöst oder als lösliche Salze, (b) adsorbiert bzw. austauschbar an der Oberfläche von mineralischen und organischen Adsorbenzien, (c) in schwer austauschbarer Form, wie z. B. in den Zwischenschichten von Tonmineralen oder im intrapartikulären Porenraum von Fe-, Al- und Mn-Oxiden, (d) in der organischen Substanz, z. T. wie bei den Schwermetallen als Komplexe/Chelate, (e) in der Biomasse einschließlich der mikrobiellen Biomasse, (f) in definierten eigenen Verbindungen/Mineralen und (g) immobil als Gitterbaustein von Silicaten oder Fe-, Al- und Mn-Oxiden.

Den Übergang eines unlöslichen oder schwer löslichen Nährstoffs in eine schwächere Bindungsform bzw. in die Bodenlösung bezeichnet man als **Mobilisierung** oder auch als **Nachlieferung**, den umgekehrten Vorgang als **Immobilisierung** oder als Festlegung bzw. **Fixierung**. Die Festlegung eines gelösten Nährstoffs kann in einer leicht-, schwer-

oder nicht-pflanzenverfügbaren Form erfolgen. Bei Austauschvorgängen sind die Begriffe **Desorption** und **Adsorption** (hierfür auch Sorption) gebräuchlich (Kap. 5.5).

Beim mikrobiellen Abbau der organischen Substanz in Böden zu einfachen anorganischen Stoffen (,Mineralstoffe‘) spricht man von **Mineralisierung**.

In Kulturböden ist zur Erzielung ausreichender Erträge der Gehalt an pflanzenverfügbaren Nährstoffen von besonderer Bedeutung. Nach der deutschen Düngeverordnung (DüV) 2006/07 ist dabei der Nährstoffbedarf der jeweils angebauten Kulturen für jeden Schlag in Abhängigkeit von der Nährstoffversorgung der Böden sachgerecht festzustellen. Die Ermittlung des Düngerbedarfs kann dabei (a) durch Bodenanalysen (Kap. 9.5.2 u. 3), (b) durch Pflanzenanalysen (Kap. 9.5.3) und (c) durch rechtlich vorgeschriebene Nährstoffbilanzen erfolgen. Aus Gründen des Boden- und Umweltschutzes ist dabei eine annähernd ausgeglichene **Nährstoffbilanz**, die sich aus den mehrjährigen Nährstoffein- und -austrägen ergibt, erforderlich. Die Differenz (Saldo) zwischen Ein- und Austrägen kennzeichnet sowohl die Effizienz des Nährstoffmanagements als auch mögliche Gefährdungen der Bodenfruchtbarkeit (bei deutlich negativen oder positiven Salden) sowie mögliche Belastungen von Grund- und Oberflächengewässern und der Atmosphäre (bei deutlich positiven Salden). So darf z. B. im dreijährigen Mittel für 2008 bis 2010 ein N-Überhang von 70 kg ha^{-1} a^{-1} und für 2009 bis 2011 von 60 kg ha^{-1} a^{-1} nicht überschritten werden. Für Phosphor gilt bei Böden mittlerer P-Versorgung im sechsjährigen Mittel ein P-Überhang bis zu 8,7 kg P ha^{-1} a^{-1}. Ausgeglichene Nährstoffsalden, errechnet gemäß DüV 2006/07 aus den jährlichen Nährstoffzu- und -abfuhren in den verschiedensten Formen, bezogen auf die Gesamtfläche eines landwirtschaftlichen Betriebes (**Hoftor-Flächenbilanz**) und auch auf einzelne Schläge (**Schlagbilanz**) ermöglichen dabei eine ökologisch wie auch ökonomisch optimale Düngung und Bodennutzung.

9.5.1.1 Nährstoffeinträge

Nährstoffeinträge in Kulturböden erfolgen im Wesentlichen durch mineralische und organische Düngung. Auf Betrieben mit hohem Viehbestand können beträchtliche Mengen an N und P sowie anderen Nährelementen mit den zugekauften Futtermitteln über Gülle, Stallmist, Kompost u. a. sowie den Ausscheidungen der Weidetiere in die Böden

Tab. 9.5-2 Nasse und trockene Deposition (Mittelwert und Bereich in kg ha⁻1 a⁻¹) von Nährelementen im Freiland in verschiedenen Gebieten Deutschlands (nach GAUGER et al. 2002, 2008 sowie verschiedenen anderen Autoren).

N*	P**	S***	K
28	0,35	11	5
5...132	0,05...1,2	2...50	0,5...10
Ca	Mg	Na	Cl
6	1	4	8
2...20	0,5...8	1...17	2...25

* N als NO_3+NH_4
** P als Orthophosphat
*** S als Sulfat

gelangen und müssen deshalb in der Nährstoffbilanz berücksichtigt werden. Beim Anbau von Leguminosen kommt zusätzlich die symbiotische N-Bindung hinzu (Kap. 9.6.1).

Außerdem sind teilweise Nährstoffmengen, die durch nasse und trockene Deposition (Kap. 10.3.1) aus der Luft in den Boden gelangen, in den Bilanzen zu berücksichtigen (Tab. 9.5–2). Höhere Einträge treten vor allem beim Stickstoff in Gebieten mit hohem Viehbesatz und dementsprechend hohen NH_3-Emissionen auf, beim Schwefel in der Nähe von Ballungs- und Industriegebieten sowie bei Na, Mg, Cl, S und B in der Nähe von Meeren. In Waldgebieten beträgt die Stoffdeposition infolge der Filterwirkung der Bäume, vor allem bei Koniferen mit ganzjähriger Benadelung, oft das 2–3-fache des Freilandeintrages.

Die Nährstoffzufuhr aus dem Grundwasser in den Wurzelraum (s. Kap. 9.2.1) kann für Waldbäume bei hoch liegender GWO von besonderer Bedeutung sein und erstreckt sich hier auf alle wesentlichen Nährstoffe. Aber auch bei ackerbaulicher Nutzung kann in manchen Jahren eine erhebliche Zufuhr leicht löslicher Salze aus dem Grundwasser erfolgen. Dies ist vor allem in der Norddeutschen Tiefebene in vielen Gebieten von Bedeutung.

9.5.1.2 Nährstoffausträge

Nährstoffausträge resultieren aus (a) dem Nährstoffentzug der Pflanzen bei Abfuhr der Ernteprodukte, einschließlich von Holz aus Wäldern, (b) der Abschwemmung mit dem Oberflächenabfluss, (c) der Auswaschung mit dem Zwischen- und Grundwasserabfluss sowie mit dem Drainwasser, (d) der Erosion nährstoffhaltigen Oberbodenmaterials (Kap. 10.8.1) und (e) bei Stickstoff auch aus dem Entweichen gasförmiger Verbindungen (NH_3, N_2, N_2O, NO) aus dem Boden sowie aus tierischen Ausscheidungen in die Atmosphäre (s. Kap. 9.6.1).

Der **Nährstoffentzug** durch die Pflanzen (Kap. 9.5.3) ist, neben klimatischen Einflüssen, abhängig von Pflanzenart, -sorte und -ertrag sowie vom Nährstoffangebot der Böden. In den Vegetationsrückständen (Stroh, Rübenblatt, Kartoffelkraut usw.) verbleiben erhebliche Nährstoffmengen auf dem Boden, die nach der Mineralisierung wieder verfügbar sind und daher bei der folgenden Düngung berücksichtigt werden müssen. Ein Teil der Nährstoffe scheidet jedoch durch den Verkauf von Ernteprodukten aus dem Betrieb aus. Der im Betrieb verbleibende Teil der Nährstoffe gelangt teilweise nicht wieder auf die gleiche Fläche zurück, so dass deshalb auch Schlagbilanzen wichtig sind.

Die **Nährstoffauswaschung** findet unter dem Einfluss der Niederschläge mit dem Sickerwasser im Boden statt. Dabei werden die Nährstoffe vom Oberboden in den Unterboden verlagert. Bei einem Austrag aus dem Wurzelraum spricht man von Nährstoffauswaschung. Die Höhe der Auswaschung ist abhängig von der Nährstoffkonzentration im Sickerwasser (Tab. 5.1–2) und der Sickerwassermenge. Die Auswaschung ist dabei nicht nur im Hinblick auf die Verluste der Böden an leicht verfügbaren Nährstoffen von Bedeutung, sondern sie beeinflusst auch die Qualität von Oberflächen- und Grundwasser. Während des Wasser- und Stofftransportes vom Wurzelraum zur Grundwasseroberfläche (GWO) führen mikrobielle Vorgänge (z. B. Denitrifikation), Austausch- und Fällungsreaktionen sowie Verdünnungs- oder Konzentrierungsvorgänge (bei lateralem Zufluss von Wasser aus anderen Einzugsgebieten) zu Konzentrationsänderungen.

In Tabelle 9.5-3 sind exemplarisch die aus einer lehmigen Parabraunerde und aus drei nahe beieinander liegenden, sandigen Podsolen unterschiedlicher Nutzung ausgewaschenen Mengen an verschiedenen Nährelementen und an Aluminium aufgeführt. Die Ackerböden wurden intensiv bewirtschaftet und gedüngt; der Kiefernstandort und die Mähwiese blieben ohne Düngung. Aus diesen sowie vielen weiteren Ergebnissen ergeben sich als allgemeine Gesetzmäßigkeiten, dass die Auswaschung bei Ackerböden größer ist als bei Waldböden, bedingt durch einen höheren Vorrat an leicht mobilisierbaren Nährstoffen im Boden und eine häufig höhere Sickerungsrate. Bei Waldböden haben

9

Tab. 9.5-3 Ausgewaschene Mengen an Nährelementen und Aluminium (Messtiefe 170 cm) aus dem Wurzelraum einer Parabraunerde aus Löss und von sandigen Podsolen im Raum Hannover im Mittel von drei Jahren (01.11.1974 bis 31.10.1977; durchschnittliche Niederschläge: 605 mm a^{-1}) (nach STREBEL & RENGER unveröff.).

Boden	Nutzung	Sicker-wasser (mm)	Auswaschung (kg ha^{-1}a^{-1})							
			Ca	Mg	K	Na	Al	Cl	SO$_4$-S	NO$_3$-N
Parabraunerde	Acker	94	262	23	< 1	36	–	215	72	31
Podsol 1	Acker	252	199	16	36	28	–	135	49	9
Podsol 2	Mähwiese	255	45	2	30	6	–	21	36	5
Podsol 3	Kiefernforst	215	28	5	20	28	39	74	83	9

Parabraunerde: pH (CaCl$_2$) 7,5; CaCO$_3$ 0,2 %; Feldkapazität 350 mm pro 100 cm Tiefe.
Podsole: pH (CaCl$_2$) 5,5…4,5, Feldkapazität 120 mm pro 100 cm Tiefe.

die meist starke Versauerung und der Eintrag von starken Säuren und Säurebildnern aus der Atmosphäre (vor allem HNO_3 und NH_4^+) einen dominierenden Einfluss auf die Auswaschung (Kap. 10.3.1). Sie steigt außerdem mit zunehmender Menge an Sickerwasser. Die **Bodenart** beeinflusst ebenfalls die Geschwindigkeit der Auswaschung. Bei gleichen Niederschlägen und sonst gleichen Bedingungen erreichen die verlagerten Stoffe eine bestimmte Tiefe umso später, je höher die Feldkapazität und damit das Wasserspeichervermögen des Bodens ist. Für die Beispiele in Tab. 9.5-3 ergibt sich eine Transportzeit von der Bodenoberfläche bis zur Messtiefe von 170 cm bei den Podsolen von weniger als einem Jahr, bei der Parabraunerde dagegen von über vier Jahren. Bei Böden hoher Feldkapazität können daher im Wurzelraum auch mehrere Maxima an leicht löslichen Nährstoffen, z. B. an NO_3-N (Abb. 9.6–3d), auftreten, die der Düngung in verschiedenen Jahren zuzuordnen sind und für die Nährstoffversorgung der Pflanzen noch von Bedeutung sein können.

Bei den **kationischen** Elementen ist die **Ca-Auswaschung** in Böden humider Klimate vor allem in CaCO$_3$-haltigen Böden infolge Carbonatauflösung sowie in carbonatfreien Böden mit hoher Ca-Sättigung besonders hoch (bis 350 kg ha^{-1}a^{-1}), in sehr stark versauerten Waldböden dagegen niedrig (bis < 15 kg ha^{-1}). Die Zufuhr von Kationen und Anionen durch Mineraldünger, wie z. B. bei der KCl-Düngung, führt bei der Sorption von K$^+$-Ionen vor allem zu einer Desorption und Auswaschung von Ca^{2+}-Ionen zusammen mit Cl$^-$-Ionen. Die **Mg-Auswaschung** ist dagegen aufgrund einer geringeren Mg-Sättigung der Böden meist wesentlich niedriger (bis 35 kg ha^{-1}a^{-1}). Sie ist insbesondere auf sauren Sandböden mit geringen Gehalten an Mg-

Silicaten niedrig (Tab. 9.5–3). Die **K-Auswaschung** ist bei landwirtschaftlich genutzten Böden aus Löss ebenso wie bei anderen tonreicheren Böden durch ihr hohes K-Fixierungsvermögens (vor allem im Unterboden) gering und beträgt meist unter 5 kg K ha^{-1}a^{-1}. In tonarmen Sandböden und organischen Böden kann sie dagegen bei hoher K-Düngung über 50 kg K ha^{-1}a^{-1} betragen (Kap. 9.6.4). Die Auswaschung von **Al-Ionen** spielt nur bei stark sauren Böden (pH $\leq$ 4,5) und damit vor allem bei Waldböden eine größere Rolle (Kap. 5.6.3).

Bei den **Anionen** ist auf Ackerstandorten die Auswaschung von Nitrat (Kap. 9.6.1) und Chlorid meist am höchsten. Die **Cl-Auswaschung** (< 15… 220 kg ha^{-1}) ist im Wesentlichen auf die Cl-Zufuhr bei der K-Düngung zurückzuführen (Tab. 9.5–3, vgl. gedüngte Ackerböden und ungedüngte Mähwiese). Die **Sulfat-Auswaschung** (Kap. 9.6.3) wurde in Acker- und Waldböden bis Ende der 80er Jahre vor allem durch die hohe SO$_2$-Emission und eine dementsprechende SO$_4^{2-}$-Deposition aus der Atmosphäre bestimmt (Tab. 9.5-3). Heute hat die S-Zufuhr über die Luft stark abgenommen und damit auch die S-Auswaschung. Damit werden die S-Austräge auf Ackerstandorten (20…80 kg ha^{-1}a^{-1}) vor allem durch die Höhe der S-Düngung bestimmt. Die **P-Auswaschung** mit dem Sickerwasser ist infolge einer starken Sorption und Festlegung von Phosphat in lehmigen und tonigen Mineralböden meist gering (< 1 kg P ha^{-1}a^{-1}). In sandigen Böden, bei denen durch langfristig hohe Zufuhren an mineralischen und organischen Düngern die P-Bindungskapazität überschritten ist, und in Böden mit hohem präferenziellen Wasserfluss kann jedoch eine wesentlich höhere P-Auswaschung in gelöster und kolloidaler Form stattfinden (bis > 6,5 kg P ha^{-1}a^{-1}). Ebenso

Tab. 9.5-4 Auswaschung von kationischen Mikronährelementen in Ackerböden (unveröffentlichte Ergebnisse Limburger Hof; SCHIMMING, 1991) und Waldböden mit Buchen- und Fichtenbestand (MAYER & HEINRICHS 1980; SCHIMMING 1991).

	Auswaschung (g ha^{-1} a^{-1})			
	pH	Mn	Cu	Zn
Ackerböden	7...5	1...800	5...94	10...360
Waldböden	5...3	50...9300	2...110	140...2400

können in Moorböden aufgrund geringer Gehalte an mineralischen Sorbenten höhere P-Austräge auftreten (5...15 kg P ha^{-1} a^{-1}).

Die Auswaschung kationischer **Mikronährelemente** ist im alkalischen bis schwach sauren Bereich gering, weil hier eine starke Adsorption oder eine Festlegung in Form schwerlöslicher Verbindungen stattfindet. Die Auswaschung steigt mit abnehmendem pH, wie aus dem Vergleich von Ackerstandorten und den stärker sauren Waldstandorten in Tab. 9.5-4 hervorgeht. Durch lösliche organische Komplexbildner (Kap. 5.3.2) wird die Mobilisierung von kationischen Mikronährelementen gefördert und deren Auswaschung erhöht, bei Mangan und Eisen auch durch anaerobe Verhältnisse und Reduktionsprozesse (Kap. 5.7.4).

9.5.2 Nährstoffverfügbarkeit und Nährstoffversorgung der Böden

Von der in Böden enthaltenen Gesamtmenge an Nährelementen liegt meist nur ein sehr kleiner Teil in der Bodenlösung direkt pflanzenverfügbar vor. Wesentlich größere Anteile sind meist an die Feststoffe der Böden in leicht mobilisierbarer Form (z. B. austauschbares K$^+$), mäßig mobilisierbarer Form (z. B. K$^+$ an Zwischenschichträndern von Illiten) und schwer mobilisierbarer Form (z. B. K$^+$ als Gitterbaustein von Feldspäten) gebunden. Die Verfügbarkeit eines Nährelements hängt dabei von folgenden Faktoren ab (Abb. 9.5–1):

- Von der Konzentration oder besser Aktivität (= wirksame Konzentration) der chemischen Formen (Spezies; s. Kap. 5.3.2) eines Nährelements in der Bodenlösung, auch als **Intensitätsgröße**

bezeichnet. Zusätzlich sind die Relationen der verschiedenen Nähr- und Schadelementspezies in der Bodenlösung von Bedeutung.

- Von der gesamten verfügbaren bzw. während einer Vegetationsperiode mobilisierbaren Menge (Vorrat) eines Nährelements in den Feststoffen des durchwurzelten Bodenraums, auch als **Quantitätsgröße** bezeichnet.
- Von der **Rate** der Nachlieferung aus dem verfügbaren Vorrat der Feststoffe in die Lösungsphase oder auch umgekehrt, z. B. nach Zufuhr löslicher Nährstoffe durch Düngung, von der Rate der Festlegung gelöster Anteile durch die Feststoffe. Bei diesen Übergängen zwischen Lösungs- und Feststoffphase handelt es sich vor allem um Ad-/Desorptions- und Diffusionsvorgänge. Zusätzlich ist die Transportrate der Nährstoffe zur Pflanzenwurzel durch Massenfluss mit der Bodenlösung und durch Diffusion in der Bodenlösung entscheidend.
- Vom **Aufschließungsvermögen** der Pflanze, das u. a. bestimmt wird durch die Wurzeldichte (cm Wurzel pro cm^3 Boden), die Art und Menge mobilisierend wirkender Wurzelausscheidungen und zusätzlich durch mikrobielle Mobilisierungsprozesse der verschiedensten Art in der unmittelbaren Umgebung der Wurzel, der so genannten **Rhizosphäre**.

Von diesen Einflussgrößen werden die Beziehungen zwischen der Lösungskonzentration (oder Aktivität) eines Nährstoffs oder auch Schadstoffs (= Intensität) und dessen gesamter mobilisierbarer Menge (= Quantität) durch sog. **Adsorptionsisothermen** (Kap. 5.5.6; 9.6.4) beschrieben, die daher auch als **Quantitäts-/Intensitäts-Beziehungen** (Q/I-Beziehungen) bezeichnet werden (s. Kurven in Abb. 5.5–8). Die Steigung dieser Kurven in einem definierten Bereich der Lösungskonzentration c und des verfügbaren Vorrats eines Nährstoffs q wird auch als **Puffervermögen** bp eines Bodens bezeichnet, weil Veränderungen in der Lösungskonzentration (Δc) als Folge von Ein- oder Austrägen durch Veränderungen im verfügbaren Vorrat (Δq) z. T. ausgeglichen werden können: $bp = \Delta q/\Delta c$. Ein steiler Kurvenverlauf kennzeichnet ein großes Puffervermögen (geringe Änderungen in der Lösungskonzentration), ein flacher Kurvenverlauf ein geringes Puffervermögen (große Konzentrationsänderungen).

Pflanzen können nur die als Ionen oder in manchen Fällen als anorganische oder niedermolekulare organische Komplexe in der Bodenlösung vorliegenden Anteile der Nährelemente mit ihren

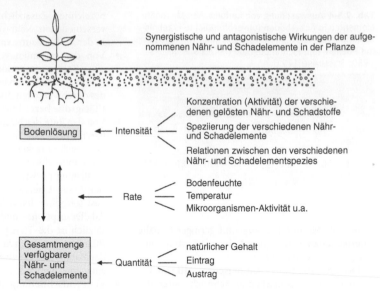

Synergistische und antagonistische Wirkungen der aufgenommenen Nähr- und Schadelemente in der Pflanze

Bodenlösung ← Intensität

Konzentration (Aktivität) der verschiedenen gelösten Nähr- und Schadstoffe

Spezierung der verschiedenen Nähr-
und Schadelemente

Relationen zwischen den verschiedenen
Nähr- und Schadelementspezies

Rate

Bodenfeuchte
Temperatur
Mikroorganismen-Aktivität u.a.

Abb. 9.5-1 Einflussgrößen
der Nähr- und Schadstoff-
verfügbarkeit in Böden
(aus BRÜMMER et al. 1986).

Gesamtmenge
verfügbarer
Nähr- und
Schadelemente ← Quantität

natürlicher Gehalt
Eintrag
Austrag

Wurzeln aufnehmen. Damit ist die Konzentration bzw. Aktivität und jeweilige chemische Form
(Spezies) der Nährelemente in der **Bodenlösung**
für die Aufnahme durch die Pflanzen entscheidend
(Abb. 9.5–1).

9.5.2.1 Nährstoffe in der Boden-
lösung

In Tab. 5.1–2 sind die **Konzentrationen** an Nähr-
und Schadelementen in der Bodenlösung mitteleuropäischer Acker- und Waldböden aufgeführt.
Tab. 5.3–1 zeigt, welche **Nähr- und Schadelementspezies** in der Bodenlösung vorliegen können. Die
Konzentration der gelösten Nährstoffe unterliegt
großen Schwankungen im Jahresverlauf; sie beträgt
insgesamt in der Bodenlösung mitteleuropäischer
Böden häufig $0,1...0,8\,g\,l^{-1}$ (bzw. $2...15\,mmol\,l^{-1}$).

Außerdem ist auch die Relation zwischen den
verschiedenen Nähr- und Schadelementen für die
Nährstoffaufnahme von Bedeutung (Abb. 9.5–1). So
kann die Aufnahme von Ionen eines Nährelements
(z. B. Mg^{2+}) durch einen Überschuss an anderen Ionen (z. B. Ca^{2+}, K^+) aufgrund von **Ionenkonkurrenz**
verringert werden. Ebenso erniedrigen Al^{3+}-Ionen
in stark versauerten Böden die Aufnahme von K^+-,
Mg^{2+}- und Ca^{2+}-Ionen. In belasteten Böden konkurrieren bei der Aufnahme durch die Pflanzen
Arsenat mit Phosphat sowie potenziell toxische

Schwermetalle (Cd^{2+}, Pb^{2+}) mit kationischen Mikronährelementen (Cu^{2+}, Zn^{2+}, Mn^{2+} u. a.). Damit
ist eine ausgewogene Zusammensetzung der Bodenlösung für eine richtige Ernährung der Pflanzen
erforderlich.

Insgesamt liegen in der Bodenlösung meist weniger als 2 bis 20 % der während einer Vegetationsperiode von den Pflanzen benötigten Nährstoffe vor.
Deshalb sind auch der gesamte Vorrat an verfügbaren Nährstoffen im Wurzelraum (Quantititätsgröße,
Abb. 9.5–1), die Rate der Nährstoffnachlieferung
von den Feststoffen in die Bodenlösung und die
Transportrate zu den Pflanzenwurzeln für ein optimales Pflanzenwachstum entscheidend.

9.5.2.2 Nährstoff-Nachlieferung und
-Transport

Eine schnelle Nachlieferung der von den Wurzeln
aus der Bodenlösung entzogenen Nährstoffe erfolgt,
wenn die Kationen oder Anionen in adsorbierter
Form an die Feststoffe gebunden sind (Vorgang der
Desorption). Dagegen ist die Nachlieferungsrate aus
schwerlöslichen Verbindungen (z. B. Carbonaten,
Phosphaten und Oxiden) niedriger; sie steigt mit
abnehmender Korngröße bzw. zunehmender Oberfläche der Teilchen. Die in der organischen Substanz
gebundenen Nährstoffe sind (ausgenommen die
austauschbaren Ionen) erst nach dem mikrobiellen

Abbau pflanzenverfügbar. Sehr niedrig ist die Nachlieferungsrate, wenn die Nährelemente nur durch Verwitterungsprozesse aus Silicaten freigesetzt werden. Vor allem im Waldbau oder bei langjährig extensivem Landbau stellt die Silicatverwitterung meist die einzig verfügbare Nährstoffquelle dar. So werden bei einem $pH (CaCl_2)$ der Böden von etwa 5 zwischen < 0,1...0,5 keq ha^{-1} K + Mg + Ca pro Jahr in einem Wurzelraum von 10 dm freigesetzt – bei höheren pH-Werten noch deutlich weniger, bei niedrigeren entsprechend mehr. Demgegenüber benötigt eine Ernte von 8 t ha^{-1} Weizenkorn mit der dazugehörenden Strohmenge ca. 5,7 keq ha^{-1} an verfügbarem K + Mg + Ca im Wurzelraum in der nur ca. 4-monatigen Hauptwachstumszeit. Damit setzen hohe landwirtschaftliche Erträge eine entsprechende Zufuhr verfügbarer Nährstoffe durch Düngung voraus.

Nach der Freisetzung der Nährstoffe aus den Feststoffen der Böden findet deren Transport zu den Pflanzenwurzeln durch Massenfluss (Konvektion) mit der Bodenlösung und durch Diffusion in der Bodenlösung statt. Der **Massenfluss** ist eine Folge der Transpiration der Pflanzen (Kap. 9.2.2/3). Hierbei verarmt die Wurzelzone an Wasser. Dadurch stellt sich im Boden ein Gradient in der Wasserspannung und damit ein Fluss der Bodenlösung mit den Nährstoffen in Richtung Pflanzenwurzel ein. Die Transportrate eines Nährstoffs durch Massenfluss wird durch die Konzentration in der Bodenlösung und die Wasserflussrate bestimmt. Letztere ist abhängig von der Transpirationsrate der Pflanzen und dem Wassergehalt im Boden sowie von der Anzahl, Größe und Form der Bodenporen und damit auch von der Körnung und dem Gefüge.

Mit der Aufnahme der durch Massenfluss zu den Wurzeln transportierten Nährstoffe, findet eine Abnahme der Lösungskonzentration statt, so dass eine **Diffusion** zur Wurzel hin entsteht. Der Nährstofftransport durch Diffusion kann annähernd durch das 1. Fick'sche Gesetz für den stationären Fluss in einer Flüssigkeit beschrieben werden:

$$\frac{\partial Q}{\partial t} = - DA \cdot \frac{\partial c}{\partial x}$$

(Q = Nährstoffmenge, die in der Zeit t durch die Querschnittsfläche A, z. B. die Wurzeloberfläche, transportiert wird; D = Diffusionskoeffizient, Einheit meist cm^2 s^{-1}; c = Konzentration; x = Transportweg).

Die Diffusionsrate ist in der Bodenlösung wesentlich niedriger als in freien Salzlösungen. Sie sinkt (a) mit abnehmender Bodentemperatur infolge sinkender Ionenoszillation, (b) mit steigendem Puffervermögen (bv; s. o.) der Böden infolge erniedrigter Lösungskonzentration und (c) vor allem mit abnehmendem Bodenwassergehalt infolge längerer Transportwege durch dünnere Wasserfilme um Bodenpartikel und zunehmende elektrostatische Wechselwirkungen zwischen den Ionen der Lösungs- und Festphase. Während z. B. die Diffusionskoeffizienten von Ionen in freien Salzlösungen in der Größenordnung von 10^{-5} cm^2 s^{-1} liegen, betragen sie bei K$^+$, Mg^{2+} und Ca^{2+} in feuchten Böden ca. 10^{-7} cm^2 s^{-1} sowie bei sehr stark adsorbierten Ionen, wie Phosphationen, ca. 10^{-9} cm^2 s^{-1}. Im Zwischenschichtraum von Tonmineralen bzw. in Mikroporen von Eisenoxiden, wo stärkere elektrostatische und sterische Wechselwirkungen auftreten, liegen sie für K$^+$ bzw. Mn^{2+}, Cu^{2+}, Zn^{2+} u. a. mit Werten bis unter 10^{-19} cm^2 s^{-1} noch wesentlich niedriger.

Als annäherndes Maß für den Parameter A in obiger Gleichung kann die Wurzeloberfläche, zu der die Diffusion abläuft (**Diffusionssink**), angesehen werden. Nach dem 1. Fick'schen Gesetz steigt die Transportrate der Nährstoffe zur Wurzel ($\partial Q/\partial t$) mit einer Vergrößerung der Wurzeloberfläche (A) und einer Zunahme des Konzentrationsgradienten ($\partial c/\partial x$) durch Erhöhung der Nährstoffkonzentration (c) – z. B. durch Düngung – sowie eine Verkürzung des Transportweges (x) durch Zunahme des Bodenwassergehaltes.

In Feldversuchen mit verschiedenen Kulturpflanzen wurde festgestellt, dass die Nährelementanlieferung zu den Pflanzenwurzeln vorwiegend durch Diffusion bei NO$_3$-N (65...85 % der Gesamtzufuhr) sowie bei P (> 95 %) und K (85...98 %) erfolgt. Bei Mg und Cl überwiegt meist der Transport durch Massenfluss, bei Ca ist dies die Regel. Wenn die Nährstoffanlieferung insgesamt niedriger als die Aufnahmerate durch die Wurzel ist, wie das z. B. bei P und K möglich ist, entstehen typische Verarmungszonen an diesen Nährelementen in der unmittelbaren Umgebung der Wurzeln, die meist wenige mm umfassen (Abb. 9.6–9, 9.6–12). Die Nährstoffverfügbarkeit wird deshalb auch erheblich vom **Wurzelwachstum** und von der **Wurzeloberfläche** (vor allem der Wurzelhaare und Mykorrhiza) beeinflusst. Die Pflanzenwurzeln wachsen dabei zu den nährstoffhaltigen Bodenpartikeln hin – ein Vorgang, der auch als **Nährstoff-Interzeption** definiert wird. Je höher die Wurzeldichte ist, desto kürzer ist der Transportweg für Massenfluss und Diffusion. Die **Wurzeldichte**, gemessen als Wurzellänge in cm cm^{-3} Boden, kann bei günstigem Bodengefüge Werte von ca. 1 (Leguminosen), 3–5 (Getreide) bis über 20 (Gräser) erreichen.

Die Nachlieferung der Nährstoffe von den Feststoffen wird außerdem direkt durch das **Aufschlie-**

ßungsvermögen der Pflanzenwurzeln mit Hilfe von **Wurzelausscheidungen**, so genannten **Wurzelexsudaten**, beeinflusst. Durch aktive Abgabe von Protonen erfolgt eine Mobilisierung und Aufnahme von kationischen Nährstoffen (z. B. von NH_4^+, K^+, Mn^{2+}, Zn^{2+} etc.); gleichzeitig kann dadurch eine Ca- und P-Freisetzung aus Ca-Phosphaten stattfinden. Durch Abgabe von OH^-, HCO_3^- und organischen Anionen erfolgt die Aufnahme anionischer Nährstoffe (z. B. von NO_3^-, $H_2PO_4^-$, SO_4^{2-} etc.). Organische Anionen können außerdem sorbierte Phosphate, Molybdate u. a. durch Anionenaustausch von Eisenoxid-Oberflächen freisetzen. Ausscheidungen von komplexierend und chelatisierend wirkenden organischen Säuren (vor allem Citronensäure) sowie von nichtproteinogenen Aminosäuren, so genannte Siderophore (bei Gräsern, einschließlich Getreide), können ebenfalls kationische Spurenelemente mobilisieren. Auch die Exkretion von reduzierend wirkenden Phenolen kann zu einer Mobilisierung von Mn^{2+}, Fe^{2+} und anderen Spurenelementen durch Reduktion von Mn- und Fe-Oxiden führen. Ausscheidungen von saurer Phosphatase bewirken eine hydrolytische Abspaltung und damit eine Freisetzung organisch gebundener Phosphate.

Von den Pflanzenwurzeln werden außerdem weitere organische Substanzen wie Zucker und Polysaccharide sowie abgestorbene Zellen, z. B. von Wurzelhaaren und -hauben, abgegeben. Alle von den Wurzel stammenden organischen Substanzen stimulieren die Aktivität von Mykorrhiza-Pilzen und Mikroorganismen in der Rhizosphäre (Kap. 4.1.4). Diese tragen ebenfalls zur Mobilisierung von Nährelementen, besonders von P, sowie zur N-Ernährung der Pflanzen durch N_2-Fixierung bei.

9.5.2.3 Aufnahme von Nährstoffen aus dem Unterboden

Einen großen Einfluss auf die Nährstoffversorgung der Pflanzen hat vielfach auch der **Unterboden**; je besser und tiefer er durchwurzelt werden kann, umso größer ist dort die Nährstoffverfügbarkeit (Kap. 9.1). Der Anteil der aus dem **Unterboden** aufgenommenen Nährstoffe wird von verschiedenen Faktoren wie der Bodenart, dem Nährstoffgehalt des Ober- und Unterbodens, der Unterbodendurchwurzelung, dem Pflanzenwachstum und den Klima- und Witterungsbedingungen beeinflusst. Er schwankt auch auf demselben Boden von Jahr zu Jahr beträchtlich, da die Durchwurzelung des Unterbodens, z. B. in Abhängigkeit von der Höhe und Verteilung der Niederschläge, stark variiert. So findet in Jahren mit geringen Niederschlägen meist eine wesentlich stärkere Unterbodendurchwurzelung als in Feuchtjahren statt. In Feldversuchen mit Getreide und Zuckerrüben wurden für die aus dem Unterboden aufgenommenen Nährelemente Anteile von 15…50 % für NO_3-N, 20…40 % für P, 30…60 % für K und im Mittel 60 % für Ca ermittelt.

Die aus dem Unterboden aufgenommenen Nährstoffe sind unter mitteleuropäischen Bedingungen meist zum größten Teil durch Lösungstransport aus der gedüngten Ackerkrume in den Unterboden verlagert worden; außerdem kann hierfür aber auch die Tätigkeit der **Bodenfauna** (Bioturbation) sowie bei Vertisolen (Kap. 8.4.2) die Peloturbation von Bedeutung sein.

9.5.2.4 Bestimmung der Nährstoffversorgung von Böden

Die Nährstoffversorgung von Böden kann ermittelt werden mit Hilfe von:

(a) Feldversuchen, bei denen die Höhe der Ernteerträge und die Gehalte der Kulturpflanzen an Nährelementen sowie die Nährelementabfuhren mit dem Erntegut unter realen Standortbedingungen und bei natürlicher Bodenlagerung ermittelt werden. Langzeitversuche auf verschiedenen Bodentypen und unter verschiedenen Klimabedingungen geben dann Aufschluss über den verfügbaren Nährstoffvorrat der Böden und die Änderung des Ertragsniveaus als Folge veränderter Nährstoffvorräte durch Nährstoffzufuhr (Düngung) oder -abfuhr (Pflanzenentzug). Feldversuche werden außerdem zur Eichung chemischer Bodenuntersuchungsmethoden benötigt.

(b) Gefäßversuchen, bei denen alle Wachstumsfaktoren konstant gehalten und die Wirkungen der zu untersuchenden Nährstoffe durch gezielte Variation ihrer Gehalte untersucht werden können. Sie werden ebenfalls genutzt, um die Güte chemischer Extraktionsmethoden zu prüfen. Die Ergebnisse von Gefäßversuchen müssen jedoch immer durch Feldversuche abgeglichen werden, da die Wachstumsbedingungen in den (meist relativ kleinen) Versuchsgefäßen in der Regel von den realen Standortbedingungen deutlich abweichen.

(c) chemischen Pflanzenanalysen, bei denen aus den Nährelementgehalten der Pflanzen und ihrem Wachstum bzw. Ertrag auf die Nährstoffversorgung der jeweiligen Böden geschlossen werden kann. Für die Pflanzenanalysen werden meist der gesamte Spross oder bestimmte Pflanzenteile (Blätter, Nadeln usw.) zu einem möglichst frühen, gut definierbaran Zeitpunkt entnommen. Eine Interpretation der Analysendaten ist mit Hilfe von Tabellenwerten zu Gehaltsbereichen der Nährelemente für eine optimale Versorgung der verschiedenen Pflanzenarten möglich. Die Pflanzenanalyse liefert allerdings erst relativ spät Informationen über den Nährstoffbedarf eines wachsenden Bestandes und wird deshalb vor allem bei Dauerkulturen wie im Obstbau und der Forstwirtschaft sowie zusätzlich als Methode zur Überprüfung chemischer Bodenuntersuchungsmethoden angewandt.

(d) Diagnosen von Mangelsymptomen, die sich an oberirdischen Pflanzenteilen als Zeichen einer unzureichenden Versorgung der Pflanzen mit einem oder mehreren Nährelementen ausbilden. Die Symptome sind jedoch z. T. nicht so charakteristisch, dass immer eindeutige und frühzeitige Diagnosen während der Vegetationsperiode möglich sind.

(e) chemischen Bodenuntersuchungsmethoden, die einfach und schnell vor dem Beginn der Vegetationsperiode durchgeführt werden können und anhand der Untersuchungsergebnisse eine zeitgerechte Düngung gestatten. Die chemische Bodenuntersuchung gliedert sich dabei in drei Teilbereiche: Probenahme im Gelände, Probentrocknung und Aufbereitung, chemische Extraktion und Analyse der Nährelemente.

Für Routineuntersuchungen erfolgt die **Probenahme** in der Regel aus der Ackerkrume (0…30 oder 40 cm Tiefe) und bei Grünland aus einer Tiefe bis 10 cm, weil in diesen Bereichen die Hauptmenge der Wurzelmasse (bis > 90 %) und der verfügbaren Nährstoffe enthalten sind. Für genauere Untersuchungen werden zusätzliche Proben aus tieferen Horizonten oder aus definierten Profiltiefen (0…30, 30…60, 60…90 cm) herangezogen. Für repräsentative Aussagen werden Mischproben aus etwa 20 Einzelproben, die gleichmäßig verteilt auf der zu untersuchenden Fläche (meist nicht mehr als 1 ha) entnommen wurden, untersucht. Auf großen Schlägen mit heterogenen Teilflächen, z. B. in Kuppen- und Senkenbereichen, wird heute z. T. auch eine teilflächenspezifische, georeferenzierte (GPS-gestützte) Beprobung vorgenommen, um damit eine nachfolgende teilflächenspezifische Düngerausbringung, z. B. im Rahmen von Präzionslandwirtschaft, zu ermöglichen.

Die **Trocknung** und **Aufbereitung** der Mischproben erfolgt im Labor bei 20…35 °C mit anschließendem Absieben auf 2 mm Maschenweite. Der Masseanteil > 2 mm ∅ (= Grobboden aus Kiesen und Steinen), der keine verfügbaren Nährstoffe enthält, wird bestimmt und die Fraktion < 2 mm ∅ (= Feinboden) zur weiteren Untersuchung verwendet.

Für die **Extraktion** der pflanzenverfügbaren Nährelemente wird dann eine definierte Bodenmenge mit einem bestimmten Volumen einer Extraktionslösung behandelt und im filtrierten Extrakt die **chemische Analyse** der jeweiligen Nährelemente vorgenommen. Zur Extraktion der pflanzenverfügbaren Nährelemente in den Bodenproben kommen folgende Extraktionsmittel zur Anwendung: Wasser (für NO_3-N, P, B), Salzlösungen (für NO_3-N, NH_4-N; Ca, Mg, K, Na; mobile Schwermetalle), Säuren (für Cu sowie schwer mobilisierbare Fraktionen anderer Nährelemente), komplexierende/chelatisierende Lösungsmittel (z. B. DTPA und EDTA) für kationische Mikronährelemente oder auch Kombinationen verschiedener Lösungsmittel, wie z. B. aus einer Salzlösung und einem Komplexbildner (z. B. eine $CaCl_2$/DTPA-Mischlösung bei der CAT-Methode für Na, Mg, Mn, Cu, Zn, B).

Das nach der chemischen Analyse erhaltene Ergebnis für das jeweilige Nährelement wird dann in mg pro 100 g, mg kg^{-1} oder g kg^{-1} Boden angegeben. Bei Böden mit höheren Gehalten an organischer Substanz und bei gärtnerischen Substraten erfolgt – nach Bestimmung des Raumgewichts – die Angabe der Nährstoffgehalte pro Volumeneinheit Boden (z. B. in mg pro 100 cm^3 oder mg dm^{-3}). Durch den Bezug auf das Bodenvolumen wird die Beziehung zwischen den Werten der Bodenuntersuchung und der Nährstoffversorgung der Pflanzen in der Regel verbessert, weil auch die Pflanzenwurzeln immer ein bestimmtes Bodenvolumen durchwurzeln.

Zur Umrechnung der verfügbaren Nährelementgehalte in der Ackerkrume (z. B. 65 mg kg^{-1} pflanzenverfügbares P) in **Nährelementvorräte** pro ha ist zunächst das Krumengewicht in kg ha^{-1} durch Multiplikation von Lagerungsdichte (z. B. 1,5 g cm^{-3}) mit Krumentiefe (z. B. 30 cm) und Flächengröße (1 ha in cm^2) zu ermitteln (hier 4,5 · 10^6 kg Krumengewicht ha^{-1}), das dann wiederum mit dem Nährelementgehalt in mg kg^{-1} Boden zu multiplizieren und als kg Nährelement pro ha anzugeben ist (hier 293 kg ha^{-1} pflanzenverfügbares P). Bei einem jährlichen P-Entzug durch Ernteprodukte von ca. 30 kg ha^{-1} würde der Vorrat an verfügbarem P ohne weitere P-Düngung damit rechnerisch für ca. 10 Jahre reichen. Tatsächlich ist der Zeitraum jedoch deutlich länger, da eine langsame Nachlieferung aus schlecht verfügbaren Nährstofffraktionen erfolgt.

Aus traditionellen Gründen erfolgt in der Düngungspraxis die Angabe der Gehalte an verfügbarem P, K und Mg meist in Form der Oxide P_2O_5, K_2O und MgO (in mg pro 100 g Boden), obwohl die Nährelemente nicht in dieser Form im Boden vorliegen. Die zur Umrechnung von einer Form

9

in die andere benötigten Faktoren sind im Anhang aufgeführt (Kap. 12.2.2).

9.5.2.5 Versorgungsbereiche für Nährelemente in Böden

Da Nährstoffverfügbarkeit im Boden und -aufnahme durch die Pflanze insgesamt durch vielfältige Einflüsse bestimmt werden, geben die beschriebenen einfachen Extraktionsmethoden immer nur Bereiche für die Nährstoffversorgung der Böden von „sehr niedrig" bis „sehr hoch" an. Diese Bereiche werden vom VDLUFA für die Hauptnährelemente P, K und Mg einheitlich für Deutschland in fünf **Versorgungsbereiche** bzw. **Gehaltsklassen** für Acker- und Grünlandböden unterteilt (Tab. 9.5-5).

Nährelementgehalte in den Versorgungsbereichen A und B führen zu unzureichender bis suboptimaler Versorgung der Pflanzenbestände und damit in der Regel zu Mindererträgen; sie sind aber andererseits besonders für den Gewässerschutz optimal. Im Versorgungsbereich C sind eine optimale Versorgung der Pflanzenbestände und optimale Ernteerträge zu erwarten. Dieser Versorgungsbereich ist deshalb durch eine entsprechend dosierte Düngung anzustreben. In den Versorgungsbereichen D und E sind die Pflanzenbestände zwar reichlich mit Nährelementen versorgt, aber es können Umweltbelastungen, insbesondere Gewässerbelastungen, auftreten. Die Düngung ist zu reduzieren (D) bzw. auszusetzen (E).

Bei der Bewertung der bodenchemisch ermittelten Gehalte an Spurennährelementen (B, Mn, Cu, Zn) hat sich eine dreistufige Einteilung der Versorgungsbereiche in A (sehr niedriger und niedriger Gehalt), C (anzustrebender Gehalt) und E (hoher bis sehr hoher Gehalt) als ausreichend erwiesen.

Tab. 9.5-5 Versorgungsbereiche für die Gehalte an verfügbaren Hauptnährelementen (P, K, Mg) von Acker- und Grünlandböden (VDLUFA, 1991 bis 2004) und erforderliche Düngungsmaßnahmen.

Versorgungsbereich	erforderliche Düngungsmaßnahmen
A sehr niedriger Gehalt	stark erhöhte Düngung
B niedriger Gehalt	erhöhte Düngung
C anzustrebender Gehalt	Erhaltungsdüngung
D hoher Gehalt	verminderte Düngung
E sehr hoher	Gehalt keine Düngung

9.5.3 Nährstoffdüngung

Für die Ermittlung des Düngerbedarfs der Pflanzen sind (a) deren Nährstoffentzüge in Abhängigkeit von den angestrebten Erträgen sowie (b) die Vorräte der Böden an verfügbaren Nährstoffen im Wurzelraum und (c) die Nachlieferung von Nährstoffen durch Mineralisation von bodeneigenen organischen Substanzen, Ernteresten und organischen Düngern zu berücksichtigen. Eine ordnungsgemäße Düngung nach ‚guter fachlicher Praxis' gemäß Düngungsverordnung (DüV 2006/07) hat zum Ziel, die Kulturpflanzen mit allen benötigten Nährstoffen ausreichend zu versorgen und hochwertige pflanzliche Nahrungs- und Futtermittel zu erzeugen sowie gleichzeitig zu hohe Düngergaben und dadurch bedingte Boden-, Wasser- und Luftbelastungen (Kap. 9.5.1) zu vermeiden. Die Düngung muss deshalb bedarfsgerecht, standortgerecht und umweltverträglich erfolgen.

In Tabelle 9.5–6 sind die Nährelementgehalte von Ackerkulturen zur Zeit der Ernte als Mittel-

Tab. 9.5–6 Mittlere Gehalte an Nährelementen von Ackerkulturen zur Zeit der Ernte in der Frischmasse (FM) (in kg (100 kg)$^{-1}$ FM; %-Anteil der Trockenmasse (TM) an der Frischmasse)

Pflanze		Nährelementgehalt in kg (100 kg)$^{-1}$ FM					
		TM (%)	N	P	K	Mg	Ca
Weizen	Korn	86	1,81	0,35	0,50	0,12	0,07
	Stroh	86	0,50	0,13	1,16	0,12	0,32
Mais	Korn	86	1,51	0,35	0,42	0,12	0,18
	Stroh	86	0,90	0,09	1,66	0,15	0,43
Raps	Korn	91	3,35	0,78	0,83	0,30	0,45
	Stroh	86	0,70	0,17	2,08	0,09	1,32
Acker- bohne	Bohne	86	4,10	0,52	1,16	0,12	0,11
	Stroh	86	1,50	0,13	2,16	0,24	0,76
Zucker- rübe	Rübe	23	0,18	0,04	0,21	0,05	0,05
	Blatt	18	0,40	0,05	0,50	0,06	0,17
Kar- toffel	Knolle	22	0,35	0,06	0,50	0,02	0,02
Silo- mais	(Ganz- pflanze)	32	0,43	0,08	0,42	0,08	0,12

9

werte einer großen Datenzahl aus verschiedenen Anbaugebieten angegeben (Gehalte an Spurennährelementen in Tab. 9.7–2). Die Nährelementgehalte der einzelnen Pflanzen einer Pflanzenart schwanken dabei teilweise erheblich um die angegebenen Mittelwerte (besonders K im Stroh und Silomais) als Folge von Unterschieden in der Nährstoffversorgung der Böden, der Düngung und der Witterung, besonders zur Zeit der Ernte (K-Auswaschungsverluste möglich). Die aufgeführten mittleren Nährelementgehalte stellen dennoch verbindliche Werte für Nährelementbilanzen dar (Kap. 9.5.1), bei denen die Nährelemententzüge durch Abfuhr der Ernteprodukte ermittelt werden müssen. Ebenso werden sie zur Abschätzung des Düngerbedarfs der anzubauenden Kulturen benötigt.

Nach den in Tab. 9.5–6 aufgeführten Nährelementgehalten werden dem Boden beispielsweise durch eine Weizenernte von 8 t ha^{-1} Korn und 72 dt ha^{-1} Stroh folgende Gesamtmengen an Nährelementen (Summe für Korn und Stroh) in kg ha^{-1} entzogen: N 181 (145 + 36); P 37,5 (28 + 9,5); K 124 (40 + 84); Mg 18 (9,5 + 8,5); Ca 28,5 (5,5 + 23). Verbleibt das Stroh auf dem Feld, reduzieren sich die Entzüge und demzufolge auch die Düngung für die Folgekultur entsprechend. In ähnlicher Weise können die Entzüge auch für andere Kulturpflanzen als Grundlage für die Düngung berechnet werden.

Die aufgeführten Nährelemententzüge zeigen, dass sich die pflanzenverfügbaren Nährstofffraktionen der Böden ohne Zufuhren aus mineralischen und organischen Quellen durch die Abfuhr der Ernteprodukte erschöpfen. Bei gut mit Nährstoffen versorgten Böden (Versorgungsbereich C) ist dies beim Stickstoff meist innerhalb von 2 Jahren der Fall, beim Kalium innerhalb von 3...10 Jahren, beim Phosphor innerhalb von Jahrzehnten. Abnehmende Erträge sind dann die Folge. Liegt dagegen eine deutliche Unterversorgung der Böden mit den Nährelementen P und K vor, so sind zur Erhöhung der verfügbaren P- und K-Werte um jeweils 10 mg kg^{-1} (bezogen auf CAL-Methode) je nach Bodeneigenschaften 80...250 kg P ha^{-1} bzw. 50...400 kg K ha^{-1} erforderlich (Kap. 9.6.2 u. 4).

Bei gut mit Nährstoffen versorgten Böden kann die Düngung der verschiedenen Nährelemente anhand der zu erwartenden Entzüge durch die Folgekultur unter Berücksichtigung eventueller weiterer Zu- und Abfuhren (Kap. 9.5.1) vorgenommen werden (**Entzugsdüngung**). Liegen Bodenuntersuchungsergebnisse vor, so kann die Düngung für den jeweils vorliegenden Versorgungsbereich optimiert werden. Für den Versorgungsbereich C wird nur eine **Erhaltungsdüngung** empfohlen (Tab. 9.5–5).

Dabei werden die für die Folgekultur zu erwartenden Nährelementausträge durch eine entsprechende Düngung nach Abzug eventueller weiterer Einträge kompensiert, so dass der Bereich C langfristig erhalten bleibt. Für die Versorgungsbereiche A und B werden Zuschläge zur Erhaltungsdüngung, z. B. von 66 % bzw. 33 %, empfohlen, für D dagegen Abschläge, z. B. von 50 %, und für E keine Düngung.

Für die Abgrenzung dieser fünf Versorgungsbereiche wurden Bereichswerte festgelegt, die element- und methodenspezifisch sind (Kap. 9.6, 9.7). Sie unterscheiden sich z. T. in den verschiedenen Ländern der Bundesrepublik, weil auch die Standortfaktoren unterschiedlich sind.

9.6 Hauptnährelemente

Zu den Hauptnährelementen bzw. Makronährelementen der Pflanzen gehören – nach abnehmenden Gehalten in der Pflanzensubstanz angeordnet – die Elemente N, K, Ca, Mg, P und S. Zusätzlich sind Si und Na essenzielle Elemente für einige Pflanzenarten – Si z. B. für Reis und Schachtelhalmgewächse, Na für C_4-Pflanzen (z. B. Mais, Hirse), Crassulaceae u. a. Sie stellen außerdem nützliche Elemente für das Wachstum vieler anderer Pflanzen dar (Kap. 9.8).

9.6.1 Stickstoff

Stickstoff (N) gehört zu den Hauptnährelementen von Pflanzen und Mikroorganismen und wird mit der pflanzlichen Nahrung zu Tieren und Menschen transferiert. Mit seinen unterschiedlichen Oxidationsstufen von -3 bis +5 bildet Stickstoff eine große Anzahl an Verbindungen. Er ist das mengenmäßig meist in der Pflanzensubstanz überwiegende Hauptnährelement und ist Bestandteil vieler organischer N-Verbindungen wie z. B. von Aminosäuren, Proteinen, Vitaminen und Chlorophyll. Stickstoff kommt jedoch nur in sehr geringen Mengen in den Ausgangsgesteinen der Bodenbildung und der mineralischen Bodensubstanz vor und muss deshalb bei landwirtschaftlicher Nutzung regelmäßig mit organischen und/oder mineralischen Düngern zugeführt werden. Die N-Versorgung der Kulturpflanzen kann dabei häufig ertragsbegrenzend wirken. Die hohen Ertragssteigerungen der letzten Jahrzehnte sind in Mitteleuropa zu einem wesentlichen Teil auf eine optimierte N-Düngung zurückzuführen. Die regelmäßige Zufuhr hoher und überhöhter N-Gaben führte

9

allerdings auch zu einer Nitratauswaschung aus dem Boden mit teilweise starken Nitratbelastungen von Grundwasser und Oberflächengewässern sowie zu einer erhöhten Abgabe des Treibhausgases N_2O, aber auch von NH_3 an die Atmosphäre. Erhöhte NH_4^+- (und NO_3^--) Depositionen in naturnahen Ökosystemen gelten mit als eine wesentliche Ursache für eine Boden- und Gewässerversauerung sowie für eine abnehmende Biodiversität. Deshalb wurden verschiedene gesetzliche Verordnungen zur Minimierung von Umweltbelastungen erlassen (EU-Nitratrichtlinie 2003, Düngeverordnung (DüV) 2006/2007). Damit ist bei der landwirtschaftlichen und gärtnerischen Bodennutzung aus ökologischer Verantwortung, aber auch aus ökonomischen Überlegungen ein genau kontrolliertes Stickstoffmanagement erforderlich.

9.6.1.1 Biologische N_2-Bindung und Stickstoff-Kreislauf

Das größte N-Reservoir stellt die Atmosphäre mit ihrem hohen N_2-Gehalt dar (Kap. 9.3.1). In dieser Form ist der Stickstoff jedoch nicht für die Pflanzen verfügbar, sondern muss erst durch biologische N_2-Bindung in den Boden gebracht werden. Auch die verwendeten N-Düngemittel werden aus dem N_2 der Luft hergestellt (HABER-BOSCH-VERFAHREN). Mit der biologischen N_2-Bindung gelangt der Luftstickstoff in den Boden, wird dort durch verschiedene Prozesse in organische und anorganische Verbindungen überführt und letztlich wieder in Form verschiedener Gase wie N_2, N_2O, NO und NH_3 in die Atmosphäre transferiert. Diese Phasenübergänge werden als **Stickstoff-Kreislauf** bezeichnet (Abb. 9.6–1).

Die **biologische N_2-Bindung** erfolgt durch verschiedene Bakterienarten (Kap. 4.1.4, 4.3.1). Unter mitteleuropäischen Bedingungen beträgt die N_2-Bindung durch frei lebende, heterotrophe Bakterien $1...30\,kg\,N\,ha^{-1}\,a^{-1}$. Sie wird z. T. durch das Angebot an leicht zersetzbarer organischer Substanz im Boden begrenzt. Auch eine N-Düngung reduziert die N_2-Bindung. Insgesamt reichen die durch frei lebende Bakterien gebundenen N-Mengen nicht aus, um den N-Bedarf ertragreicher Kulturpflanzen (Weizen ca. $190\,kg\,N\,ha^{-1}$) zu decken.

Einige frei lebende Bakterien können vor allem in tropischen Gebieten auch in Assoziation mit

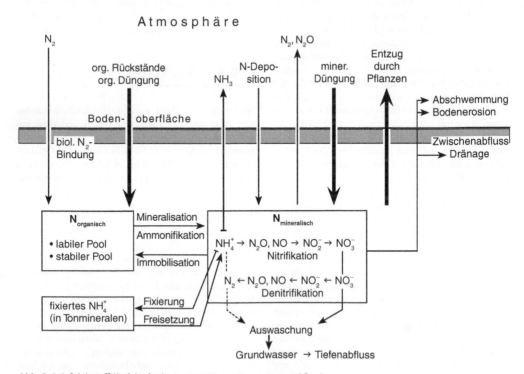

Abb. 9.6-1 Stickstoff-Kreislauf mit den beteiligten Prozessen und Pools.

den Wurzeln höherer Pflanzen auftreten und deren Assimilate als Energiequelle nutzen. Sie sind dadurch zu einer höheren N_2-Bindung von 20...100 kg ha^{-1} a^{-1} befähigt.

C-autotrophe Cyanobacterien assimilieren N_2 unter Ausnutzung von Lichtenergie. Sie sind besonders in Reisböden von beträchtlicher Bedeutung und vermögen in Assoziation mit höheren Pflanzen wie z. B. *Anabaena* mit *Azolla* (Wasserfarn) beim Anbau von Reis bis über 100 kg N ha^{-1} a^{-1} zu liefern.

Zur **symbiotischen N_2-Bindung** sind vor allem Rhizobien (Knöllchenbakterien) in Symbiose mit Leguminosen befähigt. Rhizobien benötigen gut durchlüftete Böden, schwach saure bis schwach alkalische pH-Werte und eine gute Fe-, Mo- und Co-Versorgung. Die durch Leguminosen symbiotisch gebundene N-Menge beträgt bei Erbsen 20...140 kg ha^{-1}, Ackerbohnen 60...170 kg ha^{-1}, Kleearten 80...270 kg ha^{-1} und Luzerne 150...350 kg ha^{-1}. Davon werden z. B. bei Ackerbohnen 20...40 kg N ha^{-1} und bei Klee als Untersaat bis ca. 100 kg N ha^{-1} für die Nachfrucht im Boden hinterlassen.

Auch Actinomyceten treten als Symbionten bei einer Reihe von Holzgewächsen auf, z. B. bei der Erle sowie dem Sanddorn und besonders bei Ölweidengewächsen der Tropen und Subtropen. Bei diesen Symbiosen mit Holzgewächsen wurde eine N-Anreicherung im Boden bis über 100 kg N ha^{-1} a^{-1} ermittelt.

Insgesamt variieren die mikrobiell gebundenen N-Mengen stark in Abhängigkeit von klimatischen Einflüssen wie Einstrahlung, Temperatur und Niederschlag sowie der Düngung und den N-Umsetzungen im Boden. Die in der mikrobiellen Biomasse gebundenen N-Mengen stellen aber immer einen beträchtlichen N-Pool (80...300 kg ha^{-1} a^{-1}) in den Ap-Horizonten mitteleuropäischer Ackerböden dar.

9.6.1.2 N-Verbindungen und N-Gehalte

Der aus der Atmosphäre in die Böden transferierte Stickstoff wird in humosen Oberböden meist zu mehr als 90 % in organischer Form gebunden. In gedüngten lehmigen bis tonigen Oberböden kann der anorganische Stickstoff jedoch infolge einer NH_4^+-Fixierung durch Tonminerale (Abb. 9.6–1) bis auf über 20 % ansteigen. Auch manche Böden der Wärmewüsten (z. B. Zentrale Sahara, Hochland von Chile) und Kältewüsten (kontinentale Antarktis) sind reich an mineralischen Stickstoffverbindungen und enthalten über die Niederschläge oder den Kot von Vögeln zugeführtes $NaNO_3$ und $Ca(NO_3)_2$ (Kap. 7.2.4.5).

Der **organisch gebundene Stickstoff** stammt aus den Rückständen der Vegetation und der Bodenorganismen sowie aus deren Stoffwechselprodukten und ist außerdem in Huminstoffen gebunden. Der größte Anteil liegt dabei in Amid- und Peptid-Strukturen vor, daneben in Proteinen, Aminosäuren und Aminozuckern. Letztere sind charakteristisch für mikrobielle Rückstände. Auch in Huminstoffen sind größere Anteile an Amid-Stickstoff sowie außerdem an heterocyclisch gebundenem Stickstoff enthalten (s. Kap. 3.2.3). Amide und Peptide können z. T. in Bindungsformen vorliegen, in denen sie vor einem mikrobiellen Abbau weitgehend geschützt sind und damit einen sehr **stabilen N-Pool** bilden (Abb. 9.6–1), der Jahrtausende überdauern kann. Zu diesem Pool gehören auch die heterozyklisch in Huminstoffen gebundenen N-Anteile. Daneben existiert ein **labiler N-Pool** mit leicht abbaubaren organischen N-Verbindungen wie meist pflanzlichen Aminosäuren und Proteinen. Die Anteile der unterschiedlichen organischen N-Verbindungen variieren dabei deutlich zwischen den verschiedenen Böden sowie in Abhängigkeit von der Bodennutzung und den Klimabedingungen.

Der **Gesamt-N-Gehalt (N_t)** beträgt in Ap-Horizonten von Mineralböden des gemäßigt-humiden Klimas meist 0,7...2 g kg^{-1} Boden. Damit können N_t-Vorräte in Ap-Horizonten von 3...9 t ha^{-1}, in tiefgründigen Schwarzerden (Ap + Ah) sogar bis über 14 t ha^{-1} vorliegen. Ah-Horizonte von Grünland (meist 2...6 g N_t kg^{-1}) sowie Ah-, Aeh- (meist 2...5 g N_t kg^{-1}) und Of-, Oh-Horizonte (meist 10...20 g N_t kg^{-1}) von Waldböden weisen zwar höhere N_t-Gehalte auf; bei meist geringerer Horizontmächtigkeit liegt die Stickstoffmenge aber im Allgemeinen unter der von Ackerböden. Niedermoore weisen die höchsten N_t-Gehalte auf (nH-Horizonte 10...25 g N_t kg^{-1}), die bei landwirtschaftlicher Nutzung nach Grundwasserabsenkung und Intensivierung der Abbauvorgänge zusammen mit dem gebildeten CO_2 in beträchtlichem Maße zu Umweltbelastungen führen.

Der N_t-Gehalt von Böden steht in enger Beziehung zu ihrem $C_{org.}$-Gehalt. Er kann durch Nutzungsänderungen, wie Grünlandumbruch und anschließende Ackernutzung, zusammen mit dem $C_{org.}$-Gehalt auf sandigen Böden Mitteleuropas innerhalb weniger Jahre um mehr als 50 % abnehmen; bei schluffig-lehmigen Böden sind hierfür 50 Jahre und mehr bis zur Einstellung eines neuen Gleichgewichts erforderlich. Bei umgekehrter Nutzungsänderung sind für eine Zunahme des N_t-Gehaltes um das Doppelte Zeiträume von 150 Jahren und länger erforderlich. Auch die regelmäßige Ausbrin-

9

gung von Festmist oder Kompost führt langfristig zu einer N_t- und C_{org}-Anreicherung in Ackerböden (um bis zu 25 %).

Das C_{org}/N_t- oder kurz C/N-Verhältnis in Ap- und Ah-Horizonten ertragreicher Acker- und Grünlandböden Mitteleuropas beträgt meist < 10...15. Stark versauerte Waldböden mit hohen Gehalten an wenig zersetzter Streu (L-, Of-Horizonte) weisen dagegen sehr weite C/N-Verhältnisse auf (25...38); dies gilt besonders auch für Hochmoore (40...60). Der heute hohe atmosphärische N-Eintrag (Abb. 9.6-1) hat jedoch auf diesen naturnahen Standorten zu einer deutlichen N-Bindung in organischen Substanzen und zu einer Verengung der natürlichen C/N-Verhältnisse geführt. So zeigen z. B. Versuchsergebnisse mit Hainbuchenstreu, dass der N_t–Gehalt der Streu während eines Sommerhalbjahres deutlich zunahm, während sich das C/N-Verhältnis verengte (Tab. 9.6–1). Dies ist auf einen Einbau von luftbürtigem NH_4^+ und NO_3^- in organische Substanzen vor allem durch mikrobielle, aber offenbar z. T. auch durch abiotische Prozesse (z. B. unter Mitwirkung von MnO_2) zurückzuführen.

Da alle mikrobiell gesteuerten Prozesse des N-Kreislaufs (Abb. 9.6–1) wie auch die Art der vorherrschenden Vegetation vom jeweiligen **Klima** abhängig sind, werden auch die N_t- (und C_{org}-) Gehalte der Böden vom Klima beeinflusst. Der Einfluss von **Temperatur** und **N/S-Quotient** (Niederschläge/Sättigungsdefizit) auf den N_t-Gehalt ist am Beispiel von Ackerböden (A_p-Horizonte) vergleichbarer Ausgangssedimente mit vorangegangener Steppenvegetation in den USA zu ersehen (Abb. 9.6–2). Bei gleicher Temperatur steigt der N_t-Gehalt mit zunehmendem N/S-Quotienten, dargestellt durch die Kurven von links nach rechts. Der Anstieg von N_t (und C_{org}.) ist am ausgeprägtesten bei niedriger Temperatur (Grenze zu Kanada) und am geringsten bei höherer Temperatur (Texas). Bei gleichem N/S-Quotienten sinkt der N_t-Gehalt mit steigender Temperatur infolge erhöhter Mineralisation, dargestellt durch die Kurven von hinten (Kanada) nach vorn (Nähe Mexiko). Lehmböden der mittleren USA enthalten damit viel weniger N_{org} und C_{org} als vergleichbare Böden entlang der nördlichen Grenze. Auch die Zusammensetzung der organischen N-Verbindungen von Böden wird vom Klima beeinflusst. In einer ähnlichen Klimasequenz unter natürlichem Grasland (A_h-Horizonte) weisen z. B. die Gehalte an Aminozuckern bei Jahresmitteltemperaturen von 12...15 °C ein Maximum auf und nehmen zu höheren wie auch niedrigeren Jahresmitteltemperaturen hin deutlich ab. Die Gehalte an Aminosäuren zeigen in diesem Temperaturbereich dagegen ein Minimum.

Pflanzenverfügbare Stickstoff-Verbindungen sind vor allem das leichtlösliche und damit auch leicht auswaschbare Nitrat (NO_3^-) sowie das vorwiegend in adsorbierter Form gebundene und damit weitgehend vor Auswaschung geschützte Ammonium (NH_4^+). Der NH_4^+-Anteil an N_t beträgt in belüfteten Böden Mitteleuropas allerdings meist weniger als 1 % und weist nur nach NH_4^+-Düngung

Tab. 9.6–1 Gehalte an organischem Kohlenstoff und Gesamt-Stickstoff sowie C/N-Verhältnis von Hainbuchen-Streu nach 0, 3, 7, 15 und 25 Wochen an der Oberfläche eines Pseudogleys aus Löss über Rhein-Haupterrasse (nach GEISSEN & BRÜMMER 1999).

Versuchdauer (Wochen)	C_{org} — g kg⁻¹ —	N_t — g kg⁻¹ —	C/N
0	433	9,9	43,7
3	416	9,5	43,7
7	438	11.5	38,2
15	406	11,5	35,4
25	438	15,1	28,9

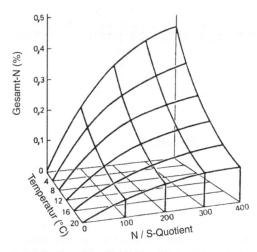

Abb. 9.6-2 Modell der Änderungen des N_t-Gehalts von Lehmböden (Oberböden 0...20 cm) in Abhängigkeit von der mittleren Jahrestemperatur und dem N/S-Quotienten im Bereich der Great Plains von Kanada bis Mexiko (Kurven von hinten nach vorn) und von der Wüste bis zu den humiden Regionen (Kurven von links nach rechts) (JENNY 1980).

oder Gülle-Ausbringung höhere Anteile auf. Auch organische N-Verbindungen relativ geringer Molekülgröße, wie z. B. Aminosäuren, sind pflanzenverfügbar, werden aber meist von konkurrierenden Rhizosphärenbakterien verwertet. Damit sind vor allem die **mineralischen N-Formen (N_{min})**, NO_3^- und NH_4^+, für die Ernährung der Pflanzen von Bedeutung.

9.6.1.3 Ammonifikation und NH_4^+-Fixierung, Nitrifikation und Denitrifikation

Als **N-Mineralisation** oder **Ammonifikation** (Abb. 9.6–1) bezeichnet man die mikrobielle Umwandlung von organischen N-Verbindungen, hauptsächlich Amino(-NH_2)-Gruppen, in NH_4^+-Ionen. Dabei werden zunächst Makromoleküle (z. B. Proteine) durch Enzyme (Hydrolasen) zahlreicher heterotropher Mikroorganismen in kleinere Bestandteile (z. B. Aminosäuren) zerlegt, aus denen dann durch Desaminierung NH_4^+-Ionen freigesetzt werden. Mikroorganismen benötigen für diese Prozesse abbaubare organische Substanzen als Energielieferanten und verwenden den freigesetzten Stickstoff, Kohlenstoff und andere Nährelemente zum Aufbau ihrer Körpersubstanzen, die besonders bei Bakterien durch ein sehr enges C/N-Verhältnis gekennzeichnet sind.

Wird mehr Stickstoff freigesetzt, als die Mikroorganismen benötigen, gehen die freigesetzten NH_4^+-Ionen aus der Bodenlösung in die adsorbierte Form über oder unterliegen der Nitrifikation. Ist dagegen der N-Gehalt der abgebauten Substanzen zu gering, wird mineralischer Stickstoff von den Mikroorganismen aus dem Bodenvorrat aufgenommen und damit vorübergehend in mikrobiellen Substanzen festgelegt. Dieser Vorgang wird als **N-Immobilisierung** (auch N-Sperre) bezeichnet (Abb. 9.6-1). Eine solche Immobilisierung findet vor allem statt, wenn organische Substanzen mit weitem C/N-Verhältnis, wie z. B. Getreidestroh (C/N 50...100), in den Boden eingepflügt werden. Auf diese Weise kann z. B. überschüssiger mineralischer Stickstoff (N_{min}) im Boden festgelegt und vor Auswaschung im Winterhalbjahr weitgehend geschützt werden. Bei unzureichendem N-Vorrat kann ein mikrobieller Strohabbau jedoch eine zusätzliche Düngung bis zu 1 kg N pro 100 kg Stroh erforderlich machen. Diese N-Zufuhr ist dann bei der Düngung in der nächsten Vegetationsperiode mit zu berücksichtigen. Bei einem C/N-Verhältnis von ca. 25 wird aus der organischen Substanz we-

der Stickstoff abgegeben noch N_{min} mikrobiologisch festgelegt. Aus organischen Ausgangsstoffen mit einem engen C/N-Verhältnis, wie z. B. abgestorbenen Bodenbakterien (C/N 5...8), Leguminosenwurzeln (C/N ca. 10) oder Gras- und Leguminosenschnitt (C/N 10...20) wird dagegen Stickstoff freigesetzt.

Die N-Mineralisation bzw. Ammonifikation wird in starkem Maße durch die Bodentemperatur, wechselnde Bodenfeuchte und den pH-Wert beeinflusst. Sie ist bei 0 °C gering und steigt bis ca. 50 °C an. So bewirkt z. B. ein feucht heißes Klima eine hohe N-Mineralisation und damit gleichzeitig einen schnellen Verlust an organischer Substanz im Boden. Sie ist dagegen relativ unabhängig von der Bodenfeuchte, steigt aber deutlich an, wenn auf trockene Phasen feuchte folgen. Der optimale pH-Bereich liegt bei 5 bis 8. Bei niedrigeren und höheren pH-Werten nimmt die Rate der Ammonifikation ab.

Durch Ammonifikation gebildete oder durch atmosphärische Einträge und Düngung zugeführte NH_4^+-Ionen können in silicatreichen Böden auch durch Tonminerale fixiert werden (Abb. 9.6-1). Vor allem Dreischichtminerale wie Illite, Vermiculite und Smectite hoher Ladung können in ihren Zwischenschichten NH_4^+-Ionen anstelle von K^+-Ionen aufgrund eines ähnlichen Ionenradius festlegen. Die **NH_4^+-Fixierung** kann dabei in schluffreichen mitteleuropäischen Böden 0,1...0,33 g N kg^{-1} Boden oder 0,5...1,0 g N kg^{-1} Ton betragen. Dabei wurde NH_4^+ in Böden aus Löss und anderen Lockersedimenten z. T. bereits mit dem Beginn der Bodenentwicklung im Holozän durch aufgeweitete Tonminerale fixiert (= natives NH_4^+). Aber auch frisch gedüngtes NH_4^+, z. B. aus Gülle, wird fixiert. So zeigten Gefäßversuche mit verschiedenen Böden, dass in Oberböden 7...100 % und in Unterböden 49...100 % der mit Gülle zugeführten NH_4^+-Ionen nach Einarbeitung in den Boden durch Tonminerale fixiert wurden. Diese NH_4^+-Fraktion wurde dann im Verlauf von ca. zwei Jahren zum größten Teil wieder mobilisiert und von den angebauten Pflanzen aufgenommen. Das bereits vor langer Zeit im Inneren der Zwischenschichten fixierte native NH_4^+ ist dagegen sehr immobil und kaum pflanzenverfügbar, während das im Randbereich der Zwischenschichten vor kurzer Zeit fixierte NH_4^+ durch Diffusionsprozesse wieder langsam in die Bodenlösung abgegeben und damit verfügbar werden kann. Die NH_4^+-Freisetzung findet statt, wenn die NH_4^+-Konzentration der Bodenlösung infolge Pflanzenaufnahme oder Nitrifikation stark absinkt. Auch die Höhe der K^+-Düngung und damit die K^+-Sättigung und -Fixierung beeinflussen die NH_4^+-Fixierung durch Tonminerale. Diese sinkt mit steigender Dominanz an konkurrierenden K⁺-Ionen im Boden. Der Anteil der fixierten NH_4^+-Fraktion unterliegt damit vor allem im Oberboden beträchtlichen Schwankungen.

Als **Nitrifikation** wird die Oxidation von Ammonium (NH_4^+) zu Nitrat (NO_3^-) durch Mikroorganismen bezeichnet. Sie erfolgt in zwei Schritten,

$$NH_4^+ + 3/2\,O_2 \rightarrow NO_2^- + H_2O + 2\,H^+$$
$$\Delta G_r^0 = -195{,}5\,\text{kJ}\,\text{mol}^{-1} \tag{1}$$
$$NO_2^- + 1/2\,O_2 \rightarrow NO_3^- \quad \Delta G_r^0 = -73{,}7\,\text{kJ}\,\text{mol}^{-1} \tag{2}$$

wobei die erste Reaktion in mehreren Teilschritten, u. a. mit der Bildung von **NO** und **N₂O**, ablaufen kann. Beide Reaktionen sind exergonisch, benötigen Sauerstoff und liefern den beteiligten Mikroorganismen Energie. Sie werden damit vor allem durch aerob lebende, chemo-autotrophen Bakterien der Gattungen *Nitrosomonas* (Reaktion 1) und *Nitrobacter* (Reaktion 2) ausgelöst, die in der Regel miteinander vergesellschaftet auftreten. Wie Reaktion (1) zeigt, werden bei der Bildung von Nitrit (NO_2^-) gleichzeitig Protonen freigesetzt, die zu einer Erhöhung der Bodenacidität führen. Optimale Bedingungen für die vollständige Umwandlung von NH_4^+ zu NO_3^- liegen vor bei C/N-Verhältnissen im Oberboden von < 25, Temperaturen von 25...35 °C und pH-Werten von ca. 5,5...8. Mit abnehmender Temperatur wird die Nitratbildung verzögert (Reaktion 2) und ist bei Temperaturen von 0...2 °C nur noch in geringem Maße nachweisbar. Auch bei pH < 5,5 findet noch eine NH_4^+-Oxidation bis zum NO_3^- statt, wobei mit zunehmender Acidität, besonders in sehr stark sauren Waldböden, vor allem Pilze wirksam werden. Insgesamt ist Reaktion (1) weniger Temperatur- und pH-abhängig als Reaktion (2).

Durch die in belüfteten Böden des gemäßigt-humiden Klimabereichs dominierenden Nitrifikationsprozesse wird das durch Ammonifikation gebildete NH_4^+ sehr schnell in NO_3^- umgewandelt, so dass der NH_4^+-Anteil in diesen Böden meist sehr gering ist. Bei niedriger Temperatur (< 6 °C) oder schlechter Durchlüftung verläuft die Ammonifikation dagegen schneller als die Nitrifikation. So enthalten Böden der Tundren sowie Stau- und Grundwasserböden relativ viel Ammonium. Auch in tropischen Böden bei Temperaturen > 30 °C verläuft die Ammonifikation schneller als die Nitrifikation.

In der Reaktionskette der Nitrifikation kann die Oxidation von NH_4^+ zu NO_2^- (Reaktion 1) durch Einsatz von **Nitrifikationshemmstoffen** verzögert werden. Damit bleibt dann das vor allem in adsorbierter Form gebundene NH_4^+ länger stabil. Dies wird im Landbau ausgenutzt, um N-Verluste durch N_2O-Verflüchtigung und NO_3^--Auswaschung zu verringern.

Als **Denitrifikation** wird die Reduktion von Nitrat (NO_3^-) über Nitrit (NO_2^-) zu gasförmigen Stickoxiden (NO, N_2O) und molekularem Stickstoff (N_2) bezeichnet, wobei sich die Oxidationsstufe des Stickstoffs von +5 auf 0 erniedrigt:

$$N^{(+5)}O_3^- \rightarrow N^{(+3)}O_2^- \rightarrow N^{(+2)}O \rightarrow N_2^{(+1)}O \rightarrow N_2^0$$

Die Denitrifikation findet vorwiegend bei hoher Wassersättigung der Böden (oberhalb 70...80 % des gesamten Porenvolumens) und damit bei eingeschränkter Durchlüftung statt. Bodenmikroorganismen der Gattungen *Pseudomonas, Alcaligenes* u. a. sind bei abnehmenden O_2-Gehalten in der Bodenluft befähigt, sauerstoffhaltige N-Verbindungen anstelle von molekularem Sauerstoff als Elektronenakzeptoren zu verwerten. Außerdem benötigen sie leicht zersetzbaren organischen Kohlenstoff (Corg.) als Energielieferanten (Elektronendonator) und für die Synthese ihrer Körpersubstanzen. Dieser Kohlenstoff stammt aus der organischen Bodensubstanz und vor allem aus abgestorbenem Pflanzenmaterial, Ernteresten und Wirtschaftsdüngern. In Mineralböden findet die Denitrifikation deshalb vor allem im Oberboden statt und ist in Corg.-armen Unterböden nur noch sehr gering. In N-reichen Niedermooren kann sie besonders hohe Werte erreichen und bei entsprechender Mächtigkeit auch noch bis zu einer Tiefe von über 10 dm wirksam sein.

Bei hohen Gehalten an leicht verfügbarem Kohlenstoff in engen Poren kann es bei manchen Böden bereits zur Denitrifikation unterhalb eines Wassergehalts von 60...70 % des gesamten Porenvolumens kommen. Die mikrobielle Aktivität wird dann in diesen Poren derart erhöht, dass der Sauerstoffbedarf der Mikroorganismen die Sauerstoffnachlieferung durch Diffusion überschreitet und damit O_2-arme bzw. -freie Mikroräume entstehen, in denen dann die Denitrifikation erfolgt. Damit wird die Denitrifikation auch von einigen bodenphysikalischen Parametern beeinflusst, von denen die Geschwindigkeit des Gasaustausches zwischen Boden und Atmosphäre abhängt.

Von den gasförmigen Produkten NO, N_2O und N_2 werden meist nur geringe Mengen an NO und, je nach Bedingungen, mehr oder weniger große Mengen an N_2O und N_2 aus den Böden in die Atmosphäre transferiert (Kap. 9.6.1.5). Da unterschiedliche Mikroorganismen an der gesamten Reaktionskette vom NO_3^- bis zum N_2 beteiligt sind, liegen auch unterschiedliche Anforderungen für die Reaktionsbedingungen der einzelnen Teilreaktionen vor. Für die komplette Reaktionskette bis zum N_2 gilt, dass die N_2-Bildung bei ca. 5 °C beginnt und bis zu einem Maximum bei > 50 °C ansteigt. Mehrjährige hohe N-Düngung und die Zufuhr leicht zersetzbarer organischer Substanz (z. B. Gülleausbringung, Gründüngung etc.), die zu einer erhöhten mikrobiellen Aktivität und einem hohen N-Mineralisationspotenzial der Böden führen, können eine erhöhte Denitrifikation bewirken. Das pH-Optimum liegt hierfür zwischen pH 6..8. Die vollständige **Denitrifikation bis zum N_2** sinkt deutlich mit abnehmendem pH. Die unvollständige **Denitrifikation bis zum N_2O** findet dagegen auch noch bei niedrigeren Temperaturen, z. B. in den Wintermonaten, und bei niedrigeren pH-Werten statt, so dass eine deutliche Zunahme des N_2O-Anteils an der Summe des gebildeten N_2 und N_2O während der Wintermonate sowie in stark sauren Waldböden festzustellen ist.

Insgesamt können die N-Verluste durch Denitrifikation in landwirtschaftlich genutzten Mineralböden Mitteleuropas 3 bis > 30 kg N ha^{-1} a^{-1} oder 1 bis > 16 % (im Mittel 7 %) der applizierten N-Düngermenge betragen. Die Denitrifikation ist besonders hoch in tonreichen Böden dichter Lagerung und in schlecht gedränten Böden, vor allem auch nach intensiven Niederschlägen im Wechsel mit Trockenphasen. Besonders hohe Denitrifikationsverluste (bis 200 kg N ha^{-1} a^{-1}) können in N-reichen Niedermooren nach deren Entwässerung durch den dann einsetzenden Abbau der organischen Substanz auftreten. Infolge der Heterogenität der Böden und unterschiedlicher Bewirtschaftungsmaßnahmen weisen die Denitrifikationsverluste selbst auf gleicher Fläche räumlich und zeitlich meist erhebliche Schwankungen auf.

Im Gegensatz zu landwirtschaftlich genutzten Böden sind die Denitrifikationsverluste in stark sauren Waldböden meist gering (0,1...1 kg N ha^{-1} a^{-1}) und bestehen vor allem aus N_2O-Abgaben. Unter Erlenbeständen mit symbiotischer N-Anreicherung im Boden wurden auch höhere N-Verluste gemessen (bis 7 kg N ha^{-1} a^{-1}, davon 4,9 kg N_2O-N ha^{-1} a^{-1}).

Denitrifikationsprozesse können außerdem in Grundwasser beeinflussten Gr-Horizonten von Gleyen und Marschen mit reduzierten Schwefelverbindungen (Sulfiden) stattfinden, wobei aus dem Oberboden ausgewaschene Nitrate durch chemoautotrophe Bakterien (*Thiobacillus denitrificans*) reduziert und Sulfide gleichzeitig oxidiert werden. Unter stark reduzierenden Bedingungen wie z. B. in Sümpfen und Unterwasserböden können Nitrate sogar in Ammonium umgewandelt werden. Dieser Prozess wird dann als **Nitratammonifikation** bezeichnet.

Auch bei der Abwasserreinigung in Kläranlagen werden Nitrate durch Denitrifikation in gasförmiges N_2 umgewandelt und auf diese Weise aus dem Abwasser entfernt.

9.6.1.4 N-Bilanz, N-Düngung und Pflanzenertrag

Der jährliche Verbrauch an mineralischen N-Düngern betrug 1988 in den alten Bundesländern Deutschlands durchschnittlich 132 kg N ha^{-1} landwirtschaftlich genutzter Fläche und sank dann im Mittel aller Bundesländer bis zum Jahre 2006 auf 105 kg N ha^{-1}. Hinzu kam bis Ende der 90er Jahre der aus organischer Düngung stammende Stickstoff von im Mittel ca. 100 kg N ha^{-1} a^{-1}. Dabei kann nur ein Teil des dem Boden zugeführten Stickstoffs von den Pflanzen ausgenutzt werden; der übrige Teil führt nach Auswaschung (als NO_3^-) zu Gewässerbelastungen und/oder nach Umsetzung zu Gasen (N_2, N_2O, NO, NH_3) zu Luftbelastungen. Um solche Umweltbelastungen zu verringern, schreibt die neue Düngeverordnung (DüV 2006/07) vor, dass Nährstoffbilanzen, besonders für N und P (Hoftor-Flächenbilanzen, Schlagbilanzen; Kap. 9.5.1), für jeden landwirtschaftlichen Betrieb zu erstellen sind und regelt außerdem die erforderlichen Details für eine Düngung „nach guter fachlicher Praxis". Dabei darf die **N-Bilanz** nun nur noch im Durchschnitt von jeweils drei Jahren für 2007 bis 2009 einen Überhang von 80, für 2008 bis 2010 von 70 und für 2009 bis 2011 von 60 kg N ha^{-1} a^{-1} aufweisen. Dieser Überhang wird toleriert, weil auf manchen landwirtschaftlich genutzten Böden teilweise zwischen 40...80 kg N ha^{-1} a^{-1} in der Bilanz fehlen, die keinem mess- oder berechenbaren Austrag zugeordnet werden können. Sie sind wahrscheinlich auf gasförmige N-Verluste durch Denitrifikation und Nitrifikation (Kap. 9.6.1.3), besonders in Böden mit hohen Grundwasserständen und starkem Stauwassereinfluss, sowie auf NH_3-Verluste bei Gülleausbringung (Kap. 9.6.1.5) oder auf eine N-Anreicherung im organischen N-Pool der Böden (Abb. 9.6–1) zurückzuführen.

Der **N-Bedarf** der anzubauenden Feldfrüchte als Grundlage für die **N-Düngung** kann für die jeweiligen Ertragserwartungen (für Weizen z. B. 8 t Korn ha^{-1}) anhand der in Tab. 9.5–6 angegebenen durchschnittlichen N-Gehalte errechnet werden (für Weizen z. B. 190 kg N ha^{-1} a^{-1} für Korn und Stroh). Vor der Ausbringung wesentlicher N-Mengen sind jedoch gemäß DüV 2006/7 für jeden Schlag oder jede Bewirtschaftungseinheit die zu den relevanten

9

Zeitpunkten (z. B. Frühjahr) im Boden noch vorhandenen verfügbaren N-Mengen (meist bis 9 dm Tiefe) zu ermitteln. Dies kann durch eine Bodenuntersuchung oder mit Hilfe von Richtwerten (von den Landwirtschaftskammern veröffentlicht) erfolgen. Bei der Bodenuntersuchung werden die löslichen und austauschbaren **mineralischen N-Verbindungen (NO_3^- plus NH_4^+)**, die als N_{min} bezeichnet werden, bestimmt (s. u.). Die N_{min}-Gehalte können dabei je nach Bewirtschaftung, Witterung und Bodenverhältnissen 10…200 kg N ha^{-1} betragen. Sie sind u. a. vom Düngungsniveau und der Art der Vorfrucht abhängig und können z. B. bei schluffig-lehmigen Böden nach Getreide im Mittel ca. 60 kg, nach Zuckerrüben ca. 80 kg, nach Leguminosen als Untersaat ca. 100 kg und nach stark gedüngtem Gemüse ca. 160 kg N ha^{-1} betragen. Auf tonarmen Sandböden ist der N-Vorrat nach niederschlagsreichen Wintern sehr gering und kann bei der N-Düngung unberücksichtigt bleiben. Nach niederschlagsarmen Wintern werden jedoch ähnliche Mengen wie in schluffig-lehmigen Böden gefunden. Meist steigen die N_{min}-Gehalte mit zunehmendem Wasserspeichervermögen der Böden infolge abnehmender NO_3^-- Auswaschungsverluste an.

Weiterhin sind die **N-Depositionen** aus der Luft vor allem bei hohen Einträgen bei der geplanten N-Düngung mit zu berücksichtigen. So betragen die durchschnittlichen N-Einträge in Deutschland 28 kg ha^{-1} a^{-1} (im Mittel ca. 50 % NO_3^--N und NH_4^+-N) mit einer Variationsbreite von 5…132 kg ha^{-1} a^{-1} (Tab. 9.5.–2). In mehreren Gebieten Mitteleuropas auf schluffig-lehmigen Böden luftbürtige N-Anteile in der Erntemasse von 50…60 kg N ha^{-1} a^{-1} gemessen. Einträge von mehr als 100 kg N ha^{-1} a^{-1} treten in Mitteleuropa vor allem in Gebieten mit Massentierhaltung und dadurch bedingter hoher NH_4^+-Deposition auf. In den zentralen USA beträgt dagegen die N-Deposition nur ca. 5 kg ha^{-1} a^{-1}; in den feuchten Tropen kann sie auf > 20 kg N ha^{-1} a^{-1} infolge NO_3^--Bildung und -Eintrag durch häufige Gewitter ansteigen.

Als weitere N-Quelle ist die **N-Nachlieferung** aus dem labilen N-Bodenvorrat durch Mineralisation während der Vegetationsperiode zu berücksichtigen. Die jährliche **N-Mineralisationsrate** beträgt meist 0,2…2 % des gesamten organisch gebundenen Stickstoffs der Böden. Höhere Raten sind eher die Ausnahme. Es wurden mineralisierte Mengen von < 10…220 kg N ha^{-1} a^{-1} gemessen mit großen jährlichen Schwankungen, sogar auf denselben Flächen je nach Bodenfeuchte und Temperatur. Damit ist eine Prognose der N-Nachlieferung bisher noch mit beträchtlicher Unsicherheit behaftet. Häufig werden Mengen zwischen 20…80 kg N ha^{-1} a^{-1} nachgeliefert, vor allem in der Zeit von Mai bis August. Hinweise zu den nachgelieferten N-Mengen lassen sich anhand des Ernährungszustandes der Pflanzen auf kleinen Kontrollparzellen („Düngefenster"; siehe pflanzenbauliche Literatur) mit geringerer N-Startgabe beobachten und bei den weiteren N-Gaben berücksichtigen.

Die zur Deckung des N-Bedarfs der Pflanzen noch erforderlichen N-Mengen können als mineralische und/oder organische N-Dünger ausgebracht werden. Bei Winterweizen z. B. sind zur Erzielung optimaler Erträge N-Vorräte zu Vegetationsbeginn im Frühjahr von ca. 120 kg ha^{-1} erforderlich (N-Vorräte plus Startergabe), die dann meist um zwei weitere N-Gaben (Schosser- und Spätgabe) bis auf ca. 200 kg N ha^{-1} ergänzt werden.

Als sofort wirkende mineralische N-Dünger mit leicht löslichen N-Salzen werden in Deutschland vor allem Kalkammonsalpeter (NH_4NO_3 plus $CaCO_3$) und daneben Harnstoff ($CO(NH_2)_2$), Ammonnitrat-Harnstoff-Lösung sowie einige weitere Dünger eingesetzt, mit denen eine genaue und zeitlich dem Bedarf angepasste Düngung möglich ist.

Bei allen **organischen Düngern**, wie z. B. den Wirtschaftsdüngern, ist gemäß DüV 2006/07 vorgeschrieben, dass der N_t-Gehalt (wie auch der P_t-Gehalt) und bei flüssigen Düngern (Gülle, Jauche, Klärschlamm) zusätzlich der NH_4^+-Gehalt zu ermitteln sind (durch chemische Analyse oder anhand von Durchschnittswerten), um die auszubringenden N-Mengen berechnen zu können. Der N_t-Gehalt beträgt z. B. bei Jauche 1,7…2,8 kg m^{-3}, bei Gülle 3,2…6,6 kg m^{-3}, bei Biokomposten 4,9 kg t^{-1} und bei Festmist 5,5…7,0 kg t^{-1} mit einem Anteil an NH_4^+-N bei Jauche von ca. 90 %, bei Rinder- und Schweinegülle von ca. 50…70 % und bei Biokomposten und Festmist von ca. 10 %. Die NH_4^+-Anteile sind direkt pflanzenverfügbar. Weitere N-Anteile werden im Verlauf der Vegetationsperiode durch Mineralisation freigesetzt. Dieser Prozess verläuft in der Regel zweiphasig mit einer hohen Mineralisationsrate in den ersten 2…8 Wochen, die dann in eine niedrigere Rate übergeht. Bei Gründünger stehen im Anwendungsjahr meist 10…40 %, bei Festmist meist 20…25 % des N_t-Gehaltes den Pflanzen zur Verfügung, mit einer weiteren Nachlieferung bei Festmist im zweiten Jahr (ca. 5 %) und z. T. auch noch im dritten. Bei organisch produziertem Gemüse kommen meist Hornmehl mit einer Kurzzeitwirkung von 50…75 % des N_t-Gehaltes, Rhizinusschrot (60…70 %ige Kurzzeitwirkung), Leguminosenschrot (35…45 %ige Kurzzeitwirkung) und eine Reihe industriell verarbeiteter organischer Dünger (50...70 %ige Kurzzeitwirkung) zum Einsatz.

Zur Erfassung der N-Dynamik in Boden-Pflanzen-Systemen wurden verschiedene Simulationsmodelle entwickelt, wie z. B. DAISY, EXPERT-N und HERMES, die u. a. den N-Entzug der Pflanzen, die NO_3^--Auswaschung während des Winterhalbjahres und die im Frühjahr noch im Boden vorhandenen N_{min}-Vorräte schätzen und damit Düngungsempfehlungen für die neue Vegetationsperiode ermöglichen. Hierfür ist allerdings die Eingabe zahlreicher Wetter-, Boden- und Bewirtschaftungsdaten erforderlich. Bei einer Kopplung solcher Modelle mit Geographischen Informationssystemen können auch teilflächenspezifische Düngungsempfehlungen beim „Präzisionslandbau" gemacht werden.

Die analytische Bestimmung der im Boden vorhandenen N_{min}-Vorräte erfolgt an feldfrischen, gekühlt zum Labor transportierten Bodenproben aus meist 0...30, 30...60 und 60...90 cm Tiefe sofort nach der Entnahme und Aufbereitung der Proben (oder nach einer Lagerung bei 4 °C bis maximal 8 Tage, sonst Einfrieren bei –25 °C erforderlich), um mikrobiell bedingte Veränderungen des N_{min}-Gehaltes zu vermeiden. Die Extraktion von NO_3^- und NH_4^+ der feldfrischen Bodenproben (150 g) erfolgt mit einer 0,0125 molaren $CaCl_2$-Lösung (600 ml). Auf der Basis der ermittelten N_{min}-Werte und weiterer Zusatzinformationen sind in verschiedenen Bundesländern Düngeberatungssysteme entwickelt worden, die sich in der Praxis bewährt haben. Auch der Einsatz von N-Sensoren, die während der N-Ausbringung mittels Reflexionsmessung die Intensität der Chlorophyllfärbung messen und daraus den N-Bedarf von Wintergetreide ermitteln, ermöglicht eine teilflächenspezifische N-Düngung und findet zunehmend Eingang in die Praxis.

9.6.1.5 Umweltbelastungen durch Stickstoff-Austräge

N-Austräge aus Böden finden überwiegend **gasförmig** oder in **gelöster Form** statt. Als Gase werden molekularer Stickstoff (N_2), Distickstoffoxid (Lachgas, N_2O), Stickstoffmonoxid (NO) und Ammoniak (NH_3) aus dem Boden in die Atmosphäre abgegeben; davon ist besonders N_2O als klimarelevantes Spurengas von Bedeutung, während NH_3 hauptsächlich als atmosphärische NH_3-/NH_4^+-Deposition natürliche und naturnahe Ökosysteme durch Eutrophierung und nach Nitrifikation durch Versauerung schädigt. Austräge in gelöster Form betreffen vor allem Nitrat (NO_3^-), das Grundwasser und Oberflä-

chengewässer belasten und eutrophieren kann und damit auch für die Trinkwassergewinnung (Trinkwassergrenzwert für NO_3^-: 50 mg l^{-1}) besonders problematisch ist. Nur auf sandigen und durchlässigen Böden kann auch eine NH_4^+-Auswaschung zeitweilig von Bedeutung sein.

N_2O **(Lachgas)** ist ein für den Treibhauseffekt relevantes Spurengas, das außerdem zur Zerstörung des Ozon-Schutzschildes in der Troposphäre beiträgt. Böden werden dabei als Hauptquelle (zu ca. 70 %) des atmosphärischen N_2O angesehen. Es entsteht als Zwischenprodukt sowohl bei der mikrobiellen Denitrifikation als auch bei der mikrobiellen Nitrifikation (Kap. 9.6.1.3) und wird durch Gasaustausch vom Boden in die Atmosphäre transferiert. Die N_2O-Bildung und -Emission findet vor allem unter nicht vollständig wassergesättigten Bedingungen (60...70 % Wassersättigung), aber stark erniedrigten O_2-Gehalten im Boden statt. Unter diesen Bedingungen verläuft die mikrobielle Denitrifikation nur zum Teil noch vom NO_3^- bis zum N_2 und ebenso die mikrobielle Nitrifikation nur zum Teil noch vom NH_4^+ bis zum NO_3^-, so dass größere Mengen an N_2O als Zwischenprodukt beider Reaktionen gebildet werden können. Diese Bildungsbedingungen werden z. B. auch bei einem Wechsel von Regen- und Trockenphasen zeitweilig erreicht und führen dann zu Phasen erhöhter N_2O-Emission. Bei hoher Wassersättigung, fehlendem Sauerstoff und damit komplett anaeroben Bedingungen überwiegt dann die vollständige Denitrifikation vom NO_3^- zum N_2, während in gut belüfteten aeroben Böden die vollständige Nitrifikation vom NH_4^+ bis zum NO_3^- dominiert.

Die N_2O-Emission steigt außerdem mit dem N-Düngungsniveau. Der jährlich emittierte Anteil des N_2O-N am ausgebrachten N weist in Deutschland einen Median von 1,8 % auf, mit einer Variationsbreite von 0,2...15,5 %. Dabei unterscheiden sich Acker- und Grünland offenbar nicht wesentlich. Auch ein hoher Gehalt an leicht zersetzbarer organischer Substanz im Boden, durch den nach ergiebigen Niederschlägen bei hoher mikrobieller Aktivität relativ schnell eine O_2-Abnahme in der Bodenluft stattfindet, kann zu erhöhten N_2O-Emissionen führen. So erhöht z. B. auch die Ausbringung von Gülle bei Injektion in den Boden die N_2O-Emission kurzfristig um das 2...3-fache. Durch die Einbringung in den Boden erniedrigt sich dagegen die NH_3-Abgabe, die bei oberflächlicher Ausbringung wiederum deutlich höher ist (s. u.). Die N_2O-Bildung und -Emission weist ein Optimum bei pH 5,5...6,5 auf. Sie ist außerdem weniger temperaturabhängig als andere mikrobielle Prozesse im Boden (Kap. 9.6.1.3).

9

So werden auch während der Wintermonate bei einem Wechsel von Gefrieren und Tauen noch beträchtliche Mengen an N_2O emittiert. In Gebieten mit dafür charakteristischen Klimabedingungen wie in Bayern und anderen Teilen Süddeutschlands beträgt die N_2O-Emission während des Winterhalbjahres etwa 50 % der insgesamt meist hohen Gesamtemission. In den Trockengebieten Ostdeutschlands mit meist gut durchlüfteten Böden ist die N_2O-Emission dagegen vergleichsweise niedrig. Insgesamt beträgt die jährliche Emissionsrate landwirtschaftlich genutzter Böden in Deutschland 0,04…17,1 kg N_2O-N ha^{-1}, unter forstlicher Nutzung mit 0,02…0,14 kg N_2O-N ha^{-1} a^{-1} deutlich weniger. Unter weitgehend natürlichen Bedingungen wurden in westafrikanischen Böden unter Savannen-Vegetation ca. 0,6 kg N_2O-N ha^{-1} a^{-1} emittiert, in ungedüngten landwirtschaftlich genutzten Böden desselben Gebietes ca. 0,2 kg N_2O-N ha^{-1} a^{-1}.

Ammoniak (NH_3)-Emissionen treten vor allem nach Ausbringung von Gülle, Jauche und anderen wirtschaftseigenen organischen Düngern sowie von Ammoniak, Ammoniumsalzen oder Harnstoff ($CO(NH_2)_2$) auf neutralen bis alkalischen Böden auf. Der **pH-Einfluss** auf die NH_3-Emission wird durch die folgenden zwei Gleichungen beschrieben:

$$NH_4^+ + OH^- \leftrightarrow NH_3 + H_2O \ (3) \ ; \ NH_3 + H^+ \leftrightarrow NH_4^+. \ (4)$$

Mit steigender OH^--Konzentration wird das Gleichgewicht zur Bildung von NH_3 verschoben (3). Je höher der pH-Wert ist, umso größer ist das Potenzial für NH_3-Verluste. Die betrifft damit vor allem kalkhaltige, biologisch aktive Böden. In sauren Böden wird NH_3 dagegen in das stabilere NH_4^+ umgewandelt, so dass deutlich geringere NH_3-Verluste entstehen. Bei einer Ausbringung von Harnstoff [$CO(NH_2)_2$], der im Boden durch das Enzym Urease zu NH_3 bzw. NH_4OH und CO_2 umgesetzt wird, kann jedoch auch in sauren Böden kurzfristig und örtlich begrenzt eine alkalische Reaktion auftreten mit entsprechenden NH_3-Verlusten.

Die NH_3-Emission steigt außerdem aus chemischen Gründen mit zunehmender Temperatur und NH_4^+-Konzentration der Bodenlösung sowie mit abnehmendem NH_3- bzw. NH_4^+-Adsorptionsvermögen des Bodens. Sie wird zusätzlich durch bodenphysikalische und meteorologische Einflussgrößen, wie die NH_3-Transportrate durch die Bodenporen und die NH_3-Abfuhr an der Bodenoberfläche in Abhängigkeit von Windgeschwindigkeit, Lufttemperatur und -feuchtigkeit beeinflusst. Bei der Ausbringung von Gülle mit 50…70 % des N_t als NH_3/NH_4-N oder von Jauche mit ca. 90 % des N_t als NH_3/NH_4-N erhöht auch ein Austrocknen der Bo-

denoberfläche die NH_3-Emission, ebenso wie eine oberflächliche Ausbringung auf feuchtem Boden mit geringer Infiltrationsrate. Unter ungünstigen Bedingungen können die Verluste an NH_3-N bis zu 90 % des oberflächlich ausgebrachten Gülle/Jauche-Stickstoffs betragen; häufig auftretende Verluste liegen bei ca. 25 %. Bei Injektion in den Boden können die NH_3-Verluste auf 5…10 % gesenkt werden. Eine erhebliche NH_3-Emission findet auch bei der Weidewirtschaft statt, die bei hoher Bewirtschaftungsintensität bis zu 14 kg NH_3-N je Großvieh-Einheit in 180 Weidetagen betragen kann.

Das aus dem Boden abgegebene NH_3 kann z. T. durch eine Pflanzendecke absorbiert werden. Die in die Atmosphäre gelangenden Anteile werden in andere Böden oder Gewässer eingetragen. In Gebieten mit intensiver Tierhaltung wie in NW-Deutschland und den Niederlanden können dies bis über 100 kg N ha^{-1} a^{-1} sein (Kap. 9.6.1.4), die in naturnahen Ökosystemen zu entsprechenden Schäden führen. Insgesamt wird der Anteil der Landwirtschaft an der gesamten anthropogenen NH_3-Emission auf bis zu 90 % geschätzt.

Die **N-Auswaschung** aus dem Wurzelraum in das Grundwasser erfolgt überwiegend als **Nitrat**, bei leicht durchlässigen Sandböden teilweise auch als Ammonium und in löslichen organischen Verbindungen (N_{org}), wie z. B. nach Gülleausbringung. Die Höhe der Auswaschung hängt ab von der Sickerwassermenge und von der NO_3^--Konzentration im Sickerwasser. Die **Sickerwassermenge**, die den Wurzelraum verlässt, wird vor allem durch die Höhe der Niederschläge, die Wasserspeicherkapazität der Böden und den Wasserverbrauch der Pflanzen bestimmt. Damit werden in Gebieten mit relativ geringen Niederschlägen, wie in den ostdeutschen Trockengebieten mit < 500…600 mm a^{-1}, sowie in Landschaften mit tiefgründigen schluffig-lehmigen Böden hoher Feldkapazität (Kap. 9.2.1), wie in Löss- und Geschiebemergelgebieten, und bei Wirtschaftsweisen mit nahezu ganzjähriger Begrünung vergleichsweise geringe Sickerwassermengen gebildet. So können in den tiefgründigen Lössböden der ostdeutschen Trockengebiete aufgrund der geringen Sickerwasserbildung N-Überschüsse noch mehrere Jahre von den nachfolgend angebauten Pflanzen verwendet werden. Dagegen findet in Gebieten mit höheren Niederschlägen und sandigen Böden, wie in der nordwestdeutschen Tiefebene weit verbreitet (750…850 mm a^{-1}), immer eine beträchtliche Sickerwasserbildung und damit auch immer eine NO_3^--Auswaschung statt. Die Sickerwasserbildung erfolgt dabei unter mitteleuropäischen Bedingungen hauptsächlich während der Wintermonate. Land-

9

schaften mit überwiegend sandigen Böden hoher Durchlässigkeit, aber geringer Puffer- und Transformatorleistung sind infolge der dort in größerer Menge stattfindenden **Grundwasserneubildung** deshalb auch häufig als Grundwasserschutzgebiete mit besonderen Auflagen für die Bewirtschaftung ausgewiesen.

Die **NO₃-Konzentration** im Sickerwasser unterliegt im Jahresverlauf starken Schwankungen (Abb. 9.6-3). Sie wird durch das langjährige N-Düngungsniveau sowie Zeitpunkt, Aufteilung und Dosierung der ausgebrachten N-Dünger und die N-Aufnahme der Pflanzen bestimmt. Die N-Auswaschung lässt sich nur durch eine gezielte, an den Bedarf des Pflanzenbestands angepasste N-Düngung bei gleichzeitiger Berücksichtigung des N_{min}-Vorrats im gesamten Wurzelraum und der N-Nachlieferung durch Mineralisierung minimieren. Weiterhin beeinflussen bodeneigene Prozesse wie N-Mineralisierung, mikrobielle N-Fixierung und Denitrifikation die NO_3-Konzentration im Sickerwasser. So findet häufig eine beträchtliche N-Mineralisierung aus Ernteresten im Herbst statt, die besonders bei Leguminosen als

Vorfrucht zu hohen NO_3^--Gehalten im Oberboden und vor allem auf sandigen Böden zu einer starken NO_3^--Auswaschung während des Winters führen kann. Auch eine Ausbringung von Stallmist oder Gülle im Herbst kann dies bewirken. Durch den Anbau von Zwischenfrüchten oder Wintergetreide bzw. -raps kann die NO_3^--Auswaschung während des Winters jedoch deutlich verringert werden.

So wurde z. B. auf einer organisch bewirtschafteten Fläche nach Ackerbohnen im Spätsommer eine starke NO_3^--Anreicherung in 30 cm Tiefe gemessen (Abb. 9.6-3a). Durch den Anbau einer Zwischenfrucht mit entsprechender N-Aufnahme (Abb. 9.6-3b) konnte jedoch die N-Auswaschung sehr verringert werden. Die in der organischen Substanz der Zwischenfrucht gespeicherten N-Vorräte wurden dann im folgenden Frühjahr und während der anschließenden Vegetationsperiode wieder mineralisiert (Abb. 9.6-3c) und von den angebauten Pflanzen (hier Sommerweizen) aufgenommen (Abb. 9.6-3d). Nach der Ernte im Herbst fand wieder eine N-Mineralisierung statt. Die hohen NO_3^--Gehalte im Oberboden (Abb. 9.6-3e) wurden dann

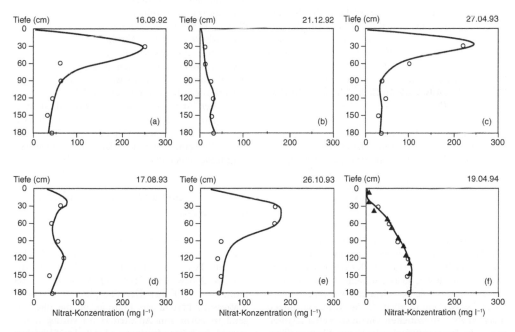

Abb. 9.6-3 Messwerte und simulierte Tiefenfunktionen der Nitrat-Konzentrationen (mg l⁻¹) von Bodenlösungen auf einer organisch bewirtschafteten Fläche zu verschiedenen Zeitpunkten (**a**) nach Ackerbohnen als Vorfrucht, (**b**) nach Zwischenfruchtanbau, (**c**) zu Vegetationsbeginn (Sommerweizen), (**d**) nach der Ernte, (**e**) nach N-Mineralisierung im Herbst, (**f**) nach NO_3^--Verlagerung im Winter (○: Saugkerzenlösungen; ▲ Bodensättigungsextrakte) (aus Schlüter et al. 1997).

ohne Zwischenfruchtanbau während des Winters bis in mehr als 120 cm Tiefe verlagert (Abb. 9.6-3f) und standen damit den Pflanzen in der neuen Vegetationsperiode nicht mehr zur Verfügung.

Bei vergleichbaren Klima- und Bodenverhältnissen ist die N-Auswaschung im konventionellen Ackerbau meist höher als im organischen. Sie betrug z. B. bei langjährig konventionellem und organischem Anbau auf zwei vergleichbaren Auenböden des Rheins im zweijährigen Mittel 99 bzw. 26 kg N ha^{-1} a^{-1}. Bei hohem Leguminosenanteil in der Fruchtfolge oder hohen Gaben an organischen N-Düngern kann die N-Auswaschung im organischen Ackerbau jedoch auch wesentlich höher sein. Insgesamt ist die N-Auswaschung meist bei intensivem Gemüseanbau am größten und nimmt ab in der Reihenfolge konventioneller Ackerbau, intensive Weidewirtschaft, extensive Weide-/Wiesenwirtschaft, Forstwirtschaft. Zur Verringerung des NO$_3$-Eintrags in das Grundwasser ist deshalb insbesondere in sandigen Einzugsgebieten ein ausreichender Flächenanteil an Grünland und Wald erforderlich, wenn Überschreitungen des Trinkwassergrenzwertes für das gesamte Einzugsgebiet vermieden werden sollen.

Eine flächendeckende **Ermittlung** der N-Auswaschung ist experimentell und finanziell sehr aufwendig. Aus diesem Grunde werden hierfür zunehmend Modelle wie **HERMES** oder **WASMOD** angewendet.

Repräsentative Untersuchungen zur **NO$_3^-$-Belastung des Grundwassers** in Deutschland zeigen, dass 14 % der EUA-Messstellen NO$_3^-$-Gehalte im obersten Grundwasserleiter von > 50 mg l^{-1} aufweisen und damit nicht ohne weiteres für eine Trinkwassergewinnung verwendbar sind. Messstellen mit überwiegend Ackerland in ihrem Einzugsbereich weisen zu 24 % Grenzwertüberschreitungen auf (davon ca. 8 % mit > 90 mg l^{-1}); bei Überwiegen von Grünland und Wald, sind dies nur ca. 7 % bzw. 4 %. Allerdings kann auch im Grundwasser ein Nitratabbau durch mikrobielle Denitrifikation bis zu gasförmigem N$_2$ zu einer Verringerung der NO$_3^-$-Gehalte führen. Hierfür sind jedoch reduzierende Bedingungen, sowie ausreichende Vorräte an Elektronendonatoren wie mikrobiell verfügbarer organischer Kohlenstoff oder Sulfide sowie ausreichende Verweilzeiten im Grundwasser erforderlich. Diese Voraussetzungen können zwar in manchen Einzugsgebieten gegeben sein; die dort stattfindende Denitrifikation führt aber immer zu einem Verbrauch der meist nicht regenerierbaren Vorräte an Elektronendonatoren.

NO$_3^-$-Einträge in Oberflächengewässer und dadurch ausgelöste Eutrophierungsvorgänge finden durch lateral abfließendes Grundwasser, durch Dränagen sowie durch oberflächliche Abschwemmung und Bodenerosion statt. Dieser aus diffusen Quellen stammende NO$_3^-$-Eintrag beträgt ca. 65 % (Rhein, Elbe) bis 86 % (Donau) des gesamten N-Eintrags in die Fließgewässer und ca. 73 bzw. 76 % des Eintrages in die deutschen Teile der Nord- und Ostsee.

9.6.2 Phosphor

Phosphor ist ein für alle Lebewesen unentbehrliches Hauptnährelement, das in der Nahrungskette von Böden und Pflanzen zu Tieren und Menschen transferiert und z. B. in deren Knochen und Zähnen als Apatit gespeichert wird. Es wird von den Pflanzenwurzeln als H$_2$PO$_4^-$- und HPO$_4^{2-}$-Ionen aufgenommen. In der Pflanzensubstanz liegt Phosphor als Phosphat-Ester in Phospholipiden, Nucleinsäuren und Phytin gebunden vor und ist beim Energietransfer (s. ATP, ADP), bei der Synthese organischer Substanzen und als Zellbaustein von Bedeutung. Bei P-Mangel weisen Pflanzen Wachstumshemmungen von Spross, Blättern (Starrtracht) und Wurzeln auf, oft auch rötliche Verfärbungen an älteren Blättern (Anthocyan-Bildung) und z. T. Chlorosen und Nekrosen. Durch Abfuhr der Ernteprodukte von den Landwirtschaftsflächen sowie von Holz aus den Wäldern verarmen Böden an P, so dass eine P-Düngung zum Erhalt der Bodenfruchtbarkeit erforderlich ist. Eine starke P-Überversorgung der Böden ist jedoch verbunden mit erhöhten P-Austrägen. Entsprechende Einträge in Grundwasser und Oberflächengewässer können die Folge sein und stellen eine wesentliche Ursache für Gewässereutrophierungen dar.

9.6.2.1 P-Gehalte von Gesteinen und Böden

Die Erdkruste enthält durchschnittlich ca. 0,1 % P. Die Gesteine sind der größte globale **P-Speicher** (ca. 10^{13} Tg P), gefolgt von den Böden und Meeren (ca. 2 bzw. 1 · 10^5 Tg) und der terrestrischen Biomasse (3 · 10^3 Tg). Der Phosphor der Gesteine (natives P) besteht aus Phosphaten, die überwiegend in Form von Apatiten (s. u.) vorliegen und sowohl die Ausgangsminerale der Boden-Phosphate als auch das Ausgangsmaterial (Apatit-Lagerstätten) für Phosphat-Düngemittel darstellen. Die P-Gehalte ungedüngter Böden werden vor allem durch die P-Gehalte der Ausgangsgesteine bestimmt. Gehalte

< 100 mg P kg^{-1} findet man in Sandböden, z. B. Podsolen gemäßigt-humider Gebiete, aber auch in stark verwitterten, kaolinit- und oxidreichen Ferralsolen, Plinthosolen und Acrisolen sowie in smectitreichen, tonigen Vertisolen der Tropen und Subtropen. In vielen schluffigen, lehmigen und tonigen Böden der gemäßigten Breiten betragen die P-Gehalte 200… 800 mg kg^{-1}. P-Gehalte von mehr als 1000 mg kg^{-1} treten in jungen Böden aus P-reichen Basalten und basaltischen Aschen auf. Die höchsten P-Gehalte mit bis über 10 % P weisen Ornithic Cryosole (aus Pinguinkot entstandene Permafrostböden der Antarktis) auf (Kap. 8.4.9).

Bei jahrzehntelanger hoher P-Zufuhr durch mineralische und organische Düngemittel können auch in landwirtschaftlich genutzten Böden wesentlich höhere P-Gehalte (bis über 2000 mg kg^{-1}) vorliegen (Abb. 9.6-4). Das gedüngte Phosphat wird dabei zunächst im Oberboden angereichert, dabei aber immer auch mit dem Sickerwasser in geringen Mengen in den Unterboden verlagert. Wie Abb. 9.6-4 exemplarisch zeigt, sind die P-Gehalte auf einer intensiv bewirtschafteten Dauerweide im Vergleich zu einer ungedüngten Weidefläche auf vergleichbaren Böden nach ca. 50 Jahren hoher P-Düngung bis in etwa 70 cm Tiefe gegenüber den ursprünglichen P-Gehalten angereichert. Durch Vegetationsrückstände findet aber auch eine P-Akkumulation in ungedüngten Oberböden statt (Abb. 9.6-4). P liegt dort dann u. a. als Bestandteil von Huminstoffen vor. In hügeligen Landschaften können Böden am Hang durch Erosion an P verarmen, während Böden in Senken vor allem in ihren kolluvialen Bodenhorizonten mit P angereichert sind. Anhand einer solchen P-Umverteilung ergeben sich Hinweise zum

Ausmaß der Bodenerosion in den verschiedenen Landschaften seit dem Beginn der Düngung. Der menschliche Einfluss auf die P-Gehalte von Böden ist auch an alten Siedlungsplätzen anhand erhöhter P-Gehalte in Form von Apatiten (Reste von Tierknochen) festzustellen.

9.6.2.2 P-Formen und P-Minerale in Böden

Phosphor liegt im Boden ausschließlich als Orthophosphat und als solches zum weitaus größten Teil in gebundener Form vor. Der P-Anteil in der Bodenlösung umfasst meist weniger als 0,1 % des Gesamt-P (P_t). Im Boden steigt der P_t-Gehalt in der Regel von der Sand- zur Tonfraktion und mit dem Humusgehalt an. Das aus dem Apatit der Ausgangsgesteine im Verlauf der Pedogenese freigesetzte P wird entweder durch Bestandteile der Tonfraktion (Oxide, Tonminerale) gebunden, als neugebildete (sekundäre) Minerale ausgefällt oder in Huminstoffe eingebaut. Insgesamt liegt Phosphat in folgenden Formen im Boden vor: (a) in gelöster Form, (b) sorbiert an der Oberfläche von Fe-, Al-Oxiden und Tonmineralen sowie okkludiert in Fe- und Al-Oxiden, (c) in Form definierter Phosphatminerale sowie (d) in organischen Substanzen und in Bodenorganismen.

a) P in der Bodenlösung
Die in der Bodenlösung vorherrschenden anorganischen P-Spezies sind $H_2PO_4^-$- und HPO_4^{2-}-Ionen. Im pH-Bereich von 2,1…7,2 dominieren $H_2PO_4^-$-Ionen und bei pH 7,2…12,0 HPO_4^{2-}-Ionen. PO_4^{3-}-Ionen stellen erst ab pH > 12 die dominierende P-Spezies dar und sind deshalb nur in Na_2CO_3-haltigen Salzböden von Bedeutung. Neben den freien Anionen können auch lösliche Ca-Phosphatkomplexe wie $CaH_2PO_4^+$ und $CaHPO_4^0$ in der Bodenlösung vorhanden sein. Ein weiterer Teil des gelösten Phosphats kann organisch gebunden vorliegen und in dieser Form in humosen Oberböden 20…70 % des gesamten gelösten P ausmachen.

Die Phosphat-Konzentration der Bodenlösung variiert in ungedüngten Böden von 0,001…0,1 mg P l^{-1}, in gedüngten A-Horizonten je nach Düngungshöhe meist zwischen 0,1 und 5 mg P l^{-1}. In Unterböden ist sie in Abhängigkeit von den meist deutlich niedrigeren P_t-Gehalten (Abb. 9.6–4) ebenfalls wesentlich niedriger (meist < 0,1 mg P l^{-1}). Kleinräumig erhöhte P-Konzentrationen können jedoch auch in Unterböden durch präferenziellen Fluss oder Bioturbation auftre-

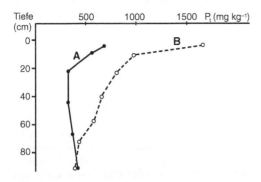

Abb. 9.6–4 Gesamtgehalte an Phosphor (P_t) in einer ungedüngten (A) und einer intensiv gedüngten (B) Kalkmarsch unter Weidenutzung in Abhängigkeit von der Profiltiefe (BRÜMMER 1984, unveröffentlicht).

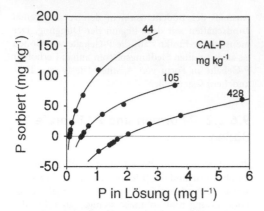

Abb. 9.6–5 Phosphatsorptionskurven (24 h Reaktionszeit) von Ackerböden aus Löss mit verschiedenen Gehalten an CAL-löslichem P aufgrund unterschiedlicher Düngung (aus SCHEINOST 1995).

ten. Bei vergleichbaren Gehalten an sorbiertem P weisen Böden mit hoher P-Sorptionskapazität geringere P-Lösungskonzentrationen auf als Böden mit niedriger (Abb. 9.6-5). Für optimale Pflanzenerträge wird eine P-Lösungskonzentration von $0,3...0,8$ mg P l^{-1} als erforderlich angesehen.

b) Sorbiertes und okkludiertes Phosphat
Die Phosphat-Konzentration der Bodenlösung steht im Gleichgewicht mit den **sorbierten Phosphaten** an den Oberflächen von Fe-, Al-Oxiden und Tonmineralen. Als Oxyanion bildet Phosphat dabei stabile innersphärische Oberflächenkomplexe mit den funktionellen Gruppen dieser Bodenminerale (Abb. 5.5–4). Diese Art der Bindung wird auch als **spezifische Sorption** bezeichnet. Phosphat wird dabei vor allem im Austausch gegen OH$^-$-Ionen der Sorbenten gebunden. Die P-Sorption ist damit stark vom pH abhängig. Bei einer Abnahme der Phosphat-Konzentration in der Bodenlösung werden sorbierte Phosphate in die Lösungsphase abgegeben; bei einer Zunahme der Lösungskonzentration steigt die sorbierte Phosphat-Fraktion. Die **Sorptionskapazität** der Böden für Phosphat wird mit Hilfe von **Sorptionskurven** ermittelt. Dazu werden Bodenproben mit Lösungen steigender P-Konzentration equilibriert und dann auf die gebundene (+ΔP) oder die freigesetzte (−ΔP) P-Menge, die sich aus der Abnahme bzw. Zunahme der P-Konzentration in den Gleichgewichtslösungen ergibt, untersucht (Abb. 9.6-5). Auf diese Weise ergeben sich Quantitäts-Intensitäts-(Q/I-)

Beziehungen (Kap. 9.5.2; Abb. 9.5-1), aus denen sich Parameter wie die **P-Pufferung** (Steigung der Kurven) und der Gehalt an sorbiertem (labilem) P bei einer bestimmten P-Lösungskonzentration sowie die P-Konzentration der Bodengleichgewichtslösung (Schnittpunkt mit der X-Achse bei Y = 0) für verschiedene Böden ableiten lassen. Wie Abb. 9.6-5 zeigt, nimmt die Steilheit der Kurven mit steigenden P-Gehalten der Böden (CAL-P) ab (abnehmende P-Pufferung) und die **P-Gleichgewichtskonzentration** steigt an (bis auf 2 mg l^{-1}). Die Verfügbarkeit von P nimmt damit zu. Ein P-Entzug bewirkt entsprechende gegenteilige Veränderungen.

Die wichtigsten P-Sorbenten in Böden sind amorphe Al-Oxide, Allophane, Ferrihydrite, Goethite und andere Fe-Oxide sowie in Huminstoffen gebundenes Fe und Al. In mitteleuropäischen Böden sind vor allem Fe-Oxide wie Ferrihydrit und Goethit sowie Fe-, Al-organische Verbindungen für die P-Sorption entscheidend. Die Sorptionskapazität der verschiedenen Böden für Phosphat kann deshalb anhand der Gehalte an diesen Sorbenten abgeschätzt werden. Dabei müssen bereits sorbierte Phosphate als Teil der gesamten P-Sorptionskapazität mit berücksichtigt werden. Mit steigendem P-Düngungsniveau nimmt deshalb auch die verbleibende P-Sorptionskapazität ab (Abb. 9.6-5) und die Verfügbarkeit gedüngter Phosphate zu. In Böden aus vulkanischen Ablagerungen wie Andosole bewirkt ein hoher Gehalt an Allophanen eine sehr hohe P-Sorptionskapazität und P-Festlegung; ebenso wirken hohe Fe- und Al-Oxidgehalte in stark verwitterten Ferralsolen und Plinthosolen der Tropen. In Letzteren ist P aus dem Apatit der Ausgangsgesteine vollständig in Al-, Fe-Oxid-gebundenes P umgewandelt worden. Auch in Fe-Oxidreichen Go-Horizonten von mitteleuropäischen Gleyen und in Bs-Horizonten von Podsolen treten meistens P-Anreicherungen auf.

Vor allem poröse P-Sorbenten wie amorphe Al-Oxide, Ferrihydrite und Goethite enthalten in das Innere der Oxidpartikel führende Mikroporen und bilden damit neben Sorptionsplätzen an **äußeren Oberflächen** auch Sorptionplätze an **inneren Oberflächen** aus. Dies bedingt, dass die bei Laborversuchen zur Ermittlung von P-Sorptionskurven (s. o.) gewählte Reaktionszeit für die P-Sorption eine kritische Größe darstellt. Bei einer Reaktionszeit von wenigen Stunden kann zunächst nur eine „schnelle" P-Sorption an den äußeren Oberflächen der Sorbenten stattfinden, während die diffusionsgesteuerte „langsame" P-Sorption an inneren Oberflächen Reaktionszeiten von mehreren Wochen erfordert; erst dann ist das Gleichgewicht vollständig erreicht zwischen:

P-Lösungskonzentration ↔ P-Sorption an äußeren Oberflächen ↔ P-Sorption an inneren Oberflächen.

Dies zeigen auch Untersuchungsergebnisse zur P-Sorption von Goethit als dem neben Ferrihydrit wichtigsten Fe-Oxid mitteleuropäischer Böden (Abb. 9.6–6). Die P-Sorption von Bodenproben ist deshalb auch nach Reaktionszeiten von mehreren Wochen bis zum 2- bis 3-fachen höher als nach wenigen Stunden. Unter Feld-Bedingungen beansprucht die Einstellung von P-Sorptionsgleichgewichten nach einer P-Düngung der Böden noch wesentlich längere Zeiten.

In Abb. 9.6-7 ist für drei Goethite mit unterschiedlicher spezifischer Oberfläche dargestellt, wie die insgesamt sorbierten P-Anteile in Abhängigkeit von der Reaktionszeit auf externe und interne Oberflächen verteilt sind. Nach der P-Zufuhr werden beim Goethit mit der größten spezifischen Oberfläche und einem hohen Mikroporen-Anteil (Goe-132) nach kurzer Reaktionszeit zunächst die höchsten P-Anteile an äußeren Oberflächen gebunden. Mit zunehmender Reaktionszeit findet dann eine P-Diffusion zu inneren Oberflächen und eine Abnahme der P-Anteile an äußeren Oberflächen statt, bis Gleichgewichtsbedingungen erreicht sind. Diese Prozesse führen zu einer Abnahme der P-Verfügbarkeit. Beim Goethit mit der kleinsten spezifischen Oberfläche und niedrigen Mikroporen-Anteilen (Goe-18) ist die P-Sorption insgesamt am niedrigsten und die P-Bindung an inneren Oberflächen zu vernachlässigen. Das P-Sorptionsverhalten von Ferrihydrit ist annähernd dem des feinkristallinen Goethits (Goe-132) vergleichbar.

In ähnlicher Weise findet auch eine P-Diffusion in die Poren von Fe-Konkretionen und -Rostflecken statt. Untersuchungen mit Elektronen-Mikrostrahl-Analysatoren (EMA) zeigen deshalb auch immer eine gleichmäßige P-Verteilung in porösen Oxidanreicherungen. Durch diese Diffusionsprozesse können die in Oxiden **okkludierten Phosphate** gebildet werden, daneben auch durch Wachstum von Fe-Konkretionen und P-Einschluss. Vor allem in Ferralsolen und Plinthosolen der Tropen werden Phosphate oft in okkludierter Form festgelegt, so dass auf diesen Böden P-Mangel verbreitet auftritt.

Außerdem ist die P-Sorption von Goethit wie auch von anderen Fe- und Al-Oxiden und von Tonmineralen in starkem Maße pH-abhängig (Abb. 9.6–6). Sie steigt mit von 9–2 abnehmendem pH um ein Vielfaches an. Aber auch im alkalischen pH-Bereich findet noch eine beträchtliche

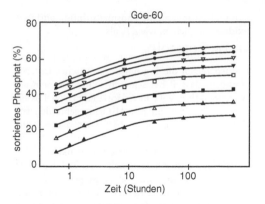

Abb. 9.6-6 Phosphat-Sorption (in % der Zugabe) durch Goethit (spezifische Oberfläche: 60 m² g⁻¹) bei pH 2 (offene Kreise), pH 3, 4, 5, 6, 7, 8 und 9 (schwarze Dreiecke) in Abhängigkeit von der Versuchsdauer (P-Zugabe: 20 mg l⁻¹; Kurvenanpassung mit Modell von BARROW) (aus STRAUSS et al., 1997).

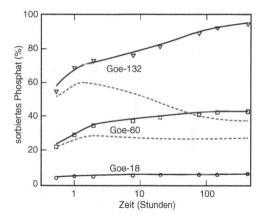

Abb. 9.6-7 Phosphat-Sorption (in % der Zugabe) durch drei Goethite unterschiedlicher spezifischer Oberfläche (Goe-132, -60, und -18: 132, 60 und 18 m² g⁻¹) bei pH 8 und einer P-Zugabe von 20 mg l⁻¹ in Abhängigkeit von der Reaktionszeit (durchgezogene Kurven: insgesamt sorbierte P-Anteile; gestrichelte Kurven: an äußeren Oberflächen sorbierte P-Anteile; Differenz zwischen beiden Kurven: an inneren Oberflächen sorbierte P-Anteile; Kurvenanpassung mit dem Modell von BARROW) (aus STRAUSS et al., 1997).

P-Sorption durch Fe-Oxide statt. Dies wurde auch durch EMA-Untersuchungen für kalkhaltige Böden bestätigt. Dabei können außerdem Ca^{2+}-Ionen über Brückenbindungen im Austausch gegen H^+-Ionen

9

von OH-Gruppen eine Phosphatsorption an Eisenoxide ermöglichen, wie z. B. als

$$=Fe-O-Ca-OPO(OH)_2.$$

Ebenso zeigen die Ergebnisse chemischer Untersuchungen, dass P bei schwach saurer bis neutraler Bodenreaktion, z. B. in A-Horizonten von Lössböden, zu 50...70 % an Fe-, Al-Oxide gebunden vorliegt. Mit abnehmendem pH steigt dieser Anteil weiter an.

Die Bildung von sorbiertem und okkludiertem P in Böden in Abhängigkeit vom pH kann damit vor allem durch die Sorptionseigenschaften der Fe-, Al-Oxide erklärt werden. Die P-Verfügbarkeit von gedüngten löslichen Phosphaten (z. B. Superphosphat) wird durch eine P-Sorption an inneren Oxid-Oberflächen ganz wesentlich erniedrigt. Die P-Nachlieferung durch eine Rückdiffusion stellt dabei, in Abhängigkeit von den Gesetzmäßigkeiten der Diffusion, einen noch wesentlich langsameren Prozess dar als die Diffusion in die Oxide hinein. Diese Hin- und Rückdiffusion kann durch eine Blockierung der Mikroporenöffnungen, z. B. durch angelagerte organische Substanzen, behindert werden. Auch eine Konkurrenz mit anderen Anionen um Sorptionsplätze, wie z. B. mit organischen Anionen (Fulvate, Citrate u. a.), kann die P-Sorption verringern und damit die P-Verfügbarkeit erhöhen. In gleicher Weise kann eine Chelatisierung von Fe und Al an der Oberfläche von Oxiden durch organische Substanzen eine P-Mobilisierung bewirken. Durch solche Effekte führt z. B. auch eine Ausbringung von Gülle neben der damit verbundenen P-Zufuhr zu einer Verbesserung der P-Verfügbarkeit in Böden. Ähnliche Effekte bewirken von Pflanzenwurzeln ausgeschiedene oder durch Mikroorganismen gebildete organische Komplexbildner wie z. B. Citrat.

c) Phosphatminerale

Die Anionen der Phosphorsäure (H_3PO_4) besitzen eine hohe Affinität zu Ca^{2+}-, Al^{3+}-, Fe^{3+}- und Fe^{2+}-Ionen, mit denen sie schwerlösliche Phosphate im Boden bilden können. Diese Kationen werden deshalb auch bei der Abwasserreinigung zur P-Ausfällung verwendet. Die **Ca-Phosphate** werden nach der Anzahl der Protonen der Phosphorsäure, die durch Ca ersetzt sind, in Mono-, Di- und Tri-Ca-Phosphate unterteilt. Das wichtigste Tricalciumphosphat ist der **Apatit**, der die primäre P-Quelle bei der Gesteinsverwitterung für Böden und durch Abbau von Lagerstätten für die Herstellung von P-Düngemitteln darstellt. Der Apatit kann dabei als **Hydroxylapatit** ($Ca_5(PO_4)_3OH$), **Fluorapatit** ($Ca_5(PO_4)_3F$) und **Carbonatapatit** ($Ca_5(PO_4$,

$CO_3)_3(OH, F)$ in Gesteinen, Lagerstätten und Böden vorliegen. F^-- und OH^--Ionen besitzen einen ähnlichen Ionenradius und können einander durch Anionen-Austausch substituieren. Beim Carbonatapatit ist CO_3^{2-} für einen Teil der PO_4^{3-}-Ionen oder für OH^-- bzw. F^--Ionen zu äquivalenten Anteilen in das Gitter eingebaut. Die geringste Löslichkeit besitzt der Fluorapatit, die höchste der Carbonatapatit (Abb. 9.6–8). Letzterer wird deshalb, ebenso wie der Hydroxylapatit, teilweise auch als feingemahlenes Rohphosphat auf sauren Böden direkt als P-Dünger verwendet. In Böden wie in Gesteinen finden sich Apatite meist in Form schluffgroßer Kristalle.

Das leichtlösliche **Monocalciumphosphat**, $Ca(H_2PO_4)_2$, wird bevorzugt als Düngemittel verwendet (Super-, Triplephosphat). Als Umwandlungsprodukte von $Ca(H_2PO_4)_2$ wurden in Böden **Dicalciumphosphat**, $CaHPO_4 \cdot 2H_2O$ (Brushit), bei saurem bis alkalischem pH und **Octacalciumphosphat** (OCP), $Ca_4H(PO_4)_3 \cdot 3H_2O$, bei alkalischem pH nachgewiesen. OCP wird auch als Defektapatit bezeichnet, bei dem eine Ca^{2+}-Substitution durch H^+-Ionen stattgefunden hat. Auch eine Bildung von sekundärem Apatit wird in humusarmen alkalischen Böden als wahrscheinlich angesehen. Auf gedüngten sauren, sandigen Böden wurde eine Bildung von **Taranakit**, $(K, NH_4)_3Al_5H_6(PO_4)_8 \cdot 18\ H_2O$, festgestellt. Außerdem ist in stark sauren Böden mit gelöstem und sorbiertem Al^{3+} eine Bildung von **Variscit**, $AlPO_4 \cdot 2\ H_2O$, wahrscheinlich (Abb. 9.6–8). Eine Ent-

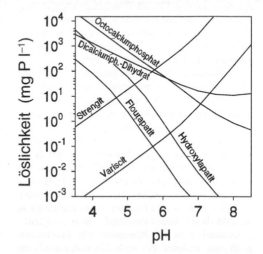

Abb. 9.6–8 P-Löslichkeit der Phosphate in Abhängigkeit vom pH bei einer Ca-Aktivität von 2,5 mmol l⁻¹ (für Ca-Phosphate) und im Gleichgewicht mit Goethit und Gibbsit (für Strengit bzw. Variscit).

stehung von **Strengit**, $FePO_4 \cdot 2 H_2O$ (Abb. 9.6-8), konnte in stark sauren Böden bisher jedoch nicht nachgewiesen werden. Sicher ist dagegen, dass mit abnehmendem pH eine zunehmende P-Sorption durch Fe- (Al-) Oxide infolge einer zunehmenden Substitution von $OH^+ \leftrightarrow H_2PO_4^+$ stattfindet. In Böden und Sedimenten nachgewiesen wurde jedoch das in reinem Zustand weiße Fe(II)-Phosphat, **Vivianit** ($Fe_3(PO_4)_2 \cdot 8 H_2O$), das sich unter reduzierenden Bedingungen in Anwesenheit von Fe^{2+} insbesondere in Niedermooren an Stellen sich zersetzender P-reicher Biomasse bilden kann und auch in stark mit P belasteten fluvialen Sedimenten nachgewiesen wurde. Bei O_2-Zutritt färbt sich Vivianit durch eine teilweise Oxidation von Fe(II) leuchtend blau.

Die **Löslichkeit der Ca-Phosphate** wird durch ihre Löslichkeitsprodukte beschrieben. Das Löslichkeitsprodukt K_{sp} quantifiziert die Aktivitäten der gelösten ionischen Bestandteile einer Verbindung im Gleichgewicht mit ihrer Festphase. Für die Auflösungsreaktion des Hydroxylapatits durch Protonen der Bodenlösung

$$Ca_5(PO_4)_3OH + 7 H^+ \Leftrightarrow 5 Ca^{2+} + 3 H_2PO_4^- + H_2O \quad (1)$$

lässt sich das folgende Löslichkeitsprodukt (K_{sp}) formulieren (a = Aktivität, Kap. 5.3.1):

$$K_{sp} = \frac{a_{Ca}^{5\ 2+} \cdot a_{H2PO4-}^3}{a_{H+}^7} \quad (2)$$

Nach Logarithmierung und Einsetzen von pH für $-\log (a_{H+})$ ergibt sich:

$$\log K_{sp} = 5 \log a_{Ca2+} + 3 \log a_{H2PO4-} + 7\,pH \quad (3)$$

$$\log a_{H2PO4-} = 1/3 \, (14,46 - 7\,pH - 5 \log a_{Ca+2}) \quad (4)$$

Nach Umformen von Gleichung (3) und Einsetzen des Wertes von $\log K_{sp}$ (= 14,46) für den Hydroxylapatit können dann die Aktivität und Konzentration (Kap. 5.3.1) und damit die Löslichkeit von $H_2PO_4^-$ mit Hilfe von Gleichung (4) als $\log mol\,l^{-1}$ für jeden gewünschten pH-Wert und jede Ca-Aktivität ($\log a_{Ca}^{2+}$) berechnet werden. Für einen Boden mit pH 6 und einer Ca-Aktivität von $0,0025\,mol\,l^{-1}$ ($100\,mg\,l^{-1}$) ergibt sich z. B. eine P-Konzentration der Bodenlösung im Gleichgewicht mit Hydroxylapatit von ca. $0,4\,mg\,l^{-1}$, bei pH 5 unter sonst gleichen Bedingungen von ca. $95\,mg\,l^{-1}$. In vergleichbarer Weise kann die Gleichgewichtsaktivität von $H_2PO_4^-$ für andere Ca-Phosphatminerale in Abhängigkeit von pH und Ca-Aktivität der Böden beschrieben werden (Abb. 9.6–8). Sie ist bei pH 6 für den Fluorapatit wesentlich niedriger (ca. $0,6\,\mu g\,P\,l^{-1}$) und für Brushit und Octacalciumphosphat wesentlich höher (ca. $53...74\,mg\,P\,l^{-1}$) als für

den Hydroxylapatit (Abb. 9.6-8). Generell gilt, dass eine zunehmende Bodenversauerung die P-Löslichkeit der Ca-Phosphate erhöht, während eine Kalkung sie senkt, da sowohl der pH-Wert als auch die Ca-Aktivität durch die Kalkung ansteigen.

Umgekehrt verhält sich die **Löslichkeit von Al- und Fe(III)-Phosphaten** (Variscit, Strengit), die mit steigendem pH zunimmt, weil die Al- und Fe(III)-Phosphate mit steigender OH^--Konzentration zunehmend in Al- und Fe(III)-Oxide und -Hydroxide umgewandelt werden und dabei zunehmend $H_2PO_4^-$ in die Bodenlösung abgegeben wird (Abb. 9.6–8):

$$AlPO_4 \cdot 2 H_2O + OH^- \Leftrightarrow Al(OH)_3 + H_2PO_4^- \quad (5)$$

Ebenso findet mit steigendem pH-Wert eine zunehmende Freisetzung von sorbiertem Phosphat aus Fe-(Al-)Oxiden statt (Kap. 9.6.2.2b). Damit gilt generell für alle an **Fe(III) und Al gebundenen Phosphate**, im erweiterten Sinn als „Fe-, Al-Phosphate" zusammengefasst, eine mit steigendem pH zunehmende Löslichkeit. Die für den pH-Bereich um 6,0...6,5 immer wieder festgestellte optimale P-Verfügbarkeit in Böden kann damit auch durch die mit zunehmendem pH ansteigenden Löslichkeitsisothermen der Fe-, Al-Phosphate sowie die mit abnehmendem pH ansteigenden Löslichkeitsisothermen der Ca-Phosphate erklärt werden, die in ihrem Schnittpunkt bei pH 6,0...6,5 die optimale P-Löslichkeit ergeben.

d) P in organischer Substanz und Mikroorganismen
Der Anteil des **organischen P** am Gesamt-P variiert in gedüngten A-Horizonten von Mineralböden meist zwischen 5 und 35 % und nimmt im Bodenprofil entsprechend dem Humusgehalt von oben nach unten ab. Höhere Anteile findet man in ungedüngten Oberböden und besonders in organischen Auflagen sowie in Moorböden. Die wichtigste Form des organischen Phosphors (> 50 %) sind die Phytate, d. h. die Salze der Phytinsäure. Daneben kommen Phospholipide und Nukleotid-Phosphate vor. Alle diese Verbindungen sind biogenen Ursprungs und enthalten P als Phosphat-Ester mit der funktionellen Gruppe $\equiv C–OPO(OH)_2$. Die Protonen dieser Gruppe können wie bei der Phosphorsäure abdissoziieren und durch Ca-, Fe- und Al-Ionen ersetzt werden, die auf diese Weise schwer lösliche organische P-Verbindungen bilden. Außerdem ist auch eine Phosphatbindung über Ca^{2+}-Brücken an Huminstoffe bei schwach saurer bis alkalischer Bodenreaktion gemäß $\equiv C–O–Ca–OPO(OH)_2$ wahrscheinlich und ebenso im sauren Bereich eine Phosphatbindung an organisch gebundenes Al und Fe. Durch das Enzym Phytase, das von Bakterien und Pilzen produziert wird, kann die Phosphat-Estergruppe von organi-

schen Substanzen schrittweise abgespalten und für die Pflanze teilweise verfügbar werden.

Die Menge des organischen P steigt bei verwandten Böden meist mit dem $C_{org.}$-Gehalt. Bei unterschiedlichen Humusformen variiert das C/P-Verhältnis zwischen 100 und 1000 und ist damit weit höher als das C/N-Verhältnis, steigt aber wie dieses vom Mull über den Moder zum Rohhumus an. Die in Mikroorganismen enthaltene P-Menge beträgt in Ap-Horizonten ca. 60...120 kg P ha^{-1}; sie ist wegen ihrer schnellen Umsetzung eine relativ mobile und damit pflanzenverfügbare Fraktion.

9.6.2.3 P-Mobilisierung unter reduzierenden Bedingungen

Die P-Löslichkeit und -Verfügbarkeit wird unter hydromorphen Bedingungen in starkem Maße durch Redoxprozesse beeinflusst. So werden Fe-Oxide nach Wassersättigung der Böden und Ausbildung reduzierender Bedingungen durch fakultativ und obligat anaerobe Mikroorganismen reduktiv gelöst und die von ihnen sorbierten Phosphate in die Bodenlösung abgegeben:

$$4 (\equiv Fe\text{-}OPO(OH)_2)^{2+} + CH_2O + H_2O \Leftrightarrow$$
$$4\,Fe^{2+} + 4\,H_2PO_4^- + CO_2 + 4\,H^+ \qquad (6)$$

In Gleichung (6) ist die Freisetzung des an Fe(III) gebundenen Phosphats bei gleichzeitiger Fe^{2+}-Bildung dargestellt. CH_2O steht für mikrobiell abbaubare organische Substanz. In ähnlicher Weise erfolgt die Freisetzung von sorbiertem P durch Reduktion von Fe(III)-Oxiden mit $\equiv Fe\text{-}O\text{-}Ca\text{-}OPO(OH)_2$-Gruppen. Auch unter reduzierenden Bedingungen gebildeter Schwefelwasserstoff (H_2S) kann in Gr-Horizonten schwefelreicher Böden (z. B. Marschen) und besonders in subhydrischen Böden und limnischen Sedimenten Fe-Oxide reduzieren und vollständig in Fe-Sulfide umwandeln, wobei die sorbierten und okkludierten Phosphate dann vollständig freigesetzt werden:

$$2 (\equiv Fe\text{-}OPO(OH)_2)^{2+} + H_2S \Leftrightarrow$$
$$2\,Fe^{2+} + 2\,H_2PO_4^- + S^0 + 2\,H^+ \qquad (7)$$

$$Fe^{2+} + H_2S \Leftrightarrow FeS + 2\,H^+ \qquad (8)$$

Eine reduktive P-Mobilisierung findet z. B. in Reisböden nach Überflutung statt und verbessert ganz wesentlich die P-Versorgung der Reispflanzen. In Wattböden und anderen Unterwasserböden ist die in Abhängigkeit von der Umwandlung der Fe-Oxide in Fe-Sulfide (Gleichung 7, 8) stattfindende P-Freisetzung von besonderer Bedeutung (Tab. 9.6–2).

Tab. 9.6–2 Redoxpotenzial (Eh), Eisensulfidgehalt (relativ zum dithionitlöslichem Fe [Fe_d]) und P-Konzentration in der Bodenlösung in einem marinen Wattprofil bei pH 7,2...7,6 (BRÜMMER & SCHROEDER, unveröffentlicht)

Tiefe (cm)	Eh (mV)	$\dfrac{Fe_{FeS}}{Fe_d}$	P in Lösung (mg P l^{-1})
0...1	+50...−50	0,02	0,5
1...5	−100	0,41	0,5
5...20	−120	0,49	7,4
20...35	−170	0,71	14,6
35...50	−190	0,87	16,4

Eine solche P-Freisetzung findet auch in anaeroben Sedimenten eutrophierter Gewässer statt, die durch Bodenerosion in ihrem Einzugsgebiet P-reiches Oberbodenmaterial erhielten. Die reduktive P-Mobilisierung ist dabei eine wesentliche Ursache für die ablaufenden Eutrophierungsvorgänge.

9.6.2.4 P-Versorgung der Pflanzen, P-Düngung und P-Bilanz

Da Pflanzenwurzeln ausschließlich das gelöste Phosphat aufnehmen und dessen Konzentration in der Bodenlösung sehr gering ist, reicht die gelöste P-Menge von einigen 100 g ha^{-1} bei weitem nicht aus, um die **P-Versorgung der Pflanzen** zu gewährleisten. Für eine gute Weizenernte wird insgesamt etwa das 100-fache der gelösten P-Menge benötigt. Wie Abb. 9.6–9 zeigt, kann eine Maiswurzel die P-Konzentration der Bodenlösung in ihrer Rhizosphäre innerhalb von drei Tagen von 0,8 auf 0,03 mg P l^{-1} erniedrigen. Es muss daher ständig P von den Feststoffen in die an P verarmte Bodenlösung in der Rhizosphäre nachgeliefert werden. Dies geschieht vor allem durch Desorption von sorbiertem P, aber auch durch Auflösung von Ca-Phosphaten und durch Mineralisierung von organischem P. Das freigesetzte P diffundiert dann in der Bodenlösung zur Rhizosphäre. Der Motor der Diffusion ist das Konzentrationsgefälle in Richtung der verarmten Rhizosphäre. Die Prozesse und Einflussgrößen der Diffusion von Nährstoffen sind detailliert in Kap. 9.5.2.2 beschrieben. Die Verarmungszone der Rhizosphäre ist annähernd so breit wie die Zone der Wurzelhaare, nämlich ca. 0,7 mm beim Mais und 1,3 mm beim Raps. Wurzelhaare sind damit ganz wesentlich an der P-Aufnahme und P-Ausnutzung beteiligt.

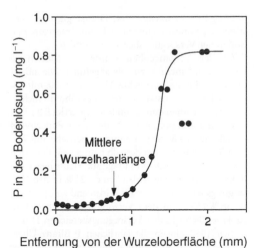

Entfernung von der Wurzeloberfläche (mm)

Abb. 9.6–9 P-Entleerung in der Rhizosphäre einer drei Tage alten Maiswurzel in einen Sandboden (aus JUNGK & CLAASSEN 1997).

Insgesamt stellt die P-Diffusion den geschwindigkeitsbestimmenden Schritt der P-Aufnahme dar, erkenntlich an der P-Verarmung in der Rhizosphäre (Abb. 9.6–9). Die P-Versorgung der Pflanzen ist daher umso besser, je höher die P-Konzentration der Bodenlösung ist, d. h. je gesättigter die P-Sorbenten sind und je schneller das Phosphat desorbiert wird bzw. je löslicher die festen Phosphate sind. Diese Prozesse werden durch Ausscheidung organischer Anionen (z. B. Citrat) und Protonen von Wurzeln und Mikroorganismen beschleunigt. Die ausgeschiedenen Protonen erhöhen die Löslichkeit der Ca-Phosphate (Gl. 1), während organische Anionen sorbierte Phosphate desorbieren bzw. durch Fe- und Al-Komplexierung mobilisieren und so die P-Verfügbarkeit erhöhen. Daher nimmt der **P-Düngerbedarf** zur Anhebung der P-Konzentration der Bodenlösung auf optimale Konzentrationen von 0,3...0,8 mg P l^{-1} deutlich ab, wenn Ackerböden gut mit Humus versorgt sind. In ähnlicher Weise wirkt die Ausbringung von Gülle und Komposten oder die Einarbeitung von Ernterückständen (z. B. Stroh). Auch mineralische Anionen wie Silicat konkurrieren mit Phosphat um Bindungsplätze. In stark desilifizierten Böden der feuchten Tropen wurde daher die P-Mobilität durch Zugabe löslichen Silicats erhöht. Außerdem können Pflanzen mit Hilfe von Mykorrhiza Phosphor aus schwer verfügbaren Bindungsformen mobilisieren. Dies ist aber nur bei schlechter P-Versorgung der Böden von Bedeutung.

Die während einer Vegetationsperiode benötigten P-Mengen, z. B. für eine Weizenernte von 8 t ha^{-1} insgesamt ca. 40 kg P ha^{-1} (ca. 30 kg für Korn, ca. 10 kg für Stroh; Tab. 9.5–6), werden in der Praxis überwiegend als leichtlösliches Monocalciumphosphat ($Ca(H_2PO_4)_2$) in Form von Superphosphat oder Triplephosphat (Bestandteil von Mehrnährstoffdüngern) ausgebracht. Auf sauren Böden mit pH ($CaCl_2$) < 5,5 sind auch feingemahlene Rohphosphate geeignet (Kap. 9.6.2.2c). Die sich je nach pH bildenden Phosphatspezies in der Bodenlösung wie $H_2PO_4^-$, HPO_4^{2-} und $CaH_2PO_4^+$ (Kap. 9.6.2.2a) werden dann zum überwiegenden Teil im Boden sorbiert (Kap. 9.6.2.2b). Durch wiederholte Extraktionen mit Wasser können die gedüngten Phosphate zu einem erheblichen Teil wieder freigesetzt werden, wobei die mit jeder Extraktion geringer werdende P-Freisetzung einer Desorptionskurve folgt.

Bei hohen $Ca(H_2PO_4)_2$-Konzentrationen, z. B. um Düngerkörner, können auch **metastabile Phosphatminerale** wie Dicalciumphosphate (z. B. Brushit; Kap. 9.6.2.2c) gebildet werden. Dies ist bei sauren pH-Werten durch Disproportionierung möglich:

$$Ca(H_2PO_4)_2 + 2 H_2O \Leftrightarrow$$
$$CaHPO_4 \cdot 2 H_2O + H_2PO_4^- + H^+ \qquad (9)$$

Bei gleichzeitiger Ausbringung von löslichen Phosphaten und Ammonium (z. B. als Ammonphosphat) wurde in sauren Böden außerdem eine Bildung von metastabilem Taranakit (Kap. 9.6.2.2c) nachgewiesen. In neutralen bis schwach alkalischen Böden kann die Umwandlung von $Ca(H_2PO_4)_2$ zu Brushit in folgender Weise ablaufen:

$$Ca(H_2PO_4)_2 + Ca^{2+} + 2 OH^- \Leftrightarrow 2 CaHPO_4 \cdot 2 H_2O \quad (10)$$

In Ca-reichen Böden mit alkalischem pH ist auch eine Bildung von Octacalciumphosphat (Kap. 9.6.2.2c) aus $Ca(H_2PO_4)_2$ wie auch aus $CaHPO_4 \cdot 2 H_2O$ möglich:

$$2 Ca(H_2PO_4)_2 + 2 Ca^{2+} + 6 OH^- \Leftrightarrow$$
$$Ca_4H(PO_4)_3 \cdot 3 H_2O + HPO_4^{2-} + 3 H_2O \qquad (11)$$

Eine weitere Umwandlung zu Hydroxylapatit wird z. T. vermutet, konnte aber in humosen Oberböden bisher nicht nachgewiesen werden. Dies ist offenbar auch ein kinetisch sehr langsam ablaufender Prozess, der zudem durch die Anwesenheit von organischer Substanz behindert wird. Für humusarme, carbonathaltige Unterböden konnte dagegen mit Hilfe von EMA-Untersuchungen gezeigt werden, dass sich Hydroxylapatit in Eisenkonkretionen mit Phosphat- und Ca-Anreicherungen ausbildete. Damit findet offenbar zunächst eine Sorption von P und Ca in den Eisenkonkretionen statt, bis die Konzentration

9

beider Elemente so hoch ist, dass eine Auskristallisation von Hydroxylapatit stattfinden kann.

Eine **P-Düngerbedarfsprognose** erfordert vor dem Beginn der Vegetationsperiode Bodenuntersuchungen zur Ermittlung der Gehalte an verfügbaren Phosphaten (Kap. 9.5.2.4). Als Extraktionslösung wird hierfür in Deutschland und Österreich vor allem eine bei pH 4,1 gepufferte **Ca-Acetat-Lactat**-Lösung verwendet (**P-CAL**), selten für carbonatfreie Böden auch noch die sog. **Doppellactat**-Lösung mit pH 3,7 (**P-DL**). Auch eine Extraktion mit **reinem Wasser** wird in Deutschland und den Niederlanden zur Bestimmung der verfügbaren P-Gehalte durchgeführt (P_{Wasser}). Im angelsächsischen Raum wird dagegen häufig eine Extraktion mit **$NaHCO_3$** bei pH 8,5 (nach OLSEN) verwendet. Mit der CAL-Methode und insbesondere mit der DL-Methode werden vor allem über Ca-Brücken sorbierte Phosphate und Ca-Phosphatminerale erfasst, während mit $NaHCO_3$ vor allem an Fe-Al-Oxide sorbierte und organisch gebundene Phosphate extrahiert werden. Alle genannten Methoden erfassen vor allem die Quantität der potenziell verfügbaren Phosphate, während entscheidende Einflussgrößen der P-Aufnahme wie z. B. Intensität, Rate und Pufferung der Phosphate nicht berücksichtigt werden (Kap. 9.5.2; Abb. 9.6–5). Aus diesem Grund ist auch die Korrelation der extrahierten Gehalte an verfügbaren Phosphaten mit den Pflanzenerträgen in der Regel schlecht. Die Beziehungen werden jedoch umso enger, je schlechter die Böden mit P versorgt sind. Deshalb ist bei Ackerböden nur in den niedrigen Versorgungsbereichen A und B mit 0...4,3 mg P-CAL pro 100 g Boden (Grünland: 0...6 mg) eine deutliche P-Düngewirkung gegeben. Für den Bereich C (Kap. 9.5.2.5) der optimalen P-Versorgung von Ackerböden mit 4,4...8,2 mg P-CAL pro 100 g Boden (Grünland: 6,1...10,8 mg) wird deshalb auch nur eine **Erhaltungsdüngung** empfohlen, die bei Phosphat annähernd der Abfuhr mit den Ernteprodukten entspricht. Die mit den Ernteresten (z. B. Stroh) auf dem Acker verbleibenden P- und ebenso K- und Mg-Mengen sind mittelfristig vollständig pflanzenverfügbar und müssen deshalb in der Düngerbedarfsprognose entsprechend berücksichtigt werden. Bei Böden der Vorsorgungsbereiche D und E ist eine deutlich verminderte bzw. keine P-Düngung erforderlich.

Phosphor gehört wie Stickstoff zu den Nährelementen, für die aus ökologischen und ökonomischen Gründen gemäß DüV 2006/07 jährliche **Nährstoffbilanzen** anhand der gesamten P-Ein- und -Austräge während eines Wirtschaftsjahres zu erstellen sind (Kap. 9.5.1). Im 6-jährigen Mittel ist dabei ein P-Überhang bis zu 8,7 kg P $ha^{-1} a^{-1}$

(= 20 kg P_2O_5) zulässig. Diese Grenze gilt unter bestimmten Voraussetzungen nicht für unterversorgte Böden der Versorgungsbereiche A und B.

In der Vergangenheit wurde den Böden in Deutschland mehr P zu- als abgeführt. Die mineralische Düngung erreichte 1970 bis 1980 mit ca. 30 kg P $ha^{-1} a^{-1}$ im statistischen Mittel ihren Höchstwert. Dazu kamen durchschnittlich ca. 20 kg P $ha^{-1} a^{-1}$ aus Nährstoffimporten durch zugekaufte Futtermittel in der Tierproduktion. Besonders Betriebe mit hohem Tierbesatz wiesen deshalb häufig weit über den P-Austrägen liegende P-Einträge auf. Heute liegen die Ackerflächen in Deutschland zu ca. 21 % in den Versorgungsbereichen A und B (Grünland zu ca. 31 %), zu 38 % (35 %) in dem Versorgungsbereich C und zu 41 % (34 %) in den Versorgungsbereichen D und E. Seit 1980 gingen die jährlichen **P-Bilanz**-Überschüsse um fast 80 % zurück, vor allem infolge einer abnehmenden Mineraldüngung. Im Wirtschaftsjahr 2005/06 betrug die mineralische P-Düngung im Mittel nur noch 7,0 kg P ha^{-1} Landwirtschaftsfläche, und die organische P-Düngung sank auf ca. 8 kg ha^{-1}. Die heute gesetzlich vorgeschriebene kontrollierte Ausbringung der Wirtschaftsdünger ermöglicht dabei eine Einsparung von Mineraldünger-P und schont damit die ohnehin nur noch begrenzt vorhandenen P-Lagerstätten. In Abhängigkeit vom zukünftigen weltweiten Verbrauch an mineralischen P-Düngern wird geschätzt, dass die noch zur Verfügung stehenden P-Reserven für minimal 60 Jahre und maximal 130 Jahre ausreichen werden. Die P-Versorgung der Böden und Pflanzen wird deshalb auch als Flaschenhals der Welternährung bezeichnet.

9.6.2.5 Gewässerbelastungen durch P-Austräge

Durch die über Jahrzehnte vor allem auf viehreichen Betrieben erfolgte P-Überdüngung hat besonders in sandigen Böden mit geringer P-Sorptionskapazität (Kap. 9.6.2.2b) bereits eine P-Anreicherung bis in tiefere Unterbodenhorizonte stattgefunden (vgl. Abb. 9.6–4). Auch in tonreichen, quell-schrumpfenden, drainierten Böden findet nach präferenziellem Fluss ein starker Austrag von Phosphaten über Drainrohre statt. Dadurch kommt es besonders bei geringen Grundwasserflurabständen, wie z. B. in der norddeutschen Tiefebene, zu erhöhten P-Einträgen in das Grundwasser, die sowohl in gelöster als auch in kolloidaler Form erfolgen können. Die kolloidgebundenen P-Austräge mit dem Sicker- und Drainwasser können dabei je nach Boden und angewandten Untersuchungsmethoden 1...37 % oder sogar bis 80 % der insgesamt ausgetragenen P-Mengen ausmachen. Mit lateral abfließendem Grundwasser erfolgen dann P- (und N-)Einträge in Oberflächengewässer. Weitere diffuse Quellen für P-Belastungen von Oberflächengewässern sind Drainwasserzufluss und Oberflächenabfluss sowie Eintrag von Erosionsmaterial von gedüngten Ackerschlägen. Zur Begrenzung der P-Belastung von Seen und Fließgewässern werden vom VDLUFA Orientierungswerte für in Grund- und Drainwasser eingetragenes Sickerwasser vorgeschlagen von $0{,}20\,mg\,l^{-1}$ Gesamt-P bzw. $0{,}15\,mg\,l^{-1}$ Orthophosphat-P für den Eintrag in das Grundwasser sowie $0{,}12\,mg\,l^{-1}$ Gesamt-P bzw. $0{,}08\,mg\,l^{-1}$ Orthophosphat-P für Drainwasser (Ablauf). Für Fließgewässer werden längerfristig die für mesotrophe Verhältnisse erforderlichen Konzentrationen von $<0{,}10\,mg\,l^{-1}$ Gesamt-P bzw. von $<0{,}04\,mg\,l^{-1}$ Orthophosphat-P angestrebt.

Bei der Modellierung der P-Austräge von ganzen Einzugsgebieten wurden bei empfindlichen Böden Austräge von $>2\,kg\,P\,ha^{-1}\,a^{-1}$ mit Maximalwerten von $6{,}5...13\,kg\,ha^{-1}\,a^{-1}$ berechnet. In Mooren mit geringen Gehalten an mineralischen Bestandteilen und damit geringer P-Sorptionskapazität wurden Austräge von $5...15\,kg\,P\,ha^{-1}\,a^{-1}$ gemessen. In tiefgründigen Mineralböden mit mittlerer bis hoher P-Sorptionskapazität betragen die P-Austräge dagegen meist nur einige $100\,g\,ha^{-1}\,a^{-1}$. Als für Seen tolerierbar werden Einträge von $<0{,}5\,kg\,P\,ha^{-1}\,a^{-1}$ angesehen. Die gesamten P-Einträge in Elbe, Weser, Rhein und Donau erfolgten im Zeitraum von 1998–2000 zu 60...80 % mit dem Grund- und Drainwasser, zu <1...4 % mit dem Oberflächenabfluss und zu 2...3 % durch Bodenerosion. Die P-Einträge in die deutschen Gebiete von Nord- und Ostsee bestanden zu 73...77 % aus den genannten diffusen Quellen der landwirtschaftlichen Bodennutzung.

9.6.3 Schwefel

Schwefel ist ein für Pflanze, Tier und Mensch unentbehrliches Nährelement. Es ist Bestandteil vieler Pflanzeninhaltsstoffe wie von Schwefelsäureestern ($R-O-SO_3H$), essentiellen Aminosäuren (Cystein, Cystin und Methionin) und damit auch von Proteinen, Enzymen und Vitaminen sowie einer Reihe von sekundären Metaboliten wie z. B. Lauchölen und dem antikarzinogenen Sulphoraphan des Broccoli. Die Pflanzen nehmen Schwefel hauptsächlich als Sulfat (SO_4^{2-}) aus dem Boden auf. S-Mangel bewirkt Störungen bei der Protein- und Chlorophyllsynthese der Pflanzen. Mangelsymptome sind hellgrüne bis gelbe Verfärbungen an den jüngsten Blättern, später chlorotische Veränderungen des gesamten Blattapparates (ähnlich dem N-Mangel, Kap. 9.6.1), bei Raps löffelartige Missbildungen der Blätter und Weißfärbung der Blüten, bei Getreide ein starrtrachtähnliches Aussehen der Pflanzen. Bei Raps kann starker S-Mangel zu fast totalem Ertragsausfall führen.

9.6.3.1 S-Gehalte von Gesteinen und Böden

Der S-Gehalt von Magmatiten beträgt $0{,}2 \cdot 3\,g\,kg^{-1}$. Er ist in basischen Gesteinen höher als in sauren Gesteinen und liegt überwiegend in Form der Sulfide von Fe, Zn, Pb, Cu, Hg, Ni, Ag u. a. vor. Während der Verwitterung werden die Sulfide zu Sulfaten oxidiert, so dass der mineralisch gebundene Schwefel in Böden und Sedimenten unter aeroben Verhältnissen fast nur in Form von Gips ($CaSO_4 \cdot 2\,H_2O$) vorliegt. Gipsgesteine können bis zu 15 % SO_4-S enthalten. Unter **anaeroben** Bedingungen ist Schwefel in semisubhydrischen und subhydrischen Böden und Sedimenten dagegen vor allem als **Eisensulfid** (Mackinawit: FeS; Pyrit: FeS_2) vorhanden, kann aber auch als elementarer Schwefel angereichert sein.

In terrestrischen Böden des humiden Klimabereichs beträgt der S-Gehalt meist $0{,}1...0{,}5\,g\,kg^{-1}$, in Mooren dagegen bis zu $10\,g\,kg^{-1}$ und in sulfatsauren Marschen bis zu $35\,g\,kg^{-1}$ Gipsrendzinen können sogar zum überwiegenden Teil aus Gips bestehen. Bis auf diese Ausnahmen kommt es im humiden Klimabereich zu keiner wesentlichen SO_4-Anreicherung in den Böden, weil Sulfate relativ leicht löslich sind (ca. $2\,g\,l^{-1}$) und ausgewaschen werden.

In ariden Böden kann dagegen eine Anreicherung von Sulfaten durch Zufuhr mit den Niederschlägen, Aufstieg von SO_4-haltigem Grundwasser oder als Folge von Bewässerung und Beregnung stattfinden. Unter diesen Bedingungen kann es zu einer Gipsausfällung kommen. So enthalten Gypsisole als typische Böden vieler Vollwüsten hohe Sulfatgehalte (Kap. 7.6.7), ebenso manche Böden in Trockensteppen und Halbwüsten wie z. B. Kastanozeme. Auch Calcisole und Durisole können sulfatreiche Horizonte aufweisen.

9.6.3.2 S-Formen und -Minerale in Böden

In Abhängigkeit von den Redoxbedingungen tritt Schwefel in unterschiedlichen Oxidationsstufen auf, von -2 (z. B. Sulfide), ± 0 (elementarer Schwefel),

9

+ 2 (Thiosulfate), + 4 (Sulfite) bis + 6 (Sulfate). Entsprechend zahlreiche mineralische und organische Verbindungen und Bindungsformen existieren. Unter oxidierenden Bedingungen tritt vor allem die Oxidationsstufe + 6 auf, unter stark reduzierenden Bedingungen dominieren die Oxidationsstufen –2 (S^{2-}) oder ±0 ($S°$).

In Böden des humiden Klimabereichs liegt der Schwefel unter **oxidierenden Bedingungen** in H-, O- und A-Horizonten zu 80...98 % in organischer Bindung vor. In Unterböden überwiegen mineralische Bindungsformen. Die **organisch gebundenen S-Fraktionen** umfassen einerseits direkt an C gebundenen Schwefel (C-S-Bindung) wie bei S-haltigen Aminosäuren (Cystein, Methionin) und Proteinen sowie Sulfonaten und andererseits über eine O-Brücke an C gebundene Sulfate wie vor allem organische Sulfatester (–C–O–SO$_3$H). In dieser Fraktion wird wahrscheinlich auch Schwefel aus organischen Al–SO$_4$-Komplexen miterfasst, der in stark sauren Böden, z. B. in Bs-Horizonten von Podsolen, höhere Anteile einnehmen kann. Vor allem die organischen Sulfatester stellen dabei eine mikrobiell leicht mineralisierbare SO$_4$-Fraktion dar. Das C/S-Verhältnis beträgt meist 60...200, auf S-Mangelstandorten auch bis > 400.

In **mineralischer Bindung** kann Schwefel neben der Bildung freier Sulfat-Salze auch als Sulfat in Carbonaten okkludiert sein. In sauren Böden tritt adsorbiertes Sulfat auf, dessen Menge mit abnehmendem pH ansteigt und bei pH-Werten um 4 die höchsten Gehalte aufweist. In diesem pH-Bereich kann Sulfat nach Reaktion mit Hydroxy-Al-Polymeren als Jurbanit (AlOHSO$_4$·5H$_2$O) und Alunit (KAl$_3$(OH)$_6$(SO$_4$)$_2$) gebunden werden. Vor allem in sauren Waldböden ist offensichtlich **Jurbanit** für die S-Dynamik von besonderer Bedeutung. Bei pH < 4 findet dann vorwiegend eine SO$_4$-Adsorption und Okklusion durch Fe-Oxide statt. Bei pH 3-4 werden auch Hydroxy-Fe-Sulfate, wie **Schwertmannit** (Fe$_8$O$_8$(OH)$_6$SO$_4$) und bei pH < 3 **Jarosit** [KFe$_3$(OH)$_6$(SO$_4$)$_2$)] gebildet (Kap. 7.2.5). Diese Verbindungen sind für extrem versauerte schwefelreiche Böden von marinen Küsten- und Deltagebieten, z. B. in einigen Marschböden der Nordseeküste sowie weltweit in Thionic Fluvisols, von besonderer Bedeutung. Insgesamt können diese sogenannten basischen Al- und Fe-Sulfate einen wesentlichen Teil der Basenneutralisationskapazität stark versauerter Böden ausmachen.

Die **SO$_4$-Konzentration der Bodenlösung** beträgt in terrestrischen Böden Mitteleuropas 5...350, häufig 10...150 mg l^{-1}. In semiterrestrischen Böden liegen in der Regel höhere Konzentrationen vor. Neben löslichem anorganischem Sulfat können bei der Streuzersetzung gebildete lösliche organische S-Verbindungen wie Sulfatester, S-haltige Aminosäuren und Fulvosäuren in der Bodenlösung vorhanden sein und auch als Gase aus Böden entweichen.

Unter **reduzierenden Bedingungen** kann eine S-Anreicherung in Form von Eisensulfiden erfolgen, wenn Böden oder Sedimenten mit dem Grund- oder Überflutungswasser Sulfate zugeführt werden. Eine mikrobielle Reduktion von Fe(III)-Oxiden zu Fe^{2+}-Ionen und eine Bildung von Schwefelwasserstoff durch mikrobielle Reduktion von Sulfaten (Desulfurikation) oder durch Abbau S-reicher organischer Substanz führt zur Ausfällung von FeS (amorph oder Mackinawit) und Polysulfiden wie Fe$_3$S$_4$ (Greigit):

$$Fe^{2+} + H_2S \Leftrightarrow FeS + 2\,H^+ \qquad (1)$$

Diese Eisensulfide können im Laufe der Zeit zu den sehr stabilen Disulfiden (FeS$_2$) Pyrit und Markasit umgewandelt werden. Neben H$_2$S werden unter stark reduzierenden Bedingungen außerdem Mercaptane (z. B. CH$_3$SH) mikrobiell gebildet. Durch unvollständige Oxidation von H$_2$S und FeS kann auch elementarer Schwefel als metastabiles Übergangsprodukt entstehen. Beim Übergang zu aeroben Bodenverhältnissen wird durch Oxidation der Sulfide H$_2$SO$_4$ gebildet, die bei hohen Ausgangsgehalten an Sulfiden und Abwesenheit von CaCO$_3$ eine starke pH-Erniedrigung im Boden, im Extremfall bis pH 2, bewirken kann. Unter diesen Bedingungen werden dann basische Fe- und Al-Sulfate gebildet wie z. B. der Jarosit:

$$3\,Fe(OH)_3 + K^+ + 3\,H^+ + 2\,SO_4^{2-} \Leftrightarrow$$
$$KFe_3(OH)_6(SO_4)_2 + 3\,H_2O \qquad (2)$$

9.6.3.3 S-Versorgung der Pflanzen, S-Auswaschung und S-Düngung

Der **S-Gehalt der Pflanzen** beträgt meist 1...10 g kg^{-1} Tr. S., bei Raps bis 15 g kg^{-1}. Kreuzblütler haben generell einen besonders hohen S-Bedarf. Mindererträge treten bei Raps auf, wenn der S-Gehalt der Blätter < 4 g kg^{-1} Tr. S. beträgt, bei Getreide unterhalb von 2...3 g kg^{-1}.

Die Pflanzen decken ihren **S-Bedarf** aus dem SO$_4$-Vorrat der Böden, aus den Einträgen aus der Luft (besonders bei Ferralsolen, Plinthisolen und Acrisolen) sowie z. T. auch aus dem Grund- und Überflutungswasser. Getreidepflanzen nehmen dabei einen wesentlichen Teil des Schwefels aus dem Unterboden auf (ca. 45 %). Die **S-Entzüge** der Pflanzen betragen bei Getreide (Kornertrag), Zuckerrüben einschließlich Blatt und bei Weideaufwuchs bis 30 kg S ha^{-1}, bei Raps (Kornertrag) dagegen bis zu 45 kg ha^{-1}. Einen geringen S-Bedarf besitzen Kartoffeln und Mais sowie Waldbäume (ca. 2 kg S ha^{-1}).

Die **S-Auswaschung** betrifft vor allem die mobilen, pflanzenverfügbaren Sulfate, die auf Ackerböden mit pH-Werten > 5,5 und deshalb sehr geringer SO_4-Sorption während des Winterhalbjahres zum größten Teil ausgewaschen werden. Sie beträgt je nach SO_4-Vorrat und Sickerwassermenge in Mitteleuropa 20...120, im Mittel 50...60 kg S ha^{-1} a^{-1}. Die S-Austräge werden dabei nicht durch die S-Einträge aus der Luft ausgeglichen. Durch die erfolgreichen Luftreinhaltemaßnahmen der letzten Jahrzehnte ist die nasse und trockene S-Deposition in Deutschland auf 2...50, im Mittel 11 kg ha^{-1} a^{-1} gesunken (Tab. 9.5-2). Besonders in Meeresnähe weisen die Niederschläge einen relativ hohen Schwefelgehalt (bis ~ 25 kg S ha^{-1} a^{-1}) auf, der vor allem aus versprühten Meerwassersalzen besteht. In industrie-, stadt- und meerfernen Gebieten ist die jährliche Schwefelzufuhr über die Niederschläge wesentlich geringer. In Neuseeland beträgt sie z. B. nur 1 kg S ha^{-1} a^{-1}, so dass dort und in anderen Ländern S-Mangel auf Kulturböden weit verbreitet ist. Insgesamt ergibt sich auch für viele Gebiete Nord- und Mitteleuropas während der Vegetationsperiode eine z. T. deutliche S-Unterversorgung der Kulturpflanzen, so dass zunehmend eine **SO₄-Düngung**, je nach Bedarf der Pflanzen, von 15...40 kg S ha^{-1}, erforderlich wird.

Als Schadstoff kann SO_4^{2-} nur dann wirken, wenn es, wie in manchen Salzböden, als leichtlösliches Magnesiumsulfat in hoher Konzentration vorliegt. Dagegen ist ein hoher Gipsgehalt infolge der geringen Gipslöslichkeit nicht toxisch, wie am Beispiel der Gipsrendzinen ersichtlich ist. Liegt der Schwefel in Sulfidform vor, so kann das Pflanzenwachstum bei Vorliegen erhöhter Konzentrationen an Schwefelwasserstoff (starkes Pflanzengift) mehr oder weniger vollständig unterbunden werden. Auch eine hohe SO_2- bzw. SO_3-Konzentration in der Luft wirkt schädlich, wie dies früher an der Vergilbung der Blätter und Nadeln von Bäumen in der Nähe von Industriebetrieben (Rauchgasschäden) sehr anschaulich beobachtet werden konnte.

Die Untersuchung der S-Versorgung der Böden erfolgt durch die Analyse des Gehaltes an leicht löslichem **mineralischen Sulfat-Schwefel (S_{min})** meistens parallel zur N_{min}-Analyse (Methode Kap. 9.6.1.4). Extraktionen mit verschiedenen Salzlösungen wie z. B. auch mit 1 M NH_4NO_3-Lösung führen dabei zu ähnlichen Ergebnissen. Für eine ausreichende

Versorgung der Kulturpflanzen werden mindesten 10 mg S_{min} kg^{-1} Boden im gesamten Wurzelraum als erforderlich angesehen.

9.6.4 Kalium

Kalium ist ein für alle Lebewesen essentielles Element. Pflanzen nehmen Kalium als Kation (K^+) aus der Bodenlösung auf. In der Pflanze ist es u. a. für die Einstellung des osmotischen Drucks und die Regulierung des Wasserhaushaltes verantwortlich. Es aktiviert außerdem verschiedene Enzyme. Eine gute K^+-Versorgung der Pflanzen erhöht deren Dürre- und Frostresistenz. Bei K-Mangel ist eine erhöhte Neigung zu Welkeerscheinungen (Welketracht) gegeben; es bilden sich vom Rand der älteren Blätter her Chlorosen und später Nekrosen.

9.6.4.1 K-Gehalte von Gesteinen und Böden

Die **Gesteine** der Erdkruste enthalten im Mittel 1,9 % K, das vorwiegend in Feldspäten und Glimmern gebunden ist. Dieses native Kalium wird im Verlauf der Verwitterung und Bodenbildung zunehmend freigesetzt, ausgewaschen und in die Meere verfrachtet. Dort findet im Verlauf langer Zeiträume während der Diagenese der Sedimente wieder ein K-Einbau in die Tonminerale statt, die dadurch wieder in Glimmer bzw. Illite umgewandelt werden. Vor allem während des Zechsteins entstanden große Salzanreicherungen in flachen Küstenbecken arider Klimate, in denen die Verdunstung zu einer Ausfällung der Meersalze und damit neben Lagerstätten anderer Salze auch zur Ausbildung von K-Lagerstätten führte. Diese werden heute abgebaut und als K-Dünger wieder in die Böden gebracht. Die größten Vorräte an Kalium besitzen die Gesteine (ca. 5 · 10^{17} t), gefolgt von den Böden und den Meeren.

Der Gesamtgehalt an Kalium beträgt bei jungen, illitisch-smectitischen **Böden** mit holozäner Bodenentwicklung meist 0,2...3,3 % K, in der Tonfraktion 2...4 % K. Der K-Gehalt ist deshalb in tonarmen Sandböden sehr niedrig und steigt mit dem Tongehalt an. Deutlich geringere Werte von 0,1...0,8 % K findet man in alten, tiefgründig verwitterten tropischen Oxi- und Ultisolen, in denen die K-haltigen Feldspäte, Glimmer und Tonminerale zum größten Teil in K-freies Kaolinit sowie Fe- und Al-Oxide umgewandelt worden sind.

9

9.6.4.2 K-Minerale und -Formen in Böden

In Mineralböden ist der überwiegende Teil des Kaliums als **Gitterbaustein in Silicaten** gebunden, vor allem in Alkalifeldspäten, Glimmern und Illiten. Der K-Anteil in **organischer Bindung** ist sehr niedrig. Huminstoffe enthalten praktisch kein Kalium. In der mikrobiellen Biomasse sind jedoch etwa 25...50 kg K ha^{-1} enthalten. Ein weiterer Teil des Kaliums ist in pflanzlicher Biomasse gebunden. Diese Fraktion macht z. B. in einem Buchenwald 50...60 kg ha^{-1}a^{-1} aus. Weitere K-Formen sind das in Zwischenschichten von Dreischichtmineralen **fixierte K** sowie **austauschbares K** und **gelöstes K**. Das austauschbare K in der Ackerkrume beträgt je nach Mineralbestand der Böden und Höhe der K-Düngung 100...1000 kg K ha^{-1}. Die K-Konzentration der Bodenlösung liegt meist im Bereich von 2...20 mg l^{-1}. Die Differenz zwischen Gesamt-K und austauschbarem K nennt man konventionell nicht austauschbares K, das im Wesentlichen aus dem im Kristallgitter von Silicaten eingebauten K und dem im Zwischenschichtraum von Schichtsilicaten fixiertem K besteht.

Die verschiedenen Formen des Kaliums stehen über die Bodenlösung im Gleichgewicht miteinander. Die Übergänge zwischen ihnen finden jedoch mit unterschiedlicher Geschwindigkeit statt. **Austauschbares K** geht sehr schnell in die Bodenlösung über. Deutlich langsamer erfolgt die Gleichgewichtseinstellung bei K, das im Zwischenschichtraum von Illiten und Glimmern **spezifisch gebunden** ist. Dieses K wird durch sehr langsame Diffusionsvorgänge (D_{eff}: ca.10^{-20} cm^2 s^{-1}) erst unter Aufweitung der Zwischenschichten freigesetzt. Der umgekehrte Vorgang besteht darin, dass gelöstes K oder austauschbares K in den Zwischenschichtraum aufgeweiteter Dreischichttonminerale hinein diffundiert. Dadurch wird ein Zusammenklappen der Silicatschichten auf 1 nm Schichtabstand und eine Umbildung aufgeweiteter Tonminerale zu Illit bewirkt. Man nennt dies **K-Fixierung** und das auf diese Weise spezifisch gebundene K fixiertes K.

Fixiertes Zwischenschicht-Kalium wird zunehmend freigesetzt, wenn die K-Konzentration der Bodenlösung sinkt, also z. B. beim K-Entzug durch die Pflanze. Dagegen steigt das fixierte K mit steigender K-Konzentration, z. B. durch K-Düngung, solange an, bis die Fixierungskapazität der inneren Oberflächen weitgehend abgesättigt ist. Erst dann baut sich der Vorrat an austauschbarem K an den äußeren Oberflächen auf. Ausmaß und Intensität der K-Fixierung hängen außer vom K-Angebot vor

allem vom Bestand an Dreischichtmineralen ab und steigen deshalb in mitteleuropäischen Böden meist mit dem Tongehalt an. In der Schluff- und Grobtonfraktion findet die K-Fixierung vor allem durch Vermiculite mit einer Schichtladung von > 0,6 Ladungen pro Elementarzelle statt, in der Feintonfraktion vor allem durch randlich aufgeweitete Illite und durch Smectite mit einer Ladung von > 0,4 Ladungen pro Elementarzelle. Stark K-fixierende Böden finden sich häufig in den Flussauen Süddeutschlands, in denen sich bei geringer Transportkraft des Wassers Feinton anreicherte. Diese Böden vermögen das native und gedüngte K so stark zu binden, dass sich K-Mangel bei den Pflanzen ausbilden kann. Die **K-Fixierungskapazität** der Böden wird ermittelt, indem man Bodenproben eine bestimmte Menge an gelöstem K hinzufügt und ohne oder mit Zwischentrocknung das verbleibende austauschbare K misst. Die Differenz zwischen zugesetztem und noch extrahierbarem K ergibt dann die sog. nasse oder trockene K-Fixierungskapazität der Böden.

Die K-Fixierungskapazität verändert sich während der Pedogenese. Verlieren Glimmer ihr Zwischenschicht-K durch Verwitterung zu Vermiculiten, so steigt die K-Fixierungskapazität an. In Parabraunerden aus Löss wird z. B. das nach Entkalkung der A-Horizonte aus Biotiten der Schlufffraktion freigesetzte K im B-Horizont von hochgeladenen, bereits im Löss vorhandenen Smectiten fixiert und

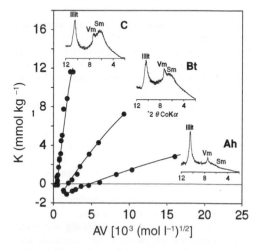

Abb. 9.6–10 K-Ca-Austauschkurven des Ah-, Bt- und C-Horizonts einer Löss-Parabraunerde und deren Röntgendiffraktogramme, in denen die Höhe der Ausschläge dem Anteil der einzelnen Minerale entspricht (Sm = Smectit, Vm = Vermiculit). (nach NIEDERBUDDE 1975).

diese dadurch wieder in Illite umgewandelt. Solche Prozesse der **Illitisierung** finden auch durch die mineralische K-Düngung bei Vermiculiten, hochgeladenen Smectiten und randlich aufgeweiteten Illiten in A-Horizonten statt. Dies wird aus Röntgendiffraktogrammen geschlossen (Abb. 9.6–10): Vom A- zum C-Horizont nimmt der Smectitgehalt zu, der Illit- und mit ihm der K-Gehalt der Tonfraktion < 0,2 µm nimmt dagegen ab.

Ein pedogenetischer Prozess, der die K-Fixierungskapazität senkt, ist die in stark sauren Böden stattfindende Einlagerung von Al-Hydroxypolymeren in aufgeweitete Zwischenschichten von Dreischichtmineralen. Dadurch wird der Schichtzwischenraum für K-Ionen blockiert. Eine Kalkung und pH-Erhöhung machen diesen Prozess durch eine $Al(OH)_3$-Ausfällung z. T. wieder rückgängig und erhöhen auf diese Weise die K-Fixierungskapazität.

9.6.4.3 Beziehungen zwischen austauschbarem und gelöstem K

Die Menge an austauschbarem K steigt mit der K-Konzentration der Bodenlösung. Dieser Zusammenhang ist durch Adsorptionsisothermen z. B. von LANGMUIR und FREUNDLICH (= Quantitäts/Intensitäts (Q/I)-Beziehungen; s. Kap. 5.5.6.1 u. 9.5.2) darstellbar. Bei gegebener K-Konzentration (K-Intensität) hängt die sorbierte K-Menge (K-Quantität) jedoch auch von der Art und Konzentration konkurrierender Kationen und von der Art und Menge der Sorbenten (Tonminerale) ab. In Abwesenheit von Al-Ionen wird das Austauschverhalten von K^+ vor allem durch Ca^{2+}- (und Mg^{2+}-) Ionen bestimmt, deren Konzentration daher zur Erklärung der K^+-Sorption einzubeziehen ist.

Zur Charakterisierung des K-Ca-Austausches werden sog. **K/Ca-Austauschkurven** verwendet, bei denen die sorbierte K-Menge als Quantität und die K- und Ca-Konzentration der Bodenlösung als Intensität aufgefasst werden. Die Kurven werden erstellt, indem man Bodenproben mit K^+ und Ca^{2+} enthaltenden Lösungen äquilibriert, die wie viele Bodenlösungen schwach saurer Böden ca. 0,05 molar an Ca^{2+} und $0...10^{-3}$ molar an K^+ sind. Durch Sorption oder Desorption von K verändert der Boden den K-Gehalt der Lösung, und man trägt die sorbierte (+ΔK) bzw. desorbierte (−ΔK) K-Menge gegen das **K/Ca-Aktivitätenverhältnis** $(AV = a_K/a_{Ca}^{1/2})$ der Bodenlösung auf. Der Exponent ½ von a_{Ca} ist dabei durch die Zweiwertigkeit des Ca^{2+} bedingt (s. Kap. 5.5.6.2

Der Schnittpunkt solcher Q/I-Kurven mit der Abszisse wird als AV_0 bezeichnet, da hier K weder sorbiert noch desorbiert wird (ΔK = 0) (Abb. 9.6–10 u. 9.6–11). AV_0 entspricht in etwa dem AV im Boden. Die K-Menge, die in die K-freie Ca-Lösung desorbiert wird (niedrigster Punkt der Q/I-Kurve, Abb. 9.6–11) wird als **labiles K** bezeichnet; es ist mit dem austauschbaren K korreliert. Die Steigung der Q/I-Kurven (ΔK/ΔAV) kennzeichnet die **K-Pufferkapazität** (KPK) der Böden. Sie gibt an, in welchem Maße ein Boden der Veränderung von AV durch Ein- oder Austausch von K^+ (und Ca^{2+}) entgegenwirken kann. Wie aus Abb. 9.6–10 und 9.6–11 ersichtlich ist, nimmt die KPK mit steigendem AV ab, weil sich die Böden allmählich mit K sättigen und daher immer weniger zusätzliches K adsorbieren können.

Die in Abb. 9.6–10 dargestellten Veränderungen von ΔK in Abhängigkeit von K/Ca-AV machen den Einfluss des Tonmineralbestandes und der K-Düngung auf die K-Verfügbarkeit der Böden deutlich. Im C-Horizont der Parabraunerde bedingt ein hoher Vermiculit- und Smectitgehalt einen wesentlich niedrigeren AV_0-Wert und damit weniger K^+ in der Bodenlösung als im Bt- und Ah-Horizont. Gleichzeitig ist die K-Pufferkapazität (KPK) (= Steigung der Q/I-Kurve) und damit die K-Sorption und -Fixierung im C-Horizont am höchsten. Infolge der K-Düngung und der dadurch bedingten Illitisierung ist dagegen AV_0 im Ah-Horizont am höchsten sowie KPK am niedrigsten und damit

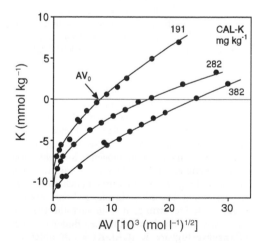

Abb. 9.6–11 K-Ca-Austauschkurven dreier hoch mit CAL-K versorgter Böden aus Löss (nach SCHEINOST 1995).

die K-Versorgung der Pflanzen am besten. Ebenso
steigt in Abb. 9.6–11 AV_0 mit steigendem Gehalt an
verfügbarem K (CAL-K), während KPK abnimmt.
Im Gegensatz hierzu weisen tonarme Böden sowie
tonreiche kaolinitische Böden auch bei niedrigen K-
Konzentrationen bzw. niedrigen K/Ca-AV niedrige
KPK auf und besitzen daher ein geringes K-Nachlieferungspotenzial aus dem labilen K. Dagegen können Böden mit illitisch-smectitischen Tonmineralbestand auch bei niedriger K-Konzentration meist
noch beträchtliche Mengen an K aus dem Vorrat an
nicht austauschbarem K nachliefern (s. u.).

9.6.4.4 K-Versorgung der Pflanzen, K-Düngung und K-Auswaschung

Die für die Pflanzen direkt zur Verfügung stehenden
K-Gehalte der Bodenlösung betragen bei gedüngten
Ackerböden ca. 5...15 kg ha^{-1}. Für eine Weizenernte
von 8 t ha^{-1} werden jedoch ca. 125 kg K ha^{-1} (40 kg
für Korn, 85 kg für Stroh; s. Tab. 9.5–6) benötigt.
Damit müssen große Mengen an gebundenem K
während der Vegetationsperiode durch Diffusion
von den Feststoffen in die Bodenlösung nachgeliefert werden. Durch die K-Aufnahme der Pflanzenwurzeln kann die K-Konzentration der Bodenlösung bis auf ca. 0,1 mg l^{-1} abgesenkt und damit ein
Konzentrationsgradient aufgebaut werden für den
K-Fluss aus dem Pool des an äußeren und inneren
Oberflächen von Tonmineralen sorbierten K in die
Bodenlösung. Das K der Feldspäte spielt für die K-
Versorgung landwirtschaftlicher Kulturpflanzen wegen der relativ hohen pH-Werte gedüngter Böden
und der dadurch langsamen Verwitterung kaum
eine Rolle – im Gegensatz zur K-Versorgung von
Baumbeständen auf stark versauerten Waldböden.

Abb. 9.6–12 zeigt die K-Verarmung in der Rhizosphäre von Rapswurzeln: Innerhalb von sieben
Tagen senkten die Wurzeln nicht nur das austauschbare K, sondern auch das (mit heißer HCl extrahierbare) nicht austauschbare K deutlich ab. Nicht
austauschbares K wird vor allem bei hoher Wurzeldichte und damit kleinen Diffusionswegen freigesetzt, aber auch durch eine steigende Konzentration
an konkurrierenden Ca^{2+}-Ionen. Deshalb wird bei
der Ermittlung von K-Q/I-Kurven auch das K/Ca-
AV verwendet. Die mit sinkender K-Konzentration
steigende K-Freisetzung ist wohl auch die Ursache
dafür, dass in illitisch-smectitischen Böden das sog.
pflanzenverfügbare K (CAL-K) kaum unter ca.
5 mg pro 100 g Boden absinkt.

Die **K-Versorgung** der Böden wird wie die P-
Versorgung in Deutschland aus den mit Ca-Ace-

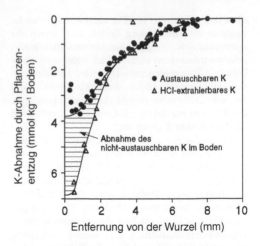

Abb. 9.6–12 Verarmungsprofile des austauschbaren und
nicht austauschbaren Kaliums in der Rhizosphäre von
Rapswurzeln. (nach SEGGEWISS & JUNGK 1988).

tat-Lactat (pH 4,1) (CAL-K) oder mit Doppellactat
(pH 3,7) (DL-K) extrahierbaren K-Mengen erschlossen. Ähnlich wie bei P weist auch CAL-K nur bei
schlechter K-Versorgung der Böden (Versorgungsbereiche A und B; s. Kap. 9.5.2.5) Beziehungen zum
Pflanzenertrag auf. Ab etwa 10 mg CAL-K pro 100 g
Boden werden auf den meisten Böden keine Mehrerträge durch eine K-Düngung erzielt. Offenbar
reicht die K-Nachlieferung dann aus dem K-Pool
der Dreischichtminerale für optimale Erträge aus.
Außerdem nehmen die Pflanzenwurzel auch K aus
dem Unterboden auf (10...60 % der K-Aufnahme),
insbesondere bei niedriger K-Versorgung des Oberbodens. Bei Böden im Versorgungsbereich C, der
wie auch die anderen Versorgungsbereiche infolge
der großen Bedeutung der Tongehalte nach Bodenarten untergliedert wird, kann die **K-Düngung** deshalb nach der K-Abfuhr mit den Ernteprodukten
bemessen werden.

Nach dem 2. Weltkrieg stieg der Verbrauch an
mineralischen K-Düngern in der alten BRD bis
1980 auf ca. 80 kg K ha^{-1} a^{-1} an und sank bis 2005/06
im Mittel der alten und neuen Bundesländer auf
21 kg ha^{-1}. Für die Zeit zwischen 1950 und 1988
ergaben sich vor allem auf Flächen viehreicher Betriebe mit hoher Güllezufuhr große K-Bilanzüberschüsse. Die **K-Auswaschung** ist dabei in Böden
mit mehr als 10 % Ton (vorwiegend als Dreischichtminerale) zu vernachlässigen, kann jedoch je nach
Sickerwassermenge in Sandböden bis auf 20 bis
50 kg K ha^{-1} a^{-1} ansteigen.

9.6.5 Calcium

Calcium ist ein für Pflanzen, Tiere und Menschen essenzielles Element, das durch Transfer aus dem Boden in die Nahrungskette gelangt. Pflanzen nehmen Calcium als Ca^{2+}-Ionen aus der Bodenlösung auf. Es ist Bestandteil wichtiger Verbindungen in der Pflanze wie z. B. von Phytin, Pektin und Ca-Phosphat. Ca-Mangel tritt bei Kulturpflanzen in der Regel nur sehr selten auf.

9.6.5.1 Ca-Gehalte, -Minerale und -Formen in Böden

Der **Ca-Gehalt** von Böden liegt häufig zwischen 0,1 und 1,2 % Ca, in kalkhaltigen Böden und Gypsisolen sowie in Salzböden oft beträchtlich höher, in Böden aus quarzreichen Sanden und in extrem versauerten Waldböden meist deutlich tiefer. Zu den **Ca-haltigen Mineralen** aus der Gruppe der Silicate gehören in Böden vorwiegend Plagioklase, Pyroxene, Amphibole und Epidote, außerdem tritt Ca in Form der Carbonate Calcit ($CaCO_3$) und Dolomit [$CaMg(CO_3)_2$] sowie als Gips ($CaSO_4 \cdot 2\,H_2O$) auf. Da diese Minerale leicht verwitterbar sind, wird Ca mit beginnender Versauerung aus ihnen freigesetzt und dann von den Austauschern der Böden gebunden. Ein wesentlicher Teil des Gesamt-Ca liegt deshalb immer in **austauschbarer Form** vor. Bei pH-Werten mitteleuropäischer Böden von > 6 beträgt der Ca-Anteil an den austauschbaren Kationen meist über 80 %, in extrem versauerten Waldböden dagegen teilweise nur noch < 1...5 %.

In $CaCO_3$-haltigen Böden Mitteleuropas stammt der Carbonatgehalt meist aus den Ausgangsgesteinen, bei landwirtschaftlich genutzten Böden z. T. auch aus der Düngung. Die Löslichkeit von $CaCO_3$ ist stark vom CO_2-Partialdruck abhängig (s. Abb. 5.6–3) und beruht auf der Bildung von löslichem Calciumhydrogencarbonat [$Ca(HCO_3)_2$]. Auch Calciumsulfat (Gips) gelangt zum Teil über die Düngung in den Boden, z. B. mit Superphosphat (Gipsgehalt etwa 50 %). Es kann auch sekundär aus Sulfaten leicht löslicher Mineraldünger, wie K_2SO_4, $(NH_4)_2SO_4$ und $MgSO_4$, durch Reaktion mit adsorbiertem Ca gebildet werden, ist aber in Böden humider Gebiete infolge seiner hohen Löslichkeit (2,6 g l^{-1} bei 20 °C) nicht stabil.

Die **Ca-Gehalte der Bodenlösung** betragen in Ackerböden meist 40...160 mg l^{-1}. In $CaCO_3$- und $CaSO_4$-haltigen Böden können Sie jedoch wesentlich höher und in versauerten Böden wesentlich niedriger sein. In extrem versauerten Waldböden können Ca-Lösungskonzentrationen von < 0,1...5 mg l^{-1} auftreten. Die wichtigsten Ca-Spezies der Bodenlösung sind Ca^{2+}, organische Ca-Komplexe und z. T. $CaSO_4^0$ sowie in $CaCO_3$-haltigen Böden $CaHCO_3^+$ und weitere.

9.6.5.2 Ca-Versorgung der Pflanzen, Ca-Düngung und Ca-Auswaschung

Die Ca-Gehalte verschiedener Pflanzen und Pflanzenteile betragen meist 0,5...50 g kg^{-1} Tr. S. Bei Kulturpflanzen weisen Ca-Gehalte von < 5...10 g kg^{-1} Tr.S. in grünen Pflanzenteilen auf **Ca-Mangel** hin. Bei einjährigen Fichtennadeln liegt die Grenze zum Ca-Mangel bei < 2...2,5 g kg^{-1} Tr. S.

In Ackerböden Mitteleuropas tritt Ca-Mangel nur selten auf, da der Ca-Gehalt der Bodenlösung in der Regel über der als notwendig erachteten Konzentration von 20 mg Ca l^{-1} liegt. Bedeutung hat der Ca-Mangel jedoch z. T. im Obstbau (Stippigkeit der Äpfel) und auch im Gemüsebau (Fruchtendfäule der Tomate, Herzfäule bei Sellerie und Blumenkohl).

Insbesondere auf sehr stark bis extrem versauerten Waldstandorten ist Ca-Mangel bei Konzentrationen in der Bodenlösung von < 0,1...5 mg Ca l^{-1} festzustellen. Auf diesen Standorten treten meist zusätzlich hohe Al- und z. T. Mn-Konzentrationen in der Bodenlösung auf, die bei gleichzeitig sehr niedrigen Ca- (und Mg-) Konzentrationen durch antagonistische Effekte bei der Ionenaufnahme zu Wurzelschäden und anderen Ernährungsstörungen der Waldbäume wie auch der Bodenflora und -fauna führen sollen. Bei pH-Werten < 4,0 und Ca/Al-Molverhältnissen in der Bodenlösung von < 0,2 bis < 0,1 treten bei den meisten Waldbäumen starke Wurzelschäden auf. Bei Fichtenkeimlingen wurden bei einem molaren Verhältnis zwischen der Summe der austauschbaren basischen Kationen Ca, Mg und K und dem austauschbaren Al (BC/Al) deutliche Wurzelschäden bei Werten von < 1,0 festgestellt. Ca-Mangel ist auch in oxidreichen tropischen Böden mit variabler Ladung und saurer Bodenreaktion (z. B. Ferralsole) weit verbreitet.

Mit der Ernte der Kulturpflanzen werden den Böden meist 6 (nur Getreidekorn) bis 150 kg Ca ha^{-1} a^{-1} entzogen (s. Tab. 9.5–6). Unter mitteleuropäischen Klimabedingungen kommen jährliche **Auswaschungsverluste** von meist 30...350 kg Ca ha^{-1} a^{-1} hinzu. Die Ca-Einträge mit den Niederschlägen betragen dagegen nur 2...20, im Mittel 6 kg Ca ha^{-1} a^{-1}. Damit ist ein Ausgleich der Ca-Verluste auf landwirtschaftlich genutzten Böden durch regelmäßige **Kalkung** erforderlich (Kap. 5.6.5). Wenn trotz ausreichender Ca-Konzentration in der Bodenlösung

9

häufig eine Ca-Düngung bei tonreichen Böden erfolgt, so geschieht dies im Hinblick auf die Verbesserung des Bodengefüges. Auf forstlich genutzten Flächen werden in Deutschland zur Kompensation der Säureeinträge sowie zur Verbesserung der Ca- (und Mg-) Versorgung der Waldbäume sog. **Kompensationskalkungen** von 3 t feingemahlenem Dolomit pro ha vorgenommen.

9.6.6 Magnesium

Magnesium ist ein für alle Lebewesen essenzielles Makronährelement, das von den Pflanzen als Mg^{2+}-Ion aus der Bodenlösung aufgenommen und an die höheren Glieder der Nahrungskette weitergegeben wird. Eine ausreichende Mg-Versorgung von Mensch und Tier ist damit an eine ausreichende Mg-Versorgung von Boden und Pflanze gebunden. Magnesium ist Baustein wichtiger Pflanzeninhaltsstoffe (Chlorophyll, Phytin u. a.), aktiviert viele Enzyme und beeinflusst unter anderem den Quellungszustand der Zellen. Mg-Mangel führt zu Chlorosen zwischen den Blattadern älterer Blätter. Bei Nadelbäumen tritt eine ausgeprägte Gelbspitzigkeit an älteren Nadeljahrgängen auf.

9.6.6.1 Mg-Gehalte, -Minerale und -Formen in Böden

Der **Mg-Gehalt** salz- und carbonatarmer mitteleuropäischer Böden beträgt meist $0,5...5\,g\,kg^{-1}$. Der überwiegende Anteil liegt in **Silicaten** vor, vor allem in Amphibolen, Pyroxenen, Olivinen, Biotiten und manchen Tonmineralen wie Chloriten und Vermiculiten. Deshalb sind quarzreiche Sandböden in der Regel Mg-arm und silicatreiche Tonböden Mg-reich. In Böden mit pH $(CaCl_2)$-Werten > 6,5...> 7,0 kann Magnesium außerdem in **Carbonaten** wie Dolomit $[CaMg(CO_3)_2]$, Magnesit $(MgCO_3)$ und zu 1...3 % in Calcit $(CaCO_3)$ vorliegen, in Salzböden arider und semiarider Gebiete auch als leichtlösliche **Mg-Salze** (z. B. $MgSO_4$, $MgCl_2$).

Das bei der Verwitterung freigesetzte Mg wird z. T. als **austauschbares Mg^{2+}** von den Austauschern gebunden. Dessen Anteil steigt in mitteleuropäischen Böden mit zunehmendem Ton- und Schluffgehalt und außerdem meist mit zunehmender Profiltiefe. Sehr geringe Mg-Gehalte besitzen podsolierte Sandböden, sehr stark versauerte Waldböden und manche tropische Böden (z. B. Ferralsole), auf denen Mg-Mangel auftreten kann. Der Anteil des

austauschbaren Magnesiums an den gesamten austauschbaren Kationen (**Mg-Sättigung**) beträgt in landwirtschaftlich genutzten Böden Mitteleuropas meist 5...25 %. Für die Versorgung der Pflanzen sind Anteile um 15 % optimal. In tonreichen Marschen und Pelosolen, sowie in Böden aus Mg-reichen Magmatiten (z. B. Basalten, Peridotiten) und Dolomiten sowie in manchen Salz- und Natriumböden kann die Mg-Sättigung auch wesentlich höher sein und – insbesondere in Unterböden – z. T. die Ca-Sättigung übersteigen. In sehr stark versauerten Waldböden erreicht die Mg-Sättigung dagegen teilweise nur Werte von < 0,01...1 %. Bei Mg/Al-Verhältnissen an den Austauschern von < 0,07 ist die Mg-Versorgung von Fichten als kritisch anzusehen.

Die **Mg-Konzentration der Bodenlösung** wird vor allem durch die Mg-Sättigung bestimmt. Sie schwankt in mitteleuropäischen Böden in einem weiten Bereich von < 0,1...60 $mg\,l^{-1}$. Während sie in Ackerböden häufig in Bereichen von 5...25 $mg\,l^{-1}$ liegt, sinkt sie in extrem bis sehr stark versauerten Waldböden auf < 0,1...10 $mg\,l^{-1}$. Als Mg-Spezies treten in der Lösungsphase vorwiegend Mg^{2+}-Ionen und zu geringeren Anteilen organische Mg-Komplexe sowie teilweise $MgSO_4^0$ und andere Spezies auf.

9.6.6.2 Mg-Versorgung der Pflanzen, Mg-Düngung und Mg-Auswaschung

Die Mg-Gehalte der Pflanzen betragen in grünen Pflanzenteilen meist 1...10 $g\,kg^{-1}$ Tr. S. Bei Mg-Gehalten von < 2 $g\,kg^{-1}$ Tr. S. in den vegetativen Teilen landwirtschaftlicher Kulturpflanzen liegt meist Mg-Mangel vor, bei Waldbäumen (Fichten) unterhalb von 0,6...0,8 $g\,kg^{-1}$ Tr. S. im jüngsten Nadeljahrgang. Bei Grünland sollte der Mg-Gehalt des Aufwuchses im Hinblick auf die Gesundheit der Tiere (Vermeidung von Weidetetanie) mindestens 2,0 $g\,kg^{-1}$ betragen. Auch bei der menschlichen Ernährung gibt es Hinweise (z. B. Wadenkrämpfe) auf eine z. T. nur suboptimale bis zu geringe Mg-Versorgung.

Für die Mg-Versorgung der Pflanzen sind vor allem die Mg-Konzentration der Bodenlösung und der Gehalt an austauschbarem Mg im Boden von Bedeutung. Bei landwirtschaftlich genutzten Schluff-, Lehm- und Tonböden trägt teilweise auch ein hoher Gehalt an austauschbarem Mg im Unterboden ganz wesentlich zur Mg-Versorgung bei. Die Mg-Aufnahme der Pflanzen aus der Bodenlösung kann auf gedüngten Böden durch hohe NH_4^+-, K^+- und Ca^{2+}-Konzentrationen infolge Ionenkonkurrenz stark erniedrigt werden, so dass eine nur suboptimale Mg-Versorgung der Pflanzen oder sogar Mg-Mangel die Folge sein kann. In stark versauerten Böden, z. B. vielen Waldböden, mit sehr niedrigen Mg-Konzentrationen in der Bodenlösung (bis $< 0{,}1\,mg\,l^{-1}$) kann eine starke Ionenkonkurrenz durch H^+ und Al^{3+} wie auch Mn^{2+} auftreten, die dann zu Mg-Mangel in Waldökosystemen führen kann.

In Versuchen mit Nährlösungen wurden bei Mg/Al-Molverhältnissen von 0,025 stark erniedrigte Mg-Gehalte in Feinwurzeln von Waldbäumen und deutliche Wurzelschäden festgestellt. Wahrscheinlich ist jedoch schon bei Mg/Al $< 0{,}2$ mit Mg-Mangel bei Waldbäumen zu rechnen. Neben dem löslichen und austauschbaren Mg kann in stark versauerten Böden auch nichtaustauschbares Mg aus Oktaederschichten von trioktaedrischen Glimmern und Tonmineralen oder aus den Zwischenschichten von Tonmineralen für die Pflanzen zur Verfügung gestellt werden. In sehr stark sauren Böden wirkt besonders eine Kalkung mit Dolomit positiv auf die Mg-Aufnahme der Pflanzen, da sie infolge einer pH-Anhebung die Ionenkonkurrenz durch H^+-, Al^{3+}- und z. T. auch Mn^{2+}-Ionen verringert und außerdem den Mg-Gehalt in der Bodenlösung und an den Austauschern erhöht.

Die routinemäßige Bestimmung der **Mg-Versorgung der Böden** beruht auf der Erfassung des gelösten und eines Teils des austauschbaren Mg. Hierfür wird in Deutschland meist die $Mg(CaCl_2)$-Methode nach SCHACHTSCHABEL angewandt: Extraktion des Bodens (1 h) mit einer 0,0125 M $CaCl_2$-Lösung im Verhältnis 1:10. Außerdem wird zur Bestimmung der Mg- wie auch der Na-, Cu-, Mn-, Zn- und B-Versorgung der Böden die CAT-Methode verwendet: Extraktion der Bodenproben mit einer Lösung, die 0,01 M an $CaCl_2$ und 0,002 M an DTPA ist (1 h schütteln im Verhältnis 1 : 10).

Aus umfangreichen Feldversuchen geht hervor, dass Mg-Mangelsymptome an jungen Kartoffel- und Haferpflanzen auf pleistozänen Sandböden fast nur bei Gehalten von < 50 mg $Mg(CaCl_2)$ pro kg auftraten und zwar besonders bei einem weiten K/Mg-Verhältnis. Mehrerträge durch Mg-Düngung waren auf Sandböden häufig bei $Mg(CaCl_2)$-Gehalten der Ackerkrume von weniger als 20...30 mg kg^{-1} zu erzielen. Auf tonreichen Böden wurden dagegen bei $Mg(CaCl_2)$-Gehalten < 50 mg kg^{-1} selbst bei hohen Gehalten an austauschbarem Kalium in der Ackerkrume nur selten Mehrerträge durch Mg-Düngung erzielt. Der für Ackerböden anzustrebende Versorgungsbereich C beträgt bei Sandböden 3...4, bei lehmigen Sanden bis Lehmen 4...6 und bei tonigen Lehmen bis Tonen 6...9 sowie für alle Grünlandböden 8…12 mg Mg pro 100 g Boden.

Die **Mg-Entzüge** bei Weizenerträgen von 8 t ha^{-1} betragen ca. 19 kg Mg ha^{-1} (Korn ca. 10, Stroh ca.

9 kg), bei Futterrüben bis ca. 50 kg Mg $ha^{-1}a^{-1}$ (Rüben ca. 27, Blatt ca. 23 kg, s. Tab. 9.5–6). Bei optimaler Mg-Versorgung der Böden (Bereich C) wird eine **Mg-Erhaltungsdüngung** empfohlen, die sich aus den Mg-Entzügen durch die abgeführten Feldfrüchte plus der Mg-Auswaschung in Abhängigkeit von der Höhe der Niederschläge und der Bodenart zusammensetzt. Die **Mg-Auswaschung** steigt meist mit der Mg-Versorgung von Sand- zu Tonböden an und beträgt häufig 6...22 kg $ha^{-1}a^{-1}$. Die **Mg-Einträge** mit dem Freilandniederschlag betragen in Deutschland 0,5...8, im Mittel 1 kg $ha^{-1}a^{-1}$. Nur in Küstennähe können bis 8 kg $ha^{-1}a^{-1}$ eingetragen werden. Sie sind deshalb in meerfernen Gebieten für die Mg-Bilanz der Böden nur von geringer Bedeutung. Damit beträgt die Mg-Erhaltungsdüngung für Böden der Versorgungsklasse C, je nach angebauten Feldfrüchten und Bodenart, häufig 20...70 kg Mg $ha^{-1}\,a^{-1}$, für Grünland bis zu 40 kg Mg $ha^{-1}\,a^{-1}$.

Die **Mg-Düngung** kann in verschiedener Weise erfolgen. Auf sehr stark versauerten Waldböden wirkt vor allem Dolomit ($CaMg(CO_3)_2$) sehr gut. Neben der Anhebung des pH-Wertes wird die oft schlechte Mg- (und Ca-) Versorgung der Waldböden durch die sogenannte Kompensationskalkung von 3 t ha^{-1} feingemahlenem Dolomit deutlich verbessert.

9.6.7 Natrium

Natrium ist für Tier und Mensch sowie für die meisten C_4-Pflanzen (z. B. Hirse) und für Halophyten essenziell; für C_3-Pflanzen ist dies jedoch nicht sicher nachgewiesen. Für Letztere ist es zum Teil ein „nützliches" Element, weil es bei einigen Pflanzenarten, wie z. B. bei Zuckerrüben, das Wachstum fördert. Nach der von den meisten C_4-Pflanzen benötigten Menge gehört Na eher zu den Spurenelementen (s. Tab. 9.5-1). Jedoch nach den von einigen Pflanzen aufgenommenen Mengen und nach seinen Funktionen ist es dem Kalium ähnlich. So kann es z. T. allgemeine Ionenfunktionen des Kaliums übernehmen und ist besonders für die Regulierung des Wasserhaushalts der Pflanzen von Bedeutung. Ausgeprägter Na-Mangel an Pflanzen ist nicht bekannt.

Der mittlere Na-Gehalt der Erdkruste beträgt 21 g kg^{-1}. Natrium ist vor allem in Natronfeldspäten (ca. 8 %), Plagioklasen (ca. 3...6 %) und in Muskoviten (ca. 3...4 %) enthalten. Die **Na-Gesamtgehalte** mitteleuropäischer Böden betragen 1...10 g kg^{-1}. Die höchsten Gehalte treten dabei meist in der Schlufffraktion auf, in der Na vor allem an Feldspäte gebunden ist.

9

Nach den Na-Gehalten der Pflanzen wird zwischen **natrophilen** (z. B. Zuckerrübe, Spinat, Sellerie) mit 10...35 g Na kg^{-1} Tr. S. und **natrophoben** Pflanzen (z. B. Weizen, Mais, Kartoffeln) mit 0,1...1,5 g Na kg^{-1} Tr. S. unterschieden. Infolge der Bedeutung des Natriums für die Tierernährung wird für Weidegräser ein Na-Gehalt von 2,0 g kg^{-1} Tr. S. als notwendig angesehen; dieser Gehalt wird jedoch häufig nicht erreicht.

Für die **Na-Aufnahme** der Pflanzen sind vor allem die Na$^+$-Konzentration der Bodenlösung und der Gehalt an austauschbarem Na von Bedeutung. Im humiden Klimabereich Mitteleuropas beträgt die Na-Konzentration der Bodenlösung in A-Horizonten von Acker- und Waldböden meist 1...20 mg Na l^{-1}. Bei hohen K$^+$-Gehalten in der Bodenlösung wird die Na-Aufnahme der Pflanzen infolge bevorzugter K-Aufnahme erniedrigt. Die Na-Sättigung mitteleuropäischer Böden liegt mit Ausnahme einiger Marschböden (s. Kap. 7.5.2.3) meist unter 3 %. Eine stärkere Na-Anreicherung erfolgt auch bei hoher Na-Zufuhr nicht, weil Natrium nur sehr schwach gebunden und daher leicht ausgewaschen wird. Böden arider und semiarider Regionen (Solontschake, Solonetze) weisen dagegen höhere Gehalte an gelöstem und austauschbarem Na sowie z. T. an Na-Salzen (meist NaCl) auf, vor allem auch unter dem Einfluss künstlicher Bewässerung. Dort kann die Na-Konzentration der Bodenlösung bis auf 100...200 mg Na l^{-1} steigen und beeinträchtigt dann das Wachstum der meisten Pflanzen (s. Kap.10.2.5).

Die **Na-Entzüge** können z. B. durch Zuckerrüben (einschl. Blatt) bis ca. 70 kg ha^{-1} betragen. Die **Na-Zufuhr** durch nasse und trockene Deposition beträgt in Deutschlands meist 1...17, im Mittel 4 kg Na ha^{-1} a^{-1}; sie kann aber in Meeresnähe wesentlich höher sein (bis ca. 30 kg ha^{-1} a^{-1}). Eine **Na-Düngung** erfolgt vor allem mit der Ausbringung von Kalisalzen sowie von Wirtschaftsdüngern (z. B. Rindergülle). Die Na-Versorgung der Böden kann mit der CAT-Methode (s. Kap. 9.6.6.2) ermittelt werden. Anzustreben sind auf Acker- und Grünland Gehalte von 1,6...3,0 bzw. 4,0...6,9 mg Na pro 100 g (Versorgungsbereich C).

9.7 Spurennährelemente

Die Elemente Cl, Fe, Mn, B, Zn, Cu, Ni und Mo – nach ihren Gehalten in der Pflanzensubstanz angeordnet – sind für die Ernährung der Pflanzen nur in Spuren erforderlich und werden deshalb als Spurennährelemente oder **Mikronährelemente**

bezeichnet. Als Kationen treten in der Reihenfolge des Periodensystems Mn, Fe, Cu, Zn und Ni, als Anionen B, Mo und Cl auf. Nickel wird dabei nur in so geringen Mengen benötigt, dass keine Mangelernährung unter Feldbedingungen auftritt. In Tab. 9.7–1 sind die Gehalte an Mikronährelementen und einiger weiterer Spurenelemente in Gesteinen und Böden aufgeführt.

9.7.1 Mangan

Mangan ist ein essenzielles Element für alle Lebewesen. So können z. B. Wachstums- und Fruchtbarkeitsstörungen bei Rindern z. T. auf Mn-Mangel zurückgeführt werden. Pflanzen nehmen Mn vor allem als Mn^{2+}-Ionen aus der Bodenlösung auf. Es aktiviert Enzyme der Photosynthese sowie der Chlorophyll- und Eiweißsynthese. Mn-Mangel äußert sich häufig als Flecken- bis Streifenchlorose im Mittelteil der oberen bis mittleren Blätter (z. B. Dörrfleckenkrankheit bei Hafer) und in Mindererträgen.

9.7.1.1 Mn-Gehalte, -Minerale und -Formen in Böden

Der mittlere Mn-Gehalt der kontinentalen Kruste beträgt 800 mg kg^{-1} und der verschiedener **Gesteine** 50...1600 mg kg^{-1}. Die Mn-Gehalte der **Böden** betragen meist 40…1000 mg kg^{-1} (Tab. 9.7-1). Bodenhorizonte mit pedogener Mn-Anreicherung können jedoch bis > 3000 mg kg^{-1} enthalten, quarzreiche Sande auch weniger als 20 mg kg^{-1}. In Böden liegt Mn vor allem in Mn-Oxiden (Kap. 2.2.6.5) sowie in Silicaten und Carbonaten (als MnCO$_3$) gebunden vor. Mn-Oxide können dabei mit Fe-Oxiden assoziiert sein. Außerdem liegt Mn in organischen Komplexen sowie in austauschbarer und gelöster Form als Mn^{2+} im Boden vor. In pedogenen Mn-Oxiden ist es in wechselndem Verhältnis in 2- und 4-wertiger Form, seltener in der instabilen 3-wertigen Form vorhanden. In Mn-Oxiden sind häufig Schwermetalle wie Co, Ni, Zn, Cd und Pb akkumuliert. Im Verlauf der Bodenentwicklung wird Mangan stärker als Eisen verlagert und ausgewaschen. Insbesondere saure Böden, wie Podsole und Stagnogleye, können stark an Mn verarmt sein.

Der Mn-Gehalt der **Bodenlösung** von Ackerböden (Ap-Horizonte) beträgt unter aeroben Bedingungen 0,001...3 mg l^{-1}, in sauren Waldböden 0,02...30 mg l^{-1}. Das gelöste Mn liegt dabei in Form

Tab. 9.7-1 Mittlere geogene Grundgehalte (mg kg⁻¹) einiger Mikronährelemente und potenziell toxischer Elemente in Gesteinen und Hintergrundgehalte von Böden (A-Horizonte) aus unterschiedlichem Ausgangsgestein (Daten nach verschiedenen Autoren zusammengestellt; ( ) = Einzelwerte).

	Mn	Cu	Zn	B	Mo	Co	V	Cr	Ni	As	Cd	Sn	Sb	Hg	Tl	Pb
kontinentale Kruste	800	35	70	10	1,5	18	109	88	45	3,5	0,1	2,5	0,3	0,02	0,5	15
ultrabasische Gesteine	1600	10	50	2	0,3	150	40	1600	2000	1	0,05	0,5	0,1	0,02	0,06	1
Basalt / Gabbro	1400	90	100	5	1	50	200	170	130	1,5	0,15	1,5	1	0,02	0,08	4
Glimmerschiefer, Phyllit	700	25	80	50	(1,5)	13	100	75	25	4,3	0,15	5	(0,5)	0,02	0,65	20
Granit	325	15	50	15	1,8	4	30	12	7	1,5	0,09	3	0,2	0,03	1,1	30
Tonstein	850	45	95	100	1,3	20	130	90	70	10	0,3	10	2	0,45	0,7	22
Sandstein	50	5	15	35	0,2	0,3	20	35	2	1	0,05	0,5	0,05	0,03	0,8	7
Kalkstein	700	4	25	20	0,4	2	20	11	15	2,5	0,16	0,5	0,2	0,03	0,05	5
Löss	500	13	45	(60)	1,2	8	45	35	20	7	0,3	4,5	0,5	0,05	0,1	25
Geschiebemergel, -lehm	500	11	40	(50)	1	6	40	30	18	5	0,3	4,5	0,5	0,04	0,03	20
Böden aus:																
Sand	80	3	15	(12)	(0,4)	2	10	5	6	2	0,2	0,5	0,2	0,03	0,02	10
Geschiebemergel	500	11	50	(45)	(1)	5	40	25	12	6	0,3	4,5	0,5	0,08	0,04	25
Löss	500	15	55	(55)	(1,5)	5	40	30	20	7	0,3	4,5	0,5	0,08	0,1	35
Basalt	1000	45	135			(60)	(200)	(180)	150	3	0,3	(1)	0,4	0,06		42
häufiger Bereich in Böden	40...1000	2...40	10...80	5...80	0,2...5	1...40	8...60	5...100	3...50	1...20	0,1...0,6	0,3...10	0,1...3	0,02...0,2	0,02...0,4	2...80

9

9

von Ionen und organischen Komplexen vor. In neutralen und alkalischen Böden bestimmen vor allem lösliche organische Mn-Komplexe die Mn-Löslichkeit und können dort bis über 90 % des gelösten Mn ausmachen. In sauren Böden sind zum größten Teil freie Mn^{2+}-Ionen in der Bodenlösung vorhanden, die sich im Gleichgewicht mit dem sorbierten Mn^{2+} befinden. Daneben wird Mn^{2+} vor allem aus Mn-Oxiden freigesetzt, die neben organischen Mn-Komplexen die wichtigste Mn-Reserve für die Ernährung der Pflanzen darstellen. Sie stehen mit den Mn^{2+}-Ionen der Bodenlösung in einem **pH**- und **Eh**-abhängigen Gleichgewicht, z. B.:

$$MnO_2 + 4\,H^+ + 2\,e^- \Leftrightarrow Mn^{2+} + 2\,H_2O \qquad (1)$$

Steigt die H^+-Konzentration, so verschiebt sich das Gleichgewicht nach rechts, und es bildet sich mehr Mn^{2+}. Eine Erniedrigung um eine pH-Einheit bewirkt eine bis zu 100-fache Zunahme der Mn^{2+}-Konzentration in der Lösung und verursacht damit gleichzeitig eine entsprechende Zunahme des sorbierten Mn^{2+}. Die Beziehung zwischen Mn^{2+} und dem **pH** von Sandböden ist in Abb. 9.7–1 dargestellt; mit abnehmendem pH der Böden steigt der Anteil des austauschbaren Mn^{2+} am **aktiven Mangan** (= Summe von austauschbarem Mn und Mn

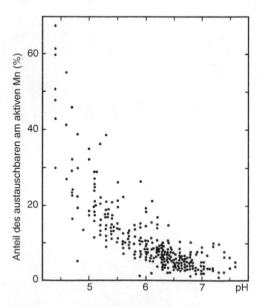

Abb. 9.7-1 Anteil des austauschbaren Mangans am aktiven Mangan (Sulfit-Mn, pH 5,5) in Abhängigkeit vom pH (M KCl) bei norddeutschen pleistozänen Sandböden (nach Schachtschabel 1957).

aus feinverteilten, leicht reduzierbaren Mn-Oxiden). Die Mn^{2+}-Konzentration der Bodenlösung ist nach Gleichung (1) auch umso höher, je mehr Elektronen für Reduktionsprozesse zur Verfügung stehen und je niedriger damit das **Redoxpotenzial** (Eh) ist (Kap. 5.7). Unter reduzierenden Bedingungen werden Mn(III, IV)-Oxide durch die Tätigkeit von anaerob lebenden Bakterien zu Mn^{2+} reduziert. Bis über $100\ mg\ Mn^{2+}\ l^{-1}$ wurden unter stark reduzierenden Bedingungen in der Bodenlösung gemessen. Beim Austrocknen des Bodens wird das gebildete Mn^{2+} wieder zu Mn(III, IV)-Oxiden oxidiert, dabei oft durch Mn-oxidierende Bakterien.

9.7.1.2 Mn-Versorgung der Pflanzen, Mn-Entzüge und -Auswaschung, Mn-Düngung

Damit hängt die Konzentration des für **Pflanzen** verfügbaren Mn^{2+} in der Bodenlösung sowohl von der **Bodenreaktion** als auch von den **Redoxbedingungen** ab. Bei zu geringen Mn^{2+}-Konzentrationen können Pflanzen z. T. mit der Ausscheidung von Wurzelexsudaten (z. B. Maleinsäure) eine Mn^{2+}-Mobilisierung bewirken. Mit steigendem pH und dadurch abnehmenden Anteilen an gelöstem und austauschbarem Mn^{2+} (Abb. 9.7–1) sinkt die Mn-Aufnahme durch die Pflanzen. Daher kann in schwach sauren bis alkalischen Böden Mn-Mangel auftreten, insbesondere bei niedrigen Gehalten an **aktivem Mangan** (s. o.). So wurde z. B. das Auftreten der Dörrfleckenkrankheit bei jungen Haferpflanzen auf vielen Sandböden mit pH > 5,7 festgestellt, wenn gleichzeitig niedrige Gehalte an dem von Pflanzenwurzeln aufschließbarem aktivem Mangan vorhanden waren. Ähnliches gilt unter den in Mitteleuropa herrschenden Witterungsverhältnissen für andere Kulturpflanzen. Im Gegensatz zum aktiven Mn ist der Gesamtgehalt an Mn-Oxiden zusammen mit dem pH kein gutes Maß für die Mn-Verfügbarkeit, weil Mn-Oxide in vielen Böden wie Podsolen, Gleyen oder Pseudogleyen z. T. in Form von schlecht verfügbaren Konkretionen vorliegen.

Die Abhängigkeit der Mn-Verfügbarkeit von den Redoxbedingungen wird dadurch deutlich, dass die z. T. in Trockenperioden während früher Wachstumsstadien gebildeten Mn-Mangelsymptome (s. o.) nach dem Einsetzen von Niederschlägen meist wieder verwachsen, da bei höherer **Bodenfeuchte** eine Reduktion von Mn-Oxiden zu Mn^{2+}-Ionen stattfindet. Deshalb treten auch meist in feuchten Frühjahren keine Mn-Mangelsymptome auf.

Mn-Mangel ist im gemäßigt-humiden Klimabereich besonders auf Mn-armen Sandböden und entwässerten Niedermooren bei $pH(CaCl_2) \geq 6$ sowie auf kalkhaltigen Böden (pH > 7) zu erwarten. Dagegen tritt Mn-Mangel bei kalkfreien Schluff-, Lehm- und Tonböden mit hohen Gehalten an aktivem Mangan nur selten auf, und zwar meist nur auf trockenen Standorten. Im ariden Klimabereich ist Mn-Mangel auf carbonathaltigen Böden weit verbreitet. Besonders empfindlich auf Mn-Mangel reagieren Erbsen, Hafer, Betarüben und Kartoffeln. Mn-Mangelsymptome bilden sich bei vielen Kulturpflanzen bei Mn-Gehalten in der Tr. S. von weniger als $15 \dots 20 \, \text{mg kg}^{-1}$. Latenter Mn-Mangel ohne sichtbare Symptome kann auch noch bei höheren Mn-Gehalten in der Pflanze vorliegen. Als ausreichender Mn-Gehalt im Futter von Rindern werden ca. $50 \, \text{mg kg}^{-1}$ i. d. Tr. S. angesehen. Eine optimale Versorgung der Pflanzen ist bei Gehalten von $40 \dots 150 \, \text{mg Mn kg}^{-1}$ Tr. S. gegeben.

Bei hoher Mn^{2+}-Konzentration in der Bodenlösung können in stark sauren, tonreichen Böden $(pH[CaCl_2] < 5)$, besonders bei schlechter Dränung oder zeitweiliger Überflutung, toxische Wirkungen bei Pflanzen auftreten. Dies spiegelt sich in hohen Mn-Gehalten der Pflanzen wider. Mn-Gehalte $> 1000 \, \text{mg kg}^{-1}$ i. d. Tr. S. von Kulturpflanzen kennzeichnen meist **Mn-Toxizität** und dadurch bedingte Ertragsminderungen. Bei sehr stark versauerten Waldböden aus Löss wurden bis über $5000 \, \text{mg kg}^{-1}$ Mn i. d. Tr. S. von Fichtennadeln gemessen. Fichten sind allerdings gegen Mn-Toxizität sehr resistent. Bei Gerste führt dagegen bereits ein Mn-Gehalt von $150 \dots 200 \, \text{mg kg}^{-1}$ Tr. S. in der Pflanze zu Ertragsminderungen, bei Baumwolle dagegen erst ein Gehalt von $2000 \dots 5000 \, \text{mg kg}^{-1}$ Tr. S. Häufig ist Mn-Toxizität auf sehr stark sauren Böden gleichzeitig mit Al-Toxizität und einem Mangel an verschiedenen Nährelementen (Mg, Ca, K u. a.) verbunden. Mn-Toxizität kann durch Kalkung der Böden und pH-Anhebung beseitigt werden (s. Abb. 9.7–1).

Der **Mn-Entzug** der Kulturpflanzen beträgt in der Regel 240 (Weizenkorn) bis 2120 (Zuckerrüben mit Blatt) $\text{g ha}^{-1}\text{a}^{-1}$ (Tab. 9.7–2). Die **Mn-Auswaschung** mit dem Sickerwasser liegt bei Ackerböden im Bereich von $1 \dots 800 \, \text{g ha}^{-1}\text{a}^{-1}$. Vor allem Zufuhren mit mineralischer und organischer Düngung (meist ca. $10 \, \text{kg ha}^{-1}\text{a}^{-1}$) bewirken jedoch eine positive Bilanz. Bei sauren Waldböden mit einer Mn-Auswaschung bis zu $9000 \, \text{g ha}^{-1}\text{a}^{-1}$ ist die Bilanz dagegen meist deutlich negativ.

Eine **Beseitigung des Mn-Mangels** ist durch Blattdüngung mit $MnSO_4$ oder Mn-Chelaten möglich. Bei einer Mn-Zufuhr zum Boden sind für eine sichere und nachhaltige Beseitigung des Mangels hohe Gaben von $100 \dots 400 \, \text{kg ha}^{-1}$ Mangansulfat erforderlich. Eine weitere Maßnahme zur Behebung von Mn-Mangel ist bei $CaCO_3$-freien Böden eine pH-Absenkung durch Düngung mit physiologisch sauren Düngemitteln.

Zur Ermittlung der Mn-Versorgung von Böden durch Bodenanalysen wird u. a. das **aktive Mangan** nach SCHACHTSCHABEL bestimmt. Hierbei versetzt man die Lösung zur Extraktion des löslichen und austauschbaren Mn^{2+} ($0,5$ M $MgSO_4$) zusätzlich mit Na-Sulfit (pH 8,0) als Reduktionsmittel, durch das auch feinverteilte, instabile Mn-Oxide nach Reduktion zu Mn^{2+}-Ionen extrahiert werden. Nach dieser Methode liegt der Versorgungsbereich C (s. Kap. 9.5.2.5) für Sandböden mit $pH(CaCl_2) > 5,8$ bei $10 \dots 20 \, \text{mg Mn kg}^{-1}$. Neuerdings wird das verfügbare Mn, ebenso wie Cu, Zn und B, von den Landwirtschaftlichen Untersuchungs- und Forschungsanstalten (LUFA) auch nach der CAT-Methode bestimmt (s. Kap. 9.6.6.2). Mit dieser Methode werden das austauschbare und organisch gebundene sowie Teile des feinverteilten oxidischen Mn erfasst. Der anzustrebende Versorgungsbereich C beträgt unter mitteleuropäischen Klimabedingungen für Acker- und Grünlandböden in Abhängigkeit vom pH (CaCl$_2$): $5 \dots 15$ (bei pH < 5,5), $20 \dots 40$ (bei pH 5,6 … 6,0) und $40 \dots 60 \, \text{mg kg}^{-1}$ (bei pH > 6,5). Bei optimaler Mn-Versorgung wird eine Erhaltungsdüngung von $2 \, \text{kg Mn ha}^{-1}\text{a}^{-1}$ empfohlen.

Tab. 9.7–2 Mittlere Entzüge an Mikronährelementen durch Weizen und Zuckerrüben in Deutschland (berechnet nach DLG-Futterwerttabellen)

Pflanze	Weizen		Zuckerrübe	
	Korn	Stroh	Rübe	Blatt
Ertrag (t ha^{-1})	8	7,2	65	39,4
Element	Entzug (g ha^{-1})			
Mn	240	410	990	1130
Fe	310	1870	3500	1615
Cu	48	50	83	73
Zn	450	250	585	455
Mo	2,2	1,2	1,8	2,9
Co	0,6	0,4	1,4	2,4

9

9.7.2 Eisen

Eisen ist ein unentbehrliches Element für Pflanze, Tier und Mensch, das nur in Spuren von allen Lebewesen benötigt wird. In den Pflanzen ist es Baustein von Chlorophyll und Proteinen und aktiviert verschiedene Enzyme der Photosynthese und des Energiestoffwechsels. Pflanzen decken ihren Fe-Bedarf vor allem aus den organischen Fe(II)- und Fe(III)-Komplexen, die in der Bodenlösung vorliegen. Dabei wird Fe(III) an der Wurzeloberfläche zu Fe^{2+} reduziert und als solches aufgenommen. Gräser können auch gelöste organische Fe(III)-Komplexe aufnehmen. Da Fe u. a. bei der Chlorophyllbildung erforderlich ist, verfärben sich die jüngeren Blätter bei Fe-Mangel gelb bis weiß, wobei die Blattadern zunächst noch grün bleiben.

Nach Aluminium ist Eisen mit durchschnittlichen Gehalten von 4,2 % das häufigste Metall in der kontinentalen Kruste. Die mittleren Fe-Gehalte der **Gesteine** sind in basaltisch-gabbroiden Gesteinen (8,6 %) und Tonsteinen (4,8 %) am höchsten, in Sandsteinen (0,9 %) und fluviatilen Sanden (0,2 %) am niedrigsten. Die Gehalte der **Böden** an Gesamt-Fe liegen häufig im Bereich von 0,2…5 % und damit in ähnlicher Größenordnung wie in den Gesteinen. Eisen ist in Form der Oxide in manchen Bodenhorizonten (z. B. Bs von Podsolen, Go von Gleyen), in Rostflecken und Fe-Konkretionen von redoximorphen Böden sowie in Plinthosolen angereichert. Der Fe-Gehalt kann in Konkretionen sowie in Raseneisenerz enthaltenden Go-Horizonten und in Lateritpanzern bis über 40 % betragen.

Eisen liegt unter **aeroben** Bedingungen in Böden vor allem in Form der **Fe(III)-Oxide** (Kap. 2.2.6.3) und in silicatischer Bindung sowie z. T. in organo-mineralischen Verbindungen vor. Von den Oxiden stellen gut kristallisierter Goethit und Hämatit außerordentlich stabile Verbindungen dar, in denen das Eisen unter oxidierenden Bedingungen in einer Form vorliegt, die für Pflanzen kaum verfügbar ist. Eine Fe-Nachlieferung findet vor allem aus schlecht kristallinem, oxalatextrahierbarem Ferrihydrit und aus organo-mineralischen Verbindungen statt. Infolge der geringen Löslichkeit aller Fe(III)-Oxide ist die Fe-Konzentration der **Bodenlösung** unter oxidierenden Bedingungen äußerst gering (meist $< 0,02…0,3\ mg\ l^{-1}$). Erst bei pH($CaCl_2$)-Werten $< 3,0$, wie sie in Waldböden und sulfatsauren Böden vorliegen können, steigen die Gehalte an gelöstem und austauschbarem Fe^{3+} infolge einer beginnenden Ferrihydrit-Auflösung an. Bei pH-Werten $> 3,5$ liegen fast ausschließlich lösliche organische Fe-Komplexe in der Bodenlösung vor. Auch die unter aeroben Bedingungen z. T. hohen Fe-Konzentrationen in Sicker-, Grund- und Flusswasser $(0,1…10\ mg\ l^{-1})$ beruhen auf der Anwesenheit organischer Fe-Komplexe und feindisperser Fe-Oxidkolloide. Unter **anaeroben** Verhältnissen können jedoch nach Reduktion von Fe(III)-Oxiden zu Fe^{2+}-Ionen hohe Fe^{2+}-Konzentrationen in der Bodenlösung und im Grundwasser vorliegen (bis $> 1000\ mg\ l^{-1}$, s. Kap. 5.7.4).

Die **Fe-Verfügbarkeit** in Böden wird unter **aeroben** Bedingungen vor allem durch Wechselwirkungen zwischen schlecht kristallinen Fe(III)-Oxiden und löslichen organischen Komplexbildnern bestimmt, durch die lösliche Fe(II, III)-Komplexe gebildet werden. Diese durch Rhizosphäreneffekte bedingte Mobilisierung von Eisen wie auch von anderen Nähr- und Schadelementen wird durch mikrobiell gebildete oder beim Abbau organischer Substanzen freigesetzte Komplexbildner, durch Wurzelexsudate der Pflanzen sowie durch lösliche Fulvo- und Huminsäuren bewirkt.

Die Fe-Gehalte grüner Pflanzenteile betragen meist $30…500\ mg\ kg^{-1}$ i. d. Tr. S. Bei Fe-Gehalten im Spross von $< 50…80\ mg\ kg^{-1}$ kann **Fe-Mangel** vorliegen. Dieser ist auf mitteleuropäischen Böden selten, weltweit jedoch auf $CaCO_3$-haltigen Böden trotz meist hoher Fe-Oxidgehalte relativ verbreitet. Außerdem kann er durch Aufkalken der Böden bis auf pH > 7 entstehen (sog. kalkinduzierte Chlorose) und tritt besonders häufig bei Obstbäumen auf. Oft unterscheiden sich jedoch die Gesamt-Fe-Gehalte der Mangelpflanzen nicht von denen symptomfreier Pflanzen. Das Eisen liegt dann in Mangelpflanzen zu einem beträchtlichen Teil in einer physiologisch unwirksamen Form vor. Als eine wesentliche Ursache hierfür wird die in kalkhaltigen Böden, insbesondere in Feuchtphasen, auftretende hohe HCO_3^--Konzentration der Bodenlösung (zusammen mit hoher Ca-, Mg- und P-Konzentration) angesehen, die durch verschiedene physiologische Einflüsse eine Fe-Immobilisierung in den Pflanzen bewirkt. Fe-Mangel kann außerdem in Böden subtropisch- und tropisch-arider Bereiche mit ausschließlich gut kristallinen und damit kaum Fe nachliefernden Oxiden wie Goethit und Hämatit auftreten. Auch auf sauren, Fe-armen Hochmooren und Torfsubstraten im Gartenbau wurde z. T. Fe-Mangel festgestellt. Durch Ausbringung von Fe-Chelaten als Blattdünger oder durch deren Zusatz zum Boden bzw. Torf kann Fe-Mangel behoben werden. Auch eine Gründüngung o. ä. kann durch eine erhöhte Bildung organischer Komplexbildner im Boden zu einer Fe-Mobilisierung führen, ebenso die Verwendung versauernd wirkender Düngemittel.

Die **Bestimmung** der Fe-Verfügbarkeit durch eine Bodenuntersuchung ist aufgrund der komplexen Ursachen für die Entstehung von Fe-Mangel mit Problemen behaftet. Eine visuelle Diagnose von Fe-Mangelsymptomen ist jedoch frühzeitig möglich. Allerdings können auch durch hohe Schwermetallgehalte in Böden Toxizitätssymptome erzeugt werden, die Fe-Mangelsymptomen gleichen. Eine erhöhte Schwermetallaufnahme kann dabei die Ursache für eine verringerte Fe-Aufnahme sein. **Fe-Toxizität** kann durch hohe Fe^{2+}-Konzentrationen in der Bodenlösung unter **anaeroben** Verhältnissen, wie z. B. in Reisböden, ausgelöst werden. Eine hohe Fe^{2+}-Aufnahme der Reispflanzen findet vor allem bei gleichzeitigem Mangel an Hauptnährelementen statt und führt zur Entstehung rotbrauner Flecken (engl. *bronzing*) auf den Blättern.

9.7.3 Kupfer

Kupfer ist ein essenzielles Element für die Ernährung aller Lebewesen, das vom Boden über die Pflanze zu Tier und Mensch transferiert wird. Pflanzen nehmen Kupfer als Cu^{2+}-Ion, wahrscheinlich auch in Form niedermolekularer organischer Komplexe und z. T aus anorganischen Komplexen aus der Bodenlösung auf. Es ist Bestandteil verschiedener Enzyme und dadurch an der Photosynthese, an der Chlorophyll- und Eiweißsynthese u. a. beteiligt. Cu-Mangelsymptome sind Chlorosen und Weißfärbung der jüngeren Blätter, Verkümmerung der Spitzentriebe und Mindererträge. Bei Cu-Überschuss können toxische Wirkungen bei Pflanzen und einigen Tieren (vor allem Schafen) auftreten. Chronische Cu-Toxizität beim Menschen ist dagegen kaum bekannt.

9.7.3.1 Cu-Gehalte, -Minerale und -Formen in Böden

Der mittlere Cu-Gehalt der kontinentalen Kruste beträgt $35\,mg\,kg^{-1}$, in den verschiedenen **Gesteinen** $4...90\,mg\,kg^{-1}$ (Tab. 9.7–1). In Magmatiten und Cu-reichen Schiefern liegt Kupfer als Sulfid (z. B. Cu_2S, $CuFeS_2$), nach Oxidation u. a. als Malachit $[Cu_2(OH)_2CO_3]$ vor. Daneben kann es anstelle von Mg^{2+} und Fe^{2+} in Silicaten gebunden sein. Die Cu-Gehalte von wenig belasteten **Böden** betragen in der Regel $2...40\,mg\,kg^{-1}$; in belasteten Böden wurden bis $> 1000\,mg\,Cu\,kg^{-1}$ festgestellt. In carbonathaltigen Böden konnte dann die Bildung von Malachit beobachtet werden.

Untersuchungen zur **Bindungsform** des Kupfers in A-Horizonten mitteleuropäischer Böden zeigen, dass $25...75\,\%$ des Kupfers in organischer Bindung, $15...70\,\%$ an Mn- und Fe-Oxide gebunden und $1...10\,\%$ in silicatischer Bindung vorliegen. Bei pH-Werten < 6 bildet die organisch gebundene Fraktion in der Regel den größten Anteil. Bei neutraler Bodenreaktion überwiegen z. T. die oxidisch gebundenen Anteile. Auch in Unterbodenhorizonten ist Kupfer vorwiegend an Oxide gebunden (bis $80\,\%$ des Gesamt-Cu) oder im Gitter von Silicaten enthalten (bis $40\,\%$ des Gesamt-Cu). Die Bedeutung der Eisenoxide für die Cu-Bindung kommt auch darin zum Ausdruck, dass Cu in Konkretionen von Gleyen und Pseudogleyen im Vergleich zur übrigen Bodenmasse um das 8- bis 10-fache angereichert sein kann. Unter **anaeroben** Bedingungen können in Böden und Sedimenten Cu-Sulfide (CuS, CuS_2) auftreten.

Von dem durch Mn- und Fe-Oxide sowie organische Substanzen gebundenen Kupfer liegt der Hauptteil in sehr fest gebundener und schwer desorbierbarer Form vor. Deshalb ist der Anteil des **austauschbaren** Cu^{2+} am Gesamt-Cu bei pH-Werten > 5 in der Regel gering ($< 1\,\%$). Bei stark bis extrem saurer Bodenreaktion, wie sie oft in sauren Waldböden vorliegt, kann der Anteil dieser Fraktion jedoch bis auf $20\,\%$ ansteigen. Die **Cu-Lösungskonzentration** beträgt in landwirtschaftlich genutzten Böden $< 0,03...0,3\,mg\,l^{-1}$ und kann in extrem sauren Waldböden bis auf $0,8\,mg\,l^{-1}$ ansteigen. Dabei wird die Lösungskonzentration vor allem durch Ad- und Desorptionsvorgänge in Abhängigkeit vom pH sowie durch Komplexierungsvorgänge in Abhängigkeit vom Gehalt an löslichen organischen und anorganischen Komplexbildnern bestimmt. In Anwesenheit von HCO_3^--Ionen und organischen Komplexbildnern liegt Kupfer bei pH-Werten > 6 zu ca. $80\,\%$ und mehr in Form von Carbonato-Komplexen ($CuCO_3^0$) und metallorganischen Komplexen (Cu_{org}) in der Bodenlösung vor. **Lösliche organische Komplexbildner,** die vor allem bei der mikrobiellen Streuzersetzung und aus Vegetationsresten freigesetzt oder von lebenden Wurzeln ausgeschieden werden, können adsorbiertes Kupfer mobilisieren und auf diese Weise eine beträchtliche Erhöhung der Cu-Lösungskonzentration bewirken. Bei pH-Werten < 5 kann der Cu_{org}-Anteil am gelösten Cu bis auf $95\,\%$ ansteigen. Umgekehrt kann die Anwesenheit oder Zufuhr hochmolekularer **unlöslicher organischer Substanzen**, wie z. B. von Torf, zu einer starken Cu-Fixierung und dadurch zu Cu-Mangel bei Pflanzen führen.

9

Bei geringen Gehalten oder Abwesenheit von löslichen organischen Komplexbildnern (z. B. in Unterböden) treten als anorganische Cu-Spezies bei saurer Bodenreaktion vor allem Cu^{2+} und $CuSO_4^0$ auf. Cu^+-Ionen können zwar unter stark reduzierenden Bedingungen gebildet werden, sind jedoch in terrestrischen Böden instabil. Bei schwach sauren bis alkalischen pH-Werten liegen $CuCO_3^0$ und Hydroxo-Cu-Komplexe [$CuOH^+$, $Cu(OH)_2^0$ u. a.] in der Bodenlösung vor. Bei intensiv gedüngten Böden mit hohen Phosphatgehalten können auch lösliche Phosphato-Cu-Komplexe gebildet werden. Außerdem erhöht Phosphat die Cu-Adsorption und bewirkt damit eine Erniedrigung der Cu-Lösungskonzentration und -Aufnahme durch die Pflanzen. Durch das unterschiedliche Verhalten organischer und anorganischer Cu-Spezies bedingt, wird die Cu-Konzentration der Bodenlösung relativ wenig vom pH-Wert beeinflusst.

9.7.3.2 Cu-Versorgung der Pflanzen, Cu-Entzüge und -Auswaschung, Cu-Düngung

Auch die Cu-Aufnahme der Pflanzen wird in unbelasteten Kulturböden (pH > 5) meist nicht oder nur wenig vom pH der Böden beeinflusst. So ist Cu-Mangel selbst auf $CaCO_3$-haltigen Böden sehr selten, da Kupfer dort meist in Form von löslichen Carbonato- oder metallorganischen Komplexen in ausreichender Menge zur Verfügung steht.

Die **Cu-Gehalte der Pflanzen** bewegen sich meist im Bereich 2...20 mg kg^{-1} Tr. S. Bei einem Cu-Gehalt von < 1,5 mg kg^{-1} Tr. S. in den jüngsten voll entwickelten Getreideblättern ist mit Mindererträgen zu rechnen. Für andere Pflanzen ergaben sich kritische Gehalte von 2...5 mg kg^{-1} Tr. S. im Blatt. Im Hinblick auf die Gesundheit von Rindern wird ein Cu-Gehalt im Futter von 5...6 mg kg^{-1} als ausreichend angesehen; bei Cu-Mangel tritt die sog. Lecksucht auf.

Der **Entzug** durch eine Ernte beträgt etwa 50 (Weizenkorn) bis 155 g Cu ha^{-1} (Zuckerrübe mit Blatt; Tab. 9.7-2). Für die **Cu-Auswaschung** wurden bei landwirtschaftlich genutzten Böden Mitteleuropas 10...90, bei sauren Waldböden bis 110 g ha^{-1} a^{-1} ermittelt (s. Tab. 9.5-4). Die Cu-Einträge mit den Niederschlägen waren vor in Kraftreinten der Luftreinhaltemaß z. T beträchtlich (bis über 300 g ha^{-1} a^{-1}), so dass sich für Böden in Ballungsgebieten über viele Jahrzehnte eine **positive Cu-Bilanz** ergab, die zu einer guten Cu-Versorgung der Böden

führte. In Gebieten mit geringen Cu-Einträgen aus der Luft wurden dagegen z. T. nur eine suboptimale Cu-Versorgung der Kulturpflanzen und zu geringe Cu-Gehalte im Viehfutter festgestellt.

Cu-Mangel tritt in Mitteleuropa besonders auf humusreichen Podsolen und Moorböden auf (sog. Heidemoorkrankheit), selten auf Schluff-, Lehm- und Tonböden. Besonders empfindlich auf Cu-Mangel reagieren Weizen, Hafer und Luzerne. Zur **Behebung** von Cu-Mangel ist eine Blattdüngung mit Cu-Chelaten möglich. Bei Bodendüngung werden für alle Bodenarten 3...6 kg Cu ha^{-1} in Form von Cu-Sulfat oder feingemahlenen Cu-Legierungen empfohlen, die für 5...8 Jahre ausreichen. Auch die regelmäßige Ausbringung von Schweinegülle (4...20 g Cu m^{-3}) ist geeignet.

Zur **Bestimmung** der Cu-Versorgung der Böden wird in Deutschland und den Niederlanden die Cu-Löslichkeit in 0,43 M Salpetersäure bei Zimmertemperatur herangezogen [Methode WESTERHOFF; abgekürzt $Cu(HNO_3)$]. Bei Ackerböden wird für alle Kulturen ein $Cu(HNO_3)$-Gehalt von 4 mg kg^{-1} als ausreichend angesehen. Neuerdings wird auch die CAT-Methode (Kap. 9.6.6.2) eingesetzt: Die für den Versorgungsbereich C anzustrebenden Cu-Gehalte für sandige und lehmige bis tonige Böden betragen dabei 0,8...2,0 bzw. 1,2...4,0 mg Cu kg^{-1}.

Auf Cu-belasteten Böden können auch **toxische Cu-Wirkungen** an Pflanzen auftreten. Eine jahrzehntelange Anwendung von Cu-haltigen Pflanzenschutzmitteln (35...40 kg Cu ha^{-1} a^{-1}) im Hopfen- und Weinanbau hat z. T. eine Cu-Anreicherung in den Böden bis 600 mg Cu kg^{-1} bewirkt. Auch das Ausbringen großer Mengen an Schweinegülle, die durch die Verwendung von Cu-angereichertem Fertigfutter oft hohe Cu-Gehalte aufweist (bis ca. 20 mg l^{-1}), hat in Gebieten mit intensiver Tierhaltung z. T. zu einer Cu-Belastung der Böden geführt. Cu-Überschuss kann dabei zu Fe-, Zn- und Mo-Mangel bei den Pflanzen und dadurch zu beträchtlichen Mindererträgen führen. Für verschiedene Pflanzen wurde Cu-Toxizität bei Gehalten über ca. 20...35 mg Cu kg^{-1} Tr. S. (Blätter) festgestellt. In Nährlösungen treten bei manchen Pflanzen bereits bei > 0,1 mg Cu l^{-1} toxische Wirkungen auf. Eine Verminderung der Mikroorganismenaktivität kann ebenfalls bereits ab 0,1 mg Cu l^{-1} Bodenlösung stattfinden. Im Rahmen der Klärschlammverordnung wurde deshalb für die Klärschlammausbringung ein Grenzwert für die Cu-Gesamtgehalte der Böden von 60 mg kg^{-1} festgelegt.

Löslichkeit und **Verfügbarkeit** von Kupfer steigen in belasteten Böden bei pH-Werten < 5 deutlich an. Auf Cu-reichen, stark sauren Böden können toxische Wirkungen von Kupfer deshalb verringert werden, wenn die Bodenreaktion auf pH-Werte um 6 angehoben wird. Durch eine erhöhte Ca-Düngung, z. B. als Gips, kann Cu-Toxizität ebenfalls kompensiert werden. Auch hohe Phosphatgaben erniedrigen z. T. die Cu-Aufnahme der Pflanzen und bewirken insbesondere niedrigere Cu-Gehalte in den Wurzeln.

9.7.4 Zink

Zink ist ein unentbehrliches Spurenelement für Pflanze, Tier und Mensch. Es wird von den Pflanzen vor allem als Zn^{2+} und wahrscheinlich auch als $Zn(OH)^+$ sowie in Form gelöster organischer Zn-Komplexe aus der Bodenlösung aufgenommen. Es aktiviert verschiedene Enzyme (Phosphatasen, Proteinasen) u. a. der Chlorophyllbildung und ist an der Wuchsstoffsynthese beteiligt. Mangelsymptome sind hellgelbe Interkostalchlorosen vor allem der jüngeren Blätter sowie verringertes Pflanzenwachstum und Kleinblättrigkeit (z. B. rosettenförmige Blattausbildung bei Apfel). Bei sehr hohen Gehalten in Böden kann Zink jedoch toxisch auf Pflanzen und Mikroorganismen wirken. Beim Menschen ist chronische Zinktoxizität als Folge einer hohen Zinkaufnahme mit der Nahrung nicht bekannt.

9.7.4.1 Zn-Gehalte, -Minerale und -Formen in Böden

Die mittleren Zn-Gehalte verschiedener **Gesteine** liegen im Bereich von 15…100 mg kg^{-1}; der durchschnittliche Gehalt der kontinentalen Kruste beträgt ca. 70 mg kg^{-1} (Tab. 9.7-1). Sandstein enthält in der Regel wenig, Tonstein dagegen viel Zink. Manche Tonschiefer können bis 300 mg Zn kg^{-1} und mehr aufweisen. In Magmatiten, Metamorphiten und in Erzlagerstätten liegt Zink als Sulfid (ZnS) sowie zum Teil mit anderen Schwermetallen zusammen als Mischsulfid vor. Als Verwitterungsprodukt der Sulfide kann $ZnCO_3$ gebildet werden. Daneben ist Zink zu beträchtlichen Anteilen in Silicaten gebunden, meistens als Nebenbestandteil und Ersatz von Mg^{2+} und Fe^{2+}.

Der Zn-Gesamtgehalt wenig oder nicht belasteter **Böden** schwankt häufig zwischen 10 und 80 mg kg^{-1}. Die mittleren Hintergrundgehalte von Oberböden aus Sand, Geschiebelehm und Löss betragen ca. 15, 50 bzw. 55 mg kg^{-1} (Tab. 9.7–1). In belasteten Böden können Gehalte bis 5000 mg kg^{-1} erreicht werden.

In solchen stark belasteten Böden können auch Zn-Minerale wie $ZnFe_2O_4$ (Franklinit) und Zn-Phosphate [z. B. $Zn_3(PO_4)_2 \cdot 4 H_2O$] sowie bei pH-Werten > 7 auch Zn-Silicate wie Zn_2SiO_4 (Willemit) und Zn-Carbonate [$ZnCO_3$, $Zn_5(OH)_6(CO_3)_2$] gebildet werden. Unter reduzierenden Bedingungen – wie z. B. in Reisböden – kann außerdem sehr schwerlösliches Zn-Sulfid (ZnS) ausgefällt werden, durch das Zink in eine Form überführt wird, die für Pflanzen nicht verfügbar ist.

In nicht oder wenig belasteten A-Horizonten gemäßigt-humider Klimabereiche liegen bei mäßig bis schwach saurer Bodenreaktion 40…60 % des Gesamt-Zn in **organischer Bindung** vor. Mit einem Anstieg der pH-Werte auf > 7 nimmt die Zn-Affinität gegenüber Mn- und Fe-Oxiden stark zu. Der an **Oxide** gebundene Anteil erreicht dann 40…70 %, in belasteten Böden bis 85 % des Gesamt-Zn. Durch Diffusionsvorgänge kann Zink – wie auch Mn, Co, Ni, Cu und weitere Schwermetalle – in das Innere von Oxidpartikeln gelangen und dort z. T. so stark gebunden werden, dass eine Mobilisierung erst nach Auflösung der Oxide wieder möglich ist. Dabei findet eine Zn-Diffusion sowohl in schlecht kristalline Oxide (z. B. Ferrihydrit) und gut kristalline Oxide (z. B. Goethit) als auch in verschiedene Tonminerale (insbesondere Smectit) statt. Bei pH-Werten < 5 nimmt die Zn-Affinität gegenüber Huminstoffen und Mn-, Fe-Oxiden stark ab, bleibt jedoch gegenüber Tonmineralen relativ hoch. Der durch **Tonminerale** und andere Silicate gebundene Anteil am Gesamt-Zn erreicht vor allem in Zn-armen, versauerten Oberböden sowie in Unterböden hohe Anteile (30…85 %). Der Gehalt an **austauschbarem** Zink ist bei pH-Werten > 6 sehr gering. Mit abnehmendem pH steigt der Anteil dieser Fraktion am austauschbaren und nachlieferbaren Zn (= EDTA-extrahierbares Zn) stark an – bei pH 5 auf 10…30 % (Abb. 9.7–2) und bei pH 3 (Waldstandorte) z. T. bis auf über 50 %.

Die Zn-Gehalte der **Bodenlösung** steigen mit abnehmendem pH und zunehmenden Gehalten an austauschbarem und nachlieferbarem Zn an. Sie betragen in nicht und wenig belasteten landwirtschaftlich genutzten Böden (pH 5…7,5) 0,001…0,8 mg l^{-1}, in extrem sauren Waldböden bis 4 mg l^{-1} und in stark belasteten Böden bis 15 mg l^{-1}. Der größte Teil des Zinks liegt in humosen Oberböden als metallorganische Komplexe in der Bodenlösung vor (Zn_{org}: 50…90 %). Bei pH-Werten > 6,5 sind außerdem Zn^{2+}-, $Zn(OH)^+$-, $ZnCO_3^0$- u. a. Zn-Spezies vorhanden. Vor allem $Zn(OH)^+$-Ionen, deren Anteil mit steigendem pH zunimmt, können in starkem Maße durch Oxide adsorbiert und fixiert werden (spezifi-

9

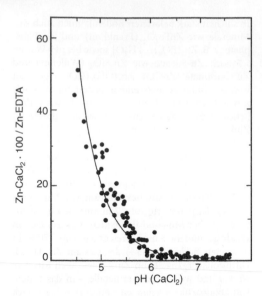

Abb. 9.7–2 Anteil des austauschbaren Zinks (Zn-CaCl₂) in Prozent des austauschbaren plus nachlieferbaren Zinks (Zn-EDTA) in Abhängigkeit vom pH Wert norddeutscher Ackerböden (nach HORNBURG & BRÜMMER 1993).

sche Adsorption). Bei geringen Gehalten an organischen Komplexbildnern (z. B. im Unterboden) und pH-Werten < 5 besteht der größte Teil des gelösten Zinks aus Zn^{2+}-Ionen. Bei höheren Gehalten an Sulfat und Phosphat in der Bodenlösung können außerdem $ZnSO_4^0$ und $ZnHPO_4^0$ vorhanden sein.

9.7.4.2 Zn-Versorgung der Pflanzen, Zn-Entzüge und -Auswaschung, Zn-Düngung

Die Zn-Konzentration der Bodenlösung ist von wesentlichem Einfluss auf die Zn-Versorgung der **Pflanzen**. Infolge zunehmender Zn^{2+}-Löslichkeit mit abnehmendem pH (Abb. 9.7–2) ist die Zn-Versorgung der Pflanzen auf Böden mit pH-Werten < 6 in der Regel sichergestellt. Die Zn-Gehalte der Pflanzen betragen meist 10…100 mg kg⁻¹ Tr. S. Mindererträge bei Getreide (Hafer, Weizen) können bei einem Zn-Gehalt zu Schossbeginn von < 25 mg kg⁻¹ Tr. S. auftreten, Mangelsymptome jedoch erst bei Gehalten < 15 mg kg⁻¹ Tr. S.

Die Pflanzen entziehen dem Boden durch eine Ernte ca. 450 (Getreidekorn) bis 1050 g Zn ha⁻¹

(Zuckerrübe mit Blatt, Tab. 9.7-2). Die **Zn-Auswaschung** beträgt auf Ackerböden Mitteleuropas 10…360 g ha⁻¹ a⁻¹ und steigt mit abnehmendem pH an. Auf sauren Waldböden wurden Austräge mit dem Sickerwasser bis 2400 g ha⁻¹ a⁻¹ ermittelt (Tab. 9.5-4). Demgegenüber stehen in Mitteleuropa relativ geringe **Zn-Einträge** aus der Luft. Damit ist die Zn-Bilanz der Böden in Mitteleuropa meistens negativ.

Zn-Mangel mit deutlichen Mangelsymptomen ist in Mitteleuropa relativ selten und meistens auf carbonathaltige Böden begrenzt. Weltweit tritt Zn-Mangel jedoch in semihumiden bis ariden Gebieten auf alkalischen Böden mit hohen Gehalten an feinkörnigem $CaCO_3$ relativ häufig auf. Die Zn-Verfügbarkeit wird dabei vor allem durch hohe pH-Werte vermindert. Auch hohe Phosphatkonzentrationen im Boden können eine erhöhte Zn-Bindung, eine erniedrigte Zn^{2+}-Konzentration in der Bodenlösung und damit eine verminderte Zn-Aufnahme bewirken. Einen hohen Zn-Bedarf besitzen vor allem Mais und Bohnen sowie Äpfel und Citrus. Auch bei Reispflanzen kann Zn-Mangel relativ häufig auftreten. Als Ursachen werden Zn-Immobilisierung unter reduzierenden Bedingungen durch Sulfide und/oder Tonminerale sowie Ionenkonkurrenz durch hohe Fe^{2+}-, Mn^{2+}- und selten auch Cu^{2+}-Gehalte bei der Aufnahme durch die Wurzel genannt. Bei Zn-Mangel ist unter mitteleuropäischen Bedingungen eine Düngung von 5…10 kg Zn ha⁻¹ als Zn-Sulfat für etwa 3 Jahre ausreichend. Auch die Ausbringung von Schweinegülle (15…70 mg Zn l⁻¹) kann die Zn-Versorgung der Böden verbessern. Außerdem ist eine Blattdüngung mit Zn-Chelaten möglich.

Zur Bestimmung der **Zn-Versorgung** der Böden wird von den Landwirtschaftlichen Untersuchungs- und Forschungsanstalten vor allem die CAT-Methode verwendet (Kap. 9.6.6.2): Anzustrebende Gehalte (Versorgungsbereich C) sind 1..3 mg Zn kg⁻¹ Boden. Auch die Extraktion der wasserlöslichen und austauschbaren Zn-Fraktion (mobiles Zn) mit 0,1 M $CaCl_2$ oder mit 1 M NH_4NO_3 hat sich als geeignet erwiesen. Außerdem wird noch EDTA als Extraktionsmittel verwendet. Vor allem bei Dauerkulturen sind auch Blattanalyse und visuelle Bestimmung von Mangelsymptomen geeignete Beurteilungskriterien.

Auf stark mit Zink belasteten Böden können auch **toxische Zn-Wirkungen** bei verschiedenen Pflanzen ab etwa 200…400 mg Zn kg⁻¹ Tr. S. auftreten. Im Grasaufwuchs wurden bis 400 mg Zn kg⁻¹ Tr. S. gemessen. In Gefäßversuchen mit Zusätzen an löslichen Zn-Salzen stieg der Zn-Gehalt verschiedener Pflanzen bis auf > 1000 mg kg⁻¹ Tr. S. Die Grenzkonzentration in Nährlösungen für beginnende Zn-Toxizität beträgt bei verschiedenen Pflanzen etwa $2\,mg\,Zn\,l^{-1}$. Eine vorübergehende Schädigung der Mikroorganismenaktivität findet ab etwa $1\,mg\,Zn\,l^{-1}$ statt.

Zink ist eines der am meisten bei der industriellen Produktion verwendeten Schwermetalle. In vielen Gebieten mit jahrhundertelangem Erzabbau, wie z. B. im Harz, sind die Böden in hohem Maße mit Zink belastet (bis $5000\,mg\,kg^{-1}$). Auch in der Umgebung von Zinkerz verarbeitenden Hütten- und Industriebetrieben hat oft eine starke Zn-Belastung der Böden stattgefunden. Daneben gab und gibt es weitere Quellen für Zn-Belastungen. Zur Melioration Zn-belasteter Böden ist ein Aufkalken auf pH-Werte ≥ 7 erforderlich. Bei diesem pH ist der Anteil des gelösten und austauschbaren Zinks gering (vgl. Abb. 9.7–2). Außerdem kann eine Ausbringung von Eisenoxiden eine zusätzliche Zn-Festlegung bewirken. Die Zn-Aufnahme der Pflanzen kann außerdem durch eine hohe Phosphatdüngung erniedrigt werden.

Als **Zn-Grenzwert** für Böden wurde im Rahmen der Klärschlammverordnung ein Gesamtgehalt von $200\,mg\,Zn\,kg^{-1}$ Boden festgesetzt. Bei pH-Werten > 6 ist bis zu diesem Zn-Gehalt keine **Phytotoxizität** zu erwarten. Für sandige Böden (< 5 % Ton) und/oder Böden mit pH 5…6 wurden $150\,mg\,kg^{-1}$ als Grenzwert für den Zn-Gesamtgehalt festgelegt. Dieser Wert ist jedoch für Böden mit pH 5,0… 5,5 zu hoch angesetzt. Da die Zn-Verfügbarkeit in diesem pH-Bereich stark ansteigt (Abb. 9.7–2), ist eine Absenkung dieses Grenzwerts, insbesondere für saure tonarme Böden (< 10 % Ton) auf < $100\,mg\,kg^{-1}$ erforderlich. Zur Prüfung auf Zn-Phytotoxizität wird ein Prüfwert für das wasserlösliche und gleichzeitig austauschbare Zn $[Zn(NH_4)(NO_3)]$ von $4\,mg\,kg^{-1}\,Zn(NH_4)(NO_3)$ vorgeschlagen.

9.7.5 Bor

Bor ist ein für Pflanzen essenzielles Spurenelement; für Tiere und Menschen ist die Lebensnotwendigkeit dagegen noch nicht nachgewiesen. Es wird von den Pflanzen vor allem als $B(OH)_3^0$ aus der Bodenlösung aufgenommen. Bor ist Bestandteil der Zellwände von Pflanzen sowie für die Zellteilung und damit für das Pflanzenwachstum erforderlich. Es ist u. a. auch an der Nucleinsäure-Synthese und am Kohlenhydratstoffwechsel beteiligt. Bei B-Mangel treten Verformungen und Aufhellungen an den jüngsten Blättern auf sowie Chlorosen bis Nekrosen mit Braun- bis Schwarzverfärbung und Absterben der Vegetationskegel bzw. Terminalknospen, bei Rüben als Herz- und Trockenfäule bezeichnet. In höheren Konzentrationen treten phytotoxische Wirkungen mit Nekrosen an Blatträndern und -spitzen auf.

Die mittleren **B-Gehalte verschiedener Gesteine** betragen 2…$100\,mg\,kg^{-1}$; die kontinentale Kruste enthält im Durchschnitt etwa $10\,mg\,B\,kg^{-1}$ (Tab. 9.7–1). Magmatische Gesteine weisen meist niedrige (2…$15\,mg\,B\,kg^{-1}$) und Sedimentgesteine – insbesondere tonreiche Sedimente mariner Herkunft – meist deutlich höhere B-Gehalte auf (bis über $200\,mg\,B\,kg^{-1}$). In Magmatiten ist Bor hauptsächlich in Glimmern und in Form des verwitterungsresistenten Borosilicats Turmalin (B-Gehalt ca. 10 %) gebunden. In Sedimentgesteinen liegt Bor hauptsächlich in Illiten und Smectiten vor. Als Folge eines hohen B-Gehaltes im Meerwasser (im Mittel $4,6\,mg\,l^{-1}$) sind vor allem Tonminerale mariner Herkunft reich an Bor. In Bor-Lagerstätten, die sich in ariden Gebieten gebildet haben, ist Bor in Form von Na-, Mg- oder Ca-Boraten vorhanden, z. B. als Borax ($Na_2B_4O_7\cdot 10\,H_2O$, B-Gehalt ca. 11 %).

Bei der Verwitterung der Gesteine wird Bor vorwiegend als Borsäure H_3BO_3 [besser: $B(OH)_3$] freigesetzt, die eine sehr schwache Säure und ebenso wie ihre Salze leicht wasserlöslich ist. Der **B-Gehalt von Böden** des humiden Klimabereichs beträgt meist 5…$80\,mg\,kg^{-1}$, wobei Oberböden meist höhere B-Gehalte als Unterböden aufweisen und sandreiche Böden in der Regel niedrigere Gehalte (5…$20\,mg\,kg^{-1}$) als ton- und humusreiche Böden (30…$80\,mg\,kg^{-1}$). Wesentlich höhere B-Gehalte können in Salzböden arider Gebiete vorliegen. Außerdem sind Böden durch die früher verbreitete Abwasserverrieselung und Klärschlammausbringung mit Bor belastet worden. Die Bindungsformen des Bors in Böden sind vor allem durch eine Adsorption an Fe- und Al-Oxide sowie an Tonminerale und durch eine Bindung an organische Substanzen gekennzeichnet. Daneben tritt Bor zu geringen Anteilen in der Bodenlösung auf.

In der **Bodenlösung** liegt Bor bei pH < 7 fast ausschließlich als undissoziiertes $B(OH)_3^0$ vor. Bei pH > 7 werden mit steigendem pH zunehmend $B(OH)_4^-$-Ionen gebildet. Bei höheren B-Konzentrationen, wie z. B. in der Bodenlösung von Salzböden, können außerdem Polyborat-Ionen $[B_3O_3(OH)_4^-, B_3O_3(OH)_5^{2-}]$ gebildet werden und wahrscheinlich auch beim Austrocknen der Böden durch Polymerisation auf Austauschoberflächen. Die B-Konzentration in der Bodenlösung (bzw. im Sättigungsextrakt) mitteleuropäischer Böden beträgt häufig 0,02… $0,25\,mg\,l^{-1}$, im Grundwasser meist < $0,02\,mg\,l^{-1}$.

9

In Böden aus B-reichen Gesteinen wurden bis zu 18 mg l^{-1} gemessen. Sie wird ganz wesentlich durch Ad- und Desorptionsvorgänge bestimmt.

Die **B-Adsorption** erfolgt als $B(OH)_4^-$ und steigt in Böden von pH 6...8,5 stark an. Sie erreicht bei pH 8,5...10 die höchsten Werte. Dabei findet die Adsorption von $B(OH)_4^-$ vor allem auf der Oberfläche von **Fe- und Al-Oxiden** sowie an den Seitenflächen von **Tonmineralen** als Ligandenaustausch gegen OH-Gruppen statt. Von den Tonmineralen weisen vor allem Illit und Vermiculit eine hohe, Smectit und Kaolinit eine deutlich niedrigere B-Adsorptionskapazität auf. Die B-Bindung an **organische Substanzen** findet wahrscheinlich vor allem an alkoholischen und phenolischen OH-Gruppen statt, u. a. an Poly- und Disacchariden, wobei vermutlich auch das bei pH-Werten < 7 vorliegende $B(OH)_3^0$ teilweise gebunden werden kann. Bei pH-Werten im mäßig bis stark sauren Bereich ist die $B(OH)_3^0$-Adsorption sehr gering, so dass bei hohen Niederschlägen eine starke B-Auswaschung und -Verarmung, insbesondere auf sandigen Böden, stattfinden kann.

Der **B-Gehalt der Pflanzen** beträgt in Abhängigkeit von der Pflanzenart und dem B-Angebot häufig 2...100 mg kg^{-1} Tr. S. Der B-Bedarf ist bei den verschiedenen Pflanzen sehr unterschiedlich. Stark B-bedürftige Pflanzen sind vor allem Zuckerrübe, Raps und andere Kreuzblütler. So benötigen Zuckerrüben 35...100 mg B kg^{-1} Tr. S. im Blatt und zeigen bereits bei < 20 mg kg^{-1} Mangelsymptome. Einen geringen B-Bedarf haben dagegen Getreide und andere Gräser. Weizen und Gerste sind in der Regel mit 5...10 mg B kg^{-1} Tr. S. im Spross während des Schossens ausreichend mit Bor versorgt; bei < 3,5 mg B kg^{-1} treten Mangelsymptome auf. Getreide – besonders Sommergerste – reagiert auch empfindlich auf erhöhte B-Gehalte im Boden. Der Optimalbereich der B-Versorgung ist sehr eng, so dass Bor sehr leicht über- bzw. unterdosiert werden kann.

Die **B-Entzüge** durch die Pflanzen betragen bei guten Getreideernten ca. 150...200 g B ha^{-1}, bei Zuckerrüben einschließlich Blatt ca. 450 g B ha^{-1}. Die **B-Auswaschung** erreicht in Mitteleuropa Werte von 10...200 g ha^{-1} a^{-1} bei **B-Einträgen** mit den Niederschlägen von ca. 10...80 (letztere in meernahen Gebieten) g ha^{-1} a^{-1}. Die B-Bilanz ist damit negativ. **B-Mangel** ist deshalb weltweit verbreitet auf sauren Böden des humiden Klimabereichs infolge geringer Adsorbierbarkeit von $B(OH)_3^0$ und deshalb starker B-Auswaschung. Vor allem in trockenen und warmen Jahren tritt B-Mangel auf B-armen Sandböden sowie auf B-fixierenden tonreichen Böden auf. Aber auch auf alkalischen Böden arider Gebiete ist

B-Mangel infolge starker $B(OH)_4^-$-Adsorption und -Fixierung verbreitet zu finden. Eine **B-Düngung** für Pflanzen mit hohem B-Bedarf (z. B. 0,5...2 kg B ha^{-1} für Raps, Rüben) kann entweder über B-haltige Mehrnährstoffdünger oder Borax (s. o.), das in Böden zu Borsäure hydrolysiert, erfolgen.

Während **B-Toxizität** an Pflanzen im humiden Klimabereich nur selten beobachtet wird (dann meist wegen zu hoher B-Düngung), ist sie in ariden und semiariden Gebieten als Folge von Salzakkumulation oder durch Verwendung von Bewässerungswasser mit hohen B-Gehalten von größerer Bedeutung. Deshalb sollte das für die Bewässerung empfindlicher Pflanzen (Citrus, Weizen u. a.) verwendete Wasser nicht mehr als 0,3...1 mg B l^{-1} enthalten, bei semitoleranten Pflanzen (Mais, Leguminosen u. a.) 1...2 mg l^{-1} und bei toleranten Pflanzen (Salat, Kohl, Zuckerrübe u. a.) 2...4 mg l^{-1}.

Zur **Bestimmung der B-Verfügbarkeit** in Böden ist die Extraktion mit siedendem Wasser (5 min; Boden:Wasser = 1:2) am weitesten verbreitet (Methode BERGER-TRUOG). Hiernach ist in Mitteleuropa eine optimale B-Versorgung (Versorgungsbereich C) gegeben bei sandigen Böden mit 0,2...0,4, bei lehmigen und tonigen Böden mit 0,3...0,8 mg kg^{-1} Bor. Der Gehalt an heißwasserlöslichem Bor beträgt in Böden humider Gebiete meist < 1, in ariden Gebieten bis zu mehreren hundert mg kg^{-1}. Neuerdings wird die B-Versorgung der Böden auch mit der CAT-Methode bestimmt (Kap. 9.6.6.2). Nach dieser Methode liegt der Versorgungsbereich C in sandigen bis schluffigen Böden bei 0,2...0,4 (pH < 5,5) bzw. 0,25...0,50 (pH > 5,5) mg B kg^{-1}, bei lehmigen bis tonigen Böden bei 0,25...0,80 (pH < 6,0) bzw. 0,40...1,20 (pH > 6,0) mg kg^{-1}.

9.7.6 Molybdän

Molybdän ist ein für Pflanze, Tier und Mensch lebensnotwendiges Spurennährelement. Es ist als Mo (IV) und Mo (V) in Enzymen (Oxidoreduktasen) enthalten, so z. B. in der Nitrogenase, einem Schlüsselenzym der N-Fixierung von Mikroorganismen, und in der Nitratreduktase, einem für den Nitrat-Stoffwechsel der Pflanzen entscheidendem Enzym. Es wird von den Pflanzen hauptsächlich als Molybdat (MoO_4^{2-}) aus der Bodenlösung aufgenommen. Bei Mo-Mangel entwickeln sich vorwiegend an jüngeren Blättern blassgrüne bis gelbfleckige Blätter, bei verschiedenen Kulturpflanzen den N-Mangelsymptomen ähnlich, sowie Blattrand-Nekrosen. Bei Kohlarten treten vor allem Verformungen der Blätter mit verringerter Blattspreite auf (Peitschenstiel-Symptom, Klemmherzigkeit bei Blumenkohl). Bei hohen Mo-Konzentrationen im Futter kann es vor allem bei Wiederkäuern zu toxischen Wirkungen kommen (Molybdänose).

Der mittlere Mo-Gehalt der kontinentalen Kruste beträgt ca. $1,5\,mg\,kg^{-1}$, während er in verschiedenen **Gesteinen** $0,2...1,8\,mg\,kg^{-1}$ beträgt (Tab. 9.7-1). Dabei liegt Mo meist als Gitterbestandteil von Silicaten (z. B. im Biotit) vor. Sandstein und sandige Lockersedimente sind meist arm an Molybdän. In bituminösen Schiefern und tonreichen alluvialen Sedimenten mit organischer Substanz kann Molybdän als Sulfid (MoS_2) mit Gehalten von $20...2000\,mg\,kg^{-1}$ angereichert sein. In Kohle und Kohlenasche liegen ebenfalls höhere Mo-Gehalte vor ($3...5\,mg\,kg^{-1}$). Bei der Verwitterung wird Molybdän in anionischer Form als Molybdat (MoO_4^{2-}) freigesetzt.

In **Böden** beträgt der Mo-Gehalt meist $0,2...5\,mg\,kg^{-1}$ und ist in der Regel im Oberboden höher als im Unterboden. Mo-arm sind vor allem Böden aus sandigem Ausgangsmaterial. Höhere Mo-Gehalte weisen in gemäßigten Klimabereichen z. T. alluviale Böden und in tropischen und subtropischen Gebieten eisenoxidreiche Böden auf. Einige Ferralsole auf Hawaii enthalten $15...30\,mg\,Mo\,kg^{-1}$. Sehr hohe Mo-Gehalte ($20...2000\,mg\,kg^{-1}$) können in Böden aus MoS_2-haltigen Ausgangsgesteinen vorhanden sein. Die **Bindungsformen** des Molybdäns in Böden werden vor allem von der Bodenreaktion und den Redoxbedingungen bestimmt. Unter stark **reduzierenden** Bedingungen kann 4-wertiges Molybdän vorliegen, das zusammen mit Sulfid zu MoS_2 reagiert. Unter **oxidierenden** Bedingungen liegt es in 6-wertiger Form als Molybdat vor und ist, neben geringen wasserlöslichen Anteilen, vor allem an Fe- und Al-Oxide sowie an die organische Substanz gebunden. Bei sehr hohen Mo-Gehalten und saurer Bodenreaktion ist auch eine Bildung von $Fe_2(MoO_4)_3$ (Ferrimolybdit) oder bei Anwesenheit hoher Pb-Gehalte von $PbMoO_4$ (Wulfenit) möglich.

Die **Adsorption** von Molybdat-Ionen erfolgt vorwiegend an Eisenoxide im Austausch gegen OH^--Ionen und steigt von pH 8,0 bis 4,5 kontinuierlich an. Damit findet bei pH < 4,5 auch die stärkste Mo-Fixierung statt, verbunden mit einer sehr geringen Mo-Verfügbarkeit. Die adsorbierten Ionen sind zunächst an der Oxidoberfläche gebunden, diffundieren dann aber in die Oxidpartikel hinein und werden dort okkludiert. Dies führt zu einem Rückgang der Mo-Verfügbarkeit nach einer Düngung mit wasserlöslichen Molybdaten innerhalb von wenigen Jahren. Als Sorbentien können in geringem Ausmaß auch organische Substanz (vermutlich OH-Gruppen von organischen Al- und Fe-Komplexen) und Tonminerale wirken. Mit steigendem pH nimmt die Mo-Adsorption ab, so dass die Mo-Verfügbarkeit bis zu alkalischen pH-Werten ansteigt.

In der **Bodenlösung** tritt Molybdän unter **aeroben** Bedingungen nur als Anion auf. Oberhalb pH 5...6 dominieren MoO_4^{2-}-Ionen. Bei sehr stark sauren pH-Werten bilden sich auch $HMoO_4^-$- und $H_2MoO_4^0$-Ionen. Außerdem können unterhalb pH 5 Polymolybdat-Ionen bilden wie $Mo_7O_{24}^{6-}$, $Mo_8O_{26}^{4-}$ u. a. In der Bodenlösung bzw. im Bodensättigungsextrakt liegen meist $2...10\,\mu g\,Mo\,l^{-1}$ vor, im Grundwasser $0,1...5\,\mu g\,Mo\,l^{-1}$.

Der Mo-Bedarf der **Pflanzen** ist niedriger als an anderen Spurenelementen. Die Mo-Gehalte der Pflanzensubstanz betragen meist $0,2...6\,mg\,kg^{-1}$ Tr. S., bei Leguminosen, einigen Kohlarten und Zuckerrübenblatt bis $>10\,mg\,kg^{-1}$. Bei Gehalten von $<0,1...0,5\,mg\,Mo\,kg^{-1}$ Tr. S. kann Mo-Mangel auftreten. Die **Mo-Entzüge** der Pflanzen sind mit $3...10\,g$ $ha^{-1}\,a^{-1}$ gering (Tab. 9.7-2) und Austräge durch Mo-Auswaschung für die Mo-Bilanz meist ohne Bedeutung. **Mo-Mangel** tritt besonders auf Mo-armen Sandböden (z. B. Podsole), Hochmoorböden und gärtnerischen Substraten aus Hochmoortorf auf. Auch in stark versauerten Waldböden wird Mo-Mangel mit als Ursache von Waldschäden angesehen. Er ist in subtropischen und tropischen Gebieten (Australien, Neuseeland, Florida u. a.) vor allem auf Fe-oxidreichen Böden (z. B. Ferralsole) saurer Bodenreaktion verbreitet. Oft ist eine starke Mo-Adsorption und -Festlegung bei niedrigen pH-Werten – insbesondere durch Eisenoxide – dafür die Ursache. Ein Anheben der pH-Werte saurer Böden durch Kalkung erhöht die Mo-Verfügbarkeit. Ebenso bewirkt eine Phosphat-Düngung wie auch eine Zufuhr frischer organischer Substanzen durch mikrobielle Bildung organischer Anionen oft eine Molybdat-Desorption und verbesserte Mo-Verfügbarkeit. Stark Mo-bedürftige Pflanzen sind vor allem einige Kohlarten (z. B. Blumenkohl), Zuckerrüben und Leguminosen, für deren Anbau eine Mo-Düngung ($50...400\,g\,Mo\,ha^{-1}$) durch Ausbringen von Na-Molybdat ($Na_2MoO_4 \cdot 2\,H_2O$) erforderlich sein kann. **Mo-Toxizität** ist bei Pflanzen selbst bei $>100\,mg\,Mo\,kg^{-1}$ in der Pflanzensubstanz nur selten festzustellen. Dagegen können Gehalte von $5...10\,mg\,kg^{-1}$ im Futter jedoch für Wiederkäuer bereits toxisch sein.

Die **Bestimmung** der Mo-Verfügbarkeit in Böden auf chemischem Wege hat sich bisher als wenig erfolgreich erwiesen. Zum Teil wird – wie beim Bor – eine Extraktion mit siedendem Wasser angewendet. Aus den nach dieser Methode ermittelten Werten, und dem jeweiligen Boden-pH wird dann die sog.

9

Mo-Bodenzahl $(= pH\text{-Wert} + (10 \cdot mg\,Mo\,kg^{-1}\,Bo\text{-}den))$ ermittelt. Eine optimale Mo-Versorgung (Versorgungsbereich C) der Böden liegt vor bei Mo-Bodenzahlen von 6,4…7,1 für Sandböden, bei 6,8…7,8 für Lehmböden und bei 7,2…8,2 für Tonböden. Ein Mo-Gehalt von $< 4\,\mu g\,l^{-1}$ im Bodensättigungsextrakt zeigt ebenfalls eine schlechte Mo-Versorgung der Böden an.

9.7.7 Chlor

Chlor ist ein für alle Lebewesen essenzielles Element. Es wird von den Pflanzen als Chlorid (Cl^-) aus der Bodenlösung aufgenommen und beeinflusst vor allem das Kationen–Anionen-Gleichgewicht der Pflanzen und deren Wasserhaushalt. Cl-Mangel tritt unter Freilandbedingungen praktisch nicht auf. In höheren Konzentrationen löst Chlorid toxische Wirkungen aus.

Der Cl-Gehalt der **Gesteine** in der kontinentalen Kruste beträgt im Mittel 0,03 %. Magmatite enthalten meist 50…500 mg $Cl\,kg^{-1}$, Sedimentgesteine bis zu mehreren $g\,kg^{-1}$ und tonreiche marine Sedimente bis zu 3 %. Die bis über 1000 m mächtigen norddeutschen Steinsalzlagerstätten des Zechsteins bestehen vor allem aus NaCl. Die im Verlauf der Gesteinsverwitterung freigesetzten Chloride bilden mit Alkali- und Erdalkaliionen leichtlösliche Salze (Löslichkeit ca. 200…500 $g\,l^{-1}$), die unter humiden Klimabedingungen sehr schnell ausgewaschen und mit den Flüssen in die Meere transportiert werden, so dass sie im Verlauf geologischer Epochen im Meerwasser angereichert worden sind. Als meeresbürtiges Element wird Chlorid über die Niederschläge in die Böden eingetragen und damit in Trockengebieten häufig angereichert.

In **Böden** werden Chloride bei pH-Werten > 5 praktisch nicht adsorbiert. Bei pH < 5 steigt die Cl^--Adsorption mit abnehmenden pH-Werten vor allem in eisenoxidreichen Böden an. Die Cl^--Gehalte der Böden des humiden Klimabereichs sind meist gering (2…200 mg kg^{-1}). Auf ungedüngten Flächen beträgt die Cl^--Konzentration des Sickerwassers meist 2…40, auf gedüngten Flächen häufig 40…80 mg l^{-1}. Es können jedoch auch höhere Cl^--Gehalte im Grundwasser vorkommen (z. B. im norddeutschen Flachland 40…200 mg l^{-1}, Trinkwassergrenzwert 250 mg l^{-1}). Salzrohrmarschen weisen hohe Cl^--Gehalte auf (bis 2 %). In Böden arider Gebiete kann es in natürlicher Weise sowie durch Bewässerung zur Cl^--Akkumulation und dadurch zu Salzschäden an der Vegetation kommen (Kap. 10.2.5).

Der Cl-Gehalt der **Pflanzen** beträgt meist 0,2… 2,0 % i. d. Tr. S.; er ist weit höher als der physiologische Bedarf (meist $< 0,04$ %). Aus diesem Grund wird Cl auch als Spurennährelement bezeichnet. Der Cl-Gehalt der Pflanzen wird vor allem vom Cl^--Angebot in der Bodenlösung sowie den Aufnahmeeigenschaften der Pflanzen bestimmt. Cl-liebende Pflanzen wie Gerste, Zuckerrüben, Raps u. a. nehmen bei entsprechendem Angebot relativ viel Chlorid auf (bis > 2 % i. d. Tr. S.). Bei Cl-empfindlichen Pflanzen wie Kartoffeln, Bohnen, Obst u. a. wirken bereits Gehalte $> 0,35$ % i. d. Tr. S. schädlich. Der Bedarf der Pflanzen von ca. 4…8 kg $Cl^-\,ha^{-1}\,a^{-1}$ wird durch die **Cl^--Zufuhren** mit den Niederschlägen (2…25, im Mittel 8 kg $Cl\,ha^{-1}\,a^{-1}$ in Mitteleuropa) und mit Cl^--haltigen K-Düngern gedeckt. Die **Cl^--Auswaschung** entspricht annähernd der Zufuhr durch Dünger und Niederschläge.

9.8 Nützliche Elemente

Zu den für alle Pflanzen nützlichen Elementen, die Pflanzenwachstum und -resistenz fördern, gehören Si, Na (Kap. 9.6.7) und Co. Weitere Elemente wie Se sind ebenfalls für manche Pflanzen nützlich. Für Tier und Mensch sind Si, Na, Co, Se und weitere Elemente jedoch essenziell. Deshalb müssen Böden auch ausreichend mit diesen Elementen versorgt sein, um qualitativ hochwertige pflanzliche Nahrungsmittel erzeugen zu können.

9.8.1 Silicium

Für Reis und andere Sumpfgräser sowie Schachtelhalmgewächse stellt Silicium ein essenzielles Element dar (ebenso für Kieselalgen). Der physiologisch erforderliche Si-Bedarf dieser Pflanzen ist jedoch sehr gering. Für die meisten anderen Pflanzen ist die Lebensnotwendigkeit von Si dagegen nicht eindeutig nachgewiesen. Silicium ist jedoch für viele Pflanzen ein nützliches Element, das in höheren Konzentrationen Wachstum und Resistenz fördert. Es bewirkt z. B. bei Getreide und anderen Gräsern eine erhöhte Halmstabilität und -elastizität, da es in amorpher Form als Biopal ($SiO_2 \cdot n\,H_2O$) sowie als Polyphenol-Si-Komplex in Stützgewebe eingelagert wird. In älteren Pflanzenteilen wurde auch Quarz (SiO_2) festgestellt. Es fördert außerdem die Resistenz des Getreides gegenüber pilzlichen Krankheiten und Insekten. Si wird von den Pflanzen als

Si(OH)$_4^0$ aus der Bodenlösung aufgenommen. Eine durch hohe Si-Gehalte erzeugte Toxizität ist nicht bekannt.

Nach Sauerstoff ist Silicium mit einem mittleren Gehalt von 28 % das zweithäufigste Element der Erdkruste. In **Gesteinen und Böden** liegt es vor allem in Form von Silicaten und Oxiden vor. Die bei der Verwitterung der Silicate gebildete Kieselsäure, H$_4$SiO$_4$ [besser Si(OH)$_4$], ist eine sehr schwache Säure, die bei pH-Werten < 8 undissoziiert als Si(OH)$_4^0$ in der Bodenlösung vorliegt. Sie weist vor allem eine hohe Affinität zu Fe- und Al-Oxiden auf, von denen sie bei neutralen bis alkalischen pH-Werten stark adsorbiert wird. Auch organische Substanzen, vor allem aliphatische, aromatische und heterocyclische Gruppen, können Si(OH)$_4$ binden. Der Si-Gehalt der Bodenlösung wird vorwiegend durch Verwitterungs- sowie Ad- und Desorptionsprozesse bestimmt.

Die Si-Konzentration von **Bodenlösungen** variiert in mitteleuropäischen A-Horizonten im Bereich von 1...60, häufig von 4...25 mg Si l^{-1}. In B- und C-Horizonten wurden ca. 2...3 mg Si l^{-1} gemessen. Dies entspricht der Löslichkeit von Quarz. Die höheren Gehalte an gelöstem Si in den A-Horizonten sind dabei vermutlich auf die Anwesenheit von Bioopal und von löslichen Si-organischen Komplexen zurückzuführen. Beim Streu-Abbau freigesetzte Bioopale besitzen eine Si-Löslichkeit von ca. 20 mg l^{-1} und amorphe Kieselsäure eine von ca. 60 mg l^{-1}. Der Gehalt an wasserlöslichem Si steigt außerdem im extrem sauren wie auch im mäßig bis stark alkalischen pH-Bereich sowie mit zunehmender Temperatur an. Infolge des pH-Effekts und höherer Gehalte an organischen Substanzen in der Bodenlösung sind in sehr stark versauerten Oberböden von Waldstandorten häufig höhere Si-Gehalte in der Bodenlösung festzustellen. Dies ist auch auf eine erhöhte Silicatverwitterung bei pH < 3...4 zurückzuführen, die eine vermehrte Freisetzung von Si(OH)$_4^0$ und Umwandlung zu Opal (SiO$_2$ · n H$_2$O) zur Folge hat.

Der **Si-Gehalt der Pflanzen** wird sowohl von der Si-Konzentration der Bodenlösung als auch vom Si-Aufnahmevermögen der verschiedenen Pflanzen bestimmt. Si-Akkumulatorpflanzen wie Reis enthalten 10...15 % Si i. d. Tr. S., Si-Exkluderpflanzen wie die meisten Dicotyledonae (Zweikeimblättrige) < 0,5 %. Dazwischen liegen Getreide und andere Gräser mit etwas erhöhten Si-Gehalten (1...3 %). Erhöhte Bioopalgehalte in Böden können deshalb ein Hinweis auf prähistorische Steppenvegetation (Grasland) sein. Die **Si-Verfügbarkeit** wird außerdem vom Phosphatgehalt der Böden beeinflusst. Da Kieselsäure und Phosphat um die gleichen Adsorptionsplätze konkurrieren, führt eine P-Düngung zu einer erhöhten Si-Verfügbarkeit. Umgekehrt wurde auch eine P-Mobilisierung nach Zufuhr von Kieselsäure zum Boden im alkalischen pH-Bereich festgestellt. Auf sehr stark versauerten Waldböden mit erhöhter Si-Verfügbarkeit wurde bei Fichten eine erhöhte Si-Aufnahme mit dem Transpirationsstrom und Einlagerung in die Nadeln festgestellt. Einjährige Fichtennadeln wiesen bis über 0,8 % Si i. d. Tr. S. auf, vierjährige bis 3,6 %. Das Si wurde vorwiegend in die Zentralzylinder der Nadeln eingelagert und bewirkte eine Verstopfung der Leitbahnen für den Wasser- und Assimilattransport, so dass damit indirekt **Schäden durch Si** entstanden. In manchen Böden (z. B. Durisole) der feuchten Tropen wie auch arider und semiarider Klimate kann verlagertes Si außerdem zu einer irreversiblen Verkittung der Bodenpartikel (Silcrete-, Duripan-Bildung) und damit zu einer schlechten Durchwurzelbarkeit und stark eingeschränkten Nutzbarkeit führen (Kap. 7.6.8).

9.8.2 Cobalt

Cobalt ist vor allem als Bestandteil des Vitamins B$_{12}$ und seiner Derivate (Cobalamine) ein für Tiere und Menschen essenzielles Element. Für höhere Pflanzen ist es dagegen nicht erforderlich. Es ist jedoch essenzieller Bestandteil verschiedener Enzyme der N-Bindung durch Mikroorganismen und damit unentbehrlicher Bestandteil des natürlichen N-Kreislaufs. Deshalb ist auch für eine optimale N-Bindung durch Leguminosen eine gute Co-Versorgung der Böden erforderlich.

Der mittlere Co-Gehalt der kontinentalen Kruste beträgt 18 mg kg^{-1}. Vor allem **Gesteine** mit hohen Gehalten an Fe- und Mn-reichen Mineralen wie basische und ultrabasische Gesteine (50...150 mg Co kg^{-1}) weisen in der Regel hohe Co-Gehalte auf, Sandsteine und Sande dagegen meist < 1 mg kg^{-1}. **Böden** enthalten je nach Ausgangsgestein meist 1...40, häufig 5...15 mg Co kg^{-1} (Tab. 9.7–1). Neben der Bindung in Fe-Mn-reichen Silicaten (z. B. Biotit) liegt Co hauptsächlich in Fe- und besonders Mn-Oxiden gebunden vor. Es ist deshalb oft in oxidreichen Horizonten angereichert. Dabei kann es vor allem als Co^{2+}, z. T. auch als Co^{3+} auf der Oberfläche der Oxide adsorbiert, im Innern der Oxide okkludiert oder als Bestandteil des Oxidgitters gebunden sein. Bei pH > 6 ist die Co-Adsorption durch Oxide sehr hoch; bei niedrigeren pH-Werten steigt die **Co^{2+}-Löslichkeit** und damit die Co-Verfügbarkeit deutlich an. Die Co-Gehalte von Bodenlösungen bzw. Bodensättigungsextrakten betragen in der Regel $0,3...80\,\mu g\,l^{-1}$. Bei pH-Werten < 5 dominieren Co^{2+}-Ionen in der Bodenlösung. Mit steigendem pH nimmt der durch lösliche organische Substanzen komplexierte Anteil zu und erreicht bei pH-Werten > 6 mehr als 90 %.

Die Co-Gehalte der **Pflanzen** betragen meist $0,02...0,5\,mg\,kg^{-1}$ und sind in Leguminosen in der Regel höher als in Gräsern. Zur Vermeidung von **Co-Mangel bei Wiederkäuern** sind Co-Gehalte im Futter von mindestens $0,08\,mg\,kg^{-1}$ erforderlich. Co-Mangel im Futter tritt in Mitteleuropa vor allem auf sauren, an Co verarmten Böden aus Granit und aus Sand bzw. Sandstein auf (Podsole, saure Braunerden). Er ist aber weltweit auch auf Böden mit pH ≥ 7 sowie auf oxidreichen Böden infolge einer Co-Fixierung zu finden. So ist ein Co-Mangel im Futter auch in verschiedenen Gebieten der USA, Australiens und Schottlands weit verbreitet. Für die Beseitigung von Co-Mangel wird auf Weiden z. B. eine Düngung von $2\,kg\,CoSO_4\cdot 7\,H_2O\,ha^{-1}$ empfohlen, die in der Regel für fünf Jahre ausreichend ist. Bei hohen Gehalten der Böden an Mn- und Fe-Oxiden ist infolge einer Co-Fixierung eine häufigere Düngung erforderlich.

9.8.3 Selen

Selen gilt für manche Pflanzen als nützliches Element; für Tiere und Menschen ist es jedoch essenziell. Im Überschuss wirkt Selen toxisch auf alle Lebewesen. Dabei liegt zwischen Mangel und toxischer Wirkung bei Tieren und Menschen nur ein sehr enger Bereich.

Die kontinentale Kruste enthält im Durchschnitt $0,09\,mg\,Se\,kg^{-1}$. Die Se-Gehalte verschiedener **Gesteine** betragen im Mittel bei Tongesteinen 0,5, bei magmatischen Gesteinen 0,09 (Basalt, Gabbro) bis $0,04\,mg\,kg^{-1}$ (Granit). In Gesteinen mit Se-haltigen Erzen wie Cu_2Se können $100...1000\,mg\,Se\,kg^{-1}$ enthalten sein. Auch Kohle weist teilweise relativ hohe Se-Gehalte auf (bis $8\,mg\,kg^{-1}$). Der Se-Gehalt der **Böden** beträgt in der Regel $0,02...2,0\,mg\,kg^{-1}$, in mittel- und nordeuropäischen Böden meist weniger als $1\,mg\,kg^{-1}$. Eine Se-Belastung von Böden ist vor allem durch vulkanische Exhalationen sowie durch Verbrennung von Kohle und Ausbringung von Kohleasche möglich.

Oxidationsstufen und **Bindungsformen** des Selens in Böden werden, wie bei dem chemisch sehr ähnlichen Schwefel, in starkem Maße durch die Redoxbedingungen und pH-Werte bestimmt. Wie Schwefel kann Selen dabei die Oxidationsstufen $+ 6$ (Selenat: SeO_4^{2-}), $+ 4$ (Selenit: z. B. SeO_3^{2-}), 0 (elementares Selen: Se^0) sowie $- 2$ (z. B. H_2Se) aufweisen. Unter stark **oxidierenden** Bedingungen, wie z. B. in humusarmen, trockenen Böden arider und semiarider Gebiete, liegt vor allem Selenat (SeO_4^{2-}) vor. Unter mäßig oxidierenden Bedingungen, wie häufig in humosen Böden des humiden Bereichs, überwiegt Selenit (SeO_3^{2-}, $HSeO_3^-$). Wie Sulfate werden auch Selenate nur wenig von den Feststoffteilchen der Böden adsorbiert, Selenite dagegen deutlich stärker. Die Selenit-Adsorption findet vor allem an Fe- und Al-Oxiden statt und steigt ab pH 6,0 zu stark sauren pH-Werten an. Aber auch organische Substanzen wie z. B. Aminosäuren (Selenomethionin) und Proteine sind für die Se-Bindung in Böden von Bedeutung. Unter **reduzierenden** Bedingungen können in Böden elementares Selen (Se^0) und Selenide (z. B. FeSe, H_2Se) sowie flüchtiges Dimethylselen [$(CH_3)_2Se$] gebildet werden.

Pflanzen nehmen Selen aus der Bodenlösung vorwiegend als Selenat und Selenit auf. Die **Se-Verfügbarkeit** in Böden wird deshalb vom Gehalt an löslichem Selenat und Selenit bestimmt. Bei saurer Bodenreaktion, mäßig oxidierenden Bedingungen (mit Überwiegen von Selenit) und hohen Gehalten an Fe- und Al-Oxiden ist die Se-Verfügbarkeit infolge starker Selenit-Adsorption gering. Eine hohe Se-Verfügbarkeit dominiert in Böden mit alkalischem pH und stark oxidierenden Bedingungen (mit Überwiegen von Selenat) infolge geringer Se-Adsorption.

Der Se-Gehalt der Pflanzen beträgt in der Regel $0,01...1\,mg\,kg^{-1}$ Tr. S. Für **Weidetiere** sind $0,1...0,3\,mg\,kg^{-1}$ Tr. S. im Aufwuchs erforderlich. Durch **Se-Mangel** traten in Ländern mit Se-armen Böden (häufig $< 0,1\,mg\,kg^{-1}$) große Tierverluste auf, wie z. B. in manchen Gebieten Skandinaviens, Neuseelands und der USA. Durch Se-Futterzusätze oder Se-Düngung kann Se-Mangel verhindert werden. Auch beim Menschen wird die Se-Ernährung in Mitteleuropa z. T. als nicht ausreichend angesehen.

In einigen Gebieten der USA, Englands, Irlands und einiger anderer Länder mit Se-reichen Böden (Se-Gesamtgehalte > 10 bis mehrere hundert $mg\,kg^{-1}$) und hohen Anteilen an verfügbaren Se-Verbindungen, meist infolge neutraler bis alkalischer Bodenreaktion, wurde bei Se-Gehalten im Futter von $> 5...10\,mg\,kg^{-1}$ Tr. S. **Se-Toxizität** bei Weidetieren beobachtet. Einige Pflanzen wie *Astragalus* (eine Leguminose) u. a. verfügen über ein hohes Se-Akkumulationsvermögen (Se-Akkumulatorpflanzen) und können auf Se-reichen Böden bis

> 4000 mg Se kg^{-1} Tr. S. enthalten. Die Aufnahme solcher Se-Akkumulatorpflanzen durch Weidetiere zusammen mit den übrigen Weidepflanzen führt dann zu Se-Toxizität.

9.9 Literatur

Weiterführende Lehr- und Fachbücher

AD-HOC-AG BODEN (2005): Bodenkundliche Kartieranleitung, 5. Aufl. – Schweizerbart, Stuttgart.

BARBER, S. A. (1995): Soil nutrient availability. A mechanistic approach. – Wiley, New York.

BERGMANN, W. (1992): Nutritional disorders of plants – development, visual and analytical diagnosis. – Fischer, Jena.

EHLERS, W. (1996): Wasser in Boden und Pflanze. – Ulmer, Stuttgart.

FIEDLER, H. J. & H. J. RÖSLER (1993): Spurenelemente in der Umwelt. Fischer, Jena.

FINCK, A. (2007): Pflanzenernährung und Düngung in Stichworten, 6. Aufl. – Borntraeger, Berlin.

GEISLER, G. (1980): Pflanzenbau. – Parey, Berlin und Hamburg.

HARTGE, K. H. & R. HORN (1999): Einführung in die Bodenphysik. 3. Aufl. – Enke, Stuttgart.

JUNGK, A. & N. CLAASSEN (1997): Ion diffusion in the soil-root system. – Adv. Agron. **61**, 53…110.

KABATA-PENDIAS, A. (2001): Trace elements in soils and plants, 3rd ed. – CRC Press, Boca Raton.

KABATA-PENDIAS, A. (2001): Trace elements in soils and plants. CRC Press, Boca Raton.

LANDWIRTSCHAFTSKAMMER NORDRHEIN-WESTFALEN (2007): Ratgeber Pflanzenbau und Pflanzenschutz, 12. Aufl. – Landwirtschaftskammer Bonn und Münster.

MARSCHNER, H. (2003): Mineral nutrition of higher plants, 2nd ed. – Academic Press, London.

MENGEL, K. & E. A. KIRKBY (2001): Principles of plant nutrition, 5th ed. – Kluwer, Dordrecht.

MERIAN, E., M. ANKE, M. IHNAT & M. STOEPLER (2004): Elements and their compounds in the environment. Wiley-VCH, Weinheim.

PINTON, R., Z. VARANINI & P. NANNIPIERI (EDS.) (2007): The rhizosphere – biochemistry and organic substances at the soil-plant interface. – CRC Press, Boca Raton.

SCHILLING, G. (2000): Pflanzenernährung und Düngung. – Ulmer, Stuttgart.

SCHUBERT, S. (2006): Pflanzenernährung. – Ulmer, UTB, Stuttgart.

TAIZ, L. & E. ZEIGER (2006): Plant Physiology, 4th ed. – Sinauer Associates, Sunderland, MA, USA.

VERBAND DEUTSCHER LANDWIRTSCHAFTLICHER UNTERSUCHUNGS- UND FORSCHUNGSANSTALTEN (1991…2004): Methodenbuch Band I. Die Untersuchung von Böden. – VDLUFA-Verlag, Darmstadt.

WERNER, W. (2006): 6.4 Düngung von Böden. In Blume, H.-P. et al. (Eds.): Handbuch der Bodenkunde, Band IV". – Ecomed, Landsberg.

ZORN, W., G. MARKS, H. HESS & W. BERGMANN (2007): Handbuch der visuellen Diagnose von Ernährungsstörungen bei Kulturpflanzen. – Elsevier, München.

Weiterführende Spezialliteratur

ALEWELL, C. & E. MATZNER (1996): Water, NaHCO$_3$-, NaH$_2$PO$_4$- and NaCl-extractable SO$_4^{2-}$ in acid forest soils. – Pflanzenernähr. Bodenk. **159**, 235…240.

AMELUNG, W., X. ZHANG & K. W. FLACH (2006): Amino acids in grassland soils: Climatic effects on concentrations and chirality. – Geoderma **130**, 207…217.

ARAI, Y. & D. L. SPARKS (2007): Phosphate reaction dynamics in Soils and soil components: A multiscale approach. – Adv. Agron. **94**, 135…179.

BECKER, M. & F. ASCH (2005): Iron toxicity in rice – conditions and management concepts. J. Plant. Nutr. Soil Sci. **168**, 558…573.

BEHRENDT, H., M. BACH, R. KUNKEL, D. OPITZ, W.-G. PAGENKOPF, G. SCHOLZ & F. WENDLAND (2003): Internationale Harmonisierung der Quantifizierung von Nährstoffeinträgen aus diffusen und punktuellen Quellen in die Oberflächengewässer Deutschlands. – Umwelt-Bundesamt Texte 82/03.

BLUME, H.-P., O. MÜNNICH & U. ZIMMERMANN (1968): Untersuchung der lateralen Wasserbewegung in ungesättigten Böden. – Z. Pflanzenernähr. Bodenk. **121**, 231…245.

BOLAN, N. S., D. C. ADRIANO & D. CURTIN (2003): Soil acidification and liming interactions with nutrient and heavy metal transformation and bioavailability. – Adv. Agron. **78**, 215…272.

BRAMLEY, H., D. W. TURNER, S. D. TYERMAN & N. C. TURNER (2007): Water flow in the roots of crop species: The influence of root structure, aquaporin activity, and water logging. – Adv. Agron. **96**, 133…196.

BROWN, P. H., R. M. WELCH & E. E. CARY (1987): Nickel; a micronutrient essential for higher plants. – Plant. Physiol. **85**, 801…803.

BRÜMMER, C., N. BRÜGGEMANN, K. BUTTERBACH-BAHL, U. FALK, J. SZARZYNSKI, K. VIELHAUER, R. WASSMANN & H. PAPEN (2008): Soil-atmosphere exchange of N$_2$O and NO in near natural savannah and agricultural land in Burkina Faso (W. Africa). – Ecosystems **11**, 582…600.

BRÜMMER, G., J. GERTH & U. HERMS (1986): Heavy metal species, mobility and availability in soils. – Z. Pflanzenernähr. Bodenk. **149**, 382…398.

BRÜMMER, G., H. S. GRUNWALDT & D. SCHROEDER (1971): Beiträge zur Genese und Klassifizierung der Marschen. II. Zur Schwefelmetabolik in Schlicken und Salzmarschen. III. Gehalte, Oxidationsstufen und Bindungsformen in Koogmarschen. – Z. Pflanzenernähr. Bodenk. **128**, 208…220; **129**, 92…108.

CARILLO-GONZALEZ, R., J. SIMUNEK, S. SAUVÉ & D. ADRIANO (2006): Mechanisms and pathways of trace element mobility in soils. – Adv. Agron. **91**, 111…178.

CZERATZKI, W. (1977): Wasserbrauch und Trockensubstanzbildung von Mais sowie Bodenevaporation in Abhängigkeit von der Saugspannung in Unterdrucklysimetern im Trockenjahr 1976. – Landbauforsch. Völkenr. **27**, 1…14.

DANNEMANN, M., R. GASCHE & H. PAPEN (2007): Nitrogen turnover and N_2O production in the forest floor of beech stands as influenced by forest management. J. Plant Nutr. Soil Sci. **170**, 134…144.

DENMEAD, O. T. & R. H. SHAW (1962): Availability of soil water to plants as affected by soil moisture content and meteorological conditions. – Agron. J. **54**, 385…390.

DHILLON, K. S. & S. K. DHILLON (2003): Distribution and management of seleniferous soils. Adv. Agron. **79**, 119…184.

DHILLON, S. K., K. S. DHILLON, A. KOHLI & K. L. KHERA (2008): Evaluation of leaching and runoff losses of selenium from seleniferous soils through simulated rainfall. J. Plant Nutr. Soil Sci. **171**, 187…192.

DIN 19730 (1997): Extraktion von Spurenelementen mit Ammoniumnitratlösung. Deutsches Inst. f. Normung, Beuth, Berlin.

DRINKWATER, L. E. & S. S. SNAPP (2007): Nutrients in agroecosystems: Rethinking the management paradigm. – Adv. Agron. **92**, 163…186.

ENGEL, R. E., P. L. BRUCKNER, D. E. MATHRE & S. K. Z. BRUMFIELD (1997): A chloride- deficient leaf spot syndrome of wheat. Soil Sci. Soc. Am. J. **61**, 176…184.

ERKENBERG, A., J. PRIETZEL & K.-E. REHFUESS (1996): Schwefelausstattung ausgewählter europäischer Waldböden in Abhängigkeit vom atmogenen S-Eintrag. – Z. Pflanzenernähr. Bodenk. **159**, 101…109.

FAGERIA, N. K., C. BALIGAR & R. B. CLARK (2002): Micronutrients in crop production. – Adv. Agron. **77**, 185…268.

FANK, J. (2007): Die Gras-Referenzverdunstung: Berechnungsergebnisse in Abhängigkeit von Messgeräten und Messintervall. – 12. Gumpensteiner Lysimetertagung, 17. u. 18.04.07, S. 53…56.

FISCHER, L., G. W. BRÜMMER & N. J. BARROW (2007): Observations and modelling of the reactions of 10 metals with goethite: adsorption and diffusion processes. Europ. J. Soil Sci. **58**, 1304… 1315.

GAUGER, TH. et al. (2008): Abschlussbericht zum UFOPLAN-Vorhaben FAZ 204 63 252: National implementation of the UNECE convention on long-range transboundary air pollution (effects). – Umweltbundesamt im Druck.

GEISSEN, V. & G. W. BRÜMMER (1999): Decomposition rates and feeding activities of soil fauna in deciduous forest soils in relation to soil chemical parameters following liming and fertilization. – Biol. Fertil. Soils **29**, 335…342.

GOLDBACH, H. E. & M. A. WIMMER (2007): Review article: Boron in plants and animals: Is there a role beyond cell-wall structure? J. Plant Nutr. Soil Sci. **170**, 39…48.

GOLDBERG, S., D. L. CORWIN, P. J. SHOUSE & D. L. SUAREZ (2005): Prediction of boron adsorption by field samples of diverse textures. Soil Sci. Soc. Am. J. **69**, 1379…1388.

GOLDBERG, S., S. M. LESCH & D. L. SUAREZ (2002): Predicting molybdenum adsorption by soils using soil chemical parameters in the constant capacitance model. Soil Sci. Soc. Am. J. **66**, 1836…1842.

GOLDBERG, S., P. J. SHOUSE, S. M. LESCH, C. M. GRIEVE, J. A. POSS, H. S. FORSTER & D. L. SUAREZ (2002): Soil boron extractions as indicators of boron content of field-grown crops. Soil Sci. **167**, 720…728.

GRIMME, H. (1983): Aluminium induced magnesium deficiency in oats. – Z. Pflanzenernähr. Bodenk. **146**, 666…676.

GRUBER, B. & H. KOSEGARTEN (2002): Depressed growth of non-chlorotic vine grown in calcareous soil is an iron deficiency symptom prior to leaf chlorosis. J. Plant Nutr. Soil Sci. **165**, 111…117.

GÜLPEN, M., S. TÜRK & S. FINK (1995): Ca nutrition of conifers. Z. Pflanzenernähr. Bodenk. **158**, 519…527.

HAAS, G., M. BACH & C. ZERGER (2005): Landwirtschaftsbürtige Stickstoff- und Phosphor- Bilanzsalden. – LÖBF-Mitteilungen 2/05, 45–49.

HILLER, D. A. & G. W. BRÜMMER (1995): Mikrosondenuntersuchungen an unterschiedlich stark mit Schwermetallen belasteten Böden. 1. Methodische Grundlagen und Elementanalysen an pedogenen Oxiden. Z. Pflanzenernähr. Bodenk. **158**, 147…156.

HIRADATE, S., J. F. MA & H. MATSUMOTO (2007): Strategies of plants to adapt to mineral stresses in problem soils. – Adv. Agron. **96**, 65…132.

HOCKING, P. J. (2001): Organic acids exuded from roots in phosphorus uptake and aluminum tolerance of plants in acid soils. – Adv. Agron. **74**, 63…97.

HORNBURG, V. & G. W. BRÜMMER (1993): Verhalten von Schwermetallen in Böden. 1. Untersuchungen zur Schwermetallmobilität. Z. Pflanzenernähr. Bodenk. **156**, 467…477.

HÜTTL, R. F. (1997): Mg-deficiency in forest ecosystems. Kluwer, Dordrecht, NL.

ILG, K., P. DOMINIK, M. KAUPENJOHANN & J. SIEMENS (2008): Phosphorus-induced mobilization of colloids: Model systems and soils. – Eur. J. Soil Sci. **59**, 233…246.

INTERNATIONAL SULPHUR WORKSHOP (1995): Papers on sulphur in plants and soil. – Z. Pflanzenernähr. Bodenk. **158**, 55…124.

ISERMANN, K. & R. ISERMANN (1998): Food production and consumption in Germany: N flows and N emissions. – Nutrient Cycling in Agroecosystems **52**, 289…301.

JALALI, M. & Z. KOLAHCHI (2007): Short-term potassium release and fixation in some calcareous soils. – J. Plant Nutr. Soil Sci. **170**, 530…537.

JENNY, H. (1980): The soil resource. – Springer, New York.

JOKIC, A., H. R. SCHULTEN, J. N. CUTLER, M. SCHNITZER & P. M. HUANG (2004): A significant abiotic pathway for the formation of unknown nitrogen in nature. – Geophysical Research Letters **31**, 5, Article Nr. L 05502.

JUNGKUNST, H. F., A. FREIBAUER, H. NEUFELDT & G. BARETH (2006): Nitrous oxide emissions from agricultural land use in Germany – a synthesis of available annual field data. – J. Plant Nutr. Soil Sci. **169**, 341...351.

KERSEBAUM, K. C. (2007): Modelling nitrogen dynamics in soil-crop systems with HERMES. – Nutrient Cycling in Agroecosystems **77**, 39...55.

KERSEBAUM, K. C., B. MATZDORF, J. KASSEL, A. PIORR & J. STEIDL (2006): Model-based evaluation of agri-environmental measures in the Federal State of Brandenburg (Germany) concerning N pollution of groundwater and surface water. – J. Plant Nutr. Soil Sci. **169**, 352...359.

KÖHLER, K., W. H. M. DUYNISVELD & J. BÖTTCHER (2006): Nitrogen fertilization and nitrate leaching into groundwater on arable sandy soils. – J. Plant Nutr. Soil Sci.**169**, 185...195.

KOSEGARTEN, H., B. HOFFMANN & K. MENGEL (2001): The paramount influence of nitrate in increasing apoplastic pH of young sunflower leaves to induce iron deficiency chlorosis, and the re-greening effect brought about by acidic foliar sprays. J. Plant Nutr. Soil Sci. **164**, 155...163.

KRAEMER, S. M., D. E. CROWLEY & R. KRETZSCHMAR (2006): Geochemical aspects of phytosiderophore-promoted iron acquisition by plants. – Adv. Agron. **91**, 1...46.

LANG, F. & M. KAUPENJOHANN (2003): Immobilisation of molybdate by iron oxides: Effects of organic coatings. Geoderma **113**, 31...46.

MAYER, R. & H. HEINRICHS (1980): Flüssebilanzen und aktuelle Änderungsraten der Schwermetall-Vorräte in Wald-Ökosystemen des Solling. Z. Pflanzenernähr. Bodenk. **143**, 232...246.

MIKUTTA, C., F. LANG & M. KAUPENJOHANN (2006): Citrate impairs the micropore diffusion of phosphate into pure and C-coated goethite. – Geochim. Cosmochim. Acta **70**, 595...607.

MOGGE, B., E. A. KAISER & J. C. MUNCH (1998): Nitrous oxide emissions and denitrification N-losses from forest soils in the Bornhöved lake region (Northern Germany). – Soil Biol. Biochem. **30**, 703...710.

MORIER, J., P. SCHLEPPI, R. SIEGWOLF, H. KNICKER & C. GUENAT (2008): N-15 immobilization in forest soils: a sterilization experiment coupled with (15) CP-MAS NMR spectroscopy. – Eur. J. Soil Sci. **59**, 467...475.

MUNK, H., J. HEYN & M. REX (2005): Vergleichende Betrachtung von Verfahren zur Auswertung von Nährstoffsteigerungsversuchen am Beispiel Phosphor. – J. Plant Nutr. Soil Sci. **168**, 789...796.

NIEDERBUDDE, E. A. (1975): Veränderungen von Dreischicht-Tonmineralen durch natives K in holozänen Lössböden Mitteldeutschlands und Niederbayerns. – Z. Pflanzenernähr. Bodenk. **138**, 217...234.

ØGAARD, A. F. & T. KROGSTAD ((2005): Ability of different soil extraction methods to predict potassium release from soil in ley over three consecutive years. – J. Plant Nutr. Soil Sci. **168**, 186...192.

RENGER, M. & O. STREBEL (1982): Beregnungsbedürftigkeit der landwirtschaftlichen Nutzpflanzen in Niedersachsen. – Geol. J. Reihe F, Heft **13**, BGR, Hannover.

RENGER, M., O. STREBEL, H. SPONAGEL & G. WESSOLEK (1984): Einfluss einer Grundwasser-Senkung auf den Pflanzenertrag landwirtschaftlich genutzter Flächen. – Wasser & Boden **36**, 449...502.

RENGER, M., O. STREBEL, G. WESSOLEK & W. M. DUYNISVELD (1986): Evaporation and groundwater recharge. – A case study for different climate, crop patterns, soil properties and groundwater depth conditions. – Z. Pflanzenernähr. Bodenk. **149**, 371...381.

RENGER, M., K. WESSOLEK & S. GÄTH (1993): Nährstoffhaushalt des Unterbodens und seine Bedeutung für die Nährstoffversorgung der Pflanzen. – In „Bodennutzung und Bodenfruchtbarkeit", Band **5**, „Nährstoffhaushalt", Ber. über Landwirtschaft, Sonderheft **207**, 121...140. Parey, Hamburg.

RICHTER, W. & W. MATZEL (1976): Mineralogische Identifizierung von Umsetzungsprodukten des Düngemittelphosphates im Boden. – Arch. Acker-, Pflanzenbau, Bodenkd. **20**, 8, 545...554.

RÖMER, W. (2006): Vergleichende Untersuchungen zur Pflanzenverfügbarkeit von Phosphat aus verschiedenen P-Recycling-Produkten im Keimpflanzenversuch. – J. Plant Nutr. Soil Sci. **169**, 826...832.

ROTH, D., R. GÜNTHER, S. KNOBLAUCH & H. MICHEL (2005): Wasserhaushaltsgrößen von Kulturpflanzen unter Feldbedingungen. – Schriftenreihe „Landwirtschaft und Landschaftspflege in Thüringen" Heft 1/2005.

SCHACHTSCHABEL, P. (1957): Die Bestimmung des Manganversorgungsgrades von Böden und seine Beziehung zum Auftreten der Dörrfleckenkrankheit bei Hafer. Z. Pflanzenernähr. Bodenk. **78**, 147...167.

SCHACHTSCHABEL, P. (1985): Beziehung zwischen dem durch K-Düngung erzielbaren Mehrertrag und dem K-Gehalt der Böden nach Feldversuchen in der Bundesrepublik Deutschland. – Z. Pflanzenernähr. Bodenk. **148**, 439...458.

SCHACHTSCHABEL, P. & W. KÖSTER (1985): Beziehung zwischen dem Phosphatgehalt im Boden und der optimalen Phosphatdüngung in langjährigen Feldversuchen. – Z. Pflanzenernähr- Bodenk. **148**, 459...464.

SCHEINOST, A. C. (1995): Pedotransfer-Funktionen zum Wasser- und Stoffhaushalt einer Bodenlandschaft. – FAM-Bericht, Shaker, Aachen.

SCHEINOST, A. C. (1995): Pedotransfer-Funktionen zum Wasser- und Stoffhaushalt einer Bodenlandschaft. – FAM Bericht, Shaker, Aachen.

SCHELDE, K., L. W. DE JONGE, C. KJAERGAARD, M. LAEGDSMAND & G. H. RUBAEK (2006): Effects of manure application and plowing on transport of colloidal phosphorus to tile drains. – Vadose Zone J. **5**, 445...458.

SCHERER, H. W. & S. P. SHARMA (2002): Phosphorus fractions and phosphorus delivery potential of a luvisol derived from loess amended with organic materials. – Biol. Fertil. Soils **35**, 414…419.

SCHERER, H. W. & S. WEIMAR (1994): Fixation and release of ammonium by clay minerals after slurry application. – Eur. J. Agron. **3**, 23…28.

SCHERER, H. W., H. E. GOLDBACH & J. CLEMENS (2003): Potassium dynamics in the soil and yield formation in a long-term field experiment. – Plant, Soil and Environment **49**, 531…535.

SCHIMMING, C.-G. (1991): Wasser-, Luft-, Nähr- und Schadstoffdynamik charakteristischer Böden Schleswig-Holsteins. – Schriftenreihe Institut für Pflanzenernährung und Bodenkunde, Universität Kiel, Nr. **13**.

SCHLÜTER, W., A. HENNIG & G. W. BRÜMMER (1997): Nitrat-Verlagerung in Auenböden unter organischer und konventioneller Bewirtschaftung – Messergebnisse, Modellierungen und Bilanzen. – Z. Pflanzenernähr. Bodenk. **160**, 57…65.

SCHNUG, E. & S. HANEKLAUS (1994): Sulphur deficiency in Brassica napus – biochemistry – symptomatology – morphogenesis. – Landbauforschung Völkenrode, Sh. **144**.

SCHONHOF, I., D. BLANKENBURG, S. MÜLLER & A. KRUMBEIN (2007): Sulfur and nitrogen supply influence growth, product appearance, and glucosinolate concentration of broccoli. J. Plant Nutr. Soil Sci. **170**, 65…72.

SCHÖNING, A. & G. W. BRÜMMER (2008): Extraction of mobile element fractions in forest soils using ammonium nitrate and ammonium chloride. J. Plant Nutr. Soil Sci. **171**, 392…398.

SCHULTEN, H. R. & M. SCHNITZER (1998): The chemistry of soil organic nitrogen: A review. – Biol. Fert. Soils **26**, 1…15.

SEGGEWISS, B. & A. JUNGK (1988): Einfluss der Kaliumdynamik im wurzelnahen Boden auf die Magnesiumaufnahme von Pflanzen. – Z. Pflanzenernähr. Bodenk. **151**, 91…96.

SIEMENS, J., K. ILG, H. PAGEL & M. KAUPENJOHANN (2008): Is colloid-facilitated phosphorus leaching triggered by phosphorus accumulation in sandy soils? – J. Environ. Qual. **37**, 2100…2107.

SLAYTER, R. O. (1968): Plant – Water – Relationships, 2nd ed. – Academic Press, London.

SOMMER, M., D. KACZOREK, Y. KUZYAKOV & J. BREUER (2006): Silicon pools and fluxes in soils and landscapes – a review. J. Plant Nutr. Soil Sci. **169**, 310…329.

SPARKS, D. L. (1987): Potassium dynamics in soils. – Adv. Soil Sci. **6**, 1…63.

STEPNIEWSKI, W., Z. STEPNIEWSKA, R. P. BENNICELLI & J. GLINSKI (2005): Oxygenology in outline. – ALF-GRAF, Lublin, Poland; ISBN 83-89969-00-9.

STRAUSS, R., G. W. BRÜMMER & N. J. BARROW (1997): Effects of crystallinity of goethite: II. Rates of sorption and desorption of phosphate. – Eur. J. Soil Sci. **48**, 101…114.

THIELE-BRUHN, S. (2006): Assessment of the soil phosphorus-mobilization potential by microbial reduction using the Fe(III)-reduction test. – J. Plant Nutr. Soil Sci. **169**, 784…791.

TOOR, G. S., S. HUNGER, J. D. PEAK, J. T. SIMS & D. L. SPARKS (2006): Advances in the characterization of phosphorus in organic wastes: Environmental and agronomic applications. – Adv. Agron. **89**, 1…72.

VANGUELOVA, E. I., Y. HIRANO, T. D. ELDHUSET, L. SAS-PASZT, M. R. BAKKER, Ü. PÜTTSEPP, I. BRUNNER, K. LÕHMUS & D. GODBOLD (2007): Tree fine root Ca/Al molar ratio – indicator of Al and acidity stress. – Plant Biosystems **141**, 460…480.

VDLUFA (2004): Bestimmung von Magnesium, Natrium und den Spurennährstoffen Kupfer, Mangan, Zink und Bor im Calciumchlorid/DTPA-Auszug. VDLUFA-Methodenbuch I, A 6.4.1, VDLUFA, Darmstadt.

VEERHOFF, M. & G. W. BRÜMMER (1993): Bildung schlecht kristalliner bis amorpher Verwitterungsprodukte in stark bis extrem versauerten Waldböden. Z. Pflanzenernähr. Bodenk. **156**, 11…17.

WEHRMANN, J. & H. C. SCHARPF (1986): Die N_{min}-Methode. – Z. Pflanzenernähr. Bodenk. **149**, 428…440.

WEIGEL, A., R. RUSSOW & M. KÖRSCHENS (2000): Quantification of airborne N-input in long-term field experiments and its validation through measurements using ^{15}N isotope dilution. – J. Plant Nutr. Soil Sci. **163**, 261…265.

WELP, G., U. HERMS & G. BRÜMMER (1983): Einfluss von Bodenreaktion, Redoxbedingungen und organischer Substanz auf die Phosphatgehalte der Bodenlösung. – Z. Planzenernähr. Bodenk. **146**, 38…52.

WERNER, W. (1998): Ökologische Aspekte des Phosphor-Kreislaufs. – Z. Umweltchem. Ökotox. **11**, 343…351.

WESSOLEK, G. (2007): Vorschläge der DBG-Arbeitsgruppe „Bodengefüge" zur Schätzung der bodenphysikalischen Kennwerte für die DIN 4220. – Neuauflage der Bodenkundlichen Kartieranleitung (in Vorbereitung).

WIESE, J., H. WIESE, J. SCHWARTZ & S. SCHUBERT (2005): Osmotic stress and silicon act additively in enhancing pathogen resistance in barley against barley powdery mildew. J. Plant Nutr. Soil Sci. **168**, 269…274.

WULF, S., M. MAETING & J. CLEMENS (2002): Application technique and slurry co-fermentation on ammonia, nitrous oxide, and methane emissions after spreading: I. Ammonia volatilization. II. Greenhouse gas emissions. – J. Environ. Qual. **31**, 1789…1794, 1795…1801.

ZEHLER, E. (1981): Die Natrium-Versorgung von Mensch, Tier und Pflanze. – Kali-Briefe **15**, 773…792.

ZEIEN, H. (1995): Chemische Extraktionen zur Bestimmung der Bindungsformen von Schwermetallen in Böden. Bonner Bodenk. Abh. **17**, Inst. f. Bodenkunde Bonn.

ZYSSET, M., I. BRUNNER, B. FREY & P. BLASER (1996): Response of European chestnut to varying Ca/Al ratios. J. Environ. Qual. **25**, 702…708.

10 Gefährdung der Bodenfunktionen

Böden als Teil von Ökosystemen erbringen eine Reihe von Funktionen für Mensch und Umwelt. Die Funktionen der Böden sind Lebensraum-, Nutzungs-, Transformator-, Filter-, Puffer- und Archivfunktion (s. Kap. 1). Sie sind potenziell durch menschliche Aktivitäten gefährdet. Dazu zählen zum einen **stoffliche** Belastungen wie industrielle Emissionen, Ausbringen von Schlämmen, Baggergut und **nicht stoffliche** Belastungen durch Erosion, Befahren mit schwerem Gerät oder Abgrabungen.

Aufgrund der **Filter-, Puffer- und Transformatorfunktion** bilden Böden ein natürliches Reinigungssystem, das in der Lage ist, emittierte Schadstoffe aufzunehmen, zu binden und je nach Art der Schadstoffe und Eigenschaften der Böden in mehr oder weniger hohem Maße aus dem Stoffkreislauf der Ökosphäre zu entfernen. So werden in die Luft abgegebene, gas- und staubförmige Schmutz- und Schadstoffe mit den Niederschlägen zum beträchtlichen Teil in die Böden eingespült. Aus dem Sickerwasser entsteht jedoch nach der reinigenden Bodenpassage bei intakten Böden in der Regel saubereres, zur Trinkwassergewinnung geeignetes Grundwasser. Mit Abwässern in die Gewässer eingeleitete Schadstoffe werden ebenfalls in subhydrischen See-, Fluss- und Meeresböden angereichert. Bei Abwasserverrieselung findet eine Schadstoffakkumulation in den entsprechenden terrestrischen Böden statt. Auch die in großer Menge anfallenden und auf der Erdoberfläche abgelagerten Abfallstoffe der verschiedensten Herkunft unterliegen unter dem Einfluss der Niederschläge einer fortschreitenden Zersetzung und Einwaschung in die Böden.

In der Abbildung 10–1 ist das Verhalten von Schadstoffen im Boden schematisch dargestellt. Suspendierte Schmutz- und Schadstoffpartikel werden durch **Filterung** mechanisch im Boden gebunden. Selbst feinste Partikel können in tonreichen Böden aus dem Sickerwasser herausgefiltert werden. Die **Filterleistung** eines Bodens kennzeichnet die Menge an Wasser (Niederschlagswasser, Uferfiltrat), die pro Zeiteinheit den jeweiligen Boden passieren kann. Die Filterleistung wird vor allem durch den Porendurchmesser der Wasserleitbahnen und deren

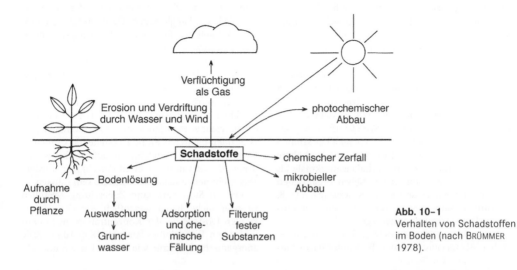

Abb. 10–1
Verhalten von Schadstoffen im Boden (nach BRÜMMER 1978).

10

Kontinuität bestimmt (Kap. 6.4.4). Sie nimmt stark ab, wenn die Leitbahnen durch die herausgefilterten Substanzen gefüllt sind. Kies- und sandreiche Böden haben in der Regel eine hohe, schluff- und tonreiche Böden meist eine geringe Filterleistung.

Die **Pufferwirkung** der Böden bedingt, dass gasförmige und vor allem gelöste Schadstoffe durch Adsorption an die Bodenaustauscher gebunden oder nach Reaktion mit bodeneigenen Substanzen chemisch gefällt und damit weitgehend immobilisiert werden (Abb. 10-1). Je nach Art und Menge des Schadstoffs sowie den Eigenschaften der Böden verbleibt jedoch immer ein mehr oder weniger großer Schadstoffanteil in der Lösungsphase bzw. geht wieder in diese zurück, wenn sich Bodeneigenschaften ändern wie z. B. der pH-Wert (dynamisches Gleichgewicht). Gelöste Schadstoffe können sowohl von den Pflanzen aufgenommen werden und auf diese Weise in die Nahrungskette gelangen, als auch durch Auswaschung über das Grundwasser zur Kontamination des Trinkwassers führen (Abb. 10-1). Damit sind vor allem die gelösten und in die Lösungsphase überführbaren Anteile eines Schadstoffs von ökologischer Relevanz. Böden mit hohen Gehalten an organischer Substanz und Ton sowie Fe-, Al- und Mn-Oxiden besitzen in der Regel eine hohe, quarzreiche Sandböden eine geringe Pufferkapazität. Neben Textur und organischem Gehalt sind die Bodenreaktion (pH-Wert) und das Redoxpotenzial für die Mobilität der Schadstoffe von großem Einfluss (Kap. 10.2.4).

Für das Verhalten organischer Abfall- und Schadstoffe in Böden ist vor allem die Aktivität der Mikroorganismen entscheidend. Diese bestimmt die **Transformatorfunktion** der Böden. So können z. B. feste organische Substanzen durch mikrobielle Tätigkeit zu gasförmigen (z. B. CO_2), gelösten oder anderen festen Stoffen (z. B. zu Humusbestandteilen) um- oder abgebaut werden. Ebenso können gelöste organische Stoffe zu festen und/oder gasförmigen Stoffen umgewandelt werden. Die **mikrobielle Transformation organischer Schadstoffe** führt damit zu Stoffen anderer Aggregatzustände und anderer chemischer Zusammensetzung (Metaboliten), die meistens eine geringere Schadstoffwirkung als der Ausgangsstoff besitzen. In Einzelfällen können jedoch Metabolite gebildet werden, die eine höhere Toxizität und/oder andere Verhaltensmerkmale als die Ausgangsstoffe aufweisen. Neben organischen Stoffen können auch anorganische Substanzen (z. B. Stickstoffverbindungen; s. Kap. 9.6.1) einer mikrobiellen Transformation unterliegen.

Eine Umwandlung organischer Schadstoffe ist bei Ablagerung auf der Bodenoberfläche außerdem durch **photochemische Vorgänge** und im Boden durch rein **chemische Reaktionen** möglich (Abb. 10-1).

Eine Umverteilung und zunehmende Dispersion von Schadstoffen in der Pedosphäre kann durch **Erosion** und **Verdriftung** kontaminierten Oberbodenmaterials durch Wasser und Wind erfolgen. Schadstoffe mit hohem **Dampfdruck**, wie z. B. Quecksilber und verschiedene organische Verbindungen wie Ethylen, die aus kontaminierten Böden in die Luft entweichen, können ebenfalls nach Verdriftung an anderer Stelle mit den Niederschlägen wieder in die Böden gelangen (Abb. 10-1).

Die meisten der von Menschen produzierten Schadstoffe bewirken in der Regel früher oder später, dass Böden ihre Lebensraum- und Nutzungsfunktionen nicht mehr erfüllen können. In Deutschland wurden zum Schutz des Menschen, der Nutzpflanzen und des Grundwassers Maßnahmen- und Prüfwerte festgelegt (Kap. 10.5). Werden diese überschritten, müssen Böden mit hohem Kostenaufwand saniert werden. Häufig führen die dabei angewendeten Verfahren zu einer völligen Zerstörung des Bodens (Kap. 10.6).

10.1 Gefährdungen der Bodenfunktionen durch stoffliche Belastungen

Stoffliche Bodenbelastungen entstehen durch den Eintrag von Schadstoffen. Das sind Stoffe und Zubereitungen, die aufgrund ihrer Gesundheitsschädlichkeit, Langlebigkeit, Ökotoxizität oder Bioverfügbarkeit im Boden und bei entsprechenden Konzentrationen den Boden in seinen Funktionen schädigen können. Dazu gehören auch natürlich vorkommende Substanzen wie Schwermetalle, und Chemikalien, die nicht in biologischen Systemen gebildet werden (Sammelbegriff Xenobiotika, z. B. polychlorierte Biphenyle (PCB)). Als Kontaminanten bezeichnet man Stoffe und Zubereitungen (aus zwei oder mehreren Stoffen bestehende Gemenge, Gemische oder Lösungen), die aufgrund menschlicher Aktivität in die Umwelt eingebracht wurden, aber nicht per se schädlich wirksam sein müssen.

Ob ein Stoff bzw. eine Zubereitung schädlich ist oder nicht, hängt wesentlich von der einwirkenden Dosis (bzw. der Konzentration im Boden) und deren Einwirkungsdauer ab (Kap. 10.5). Viele anorganische Elemente wie B, Mn, Cu, Zn und Mo

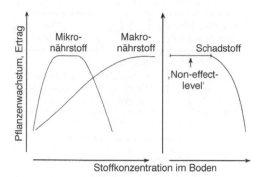

Abb. 10.1-1 Einfluss der Konzentration von Mikro- und Makronährstoffen sowie Schadstoffen im Boden auf Pflanzenwachstum und Ertrag (schematische Darstellung).

sind in Spuren für die Ernährung von Pflanzen und Bodenorganismen unentbehrlich und werden daher als essenzielle Stoffe bezeichnet (Kap. 9.7). Bereits bei einem relativ geringen Überschuss können diese Elemente jedoch toxisch wirken (Abb. 10.1-1). Diese und weitere in der Pflanzensubstanz vorhandene Spurenelemente wie Co, Se, J u. a. sind zumindest für die tierische und menschliche Ernährung erforderlich. Andere Elemente wie Cd, Hg und Pb besitzen wahrscheinlich keine ernährungsphysiologische Funktion. Sie beeinflussen in geringen Konzentrationen Wachstum und Ertrag der Pflanzen nicht. Bei Überschreiten bestimmter Grenzkonzentrationen treten jedoch Schadwirkungen dieser Elemente auf (Abb. 10.1-1). In gleicher Weise wirken mit wenigen Ausnahmen (z. B. Kanzerogenität) sämtliche anorganischen und organischen Schadstoffe.

10.1.1 Eintragspfade von Schadstoffen in Böden

Schadstoffe gelangen durch **atmosphärische Deposition** oder **Direkteintrag** in Böden. Die atmosphärische Deposition bezeichnet Stoffflüsse aus der Atmosphäre auf die Erdoberfläche. Schadstoffe gelangen durch Verbrennungs- und Produktionsprozesse aus verschiedenen anthropogenen Quellen (Kraftwerke, Hütten, Kfz., Hausbrand) in die Troposphäre (unterste Schicht der Atmosphäre). Dort streben sie nach einem Gleichgewicht zwischen den Phasen der Luft und liegen dann gasförmig, gelöst oder an Partikel gebunden vor.

Die atmosphärische Deposition kann unterteilt werden in **direkte** und **indirekte** sowie nach der Depositionsart in **trockene (Gase, Staub), feuchte (Nebel)** und **nasse (Regen, Schnee) Deposition**. In welcher Form Schadstoffe eingetragen werden (gelöst, partikelgebunden, gasförmig), hängt von den Eigenschaften der Stoffe ab (Dampfdruck, Löslichkeit etc.). Die Eliminierung von Schadstoffen aus der Atmosphäre ist nicht vollkommen reversibel. Ein Teil der deponierten Stoffe kann durch Verdampfen in die Atmosphäre zurück gelangen. Bei langlebigen Substanzen entsteht dadurch über lange Zeiträume ein Kreislauf, der eine indirekte Emissionsquelle darstellt. Dies wurde u. a. bei Polychlorierten Biphenylen (PCB) beobachtet, bei denen heute keine Produktion oder Verwendung mehr erfolgt, deren andauernder Eintrag aber beobachtet wird.

Als **trockene Deposition** bezeichnet man den Eintrag von Schadstoffen durch feste Partikel (> 10 μm) und durch Schwerkraft bzw. die Adsorption oder die Diffusion von Gasen, Feinstäuben und Aerosolen auf Oberflächen (z. B. Nadeln). Austrag und Ablagerung von Stoffen durch Nebel, Tau und Reif werden gesondert als **feuchte Deposition** bezeichnet. Aus messtechnischen Gründen wird sie selten getrennt von der trockenen Deposition erfasst. Partikel- und Tröpfchengröße bestimmen den Ablagerungsmechanismus von Schadstoffen in Böden oder Pflanzenoberflächen. Partikel > 1…10 μm sedimentieren aufgrund ihrer Masse nach unten. Während sehr kleine Partikel < 0,2 μm vorwiegend durch Diffusion auf Akzeptoroberflächen gelangen, bleiben dazwischen liegende Teilchengrößen beim Transport mit dem Luftstrom dort haften. Gasförmige Stoffe verhalten sich wie sehr kleine Partikel, wobei der Mechanismus als **Gasdeposition** bezeichnet wird und insbesondere bei Pflanzen eine bedeutende Rolle spielt.

Die **nasse Deposition** (wet only) ist der Eintrag von gelösten und partikulär gebundenen Stoffen durch wässrige Niederschläge wie Regen, Schnee und Hagel. Dadurch können Stoffe aus einer mehrere Kilometer dicken Luftschicht auf Akzeptoroberflächen gelangen. Der Austrag gasförmig vorliegender Stoffe in flüssigen Partikeln wird einschließlich deren Ablagerung als **„gas scavening"** (Gaswäsche) bezeichnet.

Ein **Direkteintrag** von Schadstoffen in Böden geschieht durch Leckagen, unsachgemäßen Umgang mit Chemikalien bei Produktionsprozessen sowie nutzungsbedingt durch Abfallablagerung, Aufbringen von Baggergut, Pflanzenbehandlungsmitteln, Klärschlämmen und anderen Düngemitteln (z. B. Cd in Phosphatdüngern) sowie Eintrag kontaminierter Sedimente bei Überflutungen.

10.2 Anorganische Stoffe

10.2.1 Schwefeldioxid und Stickstoffverbindungen – Waldschäden

Schwefel und Stickstoff sind für Pflanze, Tier und Mensch unentbehrliche Nährelemente. Toxische Wirkungen infolge erhöhter Schwefel- und Stickstoffgehalte in pflanzlichen Nahrungs- und Futtermitteln sind bisher nicht nachgewiesen (Kap. 9.6.1 und 9.6.3). Stark erhöhte N-Zufuhren können jedoch bei Pflanzen zu Nährstoffungleichgewichten und dadurch bedingten Wachstumsdisharmonien führen. Beide Elemente bewirken in höheren Konzentrationen in Form von SO_2 und NO_x sowie als Säuren Schäden an Pflanzen und können außerdem – vor allem auf Waldstandorten – eine starke Versauerung und Degradierung der Böden bewirken (Abb. 10.2–1). Gleichzeitig können Stickstoffverbindungen (NO_x, NH_y) darüber hinaus die N-Verfügbarkeit auf Waldstandorten begünstigen.

Als Folge eines hohen Energieverbrauchs werden durch Kohle-, Erdöl- und Erdgasverbrennung große Mengen an Schwefeldioxid in die Atmosphäre emittiert, die zu einem beträchtlichen Teil mit den Niederschlägen in die Böden gelangen. Neben SO_2 werden beträchtliche Mengen an Stickstoffoxiden, Fluoriden, Fluor- und Chlorkohlenwasserstoff an die Atmosphäre abgegeben.

Die emittierten Gase werden nach Reaktion mit dem in der Atmosphäre enthaltenen Wasser zu starken **Säuren** umgewandelt (H_2SO_4). Ein Teil dieser Säuren wird zwar durch andere Luftverunreinigungen (z. B. NH_3) und Bodenstaub neutralisiert. Der vorhandene Säureüberschuss hat jedoch in Mitteleuropa seit Beginn der Industrialisierung bis 1988 zu einer Absenkung der pH-Werte im Niederschlagswasser von im Mittel 5,7 (ohne SO_2- und NO_x-Emission im Gleichgewicht mit dem CO_2 der Atmosphäre) auf ca. 4,1 geführt; z. T. werden extrem niedrige Werte bis pH < 3 gemessen. Insbesondere das Niederschlagswasser von Nebel ist oft extrem sauer. Da SO_2 und NO_x in hohem Maße einem Ferntransport unterliegen, ist auch in größerer Entfernung von den mitteleuropäischen Ballungsgebieten bis hin nach Skandinavien der pH-Wert der Niederschläge deutlich erniedrigt. In den letzten Jahren ist eine Besserung eingetreten. Infolge verminderter SO_2- und NO_x-Emissionen sind die pH-Werte im Niederschlag um ca. 0,5 Einheiten angestiegen.

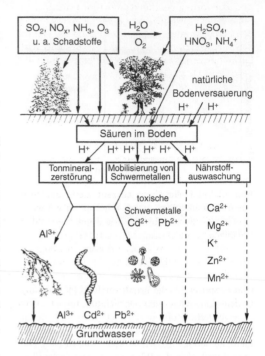

Abb. 10.2–1 Direkte und indirekte Wirkungen der emittierten Schadstoffe auf Wälder und Böden (nach VEERHOFF & BRÜMMER 1992)

In ländlichen Gebieten mit viel Viehhaltung ist außerdem der NH_4-N-Eintrag von Bedeutung, der nach Aufnahme des NH_4^+ durch die Pflanzenwurzeln im Austausch gegen Protonen oder nach Oxidation von NH_4^+ zu HNO_3 ganz wesentlich zur Bodenversauerung beiträgt.

Der Eintrag von Schwefel und Stickstoff sowie von anderen Stoffen aus der Luft findet in Form der **nassen** (Regen, Schnee), **feuchten** (Nebel, Smog) und **trockenen** (Gas, Staub) **Deposition** statt. Neben dem Eintrag mit den Niederschlägen können vor allem SO_2 und andere S-Verbindungen sowie in geringerem Maße NO_x und andere N-Verbindungen direkt von der Vegetation und den Böden adsorbiert (Kap. 9.6.3) und aus der Luft herausgefiltert werden (trockene Deposition). Vor allem bei SO_2 ist die trockene Deposition hoch und kann mehr als 50 % der gesamten S-Deposition betragen. Die **Interzeption** der Vegetation ist vor allem für den Schwefeleintrag von großer Bedeutung. So werden in Waldgebieten deutlich höhere Schwefeleinträge als im Freiland gemessen.

Die in den letzten 30 Jahren in der nördlichen Hemisphäre und vor allem in Mitteleuropa aufgetretene starke Zunahme der Waldschäden ist direkt oder indirekt auf die hohen Emissionen von SO_2, NO_x und anderen Schadstoffen zurückzuführen. Durch toxische Wirkungen von SO_2 und NO_x können direkte Schäden an Nadeln und Blättern der Bäume ausgelöst werden (braune bis rötliche Nekrosen).

Durch luftchemische Reaktionen findet unter Beteiligung von NO_2 und emittierten organischen Stoffen die Bildung von **Ozon** (O_3) und anderen toxisch wirkenden **Photooxidanzien** statt. Das Ausmaß der O_3-Bildung ist dabei an die Intensität des Sonnenlichts geknüpft und erreicht deshalb an Sonnentagen vor allem mittags und besonders in Höhenlagen Spitzenwerte. In mitteleuropäischen Städten wurden kurzfristig Gehalte bis über 200 und in Gebirgslagen bis nahezu 300 µg O_3 m^{-3} gemessen. Die Jahresmittelwerte betragen in Deutschland 10...90 µg m^{-3}. Bereits bei wiederholter kurzfristiger Einwirkung von Ozon in Konzentrationen von 100...200 µg m^{-3} kann eine Schädigung der Waldbäume stattfinden (Bildung brauner Interkostalchlorosen). Bei kombinierter Einwirkung von O_3, SO_2 und NO_x werden bereits bei Konzentrationen unterhalb der Schadensschwellen für die einzelnen Gase Schadwirkungen festgestellt.

Außerdem können Niederschläge mit pH-Werten < 3 – insbesondere Nebel- und Tautropfen – zu direkten Säureschäden sowie einer starken Nährstoffauswaschung an Nadeln und Blättern führen.

Die direkte Wirkung von Schadgasen und Säuren auf die Assimilationsorgane der Bäume kann die Photosynthese vermindern, zu einer veränderten Physiologie der Stoffwechselvorgänge führen und einen gestörten Stofftransport in die Wurzeln bewirken. Dadurch kann wiederum die Ausbildung der Mycorrhizen und des Wurzelsystems der Bäume gehemmt werden.

Indirekte Wirkungen der SO_2- und NO_x-Emissionen auf das Wachstum der Waldbäume werden durch die **Säureeinträge** in die Böden ausgelöst. Neben den in gemäßigten bis kühlhumiden Klimabereichen bereits seit langer Zeit ablaufenden natürlichen Prozessen der Bodenversauerung sowie einer die Bodendegradierung (Nährstoffverarmung, Versauerung durch Rohhumusbildung) fördernde Form der Bodennutzung (Holz-, Streu- und Plaggenabfuhr, Waldweidenutzung) haben die vor allem in den letzten 40 und mehr Jahren stattfindenden erhöhten Säureeinträge aus der Luft zu einer starken Versauerung der obersten Bodenhorizonte geführt. In vielen Gebieten Deutschlands sind in dieser Zeit pH-Abnahmen um mehr als eine pH-Einheit – z. B. von pH($CaCl_2$) 4,5 auf 3,3 – in den Oberböden von Waldstandorten festgestellt worden. Heute werden in den O- und A-Horizonten von Waldböden weit verbreitet pH($CaCl_2$)-Werte von 2,8...3,8 gemessen. Besonders in wenig puffernden Böden aus basenarmen sandigen Ausgangsgesteinen ist die Versauerung stark fortgeschritten. Dabei stellen pH-Werte < 3 bei Mineralböden den Grenzbereich für das Pflanzenwachstum dar.

Die in die Böden gelangenden starken Säuren werden zwar weitgehend abgepuffert (Kap. 5.6.4.), doch führt dies zu gravierenden negativen Veränderungen der Bodeneigenschaften. Bei pH-Werten ab 5,0...4,5 findet eine zunehmende **Auflösung** von Al-Oxiden und eine **Zerstörung** von Tonmineralen und anderen Silicaten statt. Dadurch wird eine irreversible Degradierung der Böden bewirkt. Außerdem werden hierdurch Al^{3+}-Ionen aus dem Gitter der Silicate freigesetzt (Abb. 10.2–1). In humosen Horizonten wird der größte Teil der Al-Ionen dann von Huminstoffen durch Komplexierung festgelegt und damit in eine nicht toxische Form überführt. Daneben können Al-Ionen in die Zwischenschichten von aufgeweiteten Tonmineralen eingebaut werden. Dadurch findet eine Tonmineralumwandlung zu Al-Chloriten mit deutlich herabgesetzter KAK statt. In humusarmen Unterbodenhorizonten kann das freigesetzte Aluminium außerdem nach Reaktion mit dem aus sauren Depositionen stammenden Sulfat als Hydroxy-Al-Sulfat (z. B. Jurbanit: $AlOHSO_4$, s. Kap. 9.6.3) gebunden werden. Daneben findet eine Adsorption von Al^{3+}- und Hydroxy-Al-Ionen ($AlOH^{2+}$, $Al(OH)_2^+$, $Al_x(OH)_y^{(3x-y)+}$) auf den Oberflächen von Tonmineralen statt. Infolge der hohen Eintauschstärke der Al-Ionen werden verstärkt Nährstoffkationen von den Austauschern verdrängt und ausgewaschen. Insgesamt steigen mit zunehmender Versauerung der Al-Anteil an den Austauschern und die Al-Konzentration in der Bodenlösung an. Bei extrem sauren Böden (pH($CaCl_2$)) < 3) beginnt außerdem eine Auflösung schwach kristalliner Fe-Oxide (Ferrihydrit), die zu einer **Freisetzung von Fe^{3+}-Ionen** führt.

In sehr stark bis extrem sauren Waldböden können 80 bis nahezu 100 % der austauschbaren Kationen aus Al^{3+}-Ionen und zu geringeren Anteilen aus H^+- sowie teilweise auch aus Fe^{3+}- und Mn^{2+}-Ionen bestehen. Die Folgen sind ausgeprägter Nährstoffmangel und toxische Wirkungen von Al^{3+}- wie auch von Mn^{2+}-Ionen auf Waldbäume. Beides wird auf vielen Standorten (mit) als eine wesentliche Ursache der insbeondere in exponierten Mittelgebirgslagen zu beobachtenden Waldschäden angesehen.

10

Bei Al-Konzentrationen in der Bodenlösung von 10…20 mg l^{-1} können **toxische Al-Wirkungen** auf die Wurzeln – insbesondere auf die Feinwurzeln – der Waldbäume und deren Mycorrhiza-System ausgelöst werden. Wesentlich empfindlicher auf Al-Toxizität reagieren landwirtschaftliche Kulturpflanzen, bei denen schon ab 0,1…0,5 mg Al l^{-1} deutliche Wurzelschäden und Wachstumsverminderungen auftreten können. Aluminium liegt dabei in der Bodenlösung meist in Form verschiedener Spezies vor. Neben monomeren und polymeren Al-Ionen können lösliche Al-organische Komplexe wie auch sehr stabile Al-Komplexe mit Fluoriden und Phosphaten in der Bodenlösung vorhanden sein. Dabei weisen Al-Komplexe – insbesondere bei Beteiligung organischer Substanzen – eine relativ geringe Toxizität auf. Die engste Korrelation zu **Pflanzenschäden** zeigt in der Regel die Aktivität (= wirksame Konzentration) der Al^{3+}-Ionen in der Bodenlösung.

Außerdem hängt das Ausmaß der Al-Toxizität auch vom Gehalt der Böden an verfügbaren **Pflanzennährstoffen** – insbesondere an Mg und Ca – ab. Deshalb ist auch das Verhältnis von Ca/Al und Mg/Al in der Bodenlösung bzw. an den Austauschern ein gutes Maß für eine mögliche Al-Toxizität wie auch für den Grad der Mg-Versorgung der Waldbäume. So ist offenbar bei Ca/Al-Verhältnissen (in mol) in den Bodenlösungen von < 1 eine Schädigung von Fichtenwurzeln möglich, bei Verhältnissen von < 0,1 anscheinend unvermeidbar. Nadeln von geschädigten Fichten weisen eine unzureichende Mg-Versorgung bei Mg/Al-Verhältnissen der austauschbaren Bodenfraktionen von ≤ 0,05 auf. Mg-Mangel ist insbesondere bei Fichten weit verbreitet und führt zunächst zu gelben Chlorosen (sog. Gelb- oder Goldspitzigkeit), später zu Nekrosen an älteren Nadeln und schließlich zum Absterben der Bäume. Untersuchungen an Fichtenflächen der bundesweiten Bodenzustandserhebung im Wald zeigten, dass bei verfügbaren Mg-Vorräten im Hauptwurzelraum unter 100 kg ha^{-1} die durchschnittlichen Nadelgehalte unter die in der Literatur genannten, für eine stabile Versorgung notwendigen Orientierungswerte sinken. Diese liegen bei 1 mg g^{-1} TM im 1. Nadeljahrgang bzw. 0,7 mg g^{-1} TM im 3. Nadeljahrgang. Beträgt der in der Humusauflage fixierte Mg-Anteil mehr als 50 % des gesamten im Hauptwurzelraum vorhandenen Mg-Vorrats, verschlechtert sich die Mg-Versorgung merklich, der Anteil der Nadelverfärbungen nimmt deutlich zu.

Die durch Nährstoffmangel und Al-Toxizität ausgelösten **Baumschäden** betreffen neben den oberirdischen Teilen vor allem die Feinwurzeln der Bäume (Abb. 10.2–1). Ein Absterben der Feinwur-

zeln bewirkt, dass die Nährstoff- und Wasseraufnahme durch die Wurzeln stark verringert wird. Die Folge sind dann verminderte Frost-, Dürre- und Krankheitsresistenz. Nach starken Kälteeinbrüchen und längeren Trockenzeiten sowie bei Krankheitsbefall kann deshalb meist eine starke Zunahme von Schäden an Bäumen beobachtet werden.

Auch **Bodenflora** und **Bodenfauna** werden durch Al-Toxizität geschädigt (Abb. 10.2–1). Bei pH-Werten < 3,5…4 sind Lumbriciden in der Regel kaum noch in Waldböden zu finden. Auch Arten- und Individuenzahl vieler anderer Bodentiere sind stark verringert. Von den Mikroorganismen sind Bakterien, die die höchsten Abbauleistungen aufweisen, kaum noch aktiv, so dass sich dann in Verbindung mit nährstoffarmer Nadelstreu organische Auflagehorizonte und ungünstige Humusformen in Wäldern bilden.

Ähnlich wie beim Aluminium findet auch bei den **Schwermetallen** mit zunehmender Versauerung eine Mobilisierung in Böden statt (Abb. 10.2–2). Die Folge sind ebenfalls eine erhöhte Schwermetallverfügbarkeit und bei höheren Schwermetallkonzentrationen vermutlich eine Verstärkung der Al-Toxizität.

Mit zunehmender Al- und Schwermetall-Mobilisierung geht eine steigende Verlagerung und Auswaschung dieser Elemente einher, so dass auch **Grundwasser** und **Oberflächengewässer** im Einzugsbereich von Waldgebieten steigenden Al- und Schwermetallbelastungen ausgesetzt sind (Abb. 10.2–1).

Als Folgen der weitflächig auftretenden Waldschäden sind in den Mittelgebirgen und Alpen eine Zunahme der Erosionsvorgänge und Hangrutschungen zu beobachten. Durch die eingeschränkte Schutzfunktion der Wälder treten z. T. gravierende Boden- und Landschaftsschäden auf.

In der Folge anthropogenbedingter Versauerung von Waldböden bis hin zur Al-Toxizität und erhöhter Schwermetallmobilität ergeben sich weitere Schadfaktoren im Komplexgefüge der in den achtziger und neunziger Jahren intensiv beobachteten und untersuchten sog. neuartigen Waldschäden. Dazu gehören z. B. Ernährungsstörungen durch Spurenelementmangel (z. B. Bor- und Molybdänmangel), sowie Epidemien pathogener Mikroorganismen durch erhöhte Stickstoffdeposition. Infolge der Komplexität der räumlich und zeitlich sehr unterschiedlich miteinander kombinierten Schadfaktoren und deren unterschiedlichen Rückkoppelungsmechanismen ist oft eine genaue, regional-differenzierte Diagnose spezifischer Schadensursachen mit Schwierigkeiten verbunden. Zur

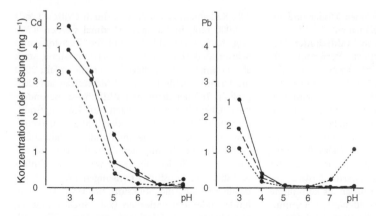

Abb. 10.2–2 Cadmium- und Blei-Konzentration in der Gleichgewichtslösung verschiedener Bodenproben aus Ap-Horizonten in Abhängigkeit vom eingestellten pH (Bodenproben wurden vor der pH-Einstellung mit 15 mg Cd kg^{-1} und 100 mg Pb kg^{-1} ins Gleichgewicht gesetzt). Böden (Bodenart; Humusgehalt): 1. Kalkmarsch (Ls; 2,6 %) 2. Parabraunerde (Ls; 2,8 %) 3. Podsol (S; 4,4 %) (nach HERMS & BRÜMMER 1980).

Erfassung und Überwachung des Waldzustandes wurde daher in Deutschland das Forstliche Umweltmonitoring im Wald entwickelt, welches einerseits flächenrepräsentative Informationen über Ausmaß und Entwicklung der Waldschäden liefert und eine intensive Untersuchung der Ursache-Wirkungsbeziehungen in Waldökosystemen ermöglicht.

Zur Therapie der Wald- und Bodenschäden sind – neben Maßnahmen zur Emissionsminderung – auch Maßnahmen zur Minderung der Al-Toxizität und des Nährstoffmangels erforderlich. Auf vielen Waldstandorten konnte durch Kalkung (verbreitet sind z. B. ca. 3000 kg ha^{-1} dolomitischer Kalk) sowie durch Mg- und z. T. auch durch K-Düngung (z. B. 5…1000 kg ha^{-1} Kieserit oder Kalimagnesia) eine Revitalisierung geschädigter Bäume erfolgen, zumindest eine Verbesserung des Bodenzustands bewirkt werden. I.d.R wird empfohlen, Kalkung und Düngung – je nach Standort und Ausmaß der Bodenversauerung – in 3- bis 5-jährigem Abstand zu wiederholen, wobei langfristig pH-Werte auf über 4…4,5 in den Oberböden angestrebt werden. Bei der Umsetzung rehabilitierender bzw. prophylaktischer Kalkungsmaßnahmen ist allerdings insbesondere auf primär armen Standorten (z. B. pleistozäne Decksande des norddeutschen Tieflandes) Vorsicht geboten. Mineralisierungsschübe durch Kalkung können zu Verlusten von Nährstoffen aus der Humusauflage führen, die nicht durch die Waldvegetation gespeichert werden. Standörtliche Gutachten sollten daher sicherstellen, dass entsprechende Anwendungen regional standorts- und bedarfsgerecht erfolgen.

Stickstoff gehörte lange Zeit zu den wachstumsbegrenzenden Faktoren in Wäldern. Er wurde daher im ständigen Umlauf gehalten. Die Verluste waren gering und ein Großteil der Stickstoffmengen wurde in den Pflanzen und im Humus festgelegt. Durch den verstärkten Eintrag von Stickstoffverbindungen aus der Intensivtierhaltung (NH$_y$) und vor allem aus Kfz- und Industrieemissionen (NO$_x$) hat sich dieser Zustand grundlegend verändert. Heute liegt der Stickstoffeintrag in Waldökosystemen deutlich über dem Verbrauch (s. u.). Folgen davon sind eine verstärkte Auswaschung von Calcium und Magnesium und Anreicherung von Stickstoff. Dies führt zu **Nährstoffungleichgewichten (Mg/N-, Ca/Mg-Verhältnis)**. Trotz des Mangels an verschiedenen Nährstoffen wirkt der Stickstoff als wachstumsanregender Dünger. Zustandsanalysen haben ein gesteigertes Wachstum der Bäume gezeigt. Das Sprosswachstum wird stärker gefördert als das Wurzelwachstum. Als Folge davon erhöht sich das Risiko von Schneebruch, Sturmschäden und Trockenstress. Die hohe Stickstoffversorgung in Kombination mit Nährstoffmangel verringert darüber hinaus die Resistenz der Bäume gegen Frost sowie Pilz- und Insektenbefall und fördert die Gefahr von Trinkwasserbelastungen durch Nitratauswaschung.

Deutliche Spuren der hohen Stickstoffeinträge konnten auf Waldstandorten im norddeutschen Tiefland nachgewiesen werden. Besonders betroffen sind die armen, klassisch stickstofflimitierten Standorte. Der ehemals weit verbreitete Rohhumus unter Kiefer und Fichte als morphologische Kennzeichnung des Humuszustands wird nur noch an wenigen Standorten angetroffen. Graswurzelfilze mit effizienten N-Verwertern (z. B. Drahtschmiele) sind weit verbreitet. Sie fördern den Abbau der Humusauflagen, treten in Wasserkonkurrenz mit der Baumvegetation und behindern die natürliche Waldverjüngung. Auch das C/N-Verhältnis hat sich durch anthropogene Stickstoffeinträge auf ein weit verbreitetes Niveau von 23…28 verengt, ohne dass sich die morphologischen Strukturen der auf Sand-

10

standorten häufigen Humusformen Moder und rohumusartiger Moder verändert haben.

Bei der **Untersuchung von Waldschäden** treten zunehmend inventurgestützte Bewertungsverfahren in den Vordergrund, bei denen sowohl der Säureeintrag als auch die Gesamtstickstoffdeposition berücksichtigt werden, und Informationen zum Kronenzustand der Bäume, wie auch Daten der Klima- und Depositionsmessnetze einfließen. Kurzfristige akute Wirkungen der Luftschadstoffe werden mit dem Konzept der **Critical Levels,** langfristige Wirkungen von Immissionen mit der Methode der **Critical Loads** bewertet. Critical Levels für Ozon beispielsweise wurden als kumulierte Dosis, dem sogenannten AOT 40-Wert (= accumulated exposure over a threshold: 40 ppm) definiert. Alle Überschreitungen des Stundenmittels von 40 ppm (entspricht 80 μg m^{-3}) werden summiert. Die Summe sollte bei Waldgebieten 10.000 ppm h^{-1} nicht überschreiten. Berücksichtigt wird nur der Zeitraum der höchsten Sensitivität der Rezeptoren (bei Waldgebieten April bis September).

Critical Loads sind Belastungsgrenzen für den Eintrag von Luftschadstoffen. Sie werden als diejenigen Stofffrachten angegeben, die pro Fläche und Zeit im Ökosystem deponiert werden können, ohne dass nach heutigem Wissensstand Schädigungen auftreten. Die Entwicklung der Verfahren und Modelle zur Bestimmung und Kartierung von ökologischen Belastungsgrenzen wird in einem ständig aktualisierten Methodenhandbuch dokumentiert. Zur Berechnung der Critical Loads für Säureeinträge wird meist ein einfacher Massenbilanzansatz verwendet. Die Säureeinträge werden den säurepuffernden Prozessen im Waldökosystem gegenübergestellt. Die Freisetzung basischer Kationen durch Mineralverwitterung wird als puffernder Prozess angesehen (Säureneutralisationskapazität Kap. 5.6.4). Um langfristig eine Bodenversauerung zu verhindern, darf der tatsächliche Säureeintrag nicht den Critical Load überschreiten, bei dem der Basenvorrat des Bodens zur Pufferung des H-Ionenüberschusses herangezogen wird. Um die deponierten Säureeinträge der Pufferfähigkeit eines Bodens gegenüberstellen zu können, werden die eingetragenen Stoffmengen nicht in kg ha^{-1} a^{-1} sondern in Säureäquivalenten (Maßeinheit mol$_c$ ha^{-1} a^{-1}) angegeben.

In Deutschland wurden Critical Loads für Säureeinträge auf Grundlage der Bodenübersichtskarte 1:1.000.000 (BÜK 1000) ermittelt. Auf 80 % der Waldfläche liegt die Critical Load auf Standorten mit basenarmen Ausgangsgesteinen (Sande, Schiefer der Mittelgebirge) unter 2.000 mol$_c$ ha^{-1} a^{-1}. Regionen mit basenreichen Böden (Schwäbische Alb, Kalkalpen) zeichnen sich durch Critical Loads > 2.000 mol$_c$ ha^{-1} a^{-1} aus. Maximal werden 6.000 mol$_c$ ha^{-1} a^{-1} erreicht. Obwohl die Stickstoff- und Schwefeldepositionen in den letzten Jahren stark abgenommen haben, überschritten sie im Jahr 2000 die Critical Loads für den Säureeintrag auf dem größten Teil der deutschen Waldböden. Besonders hohe Überschreitungen traten auf den empfindlichen norddeutschen Sandböden infolge Schadstoffemissionen aus Industrie und Landwirtschaft auf.

Bei der Berechnung der Critical Loads für eutrophierende Stickstoffeinträge werden die Einträge (Stickstoffdeposition) denjenigen Prozessen gegenübergestellt, die Stickstoff im Waldökosystem binden oder ihn entfernen (z. B. Stickstoffaustrag mit Holzernte und Sickerwasser, Denitrifikation). Critical Loads für eutrophierenden Stickstoff in Waldökosystemen variieren je nach Humusvorrat und Bodenart zwischen 5 und 20 kg N ha^{-1} a^{-1}. Vergleiche der Critical Loads mit den Gesamtdepositionen zeigten, dass 1999 auf 90 % der Waldfläche die kritischen Belastungsgrenzen überschritten wurden. Besonders hohe Überschreitungen finden sich in Gebieten mit Intensivtierhaltung.

10.2.2 Fluor

Fluor ist ein für Pflanzen offenbar nicht erforderliches Element. Bei Tier und Mensch gilt es jedoch als nützlich, da es bei ausreichender Zufuhr in den Zahnschmelz eingebaut wird und dadurch die Kariesanfälligkeit senkt. Im Überschuss wirkt Fluor toxisch auf alle Organismen; bei Mensch und Tier erzeugt es dann Zahn- und Knochenschäden (Fluorose).

Der **Fluorgehalt** der Böden beträgt häufig 20… 400 mg F kg^{-1}. In Abhängigkeit von der Zusammensetzung des Ausgangsmaterials treten jedoch große Unterschiede auf. Das häufigste Fluor-Mineral ist CaF$_2$ (Flussspat). Auch Phosphate (Fluorapatit) enthalten Fluor. Vor allem Glimmer (400…5 800 mg F kg^{-1}) und Tonminerale (Bentonit bis 7 400 mg F kg^{-1}) weisen hohe F-Gehalte auf. Deshalb enthalten in der Regel auch tonreiche Böden viel Fluor (bis 4 000 mg kg^{-1}). Die F-Konzentration der Bodenlösung wird deshalb wahrscheinlich z. T. durch den Fluorgehalt der Glimmer bestimmt. Durch Verwitterungs- und Verlagerungsvorgänge bedingt, steigt der Fluorgehalt der Böden oft mit der Tiefe. Infolge der sehr großen natürlichen Unterschiede ist der Gesamtgehalt an Fluor bei geologisch heterogenem Ausgangsmaterial weder ein geeigneter

Indikator für eine Fluor-Kontamination der Böden, noch ist er für die Abgrenzung von Richt- oder Grenzwerten für tolerierbare Fluorgehalte belasteter Böden geeignet.

Potenzielle **Fluoremittenten** sind vor allem die Aluminiumproduzenten, Steine- und Erdenindustrie, Müllverbrennungsanlagen sowie konventionelle Energiegewinnungsanlagen mit Kohle-, Erdöl- oder Erdgasverbrennung. Der jährliche Fluor-Eintrag mit dem Freilandniederschlag in Form von Fluorwasserstoff (HF), Fluoriden oder an Staubpartikel gebundenem Fluor wurde mit $0,3...1,6$ kg $F\,ha^{-1}$ angegeben; in Waldbeständen wurden Einträge bis 3 kg $F\,ha^{-1}\,a^{-1}$ gemessen, in der Nähe mancher Industriebetriebe bis 20 kg $F\,ha^{-1}\,a^{-1}$. Mit der Ausbringung von Phosphatdüngern, deren F-Gehalt meist $1,5...4\,\%$ beträgt (Thomasphosphat $< 0,15\,\%$), gelangen bei einer Düngung von 500 kg ha^{-1} $7,5...20$ kg $F\,ha^{-1}$ auf den Boden.

Nach Untersuchungen in der Schweiz sinkt in der Umgebung einer Fluor emittierenden Hütte der Gesamtgehalt der Böden mit zunehmender Entfernung von der Quelle (0,5 bis 8,8 km) von 2700 auf 616 mg $F\,kg^{-1}$ und verringert sich damit um das 4,4-fache. In gleicher Weise sinken die Gehalte an wasserextrahierbarem Fluor (Boden : Wasser = 1 : 50) von 292 auf 10 mg kg^{-1} und die Fluor-Gehalte der Bodenlösung von $8,2$ auf $0,3$ mg l^{-1}. Die Gehalte der löslichen Fluor-Fraktionen zeigen damit sehr viel deutlicher Unterschiede in der Fluor-Belastung der Böden an. Auch der Fluor-Gehalt von Kiefernnadeln sinkt mit der Entfernung (um das 29-fache) in enger Beziehung zum Gehalt an den löslichen Fluor-Fraktionen.

F^--Ionen werden in Böden relativ stark gebunden. Vor allem ist hierfür eine F^--Adsorption im Austausch gegen OH-Gruppen von Al- und Fe-Oxiden und Tonmineralen von Bedeutung. Weniger stark ist die Bindung an organische Substanzen. Die F^--Adsorption steigt mit zunehmender Bodenacidität bis ca. pH 4 an. Bei Böden mit hohem pH kann schwerlösliches CaF_2 gebildet werden.

Die **Bindungskapazität** für Fluoride ist bei sandigen Böden niedrig und bei tonigen hoch. Damit sind Löslichkeit, Verfügbarkeit und Auswaschung von Fluor auf sandigen Böden hoch und auf tonigen niedrig. In Deutschland liegt der Fluor-Gehalt im Sickerwasser bei $0,004...0,22$ mg $F\,l^{-1}$ (Mittelwert $0,1$ mg l^{-1}). Die jährliche **Auswaschung** liegt bei $20...400$ g $F\,ha^{-1}$.

Wie die Ergebnisse von Modellversuchen zeigen, bewirken F^--Kontaminationen vor allem bei sauren Böden eine deutlich erhöhte **Verlagerung** von Aluminium, organischer Substanz und Schwer-

metallen. Fluoride bilden mit Aluminium (und anderen Metallen) lösliche Komplexe hoher Stabilität und können deshalb Aluminium aus Huminstoffen freisetzen und damit auch die Löslichkeit organischer Substanzen erhöhen. Auf diese Weise kann durch erhöhte Fluor-Deposition wahrscheinlich der Ablauf von Podsolierungsprozessen beschleunigt werden. Außerdem wird durch Fluoreintrag die Phosphatverfügbarkeit durch Einbau von Fluor in Calciumphosphate verringert. Die Mobilisierung von Schwermetallen in Fluor-kontaminierten Böden ist auf Bildung löslicher organischer Substanzen zurückzuführen.

Erhöhte Fluorgehalte in Böden schädigen **Bodenmikroorganismen** und deren Umsatzleistungen. Die mikrobielle Biomasse und die Dehydrogenaseaktivität waren bei einer Konzentration von 100 mg $F_{H_2O}\,kg^{-1}$ Boden deutlich gehemmt, die Arysulfataseaktivität bereits ab 20 mg $F_{H_2O}\,kg^{-1}$. Für die Bewertung ökotoxikologischer Wirkungen sind nicht die Fluorgesamtgehalte sondern die wasserextrahierbaren, verfügbaren Anteile heranzuziehen. Böden mit natürlich hohen F-Gehalten enthalten in der Regel nur wenig lösliches Fluor.

Der Fluor-Gehalt der **Pflanzen** beträgt in der Regel $1...20$ mg kg^{-1} m_T. Teepflanzen können extrem hohe Gehalte bis 400 mg $F\,kg^{-1}$ aufweisen. Der Entzug durch eine Ernte beträgt $5...80$ g $F\,ha^{-1}$.

In der Umgebung mancher Industriebetriebe wurde ein F-Gehalt bis zu 300 mg kg^{-1} in der m_T von Weidegräsern ermittelt. Bei anderen Pflanzen wurden Gehalte bis zu 2000 mg kg^{-1} festgestellt.

Fluorwasserstoff (HF) und Fluoride werden durch Interzeption auf den Blattoberflächen niedergeschlagen und dringen zum Teil in das Gewebe der Pflanzen ein. Bei sehr empfindlichen Pflanzen führt schon eine HF-Konzentration von 1 µg $F\,m^{-3}$ Luft, bei weniger empfindlichen Pflanzen von $4,2$ µg $F\,m^{-3}$ und einer Einwirkungszeit von 30 min zu Nekrosen an Blatträndern und -spitzen. Fluor-, SO_2- und Trockenschäden an Pflanzen sind einander ähnlich. Fluor-Schäden lassen sich durch eine Fluor-Analyse des Pflanzenmaterials ermitteln.

10.2.3 Cyanide

Cyanide sind Salze der Blausäure (Cyanwasserstoff, HCN). Alle in Wasser löslichen Cyanide sind hochgiftig (z. B. Zyankali). Eisencyanidkomplexe sind intensiv blau gefärbt (Berliner Blau) und waren namensgebend für diese Verbindungen (griech. kyaneos = stahlblau).

10

Mikroorganismen und Pflanzen können HCN sythetisieren (Cyanogenese). Bei der pflanzlichen Cyanogenese werden cyanidhaltige Verbindungen (cyanogene Glycoside) enzymatisch in Cyanhydrine gespalten, die schnell in HCN zerfallen. An der mikrobiellen Cyanogenese sind vor allem Basidiomyceten, Ascomyceten und heterotrophe Bakterien beteiligt.

Industriell wird HCN aus Methan und Ammoniak hergestellt und bei der Produktion von Kunststoffen, Farben, Pharmazeutika als Zwischenprodukt sowie bei der Herstellung von Cyaniden und Dicyan (C_2N_2) eingesetzt. Einfache Cyanid-Salze dienen der Extraktion von Silber und Gold sowie der Erzaufbereitung. Ebenso werden sie in der Galvanotechnik und der Flotation verwendet. Straßensalz enthält oft Natriumhexacyanoferrat. Farbpigmente auf Basis von Eisencyankomplexen werden in der Papierindustrie eingesetzt. Sie geraten bei der Papieraufbereitung in den dabei anfallenden Abfallschlamm, der auch als Bodenverbesserungsmittel verwendet wurde. Bei der Koks- und Roheisenerzeugung entstehen ebenfalls Cyanide, die sich in Abwässern und festen Abfallstoffen wiederfinden. Bei der Vergasung von Steinkohle bildet sich HCN bei Reaktionen von Ammoniak mit Kohlenstoff. Cyanide und komplexe Cyanide sind deshalb vor allem in den Produktionsrückständen ehemaliger Gaswerksstandorte und Kokereien weit verbreitet. In der Metallveredlung finden sie beim Härten von Metallen Verwendung.

Cyanide treten in Gesteinen nicht auf. In 87 % **unbelasteter Bodenproben** aus Michigan (USA) konnte kein Cyanid nachgewiesen werden. Die restlichen Proben enthielten weniger als 1,2 mg $CN\,kg^{-1}$. In nordrhein-westfälischen Unterböden lagen die CN-Konzentrationen unter 0,5 mg kg^{-1}. Die höchsten Cyanidbelastungen treten in Böden von Kokereistandorten auf. Die Konzentrationen variieren in weiten Bereichen und können im Extremfall bis zu 63 g $CN\,kg^{-1}$ betragen. In Böden eines ehemaligen Rieselfeldes wurden bis 1150 mg $CN\,kg^{-1}$ nachgewiesen.

Alkali- und Erdalkalicyanide sind im Boden gut löslich. In Gegenwart von Schwermetall-Ionen bilden sich Metall-Cyanidkomplexe. In kontaminierten Böden ehemaliger Gaswerke und Kokereien liegt Cyanid vorwiegend in der Verbindung Berliner Blau ($Fe_4[Fe(CN)_6]_3$) vor. Die Löslichkeit dieser Verbindung ist stark pH-abhängig, wie nachfolgende Reaktion zeigt:

$$Fe_4[Fe(CN)_6]_3 + 12H_2O \rightarrow 4Fe(OH)_3 + 3[Fe(CN)_6]^{4-} + 12H^+$$

Erhöhte Cyanidkonzentrationen treten in der Bodenlösung bei pH-Werten > 5 auf.

Cyanid-Ionen und Metallcyankomplexe sind negativ geladen und werden in Böden der gemäßigten Breiten, die kaum positive Ladungen tragen, kaum sorbiert. CN^--Ionen können allerdings an Huminstoffe gebunden werden. Im sauren Milieu, in dem Cyanid nur in Form von HCN vorliegt, erfolgt die Bindung über Wasserstoffbrücken, im neutralen bis basischen über Ladungsübertragungskomplexe. Es ist deshalb davon auszugehen, dass CN^- in humusarmen Unterböden praktisch nicht zurückgehalten wird.

Gelöste Eisencyankomplexe werden besonders an Eisen- und Aluminiumoxide (Sesquioxide) gebunden. Durch einen niedrigen Boden-pH wird die Sorption gefördert. Mit sinkendem pH nimmt infolge der Protonierung der funktionellen Gruppen die Zahl der positiven Ladungen auf den Sesquioxidoberflächen zu. Eisencyanidkomplexe werden über elektrostatische Kräfte angezogen (außersphärische Komplexe) und reichern sich auf den Oxidoberflächen an. Fe-Oxide gehen dabei stärkere Bindungen ein als Aluminiumoxide. Die Komplexe werden dabei unter Bildung von innersphärischen Komplexen Teil der Oxidoberfläche. Im sauren Bereich kommt es zu Oberflächenfällungen in dem sich Berliner Blau-ähnliche Phasen bilden. Grundsätzlich wird Ferrocyanid stärker gebunden als Ferricyanid. Langzeitexperimente zeigten, dass Ferrocyanid zu Ferricyanid oxidiert wird. Eisencyankomplexe können ebenfalls an **Huminstoffe** gebunden werden. Es wird angenommen, dass die Komplexe mit funktionellen Gruppen (z. B. Chinongruppen) der organischen Substanz reagieren.

Unter stark reduzierenden Bedingungen können in Böden durch Auflösung von Mangan- und Eisenoxiden höhere Mn^{2+}- und Fe^{2+}-Konzentrationen auftreten. Diese Ionen fällen Eisencyan(II)komplexe aus. Die Fällungsprodukte sind $Fe^{II}_2[Fe(CN)_6]$ (Berliner Weiß) und $Mn^{II}_2[Fe(CN)_6]$.

Im Dunkeln ist der **Zerfall von Eisencyanidkomplexen** extrem langsam. Im sichtbaren (bis 480 nm) und UV-Licht werden sie rasch zersetzt. Dabei entstehen freie CN^--Ionen. Prinzipiell kann freies Cyanid aus dem Boden in Form von HCN entgasen. Aufgrund des hohen Dampfdrucks von HCN, dessen guter Wasserlöslichkeit und geringer Bindung in Böden (s. u.) kann das Gas an die Bodenoberfläche diffundieren und an die Atmosphäre abgegeben werden.

Pilze und Bakterien können freies Cyanid als Kohlen- und Stickstoffquelle nutzen. Der **Abbau** findet unter aeroben als auch anaeroben Bedingungen statt. Dabei werden CO_2 und NH_4^+ freigesetzt. Kurzfristig können sich als Zwischenstufen

10

Ameisensäure, Thiocyanat und Formamid bilden. Aufgrund der guten Bioverfügbarkeit reichern sich einfache Cyanide in Böden kaum an. Eisencyanid-komplexe werden mikrobiell nur sehr langsam abgebaut, so dass sich dieser Prozess für die Sanierung kaum einsetzen lässt.

Einfache Cyanide liegen im Körper von Menschen und Tieren überwiegend als HCN vor und besitzen eine höhere Biomembrangängigkeit als seine dissoziierte Spezies CN^-. Im Körper lagert sich HCN schnell als CN^- an die in den Mitochondrien lokalisierte Eisen(III)cytochromoxidase an und hemmt damit die Sauerstoffübertragung vom Hämoglobin auf das Gewebe. Folge davon ist ein rascher Stillstand aller aeroben Atmungsvorgänge. Die LD_{50} liegt beim Menschen zwischen 1,1 und 1,5 mg CN kg^{-1} Körpergewicht für NaCN und KCN.

Komplex gebundene Cyanide weisen sehr unterschiedliche **Toxizitäten** auf, da das CN-Ion im Komplex als Ligand gebunden ist. Komplexe von Ca, Zn, Ag, und Ni sind toxischer als die von Fe. Tägliche Aufnahmen bis zu 2 g Eisencyan(II)salzen sind bei Erwachsenen unbedenklich. In der BBodSchV wurden für die Pfade Boden–Mensch und Boden–Grundwasser Prüfwerte festgelegt.

Pflanzen sind gegenüber niedrigen CN-Konzentrationen widerstandsfähiger als Mensch und Tier. Sie verfügen über CN-Entgiftungsenzyme und haben einen alternativen Pfad in der mitochondrialen Elektronentransportkette. Pflanzenversuche mit ^{15}N markiertem Ferrocyanid deuten darauf hin, dass das Anion in Pflanzen transportiert und metabolisiert wird.

10.2.4 Schwermetalle

Metalle, die sich mit einer Dichte von > 3,5...5 (in gediegenem Zustand) an die Leichtmetalle anschließen, werden als Schwermetalle bezeichnet. Zu ihnen zählen sowohl die für den Stoffwechsel von Menschen, Tieren, Pflanzen und Mikroorganismen notwendigen Spurennährstoffe wie Eisen, Mangan, Chrom, Kupfer, Kobalt, Nickel und Zink als auch Elemente, die keine physiologische Bedeutung besitzen (Blei, Cadmium, Quecksilber, Thallium). Im Hinblick auf stoffliche Belastungen von Böden kommt den Schwermetallen eine besondere Bedeutung zu, da sie bereits in geringen Konzentrationen toxisch wirken. Im Gegensatz zu vielen organischen Schadstoffen kommen sie natürlich in Gesteinen und Böden vor und sind weder mikrobiell noch chemisch abbaubar. Nicht berücksichtigt wurden

hier Mangan und Eisen, die in Böden in Konzentrationen bis zu mehreren tausend mg kg^{-1} vorkommen und bei diesen Gehalten keine toxischen Wirkungen aufweisen, sowie die Spurennährstoffe Kobalt, Molybdän und Selen, die bezüglich ihres Eintrags keine Bedeutung besitzen. Arsen als Metalloid (Halbmetall) wird dagegen aufgrund seiner hohen Dichte, der Toxizität seiner Verbindungen und teilweise ähnlicher chemischer Reaktionen mit zu den Schwermetallen gezählt und in diesem Kapitel behandelt.

Quellen und Eintragspfade

Schwermetalle sind natürliche Bestandteile von Mineralen. Blei, Cadmium, Chrom, Kobalt, Nickel, Thallium und Zink liegen in isomorphen Positionen der Hauptelemente Silizium und Aluminium als Spurenbestandteil vor. Schwermetallgehalte von Gesteinen liegen normalerweise im mg kg^{-1} Bereich (Tab. 9.7–1). Erheblich höhere Gehalte weisen ultrabasische Erguss- (150 mg Co kg^{-1}, 1600 mg Cr kg^{-1}, 2000 mg Ni kg^{-1}) und Serpentingesteine (bis zu 8000 mg Ni kg^{-1}) auf. Erze (Arsenkies, Bleiglanz, Zinkblende) bestehen bis zu 100 % aus Schwermetallen (z. B. gediegenes Kupfer und Quecksilber).

Durch Verwitterung von Gesteinen und Erzen gelangen Schwermetalle natürlich in Böden. Die Freisetzung aus primären Mineralen liegt in Deutschland zwischen 0,1 g ha^{-1} a^{-1} (Cadmium) und 3,5 g ha^{-1} a^{-1} (Kupfer, s. a. Tab. 10.2–2). Ihr prozentualer Anteil am Gesamteintrag landwirtschaftlich genutzter Böden beträgt 0,2 % (Zink) bis 2,3 % (Cadmium). Weitere Schwermetallquellen sind kontinentale Staubimmissionen sowie Ausgasungen aus dem Meerwasser und Vulkane. Verglichen mit den Frachten aus anthropogenen Quellen sind die natürlichen meist unbedeutend. Eine Ausnahme bilden Hg-Emissionen aus Vulkanen und Meeren. Aktuelle Schätzungen gehen davon aus, dass anthropogene und natürliche Quellen zu gleichen Teilen zur Hg-Emission beitragen. Letztere führen jedoch nicht zu lokal erhöhten Gehalten in Böden.

Anthropogene Quellen von Schwermetallen sind Emissionen aus Industrie- und Verbrennungsanlagen und Kraftfahrzeugen. Durch Verwertung metallhaltiger Abfälle, Abwasserverrieselung, Verwendung von Düngern und Pestiziden werden Schwermetalle direkt in Böden eingetragen. Insbesondere atmosphärische Einträge aus Industrie und Verbrennungsanlagen haben dazu geführt, dass Metallkonzentrationen in der Umwelt weltweit drastisch zugenommen haben.

10

Industriebetriebe und Schornsteine von Groß-feuerungsanlagen (Kraft- und Zementwerke, Müll-verbrennungsanlagen) stellen punktförmige Quellen dar, während kleinere Emissionsquellen wie der Hausbrand als diffuse Quellen bezeichnet werden. Bei Industrie-Emissionen finden sich die höchsten Metallanreicherungen in unmittelbarer Umgebung der Emittenten. Entlang von Verkehrswegen zeichnen sich linienförmige Strukturen ab.

Schwermetalle werden partikelgebunden sowie dampf- und gasförmig transportiert. Die anfängliche Partikelgröße bei der Emission wird durch Prozesstemperaturen, bei denen die Schwermetalle freigesetzt werden, bestimmt. Flüchtige Elemente wie Arsen und Quecksilber verdampfen bei relativ niedrigen Temperaturen und kondensieren hoch angereichert in kleinen Partikeln und Aerosolen. Die atmosphärische Deposition von Schwermetallen ist durch große räumliche und zeitliche Variabilität gekennzeichnet. Sie hängt insbesondere von der geographischen Lage (Entfernung zum Emittenten) sowie von makro- und mikroklimatischen Bedingungen (Windrichtung, Niederschlagsvolumen und -art, Jahreszeit) ab.

Herkünfte anthropogener Schwermetallbelastungen sind in Tabelle 10.2–1 zusammengestellt. Eintragsraten in Böden aus verschiedenen Quellen zeigt Tabelle 10.2–2. Metallverarbeitende **Industrien** gehören zu den Hauptemittenten von Arsen (Kupfer- und Nickel-Herstellung), Blei, Cadmium (Nichteisenmetall verarbeitende Betriebe), Chrom (Leder-, Stahl-, Baustoff-, Farbenherstellung, Korrosionsschutz), Kupfer, Nickel, Quecksilber und Zink. Aus **Kraftwerken und Großfeuerungsanlagen** werden vornehmlich Cadmium und Blei emittiert. **Zementwerke** gehören zu den vorrangigen Thalliumemittenten. Das Metall wird beim Brennen der Zementklinker aus Eisensulfiden freigesetzt und reichert sich im Zementstaub an. Diese enthielten bis zu 50 mg Tl g^{-1}.

Bis zur Einführung des bleifreien Benzins war der **Kraftfahrzeugverkehr** Hauptemissionsquelle von Blei. Bei der Verbrennung Pb-haltigen Benzins entsteht PbBrCl, das als Aerosol mit einer Partikelgröße < 0,1 µm bis zu 1000 km weit transportiert werden kann. Das meiste vom Verkehr emittierte Pb wurde jedoch bis zu 30 m neben den Straßen angereichert. Cd-Emissionen aus dem Kraftfahrzeugverkehr entstehen durch Reifenabrieb (20…90 mg Cd kg^{-1} Reifenmaterial) und Verbrennungsrückstände des Dieselöls; sie führen zu einer Belastung der Böden im unmittelbaren Einflussbereich der Straßen (bis 10 m neben Hauptverkehrsstraßen). Ein Viertel der atmosphärischen Zn-Emissionen stammt ebenfalls aus dem Verkehr. Emissionsquellen sind Reifenabrieb, Kraftstoffe und verzinkte Karossen.

Klärschlämme, Bioabfälle und Baggerschlämme sind potenzielle Quellen von Schwermetalleinträgen. Zur Eingrenzung der Schwermetallfrachten wurden in Deutschland für Klärschlämme und Bioabfälle Verordnungen erlassen (s. Kap. 10.5, 11.7.4). Sie regeln die Aufbringung von Schlämmen und Bioabfällen auf landwirtschaftlich, forstwirtschaftlich oder gärtnerisch genutzte Böden. Die in Tabelle 10.2–2 aufgeführten Frachten wurden unter Annahme maximaler Aufbringungsraten und durchschnittlicher Schwermetallgehalte in Komposten bzw. Schlämmen nach Tabelle 10.4–2 berechnet. Bezogen auf die gesamte landwirtschaftlich genutzte Fläche Deutschlands sind die Metalleinträge durch Komposte und Schlämme gegenüber anderen Quellen wie Wirtschaftsdüngern unbedeutend (0,01 % (Cd, Cr, Cu, Zn)…0,05 % (Pb) Komposte, 2,73 % (Cr)…. 6,91 % (Zn) Klärschlämme).

Durch **Abwasserverrieselung** wurden in Rieselfeldböden Blei, Cadmium, Chrom, Kupfer und Zink angereichert. Auf Intensivfilterflächen können die Bodenbelastungen bis mehrere tausend mg kg^{-1} betragen (s. Tabelle 10.2–3).

Mit **Wirtschaftsdüngern** (Gülle, Mist, Geflügelkot) werden vornehmlich Kupfer und Zink in landwirtschaftlich genutzte Böden eingetragen. Extrem hohe Gehalte weisen Schweinegülle (268 mg Cu kg^{-1} m$_T$, 744 mg Zn kg^{-1} m$_T$) und Schweinemist (454 mg Cu kg^{-1} m$_T$, 1077 mg Zn kg^{-1} m$_T$) auf. Die unter Zugrundelegung einer Düngung von 50 kg P$_2$O$_5$ ha^{-1} a^{-1} errechenbaren Frachtraten entsprechen damit denen bei Bioabfall- und Klärschlammanwendungen (Tabelle 10.2–2).

Über **Mineraldünger** gelangen Cadmium und Chrom in den Boden. Hohe Cadmiumgehalte weisen Rohphosphate auf. Ihr Cd-Gehalt beträgt je nach Herkunft 2…80 mg kg^{-1}. Derzeit werden nur noch Phosphate zur Herstellung von Düngern verwendet, deren Gehalte deutlich unter 40 mg kg^{-1} liegen. Düngungsbedingte Cd-Einträge liegen je nach Bewirtschaftungssystem zwischen 1…11 g ha^{-1} a^{-1}. Extrem hohe Cr-Gehalte weisen Thomasmehl (2500 mg kg^{-1}) und NPK-Dünger (bis 6100 mg kg^{-1}) auf.

Quecksilber, Kupfer und Arsen wurden als **Pestizide** und Holzschutzmittel (Kyanisierung = Imprägnierung von Holz mit HgCl$_2$) angewendet. Der Einsatz von Metallverbindungen im Pflanzenschutz ist mit Ausnahme von Kupfer in Deutschland seit langem verboten. Hohe Cu-Gehalte weisen insbesondere Böden im Hopfen- und Weinbau auf (Tabelle 10.2–3).

Tab. 10.2-1 Herkünfte anthropogener Schwermetallbelastungen von Böden

	As	Cd	Cr	Cu	Hg	Ni	Pb	Tl	Zn
Kraftwerksemission	+	X	+	+	+	+	X		+
Hausbrandemission	+	+	+	+	+	+	+		+
Industrieemission	+	X	+	X	X	+	X	X	X
Kfz.-Emission	+						X		+
Klärschlämme	+	X	X	X	X	X	X		X
Bioabfälle	+	X	X	X	X	X	X		X
Baggerschlämme	X	X	+	X	X	X	X		X
Abwasserverrieselung		X	X	X	+		X		X
Pestizide	*			+	+				
Wirtschaftsdünger				X					+
Mineraldünger	+	X		+					

* = nur sehr geringe Mengen; + = messbare aber nur ausnahmsweise bedeutsame Mengen; X = wesentliche zu kontrollierende Mengen

Tab. 10.2-2 Schwermetalleinträge in [g ha^{-1} a^{-1}] verschiedene Quellen

Element	Atmosphärische Einträge		Direkteinträge				
	Ländl. Gebiete/ Waldstandorte	Industrie-/ Ballungsgebiete	Verwitterung	Klär-schlamm[1]	Kompost[1]	Wirtschafts-dünger[2,3]	Mineralischer Dünger[2,4]
As	3	k.A.	k.A.	0,12	k.A.	k.A.	k.A.
Cd	1,5...3	≤ 35	0,1	2,21	4,7	0,33...0,61	0,15...2,98
Cr	3	k.A.	2,0	61	253	6,11...33,8	15,3...464
Cu	11...13	1526	3,5	520	577	73,1...454	2,89...9,5
Ni	5...35	k.A.	0,8	43,5	163	8,93...13,6	1,50...6,63
Hg	0,2...0,8	2	k.A.	1,17	1,6	0,02...0,13	0,00...0,3
Pb	31...310	270...14.000	0,8	76	464	5,14...16,7	0,24...4,93
Zn	70...618	bis 4000	2,3	1253	2037	467...1077	36,9...54,3

[1] Berechnete Werte aus maximalen Frachtraten nach Klärschlamm- und Bioabfallverordnung (1,5 t ha^{-1}a^{-1} bzw. 10 t ha^{-1}a^{-1}) und durchschnittlichen Gehalten nach Tabelle 10.4-2
[2] Schwermetalleinträge durch Düngung von 50 kg P$_2$O$_5$ ha^{-1}a^{-1};
[3] Wirtschaftsdünger = Rinder-, Schweinegülle, Geflügelkot, Festmist Schwein und Rind;
[4] Mineraldünger = Triplesuperphophat, Rohphosphate, min. NPK-, NP-, PK-Dünger, Thomaskali.
[5] wet only Daten von 2000; k.A. = keine Angabe

10

Tab. 10.2-3 Schwermetallgehalte in Böden

Metall	Hintergrundwerte in [mg kg^{-1}]	Substrat/Nutzung	Vorsorgewerte [mg kg^{-1}]			Belastete Böden [mg kg^{-1}]
	90. Perzentil		Sand	Schluff/ Lehm	Ton	
Arsen	4…22	Sande/Acker Oberboden Periglaziale Lagen über Kalkstein/Wald Oberboden	k. A.	k. A.	k. A.	≤ 2500
Blei	35…130	Sandlöss/Acker Oberboden Periglaziale Lagen über Tongesteinen/Wald Oberboden	40	70	100	50…1850 Städte ≤ 3600 Rieselfelder 22.000 Erzlagerst. ≤ 30.000 Bleihütten
Cadmium	0,6…1,5	Sande/Acker Oberboden Periglaziale Lagen über Kalkstein/Wald Oberboden	0,4	1	1,5	3 Straßenrand 0,5…5 Städte ≤ 70 Rieselfelder
Chrom	26…1400	Sande/Wald Oberboden Ultrabasische Magmatite und Metamorphite/keine Nutzungsdifferenzierung	30	60	100	
Kupfer	7…140	Sande/Wald Oberboden Ultrabasische Magmatite und Metamorphite/keine Nutzungsdifferenzierung	20	40	60	67 Kleingärten 149…421 Hopfenanbau 80…2000 Kupferhütten
Quecksilber	0,1…0,5	Sande, Sandlösse/Acker Oberboden Periglaziale Lagen über basischen Magmatiten, Ultrabasischen Magmatiten, Metamophiten Marine Schlicke u. Ablagerungen von Flüssen im Tidebereich/Grünland	0,1	0,5	1	1…10 Chloralkaliproduktion 5…10 Klärschlammausbringung
Nickel	9…650	Sande/Acker Oberboden Ultrabasische Magmatite und Metamorphite/keine Nutzungsdifferenzierung	15	50	70	≤ 26.000
Thallium	0,005…1,8	Sande/Acker Oberboden Granit/Wald Oberboden	k. A.	k. A.	k. A.	5,5 Zementwerk
Zink	33…240	Sande/Wald Oberboden Periglaziale Lagen über Kalkstein/Wald Oberboden lössarm	60	150	200	1800 Obstgärten Bis 180.000 Bergbauhalden, Metallindustrie

Gehalte in Böden

Da Böden Schwermetalle natürlich enthalten, ist zur Beurteilung von Belastungssituationen die Kenntnis **geogener Grundgehalte** bzw. **Hintergrundwerte** notwendig. Der **geogene Grundgehalt** umfasst den Stoffbestand, der sich aus dem Ausgangsgestein (lithogener Anteil), ggf. Vererzungen (chalkogener Anteil) und der durch pedogenetische Prozesse beeinflussten Umverteilung von Stoffen im Boden ergibt. Die geogenen Grundgehalte unterscheiden sich nur wenig von denen der Ausgangsgesteine. Ausnahmen stellen Karbonat- und Sulfatverwitterungsböden sowie Böden aus sulfidischem Ausgangsmaterial und Böden, die unter tropischen Verwitterungsbedingungen entstanden sind, dar. Hier liegen die Bodengehalte über denen der Gesteine, da bei der Auflösung der Minerale die Verwitterungsprodukte schneller ausgewaschen werden als die Schwermetalle.

Der **Hintergrundgehalt** eines Bodens setzt sich zusammen aus dem geogenen Grundgehalt und der ubiquitären Stoffverteilung als Folge diffuser atmosphärischer Einträge in Böden. **Hintergrundwerte** sind repräsentative Werte für allgemein verbreitete Hintergrundgehalte eines Stoffes oder eine Stoffgruppe in Böden. Von der Länderarbeitsgemeinschaft Boden (LABO) wurden substrat- und nutzungsabhängige Hintergrundgehalte von Schwermetallen ländlich geprägter Regionen sowie für einzelne Bundesländer zusammengestellt (Tabelle 10.2–3).

Den Hintergrundwerten wurden Vorsorgewerte nach der Bundes-Bodenschutz- und Altlastenverordnung sowie ausgewählte Gehalte von kontaminierten Böden zum Vergleich gegenübergestellt. Vorsorgewerte wurden in Abhängigkeit von der Bodenart abgestuft aufgrund toxikologischer/ökotoxikologischer Untersuchungen festgelegt. Damit wurde dem unterschiedlichen Sorptionsvermögen der Böden Rechnung getragen. Unterhalb der Vorsorgewerte ist nach heutigem Kenntnisstand die Besorgnis einer schädlichen Bodenveränderung auszuschließen. Die Hintergrundwerte einiger Elemente können die Vorsorgewerte überschreiten (Böden aus ultrabasischen Gesteinen, Erzablagerungen). Sie gelten jedoch als unbedenklich, soweit eine Freisetzung der Schadstoffe keine nachteiligen Wirkungen auf die Bodenfunktionen erwarten lassen.

Schadstoffgehalte kontaminierter Böden können in weiten Bereichen schwanken. Die in Tabelle 10.2–3 aufgeführten Werte sollen Hinweise zu Belastungen in städtisch geprägten Gebieten sowie Extremwerte durch einzelne Emittenten vermitteln.

Bindungsformen, Löslichkeit- und Verlagerbarkeit

In Abhängigkeit von ihrer Herkunft (lithogen, pedogen, anthropogen) liegen Schwermetalle in spezifischen Bindungsformen in Böden vor. Metalle lithogener Herkunft treten in carbonatischer, silikatischer und sulfidischer Bindung auf. Pedogene Schwermetalle wurden durch bodenbildende Prozesse (Verwitterung, Humifizierung, Lessivierung etc.) freigesetzt und umverteilt. Sie sind vorwiegend an Tonminerale, organische Substanzen und pedogene Oxide und Sulfide gebunden. Durch Luftimmissionen in

Böden eingetragene, anthropogene Schwermetalle sind meist oxidisch oder sulfatisch gebunden. In Komposten, Klärschlämmen oder Abwässern liegen sie dagegen an organische oder auch anorganische Bestandteile sorbiert oder okkludiert vor.

Lithogene Schwermetalle sind aufgrund ihrer festen Einbindung in den Kristallverband nur wenig mobil. Dies hat zur Folge, dass trotz erhöhten Metallgehalten im Boden häufig keine Anreicherungen in Pflanzen festzustellen sind.

Zu welchen Anteilen insbesondere anthropogen eingetragene Schwermetalle in der Fest- oder Lösungsphase vorliegen, wird vornehmlich durch physikalisch-chemische Wechselbeziehungen zwischen Metallen und den Feststoffen der Bodenmatrix (organische Substanz, Tonminerale, Oxide etc.) bestimmt. Außerdem beeinflussen die Bodenreaktion (pH-Wert), Redoxpotenzial, organische und anorganische Komplexbildner und auch Mikroorganismen Mobilität und Bindungsformen der Metalle in der Bodenlösung. Die meisten Schwermetalle liegen als hydratisierte Ionen (z. B. Cu^{2+}, Cd^{2+}), anorganische Ionenpaare ($NiSO_4^0$, $CdSO_4^0$), anorganische (z. B. $CdCl^+$) oder gelöste organische Substanzen (DOM) in Lösung vor (Tabelle 10.2–4).

Das Verhalten von Metallen in Böden lässt sich meist mit Ad- und Desorptionsreaktionen sowie bei starker Bodenbelastung mit Fällungs- und Lösungsreaktionen definierter Metallverbindungen beschreiben.

Im aeroben Milieu bestimmen vorwiegend **unspezifische** und **spezifische** Ad- und Desorptionsprozesse die **Metallsorption**. Im schwach sauren bis alkalischen Milieu liegen Schwermetalle vorwiegend spezifisch gebunden vor. Die spezifische Sorption der Schwermetalle beruht auf der Bildung innersphärischer Komplexe von Metallhydroxiden ($MeOH^+$) in der Bodenfestphase (pedogene Oxide). Die Bildung der Hydroxokomplexe erfolgt dabei oberflächeninduziert bereits bei niedrigeren pH-Werten als aus Komplexstabilitätskonstanten berechnet. Die spezifische Adsorption an pedogene Oxide nimmt mit zunehmender Stabilität der Schwermetall-Hydroxokomplexe in der Reihenfolge Cd < Ni < Co < Zn < Cu < Pb << Hg zu. Bei der unspezifischen Sorption werden die Metallkationen elektrostatisch an Kationenaustauscher gebunden. Sie liegen dann in einer durch Alkali- und Erdalkali-Ionen austauschbaren, pflanzenverfügbaren Form vor.

Neben der Bindung an **Austauscheroberflächen** findet in Böden auch eine sehr langsam ablaufende Diffusion von Cadmium, Nickel, Zink und anderen Schwermetallen in die Kristallgitter von Fe- und Mn-Oxiden und Tonmineralen statt. Die

10

Tab. 10.2-4 Konzentrationen gelöster (Me$_t$) und in Form hydratisierter Ionen (Me^{2+}) vorliegender Schwermetalle sowie deren hauptsächlich vorliegende Bindungsformen in einem sauren und einem alkalischen Boden (n. SPOSITO 1981)

Metall	Me$_t$	Me^{2+}	Hauptsächlich vorliegende Bindungsform
	[mol l^{-1}]		
Sauerer Boden			
Ni (II)	$10^{-5,8}$	$10^{-5,9}$	Ni^{2+}, NiSO$_4^0$ org. Komplexe
Cu (II)	$10^{-5,7}$	$10^{-6,3}$	Org. Komplexe, Cu^{2+}, CuSO$_4^0$
Zn (II)	$10^{-6,6}$	$10^{-6,8}$	Zn^{2+}, ZnSO$_4^0$
Cd (II)	$10^{-8,3}$	$10^{-8,4}$	Cd^{2+}, CdSO$_4^0$, CdCl$^+$
Pb (II)	$10^{-7,3}$	$10^{-7,7}$	Pb^{2+}, org. Komplexe, PbSO$_4^0$, PbHCO$_3^+$
Alkalischer Boden			
Ni (II)	$10^{-8,0}$	$10^{-9,0}$	NiCO$_3^0$, NiCO$_3^+$, NiB(OH)$_4^+$
Cu (II)	$10^{-6,0}$	$10^{-8,1}$	Org. Komplexe, CuCO$_3^0$, CuB(OH)$_4^+$
Zn (II)	$10^{-8,5}$	$10^{-9,0}$	ZnHCO$_3$, Zn^{2+}, ZnSO$_4^0$, ZnCO$_3^0$
Cd (II)	$10^{-10,1}$	$10^{-10,5}$	Cd^{2+}, CdSO$_4^0$, CdCl$^+$
Pb (II)	$10^{-7,7}$	$10^{-9,6}$	PbCO$_3^0$, PbHCO$_3^+$, Pb(CO$_3$)$_2^{2+}$

Schwermetalle können auf diese Weise irreversibel festgelegt werden.

Ad- und Desorptionsprozesse (Kap. 5.5) von Metallen in Böden können in einfacher Weise durch Adsorptionsisothermen beschrieben werden. Als besonders geeignet hat sich die Freundlichsche Adsorptionsisotherme erwiesen. Die Sorptionskoeffizienten K_F der Schwermetalle nehmen in folgender Reihung zu Cd < Ni < Cu < Zn < Cr < Pb. Oberböden weisen 2,4-fach höhere K_F–Werte auf als Unterböden. pH-Wert, Kationenaustauschkapazität, Schwermetall-Gesamtgehalt und Gehalte an organischer Substanz, Ton, Feinschluff und verschiedenen pedogenen Oxiden korrelierten mit den K_F-Werten von Böden.

Viele Untersuchungen belegen den zentralen Einfluss des pH-Wertes auf die Schwermetalladsorption. Mit abnehmendem pH-Wert nimmt die Löslichkeit der Metalle zu. Die Löslichkeit von Cadmium steigt bei pH-Werten unter 6,5, die von Blei bei pH-Werten unter pH 4,0 stark an (Abb. 10.2–2). Ursache hierfür ist, dass die Metalle unterhalb dieser Bodenreaktion unspezifisch gebunden vorliegen.

Neben dem Boden-pH beeinflussen die Redoxbedingungen die Löslichkeit der Schwermetalle. Unter reduzierenden Bedingungen sind viele Metalle unlöslich, da sie als Schwermetallsulfide ausgefällt (z. B. Blei als PbS) werden.

Chlorid- und in eingeschränktem Maße die Sulfatkonzentrationen der Bodenlösung wirken löslichkeitserhöhend. Ursache dafür ist die Bildung stabiler, wasserlöslicher Chloro-Hg- und Chloro-Cd-Komplexe.

Organische Substanzen wirken in sauren Böden häufig löslichkeitserniedrigend, in neutralen bis alkalischen dagegen löslichkeitserhöhend (vgl. Abb. 10.2–2). Insbesondere Kupfer, Zink, Quecksilber und Blei liegen in sauren A-Horizonten in organischer Bindung vor. Die Mobilisierung von Blei und Cadmium durch organische Substanzen bei pH-Werten > 7 beruht dagegen auf der Bildung löslicher organischer Komplexe. Unter reduzierenden Bedingungen mobilisierten mikrobiell gebildete organische Komplexbildner schon bei schwach saurer Reaktion Cadmium, Blei, Kupfer und Zink.

Arsen, Chrom und Quecksilber verhalten sich in Böden etwas komplexer als die meisten Schwermetalle. **Chrom** liegt in Abhängigkeit von den Redoxbedingungen in drei- und sechswertiger Form vor. Cr(III) wird stark an Fe-Oxide gebunden, bildet aber auch schwer lösliche Hydroxide. In gut belüfteten Böden kommt Chrom auch in Form von

Oxianionkomplexen $(Cr(VI)O_4^{2-}, HCrO^{4-})$ vor. Im Gegensatz zu Cr(III) Verbindungen wird Cr(VI) als hochtoxisch eingestuft.

In der Bodenlösung ist meist $H_2AsO_4^-$ die wichtigste **Arsen**spezies, während H_3AsO_3 nur bei tiefem pH-Wert und niedrigem Redoxpotenzial auftritt. Daneben können auch Arsenat und Arsenit in der Bodenlösung vorkommen. Unter reduzierenden Bedingungen kann es zur Fällung von Arsensulfiden kommen. Mikroorganismen vermögen Arsen durch Methylierung bzw. Reduzierung in flüchtige Verbindungen wie Dimethylarsin und Arsin umzusetzen. Diese Prozesse tragen jedoch kaum zum Austrag aus Böden bei. Wichtigste Sorbenten sind Eisenoxide. Darüber hinaus sorbieren Tonminerale, Manganoxide und die organische Bodensubstanz Arsen. In Fe-oxidarmen Böden stellen Aluminium- und Calciumverbindungen die wichtigsten Sorbentien dar.

Die As-Konzentrationen in der Bodenlösung hängen von den vorhandenen As-Spezies, der Art und den Gehalten der As-Sorbenten, dem pH-Wert und den Konzentrationen um Sorptionsplätze konkurrierender Anionen ab. Dabei spielt der pH-Wert eine entscheidende Rolle für die As-Löslichkeit. Im Gegensatz zu anderen Schwermetallen steigt die Löslichkeit von As mit ansteigendem pH (Abb. 10.2–3). Oberhalb von pH 7 kommt es zu einer massiven Freisetzung von As. Die Ursache für diesen pH-Effekt könnten die zunehmend negative Ladung konkurrierender organischer Anionen, die Deprotonierung der Sorbentien als auch die zunehmend negative Ladung des anionischen Arsens (Arsenat und Arsenit) selbst sein.

Das Verhalten von Quecksilber wird durch die Disproportionierungsreaktion

$$2\,Hg^+ = Hg^{2+} + Hg^0$$

bestimmt. Übergänge zu den einzelnen Oxidationsstufen werden maßgeblich von Mikroorganismen beeinflusst. Hg-Ionen und Hg-Dampf werden von mineralischen und organischen Adsorbenten vorwiegend spezifisch adsorbiert. Die organische Substanz immobilisiert Quecksilber besonders stark. Das Metall bildet dabei kovalente Bindungen mit HS- sowie –S–S--Gruppen. In dieser Form ist es weitgehend vor Verdampfung, Auswaschung sowie Aufnahme durch Pflanzen geschützt.

Zur Beurteilung der ökologischen Bedeutung von Schwermetallanreicherungen in Böden müssen deren Bindungsformen bzw. Löslichkeit ermittelt werden. Zu diesem Zweck wurden häufig angewendete Extraktionsmittel getestet und zu einem sequenziellen Extraktionsverfahren optimiert (s. Tabelle 10.2–5). Schwermetallgesamtgehalte werden

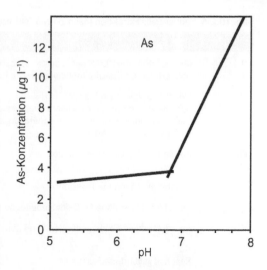

Abb. 10.2–3 Zusammenhang zwischen Boden-pH und As-Konzentration in der Bodenlösung einer Braunerde aus Schiefer-Gneis-Wechsellagerung (nach Tyler & Olson 2001).

routinemäßig im Königswasserextrakt bestimmt. Die extrahierten Anteile schwanken je nach Element und Mineralbestand des Bodens zwischen 50 und 100 %. Anthropogen zugeführte Mengen werden dagegen vollständig gelöst.

Verlagerung, Austrag

Eine Verlagerung der Metalle hängt wesentlich von den Bodeneigenschaften (pH, eH, KAK, Textur, Gehalt an Humus und pedogenen Oxiden) ab. Für Schwermetalle zeigte sich, dass ihre Bindung auf Aggregatoberflächen weniger fest ist als im Aggregatinneren. Insbesondere atmosphärisch eingetragene Metalle werden in aggregierten Böden an den Aggregatoberflächen in leicht extrahierbaren Formen gebunden. Sie können hier leichter gelöst und verlagert werden.

Leicht verlagerbar sind vor allem gelöste und unspezifisch gebundene Metalle. Zu den in größerem Umfang löslichen Metallen zählen Cadmium und Thallium. Dennoch ist bei der Verlagerung dieser Elemente in Böden eine erhebliche Retardation gegenüber dem Wassertransport gegeben. Als wenig mobil können Blei, Kupfer, Quecksilber und Zink angesehen werden. Dennoch werden sie im Grundwasser gefunden. Mögliche Ursachen hierfür sind

10

Tab. 10.2-5 Sequenzielle Extraktion (nach ZEIEN & BRÜMMER 1989)

Fraktion	Bezeichnung/Bindungsform	Extraktionsmittel
1	Mobile Fraktion/H_2O-lösliche, austauschbare (unspezifisch sorbierte) leicht lösliche metallorganische Komplexe	1 M NH_4NO_3
2	Leicht nachlieferbare Fraktion Spezifisch adsorbierte, oberflächennah okkludierte und an $CaCO_3$ gebundene Formen sowie metallorganische Komplexe geringer Bindungsstärke	1 M NH_4OAc (pH 6,0)
3	An Mn-Oxide gebundene Fraktion	0,1 M NH_2OH-HCl + 1 M NH_4OAc (pH 6,0 bzw. 5,5)
4	Organisch gebundene Fraktion	0,25 M NH_4-EDTA (pH 4,6)
5	An schlecht kristalline Fe-Oxide gebundene Fraktion	0,2 M NH_4-Oxalat (pH 3,25)
6	An kristalline Fe-Oxide gebundene Fraktion	0,1 M Ascorbinsäure in 0,2 M Oxalatpuffer (pH 3,25)
7	Residual gebundene Fraktion	Konz. $HClO_4$/konz. HNO_3 oder Konz. HF/konz. $HClO_4$

Tab. 10.2-6 Durchschnittliche Schwermetallausträge aus Agrarökosystemen [g ha^{-1} a^{-1}] (n. WILCKE & DÖHLER 1995, BANNICK et al. 2001)

	Cd	Cr	Cu	Hg	Ni	Pb	Zn
Sickerwasserkonz. µg l^{-1}	0,14	4,6	4	0,14	8,9	0,28	10
Bodensickerwasser[1]	0,28	9,2	8	0,28	17,8	0,56	38
Wassererosion	2	147	81	k. A.	96	189	338
Ernte[2]	0,67	5,27	34	k. A.	10,3	5,92	173

[1]Sickerwasserfracht bei 200 mm,
[2]Mittel über Fruchtarten Weizen, Roggen, Gerste, Hafer, Körnermais, Kartoffeln, Zuckerrüben

die Bildung löslicher organischer Komplexe oder ein partikelgebundener Transport in Makroporen.

Für Ackerböden liegen Schätzungen zum Schwermetallaustrag vor (Tab. 10.2–6). Über das Sickerwasser werden auf unbelasteten Standorten 0,28 (Cd, Hg) bis 38 g ha^{-1}a^{-1} (Zn) ausgewaschen. In Waldökosystemen liegen die Austräge wegen des niedrigen pH deutlich höher (bis 20 g Cd bzw. 1500 g Zn ha^{-1}a^{-1}). Austräge über die Ernteabfuhr betragen 0,67 (Cd) bis 173 (Zn) g ha^{-1}a^{-1}.

Neben der vertikalen Verlagerung im Boden kann der Schwermetallaustrag aus Agrarökosystemen durch Erosion beträchtlich sein und meist die überragende Austragsgröße darstellen (Tabelle 10.2–6). Da gleichzeitig Boden abgetragen wird, kommt es durch diesen Prozess allenfalls zu einer geringfügigen Änderung der Bodenkonzentrationen. Bedingt durch die geringe Löslichkeit der Metalle ist die Lösungsfracht mit dem Oberflächenwasser nur sehr gering.

Im Vergleich zu den Eintragsraten (Tabelle 10.2–2) sind die Austräge mit Ausnahme der durch Wassererosion möglichen deutlich niedriger. Dies hat zur Folge, dass insbesondere in Belastungsgebieten Schwermetalle in Böden soweit angereichert wurden, dass schädliche Bodenveränderungen vorliegen.

Schwermetallaufnahme und Wirkungen auf Pflanzen

Schwermetalle können durch Depositionen aus der Luft in oder auf oberirdischen Pflanzenteilen angereichert oder über die Wurzeln aus der Boden-

Tab. 10.2-7 Transferkoeffizienten Boden-Pflanze, normale und kritische Konzentrationen von Schwermetallen in Pflanzen (Angaben im mg kg^{-1} m$_T$)

Metall	Transferkoeffizient	Normal in Pflanzen	kritisch für Pflanzenwuchs	kritisch als Tierfutter
Arsen	< 0,5	< 0,1...5	10...20	> 50
Blei	< 0,5	1...5	10...20	10...30
Cadmium	0,03...10	< 0,1...1	5...10	0,5...1
Chrom	< 0,5	0,1...1	1...2	50...3000
Kupfer	0,01...2	3...15	15...20	30...100
Nickel	0,01...2	< 0,1...5	20...30	50...60
Quecksilber	< 0,05	< 0,1...0,5	0,5...1	> 1
Thallium	0,03...10	0,5...5	20...30	1...5
Zink	0,03...10	15...150	150...200	300...1000

lösung aufgenommen werden. Schwermetallanreicherungen über den Luftpfad spielen nur in Emittentennähe bei wenig mobilen Metallen wie z. B. Blei eine Rolle. Inwieweit Pflanzen Schwermetalle aus dem Boden aufnehmen und dadurch in ihrem Wachstum gestört werden oder für die Nahrung bedenkliche Konzentrationen anreichern, hängt von deren Löslichkeit im Boden sowie der Verlagerung in der Pflanze ab.

In Tabelle 10.2–7 sind normale und für den Pflanzenwuchs kritische Schwermetallgehalte sowie häufige Bereiche der Transferkoeffizienten Boden–Pflanze (TF$_{BP}$) aufgeführt. Der Transferkoeffizient errechnet sich aus den Schwermetallgesamtgehalten in Pflanze und Boden nach:

TF$_{BP}$ = mg Metall/kg Pflanzentrockenmasse : mg Metall/kg Boden

In Abhängigkeit von der betrachteten Pflanzenart und dem Bodensubstrat weisen die Transferkoeffizienten weite Bereiche auf. Auch die Koeffizienten einzelner Metalle unterscheiden sich voneinander, teilweise sogar um den Faktor 1000. Elemente wie Arsen, Blei, Chrom und Quecksilber werden aufgrund ihrer starken Bindung im Boden nur in geringen Mengen in Pflanzen aufgenommen, so dass ein Eintritt in die Nahrungskette nur bei sehr hohen Bodenbelastungen zu befürchten ist. Auch für den Pflanzenwuchs kritische Gehalte dürften nur in Einzelfällen erreicht werden.

Als mobil bzw. gut pflanzenaufnehmbar müssen dagegen mit Transferfaktoren von 0,03 bis 10 Cadmium, Thallium und Zink eingestuft werden. Mit

Ausnahme von Zink dürften selbst auf belasteten Böden jedoch kaum Pflanzenschäden auftreten, da die normalen Pflanzenkonzentrationen stark von den für den Pflanzenwuchs kritischen abweichen.

Bei Überschreiten von Grenz- und Richtwerten für Futtermittel und Nahrungsmittel in den Pflanzen muss mit einer Gefährdung von Tieren und Menschen gerechnet werden. Betrachtet man die für Tierfutter als kritisch angesehenen Metallgehalte von Pflanzen (Tabelle 10.2–7 Spalte 5), so zeigt sich, dass diese für Cadmium und Thallium deutlich unter den phytotoxisch relevanten Konzentrationen liegen. Dies bedeutet, dass Cd- und Tl-kontaminierte Pflanzen keine Schadsymptome zeigen und sich äußerlich nicht von gesunden Pflanzen unterscheiden. Für Blei, Kupfer, Quecksilber, Nickel und Zink liegen die Abstände zwischen phyto- und zootoxischen Schadschwellen in den Pflanzen zwar nicht weit auseinander (vgl. Spalten 4 und 5 in Tabelle 10.2–7), konkrete Probleme sind bisher jedoch nur durch Kupfer bei Wiederkäuern aufgetreten.

Untersuchungen zur Schwermetallverfügbarkeit in belasteten Böden zeigten, dass verschiedene Pflanzenarten Schwermetalle unterschiedlich stark aus dem Boden aufnehmen. Auch zwischen den Sorten einer Art sowie einzelnen Pflanzenteilen können Unterschiede bestehen. Blattgemüse wie Spinat, Kopfsalat, Mangold, Endivien akkumulieren Schwermetalle wesentlich stärker als Gräser (Getreide) und Bohnen, zweikeimblättrige Pflanzen generell stärker als einkeimblättrige. Bei Blattgemüsen besteht zusätzlich eine erhöhte Kontaminations-

10

gefahr durch Ablagerung schwermetallhaltiger Stäube auf den Sprossen.

Wurzeln und Blätter weisen häufig hohe, Stängel, Früchte und Körner geringe Metallgehalte auf (Abb. 10.2–4). Insbesondere Blei, Chrom und Quecksilber werden in den Wurzeln akkumuliert und kaum in oberirdische Pflanzenteile verlagert. Die pflanzeninterne Retention der Schwermetalle auf ihrem Wege in Früchte und Samen verhindert so einen Eintrag der Schwermetalle aus dem Boden in Viehfutter und Nahrungsmittel.

Einige Pflanzen vermögen Schwermetalle über das normale Maß hinaus im Spross anzureichern. Sie werden als Hyperakkumulator-Pflanzen bezeichnet. Kriterium für die Klassifizierung sind die Metallgehalte in Blättern. Sie betragen für Cadmium > 0,01 mg kg^{-1} m$_T$ für Kupfer, Blei und Nickel > 0,1 mg kg^{-1} m$_T$ und für Zink und Mangan > 1,0 mg kg^{-1} m$_T$. Hyperakkumulatorpflanzen wurden auf Böden mit „natürlich" hohen Schwermetallgehalten in der Umgebung von Erzlagerstätten gefunden. Sie gehören u. a. zu den Gattungen *Thlaspi* und *Alyssum* (Zn-Akkumulatoren). Vielfach wurde versucht, diese Pflanzen zur Sanierung schwermetallkontaminierter Böden (Phytoremediation) einzusetzen. Die Entzugsraten dieser Pflanzen waren wegen der geringen Biomassebildung jedoch sehr gering.

Zum Schutz von Mensch und Tier wurden in der Deutschen Bundes-Bodenschutz- und Altlastenverordnung Prüf- und Maßnahmenwerte für den Pfad Boden–Pflanze erlassen. Sie wurden unterteilt in Werte zum Schutz der Pflanzenqualität und Wachstumsbeeinträchtigungen auf Ackerbauflächen und Pflanzenqualität auf Grünlandflächen.

Wirkungen auf Bodenorganismen

Einige Schwermetalle, darunter Kupfer, Zink, Eisen und Mangan, sind essenzielle Mikronährstoffe für **Bodenmikroorganismen**. Konzentrationen von 1...100 µg g^{-1} Biomasse sind ausreichend. Positive Effekte auf Stickstoff fixierende Bakterien wurden mit Kobalt erzielt. Vanadium und Nickel sind ebenfalls essenziell.

Liegen Schwermetalle in erhöhten Konzentrationen vor, können sie mikrobielle Populationen empfindlich stören (Kap. 4.4.2). Sowohl Reduktionen der mikrobiellen Biomasse als auch Aktivitätshemmungen wurden beobachtet. Nahezu alle die mikrobielle Aktivität kennzeichnenden Parameter (Enzymaktivitäten, Mineralisation) werden durch Schwermetalle reduziert. Dies hat zur Folge, dass wesentliche Umsetzungsprozesse wie Abbau und Umsetzung organischer Substanz oder die Mineralisation von Stickstoff empfindlich gehemmt werden. Außerdem verändern Schwermetalle das Artenspektrum zugunsten resistenter Spezies. Viele Untersuchungen wiesen auf Abnahmen der Bakterien- und Actinomycetenpopulation zugunsten von Pilzen hin. Andere zeigten dagegen, dass auch Pilze empfindlich auf Schwermetalle reagieren. Die

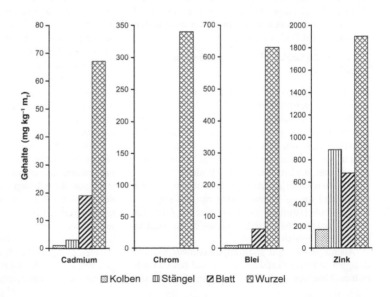

Abb. 10.2–4 Cadmium-, Chrom-, Blei- und Zinkgehalte in verschiedenen Pflanzenteilen von *Zea mais*, Aufwuchs in hochkontaminiertem Rieselfeldboden

Gehalte (mg kg^{-1} m$_T$)

Cadmium   Chrom   Blei   Zink

⊠ Kolben   ⊞ Stängel   ⊠ Blatt   ⊠ Wurzel

10

Resistenz der Mikroorganismen beruht auf deren Fähigkeit, die Toxizität der Metalle durch Bindung oder Ausfällung an den Zelloberflächen, Biomethylierung (z. B. As), Biosynthese intrazellulärer Polymere oder Oxidation herabzusetzen. Die Zeit, die für die Ausbildung einer Schwermetallresistenz benötigt wird, kann stark variieren. In einigen Untersuchungen bildeten sich schwermetalltolerante Bakteriengemeinschaften innerhalb weniger Tage, in anderen wurden mehrere Jahre benötigt.

Wirkungen der Schwermetalle auf Bodenmikroorganismen und mikrobielle Prozesse werden von physikochemischen Eigenschaften der Böden beeinflusst. Die Toxizität der Schwermetalle selbst ist spezifisch und nimmt in folgender Reihe ab: Hg > Cr, Co, Cd, Cu > Ni, Pb, Zn.

An verschiedenen Böden ermittelte Wirkungen von Cd, Cr, Cu, Hg, Ni, Pb und Zn auf die Boden-

atmung, Ammonifizierung und Nitrifizierung sind in Abb. 10.2–5 dargestellt. Zwischen den höchsten Konzentrationen, die keine Hemmung bewirkten („No-Effect-Level"), und den Konzentrationen, bei denen immer Aktivitätsverluste festgestellt wurden, liegt ein weiter Bereich. Dieser kann mit der modifizierenden Wirkung abiotischer und biotischer Bodeneigenschaften sowie mit der Datenerhebung (Laborversuch vs. Freilanduntersuchung) erklärt werden. Da Mikroorganismen nur gelöste Metallspezies aufnehmen, sind die Wirkungsschwellen in stark sorbierenden Böden höher als in schwach sorbierenden. Häufig konnten positive Korrelationen zwischen effektiven Konzentrationen (z. B. EC_{50} s. Abb. 10.5–1) und Gehalten an organischer Substanz und der Kationenaustauschkapazität festgestellt werden. Hinsichtlich der Bindungsform der Metalle wird angenommen, dass hydratisierte Metallionen stärker toxisch wirken als Schwermetallkomplexe.

Obwohl die Löslichkeit der Schwermetalle eine entscheidende Rolle für die Verfügbarkeit darstellt, konnte in einigen Untersuchungen gezeigt werden, dass mit zunehmendem pH-Wert und abnehmender Metalllöslichkeit die EC_{50}-Werte abnahmen (Abb. 10.2–6). Dieser u. a. für Zink beobachtete Effekt wurde mit einer H^+ / Zn^{++} Konkurrenz an den Zellmembranen erklärt. Der Boden-pH hat offenbar eine gegensätzliche Wirkung auf die Zn-Löslichkeit und –Toxizität.

Wirkungen von Schwermetallen auf Bodenmikroorganismen und die von ihnen bewerkstelligten Umsetzungsprozesse wurden häufig in Laborexperimenten untersucht. Dabei werden den Böden steigende Mengen an Schwermetallsalzen zugesetzt und deren Wirkung im Vergleich zu einer unbelasteten Kontrolle untersucht. Geländeuntersuchungen beziehen sich auf künstlich (Feldversuche) oder „natürlich" kontaminierte Standorte (Böden in unmittelbare Umgebung von Emittenten). Bei letzteren werden Proben in zunehmenden Abständen von Emittenten gezogen. Natürlich kontaminierte Böden haben gegenüber Labor- und Feldversuchen den Nachteil, dass die Böden häufig mit einer Mischung mehrere Schwermetalle (z. B. Messinghütten (Cu + Zn), Klärschlammanwendung) kontaminiert sind und sich die Wirkungen einzelner Metalle nicht nachweisen lassen. Vergleichende Bodenuntersuchungen an Proben unter feuerverzinkten Hochspannungsmasten und künstlich mit $ZnCl_2$ kontaminierten Böden zeigten, dass die Wirkungsschwellen um Zehnerpotenzen voneinander abweichen können (Abb. 10.2–7). Diese Unterschiede wurden u. a. mit den extremen Unterschieden der Zinkkonzentrationen in den Bodenlösungen er-

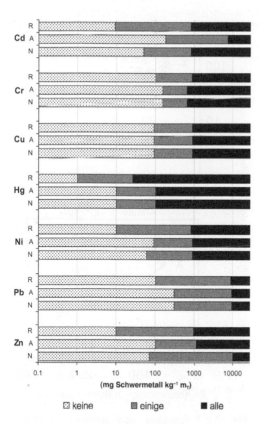

Abb. 10.2–5 Wirkung von Schwermetallen auf die Basalatmung (R), Ammonifizierung (A) und Nitrifizierung (N) verschiedener Böden (ergänzt nach DOELMAN 1986).

10

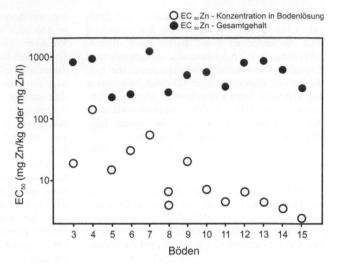

Abb. 10.2–6 EC_{50}-Werte (Mediane) der potenziellen Nitrifikation von 15 mit $ZnCl_2$ kontaminierten Böden. Die Böden sind von links nach rechts mit ansteigendem pH-Wert aufgetragen (nach SMOLDERS et al. 2004).

klärt. Die Übertragbarkeit von Laborversuchsergebnissen auf Feldbedingungen wurde in Frage gestellt. Andere Untersuchungen wiesen darauf hin, dass frische (Zusatz von Schwermetallsalz) und gealterte (Zusatz von metallbelastetem Boden) Kontaminationen an ein und demselben Boden bei annährend gleicher Bodenlösungskonzentration die gleichen Effekte hervorrief.

Bodentiere können Schwermetalle über die Bodenluft, Bodenlösung oder durch Direktaufnahme inkorporieren. Während Insekten, Spinnen oder Tausendfüßler, die alle über eine „harte" Körperoberfläche (chitinhaltige Cuticula) verfügen, die Metalle primär über die Nahrung aufnehmen (d. h. die Resorption erfolgt im Darm) erfolgt bei weichhäutigen Tieren (z. B. Regenwürmer oder Enchyträen) die Aufnahme hauptsächlich über die Haut. Auf diesem Weg reichern Regenwürmer Cadmium und Zink am stärksten an. Bioakkumulationsfaktoren (BAF = Konzentration Tier / Konzentration Boden) betragen für diese Metalle maximal 40 (Zn) und 12 (Cd). Mit zunehmender Metallkonzentration im Boden nehmen die BAF deutlich ab. Andere toxische Elemente wie Blei, Quecksilber und Kupfer liegen in der Biomasse der Tiere weit unter den Gehalten in Böden, wofür neben artspezifischen Speicherungs- oder Extraktionsmaßnahmen auch populationsspezifische Anpassungsreaktionen verantwortlich sein können.

In Tabelle 10.2–8 sind Wirkungsschwellen von Schwermetallen auf Bodentiere zusammengestellt. Häufig wurden Wirkungen auf Regenwürmer, Rin-

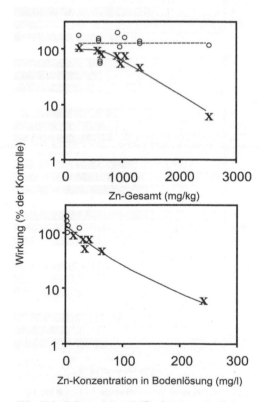

Abb. 10.2–7 Potenzielle Nitrifikationsraten in Zn-kontaminierten Böden entlang eines Belastungsgradienten unter einem Hochspannungsmast (o) und im Labor mit $ZnCl_2$ versetzten Böden (x) (nach SMOLDERS et al. 2004).

Tab. 10.2-8 Wirkungsschwellen verschiedener Schwermetalle auf Bodentiere

Metall	Art	Parameter	Gehalt im Boden [mg kg^{-1}]	Hemmung/Reduktion [%]
Arsen	*Lumbricus terrestris*	Mortalität	117	50
	Eisenia fetida	Reproduktion	70	30
Blei	*Lumbricus rubellus*	Mortalität	3000	50
	Caenorhabditis elegans	Mortalität	1305	4
Cadmium	*Aporrectodea caliginosa*	Reproduktion	1,86	10
	Folsomia candida	Reproduktion	12	10
Chrom	*Octochaetus pattoni*	Reproduktion	2	40
	Eisenia fetida	Reproduktion	100	52
Kupfer	*Eisenia fetida*	Reproduktion	16,8	10
	Aporrectodea caliginosa	Wachstum	69,8	10
Nickel	*Eisenia fetida*	Reproduktion	85	10
	Nematoden	Populations-dichte	100	18
Queck-silber	*Octochaetus pattoni*	Reproduktion	0,5	35
	Eisenia fetida	Mortalität	13	26
Zink	*Eisenia fetida*	Reproduktion	136	50
	Folsomia candida	Reproduktion	185	50

gelwürmer (Enchyträen), Nematoden und Springschwänze (Collembolen) untersucht. Oft unterscheiden sich diese Organismen in ihrer Sensitivität gegenüber einem Metall um Größenordnungen, wobei selbst relativ nah verwandte Arten (z. B. Regenwürmer und Enchyträen) durchaus verschiedene Reaktionen zeigen können.

Bei Chemikalientests werden Kompostwürmer (*Eisenia fetida*) verwendet, da sich diese Art leicht züchten lässt. In Anlehnung an die Vorschriften der Internationalen Organisation für Standardisation (ISO) und der OECD wird für diese Tests häufig ein Kunstboden bestehend aus einer Mischung von Torf, Kaolinit und Seesand (Verhältnis: 1 : 2 : 7) bei Toxizitätstests eingesetzt. In Akuttests, in denen die Mortalität der Tiere nach 14 Tagen Exposition gemessen wird, reagieren die Regenwürmer deutlich unempfindlicher als in Reproduktionstests mit einer Dauer von 56 Tagen. Aus diesem Grund ist, nicht nur bei Regenwürmern sondern auch für andere Bodentiere wie Collembolen, die Durchführung von chronischen Reproduktionstests zu empfehlen.

Die in Tabelle 10.2-8 angegebenen Werte wurden unter Verwendung natürlicher Böden erzielt und geben untere Wirkungsschwellen der Metalle an. Auffallend ist dabei, dass neben den in den OECD- oder ISO-Richtlinien aufgeführten „Standardtestspezies" wie dem Kompostwurm *Eisenia fetida* oder dem Collembolen *Folsomia candida* häufig eine hohe Empfindlichkeit bei Arten gefunden wurde, die direkt aus dem Freiland entnommen wurden (z. B. den Regenwürmern *Lumbricus terrestris* oder *Aporrectodea caliginosa*). Daraus ist zu schließen, dass die in Tabelle 10.2–8 aufgeführten Werte den Schutz des Ökosystems Boden nur bedingt gewährleisten, da bei Testung weiterer Arten sehr wahrscheinlich noch empfindlichere Reaktionen gefunden würden. Dazu passt, dass sich das regionale Verschwinden von Bodentieren (der südfranzösischen Regenwurmgattung *Scherotheca* sp.) auf die Wirkung der Schwermetalle Blei und Kupfer aufgrund menschlicher Aktivitäten (Bergwerke) zurückführen lässt.

Auf der anderen Seite ist darauf hinzuweisen, dass die in Labortests gefundenen Wirkungsschwellen häufig auf Tests mit „frisch" in den Boden gemischten Metallsalzen beruhen. Unter realen Bedingungen im Freiland liegen die Metalle aber meist „gealtert" vor, d. h. sie waren für lange Zeit den Einflüssen von Klima und Bodeneigenschaften ausgesetzt. In vielen Fällen führt diese Alterung zu einer verringerten Bioverfügbarkeit der Metalle und damit zu einer geringeren Toxizität. Auf der anderen Seite kann es unter realen Bedingungen, wo nur

10

in den seltensten Fällen ein Schwermetall allein in einem Boden vorliegt, zu Interaktionen zwischen verschiedenen Kontaminanten (neben Metallen auch organische Chemikalien wie PAK) kommen, die wiederum eine erhöhte Toxizität zur Folge haben können. Aufgrund dieser Komplexität ist für die Beurteilung der Wirkung von Schwermetallen im Freiland möglichst eine Anzahl von Tests mit verschiedenen Arten unter den realen Bedingungen des zu beurteilenden Standorts durchzuführen.

10.2.5 Salze

Die Schadwirkung löslicher Salze auf das Pflanzenwachstum kann auf spezifische und osmotische Wirkungen zurückgeführt werden. Spezifische Wirkungen können bereits bei niedriger Konzentration eines Ions in der Bodenlösung auftreten, wenn die Toxizitätsgrenze überschritten wird. Daneben können die im Überschuss vorhandenen löslichen Kationen und Anionen durch Ionenkonkurrenz die Aufnahme von Nährstoffen durch die Pflanze soweit erniedrigen, dass Salzschäden durch Nährstoffmangel entstehen. Dies kann z. T. durch eine **Ausgleichsdüngung** korrigiert werden. Osmotische Wirkungen treten erst bei hoher Gesamtkonzentration der Salze auf. Die einzelnen Pflanzenarten reagieren hierbei in verschiedener Weise. Relativ salztolerant sind z. B. Gerste und Zuckerrüben), salzempfindlich z. B. Erbsen, Bohnen, Rotklee und Azaleen; außerdem sind z. T. junge Pflanzen empfindlicher als ältere.

Als ein Maß für den **ökologisch wirksamen Salzgehalt** der Böden wird meist die elektrische Leitfähigkeit (EC) im Bodensättigungsextrakt bestimmt und in mS m^{-1} angegeben. Bei empfindlichen Pflanzen (Erbsen, Bohnen) können Salzschäden bereits bei einer EC von 2 mS m^{-1} bzw. bei einem osmotischen Druck von 72 kPa auftreten. Bei > 4 mS m^{-1} (> 144 kPa) entsprechend einem Salzgehalt von > 3 g l^{-1} Sättigungsextrakt werden die meisten Kulturpflanzen geschädigt.

Hohe natürliche Salzgehalte finden sich in Watten und Nassstränden, **Salz-Rohmarschen** sowie in **Salzböden** arider Gebiete (Kap. 7.5.2) und verfügen über eine daran angepasste halophile Vegetation.

Eine hohe Salzkonzentration kann auch im Frühjahr in der Ackerkrume entstehen, wenn mit der Düngung eine hohe Zufuhr von leicht löslichen Salzen (Chloride, Nitrate) erfolgt und nur geringe Niederschläge fallen. So wurde nach einem niederschlagsarmen Herbst und Winter in 8 von

100 Bodenproben aus der Ackerkrume von Lössböden eine Salzkonzentration im Sättigungsextrakt von 2,5…3,9 g l^{-1} (vorwiegend Chloride) festgestellt und hieraus ein osmotischer Druck von 180…380 kPa errechnet. Da aber der Wassergehalt der Böden während der Vegetationsperiode meist erheblich tiefer liegt als im Sättigungsextrakt, ergibt sich für die Bodenlösung unter natürlichen Bedingungen ein höherer osmotischer Druck, der zu Wachstumsschäden der Pflanzen führen kann.

In Trockengebieten der Erde kommt es vor allem beim Bewässerungslandbau leicht zu Salzschäden. Selbst salzarmes Bewässerungswasser kann zu erhöhten Salzkonzentrationen im Wurzelraum von Kulturpflanzen führen, wenn dem nicht periodisch durch überhöhte Wassergaben entgegen gewirkt wird. Das setzt aber zum einen ausreichend tiefe Grundwasserstände voraus. Außerdem müssen die Böden ausreichend wasserdurchlässig sein. Dem genügen meist sandige Böden eher als lehmige bis tonige Böden (s. auch Kap. 7.2.4.5).

Ein weiteres Beispiel für Salzschäden sind die in gemäßigten Breiten während des Winters durch **Streusalze** (hauptsächlich NaCl) verursachten Bodenveränderungen und damit Vegetationsschäden an Straßenrändern. Als Salzsymptome sind an der Straßenrandvegetation verzögerter Blattaustrieb, Blattnekrosen, vorzeitiger Laubfall und in extremen Fällen Absterben von Pflanzen festzustellen.

Durch die Salzapplikation findet auch eine erhebliche Beeinflussung der Böden bis zu 5…10 m neben dem Fahrbahnrand statt ("Straßenrandböden"). Die NaCl-Zufuhr bewirkt in Böden einen Austausch von vorwiegend Ca- und Mg-Ionen durch Na-Ionen, sodass die Na-Sättigung der Straßenrandböden häufig Werte von 10…20 % erreicht. Dadurch findet eine Alkalisierung der Böden mit einem Anstieg der pH-Werte bis in den alkalischen Bereich statt, und Salz-Natriumböden werden gebildet. Im humiden Klima Mitteleuropas findet vom Frühjahr bis Herbst eine beträchtliche Auswaschung des leicht löslichen NaCl wie auch der durch Na-Eintausch freigesetzten Nährstoffkationen (vor allem Ca, Mg und K) statt. Durch die hohe Na-Belegung der Austauscher neigen Straßenrandböden zu Verschlämmung und Dichtlagerung und sind durch einen ungünstigen Luft- und Wasserhaushalt sowie eine reduzierte Nährstoffaufnahme gekennzeichnet. Da Straßenrandböden häufig aus künstlichen Auftragungen bzw. anthropogenen Deckschichten bestehen und beim Bau der Straßen verdichtet wurden, ist es jedoch schwierig, Verdichtungen auf die Wirkung von Na-Ionen zurückzuführen. Lagerungsdichten innerstädtischer Straßenrandböden weisen eine hohe

Variationsbreite (sehr gering bis sehr hoch) auf. Die Mittelwerte liegen im Bereich 1,4...1,75 g cm^{-3}.

Seit 1963 wird in Deutschland Streusalz verwendet. Der jährliche Verbrauch ist vom Witterungsgeschehen abhängig. Von 1964 bis 1990 wurden in Deutschland (alte Länder) 0,4...3,2 10^6 ta^{-1} abgesetzt. In den letzten Jahren ist der Streusalzverbrauch in vielen Städten drastisch gesenkt worden.

10.2.6 Radionuklide

Radionuklide sind natürliche Bestandteile von Mineralen und damit von Gesteinen und Böden. Da sie darüber hinaus – natürlich oder künstlich erzeugt – in der Atmosphäre vorkommen, gelangen sie auch über sie in die Böden und können sich dort anreichern. Die beim radioaktiven Zerfall emittierte Strahlung kann eine Schädigung von Pflanzen, Tieren und Menschen bewirken.

Die Eigenschaft bestimmter Nuklide (Atomkernarten), sich von selbst ohne äußere Einwirkung umzuwandeln, wird als **Radioaktivität** bezeichnet. Von den bisher bekannten etwa 2800 verschiedenen Nukliden, die Isotope der 115 chemischen Elemente darstellen, sind nur 264 stabil; alle anderen wandeln sich mit unterschiedlicher Geschwindigkeit nach z. T. mehrfachen radioaktiven Veränderungen in stabile Isotope um. Die beim Zerfall freiwerdende Energie wird als kurzwellige elektromagnetische Strahlung (γ-Strahlen) und/oder als Korpuskularstrahlung in Form von Teilchen (α-, β^+-, β^-- oder Neutronenstrahlen) abgegeben. Die verschiedenen Strahlenarten verhalten sich sehr unterschiedlich im Hinblick auf ihr Durchdringungsvermögen ($\gamma \gg \beta > \alpha$) und ihre biologischen Wirkungen (α- und β^--Strahlen schädigen stärker als β^+- und γ-Strahlen). Als Oberbegriff für die verschiedenen Strahlungsarten dient heute die Bezeichnung **ionisierende Strahlung**.

Die Geschwindigkeit der Umwandlungen ist durch die **Halbwertszeit** (HWZ, $T_{1/2}$) charakterisiert, die für jedes Isotop eine spezifische Größe darstellt. Die HWZ schwankt in extrem weiten Grenzen vom Femtosekundenbereich (z. B. ^{8}Be: 2 · 10^{-16} s) bis zu geologischen Zeiträumen (z. B. ^{128}Te: 7,2 · 10^{24} a). Verschiedene Radionuklide mit unterschiedlichen Halbwertszeiten werden bei ausreichenden Gehalten in Böden und Gesteinen für eine radiometrische **Altersbestimmung** verwendet. In der Bodenkunde ist die ^{14}C-Methode von besonderer Bedeutung; sie erlaubt Datierungen für Zeiträume von einigen hundert bis zu etwa 40 000 Jahren. Geologische Zeiträume erschließen sich z. B. mit

der Kalium-Argon- oder der Rubidium-Strontium-Methode.

Die längsten HWZ haben einige natürliche Radionuklide, die seit der Entstehung der Erde vorhanden sind und deshalb als **primordial** bezeichnet werden; dazu gehören die Elemente der drei Zerfallsreihen von ^{238}U, ^{235}U und ^{232}Th mit insgesamt 47 Nukliden sowie 25 weitere langlebige Nuklide, von denen dem Kaliumisotop ^{40}K aufgrund seiner Allgegenwart in Böden und der vergleichsweise hohen spezifischen Aktivität eine besondere Bedeutung zukommt. Andere natürliche Radionuklide entstanden und entstehen durch den Beschuss mit hochenergetischer kosmischer Strahlung (z. B. ^{3}H, ^{14}C). In Tabelle 10.2–9 sind einige Kennwerte natürlich vorkommender Radionuklide zusammengestellt.

Daneben existieren die mittels Kernreaktionen künstlich erzeugten Radionuklide, die sich prinzipiell von allen Elementen herstellen lassen. Viele dieser Stoffe werden in verschiedenen Bereichen der Forschung und Technik sowie in der Strahlenmedizin eingesetzt; andere werden bei Kernwaffenexplosionen oder beim Betrieb kerntechnischer Anlagen freigesetzt. Gemeinsam ist allen diesen Stoffen, dass die von ihnen emittierten ionisierenden Strahlen in Organismen und damit auch im menschlichen Körper Zellveränderungen auslösen, die wiederum Krebserkrankungen oder Erbschäden verursachen können.

Um die Aktivität einer radioaktiven Quelle zu kennzeichnen, wird seit 1986 international die SI-Einheit **Becquerel** (Bq = Anzahl der Kernzerfälle pro Sekunde) verwendet. Daneben wird zur Abschätzung der Wirkung ionisierender Strahlen auf lebende Zellen die **Äquivalentdosis** bzw. **Organdosis** verwendet; als Maß dient die Einheit Sievert (Sv). Die Organdosis ist das Produkt aus der von ionisierenden Strahlen gelieferten Energiedosis (Gray, Gy; absorbierte Strahlungsenergie pro Masse) und dem Strahlungswichtungsfaktor W_R, der die unterschiedliche biologische Wirksamkeit verschiedener Strahlenarten in den einzelnen menschlichen Organen quantifiziert (z. B. W_R = 20 für α-Strahlen und ≤ 1 für β- und γ-Strahlen).

Geogene Radioaktivität von Böden und Gesteinen

Böden haben ihren Bestand an Radionukliden im Wesentlichen vom jeweiligen Ausgangsgestein ererbt. Die Gesteine enthalten eine Vielzahl radioaktiver Stoffe in unterschiedlichen Konzentrationen und in regional großer Variation. Die mengenmäßig

10

Tab. 10.2–9 Kennwerte ausgewählter primordialer und kosmogener Radionuklide sowie Zerfallsreihen von ^{235}U, ^{238}U und ^{232}Th (unter Auslassung einiger Verzweigungen mit Nukliden, die nur in sehr geringen Spuren auftreten).

Radio-nuklid	Halbwertszeit (Jahre)	Anteil des Radionuklids am Elementgehalt (%)	mittlere spez. Aktivität in der Erdkruste (Bq kg^{-1})
^{40}K	$1,26 \cdot 10^9$	0,018	603
^{50}V	$6 \cdot 10^{15}$	0,25	$1 \cdot 10^{-5}$
^{87}Rb	$4,8 \cdot 10^{10}$	27,85	70
^{113}Cd	$1,3 \cdot 10^{15}$	12,26	$7 \cdot 10^{-7}$
^{115}In	$6 \cdot 10^{14}$	95,77	$2 \cdot 10^{-5}$
^{138}La	$1,12 \cdot 10^{11}$	0,089	0,02
^{142}Ce	$5 \cdot 10^{16}$	11,07	$1 \cdot 10^{-5}$
^{147}Sm	$1,05 \cdot 10^{11}$	15,07	0,7
^{176}Lu	$2,2 \cdot 10^{10}$	2,6	0,04
^{187}Re	$4,3 \cdot 10^{10}$	62,93	$1 \cdot 10^{-3}$
^{192}Pt	$1 \cdot 10^{15}$	0,78	$3 \cdot 10^{-6}$
^{3}H	12,3	10^{-16}	k. A.
^{14}C	5736	10^{-12}	330

Uran-Actinium-Zerfallsreihe:
^{235}U $(7,13 \cdot 10^8$ a$) \rightarrow {}^{231}$Th $(25,6$ h$) \rightarrow {}^{231}$Pa $(3,43 \cdot 10^4$ a$) \rightarrow {}^{227}$Ac $(21,773$ a$) \rightarrow {}^{227}$Th $(18,17$ d$) \rightarrow {}^{223}$Ra $(11,7$ d$)$ $\rightarrow {}^{219}$Rn $(\uparrow)$ $(4,0$ s$) \rightarrow {}^{215}$Po $(1,8 \cdot 10^{-3}$ s$) \rightarrow {}^{211}$Pb $(36,1$ m$) \rightarrow {}^{211}$Bi $(2,15$ m$) \rightarrow {}^{207}$Tl $(4,78$ m$) \rightarrow {}^{207}$Pb (∞)

Uran-Radium-Zerfallsreihe:
^{238}U $(4,51 \cdot 10^9$ a$) \rightarrow {}^{234}$Th $(24,10$ d$) \rightarrow {}^{234}$Pa $(1,18$ m$) \rightarrow {}^{234}$U $(2,48 \cdot 10^5$ a$) \rightarrow {}^{230}$Th $(8,0 \cdot 10^4$ a$)$
^{226}Ra $(1600$ a$) \rightarrow {}^{222}$Rn $(\uparrow)$ $(3,823$ d$) \rightarrow {}^{218}$Po $(3,05$ m$) \rightarrow {}^{214}$Pb $(26,8$ m$) \rightarrow {}^{214}$Bi $(19,7$ m$)$
^{214}Po $(1,64 \cdot 10^{-4}$ s$) \rightarrow {}^{210}$Pb $(21$ a$) \rightarrow {}^{210}$Bi $(5,0$ d$) \rightarrow {}^{210}$Po $(138,40$ d$) \rightarrow {}^{206}$Pb (∞)

Thorium-Zerfallsreihe:
^{232}Th $(1,39 \cdot 10^{10}$ a$) \rightarrow {}^{228}$Ra $(6,7$ a$) \rightarrow {}^{228}$Ac $(6,13$ h$) \rightarrow {}^{228}$Th $(1,91$a$) \rightarrow {}^{224}$Ra $(3,64$ d$) \rightarrow {}^{220}$Rn $(\uparrow)$ $(55,6$ s$)$
$\rightarrow {}^{216}$Po $(0,16$ s$) \rightarrow {}^{212}$Pb $(10,64$ h$) \rightarrow {}^{212}$Bi $(60,6$ m$) \rightarrow {}^{212}$Po $(3 \cdot 10^{-7}$ s$) \rightarrow {}^{208}$Pb (∞)

größten Anteile nehmen die oben erwähnten Nuklide natürlichen Ursprungs ein (Tab. 10.2–9). In Tabelle 10.2–10 sind die Gehalte ausgewählter Radionuklide in Gesteinen und in Böden aufgeführt. Eine höhere natürliche Radioaktivität ist kennzeichnend für K-reiche, mithin feldspat-, glimmer- und/oder illitreiche Gesteine; deshalb ist die Radioaktivität in sauren Magmatiten höher als in basischen, in illitreichen Tonen und Tongesteinen höher als in smectit- oder kaolinitreichen sowie in silicatreichen Sanden oder Sandsteinen höher als in quarzreichen. Ebenso können phosphatreiche Gesteine und Böden eine über dem Durchschnitt liegende Strahlung aufweisen. Für Rohphosphate aus Marokko wur-

den spezifische Aktivitäten von 1800 Bq kg^{-1} für ^{226}Ra, 20 Bq kg^{-1} für ^{232}Th und 700 Bq kg^{-1} für ^{40}K genannt. Da in Deutschland in vielen Böden Illite in der Tonfraktion dominieren, ist die natürliche Radioaktivität oft um so höher, je höher die Tongehalte der Böden sind.

Gesteine und Böden sind die primäre Quelle für das radioaktive Edelgas Radon. In allen drei Zerfallsreihen durchlaufen die Radionuklide die Kernladungszahl 86 (= Radon), wobei drei Isotope entstehen (^{219}Rn: HWZ 3,96 s; ^{220}Rn: HWZ 55,6 s; ^{222}Rn: HWZ 3,82 d). Als inertes Edelgas reagiert Radon nicht mit festen Bodenbestandteilen; über luftgefüllte Poren strömt es in die Atmosphäre, wo es letztlich in

Tab. 10.2–10 Spezifische Aktivität natürlicher Radionuklide in Gesteinen und Böden (Angaben in Bq kg^{-1}).

Gestein / Boden	^{40}K	^{226}Ra	^{232}Th
Sandsteine	461	35	4
Tonsteine	876	k. A.	41
Schiefer (Franken)	1000	3000	60
Carbonate	97	<10	5
saure Magmatite	997	37	52
basische Magmatite	187	10	8
Böden aus Löss	k. A.	41	54
Böden aus Granit	~1100	65…75	38…72
Böden aus Quarzit	~ 300	54…56	63…70
Böden aus Phyllit	k. A.	40…70	50…80

stabile Pb-Isotope umgewandelt wird (Tab. 10.2–9), die über Aerosole mit den Niederschlägen wieder in benachbarte Böden gelangen. ^{222}Rn ist nach Inhalation die dominierende Komponente der natürlichen Strahlenexposition des Menschen. Bei Rn-Aktivitäten in der Bodenluft von häufig einigen Tausend bis über einer Million Bq m^{-3} können schon kleine Undichtigkeiten in Gebäuden gegenüber dem Baugrund erhöhte Rn-Konzentrationen in Häusern verursachen. Vor allem in Abhängigkeit von den geologischen Verhältnissen ergibt sich eine deutliche regionale Differenzierung der Rn-Gehalte in der Bodenluft. Hohe Werte treten z. B. in den Granitgebieten Ostbayerns, des Schwarzwaldes und des Erzgebirges auf, während im norddeutschen Tiefland niedrige Werte vorherrschen. Nach vorläufigen Schätzungen ist auf etwa 9 % der Fläche Deutschlands mit Rn-Aktivitäten von über 100 kBq m^{-3} Bodenluft zu rechnen. Bei diesen Gehalten treten in älteren Häusern gehäuft Überschreitungen der Rn-Richtwerte für Wohnräume auf (Empfehlung der Europäischen Kommission: 200 Bq m^{-3} als Planungsniveau für Neubauten, 400 Bq m^{-3} als Aktionsniveau für bestehende Häuser).

Der Abbau und die Aufbereitung uranhaltigen Gesteins ist lokal bis regional die Ursache für eine erhöhte Strahlung von Böden und Gewässern. Dabei stellen die Rückstände aus der Erzaufbereitung (Tailings), die u. a. den größten Teil des im Erz vorhandenen Radiums enthalten, die größte Gefährdung dar. Im Bereich intensiv genutzter Lagerstätten sind dementsprechend z. T. erhebliche

Umweltbelastungen dokumentiert worden (insbesondere in Australien, Kanada, USA, Kasachstan, Niger). In Deutschland finden sich Lagerstätten im Erzgebirge, Schwarzwald und im Nordosten Bayerns. Stark im Blickpunkt des öffentlichen Interesses standen und stehen etwa 1200 Quadratkilometer radioaktives Verdachtsgebiet, das die ehemalige sowjetisch-deutsche Wismut AG im Städtedreieck Gera–Zwickau–Chemnitz hinterlassen hat.

Einträge, Bodenstrahlung, Strahlenexposition

Zusätzlich zum geogenen Radionuklid-Inventar der Böden erfolgt ein weiterer Eintrag natürlicher radioaktiver Stoffe durch kosmogene Nuklide wie ^{3}H und ^{14}C, die unter anderem über Niederschläge oder eine Aufnahme durch die Pflanzen in die Böden gelangen. Auch durch natürliche Wald- und Steppenbrände sowie die Verbrennung von Kohle und anderen fossilen Energieträgern werden natürliche radioaktive Stoffe, z. B. Isotope von Kalium, Kohlenstoff, Uran und Thorium, freigesetzt und erreichen über den Luftpfad die Pedosphäre. Schließlich werden über Kalium- und Phosphatdüngemittel Radionuklide in Böden eingetragen.

Alle hier aufgeführten Eintragspfade für natürliche Radionuklide sind jedoch in Relation zu den gesteinsbürtigen Mengen von geringer Bedeutung. So konnte z. B. in der Nähe von Kohlekraftwerken kein signifikanter Anstieg der Gehalte an ^{232}Th, ^{226}Ra, ^{137}Co und ^{40}K in Böden nachgewiesen werden. Eine Phosphatgabe von 45 kg P ha^{-1} ergab für die Radioisotope von K, Th und U eine spezifische Aktivität von 26,5 Bq m^{-2}, was im Vergleich zur natürlichen Radioaktivität der entsprechenden Ackerkrume (85.850 Bq m^{-2}) einer Erhöhung der Strahlung um 0,03 % entsprach. In ähnlicher Weise errechnet sich aus einer Kaliumgabe von 85 kg K ha^{-1} bei einem typischen K-Vorrat in der Ackerkrume von etwa 90.000 kg ha^{-1} ein Anstieg des K-Gehaltes und damit auch der ^{40}K-Aktivität um weniger als 0,1 %.

Neben den natürlich vorkommenden Radionukliden sind etwa seit Mitte des 20. Jahrhunderts durch oberirdische Kernwaffenexplosionen (1945… 1981; überwiegend 1951…1962) und den Betrieb kerntechnischer Anlagen künstliche Radionuklide in die Umwelt und damit auch in die Böden eingetragen worden. Aufgrund sehr raschen Zerfalls sind die meisten der dabei auftretenden Nuklide mittel- bis langfristig ohne Bedeutung. Mehrere Jahrzehnte nach ihrer Entstehung noch nachweisbar sind dagegen ^{137}Cs (HWZ 30,2 a) und ^{90}Sr (HWZ 28,5 a).

10

Die Böden im direkten Umkreis der Kernwaffenversuche wurden besonders stark kontaminiert (bis 50 % der gesamten Aktivität im 100 km Umkreis). Feinere radioaktive Schwebstoffe und Aerosole wurden bis in Höhen von 50 km gehoben und führten global zu erhöhten ^{3}H-, ^{137}Cs- und ^{90}Sr-Einträgen mit den Niederschlägen. Störfälle in Kernkraftwerken führten ebenfalls zur Emission großer Mengen radioaktiver Stoffe. Von den zahlreichen Störfällen nehmen die von Windscale in England (1957) und Tschernobyl in der Ukraine (1986) eine besondere Stellung ein. In Windscale wurden ca. $7,4 \cdot 10^{14}$ Bq ^{131}J, $4,4 \cdot 10^{13}$ Bq ^{137}Cs, $1,2 \cdot 10^{13}$ Bq ^{106}Ru und $1,2 \cdot 10^{15}$ Bq ^{133}Xe freigesetzt. Beim Reaktorunglück von Tschernobyl im April 1986 wurden u. a. $2,6 \cdot 10^{17}$ Bq ^{131}J und $2,8 \cdot 10^{16}$ Bq ^{137}Cs ausgestoßen und überwiegend über Europa verteilt. In Deutschland schwankten die Einträge in die Böden je nach Windverhältnissen, Niederschlagsverteilung und Höhenlage zwischen etwa 20.000 und 280.000 Bq m^{-2}. Besonders hoch belastet wurden Teile des Bayrischen Waldes, des Alpenvorlandes und Schwabens. Für die nördliche Hemisphäre und das erste Jahr nach der Katastrophe wurde eine effektive Dosis für die Gesamtbevölkerung von 200.000 Sv (bis zum Jahr 2036: 600.000 Sv) berechnet. Rund 70 % der effektiven Dosis entfällt dabei auf ^{137}Cs, 20 % auf ^{134}Cs und 6 % auf ^{131}J.

Die in Böden beim Zerfall radioaktiver Stoffe emittierten ionisierenden Strahlen werden als **Bodenstrahlung** (z. T. auch terrestrische Strahlung) bezeichnet. Infolge der unterschiedlichen Radionuklidgehalte der Gesteine bzw. Böden variiert die Bodenstrahlung regional in gewissen Grenzen. Die Strahlungswerte spiegeln dabei z. T. die Bodenartenverteilung wider, da vor allem illitische Tonminerale eine höhere und quarzreiche, sandige Substrate eine niedrigere Radioaktivität aufweisen. Deshalb werden auch die niedrigsten Werte in den Sander-Landschaften Norddeutschlands gemessen (Brandenburg: 0,18 mSv a^{-1}, Berlin: 0,19 mSv a^{-1}, Mecklenburg-Vorpommern: 0,22 mSv a^{-1}), während die höchste Bodenstrahlung in Bayern (0,42 mSv a^{-1}), Rheinland-Pfalz (0,42 mSv a^{-1}) und im Saarland (0,49 mSv a^{-1}) auftritt. Für das Jahr 1999 wurde vom Bundesamt für Strahlenschutz ein bundesweiter Mittelwert von 0,40 mSv a^{-1} veröffentlicht.

Die Bodenstrahlung bildet zusammen mit der Höhenstrahlung (im Mittel 0,3 mSv a^{-1}) sowie der Inkorporation radioaktiver Stoffe über Inhalation (1,4 mSv a^{-1}) und Ingestion (0,3 mSv a^{-1}) die **natürliche Strahlenexposition**, die sich in ihrer Summe im Jahre 1999 auf 2,4 mSv a^{-1} belief (Abb. 10.2–8). Das inhalativ aufgenommene Radon und seine kurzlebigen Folgeprodukte liefern damit den Hauptbeitrag zur Strahlenbelastung aus natürlichen Quellen. Die mittlere effektive Dosis durch **künstliche Strahlung** (2 mSv a^{-1}) wird zu über 99 % durch die Anwendung ionisierender Strahlen in der Medizin, insbesondere durch die Röntgendiagnostik, verursacht. Die Beiträge durch kerntechnische Anlagen in Deutschland sowie durch die Kernwaffenexplosionen von 1945 bis 1981 sind mit jeweils < 0,01 mSv a^{-1} sehr gering.

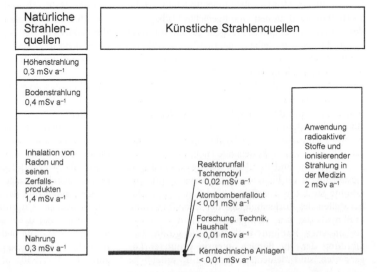

Abb. 10.2–8 Verteilung der mittleren effektiven Dosis durch ionisierende Strahlung aus natürlichen und künstlichen Strahlenquellen im Jahre 1999 in Deutschland (nach UMWELTBUNDESAMT 2001).

Die durch den Unfall in Tschernobyl ausgelöste mittlere Strahlenexposition ging von 0,11 mSv a^{-1} im Jahr 1986 auf weniger als 0,02 mSv a^{-1} im Jahr 1999 zurück. Sie ist fast ausschließlich durch die Bodenstrahlung des deponierten ^{137}Cs bedingt. Die Strahlung des auf den Tschernobyl-Unfall zurückgehenden ^{137}Cs spielt jedoch gegenüber der natürlichen Bodenstrahlung im Mittel kaum eine Rolle. Allerdings kann die Ortsdosis in einigen Teilen Süd- und Ostdeutschlands infolge örtlich und zeitlich begrenzter starker Regenfälle während des Durchzugs der radioaktiven Wolken 1986 um eine Zehnerpotenz höher sein.

Verhalten in Böden

Da die physikalisch-chemischen Eigenschaften eines Elementes ganz wesentlich durch die Kernladung bestimmt werden, verhalten sich auch die verschiedenen Isotope eines Elementes meist weitgehend identisch.

Natürliche gesteinsbürtige Radionuklide werden in der gleichen Weise wie die stabilen Isotope im Zuge der Mineralverwitterung freigesetzt und nehmen in den Böden – je nach pH, Redoxbedingungen und Stoffbestand der umgebenden Matrix – bodeneigene Bindungsformen ein. Entsprechendes gilt prinzipiell auch für künstlich hergestellte Nuklide, die in sehr variablen Formen – von festen Partikeln bis zu gelösten Ionen – in die Böden eingetragen werden. In Abhängigkeit von der Bindungsform des immitierten Nuklids erfolgt der Übergang in bodenspezifische Bindungen in sehr unterschiedlichen Zeiträumen.

Die in den Mineralen gebundenen Radionuklide sind potenziell weniger toxisch als die an Kolloidoberflächen adsorbierten und gelösten Anteile, da sie zum einen weniger mobil und verfügbar sind und zum anderen die Strahlungsintensität quadratisch mit der Entfernung abnimmt. Bei der nachfolgenden Darstellung ausgewählter Radionuklide wird auf ^{40}K trotz seiner Bedeutung für die terrestrische Strahlung (Tab. 10.2–9) nicht eingegangen, da K als Nährelement an anderer Stelle ausführlich diskutiert wird (Kap. 9.6.4).

Uran

Das in Böden und Gesteinen vorkommende Uran besteht aus drei Radioisotopen. ^{238}U (99,28 %; HWZ: 4,47 · 10^9 a) steht im Gleichgewicht mit ^{234}U (0,0056 %; HWZ: 2,45 · 10^5 a), das wie das Mutternuklid ^{238}U zur Radium–Zerfallsreihe gehört. ^{235}U (0,72 %; HWZ: 7,04 · 10^8 a) ist das Ausgangsisotop der Uran–Actinium–Zerfallsreihe (Tab. 10.2–9). Infolge seines großen Ionenradius (U^{4+}: 0,105 nm, U^{6+}: 0,080 nm) ist Uran ein geochemisch inkompatibles Element und in gesteinsbildenden Mineralen meist nur in Gehalten von wenigen mg kg^{-1} zu finden, wobei es nicht gleichmäßig verteilt, sondern entlang von Rissen und Korngrenzen konzentriert vorliegt. Abbauwürdige Lagerstätten enthalten U in Form von Uraninit (UO$_2$, Pechblende), Coffinit (USiO$_4$) oder akzessorischen Mineralen wie Apatit, Zirkon und Monazit, die U-Gehalte bis über 1 g kg^{-1} enthalten. Die U–Gehalte in Böden liegen häufig im Bereich von 0,8…11 mg kg^{-1}, entsprechend 20…280 Bq kg^{-1}.

Von den möglichen Oxidationsstufen (+3…+6) dominieren in der Natur die Wertigkeiten +4 und +6. Das überwiegend vierwertige Uran primärer Minerale wird bei der Verwitterung unter aeroben Bedingungen rasch zu U^{6+} oxidiert, das in wässrigen Lösungen Uranyl-Komplexe bildet und auch in Böden die vorherrschende Spezies darstellt. Die Sorption der Uranyl-Komplexe weist eine deutliche pH-Abhängigkeit auf. Modellversuche mit Tonmineralen ergaben ein Sorptionsmaximum bei pH 6…6,5, das eng mit dem Auftreten von Uranyl-Hydroxokomplexen verknüpft war. Neben Tonmineralen sind vor allem Huminstoffe sowie Fe-Oxide effektive Uranyl-Sorbenten. U^{4+} ist unter anaeroben Bedingungen stabil und wird als sehr immobil eingestuft, da es schwer lösliche Verbindungen wie UO$_2$ oder Phosphat- und Sulfidverbindungen bildet. Insgesamt ist die U-Mobilität und -Verlagerung in Böden als gering zu bewerten. U-Einträge, die überwiegend aus der Phosphatdüngung stammen, bedingen daher primär eine U-Akkumulation im Oberboden; erhöhte Gehalte in Unterböden sind i. d. R. nicht nachweisbar.

Cäsium

Das Alkalimetall Cs tritt in Böden und Gesteinen neben dem natürlichen Isotop ^{133}Cs in Form verschiedener künstlicher Radioisotope auf, wobei ^{134}Cs (HWZ: 2,06 a) und insbesondere ^{137}Cs (HWZ: 30,17 a) von besonderer Bedeutung sind. Eine wesentliche Quelle für die letztgenannten Isotope waren die oberirdischen Kernwaffenversuche (bis 1962 freigesetzte Aktivität: 10^{18} Bq), deren Fallout bis Mitte der achtziger Jahre in den Oberböden der BRD häufig Aktivitäten von 5…10 Bq kg^{-1} hinterlassen hatte. Dieses Inventar – aufgrund des schnelleren Zerfalls von ^{134}Cs fast ausschließlich ^{137}Cs – wurde durch den Reaktorunfall von Tschernobyl 1986 (freigesetzte Aktivität an ^{137}Cs: 2,8 · 10^{16} Bq) im Mittel um den

10

Faktor 8 aufgestockt. Waldböden weisen dabei im Vergleich zu Ackerböden aufgrund höherer Einträge (Interzeption) und stärkerer Retardierung des Cäsiums in der Humusauflage meist höhere Gehalte auf.

Der Prozess der Cs-Festlegung besteht im Wesentlichen darin, dass gelöste oder austauschbar gebundene Cs-Ionen in die Zwischenschichten aufgeweiteter Dreischichttonminerale einwandern (Cs-Fixierung). Auf diese Weise gebundenes Cs kann durch Na- und Ca-Ionen kaum ausgetauscht werden; das Cs der Tonmineralzwischenschichten konkurriert jedoch mit K- und NH_4-Ionen um diese spezifischen Bindungsplätze. Entsprechend führt auch ein erhöhtes Angebot an K zu einer reduzierten Fixierung von Cs. Generell verstärkt sich die Festlegung des in Böden eingetragenen Cäsiums mit steigenden Tongehalten und pH-Werten sowie mit sinkendem Angebot an gelöstem und austauschbarem K. Infolge der selektiven Fixierung wird die Löslichkeit des Cäsiums als gering eingestuft. Die in der Literatur veröffentlichten K_D-Werte variieren dennoch je nach pH-Wert und Stoffbestand der Böden in sehr weiten Grenzen. In vorwiegend sauren, sandigen Böden wurden K_D-Werte zwischen 60 und 300 ermittelt, während in neutralen bis alkalischen, lehmigen Böden die K_D-Werte eine Spanne von 1000 bis über 100.000 umfassten. Mit längerer Verweildauer geht Cs in zunehmend festere Bindungsformen über. So waren 36 Jahre nach einer ^{137}Cs-Applikation > 95 % des Cäsiums nur mit 9 M HNO_3 extrahierbar oder lagen in nicht extrahierbarer Form vor.

Die Verlagerungsgeschwindigkeit von Cs ist in sandig-kiesigen Substraten größer als in lehmigtonigen Böden und nimmt im Laufe der Zeit infolge zunehmender Festlegung ab. Nach dem Tschernobyl-Unfall wurde in den ersten Jahren für ^{137}Cs in verschiedenen Böden eine Verlagerung von 0,5…1,0 cm a^{-1} gemessen; später sank die Geschwindigkeit auf 0,1…0,6 cm a^{-1}. Das Cs des Tschernobyl-Fallouts befindet sich deshalb 15 Jahre nach dem Eintrag nach wie vor zu über 70 % in den Ah-Horizonten bzw. fast gänzlich in den Ap-Horizonten der Böden. Wenn die Rahmenbedingungen für einen präferenziellen Fluss gegeben sind, also z. B. in tonreichen Substraten mit deutlicher Quellungs- und Schrumpfungsdynamik, kann auch in solchen Böden eine stärkere Verlagerung auftreten.

Strontium

Das Erdalkalimetall Sr tritt in Böden und Gesteinen in Form natürlicher ([84]Sr…[88]Sr) und künstlicher Isotope auf ([79]Sr…[98]Sr, HWZ: 0,4 s…29 a). [90]Sr (HWZ: 29 a) gelangte in größeren Mengen durch oberirdische Kernwaffenversuche (freigesetzte Aktivität: $0,6 \cdot 10^{18}$ Bq) in die Umwelt. Beim Reaktorunfall in Tschernobyl wurde das wenig flüchtige ^{90}Sr im Vergleich zu Cs in deutlich geringeren Mengen emittiert, da die Temperaturen des Reaktorbrandes niedriger waren als bei den Kernwaffenexplosionen.

Sr verhält sich in Böden ähnlich wie Ca. Es wird im Gegensatz zu Cs nicht spezifisch adsorbiert und unterliegt den üblichen Gesetzmäßigkeiten der Ionenaustausches. Als Sorbenten dienen Huminstoffe, Tonminerale sowie pedogene Oxide, von deren Oberflächen Sr bei entsprechendem Angebot anderer Kationen wieder desorbiert wird. Wichtigste Bestimmungsgröße für die unterschiedliche Sorption und Löslichkeit in verschiedenen Böden ist der pH-Wert. Für die Adsorptionskonstante K nach Freundlich (K_F) wurden bei Boden-pH-Werten von 3,1…7,2 K_F-Werte von 0,6…21 ermittelt. Auch nach längerer Verweildauer im Boden wird Sr nicht stärker festgelegt. 36 Jahre nach einer ^{90}Sr-Applikation konnten noch 63…75 % der verbliebenen Aktivität einer leicht austauschbaren Fraktion (Extraktion mit NH_4-Acetat) zugeordnet werden; die stark festgelegte und nur mit 9 M HNO_3 extrahierbare Fraktion beschränkte sich auf Anteile < 10 %. Die relativ geringe Bindungsstärke des Strontiums korrespondiert mit einer hohen Mobilität. So war das ^{90}Sr der Kernwaffenversuche bereits Anfang der achtziger Jahre zu mehr als 50 % in Tiefen über 1 m verlagert worden. Sr ist damit in den meisten Böden deutlich mobiler als Cs. Eine gewisse Ausnahme bilden organische Böden, in denen Cs relativ mobil ist, während Sr durch Huminstoffe vergleichsweise stark immobilisiert wird. Einen merklichen Einfluss auf die Löslichkeit und Mobilität hat die Bindungsform des immitierten Strontiums. Beim Reaktorunfall von Tschernobyl wurde ^{90}Sr im direkten Umkreis des Kraftwerks überwiegend in partikulärer Form in die Böden eingetragen und war nur zu 10…15 % mit NH_4-Acetat extrahierbar; in Böden Weißrusslands und Norwegens waren aufgrund des Eintrags in ionarer Form > 70 % des Strontiums mit NH_4-Acetat extrahierbar.

Übergang in die Pflanzen

Radionuklide können in gleicher Weise wie die stabilen Isotope von Nähr- und Schadstoffen sowohl über das Blatt als auch über die Wurzel von Pflanzen aufgenommen werden. Der Weg über das Blatt gewinnt dann an Bedeutung, wenn über trockene und nasse Deposition Radionuklide längerfristig in kleinen Mengen (wie zu Zeiten der oberirdischen Kernwaffenversuche) oder kurzfristig in größeren Mengen (wie nach dem Tschernobyl-Unfall) angeliefert werden. Insgesamt steht jedoch die Aufnahme über die Pflanzenwurzeln im Vordergrund.

Zur Charakterisierung des Übertritts von Radionukliden vom Boden in die Pflanze – und damit des Eintritts in die Nahrungskette – wird häufig der Transferfaktor Boden–Pflanze (TF_{BP}) herangezogen; er stellt den Quotienten aus der Strahlungsaktivität des Radionuklids in der Pflanze und im Boden dar. Solche Transferfaktoren, die für viele Pflanzenarten und verschiedene Böden ermittelt wurden, haben die wichtige Funktion, die von den Pflanzen aus dem Boden aufgenommene Radioaktivität zu bilanzieren.

Allerdings erwiesen sich die in zahlreichen Arbeiten ermittelten Transferfaktoren als eine überaus variable Größe, die für ein Radionuklid in einer bestimmten Pflanzenart je nach Bodeneigenschaften, klimatischen Bedingungen und dem Versuchsdesign um bis zu vier Zehnerpotenzen schwanken kann. Selbst in vergleichenden Studien schwankte der Transferfaktor bei Verwendung verschiedener Böden um mehr als das 100-fache. Diese große Variabilität wird wesentlich durch die Faktoren bestimmt, die auch die Löslichkeit und Mobilität der Radionuklide steuern. Bodeneigenschaften, die eine Bindung kationisch vorliegender Elemente fördern, wie z. B. ein hohes Austauscherangebot und hohe pH-Werte, führen deshalb zu niedrigen Lösungsgehalten der Radionuklide und einem entsprechend begrenzten Übergang in die Pflanzenwurzeln. Negative Beziehungen zwischen der Intensität der Sorption und der Aufnahme von Radionukliden durch Pflanzen sind in vielen Versuchen nachgewiesen worden. Eine sichere Vorhersage des Transfers Boden–Pflanze aus Sorptionskennwerten ist dennoch nicht möglich, da eine ganze Reihe weiterer Faktoren parallel wirksam sind. Dabei spielen Wechselwirkungen verschiedener Ionen in der Bodenlösung eine zentrale Rolle. So vermag ein steigendes Angebot an K-Ionen in der Bodenlösung die Aufnahme von Cs durch Deutsches Weidelgras (*Lolium perenne* L.) entscheidend zu senken. Allerdings ist dieser Mechanismus nur wirksam bis zu K-Lösungskonzentrationen von etwa 1 mM; bei höheren K-Konzentrationen bedingt eine durch K-Ionen ausgelöste Cs-Desorption einen erhöhten Cs-Transfer in die Pflanze.

Transferfaktoren werden trotz ihrer Variabilität in prognostischen Modellen genutzt, um längerfristig die Dosen an Radioaktivität abzuschätzen, die auf eine Ingestion kontaminierter Nahrungsmittel

zurückzuführen sind. Dabei werden z. B. für ^{90}Sr und ^{137}Cs häufig die vom BMI im Jahre 1979 veröffentlichten TF_{BP}-Werte der „Allgemeinen Berechnungsgrundlage für die Strahlenexposition" (^{90}Sr: 0,20; ^{137}Cs: 0,05) herangezogen. Die entsprechenden Faktoren sind als realitätsnahe Obergrenzen anzusehen, die bei der Ableitung von Risikopotenzialen eine stärkere Belastung des Menschen mit Radionukliden verhindern sollen. Im Experiment ermittelte Werte können jedoch deutlich abweichen. So wurden bei Versuchen mit einer Parabraunerde und einem Podsol bei verschiedenen Gemüsearten (nur zum Verzehr bestimmte Pflanzenteile) für ^{90}Sr TF_{BP} von 0,01 (Rettich) bis 0,80 (Spinat) sowie für ^{137}Cs TF_{BP} von 0,0001 (Rettich) bis 0,021 (Spinat) ermittelt. Vorhersagen zur Aufnahme von Radionukliden durch Pflanzen sind vor diesem Hintergrund je nach Pflanzenart und Bodeneigenschaften jedoch mit großer Unsicherheit behaftet.

10.3 Organische Schadstoffe

Die weltweite Chemikalienproduktion ist von einer Million Tonnen im Jahr 1930 auf heute 400 Millionen Tonnen gestiegen. Bei mehr als 80 Prozent der heute verwendeten Chemikalien ist das Wissen nicht ausreichend, um eine Risikobeurteilung dieser Stoffe vorzunehmen. Ein beträchtlicher Anteil an organischen Chemikalien gelangt auf den verschiedensten Wegen in die Umwelt, so dass organische Schadstoffe anthropogener Herkunft in terrestrischen und aquatischen Ökosystemen nachgewiesen wurden. Böden sind aufgrund ihrer Filter- und Pufferfunktionen für die meisten organischen Schadstoffe eine Senke. Nur flüchtige und leicht abbaubare Stoffe werden in Böden kaum angereichert.

10.3.1 Einteilung, Verwendung, Eintrag und Gehalte in Böden

Organische Schadstoffe werden aufgrund ihrer chemischen Eigenschaften, ihres Umweltverhaltens und ihrer Verwendung in verschiedene Substanzklassen unterteilt. So unterscheidet man nach chemischen Eigenschaften u. a. aromatische, aliphatische oder chlorierte Kohlenwasserstoffe.

Nach der Verwendung kann u. a. zwischen Pflanzenschutzmitteln, Lösungsmitteln, Tensiden,

10

Weichmachern und Pharmazeutika unterschieden werden. Pflanzenschutzmittel gehören verschiedenen Substanzklassen an. Chlorierte, aromatische Kohlenwasserstoffe (z. B. DDT, HCB), Antibiotika und Schwermetallsalze (z. B. Cu-Verbindungen) wurden bzw. werden als PSM eingesetzt. In diesem Kapitel werden nur organische PSM behandelt.

Als persistente organische Schadstoffe (engl.: Persistent organic pollutants, POP) werden organische Chemikalien bezeichnet, die nur sehr langsam abgebaut, in Organismen angereichert werden (Bioakkumulation), toxisch und ökotoxisch wirksam sind und weiträumig transportiert werden. Prinzipiell unterscheidet man einerseits zwischen kommerziellen synthetisch hergestellten POP wie Pflanzenschutzmittel (DDT, HCB etc.) und PCB sowie bei verschiedenen thermischen Prozessen unbeabsichtigt gebildeten POP wie Dioxine und Furane. Aufgrund ihrer Eigenschaften stellen POP ein globales Umweltproblem dar, welches nur international geregelt werden kann. Um den resultierenden Gefahren für Mensch und Umwelt durch POP zu begegnen, wurden in der Vergangenheit verschiedene internationale Umwelt-Abkommen getroffen (z. B. Stockholm Konvention 2004). Die Umweltbewertung von Altchemikalien erfolgt nach der REACH-Verordnung

Pflanzenschutzmittel (PSM) – auch als Pestizide oder Biozide bezeichnet – werden mit Aufwandmengen von 1…5 kg ha^{-1} gezielt auf Böden appliziert bzw. in diese eingebracht, neue, spezifisch wirkende Substanzen wie die Sulfonylharnstoffderivate, nur noch mit 0,1…0,2 kg ha^{-1}. Dabei erfolgen meist mehrere Applikationen im Jahr; Kulturen wie Wein, Hopfen, Obst und Gemüse werden oft besonders intensiv behandelt. Die chemischen oder biologischen Wirkstoffe dienen dem Schutz von Pflanzen vor Schadorgansimen, der Beeinflussung ihres Wuchses oder der Vernichtung unerwünschter Pflanzen und Pflanzenteile.

PSM werden international nach ihrer biologischen Wirkung bzw. den Zielobjekten unterteilt, wobei den verschiedenen Gruppen eine unterschiedliche Bedeutung zukommt (Zielobjekt und Anteile der Absatzmenge von 32.683 t in Deutschland 2007 in Klammern): Fungizide (Pilze, 33,5 %), Herbizide (Unkräuter, 52,5 %), Insektizide (Insekten, 3,3 % inkl. Akarizide gegen Milben), Molluskizide (Schnecken, 0,9 %), Bodenentseuchungsmittel und Nematizide (Nematoden, 0,3 %), Rodentizide (Nagetiere, 0,3 %), Wachstumsregler (Wachstumsregulatoren, Keimhemmungsmittel, Desikkanten, 8,6 %).

PSM-Präparate sind Gemische aus Wirk- und Formulierungshilfsstoffen. Letztere fördern Benetzungs-, Filmbildungs- und Hafteigenschaften,

Wirksamkeit und Lagerstabilität der käuflichen Produkte. Aufgrund ihrer chemischen Zusammensetzung werden Wirkstoffe der PSM in Stoffklassen zusammengefasst: Aromatische Nitroverbindungen, Harnstoffderivate, Sulfonylharnstoff-Verbindungen, Triazine, Essigsäuren (Herbizide), Azole, Dithiocarbamate und Thioramdisulfide, Morpholine (Fungizide), Phosphorsäureesther, chlorierte Kohlenwasserstoffe (Insektizide). Das Umweltverhalten richtet sich, wie bei anderen organischen Stoffen auch, nach den physikochemischen Eigenschaften, die zwischen den einzelnen Stoffklassen erheblich variieren (Spannbreite in Tab. 10.3–1). Der Großteil des Verbrauchs entfällt auf wenige Wirkstoffe: Wuchsregulator – Chlormequat, Herbizide – Glyphosat (Phosphonomethylglycin), Isoproturon (Harnstoffderivat), Metamitron (N-Heterocyclen), Fungizide – Mancozeb (Dithiocarbamat), die mit log K_{ow} von – 4,00…2,87 vergleichsweise polare Verbindungen sind. Die heute verbotenen, schwer abbaubaren und stark akkumulierenden chlororganischen Verbindungen wie z. B. Aldrin, Dieldrin, DDT und Hexachlorbenzol haben dagegen log K_{ow} von 5,20…6,91. Hinsichtlich ihrer Abbaubarkeit sind die meisten heute zugelassenen Mittel als gut bis sehr gut abbaubar einzustufen (mehr als 75 % < 6 Wochen bzw. 6 – 18 Wochen). Dabei basiert die Zulassungsprüfung von PSM in Deutschland heute auf Simulationsmodellen zur Abschätzung des Stoffverhaltens bei verschiedenen Umweltszenarien. Die Umweltrelevanz von PSM ergibt sich insbesondere aus möglichen Wirkungen auf Nichtzielorganismen und der Verlagerung in Grund- und Oberflächenwasser. Ältere Modell-Abschätzungen ermittelten einen Eintrag in die wichtigsten Seen und Flüsse Deutschlands von bis zu 14 t PSM (Summe von 17 Wirkstoffen).

Aromatische Kohlenwasserstoffe sind Verbindungen, die sich vom Benzol ableiten. Von dieser Stoffgruppe kommt Benzol, Toluol, Phenol und ihren Derivaten eine große Rolle zu. Benzol und Phenol haben natürliche Quellen (Tiere und Pflanzen) und kommen im Steinkohleteer und Erdöl vor, woraus sie gewonnen werden. Phenol ist Bestandteil des mittelschweren Öls, Benzol, Toluol und Xylol sind in Leichtöl enthalten. Letztere Verbindungen werden zusammen mit dem Ethylbenzol unter dem Begriff BTEX-Aromaten zusammengefasst. Sie dienen im Benzin zur Erhöhung der Oktanzahl und werden außerdem als Lösungs- und Entfettungsmittel oder als Rohstoff in der chemischen Industrie eingesetzt. Phenol wird als Lösungs- und Desinfektionsmittel eingesetzt.

Aromatische Kohlenwasserstoffe werden aufgrund ihrer hohen Flüchtigkeit über die Luft in

Böden eingetragen. Bei Havarien und Unfällen vor allem mit Kraftstofftransporten können sie direkt in den Boden gelangen. Durch Versickerung von Kraftstoffen wurden lokal bis zu mehrere tausend mg kg^{-1} in Böden angereichert. Mehrere hundert dieser Verbindungen wurden bisher in Umweltproben gefunden, einige tausend sind bekannt.

Polyzyklische aromatische Kohlenwasserstoffe (PAK, engl. PAH) sind Verbindungen mit unterschiedlicher Anzahl an kondensierten Benzolringen im Molekül. Sie sind linear, angulär oder in Clustern angeordnet. Die Wasserstoffatome können durch verschiedene polare und unpolare Gruppen wie -CH$_3$, -C$_2$H$_5$ -NO$_3$, -OH, -NH$_2$, usw. (Alkyl-PAK, Nitro-PAK, Hydroxy-PAK, Amino-PAK usw.) substituiert sein, ebenso können anstelle des Kohlenstoffs N, O oder S in die Ringstruktur eingebaut sein (sog. Hetero-PAK). Die bekanntesten Vertreter von insgesamt einigen 100 Verbindungen sind Naphthalin (2 Ringe), Phenanthren (3 Ringe), Chrysen, Pyren (4 Ringe), Benzo(b)fluoranthen, Benzo(a)pyren (5 Ringe), Benzo(g,h,i)perylen (6 Ringe). Verbindungen mit 4 und mehr Ringen zeigen karzinogene und mutagene Wirkungen. Von der Stoffgruppe der PAK werden meist Benzo(a)pyren, Benzofluoranthen und Fluoranthen als Leitsubstanzen verwendet. Benzo(a)pyren gehört dabei zu den besonders toxischen und persistenten Verbindungen. Auf Vorschlag der US-Umweltbehörde (EPA) werden 16 PAK routinemäßig in Umweltproben analysiert und ihre Summe als „Gesamtgehalt" angegeben.

Naphthalin   Benzo[a]pyren

PAK werden nicht gezielt hergestellt, sondern sie entstehen bei der unvollständigen Verbrennung organischer Substanzen (Kohle, Heizöl, Kraftstoffe, Holz) in konventionellen Energiegewinnungsanlagen, bei der Koksherstellung, durch Kraftfahrzeuge, aber auch bei Wald-, Moor- und anderen offenen Bränden. Einfache PAK können von Mikroorganismen gebildet werden.

Neben der Ablagerung von Teerölen und Brandrückständen ist die atmosphärische Deposition der Haupteintragspfad von PAK in Böden. In Industriegebieten werden ca. 0,1 …1 mg ΣPAK ha^{-1} a^{-1} atmosphärisch deponiert. Auf landwirtschaftlich genutzten Flächen sind Einträge über Klärschlämme und Komposte möglich.

Hintergrundgehalte in Böden aus natürlichen Quellen werden auf 1…10 µg ΣPAK kg^{-1} m$_T$ geschätzt. In Acker- und Grünlandoberböden Deutschlands liegen die Gehalte zwischen 100…300 µg ΣPAK kg^{-1} m$_T$. In Waldböden sind durch den Filtereffekt der Bäume PAK in den organischen Auflagen angereichert (Medianwerte 750 µg ΣPAK kg^{-1} m$_T$). In städtischen Gebieten liegen die PAK-Gehalte mit 0,4…3,6 mg ΣPAK kg^{-1} m$_T$ deutlich höher. Extrem hohe Konzentrationen bis mehrere g ΣPAK kg^{-1} m$_T$ finden sich in Böden ehemaliger Gaswerke und Kokereistandorte.

Unter den **chlorierten Kohlenwasserstoffen** (CKW) werden aliphatische und aromatische (Chlorbenzole, Chlorphenole) Verbindungen verstanden, bei denen ein oder mehrere Wasserstoffatome durch Chlor substituiert sind. Sie finden für die verschiedensten industriellen und gewerblichen Zwecke in großer Menge Verwendung. Außerdem werden sie z. T. als Insektizide und Fungizide in der Land- und Forstwirtschaft sowie im Gartenbau eingesetzt. Infolge ihrer hohen Persistenz ist eine weltweite Akkumulation in Böden und Sedimenten festzustellen. So zählen u. a. Hexachlorbenzol und DDT zu den POP.

Chlorbenzole (1,2-Di-, 1,2,4-Tri- u. Hexachlorbenzol) gehören zu den chlorierten Kohlenwasserstoffen. Sie werden u. a. bei organischer Synthese und Herstellung von Pflanzenschutzmitteln eingesetzt. Hexachlorbenzol (HCB) wurde als Fungizid und Flammschutzmittel verwendet. **Chlorphenole** (Di-, Tri-, Pentachlorphenol) werden als Konservierungsmittel und Pestizide (Pentachlorphenol als Holzschutzmittel) eingesetzt.

Unter der Stoffgruppe der **leichtflüchtigen chlorierten Kohlenwasserstoffe (LCKW)** werden die chlorierten Derivate von Methan und Ethan zusammengefasst. Zu diesen Verbindungen zählen u. a. Tetrachlorethen, Trichlorethen, cis-1,2-Dichlorethen, 1,1,1-Trichlorethan, Trichlormethan, 1,2-Dichlorethan, Vinylchlorid, Dichlormethan, Tetrachlormethan und 1,1-Dichlorethan.

Die meisten dieser Verbindungen werden als Extraktions- und Lösungsmittel eingesetzt. **Tetrachlorethen** verwendet man außerdem als Textilreinigungsmittel. *cis*-1,2-**Dichlorethen** wird bei der anaeroben Transformation höher chlorierter Ethene in Deponien, im Faulschlamm oder in anaeroben Böden gebildet. Es entsteht auch als Rückstand bei der PVC- Produktion. **1,1,1-Trichlorethan** wird für die Herstellung von 1,1-Dichlorethen, zur Synthese polychlorierter organischer Verbindungen verwendet.

Vinylchlorid wird fast ausschließlich zur Herstellung von PVC und Mischpolymerisaten eingesetzt. Die frühere Verwendung als Treibgas ist heute

10

verboten. **Tetrachlormethan** wird hauptsächlich für die Herstellung von Chlorfluorkohlenstoffen verwendet. In geringem Umfang wird Tetrachlormethan auch in der organischen Analytik als Extraktionsmittel eingesetzt.

Der **Luftpfad** spielt bei den Einträgen in die Umwelt aufgrund des vergleichsweise hohen Volatilisierungspotenzials eine bedeutende Rolle. Einzelne Verbindungen aus der LCKW-Gruppe lassen sich nahezu ubiquitär nachweisen. **Direkteinträge** erfolgen bei Herstellung, Verarbeitung und Gebrauch der LCKW (z. B. Fehler beim Füllen und Entleeren von Lager und Transportbehältern) sowie in Ackerböden durch Anwendung von Klärschlamm.

Mit Ausnahme von *cis*-1,2-Dichlorethen, das beim Abbau von Tetra- und Trichlorethen gebildet wird, sind Bodenbelastungen überwiegend anthropogenen Ursprungs. In belasteten Böden gemessene Gehalte liegen zwischen 1...210 μg kg^{-1} Tetrachlorethen und 10...690 μg kg^{-1} Vinylchlorid nach Klärschlammapplikation.

Polychlorierte Biphenyle (PCB) ($C_{12}H_{10-(x+y)}$ $Cl_{(x+y)}$) bilden eine Stoffklasse aus 209 Kongeneren mit unterschiedlichem Chlorgehalt. Bis zu 10 Chloratome können in die Molekülstruktur eingebaut sein. Um diese zu benennen, hat Balschmitter diese systematisch erfasst, kategorisiert und ihnen einzelne Nummern zwischen 1 und 209 zugeordnet. Bei Untersuchungen werden in der Regel nur die Kongenere Nr. 28, 52, 101, 138, 153 und 180 berücksichtigt. Aufgrund ihrer physikalischen und chemischen Eigenschaften (geringe Wärmeleitfähigkeit, hohe Dielektrizitätskonstante, hohe Alterungs- und Temperaturbeständigkeit, geringe Entflammbarkeit) fanden PCB eine breite technische Anwendung als Weichmacher (z. B. in Fugendichtungsmassen und Kunststoffen) und Flammschutzmittel (z. B. als Beschichtung von Deckenplatten). Die hohe Dielektrizitätskonstante ermöglichte weiterhin einen breiten Einsatz als Dielektrikum in Kondensatoren.

Substitution von x Cl gegen x H und y C gegen y H

Die Deposition aus der Atmosphäre ist der Haupteintragspfad für PCB in Böden. Das ubiquitäre Vorkommen der PCB zeigt, dass ein Transport über große Entfernungen stattfinden kann. Direkteinträge durch Austreten von PCB-Gemischen aus geschlossenen Systemen sind bei Unfällen oder Deponierung PCB-haltiger Abfälle sowie im Bereich der Herstellung und Weiterverarbeitung möglich. In landwirtschaftlich genutzte Böden können PCB durch Klärschlamm- und Kompostanwendung eingetragen werden.

Hintergrundgehalte landwirtschaftlich genutzter Böden betragen < 1...20 μg Σ PCB$_6$ kg^{-1} m$_T$. Durch langjährige Klärschlammanwendung wurden die Gehalte deutlich erhöht. In Ballungsräumen wurden ebenfalls erhöhte Gehalte bis 140 μg Σ PCB$_6$ kg^{-1} m$_T$ festgestellt. Sie sind auf erhöhte atmosphärische Einträge und Deponieren von Abfällen zurückzuführen. Extreme Belastungen treten bei Unfällen und auf Produktionsanlagen auf (bis 53 g ΣPCB kg^{-1} m$_T$).

Polychlorierte Dibenzodioxine (PCDD) und Dibenzofurane (PCDF) sind als extrem toxische Verbindungen hoher Stabilität bekannt. Sie bestehen aus zwei Phenylringen unterschiedlichen Chlorierungsgrads, die bei den Furanen durch ein und bei den Dioxinen durch zwei Sauerstoffatome miteinander verknüpft sind. Insgesamt gibt es 135 PCDF und 75 PCDD.

In den Positionen 1 bis 4 und 6 bis 9 sind Wasserstoffatome gebunden, die gegen Chloratome substituiert sein können. Bei einem Einbau von beispielsweise 4 Chloratomen in das Dibenzodioxin-Molekül an den Positionen 2, 3, 7 und 8 entsteht das extrem toxische 2,3,7,8-Tetrachlordibenzodioxin (TCDD).

PCDD und PCDF sind Nebenprodukte bei der großtechnischen Herstellung einer Reihe von chlorierten Chemikalien, wie z. B. der Herbizide 2,4-D und 2,4,5-T sowie des Holzschutzmittels PCP. Sie entstehen außerdem bei Verbrennungsprozessen der verschiedensten Art (bis hin zu Waldbränden) im Temperaturbereich zwischen 300...600 °C aus anorganischen und organischen Chlorverbindungen (insbesondere PVC).

Dioxine gelangen vornehmlich durch atmosphärische Einträge in Böden. Direkteinträge sind durch Aufbringung von Klärschlämmen, Komposten und Gülle möglich.

Dioxin und Furane treten immer in Gemischen auf. Zur Abschätzung ihrer Giftigkeit werden die Konzentrationen von Dioxin- und Furangemischen in Umweltproben (Schlämme, Böden, Pflanzen) in Toxizitätsäquivalenten ng I-TEQ kg^{-1} m$_T$ angegeben. Dabei werden die Konzentrationen der einzelnen Kongenere entsprechend ihrer Giftigkeit mit einem Faktor (von 0,001...1) multipliziert und zu einem Gesamtgehalt addiert. Vereinbarungsgemäß wird das giftigste Kongener 2,4,6,8-Tetrachlordibenzodioxin (TCDD) mit dem Faktor 1 gewichtet. Ein Dioxin/Furan mit dem Faktor 0,5 wird als halb so giftig angesehen wie 2,4,6,8-TCDD. **Hintergrundgehalte** (50. Perzentil) liegen im Bereich von 0,16...15 ng I-TEQ kg^{-1} m_T, wobei die höchsten Konzentrationen in organischen Auflagen von Wäldern gemessen wurden. Extrem hohe Gehalte wurden auf Kabelpyrolyseanlagen (Rückgewinnung von Kupfer durch Verschwelung der Kunststoffummantelung) mit Gehalten bis zu 98.000 ng I-TEQ kg^{-1} m_T nachgewiesen.

Nitroaromaten sind aromatische Verbindungen, die eine oder mehrere Nitrogruppen (-NO_2) an einem Benzolring tragen. Nitroaromaten stellen eine große Klasse von umweltrelevanten Kontaminanten dar. Zu ihnen zählen Nitrobenzol, 1,3-Di- und 1,3,5-Trinitrobenzol, Nitrotoluol, 2,4-Dinitrotoluol, 2,4,6-Trinitrotoluol und Hexogen (RDX). Viele wurden oder werden als Zwischenprodukte für die Herstellung nicht nur von Sprengstoffen, sondern auch von Farbstoffen, Herbiziden, Pharmazeutika, Polyurethan-Schäumen, aber auch für weit verbreitete Duftstoffe (Moschus Xylol und Moschus Keton) produziert.

Bodenbelastungen v. a. von Rüstungsaltlasten (Freisetzung im Betrieb und v. a. durch Kriegseinwirkung) sowie auf Militärgelände.

Tenside sind grenzflächenaktive Substanzen welche sich an Berührungsflächen zweier Medien konzentrieren (z. B. Wasser/Luft). Tenside setzen die Oberflächenspannung von Wasser herab und erhöhen die scheinbare Wasserlöslichkeit hydrophober Substanzen. Dadurch werden Oberflächen besser benetzt und daran anhaftende Substanzen leichter entfernt. Dies macht Tenside zur wichtigsten Gruppe von Wasch- und Reinigungsmittel. Darüber hinaus finden Tenside vielfältigen Einsatz als Emulgatoren, Textilhilfsmittel, Antistatika, Flotationschemikalien etc. in zahlreichen Bereichen der Technik. Nach der elektrischen Ladung unterscheidet man anionische (lineare Alkylbenzolsulfonate LAS, Alkansulfonate SAS), kationische ((9)Bis-(hydriertes Talgalkyl)-dimethylammoniumchlorid (DTDMAC)), nichtionische (Nonylphenoethoxylate NPEO, Nonylphenol) und amphotere Tenside.

Atmosphärische Einträge sind zu vernachlässigen. Tenside gelangen vornehmlich direkt mit Abwässern (häusliche A., Milch- und Getränkeverarbeitung) und Klärschlämmen in Böden. **Hintergrundwerte** im Boden liegen deutlich unter der Nachweisgrenze. Nach Klärschlammapplikation konnten 16...25 mg LAS kg^{-1} m_T in Böden nachgewiesen werden. Durch einmalige Anwendung von Pflanzenschutzmitteln sind bis in eine Tiefe von 20 cm 24 μg NPEO kg^{-1} Boden zu erwarten.

Zur Stoffgruppe der **Phthalate** zählen ca. 50 verschiedene Ester der o-Phthalsäure. Phthalate sind in allen Umweltkompartimenten nachweisbar, sie werden in großen Mengen als Weichmacher in Kunststoffen (PVC) sowie Farben und Lacken eingesetzt. Mengenmäßig bedeutsam sind Dimethyl-P. (DMP), Diethyl-P (DEP), Dibuthyl-P, (DBP), Di(2-ethyl-hexyl)-P. (DEHP), Butylbenzyl-P (BBP), Dioctyl-P (DOP).

Phthalat-Quellen sind phthalaterzeugende und -verarbeitende Betriebe; durch Müllverbrennungsanlagen können sie ebenfalls freigesetzt werden und gelangen außer durch atmosphärische Deposition auch durch Klärschlammverwertung in Böden.

Phthalatgehalte unbelasteter Böden betragen ca. 0,02...0,03 mg kg^{-1} m_T. Ackerböden sind in der Regel weniger stark belastet als Grünlandböden. Gehalte in Ackerböden betragen < 0,8 mg kg^{-1} m_T in Grünlandböden < 0,9 mg kg^{-1} m_T. In Siedlungsbereichen wurden 0,4...5,3 mg kg^{-1} m_T gemessen.

Organozinnverbindungen (OZV) sind metallorganische Verbindungen mit einer oder mehreren Sn-C-Bindungen, die sich mit wenigen Ausnahmen vom vierwertigen Zinn ableiten. Sn(IV)-organische Verbindungen haben die allgemeine Formel: $R_{(n+1)}SnX_{(3-n)}$ (R = Alkyl- und/oder Aryl-Gruppen und X = Halogene, H, Hydroxy- oder Acyloxy-Gruppen). Technisch wichtige Untergruppen sind Verbindungen des Monobutylzinns (MBT), Dibutylzinn (DBT), Tributylzinn (TBT), Dioctylzinn (DOT) und Triphenylzinns (TPT). Die meisten Verbindungen werden als Stabilisator in PVC eingesetzt. Weitere Anwendungsgebiete sind Antifoulingfarben in Unterwasseranstrichen, Pflanzenschutz-, Holzschutz- und Desinfektionsmittel.

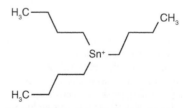

Strukturformel Tributylzinn-Kation

OZV gelangen über die Luft, Niederschläge, Abwässer, Klärschlämme und Pestizidanwendungen in Böden. Hintergrundkonzentrationen betragen 2,4 mg kg^{-1} m_T. Tributylzinngehalte liegen in belasteten Böden bei

10

< 0,01…0,1 mg kg^{-1} m$_T$, mit Pflanzenschutzmitteln behandelte Böden enthielten 0,1…1,0 mg kg^{-1} m$_T$.

Pharmazeutische Substanzen werden nach ihrer Medikation meist rasch wieder vom behandelten Organismus ausgeschieden. Zudem exkretieren Säugetiere insbesondere in der Gravidität natürliche Hormone. Diese zum Teil hoch effizienten Wirkstoffe gelangen über Abwässer und kontaminierte Wirtschaftsdünger in die Umwelt und insbesondere auf landwirtschaftlich genutzte Böden. Klärschlamm und Tierdung weisen häufig einzelne oder Gemische mehrerer Hormone und Antibiotika mit Gehalten von bis zu mehreren mg kg^{-1} auf. In Böden wurden bisher vor allem Rückstände von **Antibiotika** aus der Anwendung bei landwirtschaftlichen Nutztieren nachgewiesen. In mit Gülle gedüngten Böden wurden Konzentrationen der Tetracycline Chlor- und Oxytetracyclin sowie Tetracyclin von bis zu 7 bzw. 200 µg kg^{-1} gefunden; nach Düngung mit Klärschlamm wurden Fluorchinolone in Konzentrationen von bis zu 320 (Norfloxacin) und 400 µg kg^{-1} (Ciprofloxacin) bestimmt. Über den Abwasserpfad gelangen vermehrt Pharmazeutika wie z. B. Schmerz-, Rheuma- und Röntgenkontrastmittel in die Umwelt.

10.3.2 Prozesse auf der Bodenoberfläche

Der Verbleib organischer Wirk- und Schadstoffe in Böden wird durch Prozesse der Festlegung, der Verlagerung und des Abbaus bestimmt (Abb. 10-1). Sie gelangen auf den verschiedensten Wegen auf die Böden, wo sie **Oberflächenprozessen** unterliegen, bevor sie tiefer in die Böden eindringen.

Unmittelbar auf der Bodenoberfläche, bis zu einer Tiefe von ca. einem Millimeter, bzw. bereits in der Atmosphäre finden, je nach Persistenz der Stoffe, **photochemische Abbauvorgänge** unterschiedlicher Intensität unter dem Einfluss der kurzwelligen UV-Strahlung des Sonnenlichts statt. Besonders günstige Chemikalieneigenschaften für eine Photodegradation auf Bodenoberflächen sind neben der Absorption von UV-Licht eine gute Wasserlöslichkeit und ein niedriger Dampfdruck. Gut wasserlösliche Verbindungen z. B. aus der Gruppe der Pflanzenschutzmittel, der Phthalate oder der Organozinnverbindungen gelangen mit aufsteigendem Kapillarwasser an die Bodenoberfläche. Dort können sie direkt durch Sonnenlicht oder indirekt durch andere Substanzen, die unter dem Einfluss des UV-Lichtes chemisch reaktiv werden, abgebaut werden. Doch auch hydrophobe Chemikalien unterliegen einer Photodegradation. So

werden Verbindungen wie Hexachlorbenzol (HCB), polychlorierte Biphenyle (PCB) sowie polychlorierte Dioxine und Furane (PCDD/F) durch Licht an der Bodenoberfläche abgebaut, während sie in den Böden sehr stabil sind.

Chemikalien mit hohem **Dampfdruck** (Tabelle 10.3–1) weisen eine starke Tendenz zur Dispersion auf und können bei ausreichendem Gastransport im Boden einer erheblichen **Verflüchtigung** unterliegen. So entweichen BTEX, niedermolekulare PAK (z. B. Naphthalin) und Begasungsmittel wie Methylbromid in erheblichem Umfang gasförmig aus dem Boden. Auch die Gehalte von PCB werden v. a. durch Volatilisation vermindert. Allerdings bedeutet dies keinen echten Abbau der Wirk- und Schadstoffe sondern eine Verlagerung in andere Umweltkompartimente; die verdampften Chemikalien können über den Luftpfad in Pflanzen oder entfernter liegende Böden gelangen. Daraus resultieren häufig erhöhte Konzentrationen von Schadstoffen z. B. PAK in den oberen Bodenhorizonten und organischen Auflagen (Abb. 10.3–5). Die Verflüchtigungsraten variieren mit der Windgeschwindigkeit und der Temperatur. Da die Verluste von feuchten Bodenoberflächen meist stärker sind als von trockenen, ist die **Henry-Konstante** (Verteilungskoeffizient Lösung/Gasphase) einer Chemikalie ein besseres Maß zur Beurteilung der Verflüchtigung als der Dampfdruck.

Alle Verbindungen unterliegen einem Transport durch **Oberflächenabfluss und -erosion** von Bodenmaterial, wodurch sie bis in Vorfluter gelangen können. Durch Anlage von Filterstreifen entlang der Ufer werden solche Boden- und Stoffabträge effektiv zurückgehalten. Am Beispiel pharmazeutischer Verbindungen wurde festgestellt, dass der Oberflächenabfluss von Grünlandflächen infolge einer Begüllung aufgrund einer vorübergehenden oberflächlichen Versiegelung der Porenräume des Bodens verstärkt wurde.

10.3.3 Festlegung im Boden

Durch Wechselwirkungen mit den Austauschern kommt es zur **Sorption** von Wirk- und Schadstoffen in Böden. Die Wechselwirkungen beruhen auf physikalischen Anziehungsmechanismen wie van der Waals-Kräften, Wasserstoffbrücken und Ladungsaustauschkomplexen oder der Bildung von chemischen Komplexen, von kovalenten oder Ionenbindungen sowie Ligandenaustausch. Ebenso trägt die Diffusion in Mikro- und Nanoporen der

Tab. 10.3-1 Spannbreiten ausgewählter physikochemischer Eigenschaften, von Bodenadsorptionskoeffizienten (linear: K_d und K_{OC}, nichtlinear K_F) sowie der Zeiten für die v. a. mikrobiell bedingte Konzentrationsabnahme um 50% (DT_{50}) von organischen Fremdstoffen in Böden

Stufe	Molmasse [g mol⁻¹]	Wasserlöslichkeit [mg l⁻¹] (25°C)	Dampfdruck [hPa] (25°C)	Polarität log K_{OW}	Säurekonst. pK_s	K_d / K_{OC} [ml g⁻¹] K_F	Abbau DT$_{50}$ [d]
0	<100	<0,1	<10^{-10}	<-1,38	<0	<0,5	>1000
1	100...200	0,1...1	10^{-10}...10^{-5}	-1,38...0	0...4,0	0,5...50	1000...356
	>200...300	>1...10	>10^{-5}...1	>0...2,5	>4,0...6,1	>50...150	365...128
3	>300...500	>10...100	>1...50	>2,5...4,0	>6,1...7,9	>150...500	128...42
4	>500...1000	>100...1000	>50...100	>4,0...6,5	>7,9...14,0	>500...5000	42...1
5	>1000	>1000	>100	>6,5	>14,0	>5000	<1

Substanzgruppe	Molmasse	Wasserlöslichkeit	Dampfdruck	Polarität log K_{OW}	Säurekonst. pK_s	Sorption			Abbau DT$_{50}$
						K_d	K_{OC}	K_F	
[a] aliphatische KW	0...1	4...5	3...5	2...3		0...2	1...4	1...2	0...4
[b] aromatische KW	0...2	0...5	2...5	2...4	2...4[l]	0...5	1...5	0...4	0...4
[c] Nitroaromaten	1...2	2...5	1...2	2...4	0...4[l]	0...1	1...4	0...1	3...5
[d] PAK	1...2	0...3	1...2	3...5		0...5	3...5	0...5	0...5
[e] PCB	1...3	0...3	1...2	4...5		1...5	4...5	1...4	0...1
[f] PCDD/PCDF	3	0	0...1	5		4...5	5		0
[g] Phthalate	1...3	1...5	1...2	2...5		0...1	1...5		3...5
[h] Tenside	1...3	2...5	1...2	0...4	1[l,m]	1...4	1...5	0...3	3...5
[i] PSM	0...4	0...5	0...5	1...4	0...2[l]	0...5	1...5	1...2	0...5
[j] Organozinnverb.	1...3	0...5	1...5	0...5		1...5	4...5		2...4
[k] PhAC	1...5	0...5	0...2	0...4	0...4[m]	0...5	1...5	0...3	0...5

a Halogenierte Kohlenwasserstoffe, u. a. LCKW: (Chlor)2-4-Methan, -Ethan, -Ethen, -Propan, (Brom)2-Methan
b BTEX (Benzol, Toluol, Ethylbenzol, Xylol), Phenol und chlorierte Aromaten: (Methyl)$_{2-3}$-, Ethyl-, Butyl-, Propyl-, (Chlor)$_{1-6}$-benzol, Ethyltoluol, Phenol, (Chlor)$_{1,5}$-Phenol
c (Nitro)$_{1-3}$-Benzol, -Toluol, -Phenol, Hexogen (RDX)
d Polycyclische aromatische Kohlenwasserstoffe: 2- bis 6-Ring-PAK
e Polychlorierte Biphenyle: Biphenyl, (Chlor)$_{1-8}$-Biphenyl
f Polychlorierte Dibenzodioxine und –furane: (Chlor)$_{4-6,8}$-Dibenzodioxin, (Chlor)$_{4-6,8}$-Dibenzofuran
g Dimethyl-, Diethyl-, Dibutyl-, Di(2-ethyl-hexyl)-, Butylbenzylphthalat
h Lineares Alkylbenzolsulfonat (LAS), Nitrilotriacetat (NTA), Stearyltrimethylammoniumchlorid (STAC), Distearyl-dimethylammoniumchlorid (DTDMAC), Octylphenol, Nonylphenol
i Pflanzenschutzmittel: Herbizide, Insektizide, Fungizide: z. B. Phenoxyfettsäuren, Pyridinsalze, s-Triazine, Phenylharnstoffe, Sulfuronharnstoffe, Thiadiazole, Carbamate, Pyretroide, Phosphorester, Benzimidazole, Säureamide
j (Methyl)$_{1-3}$-Zinn, Ethylzinn, (Butyl)$_{1-3}$-Zinn, Triphenylzinn, Triphenylzinnacetat, Tripentylzinn, Tripropylzinn
k Pharmazeutisch aktive Chemikalien: Antibiotika: Tetracycline, Sulfonamide, Makrolide, Fluorchinolone, Benzimidazole, Polypeptide, Lipoglycoside, Quinoxalin-Derivate. Humanarzneimittel: Carbamazepin, Diclofenac, Clofibrinsäure, Propranolol, Propyphenazon. Östrogen wirksame Substanzen: Östrogene, Bisphenol-A
l Nur einzelne Verbindungen der Substanzgruppe weisen eine Säuredissoziationskonstante auf.
m Verschiedene Verbindungen der Substanzgruppe haben mehrere Säuredissoziationskonstanten

10   Bodenpartikel zur Sorption bei und beeinflusst insbesondere die Kinetik der Ad- und Desorption. Ein sich einstellendes Verteilungsgleichgewicht zwischen den adsorbierten Anteilen x/m (z. B. in mmol g^{-1}) und der Lösungskonzentration c (z. B. in mmol ml^{-1}) einer Verbindung wird durch den linearen **Sorptionskoeffizienten** K_d (ml g^{-1}) beschrieben. Sorptionskoeffizienten ermöglichen damit einen Vergleich des Löslichkeits- und Adsorptionsverhaltens verschiedener Chemikalien in Böden unterschiedlichen Stoffbestandes.

$$K_d = x/m \; c^{-1}$$

Das **Verteilungsgleichgewicht** wird zum einen durch die Chemikalieneigenschaften, insbesondere die Wasserlöslichkeit, den Dampfdruck, und die Polarität, letztere wiedergegeben durch den Octanol/Wasser-Verteilungskoeffizienten (K_{ow}), bestimmt (Tab. 10.3–1). Daher können Sorptionskoeffizienten auch mit Hilfe quantitativer Struktur/Aktivitäts-Beziehungen (QSAR) bzw. quantitativer Struktur/Eigenschafts-Beziehungen (QSPR) anhand molekularer Deskriptoren, wie dem K_{ow} geschätzt werden. Letzteres gilt insbesondere für unpolare Verbindungen mit log $K_{ow} > 4{,}0$, die auch als hydrophobe organische Chemikalien (HOC) bezeichnet werden (z. B. diverse chlorierte aromatische Kohlenwasserstoffe, die meisten PAK, PCB, PCDD/F). In der Regel steigen die Sorptionskoeffizienten innerhalb einer Substanzgruppe mit der Molekülmasse und ggf. dem Chlorierungsgrad an.

Zum anderen beeinflusst der **Bodenstoffbestand** das Ausmaß und Wesen der Sorption. Neben dem Elektrolytgehalt der Bodenlösung und den Redoxverhältnissen ist der Gehalt an Bodenkolloiden von Bedeutung. Dazu zählen Tonminerale sowie pedogene Oxide und Hydroxide, die insbesondere für ionische Verbindungen wie das Tensid LAS und Organozinnverbindungen bedeutende Sorbenten sind. Bei den meisten organischen Wirk- und Schadstoffen maskieren jedoch bereits geringe Gehalte an organischer Substanz den Einfluss mineralischer Sorbenten. So adsorbieren z. B. die in Mineralöl als heterogenes Stoffgemisch enthaltenen gesättigten Kohlenwasserstoffe (n-Alkane), aromatischen Kohlenwasserstoffe (Benzol, Toluol, Naphthalin, Phenanthren u. a.) sowie verschiedenen Heteroverbindungen und Asphaltene vor allem an die organische Substanz der Böden. Der oft enge Zusammenhang zwischen dem C_{org}-Gehalt und der Höhe des Sorptionskoeffizienten ist in Abbildung 10.3–1 beispielhaft für 4-Nitrophenol dargestellt. Diese herausragende Bedeutung der organischen Bodensubstanz wird berücksichtigt, indem der Sorptionskoeffizient

auf den organischen Kohlenstoffgehalt (C_{org}) normiert wird.

$$K_{OC} = K_d \, / \, C_{org} \, (\%) \cdot 100$$

Die Berechnung von K_{OC}-**Werten** ist jedoch nur bei Bodenmaterialien mit C_{org}-Gehalten von $\geq 0{,}1 \%$ und einem Ton/C_{org}-Verhältnis von < 40 in Zusammenhang mit unpolaren Verbindungen, insbesondere HOC wie PCB, PCDD/F und PAK sinnvoll. Unpolare Verbindungen assoziieren sich aufgrund ihrer hydrophoben Eigenschaften im Wesentlichen mit der organischen Bodensubstanz und akkumulieren daher in Oberböden. Für polare und hydrophile Verbindungen ist die Beziehung zum C_{org}-Gehalt deutlich schwächer. Die K_{OC}-Werte reichen für die verschiedenen Chemikalien von < 10 (z. B. für Chlorbenzol) bis $> 10^7$ (PCDD/F; Tab. 10.3–1). Während Verbindungen mit hohem Dampfdruck (z. B. niederkettige Alkane, BTEX-Aromaten) niedrige K_{OC}-Werte aufweisen (z. T. < 100), besitzen schwer flüchtige Verbindungen wie z. B. Phenanthren, Heteroverbindungen und Asphaltene hohe (10^3 bis $> 10^5$). Die K_{OC}-Werte der Einzelverbindungen variieren zwischen verschiedenen Böden deutlich geringer als die K_d-Werte. Die dennoch festzustellenden Abweichungen sind darauf zurückzuführen, dass der K_{OC} nicht nur von der Menge an organischen Austauschern sondern wesentlich auch von deren räumlichen Konformation und chemischer Zusammensetzung ab-

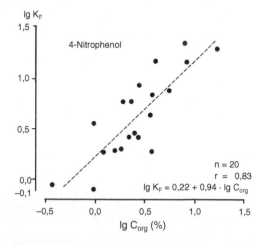

Abb. 10.3–1 Beziehung zwischen den K_F-Werten der 4-Nitrophenol-Adsorption und dem C_{org}-Gehalt von 20 Bodenproben sehr unterschiedlichen Stoffbestands (Regressionsgerade für 17 A- und 3 B-Horizonte). (nach KUKOWSKI & BRÜMMER 1988).

hängt. Dies wird insbesondere in Zusammenhang mit **kohleartigen Substanzen** wie Kohle, Kerogen und black carbon (Kap. 3) deutlich, die v. a. in Altlastböden z. T. erheblich angereichert sind und HOC um das 10...100-fache stärker zu sorbieren vermögen als die Huminstoffe. V. a. bei geringen Lösungskonzentrationen kann z. B. die Adsorption von PAK fast ausschließlich an kohleartige Substanzen erfolgen.

Speziell bei höheren Wirk- und Schadstoffkonzentrationen, mit $c > 50\,\%$ der Wasserlöslichkeit, wie auch insgesamt bei polaren und ionisierbaren Verbindungen, verlaufen Sorptionsisothermen oft nicht linear. Das bedeutet, jede Kombination von Lösungskonzentration und adsorbierter Konzentration hat einen anderen linearen Sorptionskoeffizienten (K_d). Zur Beschreibung dieser Isothermen wird oft die **Freundlich-Gleichung** verwendet (Kap. 5.5.6.1). Diese legt im Gegensatz zum linearen Modell keine Homogenität der Bindungsplatzenergien zugrunde, enthält jedoch die lineare Isotherme als Spezialfall ($n = 1$).

$$x/m = K_F \cdot c^n$$

Für sehr stark sorbierende und unpolare Verbindungen wie die PCDD/F wurde eine Nichtlinearität der Sorption bisher nicht festgestellt. Daneben liegen K_F-Werte für verschiedene Verbindungen nicht vor (Tab. 10.3–1), da die Ermittlung von nichtlinearen Isothermen experimentell aufwändig ist.

Eine ausgeprägte Nichtlinearität der Sorption weist auf eine Assoziierung mit heterogenen organischen und mineralischen Sorbenten durch spezifische, meist chemische Sorptionsmechanismen hin. Selbst für HOC wie die PAK wird inzwischen eine wesentliche Bedeutung solcher spezifischer Bindungsmechanismen angenommen. Bei den PAK bilden die π-Elektronen der aromatischen Doppelbindungen mit korrespondierenden Strukturen der organischen Bodensubstanz Ladungsaustauschkomplexe oder π-π-Komplexe. Nichtlinear sorbieren insbesondere polare und solche Verbindungen, die in Abhängigkeit vom pH-Wert des Mediums anionische und/oder kationische Spezies bilden, wie z. B. viele Pflanzenschutzmittel und Antibiotika. Diese Eigenschaft wird durch die **Säurekonstante** ($\mathbf{pK_s}$) gekennzeichnet (Tab. 10.3–1), wobei einige Verbindungen mehrere pK_s-Werte aufweisen, z. B. bilden die Imidazole fünf unterschiedliche Spezies. Die Änderung des Ladungszustandes wie auch des K_{OW}-Verteilungskoeffizienten und z. T. der Wasserlöslichkeit ionisierbarer Verbindungen erfolgt sprunghaft im pH-Bereich um die Säurekonstante. Liegt der pK_s im pH-Bereich mitteleuropäischer Böden von etwa 3...8, so ist

er für die Sorption von großer Bedeutung. Dabei gilt für die Sorption an organischen Feststoffbestandteilen in der Regel, dass geladene Spezies, insbesondere Säureanionen (z. B. Phenole und Phenoxycarbonsäuren), aufgrund ihrer höheren Polarität (bzw. geringeren Hydrophobie) deutlich schlechter adsorbiert werden als neutrale Spezies. Die kationischen Spezies basischer Organika (z. B. Paraquat, Sulfonamid-Antibiotika) werden dagegen oft sehr stark und vorrangig an mineralischen Austauschern festgelegt. Die K_{OC}-Werte von Pentachlorphenol (PCP) steigen in Böden von neutraler zu stark saurer Bodenreaktion beträchtlich an (Abb. 10.3–2); PCP wird mit sinkendem pH zunehmend vom Phenolat-Anion durch Protonierung in das Phenol-Molekül umgewandelt (pK_s = 4,7). Dabei steigt die Adsorption durch Wasserstoffbrückenbildung an. Dieser Effekt ist auch beim Trichlorphenol (2,4,6-TCP: pK_s = 6,0) im pH-Bereich von 8...5 deutlich, beim undissoziierten Nitrophenol (pK_s = 7,2) dagegen nicht mehr messbar (Abb. 10.3–2). Wie bei PCP und TCP steigen bei einer ganzen Reihe organischer Chemikalien, die durch Protonierung von Anionen zu neutralen Molekülen umgewandelt werden, die

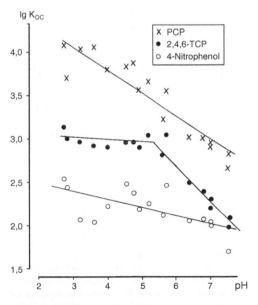

Abb. 10.3–2 Beziehungen zwischen den lg K_{OC}-Werten von Pentachlorphenol (PCP), 2,4,6-Trichlorophenol (2,4,6-TCP) und 4-Nitrophenol von 17 Bodenproben aus A-Horizonten und deren pH-(CaCl$_2$)-Werten (nach Kukowski & Brümmer 1988).

10

K_{OC}-Werte und damit die Adsorptionskapazität (= Pufferkapazität) der Böden von neutraler zu stark saurer Bodenreaktion deutlich an. Damit verläuft die Pufferkapazität der Böden in Abhängigkeit von der Bodenreaktion für eine Reihe von organischen Chemikalien entgegengesetzt der für Schwermetalle (Kap. 10.2.4). Darüber hinaus beeinflusst der Boden-pH den Ladungszustand der Austauscher. Mit abnehmendem pH-Wert nimmt die variable Ladung des Bodens ab.

Die Sorption von organischen Wirk- und Schadstoffen an die organische Bodensubstanz verläuft in zwei Phasen. Es kann zwischen einem schnellen und einem langsamen Prozess unterschieden werden. Der schnelle Sorptionsprozess führt innerhalb weniger Minuten, Stunden oder Tage zu einer relativ stabilen Gleichgewichtsverteilung zwischen Bodenlösung und Festphase. Er ist Grundlage für die oben beschriebene Bestimmung der Sorptionskoeffizienten. Viele Autoren nehmen an, dass es sich bei der Bindung hydrophober Wirk- und Schadstoffe um einen reinen Verteilungsprozess zwischen zwei Phasen oder um Oberflächenadsorptionsphänomene handelt. Dabei können organische Wirk- und Schadstoffe in hydrophobe Regionen organischer Makromoleküle eingebettet werden. Darüber hinaus ist seit langem bekannt, dass die Extrahierbarkeit und Bioverfügbarkeit von Pestiziden und organischen Schadstoffen langfristig weiter stark abnimmt, auch ohne dass sie chemisch verändert werden. Dieses Phänomen wird auch als **Alterung** bezeichnet. Letztendlich können **nicht extrahierbare Rückstände** gebildet werden. Dieser langsam fortschreitende Prozess wird mit dem Einbau in Huminstoffmoleküle über kovalente Bindungen (**gebundene Rückstände** = bound residues) bzw. als Ergebnis eines weit fortgeschrittenen intramolekularen Diffusionsprozesses in die Bodenmatrix (**Sequestrierung**) erklärt. Die Bildung gebundener Rückstände von Pestiziden wird durch Mikroorganismen und die Zugabe leicht abbaubarer organischer Substanzen (z. B. Rinderdung) gefördert. Gebundene Rückstände können durch physikochemische und biochemische Reaktionen in geringen Anteilen freigesetzt werden. Ein Risiko für Bodenorganismen und Pflanzen entsteht dadurch kaum. Die Einbindung organischer Wirk- und Schadstoffe in die Huminstofffraktion wird bereits bei der Sanierung TNT-kontaminierter Böden angewandt. Der Nachweis gebundener Rückstände ist durch Verwendung Isotopen-markierter Wirk- und Schadstoffe, z. B. durch Bestimmung der nicht extrahierbaren Radioaktivität oder mittels Kernspinresonanzspektroskopie stabiler Isotope mit geringer natürlicher Häufigkeit, möglich.

Der adsorbierte Anteil organischer Chemikalien befindet sich in der Regel in einem vor mikrobiellem Abbau wie auch vor Auswaschung und Aufnahme durch höhere Pflanzen weitgehend geschützten Zustand. Persistente organische Chemikalien werden deshalb bei starker Adsorption in Böden akkumuliert (z. B. Organozinnverbindungen, PCB, PCDD/F), bei geringer Adsorption jedoch bis in Grund- und Oberflächenwässer verlagert (z. B. diverse Pflanzenschutzmittel wie Atrazin, Bentazon, Imazaquin). Erst nach Desorption und Übergang in die Bodenlösung sind Wirk- und Schadstoffe ökologisch wirksam, so dass die Reversibilität der Adsorptionsvorgänge in Böden von wesentlicher Bedeutung ist. Eine erhöhte mikrobielle Aktivität sowie Veränderungen der Bodenreaktion (Abb. 10.3–2) und der Elektrolytkonzentration können eine Mobilisierung bewirken. Dabei akkumulieren nicht nur die Wirk- und Schadstoffe sondern auch die Mikroorganismen bevorzugt an Austauscheroberflächen der Ton- und Feinschlufffraktion, so dass eine unmittelbare räumliche Nähe oft gegeben ist.

Bodenbürtige oder von außen z. B. über Tierdung zugeführte **gelöste organische Substanzen** (dissolved organic matter – **DOM** bzw. dissolved organic carbon – **DOC**) können organische Wirk- und Schadstoffe binden und so ihre Mobilität und Verlagerbarkeit deutlich erhöhen. Für die Bewertung des Umweltverhaltens dieser Stoffe muss deshalb neben der Bindung an die organische Festphase auch die an DOM berücksichtigt werden, die selbst wiederum Ad- und Desorptionsprozessen an die Festphase unterliegen. Für die Bestimmung der Verteilungskoeffizienten zwischen gelösten hydrophoben organischen Chemikalien und DOM (K_{DOC}) werden u. a. Fluoreszenz-Quenching, Festphasenextraktion sowie Dialyse und Ultrafiltration eingesetzt. Während eine bevorzugte Adsorption von TNT an DOM gegenüber partikulärer organischer Substanz festgestellt wurde, lagen die K_{DOC}-Werte von Phenanthren, Benzo(a)pyren und PCB 52 in der gleichen Größenordnung wie ihre K_{OC}-Werte. Daraus kann geschlossen werden, dass die Verteilung hydrophober organischer Chemikalien im Boden in einem dreiphasigen System (Abb. 10.3–3) erfolgt, das erheblichen Einfluss auf die Bioverfügbarkeit und die Mobilität dieser Stoffe hat. In einem solchen System müssen neben dem Verteilungskoeffizienten für die Festphase (K_d^X bzw. K_{OC}^X) und die DOM (K_{DOC}) auch die Wechselwirkungen zwischen DOM und Festphase berücksichtigt werden (K_d^{DOC}). Insbesondere in Altlastböden ist darüber hinaus zu beachten, dass die Sorption zusätzlich durch wassermischbare organische Lösungsmittel als **Cosolventen**,

Festphase
(anorganisch
und organisch)

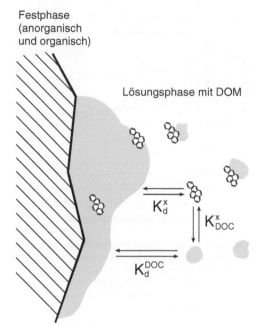

Lösungsphase mit DOM

K_d^x

K_{DOC}^x

K_d^{DOC}

Abb. 10.3-3 Verteilung hydrophober organischer Schadstoffe (x) im Dreiphasensystem zwischen Festphase, Lösung und DOM (nach MARSCHNER 1999).

nicht wässrige Lösungsphasen (**non-aqueous phase liquids** = NAPL) sowie **kompetitive Adsorption** von, um die Sorptionsplätze konkurrierenden, weiteren Wirk- und Schadstoffen erheblich beeinflusst werden kann.

10.3.4 Abbau und Verlagerung

Mit dem Eintrag der Wirk- und Schadstoffe in die Böden setzen Ab- und Umbauprozesse ein. **Chemischer Abbau** erfolgt in der wässrigen Phase des Bodens durch Hydrolyse (z. B. Parathion, Triazin), in Abhängigkeit von den Redoxbedingungen durch Oxidation oder Reduktion und durch Katalyse an Bodenbestandteilen (Fe-, Mn-Oxide, Tonminerale u. a.). So werden Nitroaromaten in Gegenwart reduzierter Eisenverbindungen effektiv zu den korrespondierenden Aminoverbindungen reduziert. Vorrangig beruhen Ab- und Umbauprozesse in Böden jedoch auf Transformationsprozessen durch Bakterien und Pilze. Die mikrobielle **Biodegradation** bestimmt im Wesentlichen die Dauer des Verbleibs

und der Wirkung der Chemikalien in der Umwelt (Tab. 10.3-1). Art und Ausmaß der Biodegradation werden wesentlich durch die Lebensbedingungen für die Organismen und damit durch Umweltbedingungen wie Temperatur, Feuchte, pH, Substratangebot u. a. beeinflusst. Leicht abbaubare Chemikalien sind in der Regel als unproblematische Stoffe zu bewerten. So sind die kanzerogenen Nitrosamine in Böden ausgesprochen instabil und deshalb kaum ökotoxikologisch relevant. Die von Pilzen produzierten, stark kanzerogen wirkenden Aflatoxine werden selbst bei Zufuhr größerer Mengen in 2...3 Monaten durch die Mikroorganismen des Bodens vollständig abgebaut. Ein Abbau von HCB durch Mikroorganismen findet dagegen nicht oder nur in sehr geringem Maße statt. Über den mikrobiellen Abbau von PCDD/F im Boden liegen nur wenige Daten bzw. Abschätzungen vor. Mittlere Halbwertszeiten für 2,3,7,8-TCDD unter Umweltbedingungen wurden mit 2...3 Jahren bis zu >100 Jahren angegeben (Tab. 10.3-1). Feld- und Laboruntersuchungen deuten darauf hin, dass PCDD/F wie auch PCB vornehmlich durch Verflüchtigung und/oder Photolyse aus dem Boden entfernt werden.

In der Regel erfolgt ein biologischer Abbau unter **aeroben Bedingungen** deutlich rascher und vollständiger als unter anaeroben Verhältnissen. So werden Östrogene, Phthalate und Tenside wie LAS und Nonylphenolethoxylate aerob rasch abgebaut. Für PAK mit zwei und drei Benzolringen (Naphthalin und Anthracen) wurden unter günstigen Abbaubedingungen Halbwertszeiten für den mikrobiellen Abbau von < 6 Monaten ermittelt. Bakterien der Gattungen *Pseudomonas* und *Flavobakterium* bauten Naphthalin und Phenanthren vollständig ab. Der Abbau erfolgte metabolisch, indem die Organismen den Schadstoff als Energiequelle nutzen. Höher kondensierte PAK, die eine größere Bindungsstärke und geringere Löslichkeit als 2- und 3-Ring-PAK aufweisen, werden insbesondere cometabolisch abgebaut, das heißt die Mikroorganismen bauen die Verbindung nur in Gegenwart eines Nährsubstrates ab, ohne sie als Energie- und Kohlenstoffquelle zu nutzen.

Dagegen nehmen Dechlorierungsreaktionen und die Nitratreduktion mit abnehmendem Sauerstoffgehalt in Böden zu. So verläuft der Abbau von Hexachlorcyclohexan (HCH) im Boden unter aeroben Bedingungen so langsam, dass mehrere Jahrzehnte erforderlich sind, um einen belasteten Boden zu dekontaminieren. Unter **anaeroben Bedingungen** ist dagegen ein sehr viel schnellerer Abbau möglich. Gleiches gilt für die PCB. Der unter aeroben Bedingungen nur sehr langsame mikrobiel-

10

10 le Abbau der verschiedenen PCB hängt u. a. von der Anzahl und Stellung der Chloratome im Molekül ab. Eine Kopplung von aeroben und anaeroben Umweltbedingungen kann zu einem effektiven Abbau von PCB-Kontaminationen in Boden führen. Dies trifft auch für die Nitroaromaten zu. So wird 2,4,6-Trinitrotoluol (TNT) unter anaeroben Bedingungen zu den korrespondierenden Aminoverbindungen reduziert, die anschließend aerob weiter abgebaut bzw. in die organische Bodensubstanz eingebaut werden.

Der Abbau von Schad- und Wirkstoffen in Böden folgt häufig einer **Kinetik** erster Ordnung.

$$c_t = c_0 \cdot \exp(-k \cdot t).$$

Dabei hängt die Konzentration c_t nach einer Zeitspanne t von der Ausgangskonzentration c_0, dem Ratenkoeffizienten k und der Zeitdauer ab. Ein anfänglich rascher Abbau klingt im Zeitverlauf exponentiell ab; es wird asymptotisch eine Endkonzentration erreicht. Insbesondere durch den Prozess der Alterung und damit abnehmenden Bioverfügbarkeit der Wirk- und Schadstoffe verbleiben oft Restgehalte in Böden, die praktisch nicht abbaubar sind. Dies ist in Abbildung 10.3–4 für PAK in Altlastböden dargestellt, deren Gesamtkonzentration durch über drei Jahre wiederholte Maßnahmen im Rahmen eines biologischen Sanierungsverfahrens nur unvollständig eliminiert wurden. Liegen die Schad- und Wirkstoffe an heterogenen Sorbenten in unterschiedlicher Weise retardiert vor, so sind häufig zwei- bzw. mehrphasige Zeitverläufe mit unterschiedlichen Raten des Abbaus zu beobachten. In Abbildung 10.3–4 folgt auf eine erste Phase raschen Abbaus von ca. 3…17 Wochen bei vier Böden eine zweite Phase geringer bis nicht nachweisbarer Abnahmen. Beide Phasen ließen sich durch separate Kinetiken erster Ordnung beschreiben.

Im Idealfall werden die Wirk- und Schadstoffe zu CO_2 und Wasser mineralisiert. In jedem Falle entstehen zumindest zwischenzeitlich **Metabolite**. Diese Abbauprodukte sind meist stärker wasserlöslich und mobiler als die Ausgangsverbindungen, oft aber auch reaktiver; sie neigen verstärkt zu pH-abhängiger Sorption.

Im Gegensatz zum Abbau ist auch eine **mikrobielle Biosynthese** von Antibiotika in Böden bekannt und wurde auch für Methylzinn und PAK nachgewiesen. Letztere werden v. a. in reduzierten Unterbodenhorizonten gebildet (Abb. 10.3–5 A). Die resultierenden Bodenkonzentrationen können mehrere $\mu g\,kg^{-1}$ erreichen. Die Bedeutung der Biosynthese von Phthalaten durch Mikroorganismen und höhere Organismen bedarf weiterer Klärung.

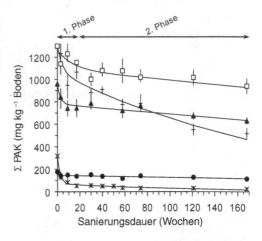

Abb. 10.3–4 Abnahme der PAK-Gehalte (Summe nach Liste der US-EPA) von fünf Altlastböden im Rahmen von Freiland-Gefäßversuchen zur biologischen Bodensanierung (fette Linie theoretischer Verlauf der PAK-Abnahme bei Kinetik erster Ordnung); (nach Thiele & Brümmer 1998, ergänzt).

Werden die Wirk- und Schadstoffe im Boden nicht rasch eliminiert, so bestimmt das **Löslichkeitsverhalten** in Böden deren **Verlagerbarkeit** und mögliche Anreicherung im Grundwasser wie auch deren **Verfügbarkeit** für Pflanzen und mögliche Anreicherung in der Nahrungskette. Dabei wird die Löslichkeit der Chemikalien in Böden sowohl durch ihre Wasserlöslichkeit als auch durch ihre Adsorbierbarkeit durch die Feststoffe der Böden beeinflusst. Retardierte Chemikalien werden durch wiederholte Durchströmung des Bodens mit Sickerwasser desorbiert, was sich in den Dränageabflüssen und in oberflächennahen Grundwässern behandelter Flächen nachweisen lässt. Zu klären, ob und inwieweit das Grundwasser durch Wirk- und Schadstoffe belastet wird, ist Ziel einer Sickerwasserprognose. Es hängt von den Substrateigenschaften des Untergrundes, dem Grundwasserflurabstand, der Höhe der Wassersickerung (und deren Einflussgrößen) und der Diffusion ab. Die Diffusion sorgt dabei für die Nachlieferung der Stoffe in die durchströmten Poren. Neben humusarmen, sandigen Böden sind auch stark quellschrumpfende sowie durch Bodentiere perforierte Böden infolge **präferentiellen Fließens** besonders anfällig für eine rasche Verlagerung der Stoffe in den Untergrund. Dabei können sie sowohl gelöst als auch partikelgebunden transportiert werden.

Stärker wasserlösliche Wirk- und Schadstoffe liegen dabei mehr in der gelösten Phase (z. B.

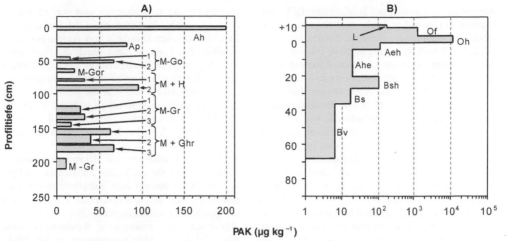

Abb. 10.3–5 Tiefenprofile von PAK in durch atmosphärische Immissionen kontaminierten Böden. **A)** Summe von 15 PAK nach US-EPA (ohne Acenaphthylen) in einem Gleykolluvisol mit Biosynthese der PAK in reduzierten Unterbodenhorizonten (nach ATANASSOVA & BRÜMMER, 2004). **B)** Summe von 20 PAK nach US-EPA (plus Triphenylen, Benzo[j]fluoranthen, Benzo[e]pyren, Perylen) in einem Podsol mit Rohhumusauflage und Tiefentransport durch DOM (nach GUGGENBERGER et al. 1996); zu beachten ist die logarithmische Skalierung.

pharmazeutische Schmerzmittel, BTEX, aliphatische Kohlenwasserstoffe), die weniger wasserlöslichen partikelgebunden vor (z. B. pharmazeutische Antibiotika, PAK; vgl. Tab. 10.3–1). Eine Verlagerung von stark sorbierenden Verbindungen wie den chlorierten Kohlenwasserstoffen, HCH und HCB mit dem Sickerwasser findet nur in sehr geringem Ausmaß statt. Obgleich PAK in den Humusauflagen und A-Horizonten stark gebunden werden, wurden sie bereits in Unterböden nachgewiesen. Dies deutet darauf hin, dass sie entweder partikelgebunden, durch Bioturbation oder an DOM gebunden verlagert werden. In Podsolen wurden PAK in Bsh-Horizonten angereichert (Abb. 10.3–5 B). In humusarmen, sandigen Böden kann dagegen eine beträchtliche Verlagerung auch stark sorbierender Verbindungen wie der PCB in den Unterboden stattfinden. Dabei ist die Löslichkeit bei niedrig chlorierten Biphenylen größer als bei hoch chlorierten.

10.3.5 Aufnahme in und Wirkungen auf Organismen

Schadstoffe sind definiert als Substanzen, die nach ihrer Freisetzung in der Lage sind, Umweltkompartimente wie die Böden nachhaltig zu verunreinigen

bzw. nachteilig zu verändern oder Organismen zu schädigen. Dabei üben viele Schadstoffe ungewollt toxische Wirkungen auf die belebte Umwelt aus. Demgegenüber werden Wirkstoffe gezielt angewendet, um effektiv gegen bestimmte Organismen zu wirken. So werden Pestizide zur Bekämpfung tierischer und pflanzlicher Schaderreger im Pflanzen-, Vorrats- und Materialschutz eingesetzt. Ähnliches gilt für weitere Wirkstoffe wie Benetzungsmittel, Halmverkürzer und Blattfallförderer. Pharmazeutische Antibiotika sollen gezielt Mikroorganismen hemmen bzw. diese abtöten. Häufig üben Wirkstoffe jedoch auch toxische Effekte auf Nicht-Zielorganismen und Nützlinge aus. Die ökotoxische Wirkung der verschiedenen Chemikalien hängt von ihrer **substanzspezifischen Toxizität,** der emittierten Chemikalienmenge und resultierenden Konzentration im Boden sowie der **Persistenz** der Chemikalien, die im Wesentlichen die Dauer der möglichen Schadwirkung bestimmt, ab. Die substanzspezifische Toxizität kann innerhalb einer Stoffgruppe und selbst zwischen isomeren Verbindungen erheblich variieren. Die Persistenz einer Verbindung wird im Boden durch Abbau- und Festlegungsprozesse bestimmt (Kap. 10.3.2). Dadurch nimmt die **Bioverfügbarkeit** ab, also die Fraktion einer Verbindung, die in ihrem vorliegenden Status von Organismen aufgenommen werden bzw. auf diese wirken kann.

10 Methoden, um anstatt der Totalgehalte die bioverfügbare Fraktion von Wirk- und Schadstoffen in Böden zu bestimmen, nutzen z. B. Extraktionsverfahren mit sanften Lösungsmitteln oder die Verwendung von Materialien zur Festphasenextraktion als unbeschränkte Senke (infinite sink).

Verschiedene Verbindungen neigen dazu, sich in Organismen anzureichern. Die Bioakkumulation insbesondere lipophiler Schadstoffe wie HOC ist v.a. darauf zurückzuführen, dass Biomembranen zu wesentlichen Anteilen aus Lipiden bestehen. So sind z. B. Mikroorganismen nach außen hydrophob; Fettgewebe höherer Organismen sind Orte der Akkumulation. Dadurch reichern sich z. B. Hexachlorbenzol (HCB) und PCB aufgrund ihrer hohen Lipophilie und der schlechten biologischen Abbaubarkeit im Fettgewebe und Blutserum von **Organismen**, oder auch in der Muttermilch an. Regenwürmer werden oft als Bioindikatoren verwendet, um die Bioakkumulation von Verbindungen in Bodentieren zu überwachen. Das Ausmaß der Aufnahme variiert mit den Stoffeigenschaften sowie zwischen verschiedenen Spezies und Organen. Kommt es zur Akkumulation persistenter Verbindungen in Organismen, kann dies nachfolgend zur Akkumulation in den höheren trophischen Stufen der Nahrungskette führen. Chlorierte Kohlenwasserstoffe wie DDT und PCB wurden in erhöhter Konzentration bei Raubtieren und -vögeln nachgewiesen.

Andererseits ist die Aufnahme in Organismen, insbesondere Mikroorganismen, zumeist die Basis für einen metabolischen Abbau von Wirk- und Schadstoffen. Dagegen werden Fremdstoffe von höheren Organismen oft nicht oder nur teilweise metabolisiert, sondern bevorzugt, ggf. nach Konjugationen zur Erhöhung der Wasserlöslichkeit, ausgeschieden. Nach Aufnahme in Pflanzen werden z. B. viele Pflanzenschutzmittel durch Ringschluss, Hydrolyse, aliphatische Hydroxylierung oder Glucosidation metabolisiert. Einige Verbindungen werden durch Pflanzen sehr stark aufgenommen und z. T. hyperakkumuliert, so dass eine Phytoremediation möglich ist. So werden Nitrotoluole effektiv von Pflanzen, v. a. in Wurzeln von Luzerne und Buschbohnen, aufgenommen. Zusätzlich ist die Rhizosphäre ein Bodenbereich intensivster mikrobieller Besiedlung und Aktivität, so dass hier ein rascherer Bioabbau zu erwarten ist. Dies wurde bereits u. a. für Trichlorethylen (TCE), verschiedene PSM und Tenside sowie PAK nachgewiesen.

Einem erwünschten Abbau stehen konzentrationsabhängige Wirkungen auf die Organismen, wie z. B. Schädigungen von Teilen des Organismus und der Stoffwechselfunktionen, erhöhte Letalität, Verminderung der Reproduktion und von Aktivitätsparametern oder Veränderungen der funktionellen bzw. strukturellen Diversität von Populationen gegenüber. Die Toxizität kann durch die Dosis oder aktuell gemessene Konzentration, bei der Wirkungen bestimmten Ausmaßes auftreten, beschrieben werden. Kennwerte sind u. a. die letale Dosis, z. B. LD_{10}, infolge deren Applikation 10 % der vorhandenen Individuen absterben, oder die effektive Konzentration, z. B. EC_{50}, bei deren Auftreten eine biotische Aktivität um 50 % gehemmt wird.

Toxische Wirkungen auf **Mikroorganismen** in Böden wurden für zahlreiche Substanzen nachgewiesen. Dabei beeinflussen insbesondere gut wasserlösliche und gering sorbierende Substanzen bei entsprechender substanzspezifischer Toxizität wie aliphatische und aromatische Kohlenwasserstoffe (Tab. 10.3–1) die Mikroorganismen, wobei Effekte substanz- und speziesspezifisch variieren. Wirkungen der aliphatischen Chlorkohlenwasserstoffe Tri- und Tetrachlorethen sowie Dichlormethan wurden ab 1…10 mg kg^{-1} Boden, von HCH bereits ab 0,18 mg kg^{-1} festgestellt. Nonylphenolethoxylat, LAS und andere Tenside hemmen mikrobielle Prozesse wie die Dehydrogenaseaktivität ($ED_{50} < 0,4$ % Aktivsubstanz im Boden), Fe(III)-Reduktion und Ammonium-Oxidation. Organozinnverbindungen haben zahlreiche physiologische Effekte und werden dementsprechend in vielfältiger Weise als Biozide eingesetzt. Dabei nimmt die Wirkung in folgenden Reihungen zu: Tetra- < Tri- < Di- < Monoalkylzinn; Methyl- < Butyl- < Pentyl- < Phenylzinn. Für verschiedene Pestizide wurden längerfristig negative Auswirkungen auf mikrobielle Aktivitäten wie die Bodenatmung, den Zelluloseabbau oder die Nitrifikation festgestellt. Bei vielen anderen, insbesondere neueren Pflanzenschutzmitteln sind dagegen nur kurzfristige oder keine Einwirkungen auf Nicht-Zielorganismen festzustellen. Der Nachweis der Unbedenklichkeit ist Teil des Prüfungsverfahrens zur Zulassung dieser Mittel. Die oft biostatische Wirkung von Antibiotika auf mikrobielle Aktivitäten wird erst in Langzeittests (> 24 h) feststellbar, wenn die Wachstumsphase der Mikroorganismen mit erfasst wird. Dies gilt insbesondere für Veränderungen der strukturellen und funktionellen Diversität sowie die Herausbildung von Resistenzen. Resistenzen, als erworbene Unempfindlichkeit gegenüber einem Wirkstoff, werden auch durch Pflanzenschutzmittel ausgelöst.

Die toxischen Wirkungen von HOC werden durch ihre geringe Löslichkeit und starke Festlegung in Böden begrenzt. Mit zunehmendem Chlorierungsgrad nimmt die Wirksamkeit der PCB aufgrund ihrer verminderten Mobilität und Verfügbarkeit ab. Das mit $5000\,mg\,l^{-1}$ vergleichsweise gut wasserlösliche Kongener PCB 1 hemmte die mikrobielle Fe(III)-Reduktion in Böden nach Zusatz von $0,5...8\,mg\,kg^{-1}$. Dagegen wiesen die höher chlorierten Kongenere 28, 52, 153 sowie technische Gemische schwächere Wirkungen auf. In gleicher Weise werden die toxischen Wirkungen anderer HOC wie HCB, PCDD/F und PAK durch ihre geringe Löslichkeit begrenzt. Im Gegenteil führten PAK-Konzentrationen $< 100\,mg\,kg^{-1}$ wie auch niedrige Konzentrationen von TCDD zu einer Stimulation (Hormesis) der mikrobiellen Aktivität. Solche Stimulationen sind jedoch als Abweichung vom Normalzustand ebenfalls kritisch zu bewerten.

Auch Vertreter der Bodenfauna werden durch Wirk- und Schadstoffe beeinflusst. Die Reproduktion von Springschwänzen *(Folsomia candida)* wurde nach Zugabe von $0,32\,mg\,kg^{-1}$ HCH signifikant vermindert. Regenwürmer, Spinnentiere und Collembolen werden in Abhängigkeit vom PAK-Gehalt des Bodens gehemmt. So traten nach Zusatz von $1\,mg$ Benzo(a)pyren kg^{-1} Wirkungen auf die Kokonablage der Regenwürmer auf. Die LC_{50} von TNT liegt bei Regenwürmern bei $143\,mg\,kg^{-1}$.

Insbesondere im Boden mobile Wirk- und Schadstoffe werden durch Pflanzen aufgenommen. Aromatische Kohlenwasserstoffe wie BTEX und Phenole sowie LCKW werden mit bis zu $> 40\,\%$ der Bodengehalte deutlich in Pflanzen aufgenommen und können z. T. zu phytotoxischen Effekten führen. Die toxischen Effekte von Mineralölkontaminationen bei $0,1...1\,\%$ Öl im Boden beruhen vorrangig auf der Verdrängung der Bodenluft und des Bodenwassers durch die Ölkomponenten. Auf stark mit HCH kontaminierten Böden werden von den angebauten Pflanzen beträchtliche Mengen an HCH aufgenommen, in Gefäßversuchen mit Weidelgras bzw. Hafer bis 22 bzw. 34 (im Haferstroh) mg HCH kg^{-1} m_T. Zwischen den HCH-Gehalten der Böden und der Pflanzen bestehen signifikante Korrelationen, die allerdings Unterschiede in Abhängigkeit von der Pflanzenart aufweisen. In den verschiedenen Pflanzenteilen steigen die HCH-Gehalte in der Reihe Korn < Frucht < Wurzel < Spross.

Die Aufnahme von HOC in Pflanzen ist aufgrund ihrer geringen Löslichkeit und starken Festlegung in Böden zumeist gering ($< 1\,\%$ der Totalgehalte). In der Regel werden diese Substanzen lediglich in oder an der Wurzeloberfläche gebunden und können – z. B. bei Wurzelgemüse – mit der Schale entfernt werden. So nehmen Pflanzen nur sehr geringe Mengen an HCB, PCB und PCDD/F aus dem Boden auf (meist $< 1\,\mu g\,kg^{-1}$). Die Aufnahme variiert jedoch zwischen Pflanzenarten. Zucchini zeigten gegenüber anderen Nutzpflanzenarten eine deutlich stärkere Aufnahme von PCDD/F. Die Verfügbarkeit der PAK für Pflanzen ist weitgehend von der Molekülgröße abhängig. PAK mit 2 und 3 Benzolringen können offenbar z. T. von den Wurzeln aufgenommen und bis in den Spross transportiert werden. Höher kondensierte PAK werden dagegen – infolge ihrer außerordentlich geringen Löslichkeit und höheren Molekülgröße – kaum aufgenommen, sondern nur in geringem Maße in Wurzeln und auf Wurzeloberflächen aufgenommen. Die PAK-Gehalte oberirdischer Pflanzenteile weisen keine Beziehungen zu den PAK-Gehalten der Böden auf; sie sind vorwiegend immissionsbedingt. PAK können über die Gasphase in den Spross eindringen oder partikelgebunden abgelagert werden. Darauf deuten die mit steigender Blattoberfläche der Pflanzen zunehmenden PAK-Gehalte und die Ähnlichkeit der PAK-Profile in Staub und in den Pflanzen hin. Gleiches gilt für andere HOC wie HCB und PCDD/F sowie Phthalate.

Bei höheren Organismen wie auch dem Menschen führen chlorierte Verbindungen wie HCB, PCB und PCDD/F u. a. zu Schädigungen der Haut, des Nervensystems und der Leber. Viele Verbindungen wie z. B. PAK und PCDD/F sind kanzerogen, mutagen und teratogen. Zunehmend werden organischen Schadstoffen auch hormonelle Wirkungen zugeordnet. So verursachen Nonylphenol, als Grundstoff der Nonylphenolethoxylat-Tenside, Flammschutzmittel (polybromierte Diphenylether, Tetrabrombisphenol A), Phthalate, PAK und PCB östrogene Wirkungen (Verweiblichung) bei höheren Organismen. Zudem gelangen z. B. über Klärschlamm und Abwasser natürliche (17 β-Estradiol) und synthetische Hormone (17 α-Ethinylestradiol) in die Umwelt.

10.4 Wirtschafts- und Sekundärrohstoffdünger, Baggergut

Wirtschaftsdünger sind tierische Exkremente wie **Gülle, Jauche, Mist** und **Geflügelkot** sowie Ernterückstände (z. B. Stroh). Sie werden in der Pflanzenproduktion als Dünger sowie zu Erhöhung des Humusgehaltes eingesetzt. Im Hinblick auf den Bodenschutz sind vor allem die in der Tierproduktion anfallenden Dünger zu beachten. Zum einen kön-

10 nen sie Schwermetalle und organische Schadstoffe (Tierarzneimittelrückstände s. a. Kap. 10.3) enthalten, zum anderen führt eine unsachgemäße Anwendung zu Grundwasserbelastungen (s. u.).

Zu den **Sekundärrohstoffdüngern** zählen **Klärschlämme** und **Bioabfälle**. **Klärschlamm** fällt als Flüssigschlamm mit einem mittleren Feststoffgehalt von 5 % in kommunalen Kläranlagen an. Klärschlämme werden in der Landwirtschaft, landbaulichen Verwertung oder zur Kompostierung eingesetzt. Der Anteil an nicht verwerteten Klärschlämmen wird thermisch behandelt.

Bioabfälle sind Abfälle pflanzlicher und tierischer Herkunft zur Verwertung, die durch Mikroorganismen, bodenbürtige Lebewesen oder Enzyme abgebaut werden können. Nach der Art der Behandlung unterscheidet man: **Komposte** (aerob behandelt), **Gärrückstände** (anaerob behandelt) und **anderweitig hygienisierte Bioabfälle**. Bioabfälle müssen vom restlichen Hausmüll getrennt gesammelt und behandelt werden. **Müllkomposte**, die aus der organischen Fraktion des Gesamthausmülls hergestellt wurden, dürfen seit Inkrafttreten der Bioabfallverordnung in Deutschland nicht mehr auf landwirtschaftlich oder gärtnerisch genutzten Flächen verwertet werden. Die Menge an **Bioabfällen** hat ständig zugenommen. Der größte Teil davon wird in der Landwirtschaft (36 %), dem Landschaftsbau (21 %) und in Hobbygärten (14 %) eingesetzt.

Baggergut fällt im Zuge der Gewässerunterhaltung und bei Gewässerbaumaßnahmen an. Im Einzelnen kann es aus Sedimenten bzw. subhydrischen Böden der Gewässersohle, Böden oder deren Ausgangsmaterial im unmittelbaren Umfeld des Gewässerbettes und aus Oberbodenmaterial im Ufer- und Überschwemmungsbereich des Gewässers bestehen.

Die Belastung des Baggergutes mit Schadstoffen ist sehr unterschiedlich. Sie steigt in fließenden Gewässern mit Annäherung an die Eintragsquellen. Die Schadstoffe akkumulieren vor allem in den feinkörnigen Sedimenten, die sich in strömungsarmen Bereichen ablagern. Eine Verwertung an Land ist in der Regel nur nach vorheriger Behandlung (Sanierung) möglich.

Wirtschafts- und Sekundärrohstoffdünger enthalten als Hauptbestandteile organische Substanz sowie Stickstoff, Kalium, Calcium, Magnesium und Phosphor (Tab. 10.4–1). Deren positive Wirkung auf die mikrobielle Aktivität, die Bodenfruchtbarkeit wie Krümelung, Mischung, Mobilisierung von Nährstoffen und der Abbau organischer Schadstoffe werden gefördert. Sie sind mithin echte **Bodenverbesserungsmittel**. Außerdem sind sie ein teilweiser **Düngerersatz** für mineralische Düngemittel.

Die **Nährstoffwirkung** flüssiger Wirtschaftsdünger insbesondere **Gülle** beruht vornehmlich auf ihrem Stickstoffgehalt. 50 bis 70 % des Gesamtstickstoffs liegen als labiles Ammonium-N vor, das bei schwül-warmer Witterung zu 100 % gasförmig als NH_3 entweichen kann. Ausbringen bei Regen und/oder Eindrillen sind wirksame Möglichkeiten, Ammoniakverluste zu vermeiden. Nach 1 bis 3 Tagen wird der größte Teil des Ammoniums in Nitrat umgewandelt. Nach zwei bis 6 Wochen sind auch große Teile des organisch gebundenen Stickstoffs mineralisiert. Da Nitrat nicht im Boden gebunden wird, kann es bei Gülleeinsatz zur Verlagerung in das Grundwasser kommen. Flüssige Wirtschaftsdünger müssen deshalb kurz vor oder zu den Hauptbedarfszeiten im zeitigen Frühjahr ausgebracht werden. Gesetzliche Regelungen dazu finden sich in der Düngeverordnung. Ammoniak/Ammoniumeinträge

Tab. 10.4-1 Gehalte an Nährstoffen und organischer Substanz in Wirtschafts- und Sekundärrohstoffdüngern in $[g \ kg^{-1} \ m_T]$.

Dünger	Organische Substanz	N	P	K	Mg	Ca
Rindergülle	750	50	10	66	6	3
Schweinegülle	700	105	25	69	10	7
Geflügelkot	700	55	16	30	6	26
Festmist Rind	680	25	8,3	32	4	17
Festmist Schwein	680	35	22	37	5	–
Klärschlamm	530	50	25	4	5	50
Kompost	330	12	3,5	12	8	40

aus der Landwirtschaft tragen wesentlich zur Säure- und Stickstoffbelastung von Waldökosystemen bei (Kap. 10.2.1) können aber auch beträchtlich den Holzzuwachs erhöhen.

Düngewirkungen von Phosphor, Kalium und Magnesium von Gülle entsprechen weitgehend denen von Stallmist. 60 % des Gesamtgehaltes sind im Ausbringungsjahr verfügbar, 40 % im Folgejahr. Die Humuswirkung von Gülle ist aufgrund des hohen Anteils an leicht umsetzbaren organischen Verbindungen mit engem C/N-Verhältnis gering.

Durchschnittliche Nährstoffgehalte von **Stallmist** und **Geflügelkot** sind Tab. 10.4–1 zu entnehmen. Die Nährstoffwirkung wird von der Bindungsform der Nährstoffe, dem Ausbringungstermin, Witterung und Bodenart bestimmt. Unter günstigen Einsatzbedingungen (sofortige Einarbeitung, weniger als 30 Tage zwischen Ausbringung und Aussaat der Folgekultur etc.) können die Pflanzen bis zu 40 % des **Stickstoffs** nutzen. Bei der **Phosphorwirkung** geht man davon aus, dass 60 % im Anwendungsjahr und 40 % im Folgejahr wirksam werden. Die Düngewirkung von **Kalium** und **Magnesium** ist stark von der Bodenart abhängig. Die mittlere Wirksamkeit beträgt auf Sandböden 60…80 %, auf lehmigen Sandböden 80 % und bei allen anderen Böden 100 %. Im Gegensatz zu Gülle wirkt Stallmist positiv auf die **Humusbilanz.** In Fruchtfolgen mit geringem Hackfruchtanteil reichen 8…10 t ha^{-1} a^{-1} aus, einen Humusverlust zu verhindern.

Durchschnittliche **Schwermetallgehalte** von Wirtschaftsdüngern liegen in der Regel im Bereich der Vorsorge– und Hintergrundwerte (Tab. 10.2-3). Ausgenommen davon sind Schweinegülle und -mist, die häufig deutlich überhöhte Kupfer- und Zinkkonzentrationen aufweisen (Tab. 10.4–2). Bei-

de Elemente werden bzw. wurden dem Tierfutter als Nährstoffe zugesetzt und um pharmakologische Sondereffekte (Ferkelwachstum) zu erzielen. Aus biologischer Sicht wird die Praxis der exzessiven Dosierung als Missbrauch von Kupfer und Zink bewertet. Beide Metalle werden nicht im Körper der Tiere resorbiert sondern ausgeschieden.

Neben Schwermetallen können über Wirtschaftsdünger Arzneimittel aus der Tierhaltung in Böden gelangen. Dabei handelt es sich vornehmlich um Antibiotika (Tetracycline, Sulfonamide), die den Tieren vorbeugend und zur Behandlung von Krankheiten verabreicht werden. Vor allem in mit Schweinegülle beaufschlagten Böden ließen sich Tetracycline und Chlortetracyclin nachweisen. In der Regel liegen die Konzentrationen unter 10…20 µg kg^{-1}, vereinzelt wurden auch Gehalte über 300 µg kg^{-1} beobachtet. Inwieweit diese Konzentrationen schädliche Wirkungen auf Bodenfunktionen insbesondere Mikroorganismen und deren Umsetzungsprozesse ausüben, ist Gegenstand laufender Forschungen.

Klärschlamm, Klärschlammkomposte und Komposte können ebenfalls wertvolle Bodenverbesserungsmittel darstellen. Sie wurden infolge ihres hohen Gehalts an organischer Substanz und anderen gefügeverbessernden Bestandteilen auch im Weinbau zur Reduzierung der Erosion in hängigem Gelände mit Erfolg angewendet. Eine Beeinträchtigung der Beeren- und Mostqualität durch höhere Schwermetallgehalte konnte nicht nachgewiesen werden. Außerdem werden Klärschlämme und andere Bioabfälle teilweise mit Erfolg beim Anlegen von Grünflächen verwendet.

Die **Düngewirkung** von Klärschlämmen ist beim Stickstoff in Abhängigkeit von der Art des Schlamms sehr unterschiedlich. Bei Flüssigschlämmen wer-

Tab. 10.4-2 Schwermetallgehalte in Wirtschafts- und Sekundärrohstoffdüngern in [mg kg^{-1} m$_T$] (nach BANNICK et al. 2001).

Dünger	Cd	Cr	Cu	Hg	Ni	Pb	Zn
Rindergülle	0,28	7,3	44,5	0,06	5,9	7,7	270
Schweinegülle	0,40	9,4	309	0,02	10,3	6,2	858
Geflügelkot	0,25	4,4	52,6	0,02	8,1	7,2	336
Festmist Rind	0,29	12,9	39,0	0,03	5,2	5,8	190
Festmist Schwein	0,33	10,3	450	0,04	9,5	5,1	1068
Klärschlamm	1,4	46	274	1	23	63	809
Kompost	0,51	25,6	49,6	0,16	15,9	52,7	195

10

den etwa 90 % des vorhandenen NH_4-Stickstoffs und 25 % des organisch gebundenen Stickstoffs als verfügbar angesehen. Bei längere Zeit deponierten sowie bei entwässerten Schlämmen wurde dagegen nur eine geringe N-Wirkung festgestellt. Im Mittel können mit der gesetzlich zulässigen Höchstmenge von 5 t Klärschlamm m_T ha^{-1} in 3 Jahren ca. 250 kg N ha^{-1} ausgebracht werden, die vor allem den Gehalt der Böden an organisch gebundenem Stickstoff erhöhen.

Der Gehalt an **Phosphor** kann vor allem in Klärschlämmen von Kläranlagen mit chemischer Reinigungsstufe durch die Ausfällung der Phosphate sehr hoch sein (bis zu 7 % P). Infolge der Verwendung von Al- oder Fe-Salzen bzw. $Ca(OH)_2$ als Fällungsmittel ist dann gleichzeitig ein beträchtlicher Gehalt an Fe- und Al-Oxiden bzw. an Kalk (bis > 60 %) in den Schlämmen vorhanden. Auch Zusätze von Branntkalk zur Überführung des Schlammes in eine entwässerbare und lagerfähige Form bewirken hohe Kalkgehalte. Die Zusammensetzung der Klärschlämme kann damit stark variieren, sodass für die Anwendung eine exakte Analyse der Haupt- wie auch der Nebenbestandteile vorliegen muss.

Die Verfügbarkeit der **Phosphate** wird teilweise der von mineralischen P-Düngern annähernd gleichgesetzt, z. T. auch etwas weniger günstig beurteilt. Auf oxidreichen tropischen Böden (Ferralsolen) kann die Wirkung der Klärschlamm-Phosphate auch die der mineralischen P-Dünger übertreffen.

Verfügbares **Kalium** ist nur zu sehr geringen Anteilen in Klärschlämmen und Abfallkomposten vorhanden, sodass bei Klärschlammanwendung eine vollständige K-Ausgleichsdüngung erfolgen muss. Der Gehalt an verfügbarem **Magnesium** ist teilweise ebenfalls zu niedrig. Die Ausbringung kalkbehandelter Klärschlämme bewirkt eine **hohe Ca-Zufuhr** zum Boden und kann zu einer beträchtlichen pH-Erhöhung führen.

Die Gehalte der Böden an verfügbaren **Mikronährelementen** (Zn, Cu, B, Mo u. a.) werden durch Klärschlamm- und Kompostausbringung erhöht, während sich die Mn-Aufnahme der Pflanzen infolge eines pH-Anstiegs dagegen teilweise erniedrigen kann.

Begrenzt wird die **Anwendung** der Klärschlämme und Bioabfälle/Komposte durch ihre Gehalte an anorganischen und organischen Schadstoffen. Klärschlämme, die als Flüssigschlamm mit ca. 2,5...7,5 % Feststoffen verwendet werden, können **pathogene Bakterien**, **Viren** und **Wurmeier** enthalten. Deshalb muss bei der Ausbringung von Flüssigschlämmen ein unter seuchenhygienischen Aspekten einwandfreies Verfahren angewendet werden. In der Regel werden die Krankheitserreger bei Einarbeitung des Schlamms in die Böden durch die bodeneigene Flora und Fauna unschädlich gemacht (**Hygienisierungseffekt** des Bodens), doch kann dies bei resistenten Keimen z. T. eine längere Zeit erfordern. Auf Gemüse-, Obst-, Grünland- und Feldfutteranbauflächen ist ebenso wie in Wäldern deshalb das Ausbringen von Flüssigschlamm verboten. Hygienische Probleme lassen sich vermeiden, wenn der Klärschlamm vor der Auslieferung kompostiert bzw. pasteurisiert wird (Erhitzen auf 65 °C oder Bestrahlen mit γ-Strahlen). Bioabfälle dürfen nur nach vorheriger Behandlung, welche die seuchen- und phytohygienische Unbedenklichkeit gewährleistet, ausgebracht werden.

Um erhöhte Schwermetallgehalte in Pflanzen und ökologisch bedenkliche Akkumulationen in Böden durch Klärschlammausbringung zu vermeiden, sind im Rahmen der **Klärschlammverordnung** Grenzwerte für die Schwermetallgehalte der auszubringenden Schlämme und gleichzeitig für die zulässige Belastung der Böden festgelegt worden. Die in Tab. 10.4–2 aufgeführten Schwermetallgehalte liegen deutlich unter den Grenzwerten für Schlämme.

Außerdem können **organische Schadstoffe** in Klärschlämmen enthalten sein. Landwirtschaftlich verwertete Klärschlämme enthielten 1996 im Durchschnitt 17 ng TE kg^{-1} m_T Dioxine und Furane, 0,156 mg PCB kg^{-1} m_T (Summe der Kongenere 28, 52, 101, 138, 153, 180) und 196 mg kg^{-1} m_T halogenorganische Verbindungen (gemessen als AOX).

Durch die Klärschlammverordnung wird festgelegt, dass eine Analyse der Klärschlämme Voraussetzung für deren Ausbringung ist. Gleichzeitig wird die auszubringende Menge Klärschlamm durch diese Verordnung auf 5 t m_T ha^{-1} in 3 Jahren oder auf 1,67 t ha^{-1} a^{-1} begrenzt. Außerdem ist eine Ausbringung von Klärschlämmen nur auf Böden gestattet, deren **Schwermetallgehalte** unter den in der Klärschlammverordnung festgelegten **Bodengrenzwerten** liegen. Für die besonders mobilen Metalle Zink und Cadmium wurden für Böden der Bodenart Sand und pH-Werten 5...6 niedrigere Grenzwerte angesetzt. Außerdem darf die Klärschlammausbringung nur auf Böden mit pH-Werten > 5 erfolgen, da verschiedene Schwermetalle – besonders Cd, Zn und Ni – in stark sauren Böden eine hohe Mobilität und Verfügbarkeit aufweisen (Kap. 10.2.4). Deshalb dürfen auch Waldböden, die in Mitteleuropa meist pH($CaCl_2$)-Werte von 2,8...4,5 aufweisen, nicht für eine Applikation von Klärschlämmen herangezogen werden.

Komposte enthalten oft weniger org. Substanz, N, P und Schwermetalle (Tab. 10.4–1 und 10.4–2) als Klärschlämme. Durch getrennte Sammlung hat die Schadstoffbelastung von Komposten in den letzten Jahren deutlich abgenommen. Ihre Verwertung in der Land- und Forstwirtschaft sowie auf gartenbaulich genutzten Böden regelt die **Bioabfallverordnung**. Die Bodengrenzwerte der Bioabfallverordnung sind identisch mit den Vorsorgewerten der Bundes-Bodenschutz- und Altlastenverordnung (Tab. 10.2–3). Die Bodengrenzwerte der Klärschlammverordnung stimmen numerisch nur mit den Vorsorgewerten der Bodenart Ton überein. Im Sinne eines vorsorgenden Bodenschutzes ist ein Abgleich der Klärschlammverordnung mit der Bundes-Bodenschutz- und Altlastenverordnung zu fordern.

Die Anwendung von **Wirtschafts- und Sekundärrohstoffdüngern** kann selbst bei Einhaltung der derzeit zulässigen Frachtraten für Klärschlämme und Bioabfälle zu unerwünschten Schadstoffanreicherungen führen. Davon betroffen sind vor allem die Metalle Kupfer und Zink. Deren Vorsorgewerte für Sandböden werden unter Annahme durchschnittlicher Frachtraten durch regelmäßige Klärschlammapplikation innerhalb von 42…120 Jahren aufgefüllt. Ähnliches gilt auch für organische Schadstoffe. In Klärschlämmen wurden Gehalte bis zu $15\ mg\ kg^{-1}\ m_T$ gemessen. Legt man diesen Wert zugrunde, ergibt sich eine jährliche Erhöhung der Bodengehalte von $6,4\ \mu g\ kg^{-1}$. Der Vorsorgewert wäre danach in etwa 47 Jahren erreicht. Als Gegenmaßnahmen bieten sich zwei Handlungsoptionen an:

1. Die Gehalte der Schwermetalle im jeweiligen Dünger entsprechen den Gehalten in Boden am Aufbringungsort (Gleiches zu Gleichem).
2. Die eingetragene Fracht von Schwermetallen pro Flächen- und Zeiteinheit ist gleich dem tolerierbaren Austrag (Aufnahme in Pflanzen, Auswaschung ins Grundwasser).

Die erste Handlungsoption ist nur zulässig, wenn das zugeführte Material hinsichtlich seiner Qualität den dortigen Anforderungen entspricht, also nur bei Materialien, die als bodenähnlich zu bezeichnen sind (z.B. Komposte). Für alle anderen Materialien, die nur geringe mineralische Anteile in ihrer Trockenmasse aufweisen (Gülle, Klärschlämme), würde die erste Handlungsoption dazu führen, dass in Bezug auf ihren langfristig im Boden verbleibenden Anteil sehr hohe Schadstoffgehalte in Rechnung zu stellen wären. In diesem Fall kann nur die 2. Option Eintrag = Austrag angewendet werden.

10.5 Toxikologische/Ökotoxikologische Bewertung stofflicher Bodenbelastungen

10

Die Beurteilung, ob ein Stoff toxisch wirkt, erfolgt bei Pflanzen, Bodenorganismen und mikrobiellen Prozessen in der Regel im Laborexperiment. Dabei wird einem Kontrollboden der zu prüfende Schadstoff in steigenden Dosen zugesetzt und seine Wirkung auf den Organismus selbst oder dessen Umsatzleistungen (bei Mikroorganismen) gemessen. Endpunkte der Untersuchungen sind bei Akuttests die Mortalität (seltener das Verhalten), bei chronischen Testverfahren die Reproduktion oder die Biomasseproduktion. Aus den Testergebnissen können Dosis-Wirkungs-Beziehungen abgeleitet werden (Abb. 10.5–1). Sie gestatten es, im untersuchten Konzentrationsbereich jeder Schadstoffkonzentration definierte Wirkungen (z.B. 10%, 50%) zuzuordnen. Die dazugehörigen Schadstoffzusätze werden als ,effektive Dosen' (ED_{10}, ED_{50}), ,effektive Konzentrationen' (EC_{10}, EC_{50}) oder bei akuter Toxizität ,letale Dosen' (LD_{10}, LD_{50}) bzw. ,letale Konzentrationen' (LC_{10}, LC_{50}) bezeichnet. Die Begriffe ,Konzentration' und ,Dosis' werden von Ökotoxikologen häufig synonym verwendet. Korrekter wäre es, die Bezeichnung ,effektive Konzentration' nur dann zu verwenden, wenn die Schadstoffwirkung auf die Stoffkonzentration in der Bodenlösung oder in der Bodenmasse bezogen wird. Dosis bezeichnet die

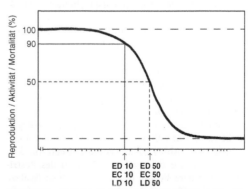

Abb. 10.5–1 Dosis–Wirkungs-Beziehung zur Erfassung der Wirkung von Chemikalien auf Pflanzen, Bodenorganismen und die mikrobielle Aktivität.

10

Menge eines Stoffes, die zugeführt werden muss, um eine bestimmte Wirkung zu erzielen.

Insgesamt können Schadstoffbelastungen von Böden auf verschiedenen Pfaden Bodenorganismen, Pflanzen, Tiere und Menschen beeinflussen:

unter dem Einfluss potenziell mobilisierbarer Anteile zu charakterisieren.

Grundlage für ihre Ableitung bilden Daten zur Anreicherung und Wirkung von Schadstoffen in Böden. Zunächst werden ökotoxikologische Wir-

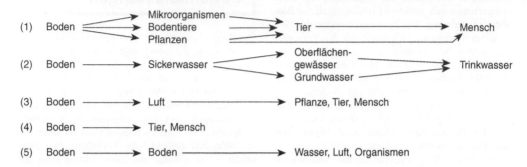

Je nach Eigenschaften der Böden und Schadstoffe sowie dem jeweiligen Standort kann ein Stofftransfer von den Böden (1) in die Nahrungskette (inkl. Bodenorganismen und Pflanzen), (2) über das Grundwasser und die Oberflächengewässer in das Trinkwasser sowie (3) in die Atmosphäre erfolgen. Außerdem nehmen (4) Tiere (vor allem Weidetiere) und Menschen auch direkt Bodenmaterial auf. Dieser Pfad kann vor allem bei spielenden Kindern (die häufig 0,5 g Bodenmaterial pro Tag oral aufnehmen) in industriellen und urbanen Gebieten für die Bewertung von Bodenbelastungen am wichtigsten sein. Von Bedeutung ist außerdem (5) eine Kontamination von unbelasteten Böden durch umgelagertes bzw. umtransportiertes belastetes Bodenmaterial, das wiederum am neuen Ablagerungsort Transfervorgänge entsprechend (1) bis (4) auslösen kann.

Zum Schutz der **Bodenfunktionen** wurden mit der Einführung des **Bundes-Bodenschutzgesetzes (BBodSchG,** Kap. 11.7-4) im Jahre 1998 und der **Bundes-Bodenschutz- und Altlastenverordnung (BBodSchV)** im Jahre 1999 erstmals in Deutschland einheitliche Bewertungsmaßstäbe für Bodenkontaminationen festgelegt (Kap. 10.7-4). Es werden drei Risikobereiche unterschieden, die durch **Vorsorge-, Prüf- und Maßnahmenwerte** gegeneinander abgegrenzt sind (Abb. 10.5-2). **Vorsorgewerte** markieren die Grenze zwischen dem Bereich des Restrisikos und dem Beginn des unerwünschten Risikos. Sie wurden für anorganische und organische Stoffgruppen unabhängig von der Bodennutzung als mit Königswasser extrahierbare Gehalte (Schwermetalle) oder als Gesamtgehalte (organische Schadstoffe) festgelegt, um langfristige Wirkungen eines Stoffes

kungen betrachtet. Es wird davon ausgegangen, dass der vorsorgende Schutz des Bodens sichergestellt ist, wenn ökotoxikologische Wirkungsschwellen nicht überschritten werden. Soweit möglich werden ergänzend mögliche Wirkungen von Bodenschadstoffen auf Pflanzen und das Grundwasser abgeschätzt. Hinsichtlich der menschlichen Gesundheit sollen die Vorsorgewerte einen genügenden Abstand zu den Prüf- und Maßnahmenwerten (Abb. 10.5-2) für den Pfad Boden–Mensch aufweisen.

Differenzierungen werden bei Schwermetallen nach der Bodenart und bei organischen Schadstoffen nach dem Humusgehalt des Bodens vorgenommen. Damit soll sowohl die von diesen Parametern bestehenden Abhängigkeiten zu den Hintergrundgehalten als auch deren Verfügbarkeit berücksichtigt werden. Der **Hintergrundgehalt** eines Bodens setzt sich zusammen aus dem **geogenen Grundgehalt** (= aus dem Ausgangsgestein und dem natürlichen Milieu (z. B. Salzwasser der Wattböden) stammender Stoffbestand) und den ubiquitären Einträgen. Böden mit naturbedingt und großflächig siedlungsbedingt erhöhten Hintergrundgehalten gelten als unbedenklich, soweit eine Freisetzung der Schadstoffe oder zusätzliche Einträge keine nachteiligen Wirkungen auf die Bodenfunktion erwarten lassen.

Werden die Vorsorgewerte überschritten, ist mit einem Schadenseintritt bei Anhalten weiterer Einwirkungen zu rechnen. Zur Eingrenzung des Schwermetalleintrags bei Überschreitung der Vorsorgewerte wurden zusätzlich jährliche Frachtraten über alle Eintragspfade festgelegt. Die zulässigen Einträge ergeben sich damit aus der Summe von

Abb. 10.5–2 Einteilung von bodenspezifischen Risikobereichen und Bodenwerten (verändert nach BACHMANN & THOENES 2000).

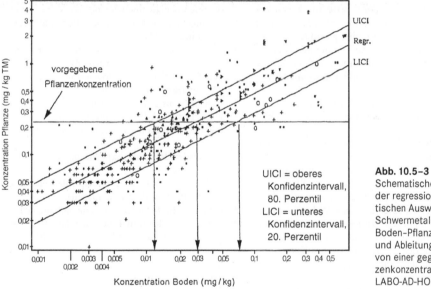

Abb. 10.5–3 Schematische Darstellung der regressionsanalytischen Auswertung zum Schwermetalltransfer Boden–Pflanze (log. Daten) und Ableitung einer Boden- von einer gegebenen Pflanzenkonzentration (nach LABO-AD-HOC-AG 1998).

Einträgen über die Luft und die Gewässer sowie den unmittelbaren Einträgen über Düngemittel, Klärschlämme und der Verwertung von Abfällen.

Prüf- und Maßnahmenwerte markieren die Grenze zwischen dem Vorsorgebereich und dem Bereich der Gefahrenabwehr (Abb. 10.5–2). Bei Überschreiten dieser Werte ist ein Schadenseintritt hinreichend wahrscheinlich. **Prüfwerte** sind Werte, bei deren Überschreiten unter Berücksich-

tigung der Bodennutzung eine einzelfallbezogene Prüfung durchzuführen und festzustellen ist, ob eine schädliche Bodenveränderung oder Altlast vorliegt (BBodSchG §8 Abs.1 Nr.1). **Maßnahmenwerte** sind Werte für Einwirkungen oder Belastungen, bei deren Überschreiten von einer schädlichen Bodenveränderung oder Altlast auszugehen ist und Maßnahmen erforderlich sind (BBodSchG §8 Abs.1 Nr.2).

10

Prüf- und Maßnahmenwerte wurden für die **Pfade Boden–Mensch, Boden–Nutzpflanze** und **Boden–Grundwasser** in der BBodSchV festgelegt. Prüfwerte für den Pfad Boden–Bodenorganismen wurden nicht erlassen. Bodenorganismen sollen über Vorsorgewerte geschützt werden.

Werte für den Pfad Boden–Mensch

Für die Ableitung von **Bodenwerten** (Prüfwerten) sind toxikologische Basisdaten sowie Daten und Erkenntnisse über die direkte Exposition von Menschen gegenüber Bodenschadstoffen (z. B. Aufnahmeraten) erforderlich. Grundlage sind die toxikologischen Stoffdaten, mit denen für jeden Stoff gefahrenbezogene Dosen (GD) bestimmt werden sowie Annahmen und Erkenntnisse zur Quantifizierung der Exposition. Fachliche Grundlage für eine Gefahrenverknüpfung ist eine gefahrenbezogene Körperdosis, die zwischen dem $NOAEL_e$ (= *no observed adverse effect level* für besonders empfindliche Personen) und $LOAEL_E$ (= *lowest observed adverse level* für die gesunde erwachsene Bevölkerung) liegt. Aufnahmeraten werden für den ungünstigsten Fall unter Differenzierung der Bodennutzung und des oralen und inhalativen Aufnahmepfades berechnet.

Für die Ableitung gefahrenbezogener Dosen werden **tolerierbare resorbierte Dosen (TRD)** herangezogen. Sie sind definiert als „tolerierbare täglich resorbierte Körperdosen eines Gefahrstoffs, bei denen mit hinreichender Wahrscheinlichkeit bei Einzelstoffbetrachtung nach dem gegenwärtigem Stand der Kenntnis keine nachteilige Effekte auf die menschliche Gesundheit erwartet werden bzw. bei denen nur von einer geringen Wahrscheinlichkeit für Erkrankungen ausgegangen wird". Kombinationswirkungen bleiben unberücksichtigt. TRD-Werte werden in Milligramm pro Kilogramm Körpergewicht und Tag ($mg\,kg^{-1}\,d^{-1}$) angegeben. Im Idealfall basieren TRD-Werte auf Kenntnissen zur Wirkung bei den empfindlichsten Mitgliedern der Bevölkerung. Stehen Humandaten nicht oder nicht hinreichend zur Verfügung werden unter Verwendung von Sicherheitsfaktoren Extrapolationen aus tierexperimentellen Daten oder ungenügenden Humandaten vorgenommen. Für inhalative Belastungen werden medienbezogene Werte z. B. als Luftkonzentration in $mg\,m^{-3}$ angegeben. Diese Werte werden als Referenz-Konzentrationen (RK) bezeichnet.

Für **kanzerogene Stoffe** wird kein TDR-Wert abgeleitet, weil grundsätzlich nicht von einer tolerierbaren Stoffdosis gesprochen werden kann. Hier wird von einer resorbierbaren Körperdosis ausgegangen, die einem einzelstoffbezogenen zusätzlichen rechnerischen Risiko von $1 \cdot 10^{-5}$ durch lebenslange Exposition gegenüber dem Gefahrstoff an Krebs zu erkranken, entspricht.

Die gefahrbezogene Dosis wird aus TDR-Werten für langfristige orale und inhalative Belastung unter Berücksichtigung der angenommenen Resorption und unter Verwendung von Sicherheitsfaktoren berechnet.

Bei der Berechnung der über den Bodenpfad nicht mehr hinnehmbaren Belastung ist die Grundbelastung (insbesondere durch Lebensmittel) zu berücksichtigen. Als Regelannahme wird dabei festgelegt, dass 80 % der Körperdosis über die Grundbelastung und 20 % über den Bodenpfad zur Verfügung stehen.

Prüf- und Maßnahmewerte werden nutzungsbezogen für folgende Szenarien berechnet:

- Kinderspielplätze = Aufenthaltsorte für Kinder, die öffentlich zugänglich sind
- Wohngebiete = dem Wohnen dienende Gebiete einschließlich Hausgärten
- Park- und Freizeitanlagen = Anlagen für soziale, gesundheitliche und sportliche Zwecke insbesondere Grünanlagen und unbefestigte Flächen, die regelmäßig zugänglich sind
- Industrie- und Gewerbegebiete = unbefestigte Flächen von Arbeits- und Produktionsstätten, die nur während der Arbeitszeit genutzt werden

Dabei werden folgende Expositionspfade betrachtet:

- orale Bodenaufnahme (Kinderspielflächen, Wohngebiete, Park- und Freizeitanlagen)
- inhalative Bodenaufnahme (alle Nutzungen)
- dermale Bodenaufnahme (Kinderspielflächen, Wohngebiete, Park- und Freizeitanlagen)
- Inhalation kontaminierter Raumluft (Eindringen flüchtiger Schadstoffe aus dem Boden in Gebäude; Wohngebiete, Industrie- und Gewerbeflächen).

Berechnungsformeln für Prüfwerte wurden für die orale Aufnahme, dermalen Bodenkontakt und perkutane Aufnahme sowie nutzungsspezifisch für die inhalative Aufnahme unter Annahme spezifischer Expositionsfaktoren aufgestellt. Als Beispiel ist die Berechnungsformel für die orale Bodenaufnahme für nichtkanzerogene Wirkungen von Stoffen auf Kinderspielplätzen wiedergegeben:

Expositionsfaktoren: Körpergewicht 10 kg, tägliche Bodenaufnahme $0.5\,g\,d^{-1}$, Aufenthaltszeit 240 d.

$$\text{Prüfwert [mg/kg]} = \frac{\text{Gefahrenbezogene Körperdosis}}{\text{Bodenaufnahmerate}}$$

$$= \frac{\text{Zugeführte Dosis} \cdot (\text{Gefahrenfaktor } F_{(Gef)} - \text{Standardw. Hintergrund})}{\text{Bodenaufnahmerate}}$$

$$= \frac{\text{Zugeführte Dosis} \left[\dfrac{\text{ng}}{\text{kg} \cdot \text{d}}\right] \cdot (F_{Gef} - 0,8)}{33 \dfrac{\text{mg}}{\text{kg} \cdot \text{d}}}$$

Neben der nicht kanzerogenen Wirkung werden Werte für kanzerogene Wirkungen (soweit relevant) berechnet. Die berechneten Werte werden abschließend einer Plausibilitätsprüfung unterzogen.

Prüfwerte für den Pfad Boden–Mensch beziehen sich auf königswasserextrahierbare Anteile (Metalle) und Gesamtgehalte (organische Stoffe). Maßnahmenwerte sollten sich auf die für den Menschen resorptionsverfügbaren Schadstoffanteile im Boden beziehen. Genormte Methoden zur Resorptionsverfügbarkeit liegen erst im Entwurf vor. Deshalb wurden nur Prüfwerte festgelegt. Eine Ausnahme bilden Dioxine und Furane. Für diese Stoffgruppe wurden wegen des hohen Untersuchungsaufwandes Maßnahmewerte auf Basis der Gesamtgehalte erlassen.

Werte für den Pfad Boden–Nutzpflanze

Bodenwerte für den Pfad Boden–Nutzpflanze haben zum Ziel, schädliche Bodenveränderungen in Bezug auf die Qualität pflanzlicher Nahrungs- und Futtermittel, die Gesundheit der Pflanzen und die Gesundheit von Weidetieren (Grünland) zu erkennen. Die Ableitung von Prüf- und Maßnahmenwerten für Ackerbauflächen, Nutzgärten und Grünland im Hinblick auf die Pflanzenqualität kann aufgrund von Lebensmittel- und Futtermittelrichtwerten erfolgen. Dabei werden die höchstzulässigen Pflanzengehalte den Gehalten im Boden gegenübergestellt. In Deutschland wurden derartige Datenpaare für Schwermetalle in der Datenbank TRANSFER gesammelt. Etwa 300.000 Datenpaare liegen zu Schwermetallgehalten von Böden (Königswasser- bzw. Ammoniumnitratextrakt) und Pflanzen vor. Ausgewertet wurden die Daten von Acker-, Grünland- und Gartenböden mit verschiedenen Eigenschaften und Schwermetallkonzentrationen. Anhand statistischer Untersuchungen wurden die Abhängigkeiten der Schwermetallkonzentrationen in den Pflanzen von der Schwermetallkonzentration in Böden nachgewiesen. Bei einer gegebenen höchstzulässigen Pflanzenkonzentration konnte abgeleitet werden, bei welchen Bodenkonzentrationen im Königswasser- oder NH_4NO_3-Extrakt 20 %, 50 % oder 80 % der Pflanzen die zulässige Konzentration überschreiten (Abb. 10.5–3). Für Grünlandnutzung wurde wegen der unvermeidbaren Verschmutzung des Futters mit Bodenpartikeln bei der Ernte und der direkten Bodenaufnahme durch Weidetiere eine Futterverschmutzung mit schadstoffhaltigen Bodenpartikeln von 3 % bei den Berechnungen berücksichtigt. Die Auswertungen ergaben, dass der Schadstofftransfer Boden/Grünlandaufwuchs besser mit der Königswasser-Extraktion als mit der Ammoniumnitrat-Extraktion beschrieben werden konnte. Für den Schwermetalltransfer Boden/Pflanze über den Verschmutzungspfad ist der Schwermetallgesamtgehalt im Boden entscheidend, der anhand der Königswasser-extrahierbaren Fraktion bestimmt wird.

Werte für Ackerbauflächen im Hinblick auf Wachstumsbeeinträchtigungen bei Kulturpflanzen, lassen sich anhand von Untersuchungen, bei denen unter Feldbedingung in hinreichender Anzahl Fälle mit Wachstumsbeeinträchtigungen aufgetreten sind, ableiten. Dies gilt vor allem für primär phytotoxisch wirksame Stoffe, die weit eher Wachstums- und Ertragsbeeinträchtigungen bei Kulturpflanzen hervorrufen, als dass Konzentrationen in der Pflanze auftreten, die eine Vermarktung ausschließen. Dazu zählen u. a. Arsen, Kupfer, Nickel und Zink. Voraussetzung für negative Wirkungen von Bodenschadstoffen auf die Gesundheit und den Ertrag von Kulturpflanzen ist deren systemische Aufnahme durch die Pflanze. Nur dann sind Wirkungen auf den pflanzlichen Stoffwechsel möglich. Aus diesem Grund sollten Schwermetallwerte auf dem pflanzenverfügbaren Anteil im Boden basieren. Dazu bietet sich die Verwendung des Ammoniumnitrat-Extraktionsverfahrens an.

Bodenwerte für den Pfad Boden–Grundwasser

Verunreinigtes Grundwasser ist eine Störung der öffentlichen Sicherheit, denn das Grundwasser kann über Quellen in Oberflächenwasser gelangen oder es wird direkt über Brunnen als Trinkwasser genutzt. Zur Verhinderung der Entstehung von Grundwasserverunreinigungen sind daher Maßnahmen zur Gefahrenabwehr erforderlich. Grundwasser gilt als verunreinigt, wenn es Schadstoffkonzentrationen aufweist, die deutlich über den natürlichen

10

Konzentrationen liegen. Maßstab dafür sind nach wasserrechtlichen Kriterien abzuleitende Geringfügigkeitsschwellen. Dabei kommt es nicht darauf an, ob das Grundwasser für eine bestimmte Nutzung vorgesehen ist. Weiterhin kommt es nicht darauf an, ob die Konzentrationen im Grundwasser auf seinem weiteren Weg durch Abbau oder Verdünnung unterschritten werden. Ist davon auszugehen, dass Sickerwasser mit Konzentrationen über der Geringfügigkeitsschwelle eine neue Grundwasseroberfläche bilden wird, besteht eine Gefahr für das Grundwasser.

Zur Ableitung von Konzentrationswerten für die Geringfügigkeitsschwelle bieten sich grundsätzlich zwei Möglichkeiten an: die Orientierung an regionalen Hintergrundwerden oder die wirkungsbezogene Ableitung. Angesichts der Vielfalt von Grundwasserlandschaften ist die Anwendung von Hintergrundwerden ungeeignet. Deshalb wurden in Deutschland hauptsächlich human- und ökotoxikologische Kriterien herangezogen. Häufig wurden auch Grenzwerte der Trinkwasserverordnung oder der Qualitätsstandard der EG-Richtlinie über die Qualität von Wasser für den menschlichen Gebrauch als Geringfügigkeitsschwelle übernommen.

Der Wirkungspfad Boden–Boden(sicker)wasser –Grundwasser wird hinsichtlich der Gefahrenbeurteilung für das Grundwasser bodenschutzrechtlich durch Schadstoffkonzentrationen im Sickerwasser bewertet. Ort der Gefahrenbeurteilung ist der Übergang von der ungesättigten zur gesättigten Bodenzone (Grundwasseroberfläche). Die Abschätzung der Sickerwasserkonzentration am Ort der Beurteilung (**Sickerwasserprognose**) erfolgt derzeit noch durch Rückschlüsse aus Untersuchungen im Grundwasserabstrom, direkten Sickerwasseruntersuchungen oder im Labor durch Untersuchung von Bodensättigungsextrakten und Elutionsverfahren (anorganische Stoffe) sowie Säulenversuchen (organische Schadstoffe) ggf. unter Anwendung von Stofftransportmodellen. Die Laborverfahren müssen weiter verbessert und validiert werden. Rückrechnungen und Rückschlüsse aus Messungen im oberflächennahen Grundwasser auf das Bodensickerwasser sind derzeit nicht methodisch unterlegt und bedürfen ebenfalls der Weiterentwicklung.

Biologische Bewertung von Boden und Bodenmaterial

Kontaminierte Böden sind in der Regel mit Schadstoffgemischen belastet. **Kombinationswirkungen** von Schadstoffen wurden bisher wenig untersucht und werden bei der Festlegung von Prüf- und Maßnahmewerten nicht berücksichtigt. Bei der Vielzahl von Schadstoffen ist es unmöglich, für alle denkbaren Kombinationen Werte abzuleiten. Es wird deshalb empfohlen, neben der chemischen Analyse Biotests zur Bewertung des ökotoxikologischen Potenzials von Böden und Bodenmaterialien (Bodenaushub, behandelte Böden) durchzuführen, da in diesen Tests integrativ das gesamte Toxizitätspotenzial der jeweiligen Mischung geprüft wird. Die Testverfahren sind für folgende Anwendungen geeignet:

- Bewertung der Mobilisierbarkeit und Bioverfügbarkeit von Schadstoffen und Schadstoffgemischen.
- Ergänzende Gefährdungsabschätzung bei der Bewertung kontaminierter Böden (Sanierungsbedarf).
- Prozesskontrolle bei Sanierungsmaßnahmen.
- Entscheidungshilfe bei der Weiter- bzw. Wiederverwertung von Boden und Bodenmaterial.
- Monitoring des natürlichen Abbaus von Schadstoffen in Böden (Natural Attenuation).

Die nachfolgend beschriebenen Verfahren sind nicht bzw. nur eingeschränkt anwendbar beim Vorliegen von leichtflüchtigen Stoffen, bei der Prüfung unbelasteter Böden und zur Erfassung der Schadstoffakkumulation in biologischen Systemen.

Mit den biologischen Testverfahren sollen ergänzend zur chemischen Bewertung die Rückhalte- und die Lebensraumfunktion von Böden bzw. nach Einbau von Bodenmaterial bewertet werden. Die **Rückhaltefunktion** bezeichnet die Eigenschaft, Schadstoffe durch Sorption so stark zu binden, dass sie nicht mit dem Sickerwasser ins Grundwasser verlagert oder durch Aufnahme in Bodenorganismen und Pflanzen in die Nahrungskette gelangen können. Die **Lebensraumfunktion** bezeichnet die Eigenschaft von Böden, Bodenorganismen und Pflanzen als Lebensraum zu dienen. Untersuchungen zur Lebensraumfunktion sind nur zur Bewertung von Oberböden bzw. Bodenmaterialien, die als Oberböden verwendet werden, erforderlich.

Für die Bewertung der **Rückhaltefunktion** wird zunächst ein **Boden-Wasserextrakt** gewonnen. Das Boden/Wasserverhältnis sollte nach Möglichkeit 1 : 2 betragen, da dieses einer Gleichgewichtsbodenlösung am nächsten kommt. Bei stark bindigen und humusreichen Böden kann ersatzweise ein Boden/Lösungsverhältnis von 1 : 10 verwendet werden. Feststoffe > 0,45 μm in den Bodenextrakten sind vor der weiteren Verwendung durch Ultrafiltration und -zentrifugation abzutrennen. An den Extrakten werden zur Prüfung der Rückhaltefunktion ökotoxikologische und genotoxikologische Untersuchungen durchgeführt. Folgende Methoden haben sich in zahlreichen Untersuchungen kontaminierter Böden bewährt:

Ökotoxikologische Verfahren:
- **Lumineszenzhemmtest** mit *Vibrio fischeri* (ISO 11348) oder
- **Zellvermehrungshemmtest** mit *Pseudokirchneriella subcapitata* (ISO 8692).

Genotoxikologische Verfahren:
- **umu-test** mit *Salmonella choleraesius ssp. chol.* (ISO 13829)

Bei diesen Testverfahren werden die Bodenextrakte so oft verdünnt, bis keine Effekte nachweisbar sind (z. B. 20 % Hemmung der Luminszenz oder Induktionsrate > 1,5 im umu-Test). Die Ergebnisse werden als G- bzw. LID-Werte angegeben. Der G-/ LID-Wert ist die kleinste reziproke Verdünnung des Bodenextraktes bei dem unter den Bedingungen des Verfahrens kein Effekt auftritt. Ein G/LID-Wert > 8 bedeutet, dass der Bodenextrakt bei einer Verdünnung von 1:8 unwirksam ist.

Genotoxikologische Untersuchungen werden an Bodenextrakten und 15-fach aufkonzentrierten Bodenextrakten durchgeführt.

Für den Austrag von ökotoxisch und genotoxisch wirksamen Schadstoffen über den Wasserpfad wurden aufgrund zahlreicher Untersuchungen folgende **Gefahrschwellen** festgelegt:

Vibrio fischeri	Hemmung der Lichtemission	$LID > 8$
Pseudokirchneriella subcpitata	Wachstumshemmung	$G_A > 4$
Salmonella choleraesius ssp. chol.	Induktionsrate von umuC-Genen	$G_{EU} \geq 3$
	Induktionsrate von umuC-genen in konzentriertem Wasserextrakt	$G_{EU} \geq 3$

Die **Lebensraumfunktion** von Böden und Bodenmaterialien wird mit mikrobiologischen Testverfahren, Pflanzen-, Collembolen- und Regenwurmtest geprüft (Tab. 10.5–1). Ihre Auswahl erfolgte nach pragmatischen Gesichtspunkten. Dabei wurde Wert auf verschiedene Kombinationen von trophischer Ebene, besiedeltem Poren-/Lebensraum und Expositionspfad gelegt. **Bodenmikroorganismen** besiedeln den Wasserfilm von Mittel- und Grobporen.

Die Schadstoffexposition erfolgt über den Wasserpfad. Als Testmethoden werden Bodenatmungskurven und die potenzielle Ammoniumoxidation vorgeschlagen. Diese erfassen einen Großteil der aeroben und fakultativ anaeroben Mikroflora (mikrobielle Atmung). Des Weiteren geben sie über die potenzielle Ammoniumoxidation als Teil der Nitrifikation Hinweise auf Spezialisten.

Collembolen zählen zur Mesofauna und besiedeln im Boden luftgefüllte Poren. Bei ihnen werden als primäre Expositionswege für Schadsubstanzen die Haut und der Magen-Darm-Trakt diskutiert. Die Bedeutung der Collembolen für das Ökosystem liegt vor allem in ihrer Funktion als Mikrophytophage. Durch das Abweiden von Bakterienrasen und Pilzhyphen bewirken sie, dass die Bakterien- und Pilzpopulationen in der Phase der höchsten Vermehrungsaktivität bleiben und sorgen so für hohe Umsatzleistungen dieser Gruppen (z. B. beim Abbau organischer Substanz).

Regenwürmer zählen zur Makrofauna und besiedeln den Bodenkörper. Bei diesen Organismen werden als primäre Expositionspfade die Aufnahme über die Haut (Schadstoffaufnahme aus der Wasserphase) sowie die Nahrung (Aufnahme partikelgebundener Schadstoffe) diskutiert. Zur Beurteilung von Schadstoffwirkungen auf Bodentiere empfiehlt sich die Untersuchung der Reproduktionsleistung (Tab. 10.5–1).

Pflanzenwurzeln bilden nach den Mikroorganismen die größten biologischen Oberflächen im Boden. Ihre Kontaktflächen zu den Bodenpartikeln werden vergrößert durch die Ausbildung von Wurzelhaaren sowie durch die Besiedlung mit Mycorrhizen (VA-Mycorrhiza bei Kulturpflanzen, Ektomycorrhizen zusätzlich bei verholzten Pflanzen). Stellvertretend für die in der Natur vorkommenden Arten werden in Pflanzentests meist Nutzpflanzen aufgrund ihrer guten Verfügbarkeit und leichten Handhabung speziell Stoppelrüben (*Brassica rapa*) und Hafer (*Avena sativa*) als Vertreter der zwei- bzw. einkeimblättrigen Pflanzen verwendet. Die Zahl von zwei Arten kann als Minimum angesehen werden.

Zur Beurteilung der **Lebensraumfunktion** ist mit Ausnahme der Bodenatmungskurven die Verwendung von Kontrollböden erforderlich (z. B. LUFA Standardboden 2.2, Kunstboden nach DIN ISO 11268-1.2).

Hinweise zu den Toxizitätskriterien der einzelnen Testverfahren sind Tab. 10.5–1 zu entnehmen. Die Toxizitätsschwellen wurden auf Grundlage zahlreicher Untersuchungen an kontaminierten und unbelasteten Böden und Bodenmaterialien

10

abgeleitet. Bei der Beurteilung von Böden und Bodenmaterialien hinsichtlich der **Rückhaltefunktion** wird die Gefahr einer Schädigung als hoch angesehen, wenn **ein** Testverfahren Wirkungen anzeigt. Bei der Bewertung der **Lebensraumfunktion** sind Schädigungen mit hoher Wahrscheinlichkeit zu erwarten, wenn **zwei** Testverfahren Wirkungen anzeigen. Zeigt nur ein Test einen Effekt an, ist eine kritische Zusammenstellung aller Ergebnisse unter Berücksichtigung chemisch/physikalischer Eigenschaften der Böden/Bodenmaterialien vorzunehmen.

Tab. 10.5-1 Verfahren zur Bewertung der Lebensraumfunktion und Toxizitätskriterien (nach DECHEMA 2001).

Organismus	Trophische Stufe	Lebensraum/ Exposition	Testverfahren/ -parameter	Toxizitätskriterium
Mikro-organismen	Zersetzer	Wasserfilm/ Bodenwasser	Bodenatmungskurven DIN ISO 17155 Basalatmung (R_B), Substratinduzierte Atmung (R_S)	Respiratorischer Aktivierungsquotient Q_R (R_B/R_S) $\gg 0{,}3$ Zeit bis Peakmaximum > 50 h
			Potenzielle Ammoniumoxidation DIN ISO 15685	Böden und Bodenmaterialien, deren Aktivität in der Mischung mit einem Kontrollboden um mehr als 10 % vom Mittelwert der Aktivitäten beider Böden abweichen, sind als toxisch einzustufen. $Mg + SD_{Mg} < 0{,}9 * M_b$ Mg = gemessene Aktivität der Mischprobe SD_{Mg} = Standardabweichung der Mischprobe M_b = der berechnete Mittelwert aus den beiden Proben (M_b = (Aktivität$_{Boden}$ + Aktivität$_{Kontrollboden}$)$*2^{-1}$) 0,9 = Toleranz von 10 %.
Collembolen *Folsomia candida*	Primär-zersetzer	Luftgefüllte Bodenporen/ Nahrung, Haut	Reproduktions-hemmung DIN ISO 11267	Reproduktionsrate um mehr als 50 % zum Kontrollboden reduziert
Regenwürmer *Eisenia fetida*	Primär-zersetzer	Luftgefüllte Bodenporen/ Nahrung, Haut	Reproduktions-hemmung DIN ISO 11268-2	Reproduktionsrate um mehr als 50 % zum Kontrollboden reduziert
Pflanzen *Avena sativa* *Brassica rapa*	Produ-zenten	Mittel- und Grobporen/ Bodenwasser	Biomassebildung DIN ISO 11269-2	Boden und Bodenmaterial, dessen Ertrag in der Mischung mit einem Kontrollboden um mehr als 10 % vom Mittelwert der Erträge beider Böden abweichen, sind als toxisch einzustufen. $Mg + SD_{Mg} < 0{,}9 * M_b$ Mg = gemessener Biomasseertrag der Mischprobe SD_{Mg} = Standardabweichung der Mischprobe M_b = berechneter Mittelwert aus den beiden Proben (M_b = (Ertrag$_{Boden}$ + Ertrag$_{Kontrollboden}$)$*2^{-1}$) 0,9 = Toleranz von 10 %.

10.6 Sanierung stofflicher Belastungen

10

Persistente Schadstoffe schädigen die Funktionen unserer Böden nachhaltig. Zur Gefahrenabwehr können Sicherungs- und Dekontaminationsverfahren eingesetzt werden. **Sicherungsmaßnahmen** unterbinden die Übertragung von Schadstoff zum Schutzgut (Mensch, Pflanze, Bodenorganismus, Grundwasser), **Dekontaminationsmaßnahmen** entfernen die Schadstoffe aus dem Boden.

Sicherungsmaßnahmen lassen sich unterteilen in Schadstoffimmobilisierung, Hydraulische Maßnahmen und Einkapselung. Durch Immobilisierung soll der kontaminierte Boden so beeinflusst werden, dass Schadstoffemissionen unterbunden werden. Dies kann z. B. durch Kalkung oder Zumischung von Phosphaten in Schwermetall-belasteten Böden erreicht werden. Ein Sonderfall stellt die Phytostabilisation dar. Der kontaminierte Boden wird mit schadstoffresistenten Pflanzen begrünt, die den Boden vor Erosion schützen sollen. Hydraulische Maßnahmen verhindern die Elution von Schadstoffen in der gesättigten Bodenzone vor Auswaschung durch das Grundwasser. Die Einkapselung (z. B. mit Spundwänden) kontaminierter Bereiche verfolgt den gleichen Zweck. Diese Maßnahme wird häufig bei Altablagerungen (Deponien) angewendet. Letztendlich stellt die Auskofferung und Ablagerung von kontaminiertem Boden auf Deponien eine Sicherungsmaßnahme dar.

Dekontaminationsmaßnahmen werden unterteilt in *In-situ-* und *Ex-situ*-Verfahren. Bei den erstgenannten verbleibt der Boden in seiner natürlichen Lagerung. Die Schadstoffe werden dem Boden entzogen oder in unschädliche Stoffe umgewandelt.

Ex-situ-Verfahren führen zur Zerstörung des Bodens als Naturkörper. Sie dienen zur Dekontamination des ausgehobenen Bodens, sind mithin Formen einer Substratreinigung, bei dem es sich nach dem Abfallrecht um einen besonders überwachungsbedürftigen Abfall handelt. In technischen Anlagen, die als mobile Anlagen *on-site* für die Dauer der Standortsanierung aufgestellt werden oder off-site als stationäre Anlagen installiert sind, erfolgt die Dekontamination. Die stationären Anlagen sind im Vergleich zu mobilen Anlagen im Allgemeinen für größere Durchsatzkapazitäten konzipiert und sollten für eine dauerhaft gute Auslastung in der Lage sein, wechselnde Bodenchargen hinsichtlich der Bodencharakteristik und Schadstoffbelastung zu behandeln.

Hinsichtlich des Prozesses der Schadstoffentfernung kann zwischen chemisch-physikalischen, thermischen und biologischen Verfahren unterschieden werden.

Zu den **chemisch-physikalischen Verfahren** zählen pneumatische, hydraulische, elektrochemische Maßnahmen (*In-situ*) und die Bodenwäsche (*Ex-Situ*). **Pneumatische Verfahren** werden zur Entfernung von leichtflüchtigen Schadstoffen (z. B. BTEX-Aromaten) in der gesättigten und ungesättigten Bodenzone eingesetzt. **Hydraulische Maßnahmen** werden zur Sanierung belasteter Grundwässer verwendet. Dazu zählen die Entnahme und Reinigung (z. B. mit Aktivkohlefiltern) der Wässer und die chemische Behandlung organischer und anorganischer Schadstoffe in **reaktiven Wänden (Permeable Reactive Barrier)**. Dabei handelt es sich um unterirdisch vom Grundwasser durchströmte, meist quer zur Strömungsrichtung angelegte, mit Füllmaterialien (reaktive Medien) ausgestattete, durchlässige wandförmige Bauelemente. Die Füllung der Wände richtet sich nach den Kontaminanten im Grundwasser (z. B. elementares Eisen bei LCKW). **Elektrochemische Maßnahmen** dienen der Sanierung bindiger, mit Schwermetallen und organischen Schadstoffen kontaminierter Böden. Die Bodenwäsche wird zur Sanierung sandiger Böden verwendet.

Biologische Verfahren (*In-situ und Ex-situ*) lassen sich in mikrobiologische Sanierungen und Bodensanierung mit Pflanzen (Phytoremediation, *In-situ*) unterteilen.

Thermische Verfahren werden in der Regel nur *Ex-situ* durchgeführt. Es kann zwischen Verbrennungsverfahren mit Temperaturen < 500 °C und > 1000 °C sowie Schwelverfahren unterschieden werden.

Zur Entscheidung, welche Sanierungsmaßnahme im jeweiligen Schadensfall angewendet werden soll, hängt von den Kontaminanten, den örtlichen pedogenen und geologischen Verhältnissen sowie den betroffenen Schutzgütern ab. Für die Durchführung von Ex-situ-Sanierungen werden Behandelbarkeitsprüfungen durchgeführt. Diese untergliedern sich in **Material-, Verfahrens- und Produktprüfung**. Damit sollen folgende Fragen geklärt werden:

- Ist das Bodenmaterial prinzipiell behandelbar?
- Ist das Bodenmaterial technisch behandelbar?
- Ist die Behandlung technisch und wirtschaftlich sinnvoll?

Die für die Behandlung von Bodenmaterial wichtigsten Eigenschaften sind Art und Konzentra-

10

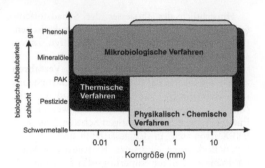

Abb. 10.6–1 Schema zur Entscheidung der Behandelbarkeit (nach BUNGE & GÄLLI 1996).

tion der enthaltenen Schadstoffe sowie Textur und Humusgehalt. Ein Schema zur prinzipiellen Behandelbarkeit von verunreinigtem Boden zeigt Abb. 10.6–1.

10.7 Gefährdung der Bodenfunktionen durch nichtstoffliche Belastungen

10.7.1 Bodenerosion

Unter Bodenerosion werden die Ablösung und der Transport von Bodenteilchen (Primärteilchen oder Aggregate) entlang der Bodenoberfläche verstanden. Je nach Transportmedium unterscheidet man zwischen **Wassererosion** und **Winderosion**. Hinzu kommen Sonderformen wie Schneeschurf, Formen des „Massenversatzes" und die Umlagerung von Bodenmaterial durch den Menschen, die im Zusammenhang mit der Bodenbearbeitung auftritt. Dieser Prozess wird in der angelsächsischen Literatur auch als *Tillage Erosion* bezeichnet. Alle Abtragsformen beruhen auf natürlichen Prozessen, die bei Überschreitung der mechanischen Stabilität einsetzen. Die Anordnung der Partikel und die Interpartikelkräfte, die zwischen den Bodenpartikeln wirken, werden durch Wasserinfiltration, Quellung und Schrumpfung, Umverteilung der luft- und wassergefüllten Porenanteile im Boden und durch die damit einhergehenden Porenluftdrucksänderungen bis hin zur vollständigen Sprengung beeinflusst. Kenntnisse

über die Bodenerosion und über die Prozesse, die dabei ablaufen, sind notwendig, weil hierbei meist irreversible, sich akkumulierende Langzeitschäden entstehen und dabei die Gründigkeit des Bodens sowie die Wasser- und Nährstoffspeicherkapazität sinken. Das zeigt sich auch daran, dass die Bodenneubildungsrate im Vergleich zu der Bodenabtragsrate um mindestens eine Zehnerpotenz niedriger liegt. Bei Böden aus Lockergesteinen beträgt die Neubildungsrate 10^{-1} bis 10^0 t ha^{-1} a^{-1} und 10^{-2} bis 10^{-1} t ha^{-1} a^{-1} bei Böden aus Festgesteinen. Deshalb wird bei der Bewertung der modellierten/geschätzten Abtragsmengen nicht die Neubildungsrate unter dem Gesichtspunkt des Erhalts der Bodenfruchtbarkeit, sondern per Konvention ein Zeitraum von 500 Jahren als kritische Größe für die tolerierbare Abtragsrate herangezogen.

Besonders Wasser- und Winderosion werden durch die Offenhaltung der Böden im Zuge des Ackerbaus stark gefördert. Ebenfalls rein anthropogen bedingt ist der Verlust an Boden durch den sog. Schmutzanhang an Wurzelfrüchten (Zuckerrüben, Kartoffeln, Möhren, Chicorée). Gerade bei Zuckerrüben kann dieser Bodenverlust hoch sein (> 5 t ha^{-1} a^{-1}). Die Verluste durch Schmutzanhang steigen mit zunehmender Adhäsivität (Tonanteil, Feuchte während der Ernte), der Oberfläche des Ernteguts und bei geringer Reinigungseffektivität der Erntetechnik.

Wesentliche Ursachen für den Bodenabtrag

In allen Böden treten unter den jeweiligen Bewirtschaftungs- und klimatischen Bedingungen, wie in Kap. 6.3.1 und 7.2.7 dargestellt, nicht nur Interpartikel- und/oder Inter- sowie Intraaggregatkräfte auf, sondern es besteht auch eine Wechselwirkung zwischen der Bodenstabilität und der hydraulischen Situation am Standort.

Im Zusammenhang mit dem Bodenabtrag durch Wind und Wasser sind folglich die beharrenden Kräfte, die sich aus der Lage der Partikel/Aggregate im Profil oder aber auch in der Landschaft ergeben, mit den aktuellen Scherwiderständen zu vergleichen, die in Abhängigkeit von der Auflast auf eine Verlagerung hinzielen (Kap. 6.3.2). Hier sollen in erster Linie die für den Bodenabtrag relevanten Prozesse erläutert werden. Auf eine detaillierte Einzeldarstellung der Erosionsansätze wird verzichtet, da hierzu eine umfangreiche Spezialliteratur vorliegt, in der diese Themen ausführlich behandelt werden und gleichzeitig auch auf regionale Unterschiede eingegangen wird.

Der Bodenerosionsprozess kann physikalisch gesehen als Interaktion zwischen den hydraulischen bzw. hydrologischen (Wasserbindung und -fluss) sowie den pneumatischen (Windenergie und deren Gradientenentstehung) Kenngrößen und der jeweiligen mechanischen Stabilität beschrieben werden. Unabhängig von der Form der Erosion müssen stets chemische (Sorptions-, Konzentrations-, Wertigkeits- sowie Fällungsprozesse) und biologische (Formation organo- mineralischer Verbindungen) Wechselwirkungen zwischen den Partikeln, den Einzelaggregaten oder dem Gesamtverband im Boden unter der jeweiligen Neigungs- und Bedeckungssituation mit berücksichtigt werden.

Jeder Fluss über eine Bodenoberfläche ruft stets Strömungsgradienten hervor. Ein größerer Unterschied in der Länge der Fließfäden bedeutet dabei, dass zwischen diesen größere hydraulische oder auch pneumatische Gradienten vorliegen. Letztere entscheiden daher auch über die Loslösung von Partikeln oder kleineren Aggregaten, wobei die Auftriebskräfte den Gewichtskräften und der Sedimentation gegenübergestellt werden müssen.

Solange die Auftriebskräfte dominieren, kommt es zu einem Weitertransport der Bodenpartikel, bis das Gewicht der Körner und die Schwerkraft eine erneute Sedimentation verstärken. Je größer dabei die Viskosität des transportierenden Mediums ist, desto länger verbleiben die Partikel in dem Fließmedium. Da die Luft eine vielfach kleinere Viskosität als Wasser aufweist, bedeutet dies andererseits auch, dass zur Aufrechterhaltung der Partikelerosion in der Luft eine deutlich höhere Strömungsgeschwindigkeit als im Wasser herrschen muss. Unabhängig hiervon sind die grundlegenden Prozesse bei der Erosion durch Wasser und Wind weitgehend identisch.

Auch eine Hangrutschung bzw. der Massenversatz führt zu einem Abtrag von Böden. Er tritt vor allem im Gebirge auf und wird durch Rodung des Waldes und besonders durch die Anlage von Skipisten sehr gefördert (s. Kap. 7.2.7).

Wassererosion

In Abbildung 10.7–1 werden die Teilprozesse, die für den Bodenabtrag durch Wasser relevant sind, dargestellt. Hierbei werden die Aggregatzerstörungen und die daraus folgende Verschlemmung besonders der obersten Bodenschicht betrachtet. Tropfengröße und -intensität können über den Vorgang der Aggregatzerstörung die Wasserinfiltrati-

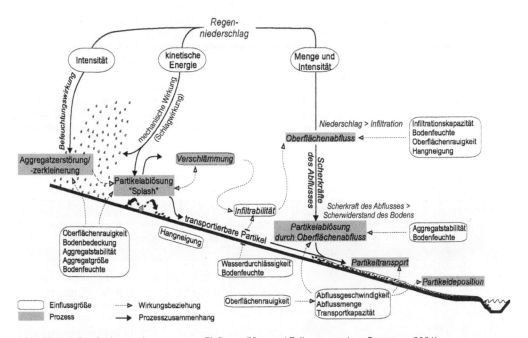

Abb. 10.7–1 Der Bodenerosionsprozess – Einflussgrößen und Teilprozesse (aus DUTTMANN 2001).

10 on stark reduzieren. Das Abtragsgeschehen bei der Wassererosion wird somit im Wesentlichen von den folgenden beiden Teilprozessen geprägt:

1) Loslösen von Bodenteilchen und Zerkleinern durch den Aufprall der Regentropfen und anschließend durch die Strömungskraft des Oberflächenabflusses,

2) Sedimenttransport mit dem abfließenden Wasser und damit einhergehende Änderung der Suspensionsviskosität (Stokes Gesetz Kap. 6.1).

Darüber hinaus übertragen die Partikel, die durch die kinetische Energie der Regentropfen losgeschlagen worden sind, ihren Energieinhalt auf die weiteren Aggregate. Sie tragen damit zu einer weiteren Zerkleinerung der Bodengefügeformen, zur Reduzierung der Scherwiderstände und zur Verschlämmung der Bodenoberfläche bei. Außerdem können Aggregate durch die unter Überdruck geratene Luft in den Poren (= Luftsprengung) zerstört werden, da bei der Aufweichung der Aggregatvolumina von außen als Folge der Wasserinfiltration die Scherwiderstände geringer im Vergleich mit dem ‚Luft‚überdruck' innerhalb des Aggregates werden. Die durch Luftsprengung und Quellung geschwächten Aggregate werden dabei durch die Kräfte der Regentropfen weiter zerteilt. Mit zunehmender Regenintensität (= Regenmenge pro Zeiteinheit) nimmt der Durchmesser und damit die Masse der Tropfen zu. Da die Tropfen aber mit zunehmendem Durchmesser auch schneller fallen, steigt die kinetische Energie der Tropfen mit steigender Regenintensität überproportional ($E_{kin} = m/2 \cdot v^2$). Bei gleichem Gesamtvolumen steigt somit auch die Energie mit dem Tropfendurchmesser (Tab. 10.7–1).

Beim Aufprall der Regentropfen auf die Bodenoberfläche entstehen kurzzeitig (50 µs) sehr hohe Drücke, die auf starren Oberflächen bis zu 10^6 Pa betragen können. Da das Tropfenwasser aber nicht mit der Fallgeschwindigkeit, mit der es auftrifft, in den Boden versickern kann, muss es folglich zur Seite entlang der Bodenoberfläche ausweichen. Dabei verursachen die Tropfen vor allem bei feuchten Oberflächen lokale Verdichtungen. Die seitliche Ableitung des Wassers ruft Scherspannungen hervor, die mit zunehmender Geschwindigkeitsdifferenz zwischen Wasser und Oberfläche und mit sinkendem Abstand zur Oberfläche größer werden (Kap. 6.4.2). Es können hierbei Scherspannungen in der Größenordnung von einigen hPa auftreten, die vor allem in kohäsionsarmen Böden oder einzelnen Aggregaten lokal kleine Teilchen aus der Bodenoberfläche herausreißen. Die abgelösten Feinteile können in der Folge Poren verstopfen, wenn sie durch infiltrierendes Regenwasser in den Boden geschwemmt werden. Infolge des Verschlusses insbesondere rasch drainender Grobporen und grober Mittelporen kann eine Verschlämmungshaut entstehen (z. T. > 1 mm), die die Infiltrierbarkeit weiter vermindert und das Auftreten von Oberflächenabfluss begünstigt (Abb. 10.7–1).

Je vollständiger in Abhängigkeit von der Infiltrationsrate Bodenvolumina aufgesättigt werden, desto leichter führt diese Aufsättigung durch den einsetzenden Auftrieb zu einem Aufschwemmen des labilen Bodenmaterials (z. B. bis hin auf die verdichtete Pflugsohle). Dadurch wird das gesamte weiche Bodenmaterial hangabwärts transportiert. Rückwärtig fortschreitend werden die zu Beginn flachen Rillen in tiefere Rinnen und schließlich auch in Gullys überführt, die sich auch über immer größere Flächen und größere Fließlängen erstrecken.

Der Vorgang der Strukturzerstörung bei gegebener kinetischer Regentropfenenergie wird hierbei sowohl durch Wertigkeits- und Konzentrationsef-

Tab. 10.7-1 Einfluss von Tropfengröße und Fallhöhe auf Fallgeschwindigkeit und Impuls von Wassertropfen. † Das Gesamtvolumen von 13 großen Tropfen entspricht ungefähr demjenigen von 200 kleinen Tropfen (nach BECHER 2005).

Durchm. mm	Fallgeschw. [m/s]		Anzahl	Masse g	Energie [mJ]	
	Fallhöhe [m]				Fallhöhe [m]	
	2	∞			2	∞
2	4,92	6,58	1	0,0042	0,051	0,091
			200†	0,8377	10,140	18,136
5	5,79	9,25	1	0,0655	1,097	2,800
			13†	0,8508	14,261	36,400

fekte der sorbierten Kationen als auch durch Frost/ Taueffekte beeinflusst. Bei einer dominierenden Sättigung der Austauscheroberflächen mit einwertigen Kationen wird die Bodenstruktur leichter dispergiert (s. a. Kap. 6.1. – Korngrößenanalytik) und ruft nachfolgend eine ausgeprägte Verschlämmung des Oberbodens hervor. Dieser Vorgang wird durch den Begriff des *slaking* beschrieben und führt besonders in Böden arider Klimate zur Bildung der *throttle layer*, einem Na-gesättigten dichten und wasserundurchlässigen Bodenhorizont.

Durch Frost/Taueffekte werden infolge der Volumenausdehnung, die mit dem Gefriervorgang einhergeht, Aggregate zerkleinert, wobei die Verlagerung dieser neuen kleineren Aggregateinheiten bei geringerer Fließgeschwindigkeit auch über größere Strecken erfolgen kann (s. hierzu auch Kap. 6.6.5).

a) Transportformen
Transport durch Spritztropfen
Am Transport der gelockerten Teilchen sind sowohl die Tropfen als auch der Abfluss beteiligt. Die Spritztröpfchen, die beim Auftreffen der Regentropfen bis zu 1,5 m hoch und weit zur Seite fliegen, erzeugen einen Nettotransport hangabwärts, da sie hangab weiter fliegen als hangauf. Die Ablösung und der Transport durch auftreffende Tropfen werden durch einen Wasserfilm auf der Bodenoberfläche beeinflusst. Die höchsten Ablöse- und Transportraten treten bei dünnen Filmen ($^1/_{10}...^3/_{10}$ des Tropfendurchmessers) auf. Der Tropfenschlag kann bei beiden Raten dann vernachlässigt werden, wenn der Film mehr als 2...3 Tropfendurchmesser dick wird, da dann die Tropfenenergie völlig vom Wasserfilm kompensiert wird.

Transport durch Oberflächenabfluss
Die Transportkapazität des Abflusses steigt mit steigender Fließgeschwindigkeit und daher mit zunehmender Schichtdicke und Sohlneigung sowie mit abnehmender Sohlrauhigkeit. Wenn der Abfluss sich in Bahnen konzentriert, findet dort der Haupttransport statt, da hier hohe Transportkräfte und hohe Fließgeschwindigkeiten ($10^{-1}...10^0$ m s^{-1}) erreicht werden. Dann können die Kräfte sogar ausreichen, um Steine zu transportieren, während der Tropfenschlag nur maximal sandkorngroße Teilchen bewegt.

Tropfeninduzierter Abflusstransport
Am Übergang zwischen Tropfen- und Abflusstransport ist der Wasserfilm schon zu dick für den reinen Tropfentransport, aber er ist noch nicht dick genug für einen ganzflächigen Abflusstransport. Dennoch transportiert gerade dieser Dünnschichtabfluss

reichlich Feststoffe, weil diese durch die Turbulenzen des Tropfenschlages in Suspension gehalten werden. Diese Transportform dominiert, wo wenig Wasser fließt, d. h. auf kurzen Hängen oder im Bereich zwischen den Rinnen. Sie ist in vielen Fällen der dominierende Abtragsprozess.

b) Formen der Wassererosion
Rasches Befeuchten der Bodenoberfläche, Dispergierung der Aggregate und Regentropfenschlag wirken gleichmäßig auf eine ungeschützte Oberfläche ein. Wo diese Prozesse vorherrschen, finden Ablösung und Transport flächenhaft statt (**Flächen-** oder **Schichterosion**). Die ablösenden Kräfte des Oberflächenabflusses wirken dagegen kleinräumig. Hierdurch entsteht eine **lineare Erosion**. Wenn dies an vielen Stellen gleichzeitig geschieht, entwickeln sich nur flache (ca. 10 cm) Rillen, auf die der Abfluss sich verteilt (**Rillenerosion**). Der Transportweg vom Zwischenrillenbereich mit Flächenerosion zur Rille ist meist kurz. Die Zerrillung hängt von vorgeprägten Rillen (z. B. Fahrspuren, Saatzeilen) und der Neigung der Böden zur Rillenbildung ab und nimmt meist mit abnehmender Kohäsivität zu. Die Flächenerosion trägt dabei noch erheblich zum Gesamtabtrag bei. Daher werden Flächen- und Rillenerosion von ähnlichen Einflüssen bestimmt und Übergänge sind häufig. Die beiden Formen werden deswegen in der Modellierung, in der Kartierung oder bei Schutzmaßnahmen meist zusammen behandelt.

Mit zunehmender Konzentrierung des Abflusses wird der Abstand zwischen den Linearformen also größer, und umso bedeutender wird die Ablösung durch den Abfluss. Die Rillen werden breiter und tiefer. Die Ablösung im Zwischenrillenbereich verliert dagegen wegen des zunehmenden Transportweges zur nächsten Linearform an Bedeutung. Lassen sich die Erosionsfurchen noch durch eine normale Bodenbearbeitung verfüllen, so handelt es sich um **Rinnenerosion** (< 30 cm tief). Durch das Zusammenspiel von Rinnenausräumung und -wiederverfüllung entstehen flache Hangmulden („Thalwege"). Werden die Rinnen tiefer, so dass sie durch eine Bodenbearbeitung nicht mehr beseitigt werden können, spricht man von **Gully-Erosion**. Bei dieser Erosionsform ist die Ablösung durch Tropfen nicht mehr relevant. Der Tropfenschlag bewirkt nur noch die Verschlämmung der Bodenoberfläche und fördert dadurch die Bildung von Abfluss, der im Graben zusammenfließt und ihn ausräumt. Die notwendigen großen Abflussvolumina können aber auch aus der Exfiltration von Grundwasser, dem Zwischenabfluss (*Interflow*) oder aus der Einleitung von Oberflächenwasser versiegelter Flächen (z. B. Straßen) stammen.

10

Ein vierter Erosionstyp ist die **Tunnelerosion**. Sie tritt auf, wenn ein stabiler Oberboden einen instabilen Unterboden bedeckt. Die Stabilität des Oberbodens kann z. B. auf eine intensive Durchwurzelung oder auf eine Verkittung durch Carbonate oder Fe-Oxide zurückgeführt werden. Die Instabilität des Unterbodens mit hoher Bereitschaft zur Dispergierung beruht meist auf einer geringen Aggregierung, wenig organischer Substanz oder einem hohen Anteil einwertiger Kationen an der Austauscherbelegung. Infiltrierendes Regenwasser kann dann lateral unter der stabilen Zone fließen und den instabilen Unterboden ausräumen. Röhren bis zu 2 m Durchmesser können so entstehen, bis die Decke schließlich einbricht, wenn die Tragfähigkeit des Oberbodens überschritten wird.

Winderosion

Streicht Wind über eine Oberfläche, so nimmt seine Geschwindigkeit mit zunehmender Entfernung deutlich zu. Je nach Rauhigkeit der Bodenoberfläche wird die Höhe, in der keine Luftbewegung gemessen werden kann, in der Größenordnung von Millimetern oberhalb der Bodenoberfläche verschoben. Diese Höhe wird als ,aerodynamische Nullhöhe' bezeichnet. Die Nullhöhe kann auf Flächen mit Vegetationsbedeckung bis zu Dezimetern betragen. Je schneller die Geschwindigkeit über dieser Nullhöhe ansteigt, je steiler also der Geschwindigkeitsgradient ist, umso höher sind die Scherkräfte, die an der Nullhöhe auftreten. Teilchen können sich dadurch entlang der Bodenoberfläche in Bewegung setzen. Hinzu kommt, dass Teilchen in den Luftstrom ragen und ihn so verengen. Durch den Bernoulli-Effekt entsteht ein Unterdruck an der Oberseite der Teilchen, so dass zusätzlich zu den tangential gerichteten Scherkräften auch vertikale Kräfte auf die Partikel der Bodenoberfläche einwirken.

Mit zunehmender Windgeschwindigkeit werden die Teilchen vom Windstrom erfasst, steil (~ 80°) in die Höhe gehoben, beschleunigt und fallen nach einer Transportstrecke, die das 10- bis 15-fache der Höhe beträgt, wieder flach (~ 6...12°) auf die Oberfläche zurück. Beim Auftreffen wird ein Teil der kinetischen Energie in Ablösung umgesetzt, indem Teilchen aus dem Boden- und Aggregatverband herausgeschlagen werden. Ein Teil wird in kinetische Energie noch liegender Teilchen überführt, die zusammen mit der Energie des Windes nun transportiert werden können. Der Prozess wird als ,**Saltation**' bezeichnet und bewegt 50...75 % der

erodierenden Massen. Die Zahl der saltierend bewegten Körner nimmt in Windrichtung lawinenartig zu, da durch das Auftreffen immer mehr transportierbare Teilchen geschaffen und in den Luftstrom katapultiert werden, bis schließlich die Transportkapazität des Windes erschöpft ist.

Durch die Energieübertragung von saltierenden Teilchen können auch Teilchen in Bewegung geraten, die zu schwer für den Luftstrom sind, die aber an der Bodenoberfläche entlang rollen können. Dabei zerkleinern sie Aggregate und reiben an Sandkörnern haftende Feinteile ab. Diese Feinteile werden ebenfalls vom Luftstrom erfasst, aufgrund ihres geringen Gewichts durch Wirbel hochgetragen und z. T. über Tausende von Kilometern transportiert. Obwohl rollende und saltierende Partikel den weitaus größten Teil der bewegten Massen ausmachen, verursachen sie keine großen Nettoverluste, da die Transportentfernungen kurz, oft nur innerhalb eines Feldes, sind und z. T. bei entgegengesetzter Windrichtung sogar ein Rücktransport stattfindet. Dahingegen resultiert aus dem ,Ausblasen' der Feinpartikel anschließend eine Vergröberung der Körnung. Gerade bei winderosionsanfälligen Sandböden sind aber diese Feinteile für die Nährstoffsorption und die Speicherung pflanzenverfügbaren Wassers wichtig. Daher verschlechtert dieser selektive Verlust die Bodenfruchtbarkeit wesentlich stärker als allein aufgrund des Bodenverlustes zu erwarten wäre. Je lehmiger der erodierende Boden ist, umso geringer werden die qualitativen Unterschiede zwischen dem Ausgangsboden, dem Suspensionsverlust und dem Residuum.

a) Transportvorgänge
Saltierende Teilchen sind überwiegend 0,1...0,5 mm groß, rollende größer, suspendierte kleiner. Der Korndurchmesser, der bei einer bestimmten Geschwindigkeit noch transportierbar ist, nimmt mit abnehmendem Wassergehalt oder/und negativerem Matrixpotenzial und geringerer Lagerungsdichte im Oberboden zu. Aggregierte Oberböden unterliegen allerdings trotz geringerer Aggregatlagerungsdichte im Vergleich zum d_F Wert quarzhaltiger Sandböden (2,65 g cm^{-3}) weniger der Winderosion als kleinere, aber schwerere Sandkörner, da ihre Masse größer ist.

Ausgetrocknete Moorböden werden wegen ihrer besonders geringen Dichte (0,1...0,4 g cm^{-3}) schon bei kleinen Windgeschwindigkeiten verblasen. Feuchte Bodenoberflächen sind dagegen weniger verblasungsanfällig. Generell gilt, je höher die ungesättigte Wasserleitfähigkeit und je größer der matrixpotenzialabhängige Wassersättigungsgrad des Bodens (χ-Faktor der effektiven Spannungsgleichung, Kap. 6.3.2.3.) ist, desto stärker ziehen die Wassermenisken die einzelnen Bodenpartikel zusammen, halten sie damit fest und desto schwerer wird auch der Boden aufgrund des zusätzlichen Wassergewichtes.

Winderosion beginnt bei Mineralböden, wenn die Windgeschwindigkeit 30 cm über dem Boden 4...6 m s^{-1} beträgt. Oberhalb dieser Geschwindigkeit steigt der Transport mit der dritten Potenz der Windgeschwindigkeit. Die kritische Schergeschwindigkeit ist am geringsten bei Teilchen von 0,05...0,2 mm Durchmesser und steigt für kleinere und größere Durchmesser stark an. Bei größeren Teilchen ist das zunehmende Gewicht für diesen Anstieg verantwortlich, bei kleineren die Zunahme der kohäsiven Kräfte und der Windschutz durch umgebende größere Teilchen. Der Widerstand gegenüber Winderosion steigt bei Mineralböden ab einem Durchmesser von 1 mm sehr stark an. Es reicht, wenn 60 % der Bodenoberfläche durch stabile Teilchen > 1 mm stabilisiert sind, um die Bodenoberfläche fast völlig zu festigen. Eine stabile Aggregierung vermindert daher die Winderosion wirkungsvoll.

In den gemäßigten Breiten treten die notwendigen großen Windgeschwindigkeiten besonders in Küstennähe oder in großen, baumarmen Ebenen und dabei vor allem während der Frühjahrs- und Herbststürme auf, zumal die Felder dann häufig unzureichend mit Vegetation bedeckt sind. Große Felder ohne höhere Randstrukturen (Hecken, Raine) begünstigen hohe Windgeschwindigkeiten in Bodennähe.

Eine Bodenbedeckung durch Mulch vermindert in ähnlichem Ausmaß den Abtrag wie bei der Wassererosion. Eine stehende Bedeckung wirkt aber im Gegensatz zur Wassererosion noch effektiver, da der Wind stärker gebremst und die aerodynamische Nullhöhe angehoben wird.

Bearbeitungserosion

Jede lockernde Bodenbearbeitung hebt den Oberboden etwas an. Dies geschieht auf geneigten Flächen senkrecht zur Bodenoberfläche. Anschließend fällt er zurück, nun aber senkrecht zur Horizontalen in Richtung der Schwerkraft. Aus der unterschiedlichen Richtung der beiden Vektoren resultiert ein Nettotransport hangabwärts, der unabhängig von der Richtung der Bearbeitung ist. Dies führt zu einem Nettoverlust am oberen Feldrand und einem Nettogewinn am unteren. Das erklärt, warum viele Felder am oberen Rand besonders stark erodiert

sind, obwohl dort meist noch nicht viel Wasser fließen kann und folglich die Wassererosion noch gering ist. Zwischen dem oberen und dem unteren Feldrand gleicht auf gleichmäßig geneigten Hängen der Eintrag von oben den Austrag nach unten aus, so dass der Nettoverlust null wird. Allerdings bedeutet dies, dass der Oberboden nicht mehr zum Unterboden *in-situ* gehört, sondern zu einem Unterboden weiter oben am Hang, was die genetische Interpretation ackerbaulich genutzter Böden außerordentlich erschwert.

Die Umlagerung tritt unabhängig von der Bearbeitungsrichtung immer auf. Zusätzlich dazu wird Boden verlagert, wenn die Bearbeitung gerichtet ist. Dies ist vor allem dort der Fall, wo die Zugkräfte keine hangaufwärts gerichtete Bearbeitung zulassen, z. B. an steilen Hängen oder bei gering technisierter Landbewirtschaftung mit Tieren oder Handhacken.

Der Bodentransport steigt mit der Zahl der Bearbeitungsgänge, der Bearbeitungstiefe, der geräte- und geschwindigkeitsabhängigen Anhebung und mit zunehmender Hangneigung. Im Gegensatz zu den anderen Größen wechselt die Hangneigung in der Regel innerhalb eines Feldes. An konvexen Hangpartien, an denen der Hang unten immer steiler wird, ist der Eintrag von oben wegen der dort geringeren Hangneigung geringer als der Austrag nach unten. Daher ist die Bilanz von Ein- und Austrag an konvexen Stellen nicht mehr ausgeglichen und ein Nettoverlust von Boden tritt auf. Die häufig starke Verkürzung der Bodenprofile an Kuppen und Hangschultern ist auf diesen Prozess zurückzuführen, während die Erosion durch Wasser an solchen Stellen geringer als auf einem gestreckten Hang ist.

An konkaven Hangstellen wird dagegen wegen der nach unten abnehmenden Hangneigung weniger ausgetragen als eingetragen, so dass hier eine Nettoakkumulation stattfindet. Viele Kolluvien verdanken ihre Existenz diesem Prozess, da die Bearbeitungserosion nur innerhalb eines Feldes verlagert, während bei Wassererosion die Ablagerung nahe des Abtragsortes in der Regel gering ist (selten über 10 %) und ein großer Teil über weite Strecken, z. T. bis zum Meer, transportiert wird.

Ausmaß des Bodenabtrags durch Wasser und Wind

Wasser- und Winderosion sind Naturprozesse, die unter natürlichen Bedingungen nicht sehr wirksam sind. Die natürliche (‚geologische') Erosion hat ihr Maximum aufgrund der schütteren Vegetationsbedeckung in semiariden bis ariden Gebieten. Seltene,

10

aber z. T. heftige Regen oder starke Winde können dann erhebliche Stoffumlagerungen auslösen. Auch in Gebirgen sind wegen der steilen Hänge, der teilweise starken Winde in der Gipfelregion und der häufig ungünstigen Vegetationsbedingungen stellenweise hohe Abträge natürlich und verhindern dort die normale Bodengenese.

Vor allem aber ist Erosion ein Problem des Ackerbaus, weil dieser die Böden zeitweise entblößt und bei der Bearbeitung bewegt. Erosion wird daher als weltweit wichtigste Bodenschädigung angesehen. Winderosion kommt in Mitteleuropa gehäuft besonders in Küstennähe vor, wo hohe Windgeschwindigkeiten und sandige Böden häufig sind. Auch die großen Ebenen, z. B. in der Ukraine, Ungarn oder die Great Plains in den USA, sind für Winderosion prädestiniert. Winderosion ist jedoch, von wenigen Gebieten abgesehen, weniger bedeutend als die Wassererosion. Für die Vereinigten Staaten wird angenommen, dass die durch Wind verloren gehende Bodenmenge weniger als $^1/_{10}$ der Menge beträgt, die durch Wasser weggeführt wird.

Die Bearbeitung veranlasst ähnliche Mengen an Bodenverlagerungen wie die Wassererosion. Wegen der unterschiedlichen Mechanismen unterscheiden sich allerdings die räumlichen Muster beider Prozesse sowohl innerhalb eines Hanges wie auch zwischen Landschaften.

Der Anteil der verschiedenen Formen der Wassererosion am Gesamtabtrag variiert in einem weiten Bereich. Generell ist der Anteil der Flächenerosion besonders groß bei kleinen Erosionsereignissen, die jedoch die Mehrzahl ausmachen. Mit zunehmender Ereignisstärke nimmt der Anteil der linearen Erosionsformen zu. Für ein besonders großes Ereignis mit einer Wiederkehrerwartung von 250 Jahren an dem betreffenden Standort in Süddeutschland trugen die flächenhafte Erosion 40 %, die Rillenerosion 31 %, die Rinnenerosion 17 % und die Grabenerosion 12 % zum Gesamtabtrag von 174 t ha^{-1} bei.

Die **Abtragsraten** variieren in einem großen Bereich. Unter Ackernutzung liegen die über viele Jahre gemittelten Abträge durch Wasser in den gemäßigten Breiten häufig in einer Größenordnung von 10^1 t ha^{-1} a^{-1}, aber auch Abträge bis zu 10^2 t ha^{-1} a^{-1} wurden auf einzelnen Standorten über längere Zeiträume nachgewiesen. Die höchsten Abträge in der Größenordnung von 10^3 t ha^{-1} a^{-1} treten in SO-Asien auf, da hier leicht erodierbare vulkanische Böden, hohe Niederschläge und große Hangneigungen zusammentreffen. Auch für andere tropische Gebiete (Brasilien, West- und Ostafrika, Indien) mit hohen Niederschlägen, die sich häufig auf kurze Perioden konzentrieren, wird über hohe Bodenab-

träge ($10^1 \ldots 10^2$ t ha^{-1} a^{-1}) berichtet. In allen Fällen gilt, dass die Variabilität zwischen den einzelnen Jahren groß (eine Zehnerpotenz) und zwischen den einzelnen Ereignissen sehr groß (mehrere Zehnerpotenzen) ist.

Die Austräge über das Fließgewässernetz sind kleiner als die Verluste von den Flächen, da ein beträchtlicher Anteil des Abtrags als Kolluvium an den Unterhängen und vor allem als Auensediment in den Flussauen liegen bleibt. Der Anteil, der ausgetragen wird, sinkt mit der Größe des Wassereinzugsgebiets. Aus einem 10 km^2 großen Wassereinzugsgebiet werden ca. 20 % des Abtrags ausgetragen, aus einem 100 km^2 großen Gebiet nur mehr 10 %.

Schäden

Bei Winderosion schädigen vor allem saltierende Sandkörner die Pflanzen durch Freilegen, durch Überdecken oder durch Verletzen der Blattoberfläche. Außerdem kommt es zu deutlichen Nährstoff- und Humusverlusten im Ausblasungsgebiet und meist zu nicht gleichmäßiger Sedimentation im Leebereich. Bei der Wassererosion fließt Niederschlag unproduktiv ab und die Bewirtschaftung wird durch die ungleichmäßige Bestandesentwicklung, durch Rinnen und Gräben erschwert. Bei beiden Formen fehlen Nährstoffe, Pestizide sind an den erodierenden Stellen und an den Akkumulationsstellen überdosiert.

Zu den Schäden auf den erodierenden Flächen (‚*on-site*-Schäden‘) kommen die ‚*off-site*-Schäden‘ an den Stellen, an die Sediment und Abfluss gelangen. Beispiele hierfür sind die Verschmutzung von Wegen und Häusern, die Verlandung von Gewässern, der Eintrag von Nährstoffen, Pestiziden und Schwermetallen in Gewässer und in andere Nachbarökosysteme. Andererseits kommt es in den Kolluvien zu einer deutlichen Nährstoffanreicherung, während durch den vergrößerten Abstand der neuen Oberfläche zum eventuell ursprünglich hoch anstehenden Grundwasser die Belüftung verbessert wurde. Allerdings sind der Gasaustausch mit der Atmosphäre und der vertikale Wasserfluss sehr deutlich verzögert, da die neuen Poren sedimentationsbedingt vorwiegend horizontal verlaufen.

Erosionsschutz

Den besten Schutz vor Erosion bietet eine ständig bedeckte Bodenoberfläche. Dabei sind 30…50 % Bedeckung bei Mulchbedeckung meist ausreichend, da der Abtrag überproportional reduziert wird. Die Bedeckung schützt vor dem Tropfenaufprall, vermindert Wind- und Abflussgeschwindigkeit, erhöht die Bodenfeuchte an der Oberfläche und fördert die Vertikalporen durch Regenwürmer. Sie muss nicht dauernd vorhanden sein, sondern nur zu Zeiten der erosiven Regen oder Winde. Im konventionellen Ackerbau ist der Boden unmittelbar nach der Saat am wenigsten bedeckt. Durch Minimal- oder konservierende Bodenbearbeitung lässt sich auch bei der Saat ausreichend Bedeckung erzielen. Eine in Häufigkeit und Tiefe reduzierte Bodenbearbeitung vermindert außerdem die Bearbeitungserosion.

Daneben kann man Abfluss und Wind durch eine raue Oberfläche bremsen, indem man quer zum Gefälle bzw. zur Hauptwindrichtung bearbeitet. Eine kleinflächige, vielfältige Landnutzung, in der unterschiedlich gut erosionsgeschützte Flächen nebeneinander vorkommen, verhindert, dass sich viel Abfluss oder erodierendes Saltationsmaterial sammelt und hohe Windgeschwindigkeiten entstehen. Dieser gegenseitige Schutz unterschiedlicher Kulturen wird bewusst im Streifenanbau ausgenutzt, in dem die einzelnen Kulturen in beliebig langen Streifen von meist 10…50 m Breite quer zum Gefälle oder quer zur Hauptwindrichtung angelegt werden. Bei der Winderosion resultiert der Schutz dabei aus dem Rückhalt der rollenden und saltierenden Partikel in den vegetationsbedeckten Streifen, bei der Wassererosion dagegen aus dem Rückstau des Oberflächenabflusses in die gering bedeckten Streifen. Der Abfluss kann durch die Anlage von Terrassen, der Wind durch Windschutzhecken weiter gebremst werden. Windschutzhecken bremsen den Wind dann optimal, wenn sie ca. 50 % Porosität über die gesamte Höhe haben und mindestens 20-fach breiter als hoch sind. Ein Schutz ist dann über eine Entfernung bis zum 20-fachen der Heckenhöhe zu erwarten.

10.7.2 Mechanische Bodenverformung

Im Gegensatz zu den in den vorangehenden Kapiteln diskutierten Belastungen stellt die mechanische Bodenverformung eine Belastung im wörtlichen Sinn dar. In Kap. 6.3. sind die für das Verständnis der mechanischen Stabilität wesentlichen Grundlagen und Prozesse erläutert worden, die nunmehr als Basis für die Erklärung der Bodenverformung und damit auch der Bodenverdichtung dienen. Bezogen auf den Prozess ist es dabei unerheblich, ob es sich um pedogene, geogene oder anthropogene Ursa-

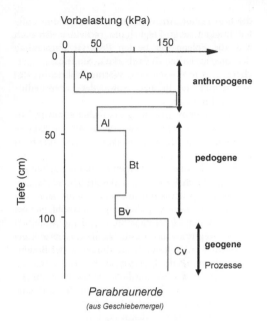

Abb. 10.7–2 Tiefenverteilung der Vorbelastung aufgrund pedogener, geogener und anthropogener Prozesse am Beispiel einer Parabraunerde aus Geschiebemergel.

chen handelt, da mit jeder Eigenfestigkeitszunahme durch Bodenverformung auch physikalische, physikochemische und biologische Bodenfunktionen beeinflusst werden (Abb. 10.7–2) Der im Bundesbodenschutzgesetz definierte Begriff der ‚Bodenverdichtung‘ als Ursache für die nachhaltige Bodendegradation wird im Folgenden weiter behandelt.

Definition der Bodenverformung

Unter der Bodenverformung fasst man den Vorgang der Bodenverdichtung und der Änderung des Aufbaues des Dreiphasensystems Boden, die durch Scherung induziert wird, zusammen.

Durch eine **Verdichtung** des Bodens sinkt der mit Wasser und Gas gefüllte Porenanteil im Boden bei gleichzeitiger Zunahme des Volumens der festen Phase; mithin nimmt sowohl das Gesamtporenvolumen als auch der Wert der Porenziffer ab. Durch eine **Scherung** kommt es zu einer je nach Belastung unterschiedlich intensiven Veränderung der Porenfunktionen, die Porenanzahl bleibt gleich, während sich die Porenkontinuität verändert und

10 die horizontale Anisotropie der Wasser- und Luftleitfähigkeit steigt. Folglich unterscheiden sich auch
z. B. die Folgen der beiden Prozesse hinsichtlich
der mechanischen Belastbarkeit, Stoffflüsse, Speicherung von Wasser, Gas, Wärme, Nährstoffe, des
Wachstums der Pflanzen sowie der Lebensbedingungen für Tiere.

Eine Bodenverformung beinhaltet somit in Böden mehrere Teilprozesse, deren Wirkungsweise
und Folgen für die Gesamtstabilität des Bodens zu
trennen sind.

- Es werden die bestehenden Struktureinheiten solange durch Reduzierung des groben Interaggre-
  gatporensystems zunehmend dichter gepackt und
  damit die Lagerungsdichte weiter erhöht, wie bei
  gegebenem Hohlraumsystem und Eigenstabilität
  der Aggregate noch eine stabilere Lagerung erreicht werden kann. Diese Zunahme der Bodenstabilität und der Lagerungsdichte wird durch den
  Vorgang der Bodenverdichtung gekennzeichnet.
- Bei einer sehr hohen Eigenstabilität führt eine
  Scherung bei Erhalt der Aggregatformen zu einer
  Auflockerung und damit zu einer Abnahme der
  Lagerungsdichte.
- Je höher die verformend wirksamen Scherkräfte
  und je weniger stabil die Aggregate sind, umso
  stärker werden die Bodenaggregate eingeregelt
  und die Poren entsprechend rechtwinklig hierzu
  ausgerichtet. Durch weitere Zerscherung werden
  die einzelnen Aggregate zerkleinert und schließlich der gesamte Boden homogenisiert. Hierdurch
  kann auch eine dem Saatbett entsprechende
  lockerere Lagerung entstehen. Diese letzteren Prozesse werden als **Scherverformung** definiert. In
  der Land- und Forstwirtschaft ist der Vorgang
  der Scherung allgegenwärtig und verursacht
  durch Schlupfeffekte der antreibenden Reifen
  oder Ketten, durch knetende Beanspruchungen
  der Tiere (Huftritt, Scharren) oder beim Puddeln
  (= Knetung) im Reisanbau eine weitgehende Einregelung und vor allem in feuchten Böden eine
  Strukturzerstörung, eine Homogenisierung und
  Wiedereinstellung des Normalschrumpfungszu-
  standes.

Stabilität im Wieder- und Erst-
verdichtungsbereich

Die Frage, inwiefern eine mechanische – statische
oder dynamische – Belastung zu einer zusätzlichen
Bodenverformung und damit ggf. auch zu einer
Degradation führt, lässt sich anhand der mechanischen Stabilität der einzelnen Horizonte in Verbindung mit der jeweiligen auflastabhängigen Druckfortpflanzung beantworten. Jeder Boden bzw. Bodenhorizont verfügt über eine seiner Vorgeschichte
entsprechende Eigenfestigkeit – die **Vorbelastung**
(Kap. 6.3.2). Allgemein gilt, dass Böden bzw. Bodenhorizonte umso stabiler sind,

- je gröber und je rauer die Körnung bei gleicher
  Lagerungsdichte ist,
- je stärker sie aggregiert bei vergleichbarer Körnung (z. B. ein < koh < pris < pol < sub) sind,
- je intensiver sie vorverdichtet sind (z. B. Pflug-
  sohlenhorizonte (App) mit Plattenstruktur),
- je höher der Gehalt an organischer Substanz bzw.
  je höher der Anteil an ungesättigten Fettsäuren
  und Lipiden bei vergleichbarem Gehalt an organischer Substanz ist,
- je benetzungsgehemmter die Kornkontaktpunkte
  bei gleichem Matrixpotenzial sind,
- je trockener, d. h. je negativer das Matrixpotenzial bzw. der Porenwasserdruck ist,
- je höher die verbleibende hydraulische Wasserleitfähigkeit ist und je schneller damit das freigepresste Bodenwasser abgeführt werden kann,
- je höherwertiger die Austauschionen (1-wer-
  tig < 2-wertig < 3-wertig) sind,
- je höher die Salzkonzentration der Bodenlösung
  ist,
- je weniger quellfähig die Tonminerale sind.

Während somit im Wiederverdichtungsbereich eine
Belastung zu keinen nennenswerten weiteren Veränderungen der Bodenfunktionen führt, ruft sie im
Erstverdichtungsbereich stets plastische Verformungen und damit auch höhere Lagerungsdichtewerte
hervor, da es zu zeitabhängigen Änderungen der
Spannungen in allen drei Bodenphasen (fest, flüssig,
gasförmig) kommt. Bei dem Setzungsvorgang unterscheidet man dabei drei Phasen:

Der erste Setzungsanteil ist als Sofortsetzung definiert und umfasst maximal das mit Luft gefüllte
Bodenvolumen; da die Gasleitfähigkeit in Böden
groß ist, können die über die Gasphase übertragenen Spannungen unmittelbar abgeleitet werden, so
dass eine entsprechende Volumenabnahme unmittelbar erfolgen kann.

Dahingegen können die Spannungen, die über
die flüssige Phase übertragen werden, je nach Wasserleitfähigkeit und sich aufbauenden hydraulischen
Gradienten einerseits als Porenwasserüberdrücke
und somit längerfristig messbar sein. Daraus folgt,
dass nunmehr die bodenstabilisierenden Wasserme-
niskenkräfte in destabilisierend wirkende konvexe
Meniskenformen überführt werden (Abb. 6.2–5). In
dieser Phase verliert die Bodenmatrix ihre Eigenfes-

Abb.10.7–3 Intensive Druckfortpflanzung aufgrund der Überschreitung der Bodenstabilität durch Zerbrechen und Neuformierung der Pflugsohle in größerer Tiefe (nach PETH et al. 2006, ergänzt)

tigkeit, die effektive Spannung ist weitgehend aufgehoben. Spannungen können aber andererseits auch durch die ‚Sackungsverdichtung' von luftgefüllten Poren, die mit der Setzung einhergeht, diese im Durchmesser verkleinern und folglich zu einer Umverteilung von Wasser in dem Porenraum beitragen. Bei diesem Vorgang ist eine weitere Abnahme des negativen Porenwasserdruckes (= Matrixpotenzial) messbar. Erst mit der Erreichung der auflastabhängigen Eigenstabilität kommt es dann wieder zu einer setzungsbedingten weiteren Auffüllung der feineren Poren und damit letztendlich zur Wassersättigung oder sogar zu Porenwasserüberdrücken. Mit deren Abbau wird die **Primärsetzung** größtenteils abgeschlossen, und damit steigt der Spannungsanteil, der über die feste Phase übertragen wird, durch Zunahme der Kornkontaktpunkte.

Unter lang anhaltenden Belastungen – z. B. im Zusammenhang mit bodenmechanischen Gründungsmaßnahmen – müssen vor allem bei tonigen Böden auch die **Sekundärsetzungen** berücksichtigt werden, die durch die Partikeleinregelungen hervorgerufen werden und die zu langfristigen Kriechbewegungen und damit Rissbildungen führen können.

Zusätzlich äußert sich die ‚Spannungsvorgeschichte' in entsprechend unterschiedlichen Werten für die Konzentrationsfaktoren. In stärker aggre-

gierten und/oder trockeneren und damit stabileren Horizonten und ebenso in mechanisch vorverdichteten Böden sind die Konzentrationsfaktoren deutlich kleiner. Sie weisen auf mehr horizontal ausgerichtete, aber dichter unter der Lastfläche konzentrierte Linien gleichen Druckes oder Äquipotenzialen hin. In weniger aggregierten, feuchteren oder lockerer gelagerten Böden werden die Bodendrücke hingegen tiefer, aber gleichzeitig räumlich enger, um die Lastfläche konzentriert, fortgepflanzt, was zu größeren Werten für die Konzentrationsfaktoren führt. Je nach Bodenentwicklung und Landnutzung variiert die Druckfortpflanzung daher in weitem Maße, so dass horizont-, matrixpotenzial-, struktur-, lastflächen- sowie auflastabhängige Werte für die Konzentrationsfaktoren verwendet werden müssen. Überschreitet der einwirkende Druck aber die Eigenstabilität z. B. der vorhandenen Pflugsohle und folgt darunter aufgrund der mechanischen bzw. hydraulischen Vorgeschichte ein wenig stabiler Horizont, der die verbleibenden Drücke nicht kompensieren kann, dann wird die Pflugsohle durchgebrochen und damit das gesamte Bodenvolumen bis in größere Tiefen (ca. 6…8 dm Tiefe) weiter komprimiert (Abb. 10.7–3).

Je höher die scherende Komponente hierbei ist, umso ausgeprägter und außerdem lang anhaltender wirkt die Bodendeformation.

10

Zudem kommt es in der Umgebung der Lastfläche (Fahrspur, Trittspur) zu einer seitlichen Aufwölbung der Bodenoberfläche, wobei Form und Ausdehnung anhand der RANKINE-PRANDTL-Bruchtheorie beschrieben werden können. Der Verlauf der stets rechtwinklig zu den Äquipotenziallinien ausgerichteten Strömungslinien hängt somit von der Bodenentwicklung und –nutzung ab. Im Grenzzustand kommt es zu einem vollständigen Grundbruch. Besonders nachhaltig ist dieser Vorgang an Hängen in Form des Massenversatzes, da hier durch das fehlende seitliche Gegenlager auch die beharrenden, d. h. stabilisierenden Kräfte noch geringer sind (weitere detaillierte Informationen sind in der umfangreichen bodenmechanischen Spezialliteratur enthalten).

Folgen der Bodenverformung für Bodenkenngrößen

Jede mechanische Belastung, die die Eigenfestigkeit des Bodens bzw. der einzelnen Bodenhorizonte überschreitet, ändert nicht nur die Volumenanteile der festen, flüssigen und gasförmigen Phasen im Boden, sondern auch die Bodenfunktionen (z. B. als Lebensraum für Pflanzen und Tiere, als Speicher für Wasser und Gas, als Filter und Puffer für Qualität und Menge an Grundwasser). Die Verringerung des Porenquerschnittes und die Abnahme der Porenkontinuität vermindert u. a. den Wasserfluss, in Wechselwirkung mit dem auflastabhängig sich ändernden Sättigungsgrad auch den Gasfluss und dessen Zusammensetzung. Durch partielle Verringerung des groben Porenquerschnittes, der ursprünglich luftgefüllt war, steigt aufgrund der Wasserauffüllung der Fließwiderstand für Gas. Per Diffusion wird er besonders durch die Wassersättigung, die in den Hohlräumen länger vorherrscht, um das bis zu 10.000fache verlangsamt. Mit weiterer Verringerung des leitenden Fließquerschnittes nehmen unter gesättigten Bedingungen die Wasserleitfähigkeit und folglich auch der gesamte Wassertransport ab. Durch Verdichtung und auch durch Scherung entstehen anisotrope Porensysteme, in denen bereits in leicht geneigtem Gelände Wasser bevorzugt lateral, z. B. zum Vorfluter hin, abfließt und nicht in das Grundwasser gelangt. Mit der Bodendeformation sinkt die Luftkapazität, während besonders in sandigen und schluffigen Böden zuerst die nutzbare Feldkapazität zunimmt, um dann bei weiter steigenden Auflasten im Erstbelastungsbereich wieder abzunehmen. Je geringer die Wasserleitfähigkeit ist, desto geringer ist die Grundwasserneubildung und umso stärker tritt

die Gefahr des Bodenabtrages durch Wassererosion (*on-site-* und *off-site-*Schäden) in hängigem Gelände in den Vordergrund (Gullyerosion oder Massenversatz können die Folgen sein, s. Kap. 10.7.1). Außerdem sind durch die Partikeleinregelung und die Spannungsentlastung rechtwinklig zur Eintragsrichtung auch die horizontal ausgerichteten Poren größer als die vertikalen Poren (d. h. das Porensystem wirkt horizontal anisotrop s. Kap. 6.3). Dadurch wird auch der Bodenabtrag durch Wassererosion hangabwärts forciert, da die vertikalen Flüsse verringert sind und eine Aufschwemmung (Archimedisches Prinzip) damit einhergeht. Bereits bei geringen Niederschlägen können sich bis auf die Pflugsohle reichende Erosionsrinnen bilden.

Feuchtere Böden erwärmen sich später während der Vegetationsperiode, geben aber länger im Herbst auch wieder die gespeicherte Wärme ab, sofern die Porenfunktionen und die Kontaktpunkte zwischen den Bodenpartikeln oder Aggregaten noch intakt sind. Anderenfalls kommt es zu einem Abriss des Wärmefadens und zu einer dadurch induzierten verstärkten oberflächlichen Auskühlung trotz höherer Wassergehalte.

Durch eine scherende Verformung werden schließlich in feuchteren Böden Aggregate leichter zerstört, die Zugänglichkeit der Bodenpartikeloberflächen wird erhöht sowie die Wasseranlagerung und Quellung verstärkt. Unter diesen Bedingungen verliert der Boden selbst bei hoher Lagerungsdichte, d. h. dichter Packung, seine Eigenfestigkeit und wird in den Zustand der anschließenden Normal(Proportional)Schrumpfung überführt. Dieses Phänomen ist besonders in feuchteren Fahrspuren im Acker, bei der Ernte unter feuchten Bedingungen im Vorgewende, im Waldbau bei der Holzernte mit schweren Rückemaschinen, im Bereich von Trittspuren und in der Umgebung von Viehtränken zu finden.

Die Auswirkungen der Bodenverformung auf die Bodenfauna reichen im Boden je nach Intensität der Bodendeformation und physikalischen sowie chemischen Randbedingungen von einer verringerten Abundanz bis hin zu Änderungen der Zusammensetzung (Abb. 10.7–4 fasst die generellen Prozesse zusammen).

Gegenmaßnahmen und deren Grenzen

Verdichtete land- und forstwirtschaftlich genutzte Böden können durch klimatische Parameter, wie z. B. Frost/Tau, Quellung/Schrumpfung, sowie durch geeigneten Pflanzenanbau und damit gekop-

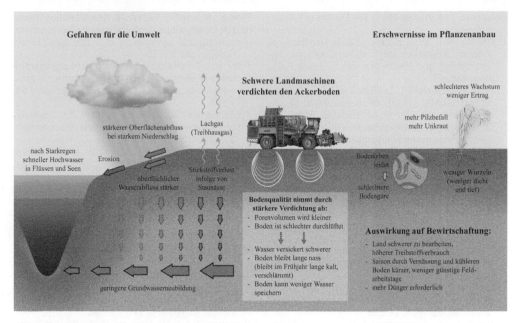

Abb. 10.7–4 Folgen der Bodendeformation für Bodenfunktionen (aus VAN DER PLOEG et al. 2006, leicht modifiziert)

pelter Bewirtschaftung (Lastbegrenzung und reduzierte Bodenbewirtschaftung) nur über sehr lange Zeiträume – wenn überhaupt – wieder aufgelockert werden.

Als einzige in kürzeren Zeiträumen, d. h. direkt wirksame Maßnahme zur Wiederauflockerung verdichteter Böden, wird die Tiefenlockerung bei sehr großer Austrocknung (nahe pF 3 in der gesamten zu lockernden Tiefe) eingestuft. Allerdings ist die damit verbundene Schaffung von Grobporen nicht mit einer entsprechend verbesserten Porenleitfunktion gleichzusetzen. Außerdem setzt ein längerfristig anhaltender Lockerungserfolg anschließend die deutliche Reduzierung der mechanischen Belastungen, die auf den Boden übertragen werden, bis auf den nunmehr nur noch minimalen Wert der Vorbelastung über einen längeren Zeitraum (Jahre/Jahrzehnte) voraus. Nur so kann eine Restrukturierung des bis in den Bereich der Erstverdichtung aufgelockerten und nunmehr instabilen Bodens sichergestellt werden. Durch eine gezielte Heterogenisierung des dichten Untergrundes durch vertikale ‚ausgestanzte' Poren im engen Raster ist mit einer verbesserten Tiefendurchwurzelung und einem verbesserten Wasser-, Gas- und Wärmefluss zu rechnen, wenn die Eigenfestigkeit des Bodens erhalten bleibt. Der

Vorgang des *Slotting* oder Schachtpflügens hat dieses Konzept bereits seit längerem berücksichtigt.

10.8 Weiterführende Literatur

Weiterführende Lehr- und Fachbücher

BACHMANN, G., C.G. BANNICK, E. GIESE, F. GLANTE, A. KIENE, R. KONIETZKA, F. RÜCK, S. SCHMIDT, K. TERYTZE, K. & D. VON BORRIES (1997): Fachliche Eckpunke zur Ableitung von Bodenwerten im Rahmen des Bundes-Bodenschutzgesetzes.. In: ROSENKRANZ, D., G. BACHMANN, W. KÖNIG & G. EINSELE (Hrsg.): Bodenschutz. Ergänzbares Handbuch der Maßnahmen und Empfehlungen für Schutz, Pflege und Sanierung von Böden, Landschaft und Grundwasser, Nr. 3500. – Erich Schmidt, Berlin.

BECHER, H.H. (2005): Kräfte und Spannungen in Böden. Kap.2.6.2.2.. In: BLUME H-P. et al.(Hrsg.) Handbuch der Bodenkunde, Wiley-VCH, Weinheim

BLUME, H.-P. (Hrsg., 2004): Handbuch des Bodenschutzes – Bodenökologie und -belastung. Vorbeugende und abwehrende Schutzmaßnahmen 3. Aufl. – Wiley-VCH, Weinheim.

10

BOARDMAN, J., J. POESEN 2006: Soil Erosion in Europe. – Wiley.

BOETHLING, R.S. & D. MACKAY (2000): Handbook of Property Estimation Methods for Chemicals, Environmental and Health Sciences. – Lewis Publ., Boca Raton.

BUND/LÄNDER-ARBEITSGEMEINSCHAFT BODEN-SCHUTZ, LABO (1998): Hintergrundwerte für anorganische und organische Stoffe in Böden. In: ROSENKRANZ, D., G. BACHMANN, W. KÖNIG & G. EINSELE (Hrsg.): Bodenschutz. Ergänzbares Handbuch der Maßnahmen und Empfehlungen für Schutz, Pflege und Sanierung von Böden, Landschaft und Grundwasser **9005**. – Erich Schmidt, Berlin.

BUNDESANZEIGER (1999): Methoden und Maßstäbe für die Ableitung der Prüf- und Maßnahmenwerte nach der Bundes-Bodenschutz- und Altlastenverordnung (BBodSchV). – Bundesanzeiger vom 28. August 1999, Beilage 161a.

BUNZL, K. (1997): Radionuklide. Kap. 6.5.2.6. In: BLUME, et al.(1996ff): Handbuch der Bodenkunde. Wiley-VCH, Weinheim.

DUTTMANN, R. (2001): Die Bodenfeuchte als Steuergröße der Bodenerosion.. In: Geographische Rundschau, Bd. 53 (5), S. 24...32.

FRANZIUS, V., M. ALTENBOCKUM & TH. GERHOLD (Hrsg., 2006): Handbuch Altlastensanierung und Flächenmanagement. – C.F. Müller.

FREDLUND, D. G. & H. RAHARDJO (1993). Soil Mechanics for Unsaturated Soils. Wiley, New York.

FRYREAR, D.W. (2000): Wind erosion.. In: M.E. SUMNER (Hrsg.): Handbook of soil science. S. 195...216. CRC, Boca Raton.

HARTGE, K.H. & R. HORN (1999): Einführung in die Bodenphysik, 3.Aufl. Enke, Stuttgart.

HECKRATH, G., J. DJURHUUS, T. A. QUINE, K. VAN OOST, G. GOVERS & Y. ZHANG (2005). Tillage Erosion and Its Effect on Soil Properties and Crop Yield in Denmark. Environ. Qual. 34:312...324.

HILLEL, D. (1998): Environmental Soil Physics. Academic Press, San Diego, S. 771.

HORN, R., J.J.H. VAN DEN AKKER & J. ARVIDSSON (2000): Subsoil Compaction – Distribution, Processes and Consequences. Advances in Geoecology 32, Catena, Reiskirchen.

KABATA-PENDIAS, A. & H. PENDIAS (2001): Trace Elements in Soils and Plants. – CRC Press, Boca Raton, Fl/USA.

LITZ, N., W. WILCKE & B.-M. WILKE, (Hrsg., 2005): Bodengefährdende Stoffe. – Wiley-VCH, Weinheim.

MCCARTHY, D.F. (2007): Essentials of soil mechanics and foundations: basic geotechnics. 7th ed. Pearson –Prentice-Hall.

MORGAN, R.P.C. (1999): Bodenerosion und Bodenerhaltung. Enke, Stuttgart.

PAGLIAI, M. & R. JONES (Hrsg.) (2002): Sustainable Land Management – Environmental Protection – a Soil Physical Approach. Ed.: Adv. In Geoecology, **35**, Catena, Reiskirchen.

PETH, S., R. HORN, O. FAZEKAS, B. RICHARDS 2006: Heavy soil loading and it consequences for soil structure, strength and deformation of arable soils. J.Plant Nutrition and Soil Sci. 169, 775...783.

PIGNATELLO, J.J. (2000): The measurement and interpretation of sorption and desorption rates for organic compounds in soil media. – Adv.. In: Agronomy **69**, 1...73.

PLOEG, VAN DER R.R., W. EHLERS, R. HORN, 2006. Schwerlast auf dem Acker. Spektrum der Wissenschaft. 80...88.

SCHWARENBACH, R.P., P.M. GSCHWEND & D.I. IMBODEN (1993): Environmental Organic Chemistry. – Wiley, New York.

TORRI, D. & L. BORSELLI (2000): Water erosion.. In: M.E. SUMNER (Hrsg.): Handbook of soil science. p. G 171...G194. CRC, Boca Raton.

Weiterführende Spezialliteratur

ATANSSOVA, I. & G. BRÜMMER (2004): Polycyclic aromatic hydrocarbons of anthropogenic and biopedogenic origin in a colluviated hydromorphic soil of Western Europe. – Geoderma 120, 27...34.

BACHMANN, G.& H.-W. THOENES (2000): Wege zum vorsorgenden Bodenschutz. Fachliche Grundlagen und konzeptionelle Schritte für eine erweiterte Boden-Vorsorge. Erarbeitet vom Wissenschaftlichen Beirat Bodenschutz beim BMU. – Bodenschutz und Altlasten **8**, E. Schmidt, Berlin.

BANNICK, C.G., et al. (2001): Grundsätze und Maßnahmen für eine vorsorgeorientierte Begrenzung von Schadstoffeinträgen in landbaulich genutzten Böden. In: UMWELTBUNDESAMT (Hrsg.): UBA Texte, Berlin.

BECHER, H.H. (2005): Kräfte und Spannungen in Böden. Kap. 2.6.2.2, in: BLUME et al. (Hrsg.) Handbuch der Bodenkunde. Wiley-VCH, Weinheim.

BRÜMMER, G. (1978): Funktion des Bodens im Stoffhaushalt der Ökoshäre.. In: G. OLSCHOWY (Hrsg.): Natur- und Umweltschutz in der Bundesrepublik Deutschlan. S. 111...124. P. Parey, Hamburg.

BUNGE, R. & R. GÄLLI (1996): Grundlagen der behandelbarkeitsprüfung für kontaminierte Böden. In: FRANZIUS, V., M. ALTENBOCKUM & TH. GERHOLD (Hrsg.): Handbuch Altlastensanierung und Flächenmanagement **3**, Erg.Lfg. Nr. 5311. – Hüthig Jehle Rehm, Landsberg.

DECHEMA (2001): Biologische Testverfahren für Boden und Bodenmaterial. DECHEMA-Arbeitsgruppe „Validierung biologischer Testmethoden für Böden". Frankfurt/Main, 62 S.

DOELMAN, P. (1986): Resistance of soil microbial communities to heavy metals. In: JENSEN, V., A. KJÖLLER & L.H. SÖRENSEN, (Hrsg., 369...384): Microbial communities in soil. – Elsevier, London.

GUGGENBERGER, G., M. PICHLER, R. HARTMANN & W. ZECH (1996): Polycyclic aromatic hydrocarbons in different forest soils: mineral horizons. – Z. Pflanzenernähr. Bodenk. **159**, 565...573.

KUKOWSKI, H. & G. BRÜMMER (1988): Untersuchungen zur Ad- und Desorption von ausgewählten Chemikalien in Böden. In: BRÜMMER, G., O. FRÄNZLE, G. KUHNT, H. KUKOWSKI & L. VETTER (Hrsg.): Forsch.ber. Umweltbundesamtes 106 02 045 Teil 2.

LABO-AD-HOC-AG (1998): Schwermetalltransfer Boden/Pflanze in ROSENKRANZ, D., G. BACHMANN, G. EINSELE & H.M. HARRESS (Hrsg.): Bodenschutz, Kennzahl 9009. – E. Schmidt Berlin.

MARSCHNER, B. (1999): Sorption von polyzyklischen aromatischen Kohlenwasserstoffen (PAK) und polychlorierten Biphenylen (PCB) im Boden. – J. Pant Nutr. Soil Sci. 162, 1...14.

SMOLDERS, E., J. BUEKERS, J. OLIVER & M. MCLAUGHLIN (2004): Soil Properties affecting Toxity of Zinc to Soil. Microbial Properties in Laboratory-Spiked and Field-Contaminated Soils. – Environ Toxicol Chem 23, 2633...2640.

SPOSITO, G. (1981): The Thermodynamics of Soil Solution. – Claredon, Oxford.

THIELE, S. & G. BRÜMMER (1998): PAK-Abnahmen in Bodenproben verschiedener Altlaststandorte bei Aktivierung der autochthonen Bodenflora. – Z. Pflanzenernähr. Bodenk. 161, 221...227.

TYLER, G. & T. OLSSON (2001): Concentrations of 60 elements in the soil solution as related to the soil acidity. – Eur. J. Soil Sci. 52, 151...165.

UMWELTBUNDESAMT (Hrsg., 2001): Daten zur Umwelt – Der Zustand der Umwelt in Deutschland 2000. – E. Schmidt, Berlin.

VEERHOFF, M. & G. W. BRÜMMER (1992): Silicatverwitterung und -zerstörung in Waldböden als Folge von Versauerungsprozessen und deren ökologische Konsequenzen. Natur- und Landschaftskunde 28, 25...32.

WILCKE, W. & H. DÖHLER (1995): Schwermetalle in der Landwirtschaft – Quellen, Flüsse, Verbleib. Abeitspapier 217. In: KURATORIUM FÜR TECHNIK UND BAUWESEN IN DER LANDWIRTSCHAFT E.V. (Hrsg.): KTBL-Schr., Darmstadt, 98 S.

ZEIEN, H. & G.W. BRÜMMER (1989): Chemische Extraktionen zur Bestimmung von Schwermetallbindungsformen in Böden. – Mitt. Dt. Bodenkundl. Gesell. 59, 505...510.

11 Bodenbewertung und Bodenschutz

Alle Böden unserer Erde sind nützlich. Sie dienen dem Naturhaushalt, der **Pflanzen**- und **Tierproduktion** oder vielfältigen Zwecken der **Zivilisation** (vgl. Kap. 1.2). Je größer die Bevölkerung unserer Erde wird, desto mehr konkurrieren verschiedene Nutzungen um ein und denselben Boden. Deshalb wird häufiger die Grundfrage gestellt: Ist dieser Boden für eine bestimmte Nutzung geeignet? Diese Frage ist so alt wie der Umgang mit Böden. Schon die Menschen der Steinzeit mussten sich fragen, ob es Gewinn bringt, den Wald zu roden und ihn zu ackerbaulichen Zwecken umzufunktionieren. Auch die Anfänge der Bodensystematik sind in der **Nutzbarkeit** der Böden begründet (vgl. Kap. 7). Die wichtigste Einschätzung ist nach wie vor die Frage nach der **Bodenfruchtbarkeit** bzw. nach dem **Ertragspotenzial** der Böden für verschiedene Kulturen. Am besten überliefert ist uns aus römischer und griechischer Literatur die Koinzidenz von Bodeneinteilung und **Nutzungseignung** unserer Böden.

Das **Bundesbodenschutzgesetz** (1998) stellt wichtige **Bodenfunktionen** unter Schutz, und zwar die ‚natürlichen Funktionen‘ des Bodens als Lebensgrundlage und Lebensraum für Menschen, Tiere, Pflanzen und Bodenorganismen; als Bestandteil des Naturhaushalts, als Filter, Puffer und Transformator; insbesondere zum Schutz des Grundwassers sowie als Archiv der Landschaftsgeschichte – aber auch die ‚Nutzungsfunktionen‘ als Rohstofflagerstätte, Fläche für Siedlung und Erholung, Standort für die land- und forstwirtschaftliche Nutzung, Verkehr, Ver- und Entsorgung (vgl. Kap. 11.7).

In der dem Gesetz zugeordneten **Bodenschutzverordnung** (1999) werden bewertend **Grenzwerte** festgesetzt, bei deren Erreichen **schädliche Bodenveränderungen** konstatiert werden können (vgl. Kap. 10 und 11.7). Damit z. B. die Feststellung getroffen werden kann, dass Böden geschädigt sind, muss eine Bodenbewertung vorausgehen, d. h. moderne Bodenbewertung umfasst alle Bereiche der **Bodennutzung**. Erschwerend kommt hinzu, dass von Natur aus Böden verschiedene Funktionen gleichzeitig haben, z. B. die Archivfunktion, indem die Böden Merkmale längst vergangener Perioden erhalten, gleichzeitig Standorte für Pflanzenproduktion sind, sowie Regulator und Filterkörper im Landschaftswasserhaushalt. Zukünftig wird also Bodenbewertung auch mehrere konkurrierende Nutzungen in eine Matrix integrieren müssen. Fehlentwicklungen bei der Bodenbewertung treten immer da auf, wo Böden isoliert betrachtet werden. Eine bodenbezogene Bewertung kann immer nur für den **regionalen** Rahmen gelten. Überregionale Bodenbewertungen müssen das gesamte Ökosystem betrachten. Schon bei ARISTOTELES (384… 322 v. Chr.) und seinem Schüler THEOPHRAST wird erwähnt, dass gute Böden durch schlechtes Klima und umgekehrt beeinflusst werden können. Sie verwenden zur Standortbeschreibung Boden, Klima und Relief.

11.1 Prinzipien der Bodenbewertung

Alle Versuche, unterschiedliche Böden zu bewerten, orientieren sich letztendlich nicht an den Böden selbst, sondern an ihrer Leistungsfähigkeit. Deshalb lässt sich behaupten, dass alle Bewertungsverfahren effektiv sind.

Welche Ergebnisse lassen sich bei Bodenbewertungen erzielen?

- Die **Eignung** für eine Nutzung kann prinzipiell **gut – schlecht** – oder **nicht vorhanden** sein. Eine solche Einstufung wird immer qualitativ sein, gibt aber wichtige Hinweise für Alternativen. Ist die Entscheidung für eine bestimmte Nutzung gefallen, so wird
- die **Leistung** des Bodens bzw. des Ökosystems quantitativ zu bewerten sein. Viele Nutzungen von Böden beanspruchen physikalisch die Tragfähigkeit oder physiko-chemisch das Puffervermögen von Böden. Hier muss also

11 • die **Belastbarkeit** bewertet werden. An einem Standort stattfindende Nutzungsverfahren verändern in der Regel diesen. Sie können deshalb eine Gefährdung oder eine Belastung für den Standort darstellen. Deshalb müssen hier Bewertungsverfahren

• eine **Risikoabschätzung** ermöglichen.

Das methodische Vorgehen bei der Bewertung von Böden lässt sich in drei Stufen (iterativ, effektiv und kausal) der zunehmenden Abstraktion und des Erkenntnisfortschritts darstellen.

1. Die einfache Form des Vorgehens ist die iterative (*try and error*). Hier wird eine Nutzung an einem Standort prinzipiell ohne Vorkenntnisse einfach versucht und das erzielte Ergebnis mehrt die **Erfahrung**. Durch Veränderung der Nutzung lässt sich am gleichen Standort die Erfahrung solange vergrößern, bis ein zufrieden stellendes Ergebnis bzw. eine ausreichende Kenntnis erzielt wurde. Wird ein solcher Versuch nur an einem Ort durchgeführt, so besteht prinzipiell keine Übertragbarkeit auf andere Standorte. So erlaubt ein mit einer Ertragsermittlung verbundener Feldversuch, die aktuelle Ertragfähigkeit eines Bodens für eine bestimmte Kulturpflanze zu ermitteln. Um aber den Einfluss wechselnder Witterungsverhältnisse mit zu erfassen, muss der Versuch über mehrere Jahre wiederholt werden, wodurch das Verfahren sehr aufwendig wird. Soll der Versuch für eine Region gelten, so sind mehrere Versuche über charakteristische Standorte der Region zu verteilen. Außerdem integriert der Ertrag den Einfluss aller **Standortfaktoren** und **pflanzenbaulichen Maßnahmen**. Deshalb ist es über einen einfachen Feldversuch kaum möglich, kausale Zusammenhänge bei der Ertragsbildung oder wuchsbegrenzende äußere Faktoren zu ermitteln. Dies ist aber erforderlich, wenn man systematisch die Kultur an den Standort oder den Standort an die Kultur anpassen will.

2. Effektive Bodenbewertungsverfahren messen einerseits das erzielte Ergebnis einer Nutzung, andererseits aber beschreiben sie auch den Boden bzw. Standort. Werden nun solche Beobachtungspaare von **Effekt** und **Bodeneigenschaft** an vielen Orten erhoben, so lässt sich durch Korrelation eine Beziehung zwischen Ertrag und Bodenmerkmalen ermitteln. Diesem Vorgehen liegt die Annahme zugrunde, dass ähnliche Böden in einer Region ähnliche Standorteigenschaften haben. Hat man einen solchen Zusammenhang erkannt, so lässt sich innerhalb des beobachteten Spektrums interpolieren bzw. weitere Standorte

können in einem Schätzrahmen hinsichtlich ihrer Eignung oder Leistung bewertet werden. Zu dieser Gruppe von Verfahren gehört die **pflanzensoziologische Standortaufnahme** und die konventionelle **Bodenuntersuchung**. Die **Pflanzensoziologie** beschäftigt sich mit den wechselseitigen Beziehungen zwischen Pflanzengesellschaft (abstrahierte Vegetationseinheiten, z. B. Assoziation, Subassoziation, Variante) und Standort. Die pflanzensoziologische Systematik beruht auf der typischen Artenkombination der Pflanzengesellschaften als umfassendem Ausdruck der Standortverhältnisse, also auf soziologischen und synökologischen Kriterien. Aus diesem Grund ist es möglich, Pflanzengesellschaften oder Artengruppen in diesen Gesellschaften als **Indikatoren** für die Standortverhältnisse zu benutzen. Das ist verbreitet zur ökologischen Kennzeichnung von Waldstandorten geschehen (Kap. 11.3) und von H. ELLENBERG (1979) auch auf Standorte angewendet worden, die in Acker- oder Grünlandnutzung stehen. Sie sind allerdings nur bei Beschränkung auf einen klimatisch einheitlichen Wuchsraum (sog. **Wuchsbezirke**) verwendbar. Die Brauchbarkeit ist im Rahmen des Gesamtartenspektrums zu sehen, in dem die Arten im Konkurrenzkampf stehen. Bei Ausschaltung dieses Wettbewerbs ist die Amplitude der Standortverbreitung einer Art wesentlich weiter und infolgedessen meist weniger spezifisch. Die Pflanzengesellschaften und die ökologischen Artengruppen treten heute als wesentlich verfeinerte **Indikatoren** an die Stelle der in der älteren Literatur verwendeten **Zeigerpflanzen**. Für Gefäßpflanzen Mitteleuropas gibt ELLENBERG eine Zusammenstellung von ökologischen Gruppen, die z. B. den Wasser-(und Luft-)Haushalt der Böden mit der Feuchtezahl (1 sehr trocken, 5 frisch, 9 nass und luftarm), die Stickstoffversorgung mit der N-Zahl (1 sehr niedrig, 9 sehr hoch) und die übrigen Nährstoffverhältnisse mit der Reaktionszahl (1 sehr sauer, 9 basisch, kalkreich) charakterisieren. Die Feuchteansprache wurde durch die AG Boden (2005) für wechseltrockene bis wechselnasse Standorte verfeinert. Die land- oder forstwirtschaftliche **Bodenuntersuchung** ermöglicht prinzipiell die Analyse aller bodenabhängigen Standortmerkmale und damit auch die Aufklärung wuchsbegrenzender Einflüsse. Sowohl mit der pflanzensoziologischen Standortaufnahme als auch mit der Bodenuntersuchung sind quantitative Aussagen über die Ertragsfähigkeit bzw. allgemein die Leistung eines Standorts nur dann möglich, wenn eine Eichung durchgeführt wurde (vgl. Kap. 9.5).

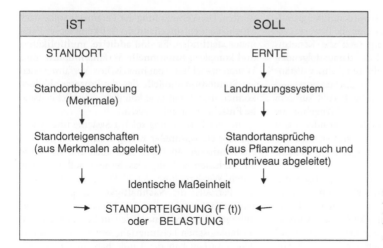

Abb. 11.1–1 Bewertung der Eignung und Belastung von Böden nach dem kausalen Prinzip.

3. Die dritte Stufe der Bewertungsverfahren sind die **kausalen** Vorgehensweisen. Hierbei (Abb. 11.1–1) werden die Ansprüche der Nutzung bzw. des Nutzungssystems an den Boden definiert und auf der anderen Seite werden die den Ansprüchen entsprechenden Eigenschaften des Bodens maßeinheitsgleich erfasst. Anschließend wird durch einen statischen oder besser dynamischen Vergleich zwischen **Standortansprüchen** und **Standorteigenschaften** (Abb. 11.1–2) der Erfüllungsgrad der Standortansprüche ermittelt. Werden die Ansprüche an den Standort nicht vollständig erfüllt und wird die Nutzung trotzdem durchgeführt, so entsteht eine **Belastung** des Standorts, die nach dem gleichen Verfahren prinzipiell bestimmt werden kann. Für kausale Bewertungen werden zunehmend dynamische **Wasser-**, **Stoff-** und **Energie-Haushaltsmodelle** eingesetzt, die über Szenarien und Prognosen das Verhalten eines Standorts auch ohne Ausprobieren der Nutzung vorherbestimmen können. In diesem Verfahren haben der Feldversuch und die Bodenuntersuchung ihren Platz, indem sie die Definition von Ansprüchen und Bodeneigenschaften quantifizieren. Ist schon die Bodenbewertung an einem Ort wegen der vielen zu berücksichtigenden Parameter problematisch, so gilt das umso mehr für eine **Regionalisierung**. Soweit die Ansprüche bestimmter Nutzungen bzw. bestimmter Kulturen genau bekannt sind, sollte es im Prinzip möglich sein, mithilfe von Karten bzw. geographischen Informationssystemen die Ergebnisse einer Bodenbewertung zu regionalisieren. Dabei kommt es darauf an, dass bei der Kartierung und in der **Legende** der **Bodenkarte** die für die Nutzung entscheidenden Parameter auch erhoben wurden und für die Ausscheidung von Kartiereinheiten herangezogen wurden. Dies ist in den meisten Fällen nur dann möglich, wenn die Karte **Bodenformen** aufweist, die **bodentypologisch** und **substrattypologisch** aufgenommen wurden. Für die ökologische Beurteilung ist es in der Regel erforderlich, die niedrigste Kategorie der Bodenklassifikationssysteme zu erreichen. In Deutschland wäre das die **Subvarietät**, in den USA die *soil family*. Nur so ist gewährleistet, dass die differenzierenden

Pflanzenanspruch	Standorteigenschaft
Wurzelraum	Gründigkeit und Durchwurzelbarkeit
Wasser	Wasserhaushalt
Luft	Lufthaushalt
Energie (Licht, Wärme)	Energiehaushalt
Nährstoffe	Nährstoffhaushalt
Stabilität	Standortdynamik
andere Ansprüche	andere Eigenschaften
Ø Versorgungsgrad	

Abb. 11.1–2 Ökologische Standortansprüche und Standorteigenschaften für das Beispiel Pflanze.

Eigenschaften auch erfasst wurden. Eine grundsätzliche Begrenzung gibt es für alle Bewertungsverfahren: Jede Bewertung setzt die Kenntnis des Nutzungssystems und der daraus folgenden Nutzungsansprüche und die möglichst vollständige Kenntnis des Bodens bzw. des Standorts und seiner Limitationen voraus. Sie beruht auf dem Vergleich zwischen **Anspruch** und **Angebot**. Sie ist prinzipiell nicht übertragbar, besonders dann nicht, wenn eine der beiden Komponenten, Boden oder Nutzungssystem, ausgetauscht werden.

Die Ergebnisse von Bodenbewertungen lassen sich je nach Methode und Kenntnisstand unterschiedlich darstellen. Bei den iterativen Verfahren lassen sich die Ergebnisse einfach im Hinblick auf das Nutzungsziel formulieren (z. B. der Ertrag war 6 t ha^{-1} Weizen oder der Boden hielt einer Auflast von 2 MPa stand). Bei effektiven Bewertungsverfahren ist es häufig ausreichend, wenn ein **Schwellen-** bzw. **Grenzwert** erkannt wird, bei dem eine bestimmte Nutzung möglich wird bzw. bei dessen Überschreiten sie ausgeschlossen werden kann (z. B. wenn der Wurzelraum < 25 cm ist, wird ackerbauliche Nutzung ausgeschlossen). Für effektive oder kausale Bewertungsverfahren haben sich eine **qualitative** Einschätzungsmöglichkeit und eine **kategorische** Einstufung durchgesetzt. Eine solche kategorische Einstufung ist eine diskontinuierliche Funktion, die bis zu 7 Eignungs- oder Leistungskategorien ausscheidet, z. B. *Agroecological Zones Project* (Kap. 11.5) oder die Eignung von Standorten für den Obstbau (Kap. 11.2.3). Ist ein einzelner Parameter für die Nutzung regional entscheidend und lässt sich eine positive oder negative Korrelation zwischen Nutzungserfolg und diesem Parameter ermitteln, so kann man eine beliebig feine **skalare** Aufteilung durchführen (z. B. Abhängigkeit des Weizenertrags vom verfügbaren Stickstoff). Solche Skalen können in einem Teilbereich einer nicht linearen Abhängigkeit aufgezeigt werden, wenn die Unterschiede für den ökonomischen Nutzen interessant sind.

Die meisten Bodenbewertungen werden heute **parametrisch** durchgeführt. Dabei werden verschiedene Messgrößen, die für eine Nutzung entscheidend sind, für eine Bewertung verknüpft. Solche multivariaten Abhängigkeiten einer Nutzung lassen sich durch **Vektor-Addition**, durch **verknüpfende Schätztabellen** oder durch **Nomogramme** darstellen. Die für die Bewertung verwendete Skala ist dann in der Regel dimensionslos und kontinuierlich. Sie kann zur Vereinfachung über Grenzwerte wieder auf eine kategorische Skala zurückgeführt

werden. Die Verknüpfung der Parameter sollte nach Möglichkeit entsprechend der Wirkung dieser Parameter stattfinden. Es sind **additive**, **multiplikative** und komplexe **funktionelle** Verfahren üblich. Eine Weiterentwicklung parametrischer Verfahren stellen **Simulationsmodelle** dar, die Prozesse abbilden können und damit eine komplexe, wirklichkeitsnahe Entscheidungshilfe bieten.

Bei der Betrachtung solcher Systeme ist es wichtig, dass ein **optimaler Erfolg** erzielt wird, bei dem ein **Minimum** an **Input** und auch ein Minimum an Verlusten auftritt. Das System soll erlauben, durch Wiederholung der Nutzung in verschiedenen Perioden die **Nachhaltigkeit** zu prüfen. Alle Bewertungsverfahren von Böden müssen dem Ziel untergeordnet werden, Böden insbesondere in ihrer biologischen Leistungsfähigkeit zu erhalten und den Naturhaushalt der Landschaft im Sinne einer optimalen Nutzung und höchstmöglichen Stabilität zu gestalten.

11.2 Bewertung für Besteuerung und landwirtschaftliche Nutzung

In Deutschland wurde mit dem Gesetz über die Bewertung des Kulturbodens (**Bodenschätzungsgesetz** vom 16.10.1934 / letzte Änderung vom 20.12.2007) die Möglichkeit geschaffen, die Ertragsfähigkeit landwirtschaftlich und gärtnerisch genutzter Böden zahlenmäßig zu erfassen.

Die Bodenschätzung hat einen sehr guten Überblick über die in Kultur befindlichen deutschen Böden gegeben. Die Beziehungen zwischen Ertrag und Bodenwertzahl sind nicht sehr eng, weil Anbaumaßnahmen, die Witterung und betriebswirtschaftliche Faktoren den Ertrag stark beeinflussen. Inzwischen wurde die gesamte landwirtschaftlich genutzte Fläche Deutschlands durch die Bodenschätzung erfasst und es erfolgen Nachschätzungen.

Die Bodenzahlen charakterisieren nur die Ertragsfähigkeit von Böden als Ganzes. Ihnen sind nicht die Gründe zu entnehmen, die z. B. zu einer schlechten Bewertung geführt haben. Daher sind Bodenzahlen für die Nutzungsplanung bzw. die landwirtschaftliche Beratung besonders dann ungeeignet, wenn Standortverbesserungen durch geeignete Meliorationsmaßnahmen geplant werden.

Einen höheren Informationswert beinhaltet in dieser Hinsicht das gesamte Schätzungsergebnis einschließlich der Profilbeschreibung (s. u.). Umfassende Aussagen wären hingegen nur möglich, wenn alle Standorteigenschaften analysiert würden.

11.2.1 Bodenschätzung – Ackerschätzungsrahmen

Die Bodeneigenschaften eines **Ackerstandorts** werden durch die Bodenzahl bewertet, während eine zusätzliche Berücksichtigung von Klima und Relief die Ackerzahl ergibt (Abb. 11.2–1).

Die **Bodenzahl** ist ein ungefähres Maß für die Ertragsfähigkeit eines Bodens. Grundlage ist eine Bodenansprache von bestimmenden Grablöchern sowie von ergänzenden Bohrungen. Angesprochen werden:
1. die Bodenart,
2. das geologische Alter (bzw. das Ausgangsgestein) und
3. die Zustandsstufe.

1. **Die Bodenart** (= Körnungsklasse) des Profils bis maximal 1 m Tiefe. Es werden acht mineralische Bodenarten und eine Moorgruppe unterschieden. Besteht das Profil aus verschiedenen Bodenarten, so wird das Gesamtgepräge des Bodens durch die **mittlere** Bodenart ausgedrückt. Die Einordnung der Böden nach der Bodenart erfolgt bei der Bodenschätzung nur nach dem Gehalt der Böden an abschlämmbaren Teilchen (Fraktion < 0,01 mm) (Tab. 11.2–1).
2. **Das geologische Alter** des Ausgangsgesteins. Danach werden die Böden in vier Gruppen eingeteilt: **Diluvialböden** (D), entstanden aus Ablagerungen der Kaltzeiten (außer Lössböden), einschließlich Böden aus tertiären Ablagerungen; **Lössböden** (Lö); **Alluvialböden** oder Schwemmlandböden (Al) aus den jüngsten Ablagerungen in Niederungen, Talauen und an der Küste; **Verwitterungsböden** (V), entwickelt aus einem anstehenden paläozoischen oder mesozoischen Muttergestein ohne Umlagerung. Steinreiche Verwitterungsböden werden als **Gesteinsböden** (Vg) bezeichnet.
3. Der Begriff **Zustandsstufe** gibt den Entwicklungsgrad an, den ein Boden bei seiner Entwicklung vom Rohboden über eine Stufe höchster Leistungsfähigkeit bis zur starken Verarmung und Versauerung erreicht hat. Bei der Einordnung in die Zustandsstufe spielen die Tiefe des Wurzelraums und der Ackerkrume eine wesentliche Rolle. Es werden sieben Zustandsstufen

unterschieden, wobei Stufe 1 den günstigsten Zustand, Stufe 7 den ungünstigsten Zustand, also die geringste Entwicklung oder stärkste Verarmung kennzeichnet (Abb. 11.2–2). Der Bewertung der Moorböden liegen in erster Linie Eigenschaften der organischen Substanz und der Grundwasserstand zugrunde.

Tab. 11.2–1 Einteilung der Bodenarten für die Bodenschätzung.

Fraktion < 0,01 mm (%)	Bodenart	Abkürzung
< 10	Sand	S
10...13	anlehmiger Sand	Sl
14...18	lehmiger Sand	lS
19...23	stark sandiger Lehm	SL
24...29	sandiger Lehm	sL
30...44	Lehm	L
45...60	toniger Lehm	LT
> 60	Ton	T

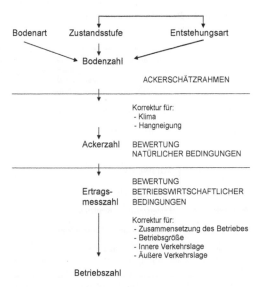

Abb. 11.2–1 Vorgehensweise bei der Deutschen Bodenschätzung.

11

Zustandsstufen ackerbaulich genutzter Mineralböden können charakteristische Kennzeichen zugeordnet werden:

Stufe 1: Krümelgefüge der Ackerkrume, luftreicher Unterboden, allmählicher Übergang von der Krume zum meist $CaCO_3$-haltigen Unterboden; keine Rostflecke, keine Anzeichen von Versauerung oder Verdichtung.

Stufe 3: Humusgehalt der Krume geringer als bei Stufe 1, schroffer Übergang zum Unterboden, der vielfach fahle Flecken und eine graue Färbung aufweist; größere Entkalkungstiefe, beginnende Versauerung und erste Anzeichen von Verlagerungen.

Stufe 5: Scharf abgesetzte Krume, Auftreten einer Verarmungszone, erste Anzeichen einer Verdichtung des Unterbodens und beginnende Podsolierung oder Reduktomorphose, meist stärkere Versauerung.

Stufe 7: Scharf abgesetzte Krume; stark sauer gebleicht über festem Ortstein oder nassgebleicht über starker Marmorierung oder verfestigtem Raseneisenstein.

Je nach Bodenart, geologischem Alter des Ausgangsgesteins und Zustandsstufe haben die Böden im **Ackerschätzungsrahmen** (Tab. 11.2–2) bestimmte Wertzahlen (Bodenzahlen) mit mehr oder weniger großen Spannen erhalten. Diese Bodenzahlen sind Verhältniszahlen; sie bringen die Reinertragsunterschiede zum Ausdruck, die lediglich durch die Bodenbeschaffenheit bedingt sind. Der beste Boden erhält die Bodenzahl 100 (Schwarzerden der Magdeburger Börde).

Als Bezugsgrößen bei der Aufstellung des Schätzungsrahmens wurden Klima- und Geländeverhältnisse sowie betriebswirtschaftlichen Bedingungen festgelegt: 8 °C mittlere Jahrestemperatur, 600 mm Niederschlag, ebene bis schwach geneigte Lage, annähernd optimaler Grundwasserstand und betriebswirtschaftliche Verhältnisse mittelbäuerlicher Betriebe Mitteldeutschlands.

So variiert nach B. HEINEMANN die Bodenzahl – in Klammern Bodenarten und Zustandsstufen – der Schwarzerden aus Löss von 85...100 (L1... L2), der Rendzinen bei einem Ah-Horizont < 10 cm von 35...50 (LT5) und > 25 cm von 50...70 (LT3), der Parabraunerden aus Löss von 70...80 (L3), der Pseudogley-Parabraunerden aus Löss von 65...70 (L4), der Pelosole von 36...60 (T5...LT4), der Pseudogleye aus Löss 35...65 (L7...L5) und aus Geschiebemergel von 30...50 (lS5...sL5), der Braunerden von 35...65 (Sl3...sL3), der Podsole von 10...20 (S6...S5, Ortstein-Orterde), der Ranker = 10 (S7) und der Plaggenböden von 30...40 (S3...S2).

Die **Ackerzahl**: Weichen die Klima- und Geländeverhältnisse von den Bezugsgrößen ab, so werden an den Bodenzahlen Zu- oder Abschläge vorgenommen; man erhält die Ackerzahl als Maß für die durch Ertragsfähigkeit und natürliche Faktoren bedingte Ertragsleistung. Folgende Beispiele geben einen Anhalt für die Höhe der Zu- und Abschläge.

In klimatisch ungünstigen Mittelgebirgslagen des Bayerischen Waldes erfolgen Abschläge bis zu 30 %, dagegen in der klimatisch günstigen Kölner Bucht Zuschläge von 12 %, an der Bergstraße so-

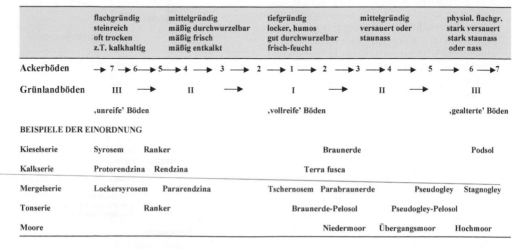

flachgründig steinreich oft trocken z.T. kalkhaltig	mittelgründig mäßig durchwurzelbar mäßig frisch mäßig entkalkt	tiefgründig locker, humos gut durchwurzelbar frisch-feucht	mittelgründig versauert oder staunass	physiol. flachgr. stark versauert stark staunass oder nass
Ackerböden → 7 → 6 → 5 → 4 → 3 → 2 → 1 → 2 → 3 → 4 → 5 → 6 → 7				
Grünlandböden III → II → I → II → III				
,unreife' Böden		,vollreife' Böden		,gealterte' Böden

BEISPIELE DER EINORDNUNG

Kieselserie	Syrosem Ranker	Braunerde	Podsol
Kalkserie	Protorendzina Rendzina	Terra fusca	
Mergelserie	Lockersyrosem Pararendzina	Tschernosem Parabraunerde	Pseudogley Stagnogley
Tonserie	Ranker	Braunerde-Pelosol	Pseudogley-Pelosol
Moore		Niedermoor Übergangsmoor	Hochmoor

Abb. 11.2–2 Schema der Zustandsstufen (Deutsche Bodenschätzung) der Böden unter Acker- und Grünland mit Beispielen der Zuordnung von Bodentypen.

gar von 16…18 %. Das regenreiche Klima an der Nordseeküste wirkt sich für einen sandigen Boden sehr günstig aus (Zuschläge 12 %), dagegen nicht für die schweren Marschen (Abschläge 8 %). Bei einer Geländeneigung von 5° betragen die Abschläge 2…5 %, bei einer solchen von 20° 18…26 %.

Das gesamte Schätzungsergebnis lautet dann z. B. **L 4 Al 65/70**. Es handelt sich um die Bodenart Lehm, die Zustandsstufe 4, das Gestein Alluvium, Bodenzahl 65 und Ackerzahl 70.

11.2.2 Bodenschätzung – Grünlandschätzungsrahmen

Bei der **Bewertung des Grünlands** wird die Beurteilung nach Bodenart und Zustandsstufe weniger differenziert, da hier vor allem die Wasser-, Luft- und Tem-

peraturverhältnisse für die Ertragsfähigkeit entscheidend sind. Es werden nur vier Bodenarten und die Moorgruppe sowie drei Zustandsstufen unterschieden (Abb. 11.2–2). Die Gliederung nach dem Ausgangsgestein entfällt. Demgegenüber sind die **Wasser- und Luftverhältnisse** in fünf Stufen gegliedert, wobei Stufe 1 (frisch) die besten, Stufe 5 (nass bis sumpfig, oder aber sehr trocken) die schlechtesten Verhältnisse kennzeichnen. Die **Klimaeinteilung** erfasst die durchschnittliche Jahrestemperatur in drei Gruppen (a ≥ 8,0 °C und mehr, b = 7,9…7,0 °C, c = 6,9…5,7 °C). Die sich aus Bodenart, Zustandsstufe, Wasserverhältnissen und Klima ergebenden Wertzahlen sind die **Grünlandgrundzahlen**, die durch Zu- und Abschläge unter Berücksichtigung örtlicher Besonderheiten wie Vegetationsdauer, Pflanzenbestand, Luftfeuchtigkeit, Geländegestaltung zu den **Grünlandzahlen** führen. Der **Grünlandschätzungsrahmen** entspricht dem Ackerschätzungsrahmen (Tab. 11.2–3).

Tab. 11.2–2 Ausschnitt aus dem Ackerschätzungsrahmen (Bodenart sandiger Lehm)

Boden-art	Ent-stehung	Zustandsstufe						
		1	2	3	4	5	6	7
sL sandiger Lehm	D	84…76	75…68	67…60	59…53	52…46	45…39	38…30
	Löss	92…83	82…74	73…65	64…56	55…48	47…41	40…32
	Al	90…81	80…72	71…64	63…56	55…48	47…41	40…32
	V	85…77	76…68	67…59	58…51	50…44	43…36	35…27
	Vg			64…55	54…45	44…36	35…27	26…18

Tab. 11.2–3 Ausschnitt aus dem Grünlandschätzungsrahmen (Bodenart Lehm)

Boden-art	Boden-stufe	Klima-stufe	1	2	3	4	5
L Lehm	I	a	88…77	76…66	65…55	54…44	43…33
	(75…70)	b	80…70	69…59	58…49	48…40	39…30
		c	70…61	60…52	51…43	42…35	34…26
	II	a	75…65	64…55	54…46	45…38	37…28
	(60…55)	b	68…59	58…50	49…41	40…33	32…24
		c	60…52	51…44	43…36	35…29	28…20
	III	a	64…55	54…46	45…38	37…30	29…22
	(45…40)	b	58…50	49…42	41…34	33…27	26…18
		c	51…44	43…37	36…30	29…23	22…14

11

11.2.3 Bewertung für Sonderkulturen

Für **Obststandorte** wurde ein Bewertungsschema entwickelt, das auf Bodenansprachen (Gründigkeit, Bodenart, Kalkgehalt) und pflanzensoziologischen Aufnahmen (ELLENBERG-Zahlen) fußt, Exposition und Inklination (Kap. 7.1.5) sowie Wärme und Spätfrostgefährdung berücksichtigt.

Rebstandorte, vorrangig Rigosole (s. Kap. 7.6.5) wurden in den Weinbaugebieten nach Ausgangsgestein, Bodenart, Stein- und Kalkgehalt, der nutzbaren Feldkapazität, dem (auch Klima- und Reliefparameter berücksichtigenden) ökologisch wirksamen Feuchtegrad und den Wärmeverhältnissen einer von acht Standortstufen zugeordnet. Daraus werden dann Anbauempfehlungen (Sortenwahl) abgeleitet.

11.3 Bewertung für die forstliche Nutzung

Die mitteleuropäische Forstwirtschaft ist sehr viel stärker noch als die Landwirtschaft unmittelbar an die natürlichen Eigenschaften ihrer Waldstandorte gebunden. Die Zeitdauer von der Begründung bis zur Ernte hiebsreifer Bäume beträgt 50...300/120 Jahre. Unter Rendite- und Investitionsgesichtspunkten schließen diese langen Zeiträume Bodenbearbeitung, den Einsatz von Düngemitteln oder anderer Bodenhilfsmittel zur Ertragssteigerung in der Regel aus. Die relativ wenigen Meliorationen, die in der Vergangenheit durchgeführt wurden, dienten deshalb meist der Beseitigung sehr gravierender Standortschwächen – wie **extreme Versauerung, Luftmangel, Ortsteinbildungen** und Degradierungen nach starker **Streunutzung** – und wurden aus volkswirtschaftlichen Versorgungs- und Beschäftigungsgesichtspunkten durchgeführt. Daneben ist eine leichte Bodenbearbeitung (Riefen, Grubbern) und bisweilen Startdüngung zur Erleichterung der Bestandesbegründung verbreitet.

Das anerkannte Leitbild der ‚naturnahen Waldwirtschaft' lässt heute Maßnahmen zur Bodenbearbeitung nur noch unter dem Gesichtspunkt der Standorterhaltung- und -restauration zu. Hierzu gehören die **Bodenschutzkalkungen** zur Erhöhung der Pufferfähigkeit gegenüber anthropogenen sauren Stoffdepositionen in Waldböden. Die Befahrung wird – wo nicht vermeidbar – auf Rückelinien konzentriert.

Eine grundlegende Bewirtschaftungseinschränkung resultiert aus der schwachen Standortsgüte der historisch unter Wald verbliebenen Standorte. Trotz der absoluten oder relativen Nichteignung vieler forstlicher Standorte für eine landwirtschaftliche Hauptnutzung wurde der Wald – je nach Lage zu den Ortschaften – während des ganzen Mittelalters und auf Restflächen bis heute als landwirtschaftliche Hilfsfläche genutzt. Die Holznutzung war nur eine unter vielen Nutzungen, die erst im 17. Jh. – wegen des Kapitalbedarfs des Landesherren – eine immer stärker werdende Bedeutung erlebte. Waldweide, Streu- und Plaggennutzung, Holzaschebrennen sind einige der damals überlebenswichtigen, aber devastierenden Waldnutzungen, die auf den oft primär bereits basenarmen Standorten zum Export des geringen Nährstoffkapitals führten. Das Waldbild des Mittelalters entsprach in Europa vielfach einem Weidewald, wie er heute z. B. in Spanien verbreitet ist. Dichte Wälder, die unser heutiges Waldbild prägen, wurden erst ab dem 18. Jahrhundert begründet.

Basenverluste durch den Eintrag anthropogener Säurebildner einerseits, Aufbasung durch Asche- und Kalkstäube andererseits und vor allem in jüngster Zeit Veränderungen des Nährstoffgleichgewichts durch die zunehmende Stickstofffracht in den Depositionen führten zu jüngeren Standortveränderungen in den Waldböden. Die Waldfläche Mitteleuropas hat durch Aufgabe landw. Nutzung im 19. und 20. Jahrhundert stark zugenommen.

Waldböden sind demnach Böden, die einerseits nur wenig durch direkte Bearbeitung, aber – wegen der meist nur schwachen Puffereigenschaften – durch indirekte Störungen deutlich in ihrem Bodenchemismus verändert wurden.

Heute bestimmt das Prinzip der **Nachhaltigkeit** – umfassend im Sinne der Erhaltung und Mehrung der Nutz-, Schutz- und Erholungsfunktion des Waldes – die mitteleuropäische Forstwirtschaft. Ein sachgerechtes Ökomanagement mit dem Leitbild ‚naturnaher Wald' setzt die Kenntnis des forstlichen Standorts als wichtigste Grundlage des Ökosystems Wald voraus. Auch der Schutz der Waldböden selbst ist Bestandteil dieses Nachhaltigkeitsgedankens. Die forstliche Standortkartierung liefert dazu die Grundlagen.

Wegbereiter für in Deutschland verbreitete Standortkartierungsverfahren waren G.A. KRAUSS in Süd- und W. WITTICH in Norddeutschland. Einen Rahmen für Begriffsdefinitionen und die Basisaufnahmen der föderal handelnden Forstverwaltungen bildet die **Forstliche Standortaufnahme**.

Das Ziel der forstlichen Standortkartierung ist die Erfassung des **forstlichen Standorts** als Gesamtheit der für das **Wachstum** der Waldbäume wichtigen Umweltbedingungen. Die Standorteigenschaften werden über Standortmerkmale eingeschätzt.

Die kleinste forstökologische Kartiereinheit ist der **Standorttyp** (syn. **Standorteinheit**). Er ist eine Zusammenfassung von Standorten, die in ihren waldbaulichen Möglichkeiten und in ihrer Gefährdung nicht wesentlich voneinander abweichen und die gleiche Ertragsfähigkeit besitzen. Um einen Standorttyp für forstliche Zwecke zu beschreiben, sind Aussagen über folgende Standorteigenschaften notwendig:

- klimatische Bedingungen (Wärmeangebot)
- Gründigkeit und Durchwurzelbarkeit
- Stau-, Grundwassereinflüsse, Bodenwasserhaushalt (Wasser- und Sauerstoffangebot)
- Bodenchemismus (Nährstoffangebot und -umsatz).

Die Hauptbaumarten (Ki > Fi > Bu > Ei) sprechen in ihrem Wachstum sehr stark auf den Wasserhaushalt an, der deshalb in den Kartierverfahren eine wichtige Rolle spielt. In den Bundesländern mit großer geologischer Vielfalt werden die Ausgangssubstrate stark betont.

Gegenüber rein pflanzensoziologischen oder bodenkundlichen Kartierverfahren haben sich die ‚kombinierten Verfahren‘ durchgesetzt. In ihnen werden geographische, petrographische, boden-kundliche, klimatologische, vegetationskundliche, pollenanalytische und historische Fakten und Untersuchungsmethoden nach pragmatischen Erwägungen zur Klassifikation und Kartierung herangezogen. Die Bedeutung der einzelnen Indikatoren wird auf das jeweilige Standortspektrum abgestimmt.

Vom Grundprinzip der Vorgehensweise kommen dabei zwei unterschiedliche Ansätze zur Anwendung (Abb. 11.3–1, Abb. 11.3–2). Am verbreitetsten ist die **zweistufige** oder **regionale Arbeitsweise**. Hier wird in einem ersten Schritt – häufig nach einer groben standortkundlichen Vorerkundung – eine regionale Gliederung der Landschaft in Wuchsgebiete und Wuchsbezirke vorgenommen.

Auf der Ebene der Wuchsgebiete stehen meist geologisch-geomorphologische Kriterien im Vordergrund, auf jener der Wuchsbezirke spielt dagegen einheitliches Klima und Landschaftsgeschichte eine wichtige Rolle. In stark reliefierten Landschaften wie den Mittelgebirgen wird zusätzlich eine Höhenzonierung vorgenommen. Innerhalb dieser Einheiten werden die lokalen Kartiereinheiten definiert und abgegrenzt. Die stärksten Entwicklungsimpulse für dieses Verfahren gingen vom **südwestdeutschen standortkundlichen Verfahren** Baden-Württembergs aus.

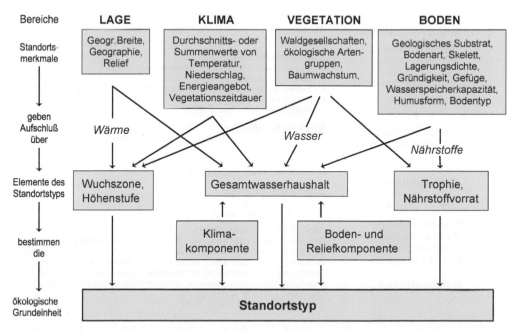

Abb. 11.3–1 Die Herleitung des Standorttyps im einstufigen oder überregionalen forstlichen Standortkartierungsverfahren.

11

Das regionale Verfahren hat den Vorteil, dass es innerhalb der regionalen Einheiten mit wenigen Kartiereinheiten auskommen kann. Standorte mit einer geringen (Flächen-)Bedeutung innerhalb eines Wuchsbezirks werden vergleichbaren Kartiereinheiten zugeschlagen. Das Verfahren setzt ein hohes Maß an lokalen Vorkenntnissen vom Kartierer und Anwender voraus. Die Eigenschaften (Leistungsniveau, chem. Kenndaten) der jeweiligen Kartiereinheiten werden statistisch ermittelt. Ein Nachteil ist die eingeschränkte Möglichkeit einer überregionalen Auswertung.

Auf der regionalen Ebene innerhalb eines Wuchsbezirkes werden als Hauptgruppen zunächst Ökoserien ausgeschieden (Abb. 11.3-2). **Ökoserien** sind Substratreihen, die in einen ökologischen Rahmen, der durch Höhenstufe und Wuchsbezirk bestimmt wird, eingebunden sind. Substratreihen selbst sind lokale Zusammenfassungen der Ausgangsgesteine mit einem charakteristischen Bodentypenspektrum. Wesentlich ist, dass sie hinsichtlich bodenphysikalischer und -chemischer Eigenschaften einen vergleichbaren Wurzelraum bilden.

Ein wichtiges Kriterium – da es für die Stabilität von Waldbeständen von außerordentlicher Bedeutung ist – ist die Unterscheidung terrestrischer von grund- und stauwassergeprägten Substratreihen bzw. Ökoserien. Auch Reliefelemente werden bei der Ökoserienausscheidung berücksichtigt (ebene Lagen und Flachhänge, Hänge, ggf. unterteilt in Sommer- und Winterhänge).

Zum **Standorttypen** werden die Ökoserien durch eine weitere Untergliederung nach Wasserhaushaltsstufen und Versauerungszustand, auch nach Oberbodenstörung (z. B. Streunutzung), wobei häufig die Bodenvegetation in Form der ökologischen Artengruppen herangezogen wird. Zur Charakterisierung des waldbaulichen Potenzials eines Standorttyps wird ihm eine potenzielle Waldgesellschaft zugeordnet.

Im **einstufigen oder überregionalen Verfahren** werden die Elemente zur Kennzeichnung des Standorttyps, unabhängig von regionalen Unterteilungen, unmittelbar aus den Faktoren Lage, Klima, Vegetation und Boden (Abb. 11.3-3) auf der Definitionsebene eines Bundeslandes entwickelt.

Dazu werden die Faktoren für das Bestandswachstum **Wasser – Nährstoffe – Wärme** skaliert. Der Standorttyp ergibt sich dann aus der freien Kombination der einzelnen Standortkomponenten (Abb. 11.3-3). Dieses Verfahren ermöglicht die überregionale Vergleichbarkeit der Standorte. Diese Möglichkeit wird mit einer Vergröberung von As-

(Bodentyp und Ausgangssubstrat)	*Wuchsbezirk*: Virngrund im Wuchsgebiet Neckarland
Substratreihe	*Öko-Serie*: Nicht oder wenig vernässende Sande:
▼	*Standorteinheiten*
(klimatisch-ökologisches Umfeld)	• Buchen-Tannen-Wald auf nährstoffreichem Sand (1955)
Öko-Serie	• Buchen-Tannen-Wald auf mittlerem Sand (1955)
▼	• Buchen-Tannen-Wald auf frischem Sand (1958)
	• Frischer Sand (1962)
(Wasserhaushalt, spezielle Relieformen, Varianten)	⇒ *Waldbaueinheit*: Frischer Sand:
(Standortwald)	*Standorteinheiten*
Standorteinheit	• Buchen-Tannen-Wald auf mäßig saurem Sand (1955)
	• ....
▼ ▼	• Mäßig trockener Sand mit Variante auf dicht gelagerten Feinsanden (1962)
	⇒ *Waldbaueinheit*: Mäßig saurer Sand
(Zusammenfassung ähnlicher Standorteinheiten nach mehreren Kartierkampagnen)	*Standorteinheiten*
	• ....
	⇒ *Waldbaueinheit*: Saurer Sand
	Öko-Serie: Vernässende Sande:
Waldbaueinheit	*Öko-Serien*: Nicht oder wenig vernässende - / Vernässende Sandkerfe:
	Öko-Serien: Nicht oder wenig vernässende - / Vern. Fein- und Decklehme
	Öko-Serien: Nicht oder wenig vernässende - / Vernässende Lehmkerfe.
	Öko-Serien: Nicht oder wenig vernässende - / Vernässende Tonböden
	Öko-Serie: Hänge mit vorwiegend sandigen Mischböden (Hänge > 20°)
	Öko-Serie: Lehmhänge (Hänge > 20°)
	Öko-Serie: Tonhänge (Hänge > 20°)

Abb. 11.3-2 Beispiel für eine Standortklassifikation für den Wuchsbezirk Virngrund (24000 ha) im zweistufigen oder regionalen Verfahren (Baden-Württemberg).

11

pekten, im Bereich der Boden- und Substratansprache sowie der Vegetationszuordnung erkauft.

Ein sehr differenziertes Standortkartierungsverfahren wurde in den ostdeutschen Bundesländern entwickelt. Dort wird zwischen den konservativen Stamm-Standorteigenschaften (Bodentyp, Substrat, Klima) und den veränderlichen Zustands-Standorteigenschaften (Humusform und Immissionsform) unterschieden. Anders als in den westdeutschen Verfahren spielen die Bodenformen (Substrat- und Bodentyp) eine große Rolle. Kartiert werden lokale Varianten von Hauptbodenformen. Diese Lokalbodenformen wurden zentral in der Form eines offenen Katalogs geführt. Für die Anwendung werden die Stamm- und Zustandsformen zu Standortgruppen verdichtet. Parallel dazu wurde eine Methode entwickelt, um die forstlichen Daten von der lokalen Ebene (topische Dimension) für eine übergreifende Naturraumerkundung auf der Ebene von Naturraumbezirken (Mesochoren) oder Naturraumregionen zu verdichten. Die ostdeutschen Wuchsgebiete wurden entsprechend induktiv hergeleitet.

Beispiele für die Gliederung einzelner Komponenten in forstlichen Standortkartierungsverfahren

Grundsätzlich werden bei der Standortansprache in ein und zweistufigen Verfahren die gleichen Standortmerkmale erhoben. Allerdings besteht in den einstufigen Verfahren der Zwang zur Erarbeitung von Skalierungen auf überregionaler Basis. Bei zweistufigen Verfahren stehen die Unterschiede zwischen den Standorten innerhalb des jeweiligen Wuchsbezirks im Vordergrund.

Zur **Klimaklassifikation** werden **Temperatur-** und **Niederschlagsverhältnisse**, z. T. auch der Kon-

tinentalitätsgrad herangezogen. Die überwiegend durch das Großklima bestimmten **Wärmeverhältnisse** werden durch eine Kombination aus klima- und vegetationskundlichen Daten als Wärme- oder Höhenstufen abgegrenzt.

Der **Wasserhaushalt** ist eine der zentralen Größen der forstlichen Standortkartierung (Tab. 11.3–1). Für dessen Einstufung in stau- und grundwasserfreien Böden werden im Allgemeinen die Wasserhaushalts- bzw. Frischestufen ‚sehr frisch‘ – ‚sehr trocken‘ verwendet. Die allgemein gehaltenen Definitionen dieser Wasserhaushaltsstufen haben zunächst nur beschreibenden Charakter und eignen sich nur für eine qualitative Einschätzung. In zweistufigen Verfahren ermöglichen sie eine Relativeinstufung innerhalb eines Wuchsbezirks, dabei wird meist die ganze Skalenbreite angewendet. Die so eingewerteten Standorte sind überregional deshalb nicht vergleichbar.

In einstufigen Verfahren müssen die Wasserhaushaltsstufen stärker quantifiziert werden. Ein Ansatz dazu ist die Differenzierung in sog. **Gelände-Wasserhaushaltsstufen**. Diese ergeben sich aus der Wasserspeicherkapazität des jeweiligen Standorts mit Zu- oder Abschlägen für den Expositions- und Reliefeinfluss. Zur Beurteilung des gesamten Wasserhaushalts muss dann die Klimafeuchte mit herangezogen werden.

Einen Schritt weiter geht die Klassifikation mit Gesamt-Wasserhaushaltsstufen. Dabei werden nicht nur die passiven Elemente, sondern auch die Verdunstung einbezogen. Ein solches Prognosemodell wurde in Rheinland-Pfalz entwickelt. Statt der klimatische Wasserbilanz werden Niederschlagsgruppen verwendet, die – auf Landesebene – jeweils auch ein bestimmtes Wärmeklima beinhalten. Die Grundlagen und die Skalierung wurden auf der Basis von Untersuchungen an Fichten und Buchen eines engen Alterskollektivs erarbeitet.

Abb. 11.3–3 Beispiele für die Standortklassifikation in einstufigen oder überregionalen Standortkartierungsverfahren (links Hessen, rechts neue Bundesländer).

11

Tab. 11.3–1 Allgemeine Definitionen von Wasserhaushaltsstufen in der forstlichen Standortkartierung.

sehr trocken	in der Vegetationszeit (VZ) kommt es schon kurze Zeit nach Niederschlägen wegen äußerst geringer nWK der Böden (flachgründig oder stark durchlässig, skelettreich) rasch zu deutlichem Wassermangel
trocken	in der VZ regelmäßig länger anhaltender deutlicher Wassermangel
mäßig trocken	in der VZ vorübergehend deutlicher Wassermangel
mäßig frisch	in der VZ kann Wassermangel noch kurzzeitig auftreten
frisch	infolge hoher nWK ganzjährig gut wasserversorgt; Wassermangel ist nur in ausgeprägten Trockenperioden denkbar; hoher Anteil von Grobporen im Boden, deshalb auch bei Wassersättigung bis nWK kein Luftmangel in der VZ
sehr frisch	auch während längerer Trockenperioden steht für die Baumvegetation immer ausreichend Bodenwasser zur Verfügung; bei hohem Niederschlagsangebot kann in den tieferen Bodenschichten Luftmangel kurzzeitig auftreten; häufig Pseudogleyflecken im Unterboden (tiefer als 60 cm uGOF), besonders der lehmig/tonigen Böden

Stauwasser wird durch staunass, wechselfeucht, mäßig wechselfeucht, schwach wechselfeucht oder grundwechselfeucht (staufrisch), mäßig wechseltrocken und wechseltrocken gekennzeichnet. Die Zuordnung ergibt sich aus der Bewertung von der Höhe des Wassereinstaus zum Vegetationszeitbeginn und der Andauer des Stauwassers. **Grundwasser** wird in die Wasserhaushaltsstufen nass, feucht, (hangfeucht), grundfeucht, grundfrisch eingestuft.

Für den **Nährstoffhaushalt** wird die aus der Vegetationskunde kommende Trophie (dystroph – oligotroph – mesotroph – eutroph) verwendet. Sie soll ganzheitlich das Nährstoffangebot nach Art und Mannigfaltigkeit (Intensität, Variabilität, Diversität) charakterisieren, das sich in der biologischen Aktivität des Bodens, der Intensität des Stoffumsatzes, dem Vorkommen anspruchsvoller Pflanzen und der Artenvielfalt ausdrückt. Da diese Zustände und Prozesse von der Standortwärme, dem Wasserhaushalt und dem Wurzelraum abhängen, müssen diese bei der Bestimmung berücksichtigt werden. In Ostdeutschland wird der Begriff Nährkraftstufen (arm – ziemlich arm – mäßig nährstoffhaltig – kräftig – reich) benutzt. Die Einstufung erfolgt empirisch aus der Ansprache von Humusform, ökologischen Artengruppen sowie Kenntnissen über den Chemismus der Ausgangssubstrate und Bodentypen.

Die Ansprache ist bei Standorten mit reichem Nährstoffangebot sehr zuverlässig, zeigt aber Schwächen im mittleren und schwachen Nährstoffbereich. Die Bodenzustandserhebung im Wald zeigt in diesem Standortspektrum eine weitgehend substratunabhängige Versauerung und Basenverarmung der Böden. Die empirische Trophie-Gliederung der Standortkartierung kommt zu einer stärkeren Differenzierung. Ein Problem ist das Fehlen von zuverlässigen Silicatverwitterungsraten für die jeweiligen Ausgangssubstrate. Auf schwachen Standorten ist die Beeinflussung des Standortpotenzials durch historische Waldnutzungsformen, aufstockende Baumart und anthropogene Oberbodenstörungen besonders stark.

Die **Ergebnisse** der Standortkartierung werden in Karten (1:5000 oder 1:10000) dargestellt und in einem Bericht dokumentiert; sie sind bei den Forstämtern oder forstlichen Mittelbehörden einsehbar. Die kartierten Waldstandorte werden nach folgenden Aspekten bewertet:
- Baumarteneignung (Konkurrenzstärke, Pfleglichkeit, Sicherheit, Wuchsleistung, Qualität, Ertragsleistung, ökologische Bedeutung)
- Waldbaumethoden (Verjüngungs-, Pflege- und Erntestrategien)
- landespflegerische Bedeutung von Standorten
- Risikominderung (Sturmwurf, Bodenversauerung, Schädlingsdeposition)
- Schadensvermeidung (Bodenverdichtung durch Befahrung etc.).

11.4 Bewertung für zivilisatorische Ansprüche ohne Nutzung der Primärproduktion

Wurden Böden ursprünglich aus wirtschaftlichen Erwägungen bewertet, z. B. für eine ertragreiche Wald- oder Ackerbewirtschaftung, so gewinnen heute ökologische Bodenbewertungen, die den Schutz des Bodens zum Inhalt haben, und technische, die der Zivilisation dienen, immer mehr an Bedeutung.

Neben ihrer Funktion als Standort für Kulturpflanzen besitzen Böden eine Vielzahl weiterer

Bewertungskriterien   Bodenparameter

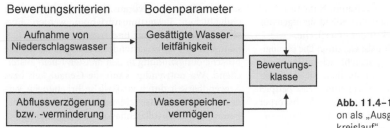

Abb. 11.4–1 Bewertung der Funktion als „Ausgleichskörper im Wasserkreislauf".

Potenziale (vgl. Kap 10.1 und 11.7). Diese lassen sich untergliedern in Naturhaushaltspotenziale, wie z. B. ‚Ausgleichskörper im Wasserkreislauf' (Abb. 11.4–1), Filter und Puffer für Schadstoffe sowie direkte Nutzungsfunktionen für den Menschen, wie Bebauung, Verkehr, Freizeitanlagen (Abb. 11.4–2), Rohstofflagerstätten (vgl. Kap. 1.2).

Jede Nutzung stellt unterschiedliche Anforderungen an die Eigenschaften eines Bodens, die wiederum bei den verschiedenen Böden unterschiedlich verwirklicht sind. Durch Bewertung soll die Leistungsfähigkeit der verschiedenen Böden sichtbar gemacht werden. Insbesondere im Siedlungsbereich geht es darum, bodenkundliche Erkenntnisse in für Planungszwecke und Bodenschutzkonzepte verwertbare Aussagen umzusetzen.

Zur Bestimmung dieser Funktionen existieren bisher verschiedene Verfahrensvorschläge, die sich in Abhängigkeit von der Zielsetzung unterscheiden. Grundsätzlich lassen sich folgende Bewertungsgrundmuster unterscheiden:

Eignungsbewertung: Hierbei geht es um die Erfassung der Leistungsfähigkeit von Standorten für verschiedene Nutzungen. Dabei wird die natürliche Eignung in Abhängigkeit von ökologischen Faktoren beschrieben.

Grundlage der Bewertung ist ein Vergleich der Ansprüche von Nutzungen mit den Standorteigenschaften. Für die zu betrachtenden Nutzungen werden Bewertungskriterien aufgestellt, die sich aus den Ansprüchen der jeweiligen Nutzung an den Standort ableiten. Wesentlich ist dabei die Herausarbeitung bzw. Beschränkung auf nutzungsspezifische Merkmale. Verschiedene Nutzungen haben verschiedene Ansprüche und somit ergeben sich unterschiedliche Begrenzungen. Die Ansprüche müssen dabei so dargestellt werden, dass sie mit am Standort mess- oder ableitbaren Daten vergleichbar sind. Für jedes Kriterium werden Wertungsstufen definiert, die beschreiben, in welchem Maße der Anspruch erfüllt ist. Die Festlegung dieser Stufen stellt den eigentlichen Wertungsschritt dar.

Es wird unterstellt, dass die Eignung in erster Linie von dem Grad der Erfüllung der Ansprüche durch den Standort abhängt. Abb. 11.4–2 zeigt den Verfahrensablauf zur Bestimmung der Nutzungseignung als Liegewiese. Die Kriterien ergeben sich aus den das Wachstum von Rasen bestimmenden

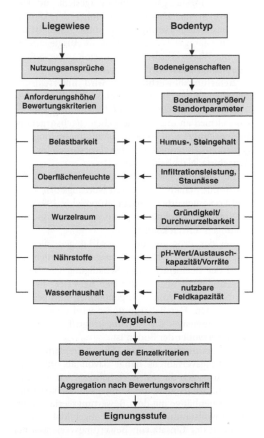

Abb. 11.4–2 Vorgehen bei der Bestimmung der Nutzungseignung eines Standorts als Liegewiese.

Standorteigenschaften Wurzelraum, Nährstoff- und Wasserhaushalt sowie den Grundbedingungen für die Nutz- und Belastbarkeit der Oberfläche.

Ökologische Funktionsbewertung: Die ökologische Funktionsbewertung bezieht sich im Wesentlichen auf die Bewertung der natürlichen Bodenfunktionen, wie im BBodSchG genannt. Das Beispiel zeigt die Bewertung der Funktion ‚Ausgleichskörper im Wasserkreislauf' nach ‚Heft 31' (Umweltministerium Baden-Württemberg, 1995).

Die Bestimmung erfolgt in drei Teilschritten (Abb. 11.4–1):

1. Ermittlung der Gesamtwasserleitfähigkeit für die Kontrollsektion
2. Ermittlung des Wasserspeichervermögens
3. Bewertung der Böden in ihrer Funktion als ‚Ausgleichskörper im Wasserkreislauf'.

Kausalbeziehungen zwischen Bodenparametern und Leistungsfähigkeit werden dargestellt und qualitativ beurteilt. Das heißt, je höher der kf-Wert und das Speichervermögen ist, umso höher ist die Leistungsfähigkeit eines Bodens als Ausgleichskörper im Wasserkreislauf und in eine umso höhere Bewertungsklasse wird er eingestuft.

Belastungsbewertung: Es wird unterschieden zwischen einer Bewertung des aktuellen Belastungsgrades im Hinblick auf Gefährdung anderer Umweltmedien und des Menschen (**nachsorgender Bodenschutz**) und einer Belastungsbewertung von geplanten Nutzungseingriffen (**vorsorgender Bodenschutz**, Nachhaltigkeit).

Für den aktuellen Belastungsgrad sind z. B. für bestimmte Schadstoffe je nach Nutzungsform Prüf- und Vorsorgewerte festgelegt (BBodSchV, 1999), die zu Nutzungseinschränkungen oder Sanierungsempfehlungen führen können.

Bei der Prognose der Auswirkungen, die von einer zukünftigen Nutzung ausgehen, werden der Grad der Beeinträchtigung/Schädigung von Bodeneigenschaften oder Funktionen bewertet, die von der Nutzung in Anspruch genommen und geschädigt werden. Der Belastungsgrad wird umso höher sein, je intensiver der Nutzungseingriff und ökologisch wertvoller der Boden ist.

Bewertungsgrundsätze: Die Akzeptanz jedes Bewertungsverfahrens hängt davon ab, inwieweit seine Aussagen die realen Verhältnisse wiedergeben können. Wenn auch die Komplexität ökologischer Zusammenhänge mit dem Bewertungsverfahren oft nur unvollständig erfasst und abgebildet werden kann, ist der Einsatz von Bewertungsverfahren bei allen Planungen und Umweltschutzmaßnahmen sinnvoll und unumgänglich. Jede Entscheidung

setzt eine Bewertung voraus. Durch den Einsatz von einheitlichen Bewertungsverfahren werden Entscheidungen objektiver und transparenter. Die Genauigkeit der zu erwartenden Aussagen ist für die Entscheidungsfindung in den meisten Fällen ausreichend. Wo notwendig, kann die Genauigkeit bzw. Anwendbarkeit durch zusätzliche Erhebungen verbessert werden. Entscheidend hierfür ist die Transparenz und Nachvollziehbarkeit der Bewertung.

11.5 International übliche Verfahren der Bodenbewertung

Es gibt weltweit eine Vielzahl von Methoden zur Bewertung von Böden bzw. Standorten im Hinblick auf Eignung für die landwirtschaftliche Nutzung. Keines dieser Verfahren erreichte die gleiche Akzeptanz und Umsetzung wie die Bodenschätzung in Deutschland (FAO, 1976 und 1978).

11.5.1 Storie Index Rating (SIR)

Der *Storie-Index* wurde in Kalifornien für Besteuerungszwecke von forst- und landwirtschaftlichen Nutzflächen entwickelt und gehört zu den bekanntesten multiplikativen, parametrischen Bewertungssystemen.

Die erste Fassung erschien 1933 und wurde in den folgenden Jahren mehrmals überarbeitet. Der heute noch gebräuchliche Index ist in dem Kasten (gegenüber) abgebildet. Für jeden Faktor werden Gruppen nach der Landschaftscharakteristik gebildet und der Leistungsgrad in Prozent von 100 geschätzt. Alle Faktoren (x : 100) werden multipliziert, der endgültige Wert wird in Prozent (%) ausgedrückt. Der Vorteil dieses Systems liegt in seiner vielseitigen und einfachen Anwendbarkeit. Auch können die einzelnen Faktoren leicht den entsprechenden lokalen Gegebenheiten angepasst bzw. ausgetauscht werden. Nachteilig wirkt sich die multiplikative Struktur des SIR aus, wo die am schlechtesten bewerteten Faktoren im Endergebnis dominieren, während bei additiven Systemen die wirklich einschränkenden Faktoren nicht das angemessene Gewicht haben. Diese Nachteile lassen sich durch eine entsprechende Gewichtung der einzelnen Faktoren minimieren.

Storie Index Rating (SIR)						
SIR =	A	x	B	x	C	x	D
	Bodentyp		Textur		Hangneigung		Verschiedenes
							Nährstoffe
							Erosion
							Drainage usw.

11.5.2 Fertility Capability Classification (FCC)

Die *Fertility Capability Classification* stellt im Gegensatz zu den morphologischen oder genetischen Systemen ein technisches Klassifikationssystem dar. Ziel ist es, die Böden nach der Art ihrer Bodenfruchtbarkeitsprobleme anhand von Körnung und einer Anzahl von Bodenfruchtbarkeitsindikatoren zu gruppieren, um daraus bodenverbessernde Maßnahmen ableiten zu können (Tab. 11.5–1).

Die Körnung im Pflughorizont (und bei starken Körnungsunterschieden auch im Unterboden)

Tab. 11.5–1 Bodenfruchtbarkeitsindikatoren zur Unterteilung der Böden nach der *Fertility Capability Classification*.

g	=	(Gley, *oxygen deficiency*) Sauerstoffmangel
d	=	(*Dry Mon*) Länge der Trockenzeit
e	=	(*low effective cation exchange capacity* = KAK_{eff}) geringe, effektive Austauschkapazität
h,a,c	=	(*acidity within* 50 cm *of the soil surface*) Azidität bis 50 cm: h = hohe Al-Sättigung; a = Al-Toxizität; c = Katteklei, Jarosit
i	=	(*high P-fixation by iron*) starke Phosphorfixierung der Fe-Oxide
v	=	(*vertic* = vertisch) starke Pelosol-Eigenschaften
k	=	(*low K reserves*) geringe K-Reserven
b	=	(*basic reaction* = basisch) alkalische Bodenreaktion
'	=	(*gravel*) Kies und Steine
%	=	(*slope percentage*) Hangneigung

entscheidet über die Einordnung in die oberste systematische Einheit, den Bodentyp. Der Bodentyp wird dann auf der nächsten Stufe des Systems durch die Bodenfruchtbarkeitsindikatoren noch genauer beschrieben. Dabei ist jedem Indikator ein Grenzwert zugeordnet. Je nach Indikator wird durch ein Unter- oder Überschreiten dieses Grenzwerts in einem Boden ein Bodenfruchtbarkeitsproblem indiziert. In diesem Fall wird dem Bodentyp noch ein entsprechender Suffix als Kleinbuchstabe angehängt (z. B. L_{ehk} bedeutet ein Lehmboden mit guter Wasserhaltefähigkeit, mittlerer Infiltrationsrate, geringem Nährstoffspeichervermögen (e), geringem bis mittleren Versauerungsgrad (h) und geringem Kaliumnachlieferungsvermögen (k). Aus den Suffixen können gleichzeitig Meliorationsmaßnahmen abgeleitet werden, die zu einer Verbesserung des Standorts beitragen würden (z. B. bei (h) Kalkung für Al-sensitive Kulturen erforderlich). Die FCC erlaubt also eine Charakterisierung des Bodens nach seinen bodenfruchtbarkeitsbedingten Problemen sowie eventuell erforderlichen Bodenverbesserungsmaßnahmen.

11.5.3 Land Capability Classification (LCC)

Die *Land Capability Classification* wurde vom USDA entwickelt und bewertet Böden (einschließlich des Reliefs) in erster Linie für die landwirtschaftliche Nutzung. Das oberste Niveau der Systematik stellen acht Klassen dar, wobei man Böden, die den ersten vier Klassen (I…IV) zugeordnet werden, als ackerbaulich nutzbar bezeichnet. Böden, die in die restlichen vier Klassen (V…VIII) fallen, sind nur als Weide oder zur forstlichen Nutzung geeignet (Abb. 11.5–1). Die Beurteilung der ackerbaulich nutzbaren Böden erfolgt nach den Potenzialen und den Einschränkungen für eine nachhaltige Produktion der im betrachteten Gebiet klimatisch angepassten Kulturpflanzen. Die Böden, die nur weide- oder forstwirtschaftlich genutzt werden kön-

11

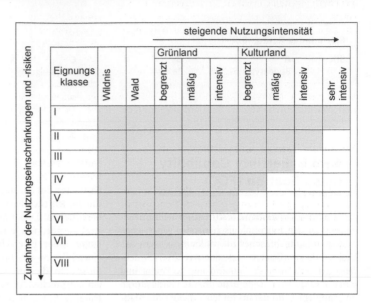

Abb. 11.5–1 Beziehung
zwischen den LCC-Klassen
und Nutzungseignung bei
Regenfeldbau.
☐ = geeignet, ☐ = ungeeignet

nen, werden noch unterteilt nach dem Risiko der
Bodendegradation bei unsachgemäßen Anbau- und
Nutzungsmaßnahmen. Je nach Art der Nutzungs-
einschränkung können innerhalb der acht Klassen
noch Unterklassen gebildet werden.

Die Bodeneigenschaften, die in der *Land Capability Classification* zur Bewertung herangezogen
werden, sind Wasserspeichervermögen, Gründigkeit, Steingehalt, Gefüge (Struktur), Bearbeitbarkeit,
Durchlässigkeit des Unterbodens, Hydromorphie,
Erosionsanfälligkeit, Salinität, Alkalinität und Nährstoffversorgung. Hinzu kommen Geländeeigen-
schaften wie Hangneigung und Überflutungsrisi-
ko. Für die einzelnen Bodeneigenschaften werden
je nach Datenlage relative Einschränkungen oder
auch absolute Grenzwerte definiert, die über die
Zuordnung eines Bodens in eine der acht Klassen
entscheiden (Abb. 11.5-1). Aus dem Bewertungs-
ergebnis lassen sich Aussagen über die allgemeine Eignung des Bodens für die landwirtschaftliche
Nutzung, die Art der Einschränkungen und besondere bodenkonservierende oder -verbessernde
Maßnahmen ableiten. Ein Boden mit der Klassifizierung III würde beispielsweise für die ackerbauliche Nutzung erhebliche Einschränkungen im
Luft- und Wasserhaushalt (w = *wetness*) aufweisen,
die besondere Meliorationsmaßnahmen erforderlich machen.

Der Vorteil der LCC gegenüber der FCC liegt
in der Möglichkeit, Böden einem geeigneten Nutzungstyp zuzuordnen. Andererseits beruht die Be-

wertung der Bodeneigenschaften im Bezug auf das
Ausmaß ihrer limitierenden Wirkung i. d. R. auf
relativen, erfahrungsbasierten Einschätzungen.

11.5.4 Land Suitability Classification (LSC)

Seit 1960 ist die FAO bemüht, verbesserte Stand-
ortnutzung in den armen Regionen der Erde zu
ermöglichen. Dabei wurde erkannt, dass die reine
Naturwissenschaft nicht in der Lage ist, den Bauern
zu helfen, wenn lokale Besonderheiten der Produkte, der Märkte, der Nahrungsgewohnheiten und
der sozialen Abhängigkeiten nicht beachtet werden.
Deshalb wurden Grundmuster von Bewertungsverfahren entwickelt, die neben der Bodenbewertung auch die sozioökonomischen Belange erfassen
(Abb. 11.5-2). Dabei wurden entweder die Bereiche
nacheinander oder parallel bearbeitet. Im Laufe der
Zeit hat sich die parallele Arbeitsweise durchgesetzt,
da sie schneller ist und während des Verfahrens alle
Spezialisten sich austauschen können, auch wenn
keiner bereits ein Endergebnis vorliegen hat. Die
heute übliche LSC ist ein wichtiger ökologischer
und produktionstechnischer Teil der ,*Land evaluation*'.

Mit der *Land Suitability Classification* (FAO
1976) sollte ein weltweit anwendbarer Rahmen für
die Standortbewertung im Hinblick auf die land-

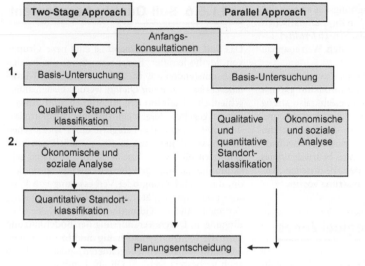

Abb. 11.5–2 Darstellung der beiden Verfahrensweisen bei einer Standortnutzungsplanung nach der *Land Suitability Classification*.

wirtschaftliche Produktion geschaffen werden. Im Gegensatz zu den oben genannten Klassifikationssystemen versucht die LSC, den gesamten Standortkomplex (Klima, Relief, Boden) in die Bewertung einzubeziehen. Außerdem schafft der Bewertungsrahmen die Möglichkeit, die Standortbewertung für exakt definierte Nutzungstypen oder für einzelne Kulturpflanzen durchzuführen. Dies entspricht dem Prinzip der unterschiedlichen Anpassungsfähigkeit von Pflanzen an den Standort, kann aber je nach dem zu betrachtenden Nutzungstyp bzw. der in Betracht gezogenen Kulturpflanze zu unterschiedlichen Bewertungen ein und desselben Standorts führen.

Im einfachsten Fall vergleicht das Bewertungsverfahren die Eigenschaften des Standorts mit den Ansprüchen einer Kulturpflanze. Dabei werden sowohl **klimatische** (Niederschlagsregime, Wärme-

regime, Luftfeuchtigkeit, Sonneneinstrahlung) als auch **edaphische Standorteigenschaften** (Wasser- und Lufthaushalt, Nährstoffhaushalt, Salinität und Alkalinität) berücksichtigt. Jede Standorteigenschaft wird danach beurteilt, ob und in welchem Ausmaß sie eine Einschränkung für die in Betracht gezogene Kulturpflanze darstellt. Bei der qualitativen Standortbewertung erfolgt eine Einteilung der Standorte in **Eignungsklassen** (*suitability classes*) (Abb. 11.5–3), wobei nach der klimatischen und der edaphischen Eignung unterschieden werden kann. Diese richtet sich nach dem am stärksten limitierenden klimatischen bzw. edaphischen Standortfaktor. Die Eignungsklasse gibt Auskunft über den Grad der Eignung eines Standorts für eine bestimmte Kulturpflanze sowie über die Art und das Ausmaß der Einschränkungen. So handelt es

ORDER	CLASS	CATEGORY SUBCLASS	UNIT
S Suitable	S1	S2m	S2e-1
	S2	S2e	S2e-2
	S3	S2me	etc.
	etc.	etc.	
Phase SC: Conditionally Suitable	Sc2	Sc2m	
N Not Suitable	N1	N1m	
	N2	N1e	
		etc.	

Abb. 11.5–3 Struktur und Eignungsklassifikation der Landevaluation (FAO 1976).

11

sich zum Beispiel bei der Eignungsklasse S3cf für Weizen um Standorte, die wegen ihrer klimatischen (c: *climatic*) und bodenchemischen (f: *fertility*) Eigenschaften nur mäßig (S3) für den Weizenanbau geeignet sind.

Der Vorteil der LSC ist, dass sie zum einen das Klima als entscheidenden Standortfaktor explizit in die Bodenbewertung mit einbezieht, also streng genommen eine Standortbewertung darstellt, und dass sie die Möglichkeit schafft, den Standort im Hinblick auf seine Eignung für spezifische Nutzungstypen bzw. Kulturpflanzen zu beurteilen. Dies setzt eine genaue Kenntnis der spezifischen Ansprüche der zu beurteilenden Nutzung voraus.

11.5.5 Agro-Ecological-Zones

Das *Agro-Ecological-Zones-Project* wurde ebenfalls von der FAO (1978) entwickelt und durchgeführt, um Grundlagen für die Planung und Entwicklung des agrarischen Potenzials in den Entwicklungsländern zu schaffen. Das Ergebnis dieser Studie war eine Landeignungsklassifikation für 20 verbreitete Kulturarten im Regenfeldbau für zwei Bewirtschaftungsintensitäten sowie eine Weiterentwicklung der Methodik. Das Bewertungssystem basiert auf dem Vergleich spezifischer Pflanzenansprüche mit den Klima- und Bodeneigenschaften. Es werden vier Eignungsklassen definiert, die mit dem erwarteten Ertrag verknüpft sind. Sehr gut geeignet sind Standorte, in denen mehr als 80 % des Maximalertrags erreicht werden, geeignet sind Standorte mit einer Ertragsleistung zwischen 40…80 %, bedingt geeignet bei 20…40 % und nicht geeignet bei weniger als 20 %. Bei dem Bewertungsablauf werden zunächst die klimatischen Ansprüche der Pflanzen definiert und mit den agroklimatischen Zonen, die nach der Länge der Wachstumsperiode (Dauer der Wasserverfügbarkeit und Temperatur) ausgewiesen wurden, kombiniert. Anschließend werden die für einen Anbau geeigneten Klimazonen mit der Bodenbewertung verglichen. Die Bodenbewertung erfolgt auf der Grundlage der ‚*Soil Map of the World*' der FAO im Maßstab 1:5 000 000 und ist je nach Art und Ausmaß der wachstumsbegrenzenden Bodeneigenschaften in drei Eignungsstufen unterteilt. Die vorhergehende klimatische Bewertung wird nach der Bodeneignung modifiziert. Bei guter Bodeneignung bleibt die Bewertung gleich, bei mäßiger Eignung wird sie um eine Stufe herabgesetzt, bei fehlender Eignung der Böden sind die Standorte insgesamt nicht geeignet.

11.5.6 Soil Quality Assessment

Das *Soil Quality Assessment* ist eine neue Gruppe von Methoden der Bodenbewertung, die in den USA entstanden ist. In den verschiedenen Veröffentlichungen zur *Soil Quality* werden bisher unterschiedliche Definitionen, Richtlinien und Anweisungen gegeben. Allgemein wird aber definiert, dass die „*Soil Quality* die Fähigkeit eines spezifischen Bodens ist, Funktionen in einem natürlichen oder genutzten Ökosystem" zu übernehmen. Dabei geht es um die nachhaltige Pflanzen- und Tierproduktion, um die Erhaltung oder Verbesserung von Wasser- und Luftqualität und um die Unterstützung der menschlichen Gesundheit und der Lebensbedingungen. Durch Veränderung der Bodennutzung kann die *Soil Quality* nachhaltig modifiziert werden. Sie kann abnehmen (degradieren) oder sie kann auch verbessert werden. Ob ein Landnutzungssystem auf Nachhaltigkeit ausgerichtet ist, kann durch die Bewertung der *Soil Quality* überprüft werden. Auch wenn das Verfahren und die Definition im Einzelnen noch unklar bleiben, so ist es doch eine wesentliche Veränderung, dass hier erstmalig in einem amerikanisch-internationalen System nicht nur die Bodenproduktivität, sondern auch die Leistungen im Umweltsystem bewertet werden. Bei der *Soil Quality* werden fünf grundlegende Funktionen des Bodens bewertet (USDA-NRCS 2001).

1. Regulation der **Wasserbewegung**.
   Die Böden kontrollieren, was mit dem Niederschlags- und Bewässerungswasser passiert. Der Einfluss, den ein Boden auf den Wasserhaushalt ausübt, ist ein wichtiger Aspekt der *Soil Quality*.
2. Nachhaltige **Erhaltung der Pflanzen- und Tierwelt**
   Die Verschiedenheit und Produktivität der Lebewesen hängt sehr stark von den Bodenfunktionen ab.
3. **Filter- und Transformationspotenzial für Schadstoffe** (*Pollutants*)
   Der Mineralbestand des Bodens und die Mikroben in dem Boden sind verantwortlich für das Filtern, das Puffern, den Abbau, die Immobilisierung und die Detoxifizierung von organischen und anorganischen Stoffen im Boden.
4. **Nährstoffkreisläufe**
   Kohlenstoff, Stickstoff, Phosphor und viele andere Nährstoffe sind im Boden gespeichert, umgewandelt und nehmen am Kreislauf teil.
5. **Erhaltung der Bodenstruktur**
   Zum einen müssen Böden eine stabile Struktur haben, um Bauwerke oder Straßen tragen zu

11

können. Zum anderen wahren sie archäologische Schätze, die mit dem menschlichen Leben zusammenhängen.

Das *Soil Quality Assessment* geht im Einzelnen ähnlich vor wie die *Land Suitability Classification*. So kann davon ausgegangen werden, dass verschiedene Böden eine unterschiedliche natürliche *Soil Quality* haben. Jedoch wird bei einer gegebenen Bodenqualität die Möglichkeit bestehen, dass der Boden nachhaltig, d. h. „*sustainable*" bewirtschaftet wird, dass die Bodenqualität degradiert oder auch dass sie aggradiert wird, d. h. ihre Qualität zunimmt.

Beim Verfahren wird ein spezifischer Satz von Indikatoren ausgewählt. Diese Indikatoren erhalten dann jeweils einen Messwert und diese Messwerte werden verbunden zu einem Index. Für den *Soil Quality Index* werden alle einzelnen Indexwerte summiert, durch die Anzahl der Werte dividiert sowie mit 10 multipliziert. Im Gegensatz zum früheren *Storie Index* ist also hier ein **Additionsverfahren** gewählt worden. Grundlage der Bewertung ist ein Datensatz, der an den Böden erhoben werden muss. Die Daten müssen dann, um bewertet werden zu können, in Beziehung zu entsprechenden Nutzungen bzw. Bodenfunktionen gesetzt werden. In der Diskussion spielt der sog. **Minimum Dataset** eine große Rolle. Dabei soll versucht werden, mit möglichst wenigen Beobachtungen bzw. Messwerten, die Qualität eines Bodens einschätzen zu können. In dieses *Minimum Dataset* werden 12…15 Parameter, von der organischen Bodensubstanz, über Wasserhaltefähigkeit bis zum potenziell mineralisierbaren Stickstoff, verwendet. Die wesentlichen Einschränkungen beim *Soil-Quality*-Konzept sind bisher, dass es keine Standardisierung für *Soil Quality Indicators* gibt. Außerdem sind die funktionellen Beziehungen zwischen den *Soil Quality Indicators* und dem *Soil Quality Rating* noch offen. Trotz dieser Unsicherheiten hat das *Soil Quality Assessment* deshalb international in den letzten Jahren an Bedeutung gewonnen, weil es partizipativ die Interessen von Nutzern mit einbezieht und ökonomische Bewertungen mit aufnimmt.

11.6 Bodeninformationssysteme

Die traditionelle Weise, mit der Bodeninformationen weitergegeben werden, ist die **Bodenkarte**. Eine Bodenkarte enthält eine topographische Unterlage mit dem Maßstab von 1:1.000 bis 1:5.000.000. In der Karte sind Bodeneinheiten, das sind Gebiete, in denen bestimmte charakteristische Böden überwiegen und die in sich einheitlich aufgebaut sind, abgegrenzt. Diese Flächen sind mit einer bestimmten Farbe oder einer Signatur eingefärbt. Zu diesen Signaturen gibt es regelmäßig eine sog. Legende. Die **Legende** ordnet die Flächen bestimmten bodensystematischen Einheiten zu. Die Legende kann auch zusätzlich bestimmte Erläuterungen zu Ausgangsgestein und Relief enthalten. Zusätzlich zur Karte wird häufig ein Erläuterungsband erstellt. Der **Erläuterungsband** schildert die Eigenschaften der verschiedenen Bodeneinheiten. Er sorgt vor allem dafür, dass die flächenhafte Information in eine räumliche Information dadurch übertragen wird, dass er die Eigenschaften der verschiedenen Horizonte eines Bodens darlegt. Während die Legenden oft Bodentyplegenden sind, geben die Erläuterungen hinweise zu den Bodenformen, zu ihrer Geschichte und zu ihren Gefährdungen sowie zu Nutzungseignungen. Bei modernen Kartenwerken werden häufig auch noch Ableitungskarten zugefügt. Diese **Ableitungskarten** stellen einfache Abstufungen der **Nutzungseignung**, z. B. für Weizen und Wein, bestimmte Gefährdungen, z. B. Erosionsgefährdung, oder bestimmte Leistungen, wie die Grundwasserneubildung oder die Schwermetallpufferung dar. Ein Paradebeispiel für ein solches Bodeninformationssystem, basierend auf einer Karte, ist die *Soil Map of the World* (1974). In Deutschland gibt es in allen Bundesländern Bodenkarten. Diese Karten sind meist im Maßstab 1:25.000. In manchen Bundesländern liegen auch Bodenkarten vor, die bis in den Maßstab 1:5000 heruntergehen und dabei dann parzellenscharfe Informationen erlauben. Umgekehrt gibt es in vielen Bundesländern auch Bodenkarten 1:50.000. Es entsteht ein Kartenwerk für Deutschland im Maßstab 1:200.000.

Mit dem Fortschritt der elektronischen Informationssysteme basieren moderne Bodeninformationssysteme auf der Verfügbarkeit der Bodendaten im Internet. Ein solches internetbasiertes Bodeninformationssystem stellt das **NIBIS** (Niedersächsisches Bodeninformationssystem) dar. In diesem Informationssystem sind sämtliche Bodenkarten, dazugehörige Informationen und viele angewandte Ableitungskarten abgelegt. Diese Informationen sind dann einfach zugänglich. Sie können beliebig ausgeschnitten, verkleinert oder vergrößert werden, wodurch sich der Nutzer und Anwender sehr schnell einen Überblick über das vorhandene Kartenmaterial verschaffen und die spezifischen Informationen extrahieren kann.

Die nächste Generation der Bodeninformationssysteme basiert auf dem SOTER-System. Diese *Soil*

11

and Terrain Digital Data Base erlaubt es dem Bearbeiter, auf die primären Daten zurückzugehen und im begrenzten Maße auch selbst in die Auswertung einzugreifen. Das SOTER-System ist ein geographisches Informationssystem. Zunächst ist ein digitales topographisches Modell vorhanden, das häufig auch ein Höhenmodell einschließt. Das jeweilige SOTER-Gebiet wird hierarchisch in **Landschaftseinheiten**, das sind meist geologisch/geomorphologisch abgegrenzte Gebiete, **Landschaftskomponenten**, das sind einfache Reliefeinheiten, und **Bodenkomponenten**, das sind die Bodeneinheiten, gegliedert. Zu dieser Karte gibt es eine Bodendatenbank. Es können also zu jeder Fläche die spezifischen Bodeninformationen abgerufen werden, bzw. alle auf der Fläche untersuchten Böden können mit ihren Analysedaten abgerufen werden. Als drittes Element enthält das SOTER-System ein Regelwerk, welches Verknüpfung von Daten mit bestimmten Zielgrößen erlaubt. Zum Beispiel eine Ableitung der nutzbaren Feldkapazität, der pflanzenverfügbaren Wassermenge, der Gründigkeit oder des Humusvorrats. Häufig sind in der SOTER-Datenbank auch bereits Ableitungskarten für bestimmte wichtige Anwendungen, wie z. B. Anbaueignung für Mais oder Winderosionsgefährdung, vorgesehen. Neu ist, dass solche Anwendungen in dem System durch Aktivieren bestimmter Funktionen oder durch Zufügen bestimmter Zuordnungskriterien jederzeit ergänzt werden können. Auf der Basis des SOTER-Schemas wurden in vielen Ländern der Erde lokale oder regionale Anwendungssysteme entwickelt. Ein wesentlicher Vorteil dieser Systeme ist, dass hier neue Erkenntnisse bzw. weitere Daten problemlos in das System integriert werden können. Ein ähnliches neues System ist SLISYS (*Soil and Land Information System*), das für Baden-Württemberg entwickelt wurde.

Die Weiterentwicklung solcher Informationssysteme wird in Zukunft vermehrt zur Politikberatung genutzt werden können. Dabei sind die topographischen und bodenkundlichen Flächeninformationen unverändert von großer Bedeutung. Auch die Qualität der Datenbank ist entscheidend. Zusätzlich können in diese Systeme Simulationsmodelle (z. B. EPIC) integriert werden, was dann Nutzerabfragen direkt möglich macht. Die *Decision-Support*-Systeme müssen eine leicht verständliche Benutzeroberfläche haben. Dann ist es zum Beispiel möglich, den Einfluss einer erhöhten Düngung auf das Pflanzenwachstum vorherzusagen und in einer Karte abzubilden. Weitere wichtige Anwendungen für solche *Decision-Support*-Systeme wären zum Beispiel Veränderung der Grundwasserneubildung durch zu-

nehmende Versiegelung und steigende Erosionsraten durch erhöhte Flächenanteile des Hackfruchtanbaus. Wichtig ist dabei, dass die Erstellung von Entscheidungshilfen in der Hand des Fachmanns bleibt und dass auch die Fehlerwahrscheinlichkeiten weiter von Fachleuten eingeschätzt werden. Die zukünftige Akzeptanz bodenkundlicher Ergebnisse in der Gesellschaft hängt sehr stark von ihrer anschaulichen Zugänglichkeit ab, sodass die Entwicklung von *Decision-Support*-Systemen unumgänglich erscheint.

11.7 Bodenschutz

11.7.1 Gründe für Bodenschutz

Die Tatsache, dass die Bodenressourcen der Erde nicht vermehrbar sind, ist eine junge Erkenntnis. Als in der Steinzeit in Mitteleuropa die ersten größeren Rodungen stattfanden und Landwirtschaft ihre erste große Revolution durchführte, waren die **Bodenressourcen** unendlich. Die genutzte Fläche hing lediglich von der zur Verfügung stehenden Arbeitskraft ab. Rundherum gab es genügend Raum, sich auszuweiten. Schon in der frühen Neuzeit allerdings wurde in Europa das Land knapp, davon zeugen die großen Moor-Inkulturnahmen und das Eindeichen der Küstenlandschaften in den Niederlanden und Norddeutschland. Die Auswanderer im 18. und 19. Jahrhundert fanden aber in Nord- und Südamerika wie in Australien unermessliche Landressourcen. Heute sind diese Ressourcen überall, bis an den Wüstenrand, bis an das unzugängliche Hochgebirge und bis ans Meer genutzt. Als Mao sich vor ca. 60 Jahren mit einem riesigen Menschenmeer aufmachte, im Westen Chinas neues Land zu finden, fanden sie schließlich nur karge, trockene, alkalisierte oder gar versalzene Flächen. Es dauerte noch eine Generation, bis in den 1960er und 70er Jahren der *Club of Rome* und die FAO sowie der Europarat durch seine Bodencharta 1972 die Endlichkeit der Bodenressourcen in das Bewusstsein der Weltöffentlichkeit brachten.

Bis heute ist weltweit die Funktion der Böden zur Nahrungsproduktion die wichtigste und sie wird es auch im 21. Jahrhundert bleiben. Deshalb muss Bodenschutz in einer Industriegesellschaft diese Funktion besonders in den Vordergrund stellen. Da die Fläche der Böden jedes Landes und der Erde insgesamt nicht vermehrbar ist, werden die

Ansprüche verschiedener Nutzungen an die Böden regional und weltweit nicht mehr vollständig befriedigt werden können.

Außerdem sind Böden auch Naturkörper und als solche vierdimensionale Ausschnitte aus der oberen Erdkruste, in denen sich Gestein, Wasser, Luft und Lebewelt durchdringen. Diese Böden sind sehr vielfältige und komplexe Körper, die immer aus verschiedenen Phasen bestehen und eine innere Ordnung (Struktur) aufweisen. Böden sind unter dem Einfluss natürlicher Faktoren und des Menschen häufig im Laufe langer Zeiten entstanden. Sie werden damit Archive der Natur und Kulturgeschichte, die kaum wieder herstellbar sind. Es gibt also zwei Gründe, warum Böden schützenswert sind:

1) Weil die Böden als Naturkörper erhalten werden müssen und
2) weil die Böden aufgrund ihrer Leistungen im Naturhaushalt und für die Gesellschaft schützenswert sind.

Kriterien für den Naturkörperschutz sind die **Vielfältigkeit**, die **Seltenheit** und die **Wiederherstellbarkeit** von besonders unter Schutz zu stellenden Böden. Dabei ist entscheidend, dass der Erhalt von Böden als Naturkörper nur dann sinnvoll sein kann, wenn der Stoffhaushalt in der Landschaft mit einbezogen wird. Sie sind als Teile von Ökosystemen zu schützen. Bei den ökologischen und technischen Funktionen der Böden ist der Grad der **Leistungsfähigkeit**, d. h. die Potenzialhöhe, das wesentliche Kriterium für die Schutzwürdigkeit.

11.7.2 Schutz des Naturkörpers

Sollen Böden als Naturkörper geschützt werden, so ist es erforderlich, dass Flächen (Landschaftsräume) geschützt werden. Den bloßen Erhalt eines Bodenprofils zur Anschauung kann man nicht als ausreichend ansehen, da insbesondere für die weitere Erforschung gewisse Flächen zur Verfügung stehen müssen. Außerdem wird für den Erhalt der Dynamik eines Bodens eine **minimale Fläche** benötigt, damit sich z. B. Populationen von Bodenorganismen erhalten können oder, wie am Beispiel eines Hochmoors gezeigt werden kann, der Torfkörper muss groß genug sein, damit sein eigener Wasserhaushalt reguliert werden kann. Wünschenswert ist es, dass nicht nur die sehr seltenen Böden, sondern auch die normalen, weit verbreiteten Böden unter naturnahen Bedingungen erhalten werden, da

mit der zunehmenden Intensität der Nutzung ihre natürlichen Eigenschaften häufig verloren gehen. Böden können auch ohne den Eingriff des Menschen erdgeschichtliche Urkunden sein, z. B. wenn sie durch vulkanische Ausbrüche, durch Erdrutsche oder durch Überflutung bedeckt worden sind und damit **fossile Böden** darstellen. Diese fossilen Böden geben uns Kunde von der Zeit und ihren Besonderheiten, in denen sie an der Erdoberfläche in die Bodenentwicklung einbezogen waren. An anderer Stelle finden wir **reliktische Böden**, die heute noch an der Erdoberfläche sind, aber Eigenschaften haben, die z. B. den Klimabedingungen in Mitteleuropa nicht mehr entsprechen, wie rote und zum Teil ferralitisch verwitterte Böden in Karstlandschaften, die ihre Entwicklung in der Tertiärzeit erfahren haben. Schließlich sind die **Naturkörper-Böden** oft auch **Naturschönheiten**, d. h. die Betrachtung der Bodenoberfläche oder insbesondere des Bodenprofils birgt durch die unterschiedliche Verteilung von Stoffen, wie Quarz, Eisenoxide und organischer Substanz, oft eine außerordentlich ästhetische Information. Auch diese Informationen müssen für die Nachwelt erhalten bleiben. Eine Beförderung dieses Gedankens geschieht durch die Aktion „Boden des Jahres", die jedes Jahr einen besonders bemerkenswerten Boden in das Bewusstsein der Öffentlichkeit bringt.

11.7.3 Bodenfunktionen und -potenziale

Alle Böden, die sich an der Oberfläche befinden, haben bestimmte Funktionen im Stoffhaushalt der Landschaft. Einsichtig ist ihre Funktion im Wasserhaushalt, in der sie hauptsächlich als Zwischenspeicher für Verdunstung, Grundwasserneubildung und Abflüsse dienen. Aber auch im Kohlenstoffhaushalt oder in anderen Nährstoff- und Energiehaushalten haben sie wichtige Funktionen, auch ohne dass eine wirkliche Nutzung geschieht. Daneben haben Böden aber inhärent die Eigenschaft, sofort oder später zusätzliche Funktionen zu übernehmen. Diese nicht in Anspruch genommenen, aber vorhandenen Funktionen nennt man **Bodenpotenziale**. Die Vielzahl der vorhandenen Bodenpotenziale lässt sich in drei Gruppen unterteilen, nämlich zunächst in die **biotischen Funktionen**, welche prinzipiell nachhaltig genutzt werden können, hauptsächlich im Kreislauf der organischen Substanz und der Nährstoffe sowie durch Energiezufuhr von der Sonne und aus dem Erdinneren erhalten werden.

11

Tab. 11.7–1 Übersicht über die Potenziale der Böden, die Leistungen für Naturhaushalt oder Gesellschaft erbringen können.

A) Biotische Potenziale
1. Lebensraum
2. Nahrungs- und Futterproduktion
3. Werkstoffproduktion
4. Energieproduktion
5. Genresource
6. Transformationspotenzial

B) Abiotische Potenziale
7. Luftfilter
8. Filter und Puffer im Wasserkreislauf
9. Rohstofflagerstätte

C) Flächenpotenziale
10. Tragfähigkeit (Bebauungspot.)
11. Verkehrsweg
12. Ablagerung (Deponie)
13. Erholung

Auch die **abiotischen Funktionen** der Luftreinhaltung und der Wassergewinnung können nachhaltig bewirtschaftet werden. Dagegen setzt die Rohstoffgewinnung bereits eine Bodenzerstörung voraus. Auch die Nutzung der sog. **Flächenfunktionen** allein führt in jedem Fall zu einer Belastung, nachhaltigen Beeinträchtigung oder gar Zerstörung bestehender Böden (Tab. 11.7–1).

11.7.4 Bundes-Bodenschutz-gesetz

Nachdem Bodenkundler etwa seit 1970 weltweit gesetzliche Maßnahmen zum Schutz der Böden forderten, entstand 1985 zunächst die Bodenschutzkonzeption der Bundesregierung. Erst 1991 wurde in Baden-Württemberg das weltweit erste Bodenschutzgesetz erlassen. 1998 wurde das Gesetz zum Schutz vor schädlichen Bodenveränderungen und zur Sanierung von Altlasten, kurz **Bundes-Bodenschutzgesetz** (BBodSchG) veröffentlicht. Das Gesetz ist nun seit dem 01.03.1999 in Kraft.

Der erste Teil des Gesetzes behandelt ‚Allgemeine Vorschriften‘:

§ 1 lautet: **„Zweck dieses Gesetzes ist es, nachhaltig die Funktionen des Bodens zu sichern oder wiederherzustellen.** Hierzu sind schädliche Bodenveränderungen abzuwehren, der Boden und Altlasten sowie hierdurch verursachte Gewässerverunreinigungen zu sanieren und Vorsorge gegen nachteilige Einwirkungen auf den Boden zu treffen. Bei Einwirkungen auf den Boden sollten Beeinträchtigungen seiner natürlichen Funktionen sowie seiner Funktion als Archiv der Natur- und Kulturgeschichte soweit wie möglich vermieden werden.“ – Das Gesetz schreibt damit die Sicherung der Bodenfunktionen, den vorbeugenden Bodenschutz, die Sanierung bestehender und Vermeidung künftiger Bodenbelastungen vor.

In § 2 werden **Begriffsbestimmungen** vorgenommen und die **Bodenfunktionen** definiert sowie die Begriffe ‚**Altlasten**‘ und ‚**altlastverdächtige Flächen**‘ eingeführt.

In § 2 (2) heißt es: „Der Boden erfüllt im Sinne dieses Gesetzes

1. **natürliche Funktionen** als
   a) Lebensgrundlage und Lebensraum für Menschen, Tiere, Pflanzen und Bodenorganismen,
   b) Bestandteil des Naturhaushalts, insbesondere mit seinen Wasser- und Nährstoffkreisläufen,
   c) Abbau-, Ausgleichs- und Aufbaumedium für stoffliche Einwirkungen aufgrund der Filter-, Puffer- und Stoffumwandlungseigenschaften, insbesondere auch zum Schutz des Grundwassers,
2. **Funktionen als** Archiv der **Natur- und Kulturgeschichte** sowie
3. **Nutzungsfunktionen** als
   a) Rohstofflagerstätte,
   b) Fläche für Siedlung und Erholung,
   c) Standort für die land- und forstwirtschaftliche Nutzung,
   d) Standort für sonstige wirtschaftliche und öffentliche Nutzungen, Verkehr, Ver- und Entsorgung.“

Altlasten werden in **Altablagerungen** (Grundstücke, auf denen Abfälle behandelt, gelagert oder abgelagert wurden) und **Altstandorte** (Grundstücke, auf denen mit umweltgefährdenden Stoffen umgegangen wurde) unterteilt. Altlastverdächtige Flächen sind im Sinne des Gesetzes Altablagerungen und Altstandorte, bei denen der Verdacht schädlicher Bodenveränderungen besteht.

Im zweiten Teil des Bundes-Bodenschutzgesetzes werden die geforderten ‚Grundsätze und Pflichten‘ dargelegt, u. a. die **„Pflichten zur Gefahrenabwehr“** (§ 4). § 4 (1) legt dar, dass „...jeder, der auf den Boden einwirkt, sich so zu verhalten hat, dass schädliche Bodenveränderungen nicht hervorgerufen werden." Der Begriff der **schädlichen Bodenveränderung** stellt dabei einen Zentralbegriff des Gesetzes dar und setzt eine Beeinträchtigung bzw. Schädigung einer oder mehrerer Bodenfunktionen voraus. Nach § 4 (3) sind „…der Verursacher einer schädlichen Bodenveränderung oder Altlast sowie dessen Gesamtrechtsnachfolger (…) verpflichtet, den Boden und Altlasten sowie durch schädliche Bodenveränderungen oder Altlasten verursachte Verunreinigungen von Gewässern so zu sanieren, dass dauerhaft keine Gefahren, erhebliche Nachteile oder erhebliche Belästigungen für den einzelnen oder die Allgemeinheit entstehen." Mit dieser Festlegung wird das Verursacherprinzip in das BBodSchG aufgenommen und eine Sanierungspflicht festgelegt. Außerdem können nach § 4 (3) „…sonstige Schutz- und Beschränkungsmaßnahmen" angeordnet werden und damit auch eine **Nutzungsbeschränkung** bei der land- und forstwirtschaftlichen Bodennutzung. Bei Anordnung solcher Nutzungsbeschränkungen kann dann allerdings unter bestimmten Voraussetzungen – je nach Landesrecht – ein angemessener wirtschaftlicher Ausgleich gewährt werden (§ 10 (2)). Nach § 5 können Anordnungen zur ,**Entsiegelung**' von Böden getroffen werden. § 6 sieht gesetzliche Regelungen für das ,**Auf- und Einbringen von Materialien auf oder in den Boden**' „…hinsichtlich der Schadstoffgehalte und sonstiger Eigenschaften der zu verwendenden Materialien" vor. § 7 setzt eine ,**Vorsorgepflicht**' „…gegen das Entstehen schädlicher Bodenveränderungen" fest. Durch § 8 wird geregelt, dass **Vorsorgewerte** sowie **Prüfwerte** und **Maßnahmenwerte** festgelegt werden können, um damit Richtlinien für eine Vorsorge gegenüber schädlichen Bodenveränderungen und für eine Beurteilung bereits vorliegender Bodenbelastungen zu schaffen. Mit der ,**Bundes-Bodenschutz und Altlastenverordnung**' vom 16. 07. 1999 als dem untergesetzlichen Regelwerk zum BBodSchG werden solche Werte für eine Reihe von organischen und anorganischen Schadstoffen festgelegt (s. Kap. 10). Die Liste der Werte ist zwar noch unvollständig und z. T. korrekturbedürftig; es ist damit jedoch ein positiver Anfang für eine nach einheitlichen Maßstäben in Deutschland durchzuführende Bewertung von stofflichen Bodenbelastungen gemacht. Das Regelungswerk schreibt auch die zu verwendenden Untersuchungsmethoden vor, die weitgehend international genormt sind. Weiterhin ermächtigt § 9 des BBodSchG die zuständigen Behörden, bei Vorliegen von Anhaltspunkten auf schädliche Bodenveränderungen oder Altlas-

ten eine ,**Gefährdungsabschätzung und Untersuchungsanordnung**' vorzunehmen.

Der dritte Teil des BBodSchG enthält ,**Ergänzende Vorschriften für Altlasten**' wie deren Erfassung, Sanierungsplanung und Überwachung.

Im vierten Teil wird die ,**Landwirtschaftliche Bodennutzung**' behandelt. Die Erfüllung der Vorsorgepflicht (§ 7) bei der landwirtschaftlichen Bodennutzung wird gemäß § 17 (1) durch ,**gute fachliche Praxis in der Landwirtschaft**' erreicht. Nach § 17 (2) gehört dazu „…die nachhaltige Sicherung der Bodenfruchtbarkeit und Leistungsfähigkeit des Bodens als natürliche Ressource. Zu den Grundsätzen der guten fachlichen Praxis gehört insbesondere, dass

1. die Bodenbearbeitung unter Berücksichtigung der Witterung grundsätzlich standortangepasst zu erfolgen hat,
2. die Bodenstruktur erhalten oder verbessert wird,
3. Bodenverdichtungen, insbesondere durch Berücksichtigung der Bodenart, Bodenfeuchtigkeit und des von den zur landwirtschaftlichen Bodennutzung eingesetzten Geräten verursachten Bodendrucks, soweit wie möglich vermieden werden,
4. Bodenabträge durch eine standortangepasste Nutzung, insbesondere durch Berücksichtigung der Hangneigung, der Wasser- und Windverhältnisse sowie der Bodenbedeckung möglichst vermieden werden,
5. die naturbetonten Strukturelemente der Feldflur, insbesondere Hecken, Feldgehölze, Feldraine und Ackerterrassen, die zum Schutz des Bodens notwendig sind, erhalten werden,
6. die biologische Aktivität des Bodens durch entsprechende Fruchtfolgegestaltung erhalten oder gefördert wird und
7. der standorttypische Humusgehalt des Bodens, insbesondere durch eine ausreichende Zufuhr an organischer Substanz oder durch Reduzierung der Bearbeitungsintensität, erhalten wird."

Eine Reihe der im Gesetz aufgeführten Grundsätze der guten fachlichen Praxis bedürfen noch einer inhaltlichen Festlegung oder Präzisierung. Für die Ausführung des BBodSchG sind die einzelnen Bundesländer zuständig, die dafür Landesbodenschutzgesetze erlassen und Bodenschutzbehörden eingerichtet haben. Nach den gesetzlichen Regelungen zur Reinhaltung von Luft und Wasser wird nun auch Boden als drittes Umweltmedium durch Bundesgesetz und nachgeordnete Ländergesetze geschützt.

11

11.8 Literatur

AG BODEN (2005): Bodenkundl. Kartieranleitung. 5. Auflage, Hannover.

AK STANDORTKARTIERUNG (1985): Forstliche Wuchsgebiete und -bezirke. 170 S., Landwirtschaftsverlag, Münster-Hiltrup.

AK STANDORTKARTIERUNG (1996): Forstliche Standortaufnahme. 5. Aufl., IHW-V., Eching.

ASTHALTER, K. (1971): Zur Methode der forstlichen Standortkartierung in Hessen. AFZ, **26**, 751...754, München

AUERSWALD, K., SCHNYDER, H. (2009): Böden als Grünlandstandorte. Kap 4.2.3. In Blume et al. (1996 ff)_ Kap. 1.

BBODSCHG (1998): Gesetz zum Schutz des Bodens. BGBL. IG 5702, Nr. 16 v. 24.03.98, S 502...510

BEEK, K.J. (1978): Land evaluation for agricultural development. Int. Inst. Land Reclamat, Wageningen.

BLUME, H.-P. (Hrsg.): Handbuch des Bodenschutzes. 4. Auflage, VCH-Wiley, Weinheim.

BLUME, H.-P., B. DELLER, R. LESCHBER, A. PAETZ, S. SCHMIDT & B.-M. WILKE (Red., 2000 ff): Handbuch der Bodenuntersuchungen. Beuth, Berlin und Wiley-VCH, Weinheim.

BMELF (1996): Deutscher Waldbodenbericht , Band 1. Bundesministerium für Ernährung, Landwirtschaft und Forsten, Bonn.

BODENSCHUTZVERORDNUNG (1999): BBodSchV – Bundes-Bodenschutz- und Altlastenverordnung. Bundesgesetzblatt, J. 1999, Teil I, Nr. 36, Bonn 16.7.1999.

BUNDESMINISTER DES INNERN (1985): Bodenschutzkonzeption der Bundesregierung. 229 S., Kohlhammer, Stuttgart.

DIERSSEN, U. (1990): Einführung in die Pflanzensoziologie. Wiss. Buchges., Darmstadt.

ELLENBERG, H. (1979): Zeigerwerte der Gefäßpflanzen Mitteleuropas, 2. Aufl., Scripta, Geobotanica **9**, Göttingen.

ELLENBERG, H. (1996): Vegetation Mitteleuropas mit den Alpen in ökologischer Sicht. – 5. Aufl., Ulmer, Stuttgart.

ELLENBERG, H., K.-F. SCHREIBER, R. SILBEREISEN, F. WELLER & F. WINTER (1956): Grundlagen und Methoden der Obstbaustandortkartierung. Obstbau (Stuttgart) 75, 75...77, 90...92, 107...110.

FAO (1976): Framework of land evaluation. FAO Soils Bull. **32**, Rome.

FAO (1978): Agroecological Zones Project. Vol. 1: Methodology and results for Africa, World Soil Res. Report **48**, Rome.

GAUER, J. (2009): Böden als Waldstandorte. Kap. 4.2.1. In BLUME, H.-P. et al. (1996 ff) (vgl. Kap. 1.4).

HARTMANN, F.K. & G. JAHN (1967): Waldgesellschaften des mitteleuropäischen Gebirgsraumes nördlich der Alpen. Text- u. Tabellenband, Fischer, Stuttgart.

KLINGEBIEL, A.A. & P.H. MONTGOMERY (196l): Agricultural Handbook Nr. 21O, USDA, Washington.

KNEIB, W.D., SCHEMSCHAT, B. (2006): Planung und Umsetzung im urbanindustriellen und suburbanen Raum. Kap. 7.2.2. In: BLUME, H.-P. et al. (1996 ff).

KOPP, D. & W. SCHWANECKE (1994): Standörtlich-naturräumliche Grundlagen ökologiegerechter Forstwirtschaft. Grundzüge von Verfahren und Ergebnissen der forstlichen Standorterkundung in den fünf ostdeutschen Bundesländern. Dtsch. Landwirtschaftsverlag Berlin.

MCRAE, S.G. & C.P. BURNHAM (1981): Land evaluation. Clarendon, Oxford.

SANCHEZ, P.A., W. COUTO & S.W. BUOL (1982): Geoderma **27**, 283.

SCHLENKER, G. (1964) Entwicklung des in Südwestdeutschland angewandten Verfahrens der Forstlichen Standortskunde. – In: Standort, Wald und Waldwirtschaft in Oberschwaben. Stuttgart.

SCHLICHTING, E., H.-P. BLUME, K. STAHR (1995): Bodenkundliches Praktikum, 2. Aufl., Blackwell, Berlin.

STASCH, D. (1996): Umweltverträglichkeit der Bodennutzung im Langenauer Ried. Hohenheimer Bodenkundl. Hefte **30**, Univ. Hohenheim.

STORIE, R. E. (1978): Storie index soil rating. Spec. Publ. Div. Agric. Sci., Univ. Calif. No 3203.

SYS, C., E. VAN RANST & J. DEBAVEYE (1991): Land Evaluation. Part II, General Administration for Development Cooperation, Brüssel, Belgien.

UMWELTMINISTERIUM BADEN-WÜRTTEMBERG (Hrsg., 1995): Bewertung von Böden nach ihrer Leistungsfähigkeit – Leitfaden für Planungs- und Gestaltungsverfahren, H. **31**, UVM, 20/95, Stuttgart.

WITTMANN, O. (1973): Der Wasserhaushalt von Pseudogleyen unter Grünlandnutzung in verschiedenen Klimabezirken Bayerns. S. 529...535. In: E. SCHLICHTING & U. SCHWERDTMANN: Pseudogley und Gley. VCH, Weinheim.

WITTMANN, O. (2006): Deutsche Weinbaustandorte. Kap. 4.2.4.1 in Blume et al. (1996 ff): Kap. 1.4.

ZAKOSEK H., W. KREUTZ, W. BAUER, H. BECKER & SCHNEIDER (1967): Die Standortkartierung der hessischen Weinbaugebiete. Abh. Hess. Landesamt Bodenforsch. SO, Wiesbaden.

12 Anhang

12

12.1 Gliederung geologischer Formationen

Tab. 12–1 Geologische Zeittafel

Formation	Abteilung	Alter (10^6 a)	Serien und Stufen (unvollständig)	Landschaftsentwicklung und Klima in Mitteleuropa
Erdneuzeit KZ Känozoikum (Neozoikum)				
	Holozän Q_2		(s. Tab. 12–2)	Auen, Marschen, Moore
	―――	0,012	Weichsel-Würm-Kaltzeit	
	Jung...	0,126	Eem-Warmzeit	Geschiebemergel
QUARTÄR	―――		Saale-Riss-Kaltzeit	Eiswüste
Q	Mittel...		Holstein-Warmzeit	
	Pleistozän Q1		Elster-Mindel-Kaltzeit	Löss, Dünensand, Schotter
			Cromer (Kalt- und Warmzeiten)	Kältesteppe
	―――	0,78	Günz- und Donau-Kaltzeiten	Paläoböden
	Alt...		viele Warm- und Kaltzeiten	gemäßigt humid
		2,59		
	Neogen N		Pliozän	Vulkane (Kaiserstuhl,
	(Jungtertiär)	5,3	Miozän	Hegau, Eifel, Vogelsberg)
		24		mediterran, semihumid-arid
TERTIÄR	Paläogen P	37	Oligozän	Harz, Oberrheingraben
	(Alttertiär)	58	Eozän	Alpenfaltung
			Paläozän	Braunkohle tropisch, humid
		65		
Erdmittelalter MZ Mesozoikum				
	Oberkreide		Maastricht	älteste Oberflächenböden
	K_2		Campan	(Eifel, Hunsrück, Schw.Alb)
			Santon	Erste Blütenpflanzen
			Coniac	tropisch, humid
			Turon	
			Cenoman	
KREIDE		100		
K	Unterkreide		Alb	Norddeutschland Meer
	K_1		Apt	Süddeutschland und
			Barrême	Mittelgebirge
			Hauterive	Festland
			Valendis	tropisch, humid
			Berrias	
		145		
	Weißjura J_3 (Malm)		Tithon	Jurameer/Saurier
			Kimmeridge	Rheinische Insel
JURA	Braunjura J_2 (Dogger)	155	Oxford	
J	Schwarzjura J_1 (Lias)	172	Callov/Bathon/Bajoz/Aalen	Vindelizisches Land
			Toarc/Pliensbach/Sinemur/	tropisch/subtropisch
			Hettange	
		200		

Mitteleuropa / Alpen Gliederung der Trias:

Formation	Abteilung	Alter (10^6 a)	Mitteleuropa	Alpen		Landschaftsentwicklung und Klima in Mitteleuropa
			Oberer K.	Rhät	} T_3	Germanisches Becken
	Keuper		Mittlerer K.	Nor		subtrop. Wüste
			(= Gipskeuper)	Karn		Wadis, Salzseen
			Unterer K.			Kalkkrusten
			(= Lettenkeuper)			Alpen
				Ladin		subtrop. Meer
TRIAS		228	Oberer M.		} T_2	Muschelkalkmeer
T			Mittlerer M.			mediterran, arid
	Muschelkalk		Unterer M.	Anis		(Salzlager)
			(= Wellenkalk)			
		246	Oberer B.			Germanisches Becken
			(= Röt)	Olenek		semihumid-arid, subtrop.
	Buntsandstein		Mittlerer B.	(Skyth*) } T_1		Paläogrundwasserböden
			Unterer B.	Induan		

▼

Tab. 12-1 *Fortsetzung*

Formation	Abteilung	Alter (10^6 a)	Landschaftsentwicklung und Klima in Mitteleuropa
		251	
Erdaltertum PZ Paläozoikum			
PERM R	Zechstein		Zechsteinmeer im Norden warme Wüste/Salzlager Rotes Festland im Süden, Vulkane
	Rotliegendes		
	Oberkarbon C_2	291	Steinkohle (Bärlapp, Farn, Schachtelhalm/erste Nadelbäume) warm-feucht Variszische Gebirgsbildung Rheinisches Schiefergebirge Schwarzwald usw. junge Granite
KARBON C		325	
	Unterkarbon C_1		
		359	
DEVON D	Oberdevon D_3 Mitteldevon D_2 Unterdevon D_1		Devonmeer (Fische, Insekten, Amphibien) z.T. Festland (Farne) Süddeutschland, Magmatismus
		418	
SILUR S			Silurmeer erste Wirbeltiere Pflanzen besiedeln das Land Vulkanismus in Mitteldeutschland
		444	
ORDOVICIUM O			Ordoviciummeer Grauwacken Kaledonische Gebirgsbildung (Gneise und Granite) Skandinavien, Lausitz Basischer Vulkanismus
		488	
KAMBRIUM Cbr	Oberkambrium Mittelkambrium Unterkambrium		Meeresablagerungen, basischer und saurer Vulkanismus
		542	
Erdfrühzeit Präkambrium			
PROTEROZOIKUM			Algen, Würmer, Brachiopoden alte Sedimente, metamorphe Gesteine
		2500	
ARCHAIKUM			Erste Lebensspuren
		4000	
HADAEUM			Entstehung des Planeten Erde
		4600	

12   **Tab. 12–2** Gliederung der Spät- und Nacheiszeit in Mitteleuropa

Geologische Gliederung		Zeit vor heute (angenähert)	Klima	Vegetationskundliche und prähistorische Gliederung
Holozän	Subatlantikum (Nachwärmezeit)	Gegenwart	heutiges gemäßigt-humides Klima (ozeanisch)	Buche, Eiche, Fichte, Rodung während Eisenzeit und historischer Zeit, Auenlehme
		2 400		
	Subboreal (späte Wärmezeit)		warm, einzelne trockenere Perioden (kontinental)	Eichenmischwald mit Buche und Fichte; Bronzezeit, starke Erosion, jüngere Marschablagerungen (Dünkirchen)
		5 660		
	Atlantikum (mittlere Wärmezeit)		warm, feucht (Klimaoptimum) (ozeanisch)	Eichenmischwald, erste Rodungen Beginn des Neolithikums, älteste Marschenablagerungen (Calais)
		9 220		
	Boreal (frühe Wärmezeit)		warm, trocken (kontinental)	Birken-Kiefern-Wälder mit Hasel-Maximum
		10 600		
	Präboreal (Vorwärmezeit)		Erwärmung (kühl, kontinental)	Kiefern-Birken-Wälder; Beginn des Mesolithikums
		11 600		
Weichsel- (Würm-) Spätglazial	Jüngere Dryas		subarktisch, kalt	Parktundra mit Birke; Ende des Paläolithikums
		12 700		
	Alleröd		gemäßigt (kontinental)	schütterer Wald mit Birke und Kiefer, Laacher See, letzter Ausbruch
		13 400		
	Ältere Dryas		subarktisch, kalt	Parktundra
		13 500		
	Bölling		gemäßigt (kont.)	Birke, (Kiefer)
		13 700		
	Älteste Dryas		kalt (arktisch)	baumlose Tundra
		16 000		

Ende des Weichsel- (Würm-) Hochglazials (Pommerscher Eisvorstoß)

Literatur

BRINKMANN, R. (1991): Abriss der Geologie. Band 1: Allgemeine Geologie, Bd. 2: Historische Geologie, 14. Aufl. Enke, Stuttgart.

DEUTSCHE QUARTÄRVEREINIGUNG (Hrsg.) (2007): Stratigraphie von Deutschland – Quartär. – Eiszeitalter und Gegenwart, **56** (Special issue), 1/2: 138 S.

DEUTSCHE STRATIGRAPHISCHE KOMMISSION (Hrsg.; Koordination und Gestaltung: M. MENNING & A. HENDRICH) (2002): Stratigraphische Tabelle von Deutschland 2002; Potsdam (GeoForschungsZentrum), Frankfurt a.M. (Forschungsinstitut Senckenberg).

GRADSTEIN, F. M. & OGG, J. G. (2004): Geologic Time Scale 2004 – why, how, and where next! – Lethaia, **37**: 175–181

FIEDLER, H. J. & W. HUNGER (1970): Geologische Grundlagen der Bodenkunde. Steinkopff, Dresden.

WOLDSTEDT, P. & K. DUPHORN (1974): Norddeutschland im Eiszeitalter. Koehler, Stuttgart.

12.2 Symbole, Umrechnungsfaktoren

12.2.1 Abkürzungen

~	=	ungefähr
AAK	=	Anionenaustauschkapazität
Al_o, Al_l, Al_a	=	oxalatlösliches, NaOH-lösliches bzw. austauschbares Al
BBodSchG	=	Bundes-Bodenschutzgesetz
BBodSchV	=	Bundes-Bodenschutz- und Alt-lastenverordnung
BNK	=	Basenneutralisationskapazität
BS_{pot}	=	Basensättigung (früher: V-Wert), gemessen bei pH > 7
BS_{eff}	=	Basensättigung, bezogen auf die KAK_{eff}
BS_{Na}, BS_{Mg}	=	Na- bzw. Mg-Sättigung
C_{org}	=	org. Kohlenstoff
C_p	=	pyrophosphat-extrahierbares C
D	=	Diffusionskoeffizient
DIBAEX	=	*distribution based extrapolation*
DOM	=	gelöste organische Substanzen, *dissolved organic matter*
d_B	=	Lagerungsdichte (g cm^{-3})
E, Eh	=	Redoxpotenzial in (V) bezogen auf Standard-Wasserstoffelektrode
EC	=	elektr. Leitfähigkeit
ED	=	effektive Dosis, *effective dose*
ESP	=	*exchangeable sodium percentage*
ESR	=	*exchangeable sodium ratio*
FAME	=	*factorial application method*
FAO	=	Food and Agriculture Organisation of the United Nations in Rom
Fe_o, Fe_d, Fe_p	=	oxalat-, dithionit- bzw. pyrophos-phat-lösliches Fe
Fb	=	Feinboden, Feinerde
FK	=	Feldkapazität
Fr. S., FS	=	Frischsubstanz
GBL	=	Gleichgewichts-Bodenlösung
GOF	=	Geländeoberfläche
GWO	=	Grundwasseroberfläche
IBU	=	Internationale Bodenkundliche Gesellschaft (Union)
IKSS	=	International Union of Soil Sciences
ISRIC	=	International Soil Reference and Information Centre
I-TEq	=	Internationale Toxizitätäquvalente (für Dioxine u. Furane)
K_{DOC}	=	Sorptionkoeffizient für gelöste organische Substanz
K_F	=	Sorptionskoeffizient nach Freundlich
K_{oc}	=	Verteilungskoeffizient, normiert auf C_{org}-Gehalt
K_{ow}	=	Verteilungskoeffizient Octanol-Wasser
KAK, AK	=	Kationenaustauschkapazität
KAK_{pot}, KAK_{eff}	=	potenzielle, effektive KAK
Kalk	=	$CaCO_3$- Äquivalent
LD	=	Letale Dosis, lethal dose
M	=	molar; Metall
Mn_d	=	dithionitlösliches Mn
NATO/CCMS	=	North Atlantic Treaty Organisation/Committee on The Challenges of Modern Society
nFK	=	nutzbare Feldkapazität
ODOE	=	optical density of oxalate extract (mobiler Humus)
OS, org. S.	=	organische Substanz
P_{ret}	=	Phosphat-Retention
PAK	=	Polycyclische aromatische Kohlenwasserstoffe
PCB	=	Polychlorierte Biphenyle
PCDD	=	Polychlorierte Dibenzodioxine
PCDF	=	Polychlorierte Dibenzofurane
pe	=	Elektronenkonzentration
pH	=	bei Böden = pH ($CaCl_2$)
ppmv	=	parts per million (Teile pro Million Teile), auf das Volumen bezogen
PV	=	Porenvolumen in % (f = Feinporen < 0,2 μm, m = Mittelporen 0,2…10 μm, g = Grobporen > 10 μm, sg = weite Grobporen > 50 μm ⌀)
P_v	=	in 30 %-HCl bei 100 °C löslicher Phosphor
PWP	=	permanenter Welkepunkt
SAR	=	*sodium adsorption ratio*
SNK	=	Säureneutralisationskapazität
SV	=	Substanzvolumen (T = Ton, U = Schluff, fS = Feinsand, mS = Mittelsand, gS = Grobsand, X = Kies und Steine)
t	=	Gesamtgehalt (im Index, z. B. Al_t)
TRB	=	Basenreserven (austauschbar + mineralisch; Ca + Mg + K + Na in cmol$_c$ kg^{-1})
TRD	=	Tolerierbare resorbierte Dosen
Tr.S., TS	=	Trockensubstanz
USDA	=	United States Department of Agriculture

12

12

US EPA   = United States Environmental
                       Protection Agency
WHO   = Weltgesundheitsorganisation,
                       World Health Organisation
WRB   = World Reference Base for Soil
                       Resources
WS   = Wassersäule

12.2.2 Umrechnungsfaktoren für Düngemittel

$P \cdot 2{,}291 \rightarrow P_2O_5;$ $\quad P_2O_5 \cdot 0{,}436 \rightarrow P$
$K \cdot 1{,}205 \rightarrow K_2O;$ $\quad K_2O \cdot 0{,}830 \rightarrow K$
$Mg \cdot 1{,}658 \rightarrow MgO;$ $\quad MgO \cdot 0{,}603 \rightarrow Mg$
$Ca \cdot 1{,}399 \rightarrow CaO;$ $\quad CaO \cdot 0{,}715 \rightarrow Ca$

Index